T0362413

DAM MAINTENANCE AND REHABILITATION

PROCEEDINGS OF THE INTERNATIONAL CONGRESS ON CONSERVATION AND REHABILITATION OF DAMS, MADRID, SPAIN, 11–13 NOVEMBER 2002

Dam Maintenance and Rehabilitation

Edited by

J.A. Llanos
Presidente, Confederación Hidrográfica del Tajo,
Ministerio de Medio Ambiente, Madrid, Spain

J. Yagüe
Subdirector General de Gestión del Dominio Público Hidráulico,
Dirección General de Obras Hidráulicas y Calidad de las Aguas,
Ministerio de Medio Ambiente, Madrid, Spain

F. Sáenz de Ormijana
Vicepresidente, Sociedad Española de Presas y Embalses SEPREM, Madrid, Spain

M. Cabrera
Jefe de Área de Gestión del Dominio Público Hidráulico Confederación Hidrográfica del Tajo,
Ministerio de Medio Ambiente, Madrid, Spain

J. Penas
Inspector de Presas, Dirección General de Obras Hidráulicas y Calidad de las Aguas,
Ministerio de Medio Ambiente, Madrid, Spain

Taylor & Francis
Taylor & Francis Group

LONDON AND NEW YORK

Cover: "La Cierva Dam heightening" – photo by M. Ayuso

Published by Taylor & Francis
2 Park Square, Milton Park, Abingdon, Oxon, OX14 4RN
270 Madison Ave, New York NY 10016

Transferred to Digital Printing 2007

ISBN 90 5809 534 7

Publisher's Note
The publisher has gone to great lengths to ensure the quality of this reprint
but points out that some imperfections in the original may be apparent

Dam Maintenance and Rehabilitation, Llanos et al. (eds)
© 2003 Taylor & Francis, ISBN 90 5809 534 7

Table of Contents

[†] G.P. Sims unfortunately passed away during the preparation of the Congress. The abstract of the Invited Lecture that Dr. Sims had prepared is included in memoriam.

Theme 2: Reservoir capacity improvement and operation of spillway and outlet works

Theme 3: Improvement of stability and impermeability

Dam Maintenance and Rehabilitation, Llanos et al. (eds)
© 2003 Taylor & Francis, ISBN 90 5809 534 7

Foreword

Although a natural resource, water is not only an economic good that in many areas of the world constitutes a limiting factor to sustainable development, but also a key societal and environmental good. Modern society demands an efficient assignment of this resource between competing uses, and the planning of investments to guarantee its availability, avoid its degradation and insure a sustainable development without adverse effects on the environment.

Existing dams are one key tool of water resources planning and management. However, during the life of a dam, the advance of technology as well as changes in safety standards, environmental requirements, legislation, land use and many other factors that influence design, will inevitably occur. Functional deficiencies and deterioration are likely to appear too as dams age. In some parts of the world, particular issues also appear that will affect existing dams: in the developing world, societal requirements on existing dams will evolve even more quickly, in contrast to the many dams in poor condition and specially with regards to environmental issues that have often been postponed to a secondary role; in a European context, it is also foreseeable that the process of European integration will bring about a harmonization of standards applicable to dams, as is already happening in other fields.

All these factors dictate the need for a revaluation of the design criteria and often for retrofit work or even decommissioning to meet new societal requirements. Although operation and life cycle costs have been a consideration for dam professionals in the past, it is in these last years that dam maintenance and rehabilitation have been recognized as an essential issue and become more and more a mature and separate subject.

For these reasons, the Ministerio de Medio Ambiente (Ministry of the Environment) of Spain and SEPREM, Sociedad Española de Presas y Embalses (Spanish society of Dams and Reservoirs) jointly organized the International Congress of Dam Maintenance and Rehabilitation, which took place in Madrid on November 11–13, 2002. This was felt as an acute need given the importance of the subject, and that most of the growing number of conferences and seminars devoted to the subject have been either national in scope or not devoted exclusively to the field of dam maintenance and rehabilitation. A measure of the importance of the subject is the large participation that the Congress attracted.

The Editors and Organizers believe the Proceedings constitute a thorough review of the state of the art, and hope that the reader will find the present Proceedings a helpful tool to achieve a more comprehensive knowledge of how better to operate and retrofit dams so that they can continue to meet society's requirements.

Madrid, 23 July 2002

José Antonio Llanos Blasco
Jesús Yagüe Córdova
Fidel Sáenz de Ormijana y Valdés
Miguel Cabrera Cabrera
Jesús Penas Mazaira

Editors

Dam Maintenance and Rehabilitation, Llanos et al. (eds)
© 2003 Taylor & Francis, ISBN 90 5809 534 7

Organization

Organizers

DIRECCIÓN GENERAL DE OBRAS HIDRÁULICAS Y
CALIDAD DE LAS AGUAS

(Ministry of the Environment, Spain)

(Spanish Society of Dams and Reservoirs)

Organizing Committee

José Antonio Llanos Blasco
Presidente. Confederación Hidrográfica del Tajo,
Ministerio de Medio Ambiente (Chairman)

Fidel Sáenz de Ormijana y Valdés
Vicepresidente. SEPREM – Sociedad Española de Presas y Embalses

José María Díaz Ortiz
Subdirector General de Proyectos y Obras, Dirección General de Obras Hidráulicas y Calidad de las Aguas,
Ministerio de Medio Ambiente

Ramón Pérez-Cecilia Carrera
Director Técnico. Confederación Hidrográfica del Duero,
Ministerio de Medio Ambiente

Gonzalo Soubrier González
Director Técnico. Confederación Hidrográfica del Guadiana. Ministerio de Medio Ambiente

Arturo Canalda González
Director Gerente. Canal de Isabel II, Comunidad Autónoma de Madrid

Miguel Cabrera Cabrera
Jefe de Área de Gestión del Dominio Público Hidráulico, Confederación Hidrográfica del Tajo,
Ministerio de Medio Ambiente

Jesús Penas Mazaira
Inspector de Presas. Dirección General de Obras Hidráulicas y Calidad de las Aguas,
Ministerio de Medio Ambiente (General Secretary)

Technical Committee

Jesús Yagüe Córdova, *Subdirector General de Gestión del Dominio Público Hidráulico, Dirección General de Obras Hidráulicas y Calidad de las Aguas, Ministerio de Medio Ambiente (Chairman)*

Mariano de Andrés Rodríguez-Trelles, *Getinsa, Spain*

Cándido Avendaño Salas, *Cedex, Spain*

José de Castro Morcillo, *Asociación Española de Abastecimiento y Saneamiento, Spain*

José Ignacio Díaz-Caneja Rodríguez, *Confederación Hidrográfica del Duero, Spain*

Jorge García Orna, *Ciagar, Spain*

Arturo Gil García, *Iberdrola Generación, Spain*

Felipe Mendaña Saavedra, *Spain*

Jean-Paul Morin, *Hidro-Quebec, Canada*

Laurent Mouvet, *École Polytechnique Fédérale de Lausanne, Switzerland*

José Rocha Afonso, *Instituto da Agua, Portugal*

Francisco Rodrígues Andriolo, *Andriolo Ito Engenharia, Brasil*

Moisés Rubín de Célix Caballero, *Ministerio de Medio Ambiente, Spain*

Giovanni Ruggeri, *Enel Produzione, Italy*

Geoffrey P. Sims[†], *UK*

Chris Veesaert, *Bureau of Reclamation, USA*

[†]Passed away on 13th June 2002.

Dam Maintenance and Rehabilitation, Llanos et al. (eds)
© 2003 Taylor & Francis, ISBN 90 5809 534 7

Sponsors

Theme 1:
Preparatory work and regular maintenance

Dam Maintenance and Rehabilitation, Llanos et al. (eds)
© 2003 Taylor & Francis, ISBN 90 5809 534 7

Invited Lecture: Sustaining the benefits of dams in the modern world

R.A. Stewart
Director of Dam Safety, BC Hydro, Canada

ABSTRACT: Social progress and economic growth in the developed world was hastened by the construction and operation of large dams for power, water supply, irrigation and flood control. The rate of construction of new dams dramatically increased from 1000 per decade in the 1940s to a peak of about 5300 in the 1970s. In Europe and North America the average age of these dams is now about 35 years. There are about 45,000 large dams in over 140 countries worldwide. The rate of dam failures has improved over the past four decades due to improved science and technology, a better understanding of dam performance, and a focus on dam safety and is now apparently about 2×10^{-5} per annum.

Each dam is conceived and built to realize specific benefits. The benefits have attendant impacts, and by virtue of the stored energy in the reservoir the dam has associated risks. During the early stages of societal development dams may be critical to social progress, economic growth and overall success. During this period the benefits are apparent and usually outweigh the impacts and risks. As society matures the value, or the perceived value, of the benefit may diminish, and indeed a mature societies understanding of, and tolerance for the risks may change. In cases where the risk bearers are not the direct recipients of the benefits from the dam their tolerance for the risks may also be greatly diminished. This situation often results from new residential developments downstream of a dam after it has been in operation for many years. It is this balance of the benefits and the impacts from a dam that should remain a net positive, while not imposing any unacceptable risks.

The paper explores the challenges faced by dam owners, the creators of the risk, in demonstrating this net positive benefit, and that the risks are constantly monitored and kept under control. Also that the dams remain safe enough within the prevailing social climate, and under the varied perceptions of the risk. The benefits of dams cannot be sustained in the absence of public trust. This paper examines how the dam community might respond to the increasing societal demands for accountability, equity, transparency and participatory decision-making in sustaining the benefits and managing the risks associated with these dams.

Dam Maintenance and Rehabilitation, Llanos et al. (eds)
© 2003 Taylor & Francis, ISBN 90 5809 534 7

Our response to the demand by society for efficient dams

Geoffrey P. Sims[†]
Centro de trabajo

The World Commission on Dams has improved our awareness of some of the more important issues surrounding dams in the 21st Century. For too long there have been fierce battles between the advocates of dams and those opposed to them. Nelson Mandela described with a heart-rending simplicity during the launch of the WCD report last year the simple need that people have for light and warmth to allow them and society to develop. Through the organised environmental groups, society continues to demonstrate its will over the environmental, cultural and sociological issues in the construction and operation of dams and their appurtenant structures. On the other hand, the technical issues lie in a kind of no man's land: the protesters appear to do little more than demand more exhaustive studies of alternative solutions while the technical specialists have found it difficult to communicate well outside their field of excellence.

There are many dams in poor condition throughout the world, often in the very countries where their output is needed most. The whole of society, including the protesters, are influenced by poorly-performing infrastructure, without necessarily being able to be specific as to what should be done about it. The important technical issues are not well understood by any but a minority of those involved, hence the demands by society for efficient dams may not be made clearly. The role of the engineer therefore is to assist with the communication of the issues, particularly with non-technical people. His understanding of the technical issues in particular means that it is within the responsibility of the engineer to explain and manage the operation, maintenance and rehabilitation requirements of dams in poor condition. It is within our responsibility therefore to address the demands for efficient dams, and as far as we are able, to deliver them. The three sections of this conference all deal strongly with the way in which we engineers can improve the condition of dams for the benefit of society.

There are psychological barriers in some societies that prevent sufficient attention being put into the operation and maintenance activities. Politically there are few votes in rehabilitation work compared with the response to a new project. Sometimes it is not fully appreciated just how big a business it is we are dealing with. Annual budgets of millions of dollars for maintenance are common in moderate-size companies. These budgets are used to deal with strongly technical issues including the management of sedimentation, spillway capacity and the effects of ageing. Among the other issues to be dealt with are risk evaluation, the trends in rehabilitation itself and improved design discipline. It is interesting and heartening to note that these are among the issues to be considered in this conference.

Therefore the paper discusses some of the reasons for dams to be found in poor condition. It deals with the varied reasons for which rehabilitation is needed and examines the state of the art and where the major developments may be found. It addresses some of the actions that engineers might take to improve our response to society's legitimate but as yet not clearly articulated demands for efficient dams in the future. Among these are the development of a database of incidents to dams and their appurtenant works. Such a database is considered to be essential in the development of reliable methods for risk management that will be accepted by both the engineering community and the public at large. The need for design to be done taking full account of the need for subsequent maintenance and access has not always received the attention it deserves and some of the issues will be explored. Discussion is beginning on a Europe-wide basis as to whether harmonisation of the approach to dam engineering found in our continent is feasible or even desirable and this paper will add a few comments to that debate.

[†] G.P. Sims unfortunately passed away during the preparation of the congress. The abstract of the Invited Lecture that Dr. Sims had prepared is included in memoriam.

Dam Maintenance and Rehabilitation, Llanos et al. (eds)
© 2003 Taylor & Francis, ISBN 90 5809 534 7

General report on Theme 1: Preparatory works and regular maintenance

Dr. Eng. G. Lombardi

President Lombardi Engineering Ltd., Minusio-Locarno, Switzerland

ABSTRACT: The 36 papers presented under Theme 1 are subdivided in different categories and shortly discussed in trying to put in evidence the main message they carry. The question of Risk Assessment, which did attract the highest number of Authors, is discussed in more depth. Some scepticism on various common assumptions and conclusions is declared by the writer.

RESUMEN: Los 36 trabajos presentados bajo el Tema 1 fueron distribuidos en varias categorías y discutidos brevemente, con el intento de poner en evidencia el mensaje más importante que traen consigo. El asunto del manejo del riesgo ha llamado la atención del mayor numero de autores y es entonces discutido más detalladamente. El que escribe se permite presentar un cierto escepticismo en relación con los varios conceptos y conclusiones habituales.

1 INTRODUCTION

Out of the 129 papers presented to the Congress, 36 were assigned to Theme 1, which refers to "Preparatory Works and Regular Maintenance". The list of these papers is given in Annex 1 for easier reference (Nr. Author(s), Title). According to the main topics of the Congress, pointed out by the programme, the papers were subdivided as shown in table 1.

Table 1. Theme 1: Preparatory works and regular maintenance.

Classification of the 36 papers presented and assigned to Theme 1

Applicable laws Nr: 109, 148, 155, 156

Surveillance, Inspections, Diagnosis tasks

- Inspections and instruments Nr: 20, 29, 34, 52, 59, 134
- Body laws Nr: 47, 48, 49
- Interpretation models Nr: 17, 62, 132

Maintenance and preservation
Regular actions on basin, vessel and dam Nr: 26, 99, 102, 103

Risk assessment and prioritisation of investments

- General conditions Nr: 31, 49, 61, 84, 100, 121
- Risk assessment Nr: 32, 42, 50, 53, 60, 96, 111
- Prioritisation of investments Nr: 41, 97, 104

The main topics are thus

- applicable laws;
- surveillance, inspections and diagnosis tasks;
- risk management;
- maintenance and preservation and prioritisation of investments.

Due to the wide range of considerations developed and presented by the authors, it may be obvious that the aforesaid classification will be somewhat arbitrary and cannot be very crisp. In order to soften a little these inconveniences and to open more opportunities for discussion, some subtitles were thus introduced by the writer, who presents his excuses to the authors for having possibly misunderstood their main intentions.

2 APPLICABLE LAWS

Four papers (Nr 109, 148, 155 and 156) are addressing the sub-theme of "Applicable laws", while obviously a number of other papers make reference to valid laws and rules, which exist or are considered worthwhile to be put in force.

Radkevich and Erlov (Nr 109) describe the practice of State Supervision behind Safety in Russian Federation. It may be noticed that the law about safety was emitted only 5 years ago and that due to present economic difficulties the level of the maintenance of dams has fallen below a minimal value. Due to the ageing of many dams, failures are unfortunately to be expected. The reasons of these possible failures are mentioned; they are of different kinds. Also, new normative documents are being introduced to define the effective and the desirable level of safety of the single dams.

The various, not always homogeneous, laws and rules presently in force in Spain are dealt with by Marín Pacheco, Garcia Perez, Hernández López and Blázquez Prieto in paper Nr 156. Also the fulfilment step by step of the corresponding procedures by Canal Isabel II, who has to take care of 15 large dams, is carefully described. For the future, an internal standardisation of the processes and programs to be carried out for the single dams is also suggested.

In paper Nr 148, Garcia Cerezo and Garcia Hernandez discuss the problems due to the big number of dam owners in Spain, who do not have the availability of adequate technical capabilities, nor sufficient economic means. Proposals are presented how to enforce the concept of dam safety under these conditions. The same situation is however quite likely to exist also in other countries.

Soriano Peña, Sanchez Caro and Valderrama Conde (Nr 155) in studying the new Instructions in relation with the 1967 ones, make clear how the requirements introduced by Instructions may change the ranking of the problems to be addressed by the Engineer and thus the priorities for rehabilitation measures.

As conclusion, one may stress out, that achieving and maintaining safety of the dams has a price, which is influenced also by the laws, whatever safety may mean. Moreover, one must take notice that the applicable rules and procedures differ from country to country and even from owner to owner. It would therefore be interesting, sometimes, to compare worldwide and in depth the various kind of the organisations presently in force in order to find out which one appears to better fit the needs of safety, and which ones may be considered to be optimal. By the way, the differences made sometimes between large and small dams, as well as between old and new dams, should also be discussed.

3 SURVEILLANCE, INSPECTION AND DIAGNOSIS TASKS

3.1 Inspection and instrumentation

Five papers refer to the sub-theme of "inspection and instrumentation" (Nr 29, 34, 52, 59 and 134). Various achievements did take place in the last decades, which can improve the inspection and the monitoring of dams thus contributing to a better understanding of them and making the detection of weak points or unfavourable features possibly easier. Vásques Cacho

(Nr 29) describes the use of "video-metric" inspections at the San Estebán Dam (Spain). This method, also already used by others, allows to get by numerical photography and analysis a complete and exact data base of all the concrete dam surfaces putting in evidence any kind of defects. This represents doubtlessly a powerful mean in order to follow up the ageing of the dam and to call the engineer's attention on any slow or fast worsening of the superficial conditions of the dam as well as on the development of any kind of damages.

While the former report refers to "open air" surfaces, the paper by Blásquez Prieto (Nr 59) deals with underwater inspection by a "Remote Operated Vehicle" (ROV) used at of the El Atazar Dam (Spain). Also the different diving techniques are carefully described, which were or could have been used to repair the dam surface under water. The importance of the formulation of the contractual clauses for works of this kind is underlined.

The use of optical fibres to detect temperature changes and consequently underground water seepages in fill dams down to 30 m depth is presented by Welter in paper Nr 34. The method can also be used in asphaltic layers or to put in evidence the evaluation of the temperature distribution in concrete masses.

In paper Nr 134 the improvement of the instrumentation of the Lanuza dam (Spain) as well as the implementation of the automatic data acquisition system selected by the "Confederación Hidrográfica del Ebro" are presented by Andreu Mir and others.

The instrumentation of three old large concrete dams owned by the Confederación Hidrográfica del Guadiana, was completely renewed or, even more, partially implemented for the first time. The monitoring systems, the works carried out and the equipments used for data transmission to the main control room are clearly described by Jimenez Nuñez, Péres Sainz and Gutiérrez Abella in paper Nr 20. A classical instrumentation scheme, but also a complex, up-to-date data collection and transmission system were implemented. The importance of future optimal operation, maintenance and conservation of the sophisticated equipments as well as the costs involved are duly put in evidence.

Oosthuizen and others (Nr 52) deal in a quite interesting manner with the experiences in monitoring the Katse dam in Lesotho. The actual practical problems encountered in the field of large dam's instrumentation are described in a very realistic and pragmatic way.

It appears that theory and practice of dam instrumentation may sometime differ each from another quite significantly and that extreme care should be devoted to the installation of the monitoring system of dams. A great number of details are to be accounted for and severe rules should be followed in order to avoid numberless errors and save a tremendous amount of work to solve them. The time, the money and the energies spent in repairing errors, are not available any longer for a correct and timely reading of the instrumentation and the interpretation of the data collected. Moreover, the very important initial readings by the instruments may go lost forever.

3.2 *Body laws*

Three papers are devoted to the problem of body laws to be used both for fill and concrete dams (Nr 47, 48 and 69).

Escuder, Andreu and Rechea in paper Nr 47 and 48 present an interesting simulation of the settlements in rock fill dams due to visco-elastic creep as well as to the influence of watering the fill. Also the case of internal collapse is discussed.

In paper Nr 69, Casanova, Rodríquez-Ferrán y Aguado, explains the fitting of the deformations induced by concrete expansion on three dams. The best fit is obtained in using a logistical function (similar in shape to the Boltzmann statistical distribution). Apparently, in this case, the AAR expansion took place and went exhaust before producing too many damages.

3.3 *Interpretation of data*

The fundamental question of interpreting the data collected from the monitoring of the dams has been addressed by three papers (Nr 17, 62 and 132).

Salete Díaz, Salete Casino and García in paper Nr 17 defend and confirm the well-established thesis of the necessity of a mathematical model to follow the dam all along its life beginning with the first studies. The continued interpretation of the results of the dam monitoring is a prerequisite to calibrate the model. This turns out to establish an a-priori deterministic model and to refine it on the base of a statistical interpretation of the data obtained from the instrumentation during operation.

In paper Nr 132 Xinmiao Wu, Zhihong Qie, Zhandbing Pang and Lijun Liu, from China, describe the main feature of an expert system intended to solve diagnosis tasks in earth dams. The aim is to compensate the lack of diagnosis experts in front of the huge number of dams with hidden troubles. Artificial intelligence and artificial neural networks techniques are referred to. The system is said to work in a satisfactory way.

J.N. Stateler of USBR in paper Nr 62 reports the experience gained in dam safety monitoring using performance parameters. The most likely failure mode must be identified and put into relation to key monitoring parameters, which are bounded by the range of expected performance; they follow thus a bounded distribution. The aim is to define the future monitoring, inspection and possibly investigation programs required on the basis of the knowledge available on the present behaviour of the dam. To be noted that only physically possible failure modes – not any hypothetically theoretical ones – are looked at. Routine computerised real-time analysis of data is not intended to replace human review of them. The way selected turns out essentially to set up (possibly implicitly) a model for the dam and compare the behaviour of the dam to it. At the end of the day, the questions to be solved in matter of the behaviour of the dam are:

– does it correspond to the expectations? and
– does it correspond to former performances?

4 MAINTENANCE AND PRESERVATION

Four papers referring to maintenance and preservation were included in Theme 1 (Nr 26, 99, 102 and 103). They mainly refer to older dams.

Paper Nr 26 by Morales consists in a wide and deep general overview of the different types of maintenance, which need be taken into account like: structural, functional, safety related, imposed by new normatives, historical, environmental, related to monitoring, to surroundings, to the catchments area and to the quality of water. He introduces also specific papers dealing with the single aspects mentioned here-above and devoted to presenting practical examples. These papers will be discussed under Themes 2 and 3.

Maintenance and conservation of dams in Sri Lanka are presented in paper Nr 99 by Haturusinha and Ediriweera. Dams are subdivided in ancient, recent and modern, and accordingly an intensive and comprehensive maintenance and conservation program has been implemented. To be stressed out is the importance given to the conservation of the catchment's area and the treatment of water so to avoid the degradation of the environment. This fact may be understood as an indirect beneficial effect of ecological nature derived from the existence of dams.

Thin multiple arch dams built generally during the decade 1915–1925 using reinforced concrete in conjunction with masonry elements are object of some preoccupation in Italy, due mainly to ageing of the structure, to outlet capacity and to seismic hazard. In paper Nr 103 Mazza, Marcello and Cerutti discuss the subject and present the rehabilitation design to be implemented at the Molato dam. The proposed solution takes in due consideration all the aspects requiring updating.

A quite similar case is dealt with by Giuseppetti, Donghi and Marcello in paper Nr. 102. The Poglia buttress dam is affected by AAR-problems. The residual expansion potential was found to be of the same order as the already experienced one. The recorded irreversible displacements were interpreted using a stress dependent expansion rate. To reduce stress concentrations the joints between the blocks will be cut using a diamond wire saw as already successfully carried out at other dams.

5 RISK ASSESSMENT

5.1 In general

The question of risk assessment did draw the interest of many authors. So 16 papers are devoted to this theme. In a somewhat arbitrary way they were classified in three sub-themes as shown by table 1.

– general conditions to be considered in any risk analysis (Nr 31, 49, 61, 84, 100, 121);
– risk assessment by itself (Nr 32, 42, 50, 53, 60, 96, 111), and
– prioritisation of investments in relation to risk considerations (Nr 41, 97, 104).

5.2 General conditions

A number of papers deal with general conditions to be duly considered in doing any analysis of this kind. Indeed, these "boundary conditions" form a frame for the analysis themselves as well as for a ranking of the dams in matter of security and finally for the definition of priorities for the measures to be taken.

In paper Nr 31 Ivashchenko, Blinov and Komelkov recall that accordingly to Russian law the "level of an accident risk" or the "structural safety characteristic" can be presented in

– a probabilistic form, or
– as a deterministic index (of safety), or even
– as a two-stage combination as suggested by the authors.

Indeed, this is a fundamental choice to be done from the beginning of any analysis. It will be paid attention to, later on.

With his paper Nr 121, Arteaga draws the attention on the economics of providing water to different users. The costs of maintenance of the hydraulic structures should be covered by the price to be paid for the water, which apparently is not the case today in Spain. In fact, the overall frame of the economics of dam maintenance should not be ignored.

The question "do ecological reservoirs exist?" is asked by Hernandez Fernández in paper Nr 100. Strictly speaking they do not, as the construction of any dam always introduces an important change in the environment. Unfortunately, roads, railways, harbours nor houses are "ecological" in such a restricted sense. Anyhow, the author confirms and recalls the necessity to carry out a detail study on the ecological questions related to water management, which he details very carefully in his paper.

Baumgratz and Santos in paper Nr 61 show that a dam failure has also an environmental cost, so that the efforts undertaken to ensure dam safety can be intended as being part of a more general plan of environmental management accordingly to the ISO 14001 document.

The operation of dams includes releases of water particularly during floods, which have a significant influence on the downstream river stretch. The corresponding hydraulic problem is analysed by Utrillas, Ayllon, Molina and Escuder in paper Nr 49.

Finally, with their paper Nr 84, Brunelli, Caputo, Chillé and Maugliani describe the bump of a boat into a gate-structure and the measures taken to solve the incident. They thus remember us that unexpected loading cases and problems may arise during the live of the dam and that decisions may have to be taken, which are not planned from the beginning and included in the usual Instructions for Dam Operation.

5.3 Risk assessment itself

The classical method of risk assessment for dams is derived from methods in use since long time in the manufacturing industry, which consists essentially in the following steps:

– assessment of the damages possibly caused by the failure of the dam;
– identification of the hazards to be taken into account;
– definition of the failure modes to be considered;
– analysing them generally in form of event and fault trees;
– defining of likelihood (probability) of any event;
– compute the combined probabilities to obtain an overall failure probability;
– assessment of the risk as product of the total damages with the overall likelihood of occurrence of the failure, and
– define the risk acceptance.

The risk obtained in this way may be used for different scopes:

– as a criteria by itself;
– to define an insurance premium;
– to take possibly urgent rehabilitations measures;
– to prioritise maintenance operations or investments;
– to set up emergency plans;
– or more generally speaking to take decisions.

This general scheme is accepted by a number of authors, which often present special methods of analysis used especially in order to combine single probabilities.

One may get the feeling that a number of authors do consider the risk they compute, in following this scheme, to correspond to a real absolute value, while others, more softly, take it only as a relative coefficient to be used just to rank the various dams of a group in matter of their relative safety conditions.

In paper Nr 42, Huber and others recall the aforesaid principles of risk studies showing the steps of "Risk Analysis", "Risk Assessment" and "Risk Management". To be considered are obviously only "possible failure mechanism", while this do not define a very precise concept. Additionally any dam has its own individual character. As usually, expert opinions are to replace a frequent lack of sufficient statistical data. On the other hand, it appears not to be very easy to find a common monetary basis for summing up damages of different nature. Procedures are explained to estimate the material losses in flooded areas.

One of the main hazards impacting dams are the floods. The question is analysed by Escuder and others in paper Nr 50. The interesting approach derived from criteria of "hydraulic adequacy" of the dam by USBR is presented where "extreme flood" and "design flood" are placed in relation one to another. Also the incremental damages theory has to be taken into account.

In paper Nr 53, Osthuizen and others present the recent development on risk-based prioritisation of dam rehabilitation in relation with budgetary constraints in South Africa, where apparently two different methods of analysis are used. It is important to notice that other probability distributions are favoured respect to the "normal" one. A "voluntary" accepted impact is also mentioned as well as the financial implications of the risk. The limits of the method used are also mentioned.

In order to evaluate systematically and quantitatively the risk of failure of an existing dam, Moon and Kwon present in paper Nr 60 a "Non Parametric Dam Risk Analysis for Dam Rehabilitation" in consideration of the fact that parametric Monte-Carlo simulations do not define correctly the probability distribution. Consequently non-parametric distributions are used by the authors.

Paper Nr 32 by Ivashchenko and Zhelankin deals with the quantitative assessment of risk based on a probabilistic approach for old dams. Worthwhile mentioning is the fact that experimentally defined probability distributions and thus bounded distributions are assumed. On the other side standard failure probabilities are apparently prescribed and considered acceptable.

The uncertainty of a slope stability analysis is discussed by Smith in paper Nr 96. The failure of the slope is influenced by various factors, each one with its probability distribution. It is somewhat surprising that bounded distributions (rectangular and triangular) are mixed with an unbounded one ("normal") and that this one corresponds to the only value, which is directly measured and which do actually also respect a bounded distribution. The interesting analysis was carried out on the base of a Monte-Carlo simulation.

"Considerations on Risk Assessment and Italian Dams" by Ricciardi and Amirante (paper Nr 111) deserve a quite special attention. In Italy the deterministic approach based on minimum factors of safety

is required. A fundamental difference in matter of probabilities is made between "environmental loads" or "external hazards" for which a probabilistic approach is possible, and on the other side, internal weaknesses for which it is not. Due to the fact that each dam is a prototype a probabilistic approach using historical data is thus not considered suitable. Additionally, it is in any case difficult to make people accept the concept of probabilities related to risk.

Finally it is not clear to the authors who assesses the expertise of the self-qualified experts in "assessment of probabilities".

5.4 *Prioritisation of investment*

Still on the background of risk theory, three papers are more directly oriented to a classification and a ranking of the dams of a given group, than interested in the absolute value of the risk.

A so-called risk-indexing tool intended to assist the owner in prioritisation, is presented by Meghella and Eusebio in paper Nr 97. The method is based on "Priority Ranking Methodologies" where defined indexes play an important role. It is understood that the assignment of indexes is more intuitive than the definition of extremely low probabilities.

Paper Nr 41 by Karunaratne describes the ranking of 32 Sri Lanka's dams. A very comprehensive list of steps undertaken in the analysis carried out is presented. The study leads to define qualitatively the risk of any dam as being high, medium or low, in a quite convincing manner. The decisions to be made must also take into account the "Project Capital Cost", the "Identified Repair Cost", the "Maintenance Cost" as well as the "Benefits for Irrigation and Power".

Berntsson and others introduce in paper Nr 104 a General Discussion on the Principle of Classifying Dams and Prioritisation of Initiatives. The main intention is to suggest a future approach to classifying dams, dams safety concerns and investment priorities, based on a pseudo-risk system. Difficulties in using quantified risk systems are underlined. Also a number of aspects of different nature must be introduced in the dam evaluation.

6 COMMENTS ON THE CLASSICAL RISKS ANALYSIS FOR DAMS

From these last papers it appears that not everybody is completely comfortable with the traditional, simple, "linear", one-dimensional risk analysis. Due to the great interest shown by the authors for a risk analysis of dams and to some hesitation detected, the writer takes the liberty to expose his personal feeling on the matter of risk all along the next chapter, and takes thus the risk to disagree with some of the concepts presented by certain authors.

6.1 Positive aspects

The introduction, a few decades ago, of a risk based reasoning offered a number of very positive inputs in the field of design, construction, monitoring, operation and maintenance of dams. One may mention the following outstanding points:

- increasing the engineer's awareness of risks;
- increasing the awareness at large of the existing uncertainties;
- developing the efforts by engineers and other people involved to establish a possibly exhaustive list of the unfavourable scenarios;
- improving the understanding for the relationship existing between single aspects and functions;
- making the complexity of the phenomena of concern clearer or more explicit in using event-trees and similar techniques;
- favouring the choice of less sensitive dam types or of more reliable devices (spillway type, etc.);
- favouring the optimisation of the allocation of resources, and
- trying to define prioritisations of actions and initiatives.

6.2 Drawbacks and pitfalls

In spite of the numerous advantages presented by, as well as of the academic consideration often awarded to the classical risk theory, a friend of mine stated once:

"Risk analysis for dams is very simple:

- you guess or invent the probabilities you don't know;
- construct a global hypothetical probability of failure;
- compute an artificial risk;
- decide arbitrarily that it is accepted by the people, and
- consequently you do nothing, unless you write a paper on risk analysis and dam safety."

I was absolutely sure that my friend was completely wrong, or at least that he was exaggerating a lot. However, I started to think about his comment, and ask myself "can really some pitfall exist in this field?"

6.3 Misleading concepts

First of all, the concept of "absolute safety", even as discarded quite soon by many authors, is misleading in itself. Indeed, it has no sense. Safety is always conditional. It refers only to a number of events and hazards. So a meteorite falling on the dam or in the pond is not considered worthwhile be taken into account and does not affect the commonly accepted safety considerations.

It is also not easy at all to include in the analysis any type of act of war or sabotage. So only a conditional safety can be defined. But, most important is the fact that any statement on safety must be restricted to a short future period because the dam is a living body and does age, so its health conditions do change in time (e.g. due to AAR). Again, only a time conditional safety can be looked at.

It seems additionally that a confusion is often made between the terms of "possible" and "probable". Possible is something that cannot be ruled out a priori, and thus may or may not happen. Probable is something that has a certain probability of occurrence and thus will sometime occur even if only under certain circumstances. Expressions like "probable maximum flood" are quite strange. One should talk of "maximum possible flood" stating clearly a boundary, which has no probability at all to be exceeded being exactly the maximum, or, at the contrary, of "approximately estimated maximum flood" if he doesn't trust too much his calculations. Some others misleading expressions will be dealt with in mode detail in the following sections.

6.4 ICOLD failure statistics

The "ICOLD Statistics on Dam Failures" plays a very important role in the question of dam safety. It lists indeed the possible failure scenarios and their historical frequency thus allowing us to learn a great number of fundamental lessons. In particular, we may learn how to avoid errors, which led to failures and are prone to do so again in the future. Although we cannot be absolutely sure that all the possible failure scenarios did already take place, we have today on our disposition a quite wide panorama on failure scenarios. Nevertheless, a wrong interpretation of the statistical values developed by ICOLD is still possible. We will have to discuss such an error later on but should always remember the difference between possibility and probability. The ICOLD statistic shows primarily the unfavourable possibilities, that is the aspects we must take care of and which should be of concern to us in designing, constructing and operating dams.

6.5 Types of probability distribution

May of the parameters used in dam analysis and computations are uncertain. This uncertainty may be factual or of epistemic nature, that is due to the ignorance we have of it (paper Nr 96). However, for each parameter a highest and a lowest conceivable value must and do exist. Einstein was used to say: only two things are not limited, the universe and the human stupidity. This means that the probability density distributions must always be bounded. There is a number of such probability distributions as: the uniform (rectangular), the triangular, the Beta, the double logarithmic and so on.

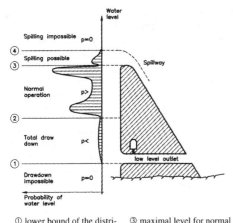

① lower bound of the distribution
② minimal operation level

p = density of probability

③ maximal level for normal
  operation
⑤ upper bound of the distribution (maximum possible
  flood, plant out of service,
  low level outlet closed, etc.)

Figure 1. The probability distribution of the water level is
bounded and in no way a "normal" one. Therefore any variable influenced by the water level (e.g. uplift pressures,
seepage rates, stresses, even concrete temperatures) cannot
follow a "normal" distribution. They show also a "bounded
distribution".

The distributions of this kind are the mathematical
expression of the fact that only values between the
bounds can exist or that "only the possible may occur".
One may also say "Thinks have a propensity to go
wrong, and will do so, provided they can" or according
Murphi's law "If something may go wrong, it will".

Unfortunately many unbounded distributions do fly
around, promoted by the fans of the Gauss-Club, who
after centuries still believe that the so-called "normal
distribution" has something to do with the real world,
while it is only a splendid great extrapolation due to
extraordinary mathematical genius of Gauss.

By the way, "normal" and unbounded distributions
are often used not because they would fit the reality,
but because their use is relatively simple and because
powerful corresponding software to handle them is
easily available. The unbounded distributions express
indeed the view that "every think is possible regardless of any physical limit" or that "risk is a priori
everywhere, no matter what you do".

Unbounded distributions are unfortunately also of
great use in hydrology mostly due to historical reasons. Their tail must actually be cut by some arbitrary
decision of the minimal probability to be considered
like a 1,000-year or a 10,000-year flood. In fact there
is no experimental possibility to check the "tails" of
such distribution, so they are in the best case only

hypothetical; in fact they are misleading. If the probability of occurrence of a failure is very low – as generally in the field of dams – the computed risk is
mainly – and some time entirely – due to the tails of
such unbounded distributions. Consequently, the possibility exists that the computed risk is completely
unrealistic. This may have at least two unfavourable
consequences:

– to scare uselessly the people and
– get the operators accepting the notion of a risk they
  can do nothing against.

Furthermore, it is not clear to the writer, which
type of distribution should apply to human errors in the
field of operations of the dam e.g. in case of delayed
opening of a spillway gate. To skip this problem, one
could obviously imagine to render such safety related
operations independent of any direct human action.

6.6 *Estimating probabilities*

The event-probabilities of external impacts as water
levels, temperatures, floods or seismic shocks are generally based on acceptable statistical analysis (Nr 111).

Completely different is however the situation when
one has to define the probability distribution of the
properties of the dam itself; that is its vulnerability to
the hazards mentioned. It appears that at least two
types of phenomena need be accounted for, which are
quite different each from another:

– the distribution in the space of some material properties, and
– the presence of flaws.

Obviously, a sufficient series of test on fill-density,
strength, cohesion, friction angle or other properties
provides information on these parameters like: average,
standard deviation and, first of all, highest and lowest
bounds. Consequently, corresponding distributions can
be introduced in the computations. By the way, one
must take into account the fact that often the shape of
the distribution changes when the effective influence –
that is a certain function of a given parameter – must
be accounted for. For example, the specific weight of
concrete measured on samples may show a certain
dispersion, while the total weight of an important
concrete block will not and will simply correspond to
the measured average on the samples; practically with
no deviation to be accounted for. Similar considerations may be done for strength properties, cohesions or
friction angles (or their tangent). It could be noticed
that this favourable effect of averaging is simply
ignored in many analysis, which thus lead to an artificially increased valuation of the risk.

Fundamentally different is the situation when the
presence of flaws in the design or the construction
has to be estimated. Flaws are not incorporated in

conventional classification schemes (paper Nr 104), but they may be an important cause of failures. Quite often they are!

As an example, one may consider the likelihood of piping in dams of a certain type due to flaws in the filters, which may have occurred during placement of the materials (e.g. against the foundation). The most strange step in all the usual risk analysis consist in assuming that piping may occur in the same proportion as the number of dams which failed to the total number of dams of this type ever built. Doing go, the difference between the two group of dams is wiped away. In the dams of the group that failed this type of flaws was certainly present; its probability was thus 100%. In the other group of dams there is, at least up to now, no sign at all of flaws of this kind. So the probability that they are present is likely to be nil.

Additionally if, more correctly, the "failure rate pro-year and dam" is considered, the probability of failure and thus the risk would be decreasing from year to year; at least as long as no other dam of this type collapses! This situation is not easy to be understood, at least for everybody! It is conceivable to assume that some difference in the probability of failure should exist between a dam that failed at its first filling and a dam which is still alive after 50 years of normal, totally satisfactory operation; this in spite of the fact that both dams are of the same type. One gets the impression that to turn to the failure probabilities according to the ICOLD statistics is just a way to recognise or to hide our ignorance. Sometimes also one may feel that the refinement of some mathematical methods may divert our attention from the real problems. Again, the question of human errors in operating a dam raises the quite difficult question of estimating the probability of the event. Should the future probability estimated to be the same as in past? Are improvements possible? These and more questions may be asked.

6.7 Accepted risk

The wordings used to define the "allowed" risk rates are quite misleading: "accepted risk", "voluntary accepted risk" and so on. In fact the people is in general not in a condition to make a difference between a probability of 10^{-2} and another of 10^{-20} and thus to decide to accept a risk of this kind on the base of these probabilities (paper Nr 111). In any case, it is difficult to believe that the people would "voluntarily" accept a 10, 100 or even 1,000 times greater risk as other inhabitants just because they live in the only small village existing downstream of the dam and not in a big city at risk.

It must be honestly recognised that the risk, if it exists, is always imposed to the people; not freely accepted. To overcome this dilemma an excuse is often proposed in saying simply: "when people accept a risk in driving a car, it will accept a similar risk imposed to them by the presence of a dam". Again, this is a logical pitfall. In fact, the risk voluntarily accepted by anybody is the result of a balance (correctly established or not) between benefits and risk. So, driving a car produces benefits and possibly some pleasure, which are considered by the driver to be sufficiently important to accept the risk of an accident. Before defining the acceptable risk due to a dam, one should therefore firstly evaluate the pleasure for the people to have a dam built upstream of their houses and convince them of this advantage. This could be a somewhat challenging and risky undertaken. The opinion of Ricciardi and Amirante, also in this respect, must be completely shared (paper Nr 111).

A series of quite complex questions can be raised at this point. Supposing a risk analysis for a dam was carried out, a certain risk was accepted and the dam failed. How to judge whether the accepted risk was correctly estimated and justified? How to judge whether the actual risk was in the range of the expectations? How to explain the disaster was not part of the operational plan from the beginning? Finally, that the disaster was not intentional? Who is the responsible for having under-evaluated the risk? or for having accepted it?

I don't know the answer, which may additionally differ from country to country. In this context it would probably be more adequate to talk of "safety assessment" than of "risk management".

6.8 Inspections and monitoring

The importance of inspections and monitoring to detect any anomaly or unfavourable drift as soon as possible need not to be underlined here. However, it must be said that monitoring is useless if a continuous and possibly real time interpretation of the data collected (not only their representation) is not carried out carefully. Additionally, the instrumentation system shall be designed, as it were the one of a "testing machine" devoted to detect any change in the dam's response to repeated loading tests.

6.9 Conclusion on risk assessment

In spite of the numerous positive aspects of the classical risk assessment, I begin to think that my friend was not entirely wrong. For sure he was exaggerating a bit! Now, I can also understand, that some authors do try to bypass some pitfalls in suggesting various method of setting up relative prioritisation procedures. Sometimes this appears to be a kind of replacement of the concept of "probabilistic risk" by that of a "deterministic index". By the way, one may notice that statistical methods may be used to optimise deterministic models. Uncertainties of a certain kind may be reduced.

7 FINAL COMMENTS

The Theme Nr 1 did attract many authors who presented very interesting papers. Quite appealing appeared having been the sub-theme on risk analysis. Different and sometimes contradictory opinions were presented, which may deserve a discussion.

The main points of such a discussion could be:

– definition of safety;
– inference of probabilities of flaws;
– monitoring and detection of flaws;
– acceptability of residual risk;
– responsibility for definition of risk.

At the end of the day, the question may also be raised whether a characterisation of dams could not be looked at, which would classify the dams in two groups:

– safe dams (obviously under given conditions and only for a while), and
– dams requiring increased surveillance, more intense monitoring, additional investigations or deserving special care like reduced operation or rehabilitation; all this more or less urgently.

The prioritisation of interventions requires obviously taking into account quite a number of factors, which need not to be repeated here.

The authors deserve thanks and congratulations for the work they carried out.

Annex: List of papers presented for Theme 1.

BIBLIOGRAPHIC REFERENCES

G. Lombardi. "Analyse fréquentielle des crues – Distributions bornées (The frequency analysis of floods- Bounded distributions)". CIGB, Seizième Congrès des Grands Barrages, S. Francisco, 1988, Q.63 R.17, pp. 231–258.

G. Lombardi. "Distribution à double borne logarithmique (Double logarithmic bounded distribution)". CIGB, Seizième Congrès des Grands Barrages, S. Francisco, 1988, C.25, pp. 1337–1348.

G. Lombardi. "On the limits of structural analysis of dams". Symposium on Research and Development in the field of dams, Crans-Montana, September 7–9, 1995, Hydropower & Dams, Volume Three, Issue Five, 1996, pp. 50–56.

G. Lombardi. "Dam failure and third-party insurance". Question 75 d): contribution to the discussion by Dr Eng. G. Lombardi. Icold 19th Congress on Large Dams, Florence, May 1997.

G. Lombardi. "Conceptos de seguridad de presas". Congreso Argentino de Grandes Presas, San Martin de Los Andes, 11–15 octubre 1999.

Dam Maintenance and Rehabilitation, Llanos et al. (eds)
© 2003 Taylor & Francis, ISBN 90 5809 534 7

Modelos matemáticos y calibración en el cálculo de presas

E. Salete Díaz
Escuela Técnica Superior de Ing. de Caminos, Canales y Puertos (U.P.M.)

E. Salete Casino
Escuela Politécnica de Enseñanza Superior. Titulación de Ingeniero en Geodesia y Cartografía (U.P.M.)

C. Marco García
Confederación Hidrográfica del Segura

RESUMEN: En este artículo se defiende la idea de asociar a toda presa y por extensión a toda gran estructura, un modelo matemático de su comportamiento. Dicho modelo debe nacer con los primeros estudios de anteproyecto, tomar su naturaleza casi definitiva durante el proyecto, perfeccionarse durante la ejecución con los nuevos datos de materiales que se obtienen en esta fase, calibrarse durante la primera puesta en carga y mantenerse vivo durante toda la vida útil de la estructura. Una auscultación adecuada es la herramienta insustituible para la calibración, y la coordinación entre instrumentación y modelo proporcionará al ingeniero responsable de la explotación de la presa una herramienta muy útil para conocer en todo momento la situación de la misma.

1 INTRODUCCIÓN

La capacidad de los ordenadores actualmente disponibles y el continuo desarrollo y afinamiento de los métodos para el cálculo de presas, ha originado que el ingeniero proyectista disponga en la actualidad de potentes herramientas para analizar el comportamiento de este tipo de estructuras.

Motivos de distinto tipo hacen que desgraciadamente no siempre esté acorde la precisión y potencia del método de cálculo empleado con la fiabilidad de los parámetros necesarios para su aplicación. Hecho éste al que se une que los datos proporcionados por la Auscultación de la presa, verdadera fuente de información sobre el comportamiento de ésta durante su vida útil, no son normalmente contrastados con los proporcionados por la teoría, más que en los primeros tiempos de su explotación, limitándose casi siempre el análisis de esta información a comprobaciones de tipo cualitativo.

2 EL MODELO DE LA PRESA

El modelo matemático de una presa, no es más que una idealización de la realidad, cuya misión es facilitar información al ingeniero proyectista, o al responsable de la explotación de la misma, sobre el comportamiento esperable de la estructura, ante las distintas acciones a que presumiblemente se va a ver sometida.

En efecto, desde que el proyecto de una presa empieza a ser estudiado, hasta que ésta alcanza el final de su período de servicio, la estructura atraviesa tres períodos claramente diferenciados:

– Fase de proyecto.
– Periodo de construcción.
– Fase de explotación.

En cada uno de ellos las circunstancias que rodean a la estructura (o bien el grado de conocimiento de éstas) varía sensiblemente, afectando al tipo de modelo que debería realizarse.

2.1 *La fase de proyecto*

Durante el proyecto de una presa el modelo de cálculo es una herramienta que utiliza el ingeniero proyectista en la obtención del diseño definitivo de la geometría de la presa, atendiendo a razones de funcionamiento tensional y economía constructiva.

En esta fase existen sin embargo importantes desconocimientos, tanto respecto de los parámetros necesarios para el funcionamiento del modelo, como respecto de las condiciones reales de carga a que va a ser sometida la presa.

En las presas de fábrica no son conocidos con exactitud los parámetros elásticos o resistentes del hormigón que va a ser utilizado, ya que la obra no ha comenzado aún, y desde luego no se sabe cual va a ser su evolución en el tiempo.

Todavía son menos conocidos estos mismos parámetros en el terreno de apoyo, pues los estudios geológicos y geotécnicos que se han hecho están apoyados normalmente en un número bastante reducido de sondeos.

En el caso de las presas de materiales sueltos existe una situación parecida en cuanto a parámetros elásticos y geotécnicos.

De las distintas acciones a que va estar sometida la presa durante su construcción solo interesa, en esta fase del modelo, tener una estimación de los valores externos de las mismas, para poder determinar sus combinaciones mas desfavorables, en relación con el estado tensional de la estructura.

Normalmente tanto el peso propio como los empujes debidos al agua son bien conocidos, pero no ocurre lo mismo con la distribución de temperaturas o el efecto sísmico.

Por todas estas razones y dado que la economía es un factor que hay que tener en cuenta, durante el proyecto de una presa, los modelos de cálculo no necesitan responder a planteamientos teóricos sofisticados pero deben sin embargo intentar abarcar el mayor abanico posible de posibilidades, mediante estudios paramétricos. Cuando no se tiene certeza del valor real de los parámetros ofrecen más información varios estudios lineales, que abarquen un rango adecuado de variación de éstos, que un modelo no lineal sofisticado realizado sobre la base de parámetros inciertos.

2.2 El periodo constructivo

Durante la construcción de la presa, ésta es una estructura viva cuya forma está cambiando con rapidez, a la vez que se ve sometida a acciones externas e internas (peso propio, calor de fraguado, posibles asientos del terreno, compactación, etc.) y a cambios en las propiedades de los materiales.

Hasta hace pocos años se actuaba como si la influencia de todos estos complejos fenómenos concluyese con la finalización de la presa y de hecho los cálculos solían hacerse solo para el estado final de la estructura.

Sin embargo esto no es siempre cierto y así por ejemplo un mal curado del hormigón puede ocasionar no solo propiedades deficientes del material final, sino también la aparición de zonas dañadas en la estructura, fisuraciones diferidas en el tiempo, etc., cuyo origen resulta muy difícil de determinar cuando se presenta.

Es por tanto necesario estudiar también esta fase, diseñando modelos que crezcan con la presa, que sirvan para reproducir la situación real alcanzada y para predecir las tensiones y deformaciones esperables en lo sucesivo. Según vaya progresando la construcción de la presa el modelo deberá ir evolucionando adaptándose a cada nueva situación.

La comparación de los valores obtenidos con el modelo con los proporcionados por los aparatos de auscultación instalados hasta ese momento, permitirá calibrar los parámetros supuestos del cálculo y detectar la presencia de anomalías.

2.3 La presa en explotación

Una vez terminada la presa, es práctica habitual controlar, durante la fase de llenado del embalse, los movimientos y tensiones en la estructura, comparándolos con los valores proporcionados por el cálculo para diversas cotas de agua.

Esta comprobación es útil y evidentemente necesaria pero puede ser mejorada con bajo costo y debe mantenerse además mientras el embalse este en funcionamiento.

Al igual que durante la fase constructiva, una vez finalizada ésta debe de existir también un modelo de cálculo, asociado a la presa, que permita comparar en todo momento los valores medidos con los observados.

Teniendo en cuenta que en presas de fábrica las diferencias entre los cálculos y la auscultación oscilan alrededor del 10% en movimientos, (cuando se conocen con suficiente precisión los parámetros envueltos en el problema), una vez perfectamente calibrado el modelo (lo que se haría durante la construcción y primer llenado de la presa), desviaciones bruscas modelo-instrumentación indicarían que se había estropeado un aparato de medición o que se había producido un fenómeno anómalo en el funcionamiento de la estructura, obteniéndose de esta manera una señal de alarma.

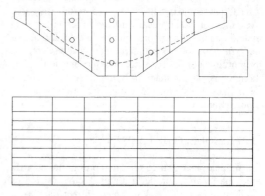

Figura 1. Presa de Quiebrajano. Tensiones.

3 SISTEMA AUTOMÁTICO DE ANÁLISIS DE LOS DATOS PROPORCIONADOS POR LA AUSCULTACION

3.1 *Objeto*

En este apartado se comenta una metodología para tratamiento y verificación de datos de auscultación que fue por primera vez implantado en la presa de Matalavilla (Salete, 1992) y ha sido transportado a muchas otras presas.

La principal diferencia con otros sistemas existentes radica en la integración de los datos realmente medidos, mediante la auscultación, con los resultados proporcionados por un modelo de cálculo.

Esta forma de trabajo permite, una vez calibrado el modelo y entre otras cosas, analizar el comportamiento de la estructura, definir niveles de alarma, etc.

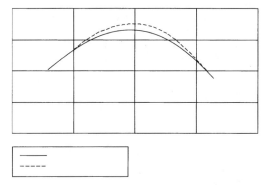

Figura 2.   Presa de Quiebrajano. Movimientos en coronación.

3.2 *Componentes del sistema*

La información que utiliza el sistema se organiza en cuatro bases de datos:

3.2.1 *Parámetros fijos de la instalación*
Son los datos que definen la geometría básica, de la instalación, valores admisibles, parámetros de calibración, etc. Se utiliza para transformar las medidas obtenidas a movimientos, tensiones, caudales, etc., así como para proporcionar un primer nivel de chequeo para la fase de la captura de datos.

3.2.2 *Datos ambientales*
Recogen la situación existente en el momento de realizar la medición en cuanto a nivel de agua, temperaturas exteriores, lluvia, etc.

Estos datos son fundamentales a la hora de construir el estado de carga cuyos resultados teóricos se van a comparar con los valores medidos. También se utilizan para establecer correlaciones, que pueden representarse gráficamente.

3.2.3 *Datos de la Auscultación*
Constituyen la información obtenida como resultado de la auscultación de la presa.

Todos los registros van acompañados de una identificación única que permite saber a que ensayo corresponden y por tanto las circunstancias ambientales que existían en el momento de llevarlo a cabo.

3.2.4 *Modelo de Cálculo*
Esta parte del sistema contiene la información necesaria para poder construir un estado de carga cuyos resultados puedan compararse con los valores proporcionados por la instrumentación.

3.3 *Funcionamiento*

De forma abreviada, el funcionamiento del sistema se esquematiza en la figura cinco adjunta.

Los datos capturados por la auscultación, una vez pasado el primer nivel de chequeo que previene de

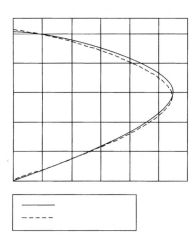

Figura 3.   Presa de Martín Gonzalo. Asientos.

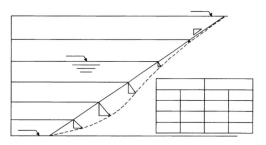

Figura 4.   Presa de Martín Gonzalo. Corrimientos originados por el empuje hidrostático.

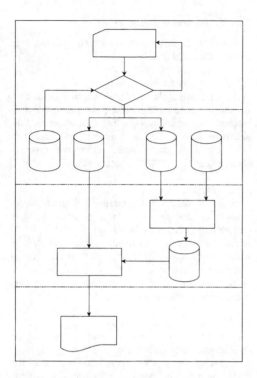

Figura 5.   Funcionamiento del sistema.

posibles mal funcionamientos, pasan a alimentar dos bases de datos:

– Datos ambientales y
– Datos de auscultación.

Simultáneamente el Sistema ha lanzado un proceso que tiene por objeto construir el estado de carga adecuado, obteniendo así valores teóricos que serán comparados con los proporcionados de la auscultación. Del análisis conjunto de las cuatro bases de datos se pueden obtener diagnósticos e incluso emitir señales de alarma si fuese preciso.

4   CONCLUSIONES

Como resumen de todo lo escrito en los apartados anteriores puede concluirse que, a nuestro juicio, es necesario realizar un esfuerzo para acompañar los avances teóricos que se están realizando en el desarrollo de nuevos y más precisos modelos de cálculo con su aplicación real en el día a día.

Para lograr esto es absolutamente necesario en primer lugar mejorar el conocimiento que, en general, se posee de las propiedades de los parámetros utilizados en la modelización de la presa y su cimentación e incluso de los estados de carga reales a que esta se ve sometida o puede verse sometidas.

Concebimos el modelo de cálculo de la presa como un instrumento que está unido a ésta desde su concepción, que evoluciona durante la construcción de la estructura reproduciendo el proceso y que la acompaña durante la explotación del embalse, ejerciendo una misión de vigilancia que permita detectar eventuales problemas.

Esta forma de trabajo, que tiene un coste realmente muy bajo, permitiría sacar el máximo rendimiento a la auscultación de la presa y aumentaría de forma importante la seguridad de la misma.

BIBLIOGRAFIA

Salete E., Arias C. 1988. Arch dams; Creation achievement of Calculation Models. Paris: Strucome Proccedings.
Thomas H.H. 1979. The engineering of large dams. John Wiley & Sons.
First Benchmark Workshop on numerical analysis of dams. Bérgamo (Italia): ISMES 1991.
Baztán J.A. 1989. Hormigón compactado en presas: Proyecto de control, ensayos, auscultación, prescripciones técnicas. Fundación Agustín de Bethencourt, Dirección General de Obras Hidráulicas.
Salete E. 2000. Programa NIVEL (V 2.0). Madrid.
Salete E., Lancha, J.C. 1998. Presas de Hormigón Problemas Térmicos Evolutivos. Madrid: Colegio de Ingenieros de Caminos, C. y P.

Dam Maintenance and Rehabilitation, Llanos et al. (eds)
© 2003 Taylor & Francis, ISBN 90 5809 534 7

Ejemplo de actuación de rehabilitación en el ámbito del Guadiana: Actuaciones para la actualización de la auscultación

Fermín Jiménez Núñez
Ingeniero de Caminos, Canales y Puertos
Jefe de Servicio de Proyectos y Obras de la Confederación Hidrográfica del Guadiana

Ángel Pérez Sainz
Ingeniero de Caminos, Canales y Puertos, Presidente de OFITECO

Antonio Gutiérrez Abella
Ingeniero de Minas, Director de Producción de OFITECO

ABSTRACT: Para poder dar cumplimiento a la vigente normativa en material de seguridad, resulta imprescindible profundizar en el conocimiento y comportamiento de la presa, lo cual precisa la existencia de los sistemas, equipos e instalaciones de auscultación que, además de tener que encontrarse en perfecto estado de funcionamiento, parece conveniente adaptarlos a las nuevas tecnologías. En el ámbito del Guadiana, una buena parte de las presas en explotación presentan una cierta carencia de la instrumentación aconsejable, resultando conveniente su sustitución y renovación, su ampliación, la aplicación de nuevas tecnologías, etc., etc., sin olvidar la problemática de su mantenimiento y conservación, así como la que se plantea referente al seguimiento e interpretación de los datos obtenidos. La presente comunicación, tiene por objeto exponer las últimas actuaciones realizadas en las presas del sistema Guadiana para actualizar la auscultación de las mismas, renovando y ampliando la instrumentación correspondiente.

Example of performance of rehabilitation in the basin of the Guadiana River: Performances for the update of monitoring systems

To be able to give fulfillment to the present regulation in the field of security, it is absolutely necessary to go deep on the knowledge and behavior of the dams. This will require the existence of systems, equipments and facilities for monitoring that, beside being in perfect state of functioning, must be adapted to the new technologies. In the basin of the Guadiana River, a good part of the dams in exploitation they present certain lack of the advisable instrumentation, turning out to be suitable its substitution, renovation, extend, the application of new technologies, etc., without forgetting the problematics of its maintenance and conservation, this way like the related one to the follow-up and interpretation of the monitoring data. The present communication, it has for object expose the last performances fulfilled in the dams of the basin of the Guadiana River to update its monitoring systems, renewing and extending the corresponding instrumentation.

1 INTRODUCTION

La seguridad de una presa, y la valoración de esta seguridad, requiere un perfecto conocimiento del estado y comportamiento de la misma, y se encuentra íntimamente ligada con la existencia de elementos adecuados de control de auscultación, su lectura sistemática, la obtención de una base fiable de datos, y la interpretación rápida de los mismos.

El Reglamento técnico sobre Seguridad de Presas y Embalses vigente en la actualidad, establece todos los criterios de seguridad, entre los que figuran los relativos a la auscultación de presas, incluyendo en su ámbito de aplicación todas las fases de desarrollo y utilización de las presas y de los embalses.

En el ámbito de la cuenca del Guadiana, por concurrencia de circunstancias de muy diversa índole, siendo factor general en esto la carencia de medios humanos y materiales, la aplicación de la normativa dictada dista mucho de producirse en la realidad en buena parte de las presas en explotación, o al menos con el rigor, constancia y regularidad requeridos.

En su preocupación permanente por los temas relativos a la seguridad, la Confederación hidrográfica del Guadiana, dentro de su Programa de Seguridad y Explotación de Presas, considera como capítulo importante la auscultación de las mismas, instalando, desde hace unos años, todos los elementos de auscultación necesarios en las presas de nueva construcción como parte del desarrollo de dicho programa. No obstante, como asignatura pendiente, quedan las presas viejas, por lo que, y como un paso más, ha acometido recientemente la implantación de unos sistemas de auscultación eficaces y específicos en tres de sus presas emblemáticas: Cijara, García de Sola y Orellana, partiendo para ello del acondicionamiento de la escasa y deteriorada auscultación existente en las mismas, hasta llegar a implantar los nuevos controles esenciales en cada una de ellas desde el punto de vista de su seguridad y explotación, aprovechando la ocasión para aplicar las nuevas y más avanzadas tecnologías existentes en el mercado.

En las presas que nos ocupa, grandes presas viejas y con grandes embalses, teniendo en cuenta además las características propias de cada una de ellas (presa, cimiento, embalse, etc.) y considerando que prácticamente carecían de sistema de auscultación propiamente dicho, resultaba esencial el conocimiento del estado de las mismas y el control de sus comportamientos, ya que además de permitir comprobar si las estructuras cumplen los objetivos de estabilidad, resistencia e impermeabilidad para los que fueron diseñadas y construidas, permite también obtener una información valiosísima que añadir a la experiencia existente en el comportamiento, seguridad y conservación de presas viejas.

Como consecuencia de ello, el Servicio de Explotación de las referidas presas redactó un Pliego de Bases para Concurso de Proyecto y Obra que licitó la Dirección General de Obras Hidráulicas y Calidad de las Aguas en 1998 con cargo a los Presupuestos Generales del Estado. La empresa adjudicataria de los trabajos fue OFITECO, quién redactó el correspondiente Proyecto de Instrumentación de las tres presas y ha ejecutado las obras y mantenimiento de las instalaciones durante dos años.

2 CRITERIOS DE DEFINICIÓN DE LOS SISTEMAS DE AUSCULTACIÓN

Esta actuación ha sido promovida con la finalidad de implantar en las presas una buena instrumentación, para lo cual, y en primer lugar, se han impuesto una serie de características y propiedades que deben reunir los equipos de auscultación para garantizar el alcance de los siguientes objetivos:

– Prevenir con suficiente antelación cualquier intervención correctora evitando roturas y desórdenes, y en consecuencia mejorando la seguridad de las presas.
– Controlar los parámetros físicos más relevantes en cada una de las presas, tales como subpresiones, movimientos absolutos (verticales y horizontales), movimientos relativos entre bloques, y filtraciones, con el fin de apreciar si están dentro de un orden de magnitud admisible y consecuente con los de proyecto.
– Conseguir datos que faciliten la comprensión del estado y comportamiento actual de las presas.

Así pues, en este sentido, y tal como es preceptivo, se definieron los correspondientes Planes de Auscultación de las estructuras y se estudiaron meticulosamente las magnitudes cuyas medidas son de interés en las mismas, considerándolas desde tres puntos de vista:

– Condiciones de seguridad de las presas en la fase actual de explotación. Permitiéndonos el control de las mismas en todo momento, comprobando si sus comportamientos son satisfactorios y la adopción de las medidas oportunas en el caso de observarse alguna anomalía.
– Control de la explotación de los embalses.
– Deducir datos sobre el estado y comportamiento actual de los materiales empleados en la construcción de las mismas.

Por otro lado, también se estudiaron meticulosamente los puntos de las estructuras en que deben efectuarse las medidas, tales que, en virtud de su situación, nos permitan, por un lado, generalizar resultados a otros puntos análogos y, por otro, controlar aquellas zonas que por su ubicación o su especial misión, nos interese controlar de forma singular.

Por último, hay que decir que para la realización de estas actuaciones, también se ha estudiado, previa y exhaustivamente, la instrumentación más adecuada, dentro de la tecnología más avanzada en este campo, a fin de obtener las medidas de las magnitudes que nos interesa controlar con la mayor fiabilidad y comodidad posible, todo ello en estricto cumplimiento de la normativa de seguridad vigente.

3 DESCRIPOCIÓN DE LOS SISTEMAS DE AUSCULTACIÓN INSTALADOS

Como fruto de las tareas previas anteriormente enumeradas, los sistemas de auscultación y control finalmente implantados en las presas, responden a la conjunción de una concepción clásica de diseño, suficientemente comprobada por la experiencia, y de la aplicación de las tecnologías más avanzadas, garantizando así el alcance de todos los objetivos perseguidos.

3.1 Sistemas de auscultación de concepción clásica

En estas presas, como prueba de su concepción clásica, y adaptándose a la fase de explotación en la que se encuentran, los controles que se han implantado para la observación y seguimiento de las mismas son de dos tipos:

– Controles sistemáticos o de seguridad.
– Controles de cargas y ambientales.

Los primeros tienen por objeto comprobar de modo rápido y sencillo el correcto y normal funcionamiento de las presas, o si, por el contrario se ha presentado alguna anomalía que pueda poner en peligro su seguridad. Estos controles son los siguientes:

A) AUSCULTACION HIDRAULICA

– Aforo de filtraciones.
– Medición de subpresiones.

B) DESPLAZAMIENTOS RELATIVOS

– Movimientos en las juntas entre bloques.

C) DESPLAZAMIENTOS TOTALES

– Movimientos horizontales absolutos en cimentación y en coronación de presa (Conjunto coordinado de péndulo directo y péndulo invertido).
– Movimientos verticales y horizontales absolutos en el cuerpo y coronación de presa (Auscultación topográfica de precisión).

Por otro lado, el segundo tipo de controles, "Controles de cargas y ambientales", constituye un complemento imprescindible para la correcta interpretación de los datos anteriormente obtenidos por los controles de seguridad, y consta de:

A) CONTROL DE NIVELES DE EMBALSE
B) CONTROL DE VARIABLES METEORO-LOGICAS

Así pues, en cada presa, se ha instalado la instrumentación necesaria para la materialización o realización de los controles anteriores, eligiendo los sensores más adecuados a cada caso, los emplazamientos más idóneos y representativos, y vigilando al máximo las buenas prácticas de instalación.

3.1.1 Control de filtraciones
En cada una de las presas se ha instalado un esquema concreto y específico para el control de filtraciones,

perfectamente adaptado a las propias características de la presa (forma de producirse), a las infraestructuras actualmente existentes de recogida y canalización y, a las exigencias reales de control requeridas en cada caso, presentando y cumpliendo, además, el objetivo de permitir el control manual y automatizado de las filtraciones totales existentes y su distribución zonificada, diferenciando las de cada margen, las de la zona o zonas centrales, las singulares existentes y, si es posible, las correspondientes a cada nivel de galerías de inspección.

Para materializar dicho control se han instalado, en puntos estratégicos, aforadores triangulares, tipo Thomson, de acero inoxidable, con escala manual y sensor ultrasónico automatizado, realizando previamente toda la obra civil necesaria para la recogida y canalización de las filtraciones y la construcción de las correspondientes estaciones de aforo de las mismas.

Elementos	Presa		
	Cijara	García de Sola	Orellana
Obra civil básica	3	3	4
Obra civil especial	3	–	1
Placa aforadora	6	3	5
Escala manual	6	3	5
Sensor ultrasónico	6	3	5

3.1.2 Control de subpresiones
En estas presas resulta fundamental el conocimiento y control de la ley de subpresiones existente en su cimentación, por lo que se han instalado una serie de piezómetros, del tipo de cuerda vibrante -ya que estos equipos presentan, además de la máxima fiabilidad, la ventaja adicional de permitir fácilmente su automatización- distribuidos en secciones estratégicas del perfil longitudinal de cada presa.

En unas de estas secciones transversales, las más significativas, se han instalado cuatro piezómetros, todos en el cimiento de la presa, dos a 1.5 m por debajo del contacto roca-hormigón, y otros dos en el cimiento medio profundo, a unos 8 ó 10 m por debajo del contacto. Los piezómetros de cada cota de control se encuentran a unas distancias al paramento de aguas arriba de la presa equivalentes a 1/3 y 2/3, respectivamente, de la anchura de la base del bloque correspondiente.

En las restantes secciones, el control se limita al contacto roca-hormigón, con dos piezómetros instalados de la forma anteriormente comentada.

Con esta distribución, además de disponer de mediciones de subpresiones en una zona muy extensa del perfil longitudinal de cada presa, también se facilitará el conocimiento de la ley de subpresiones en el contacto y en el cimiento medio profundo de una serie de secciones transversales principales de las mismas, así como una extensión de dicho control a la eficacia de las pantallas de drenaje e impermeabilización.

La instalación de todos los piezómetros se ha realizado en taladros perforados, a rotación y con extracción continua de testigo, desde la galería más próxima al cimiento en cada caso, con la inclinación y profundidad necesarias para alcanzar el punto previsto de medición correspondiente.

Estos piezómetros están directamente conectados al sistema automático de adquisición de datos de cada presa, permitiéndose además su lectura manual mediante un equipo portátil de nueva adquisición.

Elementos	Presa		
	Cijara	García de Sola	Orellana
Perforación (ml)	125	171	171
Piezómetro C.V	12	12	14
Equipo portátil de lectura	1	1	1

3.1.3 Movimientos relativos en las juntas entre bloques

El control externo de las juntas entre bloques, tanto transversales en las galerías longitudinales de presa, como longitudinales, accesibles desde las galerías transversales (presa de Cijara), se ha realizado con un alcance prácticamente absoluto, utilizando para ello medidores XYZ de control tridimensional de lectura manual con reloj comparador de precisión.

Elementos	Presa		
	Cijara	García de Sola	Orellana
Medidor juntas XYZ	37	33	37
Reloj Comparador	1	1	1

3.1.4 Movimientos horizontales absolutos en cimentación y en coronación de presa (Péndulos)

En cada presa, en uno de los bloques centrales y de mayor altura de las mismas, se ha instalado un conjunto coordinado de péndulo directo-invertido para el control de los movimientos horizontales absolutos, transversales y longitudinales, en cimentación y en coronación.

Para la instalación de los péndulos, especialmente del directo de cada conjunto coordinado, y con la intención de economizar en las perforaciones, se han aprovechado al máximo las infraestructuras (pozos, tubos, camerines, etc.) existentes en cada presa, obligando, en muchos casos, a trabajos sumamente delicados y precisos para encajar los péndulos en las verticales más idóneas.

Así pues, en la presa de Cijara se ha perforado desde coronación hasta la galería superior en la vertical de un pozo de juntas, instalando entre dichas cotas el péndulo directo. A continuación de este se ha instalado el péndulo invertido, aprovechando para ello el pozo de juntas existente hasta la galería inferior, y prolongándolo hasta penetrar treinta y un metros en la roca subyacente a la cimentación, mediante perforación realizada desde coronación.

Por su parte, en García de Sola, con la intención de aprovechar un tubo existente desde una de las cámaras de maniobra de compuertas del aliviadero, se tubo que perforar el forjado de la misma en la vertical del tubo, escariar dicho tubo mediante perforación desde coronación hasta la galería inferior, y prolongarlo hasta penetrar veinticinco metros en la roca subyacente a la cimentación, mediante perforación realizada también desde coronación.

Finalmente, en Orellana, la instalación del péndulo directo se ha realizado en un taladro ejecutado desde coronación, en la vertical del nicho existente en la galería intermedia, enfrente de la galería de acceso de margen derecha. Realizándose la instalación del péndulo invertido a continuación del directo, prolongando el mismo taladro, desde coronación, hasta penetrar treinta y dos metros en la roca subyacente a la cimentación.

Todas las perforaciones se han realizado a rotopercusión con martillo en fondo y diámetro de 300 mm, entubando los tramos galería de fondo-cimiento de cada taladro, con tubería de PVC de 250 mm de diámetro y 10 atmósferas de presión nominal, y posteriormente inyectando con mortero de cemento el espacio anular existente entre el tubo y el taladro.

La coordinación de ambos péndulos de cada conjunto, se ha realizado en la intersección de taladro con la galería superior en Cijara y García de Sola, y con la intermedia en Orellana. En dichas localizaciones se han construido y acondicionado unos nichos o camerines donde se han instalado el depósito inferior del péndulo directo y el conjunto depósito-flotador del invertido, así como los dispositivos de medida de cada uno de ellos: plancheta XY de lectura manual y teleplancheta XY para lectura automática.

Finalmente, en Cijara y García de Sola, se ha instalado un segundo punto de control en el péndulo invertido, en su intersección con la galería de fondo, construyendo y acondicionando los nichos o camerines, e instalando los dispositivos de medida: plancheta XY de lectura manual y teleplancheta XY para lectura automática.

Elementos	Presa		
	Cijara	García de Sola	Orellana
Perforación (ml)	54	41	76
Entubado (ml)	39	41	42
Péndulo directo	1	1	1
Péndulo invertido	1	1	1
Nicho de lectura	2	2	1
Plancheta XY	3	3	2
Teleplancheta XY	3	3	2

3.1.5 *Auscultación topográfica de precisión*

En cada una de las presas se ha instalado un esquema concreto y específico de auscultación topográfica de movimientos absolutos, verticales y horizontales, que se ajusta a sus propias características y a las del terreno de ambas laderas, así como a las exigencias reales de control requeridas, integrando los siguientes sistemas de control:

- Sistema de nivelación topográfica en coronación, constituido por una serie de puntos de referencia en presa (clavos de nivelación), colocados uno en cada bloque de la presa, y una serie de clavos adicionales en el terreno, en ambas márgenes de la presa, fuera de la zona de influencia del embalse, hacia aguas abajo de la misma. De este modo, se consigue mejorar la precisión de las nivelaciones realizadas sobre la coronación de presa, al poder realizar el cierre de las mismas en puntos fijos exteriores.
- Sistema de colimación recta topográfica en coronación, constituido por una serie de puntos de referencia en presa (clavos de colimación), aprovechando los clavos de nivelación instalados en cada bloque de la presa, un pilar de observación en un estribo, y base de referencia fija en el otro. Este control no se ha instalado en la presa de Orellana por la geometría de su planta y la excesiva longitud de las visuales resultantes.
- Sistema de control topográfico de movimientos absolutos horizontales por trisección inversa de puntos fijos de presa desde referencias fijas en laderas, compuesto por una serie de puntos fijos en presa (dianas de referencia), instaladas en los bloques centrales de la presa, en los cajeros y pilas del aliviadero, próximos a coronación, y tres referencias fijas (pilares de observación) en laderas aguas abajo de la presa, colocados dos en una margen y otro en la otra. Por último, también se han instalado dos señales fijas de referencia lejana (cono y diana) para comprobación de la estabilidad de los distintos pilares de observación, en especial de la tercera base de observación del sistema de trisección inversa.

La ejecución de este control se realiza con la utilización de los equipos del servicio de topografía de la Confederación, requiriéndose para ello un Teodolito y un Nivel de precisión de su inventario, y dos miras de invar, así como una mira móvil de colimación y dos señales cónicas móviles de nueva adquisición.

Elementos	Presa		
	Cijara	García de Sola	Orellana
Clavo de nivelación/ colimación en presa	18	17	41
Clavo de nivelación adicional	8	9	10
Pilar colimación recta	1	1	–
Base fija de referencia	1	1	–
Pilar trisección inversa	3	3	3
Señales en presa	8	8	13
Referencia lejana	2	2	–
Señales cónicas móviles	2	2	2
Mira móvil colimación	1	1	–

3.1.6 *Controles de cargas y ambientales*

Con objeto de materializar o realizar estos controles, considerados como complemento imprescindible para la correcta interpretación de los datos anteriormente obtenidos por los controles de seguridad, se han incorporado al sistema automático de cada una de las presa, el pluviómetro de la estación meteorológica y el limnímetro piezoeléctrico (con sensor de cuarzo), ambos existentes con anterioridad a estas actuaciones.

Además, en todas las presas, se ha instalado un nuevo termómetro de ambiente, más preciso y fiable que el existente, ya que la relevancia de este parámetro de control así lo exigía.

Elementos	Presa		
	Cijara	García de Sola	Orellana
Pluviómetro	1*	1*	1*
Limnímetro	1*	1*	1*
Termómetro ambiente	1	1	1

* Elemento existente.

3.1.7 *Control de caudales de salida*

Finalmente, en las presas de García de Sola y Orellana, se han incorporado también al sistema automático los caudalímetros existentes en las tomas de los respectivos canales.

25

	Presa		
Elementos	Cijara	García de Sola	Orellana
Caudalímetro	–	1*	2*

* Elemento existente.

3.2 Sistemas de auscultación tecnológicamente avanzados

Por otro lado, la otra cara que define los sistemas de auscultación implantados en estas presas, es la aplicación de las tecnologías más avanzadas en aras de alcanzar su máxima eficacia y fiabilidad, así como la mayor sencillez, comodidad y rapidez en la consulta, análisis e interpretación de los datos suministrados por los mismos.

En este sentido hay que destacar la implantación, en cada una de las presas, de un sistema automático de adquisición de datos utilizando equipos y procedimientos de última tecnología, basado en una filosofía de control distribuido, con diversos modelos de transductores inteligentes, interconectados y comunicados de forma que constituyan una red local de sensores, instalando para ello los siguientes elementos:

– Red de transductores inteligentes (TI's) para automatización de los sensores eléctricos de nueva implantación, distribuidos en diversos nodos de la red local (NRL) en función de la distribución de los sensores a automatizar en cada presa.
– Línea de bus de campo, con soporte de cable eléctrico especial, tendida por el interior de cada presa, para comunicación y alimentación de los diversos TI´s integrantes de red.
– Sistema informático en la oficina de presa: ordenador central de control y periféricos: fuente de alimentación ininterrumpida (UPS) e impresora.
– Sistema de transmisiones o comunicación bidireccional mediante una línea de fibra óptica, totalmente insensible a los fenómenos de descargas eléctricas y transitorias, entre sistema de adquisición, o red de transductores inteligentes, y ordenador central de control. Posibilitando así, desde la oficina de presa, el desarrollo, íntegro y absoluto, de todas las funciones que conlleva el control general del sistema automático de auscultación, aunque este puede funcionar, y generalmente así lo hace, de forma absolutamente autónoma e independiente del ordenador central de control. La conexión de la red local a la línea de fibra óptica, así como también la del propio ordenador, se ha realizado mediante los correspondientes Módem ópticos y conectores especiales.
– Sistema de transmisión de datos al centro de proceso de datos (CPD) de Don Benito (con posibilidad de cualquier otro CPD) vía módem telefónico,

siendo dicho sistema compatible con las infraestructuras de comunicaciones del SAIH.
– Sistema general de alimentación, compuesto por: Conjunto de baterías de 12 VDC con autonomía de 2-3 días, cargador de baterías, ondulador para generación de 220 VAC estabilizados a partir del conjunto de baterías, cuadro eléctrico de alimentación con interruptor autorearmable y protecciones eléctricas de B.T. y, acometida a red.
– Sistema integral de protecciones eléctricas de todos los elementos del sistema automático, incluyendo toma de tierra.
– Aplicaciones informáticas para gestión integral de la red de transductores inteligentes, y para tratamiento y análisis de datos de auscultación. Tanto en la oficina de presa como en el servidor del CPD de Don Benito, con el máximo nivel jerárquico en dicho punto, permitiendo el acceso de distintos usuarios con distintos niveles de restrictivos de su funcionalidad. Además estas aplicaciones pueden ser instaladas en cualquier portátil y ser rodadas vía telefónica o GSM desde cualquier otra ubicación.

	Presa		
Elementos	Cijara	García de Sola	Orellana
TI's	21	20	25
NRL	6	5	4
Bus de campo (ml)	300	350	200
Ordenador presa	1	1	1
UPS	1	1	1
Impresora	1	1	1
Fibra Óptica (ml)	200	50	200
Modem F.O.	1	1	1
MODEM telefónico	1	1	1
Sistema alimentación	1	1	1
Sistema protecciones	1	1	1
Software de gestión	1	1	1
Software de análisis	1	1	1

Las ventajas principales de estos sistemas automáticos de última generación implantados en las presas son evidentes:

– Se trata de sistemas que tienen distribuidas todas las funciones propias de los sistemas de adquisición de datos: conversión de unidades, registro de datos, detección de alarmas y eventos, etc.
– La electrónica de conversión digital y adquisición se encuentra próxima a los sensores.
– Máxima especificación de sus elementos: Transductores inteligentes específicos para cada tipo o familia de sensores.
– Transmisión digital de toda la información a través de un bus de campo.

- Reducción de los tendidos de cableado de centralización de sensores.
- Mejora considerable de la inmunidad del sistema frente al ruido y a las sobretensiones.
- Aumento de la fiabilidad del sistema al no depender todos los datos de un único equipo.
- Óptimo dimensionamiento del sistema: mínima estructura básica con los transductores esencialmente necesarios.
- Gran capacidad de crecimiento con muy bajo coste.
- Facilidad de mantenimiento, impuesta por el carácter modular del sistema.

4 PROBLEMÁTICA ASOCIADA: OPERACIÓN Y MANTENIMIENTO

Sobre la base de todo lo anteriormente expuesto, no cabe duda de la necesidad, importancia y utilidad de estas actuaciones que hemos realizado en estas tres grandes presas del Guadiana, y que podremos ir ampliando a otras presas de la cuenca. Pero no hay que olvidar que con las evidentes grandes ventajas que nos brindan estas actuaciones, y desgraciadamente de forma inevitable, se presentan también inconvenientes asociados a las mismas, tales como la problemática de su operación, y la que se plantea referente a su conservación y mantenimiento.

En efecto, una vez definida la instrumentación a implantar en una presa, instalados los sensores correctamente en las localizaciones adecuadas, seleccionados e instalados los equipos automáticos, establecido el sistema de transmisión y los mecanismos de procesamiento, análisis, interpretación e informe de los datos, los trabajos de operación y mantenimiento de todo el conjunto van a jugar un papel importante en los resultados finales que obtengamos de todo el sistema. Así pues, una operación correcta y un buen mantenimiento, nos permitirá obtener información fiable, prácticamente en tiempo real, del comportamiento de la presa, y así poder profundizar en el estudio de su seguridad, en cualquier época de su vida.

Consecuentemente, si los conceptos de operación y mantenimiento, los aplicamos de una forma continuada a una presa, nos llevan, si no a garantizar su seguridad, dada que la misma está fuertemente unida a un buen proyecto y una buena construcción, si nos van a ayudar a tomar medidas de prevención y control.

La operación y mantenimiento de un sistema de auscultación en general, y automatizado en particular, no conllevan grandes planteamientos teóricos, pero si algunos prácticos, ya que normalmente, aunque son actividades muy metódicas y por tanto rutinarias, requieren dedicación, claro está, y una cierta especialización del personal encargado, debido a que cada vez los sistemas son más sofisticados y precisos, sin olvidar el coste de los materiales y repuestos necesarios para la correcta ejecución del programa de mantenimiento, y la problemática que se plantea referente al seguimiento e interpretación actualizado de los datos obtenidos. Además, esta rutina, no evita su importancia, por que implantar una buena operación y un correcto mantenimiento del sistema, es garantizar que la información necesaria la obtendremos con calidad y en el momento que la deseemos.

5 RESOLUCIÓN DE DICHA PROBLEMÁTICA

La resolución de estas problemáticas es absolutamente necesaria para garantizar la durabilidad de los sistemas de auscultación y de su utilidad futura, y exige la implantación de un programa de mantenimiento especifico y adaptado a las condiciones y características de los mismos, la lectura de las variables controladas de acuerdo a un programa ajustado a las necesidades reales de control que requieren las presas en cada momento, y la realización de forma inmediata y actualizada del análisis, tratamiento e informe de los datos obtenidos.

La realización de estas actuaciones implica los mismos tres pasos que cualquier otra de otra índole, es decir:

- Tener conciencia de su necesidad.
- Querer hacerlo y proponérselo realmente.
- Ejecutarlo.

El primer paso, agraciadamente, creemos que ya está dado en todos los niveles, o al menos de forma muy generalizada, ya que, hoy día, si se puede hablar de la existencia de una necesidad extendida de conservación y mantenimiento de todos los sistemas que conviven en una gran obra como es una presa, aunque, si bien es cierto, esta necesidad no se tiene con la misma intensidad en todos ellos, encontrándose, por lo general, las necesidades de auscultación detrás de otras de mayor importancia.

En cuanto al segundo paso se refiere, hay que empezar diciendo que no es lo mismo querer que proponérselo. Lógicamente, si ya hemos dicho que existe una conciencia clara y extendida de necesidad, también se puede decir que todos los técnicos responsables de presas quieren, o al menos les gustaría, tener todos los sistemas de las mismas en perfecto estado de conservación y mantenimiento, incluido el de auscultación, así como tener los medios humanos y materiales necesarios para su correcta operación: ejecutando el programa de lecturas más idóneo en cada momento, y teniendo al día toda la información suministrada. Pero para esto no basta sólo con querer, sino que hay que proponérselo realmente, para lo cual el primer paso es programarlo en el momento oportuno, y realizar todos los pasos previos, algunos de ellos tediosos, o al menos nada técnicos, que exija su ejecución o puesta en marcha.

Finalmente, el último paso parece fácil, o incluso estar hecho, si se han dado satisfactoriamente los anteriores, pero en la práctica no es así siempre, ya que queda lo más difícil, que es asignar los medios y recursos necesarios y suficientes para la realización de dichas tareas con el alcance realmente programado.

6 CONCLUSIÓN FINAL

Como ya sabemos todos por haberlo experimentado en numerosas ocasiones, todo lo dicho anteriormente no es una cosa fácil, pero también sabemos que puede hacerse y, por suerte, además parece que todos vamos en ese camino.

Nosotros en la Confederación Hidrográfica del Guadiana pensamos así y vamos a continuar pensando y actuando así. Creemos, también, que así piensa la Dirección General de Obras Hidráulicas y Calidad de las Aguas.

Las tres grandes presas del Guadiana en la zona occidental de la cuenca han quedado debidamente instrumentadas y, en la actualidad, todo está funcionando correctamente. En un futuro, será necesario analizar en profundidad los datos obtenidos y obtener los diagnósticos deseados.

Dam Maintenance and Rehabilitation, Llanos et al. (eds)
© 2003 Taylor & Francis, ISBN 90 5809 534 7

Actuaciones prácticas de un Organismo de cuenca en conservación y rehabilitación de presas

J. Martín Morales

Ingeniero de Caminos, Director Adjunto-Jefe de Explotación, Confederación Hidrográfica del Guadiana

ABSTRACT: Los Organismos de cuenca tienen como función y atribuciones, entre otras muchas, la encomienda de la explotación de todas aquellas presas construidas por el Estado dentro de su ámbito territorial. Dentro de esta actividad general de explotación de presas quedan recogidas las actuaciones en materia de mantenimiento, conservación y rehabilitación de las mismas. Por consiguiente, las Confederaciones Hidrográficas realizan una actividad continuada en materia de conservación y rehabilitación de las presas de titularidad estatal a efectos de mantenerlas en perfecto estado de conservación, funcionamiento y servicio.

Esta intensa actividad general de conservación y rehabilitación de presas realizada en estos últimos años por parte de la Confederación Hidrográfica del Guadiana, dentro de su ámbito territorial, podría desglosarse, o agruparse, según los varios y diversos grandes conceptos generales que se indican: "Rehabilitación estructural. Rehabilitación funcional. Rehabilitación por condiciones de seguridad. Rehabilitación para adaptación a las nuevas normativas. Rehabilitación en materia medioambiental. Rehabilitación histórico-artística y monumental. Rehabilitación de la auscultación. Rehabilitación del entorno de la presa. Rehabilitación de la cuenca. Rehabilitación de la calidad del agua del embalse".

La Confederación Hidrográfica del Guadiana ha llevado a efecto una serie de actuaciones concretas en diversas presas de la cuenca, con resultados satisfactorios, abarcando todos los diversos campos anteriormente enumerados, pretendiendo con la presente comunicación realizar una exposición general de esta actividad global del Organismo tomando como base los ejemplos prácticos y reales de las actuaciones realizadas, que sirva como hilo conductor común de unión y enlace de los diversos tipos de actuaciones ejecutadas, para a continuación dar paso a una serie de comunicaciones individualizadas, desglosadas y concretas detallando cada una de dichas actuaciones.

Los Organismos de cuenca tienen como función y atribuciones, entre otras muchas, la encomienda de la explotación de todas aquellas presas construidas por el Estado dentro de su ámbito territorial. Todo ello acorde con los principios rectores de la gestión de la Administración Pública en materia de aguas: unidad de gestión, tratamiento integral, desconcentración, descentralización, coordinación, eficacia y respeto a la unidad de la cuenca Hidrografica.

En efecto, el Texto Refundido de la Ley de Aguas, aprobado por Real Decreto Legislativo 1/2.001, de 20 de julio, dentro de su Título II – "De la Administración Pública del Agua" – dedica el Capítulo III a "Los Organismos de cuenca" definiendo sus funciones en el artículo 23 y sus atribuciones en el 24, diciendo en concreto lo siguiente:

- Son funciones de los Organismos de cuenca........ (art.23.d) "El proyecto, la construcción y explotación de las obras realizadas con cargo a los fondos propios del Organismo, y las que les **sean encomendadas** por el Estado.

- Los Organismos de cuenca tendrán para el desempeño de sus funciones las siguientes atribuciones y cometidos.......... (art.24.d) "El estudio, proyecto, ejecución, conservación, explotación y mejora de las obras incluidas en sus propios planes, así como de aquellas otras que pudieran **encomendárseles**".

Acorde con dicha **encomienda general** los Organismos de cuenca se encargan, ya sea con cargo a los presupuestos generales del Ministerio de Medio Ambiente como a su propio presupuesto, de los estudios, proyectos, construcción, conservación, explotación y mejora de todas las presas de titularidad estatal dentro de su ámbito geográfico, y de forma muy particular de la explotación de las mismas.

Dentro de esta actividad general de explotación de presas quedan recogidas todas aquellas actuaciones que se puedan realizar en materia de mantenimiento y conservación de las mismas, y de todas sus instalaciones complementarias. Entre dichas actuaciones, como caso particular, también se contemplan las actuaciones en materia de rehabilitación.

Por consiguiente, los Organismos de cuenca, Confederaciones Hidrográficas, realizan una actividad continuada en materia de conservación y rehabilitación de presas de titularidad estatal a efectos de mantenerlas en perfecto estado de conservación y funcionamiento, y así puedan prestar el servicio para el que fueron proyectadas y construidas en su día.

Como ejemplo de esta actividad, a continuación se expone en forma resumida una serie de actuaciones de diversos tipos realizadas en los últimos años por uno de los Organismos de cuenca, la Confederación Hidrográfica del Guadiana (CHG), en las presas de titularidad estatal ubicadas dentro de su ámbito geográfico competencial.

El ámbito geográfico competencia de la Confederación Hidrografica del Guadiana tiene una extensión de 60.256 Km^2 dentro del cual existen 86 presas (grandes presas) construidas y en servicio, de las cuales 35 son de titularidad estatal. Estas últimas tienen una capacidad total de 8.663 Hm^3, ofreciendo una gran diversidad de características, encontrándose entre ellas la Presa de La Serena cuyo embalse es el de mayor capacidad del país, 3.219 Hm^3, así como las dos presas más antiguas, Cornalbo y Proserpina, construidas en la época romana y con unos dos mil años en servicio, y con algunos embalses de especial interés medioambiental como es el caso de la presa de Orellana, primer humedal artificial incluido en el Convenio Ramsar.

Toda esta diversidad de características, y las implicaciones que ello lleva consigo, tiene una repercusión directa en la gestión de la explotación de las mismas, y por consiguiente en su conservación y posibles actuaciones de rehabilitación.

Aunque en los últimos veinte años han sido construidas y puestas en servicio algunas de dichas presas de titularidad estatal, una buena parte de las presas citadas llevan ya unas decenas de años de funcionamiento prestando el servicio correspondiente, con síntomas claros de envejecimiento que precisan de actuaciones de conservación y, en su caso, de rehabilitación para recuperación de su funcionalidad.

Hay que hacer notar que las actuaciones que se realizan en materia de conservación y rehabilitación no solo se refieren a la propia presa, sus órganos de desagüe e instalaciones complementarias, sino que se refieren a todo cuanto atañe a la funcionalidad de la presa, a que la misma funcione en las debidas condiciones, tanto de servicio como de seguridad, y que pueda prestar el servicio para el que fue proyectada y construida en su día. Por consiguiente, también deben contemplarse todas las actuaciones que se realizan en el entorno de la presa, en las instalaciones complementarias, en los caminos de acceso, en las líneas e instalaciones de suministro de energía, en las comunicaciones, en el cauce aguas abajo, etc., etc., y hasta en la propia calidad del agua embalsada, cuya pérdida de calidad impediría que la presa pudiese seguir prestando el servicio pertinente. Toda la actividad general de conservación y rehabilitación de presas emprendida durante los últimos años por parte de la C.H.G., en las presas de titularidad estatal dentro de su ámbito competencial, podría desglosarse, o agruparse, según los varios y diversos grandes conceptos generales que se indican:

1. Rehabilitación estructural.
2. Rehabilitación funcional.
3. Rehabilitación por condiciones de seguridad.
4. Rehabilitación para adaptación a nuevas normativas.
5. Rehabilitación histórico-artística y monumental.
6. Rehabilitación en materia medioambiental.
7. Rehabilitación de la auscultación e instrumentación.
8. Rehabilitación del entorno de la presa.
9. Rehabilitación de las condiciones de la cuenca vertiente.
10. Rehabilitación de la calidad del agua del embalse.

Dentro de ese primer grupo calificado como rehabilitación estructural entran todas las múltiples y diversas actuaciones de toda índole realizadas en el cuerpo de presa y su cimentación, tanto para garantizar las condiciones de seguridad de la estructura como su impermeabilidad, pudiendo destacarse por la frecuencia de su actuación las que se realizan en materia de corrección de filtraciones, inyecciones, impermeabilizaciones, etc., así como para descalcificación de drenes.

Como ejemplo de actuación de cierta envergadura en materia de rehabilitación estructural por parte de la

Figura 1.   Presa de Gasset.

30

C.H.G. es de destacar la realizada en la presa de Gasset mediante la construcción de una pantalla en el interior del espaldón así como la modificación de la sección transversal de la presa que resultaba algo estricta, todo lo cual se detalla en la comunicación correspondiente denominada "REHABILITACIÓN ESTRUCTURAL DE LA PRESA DE GASSET".

En cuanto atañe a las actuaciones en materia funcional, dentro de dicho concepto se incluyen todas las operaciones encaminadas a que los diversos órganos sigan cumpliendo su función: compuertas, desagües de fondo, tomas, y todos sus mecanismos de accionamiento. Este tipo de instalaciones y sus mecanismos están sujetos a condiciones muy exigentes y tienen una vida útil mucho más reducida, lo cual obliga a programas de mantenimiento muy exigentes, a revisiones periódicas y a actuaciones continuadas para su conservación y mantenimiento en adecuadas condiciones de funcionamiento.

Como casos a destacar de actuaciones de cierta envergadura acometidas recientemente por la C.H.G. pueden citarse las realizadas en las presas de Tentudía y de El Vicario, en las cuales se ha procedido a una sustitución de válvulas y conductos, y todos sus mecanismos de accionamiento. En la comunicación denominada "REHABILITACIÓN FUNCIONAL DE LA PRESA DE EL VICARIO" se pone ampliamente de manifiesto los trabajos realizados y los resultados obtenidos.

Así mismo podrían incluirse dentro de este concepto funcional todas las actuaciones encaminadas a mantener en perfecto estado de servicio los caminos de acceso a la presa, así como todas y cada una de las diversas instalaciones complementarias, líneas de suministro de energía eléctrica, instalaciones de transformación, comunicaciones, etc., etc., sobre las cuales la C.H.G. mantiene una especial atención a efectos de mantener las adecuadas condiciones de funcionalidad de la presa.

Otro aspecto importante a considerar se refiere a la recuperación de las condiciones de seguridad precisas de la presa, especialmente en materia hidrológica, por falta de capacidad de aliviaderos o similar.

Sobre este concepto la C.H.G. ha realizado una actuación realmente significativa en la presa de Los Molinos, la cual queda ampliamente detallada en la comunicación denominada "REHABILITACIÓN POR CONDICIONES DE SEGURIDAD EN LA PRESA DE LOS MOLINOS".

Un campo de actuación también muy significativo, sobre todo para las presas de cierta antigüedad, se refiere al cumplimiento de las nuevas normativas que se van publicando, cuyo último ejemplo más significativo sería el actual y vigente Reglamento Técnico sobre Seguridad de Presas y Embalses.

En materia de nueva normativa resulta de destacar la nueva normativa en materia de prevención de riesgos laborales que ha obligado a la realización de numerosas y variadas actuaciones, modificando reestructurando o acondicionando instalaciones, accesos, escaleras, barandillas, protecciones de todo tipo, señalización, etc., etc., y en general todo cuanto atañe a los puestos de trabajo y condiciones en que se realizan los trabajos de mantenimiento y conservación.

En el ámbito de la cuenca del Guadiana se encuentran ubicadas las presas de Cornalbo y Proserpina, ambas construidas en la época romana, con dos mil años de servicio, lo cual ha sido posible sin lugar a dudas gracias a las labores de conservación realizadas en las mismas a lo largo de los siglos, así como a las actuaciones de rehabilitación acometidas en las mismas, de una parte de las cuales se tiene constancia documentada.

En los últimos años, dichas actuaciones de conservación y rehabilitación han sido llevadas a cabo por parte de la C.H.G., acometiendo un ambicioso Plan de Rehabilitación de la Presa de Proserpina y su entorno, el cual ya ha sido ampliamente difundido en diversas ocasiones, y teniendo previsto acometer otro similar para la Presa de Cornalbo, representando ambos un claro ejemplo práctico de las actuaciones que realiza la C.H.G. en materia de rehabilitación histórico artística y

Figura 2.   Aliviadero Presa Los Molinos.

Figura 3.   Presa de Proserpina.

Figura 4.   Presa de Cornalbo.

Figura 5.   Presa de Canchales.

monumental, posibilitando con ello la conservación de un patrimonio histórico singular.

Como ejemplo de actuación en este campo y la problemática que conlleva este tipo de actuaciones en presas históricas, en la comunicación denominada "PROBLEMÁTICA QUE PLANTEA LA CONSERVACIÓN Y REHABILITACIÓN DE PRESAS ANTIGUAS E HISTÓRICAS" se expone detalladamente todo ello.

Por otra parte, no puede obviarse que un buen número de embalses de la cuenca del Guadiana se encuentran inmersos en zonas de interés medioambiental, tanto dentro de espacios naturales y protegidos (Tablas de Daimiel, Cabañeros, Cornalbo, ...) como dando lugar a humedales de interés reconocido, cual es el caso de la presa de Orellana incluida en el Convenio Ramsar, lo cual conlleva una serie de exigencias para la realización de cualquier actuación en materia de conservación de las presas afectadas. Curiosamente, la presa de Cornalbo, construcción evidentemente artificial, da lugar a la creación de un parque natural basado y centrado en su embalse.

Dada esta riqueza medioambiental existente en la gran mayoría de embalses ubicados en la cuenca del Guadiana, durante los últimos años se había procedido a la ejecución de una serie de medidas de protección y revalorización en materia medioambiental, las cuales precisan también de su mantenimiento y conservación para que puedan seguir prestando el servicio para el que fueron concebidos. Son de destacar las numerosas islas artificiales construidas para favorecer el hábitat y la nidificación de aves, archipiélagos, atolones, miradores de aves, zonas de esparcimiento y recreo, etc., etc.

Como ejemplo de cierta relevancia de una actuación realizada en esta materia, en la comunicación denominada "REHABILITACIÓN EN MATERIA MEDIOAMBIENTAL EN LA PRESA DE LOS CANCHALES" se expone con detalle un ejemplo de actuación que puede ser modélica y muy posiblemente

servir de pauta para otras futuras actuaciones similares.

Al mismo tiempo, la proliferación de Lugares de Interés Comunitario (LIC) como de Zonas Especiales de Protección de Aves (ZEPA) abarcando una parte muy significativa del dominio público hidráulico, implica el surgimiento de una serie de limitaciones a las actuaciones a realizar en materia de conservación y rehabilitación de algunas presas, dando lugar a una problemática ciertamente complicada, con la intervención de una serie diversa de Administraciones con competencias en la materia. Esta problemática se expone en forma detallada en la comunicación denominada "PROBLEMÁTICA QUE PLANTEA LA CONSERVACIÓN Y REHABILITACIÓN DE PRESAS UBICADAS EN ESPACIOS DE INTERÉS MEDIOAMBIENTAL".

A este respecto, al igual que resulta muy interesante y efectiva la implantación de un Plan o Programa de Seguimiento Ambiental durante la construcción de una presa, parece igualmente muy interesante el establecimiento de Planes de Seguimiento Ambiental durante la ejecución de labores de conservación o de rehabilitación de cierta consideración en presas y embalses con elevado interés medioambiental.

Otro campo objeto de atención de manera continuada es el de la auscultación, a efectos de que los equipos e instrumentación se encuentren siempre en las mejores condiciones de funcionamiento. Hay que tener en cuenta los grandes avances tecnológicos sufridos en los últimos años en esta materia, lo cual implica la necesidad de una actualización casi permanente de los equipos e instrumentación. Como ejemplo de actuación realizada por la C.H.G. en este campo en la comunicación denominada "ACTUACIONES PARA LA ACTUALIZACIÓN DE LA AUSCULTACIÓN" se expone uno de los ejemplos acometidos.

El entorno de la presa también es objeto de atención continuada, tanto por los usos que se van implantando en el mismo implicando la construcción de zonas de esparcimiento, playas para baños, zonas para pesca, embarcaderos, aparcamientos, …, todo lo cual necesita su mantenimiento y conservación adecuada, como por el mantenimiento de las condiciones ambientales precisas, regeneraciones, repoblaciones, etc.

Y dentro de este aspecto anterior referente al entorno de la presa debe así mismo considerarse el cauce aguas abajo de la misma, el cual debe mantener en todo momento la capacidad de desagüe precisa y adecuada.

Por otra parte, otra actuación de interés a considerar es la relativa al mantenimiento en adecuadas condiciones la cuenca vertiente, cuyo ejemplo práctico de actuación a destacar sería el actual y ambicioso Plan de Restauración Hidrológico Forestal emprendido recientemente por la Administración hidráulica.

Finalmente, y aunque pudiera parecer que no tiene nada que ver, el último grupo apuntado sobre rehabilitación de la calidad del agua en el embalse resulta un asunto de vital importancia para el buen funcionamiento de la presa y que ésta pueda prestar el servicio para el que fue proyectada y construida en su día. Si la calidad del agua embalsada se ve alterada por alguna causa o fenómeno e impide que pueda ser utilizada, los resultados finales, traducidos en la falta de atención de suministro de agua para atender a las necesidades de los usuarios, serían los mismos que si se hubiese producido una avería importante, estructural o funcional, en la presa, perdiendo la misma su funcionalidad.

Problemas con la calidad del agua embalsada han surgido varios, en diversas ocasiones y en diversos embalses, especialmente en los momentos de escasez de reservas, y normalmente en los períodos de sequía que de forma recurrente se suelen dar. A este respecto resultan destacables los procesos surgidos en los embalses del Zújar y de Alange, presentando fenómenos de proliferación de algas y disminución del oxígeno disuelto, elevación del pH, etc., con elevada mortalidad de peces, afectando de manera importante a los abastecimientos de las poblaciones que de ellos se suministran.

Para la resolución de esta problemática y la rehabilitación de la calidad del agua embalsada hubo de recurrirse a la retirada del plancton y a la oxigenación del agua a efectos de recuperar la funcionalidad de las presas, todo lo cual se expone detalladamente en la comunicación adjunta correspondiente denominada "ACTUACIONES PARA LA REHABILITACIÓN DE LA CALIDAD DEL AGUA EN LOS EMBALSES DE ALANGE Y ZÚJAR".

Todo lo expuesto en la presente comunicación pretende dar una somera idea de la actividad que desarrolla un Organismo de cuenca en materia de conservación y rehabilitación de presas de titularidad estatal, y pretende servir de hilo conductor para relacionar las diversas actuaciones prácticas que han sido ejecutadas en los últimos años por parte del Organismo de cuenca Confederación Hidrográfica del Guadiana, exponiéndose las más desatacables en comunicaciones individualizadas, todas las cuales, aunque de índole muy variada y diversa, tienen un objetivo común: posibilitar que la presa y su embalse puedan seguir prestando el servicio para el cual fueron proyectadas y construidas en su día, en las mejores condiciones posibles de seguridad, funcionamiento y conservación.

Dam Maintenance and Rehabilitation, Llanos et al. (eds)
© *2003 Taylor & Francis, ISBN 90 5809 534 7*

Inspección videométrica de la presa de San Esteban

David Vázquez Cacho
Hidráulica, Construcción y Conservación SA, España

RESUMEN: La búsqueda y catalogación exhaustivas de las patologías presentes en las grandes presas resulta una tarea ardua y costosa en la mayoría de los casos. La presente ponencia describe el desarrollo específico de una aplicación videogramétrica orientada a la auscultación de grandes infraestructuras, que suprima los costosos medios auxiliares necesarios y paralelamente permita un muy alto grado de precisión y detalle en trabajos que pueden ser llevados a cabo a distancias superiores a los 300 m. Como ejemplo práctico, se detallan los trabajos llevados a cabo en la presa de San Esteban, en la provincia de Orense (España).

1 INTRODUCCION

Tradicionalmente, los métodos empleados para la inspección de grandes estructuras y paramentos de hormigón precisan de metodologías de trabajo laboriosas en algunos casos y costosas en la mayoría de ellas. Por si esto fuera poco, cualquier inspección directa implica el montaje y desmontaje de aparatosos andamiajes, o bien la necesidad de disponer de unos medios auxiliares o de elevación que por sí solos constituían un gran porcentaje del presupuesto final de la actuación a acometer.

De igual modo, todo el trabajo realizado únicamente constituía la primera fase de un proceso de seguimiento de las patologías en esa estructura, proceso que debiera proseguir periódicamente (cada uno, dos, cinco años ...) para, de este modo, evaluar de forma seria la gravedad real de los daños, y no limitarnos a la obtención de una "instantánea" del estado de un paramento de hormigón en un momento puntual de su vida útil. Con ello, nos vemos forzados a repetir con esa misma periodicidad todo el proceso, y determinar de una forma casi artesanal la evolución de fisuras, desconchones, eflorescencias, y corrosiones.

Derivado de todo lo expuesto, el mantenimiento de estas estructuras se convierte en algo que, aunque necesario, mueve indirectamente importantes inversiones y complejos procedimientos.

2 CRACKVIEW

Por todo lo expuesto, resulta patente la importancia de un sistema que, por un lado, evite grandes inversiones superfluas en elementos auxiliares y, por otro, facilite un seguimiento del paramento a estudio aprovechando datos de inspecciones previas. Como respuesta a esto, nuestra empresa desarrolló un sistema de análisis patológico de grandes estructuras mediante videogrametría, que denominamos. Crackview, que permite la observación y catalogación de cualquier fenómeno patológico a distancias de hasta 300 m.

El sistema de trabajo se puede subdividir en las siguientes fases:

2.1 *Modelización de la estructura*

La primera operación consiste en la realización de un modelo de alta precisión en 3 dimensiones de estructura a estudio. Partimos de la obtención de una serie de puntos de referencia, que sean inalterables durante los siguientes años. Sus coordenadas se obtienen por procedimientos topográficos y/o fotogrametría terrestre. De este modo, conseguimos un patrón a escala sobre el que referenciar cualquier anomalía (Fig. 1).

Este modelo es válido para el resto de inspecciones en años sucesivos, lo que abarata sensiblemente el coste total de la operación.

2.2 *Toma de datos*

Una vez obtenido el "lienzo" virtual sobre el que trabajar, se prosigue con el chequeo de la estructura mediante cámaras compactas de vídeo de alta resolución, dotadas de grandes ópticas. Con ello, nuestros técnicos disponen de los medios necesarios para que, usando como referencia puntos característicos del paramento, procedan a barrer la totalidad de la superficie, a distancias de hasta 300 m, llegando a apreciar fisuraciones de décimas de milímetro. En este proceso

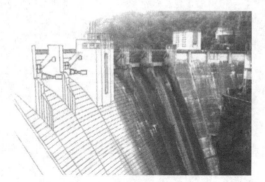

Figura 1. Modelizado de la presa empleando las intersecciones de retomas de hormigonado y juntas entre bloques.

también se revela cualquier otro tipo de daño que pudiera existir (corrosiones, humedades, eflorescencias, vegetación, etc ...).

Todas estas labores se lleva a cabo sin necesidad de medios auxiliares, andamios u otro sistema de elevación, con el ahorro económico y de tiempo que esto supone.

2.3 Tratamiento digital de las imágenes

Tras obtener miles de fotografías de la estructura, la primera operación consiste en digitalizar dichos datos; ello proporciona una serie de ventajas directas, como pueden ser:

- Mayor vida del soporte digital frente a medios magnéticos. Los soportes tradicionales de foto ó vídeo poseen una vida limitada a unos pocos años, degradándose gradualmente hasta la pérdida total de información.
- Duplicado de datos sencillo, sin pérdida de calidad. Los datos almacenados en medios analógicos convencionales van perdiendo calidad con cada copia; el medio digital copia transmite íntegramente la información, sin limitación en el número de duplicados.
- Posibilidad de edición y mejora de los fotogramas.

Todos los fotogramas obtenidos se funden en macro-imágenes de que combinan un gran tamaño con un impresionante grado de definición.

2.4 Vectorialización de las patologías

Ya en oficina, los técnicos se encargan de catalogar los daños observados. Se procede a digitalizar las patologías, asignándoles un código de colores para su calificación. Empleando los datos topográficos obtenidos en las primeras fases del trabajo "vectorializamos" dichas patologías, dotándolas de entidad tridimensional, coordenadas, longitudes y áreas.

2.5 Tratamiento de datos

En función de la tipología de daños buscada, así como de las aplicaciones posteriores de los datos obtenidos, el conjunto de la información recabada se resume y vuelca en formatos comerciales, susceptibles de tratamientos posteriores mediante aplicaciones informáticas comerciales funcionando en un PC de sobremesa.

3 INSPECCION DE LA PRESA DE SAN ESTEBAN

3.1 Antecedentes

La presa de San Esteban se encuentra ubicada en el río Sil, en el término municipal de Nogueira de Ramuín. Es una presa de gravedad, de planta curva, con una longitud de coronación de 295 m, una altura de 115 m, con aliviaderos centrales.

Dicha presa, propiedad de Iberdrola, fue concluida en 1.995, tras una accidentada construcción interrumpida en numerosas ocasiones, y en una etapa de la historia española en la cual, las precariedades económicas no daban pie a rigurosos controles de los hormigones y áridos empleados.

Debido a ello, el cuerpo de la presa está sometido a procesos patológicos endógenos, motivados por reacciones expansivas del tipo árido-álcali, que se manifiestan en forma de cuarteos, fisuraciones y pequeñas deformaciones en la geometría.

La pronta presencia de humedades en el paramento aguas abajo desembocó en importantes tareas de sellado e impermeabilización en el año 1987. Dicha tarea se ejecutó sobre un amplio porcentaje del paramento aguas arriba, aplicando un sistema multicapa impermeabilizante.

De forma paralela, se procedió a ejecutar una campaña de sellado de retomas de hormigonado, e incluso alguna de las juntas entre bloques, tanto en el citado año como en 1994 (Fig. 2).

Entre las medidas adoptadas por Iberdrola se incluyen observaciones periódicas del paramento de aguas abajo, en las que se toma nota de las humedades persistentes y de aquellas nuevas que puedan aparecer, habiendo sido incluso construida una pasarela en un lateral a fin de facilitar el seguimiento y control de las fisuraciones allí existentes. Sin embargo, el tamaño del paramento y su inaccesibilidad inhabilitan estudios minuciosos.

3.2 Inspección de la presa

La filmación del paramento, en un primer momento, se llevó a cabo en los primeros días de julio del año 2001; sin embargo, el importante flujo de agua proveniente de los laterales de los aliviaderos obligó a

Figura 2. Inyección de resinas epoxi para sellado de juntas y fisuraciones.

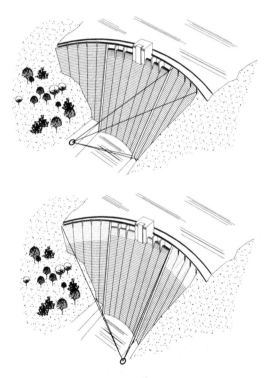

Figura 3. Ubicación de las estaciones de filmación.

recoger el instrumental a la espera de la disminución de la cota de agua embalsada.

Tras unos días de espera, se retomaron los trabajos, concluyendo la filmación de la superficie. Se realizaron desde las plataformas sitas en los laterales a pie de presa, accediendo a través de las galerías y ascensor. Desde dichas plataformas se podía captar correctamente la superficie a estudio, ya que el ángulo de filmación compensaba la curvatura de la estructura (Fig. 3).

Figura 4. Restos de resina en el paramento.

Los bloques susceptibles de filmación fueron los comprendidos entre el 7i y 6d, ambos inclusive, no consiguiendo recabar información de bloques más extremos al encontrarse ocultos tras vegetación o la propia orografía del terreno.

El paramento de la Presa de San Esteban posee 3 condicionantes que dificultaron sensiblemente la catalogación de daños:

Por un lado, la suciedad depositada sobre la superficie del hormigón, así como los restos de resina consecuencia de las distintas campañas de inyección entorpecen la visión de aquellas patologías de menor entidad, que quedan ocultas tras una sinfín de recubrimientos (Fig. 4).

Por otro lado, la falta de estanqueidad de compuertas de aliviaderos motiva una escorrentía de agua en ciertas zonas cuyas consecuencias se traducen en la dificultad para localización de fisuras y filtraciones, llegando hasta la imposibilidad de llevar a cabo la toma de datos.

Por último, el proceso endógeno expansivo que sufre el hormigón de San Esteban se plasma, como hemos señalado, en multitud de fisuraciones y cuarteos de pequeña entidad; los anchos de fisura estaban en muchos casos por debajo de los 2 mm que se tomaron como margen de estudio inicial.

3.3 Tratamiento de las imágenes

Las secuencias filmadas fueron capturadas digitalmente, y posteriormente se volcaron de forma selectiva en forma de 32.000 fotogramas.

Dichas fotografías se dispusieron en forma de mosaico, completando macroimágenes de 1.5 Gb cada una, con gran nivel de detalle.

Es sobre estos montajes sobre los que se realiza la búsqueda de patologías, siendo una aplicación informática desarrollada por HCC la que va plasmando a tiempo real los daños sobre plano, extrayendo los datos más significativos (coordenadas, áreas, longitudes, etc...), y creando una base de datos con los daños registrados.

Figura 5.   Filtraciones en las juntas de hormigonado.

3.4   Resultados obtenidos

La principal sintomatología patológica observada corresponde al grupo de fisuraciones y microfisuraciones, sumando un total de 1870 m, sin tener en cuenta las zonas que fueron catalogadas como "cuarteadas", las cuales poseen una distribución anárquica de daños que impiden la discriminación entre las distintas patologías.

No fueron apreciadas grandes filtraciones, aunque sí son visibles por doquier restos de antiguas humedades, o de resina epoxi empleada para el sellado de antiguas fugas (Fig. 5). Se contabilizaron en total 96.91 m. de filtraciones.

En cuanto al grueso de patologías de cierta entidad, se concentran en el tercio superior y en los bloques laterales, predominando los agrietamientos de carácter horizontal, manifestándose en muchas ocasiones en el mismo plano que las retomas de hormigonado.

Paralelamente, fueron contabilizados un importante número de taladros en el paramento de hormigón, concentrándose en las cotas altas de los bloques izquierdos, como consecuencia de las inyecciones ya mencionadas.

3.5   Tratamiento y volcado de datos

La información recopilada se gestionó informáticamente, volcándose en forma de documentación gráfica, numérica y estadística.

En lo referido al apartado gráfico, se procedió a segmentar la superficie de la presa en áreas parciales, conformando un grupo de varias docenas de fichas que recogían la información más relevante, acompañadas del montaje fotográfico de la zona correspondiente (Fig. 6).

Para un mejor seguimiento, se montaron planos de conjunto de los distintos bloques, para facilitar visualmente la distribución de los daños.

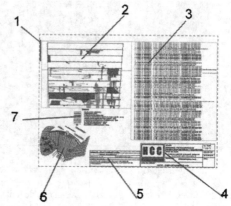

1.-Ficheros informáticos de referencia
2.-Plano correspondiente al área a estudio con las patologías detectadas
3.-Listado de patologías con coordenadas, longitudes, áreas e identificador
4.-Cajetín de referencia
5.-Datos climáticos y observaciones
6.-Localizador parcelario
7.-Leyenda de patologías.

Figura 6.   Fichas de control y seguimiento.

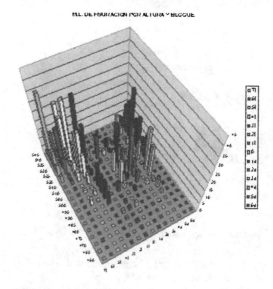

Figura 7.

En lo referente al procesado de la información numérica, se realizó un reparto estadístico de las más de 3000 patologías catalogadas en forma de 130 gráficas de reparto, dispuestas por bloques y alturas (Fig. 7).

4 CONCLUSIONES

Todos los datos recabados han permitido la cuantificación y calificación de unos daños que, aunque de esperar en una presa como la de San Esteban, no habían podido ser clasificados con este nivel de detalle hasta la fecha. Este no es, sin embargo, más que el inicio de una sistemática de análisis periódicos que permitirán realizar un seguimiento efectivo y real de la evolución de las patologías existentes, así como de aquellas que pudieran ir surgiendo con el paso de los años, complementando los procedimientos tradicionales de auscultación y controles geodésicos que ya se vienen aplicando sistemáticamente.

Dam Maintenance and Rehabilitation, Llanos et al. (eds)
© 2003 Taylor & Francis, ISBN 90 5809 534 7

Determination of safety criteria and diagnostics of the behaviour of dams in operation

I.N. Ivashchenko, I.F. Blinov & L.V. Komelkov
Scientific Research Institute of Energy Structures (NIIES), Moscow, Russia

ABSTRACT: The promptitude and objectivity indispensable during the operational monitoring are assured by solving a number of methodological, engineering and organizing problems, the formulation of criteria of limiting state (of safety criteria) being priority number one. The paper presents the main statements of the method and examples of determining the dam safety criteria. The basic approaches to diagnostics of the state of dams in operation based on comparison of field observations data and safety criteria are given. The diagnostic rules formulated on the basis of expert appraisal and statements of fuzzy sets theory are considered.

1 DETERMINATION OF SAFETY CRITERIA

The Russian federal law "On safety of Hydraulic Structures" effective since 1997 requires estimating the safety criteria for the existing water-retaining works.

The Federal law defines "safety criteria" as follows:

"The safety criteria of a hydraulic structure are the limiting values of quantitative and qualitative indices characterizing the hydraulic structure state and its operational conditions. These limiting values comply with the acceptable level of the accident risk of the hydraulic structure and they are confirmed, as required, by the federal bodies of executive authorities, carrying out the state supervision of a hydraulic structure safety". And the level of an accident risk of a hydraulic structure is defined as a structural safety characteristic which can be presented in probabilistic form or as a deterministic index (an index of safety level of the hydraulic structure) describing the degree of deviation of the structural state and its operational conditions from the standard and legal acts, specifications and rules (Petukhov, D.V. & Culinichev, W.A. 1989).

The monitored indices which are the most significant for estimating the hydraulic structure's safety and for diagnosing its state and which permit to estimate safety and state of the system "structure-foundation-reservoir" as a whole or in separate elements are named diagnostic indices.

The method which is considered in this paper and which is intended to determine the criteria of the dam's safety (Ivashchenko, I.N. 2001), has a distinctive peculiarity consisting in introducing of two levels

of criterion values for diagnostic indices characterizing the state of a structure. The first level (K1) is introduced in accordance with the requirements of the Federal law "On Safety of Hydraulic Structures" and it is preventive. The exceeding of the first level indicates that the structure enters into a potential dangerous state, and the owner (the exploiting organization) must notify the supervision agencies about this and take operative measures on reestablishment of normal state of a structure. Unlike the first level, the exceeding of the second level of criterion values (K2) indicates that the pre-emergency state is occurring and this involves introducing of regime of limitated operation (up to decreasing of upstream water level). The second level demonstrates that the acceptable level of accident risk which must be specified by standard documents is reached.

The criterion values of diagnostic indices, prescribed by design, must be correlated with the scenarios of potential accidents, with dangerous zones of the structure and with its main possible modes of the failure. These values must be specified before putting the structure into operation as well as during its operation.

The quantitative criterion values K1 and K2 of the diagnostic indices correspond to the various probability of realization and they are established on the basis of computational response of the structure under main and special combinations of loads, respectively. Types of loads in combinations and the method of their determination for each specific structure must be specified by standard documents and design considerations, and must be corrected at he operational stage with regard to the changes in the standard documents.

Criterion values of diagnostic indices describing the hydraulic structure state must be determined and corrected at the operation stage on the basis of multifactor analysis of the following information related to:

- the results obtained from the correlation of design criterion values with monitored indices for the existing structure under maximal actual effects of main combination of loads;
- the results of checking calculations of the most important structural elements with the use of data on real state of dam materials and foundation rocks;
- the results of analysis of prognostic statistical models (and calculations from them) created using the data of field observations and real loads.

The presented method for determining the safety criteria involves the following:
A. On the design stage:

- validation of design solutions elaborated for a hydraulic structure (computations for the first and second limiting states under main and special combinations of loads and effects; checking for compliance with criterion conditions; determination of potential incidents scenarios; choosing of mathematical models; systematic calculations);
- determination of criterion values for diagnostic indices (analysis of the results of the checking computations; determination of a composition of monitored and diagnostic indices; developing the schemes on arrangement of instrumentation and visual observation stations; determination of corrected criterial values for design diagnostic indices).

B. On the operational stage:

- checking deterministic computations (refinement of incident scenarios and appropriate combinations of loads; verification of hypotheses and correction of deterministic models; calibration of model parameters; systematic computations using the calibrated models and correction of a composition and values of diagnostic indices on this basis);
- construction of statistical models (creation of basic sequence of measures; choosing of predicting function and determining of its parameters; correction of predicting function on the basis of measuring data which doesn't enter in the basic sequence; determination of confidential interval boundaries);
- determination of a composition of the qualitative diagnostic indices defining:
- the compliance with the up-to-date specifications and with the methods for estimating the state of a structure;
- the risk connected with an exceeding of the design loading levels;
- the variations of the properties of construction materials and foundation rock;

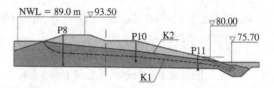

Figure 1. Cross section of embankment dam.

Table 1. Criterion values for piezometric levels.

Number of piezometer	Maximum observed value, m	K1, m	K2, m
P1	77.45	78.70	85.60
P3	74.75	76.80	86.70
P4	71.70	75.70	76.50
P8	80.35	81.50	87.00
P10	78.20	79.00	83.00
P11	75.30	76.00	78.50

- the compliance with the safety criteria;
- the operational conditions.

The examples presented in the paper demonstrate the application of the proposed method for fixing of safety criteria on the existing embankment and concrete dams in Russia.

As the diagnostic indices describing the state of a hydraulic homogeneous-fill dam (Fig. 1) with a batter drainage at the downstream face (a 20 m-high dam with a length of 1.8 km on a crest), the readings taken from the piezometers located in the upstream toe (P8) and in the downstream one (P10 and P11) have been taken. The criterion values K1 (Fig. 1, dotted line) and K2 (Fig. 1, full line) have been established proceed from the condition assuring the stability of slopes (at standard safety factors) and location of depression curve below a thickness of freezing. The values K1 and K2 were determined at the discharge of one percent probability design flood under main and special combinations of loads, i.e. at the normal operation of drainage and in case of its colmatage, respectively (Table 1).

As the diagnostic indices describing the state of a spillway concrete dam (Fig. 2) with an anchoring upstream floor (a 45 m-high dam, four sections, 48 m long each, a foundation composed of sandstone with aleurite and clay intercalations), the readings taken from the piezometers located in the foundation (at the initial part of the upstream floor, P1; in the interface of upstream floor and apron, P3; and before a drainage executed in the dam foundation, P4) have been taken. The criterion values K1 (Fig. 2, dotted line) and K2 (Fig. 2, full line) were determined proceed from the condition assuring the shearing stability in

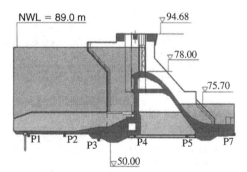

Figure 2. Cross section of spillway dam.

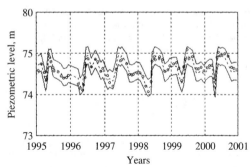

Figure 4. Statistical model. Concrete dam (piezometer P1).

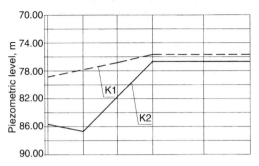

Figure 2. Cross section of spillway dam.

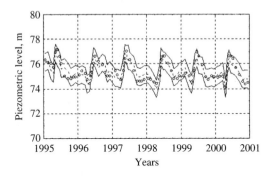

Figure 3. Statistical model. Embankment dam (piezometer P11).

the interfacing zone. The values K1 and K2 were determined for the case of the most design head and in a condition of the discharge of one percent probability design flood under main and special combinations of loads, i.e. at the normal operation of drainage and upstream floor and at cracking in the upstream floor, respectively (Table 1).

To concretize the parameters of a seepage flow in the enbankment dam body and in the concrete dam foundation under whole of range of loads, both deterministic and statistical forecasting models created on the basis of the data of field observations and shown in Fig. 3 (for the piezometer P11 of an embankment

dam) and in Fig. 4 (for the piezometer P1 of a concrete dam) have been used. Figures 3 and 4 give the data of field observations (points), a statistical forecasting model (dotted line) and the boundaries 2σ of confidence interval (full line).

2 DIAGNOSTICS OF THE BEHAVIOUR OF DAMS IN OPERATION

Coincidentally with the probabilistic approach, the notion of "safety level" of a dam in operation is introduced (Zolotov, L.A. et al. 1997). This notion is the generalized characteristic determining the degree of compliance of the structure with design considerations and standards in force. The less the risk of an accident, the higher the safety level. In essence, the "safety level" is similar to the risk of accident, as this factor depends both on probability of an accident and on a scale of possible damage.

The level of the dam safety can be estimated as follows:

- different scenarios of accidents are treated;
- a list of operative factors is determined for each scenario of accident;
- the different quantitative and qualitative factors of safety are reduced to a unified scale (they are ranged according to a unique scale divided into intervals).

The formula intended for quantitative estimation of the safety with due regard for interaction between different quantitative and qualitative safety factors (reduced to unified scale) is proposed. This formula was derived using the ratios of the fuzzy sets theory. When deriving the formula, it was expected that the functions of affiliation of fuzzy sets are increasing linearly from 0 to 1 in each interval of changing safety factors, according to the quantitative scale (Ivashchenko I.N. et al. 1998). The use of this formula doesn't make it possible to average the factors. Taking into account the interaction between the factors increases the reliability of qualitative estimation of factors with the more high hierarchical level, as well as of the level of dam safety at large:

$$I = I_{max} - \prod_{i}^{n}(I_{max} - I_i)/(I_{max} - I_{min})^{n-1}$$

where I_i – values of safety factors; I_{max}, I_{min} – respectively maximum and minimum values of safety factors for an interval of indicated quantitative scale to which correspond the qualitative values of factors, taken into account in calculating with this formula.

The conception of the considered method of diagnostics is close to that of a well-known FMECA method as well (Kumamoto, H. & Henley, E.J. 1996) as to the ICOLD procedure proposed to appreciate the importance of the automation of the monitoring system for the existing dams.

REFERENCES

Ivashchenko, I.N., Malakhanov, V.V. & Tolstikov, V.V. 1998. The quantitative appraisal of safety of hydraulic structures. In L. Berga (ed.), New trends and guidelines on dam safety; Proc. intern. symp., Barcelona, 17–19 June 1998. Rotterdam: Balkema.

Ivashchenko, I.N. (ed.) 2001. Methods for determing of criteria of hydraulic structure safety. Guidance document MD 153-34.2-21.342-00. Moscow: NIIES.

Kumamoto, H. & Henley, E.J. 1996. Probabilistic risk assessment and management for engineers and scientists. New York: IEEE Press.

Petukhov, D.V. & Culinichev W.A. (eds) 1989. Hydraulic structures. Principal propositions of designing. SNiP 2.06.01-86. Moscow: Gosstroy.

Zolotov, L.A., Ivashchenko, I.N. & Radkevich, D.B. 1997. Prompt quantitative assessment of level of operated hydraulic structure Safety. Gidrotechnicheskoe Stroitel'stvo 2: 40–43.

Dam Maintenance and Rehabilitation, Llanos et al. (eds)
© 2003 Taylor & Francis, ISBN 90 5809 534 7

Risk assessment of existing dam

I.N. Ivashchenko & V.G. Zhelankin
Scientific Research Institute of Energy Structures (NIIES), Moscow, Russia

ABSTRACT: The paper presents the basic statements concerning the creation of data basis for risk assessment, procedures of probabilistic calculations and results of quantitative assessment of risk on a dam constructed long ago. The acceptable risk level for the structures of different grade of responsibility is determined.

1 METHOD OF RISK ASSESSMENT

The quantitative assessment of a risk level (or a reliability index) is performed with the use of universal procedures which enable to applicate the different probabilistic methods, namely linearization method, method of integration of combined probability density function, statistical modeling. The probabilistic methods have been developed in conformity with the deterministic calculations of stability, strength, seepage and strain–stress state of dams, as these calculations are recommended by the design specifications and they have been approved in practice.

The principal object of the method for assessing a risk of an existing structure, presented in this paper, is to determine a probability P of extension of the quantitative characteristics (V_j), describing the state of a structure, beyond the acceptable values (V_i^l) during a design service life (Ivashchenko, I.N. 1993). The quantitative assessment of a risk level P is performed by integration of combined probability density function $p_t(\mathbf{q})$ of the characteristics of effects $(q_1, \ldots, q_\alpha)$ and material properties $(q_{\alpha+1}, \ldots, q_n)$ for a service life t:

$$P_t\left(V_1\rangle V_1^l, \ldots, V_m \rangle V_m^l\right)$$
$$= \int_{q \in D} \ldots \int p_t(q_1, \ldots, q_\alpha, q_{\alpha+1}, \ldots, q_n) dq_1, \ldots, dq_n \quad (1)$$

where $\bar{D}$ – domain of overlimiting states:

$$D = \left\{(q_1, \ldots, q_\alpha, q_{\alpha+1}, \ldots, q_n) : V_i \, V_i\rangle V_i^l\right\} \quad (2)$$

The calculation of a probability P includes the following procedures:

1. Formulation of the structural model, i.e. determination of a system of calculations of strength, stability, strain–stress state, seepage and internal erosion parameters, hydraulic characteristics, etc. describing the behavior of a structure under different effects:

$$(V_1, \ldots, V_m) = G(q_1, \ldots, q_\alpha, q_{\alpha+1}, \ldots, q_n), \quad (3)$$

where $V_1, \ldots, V_m$ – characteristics describing the state of a structure; $q_1, \ldots, q_\alpha$ – parameters of the effects; $q_{\alpha+1}, \ldots, q_n$ – characteristics of the material properties (or indices characterizing the behavior of separate elements of a structure); G – operator determining the mathematical model (i.e. computational procedure) of a structure.

2. Establishing the limiting values for the indices of a state (indices of the dam behavior) V_i^l. For example, as indices the settlements of a crest or relative deformations in the embankment dams, stresses or temperature gradients in the concrete dams, factors of stability margin, crack opening, seepage discharges and critical gradients, discharges or rates in the spillway works, etc. can be used.

3. Forming of statistically representative initial data, indispensable for performing of calculations and determining of a risk level is an important factor in assessing a risk of existing dams.

The physical and mechanical characteristics of soil and materials of dam and foundation are determining on the basis of available design data and results obtained in the definition of properties of soil and concrete specimens bored from structure and its foundation.

When determining loads acting on structures, the field observation data of upstream and downstream levels, variations of seepage pressure curves, position of depression curve, seismic loading, etc. are taken into account. The probabilistic variability of loads is taken into account on the basis of using of forecasting models and determining of standard deviations of loads from developed model

The combined probability density function $p_t(\mathbf{q})$ is constructed for a given service life of a structure.

4. Performing of a number of deterministic calculations for a design model G and its appropriate types of the limiting states as well as for acting factors. These calculations make it possible to determine the boundaries of a domain of overlimiting states $\bar{D}$ in a space of acting factors and, by integrating combined probability density $p_t(q)$ over a domain D, to calculate a probability of incident or failure of a dam $P(t)$ for a time t. When integrating by using formula (2) the overlimiting states domain is being determined by integration of domains $\bar{D}_i$ for different modes of limiting states of structures.

The possibility of determination of a generalized characteristic of dam state, unified for all types of limiting states, i.e. probabilistic risk level P (or an index of reliability $B = 1 - P$), is a significant advantage of the presented probabilistic approach in comparison with standard procedure of ultimate state calculation.

2 HAZARD RANKING

The risk level resulting from the calculations must be correlated with an acceptable risk to be specified for a structure of the given grade of responsibility. This grades corresponded to hazard classification of dams in Russia. The authors of this paper have performed the probabilistic assessment of an acceptable risk for a number of structures with different grades of responsibility, designed in accordance with the specifications (Zhelankin, V.G. 1985; Rasskazov, L.N. & Zhelankin, V.G. 1993), and also have generalized the data on incidents to be occurred on large dams with regard to the "human factor" (Ivashchenko, I.N. 1993).

The acceptable risk for the structures of different grade of responsibility is determined on the basis of safety margin prescribed by design specifications and confirmed by reliability of structural operation (according to statistics of the incidents). In establishing acceptable risk, the quantitative impact of the "human factor" is taken into account.

Based on a correlation of the data on incident statistics with the results of probabilistic calculations, a table of acceptable average risk levels recommended for dams of different grades has been made.

The use of the formula (1) for calculating structural reliability makes it possible to reduce significantly (for example, compared to method of statistical modeling),

Table 1. Acceptable risk in case of hydraulic structure incident.

	Acceptable average risk levels	
Grade of a structure	Standard	Minimum (with regard to "human factor")
I	$5 \cdot 10^{-4}$	$(1 \div 2) \cdot 10^{-4}$
II	$1.3 \cdot 10^{-3}$	$(2.5 \div 5) \cdot 10^{-4}$
III	$3.5 \cdot 10^{-3}$	$(0.7 \div 1.4) \cdot 10^{-3}$
IV	10^{-2}	$(2 \div 4) \cdot 10^{-3}$

a number of requisite calculations of limiting (ultimate) states of a structure to be simulated as a complicated nonlinear system. But with substantial number of acting factors (particularly in the case of interrelation of studied types of limiting states), the calculation by formula (1) becomes appreciably complicated.

In this connection, the application of the engineering methods in which the simplification of probabilistic design estimations is being achieved by using less complicated design structural models of a structure and by restricting a number of structural elements and types of limiting states, taken into account commonly in the probabilistic calculations (including considerations of qualitative and physical character using the methods of system analysis), is of actual.

3 RISK ASSESSMENT OF EXISTING 140 m-HIGH DAM

3.1 Choosing of factors

The choosing of the procedure for simplifying probabilistic calculations of structural reliability depends on conditions of a problem being considered.

The reducing working hours in the probabilistic calculations can be obtained by combination of computational methods of different degree of complexity. This paper presents the results of a risk assessment for a 140 m-high existing earth dam (Charvak dam in Uzbekistan) with a central clay core under seismic loading (an average slope ration 1:1.8). The maximum intensity of the earthquake is equal to magnitude 9, and the recurrence periods for the magnitude 7, 8, 9 earthquakes are taken as $T_7 = 100$; $T_8 = 500$ and $T_9 = 5000$ years. The service life T_0 is equal to 100 years. The potentiality of the failure of a dam is related to the random variability of seismic acceleration a, upstream water level z and soil cohesion c.

As a theoretical model the scheme of stability analysis with the use of slope stability method of failure with cylindrical surface was used. Upstream water level, seismic loading and cohesion of soil are being considered as random values been prescribed by their distribution functions.

As a whole, the coefficient of upstream slope stability (K_s) was an index of the dam behavior. Therefore, the limiting value K_s with consideration only for operating condition factor is equal to 1.05. Seismic loads were determined using linear-spectral method.

The soil characteristics required for calculation were taken to be deterministic (except for cohesion of soil prisms c) and they are given in Table 2.

The cohesion probability distribution function c (Fig. 1, a) was constructed on the basis of data of geotechnical investigations on the Charvak dam.

The probability function of seismic acceleration distribution a was adopted in a form of Poisson's law:

$$F(a) = \exp[-T_0 / T(a)], \qquad (4)$$

where $T(a)$ – recurrence period of average maximum accelerations (according to effects of one macroseismic intensity); for example, $T(a_g = 0.4\,g) = 5000$ years.

The probability distribution function z (Fig. 2) was constructed on the basis of observation data on upstream water level for the Charvak dam, using the following formula:

$$F(z) = \int_{h_{min}}^{h_{max}} f(h)\Phi(z/h)dh, \qquad (5)$$

where $f(h)$ – probability density function of an average annual discharges in the Chirchik river; $T(z/h)$ – conventional water level probability distribution function, constructed on the basis of the level variation curves for years with different probabilities.

The factors having a small significance were assumed to be determined. To limit a quantity of random factors, the method of linearization has been applied. To estimate the relative significance of random acting factors the following expression is used:

$$D(V_i) \approx \sum_{j=1}^{n}\left(\frac{\partial V_i}{\partial F_j}\frac{\partial F_j}{\partial \tilde{q}_j}\right)^2 \approx \sum_{j=1}^{n}\left(\frac{\Delta V_i}{\Delta F}\frac{\Delta F}{\Delta \tilde{q}_j}\right)^2, \qquad (6)$$

where $\Delta \tilde{q}_j = \Delta q_j / \sqrt{D(q_j)}$; $\Delta F_j = \Delta F$ – probability of increment of separate acting factors, being prescribed for trial calculations.

In (6), specific terms characterize the degree of statistical significance (for a index of the state V_i) of the appropriate acting factors in the vicinity of a point $q_1, ..., q_n$. In the practical calculations, the value ΔF has been chosen so that the most statistically significant part of a domain of varying each factor was "covered".

Table 2. Physical and mechanical properties of soils of a dam.

Soil characteristic	Core	Prisms
Porosity, %	34	24
Unit weight of soil, t/m³	1.76	2.06
Tangent of an angle of internal friction	0.53	0.71

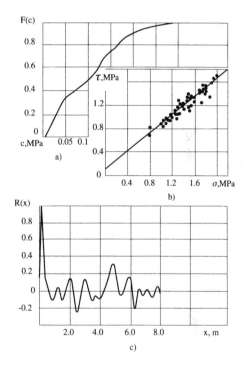

Figure 1. Characteristics of soil properties: (a) probability distribution function of cohesion; (b) shear strength function; (c) correlation function of soil density.

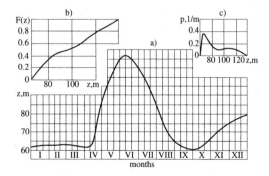

Figure 2. Statistical variability of upstream water level: (a) water level fluctuations during one of observed years; (b) probability distribution function of level; (c) probability density function of level.

A practice of design estimations of a reliability index shows that in the majority of cases it is enough to take account no more than three best significant factors without detriment to accuracy of estimations.

3.2 Results of calculations

According to (6), at equiprobable deviations for each factor (all the rest of the factors with fixed average values), its contribution to statistical variability of a index of state K_s will be determined by values $A_j = K_s/\Delta q_j$. The data ($\Delta F = 0.9$) indispensable for calculation A_j are given in Table 3.

In this table the values with index 1 correspond to the lower limits of a domain of factors variation, i.e. to the values of factors at $F(q_1) = (1 - \Delta F)/2$, and the values with index 2 correspond to the values of factors at $F(q_2) = (1 + \Delta F)/2$. The comparison of values A_j shows that the intensity of seismic effect is the most significant, and next is a cohesion, and than upstream water level.

The performing of calculations of the probabilistic risk level, by using (1) are based on the calculation of values K_s under different combinations of acting factors (with constructing the boundary of a domain D, Fig. 3) in accordance with a program given in (Ivashchenko, I.N. 1993). In case of simultaneous varying of all factors, the reliability level during 100 years is $B = 0.983$.

The boundary values for the factors have been alternately given. Under the most unfavorable values of factors (a_2, c_1, z_2) the following values were obtained: $B_{a_2} = 0.836$, $B_{c_1} = 0.93$ and $B_{z_2} = 0.95$.

Thus, even under the most unfavorable conditions, design estimation of reliability complies with an acceptable risk level (Table 1). In this case B^l $(t = 100) = 1 - P^l (t = 100) \cong 1 - 10^2 \cdot (3 \div 5) \cdot 10^{-4} = 0.97 \div 0.95$. Under favorable values of the factors, the value of a reliability level is found to be practically equal to unit, and the probabilistic risk level is close to zero.

Comparison of presented design estimations shows that the dam reliability decreases as a function of unfavorable values, primarily of a, than of c and finally of z. This conclusion is in agreement with the results given in Table 3. Thus, estimation of the statistical significance of factors can be performed by using formula (6), that makes it possible to reduce substantially a number of random factors taken into account in estimating truth of correlated engineering solutions, for example by excluding factors for which $(A_j/\Sigma A_j) \leqslant 0.1$.

In the general case the acting factors (loads, effects and properties of soil) which are of interest from the point of the probabilistic design of the reliability are by accident dependent on coordinates and time, i.e. they are random non-steady-state space–time processes.

Table 3. Statistical significance of acting factors.

Factor q_j	a	c	z
Expectation	0.144 g	0.104 MPa	98 m
Standard of variation	0.10 g	0.071 MPa	21 m
q_{j1}	0.07 g	0.018 MPa	70.6 m
q_{j2}	0.38 g	0.23 MPa	135 m
K_{s_1}	1.88	1.41	1.75
K_{s_2}	1.21	1.74	1.58
A_j	0.45	0.22	0.52

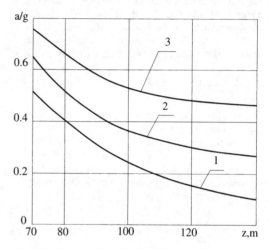

Figure 3. Boundaries of domain of acceptable states: 1, 2, 3 – sections for fixed values c equal to 0; 0.04; 0.104 MPa, respectively.

Because of varied considered variants of engineering solutions and insufficiency of required initial data, it is advisable to use simple design models and most simple forms for describing of random nature of the effects and properties.

In the given example relative to the reliability assessment of a 140 m-high embankment dam, the significant influence of the random variability of physical and mechanical properties of soil (in this case there is a value c) on the reliability is connected with the adopted method of determination of their statistical characteristics. The probability density function of c is constructed by using unified choice of values among the different points of the homogeneous domain. The correlation of physical and mechanical properties of materials along any direction in space was assumed to be rigid (the correlation coefficient is equal to unit), and this leads to overstating of dispersion value. The other extreme case is characterized by zero correlation of soil properties in specific points at any direction. In doing so, the values of soil properties for any final volume will be the

48

same and equal to mean values for reason of averaging (smoothing off).

REFERENCES

Zhelankin, V.G. 1985. Appreciation of safety of stability of the earth dam to sliding. *Construction and architecture* 12:77–73. Novosibirsk: Higher School News Publishers.

Rasskazov, L.N. & Zhelankin, V.G. 1993. The way of setting norms of criterions of safety of earth dams. *Construction and architecture* 9:111–115. Novosibirsk: Higher School News Publishers.

Ivashchenko, I.N. 1993. *Risk assessment of the earth dams in engineering.* Moscow: Energoatomizdat.

Dam Maintenance and Rehabilitation, Llanos et al. (eds)
© 2003 Taylor & Francis, ISBN 90 5809 534 7

Detección precoz de deterioros en diques

M. Welter
GTC Kappelmeyer GmbH

RESUMEN: Generalmente las alteraciones del flujo de agua en el interior de un dique se producen muy lentamente e incluso, muchas veces, carecen de indicios superficiales visibles. Estas infiltraciones de agua en el subsuelo siempre están combinadas con un transporte térmico. Desde 1995 GTC ha desarrollado un sistema con el cual es posible realizar mediciones de temperatura desde la superficie hasta una profundidad de 30 m y así detectar estas infiltraciones. Un nuevo desarrollo son las mediciones mediante fibras ópticas. En las fibras ópticas es posible medir la temperatura a lo largo de varios kilómetros de extención. Campos de aplicación son entre otros la detección de zonas vulnerables en construcciones hidráulicas, el control de juntas impermeables y el control del desarrollo del calor de hidratación.

1 INTRODUCTION

La estabilidad de un dique puede ser gravemente afectada por las fuerzas ejercidas por las aguas. Generalmente las alteraciones del flujo de agua en el interior de un dique se producen muy lentamente e incluso, muchas veces, carecen de indicios superficiales visibles. Una vez que un dique comienza a erosionarse en su interior, es posible que la estabilidad de éste disminuya muy rápidamente, originando así la rotura del mismo. La detección precoz de las zonas deterioradas de un dique permite un saneamiento encauzado y a tiempo.

Muchos problemas técnicos y del medio ambiente pueden ser solucionados mediante mediciones de temperatura. Circulaciones profundas de las aguas muchas veces llevan a la formación de anomalías térmicas, ya que el fluido en muchos casos tiene otra temperatura que el subsuelo dentro el cual se mueve. Combinado con el flujo del agua el transporte térmico convectivo tiene como consecuencia una adaptación de la temperatura del subsuelo a la temperatura del agua. Así la temperatura del agua puede ser utilizada como trazador. El flujo del agua puede ser detectado y localizado mediante mediciones de temperatura. Estas anomalías térmicas son difícilmente detectadas en la superficie porque factores antropológicos y climáticos dominan las mediciones de temperatura en la superficie. Pero estos efectos en la superficie disminuyen rápidamente con la profundidad, así que mediciones de temperatura sub-superficiales son necesarias para la detección de flujos de agua.

2 MEDICIONES DE TEMPERATURA MEDIANTE SONDEOS

GTC ha desarrollado un sistema con el cual es posible realizar mediciones de temperatura en sedimientos sueltos y en diques hasta 30 m de profundidad. Para colocar los sensores de medición se encaja primeramente un varillaje de perforación hueco y con rosca hasta la profundidad en la cual se desea medir. A continuación se introduce en dicho varillaje un cable que contiene varios sensores térmicos. La medición en si se efectúa mediante un aparato de precisión portátil.

En la figura 1 la distribución de los sondeos en un dique es representada en una forma esquemática. Se puede ver que los sensores termométricos se extienden hasta la base del dique.

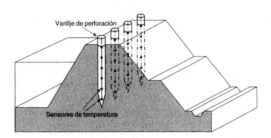

Figura 1. Representación esquemática de sondeos en un dique.

A continuación de las mediciones las anomalías térmicas en el subsuelo pueden ser fácilmente representadas en forma de gráficas. Los límites horizontales y verticales de las infiltraciones son detectables con este sistema.

Gracias a ello las zonas permeables de un dique pueden ser localizadas y delimitadas con exactitud.

Varios años de experencias con este sistema de mediciones han demonstrado que diversos problemas técnicos y del medioambiente pueden ser resueltos con recursos técnicos y financieros razonables.

A GTC le fue concedido la patente (Patente DE 4127 646) del registro alemán de la propiedad industrial para esta técnica de mediciones.

3 EJEMPLOS

3.1 *Diques*

Más de 400 kilómetros de tramos de diques han sido ya examinados con éxito. Gracias a este procedimiento zonas de infiltraciones, al igual que numerosos deterioros en los sistemas de juntas, pudieron ser localizados con exactitud. Zonas de caudal incrementado en la fundación de diques han sido detectados.

El agua superficial y el subsuelo muestran un cambio estacional de la temperatura. Debido al bajo coeficiente de conductividad térmica del subsuelo y de los materiales de construcción semejantes a éste, la temperatura en el interior de los diques difiere claramente de la temperatura del agua.

Si por ejemplo, debido a la existencia de zonas vulnerables en el sistema de juntas de un dique o de zonas de permeabilidad hidráulica más elevada, se produjeran infiltraciones de agua a través del mismo, tendría lugar, como consecuencia de la diferencia entre las temperatura del agua y del dique, una transmisión de calor por convección del agua al dique, o viceversa, hasta que las temperaturas de ambos quedaran igualadas. Por esta razón, en los meses veraniegos la temperatura en las zonas permeables de un dique presenta anomalías positivas, mientras que en los meses de invierno dichas anomalías son negativas.

Una vista en corte de la distribución de temperatura en un dique a lo largo de la coronación es reproducido en la figura 3. A lo largo de todo el dique se encuentra una pantalla impermeable que se estrecha hasta 11 metros de profundidad. Las mediciones de la temperatura del subsuelo fueron ejecutadas en invierno con una temperatura del agua superficial de 6°C. Las zonas de temperatura bajas del subsuelo por debajo de los 7 metros de profundidad son ocasionadas por la – en relación con la del subsuelo – baja temperatura del agua infiltrada. En este caso presentado, la pantalla impermeable es, de la misma manera que su base, infiltrada por el agua.

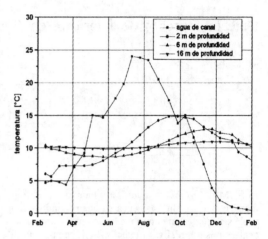

Figura 2. Cambios de temperatura durante un año en el agua superficial y en el subsuelo en 2m, 6m y 16 m de profundidad.

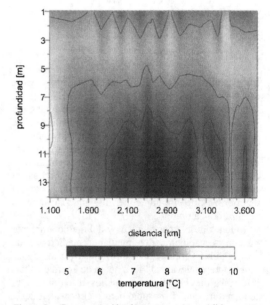

Figura 3. Representación de temperaturas medidas en un dique.

4 MEDICIONES DE TEMPERATURA MEDIANTE FIBRAS ÓPTICAS

El método de mediciones de temperatura mediante fibras ópticas fue desarrollado en los años ochenta para el control de cables de alta tensión. Dicho sistema facilicita mediciones de temperatura a lo largo de fibras ópticas hasta una distancia de 40 km con una exactitud de medición de ± 0.2°C y una resolución

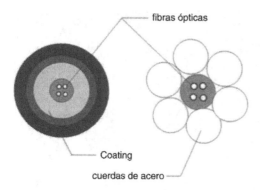

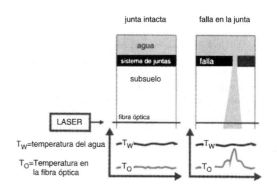

Figura 5. Método del gradiente.

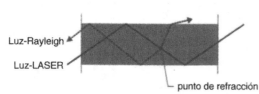

Figura 4. Representación esquemática de diversos cables (arriba), representación esquemática de la dispersión óptica (abajo).

de ± 0.5 m. En los últimos años este sistema fue perfeccionado y es aplicado en diversos campos industriales.

El principio de las mediciones se base en la emisión de un corto impulso de luz laser (<10 ns) en una fibra óptica. La determinación de la temperatura se efectua mediante la spectografía Raman de la luz reflectada. La temperatura es calculada mediante el coeficiente de la intensidad Stokes/Anti-Stokes. La localización exacta resulta en la medición del tiempo considerando la propagación de la luz en la fibra óptica. Este método proporciona un perfil de la temperatura completo a lo largo de la fibra óptica.

Existen dos métodos diferentes para la localización de fugas de agua utilizando fibras ópticas:

4.1 Método del gradiente

Con el empleo del sistema de mediciones ópticas es posible medir la temperatura absoluta a lo largo de una fibra óptica. Una condición indispensable para la aplicación eficaz del método del gradiente es una diferencia entre la temperatura del agua superficial y de la temperatura del dique o subsuelo. Para garantizar esto, es necesario realizar una distancia suficiente entre la fibra óptica y el agua superficial.

4.2 Método de calefacción

Una mejora en el método arriba mencionado amplía el campo de aplicación, con el cual es posible la

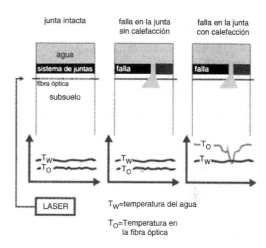

Figura 6. Método de calefacción.

detección de fugas sin una pronunciada diferencia de temperatura. En el cable va integrado un conductor eléctrico. Así es posible calentar, con gastos menores, el cable en el subsuelo mediante corriente eléctrica. El aumento de temperatura en el subsuelo en contacto con el cable depende de la capacidad y de la conductividad térmica del subsuelo. Existiendo un flujo de agua, el reducido transporte térmico conductivo es sobrepasado por el efectivo transporte térmico convectivo. De ese modo, las anomalías térmicas son muy claramente visibles durante la calefacción del cable. Mediante estas mediciones es posible, además de la detección de fallas en las juntas, la calculación de la velocidad del agua y de parámetros térmicos del subsuelo. Este método es llamado de calefacción o método heat-pulse (Patente DE 198 25 500).

5 EJEMPLOS

Desde 1997 este sistema de control de fugas fue realizado en más de 18 diques. Igualmente, otras aplicaciones como el control del sellado de juntas entre diques de gravedad y elementos como compuertas, aliviaderos y cortinas de injecciones fueron llevados a cabo. El desarrollo del calor de hidratación de hormigón fue controlado en varias obras durante su misma construcción.

5.1 Juntas de asfalto

En 1997 un cable de fibras ópticas fue instalado sobre una distancia de 1.5 kilómetros debajo una renovada superficie impermeable en el canal Mittlere Isar de una central hidroeléctrica cerca de Munich. Considerando el corto tiempo de construcción, el tendido del cable fue limitado al suelo del canal. Las fuerzas mecánicas inevitables durante el tendido del cable y de la junta de asfalto no dañaron el cable. En los cinco años de mediciones, el cable ha probado su eficiencia de controlar las juntas de asfalto.

Durante el primer embalse tras la renovación de la junta, las mediciones fueron ejecutadas a diario. Después el intervalo entre las mediciones fue alargado a dos meses durante un período de un año. Las mediciones siguientes son anuales. Mediante las mediciones fue posible comprobar que las salidas de agua al pie del talud eran la consecuencia de un nivel elevado temporal de la capa freática y así, la demostración del funcionamiento de la junta.

Otro ejemplo de aplicación de fibras ópticas para el control de fugas, es el sistema instalado en la represa Ohra en Alemania. El sistema de impermeabilización del paramento consiste en una capa doble de asfalto. Entre las dos capas de asfalto fue integrada una capa de drenaje. Estas nuevas capas de asfalto fueron aplicadas sobre la capa de asfalto ya existente. Como las fugas de agua en el sistema de impermeabilización anterior aparecieron siempre en rajaduras en el asfalto, la sociedad de explotación decidió instalar un sistema de control de las nuevas capas de asfalto. El cable de fibras ópticas fue fijado sobre la primera capa de asfalto, antes de la aplicación de la capa de drenaje y de la segunda capa de asfalto. Para protejer al cable de la maquinaria para aplicar el drenaje y la segunda capa de asfalto, este cable fue tendido en una muesca en la primera capa de asfalto. En una superficie de 20 m de ancho y de 110 m de largo fueron tendidos 720 m de cable en forma de lazos con una distancia de 5.6 m. Finalizada la instalación del sistema de control, éste fue calibrado mediante infiltraciones controladas de agua. En varios puntos en la parte alta de la junta de asfalto es posible infiltrar agua con temperatura y cantidad definida. Las posibles infiltraciones futuras, debidas a fallas en el asfalto,

Figura 7. Canal Mittlere Isar, Alemania. Instalación del cable de fibra óptica debajo de la renovada junta de asfalto.

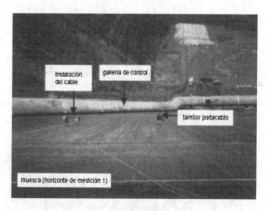

Figura 8. Presa de Ohra, Alemania. Instalación del cable de fibra óptica entra las dos capas de asfalto.

son cuantificables comparando los cambios de temperatura con y sin calefacción durante las infiltraciones definidas.

5.2 Juntas de PEHD/PVC

El dique Brändbach, construido en 1922 en el sur de la Selva Negra, fue rehabilitado en el año 2000. El programa de rehabilitación include, entre otro, la impermeabilización del paramento mediante la instalación de una geomembrana. Esta geomembrana fue montada en forma de fajas verticales de 3.7 m de ancho. En la base del paramento, entre el paramento y la geomembrana de PVC, un drenaje a lo largo del dique sirve para evacuar la eventual infiltración de

Figura 9.   Presa de Brändbach, Alemania. Vista del sistema de juntas y del sistema de control.

agua. Paralelo a este drenaje fue tendido un cable con fibras ópticas. Mediante este cable no es solo posible detectar infiltraciones, sinó también localizarlas. En caso de necesidad de un saneamiento de la geomembrana, los trabajos se pueden limitar a las fajas deterioradas.

5.3   Control de hidratación

En la ingeniería hidráulica el método de mediciones de temperatura mediante fibras ópticas fue aplicado por primera vez para la detección de fugas. Pero el método es igualmente aplicable para el control de la temperatura de fraguado en hormigón. El desarrollo del calor de hidratación en hormigón, especialmente en la construcción de diques, es decisivo en la formación de tensiones térmicas y, en consequencia, de fisuraciones.

Por modo de las mediciones con fibras ópticas es posible el registro simultáneo de la temperatura durante el endurecimiento del hormigón en varios miles de puntos en distribuición espacial a gastos menores. En la figura 10 se puede observar el desarrollo de la

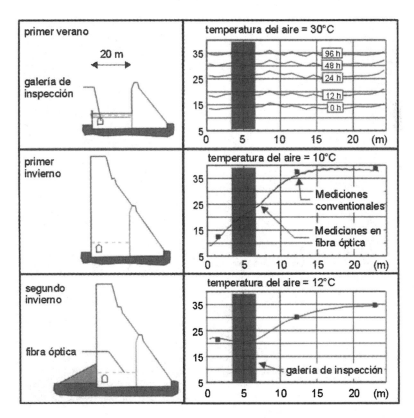

Figura 10.   Distribuición y desarrollo de la temperatura en hormigón en masa 0, 12, 24, 48 y 96 horas después de verter el hormigón durante la construcción de la presa de Birecik, Turquía.

temperatura en una sección de 20 metros de largo en la presa de Birecik (Turquía). Alrededor de 12 horas después de verter el hormigón, la temperatura sube a los 22°C y alcanza en 96 horas una temperatura máxima de 37°C. Las temperaturas al lado izquierdo de la gráfica (6m–9m) permanecen considerablemente bajas. El ahí ubicado corredor de control causa un enfriamiento del hormigón y, en consequencia, un alto gradiente de temperatura. Estas mediciones fueron realizadas por GTC y VAO en cooperación con las empresas constructoras STRABAG, Philipp Holzmann AG y GAMA.

REFERENCIAS

Armbruster, H., J. Dornstädter, O. Kappelmeyer, L. Tröger (1993). Thermometrie zur Erfassung von Schwachstellen an Dämmen. *Vol. 83 (4), Wasserwirtschaft, Franck-Kosmos-Verlag, Stuttgart.*

Aufleger M. (2000), Verteilte faseroptische Temperaturmessungen im Wasserbau, Berichte des Lehrstuhls und der Versuchsanstalt für Wasserbau und Wasserwirtschaft – Nr. 89 2000.

Dornstädter, J.: Detection of internal erosion in embankment dams. Proceedings: ICOLD XIX 1997. Florence. Q.73 R.7.

Gilmore, M. (1991). Fibre optic cabling – Theory, design and installation practice. Oxford Newness.

Kappelmeyer, O. (1957). The use of near surface temperature measurements for discovering anomalies due to causes of depth. Geophysical prospecting, The Hauge, Vol. 3.

Patentschrift D.E. 198 25 500 (2000). Verfahren und Vorrichtung zur Messung von Fluidbewegungen mittels Lichtwellenleiter. Patentinhaber: GTC Kappelmeyer GmbH. Erfinder: Dornstädter J. & Kappelmeyer O. Deutsches Patent- und Markenamt München.

Dam Maintenance and Rehabilitation, Llanos et al. (eds)
© 2003 Taylor & Francis, ISBN 90 5809 534 7

Risk assessment of 32 major dams in Sri Lanka, for investment priorities

S. Karunaratne
Mahaweli Authority, Colombo, Sri Lanka

ABSTRACT: Sri Lankas hydraulic heritage goes back to sixth century BC, where many dam engineering achievements were made to restore water for agricultural development. Water resources development through the use of storage in storage Dam/Reservoir has been the element of rural integrated development strategy in Sri Lanka. Selected 32 Dam/Reservoirs for the risk assessment study varies from ancient earth dams renovated for varying degrees, concrete gravity dams constructed middle part of the last century and modern rock fill and double curvature arch dams constructed during latter part of the last century. Risk assessment study shows that while the modern dams have been generally built to current standards of the world best use practices same cannot be said for all other dams. Many dams are showing the signs of aging (such as seepage, leakage, cracking and scouring) and other have significant monitoring, safety design, maintenance, reservoir conservation and other safety tissues.

1 INTRODUCTION

Sri Lanka is an Island situated in the Indian Ocean, from 6 to 10 north latitude and from nearly 80 to 82 east of longitude. Land area is around 65,525 sq.km. and the population of 18.2 million inhabitants. Annual rainfall varies from 900 mm to 6000 mm, and the higher values are experienced on the eastern slopes of the central hilly areas. The island has two wind regimes, where southwest monsoon prevails from May to July, and Northeast monsoon from November to February.

Being an agricultural country, Sri Lanka has intricate irrigation system spread over the downstream areas, connecting to series of Dams/Reservoirs. Dams built BC still exist serving the nation. Sri Lankan dams can be categorized to three sectors, such as ancient, recent and modern. Ancient dams were built centuries back, lengthy earth dams, renovated to varying degrees to present stage and serving to restore water for irrigation. Recent dams were built during middle part of last century, earth and concrete gravity dams, serving for irrigation and power generation purposes. Modern dams were constructed after 1970 under Mahaweli Development Program, to restore water in Mahaweli basin, and transfer across the basins serving for irrigation, power production, domestic and for social requirements. Modern dams are mainly concrete gravity, rock fill and arch dams.

The country's development and rural social structure are highly depend on functioning these major

Dams/Reservoirs as integrated water systems, which by its nature can have disastrous cascading impacts if a problem arises. This high level of integration of water storage and transfer management across the country means effective dam safety and reservoir conservation measures need to be addressed in effective way. For the purpose 32 interconnected Dams/Reservoirs have been selected in main Mahaweli basin and adjoining basins, and performed a risk assessment study. This paper explain the outcome of the study.

2 DAM SAFETY CONSIDERATION

Safety of Dams/Reservoirs is a concerned matter throughout the life cycle. All activities connected from investigation, designs, construction, operation and maintenance and monitoring are direct components of the studies, can broadly classified into three sectors.

– on going recurrent activities;
– dam safety reviews, assessments and its evaluations;
– risk reduction repairs, replacements, modifications, and alternatives.

On going recurrent activities include operation and maintenance, monitoring, surveillance and inspections, training of dam operators, where structural and non-structural measures are encounter. Successful performance of these activities depends of the diligence of dedicated professional staff and funding.

Dam safety reviews, assessments and its evaluations can be considered as a diagnostic part of evaluations of all failure modes according a priority order. Ranking of failure modes is a engineering and scientific approach. Once the qualitative assessment is over with detail studies need to be performed the quantitative assessments.

Risk reduction repairs, replacements, modification and alternatives is the follow up exercise of the quantitative assessments. Detail investigations, designs, preparation of specifications, contract documents, involve for the purpose. All these activities need to be undertaken on a priority basis.

This holistic approach to dam safety evaluation, provides the opportunity to dam owner to manage the systems, by taking appropriate decisions on the selection of remedial measures to reduce risk and assure sustainability.

3 INITIAL RISK ASSESSMENT OF 32 DAMS*

Selected 32 dams have different engineering features, as these have been constructed in different eras, using the contemporary technologies prevailed. Most of the older earth dams are showing signs of excessive seepage, settlements, operational drawbacks. Recently constructed concrete gravity dams, have erosion, uplifting, sliding and operational issues, and modern dams have design, operations and non-structural drawbacks.

Risk assessment is recognized as a supportive tool for dam safety evaluation, and the process has determined:

- consideration of loading imposed on the dam body, and appurtenant structures, threshold values of the load that can cause failure;
- identification of key failure modes affecting dam body, appurtenant structures and the foundation;
- realistic, quantitative understanding of the consequences of a failure;
- risk reduction action measures, its valuations and propose alternatives.

Performance of risk analysis exercise for a structure includes recording the specific data in a processed manner, taking into account each and every possible failure modes identified. It is accepted that even unforeseen minor event can cause a major failure, such as communication, or operational failure of a item. All parties concerned need to be addressed at various levels, and best judgement of an event have been considered. It is an art of performing the things to get the best judgement.

4 RISK EVALUATION OF 32 DAMS

Initial evaluation of the 32 dam sector is mainly from the data obtained from the available instruments installed in dam body and foundation. Modern dams have vast amount instruments placed for different purposes, recent and older dams have less except the seepage measuring devices. Interpretation of readings is mainly on check back of threshold values and its limitations.

Secondly observed the records available on maintenance, operations, inspections performed and any other detail relevant to safety concerns. These studies and subsequent analysis formulate a process to meet the qualitative risk assessment. Identified risks have to rank on a priority basis considering the failure modes. Failure modes identifications is a judgement on the dam and its appurtenant structures physical situations with many other external factors.

Quantitative assessment is a detail exercise on each and every identified item. These may be classified as repair, replacement and modification needs on structural part. Operations, and other external factors can be considered as non-structural part of the assessment.

ITEM 5 explains the TASKS performed to formulate the procedure on RISK MANAGEMENT of 32 Dam sector. All the activities in each TASK concentrate to the final TASK identified as TASK G – Risk and Future upgrade evaluation portfolio safety conservation review, Risk and Economic Assessment.

ITEM 6 explains the sequence followed for the Risk Assessment, and Risk Management in Dam Safety Decision Making. The procedure adopted for decision making on risk assessment has immensely benefit the organization.

5 RISK ASSESSMENT PROCEDURE ADOPTED

5.1 Task A – program management

- Management of the program effectively and efficiently, to achieve the overall objective of the program.
- Establish a Dam Safety Excellence Center to meet the future safety and risk assessment of all major Dams/Reservoirs in Sri Lanka.

Quality assurance
- Provide assurance a quality product by meeting the objectives of the program. Quality assurance plan and system developed for the program has to be maintained and enhanced.

5.2 Task B – information, resource skills and legislation

Data management
- Ensure information related to the program are collected, properly compiled, archived, stored that can be retrievable and manage easily.

- Timely procurement of data to undertake program activities and achieving program timeframes.
- Establish a well functioning quality assured technical data and information center.

Training and skill enhancement
- Produce effective training tool and manuals as required by the program, to improve the skills to a sustainable level through capacity building.
- Establishment of a technical training unit with a capable training staff to cater for the National requirements of training dam operators and others.

Identification of relevant in-house, local research organizational capacities
- Establish adequate capacities of government and other organizations to provide best services to meet the accepted standards.
- Provision of services to assure quality and reliability to take safety decisions.

Review of reservoir and other related acts
- Establish an effective regulatory framework for planning, construction and management of dams in order to ensure dam safety and reservoir conservation requirements.

5.3   Task C – surveillance

Review of dam inspection and assessment program
- Establish a set of detailed risk based information on all 32 dams covering Dam/Reservoir, and appurtenant structures including diversion offtakes and tunnels.
- Preparation of guidelines to perform regular inspections and on specials situations for the assessments of safety to suit each and every individual structure.

Seismic network establishment
- Establish a micro-regional level fully telemetered seismic monitoring network comprising both seismographs and accelerometers, in Upper Mahaweli and Kelani basins, of providing effective warning system and determining appropriate peak ground acceleration parameters.

Comprehensive analysis of instrumentation, monitoring and telemetry requirements
- Establish independent as well as a central monitoring system where applicable for 32 dams, as they are different to each other by nature.
- To use as a tool to monitor the behavior of dam body, foundation and appurtenant structures associated with safety of dams and reservoir operations.

5.4   Task D – operations and maintenance (including emergency management)

Assessment
- Establish comprehensive operations and maintenance (O&M) systems and plans for the 32 dam and associated appurtenant structure
- Establish effective emergency management procedures and plans for the 32 dams and associated appurtenant structures to acceptable standards.

Assessment of adequacy of spillway and outlet works capacity and flooding impacts
- Establish a suitable set of flood and dam break inundation mapping and associated impacts identified initially through a simplified approach with more detailed analysis using dam bread modeling for high risk dams.

Assessment of reliability of spillway and outlet works
- Determine the status of reliability of operation of gates and outlets, under normal/emergencies, and develop a program of appropriate upgrade based on risk.

5.5   Task E – reservoir conservation

Catchment land use, peripheral, reservoir and Riverine impacts
- Establish draft reservoir conservation plans for the identified main schemes and as necessary more specific action plans and future improvements for selected reservoirs with significant items.

Water quality and sedimentation monitoring and response
- Establish an effective water quality and sedimentation monitoring and response system to enable better reservoir and river flow management and minimizing of environmental and social impacts.

5.6   Task F – stability assessment

Embankment dams stability assessment
- Determine the stability status of all embankment dams/dam sections in the program, under normal operating and extreme flood and earthquake loading conditions. Level of analysis based on risk and associated known deficiencies such as significant seepage along major sections.

Victoria dam monitoring enhancement and stability analysis
- Analyze the vast database of instrument readings and assess the status of the dam and foundation

behavior and stability against normal operating and extreme loading conditions.

- Inspections revealed that the regime condition of dam sway due to full weight has been changed and need to study. This issue need to be addressed.

Other concrete dam sections stability assessment
- Determine the stability status of all concrete dams and major concrete dated and ungated spillway sections of dams in the program, under normal operating and extreme flood and earthquake loading.

The level of analysis be based on risk deficiencies such as cracking and deformations.

5.7 Task G – risk and future upgrade evaluation Portfolio safety conservation review, risk and economic assessment

- Provide an initial structured set of risk criteria in conjunction with key stakeholders and simplified risk assessment methodology to enable the various other activities of the program to be developed and undertaken on an agreed risk basis.

6   RISK IDENTIFICATION, RISK ASSESSMENT AND RISK MANAGEMENT IN DAM SAFETY DECISION MAKING

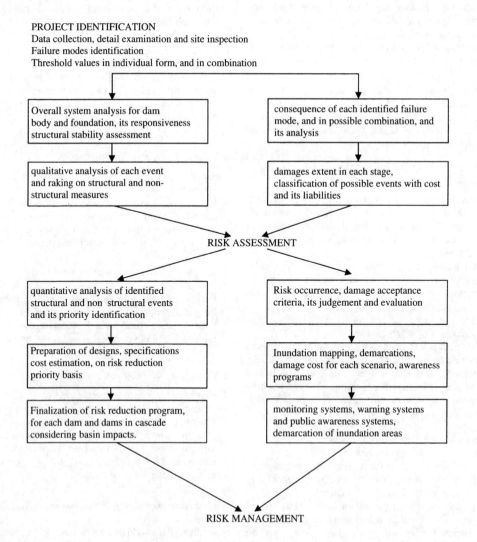

PROJECT IDENTIFICATION
Data collection, detail examination and site inspection
Failure modes identification
Threshold values in individual form, and in combination

Overall system analysis for dam body and foundation, its responsiveness structural stability assessment

consequence of each identified failure mode, and in possible combination, and its analysis

qualitative analysis of each event and raking on structural and non-structural measures

damages extent in each stage, classification of possible events with cost and its liabilities

RISK ASSESSMENT

quantitative analysis of identified structural and non structural events and its priority identification

Risk occurrence, damage acceptance criteria, its judgement and evaluation

Preparation of designs, specifications cost estimation, on risk reduction priority basis

Inundation mapping, demarcations, damage cost for each scenario, awareness programs

Finalization of risk reduction program, for each dam and dams in cascade considering basin impacts.

monitoring systems, warning systems and public awareness systems, demarcation of inundation areas

RISK MANAGEMENT

7 ASSESSMENT OF REPAIR AND MAINTENANCE COSTS FOR EACH DAM, ITS BENEFITS AND RANKING THE PORTFOLIO OF DAMS ACCORDING TO RISKS

PCC – Project Capital Cost   RC – Identified Repair Cost   MC – Maintenance Cost
Amounts are in Sri Lank Rs. in Millions/1 US$ = 95 SLRs.
Ranking of the risks for each dams were performed on the results obtained on the risk management procedure and follow up exercise for the assessment of downstream conditions.

Dam type and purpose	Observations made after the review of dam safety assessment	PCC, RC and MC	Benefits irrigation and power	Rank of the dam on risks
1. Kothmale RF/with U/S membrane: hydro/irrigation	H 93.5, L 600 m, V 174 mcm Foundation treatment inadequacy, deformation of concrete in u/s membrane: gates operations, land slides, water quality, etc.	22,200 138 14	1,800	High
2. Polgolla Barrage/ CG hydro/irrigation	H 14.2, L 435 m, V 4.2 mcm Operations, flood warnings, sedimentation, tunnel instablity, intake modifications, communication	8,500 1.800 6	1,250	Low
3. Victoria Double curvature arch, hydro/irrigation	H 122 m, L 520 m, V 721 mcm Gates operations, concrete cracking, instrumentation defects, settlement, drainages, communication	42,000 1,700 17	2,200	Medium
4. Randenigala RF/ centre clay core hydro/irrigation	H 102 m, L 485 m, V 860 mcm Bottom outlet operations, monitoring system inadequacy, warning and communication, operations and maintenance	34,000 2,800 8	1,200	Medium
5. Rantambe CG/ HDO/IRG-R	H-41.5 m, L 420 m, V 13.5 mcm Downstream instability, instrument upgrading, operations, sedimentation, gates and E&M repairs	14,000 1,400 4	750	Low
6. Ulhitiya-Rathkinda EG HDO/IRG-D	H-25.2 m, L 3300 m, V 145 mcm Seepage along d/s, instability in sections, spillway stand by gates modifications, instability in spill tail canal, sub surface soil properties	6,000 1,200 3	675	Low
7. Maduru Oya RF/ centre cley core, IRG-D	H-41 m, L 1090 m, V 596 mcm Seepage in original river sections and embankment, settlement in d/s, upgrading monitoring and operations	14,000 800 8	1,000	Medium
8. Bowatenna CG HDO/IRG-R	H 30 m, L 320 m, V 52 mcm Stability of sections, spillway operation and stoplog arrangements, drainage gallery seepage, sedimentation	6,500 1,400 7	650	Low
9. Dambulu Oya EG IRG-D	H 18 m, L 1680 m, V 11.7 mcm d/s Erosion and seepage, instability in sections, outlet works operations, settlement, monitoring system and communication	4,500 600 4	350	Low
10. Kalawewa EG IRG-D	H 24 m, L 8250 m, V 127.8 mcm Seepage and leakage around outlet works, bund section instability, properties of sub soil, operations, wet patches and large trees	14,000 2,500 5	875	High
11. Kandalama EG IRG-D	H 17 m, L 975 m, V 33.8 mcm Downstream seepage and water logging, possible excessive seepage, stability of spillway, operations and communication	7,500 950 4	475	Medium

(Continued)

Table (Continued)

Dam type and purpose	Observations made after the review of dam safety assessment	PCC, RC and MC	Benefits irrigation and power	Rank of the dam on risks
12. Uda walawe EG HDO/IRG-D	H 35.5 m, L 4000 m, V 287 mcm Seepage and leakage in downstream sections, u/s bund slope stability, settlement, spillway operations, spillway cracks, deformations in d/s slope	18,500 950 4	950	High
13. Chandrikawewa EG IRG-D	H 19.2 m, L 2500 m, V 27.6 mcm d/s bund slope erosion, u/s slopbund protection, outlet works operational issues, communication	6,800 850 4	275	Low
14. Minneriya EG IRG-D	H 23 m, L 2330 m, V 136 mcm Repairs to concrete sections, bund erosion, seepage in d/s, bund toe encrochment, operation and emergency gates requirement	9,500 750 5	525	Medium
15. Girithale EG IRG-D	H 18 m, L 3810 m, V 23.2 mcm d/s slope seepage, bund instability, emergency gates for sluices, spur bund damaged, severe leakage, instrumention, communication	4,500 720 4	325	High
16. Kaudulla EG IRG-D	H 17 m, L 9235 m, V 128.3 mcm Installation of emergency gates, bund erosion, rip rap protection, LB sluice operations, siltation	7,500 1,200 8	375	High
17. Kantale EG IRG-D	H 18.3 m, L 4194 m, V 135.7 mcm Leakage d/s of LB sluice. Emergency gates for sluice, spillway gates operation, d/s of the bund need to protect from excessive seepage	14,500 2,200 9	520	High
18. Vendrason EG IRG-D	d/s seepage, bund instability in certain sections, slope instability, gate operational issues	4,500 650 4	200	Medium
19. P'Samudra EG IRG-D	H 8.3 m, L 12800 m, V 134.4 mcm d/s server excessive seepage, deficiencies in Rip rap, repairs to the inlet canal (Angamedilla), settlement in bund, dam toe demarkation, gates op	18,000 2,700 12	650	High
20. Huruluwewa EG IRG-D	H 12.2 m, L 770 m, V 67.8 mcm cracks along the bund at LB end, rip rap repairs, bund toe seepage	8,500 1,250 10	275	High
21. Nalanda CG IRG-R	H 31 m, L 122.5 m, V 15.3 mcm Cracks along the dam body, stability of the dam, outlet works operational issues	7,500 800 5	50	Medium
22. Rajangana EG IRG-D	H 18.3, L 4042 m, V 100.7 mcm Cracks in spillway piers and LB wall, spillway gates enhancement, d/s protection, communication	14,500 2,200 12	425	High
23. Angamuwa EG IRG-D	H 8.5, L 1798 m, V 15.8 mcm Settlement in certain sections of the bund, d/s stability, spillway deformations, gates operations	4,500 650 4	80	Low

(Continued)

Dam type and purpose	Observations made after the review of dam safety assessment	PCC, RC and MC	Benefits irrigation and power	Rank of the dam on risks
24. Nachchaduwa EG IRG-D	H 10.7 m, L 1650 m, V 55.7 mcm Seepage along several locations d/s, rip rap protection instability, modifications to gates	6,500 750 5	120	Low
25. Tissawewa EG IRG-D	H 21.3 m, L 2645 m, V 4.3 mcm Seepage in d/s sections, rip rap protection instability, gates operations issues	2,800 450 3	65	Low
26. Nuwarawewa EG IRG-D	H 30.5 m, L 6437 m, V 44.5 mcm Rip rap protection instability, provision of emergency gates, operational and spillway issues	3,500 650 4	85	Low
27. Castlereigh CG HDO/FP	H 48.5 m, L 237 m, V 59.7 mcm Pore water pressure releases, inadequacy of instrument, embankment stability, siltation issues	12,500 1,200 9	850	Medium
28. Moussakele CG HDO/FP	H 42.4 m, L 188.7 m, V 188.7 mcm Pore water pressure releases, inadequacy of monitoring instruments	9,500 850 8	775	Medium
29. Norton CG HDO/FP	H 28.7 m, L 103 m, V 4 mcm Pore water pressure development, outlet works modifications, operational issues, instrumentation	3,500 450 7	325	Low
30. Canyon CG HDO/FP	H 27.4 m, L 183 m, V 9 mcm Pore water pressure development, modifications to outlet works, monitoring system	6,500 850 8	300	Low
31. Laxapana CG HDO	H 29.6 m, L 137.2, V 2 mcm Operational drawbacks in gates, monitoring requirements, siltation issues.	4,200 850 7	375	Low
32. Samanalawewe RF centre cley core HDO/IRG-R	H 100 m, L 162 m, V 254 mcm Excessive leakage in the right embankment, embankment stability considerations, flood warning and monitoring system	23,000 5,000 22	1,200	High

8 CONCLUSION

Nature of dam safety management is intrinsically a issue in management and decision making as the process followed on given criteria has many uncertainties. There is a growing requirement of more and more financial needs on managing the existing dam sector, to meet the stakeholder requirements.

Meet the stakeholder requirements is a mission to the growing requirements on varying economical targets. Storage waters in Dam/Reservoirs need to meet multi facet requirements, and their demands can meet on the sustainability of the Dam/Reservoir sector.

Approach on risk assessment to meet the safety requirements of existing 32 Dams is a "decision driven" approach to provide a basis for appropriate and justifiable limits on the level of reaching a quality and defensible safety decision.

Risk reduction steps formulated by the risk assessment procedure is the most cost effective and a quality approach to meet the funding requirements form the government and the stakeholders. This will meet the confidence of the rural community on water reliability, as the practice has been to meet the requirement of the extreme conditions.

Item 8 explains in a net shell form the costs and benefits that 32 Dam Sector owners can meet, rather than meeting the funding requirements on ad hoc basis. Sri Lankan government has accepted to meet the requirements of dam safety considerations, with

World Bank assistance as the livelihood of Sri Lankan rural sector mainly depend on the storage of water in existing Dam/Reservoirs.

REFERENCES

Initial Risk Assessment Report prepared by the Joint Committee of key Dam owner in Sri Lanka, i.e. Mahaweli Authority, Irrigation Department, and Ceylon Electricity Board.

Evaluations made with a Sri Lankan Professional Engineers with the World Bank experts.

Various consultants reports related to the Dam operation and Maintenance procedures.

Victoria Dam monitoring procedures and its assessments.

Data available in Mahaweli Authority of Sri Lanka, and information provided by other organizations.

Dam Maintenance and Rehabilitation, Llanos et al. (eds)
© 2003 Taylor & Francis, ISBN 90 5809 534 7

Determination of risk for German dams: Introduction to risk assessment and economic damage evaluation

N.P. Huber, K. Rettemeier, R. Kleinfeld & J. Köngeter
Institute of Hydraulic Engineering and Water Resources Management, Aachen University of Technology, Aachen, Germany

ABSTRACT: Technical and legal standards for the planning, construction, operation and monitoring of German dams are very elaborate and high in demands. As a result, the German society's understanding of dam safety was dominated by a safety-oriented perspective. International discussions and developments concerning risk and recent major disasters lead to an increased awareness of risk inherent to technical buildings in general. As a result of this, the technical requirements are changing in Germany, making a risk-based approach towards dam safety necessary. A Risk Assessment Procedure is currently under development at the Institute of Hydraulic Engineering and Water Resources Management, Aachen University of Technology. Part of this procedure is the valuation of damages towards sociology, environment and economy in general. Assessing economic damages on a monetary basis requires the collection of representative data on values of affected properties. The final determination of the economic damage bases on the analysis of the extent of damage caused by underlying physical parameters of a flood wave, initiated by a dam failure.

1 INTRODUCTION

The identification of risk inherent to technical buildings is an important and future-oriented task to be accomplished by engineers, economists, sociologists, ecologists, etc. Recent failures of technical installations, e.g. caused by natural hazards, human error or defective design, make the implementation of procedures for the analysis, assessment and management of risk in a technical, economical, etc. framework reasonable.

The attitude towards the safety of German large dams and their inherent risk potential towards society, environment and economy in general was characterized by a safety-oriented point of view. This was basing on the assumption that the probabilities of occurrence or probabilities of failure were expected to be extremely low. This general understanding of safety is currently shifting towards a so-called risk-oriented attitude.

Risk in the given context is defined to be the measure of the probability of failure and the severity level of unfavorable effects (ICOLD, 1998). Therefore, by introducing the risk-oriented attitude, it becomes essential to take into account the consequences of an incident. Procedures for valuation have to be developed. These have to be well applicable in the special context of dam failures where severe damages are expected.

2 CLASSIFICATION OF GERMAN DAMS

The construction, operation and monitoring of German large dams are regulated by laws, giving the legal framework which depends on the state of the art. In the Federal Republic of Germany this is performed in the state water laws of the individual states. According to the state water law of North Rhine Westphalia, all dams with a crest height of more than 5 m and a volume of at least 100.000 m^3 are subject to regulation. In Figure 1 this is referred to be the formal

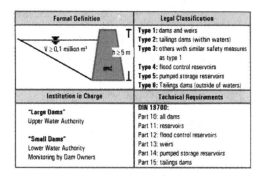

Figure 1. Dam legislation in the State of North Rhine Westphalia (Rettemeier & Köngeter, 1998).

definition. In the legal classification, we have to distinguish between six different types: dams and weirs, tailings dams within or outside of waters, flood control reservoirs, pumped storage reservoirs and others, all of which are assigned to the group of large or medium sized dams, fulfilling the criteria concerning size. Additionally the state water law of North Rhine Westphalia regulates the responsibilities for the dams by defining the institutions in charge.

Uniform technical standards are defined by the DIN 19700 (1986), classifying five types of dams (reservoirs, flood control storage basins, weirs, pumped storage reservoirs, tailings dams). This DIN 19700 defines, together with the DIN 19702, the state of the art in North Rhine Westphalia. Further details on the dam legislation, classification and technical requirements can be found in Rettemeier & Köngeter (1998).

In the review print ("Gelbdruck") of the DIN 19700-11 (2000) the consideration of aspects concerning risk is introduced. Basing on developments in foreign countries on the legal and technical standards and following the world-wide discussion about dam safety, it is now stated in the review print, that "the residual risk in consequence of exceeding the BHQ2 (equivalent to a flood with recovery period of 10.0000 years) has to be evaluated – eventually considering the PMF. It should be met by technical and/or organizational measures".

The underlying graduated scheme for the implementation of a Risk Assessment or an emergency plan, depending on the probability of flood, is presented in Figure 2. It can be seen that up to a recovery period of 1000 years (BHQ$_1$) strictly any flood has to be managed. When exceeding this recovery period, floods with a probability of occurrence of up to 1 in 10.000 years have to be managed with only minor damage. For any flood exceeding this margin a Risk Assessment has to be applied.

3 RISK ASSESSMENT PROCEDURE

Resulting from the change in technical requirements, making a risk-based approach towards dam safety necessary, a Risk Assessment procedure is currently under development at the Institute of Hydraulic Engineering and Water Resources Management. Known international procedures are serving as basis. Because of special demands, resulting from cultural and legal differences, an individual scheme, fitting the German situation, has to be developed, leading to special adjustments.

The procedure, given in Figure 3, stems from a generally known context for the analysis, assessment and final management of the risk in technical applications. The Process of Risk Assessment is embedded into the overall Process of Risk Management. Following the substeps in the Process of Risk Assessment, the Risk Analysis leads to the mathematical determination of the risk by multiplying probabilities of failure by consequences. This calculated risk serves as input for the Risk Assessment, resulting in the residual risk which is the output of the Risk Assessment Procedure. The framing Process of Risk Management represents the interface between the Risk Assessment Procedure and the general constructional and operational management process in a technical project or for an existing facility.

By transferring this general scheme and applying it to German dams, the individual steps, referred to as Risk Analysis, Risk Assessment and Risk Management, are worked out in detail and illustrated in Figure 4.

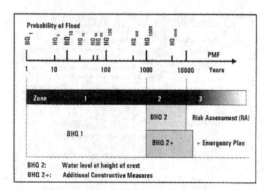

Figure 2.   Graduated scheme (Köngeter, 1999).

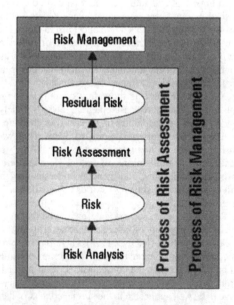

Figure 3.   Process of Risk Management.

3.1 Risk Analysis

The first step of the Risk Analysis comprises the underlying scope definition of an investigation of a dam under the aspect of risk. It has to be defined whether only the risk of a part of a facility or of the complete dam has to be analyzed, assessed and managed. Additionally, the degree of accuracy must be described in advance.

For each dam multiple hazards can be identified. Besides seismic hazards, instabilities of slopes, human errors, structural failure, etc. a special focus has to be put on the exceedence of the design flood, according to the request of the DIN 19700 (2000). The identification of the hazards leads to the description of initial processes of a probable partial or complete dam failure.

A very special situation in German dam operation results from the prescribed intensive monitoring in dam operation guidelines and legislation. This results in very detailed knowledge of and insights into the dam situation and possible vulnerabilities, making it an important preceding step in the process of identifying failure modes and making it an important constituent of dam safety.

The analysis and identification of failure modes is an essential step in Risk Analysis. A complete and elaborate description of possible failure mechanisms is a very extensive task, making the use of extended knowledge in engineering, physics and material sciences necessary. An additional fact is the individual character of each dam, making the application of generalized schemes and approaches difficult. By involving experts into the analysis of failure modes an improvement of quality in description may be achieved. Approaches for describing dam failures by means of so-called fault trees are already existing (Idel, 1988) but are still subject to intense research for the future application in Risk Analysis.

The effects of a dam failure are at the worst flood waves, inducing severe damage and devastation to downstream settlements, economic assets, ecology, culture, overall environment, human beings and society in general. Inundation studies are part of the Risk Analysis in the developed procedure and can be seen

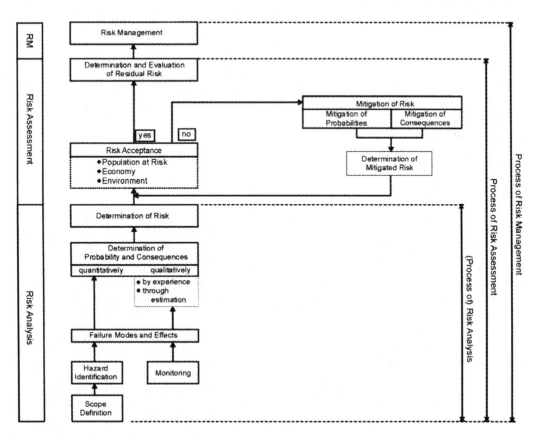

Figure 4. Risk Assessment Procedure for German dams (Rettemeier et al., 2000).

as an important contribution to the accuracy of the final determination of risk. The calculation of flood waves and the spatial distribution of physical parameters as flow depth h and velocities of flow v can currently be undertaken numerically (Harms, 2001 or Liem & Köngeter, 2001).

The determination of probabilities of occurrence and of consequences, resulting from a flood wave initiated by a partial or complete dam failure can be accomplished quantitatively or qualitatively. Known quantitative methods for the assignment of probabilities to the failure modes in the worked out failure trees are for example failure mode analysis. Nevertheless, because of the often underlying insufficient statistical basis, a qualitative estimation is quite usual. The support of qualified experts and the utilization of experience is a crucial element. Affected objects can be assigned to the classes economy, environment and sociology. Qualitative measures for the valuation of damages suffer from uncertainty. Quantitative methods, to the contrary, cannot be fully applicable to the categories of environment and sociology. In Germany, major ethic and moral restrictions have to be considered and restricts a e.g. monetary valuation. A method for quantifying the economic damage is presented in this paper.

3.2 Risk Assessment

The determined risk has to be evaluated whether it is acceptable in terms of economy, environment, e.g. ecology, and the population at risk. The latter is the most important aspect in Germany. At this point, the need for a interdisciplinary approach for developing acceptance criteria is manifested. A collaboration of engineers with sociologists, ecologists, economists, etc. is the key to a development of a widely applicable Risk Assessment procedure that is supported by all involved parties.

In case of an unacceptable risk it should be met by risk mitigation measures. Whether these measures focus on the mitigation of probabilities of failure, e.g. with extended monitoring, operational or structural modifications, or on the consequences, e.g. structural modifications or initiation of an emergency preparedness plan, depends on the given problem in practical application. As can be drawn from the above given mitigation measures, a distinction between organizational and constructive measures is reasonable for a more detailed structure. The mitigated risk is evaluated with respect to acceptance and, if finally accepted on the basis of the aforementioned criteria, evaluated. The evaluation should not only be undertaken on a monetary basis as it is essential in case of the application of the wide-spread cost–benefit analysis. Non-economic values enable to consider human demands as well.

3.3 Risk Management

The final Risk Management covers the implementation of proposed mitigation measures and generally implies a management attitude, which considers the residual risk in its daily appearance. Due to the fact that coping with risk and implementing special habits into the daily routine is an unusual process in German dam operation, this should be done carefully. Monitoring and repeated analysis and evaluation are important constituents in a risk-based improvement of safety of German dams.

3.4 State of work

The presented scheme meets the requirements which arise from the special German situation. The general purpose of the Risk Assessment Procedure is to give general guidelines and an applicable frame in which Risk Analysis, Risk Assessment and Risk Management can be performed. Future work in order to fill the gaps between theory and practical use has to concentrate mainly, among other important steps, on the aspects of acceptance criteria, methods for evaluating residual risks, identification of failure modes and probabilities and on the valuation of economic, sociological and environmental damages. Preferably this valuation should lead to an overall determination of damage as consequence of a dam failure on a monetary basis, what in fact is difficult for the damages towards environment and sociology. In order to accomplish a first step towards a method for valuating damages, a method for determining economic damages is presented in the next section.

4 VALUATION OF ECONOMIC LOSSES

The physical effects of flood waves on human beings, environment, buildings, assets and properties in general are subject to current research. In a first approach presented here we identify the two parameters flow depth h and the velocities of flow v to be the most important ones in order to assess forces and stresses, leading to variable rates of damages. Further effects from floating dragged solid material, like tree trunks or entrained objects, or sediments being eroded by the high forces and energies of the flood wave have currently to be neglected. Experiences drawn from the investigation of the dynamics and effects of avalanches and sediment-water suspension (Egli, 1999) could give valuable insight to further expected physical effects. Basing on the emphasis put on the parameters h and v, a valuation approach for the determination of economic losses is presented in Figure 5. Evaluating the results achieved by inundation studies in two parallel branches leads to a spatially distributed information

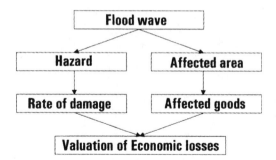

Figure 5.   Valuation scheme.

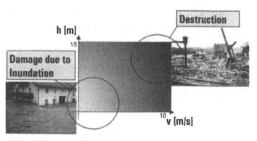

Figure 6.   Two-dimensional problem for description of damage.

about economic losses. This data can be aggregated in order to determine the total economic damage on a monetary basis.

4.1   Identification of hazards

Depending on the accuracy of the calculation of the flood wave, the spatial distribution of the parameters h and v can be identified. As can be seen in Figure 6, focussing on the two aforementioned parameters leads to a two-dimensional problem. For a combination of low velocities of flow and comparably low flow depths the expected damages to buildings and properties are comparable to those observed in case of inundations in river beds. To the contrary, for a combination of high velocities and high flow depths, total losses due to destruction of affected economic assets and goods are very probable.

Economic damage rates in case of total destruction equals 100% in relation to the total economic value of the good under investigation. The assignment of damage rates to the described loading case of low h and low v can be conducted on the basis of existing knowledge resulting from past inundations in river beds.

The main problem arising from this approach is quite obvious. Referring to Figure 6, rates (or percentages respectively) of damage for loading cases in the intermediate zone between the two circled areas, i.e. all combinations of v and h which are not leading to either damage comparable to the one expected from inundations or to complete destruction, are not yet estimable. Further on, threshold values for flow depths and velocities, for which in combination a destruction would occur, cannot be defined.

In reality it can be expected to have spatially comparable small intermediate zones, making the consideration of only two zones of combined parameters feasible. This is also due to the expectation of widespread areas which would show extensive damage and total destruction of economic assets and properties in case of flooding.

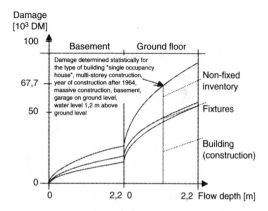

Figure 7.   Function for water level and damage, example for residentials (Schmidtke, 1995).

To deal with the two-dimensional problem we apply a zonation of the affected area under influence of a flood wave. Each zone should show relatively uniform velocities. This step allows for the ascertainment of damage rates depending on the flow depth in these identified zones as second major physical parameter.

4.2   Rate of damage

In recent years inundations in major German rivers, like the river Rhine or the Oder river, caused severe damage to affected areas. These recurring incidents led to the development of a procedure for determining potential economic damage (Beyene, 1992, Buchholz et al., 2000). In combination with the utilization of a database available in Germany (HOWAS), basing on statistical evaluations and data assemblage on past observations of damages due to inundations in river beds, this work can be used in the given context. In Schmidtke (1995) the statistical data serves as basis for the generation of functional dependencies of damage with respect to the depth of flow (Fig. 7). Due to the limitation of the observed flow depths these functional expressions are valid only up to a depth of 2 to 2.5 m and for very low velocities.

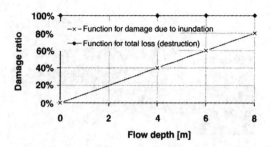

Figure 8. Functional dependency for damage ratios.

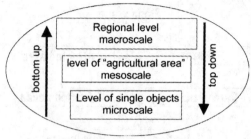

Figure 9. Scale-dependent data collection.

Figure 8 shows a transference of the method of applying functional dependencies to the problem of damages caused by flood waves. For the purpose of describing the dependencies of damage with respect to flow depths we first introduce the damage ratio or rate of damage instead of the monetarily expressed damage. This generalization implies the introduction of percentage values, relating the observed damage to the overall value of buildings, goods and properties in general. The displayed linearization is a step towards the use for a wider class of properties, extending the validity of a functional dependency to different types of objects and goods, making a very fine distinction unnecessary. Generally, such a linearization is a possible but not necessary step. Basing on elaborate investigations, any type of functional expression can be applied, as long as it is scientifically reasonable for the presented range of use concerning the flow depths.

As can be derived from the previous explanations, functional dependencies of damages with respect to flow depths have to be formulated for different classes of specific economic properties. Such classes could be for example single occupancy houses, apartment houses, fixed and non-fixed inventory, cars, industrial buildings and inventory split up by branches, stocks, agricultural areas, etc.

Economic damages and thus damage ratios also depend strongly on the velocities of flow. Figure 8 shows two curves describing the damage ratios subject to the flow depth for two different zones (see Section 4.1). Here it can be seen that coping with damages due to medium sized physical parameters v and h, leading to damage neither being assignable to total losses nor to damages due to inundation, is difficult. In Figure 8 very rough estimates for a zone with medium velocities could be obtained by interpolating between the given curves. But this approach has to be, per definition, error-prone and not satisfactory, putting emphasis on the need of future research.

In an economic context, economic damage in a basic definition has to be regarded as the sum of tangible damage and consequential losses which have to be described separately.

4.3 Identification of area and goods

Second branch of the method for valuating economic damage (Fig. 5) is the identification of affected area and goods (or properties respectively).

The first part of this procedure can be carried out easily on the basis of the output of the calculation of the flood wave. By utilizing data on the land use it is possible to identify the classes of properties. Not only a distinction between urban and agricultural area but also a classification of the affected area in residential, industrial, public or transportation partitions is possible.

It is obvious that the determination of total economic damage from calculating the integral of individual economic damages to single properties is a time-consuming and costly approach. A collection of general data on the area under consideration is thus desirable. The collected data are scale-dependent. Utilizing existing data on different scales or a different statistical basis makes the approach flexible, as will be described later. Figure 9 introduces the three scales. The macroscale, giving information on a regional level, is the top and least differentiated level. Second is the mesoscale, on which data is collected on the detail level of agricultural or urban areas. The valuation of single objects on the microscale enables for a high level of detail for the valuation.

The concept of aggregating the results achieved on the different scales is basing on a mixed top-down–bottom-up approach. The essential components of these two independent valuation methods are outlined in the following subsections.

4.3.1 Top-down approach

The economic valuation of damage comprises the allocation of monetary values to objects for which the developed functional dependencies of the damage ratios (Fig. 8) are existing. This can be performed on the basis of statistical data which are existing in Germany for different types of properties and are, for a top-level specification, regionally variable. Sources are the Federal Statistical Office Germany, Statistical Offices of the states of the Federal Republic of

Germany, insurance companies, etc. These institutions provide data which are related to certain key parameters such as area, number of inhabitants, number of employees, etc. The valuation process thus has to focus on the collection and determination of these key numbers for the area under investigation. The multiplication of these collected numbers by the specific related average values leads to the desired values. As a special feature for the consideration of identified specific predicates inherent to the area or the properties under investigation, the statistical data can be modified through factors. Such factors may differ from the value of 1 because of special qualities of neighborhoods, the age of properties, size, etc. Applying these factors enables the user to adapt the statistical data to specific circumstances.

4.3.2 *Bottom-up approach*

In some cases the determination of values by using average data leads to non-satisfactory results. This can occur for affected objects with high individual values which cannot be described properly by the average values collected on the macroscale, i.e. the regional level, and on the mesoscale, the level of agricultural or urban area. Therefore a valuation of these single objects is well suitable and reasonable. This approach is time-consuming. Nevertheless because of the flexible handling it allows for a variable level of detail in an investigation, making the collection of single values an important step towards sufficiently correct and elaborate economic values of properties.

4.4 *Valuation*

Connecting the two developed and implemented branches that have to be followed on the way towards economic damage assessment is the final procedure. As described in this section, the mixed top-down–bottom-up approach in the valuation needs scale-dependent input data on an individual or an average statistical basis. The data can be modified by certain factors. The following aggregation of the values resulting from the both approaches (top-down and bottom-up) and interaction leads to representative values for the different classes or types of properties, assigned to subareas, or zones respectively. These zones each show uniform velocities but have compared to each other different hazards from velocities of flow. The application of functional dependencies of the damage ratios, specific for every class of properties and each identified velocity, results finally in the economic damage.

5 CONCLUSIONS

Though German dams are planned, constructed and operated on the basis of strict technical and legal regulations and high technical standards, the risk potential inherent to these facilities cannot be neglected. Recent attitudes towards dam safety based on the low probabilities of failure, but not taking into account the potential damage to society, environment and economy. Referring to new requests in the major guideline DIN 19700, giving the technical standards, a risk assessment procedure was developed at the Institute of Hydraulic Engineering and Water Resources Management, Aachen University of Technology. With this procedure we can contribute to the minimization of hazards of dams.

The presented Risk Assessment procedure comprises the single steps Risk Analysis, Risk Assessment and Risk Management which can be treated separately, making the application efficient. These single steps build on one another but are final in themselves.

An important part of the analysis of risk in the Risk Analysis or in the Risk Assessment, for the calculation of the residual risk after introducing mitigation measures, is the qualitative or quantitative determination of economic damages. A quantitative valuation procedure bases on the collection of statistical data on the one hand side and on the other hand side on the description of damage ratios with respect to the physical parameters of a flood wave. By applying a zonation approach for the partitioning of the area under investigation into areas with uniform velocities it is possible to optimize the use of functional dependencies for the damage ratios with respect to flow depths. Future research has to be conducted on the effects of further physical parameters and the detailed derivation of functions for the damage ratios.

Generally, the current focus on the two main parameters v and h, together with the scale-variable data acquisition in a mixed top-down–bottom-up approach, makes the developed method a very efficient and flexible one. It meets the demand for an applicable valuation method in the context of a Risk Assessment procedure. Additionally, methods for the valuation of damage towards sociology and environment have to be developed, taking into account the special ethic and moral boundary conditions in German society.

REFERENCES

Beyene, M. 1992. Ein Informationssystem für die Abschätzung von Hochwasserschadenspotentialen. Aachen: Eigenverlag (Technische Hochschule Aachen/ Lehrstuhl und Institut für Wasserbau und Wasserwirtschaft: Mitteilungen; 83). – ISBN 3-88345-296-3.
Buchholz, O.; Nelißen, M.; Soilam, H.N.; Rohde, F.G.; Beyene, M.; Sommer, A.; Pflügner, W. 2000. Hochwasserschadenspotentiale am Rhein in Nordrhein-Westfalen. Aachen, München: Lehr- und Forschungsgebiet

Ingenieurhydrologie der RWTH; ProAqua Ingenieurges.; PlanEVAL (Abschlußbericht erstellt i.A. des Ministerium für Umwelt, Raumordnung und Landwirtschaft des Landes NRW, Düsseldorf).

DIN 19700. 1986. Stauanlagen. Ausgabe: 1986-01. Berlin: Beuth (Deutsche Norm/DIN, Deutsches Institut für Normung; 19700).

DIN 19700-11. 2000. Stauanlagen, Teil 11: Talsperren. Ausgabe: 1999-11, Gelbdruck. Berlin: Beuth (Deutsche Norm/DIN, Deutsches Institut für Normung).

DIN 19702. 1992. Ausgabe: 1992-10, Standsicherheit von Massivbauwerken im Wasserbau. Berlin: Beuth (Deutsche Norm/DIN, Deutsches Institut für Normung).

Egli, T. 1999. Richtlinie Objektschutz gegen Naturgefahren. St. Gallen: Gebäudeversicherungsanstalt des Kanton St. Gallen.

Harms, M. 2001. Verifikation der RKDG-Methode zur Berechnung von stark instationären, transkrititschen 2D Flachwasserströmungen. Master's Thesis. Institute of Hydraulic Engineering and Water Resources Management, Aachen University of Technology, Aachen.

ICOLD (International Committee On Large Dams). 1998. ICOLD Guidelines on Risk Assessment for Dams. (Attachment by: Williams, A. (ICOLD International Committee on Dam Safety, AWT Director) (1998): ICOLD Chairman's 1997/98 Progress Report for New Delhi Meeting, November, 1998 (Informationletter)), pp. 1–28.

Idel, K.H. 1988. Sicherheitsuntersuchungen auf probalistischer Grundlage für Staudämme. Abschlußbericht, Anwendungsband. Untersuchungen für einen Refernzstaudamm. Essen: Deutsche Gesellschaft für Erd- und Grundbau.

Köngeter, J. 1999. Maximierter Gebietsniederschlag – Ruhekissen oder Nagelbrett? In: Flüsse – von der Quelle bis ins Meer/29. IWASA, Internationales Wasserbau-Symposium, Aachen 1999. Aachen: Mainz (Technische Hochschule Aachen/Lehrstuhl und Institut für Wasserbau und Wasserwirtschaft: Mitteilungen; 120), pp. 169–197. – ISBN 3-89653-620-6.

Liem, R.; Köngeter, J. 2001. Evaluating the application of shallow water theory on dam break waves. Proceedings of the 5th ICOLD European Symposium 2001 – Dams in a European context, Geiranger, Norway, 25–27 June 2001/ed. by Midttomme, G.H./Honningsvag, B./Repp, K./Vaskinn, K./Westeren, T., A.A.Balkema. – ISBN 90-5809-196-1.

Rettemeier, K.; Köngeter, J. 1998. Dam Safety Management: Overview of the State of the Art in Germany Compared to other European Countries. In L. Berga (ed.), *Dam Safety: Proceedings of the International Symposium on New Trends and Guidelines on Dam Safety*, Barcelona, 17–19 June 1998, Vol. 1. Rotterdam u.a.: Balkema, pp. 55–62. – ISBN 90-5410-975-0.

Schmidtke, R.F. 1995. Sozio-ökonomische Schäden von Hochwasserkatastrophen. Darmstadt: Techn. Hochschule (Wasserbau-Mitteilungen/Technische Hochschule Darmstadt, Institut für Wasserbau und Wasserwirtschaft; 40). – ISSN 0340-4005.

Dam Maintenance and Rehabilitation, Llanos et al. (eds)
© 2003 Taylor & Francis, ISBN 90 5809 534 7

Diagnóstico sobre la magnitud y evolución de los asientos de fluencia en presas de materiales sueltos mediante simulaciones numéricas de naturaleza viscoelástica calibradas con lecturas de instrumentación

I. Escuder, J. Andreu
Departamento de Ingeniería Hidráulica y M.A., Universidad Politécnica de Valencia, España

M. Rechea
Departamento de Ingeniería del Terreno, Universidad Politécnica de Valencia, España

ABSTRACT: El análisis del comportamiento post-constructivo de grandes rellenos de rocas como los utilizados en presas de materiales sueltos adquiere gran relevancia tanto desde el punto de vista de la seguridad como desde el punto de vista económico. La investigación que se presenta incluye una revisión en profundidad del procedimiento viscoelástico originalmente propuesto por el Central Board of Irrigation de La India (1992), la confección de rutinas de simulación numérica para llevar a cabo dicho análisis y la aplicación de la metodología a un caso de estudio: un relleno de escollera ubicado en el vaso del embalse de Contreras. Las rutinas de cálculo han sido escritas para ser ejecutadas en FLAC 2D, permitiendo una forma racional de reproducción del comportamiento post-constructivo observado en rellenos de rocas así como la predicción de deformaciones a largo plazo mediante el ajuste de un único parámetro: la Constante de Fluencia.

1 INTRODUCTION Y ALCANCE

La utilidad de combinar el análisis numérico con registros de instrumentación para la evaluación de los niveles de seguridad en presas y otras estructuras ha sido ampliamente puesto de manifiesto (Escuder, 1996).

En dicho contexto, el principal objetivo de la presente investigación era contribuir a un mejor entendimiento del comportamiento de rellenos de rocas compactados como los empleados en presas, carreteras, etc. a través del establecimiento de una metodología de modelación numérica y el uso de lecturas de instrumentación que sería posteriormente aplicado a un caso de estudio (Escuder 2001).

A continuación, se expone la forma en que se ha introducido la fluencia en el análisis, el resultado de aplicar dicho análisis a un caso real y la utilidad de la metodología para predecir las deformaciones a largo plazo.

2 CONFECCION DE LA METODOLOGIA DE ANALISIS

2.1 *Formulación del análisis de fluencia*

El análisis visco-elástico de la fluencia de rellenos compactados llevado a cabo se basa en la metodología propuesta por el Central Board of irrigation and Power (CBI) de La India (1992).

A través de dicha metodología, algunas aproximaciones al comportamiento visco-elástico que podríamos denominar fenomenológicas son formalizadas asumiendo:

a) La existencia de una función de fluencia que sirve para describir empíricamente datos experimentales. Considerando un material lineal visco-elástico bajo un esfuerzo constante y permanente (σ_0), la deformación total (σ_t) tras cierto período (t) de aplicación de dicho esfuerzo al material quedaría descrita por la siguiente función de fluencia:

$$\varepsilon_t = \sigma_0 \times (1/E + F_k \times \log(t+1)) \qquad (1)$$

Donde E es Módulo de Young y F_k es la denominada "Constante de Fluencia", calculada mediante la división de la velocidad logarítmica de fluencia obtenida en ensayos edométricos de larga duración por el esfuerzo aplicado durante el ensayo.

b) Aplicabilidad del principio de superposición (naturaleza lineal de los efectos viscoelásticos)
Así, para la obtención de deformaciones incrementales de fluencia ($\Delta\varepsilon^c$) en el tiempo objetivo (T_n), aquellas deformaciones producidas en el último intervalo

de tiempo debidas a todos los incrementos de tensiones acaecidos con anterioridad (n-1 intervalos) deben ser añadidos:

$$\Delta\varepsilon^c(T_n) = \sum_{i=1,n-1} (1/(E_{creepi})) \times \Delta\sigma_i \qquad (2)$$

Donde:

$$(E_{creep})_i = 1/(F_k \times ((\log(T_n - T_i + 1) - \log(T_{n-1} - T_i + 1)))) \qquad (3)$$

c) Principios matemáticos basados en la mecánica de los medios continuos.

En el contexto de la mecánica de los medios continuos, asumiendo un material elástico isótropo y la hipótesis de deformación plana, el cálculo de la deformación de fluencia incremental para el enésimo intervalo en ejes de coordenadas (x, y, z) se lleva cabo mediante las siguientes expresiones:

$$\Delta\varepsilon_x^c(T_n) = \sum_{i=1,n-1} (1/E_i^*) \times (\Delta\sigma_{xi} - \nu \times (\Delta\sigma_{yi} + \Delta\sigma_{zi})) \qquad (4)$$

$$\Delta\varepsilon_y^c(T_n) = \sum_{i=1,n-1} (1/E_i^*) \times (\Delta\sigma_{yi} - \nu \times (\Delta\sigma_{xi} + \Delta\sigma_{zi})) \qquad (5)$$

$$\Delta\varepsilon_{xy}^c(T_n) = \sum_{i=1,n-1} (1/E_i^*) \times 2 \times (1 + \nu) \times \tau_{xy} \qquad (6)$$

Donde E_i^* no puede ser tomado directamente como E_{creepi} (como aperece en la Publicación del CBI, 1992). De hecho, debe ser introducido en las rutinas de cálculo de la suiguiente manera:

$$E^* = E_{creepi} \times (1 + \nu) \times (1 - 2\nu)/(1 - \nu) \qquad (7)$$

Donde ν es el coeficiente de Poisson.

2.2 Software seleccionado

FLAC 2D (Itasca, 1994) es un código bidimensional en diferencias finitas (esquema explícito) que permite la simulación del comportamiento de suelos, rocas, etc.

El programa se basa en el esquema de cálculo lagrangiano, y su formulación básica asume un estado general de deformación plana bi-dimensional. Cada elemnto se comporta de acuerdo a una relación tensión-deformación prescrita para el mismo, como respuesta a las fuerzas aplicadas y las coacciones en el contorno.

FLAC está provisto de un leguaje interno de programación (FISH) que posibilita definir cualquier organización de cálculos (p.e. complejas secuencias constructivas) y cálculos de muy distinta naturaleza (p.e. cualquier relación constitutiva).

2.3 Rutinas de cálculo

El principal potencial del código base es la habilidad del mencionado software para actualizar estados tensionales haciendo uso de los modelos constitutivos que lleva incorporados u otros definidos por el usuario. En dicho contexto, las contribuciones más significativas del presenta trabajo a través de la redacción de distintas rutinas de cálculo pueden sintetizarse como:

a) La arquitectura básica de los programas de simulación.

Este aspecto incluye la definición de las condiciones de contorno más apropiadas y la reproducción de la secuencia constructiva "quasi-real" mediante la consideración de capas de materiales de un metro de espesor. De hecho, la altura real de las mismas osciló en obra entre 0.8 metros y 1.15 metros.

b) La metodología de almacenamiento de la historia tensional y la ordenación de los cálculos teniendo en cuenta todas las expresiones matemáticas expuestas con anterioridad.

Las principales dificultades se encontraron en relación con la necesidad de almacenamiento de la historia tensional completa (tantos vectores de componentes de tensiones como capas sobre cada capa), así como el cálculo de las deformaciones de fluencia en cada zona de la malla (compuesta de celdas de un metro de alto por un metro de ancho) para tantos incrementos de tiempo como se requieran.

c) La aplicación de una metodología de introducción de deformaciones para la ulterior distribución elástica de deformaciones de fluencia.

La precisión de las rutinas de cálculo escritas para el cómputo e introducción al sistema de las deformaciones de fluencia fue verificada mediante la reproducción de un ensayo edométrico conocido (ensayo realizado sobre el material de la Presa de Scammondem cuyos resultados se encuentran en forma gráfica en la publicación del CBI de 1992).

3 AJUSTE DEL COEFICIENTE DE FLUENCIA

La Constante de Fluencia (Fk), parámetro que gobierna los resultados del análisis, ha sido raramente obtenida mediante ensayos experimentales sobre los materiales típicos de grandes rellenos de escollera.

Si bien los datos experimentales disponibles a partir de los ensayos realizados en la Presa de Scammondem podrían utilizarse para estimar un rango probable de valores de dicho parámetro, la Constante de Fluencia debe ser calibrada con la mayor precisión posible para usar la modelación propuesta en la predicción de deformaciones a largo plazo.

Esto sólo puede ser llevado a cabo una vez finalizada la construcción, de manera que todas las deformaciones de fluencia queden completamente independizadas. Así, estableciendo un intervalo de tiempo suficientemente largo (un año) y utilizando las lecturas de instrumentación, el modelo puede quedar calibrado.

Tal y como se ha explicado, las deformaciones visco-elásticas llevadas a cabo permiten obtener desplazamientos de fluencia para cualquier tiempo de referencia deseado. En cualquier caso, resulta necesario definir un instante virtual de construcción de cada una de las capas para llevar a cabo el análisis incremental propuesto (referenciado a dicho instante de puesta en obra del material de cada capa y cualquier tiempo objetivo).

Una vez dichos datos de tiempos de referencia han sido especificados en los programas, una serie de cálculos deben llevarse a cabo mediante prueba y error para calibrar el valor de la Constante de Fluencia.

Finalmente, las deformaciones incrementales para cualquier tiempo futuro deseado pueden obtenerse usando el valor ajustado de la Constante de Fluencia.

4 CASO DE ESTUDIO

4.1 *Principales características del relleno*

El relleno de escollera que se presenta como caso de estudio forma parte de los trabajos de la nueva autovía Madrid-Valencia a su paso por el Embalse de Contreras. Algunas de las características más destacables de este relleno inundable son:

a) Longitud aproximada: 500 metros.
b) Altura máxima: 103 metros.

Tabla 1. Resultados de control de calidad sobre materiales.

Densidad	Porosidad	Tmax	d_{10}	d_{60}	SCR*
2,270 (T_n/m^3)	15.22 (%)	762 (mm)	5.9 (mm)	218.4 (mm)	634 (Kp/cm^2)

*Resistencia a compresión simple.

c) Volumen de relleno superior a 1,000,000 de metros cúbicos.
d) Construido mediante la extensión y compactación de capas de aproximadamente un metro de espesor.

Además, el relleno se encuentra ubicado en el propio vaso del embalse de contreras y, en consecuencia, potencialmente sujeto a la elavación del nivel de aguas que podría inundar la parte inferior del mismo. La construcción comenzó en Diciembre de 1997 y finalizó en Agosto de 1998. El relleno se compactó mediante seis pasadas de rodillo vibrante de 18 Toneladas por cada capa extendida. Algunos de los resultados del control de calidad realizado sobre los materiales puestos en obra se resumen en la Tabla 1.

4.2 *Registros de instrumentación*

Existen tres secciones instrumentadas pero sólo una de ellas se ubica fuera del áera de influencia del agua del Embalse. En dicha sección, cuatro células de asiento estuvieron activas entre el final de la construcción (Agosto de 1998) y la primera toma de datos de topografía (Enero de 1999). En cualquier caso, las células comenzaron a fallar a principios de 1999 y sus registros no fueron utilizados para calibrar la constante de fluencia.

Tras dicha fecha, los registros de control de movimientos por topografía fueron utilizados para la calibración de la Constante de Fluencia. Los valores de dichos registros se sintetizane n la Tabla 2.

La Figura 1 muestra la geometría de la sección instrumentada que ha sido analizada incluyendo la localización de las células y los puntos de control topográficos. La máxima altura desde el pie es de 41 metros y la inlcinación de los taludes es de 1 H:1.5 V.

Para reproducir dicha geometría se puede dibujar la siguiente poligonal por coordenadas: 20,17; 34,7;

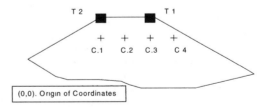

Figura 1. Geometría de la sección instrumentada.

Tabla 2. Registros de instrumentación (en centímetros).

Asiento Incremental	Cel 1	Cel 2	Cel 3	Cel 4	Top 1	Top 2
08/26/98–01/07/99	4.6	6.2	8.6	7.4		
01/07/99–12/24/99					8.8	5.8
12/24/99–04/07/00					9.2	7.3

Table 3.   Tiempos de referencia (T) en días.

Capa	T	Capa	T	Capa	T	Capa	T
1	3	11	33	21	55	31	71
2	5	12	37	22	57	32	72
3	7	13	40	23	58	33	74
4	9	14	44	24	60	34	77
5	11	15	46	25	63	35	80
6	13	16	47	26	65	36	83
7	15	17	48	27	67	37	86
8	17	18	49	28	68	38	88
9	24	19	51	29	69	39	90
10	30	20	53	30	70	40	92
						41	114

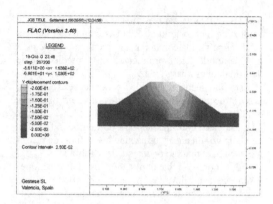

Figura 3.   Asientos de fluencia en metros 26/08/98–24/12/99.

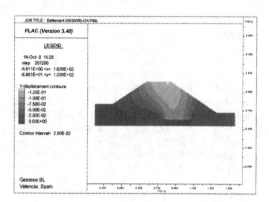

Figura 2.   Asientos de fluencia en metros 26/08/98–7/01/99.

40,5; 56,5; 67,4; 71,2; 77,0; 105,0; 135,8; 84,41; 57,41 y 20,17 (en metros).

4.3 Calibración del modelo

Tal y como se ha comentado con anterioridad, las simulaciones numéricas de naturaleza visco-elástica confeccionadas permiten obtener desplazamientos de fluencia para cualquier tiempo de referencia establecido. Así, es necesario definir un instante virtual de construcción para cada capa de un metro de espesor para llevar a cabo el análisis incremental.

Esto implica la necesidad de alimentar el programa de cálculo con 41 valores a través de tablas como la Tabla 3. Además, dado que las medidas de instrumentación de referencia corresponden a tres fechas distintas, estas deben ser convertidas a días transcurridos desde el comienzo de la ejecución: T = 245 días para 07/01/99; T = 589 días para 24/12/99 y T = 782 días para 04/07/00.

El patrón de distribución de asientos totales de fluencia puede observarse en la Figura 2, Figura 3 y Figura 4 para las tres fechas de referencia.

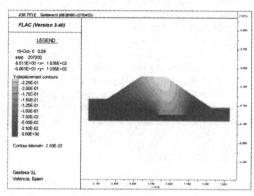

Figure 4.   Asientos de Fluencia en metros 26/08/98–4/07/00.

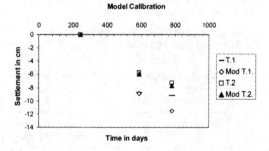

Figure 5.   Mejor ajuste del modelo ($F_k = 0.65 \times 10^{-8}$ (Pa^{-1})).

La Figura 5 muestra como, a partir de los resultados obtenidos del análisis, el valor de la constante de fluencia que permite un mejor ajuste es $0.65 \times 10^{-8}(Pa^{-1})$.

Por último, la Tabla 4 muestra como el modelo es capaz de reproducir el orden de magnitud de las

Tabla 4. Comparación entre el asiento incremental medido por las células y los resultados del modelo 26/08/98–7/01/99.

Asiento (cm)	C.1.	C.2.	C.3.	C.4.
Registrado	−4.6	−6.2	−8.6	−7.4
Modelo	−6.74	−9.71	−11.7	−10.31

Tabla 5. Asientos incrementales en centímetros (referidos a Enero de 1999) y porcentajes anuales de incremento de asientos (referidos a la altura total relleno).

Fecha	Asiento desde 07/01/99 (cm)	Incremento anual (% H)
Dic-2001	−11.09	0.0920
Dic-2002	−13.41	0.0565
Dic-2003	−15.14	0.0421
Dic-2004	−16.52	0.0335
Dic-2005	−17.67	0.0280
Dic-2006	−18.64	0.0237
Dic-2007	−19.5	0.0209
Dic-2008	−20.26	0.0185
Dic-2009	−20.95	0.0167
Dic-2010	−21.57	0.0151

medidas registradas por las células (mientras estuvieron operativas).

4.4 Predicción a largo plazo

Sobre la base de los trabajos desarrollados para el estudio de los asientos de fluencia durante el período de control topográfico de los mismos, se ha estimado la magnitud de dichos asientos hasta el final de 2010.

Así, en la Tabla 5, puede observarse el valor medio incremental de los asientos estimados en coronación (referidos a Enero de 1999). Estos se expresan en centímetros y porcentaje de altura, permitiendo comprobar que el relleno cumpliría el criterio de estabilización de Dascal (1987) en el año 2008.

5 CONCLUSIONES

En el presente trabajo, se propone un procedimiento de análisis numérico para la predicción los asientos de fluencia de grandes rellenos de escollera basado en un modelo visco-elástico simplificado del material propuesto originalmente por el CBI de la India.

Tras una revisión de la mencionada formulación, se han redactado una serie de rutinas de cálculo ejecutables en un software comercial (FLAC 2D). La precisión de la metodología y la forma propuesta de utilización de la misma se aplican a un relleno de escollera situado en el vaso del embalse de Contreras.

Como principal conclusión, los procedimientos extrictamente empíricos más comunmmente utilizados (Bonnaire 1998, Clements 1984, Boughton 1970, etc.) pueden ser eficientemente re-emplazados o combinados con este tipo de análisis racional sustentado, en última instancia, sobre el ajuste de la Constante de Fluencia a partir de lecturas de instrumentación (durante un período limitado tras el fin de la construcción).

AGRADECIMIENTOS

Los trabajos de campo que se relatan fueron llevados a cabo por PROYEX VALENCIA SA y GESTESE SL para la División de Aseguramiento de la Calidad de la empresa constructora (ACS) y el MINISTERIO DE FOMENTO.

REFERENCIAS

Bonnaire, F. 1998. *Post-construction settlements of rockfill and embankment dams. Proceedings of the International Symposium on New Trends and Guidelines on Dam safety*. Barcelona (Spain).
Boughton, N.O. 1970. *Elastic analysis for behavior of rockfill*. ASCE Journal of the Soil Mechanics and Foundation Division, vol 96, SM5.
Central Board of Irrigation and Power of India. 1992. *Finite element analysis to determine stresses and deformations in membrane type rockfill dam*. Ed. Balkema.
Clements, R.P. 1984. *Post-construction deformation of rockfill dams*. ASCE Journal of the Geotechnical Engineering Division, vol 110, Nº7.
Escuder, I. 1996. *Synthesis of Dam safety Protocol*. Master of Science Thesis. University of Wisconsin-Milwaukee.
Escuder, I. 2001. *Estudio del comportamiento tensodeformacional de pedraplenes inundables mediante simulaciones numericas formuladas en diferencias finitas y calibradas con lecturas de instrumentacion*. Doctoral Thesis. Universidad Politecnica de Valencia.
Itasca Company. 1994. *FLAC 2D Manuals*.

Dam Maintenance and Rehabilitation, Llanos et al. (eds)
© 2003 Taylor & Francis, ISBN 90 5809 534 7

Diagnóstico sobre la magnitud y evolución de los asientos de humectación en presas de materiales sueltos mediante simulaciones numéricas de naturaleza elástica no lineal calibradas con lecturas de instrumentación

I. Escuder, J. Andreu
Departamento de Ingeniería Hidráulica y M.A., Universidad Politécnica de Valencia, España

M. Rechea
Departamento de Ingeniería del Terreno, Universidad Politécnica de Valencia, España

ABSTRACT: El análisis del comportamiento tenso-deformacional de espaldones de escollera, utilizados fundamentalmente en presas de materiales sueltos, y el efecto de la elevación de la lámina de agua sobre ellos tiene una significativa importancia desde el punto vista tanto de la seguridad como de la economía. La investigación que se presenta abarca una revisión en profundidad del procedimiento de análisis elástico no lineal originalmente propuesto por Duncan y Chang (1970), su aplicación a la simulación del efecto de la humectación llevada a cabo por Nobari y Duncan (1972) y las modificaciones al llamado modelo hiperbólico de tensión-deformación introducidas por Duncan et al (1980, 1984). Tras ello, se ha formulado una actualización de la metodología existente de simulación de la humectación así como redactado rutinas de cálculo para analizar el comportamiento constructivo e incorporar los posteriores efectos de la humectación. Por último, se ha aplicado la metodología a un caso de estudio.

1 INTRODUCTION Y ALCANCE

En las últimas décadas, la optimización de los recursos disponibles así como el aumento de las exigencias de seguridad han influenciado nuestra actividad profesional e investigadora. Junto a ello, algunas potencialidades recientes han permitido adquirir un mejor entendimiento del comportamiento de todo tipo de realizaciones ingenieriles.

Algunas de ellas son la experiencia adquirida en la caracterización mecánica de los materiales, la existencia de sofisticadas y eficientes herramientas numéricas así como las modernas técnicas de instrumentación para la realización de medidas "in situ".

Así, dicho contexto inspiró el comienzo de la investigación que se relata parcialmente a continuación.

Muy en concreto, la última formulación del modelo hiperbólico tensión-deformación (Duncan et al, 1980 and 1984) ha sido revisada y adaptada para la reproducción numérica del coportamiento tenso-deformacional de espaldones de escollera considerando los efectos de la secuencia constructiva y humectación sobre dichas estructuras.

Las rutinas de cálculo confeccionadas son ejecutables mediante el software FLAC 2D, un código basado en la técnica de las diferencias finitas que incorpora un lenguaje de programación interno.

El caso de estudio es parte de un relleno de escollera situado en el embalse de Contreras en España, habiéndose analizado dos secciones con forma de espaldón apoyadas sobre la ladera y sujetas a la influencia de potenciales subidas del nivel de embalse.

2 REVISION DEL MODELO HIPERBOLICO DE TENSION-DEFORMACIÓN

2.1 *Comportamiento tenso-deformacional de los rellenos de escollera*

Cualquier ley tensión-deformación para este tipo de materiales debería incorporar, idealmente, las siguientes características:

(a) El incremento de la rigidez volumétrica con el incremento del nivel de tensiones.

(b) La reducción de la rigidez a cortante con el aumento del desviador de tensiones.

(c) Un criterio de fallo a cortante.

(d) El incremento de la rigidez asociado a procesos de carga y re-carga.

(e) La relativamente alta rigidez asociada a bajas presiones de confinamiento.

(f) La dilatancia.

(g) Las deformaciones dependientes del tiempo.

(h) Las deformaciones de colapso.

Consecuentemente, existe una gran complejidad en la caracterización de estos rellenos debido fundamentalmente a que exhiben un comportamiento inelástico, no lineal y altamente dependiente del nivel de tensiones. Además, la realización de ensayos de laboratorio sobre dichos materiales es una labor igualmente compleja.

En la práctica, distintos modelos permiten una mejor o peor representación de las mencionadas características.

De acuerdo con su naturaleza, estos pueden ser clasificados como elásticos (lineales y no lineales), elasto-plásticos, viscoelásticos, empíricos, etc. Otros modelos han sido a su vez formulados para reproducir fenómenos particulares como puede ser el colapso por humectación de escolleras.

2.2 Modelo hiperbólico tensión-deformación

El denominado modelo hiperbólico tensión-deformación fue propuesto por Duncan y Chang (1970) y posteriormente aplicado para reproducir el efecto de la elevación de la lámina de agua en relelnos de escollera por Nobari y Duncan (1972).

Posteriormente, algunas modificaciones a su formulación fueron realizadas por Duncan et al (1980 y 1984). Esta última formulación del modelo implicaba:

(a) El modulo de elasticidad secante y tangente bajo carga primaria y en situación de descarga y recarga se mantiene según su formulación original:

$$E_s = \left(\frac{1 - R_f(1 - \sin\phi) \cdot (\sigma_1 - \sigma_3)}{2C\cos\phi + 2\sigma_3\sin\phi} \right) kP_a(\sigma_3/P_a)^n \quad (1)$$

$$E_t = \left(\frac{1 - R_f(1 - \sin\phi) \cdot (\sigma_1 - \sigma_3)}{2C\cos\phi + 2\sigma_3\sin\phi} \right)^2 kP_a(\sigma_3/P_a)^n \quad (2)$$

$$E_{ur} = k_{ur} \cdot P_a(\sigma_3/P_a)^n \quad (3)$$

Donde R_f, k, n, k_{ur}, $\cdot$ ϕ, y C son los parámetros del modelo (Duncan and Chang, 1970), y P_a es la presión atmosférica en la unidades en que quiera expresarse el cálculo.

(b) Se incorpora la dependencia del módulo de deformación volumétrica respecto de la presión de confinamiento

$$K = k_b \cdot P_a \cdot (\sigma_3/P_a)^{md} \quad (4)$$

Donde k_b y md son nuevos parámetros del modelo.

(c) La fricción queda incorporada mediante una función logarítmica en lugar de un único valor

$$\phi = \phi_0 - \Delta\phi \cdot \log_{10}(\sigma_3/P_a) \quad (5)$$

Donde ϕ_0 es el ángulo de fricción para una presión de confinamiento mínima igual a la presión atmosférica y $\Delta\phi \cdot$ es un nuevo parámetro del modelo.

(d) El Módulo de deformación a cortante y el Coeficiente de Poisson son consistentes con los valores expresados del Módulo de Elasticidad y Módulo de deformación volumétrica. Así, la variabilidad del Coeficiente de Poisson no se reproduce mediante ninguna función explícita como se hacía en el modelo original.

$$\nu = 1/2 - E_t/(6 \cdot B) \quad (6)$$

Donde ν es el coeficiente de Poisson, pudiendo adoptar valores superiores a cero e inferiores a 0.5. Este requerimiento implica la fijación de un valor mínimo del módulo de deformación volumétrica (B) en un tercio del Módulo de Elasticidad Tangente ($E_t/3$) así como un valor máximo igual a diecisiete veces el valor de dicho módulo ($17 \cdot E_t$).

(e) El nivel de tensiones (SL) que separa el comportamiento bajo carga primaria del comportamiento en descarga y recarga se encuentra claramente definido.

$$SL = \left(\frac{(1 - \sin\phi) \cdot (\sigma_1 - \sigma_3)}{2C\cos\phi + 2\sigma_3\sin\phi} \right) \cdot (\sigma_3/P_a)^{0.25} \quad (7)$$

2.3 Revisión de la aplicación del modelo hiperbólico a la reproducción del fenómeno de la humectación.

La metodología existente para la reproducción del fenómeno asociado a la humectación fue formulada por Nobari y Duncan (1972) haciendo uso del modelo hiperbólico de Duncan y Chang (1970) y la relación no lineal dependiente del nivel de esfuerzos propuesta para reproducir la variación del valor del Coefieciente de Poisson formulada por Nobari y Duncan (1969).

El mencionado procedimiento adoptado por Nobari y Duncan (1972) para la reproducción de las deformaciones de colapso estaba enfocado a la técnica de resolución numérica de los elementos finitos, y comprendía cuatro pasos fundamentales. Literalmente:

(a) Los cambios en los valores de las tensiones principales que se producirían bajo condiciones de no deformación (σ1w y σ2w) son calculados. Se asume que durante la relajación la dirección de las tensiones principales no cambia.

(b) La reducción de las tensiones principales se transforma a su valor según los ejes de coordenadas (σx, σy, τxy) y dicha disminución se sustrae de los valores de las tensiones previos a la humectación. Los esfuerzos resultantes ya no se encuentran en equilibrio con las cargas exteriores y tensiones interiores.

(c) Se calculan las fuerzas nodales requeridas para el equilibrio de cada elemento a partir de las variaciones de tensiones obtenidas anteriormente ($\Delta\sigma$x, $\Delta\sigma$y y $\Delta\tau$xy).

(d) Las fuerzas nodales calculadas se aplican a la malla de elementos finitos, y los cambios de tensiones resultantes son calculados.

Otros efectos considerados, añadidos al reblandecimiento instantáneo e incremento de asientos de cualquier capa humectada, fueron los cambios de densidad desde la inicialmente seca a la saturada (aumento de carga) y las fuerzas boyantes causantes de subpresión (descenso de carga cuya respuesta en deformaciones se asociaría a Eur).

3 MODIFICACIONES REALIZADAS AL PROCEDIMIENTO EXISTENTE

La formulación asociada al previamente explicado primer paso de cálculo (Nobari y Duncan, 1972) ha sido adaptada en este trabajo a la última versión del modelo hiperbólico (Duncan et al, 1980 y 1984). La relación básica involucrada en tal actualización se encuentra vinculada a la consideración de la variación del Coeficiente de Poisson:

$$\nu_s = 1/2 - Es/(6 \cdot B) \qquad (8)$$

Las deformaciones radiales y volumétricas se encuentran influenciadas por dicho cambio de formulación:

$$\varepsilon_r = -\nu_s\varepsilon_a \qquad (9)$$

$$\varepsilon_v = \varepsilon_a + 2\varepsilon_r \qquad (10)$$

Donde:

$$\varepsilon_a = (\sigma_1 - \sigma_3)/E_s \qquad (11)$$

Finalmente, para calcular los esfuerzos principales equivalentes en estado húmedo bajo condiciones de no deformación (σ1w y σ2w), dos ecuaciones con dos incógnitas han sido escritas consistentemente con

el esquema presentado por Nobari y Duncan (1972) en una de las figuras explicativas de su trabajo:

$$\varepsilon_{ad} = \varepsilon_{ac} + \varepsilon_{al} \qquad (12)$$

$$\varepsilon_{vd} = \varepsilon_{vc} + \varepsilon_{vl} \qquad (13)$$

Donde ε_{ad} y ε_{vd} son las deformaciones axiales y volumétricas correspondientes al estado tensional anterior a la humectación, ε_{al} y ε_{vl} son las deformaciones axiales y volumétricas correspondientes al modelo hiperbólico húmedo del material, y ε_{ac} y ε_{vc} son las variaciones de la compresión axial y volumétrica debidas a la humectación en función de la presión de consolidación.

$$\varepsilon_{vc} = \beta(\sigma_3 - \sigma_{3t}) \qquad (14)$$

$$\varepsilon_{ac} = \varepsilon_{vc}/3 \qquad (15)$$

Donde σ_{3t} se define como la tensión umbral bajo la cual no tienen lugar compresiones debidas a la humectación bajo distribución isotrópica de tensiones y β es un parámetro del modelo a obtener mediante ensayos de laboratorio.

Así, las dos ecuaciones a resolver como función de las previamente definidas dos incógnitas (σ1w y σ2w), son:

$$(\sigma_{1d} - \sigma_{3d})/E_{sd} = \beta(\sigma_3 - \sigma_{3t})/3 + (\sigma_{1w} - \sigma_{3w})/E_{sw} \qquad (16)$$

$$(\sigma_{1d} - \sigma_{3d})/E_{sd} - 2\nu_s(\sigma_{1d} - \sigma_{3d})/E_{sd}$$
$$= \beta(\sigma_3 - \sigma_{3t}) + (\sigma_{1w} - \sigma_{3w})/E_{sw}$$
$$- 2\nu_s(\sigma_{1w} - \sigma_{3w})/E_{sw}) \qquad (17)$$

Donde σ_{1d} y σ_{3d} son las tensiones principales calculadas con anterioridad a la humectación, así como E_{ad} y E_{sw} son el Módulo de Elasticidad Secante obtenido a partir de los parámetros secos y húmedos del modelo respectivamente.

4 RUTINAS DE CALCULO

4.1 *Software empleado*

FLAC 2D (Itasca, 1994) es un código bidimensional basado en la técnica de las diferencias finitas (esquema explícito) que permite simular el comportamiento de suelos, rocas, etc.

El programa se basa en el esquema de cálculo lagrangiano, y su formulación básica asume un estado bidimensional generalizado en deformación plana. Cada elemento se comporta de acuerdo a una ley tensión deformación predeterminada, como respuesta a las fuerzas aplicadas y las restricciones de movimientos en el contorno.

FLAC lleva asociado un lenguaje interno de programación (FISH) que permite definir cualesquiera secuencias constructivas así como programar las relaciones constitutivas más apropiadas a cada caso.

4.2 Rutinas confeccionadas

Resumiendo, el principal potencial del código base consiste en la capacidad del software de actualizar estados tensionales haciendo uso de los modelos constitutivos incorporados en su "librería" o cualquier otro definido por el usuario. En dicho contexto, las contribuciones más significativas realizadas mediante la redacción de varias rutinas de cálculo que se describen a continuación.

4.2.1 La arquitectura básica de los programas de simulación

Este aspecto ha incluido la definición de las condiciones de contorno más apropiadas y la reproducción una secuencia constructiva consistente en la ejecución de capas de un metro de espesor.

Así, debido a la necesidad de reproducir de manera realista la interacción entre la roca de apoyo y el relleno de escollera se definió una interfaz en el contacto entre ambas superficies, caracterizada por el criterio Mohr Coulomb de deslizamiento así como su no resitentacia a tracción. y the Mohr Coulomb sliding and tensile opening criteria.

Por otra parte, la forma en que la secuencia constructiva es simulada tiene una gran influencia sobre la bondad y fiabilidad de los resultados numéricos obtenidos.

Históricamente, limitaciones en la capacidad de cálculo han conducido a la reproducción de secuencias constructivas simplificadas (muy alejadas de las reales). En cualquier caso, todas estas técnicas aproximadas necesitan de alteraciones numéricas como asumir condiciones ideales de reposo para las tensiones horizontales (para emular estados tensionales como los propios de capas mucho más delgadas), la reducción del valor de los parámetros elásticos para evitar una sobre estimación de la rigidez a flexión, etc.

A su vez, estas alteraciones numéricas han sido únicamente justificadas de forma rigurosa para el caso de modelos elásticos y lineales (Naylor, 1990). Además, cuando los parámetros del modelo son dependientes del estado tensional, las discrepancias entre "capa real" y "capa de cálculo" conllevan una perdida de precisión adicional en la actualización de los parámetros deformacionales tangentes.

Consecuentemente, el hecho de reproducir secuencias constructivas similares a las reales ha permitido mejorar la calidad del análisis y hacer uso de todos los registros de instrumentación a la hora de llevar a cabo el estudio tenso-deformacional.

4.2.2 Organización y verificación de los cálculos para la actualización del valor de los parámetros deformacionales tangentes

La principal dificultad encontrada ha venido condicionada por la reproducción de una secuencia constructiva tan detallada, que ha hecho necesario definir unos valores mínimos de la rigidez.

Otra necesidad identificada ha sido la de comprobación del valor del desvidor de tensiones para evitar valores aparentemente equilibrados pero superiores al valor último considerado en la modelación $((\sigma 1 - \sigma 3)_{ult})$.

4.2.3 Simulación de los efectos de la humectación

Una vez finalizada la construcción y alcanzado un estado de equilibrio entre tensiones y deformaciones, los efectos de la elevación de la lámina de agua han sido reproducidos mediante la formulación explicada con anterioridad.

La primera dificultad encontrada estuvo relacionada con el cálculo de los esfuerzos principales equivalentes en estado húmedo, que necesitó de la formulación de un procedimiento iterativo de cálculo basado en la minimización de dos funciones de error (Err1 y Err2):

$$\text{Err1} = \varepsilon_{ad} - (\varepsilon_{ac} + \varepsilon_{al}) \qquad (18)$$

$$\text{Err2} = \varepsilon_{vd} - (\varepsilon_{vc} + \varepsilon_{vl}) \qquad (19)$$

Posteriormente, el estado tensional equivalente en ejes de coordenadas se obtiene asumiendo que la dirección principal de tensiones permanece constante y, para cada elemento de cualquier capa colapsada, el correspondiente estado tensional es inicializado.

Los valores de los parámetros elásticos tangentes son a su vez actualizados por medio del modelo húmedo, mientras el sistema alcanza un nuevo estado de equilibrio que implica la recarga de todos los elementos pertenecientes a la capa humectada como respuesta a los esfuerzos que no han sufrido variación en el contorno de la capa relajada.

Esta metodología de relajación y recarga en el contexto de las diferencias finitas ha sido previamente probada por el primer autor al estudiar la reproducción numérica de la fluencia.

5 CASO DE ESTUDIO

5.1 Principales características del relleno

El espaldón de escollera presentado como caso de estudio forma parte de los trabajos para una nueva autopista entre Madrid y Valencia a su paso por el embalse de Contreras en España. Algunas de las características más sobresalientes de este relleno de escollera inundable son:

(a) Longitud aproximada: 500 metros.
(b) Altura máxima: 105 metros.
(c) Volumen de material superior a 1 millón de metros cúbicos.
(d) Construcción mediante la extensión de capas de aproximadamente un metro de espesor.

Además, el relleno se encuentra ubicado en el vaso del Embalse de Contreras y por tanto está potencialmente sujeto a las oscilaciones del nivel de embalse.

Así, el caso de estudio que se presenta es un ejemplo de espaldón de escollera que descansa en su práctica totalidad sobre una masa rocosa.

Este hecho confiere a la estructura una característica muy singular, dado que habitualmente los espaldones de escollera son parte de presas de materiales sueltos de núcleo cuyo comportamiento se encuentra en gran medida influenciado por las interacciones entre dichos materiales y por la magnitud de los desplazamientos horizontales cuando se produce el llenado del embalse.

Por último, algunos de los resultados sobre el control de calidad de los materiales utilizados se resumen en la Tabla 1.

5.2 Lecturas de instrumentación

Se dispuso instrumentación de control en dos secciones tranversales. Así, en la Sección 1, se instalaron ocho células de presión total y de asiento (dispuestas por pares), y en la Sección 2, se instalaron siete células de presión total y otras tantas de asiento dispuestas igualmente por pares. Ambas tipologías de células correspondían a la tipología de cuerda vibrante.

En particular, una de las células de asiento de la Sección 1 (Célula 1 en los gráficos) y otra célula de asiento de las ubicadas en la Sección 2 (Célula 2 en los gráficos) mostraron unos registros muy consistentes y han sido utilizadas en la calibración del modelo numérico de análisis.

Ambas células tienen en común el hecho de ser las más confinadas de su sección y, por tanto, se ubican en la zona en que los ejes de tensiones principales están más próximos a los ejes de coordenadas.

En cuanto a las células de presión, mostraron nítidamente cualquier incremento de carga durante la construcción pero se vieron afectadas por factores de

escala muy dispersos: desde 0.4 hasta 4 para aproximar las lecturas al orden de magnitud de las presiones realmente existentes. Esto pudo deberse, entre otros factores, al gran tamaño de algunas de las rocas.

La Figura 1 muestra la geometría de la Sección 1, incluyendo la localización de las células de asiento y de presión. La máxima altura desde el pié del pedraplén es de 103 metros y el talud corresponde a 1H:1.75V.

La Figura 2 muestra la geometría de la Sección 2, incluyendo igualmente la localización de las células de asiento y de presión. La altura desde el pié del pedraplén es de 94 metros y el talud queda definido por la relación 1H:1.5V.

Los resultados de asientos obtenidos en las Células 1 y 2 se muestran en las Tabla 2 y la Tabla 3.

5.3 Ajuste de parámetros del modelo seco

En primer lugar, los patrones tenso-deformacionales fueron definidos a partir de cada par de células (presión total y asiento) mediante las presiones verticales y las deformaciones registradas. La deformación vertical fue obtenida mediante el cociente de los registros de asientos y el espesor vertical del relleno ubicado entre cada célula y el macizo rocoso.

En cualquier caso, como las presiones registradas mostraron estar muy desescaladas respecto de los valores esperados, se decidió definir las mencionadas curvas "tensión-deformación" mediante la utilización de las presiones analíticas y las deformaciones derivadas de las lecturas.

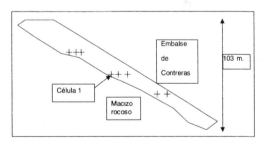

Figura 1. Sección de instrumentación Número 1.

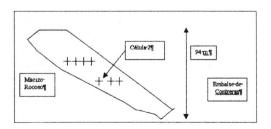

Figura 2. Sección de instrumentación Número 2.

Tabla 1. Resultados de control de calidad sobre materiales.

Densidad	Porosidad	Tmax	d_{10}	d_{60}	SCR*
2,270 (T_n/m^3)	15.22 (%)	762 (mm)	5.9 (mm)	218.4 (mm)	634 (Kp/cm^2)

* Resistencia a compresión simple.

Tabla 2. Lecturas registradas por la Célula 1.

Fecha	S. Cel 1 (cm)	Altura (m)
4/7/98	0	56
4/14/98	−0.64	58
21/04/98	−0.44	61
28/04/98	−0.49	65
5/05/98	−0.46	66
5/12/98	−2.31	71
5/19/98	−2.24	74
5/26/98	−3.41	75
6/2/98	−2.62	77
6/9/98	−2.3	81
6/16/98	−3.14	85
6/23/98	−3.3	90
6/30/98	−4.2	91
7/7/98	−4.3	92
7/16/98	−4.6	97
7/21/98	−4.2	98
8/4/98	−5.1	101
8/26/98	−5.8	105

Tabla 3. Lecturas registradas por la Célula 2.

Date	S. Cel 2 (cm)	Height (m)
4/7/98	0	43
4/14/98	−1.33	45
21/04/98	−2.69	48
28/04/98	−3.74	52
5/05/98	−4.61	55
5/12/98	−6.26	58
5/19/98	−7.49	61
5/26/98	−10.8	63
6/2/98	−10.63	64
6/9/98	−10.9	69
6/16/98	−11.99	72
6/23/98	−13.7	78
6/30/98	−14.7	79
7/7/98	−15.3	80
7/16/98	−15.8	86
7/21/98	−17	86
8/4/98	−18	90
8/26/98	−17	94

Tabla 4. Parámetros mejor ajustados del modelo seco.

Parameter	Value	Units
K_b	250	
K	500	
m	0.2	
n	0.4	
R_f	0.7	
ϕ	45	Degrees
$\Delta\phi$	11	
C	0	

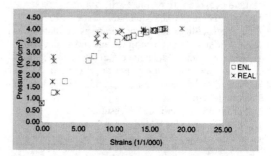

Figura 3. Comparación entre curva tensión deformación calculada y registrada (célula 1).

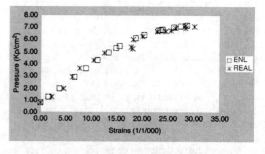

Figura 4. Comparación entre curva tensión deformación calculada y registrada (célula 2).

El rango inicial de valores probables de los parámetros se estimó a partir de las recomendaciones hechas por Duncan et Al (1980) y Byrne (1987, 1993) y se ajustaron posteriormente hasta asignárseles el valor que se muestra en la Tabla 4.

El cálculo de los parámetros del modelo mediante la utilización de registros de instrumentación se llevó a cabo mediante la obtención del mínimo "error cuadrático medio acumulado" entre asientos medidos y calculados.

La bondad del ajuste conseguido puede apreciarse en la Figura 3 y la Figura 4, donde el comportamiento tenso deformacional observado (definido con anterioridad) y el obtenido con el modelo son comparados.

La Figura 5 y la Figura 6 muestran los asientos finales obtenidos para la Sección 1 y la Sección 2.

5.4 *Estimación de los asientos de colapso*

Finalmente, a pesar de que el material todavía no ha sido sumergido, se ha tenido en cuenta la posibilidad de una subida de la lámina de agua y se ha estimado la magnitud de las deformaciones de colapso.

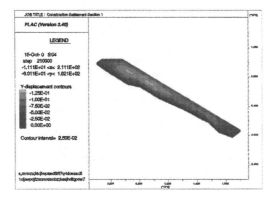

Figura 5. Distribución de asientos constructivos totales (Sección 1).

Tabla 5. Valores de los parámetros del modelo húmedo.

Parametro	Valor	Unidades
K_b	225	
K	450	
m	0.2	
n	0.4	
R_f	0.7	
ϕ	45	Grados
$\Delta\phi$	11	
C	0	
Pa	1	Kp/cm^2
β	0.0005	cm^3/Kp
σ_t	0	Kp/cm^2

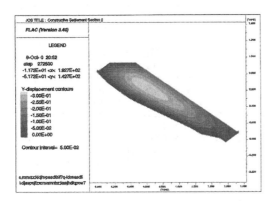

Figura 6. Distribución de asientos constructivos totales (Sección 2).

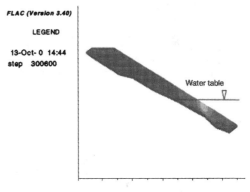

Figura 7. Asientos máximos de colapso (Sec. 1).

Así, los cálculos teniendo en cuenta el nivel una subida de nivel hasta el máximo nivel normal del embalse de Contreras conllevaron la necesidad de simular el colapso de 38 capas de material en la Sección 1 y 27 capas de material en la Sección 2. Los parámetros hiperbólicos húmedos se adoptaron asumiendo una pequeña reducción de la rigidez seca ajustada con anterioridad y los valores de los parámetros asociados a la compresión isotrópica se tomaron a partir de los publicados por Nobari y Duncan (1972), como se resume en la Tabla 5.

Los resultados obtenidos en el análisis muestran como el máximo asiento se produce en torno a la localización del nivel de agua (aproximadamente 7.5 cm. para la Sección 1 y 12 cm. para la Sección 2), resultando la magnitud del asiento en coronación prácticamente inapreciable. La Figura 7 representa la distribución de los asiento máximos de colapso para la Sección 1.

6 RESUMEN Y CONCLUSIONES

Los fundamentos del procedimiento elástico no lineal originalmente formulado por Duncan y Chang (1970), la aplicación posterior a la simulación de los efectos de humectación en escolleras realizada por Nobari y Duncan (1972) y las últimas modificaciones al conocido como modelo hiprebólico tensión-deformación introducidas por Duncan et Al (1980, 1984) han sido revisadas en profundidad como punto de partida.

Posteriormente, se ha formulado una actualización del procedimiento existente de simulación de deformaciones de humectación y se han redactado las rutinas de cálculo necesarias para el análisis del comportamiento constructivo así como para la simulación de las deformaciones de humectación. El desarrollo de una metodología de simulación numérica ha permitido, tras un estudio en profundidad de un software comercial (FLAC), la aportación de una serie de contribuciones originales en forma de rutinas de cálculo ejecutables en dicho código.

Algunas de dichas contribuciones son la reproducción de una secuencia constructiva muy similar a la real, el cálculo preciso de los parámetros elásticos tangentes y una metodología de iteración para la obtención de las deformaciones de humectación. El espaldón de escollera presentado como caso de estudio se ubica en el vaso del embalse de Contreras, pudiendo ser parcialmente sumergido en función del nivel de agua en el mismo.

De la aplicación práctica de la metodología propuesta puede deducirse la adecuación del modelo utilizado a la reproducción del comportamiento constructivo y cabe remarcar igualmente el hecho de haber permitido estimar el valor de las deformaciones por colapso máximas esperables.

AGRADECIMIENTOS

Los trabajos de campo que se relatan fueron llevados a cabo por PROYEX VALENCIA SA y GESTESE SL para la División de Aseguramiento de la Calidad de la empresa constructora (ACS) y el MINISTERIO DE FOMENTO.

REFERENCIAS

Clough, R.W. and Woodward, R.J. *Analysis of embankment stresses and deformations*. ASCE Journal of the Soil Mechanics and Foundation Division, vol 93, SM4.

Cundall, P. 1976. *Explicit finite-difference methods in geomechanics. Second International Conference on Numerical Methods in Geomechanics*. Virginia.

Duncan, J.M. and Chang, C. 1970. *Non linear analysis of stress and strain in soils*. ASCE Journal of the Soil Mechanics and Foundation Division, vol 96, SM5.

Duncan, J.M., Byrne, P., Wong, K. and Marbry, P. 1980. *"Strenght, stress strain and bulk modulus parameters for finite element analyses of stresses and movements in soil masses"*. University of California. Berkeley.

Duncan, J.M., Seed, R.B., Wang, K.S. and Ozawa, Y. 1984. *"A computer program for finite element analysis of dams"*. Department of civil engineering, Virginia Polytechnic Institute and State, Blacksburg.

Escuder, I. 2001. *Estudio del comportamiento tensodeformacional de pedraplenes inundables mediante simulaciones numericas formuladas en diferencias finitas y calibradas con lecturas de instrumentacion*. Doctoral Thesis. Universidad Politecnica de Valencia.

Justo, JL. 1990. *Collapse: its importance, fundamentals and modelling. Advances in rockfill structures*. NATO. ASI series. Vol E-200. Ed Maranha das Neves. Chapter 6.

Kulhaway, F.H., Duncan, J.M. and Seed, H.B. 1969. *"Finite Element Analysis of behavior of embankments"*. Dissertation submitted in partial satisfaction of the requirements for the degree of Doctor of Philosophy in Engineering in the Graduate Division of the University of California, Berkeley.

Nobari, E.S. and Duncan, J.M. 1972. *"Effect of reservoir filling on stresses and movements in Earth and Rockfill Dams"* Report no T-72-1. Office of Research Services. University of California. Berkeley. USA.

Olalla, C., Uriel, S. and Estaire, J. 1993. *Reproducción numérica del fenómeno del colapso mediante el acoplamiento de tensiones y deformaciones*. In proceedings of Simposio sobre geotecnia de presas de materiales sueltos. Zaragoza. Spain.

Soriano, A. and Sanchez Caro, F. 1996. *Deformaciones de humectación en escolleras, simulación numérica*. In proceedings de V Jornada española de presas. Valencia (SPAIN).

Sanchez, F.J. and Soriano, A. 1999. *Deformaciones en presas de materiales sueltos*. In Proceedings of VI jornadas españolas de presas. Malaga.

Dam Maintenance and Rehabilitation, Llanos et al. (eds)
© 2003 Taylor & Francis, ISBN 90 5809 534 7

Evaluación del comportamiento hidráulico de cauces fluviales frente al caudal desaguado por embalses en episodios de avenida

J.L. Utrillas, V. Ayllón
Confederación Hidrográfica del Júcar

A. Molina
Ofiteco S.A.

I. Escuder
Universidad Politécnica de Valencia

ABSTRACT: La caracterización hidráulica del comportamiento de cauces fluviales resulta de especial importancia para la adopción de criterios de actuación sobre embalses en avenidas. A partir de la experiencia adquirida en la redacción de las Normas de Explotación de las presas del río Turia, se propone un planteamiento de estos trabajos. En particular, la caracterización hidráulica del cauce se lleva a cabo mediante la representación gráfica de las relaciones calado caudal en una serie de secciones de control del funcionamiento, así como de la capacidad de laminación y tiempos de viaje entre dichas secciones de control. Se ha utilizado un modelo unidimensional en régimen permanente (HEC-RAS) para la obtención de las curvas "calado-caudal", un modelo unidimensional en régimen transitorio (MIKE 11) para la evaluación de la laminación y de los tiempos de viaje, y un modelo quasi bidimensional en régimen transitorio (MIKE11) para la evaluación del comportamiento de algunas áreas de inundación singulares.

1 INTRODUCCION

La Confederación Hidrográfica del Júcar está llevando a cabo la redacción de los Estudios de Seguridad, Normas de Explotación y Manuales de operación y mantenimiento de las presas de Arquillo de San Blas, Benagéber y Loriguilla (Teruel y Valencia), parte de cuyos trabajos se presentan a continuación.

En particular, el planteamiento y la ordenación de los trabajos de caracterización del comportamiento hidráulico del Río Turia (de especial importancia para el desarrollo de las Normas de Explotación de las citadas presas) ha contemplado los siguientes aspectos:

a) Revisión de la información disponible
En particular, se ha llevado a cabo una revisión de toda la información existente incluyendo la cartografía, estudios topográficos, datos de pluviometría, las avenidas documentadas y los estudios de carácter hidrológico o hidráulico referenciados en la literatura técnica concernientes a la cuenca del río Turia.

b) Realización de estudios previos
A partir de las necesidades detectadas en la revisión de la información disponible, se decidió la naturaleza y alcance de una serie de trabajos previos al análisis hidráulico de especial relevancia: estudio topográfico, confección de un modelo de elevación digital del terreno y la localización de todas las posibles afecciones.

c) Elección razonada de los modelos numéricos
Tras una revisión de la hidrodinámica orientada al estudio de las potencialidades de la modelación numérica en dicho campo, se profundizó en el estudio de los fundamentos teóricos y las posibilidades de aplicación de dos herramientas numéricas: un modelo unidimensional en régimen permanente (HEC-RAS) y un modelo en régimen transitorio (MIKE11).

d) Establecimiento de una metodología de simulación
Una vez seleccionadas las herramientas numéricas y estudiadas sus potencialidades en conjunción con el resto de estudios llevados a cabo, se establecieron una serie de criterios de modelación en cuanto la independización de tramos de estudio, la estimación de la rugosidad en función de los usos del suelo, la definición del lecho del cauce y las secciones transversales, la modelación de puentes y otras estructuras singulares así como respecto de la naturaleza de las condiciones de contorno apropiadas.

e) Ejecución de las simulaciones de comportamiento hidráulico

Las simulaciones numéricas llevadas a cabo posteriormente con los modelos confeccionados según dicha metodología, han permitido la caracterización del comportamiento hidráulico del cauce mediante la representación de las curvas "calado-caudal" en una serie de secciones especialmente significativas, así como a través de la cuantificación de los tiempos de viaje de una serie de avenidas tipo y la capacidad de laminación del cauce.

Como labor previa al uso de los modelos se ha llevado a cabo la verificación y calibración de los mismos sobre la base de eventos de avenida registrados (SAIH) así como a partir de la revisión de documentación y estudios existentes sobre el río Turia.

f) Ordenación e interpretación de resultados

Por último, el conjunto de los resultados obtenidos han sido ordenados de manera fácilmente accesible y su utilidad e implicaciones para las Normas de explotación han sido evaluadas en profundidad.

2 METODOLOGIA DE SIMULACION

2.1 Calidad y validación de modelos

Cualquier modelo de simulación numérica, tal y como se hacía referencia en apartados anteriores, debe ser rigurosamente confeccionado sin olvidar que su precisión y fiabilidad dependen de las posibilidades de calibración y verificación del mismo.

Si bien todos los aspectos y variables de los modelos podrían estar sujetos a ajustes, en la práctica debe hacerse viable la calibración asumiendo que algunas de dichas variables pueden determinarse con una precisión razonable. En particular, los datos geométricos no suelen involucrarse en los procesos de validación.

En consecuencia, se requiere un gran esfuerzo en la confección del "modelo geométrico", tarea sobre la que se hace especial hincapié en la presente metodología y que tiene su punto de arranque en la realización previa de modelos de elevación digital del terreno.

Otra serie de cuestiones íntimamente ligadas con la calidad del modelo tienen relación con lo que se ha denominado "hidráulica computacional", es decir, la necesidad de conocimiento de las leyes de funcionamiento del sistema así como de la metodología de resolución matemática del mismo.

Así, el estudio en profundidad de los fundamentos teóricos y la mecánica de resolución de los modelos numéricos empleados ha permitido establecer criterios coherentes respecto a la ubicación de secciones transversales, distancia entre las mismas, definición de puentes y condiciones de contorno e iniciales.

Por otra parte, dada la naturaleza de las operaciones matemáticas que llevan a cabo tanto HEC-RAS como

MIKE 11 para distintas situaciones de flujo, los esfuerzos de calibración se centran en la determinación de los valores del coeficiente de fricción.

De hecho, la dificultad en la determinación teórica de un valor preciso del coeficiente de fricción se debe en última instancia a que la relación empleada para obtener la disipación de la energía es de naturaleza empírica. Aún más, la formulación empleada para la disipación en modelos transitorios es una aproximación que ha sido tomada de una formulación empírica desarrollada en condiciones de flujo permanente y uniforme.

En relación con este último aspecto, si se pretende una reproducción fiable de las elevaciones de la superficie de agua así como de los tiempos de viaje y magnitud de los caudales punta para distintos hidrogramas, debe contarse con suficientes episodios de calibración consistentes en grupos de al menos dos series de tiempos de gastos medidos simultáneamente.

2.2 Tramos independientes de modelación y condiciones de contorno

El análisis hidráulico del cauce del río Turia podría plantearse mediante un modelo geométrico e hidráulico continuo, desde el río Guadalaviar (nombre que adquiere el Turia aguas arriba de su confluencia con el Alfambra) en Teruel hasta su desembocadura al Sur de la ciudad de Valencia.

Sin embargo, la propia metodología de cálculo de los modelos disponibles actualmente da lugar a lo que se podría denominar una discretización óptima de los modelos de sistemas hidráulicos, fundamentada en la comodidad de las tareas de simulación, la utilidad de la información obtenida y, sobre todo, en la necesidad de convergencia de las operaciones numéricas.

En particular, las condiciones impuestas por los embalses han determinado la división del análisis en tres tramos:

- Tramo I: Desde el embalse de Arquillo de San Blas hasta el Embalse de Benagéber.
- Tramo II: Desde el embalse de Benagéber hasta el embalse de Loriguilla.
- Tramo III: Desde el embalse de Loriguilla hasta el mar Mediterráneo.

Tabla 1. Características geométricas de los tramos de modelación.

	Tramo I	Tramo II	Tramo III
PUNTO INICIO	Arquillo	Benagéber	Loriguilla
PUNTO FIN	Benagéber	Loriguilla	Mar-Valencia
COTA INICIO	934 m	444.5 m	267.34 m
COTA FIN	517 m	316 m	0.17 m
LONGITUD	104,317 m	18,900 m	81,440 m

La ubicación de un embalse aguas arriba del tramo supone una condición de contorno de caudales en función del tiempo (hidrograma simulado) así como una condición de nivel de lámina de agua función igualmente del tiempo aguas abajo. En la desembocadura al mar puede considerarse un nivel de agua de referencia invariable.

2.3 Estimación de la rugosidad en función de los usos del suelo

La resistencia o fricción que se opone al movimiento del flujo en su perímetro de contacto con el terreno resulta de difícil estimación si bien se encuentra, entre otros aspectos, relacionada con una serie de propiedades físicas de dicho terreno.

A partir de los mapas existentes de usos de suelo digitalizados en el área de estudio se han considerado los tipos recogidos en la Tabla 2. Así, partiendo de los rangos de Coeficientes de Rugosidad publicados en la literatura técnica para dichos usos (French, R., etc.), éstos han sido sensiblemente calibrados en los modelos con datos disponibles sobre el comportamiento del río, habiéndose adoptado finalmente los valores incluidos en la misma tabla (Tabla 2).

A su vez, partiendo de la enorme dificultad de incorporación de la distribución espacial de los Coeficientes de Manning que los modelos HEC-RAS y MIKE 11 utilizan como medida de la fricción movilizable, se ha confeccionado una metodología de preproceso de ficheros que incluye:

- La incorporación al fichero de datos (.GEO) que genera la herramienta GIS de HEC-RAS de la distribución espacial de las rugosidades.
- Un programa de visualización y post-proceso de datos que permite la delimitación precisa de la extensión del cauce principal y la particularización de valores adicionales.
- Un programa de conversión los mencionados ficheros de HEC-RAS en ficheros de texto importables por MIKE 11.
- Un programa de filtrado y corrección de puntos de las secciones transversales para MIKE 11 (HEC-RAS dispone de su propia herramienta de filtrado).

Tabla 2.   Usos considerados y Coeficientes de Rugosidad (Manning).

USO	TIPO	Coeficiente Ajustado
1	Cauce natural	0.035
2	Cultivos	0.06
3	Masa forestal clara	0.08
4	Masa forestal media	0.1
5	Masa forestal espesa	0.15
6	Centros Urbanos	0.4

Por último, destacar que el estudio de las potencialidades de las herramientas GIS de ambos programas así como la confección de software propio han permitido no sólo introducir la distribución espacial de la rugosidad en los mismos sino establecer una homogeneidad entre los modelos geométricos utilizados.

2.4 Definición del lecho del cauce y secciones transversales

La necesidad de una definición precisa en planta del lecho del cauce viene impuesta fundamentalmente por el post-proceso de los resultados para la obtención de llanuras de inundación.

De hecho, el lecho de cálculo se debe poder referenciar gráficamente sobre el modelo de elevación digital, aspecto que queda automáticamente garantizado si el primero ha sido definido numéricamente (en coordenadas) a partir del segundo.

Sobre el eje del cauce así definido, se vinculan las secciones transversales a partir de las cuales los modelos de cálculo serán capaces de obtener las pendientes (diferencias de cota) y la fricción movilizada (función en primera instancia de la naturaleza del terreno y de la longitud de río entre secciones).

La definición de dichas secciones transversales resultan en consecuencia de gran trascendencia sobre la calidad global del modelo. Todas ellas han sido obtenidas del modelo de elevación del terreno mediante la intersección del mismo con planos verticales, ubicados en función de los siguientes criterios fundamentales:

- La secciones deben ser sensiblemente perpendiculares a la dirección del flujo.
- Su extensión debe ser suficiente para que cualquier caudal simulado tenga cabida en las mismas.
- En conjunto deben ser representativas de la capacidad de almacenamiento en el cauce.
- La distancia entre las mismas debe garantizar una precisión suficiente en el cálculo de los perfiles hidráulicos (HEC-RAS) así como ser consistente con los parámetros computacionales que determinan la estabilidad de los cálculos en régimen transitorio: distancia máxima de avance de la onda (máximum dx en Mike11) e intervalo temporal de cálculo (TimeStep en Mike11).
- La conveniencia de evitar solapes entre secciones transversales.

Este último condicionante podría haber determinado la necesidad de confección de dos modelos geométricos distintos en caso de que la necesaria extensión de las secciones en condiciones de "caudales altos" hubiera implicado la eliminación de secciones imprescindibles para la caracterización del comportamiento frente a "caudales bajos".

2.5 Modelación de puentes

En general, de manera muy simplificada, el efecto de los puentes en el análisis hidráulico puede describirse cualitativamente en función del caudal trasegado de la siguiente manera:

- Para caudales bajos no afecta al flujo o afecta de una manera limitada (fundamentalmente en el caso de pilas ubicadas en el cauce principal).
- Según aumentan los caudales y en función de su geometría, sobre todo en lo referente al terraplén de acceso así como tipología y localización de pilas, influye en mayor medida sobre el funcionamiento hidráulico del cauce: pérdidas de energía en el estrechamiento, pérdidas adicionales de fricción, posibilidad de formación de secciones críticas, etc.
- Para caudales próximos a la obturación del puente y superiores se suceden fenómenos de especial relevancia como la generación de importantes remansos aguas arriba y el posterior vertido frontal sobre el tablero.
- Por último, para caudales muy superiores en orden de magnitud la influencia del puente sería muy pequeña en caso de mantenerse en pie, afectando su potencial rotura en mayor o menor medida en función del caudal circulante cuando ésta se produce.

Además, a la incertidumbre asociada al momento y forma de la posible rotura de los puentes cabe añadir una serie de situaciones previsibles pero difíciles de cuantificar (por ejemplo, la posible obstrucción parcial de los mismos a consecuencia de materiales transportados por el río).

A pesar de los condicionantes expuestos y dado que la mayoría de los puentes del cauce se ubican en un entorno urbano (zonas de especial sensibilidad de afección) se ha introducido el efecto de los puentes en el modelo partiendo de la campaña de topografía adicional realizada.

En particular, para cada uno de los paquetes informáticos utilizados, se han incorporado las características geométricas e hidráulicas de los puentes mediante:

- Elementos singulares tipo "BRIDGE" en HEC-RAS.
- Una combinación de elementos "CULVERT" y "WEIR" en MIKE 11.

2.6 Caracterización del comportamiento hidráulico

La metodología de caracterización del comportamiento hidráulico de cada tramo a partir de los resultados de las simulaciones numéricas consiste en:

a) La identificación de aquellas secciones más relevantes desde el punto de vista de la localización de afecciones y la importancia de las mismas.

b) La determinación de la curva de gasto (relación calado caudal) en cada una de dichas secciones transversales de manera que se pueda obtener el caudal de afección a partir de la cota de ubicación de dicha afección.

c) Estimación de la magnitud (capacidad de laminación) y tiempo de propagación (tiempos de viaje de la onda de avenida) entre dichas secciones transversales de una serie de hidrogramas tipo para distintas condiciones iniciales en el cauce.

La primera de las tareas requiere de un buen modelo de elevación del terreno, realizado a partir de cartografía actualizada, así como de una inspección visual de todo el cauce que permita constatar la existencia y relevancia de las afecciones, trabajos ambos realizados.

Las tareas restantes, propias de la modelación hidráulica, requieren de un contraste y validación de resultados a partir de "eventos de calibración", aspecto que ha sido desarrollado mediante la utilización de todos los datos disponibles.

2.7 Caudales de referencia y cálculo de las llanuras de inundación

A partir de los trabajos de caracterización hidráulica descritos, se determinan tres caudales de especial relevancia desde el punto de vista de las operaciones de control de avenidas. Estos se definen a continuación:

- Q1: no ocasiona daños ni produce interferencias en vías de comunicación, pero supone el límite de desbordamiento del cauce habitual del río.
- Q2: provoca daños importantes pero cuantitativamente no numerosos.
- Q3: ocasiona daños cualitativos y cuantitativos de gran magnitud.

3 EJEMPLO DE APLICACION: TRAMO ARQUILLO DE SAN BLAS BENAGEBER (RIO TURIA)

3.1 Descripción de los modelos de cálculo

En particular, las características fundamentales del modelo geométrico elaborado entre la Presa de Arquillo de San Blas y Benagéber, de 104 Kilómetros de longitud, son

- Puntos de replanteo del eje del cauce: 6413
- Número de secciones transversales: 605

Además, se han incorporado al modelo todos los puentes existentes salvo una pequeña pasarela aguas arriba de Villel, dada su escasa relevancia, y el Viaducto de la carretera Nacional aguas abajo de Ademuz, cuya esbeltez hace despreciable su efecto sobre el flujo circulante.

3.2 Caracterización hidráulica del comportamiento del tramo

Tal y como se justificaba en la metodología de modelación elaborada, se han establecido como puntos de control del comportamiento hidráulico del tramo una serie de secciones transversales coincidentes en su localización con las afecciones de mayor relevancia (casas aisladas y núcleos urbanos principalmente). Estas serán determinantes para la explotación de la Presa de Arquillo de San Blas.

3.2.1 Caudales de afección

Calculadas las curvas calado-caudal en las mencionadas secciones de referencia y obtenida la cota de cada afección a partir Modelo de Elevación digital del terreno, se ha estimado el caudal para el cual comenzarían a producirse daños. Por otra parte, la capacidad del cauce del río se ha estimado en $20\,\mathrm{m}^3/\mathrm{s}$.

3.2.2 Capacidad de laminación y tiempos de viaje de la onda de avenida

La estimación de la capacidad de laminación del cauce y de los tiempos de viaje para ondas de avenida en el mismo se ha llevado a cabo, mediante una modelación en régimen transitorio (MIKE11).

En particular, el fenómeno de laminación se presenta de manera acusada en el cauce del río cuando se producen sustracciones de parte del flujo respecto de la dirección principal de avance.

Este fenómeno da lugar a la formación de áreas de almacenamiento lateral que se recargan una vez el agua rebasa cierta cota, vaciándose posteriormente cuando las condiciones hidráulicas del cauce principal lo permiten.

En consecuencia, se ha modificado el modelo geométrico de manera que queden representadas las potenciales áreas de inundación, destacando por su magnitud las localizadas en ambas márgenes del río en la zona de Ademuz.

Por último, la Figura 1 representa el esquema de modelación sección a sección para la conversión del modelo unidimensional en "cuasi bi-dimensional" y la Figura 2 muestra la localización en planta de dichas áreas de interconexión con el cauce principal. La modelación bidimensional mediante una red de conexiones entre áreas de almacenamiento y el cauce principal tiene una serie de limitaciones e inexactitudes de partida que pueden ser atenuadas si se utilizan episodios de calibración.

De entre el conjunto de los episodios disponibles en este tramo del Turia, el episodio más significativo

Tabla 3. Puntos de referencia para el cálculo de los caudales de afección.

Localización Punto	Cota (m)
San Blas	908.25
La Vega-Batán	882.57
Teruel	876
Sur de Teruel	864
Villaestar	844.46
Transformador y fábrica	838
Villel	819.6
El Campillo	787.52
Libros	766.31
Casas de Angelica	747.8
Torre Alta	746
Torre Baja	726.87
Ademuz	706.87
Casas Altas	692.76
Casas Bajas	682.33
La Olmeda	649
Las Rinconadas	642.9
Casas Azagra	539
Camping Zagra	530

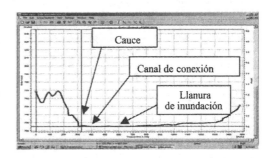

Figura 1. Esquema "cuasi bidimensional" de resolución por secciones.

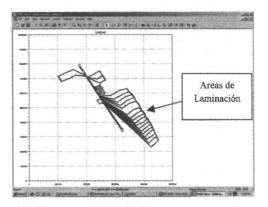

Figura 2. Esquema simplificado de las áreas de laminación.

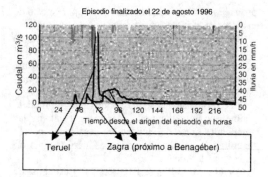

Figura 3.   Episodio de calibración entre Teruel y Zagra.

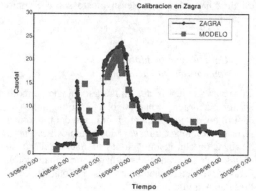

Figura 4.   Calibración del modelo en Zagra.

desde el punto de vista de la calibración resultó el registrado por el S.A.I.H. en Agosto de 1996 (Figura 3).

Algunas de las características del mismo que lo hacen especialmente adecuado para la calibración del modelo son:

- Queda delimitada de manera bastante diáfana el umbral de laminación.
- El episodio se ve poco influenciado por aportaciones intermedias entre Teruel y Zagra.

De hecho, se observa como una primera punta de caudal inferior a 20 m³/s se mantiene sensiblemente constante a lo largo de todo su recorrido, resultando de gran utilidad tanto para acotar el umbral de laminación como para validar la geometría del cauce de aguas bajas.

Por otra parte, queda patente la capacidad de laminación así como caracterizada la curva de almacenamiento en el cauce, dado el marcado cambio de pendiente que se observa en Zagra para el segundo de los hidrogramas laminados (caudal punta en Teruel de 110 m³/s) para caudales ligeramente superiores a los 20 m³/s.

Así, mediante un proceso de ajuste geométrico, se ha conseguido que el modelo simplificado elaborado sea capaz de reproducir con suficiente exactitud el comportamiento real del río, tal y como se observa en el siguiente gráfico (Figura 4).

En cualquier caso, si bien el proceso de calibración llevado a cabo supone un aval para el modelo confeccionado en cuanto a su utilidad como herramienta de predicción, cabe remarcar la necesidad de continuar las tareas de ajuste del mismo según se vayan produciendo y registrando nuevos episodios de avenida.

3.3   Resultados

A efectos de caracterizar la capacidad de laminación del cauce y los tiempos de viaje de la onda de avenida se ha considerado una familia de hidrogramas caracterizados

Tabla 4.   Hipótesis de cálculo en régimen transitorio.

CODIGO	Caudal Punta (m³/s)	Tiempo Base (h)	Condiciones Cauce
HIDRO1	200	6	Vacío
HIDRO2	200	12	Almacenamiento activo
HIDRO3	200	18	Almacenamiento activo
HIDRO4	500	6	Vacío
HIDRO5	500	12	Almacenamiento activo
HIDRO6	500	18	Almacenamiento activo

por su caudal punta y tiempo de base, asumiendo una forma simétrica y triangular para los mismos. A su vez, se han considerado una serie de condiciones iniciales en el cauce: vacío (vacío) y caudal constante de 22 m³/s (almacenamiento activo).

La siguiente Tabla resume las características del conjunto de simulaciones de comportamiento llevadas a cabo.

Por último, se ha calculado el tiempo necesario para que se alcance el régimen estacionario (laminación nula) en todo el tramo suponiendo el cauce inicialmente vacío y para caudales coincidentes con los valores punta de los hidrogramas tipo definidos (200 m³/s y 500 m³/s).

El incremento de dicho tiempo respecto del calculado de velocidad de avance de la onda de avenida estará intrínsecamente relacionado con la capacidad de almacenamiento lateral en el cauce.

A partir de los resultados de dichas simulaciones se presenta una tabla resumen de resultados (Tabla 5), para las hipótesis de cálculo:

- Ti = Tiempo de traslación del caudal punta del hidrograma "HIDROi" desde Arquillo de San Blas

Tabla 5.   Tiempos de viaje y laminación.

Pto. Control	T1	%1	T2	%2	T3	%3	T4	%4	T5	%5	T5	%5
1	0.5	92	0.5	96	0.5	97	0.5	93	0.5	96	0.5	97
2	2	88	1.5	95	1.5	96	1.5	90	1.5	95	1.5	97
3	2.5	83	2	95	2	97	1.5	90	1.5	95	1.5	97
4	3.5	78	3	90	3	93	2.5	82	2	94	2	96
5	7.5	46	6	82	5.5	88	5	64	4	84	4.5	90
6	9	44	7	80	6.5	87	6	60	5	83	5.5	89
7	10	43	8.5	76	8	83	7.5	55	6	80	6	88
8	12	41	11	68	11	81	10	50	8	76	8	87
9	13	40	12	68	12	80	11	49	9	76	8.5	87
10	16	38	15	65	14	80	13	46	11	74	10	86
11	16.5	38	15	65	14	80	13	46	11	74	10.5	86
12	17.5	10	16.5	15	15.5	19	14.5	11	12.5	19	11.5	23
13	19	10	18	14	17	19	16	10	14	17	13.5	22
14	20	10	20	14	19.5	19	18	9	16	17	14.5	21
15	21	10	21.5	14	20.5	18	19.5	9	17.5	17	16	21
16	22	9	22.5	14	21.5	18	20.5	9	18.5	17	17	21
17	23	9	23	14	22	18	21	9	19.5	16	17.5	21
18	25.5	9	25.5	14	24.5	18	23.5	9	22	16	20	21
19	26	9	26	14	25	18	24	9	22.5	16	20.5	21

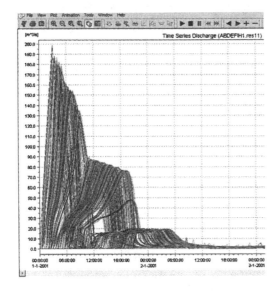

Figura 5.   Laminación del episodio tipo "HIDRO1".

hasta cada una de las secciones de control del comportamiento hidráulico del tramo.

- %i = Porcentaje del caudal punta inicial del hidrograma "i" que se traslada hasta cada sección de control.

La Figura 4 (Laminación del episodio tipo "HIDRO1) muestra el patrón de laminación en el cauce, ligado a la ubicación y capacidad de las áreas de almacenamiento colindantes al cauce principal.

Tabla 6.   Tiempos de agotamiento de la capacidad de laminación en el cauce.

Sección de Control (Aguas Abajo)	T(Q = 200 m³/s)	T2(Q = 500 m³/s)
LAM1 (SEC 17465)	31 (horas)	10.5 (horas)
LAM2 (SEC 19550)	32.5 (horas)	12 (horas)
LAM3 (SEC 35275)	35 (horas)	18 (horas)
LAM4 (SEC 45696)	37.5 (horas)	20.5 (horas)
LAM5+LAM6 (SEC 61123)	7 Días	5 Días

La Tabla 6 recoge los valores calculados aguas abajo de cada una de las áreas de almacenamiento incluidas en el modelo de cálculo.

4   CONCLUSIONES

El estudio del presente tramo del río Turia tenía como objeto fundamental obtener la información necesaria respecto del comportamiento hidráulico del cauce para el desarrollo de las Normas de Explotación de la Presa de Arquillo de San Blas, Benageber y Loriguilla.

A partir de los resultados del análisis llevado a cabo según la metodología desarrollada y, a partir de los resultados del modelo estacionario (HEC-RAS), han quedado establecidos los valores de una serie de caudales de referencia de especial trascendencia para la operación de la presa en episodios de avenida.

Por otro lado, la confección del modelo transitorio (MIKE 11) ha permitido:

- Identificar las áreas de almacenamiento potencial.
- Evaluar la capacidad de almacenamiento (regulación en el cauce).
- Modelar la interacción hidráulica entre las áreas de almacenamiento y el cauce principal.
- Estimar los tiempos de traslación de distintos hidrogramas y su laminación.

Respecto al tramo Arquillo de San Blas-Benagéber, resulta de especial interés la calibración realizada de dicho, destacando por sus especiales características el episodio de avenida registrado por el S.A.I.H. en Agosto de 1996, entre Teruel y Zagra.

A efectos de estimar patrones de respuesta del cauce en avenidas, se han adoptado una serie de eventos tipo en la cabecera del tramo e inferido la forma de traslación de dichos eventos con el modelo, con especial atención al caudal máximo y tiempo de llegada a las principales afecciones.

Así, se observa una gran capacidad de laminación del cauce, que va disminuyendo en proporción (según crecen los caudales punta considerados) al tiempo que aumentan las velocidades medias de traslación.

De hecho, la influencia de las áreas de almacenamiento lateral de flujo es tan determinante que el comportamiento del tramo depende en gran medida del tiempo que tarda en agotarse dicha capacidad de almacenamiento (menor a mayor caudal punta y mayor volumen del hidrograma considerado).

Por último, resulta de especial trascendencia remarcar el potencial de la herramienta generada en este estudio para su aplicación a una futura optimización de las estrategias de laminación de avenidas en la Presa de Arquillo de San Blas, aspecto ligado a la necesidad de contraste y mejora del modelo con nuevos episodios de calibración.

REFERENCIAS

Confederación Hidrográfica del Júcar. 2002. *Redacción de los Estudios de Seguridad, Normas de Explotación y manuales de operación y mantenimiento de las presas de Arquillo de San Blas, Benagéber y Loriguilla.* (Asistencia Técnica: OFITECO, SA).

French, R. 1988. *Hidráulica de canales abiertos.* McGraw Hill.

HEC-Manuals. 2001. US Army Corps of Engineers. 2001.

Mike 11 Manuals. 2001. Danish Hydraulic Institute.

Ven te Chow. 1959. *Open channel hydraulics.* McGraw Hill.

Dam Maintenance and Rehabilitation, Llanos et al. (eds)
© 2003 Taylor & Francis, ISBN 90 5809 534 7

Evaluación de la seguridad hidrológica de presas

I. Escuder
Universidad Politécnica de Valencia

A. Molina
Ofiteco S.A.

J.L. Utrillas & V. Ayllón
Confederación Hidrográfica del Júcar

ABSTRACT: La evaluación de la adecuación hidrológica de presas existentes entraña diversas dificultades de tipo tanto conceptual como operativo. El trabajo que se presenta contempla en primer lugar una discusión en profundidad del concepto de Avenida Extrema para, una vez identificada la misma con la mayor precisión posible en función de los datos disponibles de cada presa, discutir un criterio razonable sobre cuando es necesario llevar a cabo medidas correctoras sobre la capacidad de desagüe. A tal efecto, se ha estudiado el criterio de adecuación hidrológica formulado por el Bureau of Reclamation de los Estados Unidos, consistente en la evaluación de los daños incrementales asumibles. Dichos daños incrementales pueden estimarse a través de la comparación de los mapas de inundabilidad de la cuenca en la situación de vertido de la avenida extrema y en el caso de la rotura de presa.

1 INTRODUCCION

La evaluación de la seguridad hidrológica, entendida como la seguridad de una presa frente a episodios de avenida, no puede desligarse de las denominadas seguridad hidráulica y estructural dado que los niveles de lámina de agua a partir de los cuales se analiza la estabilidad de la presa son consecuencia de las avenidas consideradas así como de la capacidad de desagüe, a su vez dependiente de los resguardos establecidos y la estrategia de laminación adoptada.

Una posible medida de la seguridad hidrológica consistiría en la estimación de la probabilidad de ocurrencia de avenidas más perjudiciales a efectos de elevación de la lámina de agua que la Avenida Extrema.

Si bien la normativa española no fija de forma explícita dicho nivel de riesgo, las Guías Técnicas de Seguridad de Presas establecen para aquéllas de Tipo A (la gran mayoría), un período de retorno mínimo para la Avenida Extrema de 5000 años.

Otra posible medida de la seguridad hidrológica consistiría en determinar qué avenida puede soportar una presa y contrastar dicho valor con la mayor avenida que razonablemente pueda darse en la cuenca, es decir, contrastar las cotas de lámina de agua en que se traducirían ambas avenidas de referencia.

Así, el máximo nivel de embalse que soporta la presa estaría asociado a la denominada en la legislación española como Avenida Extrema, y el máximo nivel en el embalse que razonablemente puede darse vendría determinado por la denominada Avenida Máxima Probable (PMF), contemplada en la legislación Norteamericana. Cuanto más próximas se encuentren dichas cotas, mayor sería la seguridad hidrológica de la presa. Este análisis podría dar lugar a la determinación de un "coeficiente de seguridad hidrológica".

A partir de dicha definición de la seguridad hidrológica, la normativa americana establece un criterio sobre cuando sería necesario acometer la adecuación hidrológica de presas cuya capacidad de desagüe es inferior a la PMF, consistente en la evaluación de los daños incrementales producidos por la rotura de la presa frente a los producidos por la máxima avenida que es capaz de evacuar la presa sin que se produzca su fallo (Avenida Extrema).

El presente artículo pretende, partiendo de la revisión del concepto de seguridad hidrológica y de parte de los trabajos realizados para la redacción de las Normas de Explotación de las Presas del Turia (Estudio hidrológico, fijación de resguardos, definición de la estrategia de laminación y estudio de la inundación asociada a la hipotética rotura de la presa), contribuir a un debate de ideas sobre criterios razonables para estimar la necesidad de futura adecuación hidrológica de presas.

2 LA AVENIDA EXTREMA Y LA LEGISLACION ESPAÑOLA

2.1 El Reglamento y la Guías Técnicas

La Guía Técnica Número 4 de Seguridad de Presas, editada por el Comité Nacional Español de Grandes Presas en 1997, recoge algunos aspectos de especial interés respecto a la evaluación de la seguridad hidrológico-hidráulica de acuerdo con la filosofía del Nuevo Reglamento Técnico de Seguridad de Presas y Embalses (1996).

Dicho reglamento incluye en su articulado una serie de niveles y avenidas a considerar tanto en fase de Proyecto como de Explotación de presas. Así:

- Nivel Máximo Normal (NMN): El máximo nivel que puede alcanzar el agua del embalse en un régimen normal de explotación. Su valor se justificará en el Proyecto y en las Normas de explotación del embalse.
- Nivel para la Avenida de Proyecto (NAP): Es el máximo nivel que se alcanza en el embalse, considerando su acción laminadora, cuando recibe la Avenida de Proyecto.
- Nivel para la Avenida Extrema (NAE): Es el máximo nivel que se alcanza en el embalse si se produce la avenida extrema, habida cuenta de la acción laminadora del mismo.
- Avenida de Proyecto: Es la máxima avenida que debe tenerse en cuenta para el dimensionado del aliviadero, los órganos de desagüe y las estructuras de disipación de energía, de forma que funcionen correctamente.
- Avenida Extrema: La avenida extrema es la mayor avenida que la presa puede soportar, y supone un escenario límite al cual puede estar sometida la presa sin que se produzca su rotura, si bien admitiendo márgenes de seguridad más reducidos.

En particular, para todas aquellas presas cuya clasificación de riesgo corresponda a la Categoría A, la mencionada Guía Técnica Número 4 recomienda que la Avenida de Proyecto se adopte como aquélla de período de retorno de 1.000 años y la Avenida Extrema se adopte en un rango de períodos de retorno entre 5.000 y 10.000 años.

Respecto al estudio de la laminación en el embalse la Guía Técnica Nº 4 recomienda, en general, adoptar las siguientes recomendaciones:

- Nivel inicial del embalse: En los embalses de regulación el nivel inicial del embalse será el máximo

de la operación normal del embalse, o sea su Nivel Máximo Normal (NMN). En los casos de usos múltiples en los que esté previsto un volumen de reserva permanente para la laminación de avenidas, el nivel establecido será el inicial. En los casos en que las avenidas extremas tuvieran un carácter marcadamente estacional, podrán establecerse volúmenes de reserva estacionales y con suficiente amplitud a fin de poder establecerse niveles estacionales para las diferentes avenidas. En los embalses de laminación de avenidas, el nivel inicial será el establecido en los estudios de laminación.

- Capacidad en los órganos de desagüe: Para el estudio de la laminación de avenidas se tendrán en cuenta la capacidad de los elementos de desagüe principales, aliviaderos principales, aliviaderos de emergencia, diques fusibles, desagües de medio fondo y de fondo, siempre que en todo caso esté asegurado su funcionamiento correcto en caso de avenida. En cuanto a las tomas y en particular a las tomas hidroeléctricas, en general no se considerará la contribución de las tomas de explotación, y en cada caso deberá justificarse su fiabilidad y su funcionamiento en situaciones de avenida.
- Limitaciones de niveles en el embalse. Si existen prescripciones o limitaciones efectivas en los niveles de embalse, o en los remansos de aguas arriba, deberán tenerse en cuenta en los estudios de laminación.

El Nuevo Reglamento define "cota de coronación" como la más elevada de la estructura resistente del cuerpo de presa y "resguardo" como la diferencia entre el nivel de agua en el embalse en una situación concreta y la coronación de la presa.

A su vez, contempla distintos resguardos para las situaciones principales de embalse:

- Resguardo Normal: Es el relativo al (NMN). Este resguardo además de ser suficiente para el desagüe de avenidas, será igual o superior a las sobre elevaciones producidas por los oleajes máximos, incluyendo los debidos a los efectos sísmicos.
- Resguardo Mínimo. Es el relativo al Nivel de la Avenida de Proyecto (NAP). Este resguardo será igual o superior a las sobre elevaciones producidas por los oleajes en situaciones de avenidas, y para su determinación se tendrá en cuenta el desagüe de la avenida extrema.
- En presas de hormigón de Categoría A, el Reglamento contempla que para la Avenida Extrema se produzcan vertidos accidentales por oleaje.

La Guía Técnica Número 4 recoge una serie de recomendaciones adicionales, algunas de las cuales se extractan a continuación:

- Adoptar un Resguardo Normal igual o superior a las sobre-elevaciones de nivel del embalse producidos por los efectos de los oleajes máximos, y sobre-elevaciones y asientos debidos a fenómenos sísmicos, además de los posibles asientos debidos a las consolidaciones de las cimentaciones y de los materiales de las presas de materiales sueltos.

- Adoptar un resguardo mínimo igual o superior a las sobre elevaciones del nivel de embalse producidos por los efectos de oleaje en situaciones de avenida, y también a las sobre-elevaciones debidas a asientos y posibles deslizamientos en situaciones de avenidas. (mediante este resguardo el embalse y la presa deben ser capaces de laminar y desaguar la Avenida Extrema, recomendándose un valor mínimo para presas de hormigón de Categoría A entre 0.5 y 1 metro).

- Limitar el vertido por coronación para presas de hormigón sea en cualquier caso el correspondiente a láminas y caudales relativamente pequeños y durante cortos períodos de tiempo, justificando en todo caso que dicho vertido no ha de producir daños importantes a la presa y su cimentación, y no se ponga en riesgo la seguridad de la presa.

2.2 Algunas reflexiones sobre la Avenida Extrema

A la vista de lo expuesto, debe entenderse por Avenida Extrema de una presa, aquella que conduzca a una elevación en el nivel de la lámina de agua tal que, una vez superado el mismo, se produjese la rotura de la presa.

Así, una de las primeras cuestiones a plantear sería:

a) ¿Cuándo se rompe una presa por causa de una avenida?

En el caso de presas de materiales suelos la respuesta es aparentemente sencilla, pudiéndose admitir que en general, la destrucción de la presa se produce al producirse un vertido por coronación, aunque con seguridad existirán numerosas excepciones en que la rotura pueda producirse en otras condiciones. Así, la Avenida Extrema podría establecerse como aquella tal que produce una elevación del nivel de embalse hasta la cota de coronación.

Sin embargo, para presas de hormigón, la identificación de dicho nivel de agua resulta sensiblemente más compleja. Así, considerar que la rotura de la presa se produce cuando el agua rebasa el nivel de coronación resulta una hipótesis muy conservadora para la mayoría de las presas de dicha tipología existentes.

En cualquier caso, la propia Guía Técnica para la Elaboración de Planes de Emergencia, propone que para la hipótesis de rotura con avenida, H2, la rotura se produzca al alcanzarse el nivel de coronación, asociando esta cota a la Avenida Extrema. (H2 se define literalmente como escenario de rotura en situación de avenida + Embalse con su nivel en coronación, y desaguando la avenida de proyecto o en su caso la avenida extrema).

Así, la Guía Técnica, cita por un lado el término avenida de proyecto, es decir, la empleada para tener en cuenta el dimensionamiento del aliviadero y los sistemas de desagüe, y por otro lado sitúa el nivel de cota de agua en coronación. ¿Cómo ha podido llegar el agua hasta esa cota si se supone que los órganos de desagüe de la presa funcionan correctamente en condiciones de Avenida de Proyecto?.

Otra posible pregunta que cabría realizarse "a priori" es:

b) ¿Cómo influyen los niveles de agua iniciales y la estrategia de laminación en la determinación de la Avenida Extrema?

En realidad para cada cota de la lámina de agua inicial existirá una avenida extrema capaz de elevar el nivel del agua hasta aquél que conduzca al umbral de rotura de la presa. En definitiva, si se ha fijado un resguardo estacional, podría pensarse en una Avenida Extrema para cada estación o mes.

Como consecuencia de todo lo expuesto puede vislumbrarse la complejidad del problema de aplicación de la Normativa y de las recomendaciones que, en cualquier caso y adoptando una serie de simplificaciones, es viable implantar en presas de nueva construcción. En consecuencia, la última y quizá más difícil pregunta sería,

c) ¿Nos debemos ceñir a los criterios de las Guías Técnicas para determinar la necesidad de la adecuación Hidrológica de Presas existentes?

En cualquier caso, cabe recordar que si bien el Reglamento técnico sobre Seguridad de Presas y Embalses es de obligado cumplimiento, las Guías Técnicas son recomendaciones respecto de posibles maneras de aplicación del mismo.

3 LA PMF Y EL CRITERIO DE DAÑOS INCREMENTALES ASUMIBLES

La PMF o Máxima Avenida Probable puede definirse como la avenida asociada a la combinación más severa de condiciones hidrológicas y metereológicas razonablemente posibles en la cuenca objeto de estudio. Para su determinación resulta imprescindible disponer de una metodología suficentemente contrastada de la denominada PMP o Máxima Precipitación Probable, como sucede en Estados Unidos.

Así, el Bureau of Reclamation (1988) propone que la evaluación sobre la adecuación hidrológica de las presas se lleve a cabo en función de los daños incrementales asumibles. Es decir, se admitirían presas con capacidad de evacuación inferior a la PMF cuando puedan despreciarse (o asumirse) los daños adicionales por efecto de la rotura de la presa (a los ya producidos por caudales previamente evacuados).

4 APLICACIÓN AL ESTUDIO DE LA SEGURIDAD DE PRESAS ANTIGUAS

Las presas del Turia (Arquillo de San Blas, Benagéber y Loriguilla) son presas de gravedad de hormigón en masa, construidas respectivamente en los años 1.962, 1.954 y 1.965, estando redactados sus proyectos con los criterios de diseño de una época anterior a la normativa hoy en día vigente, incluso anterior a la Instrucción para el Proyecto, Construcción y Explotación de Grandes Presas del año 1.967.

Las características básicas de las presas del Turia son las siguientes (Tabla 1).

Partiendo de estos antecedentes, aun cuando son precisamente los años de funcionamiento de las mismas, y las experiencias obtenidas durante dichos años los que suponen una garantía de su correcto funcionamiento, ofrecen "a priori" la dificultad evidente para su explotación, de establecer unos criterios de seguridad compatibles con la realidad de las presas y con la normativa actual.

Tabla 1. Descripción de las presas del Turia.

ARQUILLO DE SAN BLAS

Año de construcción:	1.962
Clasificación:	A
Altura sobre el cauce:	46 m
Altura sobre cimientos:	54 m
Longitud de coronación:	167 m
Ancho de coronación:	Variable 6,20–4,20 m
Taludes:	Aguas arriba: 0,05
	Aguas abajo: 0,745
Capacidad a N.M.N.:	21,036 Hm^3
Capacidad aliviadero:	500 m^3/s

BENAGÉBER

Año de construcción:	1.954
Clasificación:	A
Altura sobre el cauce:	90 m
Altura sobre cimientos:	110 m
Longitud de coronación:	227 m
Ancho de coronación:	10,50 m
Taludes:	Aguas arriba: 0,05
	Aguas abajo: 0,74
Capacidad a N.M.N.:	221,34 hm^3
Capacidad aliviaderos:	1.500 m^3/s

LORIGUILLA

Año de construcción:	1.965
Clasificación:	A
Altura sobre el cauce:	57,50 m
Altura sobre cimientos:	78,67 m
Longitud de coronación:	198 m
Ancho de coronación:	8 m
Taludes:	Aguas arriba: 0,05
	Aguas abajo: 0,75
Capacidad a N.M.N.:	73,21 hm^3
Capacidad aliviaderos:	2.000 m^3/s

Tomando como marco de actuación la normativa expuesta anteriormente, se ha desarrollado una metodología para su aplicación en las presas antiguas del Río Turia, donde se incluyen los siguientes estudios y condicionantes:

a) Estudio de avenidas.
b) Estudio del comportamiento hidráulico del cauce aguas abajo.
c) Establecimiento de una metodología de laminación de avenidas.
d) Estudio de regulación en los embalses.
e) Cálculos de estabilidad de las presas.

Con todo ello, se establecen las pautas de explotación de cada una de las presas, lo que de forma esquemática se puede expresar como sigue:

Si bien a través de las normas de explotación se establecen las condiciones necesarias para la explotación de la presa en condiciones de seguridad, el cumplimiento de la normativa impone unos requisitos respecto a la seguridad hidrológica. Consecuentemente, será necesario realizar una serie de comprobaciones que, en caso de resultar negativas, podrían conllevar la ejecución de modificaciones en las presas para adaptarlas a dicha normativa.

4.1 *Comprobaciones relativas a la avenida de proyecto*

Como se ha visto, en las presas que se emplean como ejemplo, dada las fechas en que fueron construidas, además de no encontrarse vigente la normativa actual, los criterios de diseño fueron muy diferentes a los que se emplean actualmente para presas nuevas, entre otras causas porque las tecnologías de la época no permitían la realización de cálculos tan complejos como los que actualmente se realizan.

Así, partiendo del análisis de las avenidas afluentes al embalse y, siguiendo las recomendaciones de la Guía Técnica n° 4, sería aconsejable comprobar la capacidad de los órganos de desagüe para evacuar la avenida de 1.000 años de período de retorno (presas de categoría A). En cualquier caso, debe verificarse la

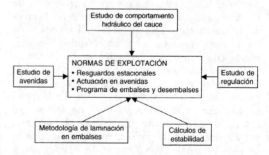

Figura 1. Esquema de definición de las pautas de explotación.

capacidad de evacuación de la Avenida de período de retorno 500 años (Instrucción de 1967).

En particular, analizadas las avenidas afluentes a los embalses de las presas del Turia, y habida cuenta del efecto laminador de cada uno de ellos, se ha observado que son capaces de evacuar las avenidas correspondientes a 1.000 años de período de retorno.

4.2 Comprobaciones relativas a la avenida extrema

Para el análisis de la avenida extrema, tal como se planteaba anteriormente, no basta con el análisis desde el punto de vista hidrológico–hidráulico, puesto que el concepto de avenida extrema está indisolublemente asociado a las condiciones estructurales de la presa. De hecho, este aspecto confiere especial dificultad a la realización del análisis de la seguridad en las presas antiguas.

En primer lugar, para conocer la avenida extrema, debemos conocer las condiciones estructurales de la presa y determinar para qué niveles de embalse (o en casos más complejos, incluso para qué velocidades de variación del nivel del embalse) la presa dejaría de ser segura como estructura. Esto equivaldría, simplificando el problema, a obtener los niveles para los cuales el coeficiente de seguridad más restrictivo fuera igual a la unidad.

En las presas del Turia, nos encontramos con que la información elaborada en fase de proyecto no responde a todas las cuestiones que sería deseable para evaluar con suficiente precisión la estabilidad de las presas. Ahora bien, si las condiciones estructurales de las presas fuesen tales que permitiesen soportar niveles de embalse por encima de la coronación, la propia definición de avenida extrema sería incompatible con los requisitos establecidos por el Reglamento, el cual, según se indicó anteriormente, para las presas de hormigón de categoría A, y para la avenida extrema, sólo admite vertidos accidentales por oleaje en coronación.

En consecuencia, la compatibilidad de los mencionados requisitos obligaría a considerar como avenida extrema aquella que provoca una elevación de la cota del embalse hasta la cota de coronación, aspecto discordante con la propia definición de dicha avenida.

Con esta simplificación, sólo cabría comprobar que la elevación de la cota del embalse producida por una avenida determinada, con una probabilidad asociada (que podría ser, siguiendo las recomendaciones de la Guía Técnica n° 4, para presas de categoría A, la de período de retorno comprendido entre 5.000 y 10.000 años), no supera la coronación de la presa.

5 CONCLUSIONES

La aplicación estricta de las Guías Técnicas, con las inherentes dificultades conceptuales y prácticas

expuestas, podrían dar lugar en numerosos casos a la adopción de resguardos muy perjudiciales o incluso incompatibles con los usos de la presa (salvo en el caso en que su única función sea la de laminación de avenidas).

En dicho contexto, con la intención de contribuir a un debate de ideas, se han revisado distintas aproximaciones al concepto de seguridad y utilizado parte los trabajos realizados para la redacción de las Normas de Explotación de las Presas del Turia para exponer las siguientes reflexiones:

a) En presas con distintos usos las Normas de Explotación deben tratar de garantizar un equilibrio razonable entre los mismos.
b) En dicho contexto, la fijación en su caso de una serie de resguardos estacionales lo menos limitantes posible, así como la adopción de una adecuada estrategia de laminación de avenidas pueden ser aspectos importantes para conseguir dicho objetivo.

Por otra parte, tras estimar la probabilidad de superación la avenida extrema (con todas las simplificaciones expuestas con anterioridad), la evaluación de la adecuación hidrológica de una presa podría deparar:

a) Que la probabilidad de presentación de la Avenida Extrema sea suficientemente baja según el criterio de las Guías Técnicas.
b) Que no lo sea. En este caso, puede suceder:
   b.1. Que puedan modificarse los resguardos y la estrategia de laminación consiguiendo dicha adecuación sin perjudicar gravemente al resto de usos de la presa.
   b.2. Que no se pueda.

En este último caso, antes de proceder a la realización de inversiones, sería recomendable a nuestro juicio realizar un estudio adicional similar al propuesto por el Bureau of Reclamation (1988), que permita asociar a la probabilidad de rotura de la presa los daños incrementales derivados de su ubicación particular y de las características del cauce y territorio situados en el área de influencia de la misma.

Así, realizado el estudio de daños incrementales por rotura de la presa, podría suceder:
   b.2.1. Que los daños incrementales por rotura de la presa sean asumibles por todos los implicados.
   b.2.2. Que no lo sean.

Llegado este último caso sería necesario llevar a cabo una adecuación hidrológica de la presa.

REFERENCIAS

Escuder, I. 1996. *Synthesis of Dam safety Protocol.* Master of Science Thesis. University of Wisconsin-Milwaukee. USA.

Instrucción para el Proyecto y Construcción de Grandes Presas. 1967. Ministerio de Fomento. España.

Federal guidelines for selecting and acommodating Inflow Design Floods for Dams. 1984. Federal Emergency Management Agency (FEMA). USA.

Guías Técnicas de Seguridad de Presas: Nº4. Avenida de Proyecto. 1997. Comité Nacional Español de Grandes Presas.

Guía Técnica para la elaboración de los planes de emergencia. 2001. MMA. España.

Reglamento Técnico sobre Seguridad de Presas y Embalses. 1996. MOPTMA. España.

Training Aids for Dam Safety. 1988. Bureau of Reclamation, Department of the Interior. Denver. USA.

APÉNDICE

Cálculo de los daños incrementales por rotura de la presa.

Para el cálculo de dichos daños incrementales que, según el caso, podrían ser asumibles y evitar la enorme inversión que supone la adecuación hidrológica de una presa antigua conforme a la normativa y recomendaciones existentes, pueden utilizarse los trabajos propios de los Planes de Emergencia.

Así, dado que la hipótesis H2 contempla la rotura de la presa con el nivel en coronación y vertiendo la avenida extrema, bastaría con superponer la llanura de inundación asociada al vertido de dicha avenida extrema con la resultante en el hipotético caso de rotura.

Dam Maintenance and Rehabilitation, Llanos et al. (eds)
© 2003 Taylor & Francis, ISBN 90 5809 534 7

Lessons learnt from the monitoring of a 185 metre high arch dam in Lesotho

C. Oosthuizen, P. Naude, C. Pretorius
Department of Water Affairs and Forestry (DWAF), Pretoria, South Africa

V. 'Mota, M. Mapetla
Lesotho Highlands Development Authority (LHDA), Lesotho

L. Hattingh
Hattingh Anderson Associates CC, Pretoria, South Africa

ABSTRACT: The authors are intimately involved with the dam safety surveillance of the 185 m high Katse Dam. They share their experience that stretches from the initial design and installation of the instrumentation system to the evaluation of the information. During this course they have learned from the many errors and mistakes they made (and witnessed). These are discussed briefly before concluding with a few remarks on a balanced approach to monitoring a dam of that size.

1 INTRODUCTION

The Katse dam was constructed as part of the first phase of the Lesotho Highlands Water Project for developing the water resources of the highlands of Lesotho. Water from the Katse reservoir passes through a 45 km transfer tunnel, an underground power station and a 36 km delivery tunnel, to the catchment of the Vaal River in South Africa. The generated hydropower meets Lesotho's own electricity demands. A handy income is also derived by releasing 18 cubic metres per second on average through the delivery tunnel to augment water supply to the Gauteng Province in South Africa.

The dam (constructed in the Malibamatso River) is a 185 m high double curvature concrete arch dam with a developed crest length of 710 m in a wide V-shaped valley. The crown-cantilever varies in thickness from 60 m at the central foundation to 9 m at the crest. The excavations totaled more than a million cubic metres and 2,3 million cubic metres of concrete were used in the construction of the dam. One of the main features of the dam is the provision of an upstream open joint of limited extent to allow water pressure to maintain a positive compression load along the upstream portion of the concrete rock interface. Theoretically the joint was supposed to open up to 9.5 mm at full supply level (FSL), but in practice it hardly opened at all.

The authors found US ACE (1976), ANCOLD (1982), Hanna (1985), Bartholomew & Haverland (1987), Dunnicliff & Green (1988), and USBR (1990) very useful textbook references. It is not their intention to repeat what has already been documented, but to concentrate on those practical aspects not usually documented.

2 INSTRUMENTATION LAYOUT

The monitoring system of Katse Dam was for all practical purposes designed by Bernard Goguel of Coyne et Bellier (as part of Lesotho Highlands Consultants) with the aid of local instrumentation and geodetic survey experts (and that is where the authors from DWAF came into the picture). Designers of monitoring systems are notorious for having definite preferences with respect to layout, types and even brand names of instruments. This is clearly reflected in their designs. The instrumentation layout at Katse dam was no exception, but can best be described as a good hybrid of preferences.

For the permanent monitoring system the following instruments are used: Extensometers (single rods manually read and 29 multiple remotely read), Hanging (normal) and Inverted Pendulums, TRIVEC

Figure 1. Various views of Katse dam.

(8 boreholes 544 anchor points in total), clinometers, Levelling Vessels, 1 and 3-D Jointmeters, 3-D Rotational-Translational gauges and standpipe piezometers. The Geodetic surveys comprise triangulation of a network of geodetic beacons as well as precise traverses in three of the galleries in the dam.

The current status is such that some instruments produce erratic data, but with credible trends while others failed completely. In other cases such as in multi-rod extensometers, the data from different anchors in a given set seem as if they have been swapped around. However, with the redundancies built into the monitoring system it is possible to determine the behaviour of the structure with confidence.

3 GENERAL PROBLEMS ENCOUNTERED

3.1 Lack of information (or misinformation)

One of the major problems encountered is incomplete, dubious or inaccurate installation reports. In some cases there are no correspondence between the information obtained from the written records and as built drawings. For example on the installation of stand pipe piezometers there are cases where drilling were not done to the design depths and the checks verifying the obtained depths were not done before installations. This invariably leads to differences between the design and the real depths on site. The location of instruments in terms of the depths of the sensors to be installed, will vary from the designed depths, hence the sensors monitor a different position altogether. In some cases, the location and depths of some instruments were deliberately changed during installation and not necessarily indicated in the records. Surveyors who sometimes failed to give correct levels (ground elevations) to the drilling contractor aggravated this problem.

One of the major problems experienced by the LHDA authors is with Maintenance and Operation Manuals lacking site specific information. They are either data sheets or written for the informed and lack thorough and clear understandable operation and maintenance instructions for site personnel. Lack of appropriate information resulted in the use of a wrong sign convention for the manually read joint-meters across the preformed joint. Luckily this error could be rectified but it took the operations staff quite some time before realising it.

3.2 Calibration

After several discrepancies with calibration curves or "gauge factors", the DWAF authors decided (early eighties) to re-calibrate each sensor upon arrival and regularly thereafter in order to select more reliable suppliers and also to identify more stable sensors for long-term monitoring. None of the Katse instruments were re-calibrated or tested prior to installation. For example the inclinometers (inductance type) installed in Gallery O failed the first time they were exposed to water although they were specified to operate under high-pressure conditions. They all had to be dismantled and returned to the manufacturers to be sealed. Test certificates were not required for Katse dam instruments, nor were they tested in a pressure chamber before installation (Both standard practices in DWAF).

3.3 Lowest tender (and/or open specifications) pitfall

One of the most annoying experiences is where the initial cost of the sensors and read-out unit of a monitoring system has apparently been the main criterion for choice for the supply and installation of instruments. At Katse dam two different models of outdated seismographs were supplied and installed. For the pendulums the contractor installed thick (2 mm) wires and large floats but the readout tables were designed for thin (<1 mm) wires in pendulum chambers dimensioned for the smaller pendulum equipment.

3.4 Lack of installation experience (false confidence and/or ignorance)

False "confidence" is gained through repetition (which sometimes may be a case of repeating the same mistakes). This is usually the case with installation procedures. Engineers tend to consider instrumentation an odd job and consider a handbook or two and a few brochures adequate to supervise instrumentation. In 1993 TRIVEC results contradicted those of extensometers and the TRIVEC results were discarded. The mistake however was that it was thought to be an error! Several years later the displacements in the same direction occurred during first filling and spilling.

DWAF personnel identified several instrumentation problems during construction with their visits to read the TRIVEC's and offered the services of an experienced instrumentation technician (free of charge) to help with the training of staff, giving practical assistance and advice on site. Several of these offers were made, but all were turned down. After completion the authors become aware of several discrepancies in the installation that in some way or the other revert back to lack of experienced supervision. Katse dam may not be the only exception; the authors are of opinion that this may be the rule rather than the exception at large dams.

Wise men learn by other men's mistakes, fools by their own.

   H.G. Bohn

3.5 General installation problems

One of the major problems experienced is theft of cables especially those with colour-coded wires followed by cables being damaged or slightly damaged during construction. The problem with colour codes in multi-cored cables is that colours vary under different lighting conditions making it extremely difficult to distinguish under poor lighting conditions (e.g. in galleries and fluorescent lights). Another not so obvious problem discovered by Bernard Goguel during one of his visits to the dam was that the zero position of some of the scales for measuring seepage, were below the invert of the V notches.

3.6 Observation problems

Personnel responsible for the evaluation of the results should preferably do observations themselves. Apart from the obvious errors when reading vernier scales, poor or dangerous access to for example stand pipe piezometers invites "cooking" of readings. This is the case with some of the sensors on the Right Bank of Katse dam. Sometimes errors are being made in sheer intellectual ignorance as the authors did for several years when taking TRIVEC readings at one of the holes (not orientated as on the drawings).

Two pendulum tables, on one pendulum wire detected a simultaneous jump on their trends. It was assumed to be a true movement of the block since both tables detected it. When the readings after a few months reverted back to the original trends it became obvious that the jump could not have been a displacement of the block. A discarded remote reading table was actually restricting the free movement of the pendulum wire.

3.7 Evaluation problems

The most common problem may be called the "pilot's decision" i.e. to make a decision to discard the readings of an instrument when instrumentation readings are doubted, or to believe the readings and act accordingly. For several years the peculiar results of one of the TRIVEC's (L4) installed at Katse dam could not be explained, until two of the DWAF authors (who did all the TRIVEC measurements themselves) discovered that there was a 45 degree orientation error during installation. The theoretical orientation direction for all the TRIVEC's is in the downstream direction, yet this trivial error escaped the observations of the two experienced (seasoned) TRIVEC operators.

3.8 Vibrating wire strain gauges

The authors (and the designers of the Katse dam monitoring system) favour vibrating wire instruments for long-term measurements. The high failure rate of remotely read vibrating wire jointmeters in the inundated Gallery P came as a shock to the authors. The majority of these instruments failed and cannot be replaced. The authors are of opinion that they were not designed to operate under high water pressures.

All the communication cables linking the instruments with their respective loggers, or one logger to another and those between loggers and the main computer run on cable trays that are shared with power cables. The magnetic flux (frequency interference) from the power cables is therefore the most likely cause of noise observed in the data obtained.

An error does not become a mistake until you refuse to admit it.

   Unknown

4 PROBLEMS (AND ERRORS MADE) WITH SPECIFIC INSTRUMENTS AT KATSE DAM

4.1 Cabling/wiring practice

The following unacceptable practices have been documented by one of the authors at Katse dam:

- Cabling/wiring in the galleries is untidy and correctly gives the impression of carelessness.
- Instrumentation cables run parallel to and between high voltage cables. Even if screened cables are used induced interference may result in wrong readings with vibrating wire instruments.

Cable producing water

Figure 2.   Photograph of the junction box M17.

- Wire colour codes were randomly allocated to instruments and no uniform colouring system was used through out the installation.
- Instrumentation cables pass through several junction boxes before reaching the data loggers. In most cases wire colour codes are switched around in these junction boxes, which makes it very difficult to trace specific instrument wires. The untidy and unorganised wiring in the junction boxes makes the problem even worse.
- Cable ends in the junction boxes are not sealed off with epoxy (the space between the separate wires and the outer cover). Cables with outer cover damage will permit the ingress of water into the junction box. See Figure 2, which is a photograph of junction box M17, where these problems were originally discovered after some of the (vibrating wire) piezometers "failed".
- Instrumentation cables enter junction boxes from the top. This invites seepage into the junction boxes. Cables entering from the bottom are much safer in the long run.
- Strip connectors were used to connect cables in junction boxes. Corrosion of these connectors will eventually result in bad connections. (The practice in DWAF is to solder all connections and seal them with watertight heat shrink).
- Only junction boxes in wet areas were filled with wax, but were very badly done. Several connections are exposed and not covered with wax. In very damp areas, such as in the O gallery, junction boxes should be filled and sealed with a good epoxy and not wax. In dryer areas epoxy will only be needed to seal off the cable ends.
- Wiring to the loggers is untidy and difficult to trace specific instrument connections.

4.2   Pendulums

Optical pendulum tables in the dam were manufactured and installed in such a way that the V scale, on the upstream to downstream direction, was on the right side facing the downstream direction. However, some of the tables had the scale fitted on the left-hand side and it took a long time before the error was picked up. Meantime the effect of the error was to indicate a reversed direction of the displacements.

The free movement of some of the inverted pendulum wires was restricted by calcite deposit on the water surface as well as a thick froth of bacterial growth on the water, which was below floor level and only visible on close inspection. These shafts are flushed regularly to prevent these problems. Frogs in the inverted pendulum shaft (moving in the proximity of humans) caused transient instability (similar to draughts).

Some of the pendulum installation errors were not that easy to detect. Displacements recorded by of one of the inverted pendulums at Katse dam were initially investigated, but after several years the continued drift led to more than the usual visual inspection. On closer inspection it was found that the float had sprung a slow leak and that the wire had kinks in it as well. The pendulum was replaced using the DWAF99 pendulum (transparent tank, float and 1 mm stainless stranded cable instead of a wire) giving faster reaction to unbalancing forces (e.g. leaking floats).

Despite all the obvious and not so obvious problems experienced with pendulums, they remain one of the most informative means of monitoring concrete arch dams.

4.3   TRIVEC system

The TRIVEC is a high-precision measuring system to determine the relative displacement components x, y and z in a vertical borehole. The z component is the borehole axis. The other two components, x and y, lie in two mutually perpendicular planes to the borehole axis. The name has been given by Prof. Kovari and his team at the Swiss Federal Institute of Technology in Zurich who developed the system (Köppel et al. 1983). The name is derived from the words TRI (three) and VEC (vectors). The TRIVEC system is imperative for the three-dimensional evaluation of dams and their foundations. Eight TRIVEC's were installed during construction and four more holes have subsequently been drilled and instrumented with TRIVEC anchors. Three of them will monitor the extent of the displacements measured with the TRIVEC on the right flank and one higher up on the left flank.

It was the first time that the TRIVEC system was installed during construction in Southern Africa. Staff from both the Contractor and the Resident Engineer had other priorities, which finally resulted in the loss of valuable information during construction. The numerous unnecessary installation errors caused endless frustration. The main loss of information was contamination of the measuring anchor points with dirty water due to careless construction practices.

The first major problem with the readout equipment occurred when the Resident Engineer instructed instrumentation crew to "hose off the TRIVEC winch and cable". They did it with a high pressure water jet, not only damaging the waterproof grommet but ruined the gold plated slip rings inside as well. The probe also developed an intermittent fault, resulting in one of the inclinometers inside the probe to become unstable. The most likely hypothesis was that the probe had been sealed in Switzerland under humid conditions resulting in condensation of the air inside the probe when in operation, which in turn affects the sensors housed inside the probe. In Switzerland these problems could not be simulated despite several attempts to demonstrate it under similar conditions. The manufacturers (SOLEXPERTS in Switzerland) were nevertheless very accommodating and finally provided a probe sealed in an inert environment equipped with new sensors with very stable characteristics.

4.4 *Piezometers*

Excessive care must be taken when installing piezometers especially in deep holes and in holes filled with water in order to install piezometers in the filter sand and not the bentonite seal. The main problem with the installation of the piezometers at Katse dam according to one of the authors has been negligence and carelessness especially with the documentation of as-built data. Standpipe piezometers were not provided with adequate protection against erosion and landslides especially those installed on the steep slopes downstream of the dam.

4.5 *Geodetic surveys*

The monitoring of the foundations is unfortunately only relative to its immediate surroundings, i.e. within a radius of 2 km (for the geodetic network). Measuring settlements of the reservoir basin due to the load of the impounded water was for some or other reason not included in the monitoring system. Ex post facto calculations predicted maximum settlements in the order of 28 mm at the centre of gravity of the reservoir and approximately half of that value at the dam wall itself. The use of Satellite Imagery inteferometry was investigated to determine the settlement before and after first filling. Due to the topography the resolution proved to be of the same order as the expected settlement and was therefore not of any assistance.

Awareness of the problem outlives all solutions.

Abraham J. Henchel

5 PROPOSED INSTRUMENTATION PRACTICE

Through the years the authors (Oosthuizen & Naude 1995) have developed a philosophy and/or practice which can be summarised as follows:

Science is what you know, philosophy is what you don't know.

Bertrand Russell

– View monitoring holistically and on a long-term cost-effectiveness basis, i.e. from design, installation and maintenance of the system through to observation (taking readings), data processing and evaluation of the structure.
– Allow for redundancies in the monitoring system yet justify every sensor.
– Design for the worst conditions and leave nothing to chance.
– Install instruments on a cost plus basis rather than tenders.
– Ensure that supervision is done by Technicians/Engineers experienced in installations (i.e. who had installed instruments themselves).
– Place a high premium on the integrity and job satisfaction of staff performing installations as well as those who take readings, process data and evaluate the results.
– Calibrate every individual sensor (and produce own calibration curves) well in advance of any installation and check sensors at regular intervals prior to installation. This must preferably be done on site after sensors have stabilised.
– Do not install any new or unfamiliar sensor before dismantling at least one of the sensors completely (the remains can be used for training purposes).
– Expect the unexpected during installation. Motivate construction personnel down to the lowest level, but have a plan B ready in case something goes wrong; make ample provision for redundancies; take regular readings yourself; update installation records daily and supervise construction 24 hours a day until sensors cannot be damaged. Stick to proven methods and procedures yet try to be innovative at each site.
– Use a logical and consequent numbering system of instruments. For example the instrument number must be related to the position (block, level, change etc) followed by a numerical number (in an increasing order from left to right, upstream to downstream and bottom to top). Instrumentation cables/wires must be installed in the same order so that the cable number relates directly to the cable position.
– Document actual cable positions in the concrete accurately during installation. (DWAF uses terrestrial surveying to obtain as built positions within centimetres).
– Evaluations should preferably be done by someone who is familiar with the instruments and installation

procedure (e.g. presently the results of the TRIVEC instruments are evaluated whilst taking the readings by the same persons who were involved with the installation).

ACKNOWLEDGEMENTS

The authors are indebted to many experts with whom they have rubbed shoulders (or crossed swords with) for their advice, influence or examples set. DWAF and LHDA are thanked for permission to publish this paper. The opinions expressed in this paper are however those of the authors.

REFERENCES

ANCOLD (1983). *Guidelines for dam Instrumentation and Monitoring Systems*. Australian National Committee on Large Dams. May 1983.

Bartholomew, C.L. and Haverland, M.L. (1987). *Concrete Dam Instrumentation Manual*. Department of the Interior, Bureau of Reclamation. Denver. October 1987.

Dunnicliff, J. and Green, G.E. (1988). *Geotechnical Instrumentation for Monitoring Field Performance*. John Wiley & Sons. New York 1988.

Hanna, T.H. (1985). *Field Instrumentation in Geotechnical Engineering*. Trans Tech Publications. Clausthal-Zellerfeld (Germany) 1985.

Köppe, J., Amstad, Ch and Kovari, K. (1983). The Measurement of Displacement Vectors with the TRIVEC Borehole Probe. *Proceedings of the International Symposium on Field Measurements in Geomechanics*. Zürich. A.A. Balkema, Rotterdam. Volume one. 1983.

Oosthuizen, C. and Naude, P. (1995). Dam instrumentation in South Africa: Problems and errors. *Proceed. 4th Int. Conf. on Field measurements in geomechanics*, Bergamo, Italy, Apl 1995.

US Army Corps of Engineers (1976). *Instrumentation of earth and rock fill dams*. Report: EM 1110-2-1908. Department of the Army. Washington, D.C. 19 Nov. 1976.

US Bureau of Reclamation (1990). *Design Standards, Embankment dams*, No. 13, Chapter 11: Instrumentation. Department of the Interior, Bureau of Reclamation. Denver. July 1990.

The man who makes no mistakes does not usually make anything.

Bishop W.C. Magee

Dam Maintenance and Rehabilitation, Llanos et al. (eds)
© 2003 Taylor & Francis, ISBN 90 5809 534 7

Risk-based rehabilitation of dams

C. Oosthuizen, H.F.W.K. Elges
Department of Water Affairs and Forestry (DWAF), Pretoria, South Africa

L.C. Hattingh
Hattingh Anderson Associates CC, Pretoria, South Africa

ABSTRACT: An overview is given of the latest developments in the national Department of Water Affairs and Forestry (DWAF) of the Republic of South Africa with regard to risk-based prioritisation of DWAF dams for rehabilitation (i.e. remedial works). Information on economic and environmental issues (social and ecological) for a portfolio of dams is quantified in terms of impact and risk levels at existing dams before and after proposed remedial works (rehabilitation). The background and basis of the graphs that are used to present this information in a concise and simple manner are explained briefly. A multi criteria decision model is used to prioritise remedial works for the cost-effective reduction of impact and risk to acceptable levels. Conclusions are drawn from the practical experience of prioritising dams for improvements based on the results of the more than 100 risk analyses performed during the past 15 years.

1 INTRODUCTION

The national (state) Department of Water Affairs and Forestry owns 260 of the dams South African listed in the ICOLD World Register of Dams. A large number of these dams does not comply with present design criteria. Budgetary constraints and other social needs lead to the incentive for the use of risk-based prioritisation for the rehabilitation of these dams. The original methodology was published in 1985 and has since been continuously updated (Oosthuizen et al 1991, Oosthuizen & Elges 1998 and Oosthuizen 2000).

Only a brief outline of all the aspects involved in the prioritisation process will be presented. It is important to note that the methodology for risk-based dam safety management of dams owned by the Department of Water Affairs and Forestry must not be confused with the ranking method applied by the Dam Safety Office in South Africa (Nortje 1997).

2 OUTLINE OF METHODOLOGY

The methodology for the prioritisation of remedial works can be summarised in five distinct steps as follows:

- Determine the probability of a dam failure (break)
- Perform a dam break analysis;

- Assess the potential losses in the event of a dam break and evaluate the impacts and risk levels;
- Determine priorities using a multi criteria decision-making model; and
- Present the facts.

3 LEVEL OF RISK ANALYSIS

Desktop level (Level-0) risk analyses are performed as part of the 5 yearly compulsory dam safety assessments. Higher levels of analysis are only performed when the impact or risk criteria warrant better estimates of the probabilities of failure.

4 FAILURE ANALYSIS

4.1 General

Calculation of the probability of failure is the most important component for the evaluation of the safety of a dam (as risk is directly related to probability of failure). Lessons learnt from South African dam incidents (and to a lesser extent other documented cases) have helped to prioritise South African failure modes. Overtopping is the cause of more than 50% of South African dam incidents, followed by internal erosion (mainly in dispersive soils) 30%. Slope instability accounts for a mere 10% of dam incidents. The remaining 20% are caused by other modes of failure such as human error, unacceptable engineering practices, liquefaction or failure of appurtenant structures.

Methods to calculate probabilities are readily available in textbooks. Two handy references are Ang and Tang (1984) and Harr (1987). The concept of failure domains is extensively used in our methodology. Initially simple event and fault trees or a combination of the two were used to calculate the probabilities of a series of consequences. This was followed by rigorous, detailed event- and fault trees in an effort to "increase the accuracy" of the probability calculations. However, when confidence limits (68%) were applied to the data the results soon indicated that uncertainties in the data are dominating the process and that little or no significant advantage could be gained with these calculations.

Risk analyses in DWAF are therefore characterised by simple probability calculations with the emphasis on load- and resistance-parameters as well as sound (experienced) engineering judgement. Apart from the exponential increase in cost, the three levels of risk analyses are distinguished mainly by the increased accuracy of the parameters and to a lesser extent by the methods of calculation used.

4.2 Concrete dams

From the study of dam incidents in South Africa it is evident that only two modes govern the failure of concrete gravity dams viz. sliding and to a lesser extent overturning (or a combination of the two). Sliding as a mode of failure (through the foundation, concrete-rock interface or concrete) was singled out for refinement, as it also applies to arch dams.

Sliding failure domains are determined for a range of chosen water levels, in other words a failure domain for each water level (Oosthuizen & Elges 1998). Note that it is assumed that a sliding failure will occur if the material properties fall within the failure domain. Probabilities of a sliding failure for each water level are calculated to obtain a relationship between water level and probability of a sliding failure of the dam (wall and foundation). The probability distribution of the water level acting on the dam wall is determined using the probability of various routed incoming floods as well as the probability of initial water levels. Once these relationships have been established the calculation of the probability distribution of a sliding failure is straightforward. Finite element analyses are seldom used for gravity dams.

Arch dams are evaluated by means of a series of static and dynamic analyses. Several finite element programmes are used depending on the specific problem. The initial analysis is always a simple static linear elastic analysis using a rather coarse mesh. Up to five elements across the section are used depending on the thickness of the wall and the geometry of the dam (Oosthuizen & Elges 1998). The next step is to re-adjust the (Young's) Modulus of Elasticity of the foundation material to distinguish between the modulus of elasticity under compression and the modulus of elasticity under tension. The third step is to model "inelastic" deformations. The Drucker-Prager technique has been found quite useful in identifying inelastic deformations that can lead to sliding. Contact face elements are used for the modelling of cracks and joints if justified. Dynamic loads are approximated using the response spectrum shape of the 1940 El Centro earthquake because of its wide frequency range.

4.3 Embankment dams

The mechanisms of failure for embankment dams have been identified as external erosion (overtopping), internal erosion, slope instability. Overtopping (or insufficient spillway capacity) has been identified as the main cause of earth dam failures in South Africa. Under certain conditions embankment dams can, however, withstand significant overtopping before eroding to the point of breaching. This aspect has been brought into the calculations by introducing the concepts "Erosion Potential" and "Erosion Resistance". The Erosion Potential of the overtopping hydrograph is a function of the height and duration of overtopping. The values for the Erosion Resistance of dams have been obtained by evaluating the behaviour of overtopped dams using local and historical data (Oosthuizen et al 1991).

Scherrit Knoesen (who pioneered these studies) is still improving the erosion methodology. The latest published version (Elges & Knoesen 1998) takes several types of erosion patterns as well as the concept of stream power into account using finite time steps of the flood hydrograph. The flood hydrograph is therefore one of the most sensitive parameters for these analyses (especially the shape of the hydrograph that produces the highest Erosion Potential for a particular probability of occurrence and the extreme probability distribution).

Internal erosion (piping) failure has for various reasons only been evaluated by engineering judgement. The main reason being inadequate protection of dispersive soils by properly designed filters.

Slope instability is one of the failure modes with a low frequency of occurrence in South Africa and does not as a rule warrant detailed analysis. Yet, it cannot be ignored altogether as it provides a basis for the calculation of relative probabilities, as discussed later.

Realistic ranges of material properties and their cross correlation are important for these analyses. Failure domains for slope instability (both downstream and upstream) are determined by a few trial and error calculations to obtain values for cohesion and friction coefficient which will result in a factor of safety of one. "Fail-safe" slope instabilities, such as surface slides, are excluded from the analysis. By assuming probability density functions for both cohesion and friction parameters for the critical material, probability of failure can be calculated (similar to the method described for gravity dams). Slope stability is not only sensitive to a variation in material parameters, especially cohesion, but also the probability distributions used. Beta distributions are favoured.

When a critical material cannot be identified in a dam comprised of several types of material, the Monte Carlo technique is used to determine the probability density function of the factor of safety. SLOPBG (Parrock 1996) is a slope stability program in the PROKON suite of programmes, which uses Bishop's Modified Method of analysis. The programme gives the user the option of conducting a probabilistic analysis by allowing the parameters to vary within specified ranges of user defined statistical distributions.

Although South Africa is situated in an area of low seismicity, this aspect is not excluded from all analyses. Seismic loads are approximated with pseudo-static loads in the analyses of embankment dams. This is justified against the track record of earthquake induced dam failures in South Africa. Finite element programmes using non-linear constitutive soil models enhance the more complex analyses, but can seldom be justified.

4.4 *Relative probabilities*

Relative probabilities are employed to account for those modes of failure that have not been calculated. In other words relative probabilities are assigned to all probable modes of failure. The probabilities of those modes, which cannot be calculated, can therefore be "estimated" by using assigned relative probabilities as well as the probabilities of the calculated modes of failure. The author favours the exponential distribution to calculate annual probabilities of events without a time base such as slope instability (Oosthuizen et al 1991).

5 CONSEQUENCE (OR HAZARD) ANALYSES

Dam breach parameters can be estimated once the most likely modes of failure have been identified. Using these breach scenarios, more realistic dambreak flood hydrographs can be calculated. These flood waves are routed through the reaches downstream of the dam in order to estimate the impact on the inundated area. These analyses serve a twofold purpose viz: to provide information for the impact evaluation and for Emergency Preparedness Plans (by predicting flood wave arrival times as well as the area and duration of inundation).

Only two types of events that may cause damaging floods downstream of a dam are considered. Firstly breach of the dam during normal river flow conditions (the so-called "sunny day" failure) assuming the water level in the reservoir at full supply level and secondly extreme floods causing a breach (e.g. an overtopping failure during the Regional Maximum Flood).

Where orthophotos or 1:10 000 maps of the area are not available 1:50 000 maps are used to map the inundated area. These flood lines are used to determine the population at risk, the expected fatality rate, financial, socio-economic, social and ecological consequences of the dam break flood.

The dambreak flood is more sensitive to breach parameters than the hydraulic characteristics of the watercourse. Several dambreak models and computer programmes have been evaluated and adapted. SMPDBK (Wetmore and Fread 1984), a simplified dam break programme, has been found to be sufficient to calculate conservative dam break flood lines. The more rigorous dynamic flood routing programme, FLDWAVE (Fread & Lewis 1995), improves the confidence limits of the flood lines for the same breach assumptions.

6 IMPACT AND RISK ASSESSMENT

The purpose of this assessment is to evaluate the impact of a dambreak flood and the risk associated with such an event. In other words the population at risk and the impact of financial, socio-economic, social and ecological consequences of the dam break flood are assessed. The results of this assessment (as well as the results of alternatives to reduce the impact and risk level of some high risk/impact dams) are used as input for a single dam in the risk-based decision model used to manage risk of all departmental dams.

Impact is presented by means of a set of graphs. The relative importance or quantity is represented on the X-axis and the probability of occurrence on the Y-axis. According to our definition: Risk = Product of the values on the two axes. The results of the assessment are presented in reports as six graphs on a single page as represented in Figure 1. These graphs are used mainly to convey information for comparison and decision making. Until recently three of the graphs (those representing the environment namely social, socio-economic and ecological) used "verbal" statements to quantify the relative importance of the specific impact (Oosthuizen 2000). These methodologies have however subsequently been developed to be more objective.

The dividing line between acceptable and unacceptable roughly corresponds with the impact accepted

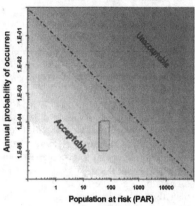

Population at risk

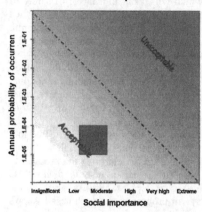

Social impact

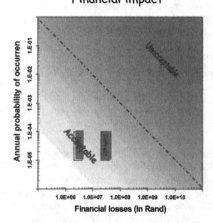

Financial impact

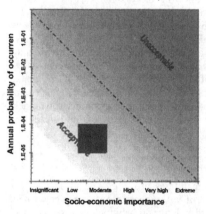

Socio-economic impact

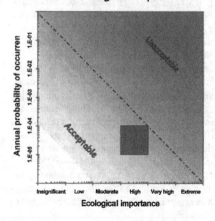

Ecological impact

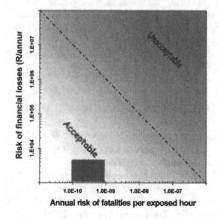

Risk level

Figure 1.   Impact and risk assessment graphs.

voluntarily in South Africa. The significance of the dividing line between acceptable and unacceptable is that it identifies aspects for more site-specific analyses and/or a higher level of risk analysis. The number of persons exposed to the dambreak flood and the likelihood of its occurrence are the governing factors that determine the relative impact on those affected. The presentation and evaluation are in terms of the number of persons endangered (Population at Risk) and the probability of occurrence as shown in Figure 1.

The social impact represented in Figure 1 is determined by using the number of people supplied with water from the specific dam, the availability of water per capita and alternative sources of water.

Financial losses due to a dam failure comprise direct and indirect financial losses. Direct losses are for example, damage to infrastructure, loss of improvements, crops, etc. as well as the cost of emergency relief.

Indirect financial losses (not necessarily restricted to the inundated area only) are for example loss of future benefits. These losses cause a lot of confusion, for example, loss of future benefits and the replacement cost of the dam. From the time a dam breaks the future benefits are lost. The value of that stream of benefits is equivalent to the "value of the dam". Rebuilding or even repairing a breached dam is a new project with its own costs and benefits. Therefore either replacement costs or loss of future benefits should be included in the loss, but not both. Preference is however given to the second approach. Monetary values are not attached to human life only loss of their future earnings is included under indirect costs.

Socio-economic importance is quantified by using the gross geographical product of the area supplied by the dam (i.e. the total income or payment received by the following production sectors: agriculture, mining and manufacturing), the gross geographic product per capita as well as alternative sources of water.

The ecological impact is quantified by using desktop estimates of the Present Ecological Reserve category for the river reach downstream of the dam. The Reserve concept is a fairly new one and has only been in existence since the promulgation of the National Water Act in South Africa in 1998 (National Water Act 1998). The purpose of the Ecological Reserve is to ensure that the river eco-systems are preserved for future generations. These categories provide an estimate of the relative sensitivity of the river reach to change as well the level of modification from its original pristine condition before any modification by man. There are 4 categories ranging from pristine to completely modified.

In order to provide guidelines to the decision-makers in the department on the acceptability of the risk, a graph representing the risk level was compiled in 1985 by the authors (Oosthuizen & Elges 1998). The dividing line on the graph corresponds with the level of risk accepted voluntarily in South Africa and has been determined from the statistics of construction accidents as well as those of all modes of transport in South Africa. It was interesting to note in the latest statistics available on fatal traffic accidents in South Africa that only 10% of the total calculated financial loss of all types of fatal traffic accidents in 1998 was direct costs. The rest was indirect cost. 79% of the indirect cost was due to "loss of output" of those who became part of the statistics.

The Risk graph (which has been updated and simplified) is always used in combination with the impact graphs and serves the purpose of indicating the impact and risk level of a dam in a consistent manner. The risk to human lives exposed to the particular hazard is represented on the X-axis as annual fatalities per exposed hour. This only applies to those exposed to the hazard. Fishermen, motorists and workers in the dambreak flood plain are only exposed to the risk for short periods per day. The Y-axis represents the annual risk of financial losses, which in a sense corresponds to the equivalent of an insurance premium for the particular dam.

Note that the size of the blocks in the graphs represents the level of confidence of the data and in some of the graphs the values on both axes are by default not smaller than one order. That is the practical limit associated with uncertainties in our probability calculations. Likewise the practical limit of calculated probabilities of failure is by default 1×10^{-6}. In practice it means that a well-engineered dam with no known deficiencies has a probability of failure of 1×10^{-5} to 1×10^{-6} by default.

7 PRIORITISATION OF DAMS FOR REHABILITATION

A multi criteria decision model is used to calculate relative priorities. Relative weights are assigned to the impact and risk levels before and after remedial works. These weights are assigned by senior DWAF officials involved with the safety of dams.

Apart from the information represented in the impact and risk level diagrams, the estimated capital expenditure for each remedial alternative is required. As with any design, there is generally more than one solution to improve the dam and several alternatives may therefore appear on the priority list. For the estimation of the capital cost for these alternatives, the simplest and most cost-effective solution is chosen.

In practice the main objective with remedial works on any dam is basically to reduce the annual probability of failure. By achieving this, the annual risk cost, defined as the annual probability of failure of the dam times the losses, can be considerably reduced.

The loan repayment of remedial works is in most instances greater than the reduction in the annual risk cost. Consequently, the annual marginal cost ratio, calculated as the difference between the annual risk cost reduction and the annual loan repayment required for funding the remedial works are determined and evaluated for the most critical dams in the order of priority. If remedial works on the priority list are individually appraised on this basis, then it may not be justifiable to carry out remedial works on dams having negative annual marginal cost ratios.

Additional considerations for the decision-makers are the annual cost for the reduction of the relevant impacts. This capital expenditure could very well be more effectively used elsewhere.

The critical remedial works (for example those that would prevent imminent failures) receive priority. The remainder of the ranked remedial works are optimised taking funds as well as the availability and location of construction teams into account (DWAF has its own construction teams and also makes use of subcontractors).

As the dam safety inspection program continues more dams are identified for remedial works. Regular updating is therefore required to determine whether newly identified dams should be added to the list.

8 CONCLUDING REMARKS

Risk-based prioritisation of remedial works at dams provides a sound basis for consistent decision-making as far as the safety of a portfolio of existing dams is concerned. Another benefit is the provision of information regarding the financial implications of the risk imposed by these dams.

It is important to realise that it only provides information and not answers to the decision-maker. Decision and risk analyses therefore go hand in hand and any limitations in the risk analysis should be taken into account in the decision-making process. Care must be taken not to claim more than the method can provide.

Outcomes can be biased by the preferences of the engineer(s) performing these analyses and evaluations. These assessments should be performed step-wise, i.e. "bootstrapping" through the levels of sophistication using sound engineering judgement. An analysis stops when the desired degree of refinement has been achieved or when uncertainties in the input data make further refinement meaningless.

The methodology was developed for use in South Africa. It may however be adapted to the particular needs of any other owner of dams.

ACKNOWLEDGEMENTS

The authors wish to express their gratitude to all present and past members of the Subdirectorate: Dam Safety who in some way or the other contributed to the development or application of the methodology. The Department of Water Affairs and Forestry is thanked for permission to publish this paper. The opinions expressed are however those of the authors and do not necessarily reflect the views of the Department.

REFERENCES

ANG, A.H.-S. and TANG, W.H. (1984). *Probability Concepts in Engineering Planning and Design*. Vol I and II. John Wiley and Sons.

ELGES, H.F.W.K. and KNOESEN, J.S. (1998). Evaluating erodible auxiliary spillways in South Africa. *Proceedings of the 15th Annual ASDSO Conference: Dam Safety 98*, 11–14 Oct 1998, Las Vegas. USA.

FREAD, D.L. and LEWIS, J.M. (1995). *The NWS FLDWAV Model: Quick Users Guide*. National Weather Service, Silver Spring, Maryland.

HARR, M.E. (1987). *Reliability-Based Design in Civil Engineering*. McGraw-Hill Book Company.

National Water Act (1998). National Water Act. Act No. 36 of 1998. *Government Gazette*. 26 Aug 1998, Cape Town, South Africa.

NORTJE, H.J. (1997). A simplified probabilistic approach to manage and prioritise dams. *Proceedings of the Annual Conference of the Canadian Dam Safety Association (CDSA)*.

OOSTHUIZEN C. (2000): Risk-based Dam safety Assessment in South Africa. *Volume 5, Proceedings of the 20th ICOLD Congress*. 19–22 Sept 2000, Beijing, China.

OOSTHUIZEN, C. and ELGES, H.F.W.K. (1998). Risk Analysis of dams in South Africa – 13 years on. *Proceed. Int. Symp. On new trends and guidelines on dam safety*. Barcelona. Spain. A.A. Balkema.

OOSTHUIZEN, C., VAN DER SPUY, D., BARKER, M.B. and VAN DER SPUY, J. (1991). Risk-based dam safety analysis. *Dam Engineering Volume II*, Issue 2.

PARROCK, A. (1996). *Geotechnical analysis and design*: SLOBBG. ARQ. Pretoria.

WETMORE, J.N. and FREAD, D.L. (1984). *The NWS Simplified dam break flood forecasting model for desktop and hand-held computers*. National Weather Service, Silver Spring, Maryland (updated in 1987 & 1991).

We do our best that we know how at the moment, and if it doesn't turn out, we modify it

Franklin D Roosevelt

Dam Maintenance and Rehabilitation, Llanos et al. (eds)
© 2003 Taylor & Francis, ISBN 90 5809 534 7

Revisiones periódicas y reparaciones con métodos subacuáticos en la presa de El Atazar (Madrid)

F. Blázquez Prieto
Jefe Div. Planificación y Control, Canal de Isabel II, Madrid, España

ABSTRACT: En la comunicación se describen las diferentes actuaciones efectuadas desde 1990 para la revisión y reparación del paramento de aguas arriba de la presa de El Atazar. Las revisiones se han efectuado mediante camara transportada por buceador o ROV (vehículo operado por control remoto). Las reparaciones han consistido básicamente en el sellado de puntos de paso de agua desde el paramento a las galerías, con los condicionantes de elevada profundidad de trabajo y necesidad de emplear para el sellado resinas muy fluidas. A partir de estas experiencias se indica una serie de recomendaciones a tener en cuenta al realizar el proyecto de reparación, al redactar el contrato de buceo y durante las labores subacuáticas.

1 INTRODUCCIÓN

La presa de El Atazar está situada en el tramo inferior del río Lozoya muy cerca de su confluencia con el río Jarama, en la zona norte de la provincia de Madrid. Debido a su capacidad de embalse (425 hm³) completa la regulación de las aguas del río Lozoya tradicionalmente ligado al abastecimiento de Madrid.

La presa es del tipo bóveda gruesa de doble curvatura, siendo sus características principales las siguientes:

Longitud de coronación	494 m
Altura sobre cimientos	134 m
Anchura de la bóveda en la base	36 m
Anchura de la bóveda en coronación	6 m
Cota de nivel máximo ordinario	870,00
Cota del cauce	745,40

Comenzó a embalsar en Enero de 1971. En 1972 se detectó una fisura en la galería de la cota 770, que se trató con inyecciones de cemento desde dicha galería. A principios de 1977 comenzaron a dar agua los drenes que atravesaban dicha fisura aforándose un caudal de 25 l/s a finales de 1977. En Febrero de 1978 las filtraciones llegaron a 150 l/s, mientras que la fisura se extendió a los siete bloques centrales.

Durante los años 1978 y 1979 se procedió a la reparación, consistiendo ésta en el sellado del paramento de aguas arriba efectuado por buzos seguido de una campaña de inyecciones desde las galerías con resinas epoxídicas.

Para comprobación, se elevó el nivel de embalse hasta llegar a 40 cm de la cota de vertido en 1980 y, tras algunos ciclos de embalse-desembalse, se produjo el primer vertido por aliviadero en julio de 1988 y otro en mayo de 1991. La presa mantiene un comportamiento satisfactorio hasta la actualidad (en julio de 2001 el nivel de agua alcanzó una cota 20 cm inferior a la de vertido).

2 INSPECCIONES SUBACUÁTICAS CON ROV

2.1 El robot submarino (ROV)

Las siglas ROV, nombre con el que usualmente se conoce este tipo de aparatos de uso subacuático se refieren a las iniciales del nombre técnico en inglés "Remote Operated Vehicle". Estos vehículos submarinos, operados por control remoto mediante cable y provisto de cámara de televisión., han producido una gran revolución en el mundo del buceo. Ya no es preciso que un buceador permanezca en el fondo controlando una maniobra continuamente sino que la cámara del ROV es el ojo del ingeniero o supervisor; así se evitan muchas horas de buceo, cuyo coste es elevado.

En el mercado existen varios tipos de aparatos más o menos adaptados a las diferentes labores a realizar bajo el agua.

En estas operaciones se ha usado el modelo Hyball de la marca Hydrovisión después de que otros dos ROV contratados previamente presentaran problemas de funcionamiento a causa de la elevada profundidad de trabajo y el largo tramo de cable que debían arrastrar.

Este equipo incluye dos cámaras de video de alta definición, una en blanco y negro y otra en color así como una camara fotográfica.

El centro de mando alberga la unidad de superficie del ROV, formada por un monitor de televisión y y el sistema de control remoto por cable. A esta consola se le pueden conectar varios elementos: un segundo monitor de televisión, un video para grabación y reproducción de imágenes, un sistema para imprimir en papel fotográfico dichas imágenes, etc.

2.2 Revisión de abril de 1990

Durante abril y mayo de 1990 se revisó el paramento aguas arriba. En esta revisión, el centro de mando se estableció en un contenedor situado en coronación y en él se ubicaron los equipos de monitorización y grabación.

Como resultado de la revisión se confirmó el buen estado general del paramento, se detectaron los puntos de succión (todos ellos situados en la zona de la antigua fisuración) correspondientes a los principales drenes, que suponían el 93% del total de las filtraciones, y se determinó su posición en el paramento.

2.3 Revisión de marzo de 1992

Con la buena experiencia de la revisión anterior, se realizó esta para observar la situación de la zona inferior del paramento despues del llenado de 1991 y para determinar la posición y el tamaño de los puntos de succión correspondientes a un dren cuyos caudales habían aumentado de forma anómala desde principio del año anterior.

En este caso (como en los sucesivos) el centro de mando se situó en el interior de una furgoneta aparcada en un lado de coronación, de esta forma no se afectó al paso normal de los vehículos a través de coronación y se redujeron los costes de la revisión. Como resultado, se detectó y situó un único punto de succión, responsable de la práctica totalidad del caudal drenado.

2.4 Revisión de octubre de 1996

Al igual que en las revisiones anteriores el objetivo era localizar algunos puntos de succión, situarlos en planos mediante coordenadas en los bloques y determinar su tamaño. Todo ello quedó adecuadamente grabado y fotografiado.

2.5 Conclusiones y experiencias

En primer lugar señalaremos la forma de detectar un punto de succión. Cuando en la masilla se forma uno de ellos, a él se adhieren ramitas, hojas, chapas de botellas que caen por el paramento, etc., formando a su alrededor lo que comunmente se denomina un "nido"

debido a su forma. El tamaño del nido depende del caudal succionado y es un indicativo de la existencia de estos puntos.

Otro modo de apreciar la succión es ver que sucede con las particulas sólidas situadas sobre el paramento, que debido a la corriente que producen las hélices del ROV quedan en suspensión dentro del agua. Si hay un punto de succión se aprecia con más o menos nitidez que dichas particulas son atraidas al punto a partir del cual desaparecen de la imagen.

Se destaca que el empleo de estos aparatos para la localización y marcado de los puntos a reparar ha supuesto una valiosa ayuda y un notable ahorro al sustituir a las inmersiones de buceadores, mucho más caras.

3 REPARACIONES SUBACUÁTICAS

3.1 Situación previa

Como se ha indicado, en 1978 y 1979 se efectuó una campaña de inyecciones desde las galerías. En 1982, aprovechando el bajo nivel de embalse, se realizaron otros trabajos de sellado complementarios, si bien en algunos drenes aislados no se llegaron a eliminar totalmente las filtraciones.

Con el paso de los años se observó que existía una tendencia al aumento del caudal drenado a través de la fisura reparada y que algún dren que quedó seco comenzaba de nuevo a dar filtraciones cada vez mayores. Por ello, como paso previo al sellado de estos puntos de paso de agua, se decidió efectuar la revisión mediante ROV (descrita en 2.2) de toda la zona inferior del paramento aguas arriba.

Como resultado de ella, se optó por efectuar un nuevo sellado en ciertas zonas, trabajo que se describe en el apartado siguiente.

3.2 Reparación de diciembre de 1990

El objetivo del trabajo consistía en reparar todas las filtraciones detectadas en la revisión previa así como los posibles puntos que aparecieran durante el desarrollo de los trabajos. La reparación tuvo una duración de dos meses y es la que ha presentado una mayor complejidad, pues fue realizada en la modalidad de buceo "a saturación" con profundidad media de 80 m y una altitud sobre el nivel del mar cercana a 900 m, lo que suponía una profundidad equivalente 10 m mayor.

En este sentido señalaremos que esta modalidad de buceo presenta una serie de características que la hacen diferente de las restantes, entre ellas destacan las siguientes:

– *Permanencia a presión de trabajo durante la obra.* Este método de buceo se basa en que llega un momento en el que no se asimila más gas inerte y, por lo tanto, el período de descompresión no aumenta aunque sí lo haga el período de estancia en condiciones de compresión. Así el período de trabajo puede ser muy elevado, con la condición de que los buceadores se mantengan adecuadamente presurizados. Con este método, los buceadores se introducen en una cámara hiperbárica donde, respirando heliox (compuesto de 90% de helio y 10% de oxígeno), son presurizados hasta presión equivalente a profundidad de 80 m. Desde esta cámara pasan diariamente por un compartimento estanco a una campana hermética, en la cual descienden al punto de trabajo. A la profundidad definida salen de la campana para trabajar en el agua; finalizado el trabajo, vuelven a entrar y cierran la campana. Ésta asciende a la superficie y se conecta con la cámara a la cual pasan los buceadores hasta el día siguiente.

– *Se consigue menor duración de obra.* Ello se debe a que un equipo de dos buceadores puede trabajar hasta ocho horas frente a los métodos clásicos, con los que un equipo de cuatro buceadores sólo conseguiría una hora de trabajo en el fondo. Esto es importante en los trabajos largos donde el mayor coste inicial se amortiza rápidamente.

– *Existe mayor seguridad.* Ya que los buceadores no están expuestos a los continuos procesos de compresión en bajadas y de descompresión en subidas. Además recordamos la necesidad de un fuerte control sobre las condiciones de vida y una descompresión muy cuidadosa, con duración de varios días, para evitar accidentes causados por los restos de gases disueltos en la sangre y los tejidos del buceador.

– *Se precisa un importante equipo auxiliar.* Este es el principal inconveniente. Como ejemplo podemos comentar que para mantener dos buceadores en condiciones de trabajo, fue preciso movilizar un equipo de diez personas. Además fue necesario cortar el tráfico rodado por coronación para poder ubicar todos los elementos de la obra.

La duración total fue de 40 días, 25 de los cuales correspondieron a las dos series de trabajo subacuático. En el aspecto económico y con los tiempos de trabajo resultantes, se calculó que esta reparación realizada con métodos y equipos clásicos hubiera tenido un costo triple del resultante con este sistema.

3.3 *Reparación de octubre de 1992*

Esta reparación se efectuó aprovechando un momento de muy bajo nivel del embalse, lo que permitió que los trabajos se efectuaran mediante el sistema de inmersiones separadas con traje seco, suministro de aire desde superficie y paradas de descompresión en el agua con campana húmeda.

Fueron varios los condicionantes que llevaron a la elección de este sistema. Sobre todo la profundidad (58 m que, una vez hecha la corrección por la altitud, resultan equivalentes a 64 m al nivel del mar). Esta profundidad es accesible respirando aire comprimido, si bien se alcanzan los valores límite para este tipo de trabajos debido al riesgo de narcosis nitrogénica, por lo que se contempla en las tablas de buceo como "inmersión excepcional con aire".

Por la razón citada y dada la corta duración del trabajo, no se optó por respirar heliox (mezcla de helio y oxígeno) debido a que ello suponía mayores tiempos de descompresión y la necesidad de equipos más complejos como sistemas de calefacción para trajes de agua caliente a causa de la mayor pérdida calórica que se produce al respirar helio.

Como elementos de seguridad, los buzos llevaban una botella de emergencia en la espalda y se disponía en superficie de una cámara hiperbárica multiplaza con suministro de aire y oxigeno.

Una vez definidos estos condicionantes, se indican a continuación algunas características específicas de esta inmersion:

– *Respiración de oxígeno puro en el tramo final de descompresión.* Esta organización (aire durante el trabajo en fondo e inicio de la descompresión, y oxigeno en los últimos metros de la descompresión, incluida la larga parada a 6 m de profundidad) permite reducir sensiblemente los tiempos totales de descompresión y la posibilidad de transtornos descompresivos.

– *Reducido equipo auxiliar.* Supone cierta ventaja. En esta obra, no se deseaba ocupar la coronación de la presa con equipos de buceo durante los trabajos, por lo que dichos equipos se instalaron en una pontona flotante de 9 × 5 m que contenía las instalaciones necesarias, incluida la cámara hiper-bárica y la caseta de control. Esta pontona se ancló al paramento de modo que permitiera compensar las variaciones del nivel del embalse.

– *Corto periodo de trabajo aprovechable.* Éste es el principal inconveniente de este tipo de inmersiones, ya que para un periodo de trabajo de 20 minutos se precisaban periodos de descompresión de una hora.

Se emplearon en esta reparación un total de 16,3 horas de trabajo efectivo repartidas entre 49 inmersiones a lo largo de 13 días de buceo. La duración total de la reparación, incluido montaje y desmontaje, fue de 25 días.

3.4 *Reparación de febrero de 1997*

En esta reparación, debido a la elevada profundidad de trabajo (90 m, que a esta cota equivalen a 100 m al nivel del mar), se hizo necesaria la respiración de diferentes tipos de gases en función de la profundidad. Ello hizo

Tabla 1. Gases de respiración empleados a diferentes profundidades.

Periodo	Gas de respiración
Descenso 0 a 20 m	Nitrox A (50% Nitrógeno y 50% Oxígeno)
Descenso 20 a 90 m, trabajo en fondo y ascenso 90 a 36 m	Trimix (50% Helio, 36% Nitrógeno y 14% Oxígeno)
Ascenso 36 a 20 m	Nitrox B (68% Nitrógeno y 32% Oxígeno)
Ascenso 20 a 6 m	Nitrox A (50% Nitrógeno y 50% Oxígeno)
Ascenso 6 a 0 m	100% Oxígeno

aumentar los tiempos de descompresión, apareciendo el problema de pérdida de calor debido a respiración de compuestos de helio. Este problema obligó a que los trajes fueran dotados de un sistema de calefacción.

En este caso se optó por el "traje húmedo" denominado así porque el agua caliente enviada desde el exterior circula entre el traje y el cuerpo del buceador, aislando térmicamente el cuerpo del exterior. Este tipo de inmersiones presenta las siguientes características a señalar:

– *Posibilidad de trabajar a elevadas profundidades.* Ajustando el tipo de gases en función de la profundidad y la duración de la estancia en el fondo, es posible optimizar la duración y la seguridad en la descompresión. El único límite son los tiempos de parada en descompresión en los que el buceador debe permanecer a profundidad constante.
– *Respiración de diferentes tipos de gases.* En la tabla siguiente, elaborada a partir del programa "Abyss" para buceo profundo con mezcla de gases, se indican dichos gases y el periodo de respiración de cada uno durante una inmersión.
– *Deben mantenerse unos fuertes controles sobre las condiciones de trabajo. Se destacan:*
  (a) Control de la temperatura del agua caliente enviada al buzo para que le llegue a temperatura próxima a la corporal. Recordemos la pérdida de calor producida al respirar compuestos de helio.
  (b) Control de los gases respirados en cada momento y de su correcta sucesión al conectarlos al equipo de respiración del buceador.
  (c) Control del buceador durante los elevados periodos de descompresión.
– *Necesidad de un equipo auxiliar medio.* En esta operación tampoco se deseaba ocupar la coronación de la presa por lo que todos los sistemas de buceo se ubicaron sobre una plataforma flotante modular

formada por bloques de polietileno de alta densidad. La superficie de la plataforma era de 108 m^2 y en ella se situaban los principales elementos que se enumeran a continuación.

(1) Caseta de control de buceo (2,30 × 4,40 m).
(2) Caseta taller (2,40 × 6,00 m).
(3) Bloques de gases. En este caso las cuatro mezclas de gases citadas.
(4) Cámara hiperbárica con posibilidad de respiración de oxígeno o aire.
(5) Maquina de agua caliente. Incluye calentador, tanque de reserva y bomba de abastecimiento de agua al traje del buceador.
(6) Generador de emergencia.

Otros elementos permanecieron durante todo el trabajo conectados a la plataforma aunque sumergidos, como la campana abierta en la que el buceador asciende y desciende con comodidad, pudiendo permanecer en ella en caso de emergencia y la plataforma de trabajo (que hace las veces de andamio) en la que el buceador tiene que un punto firme de apoyo durante el trabajo.

En esta reparación se emplearon un total de 40,65 horas de trabajo efectivo repartidas entre 200 inmersiones a lo largo de 51 días de buceo. Como resumen podemos indicar que este tipo de buceo presenta características intermedias entre el buceo respirando aire y el buceo a saturación.

3.5 Proyecto de reparación en septiembre de 2002

La reparación proyectada ya está en fase de contratación y será precedida por una revisión previa mediante ROV. Como no se desea ocupar la coronación durante las obras y la profundidad de trabajo estimada es de 75 m, el sistema a emplear será mediante buceo respirando gases.

4 RECOMENDACIONES

A partir de las experiencias citadas consideramos que en el proyecto, contrato y ejecutión de las obras de reparación subacuáticas es preciso, para obtener un optimo resultado de las obras, tener en cuenta los aspectos siguientes:

4.1 En el proyecto

(a) Disposición previa para asumir los costes de la reparación. Estos costes son elevados en general y, además, sucede con cierta frecuencia que un problema enmascara otros, que aparecen una vez que el problema inicial ha sido resuelto. Todo ello produce un incremento de los gastos, que en algún caso puede hacer que sea preciso replantearse la conveniencia de la reparación.

(b) Importancia de conocer la labor a realizar y su entorno. Para tener dicho conocimiento previo se recomienda la recopilación y estudio de toda la documentación posible. Igualmente es preciso disponer de películas o fotografías recientes de la zona. Por ello se considera necesaria una inspección previa mediante ROV.

4.2   En el contrato de buceo

Una vez determinado el trabajo a realizar, así como todos los factores que influyen en su ejecución, es necesario redactar un Contrato, o un Pliego de Prescripciones para el análisis correcto de las ofertas de las empresas de buceo. Para esta redacción deberán tenerse en cuenta los siguientes aspectos:

(a) Se deben independizar los costes de las diferentes operaciones de la obra. Se conseguirá una mayor claridad en las relaciones con la empresa de buceo y se evitarán muchos problemas durante la ejecución. Conviene que los contratos se efectúen a partir de unos cuadros de precios lo más completos posible. La agrupación siguiente es la que hemos establecido para el contrato de los trabajos de reparación que se realizarán al final del verano de 2002.
  – Coste de desplazamiento y montaje de equipos.
  – Coste diario total del equipo de buzos.
  – Coste de los materiales empleados.
  – Coste de los gases para respiración.
  – Coste de puesta a disposición y uso de ROV.
  – Coste de desmontaje y retirada de equipos.
  – Informe final y otros costes no especificados.
(b) Conviene determinar los precios para periodos en espera (stand-by) sin bucear. Puede ser importante, pues no debe tener el mismo coste un equipo trabajando que parado, aunque sea por causas ajenas a la propia obra. Tambien debe quedar definido el coste del equipo parado por causas achacables a imprevisión de los buceadores (falta de gases o de materiales a emplear).
(c) Es importante incluir en el contrato un informe final de los trabajos (conviene que incluya las grabaciones en video efectuadas). Su coste es pequeño en comparación con la ventaja que supone disponer de una información bien estructurada, sobre todo debido al paso de los años y a los cambios de personal que se producen.

4.3   En la ejecución de las obras

Como en los casos anteriores, el seguimiento de una serie de normas sencillas puede influir en una notable rebaja de los costes. Así, una vez contratado el trabajo, debe prestarse atención a los siguientes factores:

(a) Se debe, si se puede, adelantar o retrasar los trabajos para aprovechar el periodo de mínimo nivel del embalse. A menor profundidad se conseguirá un periodo diario de trabajo mas largo, lo que producirá una reducción en la duración y coste de la obra.
(b) Es necesaria la presencia en obra de un responsable con capacidad, mando y experiencia suficiente para solventar los problemas que puedan aparecer durante la ejecución. El mayor coste que supone esta presencia queda compensado sobradamente con la posibilidad de toma de decisiones en un periodo de tiempo mucho menor. Además, hay decisiones que deben tomarse de modo urgente y el conocimiento de la situación que se adquiere al estar "in situ" es de gran utilidad en esos momentos.
(c) Es importante disponer de ROV para revisión de la obra en tiempo real. Como en el caso anterior, el mayor coste que pueda suponer el uso de este equipo se compensa con la ayuda que presta en el control de la obra.

4.4   De tipo general

Considerando que nuestro deseo es la reparación con el menor coste y, en la mayoría de casos, en el menor plazo, podemos señalar algunas circunstancias que hacen preciso emplear cada tipo de buceo.

El buceo respirando aire es adecuado cuando la profundidad es menor que 50 m, a partir de esta es recomendable el buceo respirando gases. En función de la profundidad y de la duración del trabajo en el fondo se determinará la mezcla de gases óptima. Será conveniente tener acopiadas diferentes mezclas de gases para su respiración en las correspondientes profundidades.

El buceo a saturación debe ser utilizado en profundidades superiores a 50 m, cuando la menor duración de la obra compense los mayores costes fijos de montaje y desmontaje. Por ello será necesario disponer de los datos de costes, con buceo respirando gases y con buceo a saturación; así, a partir de una estimación de las horas de trabajo necesarias, se calcularán los costes totales en ambos casos, eligiendo aquella modalidad que presente un menor coste.

Por último, se señala que también debe tenerse en cuenta la duración de la obra, pues en algún caso puede resultar conveniente gastar más a cambio de tener la presa reparada en un plazo menor.

Dam Maintenance and Rehabilitation, Llanos et al. (eds)
© 2003 Taylor & Francis, ISBN 90 5809 534 7

Nonparametric dam risk analysis for dam rehabilitation in South Korea

Young-Il Moon
Associate Professor, Dept. of Civil Eng., University of Seoul, Seoul, Korea

Hyun-Han Kwon
Graduate Student, Dept. of Civil Eng., University of Seoul, Seoul, Korea

ABSTRACT: The overall objective of the present study is to formulate a practical methodology to evaluate, systematically and quantitatively, the risk of failure in an existing dam. Uncertainties can be described in terms of a probability function of statistical parameters such as standard deviation, variance, coefficient of variation, etc. The dam risk analysis using parametric Monte Carlo Simulation, which revealed a weakness as being the hardest problem in analysis techniques, cannot define correct probability distribution about hydraulic/hydrological uncertainty variables. Therefore, accurate dam risk analysis becomes possible by applying nonparametric method that can solve problem as assuming probability distribution function. This research can secure reliability about analysis result by introducing nonparametric method that supplement problem of existing parametric method about uncertainty connoted in hydraulic/hydrologic analysis. In addition, risk analysis provides a quantitative measurement of dam safety so that priorities in rehabilitation, inspection, remedial work, allocation of funds, and emergency preparedness among different dams can be determined.

1 INTRODUCTION

Lately, many nations worldwide experienced large-scale flood and drought damages because of global climate changes such as the Greenhouse effect, El Niño, La Niña phenomena, and so on. Therefore, the needs to secure irrigation and flood safety are being challenged.

Due to the topographical conditions and torrential rainfalls, the hydrographs of rivers in Korea are very sharp, and peak flood discharges are enormous compared with other comparable rivers in the continent. The coefficients of the river regime, expressed by maximum discharge over minimum discharge for rivers in Korea usually range from 100 up to 700. This large variation in the flow discharge causes serious problems in river management concerning flood control and water use.

However, lack of suitable dam sites for new water resources development make difficulties to meet the growing water demands and flood damages controls. In addition, potential environmental impact, construction damages and dam operations give reasons for local citizens to protest against dam constructions.

Therefore, the necessity for rehabilitation of existing dam is rising domestically by antipathy spread about dam construction worldwide, and advanced nations are propelling dam rehabilitation business by maximum practical use link of water resources. Dam rehabilitation is not activated greatly yet in Korea. Specially,

through height increase of dam rehabilitation case to magnify the storage amount is rare case. Therefore, for lively progress about dam rehabilitation, reliability estimation of dam spillway discharge ability should be decided prior to decide dam rehabilitation.

Also, risk analysis to evaluate hydrological impact on water resources system and reliability estimation to consider uncertainty of important variables make possible to present countermeasures through reduction way research.

By this reasons, this research proposes a method for reliability analysis by introducing nonparametric method that could supplement problem of existing parametric method about uncertainty connoted in hydraulic/hydrologic analyses. In addition, risk analysis provides a quantitative measurement of dam safety so that priorities in rehabilitation, inspection, remedial work, allocation of funds, and emergency preparedness among different dams can be determined.

2 WATER RESOURCES IN THE SOUTH KOREA

2.1 Basic feature

Korea gets an average precipitation of about 1,283 mm annually, which is 30 percent more than the world average, 973 mm. This may seem sufficient amount before you consider the high population density of Korea. The average annual precipitation per capita is 2,705 m^3, which is about 10% of the world average of 26,800 m^3. Also, Korea is facing some difficulties for effective management of water resources by yearly, regional and seasonal variations of precipitation.

- Yearly variations in precipitation: 754 mm (1939),~ 782 mm (1998) A difference of 2.3 times
- Areas: Kyungbuk province 1,000 mm,Cheju Island 1,700 mm A difference of 1.7 times
- Seasonal precipitation: two-thirds of the annual precipitation is concentrated between June and September. Thus, floods happen during the wet summer season, and droughts in winter and spring.

In Korea, the average annual precipitation of 1,283 mm produces a potential water resources volume of 127.6 billion m^3. However, 54.5 billion m^3, which is 43% of the total volume, is lost in the form of infiltration and evaporation, and the remaining 73.1 billion m^3, which is 57% of the total volume, is the annual runoff amount. Of this amount, 49.3 billion m^3 is swept away immediately by floods, and the remaining 23.8 billion m^3 supports the flow during normal seasons.

2.2 Multi-purpose dams in the South Korea

Before the 1960's, main purpose of the dam construction was to supply water for industrial and hydroelectric power water use. And during the 60's, the period for active dam construction, the Nam-gang and Somjin-gang Dam construction were resumed, and the Soyang-gang Dam construction began, starting an era of multi-purpose dams. During 1970–1980, the government established master plans to use multi-purpose dams for water supply and control, and as a result of these plans, the Andong, Chungju, Daechong, Hapchon, Nakdong, and Juam dams were constructed. After 1990's, the scope of dams covered water supply, water control, and environmental preservation. Thus, pursuing plans to make large-scale multi-purpose dams led to the Buan, Milyang, Yongdam, Tamjin, and Hwengsung dams being built. Multi-purpose dams currently built and administered are the Soyang-gang and Chungju dams on the Han River, the Andong, Namgang, Imha dams on the Nakdong River, the Daechong and Somjin dams on the Kum River, as well as the Buan dams, for a total of 10, plus one bank on the lower streams of Nakdong River. The total reservoir capacity of the developed multi-purpose dams is 11.3 billion m^3, and provides an annual water supply of 10,461 m^3, flood control of 2.03 billion m^3, and 1 million kW of electricity. An additional water supply of 5.1 billion m^3 will be developed over several stages in order to solve water shortage problems to increase the water reserve ratio from 7.7% to 8.5%. The percentage of water supplied by dams will increase from 39% to 50% of the total water supplies.

2.3 Rehabilitation of existing dams in the South Korea

The rehabilitation of domestic dam is not greatly activated yet. Especially, dam rehabilitation by heightening of crest to extend water storage capacity is rare case.

However, the circumstances for dam rehabilitation getting worse. In this reason, more interest and researches for rehabilitation is anticipated. Relatively largely rehabilitated dams increase their storage capacity by level up dam's height as examples shown in the

Table 1. A comparison of other country's precipitation.

	Korea	Japan	USA	England	China	World average
Mean annual precipitation (mm)	1,283	1,728	760	1,064	660	973
Precipitation per capita (m^3/year)	2,705	5,281	29,485	4,624	5,907	26,800

Table 2. Existing state of dam in the South Korea.

Groups	Total	Multi-purpose dams	Hydro-power generation dams	Water supply purpose dams	Irrigation purpose dams	Reservoir	Estuaries	Natural lakes
No.	18,798	10	8	15	4	18,750	6	5

Source: Common Sense on Water (KOWACO, 1999).

table below. There are five rehabilitated dams; two multipurpose dam including Somjin-gang and Nam-gang dam, two industrial water-supply dams including Dongbuk and Kachang dam, and one agricultural water-supply dam, Dae-A dam.

3 RISK ANALYSIS FOR DAM REHABILITATION

More often, large scale floods, such as localized flash floods, happen in Korea as well as worldwide, and the need to perform risk analyses for dam and streams are required. So far, to overcome hydraulic and hydrological uncertainties, height of dam has been determined by performing adequate flood estimation and reservoir routing, and evaluation of dam spillway discharge was investigated by design flood and probable maximum flood (PMF). However, these procedures could not be a comprehensive dam failure possibility, since the risk of a dam is the total risk, which is the combination of the probabilities of all the possible occurrences of various failure events.

Hydraulic and hydrological variables have unique statistic characteristics. But although the variables could not have adequate statistic characteristics, they have been used in parametric Monte Carlo Simulation. Also, it is difficult to analyze the probability density function when we have the mixed distribution by hydraulic and hydrological variable uncertainty (Moon, 1996).

Currently used approach for dam risk analysis is based on the concept of parametric statistical inferences. In these analyses, the assumption is made that the distribution function describing hydraulic-hydrological data is known. Distributions that are often used are Normal, Log-Normal, Triangular, Uniform, Rectangular, and others. Some other difficulties associated with parametric estimation are (i) the objective selection of a distribution, (ii) the reliability of distributional parameters (especially for skewed data with a short record length), (iii) the inability to analyze multi-modal distributions that may arise from a mixture of causative factors, and (iv) the treatment of outliers. Therefore, classical parametric density estimation techniques may be inadequate for modeling a dam risk analysis.

However, nonparametric methods do not require assumptions about the underlying populations from which the data are obtained. Also, they are better suited for multi-modal distributions. By these reasons, recently, several nonparametric approaches that have promise for estimating the probability density function of hydrological event have been introduced by Moon and Lall (1994), Moon (1996), and many others.

For better estimation of reliability of dam risk analysis, this paper will evaluate the effect of hydrologic events for water resources system, and consider uncertainties coming from main important variables by nonparametric method. This can make unique methodology and could give us more accurate reliability and result for dam risk analysis.

3.1 Nonparametric Monte Carlo Simulation

Monte Carlo Simulation is a process using in each simulation a particular set of values of the random variables artificially generated in accordance with the corresponding probability distribution. The expected risk value can be estimated by examining the results of a large number of repetitive simulation runs.

Table 3. Existing state of rehabilitation of dam in the South Korea (unit: in million).

Section	Dae-A dam	Nam-gang dam
Year	1989	1999
Dam type	Irrigation purpose dams	Multi-purpose dams
Method	Construct new dam of the lower reaches of a river	Construct new dam of the lower reaches of a river
Storage vol.	Exiting: 20 m³ rehabilitated: 51 m³	Exiting: 136 m³ rehabilitated: 309 m³

Table 4. Existing state of rehabilitation of dam in the South Korea (unit: in million).

Section	Somjin-gang dam	Dongbuk dam	Kachang dam
Year	1965	1985	1986
Dam type	Multi-purpose dams	Water supply purpose dams	Water supply purpose dams
Method	Construct new dam of the lower reaches of a river	Construct new dam of the lower reaches of a river	Heightening of existing dam (16m)
Storage vol.	Exiting: 60 m³ rehabilitated: 466 m³	Exiting: 2.6 m³ rehabilitated: 99.5 m³	Exiting: 2.0 m³ rehabilitated: 9.1 m³

By the Monte Carlo Simulation method, the theoretical failure probability (P_f) can be obtained as follow, where x_i represents the basic random variable vector, $f(x)$ represents the joint probability density function of random vector(x_i), and D represents failure areas.

$$\int \Lambda \int_D f(x_1, x_2, \Lambda, x_n) \, dx_1 x_2, \Lambda, x_n = \int_D f(\underline{x}) \, dx \quad (1)$$

In fact, Monte Carlo Simulation is perhaps the only solution technique to a problem which cannot be solved analytically because of their nonlinear behavior or complex system relationship. Despite its usefulness, the Monte Carlo Simulation method has the following disadvantages. That is, the risk estimated by using this method is not unique, depending on the size of the samples and the number of trials. It is never certain that resultant statistical descriptor indeed reflects the true moments of the joint probability distribution that is being simulated. The true risk is unknown and can only be approached by infinite samples or trials.

Uncertainties can be described in terms of a probability function of statistical parameters such as standard deviation, variance and coefficient of variation. The dam risk analysis using parametric Monte Carlo Simulation, which revealed a weakness as being the hardest problem in analysis techniques, can not define correct probability distribution about hydraulic/hydrologic uncertainty variables; i.e. hydraulic & hydrological characteristics such as precipitation, wind velocity, coefficient of discharge, initial water level, height of spillway, water quantity are used to analyze risk by applying triangular distribution, uniform distribution and the normal distribution (Cheng et al, 1982). Therefore, by applying nonparametric method, the problem of assuming probability distribution function can be solved adequately. The uncertain variables used in analyzing dam risk analysis are shown in following table 5 (Cheng et al. 1982). By using the nonparametric method, precipitation from Jan. to Dec., the duration of precipitation, initial water level, and wind velocity can successfully simulated randomly.

Table 5.   Uncertain variables of dam risk analysis

Main component	Uncertain variables
Hydrological component	Flood frequency, volume, peak and time distribution of the flood, rainfall-runoff relationship, initial water stage
Hydraulic component	Spillway capacity, flood routing, faulty gates or valves
Catchments component	Catchments area, reach length, difference of elevation
Wave component	Wind velocity, fetch length

To obtain the quantiles according to pertinent variable selected randomly by nonparametric method, there are two main methodologies. The first method is to integrate directly from the kernel probability density function. And the second method is using nonparametric kernel regression estimators for the estimation of quantiles from hydrological data at a site.

3.2   Direct integration

Rosenblatt (1956) introduced the kernel estimator, defined for all real x where x_1, x_2, ..., x_n are independent identically distributed real observations, $K(\cdot)$ is a kernel function, and h is a bandwidth assumed to tend to zero as n tends to infinity. Nonparametric kernel density function defined as equation (2).

$$\hat{f}(x) = \frac{1}{n} \sum_{i=1}^{n} \frac{1}{h} k\left(\frac{x - X_i}{h}\right) \quad (2)$$

Quantile according to cumulative distribution function, $F(\cdot)$ can be calculated by direct integration of kernel density function and this equation is as below.

$$\hat{F}(x) = \frac{1}{n} \sum_{i=1}^{n} \frac{1}{h} K\left(\frac{x - X_i}{h}\right) \quad (3)$$

where,

$$K(t) = \int_{-\infty}^{t} k(u) \, du \quad (4)$$

If p represents probability which is according to cumulative distribution function, $F(\cdot)$, and F^{-1} is inverse function of $F(\cdot)$, then the quantile about any real number x is defined as equation (5).

$$x = F^{-1}(p) = \inf(x \in \mathcal{R} : F(x) \geq p), \quad p \in (0,1)$$
$$(5)$$

The estimation of the p-quantile $F^{-1}(p)$ of p is closely related to the quantile-density function $\partial F^{-1}(p)/\partial p = (F^{-1})'(p)$, since the asymptotic variance of a nonparametric (and reasonable) estimator of $F^{-1}(p)$ usually given by $\sigma^2 = (F^{-1})'^2(p) p (1 - p)$.

For the sample p-quantile $F_n^{-1}(p)$, F_n denotes the empirical density function according to a sample of size n. For the kernel quantile estimator ($\hat{x}$) as a competitor of $F_n^{-1}(p)$, this has recently been established (Falk, 1995).

$$\hat{x}(p) = \int_0^1 F_n^{-1}(x)\alpha_n^{-1} / k((p - x)/\alpha_n) \, dx \quad (6)$$

where, $k(\cdot)$ is kernel function, and α_n is bandwidth.

3.3 Kernel regression estimator

We present a nonparametric kernel regression estimator for the estimation of quantiles from historical hydrological data at a site. The estimator is based on a kernel smoothing of the empirical quantile function of the data.

Several nonparametric kernel regression estimators have been proposed for the regression function. These are based on weighting functions which when applied at a point x gives some form of weighted average of the observations near x. The estimated quantile of function are proposed by Gasser-Muller (1984), shown as equation (7). The empirical quantile function $x(p_i)$ is defined by the sample values y_i at each p_i. The quantile function $x(p)$ is defined as the event magnitude corresponding to the pth quantile. This considers convolution of empirical frequency analysis function using kernel function that is weighing function (Moon and Lall, 1994).

$$
\hat{x}(p) = \sum_{i=1}^{n} \frac{1}{h} \int_{s_{i-1}}^{s_i} y_i k\left(\frac{p-u}{h}\right) du
$$

$$
= \sum_{i=1}^{n} \frac{1}{h} y_i \int_{s_{i-1}}^{s_i} k\left(\frac{p-u}{h}\right) du
$$

(7)

where s_i is an interpolating sequence of the p_i, given as $s_i = (p_i + p_{i+1})/2$, $(i = 1, \Lambda, n-1)$, $s_0 = 0$, $s_n = 1$, h is a bandwidth associated with the point p, $k(\cdot)$ is a kernel or weight function, and p [0,1]. Related recent work on kernel quantile function estimation within the range of the data is presented by Sheather and Marron (1990).

$$
\hat{x}_{p,1} = \sum_{i=1}^{n} [n^{-1}k_h(i/n - p)]X_{(i)}
$$

(8)

$$
\hat{x}_{p,2} = \sum_{i=1}^{n} [n^{-1}k_h((i-0.5)/n - p)]X_{(i)}
$$

(9)

$$
\hat{x}_{p,3} = \sum_{i=1}^{n} [n^{-1}k_h(i/(n+1) - p)]X_{(i)}
$$

(10)

$$
\hat{x}_{p,4} = \sum_{i=1}^{n} \left(\frac{i-0.5}{n} - p\right)X_{(i)} \bigg/ \sum_{j=1}^{n} k_h\left(\frac{j-0.5}{n} - p\right)
$$

(11)

where, $k_h(\cdot) = h^{-1}k(\cdot/h)$.

4 CONCLUSION

This paper introduces the nonparametric Monte Carlo Simulation to improve the existing parametric method's problem about the hydraulic and hydrologic uncertainty being contained originally. The nonparametric Monte Carlo Simulation can provide more reliable

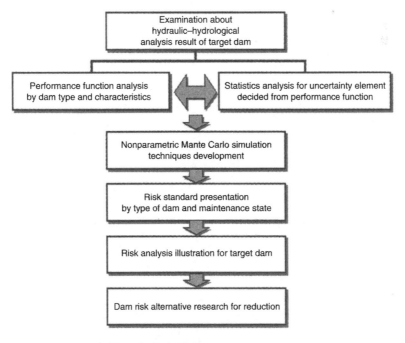

Figure 1. Diagram of nonparametric Monte Carlo simulation.

analysis, and thus helps the method of risk analysis by developing the concept of free board.

Furthermore, by using the more reliable estimation of the hydraulic and hydrological dam failure probabilities, this method could offer the basis for the countermeasures, method and rehabilitation decision problem in Korea. As a reference, nonparametric Monte Carlo Simulation's flowchart is presented figure 1.

REFERENCES

Cheng, S., Yen, B.C. & Tang, W.H., Overtopping Risk for an Existing Dam, Civil Engin. Studies, Hydraulic Engin. Series No. 37, 195 pp., University of Illinois at Urbana-Champaign, Urbana, IL, 1982.

Falk, Michael., On the Estimation of The Quantile Density Function, Statistics & Probability Letters 4, pp. 69–73, 1986.

Gasser, T. & Muller, H. G., Estimating regression functions and their derivatives by the kernel method. Scandinavian Journal of Statistics 11, 171–185, 1984.

Moon, Young-Il. & Lall, U., Kernel Quantile Function Estimator for Flood Frequency Analysis, Water Resources Research 30(11), pp. 3095–3103, 1994.

Moon, Young-Il., Nonparametric flood frequency analysis, Journal of the Institute of Metropolitan Studies V.22 (1), pp. 231–248, 1996.

Rosenblatt, M., "Remarks on some nonparametric estimates of a density function." Ann. Math. Statist. 27, pp. 832–837, 1956.

Sheather, S. J. & Marron, J. S., Kernel Quantile Estimators, Journal of American Statistical Vol. 85, pp. 410–416, 1990.

Silverman, B.W., Density estimation for statistics and data analysis, Chapman and Hall, London, 1986.

Contribuciones del sistemas de gestión ambiental ISO 14001 para los planes de seguridad de presas

S.S. Baumgratz & M.L. Santos

Ecodinâmica Consultores Associados Ltda. – Meio Ambiente, Estudos e Projetos – Belo Horizonte, Braisil

RESUMEN: Demostrar como un SGA certificado según la Norma Internacional ISO 14001, analiza, sistematiza y incorpora las informaciones y registros necesarios para el mantenimiento del programa de seguridad de centrales hidroeléctricas, teniendo como énfasis la estructura de la presa. Mostrar, a través de un ejemplo concreto de aplicación de este modelo de gestión en el Brasil, que la gran diferencia está en el tratamiento dado a las informaciones por parte de los equipos de trabajo que actúan en la hidroeléctrica, con el fin de difundir el conocimiento necesario para definir el nivel estratégico de las actividades esenciales para el mantenimiento de la seguridad de la presa y consecuentemente, de la calidad del medio ambiente.

ABSTRACT: To show how an Environmental Management System – SGA, certified according to the International Norm ISO 1400, analyses, systemizes and incorporate information and necessary records for maintaining the security program of hydroelectric plants, emphasizing the dam's structure. To show, by means of a concrete example of application of this management model in Brazil, that the great difference lies on the usage of information made by the work teams that operate in the hydroelectric plant, aiming at divulging the necessary knowledge to define the strategic level of the activities that are essential to maintain the dam's security and, in consequence, of the environmental quality.

1 INTRODUCTION

La gerencia moderna de una empresa de infraestructura (como es el caso de una central hidroeléctrica), a partir de la cual se presupone un mejoramiento de la calidad de vida de una comunidad, ya tiene la variable ambiental incorporada (aspectos del medio físico, medio biótico y socioeconómico). Se observa, en el caso específico de hidroeléctricas, que no han sido analizadas y acompañadas por la Gerencia del Medio Ambiente actividades tradicionalmente entendidas como de competencia exclusiva de profesionales de construcción civil y/o de su operación y mantenimiento, cuya eficacia es decisiva para que se evalúen los riesgos de impactos ambientales y se establezcan, medidas mitigadoras para atender las emergencias de eventuales accidentes durante la vida útil de estas empresas.

Hay más preocupación, por ejemplo, por encontrar la mejor medida mitigadora para la pérdida de un ecosistema que haya sido sumergido por la formación de un embalse, por definir padrones de monitoreo de la biota acuática en hidroeléctricas de derivación (desvío por el túnel del caudal de un río para aprovechamiento de la caída máxima), por el acompañamiento de las condiciones de comunidades desplazadas, que por la seguridad de la presa. Sin embargo, todo el esfuerzo despendido para tales actividades y para otras actividades esenciales inherentes a un sistema de gestión ambiental, puede perderse en caso de que ocurra un accidente con las estructuras de las unidades operacionales de una central hidroeléctrica.

Por lo tanto, se torna necesario definir responsabilidades que envuelvan la alta administración de los concesionarios que representan los inversionistas privados o no, con el fin de evitar que la responsabilidad técnica sea apenas de los equipos de inspección civil.

2 EL PRINCIPIO DE LA PREVENCIÓN Y DE LA PRECAUCIÓN

El forum de Siena sobre Derecho Internacional del Medio Ambiente, promovido por el gobierno de Italia en 1990, afirmó en su punto n°. 4: "el abordaje, sector por sector", adoptado por las convenciones, frecuentemente dictado por la necesidad de responder a accidentes específicos, comporta el riesgo de perderse de vista del abordaje integrado a la prevención de la polución y a la deterioración constante del ambiente. El modelo "reaja y corrija" deberá ser el complemento de un abordaje "Prevea y prevenga"; esto reforzará la seguridad en las cuestiones globales del medio ambiente" citado en MACHADO (1993). También MACHADO (1993), al analizar el principio de la precaución constante del n°. 15 de la "Declaração do Rio de Janeiro/1992" comenta su contenido afirmando que "no es necesario que se tenga una prueba científica absoluta de que ocurrirá daño ambiental, bastando el riesgo de que el daño sea irreversible o grave para que no se dejen para después las medidas efectivas de protección al medio ambiente. Si existe duda sobre la posibilidad futura de daño al hombre y al medio ambiente, la solución debe ser favorable al medio ambiente, y no a favor del lucro inmediato – por más atrayente que sea por las generaciones presentes".

Basándose en este principio se justifica que el programa de seguridad de una presa gane importancia y tenga que ser incorporado a los documentos y registros del SGA. En la Norma ISO 14001 la prevención es una de las principales exigencias: "Cualquier acción correctiva o preventiva adoptada para eliminar las causas de las conformidades, reales o potenciales, debe ser adecuada a la magnitud de los problemas y proporcional al impacto ambiental verificado" (item 4.5.2 de la Norma).

3 PRINCIPIOS DE LA NORMA ISO 14001

La Norma ISO 14001 propone mantener el equilibrio entre las medidas de protección ambiental y las medidas de prevención de la polución ambiental asociada a las necesidades socioeconómicas.

Las principales contribuciones del SGA para el programa de Seguridad de Represas están apoyadas en los itens de la Norma ISO 14001 abajo relacionadas:

3.1 *Requisitos del SGA*

El principal requisito (item 4.2 de la Norma) a ser definido por la organización es la definición de la Política Ambiental. La Norma ISO 14001 preconiza que la Alta Administración de la Empresa debe definir y asegurar que ésta sea estructurada de forma que se refleje el comprometimiento en el mejoramiento continuo, con la prevención de la polución, con el atendimiento a la legislación, a las normas técnicas aplicables y a los requisitos subscritos (acuerdos nacionales y/o internacionales por ejemplo).

Entre las diversas actividades incluidas, la identificación de las características de la hidroeléctrica, el análisis de su inserción geográfica, como también las actividades allí ejercidas, deben ser analizadas considerándose las interferencias y efectos encadenados en el medio ambiente. A través de estes dados (impactos y riesgos de impactos) se define "el corazón" del sistema (item 4.3.1 de la Norma). Este análisis es esencial para que se definan los efectos que deben ser gerenciados.

La Norma preconiza en el item 4.4 (implantación y operación del sistema) que las funciones, las responsabilidades y las autoridades deben ser definidas, documentadas y comunicadas con el fin de facilitar una gestión ambiental eficaz. De esta forma, se justifica la interacción entre los equipos responsables por la inspección de las estructuras civiles para identificar las acciones correctivas y preventivas necesarias para asegurar el perfecto funcionamiento de la presa. Estas medidas pueden incluir, desde el funcionamiento de los huecos de drenaje para alivio de tensión de los macizos de la presa y/o de la casa de fuerza, los equipos de lectura de piezómetros y extensómetros, los registros visuales de grietas y fisuras, etc.

Para que esa conducta se concretice, es necesario que se mantengan procedimientos que solamente se tornarán posibles en el caso de que los miembros de los equipos puedan discutir técnicamente todos los procedimientos, cambiar las informaciones oriundas de las diversas especialidades. Por ejemplo: cómo el control de la calidad del agua del embalse puede fornecer datos para que se analice el ataque a las estructuras de hormigón o las causas de la proliferación de bacterias (gallionellas por ejemplo) que puedan afectar la eficacia del funcionamiento de los drenajes de alivio en las galerías de las estructuras de una presa o también, cómo el equipo del medio ambiente está monitorando la estabilidad de las vertientes que van en dirección a un embalse y las condiciones de las vías de acceso a las unidades operacionales.

La interacción de estos equipos de torna concreta después de que se toma conciencia de la importancia de la realización de trabajos integrados que exigen entrenamientos específicos con el fin de capacitar a los miembros de los equipos para que ejecuten sus funciones.

Otra etapa importante es registrar, a través de un proceso de comunicación tanto interna como externa, los aspectos considerados relevantes colectados durante los trabajos de mantenimiento y operación de la presa. Solamente con los registros, la empresa podrá analizar las situaciones normales y anormales para responder a las cuestiones de las diversas partes interesadas (comunidades do entorno y de aguas abajo; órganos de fiscalización, entidades financiadoras, accionistas, etc). De esta forma la gestión se torna transparente.

Aunque el control operacional ya se encuadre en una rutina compartida por todos los responsables de las diferentes funciones, los equipos de trabajo deben estar preparados para corregir las fallas que puedan ocurrir en las actividades de operación y conservación en toda la hidroeléctrica y de forma especial en la presa. Deben estar preparados para el atendimiento de las emergencias que puedan llevar la presa a un colapso. Si en el plano de atendimiento a las emergencias de la hidroeléctrica se contempla la situación de ruptura de la presa, se debe resaltar que el combate a estas emergencias, no siempre será eficaz para minimizar los impactos ambientales. El perjuicio casi siempre es irrecuperable y comúnmente, es traducido por catástrofe. Representa una pesadilla para comunidades enteras y, por lo tanto, envuelve una gran responsabilidad civil, administrativa y penal. Un accidente de esta naturaleza es crimen ambiental (Ley federal brasileña n°. 9.605 de 12/02/1998) y está sometido, por ejemplo, a las sanciones del código penal brasileño. En el caso específico de las hidroeléctricas o estructuras similares, tales como presas de embalses para abastecimiento de agua o de contención de los residuos de actividades mineras, un plan de atendimiento a la ruptura de una de estas estructuras no será siempre eficaz para minimizar los impactos ambientales que ocurran. Por ello, la defensa mejor se configura en la verificación sistemática del SGA.

El manual "Safety Evaluation of Existing Dams-Seed Manual" (USA) del final de la década del 70, establecía los principios y conceptos para un programa de evaluación de la seguridad de las presas en funcionamiento. Por lo tanto, lo que se propone es traer informaciones como la del manual, para el análisis del equipo directamente responsable de la Gerencia del Medio Ambiente y de las operaciones.

El item 4.5 de la Norma (actividades de verificación) muestra la importancia de guardar los registros de los resultados y los monitoreos de los impactos ambientales significativos sobre el medio ambiente. Como ejemplo de registros se deben resaltar aquellos que aseguran el perfecto funcionamiento de las presas tales como: registros da calibración de los equipos de monitoreo y medición, registros de inspección civil de la estructura de la presa, registros de inspecciones visuales de grietas y fisuras, registros de monitoreo de salida de residuos etc. Estos registros son evidencias importantes para el SGA y son usados para asegurar la conformidad con este modelo de gestión. Por lo tanto, deben ser retenidos según los procedimientos definidos por la Gerencia del Medio Ambiente.

A partir del análisis de los registros, las auditorías periódicas deben averiguar si los procedimientos del SGA fueron "debidamente implantados y han sido mantenidos".

Con todas las informaciones implantadas, la alta administración tiene condiciones de analizar el desempeño de los equipos de trabajo envueltos en la gerencia de una hidroeléctrica (item 4.6 – Análisis Crítica por la administración). No se admite que se gerencie una hidroeléctrica sin la transparencia necesaria a todos los directa o indirectamente involucrados. A través de este análisis, la alta administración debe sugerir eventuales alteraciones en la política ambiental y asegurar el comprometimiento con el mejoramiento continuo.

4 UN EJEMPLO EN EL BRASIL

La Central Hidroeléctrica Guilman-Amorim, construída por el Consorcio Autoproductor formado por la "Companhia Siderúrgica Belgo-Mineira" y por la "Mineração Samarco S.A." está localizada en la cuenca del rio Piracicaba, en el centro leste del estado de Minas Gerais, con capacidad instalada de 140 MW. Sus estructuras son una presa de 143 m de extensión, 41 m de altura, construida de hormigón compactado a rollo (CCR), dos aliviaderos de fondo un vertedero de cresta libre, con caudal máximo de 3.400 m^3/s. Un embalse ocupa un área de 1 km^2. El agua es conducida para la Casa de Fuerza a través de un túnel de aducción de 6 km para el aprovechamiento de un desnível del perfil del río de 124 m.

La construcción se inició en abril de 1995 y la hidroeléctrica empezó a operar plenamente en diciembre de 1997. En diciembre de 1999, su Sistema de Gestión Ambiental fue certificado por el Bureau Veritas Quality Internacional – BVQI según la Norma NBR ISO 14001:96. Se tornó así la primera Central Hidroeléctrica de América Latina con SGA certificado según la Norma ISO 14001:96 y acreditado por el Raad voor Accreditatie – RvA y Instituto Nacional de Metrologia Normalização e Qualidade Industrial – INMETRO.

La experiencia de gestión ha demostrado que a través del SGA ha sido posible cuestionar rutinas y procedimientos de inspección de la presa y asociar otros procedimientos que puedan garantizar la generación de energía manteniendo la calidad ambiental.

A seguir presentamos las etapas y las principales actividades ejercidas por los equipos que participan de la operación y mantenimiento de la hidroeléctrica Guilman-Amorim.

También la incorporación de los procedimientos relacionados a la seguridad de la presa al sistema de Gestión Ambiental en la Hidroeléctrica Guilman-Amorim* siguió el ciclo del PDCA, conforme la siguiente descripción:

4.1 La planificación

La etapa de planificación comprendió la tarea de descripción de las actividades, que de forma directa o indirecta podrían contribuir para aumentar la seguridad

---

* La Ecodinâmica es la empresa responsable por la Coordinación Técnica y Ejecutiva del Medio Ambiente de esa Hidroeléctrica.

de la presa y la de definición de las responsabilidades para la ejecucción de las mismas. De esta forma fueron definidas las actividades de la Directoría, del equipo de Operación y Mantenimiento, de la equipo de la Coordinación del Medio Ambiente y de los eventuales Consultores de la Directoria.

Actividades de la Directoria

– Determinar las modificaciones necesarias ya sea en el nivel gerencial y/o en el operacional.
– Definir el perfil del equipo responsable por las inspecciones especiales.
– Autorizar estudios, proyectos y obras indicadas por los equipos envueltos en el Plan de Seguridad de la Presa de la Hidroeléctrica.

4.2 Etapa de operación

4.2.1 Actividades de las equipos de Operación y Mantenimiento y de la Coordinación del Medio Ambiente:

– Identificar os equipamentos que devem ser calibrados e/ou aferidos e cuja falha podem causar impactos ambientais.

4.2.2 Actividades de la equipo de Operación y Mantenimiento:

– Hacer la gerencia de la rutina.
– Definir acciones preventivas y correctivas que serán ejecutadas conforme cláusulas del contrato.
– Elaborar el informe del acompañamiento de la ejecución de las acciones correctivas y preventivas.
– Presentar mensualmente el informe del acompañamiento de la ejecución de las acciones correctivas y preventivas, al Gerente Operacional/Ambiental y a la Coordinación del Medio Ambiente.
– Realizar visita de inspección anual en las estructuras de la presa.
– Emitir el Informe Anual de inspección de la presa.
– Presentar el Informe Anual de inspección al Comité de Gestión Ambiental y a los Consultores indicados por la Directoría.
– Elaborar el plan de acción para corregir las deficiencias marcadas en conjunto con el Gerente de Operacional/Ambiental, el Ingeniero Gerente de la Instalación y la Coordinación del Medio Ambiente.
– Elaborar el plan de calibración de los equipos.
– Ejecutar la calibración de los equipos.

4.2.3 Actividades de los Consultores de la Directoria:

– Organizar y disponer los documentos del proyecto y de la construcción ("As Built").
– Acompañar las obras que serán ejecutadas.

4.2.4 Actividades de la equipo de la Coordinación del Medio Ambiente

– Revisar la evaluación de impactos/riesgos ambientales en función del contenido de los relatorios técnicos de Consultores y del equipo de Operación y Mantenimiento.
– Acompañar los planos de acción para analizar y/o ejecutar acciones de bloqueo de las causas probables, problemas identificados en los informes de la inspección de la presa.
– Registrar y guardar documentos de referencia para dar "feed-back" sobre el gerenciamiento de la hidroeléctrica en las auditorías y/o presentación para instituiciones y órganos fiscalizadores.
– Colectar datos de los procedimientos utilizados parar orientar la ejecución de las actividades y que serán utilizados en la formación del Plano de Seguridad de la Presa.

4.3 Etapa de verificación

4.3.1 Actividades de la equipo de la Coordinación del Medio Ambiente:

– Evaluar los resultados del Informe Anual de inspección de la empresa.
– Evaluar los resultados ante la responsabilidad Civil, Criminal y Administrativa.
– Discutir los resultados y mejoramientos, en las reuniones del Comité de Gestión Ambiental.

4.3.2 Actividades de los Consultores de la Directoria y de la equipo de la Coordinación del Medio Ambiente:

– Evaluar técnicamente los informes técnicos de inspección generados.
– Sugerir mejoras.

4.4 Etapa de corrección

Actividades de los Consultores de la Directoria y de la equipo de la Coordinación del Medio Ambiente:

– Ejecucción de las mejoras e de las acciones propuestas para mejorar la operación y conservación de la Usina y aumentar la seguridad de la presa.

5 PROCEDIMIENTOS DEL SGA DE LA HIDROELÉCTRICA GUILMAN-AMORIM

Entre los procedimientos del SGA que orientan la ejecución de las diversas actividades deben ser citados:

El primer grupo de procedimientos (procedimientos guías) del SGA son el soporte de las actividades

incorporadas en el Plano de Seguridad de la Presa y son los siguientes:
Identificación de aspectos y evaluación de impactos ambientales.
Requisitos legales y otros requisitos.
Verificación del atendimiento a la legislación y otros requisitos.
Plan de atendimiento a las emergencias.
Monitoreo Ambiental.
Control de registros.

El segundo grupo de procedimientos (procedimientos operacionales) retrata, cómo las tareas pueden ser directamente o indirectamente relacionadas al Plano de Seguridad de la Presa y son los siguientes:
Limpieza de los detritos fluctuantes retenidos y no retenidos por el "log-boom".
Monitoreos de la presa.
Monitoreos de las macrófitas.
Monitoreo y control de los residuos de la presa.
Monitoreo de la calidad de las aguas del río Piracicaba y de los afluentes líquidos de la Casa de Fuerza.
Monitoreo de la emisión de humo de los motores diesel (motores de emergencia).
Control y manutención de equipos hidráulicos de las compuertas de la presa,
Control y manutención de equipos auxiliares de la represa,
Control y manutención de equipos del patio y de la casa de comando de la subestación,
Control y manutención de equipos de transformación y elevadores de carga de la Casa de Fuerza,
Control y manutención de equipos de la casa de comando de la Casa de Fuerza y de las unidades generadoras.
Recuperación de las áreas degradadas y conservación de las áreas recuperadas (suelos y cubierta vegetal).
Medidas preventivas contra el incendio florestal.
Inspección visual de las vías de circulación.
Calibración de equipos.
Acción de emergencia: escape de aceite en la casa de fuerza.
Acción de emergencia: escape de aceite en los transformadores.
Acción de emergencia: escape de aceite en la presa.
Acción de emergencia – incendio interno y externo en la casa de fuerza, en la subestación, en la presa y florestal.
Acción de emergencia – ruptura de la presa.

CONCLUSIÓN

Todos los mienbros de los equipos de trabajo son entrenados para los procedimientos del SGA y para los procedimientos operacionales, de acuerdo con la necesidad de entrenamiento requerida para el ejercicio de cada función. Después de la realización de estos entrenamientos, los miembros de los equipos de trabajo pueden ejecutar las actividades inherentes a su función y contribuir efectivamente para aumentar la seguridad de la presa y consecuentemente de la hidroeléctrica.

En la etapa de verificación fueron hechos análisis de las acciones tomadas a través del análisis de los registros generados. La verificación fue realizada por la Alta Administración de la Usina y por los equipos de Auditores tanto internos como externos.

Después del análisis y realización, tanto de la auditoría interna como de la externa, se trazaron planos de acción para mejorar la operación y mantenimiento de la Usina; como también para aumentar la seguridad de la presa. En función de los resultados obtenidos se trabajaron los siguientes puntos:

- Flujo de informaciones entre los equipos de trabajo.
- Definición de nuevos entrenamientos para el equipo de operación y mantenimiento de la presa de la Hidroeléctrica.
- Incorporación del Informe de Inspección de las estructuras civiles al Plan de Seguridad de la Presa de la Hidroeléctrica.

La gran contribución de la inserción del Plano de Seguridad de la Presa en el SGA es el acompañamiento del desarrollo conceptual y metodológico adoptado en este plan, que permitió definir los niveles críticos para la seguridad de la presa, non solamente de acuerdo con los criterios de la ingeniería, la forma de acompañamiento de los registros para detectar posibles fallas y la definición de los itens esenciales para verificar la eficacia del mismo.

Esta contribución es coherente con el entendimiento contemporáneo de protección ambiental es visto como un conjunto de acciones para asegurar la preservación de la especie humana y de los recursos naturales. Sin embargo, en este sentido, permanece como senso común el concepto antropocentrista, en el cual la defensa del medio ambiente es concebida únicamente por ser éste el sustentáculo de la economía y de la fuente de recursos vitales para el hombre. No ha sido entendido todavía, por la gran mayoría de las personas, que el medio ambiente sea algo que posea un valor intrínseco. La discusión sobre "el derecho del medio ambiente" todavía está en evolución para que alcancemos un nuevo paradigma ético. Gradualmente ya se entiende que es necesario valorar la calidad de vida (de habitar en situaciones de valores intrínsecos) mucho más que darle prioridad incansablemente a obtener un nivel de vida más elevado. Será necesaria una toma de conciencia profunda de la diferencia entre "big" y "great" (Arne Naess y George Sessions in Ferry, 1994).

De esta forma, los principios de la Norma ISO 14001:96 que presuponen la prevención de la polución y el mejoramiento continuo, podrán ser un ejercicio para alcanzar este nuevo paradigma ético.

BIBLIOGRAFÍA

Associação Brasileira de Normas Técnicas – NBR ISO 14001:1996 *Sistemas de Gestão Ambiental – Especificação e diretrizes para uso.* Rio de Janeiro:ABNT.

Comité Mercosur de Normalización – NM ISO 14001:2000 – *Sistemas de gestión ambiental – Especificación con directrices para el uso* (la homologación de la Norma requiere la aprobación de sus miembros).

Consórcio Autoprodutor Belgo-Mineira/Samarco/ Ecodinâmica, 2002. *Sistema de Gestão Ambiental da Usina Hidrelétrica Guilman-Amorim.* Belo Horizonte.

Ferry, L. (1994) *A nova ordem ecológica, a árvore, o animal, o homem.* São Paulo: Editora Ensaio.

Machado, P.A.L. (1993) Princípios gerais de direito ambiental international – Política ambiental brasileira. *Revista de Informações Legislativa.* Separata, a. 30, n. 118 abr/jun. 1993. Brasília: Senado Federal. Subsecretaria de Edições Técnicas.

USA. Departament of the Interior. Bureau of Reclamation. 1997. *Avaliação da segurança de barragens existentes.* Rio de Janeiro: Eletrobrás. Memória da Eletricidade.

Dam Maintenance and Rehabilitation, Llanos et al. (eds)
© 2003 Taylor & Francis, ISBN 90 5809 534 7

Using performance parameters to define dam safety monitoring programs: 10 years of experience in the U.S. bureau of reclamation

J.N. Stateler
U.S. Bureau of Reclamation, Denver, Colorado, United States

ABSTRACT: The performance parameters process involves identifying the most likely failure modes for a dam, identifying key monitoring parameters for each identified failure mode, defining an appropriate monitoring program to address the key monitoring parameters, and defining ranges of expected performance for the various elements of the monitoring program. It provides a cost-effective means of achieving effective and efficient dam safety monitoring programs by providing focus, integration, justification, and appropriate documentation, and by fostering communication concerning key dam safety issues. Use of the process by the U.S. Bureau of Reclamation has had impacts and implications on many aspects of the dam safety program, with a key one being making clear the importance of routine visual monitoring performed by on-site (operating) personnel.

1   INTRODUCTION

Beginning in the early 1990s, the U.S. Bureau of Reclamation embarked upon a systematic program of developing "performance parameter" documents for its high and significant hazard dams to help achieve efficient and effective dam safety monitoring programs, and to aid dam safety evaluation activities and efforts. The performance parameters process involves the following steps:

• Identify the most likely failure modes for the dam.
• Identify the key monitoring parameters that will provide the best indication of the possible development of each of the identified failure modes, and define an instrumented and visual monitoring program to gather the necessary information and data.
• Define the ranges of expected performance relative to the various elements of the monitoring program.

In brief, the performance parameter process is intended to addresses the question: "What should be done to properly look after the dam in the future, from a dam safety perspective, given what we know today?" In recent years, additional evaluation efforts have been made (upon delineation of the potential failure modes) to develop quantitative estimates of the risks of dam failure and the potential loss of life associated with the failure modes identified during the performance parameter process. (Discussion of quantitative risk analysis work is beyond the scope of this paper.) Herein,

each of the three steps in the performance process will be briefly discussed, an example failure mode will be presented and discussed for illustration purposes, some "lessons learned" by the U.S. Bureau of Reclamation (BOR) in carrying out performance parameters work will be shared, and "impacts and implications" of performance parameters work on other dam safety activities will be presented.

2   PERFORMANCE PARAMETERS PROCESS

2.1   *Identify the most likely failure modes*

The ultimate goal of dam safety work is to prevent circumstances where uncontrolled releases from the reservoir behind a dam cause loss of life or significant economic losses in downstream areas. To efficiently work toward this goal, a valuable initial step is to identify the threats, which are the potential failure modes for the dam. This is done in light of the information and analyses that are currently available concerning the dam and damsite (which may not be all that one would desire), the current state-of-the-art in dam design and evaluation (which changes over time), and the available knowledge regarding historical dam failures and their causes (which also changes over time). As is evident, the assessment is for one point in time, and a future assessment could produce slightly different results in the event new information becomes available in the interim. To prepare for and begin the failure mode assessment, a careful review needs to be made of the following site-specific information:

- Site geologic conditions
- Design of the dam and appurtenant features
- Construction methods and records
- Performance history, based on instrumentation data and visual observations
- Current design earthquake and flood loadings
- Dam safety analysis work performed to date (slope stability analyses, seismic analyses, flood routings, etc.).

A focused discussion involving individuals that have had significant involvement with the dam (such as involvement during design/construction, performed analysis work, performed site inspections, reviewed instrumentation data, etc.) can be a very effective means of developing a list of potential failure modes. Synergy during such a session can lead to results superior to those that might otherwise be achieved.

The failure mode evaluation is very site specific. The search is for failure modes that are physically possible (or cannot reasonably be ruled out) given the information available. The potential failure mechanisms need to be described as precisely and specifically as possible, so that the remainder of the performance parameter process can be effectively carried out. The most probable location(s) for development of each potential failure mode needs to be specifically identified (as appropriate), along with the manner in which the failure mode would likely initiate.

Identification of a potential failure modes does not necessarily mean that it is likely to occur. If the likelihood is viewed to be more probable than "remote," then a dam safety "deficiency" may exist that would warrant structural modification of the dam and/or use of a well-designed Early Warning System (EWS). Dealing with a dam safety deficiency by employing future attentive monitoring (only) probably would not be appropriate. The concept of a failure mode being "physically possible, but of low likelihood" may be difficult to deal with in some instances, but the fundamental reality is that there is inherent risk associated with every dam (generally very low), no matter how apparently well-designed and "safe" it may appear. It is that reality that is typically being addressed by continued vigilant monitoring activities and periodic evaluation activities.

2.2 *Identify the key parameters to monitor relative to each identified failure mode*

The next step in the performance parameters process is to look at each potential failure mode and ask the question: "What clues should we look for to detect the possible development of this failure mode?" The clues can fall into two categories: (1) those that provide

early warning of the possible onset of the failure mode, and (2) those that indicate the presence of conditions conducive to the development of the failure mode. The monitoring of the parameters can be accomplished by observation for specific visual clues, and/or by instrumented monitoring. In addition to specifying what parameters should be monitored, the evaluation needs to define where and how the monitoring is to be performed how, and what the monitoring frequencies should be. It is important from the standpoint of efficiency and credibility of the monitoring program that the scale of the monitoring program be appropriately balanced with the risks and consequences associated with the potential failure mode. Appropriate explanations of the program should be provided to those that will perform and/or pay for the monitoring so as to give a good understanding of why the program is justified. It is vital that the monitoring program be effective, but efficiency and common sense are also important so that the program is accepted as reasonable, and therefore sustainable over time.

If an instrumented monitoring program is already in place at the dam, it is necessary to determine which instruments should be retained, which are of limited current value and may no longer be needed, what additional instruments are needed, and what adjustments should be made to existing reading frequencies. It is typical to utilize existing instruments in the newly defined monitoring program to the extent possible, both for economic reasons and to take advantage of the existing database for these instruments that provides a valuable baseline for comparison with future data.

2.3 *Identify expected and unexpected performance*

This stage of the process is intended to make the work of the "operators" of the routine monitoring program efficient and effective. Regarding routine visual inspections performed by on-site personnel, definition is provided concerning what observations would be in line with expected performance, and what needs to be promptly reported and evaluated. However, there should be no illusions concerning how easily and effectively this can be done. The knowledge and experience of the on-site personnel is a crucial factor, indicating that general dam safety training and site-specific training are very important.

Regarding instrumented monitoring, definition is provided concerning what readings are within the bounds of expected behavior, and what readings should be promptly checked and investigated further if confirmed. Routine computerized real-time comparison of instrument readings against established limits (that may be a function of reservoir level, tailwater level, air temperature, etc.) is very valuable, but in no way is intended to replace necessary human reviews of data. The computerized checks against limits can serve as a valuable "coarse sieve" for processing new data, so that most of the anomalous data can be quickly and readily identified.

3 EXAMPLE FAILURE MODE: PIPING OR SUBSURFACE EROSION OF CORE MATERIALS OF AN EMBANKMENT DAM BY SEEPAGE FLOW

3.1 *Failure mode and potential failure scenarios*

Historical experience and performance parameter failure mode identification to date show that by far the most prevalent potential failure mode for an embankment dam, absent an extreme loading condition due to an earthquake or flood, is the threat of piping or subsurface erosion of embankment core materials. Current embankment design practice is believed to adequately protect against this failure mode (assuming the dam was constructed in conformance with the drawings and specifications). However, older embankments may not incorporate all the necessary defenses. The following questions can be used to assess the adequacy of the protection against this failure mode:

- Where embankment core material was placed directly upon bedrock, was the surface of the bedrock treated with slush grouting to seal off all exposed joints and fractures? This would prevent transport of core materials into the bedrock.
- Where embankment core material was placed directly upon bedrock, was the surface of the bedrock excavated and/or treated with dental concrete to provide a reasonably regular surface upon which to place the embankment (e.g. free of significant "steps")? This would reduce the risk of development of cracks in the core material due to arching effects and/or differential settlements.
- Where embankment core material was placed directly upon overburden materials, was the filtering capability of the range of overburden materials encountered checked relative to the core material, and were sufficiently thick filtering zones provided where needed to prevent transportation of core material into the overburden materials by seepage flows?
- In the embankment, was a filter zone provided downstream of all portions of the embankment core, and do all embankment zones downstream of the embankment core meet current filter criteria requirements with the zone immediately upstream?
- Were properly filtered drains provided to safely intercept and discharge seepage that passes through the embankment and through the foundation near the embankment/foundation contact?

If these questions reveal that the necessary defenses are not totally present, or if it is unknown or unclear if the necessary defenses are in place, then potential failure mechanisms associated with piping or subsurface erosion need to be addressed by the routine monitoring program. The severity of the threat posed by the identified failure mechanisms may be reduced if one or more of the following conditions are present:

- The embankment core material has significant plasticity, such that it is not easily erodible.
- The hydraulic gradients are not high in the areas of concern.
- The seepage quantities are low, such that if erosion of core materials is taking place, failure of the embankment would take a long time, providing ample opportunity for recognition and response to the developing problem.
- The seepage path involves flow through joints in competent rock, meaning that the cross-sectional area of the flow is effectively limited by the size of the joints, and cannot readily and rapidly increase over time. This would slow the rate at which a failure mechanism could proceed to ultimate dam failure.
- An exit point for the seepage, that permits removal of the material transported by the seepage flow from the site, does not exist, *and* areas for possible redeposition of transported material, such as within coarse embankment zones or within coarse foundation overburden deposits, are limited in terms of volume or access. If true, then development of a possible failure scenario would be self-limiting, as in time the downstream end of the seepage path would become increasingly obstructed (assuming no alternative seepage path (that has an exit point or large capacity for redeposition of materials) would be available and accessed by the flow.

In addition to the above discussion of general site conditions that could give rise to problems, a number of special cases relating to this potential failure mode might be encountered that warrant consideration. Typically the most important special case involves a conduit that passes through the embankment in an upstream/downstream orientation (most commonly the outlet works or spillway). The conduit might offer a lower-resistance seepage path due to embankment compaction problems or complications posed by the presence of the conduit. A lower-resistance seepage path also could exist due to embankment deformation patterns that have lessened the contact pressure at the embankment/conduit interface. Flaws in the conduit (cracks, open joints, etc.) may allow high pressure water to escape into the embankment, or may provide an unprotected seepage exit location such that embankment material can be carried into the conduit, and then carried away by flows in the conduit. These are just a couple examples of the kinds of special case situations that need to be considered and evaluated.

3.2 *Monitoring for the example failure mode*

With a good understanding of the possible failure scenarios associated with this general failure mode category, the locations of prime concern relative to routine dam safety performance monitoring should be clear. Parameters to monitor are as follows:

- Visual observation for evidence of materials transport with seepage or drain flows. Where natural sediment trap locations are available, such as in toe drain inspection wells and at the stilling pools in front of weirs, they should be carefully monitored (after being cleaned out so as to start with a "clean slate"). General awareness should be maintained for discolored seepage or drain water, and for any evidence of material deposits in the vicinity of the flowing water.
- Visual observation for new seepage areas, for changes in the conditions at existing wet areas or seepage areas that cannot be quantitatively monitored, and for transverse cracks at the crest of the dam. If the failure mechanism involves flow through joints in the bedrock, the visual observations should be extended a significant distance downstream of the embankment, as new seepage areas will not necessarily exit near the toe or groin of the embankment.
- Flow rate monitoring at toe drains, other drains, and known seepage areas that can be quantitatively monitored. Any evidence of increased flows at comparable reservoir elevations would be cause for concern and would need to be promptly investigated.
- Monitoring of appropriately located piezometers and observation wells for any changes in their historical relationship with reservoir elevation, and for changes in the relative piezometric levels at adjacent instruments. The water pressure data, being representative of conditions over only a limited area, are frequently of lesser value than the information obtained by the three previously noted methods, which are more global in scope.

Note that monitoring relative to the first item above provides *direct* evidence of the occurrence or non-occurrence of this potential failure mode. All the other monitoring described above provides *indirect* evidence concerning this failure mode. There could be other reasons for the indirect evidence noted besides initiation/development of the failure mode.

When the monitoring program has been defined, then historical performance and available evaluation work is used to delineate the performance limits for each instrument and element of the monitoring program. The limits should be quantitative, where possible, and should narrowly bound "satisfactory" performance.

3.3 *Documentation*

Upon conclusion of the performance parameters work, appropriate documentation is provided for the benefit of all parties that potentially might have a use or interest regarding the information gathered and developed. Documentation is provided regarding the following topics: (1) description of dam and appurtenant structures, (2) site geology, (3) review of design and construction, (4) design flood and earthquake loadings, (5) review of analysis work and dam safety activities performed to date, (6) potential failure modes, (7) key monitoring parameters associated with each potential failure mode, (8) discussion of the monitoring program, including locations of instruments, discussion of past performance, and documentation of the revised monitoring program, (9) presentation and discussion of expected performance, including specific ranges of expected values for the instruments, and (10) guidance concerning actions to be taken in the event of unexpected performance.

4 LESSONS LEARNED FROM USING THE PERFORMANCE PARAMETERS PROCESS

4.1 *Importance of routine visual monitoring*

Performance parameter work makes clear the importance of routine visual monitoring by on-site (operating) personnel. The majority of key monitoring parameters relate to visual observations. It obviously is preferable that these observations be made frequently by personnel routinely at the dam, rather than relying upon infrequent visits by inspection specialists coming from afar. To promote effective performance of the routine visual monitoring program, performance parameters documentation needs to clearly address the "why" as well as the "what" concerning monitoring activities. Every opportunity needs to be taken to cultivate and foster the routine visual monitoring program when designers and inspectors have a chance to meet or talk with on-site personnel, such as during formal site inspections, during dam operators training sessions, and when other opportunities arise.

4.2 Significance of performance track record

The fact that a dam has experienced many years of apparently satisfactory performance is important information relative to assessing its risks of failing. However, if the monitoring program is not capable of obtaining all the needed information concerning the key monitoring parameters, the "satisfactory" track record has less significance. For example, an embankment dam that has significant ponds and swampy areas at its downstream toe may never have given any indication of piping/subsurface erosion problems, but since the key monitoring areas cannot be effectively monitored (due to the ponds and swamp conditions), it really is an open question as to what may be going on unseen.

4.3 Danger of structures getting less attention that is appropriate

In some cases, significant structures in the "shadow" of more significant structures receive less dam safety attention than they might otherwise get (and deserve). Dikes associated with larger dams, and wing dikes associated with concrete dams, are examples of structures that might get more attention if they were independent of their associated, more major structure.

4.4 Efficiency of monitoring approaches

Efficiency, as well as effectiveness, is important in dam safety monitoring work. Scribing crisp, thin lines across contraction joints of concrete dams (typically in galleries and/or at the dam crest) to aid visual monitoring for horizontal and vertical relative movements is inexpensive but very effective. In the aftermath of an earthquake, the scribe marks would allow the joints to be quickly and accurately checked for displacements. Staking the limits of downstream wet areas when the reservoir is full is a another cheap, perhaps inelegant, but effective way to look for significant changes with time in the seepage area that could have important implications.

4.5 "General health" monitoring

Some justifiable monitoring of dams cannot be directly tied to a particular failure mode, but instead falls in the category of "general health monitoring." An example would be surveying measurement points located on the dam and/or appurtenant structures, which is performed every few years to gain a better understanding concerning behavior of the structure, and to look for anomalous patterns that could be associated with a developing problem. Appropriate "general health" monitoring typically is low in cost, yet high in value.

5 IMPACTS AND IMPLICATIONS OF PERFORMANCE PARAMETERS WORK ON OTHER ASPECTS OF THE DAM SAFETY PROGRAM

5.1 On-site dam operator training

Dam operator training represents an opportunity to discuss the basic dam safety issues and concerns regarding the dam, and "re-energize" the routine dam safety monitoring efforts carried out by on-site operating personnel. The training typically covers a myriad of topics, including discussion of the design and construction of the facility, as well as its past performance. With a completed performance parameters evaluation, the discussion can be extended to include the potential failure modes for the dam, how the monitoring work performed relates to those failure modes, and the possible significance of various observations and instrument readings. Dam operator training also represents an opportunity to review and discuss the checklist used by the dam operators for the routine visual inspections, and emphasize the importance of these inspections. Where possible, the visual inspection discussion should highlight special attention areas and items, what observations do and do not warrant reporting, and issues and questions that operating personnel may have relative to carrying out the work.

5.2 Formal examinations of dams

A formal site examination by an experience inspector represents an opportunity to refine the current knowledge and understanding concerning existing potential failure modes for the dam, as well as an opportunity for a "fresh set of eyes" viewing the dam to identify new evidence, issues, etc. that could result in the development of new potential failure modes that warrant highlighting and future attention. A formal site examination also represents another opportunity to "re-energize" the routine dam safety monitoring efforts carried out be on-site operating personnel (along the lines of another dam operators training opportunity). Again, this opportunity can be maximized by discussing the potential failure modes for the dam, how the routine monitoring work performed relates to the failure modes, and the significance of various observations and data with respect to the failure modes. In the course of the actual site examination work, it would be wise to review and fill out the checklist used by the dam operators for the routine visual inspections, as this affords discussion opportunities regarding special attention areas and items, which observations do and do not warrant reporting, issues and questions the operating personnel have about the work, etc.

135

5.3 Routine visual inspections by on-site operating personnel

If conscientiously and effectively carried out, these inspections can provide enormous dam safety benefits. Many key monitoring parameters are associated with clues that are visual in nature and are only realistically detectable through visual observations (new seeps, new or changed wet areas, new cracks, new sinkholes, new evidence of bulging at the toe, new sloughs or slides, etc.). Getting an effective routine visual inspection program in place is one of the fundamental goals of the entire performance parameters effort.

5.4 Standing Operating Procedures (SOPs) and Emergency Action Plan (EAPs)

Concise discussions of the potential failure modes obviously are a valuable addition to the "operating manuals" for the dam. Straightforward discussion of the significance (or possible significance) of various visual observations, changes in instrument readings, etc. is also invaluable in these documents. It also would be very beneficial if the SOP contains sufficient information to allow operating personnel to sort through the implications of unusual observations (if they are so inclined) by including appropriate drawings and information about the dam and damsite.

5.5 Risk analysis work

Risk analyses have become a fundamental element of the decision-making process of Reclamation's Dam Safety Office and help ensure the most effective and efficient use of available funding. Central to risk analysis work is the identification of potential failure modes via the performance parameter process. Risk analyses can then build on this information by allowing a quantitative estimation of the risks and potential consequences associated with the failure mode. Then more informed judgements can be made regarding whether future (potentially costly) actions are needed, such as field exploration programs, laboratory testing/investigations, installation of an Early Warning System (EWS), dam modification work, adjustments to monitoring activities, etc.

6 SUMMARY

The performance parameters process provides a cost-effective means of achieving effective and efficient dam safety monitoring programs, and aiding dam safety evaluation activities and efforts. The process provides focus and integration to monitoring efforts. Justification for the defined monitoring program is concisely provided to those who fund the monitoring activities, and to those who perform them. Important information can be effectively obtained from and conveyed to on-site operating personnel who carry out routine monitoring work, and to personnel who review instrumentation data and visual inspection information, concerning: (1) the most likely failure modes, (2) how the monitoring efforts relate to the failure modes, and (3) what constitutes unexpected performance that requires prompt investigation. Identification of potential failure modes, the first step in the performance parameters process, represents a key initial activity relative to in-depth dam safety evaluation work, including risk analysis work.

Dam Maintenance and Rehabilitation, Llanos et al. (eds)
© 2003 Taylor & Francis, ISBN 90 5809 534 7

Funciones de ajuste del comportamiento de expansiones en hormigón de presas

A. Aguado, A. Rodríguez-Ferrán & I. Casanova

E.T.S Ingenieros de Caminos, Canales y Puertos. Barcelona. Universidad Politécnica de Cataluña

RESUMEN: Existen diversas presas de hormigón en España con problemas de expansiones. Las propiedades correspondientes de las mismas, con frecuencia han realizado diagnósticos que definen la foto real de la situación en el momento del análisis. Sin embargo, ello no les permite hacer extrapolaciones a medio o largo plazo y, consecuentemente, no pueden hacer una política de toma de decisiones ajustadas a unos comportamientos previsibles.

En la presente comunicación se muestra la potencialidad de esos ajustes para esa toma de decisiones desde un punto de vista ingenieril. Ahora bien esos ajustes no se hacen sólo desde un punto de vista numérico sino dando un sentido físico a los mismos, lo que permite una mejor compresión del técnico de explotación. La contrastación de estos planteamientos se realiza sobre tres presas situadas en el ámbito nacional (2 en Cataluña y una tercera en Galicia), que responden a diferentes orígenes de las expansiones.

1 INTRODUCCIÓN

En España, la inspección de presas se realiza mayoritariamente mediante inspecciones visuales. Este sistema puede poner de manifiesto la alteración de hormigones con expansiones a través de la fisuración mapeada que es característica de las tracciones que se producen no direccionales, tal como puede verse en la figura 1.

La evidencia de estas fisuras suele poner en marcha mecanismos complementarios de auscultación,

Figura 1. Fisuración enramada característica de hormigones con expansiones.

en el caso de que estos no estuviesen instalados desde la construcción de las presas. Estos mecanismos suelen ser sistemas de mediciones de alineaciones y nivelaciones.

Aparte, es frecuente, la realización de estudios del hormigón (y/o de las materiales componentes, especialmente los áridos) que permitan hacer un diagnóstico del tipo de expansión que se produce, ya que aunque con frecuencia se habla de reacciones álcali-iáridos, las expansiones de los hormigones de presa puede ser debida a diversas causas (Charlwood & Solymar, 1995).

En éste panorama se enmarca la gran mayoría de presas existentes en España que tienen algún tipo de reacciones expansivas (Mieza, A., 1995), (del Hoyo, R., 1998), (Alaejos,P., 2002). Entre ellas se encuentran las presas de Graus, Tabescán y Belesar, de las que se ha dispuesto los datos correspondientes al diagnóstico y a los movimientos de que se producen en las mismas. En las dos primeras presas el ataque es de tipo sulfático por la oxidación de la pirrotina existente en los áridos (Casanova, I, Agulló, L. & Aguado, A. 1996), (Casanova, I, Aguado, A & Agulló, L. 1997) (Casanova, I, López, C.Mª., Aguado, A. & Agulló, L. 1998) mientras que en la tercera de las presas citadas el ataque es álcali-arido (Romera, Hernández & del Hoyo 1998).

Con respecto a las mediciones realizadas, correspondientes a los distintos bloques que constituyen las presas, se puede representar la evolución del movimiento medido (alineaciones o nivelaciones) en función del tiempo. En el caso de estas tres presas los movimientos de las alineaciones son hacia aguas arriba, pudiéndose observar la existencia de unas deformaciones remanentes.

El objeto de la presente comunicación es mostrar las posibilidades de estos tipo de ajustes para la política asociada a la toma de decisiones durante la gestión de las presas.

2 FUNCIONES DE AJUSTE

2.1 *Tipos de función de ajuste*

Las primeras presas estudiadas fueron las de Graus y Tabescán, presas de gravedad de 27 y 31 metros respectivamente. En esta última existían registros de alineaciones y nivelaciones desde la finalización de la construcción de la presa en el año 1966, por lo que permitía tener una serie extensa de datos (superior a 30 años). En el caso de la presa de Graus, no existían registros iniciales, sino que estos se implantaron desde el año 1980.

En los tanteos iniciales se utilizaron diversos tipos de funciones, tal como se muestra en las siguientes expresiones:

- Lineal : $y = A + B t$
- Exponencial : $y = e^{(A + B t)}$
- Potencial : $y = A + B t + C t^2$
- Potencial : $y = A t^B$
- Inverso : $1/y = A + B t$

De todas estas funciones se llega a la conclusión de que la función que mejor se ajusta a esta problemática es la del siguiente tipo:

$$y = A + B\left(1 - e^{-(t/C)^p}\right) \qquad [1]$$

Las principales características de esta expresión son las siguientes:

coef. *A*: valor de la ordenada en el origen. Para el caso de la presa de Graus estimaría el valor inicial (que como se ha expresado se desconoce) al cual referir las mediciones registradas a partir de 1981, incluyendo el periodo 1972–1981.

coef. *B*: rango de variación de la curva en ordenadas. Este coeficiente estimaría el máximo movimiento previsible al que se tendería de acuerdo al ajuste.

coef. p: parámetro que influye en la forma de la curva.

coef. *C*: valor de la abcisa para el cual se produce el punto de inflexión en las curvas con p mayor que 1. Este coeficiente estimaría el número

de meses a partir del cual los efectos de los movimientos tienden a estabilizarse.

2.2 *Distribución estadística de Boltzmann*

La expresión 1, permite dar respuesta satisfactoria a los ajustes, si bien el parámetro p tiene escaso sentido físico. Por ello, con posterioridad se adoptó una variante de este tipo de función intentando superar estas dificultades de forma tal que diese una significación fisico- química del fenómeno. La nueva función adoptada corresponde a una distribución estadísticas de Boltzmann,

$$y = \frac{(A1 - A2)}{\left(1 + e^{\left(t - t_0/dt\right)}\right)} + A2 \qquad [2]$$

donde A1 es el movimiento inicial; A2 es el movimiento final; t es el tiempo transcurrido; t_0 es el punto de inflexión (comienzo de la estabilización del fenómeno y dt es la amplitud física de la función.

La ventaja principal que este procedimiento comporta con respecto a la formulación anteriormente presentada se resume en el hecho de que no es necesario proporcionar ningún parámetro previo para la producción del ajuste (por ejemplo, edad punto de inflexión). Este se hace de forma automática y se basa en un método de mínimos cuadrados, con el que se puede controlar la precisión del ajuste. Así, se pueden eliminar del ajuste los puntos (mediciones) anómalos mediante sucesivas iteraciones hasta alcanzar un criterio de convergencia. En este caso, tal criterio se ha establecido en un grado de confianza del 95% (2 × desviación estándar).

Por otro lado, el modelo de distribución de Boltzmann tiene un significado físico en lo que se refiere a cinética de reacción. Así, para las presas de Graus y Tabescán, la velocidad de una reacción dada depende del coeficiente de difusión (D*) de una especie determinada (en este caso, avance de la capa de hidróxido que se forma por oxidación de los sulfuros) de manera que:

$$D^* = D_0 \cdot e^{-(E_t/RT)} \qquad [3]$$

donde D_0 es el denominado factor pre-exponencial; E_i es la función de la energía de activación de la(s) reacción (es) considerada(s); R es la constante universal de los gases y T es la temperatura.Este tipop de función ya lo han utilizado con anterioridad en presas (Capra, B., Bournazel, J.P & Bourdarot, E. 1995).

Así pues, con este planteamiento se da un primer paso hacia el establecimiento de una formulación analítica que represente la cinética de la degradación

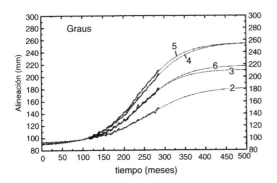

Figura 2. Mediciones y ajustes de Boltzmann en los diferentes bloques de la presa de Graus.

Tabla 1. Edad (en meses) correspondiente al punto de inflexión según la función de Boltzmann.

Presa	Base (Bloque)	Alineación	Nivelación
Gaus	6 (2)	259	340
	5 (3)	238	347
	4 (4)	246	366
	3 (5)	238	305
	2 (6)	244	318
Tabescán	2 (4)	304	284
	3 (3)	242	283
	4 (3)	234	321
	5 (2)	219	297

de los áridos, responsables de los fenómenos expansivos. Esto es, se apunta a que los movimientos medidos son un fiel reflejo de las expansiones producidas en el hormigón, tal como muestran Casanova et al (1996).

En la figura 2 se muestra la representación gráfica de los ajustes de Boltzmann para los movimientos de las alineaciones en la coronación de la presa de Graus, en los distintos bloques (numerados del 2 al 6). Asimismo se representa la extrapolación a 500 meses y el ajuste obtenido hasta casi los 300 meses.

En dicha figura puede verse, por un lado, la bondad de los ajustes, incluso para edades que aún parecería podrían considerarse otro tipo de funciones, respondiendo, las diferencias de valores absolutos a las diferentes geometrías de los distintos bloques. Hay que significar que los movimientos en coronación son, como puede verse significativos, tratándose de un presa con una altura máxima de 27 metros.

Los movimientos de las alineaciones parecen reflejar que en el momento presente ya se ha producido el 75% del total del fenómeno previsto. Este resultado es similar en ambas presas y refleja que responden al mismo fenómeno (ambas utilizaron el mismo tipo de áridos y de cemento), si bien las diferencias de valores absolutos, son consecuencias de las diferentes geometrías de las presas y de los bloques que las constituyen.

Por otro lado, en la tabla 1 se presentan los valores correspondientes a t_0 (en meses) descriptivo del punto de inflexión para los movimientos de las alineaciones y nivelaciones de las diferentes bases (bloques) en ambas presas.

En la misma se obtiene un valor medio del punto de inflexión para las alineaciones de 247 meses mientras que para las nivelaciones, el valor medio es de 317 meses. Estos valores medios tienen una buena concordancia con los obtenidos previamente mediante la expresión 1. Las diferencias entre alineaciones y nivelaciones pueden responder a que en estas últi-

Figura 3. Vista general de la presa de Belesar.

mas están incorporados efectos secundarios debidos al giro de la sección de coronación y su posible influencia sobre la situación de la base de medida.

3 CONTRASTACIÓN EN PRESA DE BELESAR

3.1 Características de la presa

La presa de Belesar es una presa bóveda de hormigón, tal como puede verse en la figura 3. La altura máxima de la misma es de 133 metros

Esta presa entró en funcionamiento el año 1963. En ella se dispusieron diversos sistemas de registro desde la etapa de construcción, por lo que las series de mediciones responden desde el inicio a la actualidad. Estas series pusieron de manifiesto la existencia de unas deformaciones remanentes fruto de una expansión del hormigón En los estudios realizados en los últimos años en el proyecto FEDER 1997-0324, se ha podido comprobar la existencia de expansiones de tipo álcali – árido silíceo, a través de los estudios de los siguientes datos y elementos:

– Análisis de los datos históricos recogidos en los sistemas propios de auscultación de la presa.

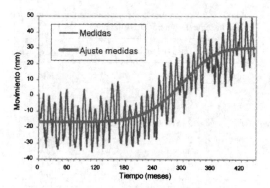

Figura 4.   Ajuste a partir de todos los datos.

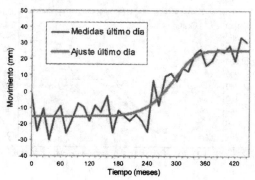

Figura 5.   Ajuste a partir de la última medida de cada año.

- Recogida y análisis por la técnica de ICPM de las exudaciones presentes en el material estudiado.
- Seguimiento de las expansiones en testigos cilíndricos de expansión libre instrumentados, en diferentes condiciones de humedad (saturación, aislamiento higrométrico, humedad ambiental, inmersión) y temperatura (temperatura constante y variación estacional cíclica).

3.2 Ajustes obtenidos

De forma análoga a como se ha trabajado con las presas de Graus y Tabescán, en esta presa se ha utilizado la función de ajuste dada por la expresión 1, estudiándose una serie de factores complementarios a los anteriormente vistos.

En la figura 4 puede verse la serie completa de los movimientos de las alineaciones en coronación del bloque 4 (péndulo 2) situado en zonas centrales de la presa. En abcisas son días, mientras que en ordenadas son centímetros de los movimientos de las alineaciones en coronación. En ella puede apreciarse los diferentes ciclos térmicos anuales. El punto de inflexión se sitúa en el entorno de los 318 meses (9537 días), si bien el coeficiente de correlación que se obtiene no es elevado (ver tabla 2). Ello es fruto de que en esta situación se están considerando los efectos térmicos y los correspondientes al régimen hidráulico de explotación (cota del embalse).

En la figura 5 puede verse, para ese mismo bloque y tipo de movimiento, el ajuste correspondiente a un día determinado, en este caso el último registro de cada año.

En ella puede apreciarse la influencia del régimen hidráulico de explotación. El coeficiente de correlación que se obtiene (ver tabla 2) es mejor que en el caso anterior si bien mejorable. En aras a alcanzar una mejor correlación, el ajuste de la figura 6 se hace a partir de la media anual. Con ello se disminuye la influencia del factor climático. Los resultados en este

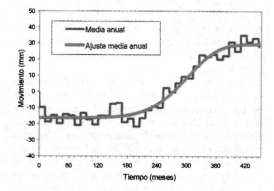

Figura 6.   Ajuste a partir de la media annual.

caso son claramente mejores en lo que se refiere al coeficiente de correlación (ver tabla 2), mientras que los demás parámetros se sitúan en un entorno similar al obtenido con todos los datos. En este caso el punto de inflexión se sitúa en el entorno de los 316 meses (9477 días).

En la figura 7 se presentan, tanto las medidas realizadas como el conjunto de los tres ajustes. En ella puede verse que la diferencia entre los datos originales y la media anual es muy pequeña, sin embargo el ajuste es bastante mejor tal y como puede verse en la tabla 2. El ajuste del último día es peor.

La tabla 2 presenta los parámetros del modelo de la expresión 1 y los coeficientes de correlación obtenidos para los distintos ajustes realizados.

De lo anteriormente expuesto se deduce que de todas las bases, parece conveniente utilizar los datos correspondientes a la medio anual; con ello se pretende reducir la influencia térmica y disminuir la influencia de la correspondiente al régimen hidráulico de explotación (cota de embalse).

Asimismo se ha pretendido verificar, a través de los ajustes, si el comportamiento de todos los bloques

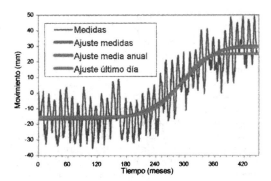

Figura 7. Comparación de los tres ajustes con relación a los datos medidos.

Tabla 2. Parámetros del modelo y coeficientes de correlación obtenidos de los ajustes. Péndulo 2.

Datos	Parámetro				Coeficiente
	A	B	C	p	R2
Todos	1.6557	−4.6592	9536.9	5.82	0.738
Media anual	1.6365	−4.5658	9476.9	6.03	0.950
Último día	1.5372	−4.0305	9171.9	8.07	0.844

son similares, esto es responde a un mismo fenómeno químico, tal como se ha puesto en evidencia en las presas de Graus (ver figura 2) y Tabescán. Para ello se ha aplicado la misma función de ajuste para otros bloques, en este caso los bloques 14 (péndulo 1), 4 (péndulo 2), 3 (péndulo 3) y 13 (péndulo 4). En la figura 8 puede verse una ubicación general de los mismos, así como las cotas de registro.

En las figuras 9, 10, 11 y 12 se presentan los resultados correspondientes a los movimientos de las alineaciones en coronación, para cada uno de los bloques citados.

En ellas puede observarse que todas las curvas responden bien al ajuste de la función utilizada, lo cual no deja de ser un síntoma de que el fenómeno es el mismo en los diferentes bloques.

Por otro lado, las diferencias de los valores absolutos alcanzados responden a las diferentes esbelteces de cada uno de los bloques. Puede observarse en todas ellas esa tendencia a la estabilización, no sólo por razones de tipo químico de las expansiones sino por los comportamientos físicos de progresión de las mismas (Rodríguez-Ferran, A., Casanova, I. Aguado, A. & Agulló, L. 2003).

Por otro lado, en la tabla 3 puede verse los parámetros del modelo de ajuste utilizado, así como

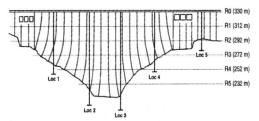

Figura 8. Disposición general de péndulos.

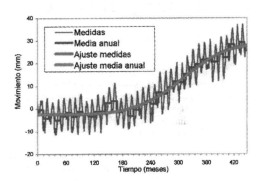

Figura 9. Movimientos en el bloque 14 (péndulo 1).

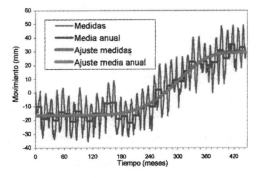

Figura 10. Movimientos en el bloque 4 (péndulo 2).

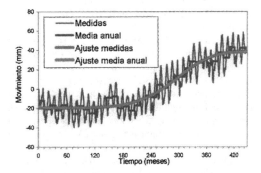

Figura 11. Movimientos en el bloque 3 (péndulo 3).

141

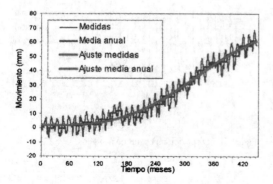

Figura 12. Movimientos en el bloque 13 (péndulo 4).

Tabla 3. Parámetros del modelo y coeficientes de correlación obtenidos de los ajustes para los distintos bloques.

Péndulo	Parámetro				Coeficient
	A	B	C (días)	p	R2
1 Ajuste	0.253	−3.115	10159	4.545	0.826
Media anual	0.242	−3.035	10065	4.686	0.972
2 Ajuste	1.656	−4.659	9537	5.827	0.738
Media anual	1.636	−4.556	9477	6.036	0.950
3 Ajuste	1.957	−5.864	9560	5.078	0.804
Media anual	1.935	−5.752	9497	5.230	0.961
4 Ajuste	−0.141	−7.127	11211	3.178	0.944
Media anual	−0.157	−6.872	11010	3.250	0.989

los coeficientes de correlación obtenidos para cada uno de los bloques.

Los resultados de la misma muestran que el coeficiente de correlación es siempre mejor utilizar el correspondiente a la media anual, ya que tal como se ha visto con anterioridad para la presa de Graus, lamina los efectos térmicos. Esos coeficientes de correlación son muy satisfactorios.

Otro aspecto a destacar es que el parámetro C que muestra el punto de inflexión está siempre en el mismo orden de magnitud, siendo las diferencias imputables a las diferentes características geométricas de los bloques. Así los bloques más esbeltos (péndulos 2 y 3) dan una inflexión a una edad algo menor que los bloques menos esbeltos (péndulos 1 y 4). Cuando la geometría de los bloques es similar los resultados son asimismo similares (ver figura 8 de disposición de péndulos).

El parámetro A no es indicativo y puede tomarse como una referencia del movimiento inicial tomado como origen de las deformaciones. Asimismo se cumple lo especificado sobre las diferencias en relación a las distintas geometrías de los bloques.

Por último cabe recordar que el parámetro B refleja el valor máximo previsible del movimiento en estudio en cada uno de los registros. Las diferencias en valores absolutos responden a los criterios expresados con anterioridad, pero, por otro lado, dan una visión física de los movimientos.

Los ajustes utilizados, sin poder determinar las ecuaciones constitutivas de las reacciones expansivas que se producen y las cinéticas de las mismas, sí que reflejan los movimientos reales producidos, ya dado que el ajuste es satisfactorio se pueden tomar como herramientas para la toma de decisiones cara a los técnicos que hacen la gestión de las mismas.

Así pues, existe una correspondencia unívoca entre las expansiones y las deformaciones de los péndulo, pero no se puede decir lo mismo a la inversa (no relación biunívoca), ya que en las deformaciones de los péndulos, también intervienen la diferencia de expansiones que se producen a nivel sección y las distintas cinéticas de progresión dentro de la misma sección (Rodríguez-Ferran, A., Casanova, I. Aguado, A. & Agulló, L. 2003).

4 CONCLUSIONES

De los resultados recogidos en la presente comunicación se pueden extraer las conclusiones principales siguientes:

– La función de distribución del tipo Boltzmannn se ajusta de forma muy satisfactoria a los movimientos observados en las bases de medidas de coronación de las presas estudiadas (Graus, Tabescán y Belesar).
– Los ajustes son satisfactorios a pesar de que el origen de las expansiones es diferente (igual en Graus y Tabescán y diferente en Belesar).
– Estos fenómenos expansivos son muy lentos y alcanzan valores elevados de tiempos en lo que significa el punto de inflexión (del orden de 250 meses en Graus y Tabescán y de 318 meses en el caso de Belesar).
– La estabilización estructural (tendencia a una asíntota) es fruto de que el ataque se desarrolla en su totalidad en cierta zona del paramento inferior pero no puede progresar hacia el paramento de aguas arriba.

AGRADECIMIENTOS

Los autores quieren expresar su agradecimiento a la Dirección General de Investigación del Ministerio de Ciencia y Tecnología (España) por la concesión del proyecto 2FD1997-0324-C02-02 (MAT). Asimismo agradecen la colaboración de las empresas eléctricas UNIÓN FENOSA y FECSA ENDESA, por la documentación aportada de las presas de Belesar y, Graus y Tabescán, respectivamente. También agradecen la contribución de los diferentes compañeros que han participado en las diversas fases de estudio de estas presas.

REFERENCES

Alaejos, P. (2002). AAR on Spanish dams. (In press)

Capra, B. Bournazel, J.P. & Bourdarot, E. Modeling of Alkali Aggregate Reaction effects in Concrete Dams. *Second International Conference on Alkali-Aggregate Reactions in Hydroelectric Plants and Dams. Tennessee.* Oct. pp: 441–455

Casanova, I., Agulló, L.& Aguado, A (1996) Aggregate expansivity due to sulfide oxidation. I.Reaction system and rate model. *Cement and Concrete Research*, 26. pp: 993–998

Casanova, I., Aguado, A. & Agulló, L. (1997) Aggregate expansivity due to sulfide oxidation. II. Physicochemical modeling of sulfate attack. *Cement and Concrete Research*, 27. pp: 1627–1632

Casanova, I., López, C.Mª., Aguado, A.& Agulló, L. (1998) Micro and mesomodeling of expansion in concrete dams. *Dams safety.* Ed, by L.Berga. A.A. Balkema/Rotterdam/ Brookfield 1998. pp: 661–667

Charlwood, R.G. & Solymar, Z.V., (1995) Long-term management of AAR-Affected Structures: An international perceptive. *Second International Conference on Alkali-Aggregate Reactions in Hydroelectric Plants and Dams. Tennessee.* Oct. pp: 19–55

Del Hoyo, R. (1998). Dams aging caused by concrete expansive troubles. *Dams safety.* Ed, by L.Berga. A.A. Balkema/Rotterdam/Brookfield 1998. pp: 677–682

Mieza, A. (1998). Integrated studies of the behavior of the Graus and Tabescán dams. *Dams safety.* Ed, by L.Berga. A.A. Balkema/Rotterdam/Brookfield 1998. pp: 655–660

Romera. L.E., Hernández, S. & del Hoyo, R. (1998) Structural identification of an arch model with linear and non-linear material models. *Dams safety.* Ed, by L.Berga. A.A. Balkema/Rotterdam/Brookfield 1998. pp: 691–698

Rodríguez-Ferran, A., Casanova, I., Aguado, A.& Agulló, L. (2003). Modeling time evolution of expansive phenomena in concrete dams. *XXI International Congress International Committee of Large Dams. Montreal* (In press)

Dam Maintenance and Rehabilitation, Llanos et al. (eds)
© 2003 Taylor & Francis, ISBN 90 5809 534 7

The bump of a boat into a gate-structure dam: An unusual risk scenario

A. Brunelli, D. Caputo
ENEL Produzione, Bologna, Italy

F. Chillè
CESI, Milano, Italy

V. Maugliani
Dam National Authority, Milano, Italy

ABSTRACT: The possibility of the bump of a boat against the dam structure was experienced at Isola Serafini dam, the largest gate-structure dam in Italy, sited on the Po river near the town of Cremona. A large barge broke moorings about 40 km upstream of the dam site and started to float adrift toward the dam driven by the river flood. To face the possible impact against the dam an emergency action plan was immediately activated. Three central gates were completely opened, so as to produce a drugging stream in the central part of the river to drive the boat across one of the opened gates. The drugging effect was effective and successful. The barge passed through the dam without any impact and damage to the structures. After the event, numerical analyses were carried out to evaluate the severity of a possible bump into a gate. The results showed that the gate is able to absorb the kinetic energy of the barge motion, by mostly dissipating it in plastic deformation process. Large permanent displacements may be expected in the gate, but the supporting devices of the gate should not experience significant permanent deformations.

1 INTRODUCTION

The possibility of a particular accident and an unusual loading scenario for large gate-structure dams, the bump of boat or barge against the dam structure, was experienced at Isola Serafini dam in Italy during a large flood in the early days of October 2000. A large barge anchored upstream of the dam site broke moorings, reached the dam site floating driven by the river flood and passed through an opening of the dam.

Isola Serafini dam is the largest gate-structure dam in Italy. It is sited near the town of Cremona, along the Po river, which is the longest Italian river and has a mean annual flow, at the dam site, of 854 m³/s and a maximum historical flood of about 12,800 m³/s.

The navigation along the Po river is more intensive downstream the dam. Upstream the dam the river navigation is mostly limited to barges for material transportation related to quarry activities and building yards along the river itself.

1.1 The dam

The Isola Serafini dam is a gate-structure dam built for hydroelectric purposes between 1958 and 1962 on

the Po river, near the town of Cremona and about 40 km downstream from the town of Piacenza. At the dam site the contributing basin is about 43,230 km². The hydroelectric powerplant next to the dam subtends a large loop (about 12 km) of the Po river (Fig. 1).

The maximum diverted flow of the powerplant is 1200 m³/s, the useful hydraulic head ranges from 3.5 to 11 m. The powerplant, nearby to the dam on the right bank, has 4 generators with Kaplan turbines, for an overall electric power of 76 MW and a mean annual electric production of about 480 GWh.

The dam was built by means of concrete tanks, floated in position, then sunk and filled with aggregates and concrete, both for piers and for upstream and downstream sills. The dam has a crest length of 362 m and is composed of 11 openings, equipped with vertical lift gates on trolleys, raisable by means of roller chains (Galle chains) and winches; six vertical lift gates are equipped with counterweight flap gates at the top. Each gate has a length of 30 m, and an overall height of 6.5 m (9 gates) or 8 m (2 silt and sand scour gates). The piers are about 34.30 m long and 3.20 m wide, with an hydrodynamic-like shape; they are 20 m high above the bottom of the river bed and about 32.5 m above the lowest foundation level. The dam crest, which

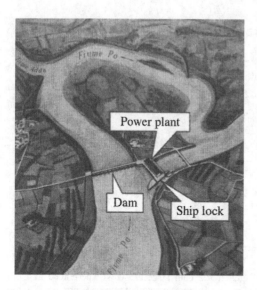

Figure 1. Isola Serafini dam – general overview.

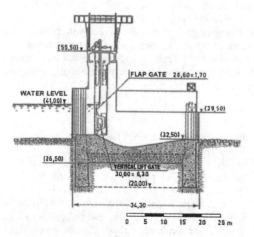

Figure 2. Isola Serafini dam – vertical section.

carries the manoeuvre winches of the gates, lies on high concrete top beams and is about 23 m high above the bottom of the river bed and about 35.5 m above the lowest foundation plane.

Beside the power plant there is a ship lock, about 85 m long and 12 m wide.

2 THE EVENT

A large barge for quarry material transportation (Fig. 3), about 50 m long and 8 m wide, 140 t in weight, was riding at anchor along the Po river, close to the town of Piacenza, about 40 km upstream the dam site.

Figure 3. The barge (picture taken after it stranded downstream).

In the night between October 2nd and 3rd, 2000, short before midnight, the barge broke moorings because of an incoming flood and started to float toward the dam driven by the river flow. A significant flood was occurring and the flow of the Po river was about 6000 m³/s.

The dam owner (Enel Produzione, Hydroelectric Business Unit of Bologna) was at once alerted by the Fire Brigade of Piacenza, who first noticed the barge going adrift. The owner immediately activated the procedure for emergency conditions and set up the emergency team. The National Dam Authority (Milan Office), the local State Authority (Prefecture) and Civil Protection Unit were immediately informed about the feared possibility of the bump of the barge against the dam.

Several possible actions were evaluated for stopping the boat during its run toward the dam, such as the use of a tow-boat, or the sinking of the barge by means of explosives. But the night time, the large flow in the river, the large weight and size of the barge, the related danger for anyone intervening, and, above all, the very short available time, did not allow to implement anyone of them.

To stand the possible impact of the barge against the dam an emergency action plan was immediately activated, with the involvement of the local offices of State Authorities.

Roads and bridges at risk upstream and near the dam site were closed to traffic and some dwellings downstream the dam were evacuated.

To discharge the incoming flood in the evening of October 2nd, just before the news about the barge moorings break, all the gates of the dam had been partially opened by the dam owner. The openings of the gates were ranging from 3.4 to 3.7 m.

During the night, while the barge was approaching the dam and after everyone had become aware of the impossibility of a direct action, the dam owner, trying to avoid the impact against the dam structure, decided to open completely (opening: 12.4 m) the three central gates (n. 6-7-8), so as to produce a drugging stream in the central part of the river which should have been capable of driving the boat across one of the opened gates.

Each of the three central gates would have discharged a flow of about 1000 m³/s, with a water level of about 41.00 m above sea level, while 45.90 m above sea level was the level of the lower edge of the central gate completely raised. The free height between the lower edge of the central gates and the water level would have been about 4.40 m, while the height of the barge above the water level had been evaluated about 4 m from collected information.

The remaining part of the incoming flood would have been discharged through the remaining six available gates (for about 400 m³/s each), as two gates were unavailable and locked for maintenance to the roller chains and for geotechnical investigation about dam foundation and structure.

It was supposed that the barge could be abeam while approaching the dam, because of the bend of the riverbed just upstream the dam itself, but it was also supposed that the drugging stream produced in the central part of the river by the complete opening of the three central gates (due to the need for the flow to gain speed to pass through the restricted hydraulic section of the dam) could apply an effective torque and draw the barge straight across the dam openings.

There were fears for a crane on the barge, increasing its height above the water level and therefore the possibility of a collision.

All these evaluations were led out between 1 a.m. (the time of the first news about the adrift barge) and 4 a.m. of October 3rd.

This operation was technically approved by the Milan Office of Dam National Authority, and so it was carried out at about 6 a.m.

The barge reached the dam site at about 7 a.m., some hours after the moorings break. Just before the barge had passed below a bridge, and its crane had hit the bridge structure and was consequently deformed and lowered.

The drugging effect produced by the opening of the central gates was effective and successful. The barge passed through the opening n. 8 (Fig. 4), without any impact and damage to the structures.

Some time later the barge stranded about 1 km downstream the dam (Fig. 3).

3 NUMERICAL ANALYSES

The event above described pointed out an unexpected risk scenario for the dam. It was therefore considered of interest the evaluation of the severity of this sce-

Figure 4.   The barge just before passing the dam.

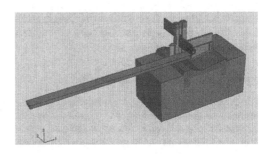

Figure 5.   Numerical model of Isola Serafini and the barge.

nario. Preliminary evaluations addressed the main interest toward the possible impact of a barge against a gate, and this scenario was explored through a numerical simulation.

3.1 The numerical model

A 3D finite element model representing a typical span of the dam between the symmetric axes of two adjoining gates was set up (Fig. 5), Symmetry conditions were imposed on the lateral faces of the model.

The concrete structure and the foundation were modeled with solid isoparametric finite elements, the barge with plate rigid elements, the gates with shell elements, according to the real geometry.

The dam upper deck was considered as an additional mass, neglecting its modest stiffness effect.

Contact surfaces were used to model the interaction between the barge and the gate, and between the gate and the concrete structure. The barge bumps directly against the middle part of the gate.

3.2 Adopted hypothesis

As to the river conditions, a flow of 5000 m³/s and a flow velocity of 3 m/s near the dam were considered.

In order to maximize the impact area, the lower edge of the bumped gate was supposed to be just above the water level.

Linear elastic constitutive laws have been assumed for concrete and soil foundation. The real soil behaviour is non-linear also for low deformation levels; anyway the concrete structure could be seen as an isostatically constrained shelf: tensions between the concrete structure and the foundation are essentially governed by equilibrium equations. Therefore the constitutive law would only affect the results computed for the dam body in terms of deformations and displacements, and not of stress level.

The gate steel was described by an elasto-plastic constitutive model, allowing a realistic description of the material behaviour up to failure.

The barge was modeled as a rigid body. Therefore the energy dissipated through plastic deformation in the barge is not taken into account, and the energy transferred from the barge to the structure and the foundation is overestimated.

3.3 Data related to the barge

The largest barge that could navigate the Po river upstream of the dam was identified, taking also into account the planned interventions to increase, in the near future, the capacity of the ship lock next to the dam.

The barge taken into account for the analyses is characterized by the following data:

Length	105.0 m
Width	11.5 m
Height	2.8 m
Total mass	3.2E+06 kg m

3.4 Results

The numerical analyses has allowed to describe the structural response in term of residual deformation and of overall stability at the end of the bump.

An initial check of the structural behaviour could be performed by the analysis of the time history plots of the global (whole model) energies (Fig. 6).

At the initial time the only not null contribution is the kinetic energy of the barge. Immediately after the bump a dynamic transient starts, characterised by a progressive decrease of the kinetic energy and a correspondent increase of the internal energy. The internal energy can be seen as the sum of the elastic energy and the energy dissipated by plastic deformations. The dynamic transient lasts about 1.3 sec; after this time the energy contributions remain approximately constant. The initial kinetic energy is mainly dissipated by the plastic deformations which take place in the bumped gate during the transient.

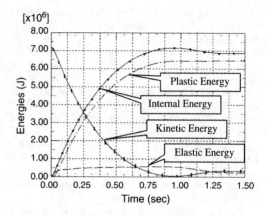

Figure 6. Global energies time histories.

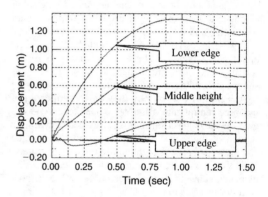

Figure 7. Deformation of some points of the gates.

3.4.1 Displacements time histories

In Fig. 7 the displacements of three nodes located in the middle sections of the bumped gate are reported. They show that the bumped gate undergoes a rotation due to the eccentricity of the impact, which occurs in the lower part of the gate. The upper node has an initial upstream displacement due to this rotation. The maximum values are attained at the lower edge, where almost 1.2 m downstream displacement is detected.

3.4.2 Equivalent plastic strains contours

The dissipated plastic energy distribution in the steel frames of the gate is described by the equivalent plastic strain contour plots showed in Fig. 8. The deformation pattern is typical of a shear failure. The maximum values of plastic deformation are reached in the lower wing of the gate. Deformations of lower entities are also present in the transversal armours of the central part of the gate, due to torsional shear effects induced by the load eccentricity.

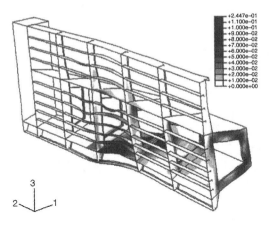

Figure 8. Equivalent plastic strain contours on deformed geometry.

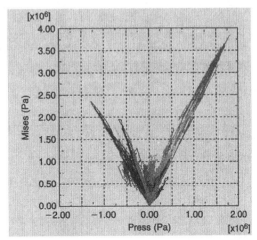

Figure 9. Stress path in concrete.

The results of the analyses also detect that no permanent plastic deformations take place at the lateral ends of the gate and so it is supposed that no or little damage occurs on trolleys and supports, maintaining the capability of manoeuvring the gate.

3.5 Stress level in concrete and soil

Despite the limits of the constitutive elastic law assumed, some considerations can be made about the stress levels in the piers and in the foundation. In Fig. 9 the stress paths obtained in some representative point of the pier are reported. The limited area where the maximum peak stresses are attained and the low entity of these stresses indicate that no significant damage process should be induced. Even under the conservative hypotheses assumed, and considering the enhance of strength performance expected for fast dynamic loading in concrete, the obtained stress values can be retained as admissible. Stresses lower than 0.5 MPa were obtained in the foundation.

4 CONCLUSIONS

The event of a colliding barge against Isola Serafini Dam was an unpredictable emergency and it was successfully governed taking the only possible technical decisions and actions.

The numerical analyses later carried on have shown that due to its ductility and flexibility the gate would be capable to absorb most of the kinetic energy of the barge. The gate would damp in a substantial way the tensions reaching the concrete structures and the soil foundation. Another interesting result is that no or little damage occurs on trolleys and supports.

Works aimed to increase the stiffness of the gate are useless and not commendable for they could increase tensional effects on the support devices, the concrete structure and foundation due to the bump.

Dam Maintenance and Rehabilitation, Llanos et al. (eds)
© 2003 Taylor & Francis, ISBN 90 5809 534 7

Influence of uncertainty in the stability analysis of a dam foundation

M. Smith

Hydro Québec, Montréal, Canada

ABSTRACT: Dyke 1 of the Bersimis 2 project in northern Québec, Canada, is an earthfill structure founded on glacial deposits. The stability assessment of a natural slope downstream from dyke 1 was deemed necessary following a dam safety evaluation. Data needed for this assessment is scarce and can only be estimated. The investigations required to reduce the uncertainties can be expensive and have detrimental effects on the safety of the dyke. A practical method for evaluating the influence of uncertainties in the parameters affecting the factor of safety of the slope is described. Investigations to reduce uncertainties are proposed along with costs and possible impacts on the safety of dyke 1. The preferred option would have the greatest effect in reducing uncertainty for the minimum cost and impact on the safety of the structure. For dyke 1, topographic measurements of the external geometry of the slope proved to be the most cost effective option to reduce the overall uncertainty.

1 INTRODUCTION

1.1 *General description of dyke 1*

The Bersimis 2 hydroelectric project is located in the northern part of the province of Québec, Canada, at 500 km north-east of Montréal. Dyke 1, which was completed in 1959, is a 23 m high and 1006 m long earthfill structure founded on glacial deposits. Cutoff in the foundation is provided by steel sheet piles.

The natural downstream foundation material was partially eroded by a stream that was flowing near the left abutment before the construction of dyke 1. The erosion process created a slope of 15 to 20 m in height which is located at about 200 m from the axis of dyke 1. Small surficial movements and changes in seepage were noticed in the last couple of years.

1.2 *Problem definition*

A dam safety evaluation concluded that the possibility of unsatisfactory performance of this slope could not be assessed with a reasonable degree of confidence.

The stability of this area was not evaluated at the time of design and construction. Moreover, data concerning the slope geometry, shear strength parameters and pore pressures is scarce and can only be approximated. Therefore, the uncertainties related to this problem need to be evaluated and reduced. Limit equilibrium calculations may be useful in judging the

effectiveness of various alternatives for increasing the safety of the slope if necessary.

Investigations are required to reduce the uncertainties but they can be expensive and sometimes impractical. Also, some types of investigations could have detrimental effects on the safety of the dyke. The preferred option would have the greatest effect in reducing uncertainty for the minimum cost and impact on the safety of the structure.

A practical method for evaluating the combined influence of uncertainties in the parameters affecting the stability of a slope was implemented. The proposed method is presented using the stability analysis of the downstream slope of the foundation of dyke 1 as a case study.

2 SLOPE STABILITY ANALYSIS

2.1 *Main assumptions*

The materials which constitute the slope to be analyzed are glacio-lacustrine deposits from the latest Wisconsinian glaciation. Layers of silt, clay and sand were identified near the axis of dyke 1 during construction. No borehole logs or data from direct observations is available to describe in details the stratigraphy of the foundation near the slope. The surface of the slope is now covered by vegetation.

Samples of clayey silt with traces of sand were collected in the area during exploratory drilling and construction. This soil exhibited properties which inferred that they were normally consolidated. However, the effects of dessication on the surface layer (about 6 m) resulted in a small cohesion.

The stability analysis will consider the consolidated-drained case. For simplification, the slope is assumed to be comprised of an homogeneous soil having a density and shear strength parameters corresponding to the clayey silt described earlier. A slip surface parallel to the ground level will be analyzed.

The flow is assumed to be parallel to the slope surface. The level of water in the slope is determined by considering the measured piezometric levels from an open tube piezometer located at a distance of about 100 m. This instrument is affected by the variations of the Bersimis 2 reservoir level.

2.2 The infinite slope method

If the interslice forces and the influence of the head and toe portions of the slide are considered negligible, the stability of the slope can be assessed by the infinite slope method (Fig. 1).

The factor of safety is computed by the following equation (Bromhead 1992):

$$F = \frac{c' + (\gamma_{soil} z - \gamma_w h_w)\cos^2(\alpha)\tan(\phi')}{\gamma_{soil}\, z \sin(\alpha)\cos(\alpha)} \quad (1)$$

where F = factor of safety; c' = effective cohesion; γ_{soil} = soil density; z = depth of the slip surface; γ_w = water density; h_w = height of water above slip surface; α = angle of the slip surface and the slope; and ϕ' = effective friction angle.

For shallow translational landslides, which correspond to the field observations, the infinite slope method expression can be useful for a first approximation of the problem.

2.3 Calculation of the factor of safety

The values of the parameters entering Equation 1 were estimated by considering results from investigations

and laboratory tests made during the construction of dyke 1. Results from soils of similar geologic origin located in the Bersimis 2 area were also considered as well as evidence from field observations. The highest and lowest conceivable values of each parameter were evaluated along with a most likely value where possible.

The computed factor of safety using the mean values or the most likely values of each parameter is equal to 1.50. In a more traditional approach, a factor of safety of this magnitude could satisfy minimum requirements for long term stability. However, because of the assumed simplifications and the sparse and imprecise nature of available information, this calculation is prone to considerable uncertainty.

The factors of safety used in conventional practice are based on experience. A computed factor of safety is compared to an accepted minimum to help decide if a slope is stable or not. This is often done without regard to the degree of uncertainty involved in its calculation. Through regulation or tradition, the same value of safety factor is often applied to conditions that involve widely varying degrees of uncertainty (Duncan 2000).

Rather than base an engineering decision on a single calculated factor of safety, a better approach would be to perform a comprehensive assessment of the uncertainties. As discussed by Lacasse (2000) & Christian et al. (1994), a slope of higher factor of safety can have a higher risk of failure than a similar structure with a lower factor of safety, depending on the accuracy of the model used for analysis and the uncertainties of the input parameters.

3 UNCERTAINTIES

3.1 Types of uncertainties

Uncertainties are present in many engineering problems and more specifically, in many aspects of dam safety. The word uncertainty can be used by different people to mean different things. A definition of uncertainty that can be used for this slope stability analysis is the following: uncertainty is what affects our ability to predict accurately and with certainty.

Social studies showed that there are two levels of uncertainty (Denis 1998):

1. A person perceives that a problem is more difficult to solve due to a lack of information or excessive complexity.
2. Two or more persons perceive differently the problem and are proposing different or conflicting solutions.

For this analysis, uncertainties will be assumed to be of the first level.

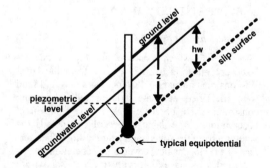

Figure 1. The infinite slope method.

Uncertainties associated with dam safety problems can be divided into two main groups :

1. Aleatory uncertainty which can also be referred to as natural variability. This uncertainty can be spatial or temporal. It can not be eliminated with a very large number of additional measurements.
2. Epistemic uncertainty which can also be referred to as knowledge uncertainty (or level of ignorance) about the parameters that characterize the physical system that is being modelled. It can be reduced and perhaps eliminated with a very large number of additional measurements, better models or better procedures.

Uncertainties related to human errors, negligence and misunderstood decision objectives can also be present but will not be covered herein.

The epistemic uncertainties related to the stability analysis of the slope of the downstream foundation of dyke 1 will be addressed. These are related to the statistical uncertainty due to limited sets of data for the evaluation of the parameters needed to compute the factor of safety using Equation 1.

3.2 Probability distributions

The estimated slope stability parameters in Table 1 do not have single fixed values but can assume a number of values. There is no way of predicting exactly what the value of one of these parameters will be. Hence these parameters will be described as random variables using the minimum, most likely and maximum estimations of Table 1.

A probability density function (PDF) describes the relative likelihood that a random variable will assume a particular value. The area under a PDF is always unity. The three types of PDFs used in this analysis are shown in Figure 2.

The uniform distribution is used when every value, between the specified maximum and minimum values, has an equal likelihood of occurrence. This distribution is useful when no evidence suggests a most likely value.

The triangular distribution is also bounded by minimum and maximum values but considers a most likely value represented by the triangle apex. The most likely value is not necessarily the mean of the minimum and maximum values.

The normal distribution is the common bell-shaped distribution used in many engineering applications. Contrary to the first two PDFs, the normal distribution is theoretically unbounded.

The dominant features of a PDF are the measures of central tendency and spread. The central tendency of a PDF is given by the expected value which can be considered as the centre of gravity of the distribution. The standard deviation is used to express the measure of spread from the expected value of a distribution. A small standard deviation will indicate a narrower PDF (lower uncertainty) while a large standard deviation will be found in a wider PDF (larger uncertainty).

The standard deviation can be computed from a data set or can be estimated from published values or statistical tables.

The uncertainties related to the slope stability parameters are represented in Table 2. For simplicity, the cohesion c' and the angle of friction ϕ' are considered independent for this analysis.

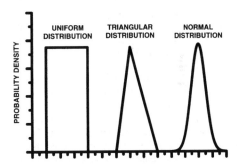

Figure 2. Probability distributions.

Table 1. Estimated values for the slope stability parameters.

| Parameter | Units | Estimated values | | |
		Minimum	Most likely	Maximum
c'	kN/m^2	0.0		5.0
γ	kN/m^3	16.0	17.0	19.0
Z	m	2.0		4.0
α	deg.	21.0		29.0
ϕ'	deg.	34.0		42.5
γ_w	kN/m^3	9.80	9.81	10.0
h_w	m		1.0	

Table 2. Uncertainties related to the slope stability parameters.

Parameter	Units	Distribution	Expected value	Standard deviation
c'	kN/m^2	Uniform	2.50	1.44
γ	kN/m^3	Triangular	17.33	0.62
Z	m	Uniform	3.00	0.58
α	deg.	Uniform	25.00	2.31
ϕ'	deg.	Uniform	38.25	2.45
γ_w	kN/m^3	Triangular	9.87	0.05
h_w	m	Normal	1.00	0.20

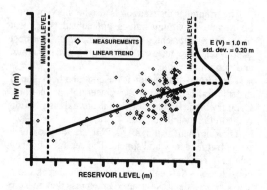

Figure 3. Uncertainty related to the height of water above the slip surface.

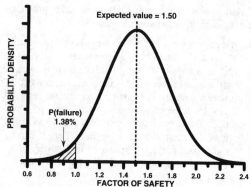

Figure 4. Computed factor of safety considering parameter uncertainties.

3.3 Uncertainty related to the piezometric level

The particular case of the standard deviation of h_w, the height of water above the slip surface, is discussed in more details.

The value of h_w is defined using the piezometric levels measured in an open tube piezometer located at about 100 m from the slope.

For this parameter, a simple linear regression is made to find the relationship between the Bersimis 2 reservoir level, which is measured daily, and the piezometric level, which is measured monthly. The purpose of this regression is to estimate the value of h_w, and its standard deviation, corresponding to the maximum reservoir level which is attained every year. This level was never exceeded since 1959.

The simple least square regression model determines a linear relationship between the reservoir level and h_w which minimizes the sum of squares of errors between the linear trend and the measured values. The computed linear trend is represented in Figure 3.

One of the assumptions of this method is that for every value of x (the reservoir level) there are an infinite number of possible values of y (h_w) which are normally distributed. This normal distribution has a mean of y and a standard deviation which represents the standard deviation of the error terms.

Figure 3 shows the normal distribution of the h_w values when the reservoir level is maximum. The expected value and the standard deviation of h_w in Table 2 were estimated by using this distribution.

4 FACTOR OF SAFETY CONSIDERING UNCERTAINTIES

The factor of safety depends upon a number of random variables. The problem is how to compute this factor of safety using the information conveyed by the PDFs described in Table 2.

The Monte Carlo method involves the random sampling of each PDF within the model (Equation 1) to produce hundreds or thousands of scenarios. Each PDF in the model is sampled in a manner that reproduces the distribution's shape. The distribution of the values calculated for the model outcome (the factor of safety) reflect the probability of the values that could occur. Therefore, the factor of safety can be expressed not as a single value but as a PDF having an expected value and a standard deviation.

Monte Carlo simulations can be realized by statistical software used in a conventional spreadsheet program.

The PDF of the computed factor of safety after a large number of Monte Carlo simulations is shown in Figure 4. This PDF is approximated by a normal distribution.

The expected value of the factor of safety is equal to 1.50 which is the same result obtained precedently by using the mean or most likely values of the parameters. This situation can be explained by considering the shapes of the PDFs described in Table 2. The mean and most likely values are approximately equal to the expected values.

From Figure 4, it can be seen that the factor of safety ranges from about 0.7 to 2.3 which represents a significant variation. The standard deviation of the PDF representing the computed factor of safety is equal to 0.225.

Considering the parameter uncertainties, it is possible to have a factor of safety less than unity. Failure of the slope is therefore probable.

The probability of failure is given by the area under the PDF where the factor of safety is less than 1. Figure 4 shows that the probability of failure is equal to 1.38% which can be considered significant. This means that, for the combination of geometry, shear strength and water pressure, 1.38% of similar slopes could be expected to fail at some time.

This probability of failure is not necessarily indicative of a catastrophic event. A translational slide on this slope would represent a much lesser danger. In recognition of this important distinction between catastrophic failure and more benign performance problems, the term unsatisfactory performance is used (Duncan 2000). Thus, the term probability of failure refers to a probability of unsatisfactory performance.

Accounting for the uncertainties in the parameters provides a more meaningful measure of the safety margin than a single value of the factor of safety. Considering the high uncertainty related to some of the parameters and the significant probability of failure, investigations are needed to reduce the epistemic uncertainties related to this problem. Structural measures could then be implemented if needed to increase the safety of the slope.

5 REDUCTION OF UNCERTAINTIES

5.1 Sensitivity analysis

The reduction of uncertainties related to this problem is performed by taking means to reduce parameter uncertainties. This will reduce the standard deviation of the PDF of the factor of safety (Fig. 4) which represents the overall uncertainty.

Epistemic uncertainties can be reduced by field investigations, laboratory tests or additional measurements by means of new instruments. Each of these activities can reduce the uncertainties related to one or a few parameters at a time.

The efforts should therefore be directed to the most important parameters in the problem. A sensitivity analysis will be performed to identify the greatest contributor to the standard deviation of the factor of safety.

An ordinary sensitivity analysis can be realized to measure the rate of change of the factor of safety with respect to variation in an input parameter. A drawback of this approach is that it ignores the degree of uncertainty in each input. A parameter that has a small sensitivity but a large uncertainty may be just as important as a parameter with a larger sensitivity but a smaller uncertainty.

A simple way to consider both uncertainty and sensitivity is to calculate new factors of safety by increasing and then decreasing the expected value of each parameter by one standard deviation. In varying each parameter in turn, the values of all of the other variables are kept at their expected values. The results of these calculations is presented in Table 3.

The values of ΔFS (in percent) computed for the different parameters offer a measure of their contribution to the overall uncertainty.

For this slope stability analysis, the uncertainties related to α, the angle of the slip surface and the slope, and ϕ', the effective friction angle, are the most

Table 3. Sensitivity analysis.

Parameter	Units	FS (+)*	FS (−)*	ΔFS (%)
c'	kN/m^2	1.57	1.42	9.7
γ	kN/m^3	1.50	1.49	0.9
Z	m	1.53	1.45	5.2
α	deg.	1.35	1.66	20.6
ϕ'	deg.	1.62	1.38	16.2
γ_w	kN/m^3	1.49	1.50	0.2
h_w	m	1.43	1.56	8.6

* Factor of safety computed using expected value of parameter plus or minus one standard deviation.

important. Investigations directed to reduce uncertainties related to these parameters will have a greater effect on the overall uncertainty.

Initially, the installation of piezometers was thought to be one of the first activities to be realized to reduce uncertainties. Table 3 shows that a better assessment of h_w would not have the greatest impact on the overall uncertainty. The installation of a piezometer near dyke 1 would require the mobilization of drilling equipment in this remote area which could be more expensive than other types of field investigations. Moreover, the presence of higher pore pressures is noted in some areas of the downstream foundation of dyke 1. Drilling in these areas could have a detrimental effect on the safety of the structure. For these reasons, the installation of piezometers to reduce the overall uncertainty is not considered to be an optimal solution.

5.2 Possible parameter uncertainty reduction

Having identified the two greatest contributors to the standard deviation of the factor of safety, the next step would be to find ways to reduce their uncertainty. Possible values of reduced uncertainties, or standard deviations, must be estimated for both parameters.

From a practical point of view, it can be assumed that the standard deviations related to the slope angle α and the friction angle ϕ' can not be reduced to zero. Imperfections in the laboratory or field instruments and methods are always present and therefore contribute to an uncertainty which can not be reduced by conventional means.

One approach to estimating standard deviations is to base our judgment on published values. These are often expressed in terms of the coefficient of variation which is equal to the standard deviation over the average value.

Published values of the coefficient of variation for the friction angle ϕ' vary from 2 to 13% (Kulhawy 1992). These values come from a great number of tests but they cover a wide range of soil types, sampling

Table 4. Possible uncertainty reduction for the two most significant parameters.

Parameter	Units	Distribution	Expected value*	Standard deviation
α	deg.	Uniform	25.00	0.03
ϕ'	deg.	Uniform	38.25	0.77

*The expected values are assumed constant (see Table 2).

Table 5. Effect of the possible parameter uncertainty reduction on the overall uncertainty.

	Standard deviation	Possible reduction (percent)	Cost (dollars)	Ratio (dollars/ percent)
Initial FS*	0.225			
FS (α)*	0.162	28.1	5000	178
FS (ϕ')*	0.193	14.0	3000	215

* The expected values of the FS are equal to 1.50 since the expected values of the parameters were assumed constant.

methods and testing conditions. Nevertheless, they provide a guide for estimating possible standard deviations.

An estimate of the lowest possible standard deviation for the friction angle ϕ' would therefore be 2% of its expected value as shown in Table 4. Since no evidence suggests a most likely value, the assumed PDF will remain uniform.

Uncertainties related to the the slope angle α can be reduced by topographic measurements. Standard surveying equipment can be used to determine planar coordinates as well as elevations on the surface of the slope. The average accuracy of topographic measurements using this type of equipment is at least 5 cm. Considering that the analyzed slope has a maximum height of 20 m, an accuracy of about $\pm 0.05°$ can be expected for the slope angle. An uniform PDF is assumed for this parameter, the reduced standard deviation is shown in Table 4.

5.3 Effect of the possible parameter uncertainty reduction on the overall uncertainty

The factor of safety is updated using Monte Carlo simulations to judge the effect of the possible uncertainty reduction of the slope angle and the angle of friction on the overall uncertainty. The calculations are made by varying the standard deviation of each of these two parameters in turn using data from Tables 2 and 4. The expected values of all parameters are assumed constant.

For both parameters, the updated overall uncertainty is compared to the original standard deviation for the factor of safety. The result of these calculations is shown in Table 5.

Reducing uncertainties related to the slope angle α will have the greatest effect on the overall uncertainty. The standard deviation of the PDF of the factor of safety decreases from an initial value of 0.225 to an updated value of $FS(\alpha) = 0.162$ which represents a possible overall uncertainty reduction of 28.1%.

5.4 Selection of the preferred option to reduce overall uncertainty

The choice of the type of investigation to be realized α will take into account its effect on overall uncertainty

but also the costs and potential impacts. The preferred option would have the greatest effect in reducing uncertainty for the minimum cost and impact on the safety of the structure.

Sampling and laboratory tests are required to reduce uncertainties related to the angle of friction. Three triaxial tests could be realized to have an adequate representation of this parameter. To minimize the potential impacts on the safety of dyke 1, the samples should be collected manually. An indicative value for the cost to get the samples (without mobilizing drilling equipment) and realize the tests would be around 3000$.

Topographic measurements will reduce the uncertainties related to the slope angle. These measurements could be realized by a team of surveyors using a total station. Due to the fact that it will be easy to take a great number of measurements and process them rapidly, the results will be contoured on a plan view of the slope. The steepest section could therefore be chosen on the basis of this plan view. The realization of these measurements has no impact on the safety of dyke 1. An indicative value for the cost of field work and data processing would be around 5000$.

The proposed investigations having no impact on the safety of the structure, the preferred option will be the one that offers the greatest uncertainty reduction potential for the minimum cost.

The ratio of cost over possible uncertainty reduction is shown in Table 5. The results indicate that to achieve a given overall uncertainty reduction, topographic measurements are less expensive and represent the preferred type of investigation to be realized on this slope.

6 FACTOR OF SAFETY CONSIDERING THE REDUCED UNCERTAINTIES

The realization of topographic measurements has shown that the steepest slope angle can vary from 26.5 to 26.6° which corresponds to an inclination of 2H : 1V. If an uniform distribution is considered for

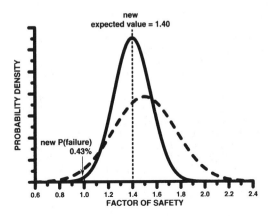

Figure 5. Computed factor of safety after reducing uncertainty of the slope angle.

this updated slope angle, a new PDF for the factor of safety can be computed. This PDF is represented by a continuous line in Figure 5. The initial PDF is represented by a dotted line.

Figure 5 shows that the expected value of the factor of safety is now equal to 1.40 which is lower than the value of 1.50 obtained initially before reducing the uncertainty related to the slope angle. An increase in the expected value of the slope angle, from 25.00° to 26.55°, explains this situation. Considering only the expected values, the slope could be judged to be less stable than what was thought of before.

However, it is clear from Figure 5 that the spread from the expected value is now less due to the fact that the standard deviation of the PDF was reduced by about 28% (Table 5). It is still possible to have a factor of safety less than unity but the area under the PDF where the factor of safety is <1 is now equal to 0.43% which is less than the initial value of 1.38% (Figure 4). The probability of failure or unsatisfactory performance decreased significantly, the slope could therefore be judged to be more stable than what was thought of before.

Considering these results, epistemic uncertainties were further reduced by using a more detailed slope stability model. For example, the layers of silt, clay and sand identified during construction near the axis of dyke 1 were assumed to be present in the slope, at 200 m downstream from the structure. The soils being glacio-lacustrine deposits, it can be assumed that the internal geometry of the foundation is relatively stable in an horizontal direction of this magnitude. Shear strength parameters and densities for each soil type were also estimated.

Calculations were repeated using the more detailed model and the updated slope angle. This resulted

in an expected value for the factor of safety and a probability of unsatisfactory performance which were considered together to assess the safety of the slope.

After analysis of these complementary results, neither structural measures to increase the safety of the slope nor instruments or investigations to further reduce the overall uncertainty were judged necessary.

7 CONCLUSIONS

This case study showed that assessing the uncertainties allowed a better comprehension of the factors affecting the stability of the slope of the downstream foundation of dyke 1.

The proposed method can be subdivided into the following 6 steps:

1. Identify the method and the parameters relevant to the problem.
2. Evaluate the minimum, maximum and most likely values as well as the standard deviation for each parameter to help determine the corresponding PDFs.
3. Compute the factor of safety considering the PDFs.
4. Find the greatest contributors to the overall uncertainty.
5. Propose investigations to reduce the uncertainties related to the greatest contributors along with costs and possible impacts on the safety of the analyzed structure.
6. Choose the option which have the greatest effect in reducing uncertainty for the minimum cost and impact on the safety of the structure.

For dyke 1, topographic measurements of the external geometry of the slope proved to be the most cost effective option to reduce uncertainty.

The proposed method could also be used to optimize investigations to reduce uncertainties related to multiple parameters in a single dam or in different structures. For example, in the case of dyke 1, the mobilization of drilling equipment can be expensive and may not be an optimal solution to reduce the uncertainty of a single parameter related to a single area of the structure. However, using the same drilling equipment to install instruments and collect samples in many locations can be the preferred solution to reduce the overall uncertainty related to many dam safety aspects of a single structure or group of structures.

Insights gained on a problem and its uncertainties by doing a systematic uncertainty assessment should lead to safer and more economical maintenance interventions.

As discussed by Lacasse (2000), The most important contribution of uncertainty-based concepts to dam safety engineering is increasing awareness of the uncertainties and of their consequences. The methods used to evaluate uncertainty and probability of failure are tools just like any other calculation model or computer program. These approaches are therefore a complement to conventional analyses.

ACKNOWLEDGEMENTS

The author wishes to thank Hydro Québec for permission to publish the results of this study. The author also thanks the regional engineers, technicians and inspectors responsible for the surveillance of the dyke 1 of the Bersimis 2 hydroelectric project.

REFERENCES

Bromhead, E. 1992. The stability of slopes, 2nd edition. New York: Chapman and Hall.

Christian, J.T. & Ladd, C.C. & Baecher, G.B. 1994. Reliability applied to slope stability analysis. *Journal of Geotechnical Engineering.* 120(12): 2180–2207.

Denis, H. 1998. Comprendre et gérer les risques sociotechnologiques majeurs. Montréal: Éditions de l'École Polytechnique de Montréal.

Duncan, J.M. 2000. Factors of safety and reliability in geotechnical engineering. *Journal of Geotechnical and Geoenvironmental Engineering.* 126(4): 307–316.

Kulhawy, F.H. 1992. On the evaluation of soil properties. *ASCE Geotechnical Special Publication No. 31.* 95–115.

Lacasse, S. 2000. Geotechnical engineering at the dawn of the 3rd millenium. *Presented at the 53rd Canadian Geotechnical Conference.* Montréal.

Dam Maintenance and Rehabilitation, Llanos et al. (eds)
© 2003 Taylor & Francis, ISBN 90 5809 534 7

A risk assessment tool to effectively support decision makers to prioritize maintenance, repair and upgrading of dams

M. Meghella
CESI, Milan, Italy

M. Eusebio
ENEL.HYDRO – B.U. ISMES, Seriate, Italy

ABSTRACT: Since dams' ageing involves potential deterioration (many dams have been designed for an effective life of 50 years and most of them are quickly approaching this age), technical standards are regularly improved and public awareness about dam safety is more and more increasing, the need to maintain and upgrade the dams is a major concern. In the frame of the public funded research program for supporting and improving the electric system in Italy, a risk-indexing tool has been developed to assist dam owners and managers in prioritization of maintenance, repair and upgrade of dams. The tool is based upon a procedure proposed for embankment dams by G.R. Andersen (and others) in 1999, which has been extended by the authors to consider concrete dams as well, and, in order to deal with the specificity of the Italian dams population, it has been suitably adapted. The tool has been extensively tested on a significant sample group of Italian dams and the relative outcomes will be presented and discussed in the paper.

1 INTRODUCTION

The challenge of managing ageing dams is rapidly becoming a principal focus of dam engineering throughout the world. In Italy, for example, at least 40% of the dams are more than 50 years old and many of these are nearing the end of their design life. Dam's ageing can involve potential deterioration, able to reduce the safety margins and increase the degree of risk. In addition, these dams are the products of different generation of design standards and construction practices that do not assure homogeneous safety levels. Typically, the risks associated with ageing dams have low probability but imply high consequences and usually affect third parties, which in many cases may not realise that they are at risk.

Decision analysis for the management of an inventory of ageing dams should include an evaluation of the overall risk (probability of failure and potential downstream hazard) within the inventory. The risk assessment approach provides dam owners with an useful tool to manage the risk of ageing dams and to guide the application of risk reduction measures.

Among the methods available for estimating the probability of failure, two main broad categories can be identified:

- Statistical/mathematical methods, which comprise reliability analysis and other analytical risk assessment approaches.
- Event/fault trees methods, which comprise all the qualitative and quantitative event probability assessment approaches, all with considerable judgmental input.

The choice of the approach depends on quality, quantity and reliability of available data and information about the three main classes that compose the risk evaluation, i.e. load, vulnerability and damage (economic and environmental losses in case of dam failure).

Priority ranking methodologies are simplified analytical procedures, based on probabilistic risk analysis concepts, which can define potential levels of risk for a set of dams. They may be used to rank the dams of a given set in order of need of maintenance and repair tasks. In the frame of the public funded research program for supporting and improving the electric system in Italy, a risk-indexing tool based on the priority ranking methodologies has been developed to assist dam owners and managers in prioritising maintenance, repair and upgrade of dams. The tool is based on a rating procedure proposed for embankment dams by G. Andersen (and others) in 1999. The original work has been extended to:

- deal with concrete dams.
- update of the estimates of the conditional probabilities of failure using the Bayes theorem, starting from data available on dam attributes.
- tune it on the ground of specific characteristics of the Italian dams.

A software that implements the procedure has been developed and used for a preliminary application and validation, with reference to an inventory of Italian embankment and concrete gravity dams.

2 METHODOLOGY DESCRIPTION

Risk is usually defined as the product of failure probability and failure consequences, the latter, in dam safety context, generally expressed as potential loss of human lives. The basic risk equation used is:

$$Risk = P_L * P_R * C = P_F * C \qquad (1)$$

where P_L = probability of adverse loading condition; P_R = probability of adverse response; P_F = probability of failure; C = consequences.

Risk analysis treats and correlate in a probabilistic way the three classes of events involved in risk evaluation , i.e. loading conditions (natural or human hazard), failure modes (response of the structure depending on its vulnerability) and failure consequences. In the risk assessment process risk analysis results are blended with other important factors (i.e. operational, economic, legal requirements, etc.) to reach a final decision.

In general, priority ranking procedures are based on simplified risk analyses to cope with the need to improve the safety level of a particular dam set. Hazard is only partially taken into account; failure consequences are considered in a simplified way; vulnerability is deeper investigated by means of knowledge databases, containing, i.e., information provided by monitoring systems, structural analyses, experimental investigations and onsite inspections.

The ranking procedure provides dam owners and decision makers with a global index (priority index PR) for each dam of the inventory, based on its capability to face the adverse conditions that can lead to failure, thus allowing comparative evaluations in order to prioritise maintenance and repair works.

The methodology takes into account two main aspects of dam safety, that is:

- Efficiency of the different components of dam. A dam is modelled as group of components (Defense Groups DG_i), designed to prevent various failure modes.

- The adequacy of the monitoring system. The monitoring system is defined as the installed instrumentations and visual observational surfaces used to obtain specific information in order to asses the condition of the dam.

The first outcome is a primary index PR_{DG} representing a global risk index for the dam under examination. PR_{DG} provides a measure of the overall ability of the dam to prevent failure: The higher is the index value; the worse is the safety condition of the dam and the higher is the priority for its maintenance and upgrade. The global risk index PR_{DG} for a given dam of the inventory is the result of the combination of the product of the relative importance factors of each Defence Group I_{DGi} (namely the relative importance of a particular defence group with respect to the other ones) and its physical condition index, CI_{DGi}. The latter is determined through onsite inspections and provides a measure of the efficiency of that particular defence group.

The second outcome is a secondary index PR_{MD} which provides a relative measure of the overall ability of the monitoring system installed on the dam under examination to supply accurate information on the various failure modes. To higher PR_{MD} values correspond dams endowed with less efficient monitoring system devices. The global index PR_{MD} for a given dam of the inventory is the combination of the product of the relative diagnostic value of each Monitoring Device I_{MDi} and its physical condition index CI_{MDi}. The latter is a measure of the ability of the specific monitoring device to operate satisfactorily in its diagnostic function. Although PR_{MD} represents a useful index for assessing the dam condition, it is not intended to be a dam safety risk index, since it provides partial information only on the dam behaviour.

The procedure that has been developed comprises (see Figure 1):

1. failure modes identification to detect all of possible mechanisms which might cause a dam failure. Seeking out the possible failure causes rely on the highest possible level of knowledge. Those potential failure modes that produce the largest contributions to the overall risk have been identified.
2. examination of the dam's response, to delineate the sequence of events which are considered to be necessary for triggering a given failure mode. An event tree has been used, able to descript sequential views (scenarios) of events which may lead to failure. An event tree consists of a series of linked nodes and branches; each node represents one possible outcome of an event or one possible state that a condition may assume. Each failure mode is decomposed into a logical series of events, e.g. Adverse Conditions AC_i, Defence Group DG_i, that

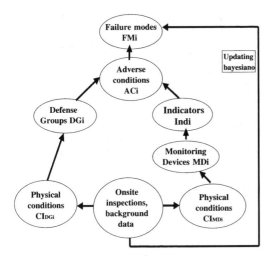

Figure 1. General approach of the procedure.

Table 1. Masonry and concrete dams. Failure modes and relative conditional probabilities (ICOLD 1973).

Failure mode	$P[FM_i/F]$
Foundation a/o abutments defects	0.53
Overtopping	0.29
Other causes	0.18

Table 2. Embankment dams. Failure modes and relative conditional probabilities (Andersen 1999).

Failure mode	$P[FM_i/F]$
Overtopping	0.49
Erosion surfaces	0.10
Piping	0.32
Mass movement	0.09

together describe the occurrences and conditions necessary for the failure sequence to take place.

3. assignment of relative conditional probabilities to each event to derive conditional probabilities for the various failure modes. Probability numerical values can be derived from statistical analysis, probabilistic analysis or, more frequently, estimated by an expert panel (quantified engineering judgment).

4. calculation of risk indexes PR_{DGi} e PR_{MDi} as product of probabilities, physical conditions and consequences for each path in the event tree. The total risk index PR_{DG} and PR_{MD} are determined by summing the values from all paths.

2.1 Failure modes

For the selection of the potential failure modes FM_i of dams of the same typology, the statistical records from failures and incidents of dams have been considered (ICOLD 1973, Andersen 1999). Table 1, 2 show the most recurrent failure modes obtained for embankment and concrete dams together with their conditional probability values.

For concrete dams "Foundation defects" involves foundation leakage and piping due to inadequate grouting or relief wells and drains. "Overtopping" includes inadequate spillway capacity, which is the main factor, blockage of spillway and instability due to erosion of the rock foundation at toe of the dam. "Other causes" includes sliding between foundation and dam body, deterioration of materials (outlet pipes corrosion, concrete deterioration, alkali-aggregate reactivity), excessive cracking and faulty construction.

For embankment dams "Overtopping" involves inadequate spillway capacity, settlement and erosion

of the crest with reduction of the freeboard. "Erosion Surfaces" includes any erosive mechanism that might compromise the integrity of the embankment surfaces or spillway, caused by wave action, spillway flow, wind, cycles of rain and drought. "Piping" includes any mechanism of internal erosion in dam body and/or in foundation, which can be caused by high seepage velocities or inappropriate filters design. "Mass Movement" involves the embankment and/or foundation material and include any mechanism which is generally originated by the build-up of excessive pore pressure or by liquefaction due to earthquake loadings.

2.2 Event trees scenarios

For each dam typology, two different and independent event trees have been set up, depending on the considered scenario. The first one starts from the assumption that the dam is a cluster of defence groups DG_i, designed to prevent the adverse conditions AC_i which, in turn, would be the triggering cause of a potential failure mode FM_i. The second one considers the dam as a cluster of monitoring devices MD_i (installed instrumentation and visual observational surfaces), designed to provide accurate information of the dam safety condition and to avoid the triggering of a potential failure mode FM_i.

The same framework characterizes the event trees for both dam types (embankment and concrete), although they do not refer to the same events.

The event tree for defence groups DG_i includes the following steps:

1. Evaluation of the relative importance factor I_{dam} of a given dam within the population under consideration. This is a global index of the dam, given by the product of its global vulnerability and the potential

161

consequences resulting from an uncontrolled release of the reservoir.
2. Identification of the potential failure modes as previously described (Tables 1, 2).
3. Identification of the adverse conditions AC_i, considered as event-initiators able to trigger the potential failure modes. For each failure mode FM_i, the connections (branches) with the correspondent AC_i have been established.
4. Identification of the defence groups DG_i, able to prevent the adverse conditions.. For each adverse condition AC_i, the connections with the correspondent DG_i have been identified.
5. Identification of the physical condition index CI_i of each defence group DG_i. The physical conditions of a defence group (evaluated through onsite inspections) assess its ability and efficiency to face the adverse conditions.
6. Evaluation of Priority Indexes PR_{DGi}.
7. Evaluation of the primary Priority Index PR_{DG}.

In Figure 2 the event tree set up for DG_i of embankment dams is shown.

The first three steps of the event tree relevant to monitoring devices MD_i are identical to those relevant to defence groups. The next steps are the following:

4. Identification of indicators Ind_i, which are physical evidences used to spot the presence of an adverse condition. These indicators are a subset of those used to determine the physical conditions CI_{DGi} of the defense groups. For each adverse condition AC_i, the connections with the correspondent Ind_i have been identified.
5. Evaluation of the physical condition index CI_i of each monitoring device MD_i. In this case the physical condition of a MD_i (evaluated through onsite inspections) represents its ability to provide valuable information on dam behaviour.
6. Evaluation of the Priority Indexes PR_{MDi}.
7. Evaluation of the secondary Priority Index PR_{MD}.

For embankment dams the following series of events have been identified:

– #9 Adverse Conditions AC_i (e.g. AC_1 = Inadequate spillway capacity, AC_4 = loss of surface protection material, AC_7 = sliding through embankment materials).
– #11 Defence Groups DG_i (e.g. DG_1 = spillway capacity, DG_4 = surface runoff collection discharge, DG_7 = filtering in embankment, DG_9 = pressure control in foundation).
– #15 Indicators Ind_i (e.g. Ind_1 = piezometric levels in foundation, Ind_5 = loss of spillway cross-section and erosion, Ind_{10} = change in controlled seepage, Ind_{13} = relative movement between fixed and floating components, Ind_{15} = modifications in the slopes morphology).

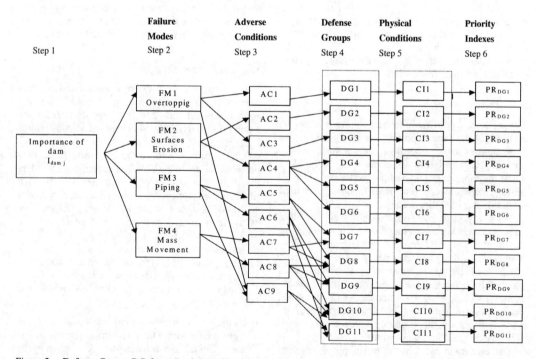

Figure 2.   Defence Groups DG_i for embankment dams. Event tree scenario.

- # 16 Monitoring Devices (e.g. installed instrumentation like MD_2 = piezometers in foundation, MD_4 = settlement pins, MD_6 = flow observation at relief wells, MD_{16} = weirs, visual observational surfaces like MD_{13} = surface of spillway).

For concrete dams the following events have been identified:

- # 16 Adverse Conditions AC_i (e.g. AC_2 = erosion and damage of spillway sill and chute, AC_5 = concrete deterioration phenomena, AC_7 = deep structural cracking, AC_9 = inadequacy or deterioration of foundation drainage system, AC_{11} = leakage due to seal elements deterioration in construction joints, AC_{16} = landslide in the reservoir).
- # 11 Defence Groups DG_1 (e.g. DG_1 = discharge capacity, DG_4 = backup operation system of gates and accessibility under all condition, DG_6 = upstream face protection, DG_9 = adequate properties of dam body material, DG_7 = adequate foundation treatment).
- # 24 Indicators Ind_i (e.g. Ind_2 = seepage measurement, Ind_6 = drains condition in dam body, Ind_{10} = joint movements, Ind_{13} = condition of sealing elements, Ind_{21} = outlet obstruction, Ind_{23} = gates and valves condition).
- # 27 Monitoring Devices MD_i (e.g. installed instrumentation like MD_1 = seepage control systems, MD_2 = plumblines, MD_4 = extensometers, MD_{10} = rockmeters, MD_{12} = slope control systems, visual observational surfaces like MD_{15} = downstream face, MD_{17} = crest and abutments, MD_{20} = spillway crest/sill surface, MD_{26} = silting, MD_{27} = gates and valves).

2.3 Probability evaluation and Risk Indexes estimates

Once the event trees have been set up, conditional probabilities have to be estimated for each node. Risk Indexes PR_{DGi} and PR_{MDi} are the probabilities obtained at the final nodes of the event tree, being calculated as the product of the probabilities assigned to intermediate nodes linked by branches (the events along the branches are in series).

The mathematical expression of PR_{DGi} and PR_{MDi} are the following:

$$PR_{DGl} = I_{Dam} \cdot \left(\frac{100 - CI_{DGl}}{100} \right) \cdot I_{DGl} \qquad (2)$$

$$PR_{MDl} = I_{Dam} \cdot \left(\frac{100 - CI_{MDl}}{100} \right) \cdot I_{MDl} \qquad (3)$$

where I_{DGl} and I_{MDl} represent the relative importance of the Defence Groups and Monitoring Devices

respectively, both ranging from 0 to 1. Their mathematical expressions are the following:

$$I_{DGl} = \sum_{j=1}^{N_{AC}} P[DG_l | AC_j]$$
$$\times \sum_{i=1}^{N_{FM}} P[AC_j / FM_i] \cdot P[FM_i / F] \qquad (4)$$

$$I_{MDl} = \sum_{k=1}^{N_{Ind}} P[MD_l | Ind_k]$$
$$\times \sum_{j=1}^{N_{AC}} P[Ind_k / AC_j]$$
$$\times \sum_{i=1}^{N_{FM}} P[AC_j / FM] \cdot P[FM / F] \qquad (5)$$

where $P[DG_l / AC_j]$ = conditional probability of defence group DG_l given the adverse condition AC_j; $P[AC_j / FM_i]$ = conditional probability of adverse condition AC_j given failure mode FM_i; $P[MD_l / Ind_k]$ = relative diagnostic value of monitoring device MD_l considering Indicator Ind_k; $P[Ind_k / AC_j]$ = relative diagnostic value of Indicator Ind_l considering adverse condition AC_j; $P[FM_i / F]$ = conditional probability of failure mode FM_i given failure F (uncontrolled release of the reservoir).

The global Risk Indexes PR_{DG} and PR_{MD} are obtained by summation of the risk indexes PR_{DGi} and PR_{MDi} at the final nodes of the event tree respectively (the events are in parallel):

$$PR_{DG} = \sum_{l=1}^{N_{DG}} PR_{DGl} \qquad (6)$$

$$PR_{MD} = \sum_{l=1}^{N_{MD}} PR_{MDl} \qquad (7)$$

The reliability on the event tree depends on the estimates chosen for the event probabilities. The estimation of the events conditional probabilities can be made using different approaches, e.g. statistical, probabilistic and engineering judgement, depending on the state of knowledge about the given dam. It is often adopted a subjective, degree-of-belief approach that expresses the likelihood of occurrence of an event as quantified engineering judgment.

2.3.1 Physical conditions CIDGi and CIMDi
The estimate of the physical condition CI_{DGi} is a number ranging from 0 (unacceptable condition) and 100 (ideal condition) based on an indexing scale developed by Hydro-Quebéc. The physical condition of each

163

Table 3. Physical conditions for defence group DG_6.

Defense Group DG6- Upstream slope protection

Indicators	0–9	10–24	25–39	40–54	55–69	70–84	85–100
1) Loss of slope material							
• No noticeable erosion or deterioration							×
• Isolated or minor loss or movement of outer layer material				×	×	×	
• Significant loss or movement of outer material		×	×				
• Extensive loss of outer material a7o exposure of bedding material	×						
2) Degradation/breakdown of slope material							
• Isolated/minor					×	×	
• Moderate			×	×			
• Estensive/major		×					
3) Removal of bedding of protected material without the loss of outer slope protection							
• Isolated/minor					×	×	
• Moderate			×	×			
• Estensive/major		×					
4) Known defect (no indicator of distress)	×	×	×	×	×	×	×

Defence Group is checked using a specific list of indicators: Table 3 shows an example list for the Defence Group DG_6. For each indicator, a range of possible CI values is provided. During an onsite inspection the dam engineer looks for the appropriate indicators related to each Defence Groups and assigns a corresponding numerical value. When several indicators are present, the lowest CI value from the group is used.

The procedure used to evaluate the physical condition index CI_{MDi} is the same as used for CI_{DGi}, but three possible values only are considered, i.e. ideal condition CI = 100, unacceptable condition CI = 0, intermediate condition CI = 40.

2.3.2 Relative importance of the dam I_{Dam}

The relative importance factor I_{dam} of a given dam i within the inventory is a global index provided by the following equation:

$$I_{Dam\ i} = V \times C \qquad (8)$$

where V = global vulnerability index V of the dam; C = global hazard potential index C, i.e. the consequences resulting from an uncontrolled release of a reservoir in terms of human lives and/or economic loss.

The global vulnerability V (Andersen 1999) is the product of the mean value of four intrinsic and time-invariant factors A_t and the mean value of four external time-variant factors B_t, according to the following equation:

$$V = \frac{(A_1 + A_2 + A_3 + A_4)}{4} \cdot \frac{(B_1 + B_2 + B_3 + B_4)}{4} \qquad (9)$$

The intrinsic factors A_t are the type of dam, the type of foundation, the height of dam, the storage capacity. The external factors B_t are the age of dam, the seismicity of the dam site, the spillway reliability, the global physical condition of the dam. Each of the factors are rated on a scale ranging from 1 to 10; the maximum vulnerability score is 1.

The evaluation of the global hazard potential C is a rough estimate of the failure consequences, based on a five hazard levels scale, ranging from 1 to 10 (Andersen 1999): a score equal to 1 corresponds to the lower hazard level; a score equal to 10 corresponds to the higher hazard level. The different hazard levels have been set up in term of life loss and property damage in the inundated area.

2.3.3 Estimation of P[FMᵢ/F]

In Tables 1, 2 have been reported the relative likelihood $P[FM_i/F]$ assigned to the most recurrent failure modes, calculated using a statistical analysis of the historical records from failures and incidents of dams (NRC, 1983). $P[FM_i/F]$ can be interpreted as the conditional probability that a particular failure mode FM_i would have been the cause of a dam failure F that produces an uncontrolled release of the reservoir, assuming events as independent and mutually exclusive.

Failure probabilities may be updated when new information become available (i.e. dam attributes, environmental conditions, operational characteristics and performance history). Once this new information has been gathered, an updating Bayesian procedure can be adopted in order to properly incorporate these new data and provide new and more realistic estimates for each failure mode. The failure probabilities

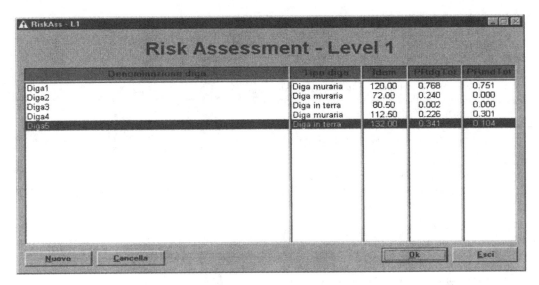

Figure 3. Summary final mask of the software. Results of the application on the Italian dams inventory.

reported in Tables 1, 2 have been used as prior-attempt probabilities, representing the best estimate of the relative probabilities of failure in absence of information relative to a given dam. The updating of these prior conditional probabilities $P[FM_i/F]$ is performed by means of the Bayes theorem using the information available on dam attributes, in accordance with the following equation:

$$
\begin{aligned}
& P''[FM_i|X_j \cap F] \\
& = \frac{P[X_j|FM_i \cap F] \cdot P'[FM_i|F]}{\displaystyle\sum_{i=1}^{N_{FM}} P[X_j|FM_i \cap F] \cdot P'[FM_i|F]}
\end{aligned}
\tag{9}
$$

with $j = 1, \dots, N_{\text{attributes } X}$, where X_i = attribute relative to failure mode i; $P'[FM_j/X_j \cap F]$ = updated probability; $P[X_j/FM_j \cap F]$ = probability of the presence of attribute X_j given failure FM_j; $P'[FM_j/F]$ = prior-attempt probability.

For a given dam the attributes X_j represent the available information and they have been identified as a subset of the information used to determine the physical conditions CI_{DGi}. For each attribute, the probabilities $P[X_j/FM_j \cap F]$ for embankment and concrete dams have been estimated using the expert elicitation of a dedicated team of experts.

2.4 Code implementation

The Risk index procedure above described has been implemented in a software named "Riskassessment", which allows to easily build a database for both dam types (embankment and concrete). For each dam the

global risk indexes PR_{DG} e PR_{MD} are computed and recorded, as well as the partial indexes I_{dam}, PR_{DGi}, PR_{MDi}, I_{DGi}, I_{MDi}, CI_{DGi}, CI_{MDi}. The software implements the evaluation of the event trees and provides the user with a format for each of the seven steps of the procedure. Given a dam, the user feeds the software with all the input parameters required.

At the end of the evaluation, a graphic form shows the following information (Fig. 3):

– Dam typology
– Importance dam index I_{Dam}
– Global risk indexes PR_{DG} and PR_{MD}

These indexes can be easily updated whenever new information become available.

3 PRELIMINARY APPLICATION AND VALIDATION

The procedure has been applied and tested on an inventory of five Italian dams:

– Dam 1. Buttress concrete dam built in the late 1950's, 54 m high, with crest 193 m long.
– Dam 2. Gravity dam built in 1920, 20.5 m high, with crest 50 m long.
– Dam 3. Earthfill dam built in 1951, 9 m high, with crest 300 m long.
– Dam 4. Buttress concrete dam built in 1958, 51 m height and 286 m long.
– Dam 5. Earthfill dam built in 1960, 57.5 m high, with crest 300 m long.

For each of these dams a large amount of information and data is available, e.g. original design, information on the construction techniques and materials, information on the historical performance, results of safety assessment analysis, results of hydrologic and hydraulic studies, evaluations of the site seismicity, periodic dam behaviour assessment based on regular onsite inspections and monitoring information. All dams are equipped with monitoring systems able to provide information about dam body and foundation conditions.

Background information concerning each dam has been studied by an expert panel in order to:

– understand the overall behaviour of each dam.
– highlight the potential deficiencies originating from the foundation conditions, the dam and appurtenant structures conditions, the materials, the operation and maintenance, the ageing process, the monitoring system.

Following this, the relative conditional probabilities values of each event involved in the procedure, as well as the evaluations of physical conditions CI_{DGi} and CI_{MDi}, have been estimated for each dam based on engineering judgement. The assignment of the relative conditional probabilities at each event, that represents the most demanding step of the procedure, is generally performed once a time and updated only when significant changes in the dam performance occur. The parameters which have to be periodically updated are the physical conditions CI_{DGi} and CI_{MDi}, and the probabilities of the attributes for the Bayesian updating, depending on the results of the annual inspections.

The higher Risk Index PR_{DG} concerns the buttress concrete Dam 1, that therefore represents the priority dam of the inventory, i.e. the dam that, at the actual state, shows the higher level of risk compared with the other dams of the inventory. The PR_{MD} global relative diagnostic index, although representing a useful index for assessing the dam condition, it is not intended to be a dam safety risk index, since it provides partial information only on the dam behaviour. Nevertheless, it may represent a crucial index able to complete the global judgement of the dam condition and to direct the repair and maintenance priority in case of dams having comparable PR_{DG} values (see for example Dam 2 and Dam 4, Figures 4, 4a).

The comparison between risk indexes evaluated for each of the two dam typologies (embankment and concrete) is possible in term of global indexes PR_{DG} and PR_{MD} only, not in term of single PR_{DGi} and PR_{MDi} indexes. In fact, the latter are referred to defence groups DG_i and monitoring devices MD_i that are different for the two types of dam considered.

The application of the procedure highlighted the possible following refinements:

– A very limited and rough considerations of the failure consequences has been made based on hazard

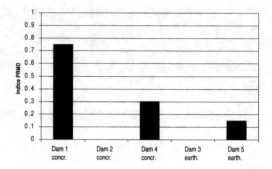

Figure 4.   Relative diagnostic values PR_{MD}.

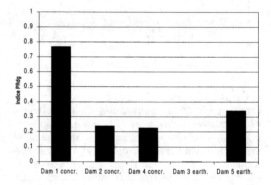

Figure 4a.   Risk indexes values PR_{DG}.

potential classification. It is expected that further research will result in more refined approach, able to determine the importance of dams, and this approach may become part of this procedure.
– The procedure doesn't provide any criteria for connecting the priority indexes PR_{DGi} of defense groups with the relative diagnostic values PR_{MDi} of the monitoring devices, which are instead related in the step involving the evaluation of the physical condition CI_{DGi}.

4   CONCLUSIONS

In the frame of the public funded research program for supporting and improving the electric system in Italy, a risk-indexing tool based on the Priority Ranking methodologies has been developed to assist dam owners and managers in prioritising maintenance, repair and upgrade of dams.

The original work has been extended to deal with concrete dams, to update the estimates of the conditional probabilities of failure using the Bayes theorem, to tune it on the ground of specific characteristics of the Italian dams. A software that implements the procedure has been developed and used for a preliminary application and validation, with reference to an inventory of Italian embankment and concrete gravity dams.

The procedure has been applied and tested on an inventory of five Italian dams. The results were consistent with the expert panel opinion and showed that the proposed methodology represents an efficient and rationale manner to prioritise maintenance and repair tasks on the performance of defence groups and monitoring systems of both an embankment and concrete dams.

Future research efforts can be focused on:

– generating a more refined approach for the evaluation of the failure consequences
– providing a methodology for connecting the prevention (defence groups) and detection (monitoring devices) systems into a single product with comparable priority rankings.

ACKNOWLEDGMENTS

The development of this procedure has been funded by Enel.Hydro through a grant to the public funded research program for supporting and improving the electric system in Italy (SISIGEN project). The writers wish to thank Pasquale Palumbo (SOGIN) for expert input during the development of this procedure. The writers thank Antonio Bariletti (ENEL.HYDRO) for the technical support in the development of the software procedure.

REFERENCES

Andersen G., Chouinard L., Foltz S. 1999, *Condition Rating Procedures for Earth and Rockfill Embankment Dams*, Technical Report REMR-OM-25, prepared for U.S. Army Corps of Engineers.

Andersen G., Chouinard L., Hover W., Back W., *A risk indexing tool for the prioritisation of improvements to inventory of embankment dams*, Submitted to ASCE Journal of Geotecnical Engineering, September 1999.

Benjamin J. R., Cornell C. A., *Probability, Statistics and Decision for Civil Engineers*, McGraw-Hill Book Company, 1970.

CIGB/ICOLD, Bulletin 93, Ageing of dams and appurtenant works, 1994.

Hydro Quebéc, Dascal O., *Risk of failure and Hazard Potential Classification of Hydro Québec Dams*, G. Dam Safety Directorate.

ICOLD, *Deterioration of Dams and Reservoir*, Paris, France, 1983.

NRC, NAS, NAE, IOM, Safety of existing dams: evaluation and Improvement, Washington, D.C 1983.

Dam Maintenance and Rehabilitation, Llanos et al. (eds)
© 2003 Taylor & Francis, ISBN 90 5809 534 7

Maintenance and conservation of dams in Sri Lanka

R.L. Haturusinha & S.W. Ediriweera
Mahaweli Authority of Sri Lanka, Colombo, Sri Lanka

ABSTRACT: This paper discusses the measures taken towards maintenance and conservation of dams and reservoirs including the watershed, with respect to those constructed during the last two decades. In this paper dams in Sri Lanka have been categorised as ancient, recent and modern dams. Maintenance plays a vital role for smooth operation and safety of the dam itself and its downstream areas. A comprehensive maintenance programme covering various aspects of dams and peripheral works has been planned and implemented for this purpose. In order to study the behaviour of large reservoirs and identify mitigatory measures for environmental degradation a comprehensive programme has been implemented. This limnological program covers physical, chemical, biological parameters of reservoirs. Sedimentation of reservoirs and sediment transport studies has been carried out to identify the operational problems and loss of capacities of the reservoirs and to identify the critical sub catchments.

1 INTRODUCTION

Sri Lanka is an island in the Indian Ocean lying about 30 km off the south-eastern tip of India with a land area of 65,525 Sq. km. In surface configuration it comprises a highland massif, situated in the south centre, which is surrounded more or less by an intermediate zone of upland ridges and valleys, at a lower elevation than the highlands massif. These two sets of topographical features are in many places separated by well-marked scarps, so that when a stream descends from one to the other there is a waterfall. The intermediate zone is in turn surrounded by an outer or lower zone of lowlands. A coastal fringe consisting of sandbars and lagoons skirts the island. The rivers and streams radiate from the central highlands and are less than 160 km in length, except the Mahaweli Ganga that is 335 km.

Climatological conditions of the island are dominated by two wind regimes, the south-west monsoon (May to September) and the north-east monsoon (November to February). The central hill massif intercepts most of the rain from the south-west monsoon, but the north-east monsoon gives precipitation all over the island. As a result, the south-western portion of the island gets rainfall during both monsoons, and is known as the wet zone. About two-thirds of the island gets rainfall predominantly during the north-east monsoon and is known as the dry zone. An intermediate zone lies in between. The annual rainfall of Sri Lanka varies from 900 mm to 6000 mm.

The topography and climate combined with the dietary habits of the people have determined the country's development as a hydraulic civilisation from ancient times. The early Sri Lankans had to cope with variable rainfall and frequent droughts, which are common in the dry zone of the country. They overcame this challenge by developing a unique irrigation system, by diverting rivers flowing in different directions to mingle in a complex nature of interrelated dams and canals, which took shrewd advantage of the topography.

Irrigation systems for regulation and storage of water have been in existence of the country even before the period of recorded history. A publication by the United States Bureau of Reclamation, when referring to the history of Earth Dams in the world states "One earth dam 11 miles long, 70 ft. in height and containing about 17.0 million cubic yards of embankment was completed in the year 504 BC". Some of the ancient dams are still in existence and some are even over two thousand years old. Thus conservation of dams has become an inherent nature of Sri Lankan society.

This paper discusses the measures taken towards maintenance and conservation of dams and reservoirs including the watershed, with respect to recent dams and those constructed during the last two decades under the Mahaweli Ganga Development Programme which is the largest multipurpose river basin project ever undertaken in Sri Lanka.

2 TYPES OF DAMS IN SRI LANKA

Dams in Sri Lanka can be categorised as ancient, recent and modern dams. Ancient dams have been in operation for many centuries and renovated to varying degrees. Recent ones are categorised, as the dams constructed during middle part of the last century and modern dams are those constructed after 1970 under the Mahaweli Ganga Development Programme. The types of dams in the Mahaweli system, are concrete double arch, concrete gravity, rockfill and earth dams. The heights of dams vary from 40 m to 120 m. While the volumes of reservoirs vary from 15 mm^3 to 850 mm^3. The main purpose of these dams, were to provide a regular supply of water for large irrigation areas and generate electricity.

3 MAINTENANCE

Maintenance plays a vital role for smooth operation and safety of the dam itself, and its downstream areas. A comprehensive maintenance program, which covers Civil, Electrical and Hydro-mechanical aspects of dams & peripheral works with a weekly monitoring has been planned and implemented for this purpose.

The modern dams constructed under the Mahaweli Ganga Development program are equipped with many sophisticated Electro-mechanical devices, and maintenance is vital for proper functioning of these devices.

3.1 Comprehensive maintenance program

In order to fulfil complete maintenance of these devices, comprehensive programs were developed using maintenance manuals of the manufacturers of various devices and using the operations and maintenance manuals of the Consultants. The Maintenance/ Inspection programs/work schedules are fine tuned in order to optimise the resources, and are updated continuously after major events and with the experience of the maintenance staff.

Civil, Mechanical and Electrical schedules are prepared separately in order to make use of different expertise available. The activities, which have to be carried out during a week – a weekly diary –, are provided for the relevant staff through the system. A monitoring system is incorporated in order to track and rectify deficiencies.

3.2 Inspection of dams

Apart from the continuous monitoring activities, inspections are of great importance as it ensures the stability and integrity of the structures. These can be categorised as Preliminary inspections, Intermediate inspections, Formal inspections and special inspections.

3.2.1 Preliminary inspections

These are guided by checklists at field level, using weekly checklists (weekly diaries) which include complete list of items to be checked within the week. The items to be checked are, in the nature of Civil, Mechanical and Electrical, and are carried out by the Technical Officers and Engineering Assistants who are experienced in Operation and Maintenance work, under the supervision of the Engineer in charge of the Dam. The reports of this exercise are submitted weekly to the central office with their comments and observations.

3.2.2 Intermediate inspections

The senior staff of the division carries out these inspections. The weekly diaries are carefully studied and items highlighted are looked into at intermediate level, guided by Operation and Maintenance manuals. These inspections are carried out once a month on selected projects.

3.2.3 Formal inspections

These inspections are conducted by outside experts, who study all weekly diaries, monitoring records and reports and submit their views and suggestions after the inspections are carried out.

3.2.4 Special inspections

These are inspections that are carried out subsequent to major floods, unusual behaviour of weather patterns, tremors, or earthquakes etc., in order to check whether there has been any impact as a result.

3.3 Monitoring of behaviour of dams

Behaviour of these high dams is regularly monitored using instrumentation incorporated in the dams and foundations. Parameters measured are water levels, seepage, leakage, water pressures, settlements, deflections, deformation, strains, temperature etc. The frequencies of measurements vary for different types of structures and its behaviour.

3.4 Examples on maintenance and conservation

3.4.1 Observations/Interpretation of results

After monitoring the Kotmale dam for over a period of 6 years, inconsistent readings were observed in a piezometer, which was fixed in a limestone region beneath the dam about 96 metre. A remarkable downward fluctuation of pressure had occurred in February 1990, and after a period of one month the water pressure in the piezometer readings were normal. In August 1990 the pressure readings dropped again suddenly by 30 metres. These phenomena indicated that there could be unforeseen changes taking place in the vicinity of the piezometer. These types of observations are closely monitored for any bad signs.

3.4.2 Remedial works

Construction of the Udawalawe dam located in the South-Eastern part of Sri Lanka, across the Walawe Ganga, was completed in 1968. Cracks in the piers of the gated spillway were initially noticed in 1985. Since then these cracks have been monitored. Initial safety assessment showed that piers are not in a critical situation. The cracks appear in each of the four piers and in approximately the same location. The results of the monitoring indicated that the cracks were propagating slowly.

Finite Element Analysis of the structure was carried out to determine the possible causes of failure. The results were examined, and the meshes were fine-tuned for detail analyses. Alternative remedial actions were proposed, strengthening of piers in progress.

3.4.3 On going studies for conservation of reservoirs

In order to identify the operation and loss of capacities due to sedimentation, reservoir sedimentation studies were carried out and sediment transport studies were carried out to identify the critical sub catchments.

3.4.3.1 Sedimentation survey results in reservoirs
Sediment accumulation surveys done in Rantambe reservoir from 1991–1997 indicate an unusually high rate of sedimentation. Sediment from land use prac-

Table 1. Kotmale reservoir.

Year	Volume (mm^3)	% Loss
1980	176.78 (original volume)	
1995	170.58	3.52

Annual average loss 0.23%.

Table 2. Polgolla reservoir.

Year	Volume (mm^3)	% Loss
1971	4.861 (original volume)	
1993	2.504	46.50
1996	2.533	45.74
1998	2.512	48.09
2000	2.504	45.07

Annual average loss – Nil.

tices in Uma Oya watershed appears to be the cause of substantial sedimentation in this reservoir.

Reservoir surveys of Kotmale, Victoria and Randenigala indicated very little sediment accumulation. The data on reservoir surveys implies that the reservoir sedimentation has been controlled up to some extent due to the conservation measures launched in the upper Mahaweli catchment.

3.5 Conservation of catchment

Mahaweli Authority of Sri Lanka established Upper Mahaweli Environment and Forest Conservation Division (EFCD) with the objective of promoting the protective and scientific management of the Upper Mahaweli Catchment area. EFCD provides those who are operating in the area with information, technologies and initial material inputs to enable them to implement conservation measures successfully. It also plays the role of mobilised/co-ordinator

Table 3. Victoria reservoir.

Year	Volume (mm^3)	% Loss
1980	709.19 (original volume)	
1993	713.08	0.62
1999	(Only few lines)	

Annual average loss 0.047%.

Table 4. Randenigala reservoir.

Year	Volume (mm^3)	% Loss
1980	835.04 (original volume)	
1995	768.83	7.93

Annual average loss 0.53%.

Table 5. Rantambe reservoir.

Year	Volume (mm^3)	% Loss
1980	11.05 (original volume)	
1991	9.401	14.92
1993	8.963	18.89
1994 (before flushing)	7.902	28.49
1994 (after flushing)	8.022	27.4
1995	7.000	36.65
1996	7.308	33.86
1998	7.599	31.32
1999	7.116	35.91
2000	7.119	36.22

Annual average loss 26.37%.

between co-operating implementers and catalyst in all aspects of conservation, and works on three major avenues namely, Participation, Conservation and Information. The scope of activities of these avenues is very much complementary and supplementary to each other. The Participation emphasis is on the issues, which enable various groups to participate in conservation and improve their own activities through incorporating conservation measures. The local views and know-ledge are gathered and used to develop methods and programs in the participatory manner.

Conservation on identifying, adopting and promoting soil, water and vegetation resources conservation technologies. EFCD works on on-farm, off-farm and vegetation/forest conservation. The objective of this program is to adopt ecologically usable, economically sound and socially acceptable conservation measures, and to promote the same with land users in the catchment area.

Conservation techniques are promoted through model farms at government training centres, field demonstrations, providing field support through facilitating plant/seed materials and financial incentives. Agro-forestry in home gardens, nurseries of improved planting materials, organic agriculture and integrated farming are some of the measures promoted as on-farm conservation techniques. Off-farm conservation is promoted through biological and mechanical measures of gully control, roadsides and construction site conservation, and institutional co-ordination. Vegetation/Forest Conservation program includes plant production, tree planting, forest protection and forest extension services.

"Information" is on the development of a comprehensive database of the catchment and analysis and dissemination of relevant information to target groups. Accurate and detailed information are collected in order to target the limited resources activities at the critical areas. Collected information is shared with other operating institutions in the area. The EFCD has built-up a very large detailed information base on the catchment such as Mapping, Geographic Information Systems and Conservation Procedures.

3.6 Operation and maintenance of reservoirs

Smooth functioning of a hydraulic structure can always be hindered due to lack of maintenance of the reservoir. Problems encountered are,

- Pollution of water, bringing about chemical attacks on structural surfaces
- Accumulation/movement of silt, hindering movement/damaging of mechanical components
- Collection of trash and aquatic weeds resulting in blockage of water way

In order to study the behaviour of the large reservoirs and identify mitigatory measures for environmental degradation a regular, comprehensive water quality program has been implementing since 1986. This limnological program covers Physical, Chemical and Biological parameters of reservoirs and carried out with the assistance of local Universities. Environmental problems such as algal bloom, and clogging of intakes with Salvenia, and Water Hyacinth were observed, and the water quality studies were extended to cover the tributaries of the concerned reservoirs.

3.6.1 Eutrophication and blooming in Kotmale reservoir

Eutrophication and blooming is one of the major water pollution issues in Sri Lanka. This problem was experienced even in the newly built Kotmale reservoir, just five years after its construction. A group of unintentional pressures changed the state of the environment of Kotmale reservoir leading to multiple impacts on society.

The catchment of the reservoir is covered by tea plantation. Application of fertilisers and pesticides are heavy in the catchment due to its land use practices. These enter into the reservoir through the surface runoff via tributaries.

A case study on the mechanism of bloom formation in Kotmale reservoir (Piyasiri 1991 and 1995), indicated that the appearance of Microcystis aeruginosa at the shallow upstream region of the reservoir during the severe drought in 1991. Conditions such as high light intensity, high temperature and nutrient mixing caused due to draw down of water level collectively accelerate the growth of Microcystis aeruginosa, a bloom forming organism at the upstream region of the reservoir. Due to the wave action, the bloom got shifted towards the dam covering the entire surface of the reservoir.

Microcystis release substances into the water, which cause unnatural coloration of the water and add objectionable odour and taste to the drinking water. Lysing cells of Microcystis release the water soluble phycobili protein pigments giving the water a bluish or pinkish colour.

There are toxic and non-toxic strains of the Microcystis aeruginosa. Both strains have been discovered from Kotmale reservoir. The toxins produced by M. aeruginosa are endotoxins and are released only after disintegration of the parent cell. The toxic strains release "microcystine" which are hepatotoxines. These toxins have a chronic effect on humans hence the water is not drinkable. It kills the fish as the toxins effect their brains and livers. When these toxins are released to water it is hard to remove. Water treatment needs high doses of chlorine to remove it. Usage of high chlorine is not advisable under such circumstances as chlorine could combine with the organic substances in the polluted water to form organochloro compounds that are carcinogenic. The other method to remove microcystine is to use activated charcoal, which is very expensive and hence not practical. As the water from Kotmale reservoir is used for drinking purposes, this created problem on the society.

4 CONCLUSION

Maintenance plays a vital role in conservation dam itself and its downstream areas. In this respect, it is vital to address all issues pertaining to dams, reservoirs, catchment and downstream areas together with socio-economic aspects in an integrated manner.

Dam Maintenance and Rehabilitation, Llanos et al. (eds)
© 2003 Taylor & Francis, ISBN 90 5809 534 7

Interferencia de los embalses, y su régimen de explotación, con algunos procesos y especies relacionados con la fauna

Santiago Hernández Fernández
Universidad de Extremadura, Cáceres

RESUMEN: Sobre la base de que los ríos en España constituyen unos ecosistemas lineales con unas características ecológicas únicas en Europa, por el elevado número de especies de animales endémicos y por su gran diversidad biológica, analizamos los efectos ambientales negativos que sobre ellos producen los embalses y sus sistemas de explotación.

Unas consideraciones sobre los regímenes de caudales ecológicos y las formas de explotación, nos indican que el embalse suele ser un simple depósito de agua que vamos vaciando a medida que la necesitamos. Comentamos los efectos negativos más relevantes de las presas y algunos de los efectos más conspicuos que tienen sobre la fauna fluvial.

Unas consideraciones sobre las obras de acondicionamiento hidráulico, su denominación y sus efectos, sirven para encauzar las diversas afecciones de éstas sobre los ríos.

A continuación se comentan las ventajas de recurrir a los equipos multidisciplinares, para obtener informes objetivos y concretos, que nos informen sobre las características ecológicas del río, para que sirvan de base a nuestra toma de decisiones técnicas desde antes de iniciar este proceso de selección de alternativas; para terminar con algunas consideraciones ambientales para orientar al ingeniero en su labor como técnico.

1 ¿HAY EMBALSES ECOLÓGICOS?

La sociedad de consumo, consecuente con sus fines, califica incorrectamente a muchas cosas con el adjetivo de ecológicas cuando seguramente merecerían el de antiecológicas. Esta costumbre, que ha conducido a que también se llamen ecológicos a algunos embalses, es impropia del carácter objetivo y técnico del ingeniero que, al contrario, debe llamar a las cosas por su nombre, pues por definición, no existen embalses ecológicos; como mucho, podría admitirse la siguiente afirmación: este embalse es un 2% más ecológico que aquel, ya que dispone de tales microbiotopos que lo acercan más a un ecosistema fluvial; los dos son antiecológicos y alteran los procesos ecológicos de los ecosistemas que los soportan.

Un embalse no es más que un gran depósito de agua que se llena cuando llueve y se va utilizando a medida que lo necesitamos; ésta es la razón por la que se construyen y, en consecuencia y desgraciadamente, no tienen ningún parecido ni con los ecosistemas fluviales ni con los lacustres.

Lo verdaderamente ecológico sería dejar los ecosistemas de nuestros ríos y lagos como están, dado que albergan sin nuestra intervención una diversidad biológica incomparablemente superior a la que puede asentarse en cualquiera de los embalses, aunque dediquemos todos los esfuerzos imaginables. Y cuando sea necesario alterarlos para construir presas u otras obras hidráulicas, debemos hablar siempre de procesos antiecológicos, por muy justificadas que estuvieran las obras por razones sociales o de otro tipo.

Tan sólo cabría considerar como menos antiecológicas, y en algunos casos incluso ecológicas, las *"presas de agujero"* (siempre vacías sin retener para nada la circulación normal del río, capaces de llenarse en las avenidas cuando el caudal supera la admisión del "agujero del cauce", para regular la riada aguas abajo, y que vuelven a vaciarse en las horas siguientes) y aquellas otras presas que dispongan tan sólo de un aliviadero de superficie sin tomas que puedan vaciar el embalse para ningún tipo de usos. Ninguna de ellas interfiere los caudales normales del río, ni produce elevaciones o descensos de nivel antinaturales y ambos permiten el asentamiento de vegetación fluvial en sus orillas.

Por tanto, debemos admitir que, en general, no existen embalses ecológicos, aunque podrían construirse sobre la base de lo indicado en el párrafo anterior. Podemos hablar de algunos esfuerzos aislados, con frecuencia excesivamente voluntaristas, para paliar algunos de los efectos perjudiciales de los embalses.

Lo cierto es que los impactos más graves no tienen solución y, en la mayor parte de los casos, se trata directamente de meras operaciones de maquillaje estético, paisajístico o social, con escasa incidencia en la restauración del ecosistema perdido o alterado.

2 ¿PERMITE UN RÉGIMEN DE CAUDALES ECOLÓGICOS EL SISTEMA DE EXPLOTACIÓN NORMAL DE UNA PRESA?

El caudal de agua que discurre por los ríos es tan sólo uno de los factores que definen su ecosistema fluvial y es función de las características ecológicas de la cuenca. El agua de las corrientes superficiales va acompañada de un variable, numeroso y complejo, cortejo de seres vivos, de sustancias en suspensión, de sales y gases disueltos. El ecosistema río necesita de todos estos elementos, sobre la base de un biotopo capaz de conservar todas sus características dentro de una horquilla de valores muy bien definida, condicionado por una serie de factores externos relacionados con sus particulares propiedades físicas (temperatura, densidad, tensión superficial y viscosidad), con la resultante del su movimiento descendente y de todas las interferencias puntuales (fundamentalmente la turbulencia) y con el flujo de partículas que circulan en suspensión y en disolución, y sus reacciones químicas derivadas.

El río no es algo uniforme e invariable, sino que está formado por una multitud de combinaciones de diferentes factores como son rápidos/remansos, arena/gravas/roca, cascadas/pozas, sequías/riadas, arrastres/sedimentación, cañones/valles, luz/sombra, calor/frío.., que son variables en el espacio, a lo largo del cauce del propio río, y en el tiempo, a lo largo del año, de los sucesivos años y de los siglos. De esta gran variedad de condiciones fisicoquímicas del cauce surgen los innumerables "*microbiotopos*" que permiten la existencia de los cientos de "*nichos ecológicos*" que hacen posible la existencia de las distintas especies de seres vivos que forman su peculiar "*biocenosis*". La vida de cada especie depende de todas las demás en cada uno de los microbiotopos del río.

Hemos de tener muy presente que un río constituye una unidad ecológica de características muy concretas y peculiares. En realidad, es un ecosistema lineal que puede albergar varios miles de especies de seres vivos.

Repasando el número de especies de seres vivos conocidas, podemos ver que sólo una pequeña parte del total ha sido capaz de colonizar las aguas dulces. Existen en el mundo apenas 14.000 especies de algas, 1.100 de plantas superiores y casi 14.500 de metazoos adaptados a las aguas de nuestros ríos y lagos; muy pocos si los comparamos con el casi millón y medio de especies catalogadas en el Mundo.

Las condiciones de vida de un "*cauce natural*" pueden llegar a ser muy duras y cambiantes, pero presentan un número suficiente de opciones, a partir de sus factores determinantes, para albergar una rica biocenosis.

En todo caso, algunas especies suelen tener áreas de distribución muy amplias, mientras que la diversidad de cada cauce concreto puede ser muy elevada. Por tanto, hay que insistir en que esta diversidad de especies está directamente ligada a la existencia de un "cauce natural", es decir, capaz de poseer y conservar una adecuada variedad de "*microbiotopos*" que puedan proporcionar ambientes adecuados para que existan los correspondientes "nichos ecológicos" de cada especie individual. Es fácil deducir que estamos tratando de factores muy puntuales, cuya identificación, localización, evaluación, cartografiado, diagnóstico y tratamiento, exigen un detenido y detallado estudio sobre el terreno.

2.1 Régimen de caudales natural del río

El motor de todo este complejísimo proceso, el responsable del mantenimiento de sus intrincados equilibrios dinámicos y el encargado de estabilizarlo a medio y largo plazo es el "*régimen de caudales natural*" del río.

El ecosistema fluvial está estructurado, organizado y equilibrado a lo largo de miles de años por las condiciones hídricas de su cuenca; cuando nos apartamos de ellas, el ecosistema se degrada. Este régimen de caudales natural con sus variaciones anuales e interanuales es el verdadero "régimen ecológico" del río.

En consecuencia, nunca deberíamos llamar ecológico a un régimen de caudales artificial, provocado por las necesidades de explotación del recurso agua; y es evidente que este régimen de caudales es diferente en cada punto del río, cada época del año, cada año y a lo largo de los años.

Naturalmente, el caudal ecológico de un arroyo que se seca completamente de forma natural en verano es cero, en ese período; la fauna que no soporta esas condiciones no puede estar representada en ese río, y sus especies características (endemismos) están perfectamente integradas en el peculiar ecosistema; el comportamiento paternalista realizando vertidos "humanitarios", proporcionando un régimen artificial de caudales no cero en verano, sólo sirve para permitir la "entrada" en ese río o tramo de río a otras especies más "delicadas"; y esto puede significar la pérdida de los endemismos, la alteración de las redes tróficas y la disminución de diversidad del ecosistema.

También la formación de una riada artificial, que se produzca durante el período reproductivo de las especies del río, por realizar un desembalse, puede tener efectos muy negativos al inundar madrigueras, nidos, puestas..., al producir condiciones hídricas muy distinta de las naturales, que son las que han condicionado los ciclos reproductivos de la fauna fluvial.

Y, naturalmente, cuando realizamos un vertido de productos contaminantes en un río, afectando gravemente a sus parámetros físico-químicos y al propio equilibrio biológico, seguiremos teniendo un caudal de líquido incluso mayor (agua más vertido contaminante) que el inicial, pero el río habrá perdido su "calidad ecológica" y serán eliminadas las especies incompatibles con esa contaminación.

Tampoco se mejoran las condiciones del río incrementando su caudal con agua adulterada, como la procedente del hipolimnium anóxico de un embalse eutrófico en verano, circunstancia que algunas veces se olvida; sólo conseguimos asfixiar los peces aguas abajo.

En consecuencia, parece bastante razonable que consideremos al río como un ser vivo y a su régimen de caudales ecológicos, su garantía vital.

3 EFECTOS DE LAS PRESAS Y SUS EMBALSES

3.1 *Las presas*

Resumiendo mucho los conceptos, podemos admitir que las presas producen los siguientes efectos sobre los ecosistemas circundantes:

1. Actúan como una verdadera barrera física para el agua, sus arrastres y toda la biocenosis fluvial.
2. Generan una conjunto variable de infraestructuras complementarias (carreteras, caminos, canales, centros de transformación, tendidos eléctricos, edificaciones, sistemas de iluminación, etc.) con grandes efectos nocivos sobre la fauna.
3. Reducen drásticamente los caudales máximos aguas abajo.

3.2 *Los embalses*

Al mismo tiempo, los embalses son responsable de los siguientes efectos:

4. Inundan el cauce y los valles, afectando al territorio, a los ecosistemas fluviales, a sus redes ecológicas y a las redes de comunicaciones e infraestructuras antrópicas.
5. Elevan la temperatura del agua, producen una estratificación térmica, aumentan la evaporación y reducen la eficacia de oxigenación, respecto al río natural.
6. Incrementan, en ocasiones, el efecto de barrera física (para el río y toda la biocenosis fluvial) de la presa.
7. Producen un efecto barrera sobre algunas especies de la fauna terrestre del territorio circundante.
8. Facilitan, otras veces, la accesibilidad por el embalse a zonas antes aisladas por carretera.

3.3 *El sistema de explotación*

Finalmente, el sistema de explotación del embalse produce:

9. Frecuentes oscilaciones en el nivel de las aguas incompatibles con el asentamiento de una vegetación riparia y de su fauna asociada.

I. A. de PRESAS y EMBALSES		IMPACTOS AMBIENTALES PREVISIBLES SOBRE							
		FAUNA		VEGETACIÓN		ECOSISTEMA FLUVIAL			
ELEMENTOS	ACCIONES	Fluvial	Terrestre	Fluvial	Terrestre	Erosión	Arrastre	Eutrofización	Nichos Ecol
PRESA	1.- Efecto Barrera Río	D					X		D
	2.- Obras Anejas	P	P	P	P	P			P
	3.- Menos Riadas	X		X		X	X		X
EMBALSE	4.- Inundación	X	X	X	X			P	D
	5.- Estratificación térmica	D						D	D
	6.- Efecto Barrera Río	D		P			X	X	X
	7.- Efecto B^{ra} Territorio		D						X
	8.- Accesibilidad Zona		P		P				P
EXPLOTACIÓN	Oscilaciones Nivel	X	X	X	X	X		X	X
	Régimen caudales	P	P	P		P	X	P	P
	Reducción Flujo	X	X	X		X	X	X	X

X → IMPACTOS INEVITABLES.
D → IMPACTOS DIFÍCILES DE REDUCIR.
P → IMPACTOS QUE PUEDEN PALIARSE.

10. Régimen de caudales, aguas debajo de la presa, muy diferente del natural.
11. Una reducción del volumen y de la calidad del agua circulante aguas abajo.

Sin ningún ánimo de ser exhaustivo, esquematizamos las consideraciones anteriores en el siguiente cuadro:

4 ¿POR QUÉ NO SE ENCUENTRAN RANAS EN LOS EMBALSES?

Hay algunas realidades fáciles de percibir en un detenido paseo, cuando comparamos las orillas de un río con las márgenes de un embalse en cualquier día de primavera.

4.1 El río

Nuestro paseo por la orilla de cualquier río se realiza sobre una tupida pradera de hierbas y flores de lo más diverso, una verde y fresca alfombra llena de colorido, aroma, movimiento y belleza. Al caminar, escucharemos los cantos y reclamos de cientos de insectos que saltarán o iniciarán su vuelo a nuestro paso; mariposas, coleópteros, chinches, abejas, espumaderas y arañas, ocupan sus puestos en la cadena trófica llenando de vida animal todas las hierbas del soto.

Entre éstas y los árboles que cierran la galería del bosque fluvial, decenas de aves adornan el espacio con sus vuelos y dejan oír sus armoniosas llamadas. Si nos acercamos a la orilla, dominará el croar de las ranas y podremos disfrutar contemplando sus sorprendentes saltos para ganar el agua, rematados con un chapoteo final. Otros ruidos, como de caída de piedras al agua, nos indican la huida de los galápagos que toman el sol, entre otros salpicones más leves de una culebra de agua o el salto de una carpa.

El ecosistema fluvial tiene una rica diversidad: mamíferos, aves, reptiles, anfibios y peces están bien representados, sobre una gran base de invertebrados acomodados entre la vegetación arbórea, arbustiva y herbácea. Todos ellos en una efervescente actividad para lograr la perpetuación de su especie.

4.2 El embalse

En cambio, cuando recorremos la orilla de un embalse, caminamos sobre una franja de terreno estéril, sin suelo fértil, sin fauna edáfica, sin vegetación alguna y con muy pocos seres vivos.

La lámina de agua, que con frecuencia se encuentra eutrofizada, tendrá gran cantidad de algas y una baja tasa de oxígeno disuelto, lo que dificulta la vida de las pioneras especies del plancton y de los peces que pueden vivir en ellas, y con frecuencia desprenderá

olores desagradables. Tan sólo podremos ver algunos peces tratando de tomar oxígeno del aire en agobiantes y pausadas bocanadas, algunas anátidas agrupadas en el centro del embalse refugiándose de las molestias de sus enemigos terrestres, y algunos cormoranes (*Phalacrocórax sp*) y milanos (*Milvus sp*) posados en restos de árboles secos que pueden pescar en sus aguas o capturar los peces moribundos.

El río es un ecosistema y un lago, también; mientras que el embalse es tan sólo un "depósito de agua" que, dependiendo de sus dimensiones y su régimen de explotación, se parecerá más a un río o a un lago, pero siempre será un sistema artificial que, en general, no tendrá posibilidades de compararse con un ecosistema natural.

Esto podemos comprobarlo con un "pequeño" detalle: *en los embalses no hay ranas*, porque las oscilaciones del nivel del agua no permiten el desarrollo de la vegetación en sus orillas, resultando incompatible con la estabilidad imprescindible para que sus huevos se conserven a salvo de los depredadores entre las hierba de las aguas someras.

Por la misma razón, no pueden criar los somormujos (*Podiceps cristatus*), ni los zampullines (*Tachybaptus ruficollis*), ni las fochas (*Fulica atra*), etc.; que construyen sus nidos entre las hierbas y arbustos o sobre plataformas flotantes de juncos, ni ninguna de las especies de aves propias del bosque de galería que acompaña el ecosistema fluvial.

Igualmente, se rompen las relaciones existentes entre la biocenosis característica del soto, sustentada tanto por el caudal superficial del cauce como por sus aguas subterráneas, y la del ecosistema terrestre de la zona circundante. Cientos de tramas ecológicas que establecían la continuidad de la vida entre muchas de las especies de ambos ecosistemas quedan interrumpidas y desaparecen infinidad de nichos ecológicos.

5 EL ACONDICIONAMIENTO HIDRÁULICO NO ES UNA MEJORA ECOLÓGICA PARA RÍO

Es necesario puntualizar que es muy diferente acondicionar hidráulicamente un cauce (cuando nos estamos refiriendo a uniformizar su sección, aumentar la velocidad de sus aguas o urbanizar su zona de influencia) que acondicionar ecológicamente el río (lo que significa mantener su diversidad de microbiotopos y funcionamiento natural).

Cuando estamos construyendo una escollera en cada orilla, con una sección trapezoidal uniforme, a lo largo de un kilómetro de río, en su tramo urbano al paso de una ciudad, adornado con paseos peatonales, aparcamientos o miradores, no podemos decir que estamos restaurando el río. En realidad, al río seguramente lo estamos antropizando un poco más, simplificando sus microbiotopos y reduciendo su biodiversidad. Es decir: estamos maltratando al río, por muy razonable que sea la obra (y así se justificara en el Estudio de Impacto Ambiental, por sus efectos sociales positivos frente a avenidas, aspectos urbanísticos, de ocio, etc.), estamos realizando un encauzamiento, que es lo mismo que acercarlo un poco más a la tipología de un canal.

Podemos decir que estamos restaurando un río cuando propiciamos la recuperación espontánea de su morfología natural, de su dinamismo estacional e interanual, de su vegetación fluvial, de su fauna de invertebrados y de vertebrados y de sus múltiples procesos ecológicos asociados. La consecución de estos propósitos es incompatible con la rigidización de sus orillas, el estrangulamiento de sus movimientos, la ocupación de sus terrazas de avenidas, la uniformización de sus parámetros físicos, etc.

El río debe conservar la diversidad característica de su zona y del lugar concreto del curso de que se trate. Para cada punto, surgen infinidad de combinaciones entre la tipología superficial de sus aguas, la abundancia y velocidad de sus cascadas, rápidos, remansos y estancamientos, de la forma y profundidad de sus pequeños charcos y pozas, la proporción de fuentes y surgencias, la proporción y características de los huecos bajo/entre las piedras del cauce, la naturaleza y características de sus diversos fondos (rocas, gravas, arenas, limos,...) los espacios intersticiales del cauce en su nivel freático, aguas vadosas y edáficas, la evolución anual de sus playas, la integridad de sus cortados rocosos y cantiles, la vegetación macrofítica, las rocas mojadas y con musgo, las zonas de erosión y sedimentación, etc. Todo este conjunto de factores, que aquí no hemos hecho más que enunciar simplificadamente, conforman la estructura del biotopo fluvial, imprescindible para el mantenimiento del ecosistema fluvial.

Por el contrario, las obras de "acondicionamiento hidráulico" de los cauces de nuestros ríos producen o, en general, pueden producir una serie de alteraciones que, en mayor o menor medida, alteran la integridad del ecosistema. Resumimos esquemáticamente algunas de ellas a continuación:

- Invasión de biotopos naturales.
- Destrucción de microbiotopos muy variados.
- Ocupación de suelo ribereño.
- Reducción de la sección natural de avenidas.
- Modificación del paisaje natural.
- Desplazamiento de especies de animales y vegetales.
- Modificación de los flujos hídricos.
- Contaminación de las aguas y los suelos.
- Alteración de flujos naturales de elementos.
- Incremento de presencia humana y sus efectos.
- Acumulación de desperdicios y basuras.
- Formación de nuevos núcleos urbanos.

- Crecimiento desordenado de los pueblos.
- Antropización general de los ríos.

Estos aspectos deben tenerse muy en cuenta también a la hora de proyectar medidas correctoras en los embalses. Cada vez es más frecuente rodearlos de caminos o carreteras perimetrales, zonas de acampada, chiringuitos varios, miradores, aparcamientos, etc. Éstas y otras medidas, que pueden tener un carácter social importante, son a veces notables factores de desajustes ambientales.

6 LOS EQUIPOS MULTIDISCIPLINARES

La consecuencia más importante que debemos obtener de todo lo anterior es que los Ingenieros de Caminos, Canales y Puertos, actuamos sobre un ecosistema muy complejo y sensible. En consecuencia, debemos procurarnos previamente los informes necesarios de los especialistas en la materia, para actuar suficientemente informados, desde las primeras etapas de nuestro trabajo como ingenieros.

A modo de ejemplo, suele ser necesario realizar los siguientes trabajos:

- Estudiar la "dinámica fluvial" y sus efectos.
- Concretar los procesos erosión/sedimentación.
- Esquematizar las redes ecológicas básicas.
- Definir la importancia de los microbiotopos y su diversidad.
- Identificar los "microbiotopos" más representativos.
- Analizar la biocenosis que puede resultar más afectada.
- Concretar la problemática faunística.
- Sintetizar los procesos degradantes.
- Analizar las preferencias sociales de uso.
- Determinación de los Impactos Ambientales máximos admisibles.
- Proyectar "in situ" viendo cada árbol, roca, poza...
- Adaptar los trabajos a los ciclos ecológicos, estacionales e interanuales.
- Evitar la uniformidad para orillas y fondos.
- Afectar y/u ocupar el "suelo" estrictamente necesario.
- Prever y controlar los movimientos de maquinaria durante el proceso constructivo.
- Analizar las relaciones entre los procesos fluviales y la estructura biótica.
- Puesta al día de bioindicadores específicos.
- Estudio de los ciclos naturales del P, el N y el C.
- Características de los ecotonos ribereños.
- Dinámica del equilibrio nitrógeno-fósforo y su retención en los ecotonos fluviales.
- Estudio de los humedales y de sus zonas de influencia.
- Interacciones en la interfase sedimento-agua y su importancia ecológica.

- Aspectos bioquímicos de la recuperación de ríos.
- Enfoques específicos de la recuperación de los ríos.
- Establecimiento de los procedimientos de evaluación.
- Gestión de información existente sobre la ecología fluvial.
- Aislar al río de todos los procesos contaminantes durante la obra y en la explotación.
- Mantener las características de los fondos.
- Reducir al mínimo las estructuras rígidas.
- Usar elementos naturales (madera y escollera).
- Conservar y reutilizar el "suelo fértil".
- Respetar la vegetación autóctona existente.
- Potenciar la recuperación de la vegetal natural.

Todo esto supone la imprescindible existencia de una marcada línea de continuidad entre los procesos iniciales de selección de soluciones técnicas y las siguientes fases de proyecto, construcción y explotación, sin que quepa fragmentarlos, aislarlos o independizarlos. Se trata de una labor ambiental y técnica continuada, que integre los condicionantes constructivos y de explotación de las presas u otras actuaciones en los ríos, con la labor de su gestión ecológica continuada a medio y largo plazo. Debe ser un proceso interactivo, que vaya corrigiendo sus actuaciones a la vista de los resultados reales que se vayan alcanzando.

7 CONSIDERACIONES AMBIENTALES PARA EL INGENIERO

Hemos comentado que los factores ambientales (fauna, vegetación y procesos ecológicos) deben estar presentes desde los primeros pasos de toda programación que afecte al ciclo hídrico. Pero lo importante no es que estos datos existan (cosa que no ocurre con frecuencia) sino que tengan un efecto concreto y directo sobre los posteriores pasos de la programación, el diseño, el proyecto, la ejecución y la explotación, en los distintos procesos que afectan al ciclo hídrico. En este sentido, es conveniente tener en cuenta las siguientes consideraciones ambientales:

7.1 La caracterización ecológica de nuestros ríos

Es necesario disponer de un catálogo ecológico indicativo para todos nuestros ríos y humedales, que defina suficientemente las características del suelo, vegetación, fauna, ecosistemas, relaciones ecológicas, estado de conservación, grados de protección, importancia del paisaje, usos tradicionales del territorio, etc.

Estos datos deben complementarse con los usos compatibles para cada río y tramo de río, pero, en todo caso, tan sólo servirán como primera orientación que, naturalmente, deberán ampliarse con un trabajo de campo y una investigación puntual, cumpliendo la legislación correspondiente a los preceptivos estudios de evaluación de impactos ambientales.

7.2 Régimen de caudales ambientalmente necesarios

Se trata de partir de la hipótesis de que "caudal existente" no es sinónimo de "caudal disponible" y, por tanto, no quiere decir "caudal utilizable o regulable". La idea es: "no se pierden 100 Hm cuando son desaguados por una presa o simplemente circulan por un río sin regular". El río necesita, o puede necesitar, un caudal circulante que no es "agua perdida". El cálculo de estos regímenes de caudales es trascendente para la conservación de los ecosistemas y debe ser el punto de partida de toda consideración sobre el uso del agua.

7.3 Niveles de regulación para cada subcuenca

Siempre podríamos hacer un embalse hiperanual, justificado por la irregularidad de nuestras precipitaciones, que tenga 1, 2, 5 ó 10 veces la aportación media anual. Pero existen razones ambientales para definir el nivel de regulación máximo admisible, pensando en la cuenca, y no sólo en la demanda. Está claro que no todo lo que puede hacerse técnicamente tiene que ser hecho, pues existen otros condicionantes, además del técnico, que deben justificarlo. Debemos relacionar el grado de regulación con la fiabilidad en el suministro y con las externalidades ambientales y sociales.

7.4 Demandas medioambientales

No se trata de simplificaciones triviales, sino de fijar el máximo régimen de explotación de los recursos hídricos, compatible con el mantenimiento de la biodiversidad de nuestros ecosistemas fluviales y de todos aquellos usos no cuantificables económicamente, existentes hasta ahora.

7.5 Supuesto de oferta limitada según grado de regulación

Se trataría de admitir que la demanda no puede crecer indefinidamente, bajo el supuesto de que la ingeniería traerá el agua como sea. Este supuesto no ha favorecido precisamente en ahorro de agua. Es un condicionante que debe analizarse cuando se trata de actuaciones a nivel de cuenca.

7.6 Obras antiguas: molinos, aceñas, etc.

Por formar parte de nuestro patrimonio arquitectónico y cultural, este tipo de obras hidráulicas deben

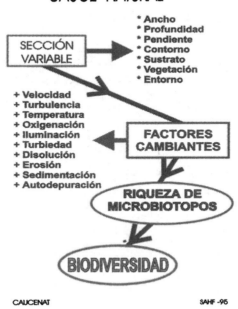

ser inventariadas y preservadas para las siguientes generaciones. En muchos casos, pueden ser restauradas e incorporarse a ofertas turísticas y culturales con notable interés económico para la zona afectada. Seguramente, y por razones culturales y profesionales, es preciso dedicar algo más de atención a este punto.

7.7 Externalidades ambientales

Ya no es posible obviar el coste económico, ecológico y social, de las externalidades ambientales y los procesos ligados al uso del agua en cada cuenca. Estas consideraciones deben producir un cambio importante en los procesos de toma de decisiones en las primeras décadas del siglo XXI.

Sin ninguna duda, las externalidades ambientales ligadas a las obras civiles, en general, y a las obras hidráulicas, en concreto, tendrán notables repercusiones en todos los ámbitos sociales.

Resumiendo, es preciso realizar un importante esfuerzo en investigar las características ecológicas y ambientales de todos nuestros cauces fluviales; en primer lugar, porque lo exigen las disposiciones legislativas que emanan y van formando el cuerpo de normas ambientales exigibles a la Ingeniería Civil en nuestro entorno europeo; y además, porque es la mejor manera de lograr una Ingeniería Civil Sostenible, capaz de lograr una mejora real de nuestra calidad de vida en equilibrio con los ecosistemas naturales y los ciclos generales de la biosfera.

BIBLIOGRAFÍA

"Ecología para Ingenieros. Impacto Ambiental". Santiago Hernández Fernández. Colegio de Ingenieros de Caminos de Madrid. Segunda edición ampliada en 1995 (428 págs).

"La Legislación de Evaluación de Impacto Ambiental en España. Proyecto de investigación sobre la suficiencia e la legislación y la eficacia de su utilización". Santiago Hernández Fernández y FUNGESMA. Publicado por Ediciones Mundi-Prensa en enero del 2000 (158 págs).

"Las Obras Hidráulicas y el Medio Ambiente". Publicado por la D. G. De Obras Hidráulicas y Calidad de las Aguas del Ministerio de Medio Ambiente. Varios autores, en 2001 (770 págs).

Dam Maintenance and Rehabilitation, Llanos et al. (eds)
© 2003 Taylor & Francis, ISBN 90 5809 534 7

Experimental investigations and numerical modeling for the analysis of AAR process related to Poglia dam: Evolutive scenarios and design solutions

G. Giuseppetti
CESI S.p.A., Milan

G. Donghi
Edison S.p.A., Milan

A. Marcello
Studio Marcello, Milan

ABSTRACT: Among the different evolutive deterioration processes for dam materials, recently in Italy Alkali Aggregate Reaction (AAR) phenomena are becoming more and more important. A particularly meaningful case is represented by Poglia dam. This structure, which owner is Edison S.p.A., is a hollow gravity *Marcello type* dam (located in Lombardia region), which aim is the hydroelectric power generation.

Since seventies some measurements have shown a slow drift in elevation and, secondarily, in downstream-upstream direction and for this reason the owner has started some investigations in order to reach a clear explanation of the causes. After a careful examination of the reliability of the measurements (levelling, collimation, pendulums, extensometers, etc.) and having excluded the existence of problems related to the stability of foundation and abutments, the possible presence of expansive phenomena has been explored.

To this aim a deep in situ and laboratory campaign has been carried out and the presence of the AAR phenomena has been detected. The phenomena have a moderate entity but, due to the non-rectilinear shape of the longitudinal dam axis and to the peculiar geometry of the dam blocks, a stress-strain state has taken place in the dam body which deserves attention particularly in the zones closer to the variation of direction of the dam axis.

Thanks to the availability of a particularly advanced finite element computer program (CANT-SD: three-dimensional, non linear, capable to simulate the expansion AAR phenomena) calibrated on the basis of the measurements recorded on the dam, different evolutive scenarios have been analysed and different hypothetical structural interventions have been examined. The final decision envisaged is to cut the contraction joints in order to reduce the compression stresses in the blocks and in the right gravity shoulder.

1 FEATURES OF THE DAM AND THE RESERVOIR

The purpose of Poglia dam (ANIDEL, 1951) is the daily regulation of the Sonico-Cedegolo and Cividate power plants which are part of the Valcamonica hydroelectric system (Brescia province, Lombardia region).

The dam, built in the period 1949–50, is located in the narrow valley of the river Poglia and is also fed by the river Oglio (of which Poglia is a tributary) through a free-flow tunnel and with the water discharged by the Sonico power station.

The dam rests on a metamorphic formation (Edolo schist) consisting of gneiss associated with layers of mica-quartz and mica schist. The rock was exposed on the abutments and in the riverbed, and was considerably weathered on the surface but it is sound at a rather limited depth. The main general data of the dam are reported in Table 1.

Poglia dam (Figs 1 and 2) consists of four hollow diamond-head buttresses and two solid lateral gravity shoulders. The right wing gravity shoulder turns upstream because along the main axis of the structure the rock is at a considerable depth (Figs 3 and 4) and originally an additional spillway was foreseen.

The drainage system of the dam consists of the inner cavities of the buttresses (connected with the outside by ducts), and by holes drilled into the rock along the

Table 1. General data of Poglia dam.

Height of the crest	632.40 m a.s.l.
Maximum normal water level	630.00 m a.s.l.
Maximum flood water level	632.00 m a.s.l.
Total storage capacity	0.5 Mil. cu. m
Total effective capacity	0.45 Mil. cu. m
Total catchment area	109.0 sq. km
Height of dam (deepest point of foundation)	50 m
Height above downstream riverbed	47.4 m
Length of the crest	137.10 m
Batter of the faces	0.45
Volume of the dam	34600 cu. m

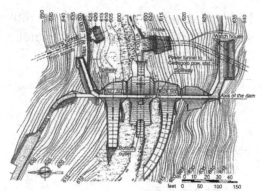

Figure 3. General layout of the dam.

Figure 1. Downstream view of Poglia dam.

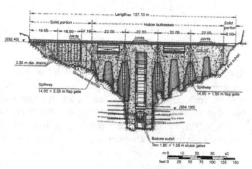

Figure 4. Sectional elevation of the dam: downstream view.

Figure 2. View from the right bank during construction.

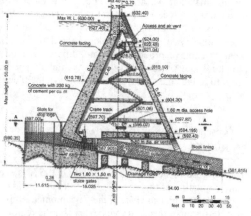

Figure 5. Cross section along the main buttress.

perimeter of each cavity for foundation drainage. Between the heads of adjacent buttresses, contraction joints are located which features are shown in Figure 7.

The reservoir is provided with a spillway and a bottom outlet. The spillway consists of two openings 14 m wide located under the dam crest and on the top of the buttresses N. 2 and N. 4. The openings are controlled by automatic flap gates and can also voluntarily be operated by means of a remote oil pressure device.

The bottom outlet is located in the main buttress (N. 3) and consists of two steel lined openings on the

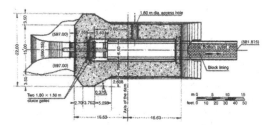

Figure 6. Horizontal section of the main buttress.

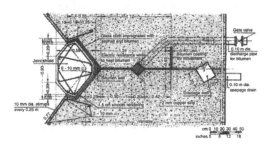

Figure 7. Particular of contraction joint.

Table 2. Discharge capacity of spillways and bottom outlet.

Spillway on buttress N 2	167 cu. m/sec
Spillway on buttress N 4	243 cu. m/sec
Bottom outlet	110 cu. m/sec
Total	520 cu. m/sec

upstream wall of the structure controlled by wheeled gates placed side by side. The outlet can be operated by means of an oil pressure remote control device or by hand driven pump. The discharge capacity with water level at El. 632.00 m a.s.l. is shown in Table 2.

The aggregates for the concrete mix were provided from a sandstone quarry. Ferric pozzolana cement was used. The concrete was placed by means of one cubic meter bucket carried out by blondins and derricks and was vibrated.

A grout curtain has been injected in the foundation rock along the upstream toe; the maximum depth reached was 35 m. The rock of the right bank was grouted for consolidation and grout was also injected along the foundation to ensure good bond between rock and concrete.

2 DESCRIPTION OF THE MONITORING SYSTEM

The monitoring system was installed at the construction stage and has been improved and updated

along the dam life. In the first stage the main instrumentation was addressed to measure the following quantities:

– *Deflections*, measured by means of two pendulums located in the cavity of the buttress N. 3, trigonometric measurements carried out by means of theodolite and crest movements measured by a collimation system;
– *Temperatures, stresses and strains* recorded by electro-acustic strain gauges.

More recently, other instrumentation was installed and updated (partially for the problems experienced by the dam that will be described in chapter 3):

– Two long base extensometers (42 m), installed in the lower part of the buttress N. 3, the first vertical and the second inclined (45°) and oriented towards the left abutment to measure concrete and rock local deformations;
– A leveling system, installed on the crest of the dam (eight points of measure) and on the right abutment (four points); in particular, the system allows to measure the possible vertical sliding of the blocks in the section of the joints;
– Piezometers: 6 installed in the inner cavity of the block N. 3; 4 installed downstream between the main blocks, and finally 1 on each shoulder;
– Joint openings: 6 points of measure at the crest level and 6 at the base;
– Two extensometers, ISETH type, in each lateral side of the cavity of the buttress N. 3 near the internal part of the diamond-head; the extensometers are 14 m long, are equipped with 13 points of measure: 7 in the buttress and 6 in the rock;
– A Trivec extensometer, 65 m long, has been installed in the left side of the buttress N. 3 with the aim to detect deflections and vertical displacements, 1 m step, in the dam concrete and in the foundation rock.

Since the end of 1988, an automatic monitoring system has been installed in order to increase the frequency of measurements and to provide the data collection and transmission to the owner office.

3 THE ANOMALOUS BEHAVIOUR EXHIBITED BY THE DAM

Since the seventies, hence roughly twenty years after construction, the dam started to exhibit an anomalous behavior detected by collimation, pendulums and leveling. In particular, a drift in the displacements was observed both in the upstream-downstream direction and in the vertical direction (a minor drift of the dam along the longitudinal direction was also presumed on the basis of the measurements of pendulums). The presence of the irreversible components in the measurements induced the owner to install a monitoring system in the valley, by a Mekometer, along the dam axis and downstream, and to provide a refurbishing of the drainage system of the foundation, including the drilling of new drains. At the same time a series of geological and geotechnical investigations were carried out in order to ascertain the presence of possible slope movements compatible with the trend of the measurements recorded on the dam. After a rather long period of observations, no evidence of slope instabilities capable to induce the movements recorded on the dam were ascertained. On the other hand, the progression of the drift phenomena (which trend in the main block was estimated to be 1 mm per year in the vertical direction and 0.2 mm per year in the upstream-downstream direction) convinced the owner of taking up towards a different explanation of the observed anomalous behavior of the dam.

4 EXPERIMENTAL INVESTIGATIONS AND NUMERICAL MODELING FOR THE ANALYSIS OF THE ANOMALOUS BEHAVIOUR OF POGLIA DAM

On the basis of the activities described in chapter 3, it was decided to concentrate the attention towards other kind of causes of the drift in the measurements, in particular to the investigation of possible expansion phenomena, e.g. Alkali Aggregate Reaction. It is worthwhile reminding that AAR was practically considered non-existent in Italian dam engineering sphere and, for this reason, the study on such phenomenon was limited to research institutes and universities. In the second half of nineties, hence, a new direction was given to the studies according to experimental (in situ and laboratory) and numerical modeling investigations tightly connected each other.

4.1 Experimental investigations

4.1.1 Laboratory tests

In order to ascertain the presence of AAR and to assess the present and future concrete characteristics, a set of laboratory tests was carried out both on specimens already at disposal from investigations made in eighties and on core samples newly extracted. The set of tests carried out on the specimens is shown in Table 3.

Contemporaneously, chemical-physical tests have been carried out on concrete fragments and on thin concrete layers which have clearly stated the presence of a high alkali content, mainly in the aggregates, and of an amorphous gel which can be ascribed to AAR (see Fig. 8).

On the other hand, the mechanical performances of the samples subjected to accelerated tests have pointed out rather good values in comparison with the present ones (in particular: mass, compressive and tensile strength, and elastic modulus remain practically not modified, while a small reduction has been found only in the sonic velocity – 4000 m/sec against 3800 m/sec).

The tests carried out on the specimens have shown that the residual expansive potential of the concrete due to AAR can be estimated to be almost equal to the expansion already experienced by the material.

4.1.2 In situ investigations

In order to ascertain the stress state of the dam in locations of particular interest, a set of local measurements have been carried. In particular, flat-jack tests have been performed in 7 locations and over-coring tests have been carried out in 10 locations.

The strains measured on all the blocks suitably elaborated have allowed to determine compressive stress values which range between 1.0 and 8.0 MPa. Moreover, the over-coring tests have also allowed to measure the local values of the elastic modulus that ranges between 20,000 MPa and 35,000 MPa. The

Table 3. Set of laboratory tests carried out on concrete specimens extracted from the dam blocks.

Block N.°	100% Rel. Hum.			
	Initial mech. tests	Expansion tests at 80°C in NaOH	Expansion tests at 38°C	Total mech. tests
2	4	4	2	10
3 left side	4	4	2	10
3 right side	4	4	2	10
3 slab	4	4	2	10
4	4	4	2	10
Total	20	20	10	50

stress values measured on the structure have been considered as reference values in the assessment of the reliability of a numerical model which aim and characteristics are described in the next chapter.

4.2 Numerical analyses

Numerical analyses have been carried out with the computer code CANT-SD (Masarati et al., 1998) making reference to the finite element model shown in Figure 9. CANT-SD is a program for linear and non-linear static and dynamic analysis of 3-D structures. The program has been particularly designed for dam analysis and takes accurately into account the interaction between the structure and the surrounding rock, and the effects of the impounded water. Several elastic-plastic models are implemented in the code (different versions of Drucker-Prager and Lade constitutive laws for concrete, rock and soils; Von Mises for steel). The behavior of discontinuity surfaces (e.g. structural joints, rock-concrete interfaces, etc.) can be

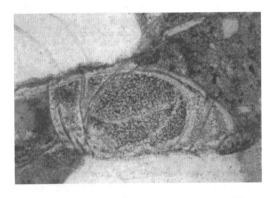

Figure 8. Specimen C3A. Void containing neoformation material due to AAR.

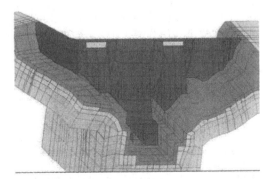

Figure 9. Finite element model used to carry out numerical analyses.

taken into account by means of thin interface elements (joint elements) provided with friction no-tension material models (with dilatancy, cohesion, open limit for shear strength). CANT-SD has been used for the numerical fluid-structural analysis of several dams of ENEL and of other dam owners. Moreover, the computer code CANT-SD has been validated in the frame of Benchmark-Workshops held under the auspices of ICOLD, the International Commission on Large Dams (Bolognini et al., 1994; Bon et al., 2001).

The peculiarities of the finite element model of Figure 9 are related to the simulation of the discontinuities represented by the vertical contraction joints between the blocks and between the lateral blocks and the gravity wings. Moreover, in the central block model also the main cracking pattern present in the inner surfaces has been included. The model has represented the basic tool for:

- the interpretation of the effects of the concrete expansion phenomena on the stress-strain state in the dam body and in the foundation;
- the forecasting of the structural future behavior on the basis of the estimated expansive trend in order to carry out the dam safety assessment and to take a decision on the necessity to proceed with a structural intervention;
- the analysis of different rehabilitation designs in order to choose the most appropriate solution and to optimize the chosen intervention.

4.2.1 Calibration of the numerical model

The first step of the study was addressed to the so-called "calibration of the model", i.e. the set of numerical analyses carried out to find the best fit between the quantities measured on the dam (in this case vertical displacements measured by leveling and horizontal displacements measured by collimation) and the same quantities computed by means of the model. The best estimate is generally found in the frame of an iterative process in which mechanical parameters represent the variables of the problem to be identified (of course, the first attempt parameters are those possibly at disposal thanks to laboratory and in situ investigations carried out on the structure).

In the present case the parameters evaluated by means of the identification procedure are: the elastic modulus of the concrete; the deformation modulus of the rock foundation; the mechanical parameters of the vertical joints (i.e. friction angle, apparent cohesion). As far as the simulation of the expansion phenomena is concerned, in the first preliminary phase only a thermal equivalence approach was available. In this case the effective expansion is assumed as isotropic, stress-independent, and equal to the free (i.e. unrestrained) expansion (AAR model A).

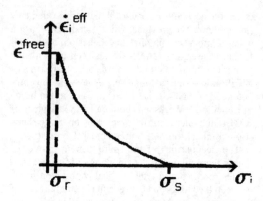

Figure 10.   Stress-dependent expansion law assumed in the analysis.

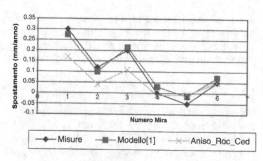

Figure 11.   Comparison between collimation measurements on the dam crest and values computed by means of two numerical models during the calibration phase.

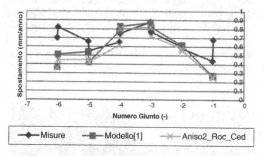

Figure 12.   Comparison between leveling measurements on the dam crest and values computed by means of two numerical models during the calibration phase.

On the other hand, it is well known from the literature (Charlwood et al, 1992) that this approach implies the over-estimation of the structural stress state. Hence, it was decided to proceed with a second more realistic approach (AAR model B) recently implemented in CANT-SD computer program. The model considers the effective expansion to be stress-dependent, as compressive stresses are assumed to reduce or even suppress the free expansion (Thompson et al., 1994). In such model, the effective expansion rate tensor has the same principal directions as the stress tensor, the relationship between the ith principal component ($i = 1, 2, 3$) of the two tensors being given as follows (compressive stresses positive):

$$\dot{\varepsilon}_i^{\text{eff}} = \dot{\varepsilon}^{\text{free}} \qquad \text{if } \sigma_i \leq \sigma_r$$

$$\dot{\varepsilon}_i^{\text{eff}} = \dot{\varepsilon}^{\text{free}} \left[1 - \frac{\text{Log}(\sigma_i / \sigma_r)}{\text{Log}(\sigma_s / \sigma_r)} \right] \qquad \text{if } \sigma_i \leq \sigma_i \leq \sigma_s$$

$$\dot{\varepsilon}_i^{\text{eff}} = 0 \qquad \text{if } \sigma_i \geq \sigma_s$$

Figure 10 sketches such stress-dependent law. It is worth noting that the effective expansion turns out to be anisotropic (unlike the free expansion) and that its principal directions evolve during the load history. The analyses, at present still in progress, have been performed making reference to the numerical values $\sigma_r = 0.3$ Mpa and $\sigma_s = 6.0$–8.0 Mpa suggested in the literature (Thompson et al., 1994).

The results expressed in terms of vertical and horizontal displacements of the dam crest obtained with the first "calibrated model" (AAR model A) are shown in the Figures 11 and 12.

As expected, in comparison with the fairly good matching between measured and computed displacements, the values of the stresses computed by means of calibrated models are considerably higher that the correspondent values measured on the structure (chapter 4.1.2). An acceptable comparison also for the stresses has been obtained assuming a reduced value of the deformation modulus of the rock and an anisotropic expansion rate (the horizontal value has been assumed to be one half of the vertical one).

The results of the calibration carried out according to the stress-dependent expansion law (AAR model B) are not available because, as above said, the analyses are still in progress. In spite of the limits of the first calibration, it has been possible to reach a comprehensive explanation of the way in which the dam behaves under an unusual phenomena such as AAR expansion.

In particular, it was possible to understand the mechanisms of the "jumps" observed in the vertical displacements of the joints (even if some inconsistencies still remains for the lateral joints, see Fig. 12), and the effects of the horizontal expansion of the blocks on the behavior of the right gravity wing wall.

This last aspect can be well observed in the Figure 13 where a view of the computed deformation of the dam crest in the present state is shown. Moreover, the analysis of the stress distribution in the dam body

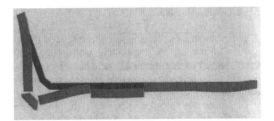

Figure 13. Computed deformation of the crest of the dam in the present state.

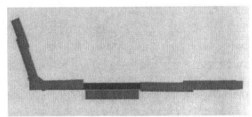

Figure 14. Computed deformation of the crest of the dam after the cutting of the joints.

(in spite of the already discussed limits of the model) has allowed to find a possible explanation of the cracking pattern that can be observed above all in the inner cavity of the main block.

4.2.2 *Support of the calibrated model to the rehabilitation design*

Thanks to the preliminary calibrated model, it was possible to carry out some numerical analyses in order to have a first estimate on the possible trend of the displacements and stresses in the future on the basis of the residual expansion expected for the concrete evaluated with the laboratory tests (chapter 4.1).

The details of the rehabilitation design will be defined on the basis of the results obtained by means of the final calibrated model (in progress) capable to take into account the stress-dependence of the expansion reaction (AAR model B).

Nevertheless, the solution that will be adopted in order to avoid the undesirable structural effects of the expansion – mainly the anomalous displacement (17 mm) of the right wing wall (Fig. 13) and the high compressive stresses – is the cutting of the joints.

The methodology nowadays adopted for the cutting of concrete by means of "diamond wire" allows the optimization of times and costs of the intervention almost without operational and technological limits. In particular, the intervention can be carried out:

– in one or more phases cutting $8 \div 12$ mm of material;
– from top to bottom, or viceversa, positioning downstream the equipment for the towing of the wire;
– on the whole contraction joint, in one or more steps.

In the present case all the 7 contraction joints of the dam will be cut maintaining the water in the reservoir to the lower operational level; the interventions below this level will be carried out with the empty reservoir in about one month.

The phases of the intervention are the following:

– cut of the contraction joints, of the copper strip and of the joint shields;
– demolition of the joint shields;

– sealing of the joints by means of stainless steel sealing strip with Ω shape;
– rebuilding of the joint shields in a fashion so that further cuts will be possible in the future.

The cutting of the material allows on one side the almost instantaneous relaxation of the compressive stresses due to AAR phenomena, on the other side it makes possible the restart of the expansion.

Figure 14 shows the deformed shape of the dam crest after having simulated the cut of the joints. It can be possible to observe the recovery of the elastic displacement components, mainly on the right shoulder.

In order to check in real time the recovery of the displacements and to measure the relaxation of the compressive stresses during the cutting works and, moreover, to measure the restart of the expansion phenomena, it has been decided the integration of the existing monitoring system as follows:

– measure of the displacements on the dam crest in the joint positions;
– measure of the opening of the joints upstream and downstream;
– measure of the opening/closing of cracks;
– measure of the stresses and strains in locations of particular interest.

4.2.3 *The limit equilibrium analysis of the main block*

After the cutting of the joints, the blocks will stay, with respect to the water load in the reservoir, in the same state as they where just after construction (of course, some stress-strain local effects induced by AAR will remain also after cutting).

Taking into account the presence of the cracking pattern in the inner part of the main block, it was decided to carry out a limit equilibrium analysis against sliding (i.e. the most realistic failure scenario, even if the analysis has to be considered as extremely precautionary).

To this aim the main block was considered as subdivided into several sub-blocks (see Fig. 15). Along

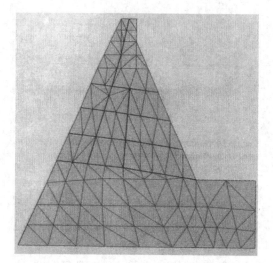

Figure 15. Vertical section of the 3D finite element model adopted to carry out the limit equilibrium analysis.

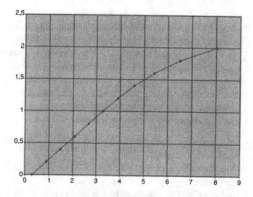

Figure 16. Hydrostatic load-displacement curve of the dam crest computed with the limit equilibrium analysis.

the contact surfaces between the sub-blocks, a set of friction angles and apparent cohesions were considered. The limit equilibrium analyses were carried out with CANT-SD.

The hypothetical collapse load was found with an incremental procedure in which the hydrostatic load was increased step by step up to the limit equilibrium state. The results of this analysis for a particularly conservative set of strength parameters (range of friction angle = $37° \div 40°$, range of apparent cohesion = $0 \div 0.1$ Mpa) are shown in Figure 16 in which it is possible to notice that the behavior of the structure (even if shared in several sub-blocks) remains practically linear-elastic for a hydrostatic load multiplier equal to 1.3 and the collapse multiplier is greater than 2.

5 CONCLUSIONS

The irreversible displacements experienced at Poglia dam – 17mm on the right wing wall at the crest level – have been recognised to be caused by the well known alkali aggregate reaction phenomenon in the concrete.

The measures recorded by means of the monitoring system installed on the dam, after having left out the drift due to the above mentioned AAR, show the linear-elastic behaviour of the structure – with reference to hydrostatic and thermal loads – that remains practically unchanged after 50 years from the construction.

The cut of the joints by means of the "diamond wire", that will be carried out on all the contraction joints has the following aims:

– the recovery of the displacements of the right wing gravity shoulder;
– re-establishment of the behaviour of each block according to the original design scheme, reducing the high compressive stresses due to AAR.

The attainment of these aims has been estimated by means of a detailed finite element model and will be ascertained thanks to the monitoring system installed on the dam, suitably integrated during the rehabilitation works.

As far as the safety assessment of the main block against sliding is concerned, it has been carried out a limit equilibrium finite element analysis. Also making the extreme assumption of the dam sub-divided in several blocks by horizontal and vertical cracks, it has been found a safety coefficient greater than 2 times the maximum hydrostatic load.

ACKNOWLEDGEMENTS

The authors wish to express their gratitude to Mr. Sainati (Edison S.p.A.), Mr. Clerici (Studio Marcello), Mr. Masarati, Mr. Berra, Mr.Cadei and Mr. Mazzà (CESI S.p.A.) for their very appreciable work in the safety assessment activities carried out for Poglia dam.

REFERENCES

ANIDEL 1951. Dams for hydroelectric power in Italy. Vol. 2.
Masarati, P., Bon, E. 1998. Il programma di calcolo strutturale CANT-SD: Manuale d'uso. (CANT-SD, a computer program for structural analysis: User manual). Internal Report n. 5571.
Bolognini, L., Masarati, P., Bettinali, F., Galimberti, C. 1994. Non-linear analysis of joint behavior under thermal and hydrostatic loads for an arch dam. Third Benchmark-Workshop on Numerical Analysis of Dams (ICOLD). Paris, France.

Bon. E., Chillè, F., Masarati, P. , Massaro, C. 2001. Analysis of the effects Induced by Alkali-Aggregate Reaction on the Structural Behavior of Piantelessio Dam. *Sisth Benchmark-Workshop on Numerical Analysis of Dams (ICOLD)*. Salzburg, Austria.

Charlwood, R. G., Solymar, S. V., Curtis, D. D. 1992. A review on Alkali Aggregate Reactions in hydroelectric plants and dams, *Proceedings of the International Conference on Alkali-Aggregate Reactions in Hydroelectric Plants and Dams*, CEA and CANCOLD, Fredericton, pp. 1–29.

Thompson, G. A., Charlwood, R. G., Steele, R. R., Curtis, D. D. 1994. Mactaquac generating station intake and spillway remedial measures, *Proceedings of the Eighteenth International Congress on Large Dams*, Durban, South Africa, Vol. 1, Q. 68, R. 24, pp. 347–368.

Dam Maintenance and Rehabilitation, Llanos et al. (eds)
© 2003 Taylor & Francis, ISBN 90 5809 534 7

Safety reassessment of multiple arch dams in Italy: General considerations and presentation of a case-study

G. Mazzà
CESI S.p.A., Milan

A. Marcello
Studio Marcello, Milan

R. Ceruti
Consorzio Bacini Tidone e Trebbia

ABSTRACT: The tradition of Italy in the dam field, in the modern age, starts at the beginning of 1900. Among the first structures built in the country, the typology of multiple arch dams occupies a significant position in particular for the link with the parallel evolution of the reinforced concrete production at the beginning of the last century. In general, these dams have been built using reinforced concrete for the multiple arches and reinforced concrete and masonry for the buttresses. The problems that the dam engineer has to cope with in the safety reassessment are in general the following: (a) insufficiency of the capacity of outlets due to the limited availability of hydrological data at the design stage; (b) ageing and deterioration of the materials due to environmental conditions and possible chemical-physical phenomena; (c) limited strength of the structures with reference to seismic loads not considered at the design stage; (d) problems related to the fulfillment of the present Italian Standards which have been updated several times. In the paper, after the presentation of some general aspects related to multiple arch dams and to safety reassessment problems, the case-study of Molato dam is presented.

1 GENERAL INFORMATION ON MULTIPLE ARCH DAMS IN ITALY

Italy is a country with a long tradition in the field of dam construction and operation dated in the modern age between the end of 1800 and the beginning of 1900, with two periods of significant increase in construction activity that ranges between 1920–1935 and 1950–1965.

Figure 1 shows the total number of dams grouped into different typologies (the total number shown in Figure 1 is equal to 519 according to the Italian definition of large dams before 1998; subsequently, it has been assumed the ICOLD definition of large dams and the total number has become 508) and Figure 2 shows the trend in dam construction since 1880 (Dam Italian Service, 1996).

It is worth of mention the construction of multiple arch dams that ranges between 1915 and 1925 (there is only the case of Rutte dam which construction started in 1949) tightly connected with the parallel expansion in the use of reinforced concrete for several civil works.

This dam typology, after an initial success, was subsequently almost abandoned presumably for the following reasons:

– the Gleno (a multiple arch dam) disaster which occurred in 1923 caused by the insufficient stability

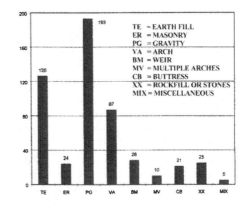

Figure 1. Dam typologies in Italy.

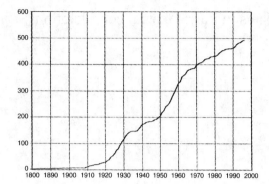

Figure 2.   Trend of dam construction in Italy.

Table 1.   General data on multiple arch dams in Italy.

Name	Construction Period	Region	Elevation m a.s.l	Purpose
Combamala	1915–16	Piemonte	915	H
Riolunato	1918–20	Emilia	690	H
S. Chiara	1918–24	Sardinia	111	H/I
Pian Sapeio	1921–26	Liguria	950	H
Molato	1921–28	Emilia	362	I/H
Pavana	1923–25	Emilia	472	H
Lake Venina	1923–26	Lombardia	1824	H
Fontanaluccia	1925–28	Emilia	777	H/I
Ozola	1925–29	Emilia	1229	H
Rutte	1949–51	Friuli	814	H

H = Hydroelectric; I = Irrigation.

Table 2.   Site characteristics of multiple arch dams in Italy.

Name	Silting	Seismicity	Foundation
Combamala	Negligible	NC	Limestones
Riolunato	Considerable	Low	Limestones
S. Chiara	Negligible	NC	Trachyte
Pian Sapeio	Negligible	NC	Dolerite
Molato	Moderate	NC	Sandstones
Pavana	Negligible	Low	Sandstones
Lake Venina	Negligible	NC	Quartz schists
Fontanaluccia	Negligible	Low	Sandstones
Ozola	Considerable	Moderate	Sandstones
Rutte	Negligible	Moderate	Dolomites

NC = not classified seismically.

Table 3.   Characteristics of multiple arch dams in Italy.

Name	Reservoir Capacity (Mil. cu. m.)	Height (m)	Length (m)	Materials
Combamala	0.40	42.0	94	C
Riolunato	0.60	30.5	90	C/ M
S. Chiara	400.0	70.0	260	C/M
Pian Sapeio	0.20	17.5	120	C
Molato	13.0	55.3	180	C
Pavana	1.20	52.0	145	C
Lake Venina	11.30	49.5	175	C
Fontanaluccia	2.50	60.0	130	C/M
Ozola	61.50	27.5	96	C
Rutte	0.31	20.0	357	C

C = Reinforced concrete; C/M = Arches in reinforced concrete and buttresses in masonry.

of the manufactured base foundation in the center of the structure;
– the evidence of construction problems related to the appearance of cracking patterns due to thermal effects induced by the wide surfaces exposed to environmental conditions;
– tightly linked with the previous aspect, problems related to the deterioration of the concrete caused by atmospheric agents and frost action combined with the poor quality of cements and with the porosity of the concrete due to limitations in the vibration technologies.

Ten dams of this typology have been built in Italy and most of them are still in full operation. Tables 1, 2 and 3 show the main characteristics of them.

For almost all dams, rehabilitation works have been carried out, in particular for:

– reduction of seepage in the foundation and the abutments by means of waterproofing works;
– reduction of leakage in the joints by caulking;
– maintenance works for facings exposed to atmospheric agents and frost (applications of thick gunite layers or relining with other materials, e.g. sand stone blocks);
– periodical low-pressure grouting in places which show signs of leakage;
– modifications and/or reparations of the discharge outlets;
– removal of the sediments in the reservoir.

It is worth mentioning the earthquakes which hit the dams of Riolunato and Lake Venina without any damage to the structures, and the bomb attack during the 2nd World War to S. Chiara d'Ula dam, completely repaired afterwards.

Figures 3, 4, 5, 6, 7 and 8 show most of the multiple arch dams built in Italy.

2   ENGINEERING PROBLEMS IN THE SAFETY REASSESSMENT OF MULTIPLE ARCH DAMS

On the basis of the professional experience of the Authors, the problems that the dam engineer has to

Figure 3. Downstream view of Fontanaluccia dam.

Figure 4. View of Lake Venina dam from downstream left bank.

Figure 5. Downstream view of Pavana dam.

Figure 6. Downstream view of Santa Chiara dam.

Figure 7. Downstream view of Riolunato dam.

Figure 8. General view of Rutte dam.

tackle in the safety reassessment of dams, and in particular for multiple arch structures, are summarized here below.

a) Insufficiency of the outlets: this problem is generally due to the limited availability of hydrological data at the design stage and to the updated safety concepts imposed by the current Italian Standards.

In fact, at the beginning of 1900, when most of the multiple arch dams have been built, the dimensioning of the outlets was based on designer evaluation of the precautionary analysis based on hydrological data. At present, the Hydrographic Italian Service expresses a binding opinion on the flood peak; this opinion is based on the past experiences and on statistic and probabilistic analyses. For this reason

195

the actual dimensioning of the outlet works can become a very critical aspect that the dam engineer has to take into account in the safety reassessment.

b) Ageing/deterioration of the materials: in the chapter 1 it has been already emphasized how the environmental conditions have caused serious problems to the structures and in several cases it has been necessary to carry out remedial works. It has to be put into evidence that usually the problems are mainly related to the reinforced concrete elements of the structure while the masonry elements have shown better performances. This was mainly caused by the technological limits related to the cement quality and to the casting of the concrete at the construction stage. Some other problems (e.g. alkali aggregate reaction, corrosion of the steel bars, etc.) have also been experienced during reassessment activities carried out for the dams examined in the present paper.

c) Seismic behaviour of multiple arch dams: seismic aspects have been firstly introduced into the Italian Standards issued in 1959 and updated in 1982. For this reason, and considering the low seismic level of the zones where these dams have been built (see Table 1) none of the 10 multiple arch dams before mentioned has been designed taking into account seismic loads. However, the policy of the Dam Italian Service is oriented to request to the owner to take into account seismic loads independently from the location of the dam when a safety reassessment or a rehabilitation design is carried out. As a general consideration, it is worthwhile mentioning the positive role played by the reinforced concrete transversal beams (or arches) of which most of these dams (except Riolunato and Rutte dams) are provided, thanks to the caution and the engineering sensitiveness of the designers.

d) Observance of Italian Standards in the frame of structural safety reassessment of dams: Italian Standards (last time updated in 1982) comply with well defined stress limit values and safety factors linked to the dam typology under analysis. These aspects are obviously valid for a new design, but they are also requested by the Authorities when "major" safety reassessment and rehabilitation designs are carried out (even if there is a certain level of controversy in the interpretation of the Standards with reference to their retroactivity to existing dams). This interpretation can require a very difficult job to the owner not only for the aspects above mentioned – point a) insufficiency of the outlets, point c) seismic loads – but also because the methods to carry out nowadays the analyses (e.g. finite elements models) could be very different from those adopted at the design stage and this aspect can give rise to controversial interpretations of the results.

3 THE MOLATO DAM CASE-STUDY

As a meaningful example of safety reassessment and rehabilitation design of a multiple arch dam, the case-study of Molato dam is presented in this chapter.

3.1 General information on Molato dam

Molato dam, which main general original data are synthetically reported in Tables 1, 2, and 3, is a structure with a central part consisting of 17 reinforced concrete arches which rest upon 16 intermediate reinforced concrete buttresses and 2 solid lateral gravity shoulders (see Figs. 9, 10, 11, 12, and 13). Seven series of reinforced concrete T-section arches, arranged horizontally at different elevation, form the bracing between the buttresses.

The design calculation did not take into account the uplift pressures (not important in the original

Figure 9. Downstream view of Molato dam.

Figure 10. Upstream view of the dam showing the 17 reinforced concrete arches and the left gravity shoulder.

design, but significant with reference to the changes in the dam foundation construction) and, as above said, the seismic loads.

The arches have been calculated by the cylinder formula as elastic rings fixed at the abutments.

The central section of the dam crest is shaped as a spillway (discharge capacity 500 m³/sec), consisting of 3 sluices controlled each by automatic balanced sector gates with additional electric or hand-operation from the overlying control cabin.

Figure 11. Plan of Molato dam.

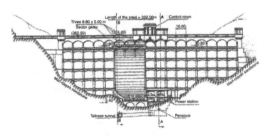

Figure 12. Downstream elevation of the dam.

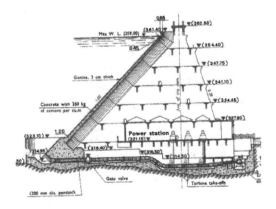

Figure 13. Cross section of Molato dam.

The dam is also provided with an intermediate outlet with a discharge capacity 50 m³/s, consisting of a tunnel located in the right bank and controlled by a sluice gate.

Moreover, the dam is provided with a bottom outlet with a discharge capacity 30 m³/s, consisting of two steel pipes embedded in the concrete platform and controlled by a butterfly valve upstream and a needle valve downstream.

3.2 *Present state of the dam*

The dam operation has been restricted by the Dam Italian Service by reducing the retention water level of the reservoir, essentially for three reasons:

– the low sliding stability;
– the insufficient discharge capability of the outlets;
– the low resistance of the structure with reference to seismic loads mainly in the transversal direction.

In the present case the limited sliding resistance is connected to the original building characteristics which have caused the complete covering of the buttress spans with large concrete slabs casted on the rock and the consequent possible rising of uplift pressures on the contact slab-rock.

The purpose of this solution adopted during the construction of the dam was addressed to protect the foundation rock (sandstone-marl flysh) from the negative effects possibly caused by atmospheric agents on the marly part.

During the eighty years of operation, these large slabs were frequently drilled in different locations to reduce the uplift pressures.

In order to carry out the dam safety reassessment, with reference to the three main aspects above described (the improvement of the seismic behaviour of the structure with particular attention to the transversal dynamic loads, the sliding assessment taking into account the uplift pressures not considered at the design stage, the insufficient discharge capacity of the outlets), several finite element models (using ABAQUS code, 2001), with different levels of detail, have been realized by means of which thermal and static analyses of the present dam state have been performed.

On the basis of laboratory investigations carried out on core samples of the concrete and on the steel reinforcing bars, it has been found the rather good performance of the materials with respect to the stress state, computed with the above said models.

Only in the lower part of the buttresses high stress values have been found. On the other hand, the sliding assessment keeping into account uplift pressures has shown that for the highest buttresses the limits imposed by the Italian Standards are not fulfilled.

3.3 *The design for dam rehabilitation*

The preliminary design stage was devoted to find the optimal rehabilitation solution.

In this phase, the behavior of new concrete reinforcement structures – which aim was to partially bear the hydrostatic loads and to make stiffer the whole structure – was considered.

The results, also based on additional laboratory investigations carried out on a set of mixes for new concrete, have shown that, in spite of the expedients possibly adopted to reduce creep and thermal effects, shear stresses between the old structural elements and the new ones, remained rather high.

For these reasons, and with reference to the results related to the present dam state, the designer has chosen the solution shown in Figure 14.

The solution is represented by the partial filling with concrete of the lower part of the spans between the buttresses and the arches.

The building of these reinforcements allows to reduce the stresses in the lower part of the buttresses and to accomplish with the limits imposed by the Italian Standards for sliding.

In Figure 15 the numerical model of the partial filling with concrete of the lower part of the dam is shown.

With reference to seismic aspects, the analysis carried out with the model of Figure 16 has shown that the dam as it is at present is not able to withstand the seismic transversal loads mainly because of the limited strength of the reinforced concrete T-arches which connect the buttresses.

For this reason it has been designed a suitable reinforcement and replacement of the T-arches and their beneficial effect has been assessed making reference to a fully dynamic (response spectrum) analysis which takes into account the fluid-structure interaction (Bolognini et al., 1995). A typical modal shape computed to carried out the dynamic analysis is shown in Figure 17.

Among the additional structural analyses it is worth mentioning the sliding assessment carried out for the solid lateral gravity shoulders and the analyses for the evaluation of thermal stresses (caused by the hydration phenomena due to the casting of the new concrete) performed to consider the effects of the concrete filling, shown in Figures 14 and 15, on the lower part of the dam.

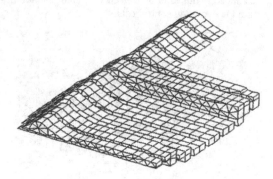

Figure 15.   Numerical model of the partial filling for the rehabilitation of the dam.

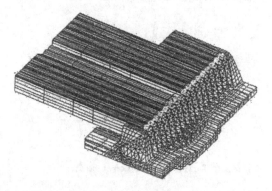

Figure 16.   Finite element model adopted for numerical analyses.

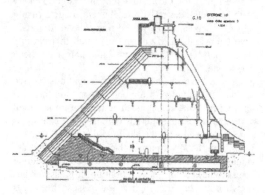

Figure 14.   Partial filling with concrete designed for the rehabilitation of the dam.

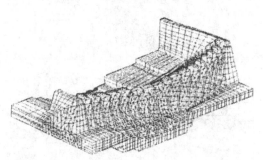

Figure 17.   A typical modal shape computed to carry out the dynamic analysis.

From the hydraulic point of view, the interventions were directed:

- to discharge a flood peak value of 940 m³/s (against an original discharge capability of 500 m³/s);
- to renew the existent bottom and intermediate outlets to ensure the best operation conditions.

The considerable increase of the flood peak discharge has asked for the realization of an additional spillway, in tunnel on the right bank.

The inlet work with three gates (two lateral free spillways and the central one controlled by an automatic flap gate) was built so as to allow the operation of the reservoir at an intermediate elevation, with the possibility to up-rise its position when the overall reservoir level will be authorized (presumably when the structural works will be over).

4 CONCLUSIONS

On the basis of the large and complex experimental as well as numerical activities, it was possible to define the optimal rehabilitation design.

The rehabilitation works are divided into two operative phases, the first of which has been completed and the second one is at present in progress.

In particular, in the first stage the following works have been carried out:

- an auxiliary free spillway built in a tunnel on the right bank with a discharge capacity of 400 m³/s;
- a waterproof curtain located at the upstream toe of the dam and the complementary drainage system;
- the rehabilitation of the bottom and intermediate outlets;
- the waterproofing of the upstream face of both the multiple arches of the dam and of gravity concrete shoulders.

For the second stage the following works have been planned:

- the partial filling with concrete of the lower part of the dam;
- the strengthening of the T-arches which connect the buttresses with reference to seismic loads;
- the rehabilitation of the surface spillway in the dam body;
- the rendering of all surfaces exposed to environmental conditions;
- the uprising of the auxiliary free spillway built during the first stage.

REFERENCES

Dam Italian Service (Servizio Nazionale Dighe), 1996. Caratteristiche tecniche delle grandi dighe italiane. Aggiornamento 1996 Registro Mondiale Dighe.
Anidel, 1953. Dams for hydroelectric power in Italy. Vol. 2–7.
ABAQUS, H.K.S. Inc., Version 6.2, 2001.
Bolognini, L., Bon, E., Masarati, P., 2000. India: a computer program for the dynamic coupled fluid-structure analysis. Version 8.1. Internal report.

Dam Maintenance and Rehabilitation, Llanos et al. (eds)
© 2003 Taylor & Francis, ISBN 90 5809 534 7

A discussion paper on the general principles of classifying dams and prioritising dam safety investigation and investment initiatives

S. Berntsson
Vattenfall AB, Stockholm, Sweden

D. Hartford
British Columbia Hydro, Vancouver, Canada

U. Norstedt
Vattenfall AB, Stockholm, Sweden

R. Stewart
British Columbia Hydro, Vancouver, Canada

ABSTRACT: This paper examines the nature and purpose of dam classification systems and presents for discussion purposes, some ideas about fundamental considerations that might form the basis of a future industry accepted approach to classifying dams, dam safety concerns and investment priorities. A pseudo risk-based framework for classifying dams which also serves as a basis for managing dam safety and for investment prioritisation is presented. The framework can accommodate different ways of characterising the magnitude of the dam safety concerns, the consequences of failure of the dam, and the relevant policy related considerations that is consistent with traditional classification schemes for dams. Some of the difficulties in using quantified risk that render it impractical as a sole basis for dam classification and prioritisation at this time, are outlined.

1 INTRODUCTION

The setting of safety standards for dams, a matter of public safety policy making has traditionally been entrusted to the dam engineering profession, with the industry being largely self-regulating. Nowadays, such policy issues are increasingly matters for governments to decide, as it is now recognised that those who create the risk (the dam owners) do not bear the full consequences of dam failure, nor the wider costs necessitating intervention by the state to regulate risk in some way. Once policies are set, procedures for policy implementation procedures are required to achieve the policy objectives. Dam classification schemes provide part of the framework for dam safety policy implementation.

Dam classification schemes are apparently intended to provide the basis for integrating the public safety policy and technical design considerations. The process has been largely successful as manifested by generally excellent safety record of dams and the simplicity of the classification schemes. However, the statistical success of this apparently simple policy implementation process masks some complex policy and technical considerations. The underlying desire for absolute safety against natural hazards is obviously unrealistic, and is contrary to the principles of good engineering practice. Further, dams are not immune from hazards internal to the dam system (e.g. differences between design assumptions and field conditions, design errors, construction flaws and operational errors), although such considerations are not incorporated in conventional classification schemes.

In recent years attempts have been made to extend this simple classification process to include, either implicitly or explicitly, the complete spectrum of dam safety management considerations. The question that arises is whether or not existing classification schemes, whose primary purpose was implementation of absolute protection of the public against dam failures induced by natural hazards, provide an adequate basis for such wider roles? In other words, are they fit for the revised purpose?

2 DAM SAFETY POLICY CONSIDERATIONS

Dam safety policy-making appears to have evolved in an informal way in many countries, often within the framework of laws pertaining to the activity supported by the dam. In many cases, rather than being explicitly stated, dam safety policies are often implied. The original purpose of (implied) dam safety policy appears to have been to ensure that the social and economic benefits of dams could be achieved without the dam posing a threat to public safety. Public safety policy-making, of which dam safety policy-making is a subset, is fundamentally a matter for government. In general government has the role of establishing and enforcing public safety policies. This is done either explicitly by establishing dam safety laws, regulations, licensing and enforcement regimes or implicitly within the framework of existing laws. The dam owners, who are generally strictly liable for the consequences of dam failure, usually establish their own policies to provide a framework for discharging their duties of care. Again, these policies are either explicit in specific policy statements or implied through broader statements of policy and business practices.

For the most part at a governmental level, dam safety policies, based on long established practices have evolved without the aid of formal public safety policy analyses to aid the policy-making process. The dam engineering community, mindful of the destruction that dam failures create has attempted to ensure public safety by ensuring the absolute safety of dams against natural hazards (NRC, 1985). This was to be achieved through concepts such as the Probable Maximum Flood and the Maximum Credible Earthquake. Dams, whose failure would not lead to loss of life or unmanageable economic losses, could be designed to lower natural hazard withstand standards (Figure 1). The matter of setting dam safety standards was, and for the most part remains, a matter of professional consensus.

The concept outlined in Figure 1 provided the basis for determining dam design standards for natural hazards. Two classes of dams emerged, those that have the potential to cause loss of life or unmanageable economic losses if they fail, and those that do not.

Dam owners, who have the duty of care, generally have their own dam safety policy and policy implementation procedures set in the context of the broader governmental framework. Typically, dam owners policies will be aimed at meeting or exceeding the legal requirements. However, the scheme illustrated in Figure 1 does not capture all of the considerations that owners must incorporate in discharging their duties of care. Thus while the scheme in Figure 1 might be fit for the purpose of distinguishing between two classes of dams, it is extremely limited in its application. From the perspective of implementing dam owner's policies, it can only be used in a very simplistic way to guide dam safety management activities. For example, safety management processes for Class I dams could be expected to be more stringent than those for Class II and that Class I dams would have higher priority for funding of dam safety improvements. Typically, in implementing their policies owners will need to include consideration of the innate disposition for things to go wrong as well as the consequences that result when things go wrong.

3 EXISTING APPROACHES TO CLASSIFICATION OF DAMS

Figure 1 provides the basic form of dam safety policy implementation models. The purpose being to set design standards for natural hazards. To achieve this objective, dams tend to be classified in terms of some measure of their potential to cause damage downstream in the event of their failure. This appears to reflect the view that the level of safety management of a dam is related in some way to its consequences of failure. Whether this measure is in terms of the potential energy retained by the dam, as expressed by the height of the dam and the volume of the reservoir, the extent of the potential downstream damage, or the consequences of dam failure, the intent of the consideration is the same.

However, the concept outlined in Figure 1 was found to be overly restrictive, as it was insensitive to the broad spectrum of failure consequences that might arise. To permit better discrimination between dams within the same category, the consequence categories were subdivided in an effort to permit discrimination between dams in the same category with vastly different consequences of failure (Figure 2).

Figure 2 is essentially a multi-attribute one-dimensional policy implementation model (one-dimensional in that the consequences increase in one direction). However, there are important policy considerations associated with the change from the concept illustrated in Figure 1 making it necessary to determine the purpose of better discrimination between dams within the same category. Is the purpose prioritisation or is it a departure from the policy that there should be no loss of life from dam failures induced by natural hazards? In reality, the objective was to relax the policy of zero tolerance for loss of life and to set

Dam Class	Potential Failure Consequences		Natural Hazard Design Standard
I	Potential for dam failure to cause loss of life or unmanageable economic loss	⇨	PMF and MCE (Professional consensus)
II	No potential for loss of life and manageable economic loss	⇨	Professional judgement (framed by precedent)

Figure 1. Basic form of dam safety policy implementation schemes.

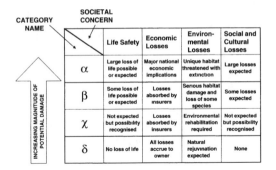

Figure 2.   Extended form of dam classification schemes.

Figure 3.   Safety management in proportion to the hazard.

safety standards in proportion (albeit in a coarse way) to the loss of life. While we make this observation, the matter will not be considered further as it is outside the scope of this paper.

It is also worth noting that this scheme does not include consideration of the potential for things to go wrong. For example, an earthfill dam just upstream of a densely populated area with a single remotely operated spillway gate would be considered to be more susceptible to failure than if it had a free overflow spillway, even though the failure consequences would be the same. However, this scheme does not capture this important aspect of safety management.

4   HAZARD, HARM, CHANCE AND RISK

As noted above the one-dimensional dam classification process based on the magnitude of potential damage does not incorporate consideration of the propensity for dams to fail. A hazard is a source of harm. From a technical perspective the term hazard pertains to "the innate propensity for something to cause harm". This is entirely consistent with the general usage of the term hazard, as applied to natural hazards or internal hazards. Natural hazards such as floods or earthquakes pertain to the propensity of nature to become unstable and cause particular types of harm. Similarly, engineered facilities, be they structures or processes, that have a propensity to fail and cause harm are termed hazardous facilities.

The safety management of hazardous facilities reflects the basic idea that the higher the hazard, the greater the risk and the higher the standard of protection required and the more absolute the duties of care. Or, in engineering terms the less the tolerance. (Bacon, 1997). This is general societal principle that is manifested in engineering practice through differences in design standards for different situations that are aimed at ensuring that the structure is fit for its intended purpose. To reflect this concept, the magnitude of hazards

associated with activities or facilities and the levels of effort required to control the hazards can be represented in terms of a linear one-dimensional scheme (Figure 3).

It is important to note the distinction between hazard – the innate propensity of the dam to cause harm, and risk – the way that chance combines with hazard to produce a risk. Since a reduction in the hazard necessarily brings a reduction in the risk, common usage often merges hazard and risk.

Prior to proceeding it is worth examining the purpose of representing the principle, "the higher the hazard, the higher the risk and the higher the standard of care" (Bacon, ibid.), in a linear, one-dimensional scheme. Conceptually, such a scheme could be used to associate the magnitude of the hazard with an appropriate level of effort to control the hazard. For example, dams deemed to be high hazard might be inspected more frequently than those classified as low hazard. Such a scheme could also provide a means of ordering the implementation of additional controls. In this way, schemes of this nature can be used as a basis for implementing safety management policies. The scheme itself would be termed a "policy implementation model" with the safety policy having been previously and separately determined. In reality, and in common with an all aspects of life – it is not possible to eliminate hazard (make it safe). But we *can* control risk – make it safe enough (Bacon, ibid).

The magnitude of the hazard, although related to the resulting harm, is not in direct proportion to the magnitude of the harm that results. A hazard classification scheme would represent the propensity for things to go wrong and cause the downstream harm of a particular magnitude, whereas a consequence classification scheme is restricted to representing the potential magnitude of the harm given that something has gone wrong and the dam has failed. Against this background, a one-dimensional classification based on hazard can be expected to be different to a one-dimensional classification based on consequences, i.e. there is not a one-to-one relationship between hazard and consequence. However both hazard, the propensity to cause harm, and consequences, the magnitude of harm are fundamental considerations in dam safety management suggesting that it would be desirable to accommodate both hazard and consequence in the design and implementation of dam safety management processes. This can be done independent of the setting of dam safety standards and the concept is outlined below.

5 INTEGRATING HAZARD AND CONSEQUENCES

Risk analysis permits explicit consideration of hazard and consequences and can combine them into a single measure. However, formal characterisation of risks associated with dams is a complex endeavour and many aspects of probabilistic characterisation of dam safety risks intractable at this time. Further, as there are many aspects of dam safety management that must be carried out before any meaningful analysis can be carried out, a straightforward means of representing the safety status of dams is required to make safety management decisions pending resolution of the concerns. Preferably, such a system would be compatible with a qualitative or quantitative risk analysis framework while avoiding the complexities and pitfalls of combining the dimension of chance with the hazard.

Previously, we observed that there is not a simple one-to-one relationship between hazard and consequences. This means that the two one-dimensional schemes are not amenable to simple linear addition. However, if one considers that these one-dimensional schemes represent vectors of hazard and consequences, then the considerations in Figures 2 and 3 can be added as illustrated in Figure 4.

Obviously, a two-dimensional scheme of this form embodies all of the elements of the two one-dimensional schemes on which it is based while providing a much more advanced safety management framework focused on the raison d'être for dam safety engineering – the engineering of hazard reduction. Importantly it provides owners with a framework for managing dam safety initiatives and in setting priorities in a transparent way that can be communicated to regulators, and upper management and the public. This two dimensional scheme goes beyond the conventional one-dimensional of dam classification schemes as it provides a dam safety management framework that includes conventional classification systems as a subset.

A framework of this nature is amenable to representation in matrix form. One version that might considered is of the form illustrated in Figure 5.

This proposal retains all of the features of conventional classification schemes used in dam safety practice and extends the concept to include hazards internal to the dam system. It provides dam owners and regulators with a common framework for dam safety management within which the regulator can set goals for hazard control based on the consequences of failure, and the owner can demonstrate the effectiveness of

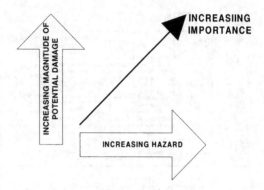

Figure 4. Combining Hazard and Consequence Vectors.

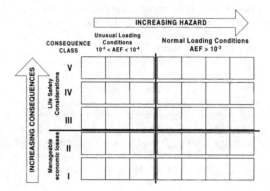

Figure 5. Matrix representation of hazard-consequence classification scheme.

existing controls and the needs and benefits of additional controls. This proposal includes has a discontinuity between normal loading conditions and unusual loading conditions. This has been done to incorporate the idea that it may sometimes be necessary to make choices between dams in different consequences classes with different safety concerns.

This framework is fully compatible with qualitative and quantitative risk analysis processes, as the hazard axis is compatible with probability of failure, or with criticality values as determined from failure modes, effects and criticality analyses. Note that the matrix form is similar to a conventional criticality matrix (IEC, 1985). However, as the measure of hazard is not the same as the probability of failure, we propose that the framework be described as a "pseudo-risk" based or "risk like" framework.

6 CHARACTERISING DAM HAZARDS

Given that the hazard can be characterised as "the inherent propensity for things to go wrong", it is appropriate to outline some suggestions as to how one might develop a measure of "hazard". In the following, we use the term "feature" to provide a generic definition of elements, functions or safety deficiencies of dams that are necessary to assure their safety. We suggest that there are three fundamental elements of dam hazards, which might be characterised as follows:

1. The extent to which the design of the "feature" (deficiency) differs from accepted good practice, in the case of retrofits to modern standards, or the extent to which the performance of the "feature" (deficiency) differs from what modern good practice would expect.
2. The criticality of the "feature" in ensuring the adequacy of the performance of the dam.
3. The frequency at which the "feature" is "stressed" i.e. the frequency at which the feature is required to perform its safety function.

We suggest that these three considerations might serve as a useful basis for creating a measure of "hazard" as the concept applies to dams. For example, point 1 reflects the point that good engineering practice does implicitly incorporate a conclusion about the likelihood of things going wrong. Point 2 reflects the point that good engineering for hazard reduction focuses on the things that can go wrong and cause harm. Point 3, which is explicitly provided for in Figure 5, relates to the extent of demand on the feature that is essential for ensuring that the hazard is reduced to an innocuous level.

7 PRIORITISATION CONSIDERATIONS

The framework as illustrated in Figure 5 can be used directly to aid in prioritising dam safety improvements in a way that incorporates all of the prioritisation considerations of the schemes on which it is based. It also permits owners to extend these basic concepts to incorporate other dam safety management considerations, particularly prioritisation of dam safety initiatives.

Prioritisation appears to have three components:

1. Setting principles of prioritisation within the policy framework,
2. Determining priority order in which matters are to be addressed, and
3. Determining the rate at which the established priorities are addressed

The principles of prioritisation are policy matters that reflect corporate and societal values. Decisions have to be made as to what is to be achieved: is the aim of the prioritisation process to maximise the rate of hazard reduction or to maximise the rate of risk reduction. Although as mentioned previously, the

hazard reduction results in a reduction in risk, there are important differences between the two objectives.

The method of determining the priority order is separate from that of setting the prioritisation objectives. We would like to suggest that this component of the prioritisation process be based on some form of index that reflects the consequences of failure and the measure of the hazard as outlined above. The rate at which priorities are addressed is less readily determined and is outside the scope of this paper.

Concerning the setting of priorities for dam safety management, there are usually few opportunities to implement engineered solutions that reduce the consequences of dam failure. Further, it is not at all obvious that consequence reduction should be preferred over hazard reduction as if a dam fails, opportunities to re-build it to the same safety standards are difficult to imagine. Against this background, we suggest that dam safety improvements should focus on the engineering of hazard reduction, with due account taken for the consequences of failure. In terms of this concept, priorities for hazard reduction (dam safety improvements) might be set by:

1. Representing the safety concerns for each dam in the appropriate cell in the matrix shown in Figure 6.
2. Primary priorities might be assigned, beginning with the highest consequence dam(s) in the upper right-most cell, working towards hazard reduction from right to left, across the upper-most row of the matrix, then moving to the next highest consequence class, again moving from right to left, and so on. (Figure 6).
3. The priority order so generated would then be checked against the prioritisation principles as determined by the policy considerations. For example, as a matter of policy, the owner might agree with the regulator that all hazards associated with normal loads for dams in the categories with life safety considerations would be dealt with before those associated with extreme loads.

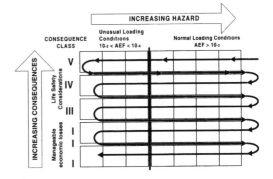

Figure 6. Possible primary order of priorities.

We noted earlier that many decisions concerning dam safety actions and priorities must be made before reliable risk characterisation can be carried out, thereby rendering risk, initially at any rate, as unsuited for prioritisation. While risk incorporates hazard, a parallel argument against using hazard as a basis for prioritisation is much weaker as the three considerations for determining the hazard outlined in Section 6 are much more readily defined and they can usually be determined directly from a comprehensive design review.

There will be times when it will be appropriate to use risk for prioritisation purposes, and that such use would be entirely compatible with the ideas outlined here. However, Point 3 above exposes an important matter of dam safety policy that is not readily identified if risk is used for prioritisation. Prioritisation in terms of risk alone will result in prioritisation along the diagonal in Figure 6, from the top right to the bottom left with no means of discriminating between "lower probability – higher consequence" and "higher-probability – lower consequence" situations of equal risk. Specifically, a Class IV dam that has a low probability of failure (and by implication a low propensity for things to go wrong) could have a higher risk than a Class III dam with a higher propensity for things to go wrong. If prioritisation is based solely on a measure of risk, then the Class V dam would be of higher priority than the class dam, even though the risk associated with the Class III dam might be unacceptable and that associated with the Class IV dam temporarily tolerable. Something more than a measure of risk is required to accommodate the policy-related dimensions of dam-safety decision-making.

8 CONCLUDING REMARKS

Decisions concerning dam safety priorities can not be made simply on the basis of the measure of risk, hazard or consequences alone. Other policy factors enter the decision process, and risk-trading is often necessary. The concepts outlined above provide the basis for a developing dam safety management strategies that are transparent and where the engineering, scientific and policy aspects of dam classification, prioritisation and safety management are explicitly identified.

A classification scheme of this nature permits dams to be classified in the usual way while simultaneously permitting the classification and ranking of dam safety concerns. Importantly such a scheme conceptually simple and it can be applied in a straightforward way using readily available data and information about the dams under consideration. The ideas presented here also permit the discrimination between performance deficiencies of functional features of dams that are non-critical under some conditions and critical under others. Thus a scheme of this nature is suited to the targeting of safety management initiatives and the phased implementation of dam safety investments.

Such a scheme is also very flexible as it can be applied in a seamless and consistent way to individual dams, a subset of a portfolio of dams such as a river system and an owner's entire portfolio. The same scheme can be further rolled up and be applied at a regional or national level.

REFERENCES

Bacon, J. 1997. Engineering for Hazard Reduction: A Regulator's Perspective, Michael Leonard Lecture. Health and Safety Executive.

International Electrotechnical Commission 1985. IEC 812. Analysis techniques for system reliability – Procedure for failure mode and effects analysis (FMEA).

National Research Council, 1985. Safety of Dams, Flood and Earthquake Criteria, NRC, National Academy Press.

Dam Maintenance and Rehabilitation, Llanos et al. (eds)
© 2003 Taylor & Francis, ISBN 90 5809 534 7

Practice of state supervision behind safety of dams in Russian Federation (applicable legislation and standards)

D. Radkevich & A. Orlov
NTC energonadzor, Russia, Moscow

ABSTRACT: The Federal law "About safety of hydraulic structures" adjusts dam's safety in Russian Federation since 1997.

The government of Russian Federation has defined four state supervision centers behind safety of dams: the Ministry of Power behind dams of the enterprises of power, Ministry of Transport – behind navigable sluices and dams, State committee of mountain and industrial supervision – for tiling and other dams of chemical and metallurgical manufactures, Ministry of Natural Resources – behind other dams and hydraulic structures.

The state supervision is provided by means of regular inspections of dams, duty of the owners of dams to submit the declaration dam's safety to the state supervision centers, conducting the Russian register of dams by the state supervision centers, inspections of dams by the representatives of the state supervision centers, distribution of the obligatory instructions to the owners of dams.

1 INTRODUCTION

1.1 Overview

In Russian Federation the Federal law "About safety of hydraulic engineering structures" is entered into action in 1997. The necessity of acceptance of this Federal law for Russia was caused by the following basic reasons:

- By high level of danger of failure of a hydraulic engineering structure (further dams) for life and health of the people, large sizes of material damage confirmed by world experience of liquidation of consequences of such failures;
- By the data of world statistics on natural growth of probability of failures in process of increase of age of dams maintained more than 30–40 years;
- By realization of effective state regulation of a safety of dams in the majority of the countries with the advanced water-power engineering and water facilities (USA, Canada, European countries, China and others);
- By change of economic system in Russia and, in particular, by introduction of the new civil legislation which has owners of established the property responsibility of the dangerous plants, equipment and structures for harm caused to the third persons as a result of operation of these objects;
- By economic difficulties of modern Russia, which have resulted in reduction of a level of financing of operation of dams below minimal.

The analysis of risk of failures of dams on the data of world statistics, which was made by ICOLD, shows, that more then 500 dams, which correspond to the requirements showed to dams I and II of classes on the Russian classification, within 50 years of their operation it is necessary 1–2 failures with heavy consequences: by human victims, large material losses and other negative influences. The failures of dams of other classes (III, IV) occur much more often. The basic reasons of failures are the mistakes of the projects, rough infringements of the service regulations of dams and reservoirs, absence or low efficiency of state supervision behind their safety, mistake at an estimation of the maximal sizes of high waters limited data on engineering researches at designing and construction of dams, underestimation of seismic danger, absence or low professional level of the operational control of a condition of dams and their bases. Quite often reason of failures of dams became non-observance of target dates of realization of repair of structures.

The large catastrophic failures of dams and other dams took place in USA, France, Italy, India, Brazil, Southern Korea and other countries. Scale of national disasters was got by failures of dams in Italy, USA, France, India, Brazil, and Southern Korea. Only 10 failures, which have taken place because of not settlement high waters or large-scale deformations of the bases of dams, have carried away more than 8000 human lives. In Russia there were failures of dams when the harm to life and health of the people was caused, the damage to property of the legal and physical persons is put.

Maintenance of protection of life, health and property of the citizens, and also property of the enterprises, prevention of destruction of buildings and structures, erosion of ground dangerous changes of a level of underground waters and the drawings of other harm as a result of failures of hydraulic engineering structures are overall objectives of introduction of the Federal law "About safety of hydraulic engineering structures". The Federal law is distributed on all dams, which failures can create extreme situations accompanying with threat of life and health of the people, infringement of conditions of their work and ability to live.

1.2 Legal base of a safety of dams

The basic legal document of state regulation of safety of dams is the Federal law. In Russian Federation the Federal law enters system of a safety of dams based on world and domestic experience of operation. This system includes:

- Differentiation of functions of Federal Government, federal bodies of the executive authority, bodies of authority of the subjects of Russian Federation, local bodies of self-management, proprietors of dams and maintaining organizations on maintenance of safe operation of dams;
- Establishment of the basic duties of the proprietors and maintaining organizations;
- Realization of state supervision behind safety of dams at their designing, construction and operation;
- Declare of safety of dams;
- Conducting the state register of dams;
- The permissive order of construction and operation of dams, including licensing of activity on their designing and construction;
- Formation of financial maintenance of a civil liability of the owners of dams for harm caused as a result of failure of dams, including by insurance of risk of a civil liability;
- Establishment of civil, administrative and criminal liability for infringement of the legislation about safety of dams.

The practical realization of the Federal law has required acceptance of a number of the governmental decisions, which the basic normative legal documents determining were authorized by:

- Functions of bodies of state supervision;
- The order of a declare of safety of dams;
- The order of state registration of dams in the Russian register;
- The order of financial maintenance of a civil liability of the owners of dams;

- Participation of the state in compensation of harm caused by failure of dams;
- Other questions requiring state regulation.

The necessary changes were brought in to the Code of Russian Federation about administrative offences and in the criminal Code of Russian Federation.

1.3 Normative and technical base of a safety of dams

The branch normative documents regulating operation of dams were given in conformity with the Federal law "About safety of hydraulic engineering structures". The decisions on change in "Rules of technical operation of electrical stations and networks", in building norms and rules "Hydraulic engineering structures are prepared. The basic rules of designing". A number of the new normative documents realizing the new requirements, entered by the law is developed: "A Technique of an estimation of risk of failure (level of safety) hydraulic engineering structures", "A Technique of an estimation of damage, possible owing to failure of a hydraulic engineering structure", "A Technique of definition of criteria of safety of hydraulic engineering structures". The departmental normative documents regulating organization of state supervision of safety of dams are also developed.

Designing, construction and the operation of critical structures, to what dams certainly concern, is carried out on the basis of a principle of maintenance of their safety. However, the maintenance of unconditional safety of hydraulic engineering structures is an unattainable task, as the level of absolute safety can be achieved only at the indefinitely large investment of means and material resources in a structure. Therefore designing of hydraulic engineering structures is conducted in view of some really achievable level of safety, which actual meaning is on the basis of the comparative technical and economic analysis of variants ensuring achievement of such level. The appropriate norms and rules of designing, construction and operation regulate this level of safety. Above told means, that any structure with some probability incorporated at its designing, can be destroyed or is damaged, and consequently, can put harm to the persons, whose activity in any way is not connected to such structure.

On the other hand, the norms of civil law of Russia stipulate compensation of harm caused to the third persons by object of the increased danger. Such harm is subject to compensation in complete volume by the person in whose possession or order there is an object of the increased danger. Concerning hydraulic engineering structures this rule of law is concretized by the Law of Russian Federation "About safety of hydraulic engineering structures", determining a duty of the proprietor or maintaining organization to bear responsibility for safety of a hydraulic engineering structure down to the moment of transition of the property rights to other person or before complete end of works on liquidation of a hydraulic engineering structure. The harm caused to life, health of the physical persons, and also property of the citizens and legal persons as a result of infringement of the legislation about safety of hydraulic engineering structures, is subject to compensation by the person, which is guilty of causing such harm. Government of Russian Federation establishes the size of compensation by definition of size of financial maintenance of a civil liability of the proprietor of a hydraulic engineering structure or maintaining organization. A source of financial maintenance can serve own means of the proprietor or maintaining organization or contract of insurance of a civil liability made with the insurance company.

The risk of causing of harm as a result of failures of large hydraulic engineering structures essentially exceeds financial opportunities of the legal persons carrying a civil liability for causing of this harm. As a result of failures and the switching-off of the large capacities can take place extreme situations of an interregional and federal level. There is a necessity for strengthening a role of the state in management of waterpower engineering. Very important, who will carry out technical politics. It is necessary to search for the mechanism of management, which are not breaking the rights of the shareholders, but also not limiting of the rights of the main shareholder – Russian Federation. Where we see the best organization and high overall performance of hydroelectric power stations? First of all in France, Canada, USA, China, i.e. in the countries, where the state plays a significant role in management of water-power engineering and carries out rigid supervision of safety of large hydraulic engineering structures.

Essential condition of dam's safety is the presence of financial guarantees of the owner, sufficient for compensation of harm, which can be caused by failure of a dam or other hydraulic structures.

The state supervision centers establish the order and technique of definition of probable harm and order of definition of size of financial guarantees of the owner of a dam. The basic rules specified about and technique are considered in the present issue.

The basic hydraulic engineering structures of HPS of Russia, accumulate 70% of water resources of the country, meet the requirements reliability and safe operation. In Russia there were no catastrophic failures

of high dams, which have gone through USA, France, Italy, India and other countries. At the same time, the displays of aging of structures and bases, increase of number of the revealed defects and damages requiring urgent measures on their elimination are observed. Especially it concerns to dams that are taking place in operation more than 40 years.

In 2000 term of operation per 50 years was exceeded already 18 HPS, from which 11 send a 60-year's boundary.

Exceeds 30 years age 63 HPS (73% of total of HPS with capacity more than 20 MW), having common capacity 24,500 MW and developing more than 100 bill. KWh per one year (60% of all manufactured HPS).

By 2010 50-years term of the work will be exceeded 40 HPS having established capacity 9740 MW and developing annually 42 bill. KWh – 25% of all electric power, developed now on HPS in Russia.

The Ministry of Power of Russian Federation according to the Federal law "About safety of hydraulic engineering structures" and decisions of Government of Russian Federation from 16.10.97 #1320 and from 13.08.98 #950 carry out state supervision of safety of hydraulic engineering structures in conducting, property both operation of organizations of a fuel and power complex. The basic functions of department of State power supervision of Russia (Gosenergonadzor), regional and territorial departments of Gosenergonadzor in the specified area are:

- Supervision of observance of norms and rules of safe operation of hydraulic engineering structures, realization of their inspection checks and inspections;
- Formation and conducting the unit of the Russian register of hydraulic engineering structures;
- Distribution of the sanctions on operation of hydraulic engineering structures and supervision of observance of the conditions, specified in the sanction, on operation;
- Organization of a declare of safety of hydraulic engineering structures, state expert appraisal and statement of the declarations of safety;
- Development of the projects of the legislative and normative legal certificates, development and statement of departmental rules, normative and engineering specifications on safety of hydraulic engineering structures;
- Control of formation and statement of size of financial maintenance of a civil liability of the proprietors of hydraulic engineering structures and maintaining organizations.

Dam Maintenance and Rehabilitation, Llanos et al. (eds)
© 2003 Taylor & Francis, ISBN 90 5809 534 7

Considerations on risk assessment and Italian dams

C. Ricciardi & M. Amirante
Dam National Authority, Rome, Italy

ABSTRACT: The main steps of risk assessment procedures are discussed in relationship to Italian dams. A synthetic framework of Italian dams, characterized by different years of construction, is illustrated. A quantitative risk analysis may be performed for environmental loads that could be described by probability of occurrence. Looking to the dam structures each dam represents a prototype and it is not easy to quantify the probability of failure. Risk analysis may be useful to optimize all the activities usually performed in a dam safety program. Risk evaluation, perception and acceptance directly involve population living downstream which is not used to accept probability concepts and consequently is not ready to accept any amount of risk. Risk management is actually performed by emergency plans, but it should be developed looking to improve communication to the population. People often do not know the efforts of experts involved in dam safety programs, both from the operators and from the safety authority, according to existing regulations.

1 FOREWORD

The presence of many dams in Italy involves a priority attention to dam safety for the densely populated areas located downstream. The evaluation of dam safety, especially for those in operation, involves different items that interact with each other:

- the age: a lot of Italian dams (50%) have been operating for more than 50 years; this means aging problems may occur on structures, originally designed according to obsolete regulations. This circumstance requires maintenance or remedial works;
- the upgraded knowledge on environmental loads, seismicity and hydrology, that may act on the dams in exceptional conditions;
- the change in people settlements and land use downstream the dam, compared to the condition existing at the construction time, with an increased attention to the dams constrain, not only for safety but also for environmental compatibility.

Such picture demands new criteria for detection of priority, in order not to apply all changes on all dams at the same time.

The risk assessment procedures could represent a useful methodology at least for a systematic examination of some problems that affect the Italian dams. Some work was done (ENEL et al, 1997) and a few studies are in progress aimed to verify the capability of these procedures in the Italian conditions; in fact actually we do not have a quantitative risk assessment approach which may be acceptable for the regulation. At the moment, the dam safety problems are still treated using a deterministic approach and all Acts and governmental regulations request predefined minimum safety factors.

2 REFERENCES ON ITALIAN DAMS

According to the Italian regulations, large dams are those higher than 15 m or with an impounding volume greater than $1.000.000\,\mathrm{m}^3$. The large dams in the country are 547, 512 of them in operation and 35 in different stages of construction. The total impounding volume available is close to 12 billion of m^3. The increase in the number of dams and the total impounding volume available are plotted in fig. 1–2, against year of construction. It is easy to realize that 50% of the dams (with impounding volume close to 40% of the total one) have been operating for more than 50 years and 20% for more than 70 years. However the whole theoretical reservoir capacity is not in operation. The authorized reservoir level for 38 dams is lower than the designed one, in order to guarantee acceptable safety conditions. The above mentioned data are an up to date of the general overview on Italian dams performed for the XIX ICOLD Conference in Florence (ITCOLD 1997).

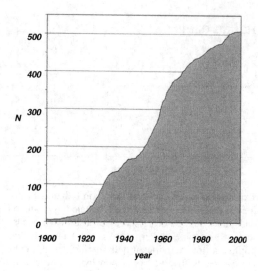

Figure 1. Large dams in operation.

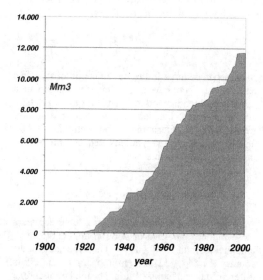

Figure 2. Storage capacity of large dams in operation.

It should be pointed out that many activities including studies, investigations, monitoring, improvement works, were undertaken on the *old dams* and a lot is in progress, according to current engineering practice, under the supervision of the Italian Authority on dam safety (Servizio Nazionale Dighe).

The previous considerations concerned the large dams for which we have a good knowledge of design, construction works and behavior in operation, but in Italy there are lots of small dams too. At the end of the eighties an investigation by remote sensing was performed to evaluate the number of small dams and their location. The study recognized the small dams were more than 8000. The potential risks related to small dams is often disregarded, assuming that the risk is lower as the size is smaller. This conclusion may not be true in countries with high population density; an high attention should be focused on small dams too. Often the documentation of the design and construction is poor, the behavior in operation is not supported by monitoring and we have data only about typology and size. In such cases, the adoption of regulations and evaluation methods similar to those defined for the safety assessment of large dams would require an increase in investments and operating costs. That is why a lot of owners, often the more responsible ones, are deciding to follow the decommissioning path. It will be interesting to verify if the risk assessment tools may provide more confidence about priority criteria both on items to be examined and on type and dam size.

3 FACTORS INVOLVED IN RISK ASSESSMENT

Risk assessment may be performed by different procedures even if some uncertainties on the definitions still exist. The risk assessment procedure, subdivided in risk analysis, risk evaluation, risk management, may contribute to better understand the factors affecting dam safety and dam acceptance. The main steps involved in the different methods will be discussed in following, looking to the Italian conditions.

3.1 *Risk analysis*

Risk results from the combination of hazard, causing undesirable consequences, associated probability of occurrence and amount of adverse effects on population and goods. Dam safety and potential failure consequences are the main items involved.

The adverse effects downstream the Italian dams should be considered very significant in any case, due to the amount of people living downstream and the related activities. A quantitative risk analysis to obtain a risk graduation may be performed taking into account the hazard evaluation.

Hazard evaluation involves different kind of events, environmental loads and failure of dams or appurtenance works.

The main environmental loads involved in dam safety are related to seismicity and hydrology. In Italy a good knowledge of seismicity, based on historical data, 2000 years catalogue, on seismogenetic studies and instrumental records exists. The classification of Italian seismic areas are periodically updated,

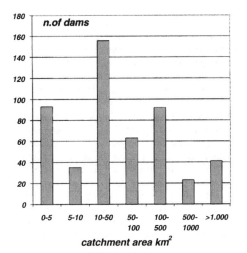

Figure 3.   Catchment area.

generally upgraded, taking into account new knowledge acquired from studies and recorded experiences. A proposal for a revised seismic classification was recently issued (Servizio Sismico Nazionale, 1998). In the current practice it is possible to evaluate the return period for different seismic levels.

The hydrological conditions are quite different, according to the size of the tributary catchment area. The smaller the areas, the fewer hydrological data are available. The morphology of Italian territory is such that a lot of small basins exists: about 60% of large dam in Italy have a catchment area smaller than 50 km^2 (fig. 3).

Furthermore the small basins are affected by local climate conditions with heavy rains, so short stream and flash floods may occur. It means that it is not easy to associate the probability of occurrence of flood for small basins.

Finally we can reasonably consider a quantitative risk analysis for environmental loads, referring to the probability associated to seismic and hydrologic conditions.

Anyway the Italian regulations consider a quantitative risk analysis for the hydrogeologic loads. The Ministry of Public Works (1997) issued guidelines to map the areas submerged by different natural floods, corresponding to return periods of 30, 200 and 500 years. They also proposed a qualitative risk graduation for natural landslides, classifying them in active, potentially unstable, stabilized.

We could conclude that for natural risks and environmental loads acting on the dams it is really possible to develop probabilistic evaluations characterized by the reliability of each discipline.

On the other hand, it is not immediate to apply probabilistic considerations to the dam structures. Dams construction in Italy covers a long period, at least one century, and a few dams were heightened after the initial construction. Consequently dam types, design criteria, construction methods and materials may vary according to the year of construction. Moreover we have to consider that the site conditions, the watertight measures, the mechanical equipment and the material aging, often made the imposing of improvement works necessary. At the end we have to point out that each dam is a prototype and the probabilistic approach, using historical failure data, does not look suitable for the Italian dam set.

Some steps of risk analysis may be useful to examine the previous unfavorable events and failure case history, according to the definition of failure resulting in *the release of large quantities of water, imposing risks on the people or property downstream* (ICOLD 1995).

The fault tree method could be adopted to recognize the sequence of unfavorable events that preceded failure, taking into account the velocity of the event. It is of high interest to characterize the unfavorable events according to the quickness of their evolution and the possible evidence of forewarned signs.

Although the dam safety is assessed by a deterministic approach, we all know the importance of monitoring. Number and type of instruments, their location, data acquisition frequency, interpretation, compared with predefined thresholds, should be conveniently optimized assigning an higher priority to detect the possible forewarned signs of unfavorable events that may affect each dam.

Another component of risk analysis should involve potential damage induced by human errors and vandalism acts. It is not immediate to perform a quantitative analysis of such events that, in any case, should be included in a complete procedure of risk assessment looking for mitigation measures.

3.2   Risk evaluation

The risk evaluation should be examined in connection with the risk perception and the risk acceptance.

A quantitative risk analysis may result in different evaluations depending on the parts exposed to the risk.

The simplest case to treat is related to the commercial risk of the operator that for a defined portfolio of dams may graduate some improvement to increase the efficiency of the system in which safety must be guaranteed in any case.

The most complex case involves third parts and social risks. The exposure of third parts concern at first the loss of human lives and the damage of goods. According to a wider risk acceptance it is necessary also to consider the loss of service delivery, as consequence of an imposed total or partial limitation of storage capacity for safety reasons (e.g. drinking water supply in Southern Italian regions). The public increased attention to environmental matters add another important item to the risk acceptance: it is felt that the environmental damage is not negligible.

Generally the acceptance of the risk related to the presence of dams is very low; the lack of coincidence between the parts exposed to the risks and those receiving benefits from dams does not allow to reach an immediate balance between risks and benefits concerning the same population.

The dam risk is perceived as a small probability but large consequences risk that may produce catastrophic damages. This kind of risk, not natural but related to human activities, is not restricted to dams; other industrial activities are involved (nuclear power plants, chemical industries, etc.). The perception of these industrial plants and their low acceptance by the population is a common problem of the European countries.

The relationship between political decisions and public risk perception is thoroughly dealt with in several papers. The roles of politics, media, experts are analyzed (Sjoberg, 2001) and a few questions arise. One of the most important matters from a technical point of view is the difficulty to make people to accept the probability concept related to the risk. Moreover experts often disagree among each other and in the time, according to the development of knowledge, but it is not clear who assesses the expertise of technicians that qualify themselves as experts.

Another question that arise is the lack of confidence between experts in the field involved in the risk assessment, dam safety in our case, and people exposed to the risk. There is a request of transparency and people suspect something could be hidden, specially related to human errors.

3.3 Risk mitigation

The third parts and social risks are the most important from the Safety Authority point of view. The presence of an independent Authority, like in Italy, should guarantee the people exposed to the risks that it will promote all the necessary measures to assess and improve the dam safety, and to mitigate the existing risk, minimizing the residual ones.

Dam experts, both from the Authority and from the operators, have the best awareness of the criteria and tools by which it is possible to adopt a prevention plan: monitoring activities, periodical inspections, numerical and physical models, updated and upgraded maintenance works. A lack still exists in the communication of these activities outside the circle of the experts.

3.4 Risk management

A risk analysis may not be undertaken without a complete procedure of risk assessment that includes the final step of the risk management.

By a quantitative risk analysis, taking into account the mitigation risk measures, it is possible to associate a quantitative residual risk that an undesirable event may really happen, with loss of human lives and damages of goods. Material damages, from the legal point of view, could be covered by an insurance, but the injury or loss of human life is not admissible in the Italian legal framework because people do not accept this occurrence at all.

On this side it is very important a careful risk management policy; since 1986 the Italian dam operators had to develop the downstream flood propagation maps related to outlet water-discharges or to dams hypothetical collapse. These studies are adopted for the implementation of the emergency plans related to the presence of dams.

The emergency plans, filled by the civil defence organisation, include three different levels of alert with the role and communication reference of all parts involved in the possible emergency. According to Italian civil defence organisation an important role is assigned to the local authorities.

For the different flood scenarios the emergency plans report the population involved, the lifelines and a description of the principal infrastructures which may be damaged.

About the risk communication to the population, they are simply mentioned but at the moment there is no evidence of a detailed information that could activate auto protective measures in emergency.

The efforts of the dam safety authority and of the operators, each one according to their role, are not completely transferred to the population. The reason for this is not something has to be hidden, but simply because technicians fail not to consider the communication to the people potentially exposed to risk. In this condition a kind of spontaneous and incorrect precautionary principle may arise: if availability of scientific information about a certain risk is insufficient or not clear than this risk ends to be considered not acceptable.

4 CONCLUSIONS

The Italian dam regulation at the moment does not allow a risk assessment procedure. The dam safety is assessed by a deterministic approach.

Italy is a country with an high density of population and, according to quantitative risk definition, it is always exposed to high risk levels. The acceptance of this kind of risk, with small probability but large consequences, is very low, and there is still somebody asking for zero risk. Zero risk may be considered as a no sense, but this demand means people do not understand and accept the probability concept associate to the risk.

The procedure of risk assessment may be useful to clarify some important aspects which are related to dam safety. The graduation of risk, considering the Italian high exposure, should be performed by a graduation of the hazard. A probabilistic approach could be performed for seismic and hydrological loads but it is not applicable for dam structures, since each dam should be considered as a prototype. The analysis of probable unfavourable events may be useful to optimise the monitoring activities, the inspections, the updating of safety evaluations and all the incident scenarios, that usually are extensively adopted in the Italian dam safety programmes.

The knowledge acquired performing the safety activities should not be restricted to experts. An high attention should be paid to the risk management and something more should be done about emergency plans. It is necessary to adopt a more extensive policy of risk management and to develop a correct process of communication to the population exposed to potential risk. People often do not know what is really done to guarantee the dam safety; they only have the perception of the risk and usually do not know all the prevention measures performed. At the same time it is necessary to point out the benefits related to the presence of dams.

REFERENCES

ENEL, ISMES 1997. A simplified approach for flood risk assessment as a tool in cost benefit analysis. XIX Congress on large dams. ICOLD Florence, may1997.

ICOLD 1995. Dam failures statistical analysis. Bulletin 99. Paris 1995.

ITCOLD, SERVIZIO NAZIONALE DIGHE 1997. Dams in Italy. Florence 1997.

SERVIZIO SISMICO NAZIONALE 1998. Proposta di riclassificazione sismica del territorio nazionale. Roma, October 1998.

SJOBERG L., 2001. Political decisions and public risk perception. Reliability engineering & System safety, Vol.72 May 2001.

Dam Maintenance and Rehabilitation, Llanos et al. (eds)
© 2003 Taylor & Francis, ISBN 90 5809 534 7

Importancia de la conservación y el mantenimiento respecto del producto económico total de las presas

Daniel Arteaga Serrano
Ingeniero de Caminos, K.M.-proyectos, S.A.

ABSTRACT: Se analizan los precios pagados por el agua en España en relación con los costes de mantenimiento de la infraestructura hidráulica existente, y de los que sería necesario implantar para garantizar la operación, mantenimiento y renovación de dicha infraestructura.

1 VALOR DE LA INFRAESTRUCTURA HIDRÁULICA

El valor de las mas de 1300 grandes presas españolas puede estimarse en este momento, siempre con las inexactitudes que estas estimaciones tienen, en 15.200 millones de euros (1 – Inversión en infraestructura hidráulica: presas. Daniel Arteaga y Kennet Malmcrona. VII Jornadas españolas de presas. Zaragoza, Mayo 2002). Haciendo la hipótesis de que otro tanto es el valor de las redes de abastecimiento de todo tipo (urbano y agrícola, principalmente) que son necesarias para poner en valor el agua regulada en los embalses, o simplemente tomada de los ríos en estado fluyente, hipótesis que maneja el Libro Blanco del Agua (2 – Ministerio de Medio Ambiente – 1999) y que al autor le parece una valoración escasa, el coste total de reposición de la infraestructura hidráulica en España puede estimarse en 30.400 millones de euros.

2 REPERCUSIÓN EN EL COSTE DEL AGUA

La repercusión en el coste del agua del mantenimiento y reposición en su caso, de las presas españolas se ha estimado que es del orden de 0,066 a 0,082 euros por metro cúbico regulado (1); la diferencia entre esos dos costes viene dada por la estimación del coste de mantenimiento entre el 5 y el 30% del flujo de caja neto anual considerado para mantener el parque de las presas; esta variación tiene relativamente poca importancia, ya que la repercusión antes citada está fundamentalmente influida por el coste de primer establecimiento de las presas.

El resto de la infraestructura hidráulica que no son presas (redes de abastecimiento, depósitos, elementos de control, etc.), siguiendo el Libro Blanco del Agua, puede estimarse que tiene una repercusión sensiblemente igual que el de las presas; esto supondría que la repercusión en el metro cúbico del agua del mantenimiento y reposición de la infraestructura estarían comprendida entre 0,132 y 0,164 euros.

Respecto a lo expresado en el anterior párrafo, el autor opina que el coste de la infraestructura hidráulica constituida por las redes de abastecimiento, depósitos, elementos de control, e instalaciones depuradoras es hoy día superior al de las presas y sus elementos directamente relacionados, y que esta diferencia se incrementará en el futuro. Dentro de este tipo de elementos, el coste de mantenimiento es muy variable, dependiendo de si son instalaciones fijas (tuberías, por ejemplo), o móviles (válvulas y muchos equipos de las estaciones depuradoras); asimismo los costes de operación pueden oscilar de prácticamente nulos (tuberías principales enterradas), a muy importantes (reactivos y energía en estaciones depuradoras).

Se ha dejado fuera de las consideraciones anteriores el uso energético, que no es consuntivo pero si pierde cota, lo que puede obligar a gastar energía para poner el agua a la cota necesaria para su uso, y que evita un uso consuntivo del agua si se quiere usarla energéticamente aguas abajo (centrales hidroeléctricas encadenadas).

En las anteriores estimaciones se consideran la media de las presas e infraestructura necesaria añadida a las mismas. No se consideran los costes de primer establecimiento debido a reposiciones y correcciones medioambientales, compensaciones económicas y planes de recuperación territorial en las zonas de embalse, y otras compensaciones más difícilmente clasificables, que se están produciendo en las nuevas actuaciones en infraestructura hidráulica.

3 DEMANDAS Y PRECIOS DEL AGUA

Los valores estimados de las diferentes demandas en los Planes Hidrológicos de cuenca (2), es la siguiente, en hm³/año:

Demanda	Actual	Primer horizonte	Segundo horizonte
Urbana	4.667	5.347	6.313
Industrial	1.647	1.917	2.063
Regadío	24.094	27.123	30.704
Refrigeración	4.915		
Total	35.323		
Consumo	20.783		
Retorno	14.539		

Los Planes Hidrológicos de cuenca consideran normalmente como situación actual alrededor del año 1995, y los horizontes primero y segundo, alrededor de los años 2004 y 2014 respectivamente.

Hay que hacer notar que estos Planes Hidrológicos han estimado estas demandas más exactamente que otras estimaciones previas, y que son del orden de la mitad de estas últimas.

A continuación se analizan los datos anteriores o equivalentes a ellos, obtenidos del Instituto Nacional de Estadística, INE, (2002).

Abastecimiento urbano, de la Encuesta sobre el suministro y tratamiento del agua 1999:

Año	1996	1997	1998	1999
TOTAL	3.155,9	3.378,2	3.506,9	3.819,3
Superficiales	2.459,2	2.562,1	2.663,2	2.796,4
Subterráneas	591,5	683,8	708,3	880,4
Desalación	43,2	43,5	47,6	55,5
Otros recursos	62,0	88,9	87,8	87,0

Comparando los datos de las dos fuentes anteriores, puede observarse que el Libro Blanco da unos valores superiores en un 47,9 % a los del INE; esta disparidad puede ser debida fundamentalmente a los dos hechos siguientes:

- Es difícil realizar una encuesta que abarque todo el mercado de abastecimiento urbano.
- Los datos del Libro Blanco se referirán muy probablemente a la aducción en alta, y los del INE, al consumo en baja, por lo que las pérdidas en las redes y otras pérdidas deberán incluirse en la diferencia entre ambas cifras.

Abastecimiento industrial, de la Encuesta sobre el uso del agua en el sector industrial – INE. Año 1999:

TOTAL	4.538
Superficiales	3.163
Subterráneas	873
Otros recursos	502
Volumen total de agua suministrada a través de una red pública	856
Mpts del canon pagado por la captación de agua	9.221
Mpts total pagado por el suministro de agua	67.748

Haciendo la suposición que lo que el INE llama abastecimiento industrial equivale a lo que el Libro Blanco da como la suma de demandas industrial y refrigeración (6.562 hm³/año), el valor del segundo en el año 1995 supera al del primero en el año 1999 en un 44,6%; las razones para que esto ocurra pueden ser las mismas que las ya señaladas para el abastecimiento urbano.

En la tabla anterior también puede verse los millones de pesetas pagados por canon de agua por su captación, y los pagados por el total del suministro.

Abastecimiento agrícola, de la Encuesta sobre el uso del agua en el sector agrario 1999:

Aguas superficiales	708,9
Aguas subterráneas	30,0
Otros tipos de recursos hídricos	5,7
Total Agua adquirida a otras unidades económicas	**744,7**
A explotaciones agrarias	17.681,3
A otras Comunidades de Regantes	227,7
A empresas abastecedoras o no de agua	16,4
Total Agua suministrada por otras unidades económicas	**17.925,4**

De la comparación de estos datos con los del Libro Blanco, puede observarse que éste da un valor (1995) superior en un 34,4% superior al dado por el INE (1999). En la misma Encuesta se tienen los siguientes datos sobre el empleo del agua en regadío:

Herbáceos (no incluye el maíz)	2.705,5
Maíz	3.418,3
Frutales	3.207,4
Patatas y hortalizas	1.213,4
Cultivos industriales	3.474,0
Otros tipos de cultivos	3.662,8
TOTAL tipos de cultivos	17.681,3
Aspersión	3.173,9
Goteo	860,1
Gravedad	11.416,3
Otros	2.231,1
TOTAL técnicas de riego	17.681,3

Como puede apreciarse, como mínimo el 64,6% del regadío se efectúa por gravedad; este porcentaje pudiera ser mayor dependiendo de los tipos de regadío incluidos en el epígrafe "otros". Los grandes consumidores de agua de riego son cultivos extensivos, de los cuales muy posiblemente un gran porcentaje se riegue por gravedad.

Un mayor detalle de las anteriores cifras, así como los valores económicos relacionados con ellas, pueden verse en las Cuentas satélite del agua en España 1997–1999, del INE (2002); en las tablas siguientes se van a mostrar, por comunidad autónoma y para el conjunto de España, y divididos en agricultura, industria, servicios y consumo de hogares, los consumos respectivos, las unidades monetarias pagados por ellos (todas estas estadísticas están en pesetas) y, como consecuencia, los precios correspondientes, todo ello para el año 1999.

Agricultura:

Comunidad	hm^3	Mpta.	Pta/m^3
Andalucía	5.460,0	37.355	6,8
Aragón	2.883,5	3.500	1,2
Asturias	17,1	773	45,3
Baleares	12,3	1.004	81,4
Canarias	158,0	2.007	12,7
Cantabria	7,3	424	57,7
Castilla León	2.259,0	4.171	1,8
Castilla La Mancha	1.975,5	5.881	3,0
Cataluña	2.004,8	3.907	1,9
Com. Valenciana	2.467,3	10.900	4,4
Extremadura	1.572,8	3.205	2,0
Galicia	35,4	94	2,7
Madrid	149,9	440	2,9
Murcia	405,6	5.902	14,5
Navarra	440,3	879	2,0
País Vasco	24,4	180	7,4
Rioja (La)	264,1	824	3,1
Ceuta y Melilla	0,4	34	84,0
España	20.137,7	81.480	4,0

Como puede apreciarse, existen enormes diferencias en los precios pagados por el metro cúbico de agua; en algunas comunidades el precio medio es irrisorio. Existen algunas comunidades en las que el regadío apenas existe debido a la mayor abundancia y constancia de la pluviometría, y en las que el precio medio pagado es alto; como contraste, existen comunidades con fama de escasez e irregularidad del recurso hídrico, en las que éste apenas se paga; sin duda, esto es consecuencia de las obras de regulación y distribución emprendidas en el pasado por el Estado, y de una despreocupación por cobrar un precio que garantice la existencia de estas obras en el futuro, reinvirtiendo parte del producto económico que ayudan a conseguir.

Industria:

Comunidad	hm^3	Mpta.	Pta/m^3
Andalucía	59,4	3.850	64,9
Aragón	16,5	711	43,0
Asturias	11,5	789	68,6
Baleares	0,6	63	102,3
Canarias	24,6	4.041	164,2
Cantabria	4,4	425	95,5
Castilla León	8,5	768	90,8
Castilla La Mancha	8,8	836	95,4
Cataluña	128,6	16.904	131,4
Com. Valenciana	19,9	2.472	124,3
Extremadura	3,0	141	46,3
Galicia	20,5	1.455	71,1
Madrid	57,4	6.414	111,8
Murcia	22,1	2.562	116,2
Navarra	9,9	796	80,6
País Vasco	59,3	4.883	82,4
Rioja (La)	5,9	316	53,5
Ceuta y Melilla	0,0	0	
España	460,8	47.426	102,9

En los precios industriales del agua, aún habiendo diferencias del orden de sencillo a doble de una comunidad a otra, se observa una mayor regularidad, que comparada con los precios del agua para agricultura, podría de calificarse de grande.

Servicios:

Comunidad	hm^3	Mpta.	Pta/m^3
Andalucía	161,5	12.313	76,2
Aragón	26,2	1.632	62,2
Asturias	18,7	1.144	61,1
Baleares	15,9	1.608	101,0
Canarias	33,3	3.653	109,8
Cantabria	15,7	1.132	72,1
Castilla León	63,3	4.862	76,8
Castilla La Mancha	40,2	2.464	61,3
Cataluña	156,0	13.697	87,8
Com. Valenciana	87,7	7.722	88,1
Extremadura	17,6	1.320	75,1
Galicia	60,1	5.589	93,0
Madrid	118,0	10.992	93,1
Murcia	17,2	1.396	81,4
Navarra	13,0	928	71,2
País Vasco	44,2	3.616	81,9
Rioja (La)	9,6	666	69,4
Ceuta y Melilla	2,1	226	107,9
España	900,2	74.960	83,3

En los servicios se observa una todavía mayor regularidad de los precios del agua, según comunidades autónomas, que en la industria. No se sabe exactamente a qué corresponde el apartado servicios, pudiendo estar incluido en el Libro Blanco tanto en industria como en abastecimiento urbano, aunque lo más probable es que sea esto último.

Consumo de hogares:

Comunidad	hm³	Mpta.	Pta/m³
Andalucía	396,1	26.183	66,1
Aragón	65,8	3.163	48,1
Asturias	50,0	1.897	38,0
Baleares	37,5	7.009	187,0
Canarias	92,6	30.264	327,0
Cantabria	36,2	2.147	59,3
Castilla León	140,6	9.299	66,2
Castilla La Mancha	93,9	3.981	42,4
Cataluña	428,2	57.215	133,6
Com. Valenciana	247,4	22.373	90,4
Extremadura	55,0	3.641	66,2
Galicia	148,3	13.764	92,8
Madrid	338,0	35.657	105,5
Murcia	59,1	6.281	106,2
Navarra	29,9	2.214	74,1
País Vasco	111,3	12.306	110,6
Rioja (La)	17,3	1.113	64,3
Ceuta y Melilla	7,4	689	92,8
España	2.354,4	239.196	101,6

Los precios del agua para el consumo de hogares muestran una dispersión mayor que en la industria y en los servicios, aunque sin llegar al grado de los de la agricultura; llama la atención los altos precios en las islas, dada la escasez o, mejor dicho, ausencia casi total, de escorrentía superficial aprovechable.

En el Libro Blanco se establece que el precio medio del abastecimiento urbano (1995) es de 72 pta/m³; según los datos del INE puede verse que en 1999 es de 101 pta/m³, lo que parece un incremento razonable; el Libro Blanco también establece, como comparación y en la misma fecha, que los precios medios equivalentes en Alemania, Francia, Holanda y Bélgica son, respectivamente, 235, 172, 175 y 186 pta/m³.

Consumos totales:

Comunidad	hm³	Mpta.	Pta/m³
Andalucía	6.076,9	79.701	13,1
Aragón	2.992,1	9.006	3,0
Asturias	97,3	4.603	47,3
Baleares	66,4	9.684	145,9
Canarias	308,4	39.965	129,6
Cantabria	63,7	4.128	64,8
Castilla León	2.471,3	19.100	7,7
Castilla La Mancha	2.118,4	13.162	6,2
Cataluña	2.717,5	91.723	33,8
Com. Valenciana	2.822,3	43.467	15,4
Extremadura	1.648,4	8.307	5,0
Galicia	264,2	20.902	79,1

Comunidad	hm³	Mpta.	Pta/m³
Madrid	663,3	53.503	80,7
Murcia	504,0	16.141	32,0
Navarra	493,1	4.817	9,8
País Vasco	239,1	20.985	87,8
Rioja (La)	296,9	2.919	9,8
Ceuta y Melilla	9,9	949	95,6
España	23.853,1	443.062	18,6

En los valores medios totales pueden apreciarse los siguientes hechos:

El precio medio del metro cúbico del agua en España en 1999, 18,6 pesetas o lo que es lo mismo, 0,112 euros, es ridículo y, ni siquiera como media, permite mantener para el futuro la infraestructura hidráulica actual; desde luego no permite pensar en ampliarla, y no hay que olvidar que tenemos necesidades de depuración no cubiertas, además de que serán crecientes en un futuro próximo. Es evidente que este bajo valor es debido al peso que tiene en el conjunto el precio del agua agrícola que representa, con mucho, el mayor volumen de agua servida.

Dentro de los tipos de consumo, parece que el industrial es el que más sigue unos criterios de racionalidad económica en lo referente a los precios, lo que quizá origine la mayor homogeneidad de éstos.

El consumo de hogares no sigue unos criterios tan racionales como la industria, reflejando su mayor componente política, aparte de dificultades reales de cubrir la demanda en casos singulares.

Los precios del agua agrícola reflejan, en muchos casos, su irracionalidad económica. Muchos de ellos son totalmente insuficientes para el mantenimiento de la infraestructura hidráulica, e incluso hay casos en que no es posible, sin duda, mantener una operación racional lo que llevará en la práctica a la pérdida de volúmenes importantes de agua.

Un aspecto interesante es la variación de los precios del agua en los años 1997-1999; se muestran sólo los resultados y no los datos originales, también obtenidos de las Cuentas satélites del agua, del INE (2002), para no hacer pesada esta exposición:

Se muestra a continuación el incremento porcentual de los precios del agua, por comunidad autónoma y tipo de uso, entre los años 1997 y 1999.

Comunidad	Agricult.	Industria	Servicios
Andalucía	−0,8	3,9	0,7
Aragón	3,6	23,0	11,2
Asturias	0,4	3,6	4,8
Baleares	2,5	9,8	2,5
Canarias	−0,9	8,2	2,7
Cantabria	1,5	7,6	1,0
Castilla León	−2,9	7,2	2,9
Castilla La Mancha	−2,5	3,6	5,5

Comunidad	Agricult.	Industria	Servicios
Cataluña	−0,7	9,4	2,6
Com. Valenciana	−1,3	5,7	1,0
Extremadura	−3,5	5,8	0,3
Galicia	−1,4	10,5	6,2
Madrid	−1,4	10,5	0,9
Murcia	−0,4	8,8	1,9
Navarra	−3,6	4,5	2,0
País Vasco	−0,9	7,9	2,0
Rioja (La)	−2,7	3,8	1,1
Ceuta y Melilla	−1,5		4,6
España	−1,0	8,3	2,2

Comunidad	Hogares	Total
Andalucía	1,0	1,0
Aragón	32,9	15,0
Asturias	−1,3	0,9
Baleares	2,9	1,9
Canarias	0,6	2,3
Cantabria	3,1	2,9
Castilla León	3,8	2,7
Castilla La Mancha	5,7	0,6
Cataluña	17,9	10,5
Com. Valenciana	2,4	2,4
Extremadura	2,4	−0,9
Galicia	16,7	12,4
Madrid	2,1	2,7
Murcia	6,5	4,2
Navarra	−0,5	−5,7
País Vasco	10,2	8,3
Rioja (La)	1,2	−5,0
Ceuta y Melilla	0,2	1,1
España	7,1	3,9

Como puede observarse, los precios medios del agua para el consumo de hogares y para la industria han tenido un incremento de precio acorde con la situación de partida (bajos precios relativos); los servicios han tenido un incremento posiblemente menor del necesario; sin embargo, lo más sorprendente es que la agricultura, partiendo de un precio medio bajísimo, ha tenido en esos años una disminución del mismo, aunque sea marginal, lo que no ayuda en modo alguno a mantener una infraestructura de regulación y aducción en buen estado.

Dada la importancia que tiene el regadío en España, se muestra la relación de productividad de regadío/secano por provincias:

Provincias	Relación de productividad regadío/secano
Almería, Baleares, Huelva y Murcia	Mayor de 15
Albacete, Asturias, Badajoz, Castellón, Cuenca, Granada, Madrid, Las Palmas, Segovia, Tenerife, Toledo y Zaragoza	Entre 9 y 15

Provincias	Relación de productividad regadío/secano
Alicante, Ávila, Barcelona, Cáceres, Cádiz, Ciudad Real, Huesca, León, Lérida, Málaga, La Rioja, Salamanca, Tarragona, Teruel, Valencia, Valladolid y Zamora	Entre 6 y 9
Álava, Burgos, Gerona,	Entre 3 y 6
Guipúzcoa, Lugo, Navarra, Palencia, Sevilla y Soria	Entre 3 y 6
Cantabria, Córdoba, La Coruña, Jaén, Orense, Pontevedra y Vizcaya	Entre 1 y 3

Como puede apreciarse existen grandes diferencias entre las medias provinciales de rentabilidad regadío/secano; estas diferencias son mucho mayores a nivel de sistemas de riego concretos; por ejemplo, los riegos del Chanza (Huelva) tienen, aproximadamente, una relación de 57, y los de Cuevas de Almanzora (Almería), de 69. Es evidente que los valores anteriores no se logran sólo con el regadío, sino añadiendo otros factores.

Por último se hacen unas consideraciones sobre el consumo de agua en España y en otros países de la Unión Europea; a continuación se exponen las demandas totales y los consumos per cápita en estos países, obtenidos del Libro Blanco, que a su vez los obtiene de la EEA (1998):

País	Población 1995 (MHAB)	Demanda total (hm³/año)	Demanda per cápita (m³/hab/año)
Alemania	82,4	58.862	714
Austria	7,97	2.361	296
Bélgica	10,1	7.015	692
Dinamarca	5,2	916	175
España	39,2	35.323	900
Finlandia	5,1	3.345	654
Francia	58,3	40.641	698
Grecia	10,5	5.040	481
Irlanda	3,6	1.212	339
Italia	56,1	56.200	1.001
Países Bajos	15,5	12.676	816
Portugal	9,9	7.288	735
Reino Unido	58,2	12.117	208
Suecia	8,9	2.708	306
Total UE	371,0	245.704	662
Estados Unidos	260,7	453.651	1.740

La alta demanda per cápita española, la segunda en Europa, es debida a la importancia del regadío en nuestro país, pues no en vano tiene 3,4 millones de hectáreas del total de 11,6 de la Unión Europea, siendo el país que más regadío tiene; la dotación media del regadío español es de 7.010 m³/ha/año, siendo la media de la UE 6.351 m³/ha/año; como valor medio la eficiencia es buena, dada las altas evapotranspiraciones que se dan en gran parte de España. El alto valor de la demanda per cápita también es debido al alto número de visitantes que el país recibe al año, lo que en algunas épocas hace que aumente de forma importante el número de habitantes de hecho.

4 CONCLUSIONES

De todo lo que se ha expuesto en los apartados anteriores pueden deducirse las siguientes conclusiones:

España depende de una manera difícilmente encontrable en el resto de Europa de una infraestructura de regulación y de distribución de sus recursos hídricos para mantener el nivel de vida logrado en este momento; como ya se ha dicho por personas de la mayor cualificación, el país no se encontraría entre los de un adecuado nivel de vida si esa infraestructura no existiese; como consecuencia, el país tiene que invertir en esa infraestructura en un grado difícilmente encontrable en el mundo entre los países del mismo entorno económico.

El coste medio repercutido en el metro cúbico suministrado debido a la reposición y el mantenimiento de la infraestructura hidráulica, que se ha dado como comprendido entre 0,132 y 0,164 euros, debe incrementarse del orden del 40%, debido a la diferencia de los volúmenes regulados y suministrados, puesto que éstos últimos son los que en realidad se cobran; en consecuencia, el precio anterior debe estar comprendido entre 0,19 y 0,23 euros.

Los precios del agua en España son, en general, bajos. Los precios de abastecimiento urbano e industrial están razonablemente acordes con el servicio prestado, permitiendo atender al mantenimiento de la infraestructura hidráulica.

Los precios de abastecimiento urbano e industrial deberán incrementarse, sin embargo, sobre todo por las exigencias de depuración todavía no totalmente cubiertas en nuestro país.

Como media, los precios del agua servidos a la agricultura son totalmente inapropiados para mantener la infraestructura hidráulica; en algunos casos no llegan, siquiera, a cubrir unos gastos de operación mínimamente razonables.

Considerando valores medios, es sorprendente la escasa relación de productividad regadío/secano existente en algunas provincias en que, por sus características climáticas, podría esperarse lo contrario. Sin duda, este hecho está influido por los cultivos que se han puesto en regadío, que tienen en cuenta más las subvenciones de la Política Agraria Común europea que otras consideraciones.

En contraposición a lo anterior, llama la atención los altos precios pagados por el agua agrícola en algunos sistemas regables, generalmente dedicados a cultivos poco o nada subvencionados, demostrando la rentabilidad de los mismos, no sólo debida al agua, sino al trabajo, al capital y al esfuerzo de comercialización a ellos dedicado.

A medio y largo plazo hay que considerar los siguientes hechos y actuaciones:

– Es difícil justificar que un mismo producto, el agua, tenga en la misma zona precios tan diferentes según su uso final; esto supone una irracionalidad económica.
– Existen grandes zonas de regadío que por sí mismas no mantienen la infraestructura que les permite tener ese regadío, lo que es otra irracionalidad económica.
– La Política Agraria Común de la Unión Europea, tal como ha existido hasta ahora es, como mínimo, dudoso que continúe de una manera similar.
– Se deben modernizar los regadíos en las zonas en que es posible incrementar los rendimientos de forma notable, mejorando los sistemas de riego para que aprovechen mejor el agua, liberando recursos para otros usos y, posiblemente, cambiando los cultivos, al menos en un cierto grado.
– En los regadíos de menor rendimiento es necesario plantearse su utilidad y, en consecuencia, la utilidad de la infraestructura hidráulica en la que se basan.
– Las nuevas inversiones en infraestructura hidráulica han de seguir la Directiva Marco sobre el agua (2000/60/CE) de la Unión Europea, que hace hincapié en el desarrollo sostenible, tanto desde el punto de vista medioambiental como de recuperación de los costes de los servicios relacionados con el agua.
– España está abocada a una reconversión de una parte importante de sus regadíos, de forma que no se den las incongruencias económicas que se están dando en la actualidad.

Dam Maintenance and Rehabilitation, Llanos et al. (eds)
© 2003 Taylor & Francis, ISBN 90 5809 534 7

An applied expert system used in earth dam's fault diagnosis

Xinmiao Wu, Zhihong Qie
Department of Water Resource of Agriculture, University of Hebei, China

Zhangbin Pang & Lijun Liu
Water Works Corporation of Hebei., P.R.China

ABSTRACT: The contradiction between numerous fault dams and a shortage of dam diagnostician is very prominent. Earth dam fault diagnosis expert system (EDFDES) can solve preferably this contradiction. EDFDES consists of knowledge base, database, model base, graph base, inference engine and user interface. The system is based on traditional expert system and associate with numerical calculation, data processing and graphics technology to perform inference, achieving the data management and analysis to observational data and some numerical calculation functions. In respect of knowledge acquisition, the system combines the expert experience with diagnosis case of earth dam and makes a beneficial attempt to case-based learning by introducing artificial neural network (ANN).

1 INTRODUCTION

More than 80,000 reservoirs have been built from establishment of China. Because of various reasons, numerous dams have hidden troubles and some have broken down. These dams have resulted in enormous economic lose. In fact, along with the development of modern technology, we can rescue many faulty dams to make them bring into play. Therefore, it is an important task to diagnose the dam's faults precisely and duly.

It has been proved that the characteristics of dam's fault diagnosis are as follows: the distribution of much of fault engineering is dispersive; time requirement to diagnosis is pressing; and the demand for diagnosis expert is large. Because of the above characteristics, the fault of large numbers of dams can't be diagnosed duly, so that the treatment is delayed, and the operation of reservoir is insecure.

One of the best methods to overcome the above problems is to build expert system (ES), which is the combination of expert experience, artificial intelligence (AI) technique, computer technique and numerical analysis methods. EDFDES is just an applied expert system can be used to diagnose the fault of the earth dam. The development process of this system presents the integration of qualitative and quantitative. In respect of knowledge acquisition, the system combines the expert experience with diagnosis case of earth dam and makes a beneficial attempt to case-based learning by introducing ANN.

2 BRIEF INTRODUCTION TO SYSTEM STRUCTURE

EDFDES is composed of software specification, archives management subsystem, preliminary treatment subsystem, expert consultation subsystem and knowledge acquisition subsystem. The system structure is shown in figure 1.

2.1 Expert consultation subsystem

The main function of this subsystem is to diagnose the fault type, the reason of fault, the location of fault, put forward remedy opinion and make a logical evaluation to the security of the dam. The subsystem is mainly composed of inference engine, knowledge base and correlative database, model base, graphics base, etc.

2.2 Knowledge acquisition and maintenance to knowledge base

The two types of knowledge acquisition are artificial acquisition and self-learning of ANN. In addition, in order to ensure the categoricalness and correctness, this subsystem also design the functions of modification, edition and grammar testing to knowledge base.

2.3 Preliminary treatment subsystem

The main function of this subsystem is to serve expert consultant subsystem, providing necessary evidence

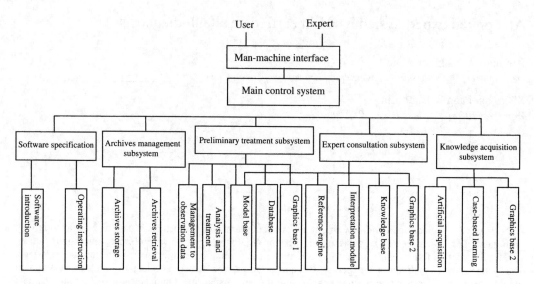

Figure 1. The structure sketch of EDFDES.

and data. At the same time, it also has the functions of management, analysis and reorganization to observational data, model calculation, and output of report forms and graphics, etc. this subsystem can be referred to as a reservoir manager's right hand.

2.4 Archives management subsystem

After diagnosis, user can keep the evaluation process, conclusion and feedback opinion in archival repository. In addition, some typical cases have been diagnosed by expert can be kept in the archival repository and these cases can be searched through various manners (e.g. case number, engineering's name, and fault type, etc.)

3 SYSTEM DESIGN

3.1 The design of knowledge base subsystem

3.1.1 Knowledge representation
Knowledge representation is a combination of data structure of knowledge and interpretive process to these structures. A suitable knowledge representation method not only can store knowledge effectively, but also can improve the inference efficiency and the ability to acquire new knowledge. Concerning the selection of knowledge representation method, we insist on the following two principles: firstly, pay attention to practicability. Require the knowledge representation can reflect the characteristics of domain knowledge and represent knowledge naturally and effectively.

Secondly, the structure of representation is easy to be searched and expanded. Through the analysis to domain knowledge and conversation with the expert, EDFDES adopts the production rule as the knowledge representation method. This method is natural, clear and having the characteristic of modularization, but the search efficiency of this method is low and the mode of inexact reasoning is inflexible. In order to compensate the above shortages of traditional production rule, we adopt the following measures:

- Discretization of knowledge base according to hierarchical distribution. In order to reduce the solution space, we divide the knowledge base into some independent small knowledge base in terms of fault type and degree of correlation of knowledge. Because every small knowledge base is generally composed of scores of rules, the system won't occur pattern shooting and this measure can greatly improve the inference efficiency. In addition, there is relation among every small knowledge base, so that the system can select a most correlative small knowledge base to diagnose again when the inference process fail to continue under the condition of current knowledge base.
- The production rule is reconstructed in this system. The system not only considers the description, acquisition and utilization to different property evidence but also refers confidence level methods and likelihood conjunction of EMYCIN clause.

In addition, the system makes use of dynamic database in order to detach the knowledge base and inference engine.

3.1.2 Knowledge acquisition and establishment of knowledge base and relevant bases

EDFDES has three knowledge sources: domain expert, scientific and technical document and case. Firstly, understand various fault types through reading document and conversation with expert and then categorize the more than 50 cases of earth dam according to fault type. Finally, through analyzing these case data with expert, summarize the following items:

- What evidences are necessary to judge and confirm a fault type; property description and acquisition approach of every evidences; weight, confidence level of evidences, threshold value of rules.
- When the quantitative analysis is necessary and how to analyze.
- How to confirm the location of hidden fault.
- Endangers of faults.
- How to confirm and analyze the dam's security; how to put forward corresponding treatment scheme according to various evaluation result.

The knowledge base is built by the above results expressed in Prolog statement. In addition, it is necessary to give an account of the other three bases relevant to knowledge base: graphics base, model base and database. There are some photographs and pictures of typical fault symptom in Graphics base, which is provided for user to exactly understand the symptom description of system. Model base can provide some mathematical models relevant to dam's security (dam slope stability analysis model, seepage finite element analysis model, nonlinear finite element model used to analyze the dam's stress and strain, etc.) and some analysis model of observational data (inclination analysis, settlement trend analysis, seepage's development trend analysis and correlation analysis between some observation items, etc.). The function of model base is to help user get quantitative data during the diagnosis process. Database can provide essential data and observation data the model analysis requires. It is observed that the operation of the system is on the basis of the above four bases and embody the combination of quantitative and qualitative.

3.1.3 Self-learning of EDFDES

Knowledge acquisition is thought of as the bottleneck problem of expert system development. Traditional artificial acquisition will spend much time. Therefore, in this system, we design the self-learning function based on ANN model. The principle of ANN is simply described as follows: ANN can automatically build the logic mapping relation between the input and output through case training. The logic mapping just corresponds with the precondition and conclusion of production rule. Along with the increase of training case, the logical relation reserved in the network become more and more exactly. The trained network

not only can infer, but also can produce new rules. In this system, the input and output of network can be regarded as fault symptom—fault type and fault symptom—fault reason. During the development of this system, more than 50 fault cases of earth dam are collected to train and verify the network. The result is satisfactory.

3.2 The design of inference engine

The inference of EDFDES is a synthetic inference process, that is, associating with calculation, data processing and graphics to perform the inference.

The system calls the knowledge base and corresponding spare diagnosis base, through the typical symptom provided by user, matching orderly every practicable rule. In the light of the characteristic of engineering field, some evidences (symptoms) can be confirmed by visual inspection or the understanding to dam's behavior, but some evidences must be confirmed by data analysis or model calculation. In order to accommodate this characteristic, the system provide user with two combination modes of inference

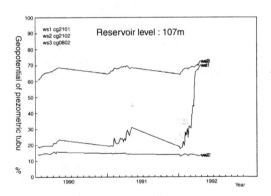

Figure 2. Geopotential hydrograph of piezometric tube under character reservoir level.

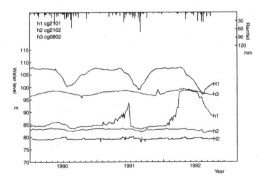

Figure 3. Geopotential hydrograph of piezometric tube.

Table 1. Main conditions and diagnosis result.

Item	Content
Main conditions	1. Seepage quantity has no apparent change 2. Transparency of seepage has no apparent change 3. Geopotential of piezometric tube near abnormal tube is normal 4. No bore near abnormal tube before the occur of abnormal phenomenon 5. No correlation between abnormal tube and rainfall 6. No gas discharged from abnormal tube 7. There is correlation between abnormal tube level and reservoir level 8. When the level of piezometric tube near abnormal tube lower below a certain altitude, the level of abnormal tube return to normal
Diagnosis result	The connection of the abnormal piezometric tube is untight or having rupture. When the water level of piezometric tube near abnormal tube lower below a certain altitude, the level of abnormal tube return to normal. The fact shows the location of the rupture is below the altitude.
Security evaluation	There is no seepage deformation in foundation, so nothing is wrong with the dam's security. But the abnormal piezometric tube must be replaced duly, otherwise it will influence the accuracy of observation.

and numerical calculation: one is using calculation in the process of inference; the other is making calculation pretreatment of inference. The system can calculate the confidence level according to the degree of confirmation. If total confidence level exceeds the threshold value of this rule, then the conclusion of this rule is practicable; otherwise the system will match the next rule. When all the rules can't be matched accurately, the system will call other relevant knowledge base to continue to diagnose.

4 DIAGNOSIS CASE

A dam is a large-scale dam. The main dam is a roller compaction homogeneous earth dam and the foundation is made up of loessial silty loam and osmotic medium-sized fine sand and sand screen. The foundation's piezometric level of main bed $1 + 430 - 1$ rose abnormally in April, 1990 and this phenomenon lasts 60 days. The maximal rising is 1.2 meter. The same phenomena occurred during February~June, 1991 and January~June, 1992. The maximal rising reached separately 8.8 m and 13.8 m. Use this system to diagnose the fault reason and the emphasis is placed on the possibility of foundation's seepage deformation.

Firstly, build database of observational data. Secondly, analyze and treat the data with the aid of pretreatment subsystem to form diagnosis base. (In the process of analysis, the system can show the analysis results in the form of graphics according to the requirement of user.) Finally, diagnose fault by means

of expert consultant subsystem. During the diagnosis, the system can communicate with user through man machine interface. The main diagnosis results are as given in Table 1.

5 CONCLUSION

EDFDES is a practical application of AI and computer technique in the field of hydraulic engineering management. It plays an important role in dam's fault diagnosis, security evaluation and management and analysis to daily observation data. The system is a combination of qualitative analysis and numerical calculation. In addition, it not only has improved traditional artificial knowledge acquisition method, but also has realized the self-learning function by introducing ANN. In the end of this paper, we introduce a case to verify the practicability of the system.

REFERENCE

Niu yunguang. 1988. The new development of dam's reinforcement technique. Water resource and hydropower engineering, May 1988.
Li junchun. 1989. Security situation of Chinese earth dam. Hydraulic engineering management technique, May 1989.
Mao changxi. 1988. Seepage problems of water power engineering. Hydraulic engineering management technique, May 1988.
Liu jie. 1991. Prevention and control to earth dam's crack. Water resource and hydropower engineering, March 1991.

Dam Maintenance and Rehabilitation, Llanos et al. (eds)
© 2003 Taylor & Francis, ISBN 90 5809 534 7

Auscultación y automatización de la adquisición de datos en la Presa de Lanuza

M. Andreu Mir, A. Álvarez Tejerina, A. Linares Sáez, J. Aguilar Mariñosa
Confederación Hidrográfica del Ebro, Zaragoza, España

A. Guardia Cortínez & J. Portillo Aguilar
Geotecnia y Cimientos S.A. (Geocisa), Madrid, España

RESUMEN: La Presa de Lanuza está situada en la localidad del mismo nombre, sobre el río Gállego, en la provincia de Huesca, en España, y su administración está a cargo de la Confederación Hidrográfica del Ebro.

Se trata de una presa de bóveda de doble curvatura, con una altura sobre cimientos de 79,50 m y 176 m de longitud de coronación, con un nivel máximo normal situado a cota 1283,50 m y con una capacidad de embalse de 25 Hm3.

En la comunicación, se describe la mejora de la instrumentación realizada recientemente en la presa, así como el sistema de automatización de la adquisición de datos bajo protocolo Profibus, que la Confederación Hidrográfica del Ebro ha decidido implementar en las presas de esta cuenca, y que se ha desarrollado específicamente para este cometido, instalándose en la obra de referencia.

1 INTRODUCCIÓN

La Presa de Lanuza se terminó de construir en 1980, con los objetivos de contribuir a la regulación del riego en la zona del Alto Aragón y suministrar caudales para la generación de energía a la central de EIASA, situada en la localidad de El Pueyo.

Posee un ancho de coronación de 3 m, ampliado mediante ménsulas a 6,50 m.

Los órganos de maniobra de la presa están constituidos por:

1) Un aliviadero sumergido, con el umbral a la cota 1253.30 m, consistente en dos conductos cuadrados de 3 m de lado, cerrados por sendas compuertas deslizantes de tipo vagón situadas aguas arriba de la presa y por dos compuertas Taintor colocadas en las salidas de aguas abajo. Este dispositivo tiene una capacidad máxima de desagüe de 374 m^3/s.
2) Un desagüe de fondo formado por dos conductos rectangulares de 1.20 × 1.70 m, cerrados por un par de válvulas compuerta con capacidad de desagüe de 51 m^3/s cada uno.
3) Una toma de agua situada en el estribo izquierdo que suministra un caudal máximo de 21.6 m^3/s a la central de EIASA.

La cota máxima de explotación, se redujo en el año 1992 por razones ecológicas y sociales, a la 1275.50 m.s.n.m., con lo que la capacidad de evacuación del aliviadero se redujo a 312 m^3/s y la del desagüe de fondo a 83 m^3/s.

Una galería perimetral la recorre en toda su extensión y puede accederse a ella mediante accesos, situados en los estribos, a las cotas 1269, 1245 y 1239 m.s.n.m.

La instrumentación original de la presa estaba constituida por:

- Un péndulo invertido, situado en la zona central, con dos puntos de lectura.
- Dos grupos de péndulos directos e invertidos, a ambos lados del anterior.
- Un total de 23 ternas de clavos para la medición de desplazamientos en juntas, situadas en las pasarelas y galería perimetral.
- Un conjunto de 42 termopares de cobre – constantán, dispuestos para la medición de temperaturas en el cuerpo de presa, en el agua y en el aire.
- Un grupo de 12 medidores internos de juntas embebidos en el hormigón.
- Tres extensómetros de varillas, situados en el estribo izquierdo de la presa, con el objeto de controlar eventuales movimientos de una falla localizada en ese sector. Dos de los extensómetros cuentan con

2 varillas y el restante con 3, y sus longitudes varían entre 10.9 y 18.8 m.

- Un limnímetro para la medición del nivel del embalse, situado en la coronación, con captador de presión de tipo neumático. Este dispositivo se encuentra conectado a una estación de la red SAIH, situada en la presa.

2 TRABAJOS REALIZADOS

Con el propósito de mantener, ampliar y modernizar el sistema de auscultación de la presa, se han llevado a cabo trabajos de acondicionamiento y mejora de la instrumentación de la misma, y se ha desarrollado e instalado además, un sistema de adquisición automática de datos.

Los trabajos mencionados, se describen a continuación:

2.1 Acondicionamiento y ampliación de la auscultación

Después de una exhaustiva revisión del estado de los diferentes dispositivos de medida, se ha elaborado un proyecto de detalle de instrumentación y un plan de auscultación.

En consonancia con estos proyectos, se han reemplazado o reparado los elementos deteriorados del sistema tales como ternas de clavos para medición de movimientos en juntas, planchetas manuales de lectura de péndulos, y pilares de observación topográfica.

Se han incorporado además elementos nuevos al sistema que, incluyen:

- Bases de nivelación topográfica en la coronación y estribos de la presa.
- Señales geodésicas de puntería en paramentos de aguas abajo y coronación.
- Cabezales para lectura de presiones en taladros de la pantalla de drenaje (6 unidades).
- Aforadores de filtraciones de tipo Thomson en las galerías, provistos de sensores de ultrasonidos para su lectura automática (2 unidades).
- Coordinómetros automáticos basados en sensores de efecto Hall, colocado en los puntos de lectura de los péndulos (5 unidades).
- Piezómetros de cuerda vibrante colocados en sondeos verticales e inclinados 15° aguas abajo, situados en el contacto presa – roca de cimentación (8 unidades).
- Cajas de centralización del cableado de los dispositivos de medida.

2.2 El sistema de adquisición automática de datos de la auscultación

En el marco de la necesidad y conveniencia de disponer de equipos y procedimientos unificados para la adquisición automática de datos de auscultación de todas las presas de su cuenca, la Confederación Hidrográfica del Ebro (CHE), tomó la decisión de desarrollar e implementar un sistema basado en un estándar industrial de bus de campo denominado Profibus DP [Linares, 2002]; [Aguilar, 2002].

Este protocolo de comunicaciones, es ampliamente utilizado en la industria europea así como en numerosos países del resto del mundo.

Se trata de un estándar abierto, definido por la norma EN 50 170, por lo cual no se detallarán aquí sus características técnicas, si bien se recordará que se trata de un bus de campo serie, con controladores digitales descentralizados que pueden conectarse en red y que son operados por dispositivos denominados maestros (o activos), que tienen el control de las comunicaciones en el bus, y esclavos (o pasivos), que son elementos periféricos y que responden a las órdenes o comandos impartidos por los dispositivos maestros.

En este contexto, la CHE encargó a la empresa contratista, Geotecnia y Cimientos S.A. la elaboración del proyecto de detalle de un sistema de adquisición automática de datos de la auscultación, basado en el mencionado estándar, y de la construcción e instalación de dicho sistema en la Presa de Lanuza, de acuerdo con los lineamientos establecidos por los técnicos de la mencionada institución.

2.2.1 Elementos del sistema

El proyecto de detalle del sistema, contiene más de 190 planos de electrónica y componentes mecánicos y comprende básicamente los siguientes elementos, que se han construido e instalado en la presa:

- Un conjunto de 9 armarios de adquisición de datos que contienen los circuitos electrónicos del sistema, las conexiones a los sensores, los adaptadores de fibra óptica, así como conectores que permiten la lectura manual de cada instrumento.
- Una red de fibra óptica en anillo cerrado que recorre la presa, enlaza los armarios de adquisición de datos y transmite la información al ordenador de control que se describe en el párrafo siguiente.
- Un ordenador industrial que controla el sistema a través de una tarjeta de red Profibus DP y de un software SCADA. Este dispositivo, que denominaremos remota de auscultación, se encuentra situado en una caseta existente en la coronación de la presa.
- Un sistema de alimentación ininterrumpida, compuesto de rectificador y baterías que asegura 48 horas de alimentación eléctrica de 24 V en corriente continua al sistema, en caso de fallo del suministro externo.

2.2.2 Lector de cuerdas vibrantes

Cabe destacar, que el estándar Profibus no contempla la lectura de sensores de cuerda vibrante, por lo que la empresa contratista, ha desarrollado un lector de tales dispositivos que funciona bajo la norma mencionada, cuyas características principales son las siguientes:

- Capacidad de lectura de 16 sensores de cuerda vibrante
- Resolución de 16 bit (Décimo de Hercio)
- Características del pulso de excitación programables

2.2.3 *Dispositivos incorporados al sistema*

Los dispositivos cuya lectura se ha automatizado son de los tipos siguientes:

- Extensómetros unidimensionales de cuerda vibrante, embebidos en el hormigón
- Rosetas bidimensionales de extensómetros de cuerda vibrante
- Termopares de cobre – constantán
- Piezómetros de cuerda vibrante
- Coordinómetros de los péndulos
- Sensores de ultrasonidos de los aforadores

Adicionalmente, se ha incorporado al sistema la lectura del nivel del embalse, que mide el limnímetro existente en la presa y que se encuentra conectado a la Red SAIH.

2.2.4 *Accesibilidad de los datos obtenidos*

Los datos obtenidos con el sistema, se almacenan en la remota de auscultación, son accesibles también desde el ordenador de las Oficinas de la Presa y se transmiten a las oficinas centrales de la CHE, a través de la red privada de comunicaciones mediante radioenlaces, existente en la Red SAIH-EBRO.

2.3 *Telefonía*

Cabe consignar también que se ha aprovechado la infraestructura creada para instalar un sistema de telefonía con una toma por armario, de modo de facilitar las comunicaciones entre distintos puntos de la presa y de éstos con el exterior.

3 CONCLUSIONES

El mantenimiento y la ampliación realizada en el sistema de auscultación de la presa, permitirá tener un mayor conocimiento y control del comportamiento de la obra, tanto en circunstancias normales como en situaciones excepcionales de explotación.

El sistema de adquisición automática de datos de auscultación que se ha desarrollado, permitirá a la CHE disponer de un conjunto homogéneo de equipos y procedimientos de lectura de la instrumentación de todas las presas de su cuenca. Este sistema, al estar basado en un estándar abierto, garantiza la compatibilidad entre productos de diferentes fabricantes y deja abierta la posibilidad de futuras ampliaciones.

En particular, el equipo de adquisición de datos instalado en la Presa de Lanuza, contribuye a facilitar las tareas de conservación y mantenimiento de la obra, y constituye además una valiosa herramienta de ayuda a la toma de decisiones durante la explotación, tanto en condiciones normales como extraordinarias.

REFERENCIAS

Aguilar Mariñosa, J. & Linares Sáez, A. 2002. Sistemas abiertos basados en bus de campo para la automatización de los sistemas de auscultación de presas en la Confederación Hidrográfica del Ebro. *VII Jornadas Españolas de Presas, Zaragoza, España.*

Linares Sáez, A & Aguilar Mariñosa, J. 2002. Integración de los sistemas automáticos de centralización de la auscultación de las presas en el Sistema Automático de Información Hidrológica de la Cuenca del Ebro. *VII Jornadas Españolas de Presas, Zaragoza, España.*

Dam Maintenance and Rehabilitation, Llanos et al. (eds)
© 2003 Taylor & Francis, ISBN 90 5809 534 7

Estimación de las condiciones de seguridad en las presas de titularidad no estatal

Pablo García Cerezo & Gerardo García Hernández
Dirección General de Obras Hidráulicas y calidad de las Aguas Ministerio de Medio Ambiente

RESUMEN: En este artículo, se contempla la problemática existente en la infraestructura hidráulica española, asociada, de una parte, a la antigüedad de la misma y, de otra a la gran cantidad de obras y titulares existentes. La perspectiva con la que se trata el tema está relacionada con la existencia de numerosos titulares que no disponen de los recursos técnicos ni económicos precisos para aplicar una norma sobre seguridad. Así, en primer término, se considera de la necesidad de desarrollar una Normativa de Seguridad que considere diversos aspectos básicos, que se enuncian; en segundo lugar, se trata acerca de la revisión inicial a realizar, como elemento básico en el conocimiento de las condiciones de seguridad existentes en cada caso, y con el fin de exponer las obras de adaptación a realizar y de marcar las pautas a seguir en un futuro. Por último, se hacen algunos comentarios acerca de la auscultación de las infraestructuras, como elemento disponible que, con carácter técnico, permite realizar un seguimiento del comportamiento de las mismas y alertar ante situaciones de riesgo.

1 ENFOQUE GENERAL DEL PROBLEMA

1.1 *Introducción*

Es conocida la problemática existente en España relacionada, de una parte, con la abundante infraestructura hidráulica disponible, de otra, con el hecho cierto de que una parte substancial de esa infraestructura es muy antigua y finalmente, en parte derivado de los dos puntos anteriores, con los importantes costos derivados de cualquier actuación que pudiera llevarse a cabo, como consecuencia por ejemplo de un cambio normativo que afectara a dicha infraestructura.

Asociado a la problemática anterior, está el hecho de que la mayor parte de las presas españolas tienen titularidad privada y, en numerosas ocasiones, con propietarios que no disponen de los recursos económicos ni los medios técnicos adecuados parara hacer un seguimiento adecuado de las condiciones de seguridad de las presas en cuestión.

Es considerando estos últimos titulares, por lo que se suscita la necesidad de contemplar los aspectos que se tratan a continuación.

Así, convendría disponer de un inventario de presas actualizado en el que, además de los datos básicos relativos a la presa (titular, localización, tipología, capacidad, etc.), figuraran los resultados de una primera revisión realizada por técnicos especializados. Revisión que, llegado el caso, y a cargo del titular, debería ser realizada "de oficio" por la Administración competente.

En el ámbito de la actividad hidráulica, se está debatiendo en la actualidad acerca de la conveniencia de modificar el ámbito normativo que nos compete, aumentando el rango jerárquico de la normativa existente y reformulando ésta de modo que se dé satisfacción a las exigencias de seguridad, de tipo social, medioambientales, etc. planteadas, y no satisfechas debidamente por la normativa vigente.

Por lo tanto, debería considerarse la conveniencia de obligar a todos los titulares de presas a la realización de una revisión técnica de las mismas con la que puedan detectarse las carencias existentes, de forma especial en lo relativo a las condiciones de seguridad disponibles y, a su vez, se expongan las recomendaciones oportunas de modo que, una vez realizadas las adaptaciones que proceda, se pueda tener un nivel de garantía suficiente.

1.2 *Esquema a seguir*

El esquema de la presente ponencia se ha organizado de acuerdo a los siguientes puntos:

- Con respecto a la Normativa:
    - En primer lugar, se tratará acerca del rango que debe tener la Normativa a desarrollar, indicando las condiciones mínimas que debe satisfacer ésta.
    - A continuación, se considera el procedimiento de aplicación de la Normativa en cuestión.

- Con relación a la revisión de las obras:
  - Revisión inicial.
  - Revisiones periódicas.
- Con relación a la auscultación:
  - Auscultación mínima precisa.
  - Interpretación de los datos.

2 NORMATIVA

2.1 *Rango de la Normativa*

En la actualidad, se dispone de una Normativa con un rango legal insuficiente, de modo que queda muy mermada la posibilidad de imponer la misma a todos los titulares de presas.

Es éste un aspecto muy importante a considerar, dado que cualquier Normativa a desarrollar, deberá estar respaldada por la posibilidad cierta de ser impuesta.

En este punto, cabe indicar que la reglamentación en vigor es de difícil aplicación en los casos en los que los titulares no estén en disposición de facilitar ésta de forma voluntaria.

En los casos en los que existe Concesión Administrativa, existen ciertamente procedimientos legales para obligar a cualquier concesionario a realizar las revisiones que se estimen oportunas o, en su defecto, facilitar el acceso a los técnicos designados al efecto por la Administración competente; sin embargo, dichos procedimientos, sin el consentimiento del titular, resultan ser demasiado lentos y de difícil aplicación, por lo que, dada la necesidad de disponer de sistemas de gestión mucho más ágiles, deberá contemplarse la conveniencia de disponer de una Normativa con un rango legal suficiente, y redactada en términos adecuados, de fácil interpretación.

Deben contemplarse, asimismo, otras situaciones desde el punto de vista formal; como serían las correspondientes a aquellas presas que no disponen de Concesión Administrativa; bien porque no la precisan ó bien porque se encuentran en situación irregular administrativamente.

En los casos anteriores, la aplicación de cualquier Normativa se ve dificultada precisándose, en primer término, que quede claramente indicado su ámbito de aplicación, que las presas están afectadas por dicha Normativa en cuanto a la necesidad de garantizar unas condiciones de seguridad mínimas establecidas en ésta y, en segundo lugar, determinar unos plazos de cumplimiento adecuados; así como de aquella otra que pudiera ser preceptiva, de modo que se tenga garantía de que todas las presas se encuentran en situación regular desde el punto de vista formal.

Cualquier Normativa sobre seguridad de presas que pudiera desarrollarse, deberá partir de la exigencia de realizar una primera revisión de las infraestructuras,

en los términos que se establezcan al efecto, con la que se tendrá conocimiento del nivel de cumplimiento de las condiciones de seguridad exigidas y, en su caso, de la necesidad de proceder a la realización de las obras que correspondan para dar satisfacción a las mismas.

Para conseguir de forma más eficaz los objetivos anteriormente marcados, especialmente en lo relativo a disponer de un inventario completo y actualizado de las presas existentes, convendrá implicar en el proceso a las autoridades municipales, ya que son los Ayuntamientos los mejores conocedores de la existencia de infraestructuras de todo tipo ubicadas en sus términos municipales y, de otra, porque representan el primer estamento administrativo con competencias en todo lo relacionado con el uso del suelo en su municipio; lo que claramente está en relación con la existencia de las propias infraestructuras.

Así, resulta preciso disponer de una Normativa que reúna las siguientes características:

- Deberá tener un rango legal suficiente, de modo que se pueda garantizar su aplicación.
- En lo relativo a las condiciones de seguridad exigibles a las diferentes infraestructuras, deberá ser de aplicación a todas las presas, con independencia del titular y de la antigüedad que pudieran tener éstas. No obstante, se podrán plantear fórmulas de aplicación diferentes según la Clasificación de las mismas; si bien, se deberán tener en cuenta ciertas particularidades intrínsecas, como sería el caso de las infraestructuras que sean consideradas patrimonio histórico-artístico.
- Convendrá que la Normativa que se genere determine claramente los términos en los que ésta deberá regirse; términos que deberán ser de sencilla interpretación, y que supongan el mínimo gasto posible en su aplicación.
- Deberá procederse a la realización de una revisión de la presa, con el fin de conocer el grado de cumplimiento de la Normativa aplicable, y la necesidad de realizar las obras de reparación y/o adaptación que correspondan, con la urgencia que proceda, para garantizar que dicha Normativa se cumple aceptablemente.
- De cara a la consecución de los objetivos anteriormente indicados, sería conveniente implicar a los Ayuntamientos, incluso con la asunción de responsabilidades por parte de los mismos, tanto en la realización del oportuno inventario presas existentes, como en el seguimiento del cumplimiento de la Normativa que haya de generarse.

2.2 *Aplicación de la Normativa*

Es éste un tema que, en el caso que nos ocupa, resulta especialmente relevante, ya que va a plantear la necesidad de resolver problemas de diversa índole, entre los que cabe destacar los siguientes:

- En numerosos casos, con titulares sin el mínimo de conocimientos técnicos, ni asesoramiento adecuado, se tendrá una sensación de inseguridad jurídica por parte de éstos que les forzará a acudir al asesoramiento de técnicos especializados, con el consiguiente costo e, incluso, dificultades para encontrar éstos últimos.
- Supondrá importantes desembolsos económicos, de difícil cuantificación previa.
- Exigirá disponer de una estructura administrativa dimensionada adecuadamente, y con los recursos técnicos y de personal acordes con las exigencias de control de la aplicación de la Normativa.

Estos tres aspectos, podrán verse agravados si los plazos fijados para la adaptación de la infraestructura existente a la nueva Normativa son muy reducidos.

Como se ha comentado más arriba, un primer problema se suscita al observar que una parte importante, en número, de las presas existentes se encuentran en manos de titulares privados, con escasa o ninguna disponibilidad de técnicos y poca capacidad económica. En estos casos, dichos titulares se verán en un plazo corto de tiempo obligados a encontrar asesoramiento técnico especializado y con posterioridad, si de las revisiones que se realizaran se derivara la necesidad de realizar algún tipo de obra, podrían precisar disponer de importantes recursos económicos. El hecho anterior, se podrá agravar de modo significativo, en ocasiones, debido a la imposición de plazos de tiempo muy reducidos y con montantes económicos significativos, incluso imposibles de generar en muchos casos.

Podría darse el caso, nada infrecuente, de que al no poder afrontar las inversiones exigidas, los titulares pongan en manos de instancias superiores sus infraestructuras.

Así, la Administración competente se podría ver obligada a proceder, inicialmente, en numerosas infraestructuras de titularidad privada, a la realización de las revisiones oportunas y, con posterioridad, a la ejecución de los trabajos que correspondan, al tratarse de necesidades relacionadas con la seguridad de las obras y, por tanto, de los bienes y personas afectados por cualquier posible accidente ocasionado por las mismas.

Esta circunstancia plantea, a su vez, problemas de índole tanto jurídico-administrativo como estructural y económico.

Se generan problemas jurídico-administrativos debido a que la Administración tendrá que hacerse cargo de la realización de las correspondientes inversiones en obras de titularidad privada, lo que se habrá de justificar por razones de seguridad inaplazables, lo que conlleva la aplicación de procedimientos administrativos que tienen carácter excepcional, entre los que cabe señalar la caducidad de la concesión en su caso y que, si bien se justificarían una vez comprobada la existencia de riesgo real para la seguridad de personas y bienes, sería de más difícil aplicación para la realización de las revisiones iniciales, ya que en ese punto del proceso aún no se habrían detectado aún, en general, los problemas de seguridad existentes.

La problemática de tipo estructural está relacionada con la necesidad de que la Administración correspondiente disponga de medios y personal suficiente para afrontar la eventualidad expuesta anteriormente, consistente en la realización de revisiones y/o obras de reparación en infraestructuras de titularidad privada, ya que, en la situación de funcionamiento habitual, los requerimientos al respecto serán necesariamente inferiores.

Por último, en cuanto a los problemas de tipo económico, sólo cabe observar que se precisará, presumiblemente, de la realización de importantes inversiones en un plazo de tiempo de medio a corto (en función de cómo se establezca en la Normativa), tanto para los titulares privados como para las Administraciones en general y, de modo particular, para aquella que sea responsable de garantizar el cumplimiento de la Normativa en cuestión.

Tanto desde la perspectiva social como desde la propiamente jurídica, y amparándose en la no disponibilidad de recursos técnicos y/o económicos por parte de titulares privados, no se entendería que las Administraciones públicas consintieran conscientemente el incumplimiento de la Normativa sobre Seguridad en ningún campo y, particularmente, en el ámbito hidráulico ya que, en general, la ciudadanía que asume más directamente los riesgos debido a la existencia de la infraestructura hidráulica en cuestión, no es, sin embargo, la principal beneficiaria de la misma. Por otra parte, a estos mismos ciudadanos, se les "impone" la aceptación de esos riesgos; muchas veces sin un conocimiento claro de los mismos, sin el consentimiento por parte de éstos y, en ocasiones, contra su voluntad expresamente manifestada.

Por tanto, al plantear la redacción de una nueva Normativa sobre Seguridad relativa a las obras hidráulicas, convendrá tener en cuenta los siguientes aspectos relacionados con la aplicación de la misma:

- En primer lugar, deberán fijarse unos plazos en el cumplimiento de la Normativa en cuestión de modo que en función de la clasificación de la infraestructura, del grado de peligrosidad de la misma, establecido según criterios a establecer en dicha Normativa, y de cualquier otro criterio que se estime oportuno, no suponga la creación de dificultades insalvables al titular de la presa.
- Tras una primera estimación, que deberá realizarse de forma previa, se dispondrá la estructura administrativa adecuada. Dicha administración, podrá

proceder "de oficio" y con fondos públicos, lo que conllevará incluso a la caducidad de las concesiones correspondientes, a la realización de los trabajos de revisión y reparación (si procede) precisos, en diferentes obras de titularidad privada, ante la posibilidad de que dichos titulares no puedan afrontar éstos.

– Se dispondrán los recursos económicos precisos para llevar a cabo los aspectos contemplados en los apartados anteriores contemplando, como ya se ha indicado, la necesidad de afrontar los gastos que correspondan, incluso en obras de titularidad privada, si las circunstancias así lo requirieran.

3 REVISIONES DE SEGURIDAD

En lo relativo a las revisiones a realizar en las presas para conocer sus condiciones de seguridad, convendría distinguir entre la primera revisión y las que, con la secuencia temporal que se estime oportuno, se realicen con posterioridad.

3.1 *Revisión inicial*

Como se ha indicado anteriormente, cualquier normativa sobre seguridad relativa a las presas deberá ser aplicable a todas las existentes en nuestro país, con independencia de titularidad, tipología, antigüedad, etc.

Debido a ello, de una parte y, de otra, a la necesidad de proceder a la realización de un inventario actualizado de la infraestructura existente, nos encontramos con que hay un número muy importante de obras en las que nunca se ha realizado una revisión de las condiciones de seguridad existentes suficientemente detallada.

Así, y pensando de modo especial en los titulares privados que se encuentran en condiciones de precariedad, tanto técnica como económicamente, sería muy conveniente proceder a la preparación de una guía técnica al respecto, de obligado cumplimiento, en la que se indique, en función de la tipología, clasificación etc., qué y cómo debe inspeccionarse cada elemento de la infraestructura.

Igualmente, convendría plantear un modelo de presentación de estas primeras revisiones que permita sistematizar e informatizar en lo posible las mismas.

De este modo, al sistematizar el procedimiento, se podrían obtener importantes ventajas como serían, entre otras:

– En general todos los titulares, y de forma especial los privados, conocerían exactamente a qué atenerse al plantear la revisión de sus infraestructuras.
– Se podría garantizar más fácilmente el cumplimiento de unos mínimos de seguridad en todas las presas.

– La Administración responsable del cumplimiento de la Normativa, vería facilitada su tarea en diversos aspectos, como la planificación de su organización, su dotación presupuestaria, el manejo de la información recibida, sus correspondientes análisis e informes, etc.

La revisión inicial supone un punto de partida básico en todo el procedimiento a seguir, ya que:

– En primer término, se marcan los criterios de seguridad mínimos exigibles.
– En segundo lugar, y como consecuencia de la primera revisión, se determinarán los trabajos necesarios para garantizar unas condiciones de seguridad mínimas.
– En tercer lugar, se determinará la sistemática del seguimiento habitual que proceda (auscultación precisa, cómo tomar los datos correspondientes, dónde y cómo presentarlos, su procedimiento de interpretación; periodicidad de las siguientes revisiones, etc.).
– En último lugar, se fuerza la toma de conciencia por parte de todos los titulares de los riesgos inherentes a la existencia de las presas y de la necesidad de mantener adecuadamente las mismas, con el consiguiente costo derivado.

3.2 *Revisiones periódicas*

Las revisiones periódicas deberán establecerse en la Normativa correspondiente; sin embargo, a resultas de la revisión inicial, convendrá dejar abierta la posibilidad de fijar criterios más restrictivos al respecto.

Con la revisión inicial, se introduciría directamente a todos los titulares en la Normativa, por lo que cualquier revisión posterior será más fácilmente asumible por éstos.

La mencionada guía técnica relativa a la revisión inicial, marcará las pautas para las posteriores revisiones; si bien, éstas deberán adaptarse a las particularidades de cada caso que, a su vez, habrán sido determinadas con aquella primera y, en otros aspectos, en la propia Normativa; en lo relativo a la realización de obras de cierta envergadura, de la observación de medidas extrañas en la auscultación dispuesta, con ocasión de seísmos, etc.

4 AUSCULTACIÓN

En principio, de la observación de los diferentes elementos de la infraestructura y con la lectura e interpretación de los datos obtenidos de la auscultación existente, se puede realizar una estimación, con carácter técnico, del funcionamiento normal ó anómalo, en su caso, de la estructura.

Así, la auscultación representa un elemento esencial en cualquier obra hidráulica y, de modo especialmente significativo, en el caso de las presas en las que las observaciones directas por técnicos especializados se hacen esporádicamente ó simplemente no se hacen, quedando la propia auscultación como único elemento de control.

4.1 Auscultación mínima precisa

Vista la importancia de la auscultación en el control y seguimiento del comportamiento de la obra, convendría determinar la auscultación mínima precisa en función de la tipología de la obra en cuestión.

En la actualidad, se encuentran probablemente en mayoría las obras que no disponen de ningún tipo de auscultación; situación ésta en absoluto admisible según lo expuesto anteriormente.

Sería muy conveniente, por tanto, que la Normativa a desarrollar contemplara la obligación de disponer de unos elementos de control mínimos, de modo que se pudiera garantizar que todas las obras hidráulicas disponen de ellos.

De cualquier modo, como consecuencia de la realización de la revisión inicial, deberán conocerse los dispositivos de auscultación precisos en cada caso; que siempre habrán de ser, como mínimo, los establecidos en las Normas.

Para la colocación de la instrumentación correspondiente deberán fijarse plazos concretos, no necesariamente muy amplios; de modo que en el plazo de tiempo más breve posible se dispongan de datos para su análisis.

Hay que tener en cuenta, el coste de la instalación inicial de dicha instrumentación pero, además de éste, deberá considerarse el relativo al mantenimiento y conservación y el correspondiente a la realización de las propias lecturas.

4.2 Interpretación de los datos

Se ha comentado con anterioridad acerca de la importancia de disponer de una auscultación mínima en la obra; sin embargo, de nada servirá si no se interpretan adecuadamente los datos obtenidos de su lectura.

La interpretación de los datos de auscultación, por lo general, supone un problema importante para los titulares de las presas, toda vez que no suelen disponer de las capacidades técnicas ni de los recursos humanos precisos.

El problema planteado, tiene como única solución el contar con la colaboración de terceros para realizar esas funciones; lo que supone un costo no siempre bien entendido y, en ocasiones, y por diversos motivos, incluso imposible de asumir por los titulares.

Estos últimos, por tanto, deberán contar con un costo de explotación más, consistente en la necesidad de disponer del personal preciso, o contar en su caso, con la necesidad de formalizar contrato con terceros para interpretar adecuadamente los resultados obtenidos con la auscultación; como así ocurre, igualmente, con la toma de datos de la instrumentación colocada.

La interpretación de los datos, no obstante, podría simplificarse de un modo notable si, a resultas de la revisión inicial, formando parte de las recomendaciones de ésta, se establecieran unos estadillos para la toma de datos, así como unos husos de validez de las lecturas para cada instrumento colocado en la obra; de modo que el titular fuera capaz de visualizar las posibles situaciones de riesgo con la máxima rapidez posible.

5 CONCLUSIONES

A modo de resumen, se puede indicar que disponer de garantía suficiente, en lo relativo al cumplimiento de las condiciones de seguridad exigibles por parte de la infraestructura hidráulica del país, resulta una tarea muy ardua y costosa.

El conocimiento de las condiciones de seguridad de una presa y los niveles de riesgo asociados a su existencia, permiten adoptar medidas tendentes a la reducción de un posible incidente.

Así, todo parte del desarrollo de una Normativa acorde, que sea de aplicación a todas las presas, con independencia de la titularidad, antigüedad, u otros.

Asimismo, es de especial importancia conocer las condiciones existentes; para lo cual se ha de realizar una primera revisión, que convendrá que sea lo más exhaustiva posible, y que marcará el procedimiento de control a seguir, la auscultación precisa, la frecuencia en la realización de las siguientes revisiones, tanto periódicas como extraordinarias, etc.

En todo lo comentado anteriormente, se hace hincapié en la problemática derivada de la existencia de titulares con pocos recursos técnicos y económicos para afrontar los costos derivados de la aplicación de cualquier Normativa; siempre importantes al tratarse de Normas sobre Seguridad.

Dam Maintenance and Rehabilitation, Llanos et al. (eds)
© 2003 Taylor & Francis, ISBN 90 5809 534 7

Seguridad al deslizamiento de presas de fábrica: Comparación de los nuevos criterios con los de la Instrucción de 1967

A. Soriano Peña
Universidad Politécnica de Madrid

F.J. Sánchez Caro & M. Valderrama Conde
Ingeniería del Suelo S.A. Madrid

ABSTRACT: New regulations concerning the safety of dams are being published in Spain. This paper compares them to the existing "Code for the design, construction and operation of large dams", in force since 1967, especially regarding seismic actions to be considered, particularly referring to the stability against sliding of concrete dams. A hypothetical calculation of safety against sliding, based on a real concrete-gravity dam, is made as an example of a preliminary study of the new standards influence on dams in operation, whose safety revision is being undertaken now.

RESUMEN: Se están publicando es España nuevas normas sobre la seguridad de presas. Este artículo las compara con la existente "Instrucción para el proyecto, construcción y ejecución de grandes presas", vigente desde 1967, especialmente en lo que respecta a las acciones sísmicas que deben considerarse y teniendo en cuenta la estabilidad al deslizamiento de las presas de fábrica. Se ha realizado un cálculo hipotético de seguridad frente al deslizamiento, basado en una presa de gravedad real, como ejemplo de un estudio preliminar de la influencia de las nuevas recomendaciones sobre las presas en explotación, cuya seguridad se está revisando ahora.

1 NORMATIVA ESPAÑOLA SOBRE SEGURIDAD DE PRESAS

Hasta hace unos años, la única norma existente sobre seguridad de presas era la "Instrucción para el Proyecto, Construcción y Explotación de Grandes Presas", vigente desde 1967. Esta situación permaneció prácticamente invariable durante muchos años, con la salvedad expresa de las acciones sísmicas, modificadas en la "Norma Sismorresistente P.D.S.-1" (1974) y su posterior revisión, materializada en la "Norma de Construcción Sismorresistente NCSE-94" (1994).

Es precisamente, ese mismo año de 1994 cuando se redacta, por parte del Ministerio del Interior, la denominada "Directriz Básica de Planificación de Protección Civil ante el Riesgo de Inundaciones" (aprobaba en Consejo de Ministros el 9-diciembre-1994), iniciando así el marco normativo actualmente en desarrollo.

El siguiente paso fue la publicación del "Reglamento Técnico sobre seguridad de presas y embalses" (1996), donde se establece la obligatoriedad, entre otros aspectos, de clasificar las presas en función de su riesgo potencial (Artículo 3.2), de revisar periódicamente la seguridad de las presas en explotación (Artículo 5.8) y de desarrollar planes de emergencia en previsión de situaciones de avería grave o rotura (Artículo 7.1).

Para el desarrollo práctico de estos requerimientos, la Dirección General de Obras Hidráulicas, está redactando una serie de Recomendaciones materializadas en las denominadas "Guías Técnicas de Seguridad de Presas", que son:

- Seguridad de presas.
- Criterios para el Proyecto de Presas y sus Obras Anejas.
- Estudios geológico-geotécnicos y de Prospección de Materiales.
- Avenida de Proyecto.
- Aliviaderos y Desagües.
- Construcción de Presas y Control de Calidad.
- Auscultación de Presas y sus Cimientos.
- Clasificación de Presas según el Riesgo Potencial.

- Elaboración de los Planes de Emergencia de Presas.
- Elaboración de Normas de Explotación de Presas y Embalses.

Centrando la cuestión en los aspectos geológico-geotécnicos, la tercera de estas "Guías Técnicas" citadas hace referencia concreta a los cimientos de las presas y, en particular, a las recomendaciones específicas para realizar la "Revisión de la Seguridad". Según este documento, es preciso realizar, con carácter general y previo, una evaluación del Archivo Técnico de la presa. Concretamente, deben evaluarse los documentos relativos a los siguientes aspectos:

- Estudios geológico-geotécnicos de Proyecto.
- Cartografía geológica de las excavaciones.
- Ensayos de comprobación durante construcción.
- Descripción de los tratamientos del cimiento.
- Documentación geológico-geotécnica de posibles modificaciones del Proyecto.
- Comportamiento del cimiento durante la puesta en carga.
- Reconocimientos del terreno posteriores a la construcción.

También se establecen diversas recomendaciones respecto de los reconocimientos necesarios para evaluar la seguridad de Presas en explotación en el caso de Presas con un Archivo Técnico deficiente.

Todo ello (evaluación del archivo y reconocimientos complementarios, en su caso) encaminado a proporcionar información fehaciente para poder revisar, entre otros aspectos, la seguridad de la presa frente al modo de fallo de deslizamiento.

Actualmente, en España los propietarios están iniciando los trabajos de "Revisión de la Seguridad" de sus Presas (Artículo 33.4 del "Reglamento Técnico sobre Seguridad de Presas y Embalses"). Dentro de este contexto, tiene especial interés la "Primera Revisión" (o "Primera Inspección Técnica de Presas") de las presas antiguas existentes.

2   LA SEGURIDAD AL DESLIZAMIENTO EN LA INSTRUCCIÓN DE 1967

Según esta Instrucción (hoy aún vigente, en sentido estricto), se explicita la forma de evaluar las acciones y combinaciones que deben considerarse, así como los coeficientes de seguridad mínimos que deben cumplir todas las presas (según tipología) tanto en proyecto, durante construcción o en la fase de explotación (Artículo 27 y siguientes, para las presas de fábrica y Artículo 52 para las de materiales sueltos).

Para las presas de fábrica, las solicitaciones a considerar se combinan según situaciones que pueden ser

Tabla 1.   Instrucción 1967 – Presas de fábrica. Estabilidad al deslizamiento. Coeficientes de seguridad mínimos.

Situación	F_ϕ	F_c
Normal	1.5	5.0
Accidental	1.2	4.0

normales (A_i) o accidentales (B_{ij}), que son:

a) Situaciones normales:
A_1 Embalse vacío: peso propio y variaciones de temperatura.
A_2 Embalse lleno: peso propio, empuje hidrostático (máximo nivel normal), subpresión normal, empuje de los aterramientos, empuje del hielo o de las olas y variaciones de temperatura.

b) Situaciones accidentales:
B_{11} Embalse vacío con sismo.
B_{21} Embalse lleno con drenaje ineficaz.
B_{22} Embalse lleno con sismo (subpresión normal), sin considerar el empuje del hielo (o de las olas), en su caso.
B_{23} Embalse lleno (máximo nivel extraordinario) con la subpresión normal (correspondiente al m.n. normal), prescindiendo del empuje del hielo y considerando la actuación del oleaje extraordinario.

La comprobación de la estabilidad al deslizamiento en presas de fábrica ha de realizarse según la superficie (o superficies) pésima cinemáticamente compatible, debiendo cumplir los siguientes coeficientes de seguridad mínimos.

3   SEGURIDAD AL DESLIZAMIENTO. NUEVAS RECOMENDACIONES

La Guía Técnica n° 2 ("Criterios para Proyectos de Presas y sus Obras Anejas", ya redactada y de publicación próxima), no establece diferencias significativas en el cálculo de acciones (si acaso algunas pequeñas adaptaciones y la inclusión de solicitaciones de carácter reológico tales como la retracción, hinchamiento, etc), con la excepción expresa del empuje hidrostático en situaciones de avenidas y de la acción sísmica.

En relación con la combinación de acciones, además de las situaciones normal y accidental, se introduce el concepto de situación extrema. Éste consiste en suponer el nivel de embalse correspondiente a la avenida extrema (mayor que la avenida de Proyecto) o bien el efecto sísmico producido por el denominado sismo extremo (también mayor que el de proyecto). A estos nuevos conceptos (ya introducidos en el "Reglamento Técnico", en sus artículos 11 y 18) se hará referencia más adelante.

En el artículo 6.1 de la GT-2 se establece la nueva nomenclatura para las combinaciones de acciones. Las situaciones normales se denominan mediante la letra **N**, las accidentales corresponden a la **A** y las extremas a la **E**. Cada una de ellas lleva dos subíndices, el primero de los cuales es 1 para embalse vacío y 2 para embalse lleno, mientras que el segundo varía según las acciones que intervengan. Así, por ejemplo, la situación accidental A_{11} corresponde a embalse vacío con peso propio, efectos térmicos y efecto sísmico (sismo de proyecto).

Los coeficientes de seguridad mínimos recomendados en las actuales Guías Técnicas dependen, además, de la propia clasificación de la presa (A, B ó C), según el riesgo potencial. Son éstos los siguientes (Tabla II).

4 EL EMPUJE HIDROSTÁTICO EN AVENIDAS

La Instrucción de 1967 establece, para el cálculo de la estabilidad al deslizamiento, un nivel de embalse correspondiente a la "avenida máxima" cuyo período de retorno se cifra en 500 años (Artículos 14.7 y 29).

La Guía Técnica n° 2 establece períodos de retorno diferenciados según sea la situación accidental (avenida de proyecto) o la situación extrema (avenida extrema) que, además, son distintos para cada tipo de clasificación o categoría de presa (Tabla III).

Tabla II. Recomendaciones Guías Técnicas. Presas de fábrica. Estabilidad al deslizamiento. Coeficientes de seguridad mínimos.

Situación	Categoría de presa					
	A		B		C	
	F_ϕ	F_ϕ	F_ϕ	F_c	F_ϕ	F_c
Normal	1.4	5.0	1.4	5.0	1.4	4.0
Accidental	1.2	4.0	1.2	3.0	1.1	3.0
Extrema	>1.0	3.0	>1.0	2.0	>1.0	>1.0

Tabla III. Avenidas recomendadas para el diseño (Guía Técnica n° 2).

Período de retorno en años

Categoría de la presa	Avenida de proyecto	Avenida extrema
A	1000	5000–10000
B	500	1000–5000
C	100	100–500

Todo ello tiene una evidente repercusión sobre los resguardos a adoptar, tal como se recoge en la Guía Técnica correspondiente que permite la definición de resguardos mínimos con carácter estacional.

5 LA ACCIÓN SÍSMICA

Las recomendaciones relativas al cálculo de la acción sísmica, según los nuevos criterios, quedan recogidas en la Guía Técnica n° 3 ("Estudios Geológico-Geotécnicos y de Prospección de Materiales"), adoptando el "mapa de peligrosidad sísmica" de nuestro país, introducido en la NCSE-94 que se reproduce en la Figura n° 1.

En la citada figura se incluyen los valores de la "aceleración sísmica básica" (a_b) y del "coeficiente de contribución" (K). Este segundo coeficiente se usa para definir la forma del "espectro elástico de respuesta" que se emplea en el análisis modal-espectral.

Los períodos de retorno definidos para el "sismo de proyecto" y el "sismo extremo", dependen de la sismicidad del emplazamiento y, también, de la categoría de la presa, de acuerdo con la Tabla IV.

Como la "aceleración sísmica básica" (a_b) es, en realidad, el valor característico de la aceleración horizontal en superficie, en un campo libre, correspondiente a un período de retorno de 500 años, parecería que siempre que haya que considerar efecto sísmico (zonas de sismicidad moderada y alta) sería necesario realizar un estudio sismotectónico del emplazamiento.

Sin embargo, para evitar esto, la Guía Técnica permite asumir que el sismo de 1000 años se puede deducir del sismo de 500 años y realizar una simplificación en relación con el sismo extremo en zona de sismicidad moderada, de acuerdo con la Tabla V.

Para la componente vertical, se recomienda utilizar un espectro similar, cuyos valores se escalen al 70% de los correspondientes a la componente horizontal.

Además de todo lo anterior, la mencionada Guía Técnica permite, en determinados casos (todas las presas de categoría C y aquellas presas de superior categoría situadas en zonas de sismicidad moderada), la utilización de métodos pseudoestáticos de cálculo, en los que la acción sísmica se representa por unas fuerzas másicas, con unos "coeficientes pseudoestáticos de cálculo" (K_h, K_v) de:

$$K_h = \beta \frac{a_c}{g}$$

$$K_v = \delta K_h$$

El coeficiente β, en general y salvo análisis más detallados, puede suponerse con el valor siguiente:

$$\beta = \frac{2}{3}$$

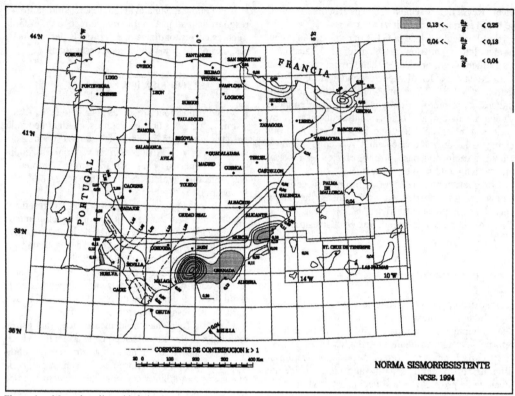

Figura 1.   Mapa de peligrosidad sísmica.

Tabla IV.   Períodos de retorno para la acción sísmica.

Categoria de presa	Sismicidad del emplazamiento		
	Baja	Moderada	Alta
C	No hay	TP = 1000 años	
B	que		
A	considerar	TP = 1000 años	TP = 1000 años
	efecto		
	sísmico	TE = 3000 a	TE = 10000 años
		5000 años	

TP = Sismo de proyecto, TE = Sismo extremo
Sismicidad baja $a_b < 0.04\,g$
Sismicidad moderada $0.04\,g \leq a_b < 0.13\,g$
Sismicidad alta $a_b \geq 0.13\,g$

Del mismo el factor adimensional "δ", según la mencionada Guía Técnica n° 2, puede suponerse igual a:

$$\delta = 0.5$$

Además, la fuerza vertical debe suponerse actuando en sentido ascendente o descendente de manera que se produzca el efecto más desfavorable.

Tabla V.   Resumen de aceleraciones de cálculo (componente horizontal).

Categoria de presa	Sismicidad		
	Baja	Moderada	Alta
C	No es	TP, $a_c = 1.3\,a_b$	
B	necesario	TP, $a_c = 1.3\,a_b$	
A		TE, $a_c = 2\,a_b$	Estudio Especial

TP = Sismo de proyecto, TE = Sismo extremo.

En estos casos, también podrá aplicarse el criterio de Westergaard para la determinación del empuje hidrostático.

6   APLICACIÓN PRÁCTICA A UN POSIBLE CASO

Lógicamente, las nuevas recomendaciones debieran ser aplicables no sólo al proyecto de nuevas presas sino, también, a la revisión de la seguridad de las presas actualmente en explotación.

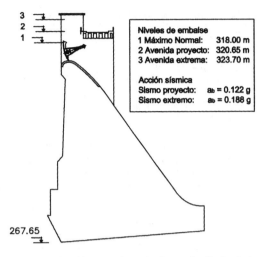

Niveles de embalse
1 Máximo Normal: 318.00 m
2 Avenida proyecto: 320.65 m
3 Avenida extrema: 323.70 m

Acción sísmica
Sismo proyecto: $a_b = 0.122\,g$
Sismo extremo: $a_b = 0.188\,g$

267.65

Figura 2. Sección central empleada en el cálculo de la estabilidad al deslizamiento.

Para tener en cuenta todo lo comentado anteriormente, se ha considerado conveniente aplicar estas nuevas recomendaciones sobre el hipotético caso de una presa que cumpliera estrictamente los coeficiente de seguridad exigidos por la Instrucción de 1967.

Para ello, se ha elegido una presa de fábrica (que se ilustra en la Figura n° 2 y que corresponde a una presa realmente existente, conocida por los autores). Para este ejercicio, se ha supuesto una resistencia al corte del plano presa-cimiento, igual a aquélla que, en la hipótesis más desfavorable (en este caso es la denominada B_{21}), lleva al coeficiente mínimo mencionado ($F_{mín} = 1,20$).

En esta presa se conocen, además de su geometría, los niveles de embalse correspondientes al máximo nivel normal, nivel de avenida de proyecto y nivel de avenida extrema (correspondiente a un período de retorno de 5000 años, según una modelización reciente).

En estos cálculos, se supondrá que la presa es calificada "A" (como la mayor parte de las grandes presas

Tabla VI. Resultados del cálculo de estabilidad al deslizamiento en una presa ejemplo.

DESLIZAMIENTO PRESA-CIMIENTO   SECCION CENTRAL

Fuerza	Componente X	Y
Peso propio	0.000	2322.080
Empuje Hidrostático Nivel 1	1267.600	−13.862
Empuje Hidrostático Nivel 2	1405.600	−10.668
Empuje Hidrostático Nivel 3	1570.800	−6.991
Empuje sedimentos	50.245	2.010
Sismo proyecto sobre presa	246.144	−123.072
Sismo extremo sobre presa	378.725	−189.363
Emp hidrodinámico sismo proyecto	148.697	−1.626
Emp hidrodinámico sismo extremo	228.790	−2.502

Fuerza	Componente Normal	Tangencial
Subpresión máxima	946.080	0
Subpresión normal	344.055	0

Resistencia al corte del cimiento

$\phi = 43.67°$ $c = 0\,t/m^2$

Plano de deslizamiento

$\alpha = 4°$ $L = 37.58\,m$

Niveles de embalse

			Acción sísmica	a_b	K_H	K_V
1 Máximo Normal:	318.00 m		Sismo proyecto	0.122 g	0.106	0.053
2 Avenida proyecto:	320.65 m		Sismo extremo	0.188 g	0.163	0.082
3 Avenida extrema:	323.70 m					

Combinación de acciones	Rx	Ry	N	T	N′	N′ tgφ	Fd
Hipótesis A1, embalse vacío	0.000	2322.080	2316.424	−161.980	2316.424	2211.303	10.000
Hipótesis A2, embalse lleno	1317.845	2310.228	2396.529	1153.481	2052.474	1959.331	1.699
Hipótesis B11, embalse vacío y sismo	108.673	2267.743	2269.800	−49.781	2269.800	2166.795	10.000
Hipótesis B21, drenaje ineficaz	1317.845	2310.228	2396.529	1153.481	1450.449	1384.627	1.200
Hipótesis B22, embalse lleno y sismo	1712.687	2185.528	2299.676	1556.060	1955.621	1866.874	1.200
Hipótesis B23, embalse extraordinario	1455.845	2313.422	2409.341	1290.922	2065.286	1971.563	1.527
Avenida extrema (nuevas guías)	1621.045	2317.099	2424.533	1455.464	2080.478	1986.065	1.365
Sismo extremo (nuevas guías)	1621.045	2317.099	2424.533	1455.464	1478.453	1411.360	0.970

Todas las fuerzas se expresan en t/ml.

españolas que han realizado ya su clasificación) y que se encuentra en zona de sismicidad moderada. La aceleración básica se ha estimado de manera que se reduzca el coeficiente de seguridad al deslizamiento, en la hipótesis B_{22}, hasta el valor mínimo admitido por la Instrucción). La estimación del sismo extremo para este cálculo pseudoestático se realiza siguiendo, lógicamente, las recomendaciones de las Guías Técnicas.

Los resultados de estos sencillos cálculos se ilustran en la denominada Tabla VI. En ella, se observa que, en este caso particular, las nuevas hipótesis extremas no resultan determinantes, desde el punto de vista de la estabilidad al deslizamiento presa-cimiento.

La experiencia en la aplicación de la Instrucción de 1967 conduce a pensar que en buen número de presas la hipótesis más limitativa es la denominada B_{21} "drenaje ineficaz". En este ejemplo concreto también resulta así pues, siendo en este caso $F_{(accidental)} = 1,20$ para esa hipótesis, el valor de F para la situación normal es $F_{(normal)} = 1,7$ superando claramente el valor exigible ($F_{(normal)} = 1,5$).

Ahora, con los nuevos criterios, el valor $F_{(accidental)} = 1,20$ sigue siendo crítico pues, por una parte, no se ha aumentado el coeficiente de seguridad exigible en condiciones normales (más bien, al contrario, se ha rebajado a $F_{(normal)} = 1,4$) y por otro lado se ve, en el ejemplo, que los dos nuevos coeficientes correspondientes a las situaciones extremas, que han de ser mayores que la unidad ($F_{(extremo)} > 1$), quedan prácticamente satisfechos. El caso de la situación de avenida extrema resulta especialmente holgado con este nuevo criterio. La situación de sismo extremo resulta ligeramente más condicionante que la de sismo de proyecto.

7 CONCLUSIONES

La nueva normativa española relacionada con la seguridad al deslizamiento de las presas de fábrica obliga a considerar dos situaciones extremas que la Instrucción de 1967 no contemplaba. Se trata de la "avenida extrema" y del "sismo extremo".

La forma de considerar esas situaciones extremas queda explicada en las Guías Técnicas de seguridad de presas y se ha aplicado, en este artículo, con un ejemplo concreto.

De acuerdo con los resultados de este ejemplo y en función de la experiencia de los autores, se puede concluir:

a) La avenida extrema, ante cuya acción se podría suponer $F > 1$, no parece que vaya a ser limitativa o condicionante en la revisión formal de la seguridad de presas antiguas frente al problema de deslizamiento.

b) El sismo extremo, ante cuya actuación se recomienda también $F > 1$, parece que será casi igualmente limitativa que el valor exigible (Instrucción de 1967 y recomendación actual) de $F = 1,2$ ante el sismo de proyecto.

Las conclusiones apuntadas son evidentemente provisionales y únicamente la práctica futura pondrá de manifiesto si los nuevos criterios suponen o no una seria repercusión a la hora de revisar la seguridad de las presas existentes.

REFERENCIAS

Asociación Española de Ingeniería Sísmica. 1995. *25 años de normativa sismorresistente en España*. Madrid.
Bozovic, A. et al. 1989. *Selecting Seismic Parameters for Large Dams*. ICOLD Bulletin No. 72.
Comité Europeo de Normalización. 1998 *Eurocódigo 8. UNE-ENV 1998-1- Disposiciones para el proyecto de estructuras sismorresistentes- Parte 1-1*.
Ministerio de Medio Ambiente. Dirección General de Obras Hidráulicas. En edición. *Guías Técnicas de Seguridad de Presas*.
Ministerio de Medio Ambiente. Dirección General de Obras Hidráulicas. 1996. *Reglamento Técnico sobre Seguridad de Presas y Embalses*. Serie Legislación.
Ministerio de Obras Públicas. Dirección General de Obras Hidráulicas. 1967. *Instrucción para el proyecto, construcción y explotación de grandes presas*.
Ministerio de Obras Públicas, Transportes y Medio Ambiente. Dirección General del Instituto Geológico Nacional. 1995. *Norma de construcción sismorresistente (Parte general y edificación) NCSE-94*.
Ministerio de Planificación del Desarrollo. 1974. *Norma sismorresistente PDS-1 (1974)*.
Nose, M. et al. 1975. *A Review of Earthquake Resistant Design of Dams*. ICOLD Bulletin No. 27.

Dam Maintenance and Rehabilitation, Llanos et al. (eds)
© 2003 Taylor & Francis, ISBN 90 5809 534 7

Normativa de seguridad y las presas de titularidad del Canal de Isabel II

Gonzalo Marín Pacheco
Fundación Canal de Isabel II

Juan Alberto García Pérez, Alberto Hernández López & Francisco Blázquez Prieto
Canal de Isabel II

ABSTRACT: This paper describes the actual situation of the different activities that have been accomplished by the Canal de Isabel II – a public company that is entrusted of the water supply to the Region of Madrid – in relation to the security of the large dams that are of its ownership. This analysis is done taking into consideration all the regulations that are in force at this moment; which are: Basic Directive of Civil Protection Planning on Flood Risks (1995), Regulations for Design, Construction and Operation of Large Dams (1967), and Technical Regulations of Dams and Reservoir Safety (1996). In order to have a complete idea of the works done; it includes a description of the documents above mentioned, as well as the conclusions achieved during the process.

1 INTRODUCCIÓN

La normativa vigente sobre seguridad de presas establece una serie de actividades y documentos que se deben acometer y cumplimentar en unos plazos determinados y estrictos. Como quiera que las prescripciones de las normas e instrucciones en cuestión no son homogéneas y afectan de forma diferente a presas con distinta titularidad, en esta comunicación se las pasa revista, y se detalla la situación actual de las presas de titularidad del Canal de Isabel II con relación a su seguridad.

2 NORMATIVA DE SEGURIDAD DE PRESAS

2.1 *La normativa de seguridad de presas*

En la actualidad coexiste en España un conjunto de normas e instrucciones que, de una forma u otra, afectan a las presas y su seguridad, tanto si están en la fase de proyecto, como si se encuentran en construcción, primer llenado o explotación; incluso se dispone de prescripciones específicas para la puesta fuera de servicio de este tipo de infraestructuras. La aplicabilidad de esta normativa depende, como se pone de manifiesto posteriormente, de la titularidad de las obras, hecho éste que resulta ser especialmente singular.

Efectivamente, están vigentes los siguientes documentos normativos:

– Instrucción para el proyecto, construcción y explotación de grandes presas, aprobada mediante Orden Ministerial el 31 de marzo de 1967. [Instrucción]
– Reglamento técnico sobre seguridad de presas y embalses, aprobado por la Orden Ministerial de 12 de marzo de 1996. [Reglamento Técnico]
– Directriz Básica de Planificación de Protección Civil ante el Riesgo de Inundaciones, aprobada por la Resolución Ministerial de 31 de enero de 1995. [Directriz Básica]

La Instrucción, cuya primera versión data de 1962, es un documento prescriptivo, en el que se fijan las condiciones de seguridad para el proyecto y la construcción de los distintos tipos de presa; con menor detalle se tratan las fases de explotación y puesta fuera de servicio, cosa lógica, por otra parte, ya que en aquellas fechas se iniciaba un intenso periodo de proyecto y construcción de presas y existía menos experiencia e interés inmediato por los aspectos post construcción. Consecuente con lo anterior, en la Instrucción se fijan criterios específicos para la avenida de proyecto y el sistema hidráulico de la presa independientemente de su tipo, dimensiones, capacidad o condicionantes de su entorno inmediato; asimismo, se concretan los coeficientes de seguridad y demás parámetros que deben tenerse en cuenta en el diseño estructural de estas infraestructuras.

Por contra, el Reglamento es un documento conceptualmente distinto a la Instrucción ya que no concreta prescripciones, sino que establece, fundamentalmente, los criterios de seguridad que se deben tener en cuenta en todas las fases de la vida de una presa, e introduce, como elemento de referencia, el de riesgo asumible. Acorde con la época en que se promulgó, cuando en España ya existían cerca de mil grandes presas, en el Reglamento se especifican detalladamente los criterios a considerar en la fase de explotación.

La complejidad y novedad de los planteamientos técnicos del Reglamento, sus posibles efectos sobre terceros y la existencia de diversos Organismos con competencia en materias de agua y de seguridad de presas, indujeron a que en la Orden Ministerial que lo aprobó, se plantease que su aplicación fuera progresiva; en primera instancia se limitó a las presas cuya titularidad correspondiese al Ministerio de Medio Ambiente, así como a aquéllas, independientemente de su titularidad, que fueran objeto de concesión administrativa, a partir de la fecha de entrada en vigor de la Orden Ministerial, por parte de dicho Departamento ministerial o de sus organismos autónomos.

Con independencia de lo anterior, en la citada Orden Ministerial se obliga a que todas las presas, sea cual fuere su titular, deben, por una parte, disponer de la correspondiente propuesta de clasificación frente al riesgo de rotura o funcionamiento incorrecto, tal como se especifica en la Directriz Básica, y, por otra, a adaptar su Archivo Técnico a lo establecido en el Reglamento Técnico.

En este contexto normativo, resulta que las presas que son de titularidad del Canal de Isabel II están sujetas a las prescripciones técnicas y administrativas de la Instrucción, deben ajustarse a lo que establece la Directriz Básica, en relación con la seguridad, y cumplir los aspectos del Reglamento indicados en la Orden Ministerial que lo aprobó.

Con objeto de tener una visión global de las exigencias que están establecidas en los documentos aludidos, a continuación se concretan las más relevantes, así como el basamento tecnológico y conceptual disponible para su cumplimiento.

2.2 *Instrucción*

El ámbito de aplicación de la Instrucción es el de las grandes presas – entendiendo por tales las que tienen una altura sobre cimientos superior a los 15 m, o las que su altura está entre 10 y 15 m siempre que tengan una capacidad superior a los $100\,000\,m^3$ o presenten alguna característica singular que así lo justifique.

En la Instrucción se establecen, como se ha planteado, prescripciones muy detalladas sobre el proyecto y la construcción de presas, mientras que las relativas a su explotación son mucho más escuetas; sin embargo, sí se concretan condiciones técnicas y administrativas relativas al personal, Normas de explotación – se define un contenido básico que deben tener – libro técnico y archivo técnico, para el cual se concretan los documentos y datos que deben integrarlo.

2.3 *Directriz Básica*

En la Directriz Básica, que es de obligado cumplimiento en todo el territorio español, se establece la obligatoriedad de clasificar las presas en función del riesgo potencial que pueda derivarse de su posible rotura o funcionamiento incorrecto; a tal efecto se establecen tres categorías A, B y C según la importancia de los daños que puedan ocasionar tales sucesos. Para las presas de mayor daño asociado, que son las de categorías A y B, en la Directriz Básica se establece, además, que deben disponer de sus correspondientes Planes de emergencia.

Consecuentemente con lo anterior, en el documento en cuestión se definen las condiciones generales tanto de la clasificación como de los Planes de emergencia; en el caso de estos últimos se define su contenido mínimo consistente en: i) Análisis de seguridad de la presa; ii) Zonificación territorial y análisis de los riesgos generados por la rotura; iii) Normas de actuación; iv) Organización y v) Medios y recursos. También en la Directriz Básica se pone de manifiesto la necesidad de tener en cuenta las interfaces existentes entre la explotación normal y la de emergencia, así como las que se dan entre los Planes de emergencia de una presa y los de Protección Civil ante el riesgo de inundaciones.

2.4 *Reglamento Técnico*

El Reglamento Técnico es de aplicación a las grandes presas, según la acepción propuesta por el Comité Internacional de Grandes Presas; es decir, aquéllas cuya altura sobre cimientos sea mayor de 15 m, o las que tengan entre 10 y 15 m siempre que su longitud de coronación supere los 500 m, su capacidad de embalse exceda 1 hm^3 o su capacidad de desagüe sea mayor que 2000 m^3/s. También se aplica a las presas que hayan sido clasificadas en las categorías A y B.

Un elemento diferencial entre la Instrucción y el Reglamento Técnico reside en que la primera se centra exclusivamente en la seguridad de las obras, mientras que en el segundo, además de tener en cuenta la seguridad de la estructura, se consideran los condicionantes que existen aguas abajo. Esta circunstancia influye en el alcance y contenido de los estudios y documentos que son exigidos por el Reglamento Técnico, como son las Normas de explotación, los Planes de emergencia, las inspecciones periódicas, la organización y contenido del archivo técnico, etc.

En concreto, se plantea que las Normas de explotación incluyan un programa normal de embalses y desembalses; los resguardos estacionales; las actuaciones específicas en caso de avenidas; un programa de auscultación e inspecciones periódicas; un programa de mantenimiento y conservación; sistemas de preaviso en desembalses normales; sistemas de alarma y estrategias a seguir en caso de situaciones extraordinarias. También se contempla la relación entre las Normas de explotación y los Planes de emergencia entre los cuales existen interrelaciones y condicionantes mutuos.

Como quiera que el Reglamento Técnico es un documento abierto y conceptual, se ha detectado la necesidad de contar con una serie de Guías Técnicas (Alonso Franco 2001, Berga 2002, Yagüe 2002) destinadas a desarrollarlo, concretar, mediante recomendaciones, los criterios básicos de seguridad y las metodologías a tener en cuenta y homogeneizar los documentos que hay que producir para cumplimentarlo.

Las Guías Técnicas han sido desarrolladas por la Dirección General de Obras Hidráulicas y Calidad de las Aguas del Ministerio de Medio Ambiente (DGOHyCA) y por el Comité Nacional Español de Grandes Presas (CNEGP); la DGOHyCA es la responsable de las siguientes que o bien ya están editadas o están en fase de redacción pero se dispone de versiones preliminares suficientemente contrastadas:

– Guía Técnica para la clasificación de las presas en función del riesgo potencial. 1997
– Guía Técnica para la elaboración de los Planes de emergencia de presas. 2001
– Guía Técnica para la elaboración de Normas de explotación de presas y embalses. En elaboración
– Guía Técnica para la redacción del informe anual. En elaboración

Por su parte, las Guías promovidas por el CNEGP se refieren a:

– Seguridad de presas. En elaboración
– Criterios de proyectos de presas y sus obras anejas. En elaboración
– Estudios geológicos-geotécnicos y de prospección de materiales. 1999
– Avenida de proyecto. 1997
– Aliviaderos y desagües. 1997
– Construcción de presas y control de calidad. 1999
– Auscultación de las presas y sus cimientos. En elaboración

Con el cuerpo documental integrado por las Guías, se cuenta con un soporte conceptual y metodológico importante que facilitará el cumplimiento de la normativa representada por la Directriz Básica y el Reglamento Técnico.

2.5 Conclusiones

Los condicionantes técnicos y administrativos expuestos anteriormente determinan las siguientes conclusiones:

– Las presas de titularidad del CYII que hayan sido construidas con anterioridad a la Orden Ministerial que aprueba el Reglamento Técnico están sometidas a la Instrucción; las que se ejecuten en el futuro, lo estarán al Reglamento Técnico
– Actualmente, las presas de titularidad del CYII solo tienen obligación de cumplir los aspectos del Reglamento Técnico relativos al Archivo Técnico y a la clasificación frente al riesgo, en consonancia con lo establecido en la Orden Ministerial que aprobó el Reglamento Técnico
– Las presas deben cumplir también los preceptos de la Directriz Básica relativos a la disponibilidad del Plan de emergencia.

A partir del diagnóstico anterior, y contando con la base documental relativa a los distintos aspectos de la seguridad de presas, se ha procedido a realizar las actividades y estudios necesarios para cumplimentar las exigencias que la normativa vigente impone a las presas del CYII.

3 LAS PRESAS DEL CANAL DE ISABEL II

El Canal de Isabel II fue fundado en 1851 con el objetivo de abastecer de agua a la ciudad de Madrid; durante sus 150 años de existencia ha permanecido ininterrumpidamente como una empresa pública, si bien adscrita a diferentes servicios y ministerios. Desde 1984 depende de la Comunidad Autónoma de Madrid y tiene como cometido el abastecimiento de agua a todos los municipios de la Comunidad y la depuración de las aguas residuales en todo el territorio autonómico excepto en la capital, donde es competencia del ayuntamiento.

Actualmente el CYII abastece de agua a una población que supera los cinco millones de personas mediante un sistema de infraestructuras complejo y extenso que integra a quince grandes presas con la acepción del Reglamento Técnico – con una capacidad total de 946 hm^3, doce plantas potabilizadoras, más de 530 km de conducciones en alta y sesenta plantas depuradoras.

Adicionalmente, y con objeto de garantizar el abastecimiento durante épocas de sequía, se cuenta con 64 aprovechamientos de agua subterránea con una capacidad anual de hasta 74 hm^3, y cinco trasvases, entre los que destacan los que parten de las presas de Picadas y San Juan, ambas en el río Alberche.

En la Tabla 1 se representan las grandes presas que están integradas en el sistema de abastecimiento a Madrid. De las quince, once son de titularidad del CYII, mientras que El Vado, Pozo de los Ramos, Los Morales y La Aceña son del Ministerio de Medio Ambiente; en las dos primeras el CYII es el responsable de su explotación. En la Tabla 1 están reflejadas las características más relevantes de las presas, tanto por cuanto se refiere a su tipología y año de entrada en servicio como en lo relativo a su altura sobre cimientos y capacidad de embalse.

Tabla 1.   Presas del sistema de abastecimiento del CYII.

Presa	Entrada Servicio	Tipo	Altura (m)	Capacidad (hm^3)
El Villar	1879	G	50	22.4
Puentes Viejas	1939	G	66	53.0
Riosequillo	1958	G	56	50.0
El Vado	1960	G	69	55.7
Pinilla	1967	G	33	38.1
Pedrezuela	1968	B	52	40.9
Navalmedio	1969	G	41	0.7
La Jarosa	1969	G	54	7.2
Navacerrada	1969	G	47	11.0
Manzanares el Real	1971	E	40	91.2
Pozo de los Ramos	1971	G	30	1.2
El Atazar	1972	B	134	425.3
Valmayor	1976	E	60	124.4
Los Morales	1988	G	28	2.3
La Aceña	1991	G	67	23.7

Como se puede comprobar, el 69% de las presas en explotación son de gravedad (G) mientras que las restantes se dividen, a partes iguales, entre las bóvedas (B) y las de escollera (E). Se trata de un parque de infraestructuras con obras centenarias – la presa de El Villar tiene 123 años de antigüedad – y la totalidad de las presas cuenta con más de un cuarto de siglo de existencia.

Las presas se pueden agrupar en tres sistemas hidrográficos generales ya que, como se aprecia en el esquema de la Figura 1, es posible distinguir:

– Sistema Jarama, que incluye a las presas de Pinilla, Riosequillo, Puentes Viejas, El Villar y El Atazar, en el río Lozoya, El Vado, en el Jarama, Pozo de los Ramos, en el río Sorbe, y Pedrezuela, en el Guadalix
– Sistema Manzanares, en el que se integran las presas de Navacerrada y Manzanares el Real
– Sistema Guadarrama, comprende La Jarosa, Navalmedio y Valmayor

Las presas de cada sistema tienen claras interdependencias tanto en lo que respecta a su explotación

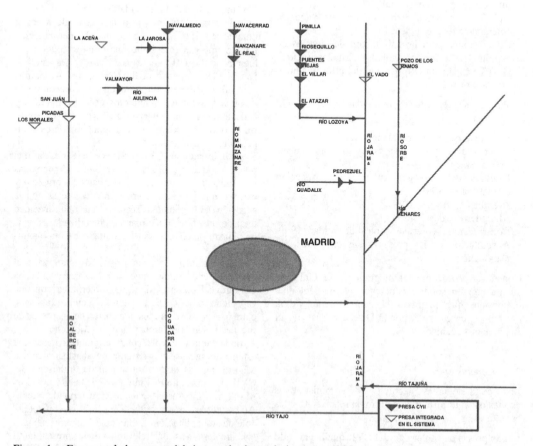

Figura 1.   Esquema de las presas del sistema de abastecimiento a madrid.

normal – Normas de explotación – como durante emergencias, que estarán delimitadas en sus respectivos Planes.

El Canal de Isabel II cuenta con un sistema de transmisión de datos en tiempo real que le permite controlar, entre otras variables, las hidrológicas e hidráulicas más relevantes de las presas y sus embalses; en concreto, en cada una se controla el nivel del embalse – que permite conocer el volumen de agua almacenado y las aportaciones afluentes al embalse – y los caudales evacuados a través del sistema hidráulico – aliviaderos, desagües de fondo e intermedios, tomas, etc.

En el Centro Principal de Control (CPC) ubicado en Madrid se reciben y procesan los datos, que son utilizados para apoyar la explotación del sistema tanto en situación normal como durante las avenidas En total, en el CPC se procesan unas 4000 medidas que envían 163 estaciones remotas, que cubren todas las infraestructuras de abastecimiento, entre las que están las presas.

El sistema de comunicaciones sobre el que se apoya el telecontrol se basa, principalmente, en 11 anillos de tramas de 2 y 8 Mbps, dispone de 84 nodos y 7515 elementos con enlaces de fibra óptica, microondas en 1.3 GHz y 18 GHz y UHF. Este sistema, que dispone de rutas alternativas y telesupervisión integrada, tiene una disponibilidad general mejor que 99.94%.

En los apartados siguientes se exponen los resultados de los estudios y trabajos realizados en las presas de titularidad del CYII destinados a cumplir con la normativa de seguridad de presas que le obliga.

4 SITUACIÓN DE LOS TRABAJOS DE SEGURIDAD

4.1 Introducción

De acuerdo con lo expuesto en apartados anteriores, los documentos y estudios que exige la normativa de seguridad de presas actualmente vigente en la fase de explotación, son los siguientes:

– Instrucción: Normas de explotación, Archivo técnico
– Directriz Básica: Clasificación con respecto al riesgo, Plan de emergencia
– Reglamento Técnico: Primera inspección de seguridad, Clasificación con respecto al riesgo, Plan de emergencia, Archivo técnico, Programa de inspecciones periódicas, Normas de explotación

Como quiera que el CYII está obligado por la Instrucción, la Directriz Básica y lo que establece la Orden Ministerial que aprueba el Reglamento Técnico, las actividades específicas que se han realizado para las presas de su titularidad son las que se

indican a continuación y detallan posteriormente:

– Clasificación con respecto al riesgo
– Redacción de los Planes de emergencia
– Adecuación del Archivo técnico

Adicionalmente se están revisando las Normas de explotación de las presas, toda vez que se ha comprobado la necesidad de coordinarlas con los Planes de emergencia. Además, y de común acuerdo con la Administración Pública Hidráulica, se han abordado las primeras revisiones de seguridad de las presas del sistema.

4.2 Clasificación con respecto al riesgo

La Orden Ministerial por la que se aprobó el Reglamento Técnico establece que las propuestas de clasificación de las presas, independientemente de su titularidad, que estaban en explotación en la fecha en la que se emitió, tenían que haber sido tramitadas antes de marzo de 1997; un año después, la Dirección General de Obras Hidráulicas y Calidad de las Aguas debería resolver al respecto.

Acorde con los plazos disponibles, el CYII realizó los estudios de base para elaborar las propuestas de clasificación, utilizando para ello la Guía Técnica para la Clasificación de presas en función del riesgo potencial. En la Tabla 2 se sintetiza la evolución temporal de los trámites administrativos y el resultado de los estudios que se acometieron tanto por parte del CYII y de la DGOHyCA para las presas de sus respectivas titularidades. Como se puede comprobar, el CYII cumplió con los plazos establecidos.

El hecho de que todas las grandes presas integradas en el sistema explotado por el CYII sean de categoría A no es más que el reflejo de los riesgos potenciales

Tabla 2. Clasificación de las presas en función del riesgo.

Presa	Categoría	Fecha Propuesta	Fecha Resolución
El Villar	A	26 dic 97*	11 abr 00
Puentes Viejas	A	30 nov 96	1 dic 97
Riosequillo	A	30 nov 96	1 dic 97
Pinilla	A	30 nov 96	1 dic 97
Pedrezuela	A	30 nov 96	1 dic 97
Navalmedio	A	30 nov 96	1 dic 97
La Jarosa	A	30 nov 96	1 dic 97
Navacerrada	A	30 nov 96	1 dic 97
Manzanares el R.	A	30 nov 96	1 dic 97
El Atazar	A	30 nov 96	1 dic 97
Valmayor	A	30 nov 96	1 dic 97
El Vado	A	**	5 abr 01
Pozo de los Ramos	A	**	27 jul 00

* Segunda propuesta, una vez revisada por la DGOHyCA.
** Propuesta elaborada por la DGOHyCA.

247

que tienen asociados, entre los que destaca el de un eventual fallo de un servicio esencial, cual es el de abastecer de agua potable a la Comunidad Autónoma de Madrid.

4.3 *Planes de emergencia*

Según se establece en la Directriz Básica, las presas clasificadas en la categoría A deben contar con sus respectivos Planes de emergencia antes de transcurridos dos años desde la fecha en que se produzca la resolución de la clasificación. Como quiera que cuando se dispuso de dichas resoluciones, la Guía Técnica para la elaboración de los Planes de emergencia estaba en sus fases iniciales de redacción, se decidió ampliar el plazo disponible hasta finales de 2000 para poder contar con un elemento de referencia que hiciera posible la homogeneidad y uniformidad de todos los Planes.

Finalmente, la Guía Técnica se editó en junio de 2001, pero las distintas versiones previas de que se dispuso permitieron conseguir unos documentos definitivos que incluyen todos los estudios marcados en la versión definitiva de la Guía, así como adaptar su estructura a la propugnada en ese documento de referencia; de esta forma, se han conseguido documentos homogéneos para todas las presas. En la Tabla 3 se indica la fecha en que se presentaron los Planes a la DGOHyCA para que pudieran ser revisados y, eventualmente, aprobados.

Una vez que se disponga de la aprobación de los Planes de emergencia, se empezará el proceso de su implantación y la difusión del mismo entre la población civil.

4.4 *Actualización del Archivo técnico*

La adecuación del Archivo Técnico es una de las prescripciones que impone la Orden Ministerial en la que

Tabla 3. Planes de emergencia.

Presa	Fecha de presentación
El Villar	22 dic 00
Puentes Viejas	22 dic 00
Riosequillo	22 dic 00
Pinilla	22 dic 00
Pedrezuela	7 dic 00
Navalmedio	15 dic 00
La Jarosa	15 dic 00
Navacerrada	15 dic 00
Manzanares el Real	7 dic 00
El Atazar	22 dic 00
Valmayor	15 dic 00
El Vado	En redacción
Pozo de los Ramos	En redacción

aprueba el Reglamento Técnico a todas las presas; es un tema que debe haber sido realizado antes de marzo de 1998.

Puesto que la disponibilidad de un Archivo Técnico es un aspecto común en la Instrucción y el Reglamento Técnico, se analizan a continuación las prescripciones al respecto de cada uno de los dos documentos, con objeto de calibrar las exigencias adicionales que se han introducido en el segundo y que son las que se tuvieron en cuenta cuando se procedió a adecuar los anteriores Archivos Técnicos al Reglamento Técnico.

La Instrucción prescribe la obtención y mantenimiento de la siguiente documentación que puede ser asimilada a distintas fases de la elaboración del Archivo Técnico:

a) Libro técnico de la presa (Artículo 60). Es un documento oficial en el que – desde el principio de la construcción de la presa – debe anotarse, semanalmente, el desarrollo de los trabajos. Antes de la recepción definitiva debe incorporarse la información pertinente sobre el estado de los dispositivos de control y vigilancia (Artículo 68).

b) Boletín de información (Artículo 60). Informe mensual que, durante la construcción, recoja datos suficientes para conocer la marcha de las obras. Deben existir copias en los Servicios de la DGOHyCA.

c) Archivo técnico de construcción (Artículo 61). En él se deben recoger en detalle, mediante descripciones adecuadas y planos auxiliares, cuantos datos de interés se produzcan durante la construcción de la presa; incluirá una adecuada información fotográfica del desarrollo de la obra. Se solicita atención especial a los datos de sondeos, inyecciones, pruebas de permeabilidad, definición exacta de las cimentaciones, etc.

d) Memoria de construcción (Artículo 69). Resumen del desarrollo de la construcción, refiriendo las modificaciones de detalle que se hubieran introducido respecto del Proyecto y las razones que las motivaron. Se adjuntará una colección completa de los planos de la obra ejecutada y una colección de fotografías. También debe incluir el informe sobre la puesta en carga total o parcial.

e) Libro técnico de la presa durante la explotación (Artículo 95). Es la continuación del documento descrito en el apartado a) y debe incluir las observaciones realizadas por los ingenieros del Servicio de Explotación y las incidencias más notables que se produzcan; especialmente las relativas a averías, evacuación de avenidas y contingencias o riesgos extraordinarios.

f) Archivo técnico de explotación (Artículo 96). Está formado por los documentos descritos en los apartados c) y d). Deben incluirse, además, los siguientes datos: registro de datos meteorológicos; registro diario de niveles de embalse; aportaciones diarias en épocas normales; registro de caudales, cada dos horas, durante las avenidas; aforos de las filtraciones en estribos y galerías; análisis de las aguas de filtración; lecturas de los aparatos de auscultación y control.

Por su parte, el Reglamento Técnico solicita, en su Artículo 5.4, que el Archivo Técnico contenga, como mínimo, los siguientes documentos:

a) La clasificación razonada de la categoría según el riesgo potencial.
b) Los Proyectos que han servido de base para su ejecución, incluyendo los estudios hidrológicos y de avenidas, así como los informes geológicos que se utilizaron para su elaboración.
c) Los resultados de los ensayos y análisis realizados para comprobar la calidad de las obras.
d) La información geológica adicional obtenida durante la ejecución de las obras.
e) Las reformas introducidas en el Proyecto durante la construcción de la presa.
f) Los tratamientos realizados para la impermeabilización y drenaje del terreno y la presa.
g) Las actas de los procesos de prueba y puesta en carga.
h) La evolución de los niveles de embalse, de los caudales entrantes y salientes al mismo, y de los datos climatológicos.
i) La evolución de los caudales de las filtraciones a través del terreno y de la presa y de las presiones registradas.
j) El plan de auscultación de la presa en sus diferentes fases así como los resultados de la auscultación y su interpretación, con especial referencia al primer llenado del embalse.
k) Las actas de las inspecciones realizadas, en las que se incluirán las anomalías observadas.
l) La descripción de los trabajos realizados para la conservación o la seguridad de la presa.

Si se exceptúan los documentos de clasificación, apartado a), y las actas de las inspecciones realizadas, k), que son temas incluidos *ex novo* en el Reglamento Técnico, la realidad es que la única diferencia fundamental entre ambas reglamentaciones es la que se indica en el apartado b); es decir el Reglamento Técnico obliga a que en el Archivo Técnico esté incluido el Proyecto inicial y todos los estudios hidrológicos de avenidas y geológicos que se utilizaron para su elaboración, mientras que la Instrucción comenzaba el Archivo Técnico en la fase de construcción. Una vez que fueron subsanadas las cuestiones anteriores, se puede considerar que actualmente los Archivos Técnicos de las presas del CYII están acomodados al Reglamento Técnico.

4.5 *Normas de explotación*

La Directriz Básica establece que la definición de los niveles de riesgo a tener en cuenta en los Planes de emergencia, se realice mediante el establecimiento de tres escenarios de peligrosidad creciente – escenario 1 o de aplicación de medidas correctoras; escenario 2 o excepcional y escenario 3 o límite – y un escenario previo – escenario 0 – asociado a situaciones en las que se detecta alguna anomalía que aconseje la intensificación de la vigilancia y el control, pero que no implique la adopción de medidas correctoras de tipo extraordinario.

La existencia de este escenario 0, en el que no se prevé el aviso a las autoridades de protección civil, representa la interfaz entre la explotación normal, que debe estar definida en las Normas de explotación, y la que se debe seguir en emergencias y que está regulada en el Plan de emergencia.

Resulta obligado, pues, y así se contempla en el Reglamento Técnico, incorporar los Planes de emergencia en las Normas de explotación, lo que conlleva que en éstas se integre el sistema de detección rápida de incidencias que considere los umbrales de anormalidad y sea capaz de desencadenar el escenario 0; también debe quedar definida, en su contexto, la organización que sea necesaria – concretando su estructura, responsabilidades, medios y recursos – para poder gestionar adecuadamente las situaciones de emergencia.

Consecuentemente con lo anterior, el CYII está revisando las Normas de explotación de las presas de su titularidad, teniendo en cuenta los respectivos Planes de emergencia, así como lo recomendado en la última versión disponible de la Guía técnica para la elaboración de Normas de explotación de presas y embalses de la DGOHyCA; de acuerdo con la planificación de estos trabajos, se dispondrá de la versión revisada de las Normas hacia finales de 2002.

Con esta revisión se conseguirán sendos documentos ajustados al Reglamento Técnico; quedarán recogidas las Normas vigentes y, por tanto, los distintos Programas que las integran, tales como los de mantenimiento y conservación, embalses y desembalses en situación normal, inspecciones periódicas y auscultación, etc.

Con respecto a los Programas vigentes, cabe llamar la atención de que el CYII tiene integrado su cumplimiento en el sistema de calidad que tiene implantado, de acuerdo con la norma ISO 9002 (Gaitán, 2002). Los procedimientos de análisis y tratamiento de datos del Programa de auscultación se apoyan en el sistema de comunicaciones que tiene el CYII; además, existe un proyecto en marcha destinado a complementar los procedimientos vigentes mediante la automatización y centralización de los datos en el Centro Principal de Control, habiéndose iniciado este proyecto en la presa de El Atazar (Blázquez 2002).

5 CONCLUSIONES Y PROPUESTAS

5.1 *Conclusiones generales*

La aprobación de la Directriz Básica en 1995 y del Reglamento Técnico en 1996, supuso la introducción de un planteamiento renovador en lo que respecta a la seguridad de las presas, así como nuevas exigencias tanto para las que son titularidad de la DGOHyCA como para las que no lo son. En este último caso, que es el de las presas del CYII, se estableció que, además de ajustarse a lo establecido en la Instrucción, debían abordarse las actividades necesarias para:

- Clasificarlas en función del riesgo potencial de su eventual rotura o funcionamiento incorrecto
- Redactar los Planes de emergencia para las presas clasificadas en las categorías A y B
- Adecuar los Archivos técnicos a lo establecido al respecto en el Reglamento Técnico

Con objeto de facilitar y homogeneizar la documentación sobre la seguridad de las presas que debe cumplimentarse de acuerdo con el Reglamento Técnico, se han editado una serie de Guías Técnicas bien directamente por la Dirección General de Obras Hidráulicas y Calidad de las Aguas o por el Comité Nacional Español de Grandes Presas.

Estas Guías Técnicas, que incluyen recomendaciones y aportaciones substanciales, se han demostrado como instrumentos eficaces que han facilitado la elaboración de las propuestas de clasificación de las presas y la redacción de sus respectivos Planes de emergencia.

El Canal de Isabel II ha cumplimentado adecuadamente, y en los plazos establecidos o acordados con la DGOHyCA, las exigencias de la Directriz Básica y el Reglamento Técnico. Adicionalmente a lo prescrito en la normativa vigente, el CYII ha viabilizado la realización de la primera inspección de seguridad y la adecuación de las Normas de explotación al Reglamento Técnico.

5.2 *Propuestas de futuro*

Las Normas de explotación y los Planes de emergencia pueden articularse en una serie de procedimientos que comprendes los distintos programas y actividades que las integran. Estos procedimientos, en los cuales deben estar claramente establecidas las responsabilidades, tareas, medios y recursos, se pueden organizar de la forma en que se hace en los sistemas de aseguramiento de la calidad siguiendo las normas ISO 9000.

Por tanto, conviene que tanto la estructura como los programas y procedimientos de las Normas y Planes estén normalizados con objeto de que puedan ser gestionados por el personal asignado a la explotación de presas, independientemente de la presa a la que estuvieran asignados. Se consigue así una movilidad y complementariedad del personal, permitiendo que se cubran eventuales bajas sin mayores problemas de formación.

Además, tal estructura permitirá que sea posible automatizar la gestión de las Normas y Planes utilizando para ello el sistema de comunicaciones con que cuenta el CYII y las tecnologías informáticas disponibles actualmente para la gestión de sistemas de aseguramiento de la calidad. Esta posibilidad es especialmente recomendada cuando se tiene que gestionar varias presas, como es el caso del CYII, cuyas Normas y Planes están interrelacionados por pertenecer a un mismo sistema hidrográfico.

REFERENCIAS BIBLIOGRÁFICAS

Alonso Franco, Manuel, et al. 2001. Normativa sobre seguridad de presas. Revista de Obras Públicas 3407

Berga, Luis. 2002. El Reglamento Técnico sobre seguridad de presas y embalses y sus Guías Técnicas. VII Jornadas Españolas de Presas. Zaragoza. CNEGP

Blázquez, Francisco. 2002. La auscultación en las presas del Canal de Isabel II. Situación actual y adaptación de los sistemas de información. VII Jornadas Españolas de Presas. Zaragoza. CNEGP

Gaitán Santos, Vicente, et al. 2002. Gestión de la seguridad en las presas de El Vado, Pozo de los Ramos, Manzanares el Real y Pedrezuela. VII Jornadas Españolas de Presas. Zaragoza. CNEGP

Yagüe, Jesús. 2002. Situación actual y perspectivas futuras en relación con la gestión de la seguridad de las presas. VII Jornadas Españolas de Presas. Zaragoza. CNEGP

Theme 2:
Reservoir capacity improvement and
operation of spillway and outlet works

Dam Maintenance and Rehabilitation, Llanos et al. (eds)
© 2003 Taylor & Francis, ISBN 90 5809 534 7

Invited Lecture: Addressing hydrologic inadequacy

C.J. Veesaert
US Bureau of Reclamation, Denver, Colorado, United States of America

ABSTRACT: More than a third of all dam failures have been due to hydrologic inadequacy. While equipment malfunctions and operating errors have sometimes been to blame, inadequate spillway capacity leading to overtopping has been the principal cause. Thus, addressing hydrologic inadequacy is an important consideration for dam owners and dam safety regulatory programs. This paper examines various approaches to addressing hydrologic inadequacy, highlighting some of those employed by the US Bureau of Reclamation amongst its portfolio of more than 350 dams and dikes and for the projects of other clients. Corrective action alternatives have included various approaches to raising dams, increasing existing spillway capacity by various means, adding emergency spillways of various types, providing overtopping protection, and employing Early Warning Systems as a non-structural means of reducing the risk to life downstream.

1 INTRODUCTION

Since 1889, there have been about 200 notable dam failures worldwide for which data are available, resulting in the deaths of more than 11,000 people and financial losses probably inestimable. Nearly half of this loss of life occurred from just two failures alone: South Fork (Johnstown) Dam, Pennsylvania, USA, 1889 (2,200+), and Machhu II Dam, Gujarat, India, 1979 (2,600+) (Costa, 1985). Both of these dams failed as a result of overtopping during large flood events. Statistical data on dam failures compiled by various researchers indicate that more than a third of all dam failures have been due to hydrologic inadequacy, or the inability of dams to safely pass their design floods. Embankment dams comprise the vast majority of these failures because of their susceptibility to erosion during overtopping, but concrete dams have also failed by overtopping, primarily due to erosion of their supporting foundation and abutments. In some overtopping situations, spillway gates have malfunctioned or there has been a loss of operating power, or errors have been made by operating personnel during flood conditions, but most often inadequate discharge capacity has been the principal cause of dams being overtopped. Because such a high proportion of dam failures are due to flood flow conditions, one of the most important elements of a dam safety program is assessing the safety of dams under flood loading.

For dams that are found to be incapable of safely accommodating their design floods, there are many approaches available, which include both structural and non-structural alternatives. This paper examines various approaches to addressing hydrologic inadequacy, and highlights some of those employed by the US Bureau of Reclamation (USBR) amongst its portfolio of more than 350 dams and dikes and for the projects of other clients.

2 DESIGN FLOOD CONSIDERATIONS

Although existing dams were designed to safely pass floods using the generally accepted design standards of their time, many of these dams are now deemed inadequate by modern design flood development methodology (Achterberg et al, 1998). For a majority of dams, the flood condition represents the most severe test of performance adequacy. For this reason, a carefully considered approach must be used to evaluate the adequacy of dams under the full range of possible flood conditions.

Ideally, dams should be able to safely accommodate floods such that there is no increase in the danger to life and property/infrastructure downstream when compared to the same floods with no dam in place. There are various methods and reasons for selecting the appropriate design flood for a particular dam. Some regulating agencies require that dams that pose a high hazard potential to life and property/infrastructure downstream be evaluated for floods up to the largest possible flood that could be expected to occur at the dam site. This maximum flood level, the Probable Maximum Flood (PMF), is defined as the largest flood that could result from a combination of the most severe meteorological and hydrologic conditions that could be reasonably expected to occur in a particular drainage basin.

For many dams, however, it can be shown that failure during floods less than the PMF would not be expected to cause any additional loss of life or significant property/infrastructure losses. In such instances, the flood above which unacceptable losses would no longer result may be accepted as the design flood. Such an approach is referred to as an incremental consequences assessment. Dam-break inundation studies are used to determine the design flood by evaluating the consequences of failure during floods of increasingly larger magnitude, up to the flood level above which no unacceptable additional losses are predicted. Determination of such a lesser magnitude design flood is of significant benefit in assessing the hydrologic adequacy of dams that pose a high potential hazard, if the dams cannot safely pass the PMF.

A more recent approach to evaluating hydrologic adequacy that is being used by dam owners in many countries, such as Australia, Canada, and the United States (including the USBR) involves the use of risk-based analysis techniques (Swain et al, 1999). Briefly, in this approach all of the possible flood inflows and their estimated probability of occurrence are identified, a determination is made as to the likelihood of an adverse response from the dam to each flood event, and the consequences of each adverse response are estimated in order to determine the hydrologic risks posed by the dam. Risk-based decision analyses have shown that in many cases the likelihood of loss of life or economic losses are so low from large flood events that there is insufficient justification to take further action to reduce the risks.

When a determination has been made that a dam is unable to safely accommodate the appropriate design flood or that the risk of dam failure from floods is too high, the floods should be routed to determine the maximum reservoir levels and the extent that overtopping would occur. If overtopping is indicated and failure is expected as a result, then alternatives for addressing this deficiency should be identified and implemented. Dams and their foundations should also be analyzed to verify their ability to safely withstand the loading associated with passage of the design flood. While not discussed here, the need for addressing structural deficiencies may also be necessary.

3 ALTERNATIVES FOR HYDROLOGIC INADEQUACY

There are many alternatives available for dams that have been determined would be overtopped and likely fail during the occurrence of their design floods.

These corrective measures consist of structural and/or non-structural options that either seek to eliminate the potential risk of dam failure from overtopping or reduce the adverse consequences of dam failure. Approaches to preventing overtopping include restricting the reservoir or otherwise modifying project operations, raising the crest of the dam, increasing spillway capacity, or some combination of these measures. Alternatively, various methods have been used to protect dams from failure during overtopping. The approach selected for a particular project is dependent upon the type of dam and project features, topography, geologic conditions and other unique characteristics of the site. Other considerations include the magnitude and proximity of the downstream hazard potential, owner or regulator policies, public opinion, and most important, cost.

3.1 Increasing reservoir storage capacity

Increasing reservoir storage capacity enables more of the floods which would otherwise cause a dam to be overtopped to be stored for release later. Alternatives which increase reservoir storage are typically more cost effective than those involving increasing spillway capacity alone. Implementing reservoir restrictions or modifying project operations as a means of increasing storage capability can be a cost effective approach. However, unless the need for such measures is relatively modest, the resulting loss of project benefits is typically unacceptable. Thus, increasing reservoir storage is more often achieved by increasing the height of a dam. Where raising the crest of a dam is undertaken without changing the normal reservoir operating levels, it is often not only more cost effective, but also more acceptable politically, socially, and environmentally as well. Of course, the impacts on the areas around the normal reservoir rim of increasing the reservoir surface area during infrequent flood events must be assessed. Some erosion-resistant features of a dam, such as spillway bays or navigation locks, may be allowed to overtop during passage of the design flood if they can resist the higher imposed loads or be strengthened to do so.

3.1.1 Raising embankment dams

Modest raises of the crests of embankment dams from 1 to 3 m to store new and larger design floods are fairly common. Such raises are generally accomplished by centering new fill over the crest of the existing dam with the slopes of the new fill section placed more steeply to intersect the slopes of the exiting dam. Higher raises are more often associated with the need to increase, or recapture, reservoir storage capacity, but when undertaken, such raises usually position the crest of the new fill downstream from the existing dam crest. The location of appurtenant structures, particularly low level outlets must be considered in positioning the new fill, and in many cases the inlet or outfalls of such structures must be extended to daylight beyond the new fill. The additional loading imposed on underlying structures must also be considered.

The USBR employed what is believed to be the first use of a geomembrane as the impervious element in a storage dam in North America in raising the crest of Pactola Dam in 1985 to accommodate a new design flood. Pactola Dam was a 67-m-high embankment, located in the Black Hills National Forest of South Dakota. The modifications involved raising the dam crest 4.6 m as well as widening the existing spillway 56 m. To avoid having to develop borrow sites for the impervious fill and a larger quantity of sand for the filter that would normally be needed for a conventional crest raise in this environmentally sensitive area, and to minimize impacts to tourist traffic across the dam crest, the USBR chose to use a 1 mm-thick high-density polyethylene (HDPE) geomembrane, in conjunction with a nonwoven geotextile, to provide the seepage barrier. The geotextile was intended to protect the geomembrane from punctures, and to serve as a filter and drain in the event of damage to the geomembrane. Connection to the existing dam core was made by excavating a 1-m-deep trench into the core and inserting the geosynthetic materials and backfilling with lean concrete. Reservoir loading is only expected to be against the raised portion of the dam with the geomembrane for approximately 6 hours during passage of the design flood.

Parapet walls have been used to provide modest increases in the height of many embankment and concrete dams to prevent overtopping and wave runup on embankments during the passage of large floods. These cantilevered walls are typically no more than 2 m high and are constructed of reinforced concrete and must be adequately anchored into the existing dam crest. Generally other approaches are used for walls much above 2-m high because of safety and aesthetic concerns with higher walls.

An innovative approach to raising the crest of an embankment dam to retain a larger design flood was utilized by the USBR at Lake Sherburne Dam in 1983 (Duster, 1984). The USBR used the patented Reinforced Earth system to raise the crest of the dam 4.1 m. Two 6.1-m-high retaining walls were constructed 7.3 m apart on the 27-m-long crest of the dam that was first lowered 2 m. The retaining walls consisted of interlocking, precast concrete panels. The panels were erected in parallel rows and the space between filled with rolled earthfill placed in lifts following the erection of each row of panels. The panels were held in place by epoxy-coated reinforcing strips attached to the panels and embedded in the earthfill. A waterproofing membrane was applied to the panel joints on the

inside face of the upstream wall to minimize seepage in the backfill. During passage of the design flood (PMF), the reservoir will be against the wall to a maximum depth of 4.6 m, and it is estimated to take 8 days to pass the flood. This dam raising technique was very cost effective in that it reduced construction time and the amount of materials needed. Cost of the wall was $1.6 million, and was completed in one short construction season. It was estimated that a conventional raise would have cost $5.3 million and taken two seasons.

3.1.2 Raising concrete dams

Many concrete dams have also been raised to store larger design floods. The USBR has undertaken a number of these projects, such as Buffalo Bill Dam in Wyoming, raised 7.6 m; Bartlett Dam in Arizona, raised 6.6 m; and Theodore Roosevelt Dam, also in Arizona, raised 23.5 m.

The raising of Theodore Roosevelt Dam, which was completed in 1996, proved to be one of the more challenging crest raising projects for the USBR (Hepler et al, 1995). Roosevelt Dam is the uppermost in a system of four high-hazard potential dams on the Salt River east of Phoenix that provides flood control and other benefits. Hydrologic analyses revealed inadequate spillway capacity at all four dams. As originally constructed, gated spillways on both abutments of Roosevelt Dam could release a maximum of 4,300 m³/s. The new design flood (PMF) included a peak inflow of 18,500 m³/s. Occurrence of such a flood would likely fail Roosevelt and the downstream dams and result in significant loss of life and property damage. By raising Roosevelt Dam and limiting releases from it to a maximum of 4,300 m³/s during the new design flood, modifications to the lower dams could be avoided.

Theodore Roosevelt Dam, completed in 1911, was an 85-m-high cyclopean-masonry thick-arch dam – the largest in the world and recognized as a National Historic Landmark. The modification design called for it to be raised 23.5 m, of which 5 m is for additional storage for downstream water users. One of the biggest challenges to raising the dam was designing a concrete overlay that would be compatible with the underlying masonry structure. Conventional mass concrete placed in a single-curvature approach over the downstream face was selected over several double curvature options and monolithic roller-compacted concrete. Finite element methodology was used to analyze the modification for all potential static and dynamic loading conditions. The concrete overlay was a minimum of 3-m-thick and constructed in grouted blocks in an alternating high-low sequence, with 3-m lifts. A total of approximately 268,000 m³ of overlay concrete was placed. Drainage was provided at the contact surface between the masonry and concrete by a system of horizontal flat drains. The project cost, which also included constructing new gated spillways on both abutments, and a new river outlet works excavated through the left abutment and requiring a controlled lake tap under 46 m of reservoir head, was $420 million.

3.2 Increasing discharge capacity

Increasing the discharge capacity of dams which are unable to safely pass their design floods is another approach to achieving hydrologic safety. Spillway operating head can be increased by lowering the existing spillway crest and installing gates or by raising the dam crest which results in higher reservoir operating levels. Generally, increasing the discharge capacity of existing dams to accommodate new larger design floods is accomplished by enlarging the existing spillway or constructing new spillways.

The approach to increasing discharge capacity is primarily dependent upon site conditions, and the release requirements. The topography and geology of the dam abutments may be favorable to enlarging the existing spillway or constructing a new spillway. Common structures include ungated concrete-lined chute spillways, or gated spillways when operation can be ensured by operator attendance and proper maintenance. Tunnel or cut-and-cover conduits through the dam or abutments may be considered where topography or slope stability preclude an open chute. The body of the dam may also be considered for the location of an auxiliary overflow spillway.

3.2.1 Increasing existing spillway capacity

The capacity of an existing spillway can be increased by lengthening the spillway crest, or increasing the discharge coefficient or the operating head, or any combination of these approaches (Oswalt et al, undated). Some increase in the discharge coefficient may be possible by improving the spillway crest shape from say a broad-crested weir to an ogee crest, and improving the channel hydraulics, but these approaches are generally costly for the limited results attained.

Constructing a labyrinth weir in an existing spillway is an example of an effective way to increase the spillway crest length and the corresponding discharge capacity for the same operating head. Thus, labyrinths are well suited to sites where increasing the spillway width and maximum reservoir water surface elevation would be difficult, yet larger discharges are needed. A labyrinth spillway may also provide additional reservoir storage capacity as compared to a more costly gated spillway, while matching the original spillway discharge, and labyrinth spillways have inherently low maintenance costs. A labyrinth weir consists of a series of relatively slender walls having a repeating shape in plan, usually triangular or trapezoidal,

with vertical upstream faces and steeply sloping downstream faces. Crest lengths of from 2 to 6 times the spillway channel width are typical. The USBR constructed the oldest known labyrinth spillway for its East Park Dam in California in 1910. The weir shape in plan is a series of semi-circles.

The majority of labyrinth spillways constructed to date have wall heights of under 5 m, and were designed for relatively modest depths of overflow. Significant amounts of reinforcing steel are required for higher walls or greater depths of overtopping. The Ute Dam labyrinth spillway designed by the USBR and completed in 1984, has a wall height of 9 m (Hinchliff et al, 1994). It consists of a series of 14 trapezoidal cycles separated by contraction joints. Wall stability was analyzed using finite element methods. Unbonded contraction joints were located at the upstream apexes of the walls, and in the narrowest portion of the base slab, such that the hydrostatic head would act to close the joints. Water stops and sealant were provided to minimize seepage through the wall. The walls were placed in three 3-m lifts with horizontal construction joints between lifts. The base slab was underlain with drains to intercept seepage and reduce uplift pressure.

3.2.2 Auxiliary spillways

A saddle or depression along the reservoir rim leading to a natural waterway is often a good location for an auxiliary spillway. If such a spillway is excavated in competent rock or if provided with sufficient scour protection to minimize headcutting, the control structure may be simply a concrete grade sill with sufficient depth to avoid damage from headcutting. Grass or vegetative cover has been successfully used to prevent erosion of earthen spillways in low head applications, where velocities are limited to about 1.5 m/s. The grass surfacing must be uniformly dense and well maintained for best performance. Geotextile reinforcement may be added to improve erosion resistance. Some damage to an auxiliary spillway due to the passage of infrequent floods is typically expected and is considered acceptable.

In addition to traditional gated and free-overflow auxiliary spillways, other innovative approaches to increasing discharge capacity have included the use of fuseplugs, membrane-lined channels, rubber crest dams, and fusegates.

Fuseplug auxiliary spillways have been added at many projects worldwide to help regulate flood releases much like a gated spillway, but without the costs associated with a gate structure or the need for human operators. A fuseplug is an embankment section designed to erode in a predictable and controlled fashion when additional spillway capacity is needed. Fuseplugs allow additional reservoir storage while protecting the dam from overtopping during infrequent floods. With the fuseplug washed away, the auxiliary spillway, along with the service spillway, should be capable of passing the design flood. A labyrinth or ogee crest spillway would accomplish the same objective, but would require a substantially wider crest length to pass an equal discharge, because after the fuseplug has been washed out, the remaining spillway section is generally much deeper resulting in a higher operating head. As a general rule, it is economically impractical to design fuseplugs to operate for floods with recurrence intervals less than 100 years.

Fuseplugs are designed as zoned earth and rockfill embankments stable for all operating conditions except for the flood level that causes them to breach. The desired foundation for a fuseplug embankment is competent bedrock capped by a small concrete crest or grade sill. Fuseplugs are configured such that washout begins at a predetermined location, typically through a pilot channel, and erosion progresses laterally at a constant rate without overtopping. Fuseplugs can be divided into smaller sections using concrete divider walls, with each embankment section having a different elevation for operation at successively higher flood levels. Pilot channel elevations should be based on site-specific criteria, such as rate of reservoir rise versus erosion rate of the fuseplug, approach channel characteristics, and confidence in erosion rates and breach initiation. Model studies show that the impervious core of a fuseplug should be inclined so that as downstream materials wash away, pieces of the core will break off under gravity loading and be carried away with the flow. A sand filter should be provided behind the core to prevent internal erosion of core fines along any cracks which may develop in it. The major portion of the fuseplug should be uniformly graded material which will wash out by lateral erosion.

The performance of designed fuseplugs has been limited to model studies thus far, because of the lack of documented cases of designed fuseplug installations washing out; although the Oxbow Project study in 1959 included a 3.8-m-high fuseplug, which is greater than many prototypes (Oswalt et al, undated). As a result of refinements in fuseplug design based on model studies the USBR conducted in the 1980's, the USBR concluded that a fuseplug spillway can be a reliable, cost effective alternative to providing additional spillway capacity. In the 1990's, fuseplug auxiliary spillways were constructed by the USBR at its existing Bartlett and Horseshoe Dams in Arizona, to enable these dams to safely pass their new design floods, and at New Waddell Dam, a new dam, also located in Arizona. The Bartlett Dam fuseplug auxiliary spillway, constructed in a saddle in the reservoir rim, is a 112.8-m-wide three-stage design that will be subjected to 5.5 m of head at normal water surface elevation.

For low-head dams, the use of a flexible membrane lining in an auxiliary spillway has been shown to be a low-cost alternative to concrete linings (Timblin et al, 1984). The membrane must have long-term durability and resistance to damage from hydraulic forces and debris during operation. Important material properties are tensile strength, flexibility, puncture and abrasion resistance, impact tear resistance, weatherability, and resistance to bacteria and fungus. Suitable lining materials include fabric-reinforced materials, such as Hypalon, and high-density polyethylene (HDPE).

Studies undertaken by the USBR resulted in the construction in 1985 of a flexible membrane lined auxiliary spillway at Cottonwood Dam No. 5 in western Colorado, a low head (5.8-m-high) embankment dam. The impermeable membrane selected was a 36-mil Hypalon material. The membrane was placed within an 80-m long channel excavated into the soil on the right abutment, with each sheet overlapping the adjacent downstream sheet by 1.5 m. Concrete grade sills were provided at the upstream end for flow control, and at the downstream end to prevent head-cutting. A protective cover of non-cohesive soil, which washes away at the beginning of spillway operation, was placed over the membrane to protect it from foot, animal, and vehicle traffic. A successful operational test of the spillway was conducted in 1986, when the spillway was subjected to a flow of about $0.7\,m^3/s$ and a maximum velocity of 8 m/s. Although the flow carried stones and cobbles up to 10 cm in diameter, the membrane sustained little or no damage.

Many inflatable rubber dams have been installed on the crests of ungated spillways to increase reservoir storage during the passage of floods and to help prevent overtopping. When the membrane is deflated or lowered near normal flows can be passed through the spillway. Several types of rubber dams have been developed for addition to existing spillways. The membranes are generally constructed of synthetic rubber or rubberized fabric; most are inflated with air, but some can also be inflated with water. These membranes can be custom built to extensive lengths, but to limited heights; commonly below 5 m, but some have reached more than twice that height. Some membranes require intervening piers for longer lengths, while others do not.

The Obermeyer Spillway Gate system, manufactured by Obermeyer Hydro, Inc., is different than the other rubber dams in that it uses steel gate panels that are raised and lowered by a pneumatically inflatable rubber membrane behind the gate panels. In 1997, the USBR installed two such gates in the 30-m-wide outer bays of the Friant Dam spillway in California to replace drum gates that had become functionally unreliable due to swelling of the concrete piers resulting from alkali-aggregate reaction. These gates are an unprecedented height of 5.5 m, and are designed to accommodate future anticipated lateral expansion of the concrete spillway piers of up to 15 cm. The unprecedented height of the gates led to estimated maximum operating bladder pressures 50 percent higher than the design requirements reducing the factor of safety from the usual 8 to 2. As a result, gate operating procedures were modified to lessen maximum operating pressures and maintain an adequate factor of safety.

A relatively recent innovative and promising concept for increasing reservoir storage capacity or spillway discharge capacity without increasing the maximum water surface elevation or height of the dam is the Hydroplus concept for submersible fusegates (Oswalt et al, undated). Developed by GTM Entrepose International of Nanterre, France, fusegates combine the operational characteristics of labyrinth spillways and fuseplug embankments for a fast and cost-effective modification. One or more contiguous but independent prefabricated fusegate units are set within a precast concrete frame on an overflow spillway crest. The gates are held in place by gravity forces. The resulting labyrinth-shaped crest acts as an efficient weir about three times the spillway crest width for passing moderate floods. Larger, less frequent floods cause filling of an interior chamber of the fusegate units which produces uplift pressures and overturning forces sufficient for rotation of the fusegate about its downstream edge and washing away of the gate. Each fusegate can be designed to overturn at a different reservoir level to provide increasing spillway capacity as required up to the design flood. Flow velocities of at least $2.5 \, m^3/s$ are required to carry the overturned units downstream and avoid potential blockage of the spillway. After passage of a large flood, the fusegates can be hoisted back into position or replaced with new units if they have been damaged.

Hydroplus has successfully completed fusegate projects in many countries, with the highest installation to date at 16.5 m at Shongweni Dam in the Republic of South Africa. However, the US Corps of Engineers is currently installing 7-m-high fusegates at Terminus Dam in California. The predictability and reliability of fusegate operation has been confirmed at several existing installations in France and India by successful operation of the gates at their design flood levels.

3.3 Providing overtopping protection

Providing for safe overtopping of both embankment and concrete dams has been used on many projects as an auxiliary spillway alternative. In many cases, rehabilitating a dam to withstand overtopping during extreme flood events is a cost-effective option. Overtopping of an embankment dam requires that erosion protection systems be designed to protect the crest and downstream slope. Overtopping of concrete dams necessitates an evaluation of the capability of the

supporting foundation and abutments to withstand erosion, and providing protection where needed.

3.3.1 Embankment dam overtopping protection
Since 1983, extensive testing has been conducted in the United States, Great Britain, and the former Soviet Union to develop alternatives for overtopping protection for embankment dams (Frizell et al, 1991). Protection systems tested include grass cover, riprap, geotextiles and underlying grids, gabions, concrete block systems, and soil cement. Results from research indicate that low embankment dams can be adequately protected to some degree with all of the tested systems, but soil cement provided the most stable overtopping protection, withstanding velocities up to 7.6 m/s and an overtopping head of 1.2 m. As a stronger variation of soil-cement, roller-compacted concrete (RCC) would be expected to perform even better. Many documented cases of RCC spillways and overtopping protection installations successfully passing flows have born this out (Bass et al, 1999). It is no surprise then, that the most widely used method of providing overtopping protection for embankment dams is currently RCC.

RCC is a no-slump, normally low-cement, concrete which is hauled and placed by earthmoving equipment and compacted by vibratory rollers. RCC has proven to be a cost effective protection method that affords a number of advantages. Construction of RCC protection is normally very rapid with minimal project disruption. Typically construction is limited to the crest and downstream slope, and there is no requirement for reservoir restrictions. More than 65 dams have been modified with RCC in the United States ranging from 5 m to 35 m in height. At least 7 of these dams have been in service long enough to have experienced frequent overtopping, but show no excessive wear or damaging cracking. Most of the early RCC projects were designed to operate infrequently and at low depths of flow. However, as favorable performance data continued to be received, more recent projects have been designed for frequent spills and for flow depths greater than 6 m.

Roller-compacted concrete slope protection is usually placed in horizontal lifts in a stepped overlay manner. The crest is first lowered to the required elevation, and the downstream face and toe area are prepared. An underlying drainage system is installed to relieve pore pressures at the interface between the embankment and the RCC overlay. The RCC is then typically placed in 0.3- to 0.6-m-thick lifts starting at the downstream toe and proceeding up the slope of the embankment. Normally a minimum lift width of about 2.5 m is needed to operate placing and compacting equipment. Depending on the slope of the embankment, this placement method provides an effective thickness of RCC normal to the slope of about 1 m. The RCC typically extends from abutment to abutment, and sometimes is placed on the abutments and for some distance downstream if necessary to protect these areas. An advantage of this construction procedure is that the stepped configuration on the downstream face of the dam dissipates 60 to 70 percent of the energy in overtopping flows by reducing flow acceleration and inducing turbulence at each step.

Another method of placing RCC on an embankment dam is to place it directly against the slope by operating the placing and compacting equipment up and down and across the slope using winches. While this method normally requires considerably less material than the stepped overlay method, unit costs are generally higher because of the more difficult placing procedure. Also, the benefit of significant energy dissipation is lost with a smooth sloping surface.

While far from the highest in the world, the USBR had the distinction of having designed and built the highest RCC dam in the United States, Upper Stillwater Dam in Utah at 89-m high, until it was surpassed this year (2002) by Olivenhain Dam in California at 97 m in height. The USBR has constructed many other RCC projects, including spillways, but the USBR's first RCC overtopping protection modification of an existing embankment storage dam is the recently completed Vesuvious Dam owned by the US Forest Service (US Bureau of Reclamation, 2002). Vesuvious Dam, built in 1937, is a 15.5-m-high, 130-m-long high-hazard potential embankment dam located in Ohio. Flood studies determined that the dam would be overtopped by approximately 1.9 m for up to 7 hours during its design flood of 864 m³/s, and would likely fail. It was decided to armor the embankment dam crest and downstream slope with RCC which would allow the dam to act as an emergency spillway during large floods.

The RCC was produced using an Aran continuous batching and mixing plant. Placement was in the horizontal stepped overlay method with lifts compacted to 0.3-m thick with 6 passes of a single-drum 2,300 kg vibratory roller. RCC placement was completed in 4 weeks in late 2001 at a cost of about $73/m³ for 7,300 m³. The RCC was subsequently covered with topsoil and seeded for esthetic reasons.

One of the more innovative alternatives for protecting embankment dams during overtopping is precast concrete block systems. Concrete block products can be categorized into two groups, those that are secured together with cables, and those that interlock mechanically. Because non-cabled block systems can be susceptible to progressive block dislodgement that could lead to failure, almost all embankment armoring systems used to date in the United States have been cabled systems, referred to as Articulating Concrete Blocks (ACB) (Schweiger et al, 2001). Over the last decade, more than 20 embankment dams in the

United States with heights greater than 3 m have been armored with ACB to provide overtopping protection. The potential for wider acceptance and use of this technology appears promising.

Articulating concrete blocks systems consist of prefabricated mats of precast cellular concrete blocks tied together by cables and anchored in place. The term "articulating" indicates the ability of individual blocks within the system to conform to three-dimensional changes in slope while remaining interlocked and laterally restrained. The concrete blocks of ACB systems are typically 10- to 25-cm thick and 0.3- to 0.6-m square in plan view, with openings penetrating the entire block. Polyester rope or steel wire cables extend through precast holes in the blocks to tie the blocks together. Other components of ACB systems include underlying woven geotextile filter fabric and a drainage layer, mechanical anchors, and a soil/vegetative cover.

Armoring earth embankments with ACB has it origins from technologies first developed for coastal protection against wave erosion, and to armor steeply-sloped open channels subjected to high velocities. The first documented research in the development of precast concrete block systems for overtopping protection for embankment dams was in the former Soviet Union during the 1970's (Oswalt et al, undated). During the 1980's and into the 1990's, full-scale field trials were conducted in Great Britain and near-prototype studies were undertaken in the United States. Most of the research performed in the last decade focused on establishing and improving ACB performance (Schweiger et al, 2001). Recent analyses have demonstrated the stability of ACB armoring systems on embankment slopes as steep as 2H:1V with overtopping depths exceeding 1.5 m and terminal flow velocities exceeding 8.5 m/s.

The first United States application of a ACB system for overtopping protection for high-hazard embankment dams occurred in 1991 at three dams owned by the US National Park Service and located in North Carolina: Bass Lake, Trout Lake, and Price Lake Dams (Oswalt et al, undated). The dams range in height from 8.5 to 12.2 m. Flood studies performed by the USBR showed that the dams would be overtopped by almost 1.3 m during their design floods. The consulting engineer close to flatten the downstream slopes of the dams to 3H:1V to reduce flow velocities, and install ACB systems for overtopping protection. The ACBs extend from the dam crest to the downstream toe. For two of the dams, the mat forms an apron at the downstream toe, however for the highest dam, a concrete apron was used because of performance concerns due to anticipated flow velocities exceeding 8 m/s. The upstream ends of the ACB are buried and anchored in the dam crest. The downstream ends of the ACB aprons are either buried and anchored or attached to a concrete toe wall. The mats are underlain with a geotextile filter and anchored into the embankment. Seeded topsoil fills the block openings and covers the mat up to 25 mm to provide a natural appearance.

Recent design advancements and testing of non-cabled wedge-shaped blocks for overtopping protection show this is also a viable alternative (Schweiger et al, 2001). Flow over each step formed by the wedge-shaped blocks separates from the block surface and impinges upon the next step down the slope. In the separation zone, in the lee of the step, the flow rotates forming a low or negative pressure zone. By providing drainage holes through the blocks, it is possible to transfer the low pressure to the underside of the block, which vents and controls the buildup of seepage pressure and sucks the block onto the underlying embankment. Each block is inherently stable because if it tries to lift off the embankment surface the curving stream lines provide a stabilizing downthrust. Also, the roughness of the stepped surface ensures maximum energy dissipation on the spillway and thus, limits the need for energy dissipation at the toe.

The application of overlapping wedge-shaped concrete blocks for overtopping protection for embankment dams is continuing to evolve with research and experience. A four-year research effort on wedge-shaped concrete blocks as overtopping protection by the USBR and other contributors culminated in a patented design being marketed as the ArmorWedge system by Armortec. Case history experience in the design of stepped spillways using wedge-shaped concrete blocks comes from Russia. At the Dneiper Power Station, overlapping wedge-shaped blocks were installed in full-scale test chute constructed in a section of gated spillway (Oswalt, et al, undated). The block system was successfully tested under unit discharges of up to 6 m³/s/m with velocities of up to 23 m/s. Following this successful testing, a number of wedge-shaped block spillways were constructed on several embankment dams. One of these spillways has discharged up to 31 m³/s from the time it was placed into service more than 20 years ago.

Cast-in-place concrete on the downstream face has been utilized as overtopping protection for some embankment dams. Cast-in-place concrete, also referred to as continuously-reinforced concrete (CRC), can be placed with or without steps. With most CRC applications a continuous concrete slab is placed over the entire downstream face similar to what is done on concrete-faced rockfill dams. The continuous reinforcing provides monolithic behavior, controls crack openings, and eliminates crack offsets to create a nearly impervious barrier without projections into the flow. Stepped geometry can enhance the reliability of CRC overtopping protection by hiding transverse cracks from the flowing water, producing stabilizing downthrusts, and dissipating energy on the slope.

The USBR has designed and model tested CRC overtopping protection for its Arthur R. Bowman Dam in Oregon, but has not as yet gone forward with construction. Arthur R. Bowman Dam is a 75-m-high high-hazard-potential rockfill dam with a crest length of 244 m. Flood studies determined that the design flood (PMF) would overtop the dam by 6.1 m for 4.5 days and would probably cause failure. Overtopping would occur for floods exceeding about 23 percent of the PMF with a return frequency of about 500 years.

The alternatives investigated for modifying the dam included raising the dam to store the entire flood, constructing an auxiliary spillway, a combination of the foregoing, and providing overtopping protection. Economic analysis and environmental considerations led to the selection of the overtopping protection alternative. Five different methods of providing overtopping protection were studied. These included a reinforced rockfill blanket, stepped RCC, RCC without steps, stepped CRC, and CRC without steps. While least costly, the reinforced rockfill blanket was dismissed because current technology could not ensure satisfactory performance for the height of dam and depth of overtopping. The smooth CRC alternative was selected over the other concrete alternatives because it was shown to be the most economical, and because it afforded cracking and seepage control, drainage through the surface, and could be model studied.

The concrete slab, which will cover the crest and the entire downstream slope, is to be a minimum 0.3-m thick, and follow the existing slopes with a 2H:1V upper slope and 4H:1V lower slope. The slab was designed using Continuously Reinforced Concrete Pavement computer programs developed by the University of Texas. A critical design requirement for the CRC overtopping protection is tying in the perimeter of the slab, which is to be restrained at the crest, the toe block, the left abutment, and the left wall of the service spillway chute on the right abutment. Hydraulic model studies along with CRC design techniques were used in structural design of each of these features. An extensive drainage system has been designed for relieving possible uplift pressures due to seepage buildup underneath the slab. The slab will be placed by slipforming in alternating panels from the toe to the crest.

3.3.2 Concrete dam overtopping protection

As discussed earlier, while concrete dams are not threatened by overtopping in the same way as embankment dams, i.e., by erosion of the dam itself, they can experience erosion of their foundations and abutments resulting in an inability to support the loads imposed by the dam and reservoir.

In June of 1964, the USBR's Gibson Dam, a concrete gravity-arch dam completed in 1929 and located in Montana, was overtopped by nearly a meter of flooding for 20 hours. While the dam survived the overtopping, some damage was done to the abutments. The existing spillway capacity was 1,416 m³/s, and the new design flood was calculated to be 4,389 m³/s. The concern was that for larger floods, there would be sufficient damage done to the abutments to threaten the safety of the dam. The decision was made to modify the dam to safely accommodate overtopping for floods greater than a 100-year frequency. The modification, completed in 1982, included preparation of both abutments by the installation of rock bolts on 2.4-m centers, and placement of a wire-mesh-reinforced, 0.8-m nominal thickness, cast-in-place structural concrete overlay to protect the rock abutments from detrimental erosion during overtopping. Splitter piers were also constructed at intervals along the downstream crest parapet to provide aeration during overtopping. The modified dam is expected to safely accommodate 3.4 m of overtopping during the design flood.

Roller-compacted concrete has been used to provide overtopping protection for concrete dams, as well as embankment dams. Santa Cruz Dam, located in New Mexico, was a 46-m high arch dam built of reinforced-cyclopean masonry. The dam is owned by the Santa Cruz Irrigation District and was completed in 1929. Dam safety studies indicated that the dam was unstable seismically and would be overtopped and likely fail during passage of significant floods. The capacity of the existing overflow spillway on the crest of the dam was insufficient to pass even a 10-year storm without overtopping the dam. The new design flood (PMF), with a peak inflow of 3,400 m³/s, would overtop the dam by 5 m, likely causing it to fail due to erosion of the intensely-fractured granitic supporting abutment rock. The USBR was asked to prepare modification designs to address these seismic and hydrologic deficiencies.

The modification scheme proposed by the USBR for Santa Cruz Dam included three unique features (Metcalf et al, 1992). Roller-compacted concrete was used to form a stabilizing arched buttress against the downstream face, the first constructed in the United States; the new arched spillway formed within the buttress has sloped 0.65H:1V stairstepped facing; and the drainage gallery constructed in the buttress was built by applying shotcrete to reinforcement placed over a pneumatic form. Also, the RCC design was the first to use an air entraining admixture to control freeze-thaw deterioration. The new stepped spillway is capable of passing floods up to a 25-year return interval. For larger floods up to the design flood, the entire dam is designed to be overtopped. Conventional concrete was placed across the dam crest and the abutments, and splitter piers were incorporated into the crest overlay to provide aeration during overtopping.

3.4 Early Warning Systems

Properly designed, implemented, and maintained, Early Warning Systems (EWS) are a realistic, less costly, non-structural approach to reducing the risk to life downstream from dams determined to be hydrologically inadequate. The goal of an EWS is the successful evacuation of the population at risk downstream from a dam that would be expected to fail during large floods up to the design flood. Early Warning Systems require the following components to be successful:

- Method for detecting flood events
- Decision making process regarding determining the threat level posed by incoming floods and establishing notification thresholds for the public safety officials responsible for warning and evacuating the population at risk
- Means of communicating timely flood threat information to public safety officials
- Ability of public safety officials to issue warnings to the population at risk and to carry out a successful evacuation.

Early Warning System design considers meteorological and hydrological data in developing the flood detection and decision making elements of the system. The objective is to determine the storm arrangements that result in the least amount of detection time that would be available between the storm onset and the ensuing dam overtopping, and to provide the maximum warning time possible through the selection of appropriate detection technology. The decision making design establishes realistic notification thresholds that interface with the response actions of public safety officials. The goal of EWS design is to minimize false alarms (unnecessary evacuation), maximize notification time, and eliminate any missed threatening flood events.

Early Warning System detection hardware ranges from reservoir elevation monitoring systems to full basin rainfall monitoring systems with real-time rainfall-runoff modeling. The goal in designing an EWS is to minimize the hardware necessary to detect a threatening event, but include enough redundancy such that detection of threatening floods is assured. The types of data communication systems in use include manual observation by a dam tender, satellite telemetry, and polling and event-driven radio systems.

For an evacuation to be effective, responsible officials must know what areas will be flooded and when. Inundation maps developed from dam-break inundation studies delineate the areas that will be flooded following dam failure along with flood wave travel times. These maps should be part of the Emergency Action Plan (EAP) for the dam. The design and implementation of an EWS should include updating the EAP with specific decision criteria and current notification procedures.

The USBR is designing and implementing EWSs to enhance public safety at its own dams, and has installed and is planning systems for more than 45 dams of the US Bureau of Indian Affairs that are unable to safely pass their design floods. In addition to using EWSs to address hydrologic inadequacy, the USBR has also used EWSs in situations where structural measures could not fully remedy a hydrologic deficiency, and as an interim measure until structural corrective actions could be implemented.

4 CONCLUSIONS

Historical experience has shown that hydrologic inadequacy is an important consideration in evaluating the safety of existing dams, accounting for more than a third of all dam failures. As the flood database continues to grow and as improved methodologies for developing design floods are employed, the resulting revised design floods are often found to be larger than the floods developed during the original project designs. In many cases, the occurrence of new design floods would result in dams being overtopped and potentially failing due to their present inadequate storage or release capability.

Many alternatives exist and are being developed throughout the world to address hydrologic inadequacy. These alternatives take one or more of the following approaches: increasing flood storage capability, increasing discharge capacity, providing overtopping protection, and mitigating the consequences of failure.

In addition to the traditional methods, newer approaches are being employed at less cost while still providing a reliable level of safety. Labyrinth spillways and fuseplug embankments are gaining acceptance throughout the world, and the relatively recent introduction of submersible fusegates combines the favorable operational characteristics of both. Roller-compacted concrete provides a proven method of protecting existing dams against erosion due to overtopping flows. Early Warning Systems can provide a viable non-structural alternative in certain situations, or EWSs can be combined with structural approaches. With the research and case history data now available, engineers can feel confident in selecting alternatives for addressing hydrologic inadequacy.

REFERENCES

Achterberg, David, et al. 1998. Federal Guidelines for Dam Safety: Selecting and Accommodating Inflow Design Floods for Dams. FEMA 94.

Bass, Randall P., Hansen, Kenneth D. 1999. Dam Safety Modifications Using Roller Compacted Concrete. **Dealing with Aging Dams, Nineteenth Annual USCOLD Lecture Series.** Atlanta Georgia.

Costa, John E. 1985. Floods from Dam Failures. US Geological Survey. Open-File Report 85–560.

Duster, C.O., 1984. Dam Crest Raising with Reinforced Earth Retaining Walls. **Dam Safety Rehabilitation, Fourth Annual USCOLD Lecture.** Denver, Colorado.

Falvey, H.T., Snell, E.F.A., & Rayssiguier, J. 1994. Increasing Shongweni Dam Discharge Capacity with a Hydroplus Fusegate System, **Dam Safety Modification and Rehabilitation, Fourteenth Annual USCOLD Lecture Series**, Phoenix, Arizona.

Frizell, Kathleen H., Mefford, Brent W., Dodge, Russ A., & Vermeyen, Tracy B. 1991. Embankment Dams: Methods of Protection During Overtopping. **Hydro Review** 10:04: 19–30.

Hepler, Thomas E. & Drake, Daniel M. 1995. Raising Roosevelt Dam: Protection Against Floods and Earthquakes. **Hydro Review** 14:04: 40–48.

Hinchliff, David L. & Houston, Kathleen L. 1984. Hydraulic Design and Application of Labyrinth Spillways. **Dam Safety Rehabilitation, Fourth Annual USCOLD Lecture.** Denver, Colorado.

Metcalf, Megan, Dolen, Timothy P., & Hendricks, Paul A. 1992. Innovative Aspects of the Santa Cruz Dam Modification. **Modification of Dams to Accommodate Major Floods, Twelfth Annual USCOLD Lecture Series.** Fort Worth, Texas.

Oswalt, Noel R., Buck, Louis E., Hepler, Thomas E., & Jackson, Harry E. Undated. Alternatives for Overtopping Protection of Dams. The Hydraulics Division, American Society of Civil Engineers, New York, New York.

Powledge, George R. & Pravdivets, Yuri P. 1992. Overtopping of Embankments to Accomodate Large Flood Events – An Overview. **Modification of Dams to Accommodate Major Floods, Twelfth Annual USCOLD Lecture Series.** Fort Worth, Texas.

Schweiger, Paul G. & Holderbaum, Rodney E. 2001. The ABCs of ACBs: An Assessment of Articulating Concrete Blocks for Embankment Overtopping Protection. **The Future of Dams and Reservoirs, 21st Annual USSD Lecture Series.** Denver, Colorado.

Swain, Robert, & Bowles, David S., et al. 1999. A Framework for Characterizing Extreme Floods for Dam Safety Risk Assessment. Utah State University and United States Department of the Interior Bureau of Reclamation.

Timblin, L. O., Grey, P. G., Muller, B. C., & Morrison, W. R. 1988. Emergency Spillways Using Geomembranes. REC-ERC-88-1. US Department of the Interior, Bureau of Reclamation.

Timblin, Lloyd O., Grey, Peter G., Starbuck, John E., & Frobel, Ronald K. 1984. Flexible Membrane Emergency Spillway. **Dam Safety Rehabilitation, Fourth Annual USCOLD Lecture.** Denver, Colorado.

US Bureau of Reclamation. Draft 2002. **Roller Compacted Concrete (RCC) Design and Construction Considerations for Hydraulic Structures.** Denver, Colorado.

Vermeyen, Tracy, & Mares, Daniel. 1992. Alternatives for Enhancing Spillway Capacity Currently Being Pursued by the US Bureau of Reclamation. **Modification of Dams to Accommodate Major Floods, Twelfth Annual USCOLD Lecture Series.** Fort Worth, Texas.

Dam Maintenance and Rehabilitation, Llanos et al. (eds)
© 2003 Taylor & Francis, ISBN 90 5809 534 7

Ponencia General del Tema 2: Mejora de la capacidad de embalse y del funcionamiento de los órganos de desagüe

Jesús Granell Vincent

Ingeniero de Caminos, Canales y Puertos
Director General de JESÚS GRANELL, Ingeniero Consultor, S.A., Madrid, España

1 INTRODUCCIÓN

La vida útil de cualquier obra pública es un concepto básico a tener en cuenta a la hora de planificar las inversiones y actuaciones de índole económica que, destinadas a la creación de cualquier infraestructura, persiguen el aprovechamiento de un determinado recurso natural. En el caso del desarrollo de infraestructuras hidráulicas, y en particular en el caso de las presas, este concepto toma especial relevancia, toda vez que este tipo de obras, por su naturaleza, entran a formar parte integrante del medio natural en el que se establecen, viéndose en consecuencia afectadas permanentemente por la acción del entorno – el río en este caso – como elemento natural vivo que jamás dejará de interaccionar con ellas.

Así, la presa, y consecuentemente su embalse, se integran en el propio río, constituyendo un nuevo sistema o medio natural vivo que como tal, evolucionará ineludiblemente de acuerdo con el régimen hidrográfico e hidrológico que su cuenca receptora le proporciona.

Ello confiere a las presas una característica especial que las diferencia del resto de infraestructuras que el ser humano puede establecer en la Naturaleza. En efecto, en las presas no solamente deberemos planificar su mantenimiento en función de su desgaste por el uso, sino que además deberemos prever la evolución de este nuevo medio natural *río-embalse*, que va a incidir notablemente en sus características a lo largo de su vida.

En otras ocasiones sin embargo, será el ente beneficiario de la presa, ya sea la población abastecida de agua o de energía o bien la zona regable consolidada, quien demandará, – en función de su progresivo desarrollo, favorecido las más de las veces por la implantación de la propia presa – unos niveles más altos de suministro, cuya atención exigirá una revisión de los parámetros de dimensionamiento con los que fue concebida la presa, originando su redimensionamiento.

Existe además otro aspecto a tener en consideración, que emana del carácter social de las presas. Éstas, lejos de afectar exclusivamente al medio natural, lo hacen también y de manera notable sobre el medio socioeconómico, en tanto en cuanto pueden afectar al entorno en el que se desarrolla el ser humano, su vida y sus bienes.

Aparece así en escena el concepto de seguridad de la presa. Este concepto exige la elaboración, por parte de la sociedad, de leyes, normativas y reglamentos que regulen su concepción, construcción y explotación, y cuya periódica revisión o actualización hace necesaria en muchos casos la *adecuación de las presas* a lo largo de sus décadas de vida.

Cabe señalar, por otra parte, que uno de los beneficios más importantes que las presas pueden aportar es aquel que se deriva de su efecto regulador y laminador del régimen hídrico de los cauces donde se implantan, máxime bajo condiciones extremas.

El concepto de presa como elemento de *defensa frente a las avenidas* – en muchas regiones del planeta de carácter devastador – exige, en muchos casos el diseño de órganos de desagüe especiales, generalmente de gran capacidad, que permiten al explotador de la presa manejar o alterar las avenidas, reduciendo sus efectos nocivos e incluso llegando a eliminarlos por completo, aguas abajo.

Estos tres factores: la permanente influencia del medio natural en la presa, la necesidad de adaptación de las presas a la situación socioeconómica y a los niveles de seguridad exigidos por la sociedad en cada momento y finalmente la mejora de su funcionalidad buscando obtener un mayor rendimiento y beneficio en su explotación, constituyen los tres motivos de tipo hidrológico e hidráulico por los cuales una presa puede requerir una o sucesivas actualizaciones, reformas o adecuaciones en el tiempo, a lo largo de su vida útil.

La presente ponencia trata de analizar ordenadamente todas las actuaciones a realizar en las presas en el campo de la ingeniería hidráulica, dirigidas a mantener un nivel de servicio óptimo en las mismas a lo largo de su vida, con el fin de dar respuesta, en todo momento, a la demanda de la sociedad en beneficio de la cual fueron creadas.

2 NECESIDAD DE MEJORAR LA FUNCIONALI DAD DE LOS EMBALSES

A lo largo de la vida de un embalse, y por las razones que antes se han señalado, su capacidad no se mantiene constante.

Éste, de alguna manera supone una "trampa de áridos" que, interpuesta en el cauce del río, provoca la decantación de los elementos sólidos que conjuntamente con el medio hídrico constituyen la aportación de la cuenca receptora al embalse en cuestión.

De esta forma, dependiendo de las características geomorfológicas de la cuenca receptora, la capacidad de un determinado embalse irá disminuyendo progresivamente desde el momento de su construcción.

2.1 Aterramiento de embalses

El aterramiento es, en consecuencia, un fenómeno natural al que va a estar sometido el embalse inexorablemente. Frente a este fenómeno se puede actuar a cuatro niveles diferentes:

A. Durante la fase de proyecto de la presa
1. Asumiendo el hecho del aterramiento, evaluándolo y reservando una parte de la capacidad total del embalse que se destinará a ir almacenando los aportes sólidos del río.
2. Diseñando obras de corrección hidrológica en la cuenca receptora y de contención de aportes sólidos al embalse, con el fin de evitar que éstos lleguen hasta él, o al menos conseguir que lo hagan en menor cuantía.
3. Dotando a la presa de elementos de desagüe profundo apropiados que faciliten la labor periódica de limpieza de los fondos del embalse.
B. Durante la fase de explotación del embalse
4. Actuando periódicamente en los desagües profundos, limpiando y evacuando los sedimentos del fondo del embalse.
5. Estableciendo unas Normas de Explotación adecuadas que no solamente recojan las operaciones señaladas en el punto anterior sino también en situaciones extraordinarias bajo el paso de crecidas por el embalse, durante las cuales se genera la mayor parte de los aportes sólidos al mismo.
C. Con actuaciones de rehabilitación y mejora en el embalse
6. Aplicando sistemas especiales de retirada de fangos, tales como dragado y extracción de lodos y sedimentos del embalse.

7. Construyendo obras de corrección hidrológica en la cuenca receptora, o complementando las ya existentes, para contención de aportes sólidos al embalse, con el fin de evitar que éstos lleguen hasta él, o al menos en menor cuantía.
8. Procediendo a la estabilización del suelo mediante repoblación y regeneración de las laderas del embalse y de modo más general en su cuenca receptora.
9. Recreciendo la presa, recuperando así la capacidad del embalse, que había quedado mermada por su aterramiento.
D. Con actuaciones de mejora de la funcionalidad de los órganos de desagüe de la presa
10. Rehabilitando los órganos de desagüe que han quedado fuera de servicio por el aterramiento del embalse, y mejorando su funcionalidad con el fin de poder combatirlo más eficazmente.
11. Dotando a la presa de nuevos órganos de desagüe profundos, adecuados para defender al embalse contra el aterramiento.

Existen sin embargo, aparte de la pérdida de capacidad del embalse por efecto del aterramiento, otros motivos por los que en un momento dado se debe proceder a la rehabilitación de una presa o de sus órganos de desagüe.

Tales motivos se concretan, tal y como exponíamos en la introducción, en la necesidad de adaptación de la presa a lo largo de su vida, a unas nuevas necesidades a cubrir, que bien de tipo hídrico, bien energético o incluso medioambiental, le son demandadas por la sociedad a la que sirve.

Finalmente, la actualización de los estudios hidrológicos – con aplicación de tecnologías cada vez más avanzadas y fidedignas – y la fijación de unos niveles de seguridad hidrológica más y más exigentes, conducen a una inevitable revisión y actualización de los órganos de evacuación y desagüe de las presas.

2.2 Mejora de la funcionalidad de la presa y de sus órganos de evacuación y desagüe

La adaptación de la presa a unas nuevas necesidades se concretará en actuaciones de rehabilitación y mejora en los siguientes términos:

A. Aumento de la capacidad del embalse, en función del aumento de la demanda
1. Recreciendo la presa.
B. Aumento de los caudales de diseño de los órganos de evacuación y desagüe
2. Adecuando y remodelando el aliviadero de superficie.
3. Adecuando la presa para soportar el vertido sobre coronación.
4. Rehabilitando y mejorando la funcionalidad de los desagües profundos.

5. Incrementando el poder de laminación del embalse en avenidas, mediante la redefinición de los niveles característicos y resguardos del embalse así como con la remodelación de los órganos de evacuación y desagüe.

2.3 Adaptación y mejora del medio ambiente

En virtud de la incidencia que sobre el medio ambiente ejercen los embalses, no debemos olvidar entre los motivos de adaptación y actualización de los mismos los aspectos de mejora y conservación del entorno, durante su explotación.

Las operaciones a llevar a cabo en las presas, con los fines hasta aquí enunciados, se concretan por lo tanto, alrededor de tres líneas o campos de actuación de la Ingeniería Hidráulica. Son éstos:

- La recuperación y la mejora de la capacidad de los embalses.
- La mejora de la funcionalidad de los órganos de evacuación y desagüe de las presas.
- La rehabilitación medioambiental de embalses.

3 RECUPERACIÓN Y MEJORA DE LA CAPACIDAD DE LOS EMBALSES

3.1 Sistemas de determinación y simulación del fenómeno de la sedimentación

Los nuevos y cada vez más amplios avances de la tecnología en el campo del cálculo numérico, aplicado a la hidráulica bidimensional y tridimensional permiten vislumbrar un futuro claro y prometedor en la determinación a priori del fenómeno de la sedimentación en un embalse, así como en la definición de las estrategias adecuadas de operación de los desagües profundos para su control posterior durante la explotación del embalse.

De entre los modelos de simulación que se vienen aplicando cada vez con mayor profusión, cabe destacar el presentado por Satoshi Yamaoka (Japón) en su comunicación *"Development and application of sediment simulation system"*. El modelo aludido fue aplicado en un embalse en Java occidental, Indonesia.

3.2 Sistemas de extracción de sedimentos

3.2.1 Extracción de sedimentos mediante la operación de los desagües profundos

Los desagües de fondo representan la principal herramienta que el explotador de un embalse posee para luchar contra el aterramiento de un embalse. Su diseño debe, por lo tanto, ser acorde con esta importantísima función y en cualquier caso su operación debe estar regulada en las correspondientes Normas de Explotación.

Las Normas de Explotación deberán fijar las maniobras a realizar con los desagües profundos, tanto en situación normal como en situación extraordinaria de avenidas para combatir eficazmente el fenómeno del aterramiento.

Es destacable, en este sentido, el trabajo recogido en la comunicación de Esmaiel Tolouie (Irán) *"Rehabilitation of Sefidrud reservoir"*, en el cual se relatan las operaciones de limpieza de sedimentos llevadas a cabo en el embalse de Sefidrud, en Irán, mediante este tipo de actuaciones.

3.2.2 Dragado y bombeo de sedimentos

El empleo de dragas en los embalses es, con una tecnología similar a las técnicas empleadas en obras portuarias, una de los métodos más comúnmente utilizados en la extracción de lodos del fondo de un embalse.

Otro de los procedimientos a emplear consiste en la utilización de pontonas flotantes para el emplazamiento de bombas de succión sumergidas de gran caudal. Normalmente, esta técnica requiere la inyección de aire y agua combinada alternativamente con la succión y bombeo de los fangos en estado de suspensión.

Todas estas técnicas requieren además de la realización de estudios medioambientales complementarios destinados a la elección y tratamiento posterior de la zona de deposición de los sedimentos extraídos del embalse.

Es digno de ser destacado el trabajo aportado a este Congreso por H. M. Osman, M. K. Osman y A. S. Karmy (Egipto) *"Silting-up of high Aswan dam. Design, investigation and removal of deposits"*.

Asimismo, merece especial mención la comunicación presentada por Rafael Romeo, Honorio Morlans y Jorge García (España) *"Dispositivo de dragado y contención de lodos para acceso subacuático a la embocadura de conducciones en presas aterradas de paramento vertical"* en relación con la aplicación de un método especial de desatarquinamiento en la presa de Moneva, en Zaragoza.

Finalmente, destacamos el trabajo presentado por A. Maurandi y G. Sánchez (España) *"Eliminación de sedimentos en el embalse de Alfonso XIII"* referente a la extracción de fangos consolidados en el embalse de Alfonso XIII, mediante su fluidificación previa con aire y agua y posterior bombeo desde una pontona o barcaza flotante.

3.2.3 Extracción de sedimentos mediante excavación y carga

En ocasiones, la recuperación de un embalse no se puede llevar a cabo mediante la extracción de los sedimentos, por razones de tipo económico o medioambiental. En estos casos, hay que acudir al recrecimiento de la presa, y en aquéllos en los que éste haya que hacerlo por aguas arriba o cuando se trate de construir una nueva presa aguas arriba de la primitiva, se hará necesario extraer parte de los sedimentos, ya a cielo abierto con medios normales de excavación, carga y transporte.

Tal es el caso de la Nueva Presa de Puentes. La regeneración del embalse exigió la construcción de una nueva presa justamente aguas arriba de la existente, al no ser posible la retirada de los 13 hm^3 de fangos que habían colmatado su embalse. La retirada de 1 hm^3 de fangos en parte consolidados y en parte fluidos se llevó a cabo mediante su excavación a cielo abierto como si de una explotación minera se tratase, accediendo al tajo con maquinaria pesada gracias al extendido previo de una capa progresiva de material granular drenante. Los fangos se depositaron extendidos en una vaguada o barranco lateral que se encontraba en mal estado ambiental, con lo que se consiguió complementariamente su recuperación ambiental.

3.3 Sistemas de defensa contra el aterramiento

3.3.1 Obras de corrección hidrológica en la cuenca

Una solución muy empleada en la defensa contra el aterramiento consiste en la construcción de pequeñas presas o azudes permeables en los cauces o barrancos laterales que afluyen al embalse.

Mediante esta disposición, los sedimentos son retenidos fuera del embalse, antes de llegar a él, de manera que además, su limpieza y extracción se puede hacer en seco y más fácilmente.

3.3.2 Obras de estabilización del suelo y recuperación ambiental de márgenes en los embalses

Otro procedimiento de combatir el aterramiento consiste en reducir la aportación de sedimentos generada en la cuenca aportante, procediendo a la estabilización de la capa vegetal del suelo mediante su repoblación.

Tal es el caso que se presenta en la comunicación de F. González, A. Colino, F. Ledesma y N. García (España) *"Recuperación de la cubierta vegetal en las márgenes del embalse de Santa Teresa"*. En ella se expone cómo se ha previsto llevar a cabo la recuperación de la cubierta vegetal de las laderas del embalse de Santa Teresa, situado sobre el río Tormes, en Salamanca, con el fin minimizar la erosión del terreno y consecuentemente la aportación de sedimentos al embalse.

3.4 Modificación del aprovechamiento sin extraer los sedimentos

Puede darse el caso de ser posible la recuperación de un determinado aprovechamiento hidroeléctrico, sin proceder a la retirada de los sedimentos del embalse, ni siquiera al recrecimiento de la presa o a la construcción de una nueva.

Así, en el caso del proyecto hidroeléctrico de Ambuklao (Filipinas), presentado por J.P. Huraut, O. Cazaillet, X. Ducos y R.V. Samorio (Francia) *"Ambuklao Hydroelectric scheme. Sedimentation of reservoir and rehabilitation program"* se adoptó la solución de modificar la toma de la central hidroeléctrica, construyendo una nueva por encima del nivel de los sedimentos. La central fue transformada en una de caudal fluyente, es decir, sin el efecto regulador de caudales del embalse.

3.5 Recrecimiento de las presas

Las diferentes tipologías que pueden adoptarse para el recrecimiento de una presa han sido expuestas en dos comunicaciones de tipo general sobre el tema.

La primera que cabe señalar es la correspondiente a Manuel Alonso Franco (España) *"Recrecimiento de presas"* en la que presenta de manera magistral una referencia sobre las presas recrecidas en España, para a continuación exponer los diferentes métodos o tipologías que se pueden emplear en esta función. Finalmente hace referencia explícita al recrecimiento de la presa de Guadalcacín, sobre el río Majaceite en Cádiz.

La otra comunicación presentada corresponde a R.A.N. Hughes y C.W. Scott (Reino Unido) *"Dam heightening. The U.K. perspective"*, referente al estado del arte en el Reino Unido, tanto en presas de materiales sueltos como en el caso de presas de fábrica.

3.5.1 Recrecimiento por aguas abajo

Esta tipología de recrecimiento ofrece la ventaja de poder evitar el vaciado total del embalse para su ejecución.

En las presas de fábrica, conviene resaltar, por su importancia, la necesidad de compatibilizar las dos partes de la nueva presa recrecida, es decir, el cuerpo de presa antiguo y el hormigón nuevo colocado sobre el paramento de aguas abajo. Esto se logrará mediante dos operaciones:

- Anclaje de ambos hormigones, para absorber los esfuerzos cortantes que se generarán en la superficie de unión.
- Drenaje eficaz de la superficie de unión, que evite la acumulación de la carga del embalse sobre la cara de aguas arriba del nuevo hormigón.

En el siguiente esquema se pueden apreciar estas dos operaciones a considerar.

En cualquier caso es de primordial importancia la definición previa del nivel inicial de carga de la presa en el momento de la anexión del nuevo hormigón, ya que él impondrá la distribución tensional posterior a plena carga.

Se presentan dos comunicaciones sobre esta tipología de recrecimiento. La primera corresponde a S.Y. Shukla, D.R. Kandi y V.M. Deshpande (India)

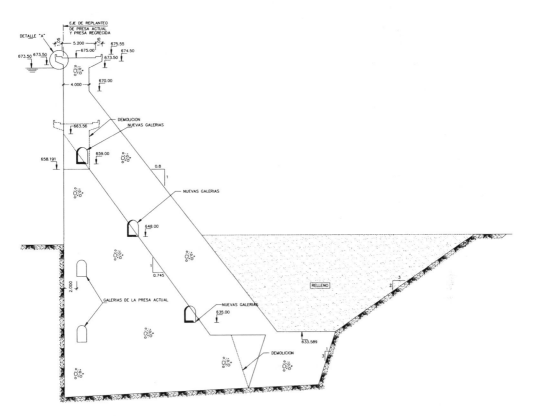

Seccion tipo zona central

"*Dam heightening. Barvi dam in Maharashtra state*" y se refiere al recrecimiento de una presa de gravedad de mampostería; la segunda corresponde a H.J. Buhac, Fellow, ASCE y P.J. Amaya (Estados Unidos) "*Raising of Cardinal fly ash retention dam*", referente al recrecimiento de una presa de materiales sueltos de contención de residuos procedentes de la combustión del carbón en centrales térmicas. El recrecimiento de la presa se logra mediante el empleo de hormigón compactado sobre la coronación y la colocación de un manto de relleno de materiales sueltos sobre el talud de aguas abajo de la presa primitiva.

3.5.2 *Recrecimiento por aguas arriba*

En esta tipología de recrecimiento, la nueva estructura se apoya directamente sobre la presa primitiva. También aquí, para las presas de fábrica, se hace importante controlar, inyectar, anclar y drenar la superficie de contacto de las dos partes de la estructura, con el fin de facilitar la transmisión del esfuerzo cortante entre ellas.

Se han recibido dos comunicaciones al respecto. Una de ellas corresponde a A. Álvarez, M. Cabrera y F.J. Flores (España) "*Recrecimiento de la presa de El*

Vado", donde se contempla la idea de recrecer por aguas arriba una presa de gravedad con planta recta mediante la construcción de una sección complementaria, también de gravedad pero arqueada ésta y apoyada sobre la primitiva. La otra presentada por F. Del Campo, M. G. Mañueco y H. J. Morlans (España) "*Recrecimiento de la presa de Santolea*", relata el recrecimiento por aguas arriba de una presa de gravedad de hormigón ciclópeo y paramentos de mampostería.

3.5.3 *Recrecimiento de la coronación*

El recrecimiento de la coronación es una solución muy atractiva desde el momento que permite la ejecución de la obra sin necesidad de bajar el embalse, y sin necesidad de tocar el cimiento de la presa. Sin embargo, es apta sólo en el caso de recrecimientos de altura limitada.

En el esquema adjunto se puede apreciar una disposición típica de este tipo de recrecimiento. En el caso de que éste llegue a afectar a una parte significativa del cuerpo de presa y su paramento de aguas abajo, será también necesario tener en cuenta el estado inicial de carga de la presa en el momento de proceder al recrecimiento.

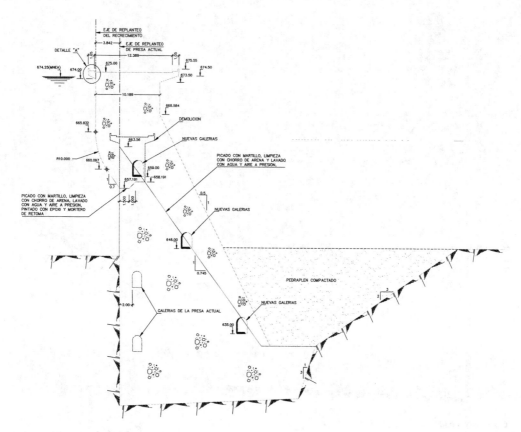

Seccion tipo zona central

Mencionaremos la comunicación presentada por J. G. Muñoz, J. M. Ruiz y A. Granados (España) *"Recrecimiento de la presa de Camarillas"*, referida al recrecimiento de la coronación de una presa de gravedad y planta recta. La altura de recrecimiento es de 6 metros.

También se ha presentado el caso de un recrecimiento en coronación de una presa de materiales sueltos. Corresponde a la comunicación de A. Capote, F. Sáenz de Ormijana y E. Martínez (España) *"Modificación del aliviadero y recrecimiento de la presa de Los Molinos"*.

4 MEJORA DE LA FUNCIONALIDAD DE LOS ÓRGANOS DE EVACUACIÓN Y DE DESAGÜE DE LAS PRESAS

4.1 *Rehabilitación y mejora de la capacidad de aliviaderos de superficie*

La necesidad en algunas presas de tener que soportar avenidas de diseño superiores a aquéllas para las que fueron concebidas, por los diversos motivos ya comentados en esta ponencia y expuestos con gran claridad en la Conferencia de Chris J. Veesaert del U. S. Bureau of Reclamation, (Denver, Colorado) abriendo la Cuestión Nº 2 del presente Congreso, se puede abordar, en principio de dos diferentes maneras:

- Aumentando la capacidad del aliviadero y/o de los órganos de desagüe.
- Aumentando la capacidad de laminación del embalse.

Posteriormente se van a comentar casos concretos de las diferentes metodologías a aplicar para este fin, pero de modo genérico, merece la pena destacar de entrada tres comunicaciones.

La primera, presentada por T. H. Zedan, H. M. Osman y M. K. Osman (Egipto) *"Improving flood control capacity of High Aswan Dam and elevation of flooding"* analiza el caso de la presa de Aswan sobre el río Nilo, equipada con dos aliviaderos de superficie y describe la construcción de un tercer aliviadero con objeto de incrementar el control de avenidas en el tramo inferior del río Nilo.

La segunda, presentada por H. J. Morlans, F. Del Campo, M. G. Mañueco y J. L. Blanco (España) *"Evolución y desarrollo del aliviadero de la presa de Santolea"*, narra las cuatro modificaciones que ha sufrido el aliviadero de la presa de Santolea, situada sobre el río Guadalope, Teruel.

La tercera hace referencia a criterios de modificación de cuencos amortiguadores de resalto hidráulico, con vistas a aumentar su caudal de funcionamiento. Está redactada por J. F. Fernández-Bono, F. J. Vallés y A. Canales (España) *"Criterios metodológicos para la adaptación del diseño de cuencos de disipación de energía a pie de presa mediante resalto hidráulico, a caudales de avenida superiores a los de diseño"*.

4.1.1 Recrecimiento de la presa o del aliviadero

El recrecimiento de la presa, persiguiendo aumentar la lámina vertiente en los aliviaderos, es una de las posibles alternativas para incrementar su capacidad.

Un ejemplo de este tipo de actuaciones se presenta en dos comunicaciones de A. Capote, F. Sáenz de Ormijana y E. Martínez (España) *"Modificación del aliviadero de la presa de Los Molinos"* y de F. Aranda y J. L. Sánchez (España) *"Rehabilitación por condiciones de seguridad en la presa de Los Molinos"*. Las obras comprenden el recrecimiento de la presa y la remodelación del canal de descarga del aliviadero.

4.1.2 Colocación de compuertas

La instalación de compuertas en los aliviaderos es otro de los procedimientos para conseguir el aumento de la capacidad de los embalses. Ello, puede ir o no acompañado del recrecimiento de la presa, dependiendo del resguardo disponible que haya en cada caso. Dos casos de instalación de compuertas hinchables sobre el umbral del vertedero y otro de compuertas automáticas ilustran esta alternativa.

A. C. O. Ramos y A. F. Díaz (Méjico), en su comunicación *"Instalación de rubber dam en vertedores de la presa Fco. I. Madero, Chihuahua"* recogen la descripción de una presa de contrafuertes dotada de dos aliviaderos de labio fijo, uno sobre la presa y otro lateral con vertedero de planta circular. Para recuperar la capacidad del embalse, parcialmente aterrado, hubo de sobreelevarse su nivel máximo normal mediante la colocación de compuertas hinchables de caucho de 3 metros de diámetro.

O. Moreno y G. Noguera (Chile) han enviado su comunicación *"Aumento de la capacidad del embalse de Cogotí"*. La recuperación de la capacidad del embalse se logra, en este caso, gracias a la instalación de compuertas hinchables sobre el umbral del vertedero, de planta mixtilínea.

P. D. Townshend (Sudáfrica), describe en su comunicación *"Automatic, self actuating equipment to improve dam storage"*, dos tipos de compuerta

automática empleados con éxito en dos presas en Sudáfrica y una tercera en Namibia.

4.1.3 Vertederos en laberinto

El vertedero en laberinto se viene usando cada vez con mayor asiduidad para resolver el problema de dotar de una mayor capacidad a un aliviadero ya existente, sin sacrificar para ello la capacidad del embalse ni recrecer la presa.

En definitiva, lo que este tipo de estructura hidráulica aporta es la posibilidad de controlar y evacuar un determinado caudal con una altura de lámina mucho menor que en el caso de un vertedero recto convencional. El vertedero en laberinto permite multiplicar por cuatro o más la longitud efectiva del vertedero, si bien su efectividad se ciñe a un determinado rango de alturas de lámina vertiente.

Ya se comprende que para el caso que nos ocupa, es decir, frente a la problemática de aumentar la capacidad de un determinado aliviadero de manera notable, y sin recurrir a ensanchamientos de su sección de control, será casi siempre una alternativa atractiva para el proyectista.

El dimensionamiento de aliviaderos en laberinto, basado en ábacos deducidos experimentalmente a través de ensayos en modelo hidráulico reducido, tales como los elaborados por Pinto Magalhaes (L.N.E.C. Lisboa) se han venido utilizando en casos recientes con excelentes resultados.

Tal es el caso, por ejemplo de la Obra de Regulación Provisional de la Nueva Presa de Puentes.

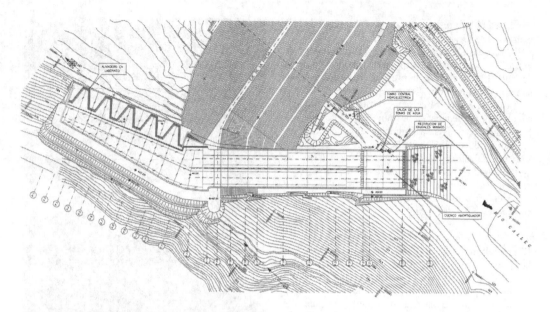

El diseño realizado (l/w = 3,2; Q = 879,7 m³/s; h/p = 0,5; p = 3,0 m; 9 módulos de 32 m de longitud desarrollada, cada uno) funcionó de forma totalmente satisfactoria, con un caudal cercano a 500 m³/s, como se muestra en la fotografía adjunta:

Como diseño especialmente innovador, se quiere mostrar aquí el aliviadero diseñado y ensayado para la Presa de Biscarrués, sobre el río Gállego. La idea consiste en la combinación de dos tipologías de aliviadero: la de alimentación lateral y la de laberinto.

El vertedero en laberinto (l/w = 2; Q = 6.739 m³/s; h/p = 0,60; p = 7,5 m; 5 módulos de 75 m de longitud desarrollada, cada uno) sirve de primera sección de control del aliviadero de alimentación lateral.

Esta estructura, aún no construida en caso alguno en el mundo, fue ensayada en modelo reducido en el Laboratorio de Hidráulica del C.E.D.E.X. según se muestra en la fotografía, con excelentes resultados.

Un caso recentísimo es el del aliviadero de la presa de María Cristina, sobre la Rambla de La Viuda, en

Castellón. La presa, del tipo arco-gravedad, fue construida a principios del pasado siglo XX y posee un aliviadero en canal por la margen derecha capaz de evacuar un caudal máximo de 600 m³/s.

El pasado año 2000 durante el mes de octubre, la presa hubo de soportar el paso de una crecida que la rebasó sobre coronación. Si bien la presa no sufrió daños por el efecto del over-topping, los informes de seguridad y los recientes estudios hidrológicos desarrollados han puesto de manifiesto una notoria insuficiencia en la capacidad de dicho aliviadero, ya que la avenida de diseño actualizada presenta una punta de 3.154 m³/s (periodo de retorno de 1.000 años), como se ve, más de cinco veces la capacidad actual de evacuación.

Como dificultad añadida, existe una gran falla paralela al actual aliviadero, cercana a su cajero derecho, que imposibilita cualquier solución de ensanchamiento de éste.

La solución elegida, actualmente en fase de proyecto constructivo y de ensayo hidráulico en modelo reducido, se muestra en el gráfico adjunto, donde se puede ver la estructura de control en laberinto, que descargará sobre una amplia cubeta amortiguadora la cual, a su vez, alimentará al canal de descarga a través de una segunda sección de control.

Con esta solución se podrá evacuar la nueva avenida de diseño (T = 1.000 años), manteniendo los actuales niveles de explotación en el embalse, así como los resguardos. Con esta remodelación, el aliviadero de la presa de María Cristina será capaz de evacuar un caudal máximo de 3.941 m³/s agotando el resguardo de la presa en coronación. Este caudal equivale al de punta de la avenida con periodo de

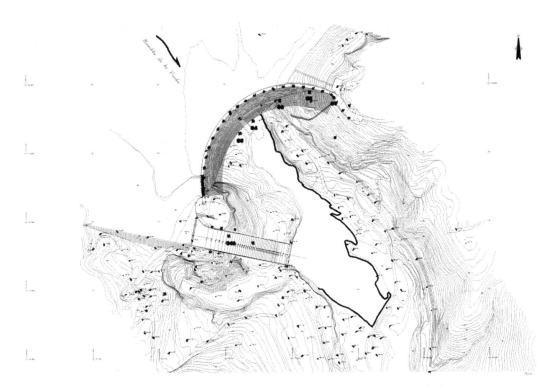

Situación actual de la presa de maría cristina

retorno de 10.000 años, considerada como avenida extrema.

4.1.4 Construcción de aliviaderos nuevos o complementarios

En ciertos casos no será posible la adecuación del aliviadero existente, ya sea por la magnitud de la necesaria ampliación, o por el grado de deterioro del aliviadero existente.

Se han recibido dos comunicaciones a este respecto. Una de ellas procedente de Z. Prusza, P. Perrazo y G. Maradey (Venezuela) y titulada *"Rehabilitación de la presa El Guapo"* nos muestra los trabajos de reconstrucción del aliviadero con nuevo diseño, debido a la rotura del existente por socavación del cimiento al haberse sobrepasado ampliamente su caudal máximo de funcionamiento.

A. F. Belmonte y J. M. Hontoria (España) han preparado la comunicación denominada *"Ampliación de aliviaderos y mejora de la capacidad de desagüe en las presas de El Rumblar (Jaén) y Guadiloba (Cáceres)"*. En ella se describen las obras de construcción de sendos aliviaderos nuevos; en la presa de El Rumblar sustituyendo al antiguo, y en la presa de Guadiloba complementándolo.

4.2 Adecuación de las presas para soportar el vertido sobre coronación

En aquellas ocasiones en que no se encuentren soluciones técnica o económicamente factibles para que una determinada presa pueda soportar avenidas mayores que las previstas en su diseño inicial, se viene desarrollando en el mundo de la ingeniería hidráulica – si bien por el momento con aplicación a casos de reducida altura de presa – la adecuación del paramento de aguas abajo de la misma para admitir el vertido sobre coronación, con alturas de lámina limitadas.

4.2.1 Presas de fábrica

En las presas de fábrica, la adecuación debe resultar, en principio más sencilla. Dependiendo del estado del paramento de aguas abajo, puede ser necesario su refuerzo o tratamiento más o menos superficial, pero en cualquier caso lo más necesario será la protección del pie de la presa a todo lo largo de ella.

También habrá que prever ciertas modificaciones en la coronación al objeto de evitar los efectos nocivos que pueden producir los voladizos, barandillas y otras estructuras que la presa posea a ese nivel, frente al paso del agua vertiente.

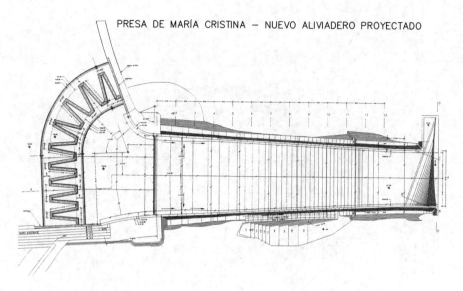

Planta - definicion geometrica

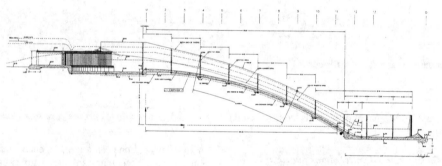

Perfil longitudinal por el eje (A–A)

4.2.2 *Presas de materiales sueltos*

En las presas de materiales sueltos, la experiencia existente en el mundo en este campo se limita, por el momento, como decimos, a alturas de presa y de lámina vertiente limitadas.

Para la adecuación del talud de aguas abajo, con vistas a soportar el over-topping, se puede actuar de acuerdo con las siguientes alternativas:

A) Vegetación del talud
B) Revestimiento con escollera
C) Revestimiento con escollera armada
D) Revestimiento con gaviones
E) Revestimiento con losas de hormigón armado
F) Revestimiento con bloques de hormigón trabados con cables
G) Revestimiento con bloques en forma de cuña
H) Revestimiento de HCR

En todas estas alternativas se debe garantizar siempre la sujeción del revestimiento así como su correcto y eficaz drenaje bajo él, de manera que el agua no pueda circular entre el espaldón y el revestimiento, con el fin de evitar arrastres de material de dicho espaldón.

En cualquier caso, será conveniente limitar la anchura vertiente, para no afectar a toda la cimentación de la presa en su pie de aguas abajo y evitar además corrientes de agua a favor de la pendiente de las laderas.

Otro aspecto importante a tener en consideración es la preparación de la geometría de la coronación, para favorecer el vertido sin efectos perniciosos sobre ella.

Todas estas alternativas se han aplicado en determinadas presas, siendo, tal vez, en este momento las más aceptadas o las que se muestran con más futuro las correspondientes a los apartados G y H.

Se han recogido 5 comunicaciones sobre el tema, todas ellas de gran interés. Son éstas:

"Spillways over earth dams lined with wedge-shaped pre-cast concrete blocks. Design criteria, construction aspects and cost estimate", A. N. Pinheiro, C. M. Custódio y A. T. Relvas (Portugal).

"Efficient surface protection by macro-roughness linings for overtopped embankment dams", S. André, J. L. Boillat y A. J. Schleiss (Suiza).

"Improvement of embankment dam safety against overflow by downstream face concrete macro-roughness linings", P. A. Manso y A. J. Schleiss (Suiza).

"Adecuación de presas de materiales sueltos para soportar vertidos sobre coronación", M. A. Toledo (España).

"Roller compacted concrete and stepped spillways. From new dams to dam rehabilitation", J. Matos (Portugal).

Todas ellas muestran las actuales tendencias en la ingeniería, que apuntan hacia soluciones de protección de los paramentos de aguas abajo de presas de materiales sueltos mediante bloques prefabricados trabados o mediante el empleo del hormigón compactado con rodillo.

4.3 Rehabilitación y mejora de la funcionalidad de desagües profundos

Una de las consecuencias más frecuentes y graves del aterramiento de embalses es la pérdida de operatividad de los desagües profundos de las presas. Es bastante frecuente, por desgracia, encontrarse con presas que al cabo de unas pocas décadas de vida han perdido los desagües de fondo, incluso algunas, hasta las tomas de agua.

Los desagües de fondo son, sin duda, el elemento más necesario en una presa ya que es el único que permite el control de los niveles de carga en la misma, y en consecuencia, ante una emergencia, es el único órgano de que se dispone para proceder al descenso del nivel del embalse o incluso a su vaciado rápido. Es importante, por consiguiente, recordar la necesidad de tener en cuenta el fenómeno del aterramiento a la hora de dimensionar los desagües profundos de una presa, de la misma manera que lo es su mantenimiento mediante maniobras periódicas y la conservación de sus elementos hidromecánicos de control.

Hay que recordar pues, que unos desagües profundos correctamente dimensionados, bien mantenidos e inteligentemente manejados son la mejor arma de que se dispone para combatir eficazmente, desde la propia presa, el fenómeno del aterramiento del embalse.

4.3.1 Desobturación de desagües profundos
Se han presentado dos comunicaciones relativas a las labores de recuperación de desagües de fondo aterrados.

La primera de A. Puértolas (España), titulada *"Rehabilitación total de los desagües de fondo y obras accesorias de la presa de Barasona"*. En ella se describen ampliamente los trabajos de rehabilitación de los desagües de fondo, del aliviadero y de los paramentos y juntas de la presa de Barasona, situada sobre el río Ésera, en Huesca.

La segunda, procedente de M. Alonso Franco y M. A. Lobato (España) *"Reparación de los desagües de fondo de la presa de Sau"*, narra con detalle los trabajos de rehabilitación de los desagües de fondo de la presa de Sau, situada sobre el río Ter en Barcelona. Los trabajos, subacuáticos, se llevaron a cabo bajo una carga de agua de 50 metros, con submarinistas especializados.

4.3.2 Sustitución de compuertas
En ocasiones, puede ser necesaria la sustitución de los elementos de control de los desagües profundos. Su deterioro, la mayoría de las veces provocado por el envejecimiento y la falta de mantenimiento, puede verse, en ocasiones, acelerado y agravado por la acción de las aguas agresivas de determinados embalses.

Se han recibido tres comunicaciones al respecto:

"Rehabilitación funcional de la presa de El Vicario", M. Rivera y P. Casatejada (España). La comunicación trata los trabajos realizados para la sustitución de las válvulas averiadas de los desagües de fondo de la presa de El Vicario, sobre el río Guadiana, en Ciudad Real.

"Renovación de los desagües de fondo de la presa de Iznájar y su incidencia en el aliviadero", J. Riera y F. Delgado (España). La comunicación describe detalladamente los trabajos rehabilitación de los siete desagües de fondo, con modernización de las compuertas de paramento y sustitución de las de regulación en la presa de Iznájar sobre el río Genil, en Granada y Córdoba.

"Actuaciones de rehabilitación en la presa de Doiras", E. Ortega (España). La comunicación se refiere a los trabajos de modernización de los desagües de fondo y aliviadero de la presa de Doiras, sobre el río Navia, en Asturias.

4.3.3 Nuevas tendencias en el diseño y construcción de equipos hidromecánicos
Sobre el tema de elementos de control singulares e innovadores para desagües de fondo, se han presentado cinco comunicaciones muy interesantes. Son éstas:

"Toma flotante para abastecimiento en la presa de Iznájar", J. M. Palero y J. Riera (España). Se describe el diseño, fabricación y montaje de una toma flotante en la presa de Iznájar, sobre el río Genil, en Granada y Córdoba. El caudal de toma es de 1 m^3/s y consta de una estructura flotante que soporta la toma en sí y de

una conducción articulada o manguera sumergida en el embalse.

"Nuevas tendencias en el diseño y la utilización de compuertas radiales en desagües de fondo", A. Andreu y J. García (España). Se describen las peculiaridades de una compuerta radial para desagües de fondo dotada de un sistema de cierre retráctil complementario, utilizada en la presa de La Sotonera, sobre el río Astón en Huesca y en el canal navegable de Xerta en Tortosa.

"Válvulas compuerta, de paso circular y asiento plano y su aplicación en las tomas de agua y desagües de fondo de las presas", J. A. Marín y J. García (España). En esta comunicación se presentan las características y ventajas de un tipo de válvula de compuerta de paso circular y asiento inferior recto, con aplicación en varias presas en España.

"Ataguías flotantes para aliviaderos", F. L. Salinas (España). Se describe una ataguía para aliviaderos que se lleva a su posición mediante flotación a través del embalse. Aplicación en la Isla de la Cartuja en Sevilla y en la presa de Colomés, sobre el río Ter en Gerona.

"Elementos hidromecánicos de la presa y central de Caruachi", F. Abadía y F. Vega (España). La comunicación describe los elementos hidromecánicos de la presa de Caruachi, sobre el río Caroní en Venezuela, todos ellos de dimensiones excepcionales, con especial mención a las compuertas de cierre del sistema de desvío.

4.4 Incremento del poder de laminación de avenidas de los embalses

4.4.1 Reserva de capacidad del embalse para laminación de avenidas

La fijación de resguardos estacionales en los embalses resuelve, en ocasiones, el problema de la insuficiente capacidad de los aliviaderos de superficie. Ello implica la definición de unas Normas de Explotación estrictas del embalse que deberán ser de ineludible aplicación. Presenta el inconveniente, no obstante, de exigir una reducción del volumen almacenado en el embalse en épocas de avenida.

4.4.2 Utilización de sistemas de embalses para el control de avenidas

En zonas de alto riesgo hidrológico, como por ejemplo en las cuencas de la vertiente mediterránea, en España, es frecuente la redacción de Planes de Defensa contra avenidas.

Éstos, apoyados en modelos matemáticos de simulación y complementados con los actuales Sistemas Automáticos de Información y predicción Hidrológica, permiten establecer las estrategias a seguir en una determinada cuenca hidrográfica para afrontar un evento hidrológico extraordinario.

Sobre este tema se han presentado 2 comunicaciones.

La primera, procedente de A. Asarin (Rusia), *"Consecuencias previstas e inesperadas de laminación de avenidas por algunos embalses en Rusia"*, se refiere al sistema de embalses hidroeléctricos de los ríos Volga, Kama y Angara, y su explotación para el control de avenidas.

La segunda, procedente de J. Patrone, A. Plat y G. Failache (Uruguay), *"Actualización de los criterios de operación durante crecidas normales y extraordinarias de los embalses en cadena del río Negro en Uruguay"*, describe el modelo de gestión de un conjunto de tres embalses en cascada en el río Negro, ante crecidas.

4.4.3 Desagües de fondo y de medio fondo de gran capacidad

El empleo de desagües de fondo y de medio fondo de gran capacidad es una de las maneras más efectivas de controlar y laminar las grandes crecidas, y su instalación en presas ya existentes les puede proporcionar un notable incremento en su poder de laminación de avenidas.

En el caso de la vertiente mediterránea española, y más concretamente en la cuenca del río Júcar, el Plan de Defensas contra avenidas determinó la construcción de tres embalses clave en la estrategia de control de sus devastadoras crecidas. Son los de Tous en el Júcar, Escalona en el Escalona y Bellús en el Albaida, todos en Valencia. Las presas de estos tres embalses están dotadas de desagües profundos de gran capacidad que les comunican un extraordinario poder de laminación, llegándose a reducir los caudales de pico de los hidrogramas hasta en un 75%, en Escalona.

Otro caso muy significativo es el de la presa de Contreras sobre el río Cabriel, en Cuenca y Valencia, en la cual la transformación de un antiguo aliviadero complementario en pozo en desagüe de medio fondo, con una capacidad de $400\,\text{m}^3/\text{s}$, permite abordar su definitiva puesta en carga, al suponer un elemento de control de niveles del embalse muy eficaz.

J. López, S. Rubio y M. D. Ortuño (España), han presentado una comunicación titulada *"Incremento de regulación mediante la implantación de desagües intermedios. Adecuación de las presas de Escalona y Contreras"*, en la que se describen las actuaciones llevadas a cabo en estas dos presas conducentes a habilitar sendos desagües de medio fondo de gran capacidad, con vistas al control de avenidas.

J. López, P. De Luis y L. M. Viartola (España), presentan la comunicación *"Empleo de rozadoras en el cuerpo de presa para actuaciones en sus órganos de desagüe"*. Se describen los procesos y medios constructivos empleados en las obras de adecuación de los desagües de medio fondo de las presas de Escalona y Contreras.

SUBTEMA		NOMBRE DEL AUTOR	PAÍS	TITULO DE LA COMUNICACIÓN
RECUPERACIÓN Y MEJORA DE LA CAPACIDAD DE LOS EMBALSES	3.1	Satoshi Yamaoka Katsushige Morita	JAPAN	DEVELOPMENT AND APPLICATION OF SEDIMENT SIMULATION SYSTEM
	3.2	Esmaiel Tolouie	IRAN	REHABILITATION OF SEFIDRUD RESERVOIR, IRAN
	3.2	H.M. Osman, M.K. Osman A.S. Karmy	EGYPT	SILLTING-UP OF HIGH ASWAN DAM, DESIGN, INVESTIGATION AND RE-MOVAL OF DEPOSITS
	3.2	Rafael Romeo, Honorio J. Morlans Jorge García	ESPAÑA	DISPOSITIVO DE DRAGADO Y CONTENCIÓN, PARA ACCESO SUBACUATICO A LA EMBOCADURA DE CONDUCCIONES, EN PRESAS ATERRADAS DE PARAMENTO VERTICAL
	3.2	Antonio Maurandi Guirado G. Sánchez	ESPAÑA	ELIMINACIÓN DE SEDIMENTOS EN EL EMBALSE DE ALFONSO XIII
	3.3	F. González, A. Colino F. Ledesma, N. García	ESPAÑA	RECUPERACIÓN DE LA CUBIERTA VEGETAL EN LAS MÁRGENES DEL EMBALSE DE SANTA TERESA (SALAMANCA)
	3.4	J.P. Huraut, O. Cazaillet X. Ducos, R.V. Samorio	FRANCE	AMBUKLAO HYDROELECTRIC SCHEME. SEDIMENTATION OF THE RESERVOIR AND SCHEME REHABILITATION PROGRAM
	3.5	S.Y. Shukla, D.R. Kandi V. M. Deshpande	INDIA	DAM HEIGHTENING BARVI DAM IN MAHARASHTRA STATE (INDIA)
	3.5	R.A.N. Hughes, C.W. Scott	U. KINGDOM	DAM HEIGHTENING - THE UK PERSPECTIVE
	3.5	Alfonso Álvarez Martínez Miguel Cabrera, F. Javier Flores	ESPAÑA	RECRECIMIENTO DE LA PRESA DE EL VADO
	3.5	H.J. Buhac, Fellow ASCE, P.J. Amaya	USA	RAISING OF CARDINAL FLY ASH RETENTION DAM
	3.5	Juan Ginés Muñoz J.M. Ruiz, A. Granados	ESPAÑA	EL RECRECIMIENTO DE LA PRESA DE CAMARILLAS
	3.5	Fernando del Campo Mª Gabriela Mañueco Honorio J. Morlans	ESPAÑA	RECRECIMIENTO DE LA PRESA DE SANTOLEA
	3.5	Manuel Alonso Franco	ESPAÑA	RECRECIMIENTO DE PRESAS
MEJORA DE LA FUNCIONALIDAD DE LOS ÓRGANOS DE EVACUACIÓN Y DESAGÜE DE LAS PRESAS	4.1	Antonio Capote del Villar Fidel Sáenz de Ormijana Eduardo Martínez	ESPAÑA	MODIFICACIÓN DEL ALIVIADERO Y RECRECIMIENTO DE LA PRESA DE LOS MOLINOS
	4.1	Fernando Aranda Gutiérrez J.Luis Sánchez Carcaboso	ESPAÑA	EJEMPLO DE ACTUACIÓN DE REHABILITACIÓN EN EL ÁMBITO DEL GUADIANA: REHABILITACIÓN POR CONDICIONES DE SEGURIDAD EN LA PRESA DE LOS MOLINOS
	4.1	Z. Prusza, P. Perrazo G. Maradey	VENEZUELA	REHABILITACIÓN DE LA PRESA DE ' EL GUAPO' VENEZUELA
	4.1	A.C.O. Ramos, A. F. Díaz	MÉXICO	INSTALACIÓN DE RUBBER DAM EN VERTEDORES DE LA PRESA FCO. I. MADERO, CHIHUAHUA
	4.1	T.H. Zedan, H.M. Osman M.K. Osman	EGYPT	IMPROVING FLOOD CONTROL CAPACITY OF HIGH ASWAN DAM AND ELEVA-TION OF FLOODING
	4.1	Orlando Moreno Díaz Guillermo Noguera Larraín	CHILE	AUMENTO DE LA CAPACIDAD DEL EMBALSE COGOTÍ. NORTE DE CHILE
	4.1	A. F. Belmonte Sánchez J.M. Hontoria Asenjo	ESPAÑA	AMPLIACIÓN DE ALIVIADEROS Y MEJORA DE LA CAPACIDAD DE DESAGÜE EN LA PRESA DEL RUMBLAR (JAÉN) Y EN LA PRESA DE GUADILOBA (CÁCERES)
	4.1	Honorio J. Morlans Fernando del Campo Mª Gabriela Mañueco J. Luis Blanco	ESPAÑA	EVOLUCIÓN Y DESARROLLO HISTÓRICO DEL ALIVIADERO DE LA PRESA DE SANTOLEA
	4.1	Peter Townshend	SOUTH AFRICA	AUTOMATIC, SELF ACTUATING EQUIPMENT TO IMPROVE DAM STORAGE
	4.1	Juan F. Fernández-Bono F. J. Vallés A. Canales	ESPAÑA	CRITERIOS METODOLÓGICOS PARA LA ADAPTACIÓN DEL DISEÑO DE CUENCOS DE DISIPACIÓN DE ENERGÍA A PIE DE PRESA MEDIANTE RESALTO HIDRÁULICO, A CAUDALES DE AVENIDA SUPERIORES A LOS DE DISEÑO.
GA NO S DE	4.2	A. M. Pinheiro, C. M. Custódio A. T. Relvas	PORTUGAL	SPILLWAYS OVER EMBANKMENT DAMS MADE WITH WEDGE SHAPED PRE-CAST CONCRETE BLOCKS. DESIGN CRITERIA, CONSTRUCTION ASPECTS AND COST ESTIMATE

SUBTEMA	NOMBRE DEL AUTOR	PAÍS	TITULO DE LA COMUNICACIÓN
4.2	S. André, J. L. Boillat A. J. Schleiss	SWITZERLAND	EFFICIENT DOWNSTREAM SURFACE PROTECTION FOR OVERTOPPED EM-BANKMENT DAMS BY MACRO-ROUGHNESS OVERLAYS
4.2	Pedro Almeida Manso Antón J. Schleiss	SWITZERLAND	IMPROVEMENT OF EMBANKMENT DAM SAFETY AGAINST OVERFLOW BY DOWNSTREAM FACE CONCRETE MACRO-ROUGHNESS LININGS
4.2	Miguel Ángel Toledo Municio	ESPAÑA	ADECUACIÓN DE PRESAS DE MATERIALES SUELTOS PARA SOPORTAR VERTIDOS SOBRE CORONACIÓN
4.2	Jorge Matos	PORTUGAL	ROLLER COMPACTED CONCRETE AND STEPPED SPILLWAYS. FROM NEW DAMS TO DAM REHABILITATION
4.3	Manuel Rivera Navia Pedro Casatejada Barroso	ESPAÑA	EJEMPLO DE ACTUACIÓN DE REHABILITACIÓN EN EL ÁMBITO DEL GUADIANA: REHABILITACIÓN FUNCIONAL DE LA PRESA DE EL VICARIO
4.3	Jaime Riera Rico F. Delgado Ramos	ESPAÑA	RENOVACIÓN DE LOS DESAGÜES DE FONDO DE LA PRESA DE IZNÁJAR Y SU INCIDENCIA EN EL ALIVIADERO
4.3	Juan M. Palero Jaime Riera Rico	ESPAÑA	TOMA FLOTANTE PARA ABASTECIMIENTO EN LA PRESA DE IZNÁJAR
4.3	Eduardo Ortega Gómez	ESPAÑA	ACTUACIONES DE REHABILITACIÓN EN LA PRESA DE DOIRAS
4.3	Ángel Andreu Escario Jorge García	ESPAÑA	NUEVAS TENDENCIAS EN EL DISEÑO Y LA UTILIZACIÓN DE COMPUERTAS RADIALES EN DESAGÜES DE FONDO
4.3	Juan Antonio Marín de Mateo Jorge García	ESPAÑA	VÁLVULAS, COMPUERTA DE PASO CIRCULAR Y ASIENTO PLANO Y SU APLICACIÓN EN LAS TOMAS DE AGUA Y DESAGÜES DE FONDO, DE LAS PRESAS
4.3	Federico Salinas Morales	ESPAÑA	ATAGUÍA FLOTANTE PARA ALIVIADEROS
4.3	Antonino Puértolas Tobías	ESPAÑA	REHABILITACIÓN TOTAL DE LOS DESAGÜES DE FONDO Y OBRAS ACCESORIAS DE LA PRESA DE BARASONA (HUESCA)
4.3	Manuel Alonso Franco M. Ángel Lobato Kropnick	ESPAÑA	REPARACIÓN DE LOS DESAGÜES DE FONDO DE LA PRESA DE SAU (BARCELONA)
4.3	Fernando Abadía Anadón Fernando Vega Carrasco	ESPAÑA	ELEMENTOS HIDROMECÁNICOS DE LA PRESA Y CENTRAL DE CARUACHI (VENEZUELA)
4.4	Alexander Asarin	RUSSIA	CONSECUENCIAS PREVISTAS E INESPERADAS DE LAMINACIÓN DE AVENIDAS POR ALGUNOS EMBALSES EN RUSIA
4.4	Julio C. Patrone, Álvaro Plat Guillermo Failache	URUGUAY	ACTUALIZACIÓN DE LOS CRITERIOS DE OPERACIÓN DURANTE CRECIDAS NORMALES Y EXTRAORDINARIAS DE LOS EMBALSES EN CADENA DEL RÍO NEGRO (URUGUAY)
4.4	José López Garaulet Pablo de Luis González Luis M. Viartola	ESPAÑA	EMPLEO DE ROZADORAS EN EL CUERPO DE PRESA PARA LAS ACTUACIONES EN SUS ÓRGANOS DE DESAGÜE
4.4	José López Garaulet Salvador Rubio Catalina Mª Dolores Ortuño Gutiérrez	ESPAÑA	INCREMENTO DE REGULACIÓN MEDIANTE LA IMPLANTACIÓN DE DESAGÜES INTERMEDIOS. ADECUACIÓN DE LAS PRESAS DE ESCALONA Y CONTRERAS
4.4	José Manuel Somalo Martín Juan Carvajal Fdez. de Córdoba	ESPAÑA	MEJORA DE LA CAPACIDAD DE DESAGÜE Y DE LAMINACIÓN DE AVENIDAS
5.1	Fernando Aranda Gutiérrez Juan Sereno Martínez	ESPAÑA	EJEMPLO DE ACTUACIÓN DE REHABILITACIÓN EN EL ÁMBITO DEL GUADIANA: REHABILITACIÓN EN MATERIA MEDIOAMBIENTAL EN LA PRESA DE LOS CANCHALES
5.1	Nicolás Cifuentes de La Cerra M. Aparicio. P. Giménez	ESPAÑA	EJEMPLO DE ACTUACIONES AMBIENTALES EN EL ÁMBITO DEL GUADIANA Y PROBLEMÁTICA QUE PLANTEA LA CONSERVACIÓN Y REHABILITACIÓN DE PRESAS UBICADAS EN ESPACIOS DE INTERÉS MEDIOAMBIENTAL

(Filas 5.1 agrupadas bajo: REHABILITACIÓN MEDIOAMBIENTAL DE EMBALSES)

El Plan de Defensa contra avenidas en la Cuenca del río Segura, fijó como pieza fundamental, el embalse de Puentes. Éste, para su rehabilitación, requirió la construcción de una nueva presa justamente aguas arriba de la antigua, cuyo embalse había quedado completamente aterrado. La presa, situada sobre el río Guadalentín, en Murcia, está equipada con dos desagües de fondo con una capacidad global de $850\,m^3/s$, y con un desagüe de medio fondo de $450\,m^3/s$ de capacidad. La presa, gracias a estos desagües, es capaz de laminar la avenida de diseño (1.000 años de periodo de retorno) desde $3.600\,m^3/s$ hasta $2.200\,m^3/s$, y la P.M.F desde $5.600\,m^3/s$ hasta $3.300\,m^3/s$.

J. M. Somalo y J. Carvajal (España), han redactado la comunicación denominada *"Mejora de la capacidad*

276

de desagüe y de laminación de avenidas. Presa de Puentes". En ella se analiza el reparto de la capacidad de desagüe entre el aliviadero superficial, los desagües de fondo y el desagüe de medio fondo que aprovecha el antiguo aliviadero en pozo, durante la ocurrencia de avenidas extraordinarias.

5 REHABILITACIÓN MEDIOAMBIENTAL DE EMBALSES

La adecuación de determinados embalses por razones de tipo medioambiental, así como su adaptación a usos recreativos y sociales, es cada vez más frecuente en nuestros días.

En este campo se han recibido dos comunicaciones de gran interés. Son las siguientes:

"Rehabilitación medioambiental en la Presa de los Canchales", F. Aranda y J. Sereno (España). Se basa en las medidas correctoras adoptadas con motivo del recrecimiento del aliviadero de la presa de Los Canchales, sobre el río Lácara en Badajoz, debido a la necesaria conservación del entorno del embalse por su importancia medioambiental.

"Problemática que plantea la conservación y rehabilitación de presas ubicadas en espacios de interés medioambiental", N. Cifuentes, M. Aparicio y P. Giménez (España). Esta comunicación describe las líneas de actuación en materia medioambiental en los casos de las presas de Los Canchales, sobre el río Lácara en Badajoz y El Andévalo, sobre el río Malagón en Huelva, entre otras.

6 LISTADO DE COMUNICACIONES

Se han recibido un total de 46 comunicaciones que ordenadas y agrupadas de acuerdo con los epígrafes anteriormente desarrollados, se muestran en la siguiente tabla, con indicación de sus autores y títulos.

Si cuantificamos las comunicaciones recibidas por los grupos o epígrafes desarrollados en esta ponencia general, se puede ver que al primer grupo *Recuperación y mejora de la capacidad de los embalses* corresponden 14 de ellas, al segundo grupo *Mejora de la funcionalidad de los órganos de evacuación y desagüe de las presas* corresponden otras 30 de ellas y al tercer grupo *Rehabilitación medioambiental de embalses* corresponden las 2 restantes. Ello indica claramente la actualidad de la remodelación de aliviaderos y desagües en las presas, debido sin duda a la reconsideración de los parámetros hidrológicos de diseño impuesta por el creciente nivel de seguridad exigido.

En cuanto a la ordenación por países, las 46 comunicaciones recibidas se clasifican de la siguiente manera:

España	28
Portugal	2
Egipto	2
Suiza	2
Reino Unido	1
Estados Unidos	1
Irán	1
Japón	1
India	1
Venezuela	1
Méjico	1
Chile	1
Francia	1
Sudáfrica	1
Rusia	1
Uruguay	1
Total	46

7 CONCLUSIONES

A lo largo de la presente ponencia general he tratado de exponer los rasgos generales que definen la problemática que encierra el TEMA 2 de este Congreso Internacional: *"Mejora de la capacidad de embalse y del funcionamiento de los órganos de desagüe"*.

El tema, de contenido amplísimo, aborda en realidad todos los aspectos hidráulicos de las presas, afectando directamente a todas sus estructuras, desde la propia presa, en los aspectos de recrecimiento, pasando por los aliviaderos y terminando en los desagües profundos.

Es indudable la actualidad del tema de remodelación y rehabilitación de las presas en el mundo. Con el devenir de los años, cada uno de los países que configuran la geografía mundial, han ido unos y van otros, completando sus infraestructuras hidráulicas precisas para la correcta gestión de sus recursos naturales hídricos.

Poco a poco pues, en los diferentes países, la aplicación de la tecnología de presas comienza a derivar hacia los proyectos y las obras de conservación, adecuación y rehabilitación de sus parques presísticos. No quiere ello decir que no se deban ni se vayan a construir nuevas presas. No están completamente cubiertas las necesidades de regulación y defensa contra avenidas en todo el mundo, pero lo que sí es cierto es que existe una gran cantidad de ellas que, en virtud de su edad, requieren una atención cada vez más intensa, dedicada a su actualización.

Al haber sido encargado por la Sociedad Española de Presas y Embalses de la preparación y redacción de la presente Ponencia General, he podido constatar el notable grado de concienciación que el tema ha creado en el colectivo de ingenieros presistas e hidráulicos de todo el mundo. Tal vez en España, con un patrimonio presístico tan elevado y antiguo, se haga más patente la problemática que nos ocupa.

En cualquier caso la respuesta internacional ante la convocatoria de este Congreso ha sido excelente; muestra fehaciente de ello es el destacado nivel técnico de las 46 comunicaciones recibidas, las cuales me cabe el honor de haber estudiado y analizado. Todas ellas van a ser, sin duda, documentos de consulta para cualquier ingeniero que se deba aplicar a los temas aquí tratados.

Por ello, me siento obligado a manifestar, en nombre del Comité Organizador del Congreso, mi agradecimiento a todos los comunicantes por su magnífica colaboración.

Por último, quiero reservar en mi alocución una mención especial para nuestro conferenciante Chris J. Veesaert, que nos ha deleitado con su magistral conferencia prólogo de esta sesión.

8 CONSIDERACIONES FINALES

El agua es, sin duda alguna, el más preciado bien que tenemos en nuestro mundo. De ella surgió la vida en el planeta, y ella sigue siendo germen de vida, de riqueza y de bienestar para todos los seres que lo poblamos.

Por esta razón, desde sus orígenes, la humanidad se ha esforzado en encontrarla, guardarla y administrarla, ideando y construyendo obras de infraestructura hidráulica que la hiciesen más y más asequible a sus necesidades vitales y sociales.

Así, el hombre, a lo largo de la historia, ha tratado de acercar el agua a su entorno vital, captándola en los cursos naturales, almacenándola, administrándola y sirviéndola allí donde pueda seguir generando vida y bienestar.

Y no solamente satisface su más primigenia necesidad: La de saciar la sed de los seres vivientes, sino que además les proporciona la energía más natural y limpia que existe: Sin contaminar, simplemente aprovechando la fuente de energía más elemental: La gravedad.

Para poder beneficiarse de este maravilloso recurso, el hombre construyó y construye presas, modificando el curso natural de los ríos, adaptándolo a sus necesidades de almacenamiento y regulación, en una labor que en contra de equivocadas y a veces maliciosas tendencias que la califican como de antiecológica, produce en la mayoría de los casos un enriquecimiento natural y medioambiental incontestable, estableciendo zonas húmedas y reverdeciendo parajes desertizados, regenerando así la vida sobre ellos.

La regulación del curso de un río es la razón y ser de las presas: así es efectivamente, pero no hay que olvidar el papel de las presas como instrumento de defensa contra la propia Naturaleza, cuando en ocasiones ésta se manifiesta de manera poco propicia a

nuestro bienestar. Esta función protectora de las presas frente a los eventos hidrológicos extraordinarios, completa su notable rol dentro de la sociedad civilizada.

Consecuentemente, las presas han llegado a formar parte de nuestro patrimonio, constituyéndose en pieza fundamental para el desarrollo y el sostenimiento de la civilización, de la cultura y del bienestar de la sociedad.

Acuden a mi memoria unas sencillas palabras pero no por ello menos profundas que escuché en los albores de mi vida profesional a un sabio diplomático ya mayor, embajador en un país vecino, haciendo alusión a las obras de infraestructura y equipamiento en general. Decía así: *"Los países desarrollados son aquellos que saben conservar su patrimonio".*

Tenemos, efectivamente, la obligación de conservar y de mantener nuestro patrimonio, y cuánto más si se trata del patrimonio presístico, del que en tan gran medida depende el bienestar de nuestra sociedad.

Y debemos hacerlo, además desde el respeto y la admiración hacia nuestros predecesores, quienes con medios, herramientas y conocimientos mucho más limitados que aquéllos de los que actualmente disponemos nosotros, fueron capaces de edificar, con enorme mérito, presas y obras hidráulicas de gran valor, envergadura y belleza, de cuya explotación nos podemos beneficiar hoy sus descendientes.

Quisiera desde esta tribuna, aprovechando la oportunidad que me ha brindado la Sociedad Española de Presas y Embalses, transmitir a todos ustedes la necesidad de concienciar a la sociedad a la que servimos nosotros los técnicos, sobre la obligación irrenunciable que la propia sociedad tiene de conservar y mantener en perfecto estado de servicio sus presas. Son un bien demasiado precioso como para desatenderlo, costó demasiado esfuerzo a nuestros mayores como para olvidarlo.

Pidamos, exijamos pues a cada uno de los estamentos sociales involucrados en ello, gobernantes, administradores, funcionarios, consultores, proyectistas y constructores una acción eficaz en este sentido, para que lo antes posible sea una realidad que nuestras presas estén bien mantenidas y conservadas. Y nosotros, como ingenieros hidráulicos que dedicamos nuestra vida profesional al noble oficio de sacar provecho de ese maravilloso recurso natural que es el agua, apliquémonos con profesionalidad a la labor de conservar y mantener, así como de actualizar y modernizar cuando sea necesario, las obras que idearon nuestros mayores, empleando en ello nuestros mejores medios y conocimientos, pero actuando siempre desde el respeto y la admiración hacia ellos. Así y solamente así daremos cumplida respuesta a aquello que la sociedad, a la que servimos con nuestro trabajo, demanda de nosotros.

Dam Maintenance and Rehabilitation, Llanos et al. (eds)
© 2003 Taylor & Francis, ISBN 90 5809 534 7

Rehabilitation of Sefidrud Reservoir, Iran

E. Tolouie
Toosab Consulting Engineers, Tehran, Iran

ABSTRACT: *Sefidrud* buttress Dam with a height of 105 m was designed in 1959 and commissioned in 1963. The dam is located on *Sefidrud* river, downstream of confluence of *Qezelowzan* and *Shahrud* rivers, some 250 km north-west of Tehran. The main purpose of the project was regulating water for irrigation demands.

In 1980 after 17 years of operation, about 700 mcm of Sediment deposited in the reservoir, reducing the storage capacity from 1760 to 1050 mcm, corresponding to 40% loss of capacity. Reservoir Sedimention in such extent had negative impact on regulated water. This phenomenon necessitated changing mode of reservoir operation from normal to desiltation. Desiltation operation started since 1980 and it is being continued. During the first 10 years (1980–89) of desiltation period, 175 mcm of deposited sediment was removed from the reservoir. This paper contains a review of the results of desiltation works carried out at *Sefidrud* Reservoir, emphasizing on diversion technique as supplementary measure to flushing.

1 SEFIDRUD RIVER SYSTEM (FIG. 1)

1.1 *Qezelowzan river*

- Total catchment, 49300 km^2
- Length, 500 km

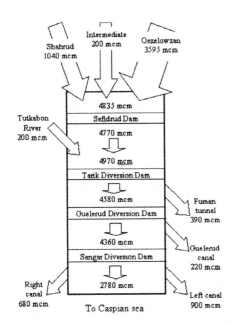

Figure 1. *Sefidrud* river system.

- Long-term ave. water dis., 3595 mcm/yr
- Long-term ave. sediment dis., 36.585 mt/yr
- Annual erosion, 745 t/km^2/yr

1.2 *Shahroud river*

- Total catchment, 5070 km^2
- Length, 80 km
- Long-term ave. water dis., 1040 mcm/yr
- Long-term ave. sediment dis., 7.882 mt/yr
- Annual erosion, 1550 t/km^2/yr

1.3 *Intermediate tributaries*

- Total catchment, 1830 km^2
- Long-term ave. water dis., 200 mcm/yr
- Long-term ave. sediment dis., 3 mt/yr

1.4 *Sefidrud river (at dam site)*

- Total catchment, 56200 km^2
- Long-term ave. water dis., 4835 mcm/yr
- Long-term ave. sediment dis., 48 mt/yr
- Annual erosion, 855 t/km^2/yr

2 SEFIDRUD DAM AND RESERVOIR

2.1 *Sefidrud dam (Fig. 2)*

Location: Immediately d/s of the confluence of the *Qezelowzan* and *Shahrud* rivers, close to *manjil* Town, 250 km north west of *Tehran*.

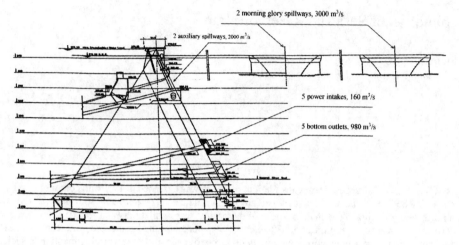

Figure 2. *Sefidrud* dam.

The dam:

- Type, Buttress-gravity
- Max height, 106 m
- Crest length, 425 m
- Crest elevation, 276.95 masl
- Main purpose, Irrigation
- Other purposes,
  - Power generation, flood control
  - Installed cap. = 87.5 mw
- Construction period, 1959–1962
- Year of commissioning, 1963
- Year of starting desiltation, 1980
  Evacuating system:
- 2 morning glory spillways, 3000 m³/s
- 2 auxiliary spillways, 2,000 m³/s
- 5 power intakes, 160 m³/s
- 5 bottom outlets, 980 m³/s
- Total capacity, 6000 m³/s

2.2 *Sefidrud reservoir*

- NWL, 271.65 m
- Max. WL, 276.25 m
- Min. Operating level, 240 m
- Original storage capacity at NWL, 1760 mcm
- Original surface area at NWL, 54 km²
- Length along *Qezelowzan* at NWL, 25 km
- Length along *Shahrud* at NWL, 13 km
- Capacity/inflow ratio, C/I = .36

3 RESERVOIR SEDIMENTATION DATA

- Measurement period, 38 years (1963–64 to 2000–2001)
- Long-term ave. water inflow, 4835 mcm/yr
- Long-term ave. sediment inflow, 48 mt/yr

- Long-term ave. outflow water, 4615 mcm/yr
- Ave. outflow sediment:
  - In normal operation, 14 mt/yr
  - In flushing operation, 44 mt/yr
  - In total period, 28.4 mt/yr
- Annual loss of reservoir capacity in normal operation, 2.3%
- Long-term trap efficiency of the reservoir:
  - In normal operation period, 77%
  - In flushing operation period, 8%

4 FEASIBILITY OF FLUSHING OPERATION

4.1 *Changing the rule curve (Fig. 3)*

- Emptying the reservoir: Provision of suitable evacuating facilities in order to empty the reservoir within reasonable time period. In *Sefidrud* a volume of about 300 mcm is being evacuated during 15 days.
- Flushing season: In normal years, river flow is established in *Sefidrud* reservoir for 3.5 months. However, the maximum desiltation efficiency occurs during the first 15 days or so, during river flow the desiltation efficiency very much depends on inflow water discharge.
- Refilling the reservoir: Feasibility of filling the reservoir after flushing season means taking a suitable volume of inflow water for flushing operation. This criterion is defined as capacity inflow ratio (C/I), in *Sefidrud* C/I = 0.36.
- Dam safety considerations during rapid drawdown and refilling of the reservoir: This parameter is especially important in fill type of dams particularly during the first 5–10 years of operations. Therefore a suitable monitoring system is essential.

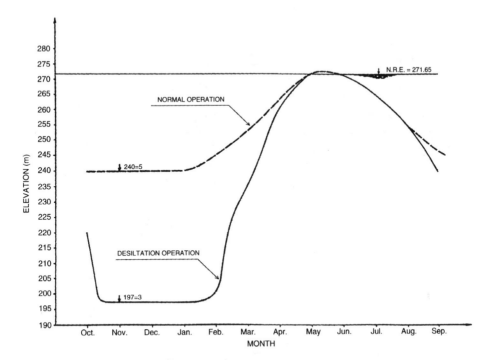

Figure 3. Rule curve of *Sefidrud* reservoir in normal/desiltation operation.

- Compensation resources: Especially for those reservoirs supplying potable water or playing a key role in the power network.

The above paragraphs emphasize that precise considerations during planning, design and exploitation stages are very important.

4.2 Environmental impacts

- Sediment deposition in irrigation system: In *Sefidrud*, flushing operation is carried out during non-irrigation season, when all intake gates in irrigation system are closed, and river flow is maintained along river channel by opening under sluice gates provided in diversion dams. Therefore the risk of silting up the irrigation system is minimized.
- Sediment deposition along downstream river channel: Sediment deposited along downstream river channel is being removed by applying a discharge of 300–500 m³/s at the end of filling. This operation takes a couple of days, after opening all sluice ways in diversion dams, as well as alarming down stream population. Nevertheless, sediment deposition in *Sefidrud* delta results raising the bed level and consequently flooding the low land area close to Caspian sea. Removing sediment in this area needs dredging operations.
- Fish life: Flushing operations in *Sefidrud* reservoir affect very much on fish life along downstream river

channel. This problem is considered as a penalty for flushing operations.

5 FLUSHING WITH FLOW DIVERSION

5.1 Necessity

- Declension of flushing efficiency with time, the long-term trap efficiency of the reservoir in flushing operation is estimated as about 8% which indicates that no rehabilitation of reservoir capacity can be achieved in long-term by just flushing operation.
- Impassibility of flushing operation in dry years when complete draw down of the reservoir is not possible. Whereas flow diversion on the flood plain in the upper reaches of the reservoir (above reservoir water level) is always possible.

5.2 Diversion scheme

5.2.1 Layout (Fig. 4)

- Diversion of *Siahpush* tributary on flood plain (pilot plan)
  - Length of diversion canal, 5 km
  - Range of diverted discharge, 1.2 to 3.8 m³/s
  - Amount of the deposited sediment removed, 0.45 mcm
  - Construction period, Sep–Dec 1987
  - Operation period, Jan and Feb 1988

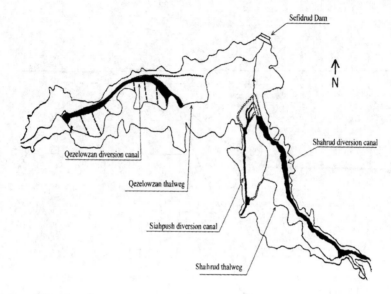

Figure 4.   Layout of diversion scheme.

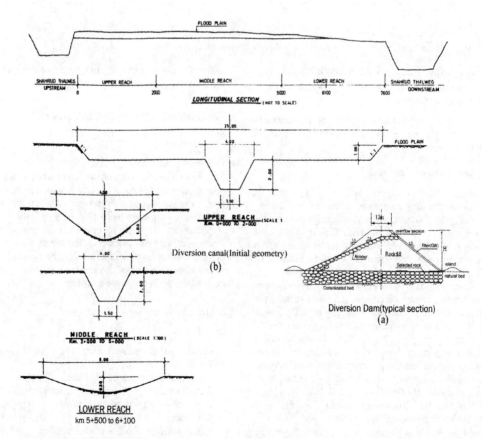

Figure 5.   Details of diversion dam/canal.

- Diversion of *Shahrud* River on flood plain (empty reservoir)
  - Length of diversion canal, 7.6 km
  - Range of diverted discharge, 4 to 24.5 m³/s
  - Amount of the deposited sediment removed, 4.2 mcm
  - Construction period, Nov 1988 to Jan 1989
  - Operation period, Jan and Feb 1989
  - Diversion of *Qezelowzand* river on flood plain (partial draw down)
  - Length of diversion canal, 5.5 km
  - Range of diverted discharge, 2 to 80 m³/s
  - Amount of the deposited sediment removed, 3 mcm
  - Construction period, Sep–Nov 2001
  - Operation period, Dec 2001 to Jan 2002

5.2.2 *Scheme components*
- Diversion dam (Fig. 5a)
- Diversion (pilot) canal (Fig. 5b)

6 FIELD OBSERVATIONS

6.1 *Typical pattern of outflow concentration*

See Fig. 6.

6.2 *Types of erosion occurred along diversion canal*

See Fig. 7.

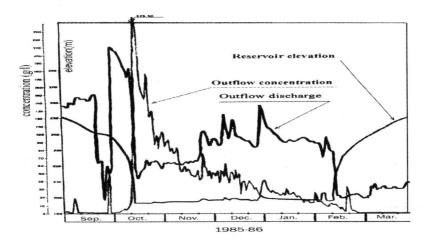

Figure 6. Outflow concentration vs outflow discharge and reservoir elevation (typical trend).

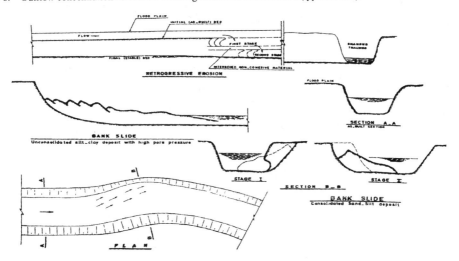

Figure 7. Different types of erosion along diversion canal.

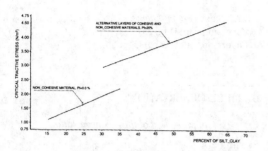

Figure 8. Effect of silt–clay on critical tractive stress as obtained at *Sefidrud* site.

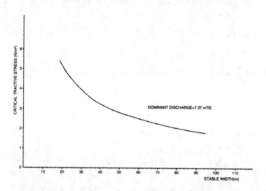

Figure 9. Variation of stable width of *shahrud* diversion canal vs critical tractive stress.

6.3 *Effect of silt – clay on critical tractive stress*

See Fig. 8.

6.4 *Stable width of diversion canal VS critical tractive stress*

See Fig. 9.

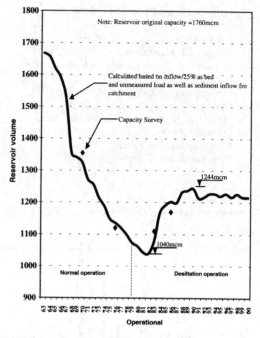

Figure 10. Rehabilitation of reservoir capacity.

6.5 *Rehabilitation of reservoir capacity*

See Fig. 10.

REFERENCE

Tolouie, E. Feb. 1993. Reservoir sedimentation and desiltation, A thesis presented to University of Birmingham for the degree of Ph.D.

Dam Maintenance and Rehabilitation, Llanos et al. (eds)
© 2003 Taylor & Francis, ISBN 90 5809 534 7

Modificación del aliviadero y recrecimiento de la presa de Los Molinos

Antonio Capote del Villar
Ingeniero de Caminos, Canales y Puertos

Fidel Sáenz de Ormijana y Valdés
Dr. Ingeniero de Caminos, Canales y Puertos
Ferrovial-Agromán (C/ Ribera del Loira, 42, 28042-Madrid, España)

Eduardo Martínez Marín
E.T.S. Ingeniero de Caminos, Canales y Puertos
E.T.S.I. Caminos, Canales y Puertos (Ciudad Universitaria, S/N, 28040-Madrid, España)

RESUMEN: La presa de Los Molinos está ubicada en el río Matachel, en la provincia de Badajoz, en España. Se trata de una presa de materiales sueltos zonificada, de 41,8 m de altura. El aliviadero, de labio fijo, está situado en un collado en la margen derecha del embalse. Este aliviadero no estaba revestido en el Proyecto construido originalmente, a excepción de un corto tramo inicial. Una vez en funcionamiento el aliviadero, se fueron produciendo erosiones paulatinas aguas abajo. Por otro lado, con la implantación del nuevo Reglamento Técnico sobre Seguridad de Presas y Embalses en 1966, se hacía necesario recrecer la presa y modificar el aliviadero para garantizar el resguardo requerido. El artículo describe el proyecto de recrecimiento de la presa y la modificación de la estructura de control y la rápida del aliviadero.

SUMMARY: Los Molinos Dam is located on the Matachel River, in the Province of Badajoz in Spain. It is a zoned earth dam, with 41.8 m height. The fixed crest spillway is located on a saddle in the left bank of the reservoir. The spillway channel did not have a concrete lining initially, except for a very short section upstream. Once in service, erosions occurred downstream. At the same time, the introduction of the new Technical Standard for Dam and Reservoir Safety in 1966 required raising the dam and modifying the spillway to achieve the required freeboard. The paper describes the dam heightening design and the modification of the control structure and discharge channel of the spillway.

1 DESCRIPCIÓN GENERAL DE LA PRESA ANTES DE LAS OBRAS DE ACONDICIONAMIENTO

1.1 *Presa y aliviadero existentes*

La presa de Los Molinos está situada en la Península Ibérica, en el curso medio del río Matachel, en el término municipal de Hornachos (Badajoz), unos 20 Km aguas arriba del embalse de Alange. La cuenca vertiente en la sección de cierre tiene una superficie de 1200 Km², con una aportación media anual de 100 Hm³. La presa es de materiales sueltos y planta recta, con núcleo central de arcilla, espaldones de escollera, y taludes exteriores 1.6:1 (H:V) aguas arriba y abajo. La coronación tiene una longitud de

305 m y está situada a la cota 353, con lo que la altura es de 39.3 m sobre cimientos.

El desagüe de fondo está formado por dos conductos alojados en una galería dispuesta en la margen derecha bajo la presa. Con similar disposición, la obra de toma está formada por un solo conducto alojado en una galería que también cruza bajo la presa por su margen izquierda. En el pie de aguas abajo están ubicadas la central de bombeo y demás instalaciones necesarias para la explotación.

El aliviadero, de labio fijo y umbral a la cota 350, está situado en un collado de la margen derecha, independiente de la presa y a unos 500 m de la misma. El vertedero es de planta circular, con 72 m de radio, 20° de ángulo central y 150 m de desarrollo. La descarga se realiza por una vaguada natural de unos 600 m de longitud hasta encontrar el río.

1.2 *Geología*

La zona de las obras está situada sobre formaciones cámbricas, constituidas por alternancias de niveles métricos de pizarras arcillosas, pizarras cuarcíticas o silíceas y cuarcitas masivas, con ocasionales intercalaciones de grauvacas e intrusiones de rocas volcánicas básicas.

Las pizarras arcillosas son de dureza media, grado de meteorización II-III y esquistosidad de fractura o pizarrosidad muy desarrollada y penetrativa, alterándose con facilidad cuando se exponen de forma prolongada a la acción de los agentes atmosféricos.

Las pizarras cuarcíticas tienen una composición muy similar a las anteriores, pero con mayor contenido de arenas silíceas, lo que les confiere mayor dureza y esquistosidad más espaciada y menos penetrativa. En conjunto se trata de rocas con mayor dureza, meteorización superficial grado II y menos evolutivas.

Las cuarcitas se presentan en niveles masivos (apenas se distinguen planos de estratificación) duras y poco fracturadas, con grado de meteorización muy bajo (grado I) y prácticamente inalterables.

En la vaguada que constituye el canal de descarga del aliviadero, el terreno está formado por alternancias métricas de los materiales descritos. En un primer tramo, desde el vertedero hasta unos 345 m aguas abajo, la estratificación es prácticamente perpendicular al eje del canal con buzamiento hacia aguas abajo, mientras que en el tramo final, cuya orientación es SE-NO, la estratificación es prácticamente paralela al eje, con buzamiento hacia el interior de la margen derecha.

2 NECESIDAD DE LAS OBRAS DE ACONDICIONAMIENTO

El régimen hidrológico del río Matachel, con una aportación media anual de 100 hm^3 (pero, históricamente, variable entre el 5 y el 300% de ese valor) en el sitio de la presa de Los Molinos, provoca frecuentes vertidos por el aliviadero de la misma, dado que su capacidad de embalse (33.65 hm^3) es reducida en relación con el volumen de las avenidas que pueden presentarse (80 hm^3 para 500 años, 93 hm^3 para la de 1000 años, etc.). La necesidad de las obras de acondicionamiento de la presa y su aliviadero se analizan y justifican en la comunicación de F. Aranda y J.L. Sánchez. *Ejemplo de actuación de rehabilitación en el Ámbito del Guadiana: Rehabilitación por condiciones de seguridad en la Presa de los Molinos* presentada a este mismo Congreso, a la cual remitimos al lector.

3 DESCRIPCIÓN GENERAL DE LAS OBRAS DE MEJORA DE LA SEGURIDAD

Las obras proyectadas y realizadas son (ver Figura 1):

- Construcción de un nuevo aliviadero, revestido todo el de hormigón, situad en el mismo collado que el antiguo y dimensionado para las avenidas contempladas en el nuevo Reglamento Técnico.
- Recrecido de la presa de forma que en situación de avenidas se garanticen los resguardos recomendados en las Guías Técnicas.
- Acondicionamiento de la zona de instalaciones a pié de presa.
- Mejora de los sistemas de auscultación y control de la presa.
- Obras varias, afirmado de caminos y nuevos edificios para explotación.
- Actuaciones medioambientales, etc.

4 NUEVO ALIVIADERO

4.1 *Avenidas consideradas en el proyecto*

De acuerdo con los estudios hidrológicos realizados y teniendo en cuenta que la presa esta clasificada como tipo A (que corresponde al tipo superior en cuanto a riesgo potencial, de acuerdo con el Reglamento Técnico sobre Seguridad de Presas y Embalses, en vigor desde 1996), se consideraron en el proyecto las siguientes avenidas:

Avenida de Proyecto:

Período de retorno: $T = 1000$ años
Caudal punta: $Q = 2026$ m^3/s
Volumen del hidrograma: $V = 93$ hm^3

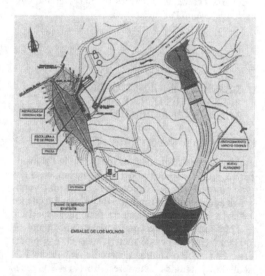

Figura 1.   Planta general de las obras.

Avenida Extrema:
Período de retorno: T = 10000 años
Caudal punta: Q = 3218 m³/s
Volumen del hidrograma: V = 154 hm³

4.2 *Descripción de nuevo aliviadero*

Como consecuencia del estudio de soluciones realizado, se proyectó un nuevo aliviadero formado por los siguientes elementos (ver Figura 2):

- Zona de alimentación
- Rápida
- Vertedero de planta circular
- Cuenco amortiguador
- Tramo abocinado de enlace con la rápida
- Canal de restitución

Se describen a continuación cada uno de estos elementos:

Zona de alimentación. Se excavó el tramo de acceso al aliviadero para asegurar que el agua del embalse fluya de manera lo más simétricamente posible y sin obstáculos hacia el vertedero, con objeto de facilitar una alimentación uniforme al mismo.

Vertedero. El vertedero es de labio fijo y planta circular, de 80 m de radio y 104° de ángulo central, lo que proporciona una longitud de vertido de 145 m. El umbral se sitúa a la cota 350, manteniendo el Nivel Máximo Normal de embalse antes de las obras de acondicionamiento.

Tramo abocinado. Enlazando el vertedero con la rápida, se dispone un tramo abocinado de longitud 126.90 m en el eje y ancho variable, decreciente desde el vertedero (longitud de la cuerda 126 m) hasta 55 m en la sección de inicio de la rápida. La solera presenta pendientes del 7.75% y 13.34%.

Los cajeros tienen una altura de 4,50 m y la solera un espesor de 60 cm, con drenaje y juntas impermeabilizadas formando losas de dimensiones máximas 40 × 10 m (Figura 3). Antes de la construcción del revestimiento se rellenaron de hormigón las fosas formadas por la erosión durante los vertidos del antiguo aliviadero.

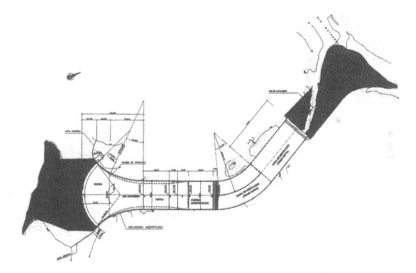

Figura 2.   Planta del nuevo aliviadero.

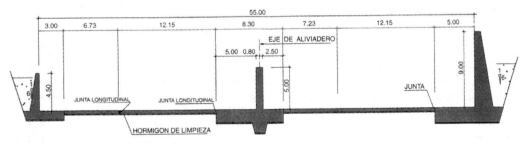

Figura 3.   Sección tipo del tramo abocinado.

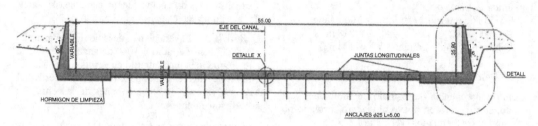

Figura 4. Sección tipo de la rápida.

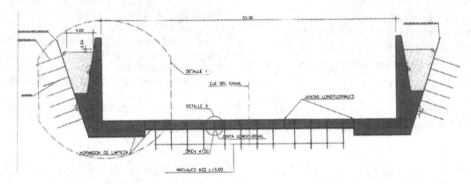

Figura 5. Secciones del cuenco amortiguador.

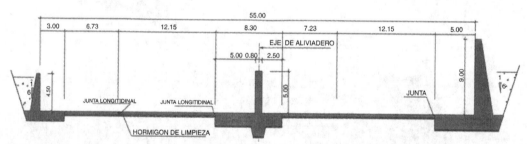

Figura 6. Sección tipo del tramo curvo del canal de restitución con partidor longitudinal.

Rápida. Con una longitud de 92,8 m y 55 m de ancho constante, presenta una pendiente del 4,68% hasta la parábola de caída al cuenco amortiguador.

Los cajeros son de altura variable, con un máximo de 15 m al final de la parábola de entrada al cuenco (Figura 4).

Cuenco amortiguador. Al final de la rápida se dispone un cuenco recto de 55 m de ancho y 58 m de longitud, cuyo objeto es provocar una pérdida localizada en la energía del flujo. Los cajeros tienen 15 m de altura y la solera, anclada a la roca de cimentación, se sitúa a la cota 323 con umbral de salida a la cota 330, disponiéndose en la entrada dientes de 1.80 m de altura (Figura 5).

Canal de restitución. A la salida del cuenco se dispone el canal de restitución formado por dos tramos, ambos de 55 m de ancho. El primer tramo es de planta curva, con 125 m de radio en el eje, ángulo central 44,7° y 97,5 m de longitud en el eje. En este tramo la superficie del agua se inclina respecto de la horizontal debido a la fuerza centrífuga, por lo que se ha dispuesto en el eje un muro separador que divide longitudinalmente el canal en dos. De acuerdo con los ensayos realizados en modelo, los muros cajeros tienen alturas diferentes: 4,50 m el izquierdo, 5 m el muro separador y 9 m el cajero derecho (Figura 6).

En la Figura 7 puede observarse una vista general de las obras del aliviadero en enero de 2001, durante el paso de una avenida, y en la Figura 8 el vertedero, rápida y entrada al cuenco durante la misma avenida.

5 ENSAYOS EN MODELO

Sobre la solución de aliviadero inicialmente proyectada se realizó una serie de ensayos en modelo físico reducido que, sin cambios importantes, permitieron afinar y optimizar el diseño definitivamente construido, que es el descrito en el apartado anterior. Los ensayos fueron realizados en el Laboratorio de Hidráulica de la E.T.S.I. Caminos, Canales y Puertos de Madrid.

Para estudiar el comportamiento hidráulico de las obras proyectadas se construyó un modelo físico tridimensional a escala 1:75.

El objetivo del modelo reducido era la comprobación del funcionamiento hidráulico del aliviadero proyectado así como, a la vista de los resultados obtenidos, definir y ensayar las posibles modificaciones necesarias hasta lograr un correcto funcionamiento para los caudales de diseño.

Figura 7. Vista general de las obras del aliviadero en Enero de 2001.

En concreto, los puntos que nos preocupaban como proyectistas eran los siguientes:

- Análisis de la zona de alimentación al aliviadero
- Estudio de la influencia de la convergencia de los cajeros en la formación de ondas.
- Análisis del diseño de la solera y su influencia en la formación de ondas.
- Estudio del cuenco amortiguador
- Comportamiento de la zona de curva e influencia del muro partidor del flujo.
- Estudio del tramo final del aliviadero.
- Reincorporación al río

Debido a las limitaciones de plazo, el modelo se dividió en dos fases independientes. La primera incluye la alimentación (el terreno de aguas arriba del vertedero), el vertedero, la bocina, la rápida y el primer cuenco amortiguador (ver Figura 9); la segunda incluye la curva, el canal de restitución y la reincorporación al río.

Como resultado de los ensayos, se ajustaron la geometría del tramo abocinado (cajeros y solera) y del primer cuenco amortiguador y, especialmente, se introdujeron el partidor longitudinal en el tramo en curva (ver Figura 6) y el recrecimiento del cajero exterior. Finalmente se introdujeron mejoras en la restitución al río.

Como resultado de todo lo anterior, se pudo comprobar el funcionamiento hidráulico correcto y, en particular, la mejora de la distribución del caudal en las secciones y la reducción de los frentes de onda.

6 RECRECIDO DE LA PRESA

En los estudios de laminación realizados con las nuevas avenidas de proyecto y extrema se obtuvieron los siguientes resultados:

Avenida de Proyecto (AP)

Período de retorno:	1000 años
Caudal punta entrante:	2026 m³/s

Figura 8. La rápida en construcción al paso de una avenida.

Figura 9. Construcción de muros de recrecido de coronación de presa.

Caudal máximo desaguado: 1934 m³/s
Cota máxima de embalse: 353.35

Avenida Extrema (AE)
Período de retorno: 10000 años
Caudal punta entrante: 3218 m³/s
Caudal máximo desaguado: 3098 m³/s
Cota máxima de embalse: 354.48

Dado que la coronación de la presa estaba situada a la cota 353, y partiendo de la premisa de no reducir el volumen de embalse, es decir, mantener el Nivel Máximo Normal a la cota 350, resultaba necesario recrecer la presa para garantizar los resguardos adecuados en avenidas, de acuerdo con el Reglamento Técnico sobre Seguridad y con las Guías Técnicas.

El recrecimiento de presas de materiales sueltos debe normalmente efectuarse añadiendo nuevos rellenos sobre la coronación y el paramento aguas abajo. Cuando el recrecimiento es pequeño puede ser posible

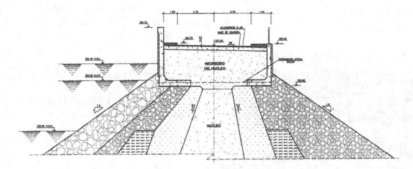

Figura 10. Sección tipo de recrecimiento.

Figura 11. Construcción de muros de recrecido de coronación de presa.

empinar los taludes en el nuevo relleno para reducir el volumen de material; otra técnica empleada en algún caso (presa de Lake Sherburne, en E.E.U.U., recrecida en 1983; presa de Guadarranque, en España) es el confinar el relleno entre dos muros de tierra armada

En este caso, la solución proyectada (representada en la Figura 10) consistió en recrecer en vertical mediante dos muros paralelos de hormigón armado, entre los cuales se rellenó con material impermeable conectando con el núcleo de la presa. La nueva coronación de presa se dispuso con un ancho de 8 m a la cota 355.50, prolongándose el muro de aguas arriba hasta la cota 356.75. De esta forma, la presa recrecida mantiene los siguientes resguardos:

- Resguardo Normal (relativo al Nivel Máximo Normal NMN): 5.50 m
- Resguardo Mínimo (relativo a la Avenida de Proyecto AP): 2.15 m
- Resguardo para la Avenida Extrema AE: 1.02 m

7 PROCESO CONSTRUCTIVO

El movimiento de tierras, del orden de 200.000 m^3 y 40% de roca, se realizó con un tractor Komatsu 475, que realizaba el ripado, llevándose a cabo la carga con retroexcavadora PC-750. El equipo se completaba con tres dumpers Caterpillar 773-b, obteniéndose un rendimiento medio de 6.500 m^3/día.

Se utilizaron los siguientes tipos de hormigón:

- Hormigones de relleno y regularización de fosas de erosión: HM-15
- Hormigones estructurales en soleras, zapatas y alzados: HA-25

Para determinar la fórmula de trabajo se hizo un primer ajuste teórico mediante Fuller y Bolomey, realizándose posteriormente series de familias de probetas hasta ajustar la dosificación utilizada, en la que se empleó 260 Kg/m3 de conglomerante (de los cuales el 60% eran cemento y el 40% restante ceniza) con cuatro tamaños de árido: 0–6 mm, 6–12 mm, 12–20 mm y 20–40 mm.

Para la fabricación de los hormigones se utilizó una planta tipo radial con capacidad teórica de producción de 100 m^3/hora y producción real del orden de 70 m^3/hora. La planta disponía de tres silos, dos de cemento y uno de ceniza, con amasadora de 2 m^3 y premezcladora de conglomerante.

La puesta en obra de los hormigones HM-15 de relleno y regularización se realizó mediante camiones adaptados que vertían directamente en los tajos. Posteriormente se realizaba el extendido con tractor de orugas, que vibraba el hormigón con tres vibradores neumáticos de 150 mm.

Para el hormigonado de soleras y zapatas se utilizaron camiones hormigonera de 7 m^3, disponiendo cintas de alta velocidad montadas sobre el brazo de la retro mixta para la puesta del hormigón en las partes centrales de los paños de soleras entre juntas. El hormigonado de zapatas, que en el cuenco alcanzaba dimensiones de 12 × 8 × 2,75 m (264 m^3) se realizó con el mismo procedimiento.

Los alzados de muros se hormigonaron con cinta de alta velocidad hasta 5 m de altura, empleándose para el resto una grúa automóvil y cubilote de 2 m^3. Para la colocación de hormigón en el cuenco se utilizó una grúa torre de capacidad 8000 Kg a 40 m, montada en el centro del cuenco y cargando el hormigón directamente de la planta.

Toda la obra fue realizada con maquinaria de Ferrovial Agromán, obteniéndose un rendimiento medio en el hormigonado de 350 m^3/día en 10 horas de jornada de trabajo.

Se ejecutaron 25000 m^3 de encofrado, gran parte de trepa, y en la construcción se emplearon 1615 T de acero en redondos tipo B500S, elaborado en el propio parque de ferralla de la obra.

8 RECONOCIMIENTOS

El proyecto de las obras fue realizado por el Departamento de Presas de la Dirección Técnica de Ferrovial Agromán, con la eficaz participación del ingeniero D. Gregorio Lozano, verdadero motor del proyecto. Quisiéramos también destacar la labor realizada por el equipo de construcción, en especial D. Domingo Rodríguez como Jefe de la Obra y D. Alejandro Rodríguez como Jefe de Grupo de Obras de Ferrovial Agromán.

Por último, nuestro especial agradecimiento a D. Fernando Aranda y D. José Luis Sánchez, que con tanto acierto han llevado la dirección de las obras desde la Confederación Hidrográfica del Guadiana.

Dam Maintenance and Rehabilitation, Llanos et al. (eds)
© 2003 Taylor & Francis, ISBN 90 5809 534 7

Dam heightening – Barvi Dam in Maharashtra State (India)

S.Y. Shukla
Secretary, Irrigation, Government of Maharashtra, India

D.R. Kandi
Superintending Engineer, C.D.O. Nashik, India

V.M. Deshpande
Executive Engineer, C.D.O. Nashik, India

ABSTRACT: Barvi dam is a fully masonry dam, located at latitude 19°-11′-22″ and longitude 73°-20′-10″ in Maharashtra state. The dam is constructed across river Barvi and has a catchment area of 166.02 Sq.Kms. The dam is constructed for water supply to semi-urban area and industries of Mumbai. The dam is owned by Maharashtra Industrial Development Corporation (M.I.D.C.) of Govt. of Maharashtra.

Construction of stage-I and stage-II of the dam was completed in the year 1976. In stage-I the dam of gross storage 121 MCM and height 39 m with 122 m long ungated spillway was constructed. The storage was subsequently increased to 178 MCM in stage-II by installing eleven numbers of automatic gates of size 10 × 4 m over the ungated spillway. The full reservoir level and dam top level for stage-II was at elevation of 66.05 m and 68.6 m respectively.

Due to higher demand of water for industrial area, M.I.D.C. proposed to raise the height of dam from elevation 68.60 m to 76.22 m and F.R.L. from 66.05 to 72.60 m. This raising is expected to increase the storage of water by 162 MCM. This is the stage-III of the dam.

In stage-III height of dam was proposed to be raised by 7.62 m. Automatic gates already installed in stage-II are to be dismantled and re-erected on the raised crest. The construction of stage-III of the dam is now in progress. The existing dam section was found inadequate for storing additional quantity of water. The dam section therefore required strengthening. Thus strengthening and heightening of dam became necessary. Since raising of the dam is involved the method of full backing on downstream side of existing dam by colgrout masonry section was adopted.

This paper discusses the following aspects:

1. Necessity of heightening and strengthening of existing dam section.
2. Design of heightened/strengthened section.
3. Construction methodology.
4. Energy dissipation arrangement downstream of dam.

1 INTRODUCTION

Barvi dam, owned by Maharashtra Industrial Development Corporation (A Government of Maharashtra undertaking), is a masonry dam constructed across river Barvi, near village Pimploli, Tal. Ulhasnagar Dist. Thane of Maharashtra state, to harness the flow from catchment area of 166.02 Sq.Kms for water supply to semi-urban area and industries of Mumbai. It is located at latitude 19°-11′-22″ and longitude 73°-20′-10″. Construction of stage-I and stage-II of the dam started in the year 1968 and the water supply scheme was commissioned in the year 1976. In stage-I of the dam, gross storage created was 121 MCM, which was subsequently increased to 178 MCM in stage-II. Due to increasing demand of water for industrial area, M.I.D.C. proposed to raise the height of dam from elevation 68.60 m of stage-II to 76.22 m in stage-III thereby raising F.R.L. from 66.05 to 72.60 m and storage from 178 to 340 MCM. In stage-III of the project the existing dam is to be strengthened for raised F.R.L.

2 DESCRIPTION OF THE PROJECT (STAGE-I & II)

The broad salient features and the control levels for stage-I & II were as below:

i) Length of dam   750 m
ii) Length of overflow section   122 m
iii) Length of Non overflow section   628 m
iv) Control levels
     a) Top of Non overflow   68.60 m
     b) M.W.L.   66.67 m
     c) F.R.L.   66.05 m
     d) Crest level   62.05 m
     e) Length of ungated crest   122.00 m

In stage-II of the project 11 Nos. of automatic gates of size 10 m × 4 m each were installed on the existing crest of 62.05 m in stage-I of the project thereby increasing the gross storage capacity to 178 MCM.

Geology

The vicinity of dam site consists of nearly horizontal disposed lava flows of Deccan trap basaltic formation. Amygdaloidal basalt is predominately exposed along tail channel. Compact basalt and grey rock is exposed close to spillway.

Non overflow section

The N.O.F. section was constructed in U.C.R. masonry in cement mortar 1:4 proportion. The N.O.F. was constructed with top width of 6.7 m at an elevation of 68.60 m. The deepest foundation level was 29.67 m. The downstream batter of 0.75 Hor.: 1 Vert. was proposed from elevation 57.60 m. The upstream batter of 0.12 Hor : 1 Vert. was proposed from elevation 63.41 m. Guniting was provided on upstream face of N.O.F. to make it impervious.

Overflow portion

The overflow section of 122 m length was proposed between Ch. 609.60 m to 731.60 m with crest R.L. 62.05 m. The foundation level was 57.0 m. The overflow section was constructed in U.C.R. masonry in cement mortar 1:4 proportion. 11 automatic gates of size 10 × 4 m each were erected on the crest. The performance of these gates was found satisfactory. 1.0 m thick piers in reinforced cement concrete grade M-15 were constructed as separators for gates and for supporting the footbridge.

Foundation drainage gallery

The foundation drainage gallery was provided for left N.O.F. portion between Ch. 45.72 m to 594.36 m. For overflow section and right N.O.F. portion gallery was not provided. The size of gallery is 1.5 m × 2.43 m with invert level above foundation level by about 1.5 m. The gallery opening was covered with 0.75 m. thick reinforced cement concrete lining of grade M-15.

Energy dissipation arrangement

No elaborate energy dissipation arrangement was provided. Discharge from the spillway was conveyed to the main stream of Barvi river through small nalla.

A road bridge for on downstream at a distance of 325 m with 7 spans of 7 m each was constructed across the Barvi river.

Pump house

A pumphouse was provided in N.O.F. section at Ch. 221 m at an elevation of 54.3 m for dewatering the seepage water collected in the drainage gallery. 2 Nos. of pumps of capacity 25 H.P. each were provided to pump the seepage water collected in the sumpwell of gallery.

Adits

Two adits were provided in left N.O.F. section at Ch. 130.90 m and 242.75 m for access to foundation drainage gallery.

3 RAISING HEIGHT OF DAM IN STAGE-III

In stage-III of the dam the height of dam is to be raised from elevation 68.60 m to 76.22 m and full reservoir level from elevation 66.05 m to 72.60 m for augmenting storage by 162 MCM.

The private consultants on the basis of the then prevailing practices carried out design of masonry dam components in stage-I and stage-II. Now in stage-III of the project, the dam sections are designed as per latest Indian Standard provisions. The yield and flood studies were done afresh.

Yield study and flood study

The total water requirement of M.I.D.C. considering losses was 334 MCM. The 95% dependability yield available was 235 MCM. The available yield thus fell short of the requirement and the same is to be augmented by diverting flows from following weirs located on upstream of Barvi dam:

a) Weir on Kalu river
b) Weir on Kanakvira river
c) Doiphodi weir site
d) Bhamkhori weir site
e) Murbadi weir dam site

Considering availability of water from these weirs the F.R.L. of Barvi dam for stage-III was fixed as 72.60 m, which was commensurate with the required water contents. The flood studies of this project were done by Central Designs Organisation, Nashik. The flood hydrograph ordinates had peak value of 7093 m³/sec. Hence flood-having peak of 7093 m³/sec was recommended for further studies. This flood was routed for deciding size and number of gates.

Flood routing studies

The flood hydrograph having a peak value of 7093 m³/sec was considered for flood routing studies. The flood routing studies with various sizes of gates were carried out. The studies revealed that proposal of providing 11 automatic gates of size 10 × 4 m each was economical. The M.W.L. and the corresponding out-flow for this proposal were 73.93 m and 2984 m³/sec respectively.

This proposal had following advantages:

i) Due to utilisation of the gates already provided in stage-II of the project there was considerable saving in cost of gates.
ii) Due to known performance of these automatic gates in stage-II of the project, M.I.D.C. also gave preference to adopt these gates for stage-III of the project.
iii) Length of spillway would remain unchanged.
iv) Less demolition of existing structure.

Review of stability of existing dam

In designing the masonry dam section of stage-I & II earthquake forces were not considered. The same were considered for stage-III design.

Design assumptions

The following design assumptions were considered for analyzing Non-overflow and Overflow section of masonry dam:

i)	Weight of masonry	2350 kg/cum
ii)	Weight of water	1000 kg/cum
iii)	Submerged weight of silt (Vertical)	925 kg/cum
iv)	Submerged weight of silt (Horizontal)	360 kg/cum
v)	Wind Velocity at FRL	120 kms/hour
vi)	Wind Velocity at MWL	80 kms/hour
vii)	Effective fetch at FRL	5 kms

Seismic forces

As per the seismic zone given in Indian standard 1893–1984, Barvi dam was located in seismic Zone III. The basic seismic coefficient for this zone was 0.04 g and the same was adopted. Barvi dam being a water

supply project and water stored in this project is supplied to industrial area and domestic use, importance factor of 3 was considered for calculating seismic forces. The horizontal acceleration due to earthquake (αh) as per the provisions of Indian Standard 1893–1984 was taken as $\alpha_h = I \times \beta \times \alpha_o$ where,

I = Importance factor = 3
β = Coefficient depending upon soil foundation system = 1.0
α_o = Basic seismic co-efficient = 0.04 of gravity

As per Indian standard 1893-1984, the horizontal seismic coefficient was taken as 1.5 times α_h acting at the top of dam and reducing linearly to zero at the base and vertical seismic coefficient was taken as 0.75 times α_h acting at the top of dam and reducing linearly to zero at base.

4 STAGE-III OF DAM

Layout of masonry dam

Considering the full reservoir elevation and dam top level for stage-III the layout of masonry dam was proposed as below:

Total length of dam	834 m
Chainage	
Left Non overflow	Ch 8.0 to 609.60 m
Overflow	Ch 609.60 to 731.60 m
Right Non overflow	Ch 731.60 to 842 m

Freeboard and TBL

With the provision of 11 automatic gates of size 10 m × 4 m each and after attaining M.W.L. of 73.93 m, freeboard available was 2.29 m. Minimum freeboard requirement as per Indian Standard 6512-1984 was 1.0 m for masonry & concrete dam. In case of Barvi dam the freeboard available fulfilled this criteria. The dam top level proposed as 76.22 m was found adequate.

Control levels

The control levels for stage-III of the dam considering raising of dam were as below:

Top of dam	76.22 m
Maximum water level	73.93 m
Full reservoir elevation	72.60 m
Crest level	68.60 m
Minimum drawdown level	47.00 m

Design of strengthening of existing N.O.F. section

In order to raise the dam top from 68.60 m to 76.22 m the existing dam section needed to be raised and strengthened. Buttressing is one of the method for strengthening of dam. But since in this case the strengthening is associated with the heightening the method of full backing masonry section on down streamside of existing section was resorted.

Design of strengthened section

The method of full backing of existing N.O.F. section by colgrout masonry in cement mortar 1:3 proportion on downstream side was resorted for strengthening. Different sections were tried for the alternative of full-back section. Computer programme for strengthening fullback section was available in C.D.O. Nashik and the same was used for design of Barvi dam. The design assumptions as enumerated in para 3.6 were considered for design of fullback masonry section.

Permissible tension criteria

The existing dam section of stage-I was constructed in U.C.R. masonry in cement mortar 1:4 proportion. For the design of fullback section the compressive strength of existing masonry section was assumed as 750 tons/m^2 on prorata basis. (Compressive strength for U.C.R. masonry in C.M.1:3 prop and 1:5 prop, are 900 tons/m^2 and 600 tons/m^2 respectively.)

Thus the permissible tensile strength for different load combinations was considered as follows:

Sr. No.	Load combination	I.S. criteria	Permissible tension in tons/sq.m
1	Water at full reservoir elevation + Extreme uplift + No Earthquake	No tension	No tension
2	Reservoir at max. water level elevation + Normal uplift + Earthquake	0.01 fc	7.5
3	Water at full reservoir elevation + Extreme uplift + Earthquake	0.02 fc	15.0

where, fc = Compressive strength of masonry.

Bonding Level

The water level in the reservoir at which the backing masonry and the old masonry are bonded is called as bond level. The stresses corresponding to the depth of water at which bonding was done are assumed to be taken by old dam section. Subsequent increase or decrease in stresses on account of any increase in the reservoir water level above the bonding level is assumed to be shared jointly by the composite section. A high bonding level could allow greater flexibility in construction programme but would increase the backing section required. On the other hand lower bonding level place severe constraints in construction programme but consequently reduced the section

required. In case of Barvi dam the bond level of 60 m was considered for design. This would be reached in the month of February and gives construction period of about 3 months.

Details of strengthened N.O.F. section

The most economical section having following details was proposed for fullback masonry section.

Top width	7.50 m
Dam top elevation	76.22 m
Down stream slope	0.82:1
D/s slope change elevation	70.30 m
Cross-sectional area of fullback section	1094.26 sq.m

The stresses for various load combination as specified in Indian Standard 6512-1984 for the above proposed fullback section were as follows:

Sr. No.	Load combination	Stress (tons/sq.m)	
		At heel	At toe
1	Full reservoir elevation + Extreme uplift + No Earthquake.	6.11	57.99
2	Maximum water level + Extreme uplift + No Earthquake	1.51	58.57
3	Full reservoir elevation + Extreme uplift + Earthquake	−9.56	64.47

(−)ve sign indicates tensile stress.

Method of construction

Excavation

Excavation in rock required at foundation for extra width of strengthened section was executed with controlled blasting to avoid damages to existing dam. The charge per blast was limited. A 3 m wide trench at downstream toe of existing dam was done by chiseling to avoid vibration being transmitted to masonry/foundation rock of main dam.

Colgrout masonry construction

The colgrout masonry in cement mortar 1:3 proportion for fullback is to be raised in three zones.

Zone I: Initially the colgrout masonry in Zone I is to be executed after preparation of foundation irrespective of lake level. The height of masonry to be raised would depend on the speed of construction.

Zone II: Masonry in the zone was proposed to be constructed along with the bonding concrete in grade M-15, when the lake level was at or below bonding level.

Zone III: This zone indicated the masonry work, which is to be directly abutted against existing dam. This work could be completed whenever some period of working season was available and when reservoir level was below bonding level.

Interface treatment

The downstream face of existing dam was thoroughly cleaned of all leached material, moss, mortar dropping and any other loose material by wire brush, air water jet and chiseling, if necessary. Also mortar joints in the existing masonry are to be raked upto a depth of 25 mm, cleaned by air water jet so as to expose clean surface for proper bond with bonding concrete of grade M-15. Immediately before laying bonding concrete, the masonry surface was applied with cement slurry of 1:2 proportion.

Construction of colgrout masonry

Initially box like structure with 0.45 m thickness, and 0.6 to 1.2 m height was constructed in uncoarsed rubble masonry in cement mortar 1:3 proportion. The length and width of the box were provided in such a way that 15 to 25 cum. of masonry quantity was available in one box. These boxes were staggered in plan at every lift in order to avoid formation of continuous joints in horizontal as well as vertical planes. The walls were constructed in zigzag manner with headers protruding inside and outside the box in order to have proper horizontal bond with the adjacent box. Rubble to be used for backing masonry was arranged manually in these boxes in such a way that the voids were as minimum as possible. Care was also taken to fill the voids in rubble with small chips to minimum possible extent so as to reduce cement mortar consumption.

In the top layer, headers were arranged randomly to have vertical bond with the subsequent lift. G.I./M.S. pipes 75-mm diameter, 2 m in height were kept vertically at about 2-m c/c in the box while filling the rubble. The mortar (1:3) coming from the colgrout mixer was then injected through these pipes at a pressure of 1.4 to 1.75 kg/cm^2 by pump, having a hose pipe with steel needle. The G.I./M.S. pipes were lifted gradually during injection of mortar and removed completely after ascertaining complete filling of mortar. The pre constructed uncoarsed rubble masonry wall in cement mortar 1:3 proportion became an integral part of colgrout masonry. This process was repeated for every box. Cleaning of surface of earlier lift was carried out by wire brush before laying the next lift.

Anchor bolts/rods

It was proposed to provide 25 mm diameter steel anchor bolts/rods to resist the shear force at the interface of old and new masonry and for monolithic behavior of the section. The spacing of anchor bolts was designed for the shear force at the interface. The spacing was varied according to the height of dam as per the shear force value. The details of anchor bolt are shown in the enclosed sketch. Wedge and slot type bolts were used for anchoring between existing and strengthened N.O.F. section. The end anchorage was formed by inserting a wedge of size 20 mm × 20 mm × 130 mm into a 150 mm long slot formed at the end of anchor bolt. 200-mm long rods were welded to the other end (downstream end) of bolt. They were placed in transverse direction for anchorage in new masonry. The total length of anchor bolt used was 2.5 m.

Holes of size larger than the size of anchor bolts were drilled in the existing N.O.F. masonry. The length of hole drilled was 1.10 m this enabled half the length of bolt to be anchored in existing N.O.F. section. The slotted end of bolt was put in the holes drilled. The bolt was then hammered with pneumatic hammer. This resulted in forcing the wedge into the slot and expansion so caused resulted in tight contact between existing N.O.F. section and bolt. The rods of 0.2-m length were then welded to downstream end of bolts. The drilled holes in the masonry were then grouted with cement sand material. The spacing of anchor bolts according to elevation was as follows:

Sr No.	Particulars	Spacing of 25 mm dia. bolts
1	Elevation upto 40 m	0.60 m center to center both ways
2	Elevation 40 to 50 m	0.85 m center to center both ways
3	Elevation above 50 m	1.00 m center to center both ways

Drainage arrangement

It was found necessary to provide proper drainage arrangement at the interface of existing dam and strengthened section to reduce building up of uplift pressure below strengthened section. 150 mm diameter half round concrete pipes were proposed to be placed horizontally abutting the existing dam surface, sloping towards center of each monolith were proposed. A collecting drain of 225-mm dia. half round pipe was proposed at center of monolith slopping towards outer face to drain out the collected water from 150-mm dia drains.

Curtain grouting

Curtain grouting was proposed through foundation drainage gallery by drilling 38 mm diameter holes spaced at 3 m c/c for a depth equal to 0.7 times hydrostatic head in order to create an impervious barrier. Similarly 75-mm ∅ drain holes were proposed at 3-m c/c for a depth = 2/3rd depth of curtain grout holes. The drain holes could facilitate for drainage of foundation seepage water and to reduce uplift.

Contraction joints

Contraction joints already provided in stage-II of the dam are to be continued in the raised height of dam and also in full back strengthened section.

5 STRENGTHENING OF OVERFLOW SECTION

Location

The location of overflow section was proposed between Ch. 609.60 m to 731.60 m with 11 automatic gates of size 10 × 4 m each and with 1.0 m wide pier as separator.

Control levels

Dam top level   76.220 m
M.W.L.   73.930 m
F.R.L.   72.600 m
Crest level   68.600 m

The automatic gates already provided in stage-II of the project are to be dismantled and reerected for stage-III i.e. raised section after replacing embedded parts. M.I.D.C. officers reported the foundation level for overflow as 57.0 m.

Ogee profile

The ratio of approach depth to design head was more than 1.33. Hence the ogee profile was designed as high ogee. For design of ogee profile provisions mentioned in Indian standard 6934-1973 were adopted.

Accordingly the ogee profile was proposed as follows:

U/s slope of ogee – 1H:3V upto R.L 66.00 m and then vertical face upto foundation level.

D/s profile equation $x^{1.836} = 1.936 * Hd^{0.836}$ y

   Here Hd = 4.0 m

$x^{1.836} = 6.169$ y

where, x and y are the co-ordination with reference to origin at crest level.

Design of overflow section

The design approach and the assumptions are the same as that of N.O.F. section. The overflow section with following details fulfilled the permissible criteria and was recommended.

Crest R.L.   68.60 m
U/s slope   1 H:3 V
U/s change slope R.L   66.00 m
D/s slope   0.60:1

D/s slope starting level   61.45 m
Foundation R.L.   57.00 m

The strengthened section of overflow was proposed by full back section in colgrout masonry in cement mortar 1:3 prop. The stresses for the proposed section for various load combinations were as below:

Stresses at foundation level 57.0 m.

Sr. No.	Particulars	Stress (tons/m^2)	
		Heel	Toe
1	Full reservoir elevation + Extreme uplift + No Earthquake	3.30	28.09
2	Full reservoir elevation + Normal uplift + Earthquake	−6.63	37.06
3	Full reservoir elevation + Extreme uplift + Earthquake	−6.63	37.06

(−)ve sign indicates tensile stress.

Method of construction

The method of construction for strengthened section is same as that of N.O.F. section.

6 DRAINAGE GALLERY

Foundation drainage gallery of size 1.5 m × 2.43 m was already provided in stage-I of dam between Ch. 45.72 to 594.36 m. The adits provided earlier in Stage-I of the dam for access to foundation drainage gallery are to be extended upto downstream face of strengthened Non overflow section in Stage-III of the project.

7 PRESENT STAGE OF CONSTRUCTION

Non-overflow section

The strengthening of non-overflow section work with full back masonry is completed upto R.L. 68.60 m i.e. upto the top of existing N.O.F. section. Further raising of N.O.F. upto R.L. 72.60 m is in progress.

Overflow section

The raising of colgrout masonry for overflow section is completed upto RL 62.0 m. Further raising of overflow section will be taken up when the reservoir level recedes below the crest level of 62.05 m and the spillway gates are dismantled. The execution of piers will be taken up simultaneously with raising of overflow section.

Energy dissipation arrangement

The excavation of tail channel is in progress.

REFERENCES

Indian Standard No. 1893-1984. Criteria for Earthquake resistant design of structures.
Indian Standard No. 6512-1984. Criteria for design of solid gravity dams.
Indian Standard No. 6934-1973. Recommendations for hydraulic design of high ogee overflow spillways.

Dam Maintenance and Rehabilitation, Llanos et al. (eds)
© 2003 Taylor & Francis, ISBN 90 5809 534 7

Ejemplo de actuación de rehabilitación en el ámbito del Guadiana: Rehabilitación medioambiental en la presa de Los Canchales

Fernando Aranda Gutiérrez
Ingeniero de Caminos, Canales y Puertos, Confederación Hidrográfica del Guadiana, Mérida

Juan Sereno Martínez
Ingeniero Técnico de Obras Públicas, Confederación Hidrográfica del Guadiana, Mérida

ABSTRACT: La construcción de la presa de Los Canchales con la creación de su embalse asociado, supuso la creación de una zona de especial importancia ambiental, debida fundamentalmente al importantísimo efecto de atracción del embalse para las aves. Para potenciar este efecto, se habían llevado a cabo importantes actuaciones de creación de infraestructura específica para fomentar los usos medioambientales del embalse, diseñados por la Universidad de Extremadura y ejecutados por la Confederación Hidrográfica del Guadiana. Estas actuaciones habían tenido un éxito considerable. Recientemente, se ha realizado el recrecido del aliviadero de la presa, de forma que casi se duplica la capacidad de embalse. Para hacer compatible este recrecido con los usos medioambientales citados, se han llevado a cabo una serie de medidas correctoras de cierta importancia. Todo ello se describe con detalle en la presente comunicación.

1 INTRODUCCIÓN

La presa de Los Canchales forma parte del sistema de regulación del río Lácara, estando su construcción recogida en el PROYECTO DE REGULACIÓN DE LA CUENCA DEL RÍO LÁCARA, redactado en 1983, si bien los antecedentes de la idea del aprovechamiento de dicho río se remontan a 1902. La construcción de la presa finalizó en el año 1989, entrando la misma seguidamente en servicio.

El río Lácara es un afluente del Guadiana por la margen derecha, que nace en la sierra de San Pedro, provincia de Cáceres, discurre en dirección Norte-Sur y desemboca en el Guadiana en las proximidades de la población de Torremayor, ya dentro de la zona regable de Montijo. Este río, con una cuenca del orden de los $400 \, km^2$ se caracterizaba por la frecuente presentación de avenidas que originaban efectos muy destructivos en la vega del Guadiana, que en esta zona se riega en su totalidad, formando parte de la zona regable de Montijo, asi como en la localidad de Torremayor. La regulación del mismo permite evitar dichas inundaciones, a la vez que posibilita el empleo de sus aguas para el abastecimiento de diversas poblaciones situadas mas o menos en sus proximidades.

La regulación del Lácara se planteó mediante la construcción de dos presas en su cabecera, en las inmediaciones de la localidad de Cordobilla de Lácara, presas de Horno Tejero (materiales sueltos, $24 \, hm^3$ de capacidad) y Boquerón (hormigón vibrado, $5 \, hm^3$ de capacidad) realizándose desde la primera de ellas el abastecimiento a la Mancomunidad del Lácara Norte, que totaliza unos 5.000 habitantes. En la zona baja del río, a unos 10 km. de su desembocadura, se realizó la presa de Los Canchales.

Esta presa se sitúa unos quinientos metros aguas arriba aproximadamente de la zona en que el Lácara entra en la zona regable de Montijo, ya casi en la vega del Guadiana, aprovechando la existencia de una cerrada adecuada desde el punto de vista topográfico, aunque de geología compleja y en ocasiones problemática, ya que las rocas predominantes son calizas y dolomías, con la existencia de fenómenos kársticos de cierta importancia. Ello motivó que la presa se plantease en dos fases constructivas; la primera de ellas embalsaba hasta la cota 220,00 consiguiendo un volumen de unos $14 \, hm^3$, mientras que la segunda fase se había planteado inicialmente mediante la colocación de compuertas "Taintor" de 4 metros de altura sobre los aliviaderos de labio fijo, con el fin de conseguir embalsar hasta la cota 224,00 lo que hubiera incrementado el volumen embalsado hasta unos $40 \, hm^3$.

Durante la explotación de la presa, desde su puesta en servicio hasta finales de los años noventa, se alternaron sequías extremas con periodos húmedos e incluso importantes avenidas, pero en cualquier caso, se pudo comprobar que no parecía haber serios problemas para realizar la segunda fase prevista. Además, durante este periodo se realizaron diversas e importantes campañas de inyecciones para asegurar la consolidación e impermeabilización de la presa.

Sin embargo, a la vista de la reconocida problemática que plantean los aliviaderos regulados por compuertas, tras los correspondientes informes de la Inspección de Presas, se decidió no colocar las compuertas previstas, sino optar por un recrecido del aliviadero manteniendo su tipología de labio fijo. Por esta razón, se redactó en el año 2000 el Pliego de Bases para el CONCURSO DE PROYECTO Y EJECUCIÓN DE LAS OBRAS DEL RECRECIDO DEL ALIVIADERO DE LA PRESA DE LOS CANCHALES, que dio como resultado una cota óptima de coronación de 222,10, deducida de los estudios hidrológicos y de laminación realizados imponiendo como Nivel de la Avenida de Proyecto (NAP) la cota 224,00. Dado que para estas fechas había entrado en vigor el Reglamento Técnico de Seguridad de Presas y Embalses (RTSPE) y la presa estaba clasificada como "A", la citada avenida de Proyecto considerada fue la de 1000 años de período de retorno. La cota 224 era el máximo nivel normal considerado en el Proyecto inicial para la segunda fase, y hasta la que sensiblemente se habían expropiado los terrenos del embalse. A la nueva cota del aliviadero indicada, el volumen de embalse es de 25,89 hm^3, con lo cual la capacidad del embalse casi se duplica con el recrecido.

Desde el punto de vista de la tipología, la presa de Los Canchales es de gravedad, planta recta, realizada en hormigón vibrado en la zona de aliviaderos y estribo derecho y en hormigón compactado con rodillo en el resto. Tiene una altura sobre el cauce de 18 metros, y una longitud de coronación de 265 metros. El eje de desagües de fondo está a la cota 210 y están conformados por dos tubos de 800 mm. Cuenta con una galería longitudinal para inspección, drenaje y realización de inyecciones.

Desde la presa se abastece a las poblaciones de la Mancomunidad de aguas de Montijo y Comarca, que comprende diversos núcleos urbanos situados en su mayor parte en la zona regable de Montijo, totalizando unos 35.000 habitantes.

El embalse formado por la presa tiene una superficie de 400 hectáreas a la cota 220 y de 970 hectáreas a la 224, habiéndose realizado la expropiación de todos los terrenos situados por debajo de esta ultima cota. El vaso está constituido por terrenos bastante llanos y ondulados, sobre los que previamente a su expropiación para la construcción del embalse se cultivaban vides, olivos o cereales, o se dedicaban a pastos.

2 ACTUACIONES MEDIOAMBIENTALES REALIZADAS ANTES DEL RECRECIDO DEL ALIVIADERO

Desde el comienzo de la explotación del embalse de Los Canchales se puso claramente de manifiesto la gran importancia ambiental que podría llegar a adquirir dicho embalse y su entorno inmediato, importancia ambiental motivada fundamentalmente por el efecto de llamada para las aves que provoca el embalse, que ofrece un lugar privilegiado para la nidificación, cría, dormidero y refugio a diversas especies de aves. Por tanto, en el marco de un Convenio de colaboración entre la Confederación Hidrográfica del Guadiana y la Universidad de Extremadura, se planificaron y ejecutaron una serie de actuaciones, que podríamos calificar de rehabilitación medioambiental, encaminadas a proteger y fomentar la biocenosis del embalse.

Estas actuaciones pueden dividirse en dos fases, correspondiendo la primera de ellas a las actuaciones realizadas antes del recrecido del aliviadero (aprovechando en su mayor parte los periodos de sequía antes citados) y la segunda a las actuaciones realizadas conjuntamente con el recrecido del aliviadero, como medidas correctoras del mismo.

En la primera fase, el conjunto de obras llevadas a cabo en el embalse de los Canchales para los fines medioambientales comentados puede clasificarse en tres grandes grupos según su finalidad concreta, siendo estos los siguientes:

1. Obras de delimitación y defensa del Dominio Público.
2. Obras de creación de hábitats especiales, fundamentalmente para aves aunque también para herpetofauna.
3. Obras de infraestructura para el aprovechamiento recreativo, socio-cultural y científico.

A grandes rasgos, las obras realizadas dentro de cada uno de los anteriores grupos son las siguientes.

Obras de delimitación y defensa del dominio público

La especial circunstancia de haberse planteado la presa de Canchales en dos fases, realizada la expropiación de todo el vaso del embalse, como se comentó anteriormente, hace que existiera una amplia franja de terreno de dominio público entre las cotas 220 y 224, la cual estaba permanentemente sobre el nivel máximo normal de las aguas, lo que había propiciado que tales zonas fueran aprovechadas por los propietarios colindantes en sus explotaciones, existiendo incluso diversas construcciones no demolidas o demolidas solo en parte, que eran asimismo utilizadas.

Como paso previo a la realización de otras actuaciones, fue conveniente delimitar de modo inequívoco la zona de dominio público, y posteriormente acometer su despeje, procediendo a las demoliciones y deforestaciones necesarias. Para ello, se realizó un camino perimetral, afirmado en zahorra natural del propio embalse, a la cota 224, con un desarrollo de unos 36 kilómetros, y una anchura de 4 metros, que sirve de delimitación física de la expropiación.

Posteriormente a la puesta en servicio del camino, se realizó la demolición de todos los restos de edificaciones e instalaciones existentes, incluyendo viviendas, naves, casetas, cerramientos, etc. Asimismo se llevó a cabo una labor de limpieza y deforestación de márgenes, habiéndose deforestado unas 115 has. de viña y arrancados gran cantidad de olivos, que en su mayor parte fueron trasplantados al entorno del camino perimetral.

De esta manera la franja de terreno antes comentada pasó a ser un auténtico cinturón de defensa del embalse, devolviéndose además estos terrenos a un estado lo más natural posible y posibilitando que en la zona próxima a la cota de máximo embalse existan zonas de playas limosas, para alimentación de aves acuáticas, y sea posible el desarrollo de vegetación riparia.

Obras de creación de hábitats especiales para aves y herpetofauna

Entre las estrategias de actuación adoptadas para el embalse de los Canchales se incluyó de manera muy importante la creación de hábitats específicos, fundamentalmente para conseguir las condiciones adecuadas para el asentamiento y nidificación de aves acuáticas, condiciones que evidentemente habían sido afectadas por la construcción del embalse. Para este fin, se construyeron una serie de islas y archipiélagos (grupos de islas) buscando conseguir las características generales siguientes:

1. Mantenimiento de las islas como tales a máxima cota de embalse, particularmente entre los meses de Abril a Agosto, época de nidificación, lo que aconsejaba coronar las mismas, en la primera fase, a cotas algo superiores a la 220.
2. Emplazamiento de las mismas en zonas que asegurasen en lo posible el mantenimiento de una franja de agua alrededor, y/o establecimiento de fosos o canales de desconexión de las mismas para asegurar su protección de depredaciones.

Por otro lado, se elevaron en terraplén una serie de "barras semisumergidas" consistentes en pequeñas islas de forma alargada situadas algo por debajo de la cota 220, sobre la zona que presumiblemente mas iba a sufrir las oscilaciones del nivel del embalse, coronadas con adecuadas plantaciones.

Las islas y archipiélagos se describen a continuación:

- Isla de unos 10.000m2 en la zona del regato de Matasanos (margen izquierda del embalse) Se trata

de una isla de forma rectangular con dos remates semicirculares de unos 75 × 150 metros. Su coronación se situó a la cota 220,50, su altura media es de 5 metros, y sus taludes 1:3 La isla se rodea de un foso de unos 2 metros de profundidad media, realizado con talud algo mas inclinado, 1:2. La isla se corona con una capa de tierra vegetal de un metro de espesor, sobre la cual se llevó a cabo la implantación de vegetación arbórea y arbustiva.
- Isla de unos 4.000 m^2 en la zona del Cañuelo (margen derecha del embalse) Las características de forma, cota de coronación, foso y taludes son similares a las del caso anterior. Similar es también el tratamiento dado a la coronación de la isla, plantándose diversos árboles y arbustos.
- Grupo de 12 islas (finalmente se construyeron 15) en la zona de carril del Panero (aguas arriba de la isla del regato de Matasanos). Las islas son de tamaños y formas diversos, oscilando su superficie entre 200 y 1.000 m^2, y estando separadas unas de otras por distancias del orden de 25 metros. La cota de coronación es la misma 220,50 lo que da una altura media de 4 metros, realizándose también un foso de protección de toda la zona. Los taludes son mas tendidos que en el caso de las islas grandes, llegando al 1:4. La cobertura de las islas es diversa, siendo en algunos casos de grava (zahorras naturales del propio embalse) en otros casos de tierra para que arraiguen matorrales, con bolos dispersos, y en otros se reparten piedras de tamaño diverso y colocación dispersa.
- Grupo de 10 islas en la zona de La CoscojaEl Garbancillo. Actuación similar al caso anterior, con características generales prácticamente idénticas.

Además se realizaron nueve barras semisumergidas aproximadamente en zona de cola del embalse, entre el carril del Panero y la zona de Las Tiendas. Las barras se sitúan con su coronación a una cota en torno a la 220, y su base unos 2 a 4 metros por debajo de dicha cota. Son rectángulos con los extremos redondeados, de unos 20 metros de ancho por 80 de largo. Su talud es 1:3. Las barras se plantaron con vegetación arbustiva.

Por lo que respecta a la creación de hábitats específicos para la herpetofauna, se trataba de solventar así la pérdida de biotopos sufrida por estas especies debido a la inundación. Para ello se construyeron 9 charcas para anfibios, y otros 9 refugios para reptiles.

Obras de infraestructura para el aprovechamiento recreativo, socio-cultural y científico

Una vez proyectadas las construcciones que posibiliten la consecución de los objetivos generales comentados en los apartados anteriores, se planteó la difícil cuestión de facilitar el uso y disfrute del embalse con todo lo que este supone en cuanto a gran ecosistema, a la vez que se intenta que dichas actividades no supongan en lo posible un impacto negativo sobre el álveo (insistimos en que al hablar del embalse nos estamos refiriendo tanto a la realidad física de la presa y el agua embalsada como al ecosistema o conjunto de ecosistemas existentes) Es decir, se trató de compatibilizar el uso social y recreativo del embalse con la preservación del medio natural.

En el ámbito de actuaciones concretas para facilitar el uso social y científico del embalse de Canchales, se han realizado las siguientes:

- Construcción de una edificación de unos 120 m² con destino a "estación de campo" de la Universidad de Extremadura, contando con una pequeña oficina y una sala de exposiciones apta para la recepción de grupos de visitantes donde se les puede informar a los mismos sobre las características medioambientales del embalse.
- Construcción de un mirador y un área de aparcamientos en las inmediaciones del edificio anteriormente comentado. Se realizó una explanada de unos 1.000 m² con afirmado de gravilla, situada cerca del estribo izquierdo de la presa, con buenas vistas del embalse. Los bordes de la explanada se rematan con unos bancos de fábrica alternando con trozos de roca de la zona. Se ha realizado también un panel informativo en azulejo con la situación, planta y sección de la presa y sus características principales.
- Acondicionamiento general de la propia presa y su entorno mas próximo. Se realizaron diversas pequeñas actuaciones de limpieza, desbroce, pintura de elementos metálicos, etc.
- Realización de plantaciones en las zonas expropiadas en el entorno de la presa, zonas que fueron utilizadas en su día para la ubicación de instalaciones y que pueden de esta forma regenerarse constituyendo una zona verde aneja a la presa.
- Realización de 4 observatorios para la contemplación y estudio de las colonias de aves acuáticas que se instalen en las islas o grupos de islas realizadas como se comentó anteriormente. Dos de los observatorios se sitúan en puntos del camino perimetral al embalse, mientras que para la ubicación de dos de ellos en una zona mas centrada del embalse, se han realizado dos espigones de tierra de unos 250 metros de longitud cada uno, uno en la margen derecha y otro en la izquierda, y ambos en relativa proximidad a las islas o grupos de islas realizadas. Los espigones se conectan por un extremo al camino perimetral, ubicándose el observatorio en el otro, constituido por una plataforma mas o menos circular de unos 20 metros de diámetro.

- Dotación de mobiliario rústico en los primeros tramos del camino perimetral realizado, para que sirvan de sendas peatonales de acceso a los observatorios anteriormente comentados.

Las actuaciones correspondientes a la primera fase, finalizaron durante la primavera-verano de 1.996. No obstante, siendo los objetivos propuestos con las obras algo permanente y dinámico en el tiempo, se completaron realizando diversas labores relacionadas.

La realización de todas estas actuaciones se llevó a cabo por el Servicio de Explotación del embalse en forma coordinada con el Departamento de Morfología y Biología Animal y Celular de la Universidad de Extremadura, bajo la dirección del Prof. Dr. D. Juan Manuel Sánchez Guzmán. En su mayor parte, la ejecución se llevó a cabo por Administración, a cargo del Parque de Maquinaria del Ministerio de Medio Ambiente, previa redacción de los correspondientes Proyectos de construcción, los cuales se basaron a su vez en los estudios realizados por la Universidad de Extremadura.

3   RESULTADOS AMBIENTALES OBTENIDOS TRAS LA PRIMERA FASE DE ACTUACIONES

El Departamento antes citado de la Universidad de Extremadura realiza un seguimiento continuo, facilitado por las instalaciones realizadas antes descritas y por otras que posteriormente ha realizado la propia Universidad (instalación de videocámaras ocultas en las islas...) sobre la evolución de la biocenosis del embalse de Los Canchales, incluyendo especialmente la realización de censos e inventarios. Los resultados que se obtuvieron sobre las poblaciones de aves acuáticas, tras la realización de la primera fase de obras, solo pueden ser calificados como enormemente positivos.

Abundando en lo anterior, transcribiremos literalmente a continuación las conclusiones finales de un informe de la Universidad de Extremadura del año 1997 en relación con este tema:

- El embalse de los Canchales se configura como un área de excepcional importancia para la avifauna acuática.
- La aplicación de los criterios Ramsar ha puesto de manifiesto la catalogación del área como de Importancia para la avifauna acuática a varios niveles: Internacional, Nacional y Regional.
- El embalse de los Canchales se nos aparece como una Zona Húmeda de gran importancia para la avifauna acuática en las diferentes fases del ciclo anual: Invernada, Migración y Reproducción.
- A nivel Internacional destacan las poblaciones invernantes de Grulla común, las reproductoras de Pagaza piconegra y Canastera, y las concentraciones migratorias de Espátula y Cigüeña blanca.
- A nivel Nacional, el embalse de los Canchales ha de ser valorado por la invernada de Acuáticas (anátidas, fochas, etc.), la diversidad de esta comunidad ornítica y los contingentes individuales de Cormorán grande, Ánade real, Ánade friso, Porrón moñudo, Garcilla bueyera y Garza Real. En época reproductora destacan las poblaciones de Charrancito, mientras en migración la relevancia del área es evidente para el paso migratorio de Limícolas en general y Fumarel común en particular.
- Por último, a nivel Regional son muy abundantes las especies y criterios que son satisfechos, pudiéndose considerar a esta zona como uno de los humedales extremeños mas relevantes.
- Se destaca asimismo la elevada problemática que interesa a las zonas húmedas en general y al Embalse de los Canchales en particular, derivada esta de la gran interferencia antropogénica que emana del aprovechamiento recreativo del embalse por parte del hombre. Es por ello que programas de Gestión y Manejo del Hábitat como los aquí llevados a cabo se presentan como necesarios en estos medios, al desencadenar respuestas muy positivas por parte de las diferentes especies de aves acuáticas. Mas aun teniendo en cuenta el elevado grado de amenaza que define a gran parte de las especies pertenecientes a esta ornitocenosis.

Finalmente, cabe citar aquí también que al conjunto de actuaciones ambientales realizadas sobre el embalse de Los Canchales en esta primera fase, fue galardonado con el premio "Caminos Ambiente Extremadura", otorgado por la Demarcación de Extremadura del Colegio de Ingenieros de Caminos, Canales y Puertos, en su primera edición (año 1997).

4 ACTUACIONES REALIZADAS CONJUNTAMENTE AL RECRECIDO DEL ALIVIADERO

Como se comentó anteriormente, una vez comprobada la viabilidad del aumento de la capacidad del embalse, y decidido realizar esta sin colocar compuertas, en el año 2000 se redactó el Pliego de Bases de Asistencia Técnica para el CONCURSO DE PROYECTO Y EJECUCIÓN DE LAS OBRAS DEL RECRECIDO DEL ALIVIADERO DE LA PRESA DE LOS CANCHALES.

El aumento de la capacidad de embalse resultaba absolutamente fundamental para mejorar los servicios que estaba prestando dicho embalse, fundamentalmente la laminación de avenidas y el abastecimiento de poblaciones. Sin embargo, dicho aumento de capacidad planteaba la pérdida de utilidad de algunas de las actuaciones medioambientales realizadas que se han descrito anteriormente, concretamente de las islas y grupos de islas, por lo que a la vista de los resultados tan exitosos obtenidos por las mismas, resultaba evidente que se hacía necesario adoptar una importante serie de medidas correctoras que hicieran compatible el aumento de la capacidad del embalse con la preservación de sus usos medioambientales, ya claramente establecidos. Para ello, en el citado Pliego de Bases, que se redactó asimismo con la colaboración de la Universidad de Extremadura, se dedicaba un amplio capítulo a dichas medidas correctoras, proponiéndose algunas de ellas, como el recrecido de las islas de mayor tamaño, y dejando libertad a los licitadores para que se pudieran proponer otras adicionales, siendo el tipo de medidas finalmente propuestas uno de los elementos básicos a la hora de valorar las diversas soluciones ofertadas.

El Concurso de Proyecto y Obra se resolvió a favor de la oferta presentada por la empresa FERROVIAL-AGROMAN, que inició las obras en Agosto de 2001.

El contenido del Proyecto adjudicado se resumía en las siguientes actuaciones:

1. Recrecido del aliviadero, hasta la cota 222,10
2. Medidas correctoras, incluyendo las siguientes actuaciones:
   - Construcción de un dique para la creación de habitats palustres en cola de embalse
   - Construcción de un nuevo archipiélago adyacente al río Lácara
   - Construcción de una isla tipo atolón
   - Recrecido de las islas existentes, de mayor superficie, ejecutadas en la primera fase
   - Otras actuaciones de corrección medioambiental de las obras en sí mismas

Para dar una idea de la importancia de las medidas correctoras, baste decir que el importe de adjudicación del Concurso fue de 1.152.621,01 euros; de los que el conjunto de medidas correctoras supusieron 900.523,63 euros, es decir un 78% del presupuesto total.

Con independencia del expediente anterior, pero buscando también continuar mejorando las condiciones ambientales del embalse, por parte del Servicio de Aplicaciones Forestales de la Confederación Hidrográfica del Guadiana se había redactado el PROYECTO DE OBRAS DE PROTECCIÓN DE LA FAUNA EN ZONAS DE COLA E ISLAS DEL EMBALSE DE LOS CANCHALES, dentro del Plan Hidrológico-Forestal. Las actuaciones del mismo, de las que se trata en otra de las comunicaciones presentadas a este Congreso, fueron ejecutadas por la empresa TRAGSA simultanea y coordinadamente a las del recrecido del aliviadero, que se describen a continuación.

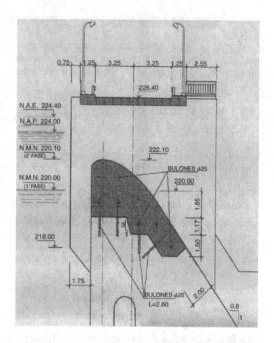

Recrecido del aliviadero

El recrecido del aliviadero se inició con la demolición manual de la parte superior en sus tres vanos. Dado que la cota mínima de demolición en el paramento aguas arriba se fijó en torno a la 217,30, fue necesario efectuar un desembalse extraordinario hasta la misma, iniciándose los trabajos, tanto en los vanos del aliviadero como en los movimientos de tierra en el vaso del embalse para las medidas correctoras. En algunos momentos, dada la alta resistencia del hormigón antiguo y la dificultad del trabajo, fue necesario el empleo de morteros expansivos, al objeto de facilitar la acción de los martillos neumáticos.

En cada vano se puso en obra el hormigón bombeado desde la coronación, en tres tongadas sucesivas. La superficie de contacto entre el hormigón nuevo y el existente se trató con resina epoxi, además de colocar una red de bulones en dos direcciones (hincados en el hormigón del aliviadero existente y en las pilas laterales de este). La última tongada, correspondiente al perfil Creager proyectado, se armó con una estructura de acero inoxidable, que garantizaba una correcta forma geométrica y nivelación en el hormigonado de dicho perfil.

Finalmente, el conjunto del paramento de aguas abajo del aliviadero resultante (incluyendo tanto la parte nueva como la existente) fue sometido a un tratamiento superficial con mortero de resinas de alta resistencia.

Construcción de un dique en cola de embalse

Se trataba de rehabilitar una zona en cola de embalse (zona de "La Coscoja-El Garbancillo") de no excesiva producción en cuanto a anidamientos y estancia de aves acuáticas. Para ello se planteó la creación de

un embalse que mantuviera unos niveles mínimos en el estiaje, con cierta independencia del nivel del embalse principal.

La cota de cimentación del dique fue la 219,00 y su coronación a la 222,00 con un aliviadero reversible a la cota 221,00 una anchura en coronación de 3 metros y unos taludes 1:3. El dique, de materiales sueltos, se ejecutó con "todo uno" del lugar, y se protegió en el paramento aguas abajo con un espaldón de escollera. Los paramentos de hormigón de la solera y muros cajeros del aliviadero se encacharon con piedra de la zona.

Construcción de un nuevo archipiélago adyacente al río lácara

En las medidas correctoras no se contempló el recrecido de los grupos de islas originarios por considerar que podían mantener su funcionalidad en los bajos niveles de embalse alrededor de la cota 220,00. Sin embargo, se ha construido un nuevo archipiélago compuesto por siete islas de distinta forma con la coronación a la cota 223.00 Tanto estas nuevas islas como los atolones antes citados disponen de un canal de desconexión que ha servido de préstamos para los terraplenes haciendo innecesario desplazamientos de carga y descarga y mejorando el rendimiento de las construcciones.

Construcción de un atolón junto al río lácara

Se trata de una isla con planta de corona circular, y por tanto con una laguna interior que embalsa un volumen de agua, conectada al embalse mediante tubos. Su cota de coronación es la 223,00 con un radio interior de 25 metros y una anchura de coronación de 5 metros. La pendiente del talud es el 1:3. El remate superior es de grava gruesa. Los taludes se han protegido perimetralmente con escollera hasta una cierta altura.

Recrecido de las islas existentes, de mayor superficie, ejecutadas en la primera fase

Las dos islas mayores originarias de la primera fase ("Regato de Matasanos" y "El Cañuelo") se han recrecido hasta la cota 223,00. Previamente se han despejado de las especies arbóreas existentes, y una vez alcanzada esa cota de terraplenado, se han realizado nuevas plantaciones de árboles y arbustivas conformando bosquetes, tanto en la plataforma de las islas como en sus taludes.

Actuaciones de corrección ambiental de las propias obras

Dada la importancia ambiental del entorno en el que se iban a desarrollar las obras, tanto el propio recrecido del aliviadero como las medidas correctoras, se debía ser muy cuidadoso para anular o atenuar al máximo los posibles impactos negativos durante la fase de ejecución de dichas obras. Para ello se adoptaron una serie de medidas de corrección ambiental, como el control de residuos y vertidos, la implantación de puntos de limpieza de cubas de hormigón, la limitación temporal de las actividades etc. Se incluía además una partida para realizar el seguimiento y consultoría ambiental de las obras por parte de la Universidad de Extremadura.

5 CONCLUSIONES

Las obras del recrecido del aliviadero de la presa de Canchales junto con todas sus medidas correctoras asociadas, junto con las otras actuaciones de la Confederación antes comentadas, han finalizado la pasada Primavera, habiéndose recuperado el nivel del embalse tan solo hasta la cota 219,00 (por debajo del nivel del recrecido). Por lo tanto, es muy pronto para poder estimar los resultados obtenidos tanto por el recrecido en si mismo como por el conjunto de actuaciones medioambientales realizadas, aunque se confía en que en ambos casos los resultados serán también satisfactorios.

El conjunto de actuaciones realizadas sobre el embalse de los Canchales para potenciar sus usos medioambientales supone un ejemplo de cómo un embalse puede convertirse en una zona de especial importancia medioambiental, compatibilizándose los usos "tradicionales" de los embalses, en este caso fundamentalmente la laminación de avenidas y el abastecimiento a poblaciones, con otros usos mas "novedosos" pero no menos importantes como son los medioambientales.

E incluso, insistiendo en esta línea, podemos ver como en un entorno que gracias al embalse y a las actuaciones realizadas sobre el mismo adquiere una singular importancia ambiental, es posible realizar una actuación tan importante como la casi duplicación de su capacidad de embalse, sin mayores problemas ambientales, siempre y cuando se planifiquen, proyecten y ejecuten correctamente las medidas correctoras precisas.

Dam Maintenance and Rehabilitation, Llanos et al. (eds)
© 2003 Taylor & Francis, ISBN 90 5809 534 7

Ejemplo de actuación de rehabilitación en el ámbito del Guadiana: Actuaciones para la rehabilitación de la calidad del agua en los embalses de Alange y Zújar

Rafael Sánchez Crespo

Jefe de Servicio del Laboratorio, Comisaría de Aguas, Confederación Hidrográfica del Guadiana

RESUMEN: Cuando la calidad del agua de un embalse se ve alterada por alguna causa o fenómeno, (eutrofización, etc.), y no resulta apta para el servicio que daba, la presa pierde prácticamente su funcionalidad requiriendo de las pertinentes actuaciones para rehabilitación de las características del agua embalsada. Este tipo de fenómenos, hecho que suele ser relativamente frecuente en los ríos de la España meridional, suele agudizar su presencia en los momentos de escasez de reservas, mediante la proliferación de algas y el consiguiente riesgo de mortandad de peces provocada por la disminución del oxígeno disuelto, la elevación del pH, el incremento del amoníaco no iónico, ..., y como casos concretos se ha presentado en los embalses de Alange y Zújar, afectando de manera importante al abastecimiento de las poblaciones que de ellos se suministran.

Para rehabilitar la calidad del agua en estos casos se realizaron una serie de actuaciones, centrándose principalmente en la retirada del plancton y en la oxigenación del agua mediante la instalación de un equipo criogénico y una parrilla de tuberías y difusores para la distribución del oxígeno.

La presente comunicación pretende exponer las actuaciones y procesos seguidos para la rehabilitación de la calidad del agua de los embalses de Alange y del Zújar, y recuperar así la funcionalidad de las presas manteniendo el suministro de agua a las poblaciones correspondientes, con resultados completamente satisfactorios.

1 ANTECEDENTES

El mantenimiento de la calidad del agua del embalse del Zújar es, en las circunstancias climatológicas de el primer semestre del año, de una importancia extrema para garantizar el suministro durante la época estival en condiciones aceptables. No sólo se trata de las poblaciones abastecidas habitualmente a través de la Mancomunidad de las Aguas del Zújar, sino también si se llega al caso, el abastecimiento a la zona de las Vegas Altas, y a Mérida.

Por ello, y conocidos de años anteriores los procesos que se desencadenan en el embalse a causa de la eutrofización se pusieron en marcha los trabajos conducentes al control de los mismos. Estos se basaron en dos actuaciones complementarias: el suministro de oxígeno (gas) y la retirada de exceso de biomasa de las aguas.

2 DESCRIPCIÓN DE LOS TRABAJOS

2.1 Introducción

El mantenimiento de la biomasa presente en el Embalse del Zújar en unas condiciones desfavorables, ha exigido la actuación en dos sentidos sobre el sistema biomasa-agua:

1. *Proceso de Oxigenación del agua*

Se construyó una red de distribución sobre la superficie del agua que cubría una zona de distribución de 500 m de largo, y 400 m de ancho (se describe en el apartado), que suministraba a unos elementos difusores (parrillas) suspendidas a 7 m de profundidad.

Mediante la gasificación previa del oxígeno en tierra, y su distribución a través de la red, se liberaba en el interior de la masa de agua, con el objeto de aumentar los niveles de oxigeno disuelto en ésta.

Las obras de la red empezaron el 14 de Julio.

El comienzo del suministro fue el día 28 de Julio de 1.995 durante el mismo hasta el 8 de Octubre.

Hasta el 10 de Agosto se suministraba a razón de 5.000 kg/día y desde esa fecha hasta su finalización 7.200 kg/día, de forma ininterrumpida.

2. *Retirada de plancton y algas*

Extracción del sistema durante su proceso diario de ascenso y descenso hacia la superficie de esta biomasa "consumidora" de oxígeno, y retirada de las capas flotantes de "blooms" producidos con el objeto de controlar los "blooms" sucesivos, atemperando la magnitud de los mismos.

La extracción se ha realizado mediante la utilización de redes apropiadas (descritas mas adelante) a cada situación presente de plancton y de algas. Se ha dispuesto de 2 equipos de forma continua sobre el agua, dotados de embarcación con motor fueraborda y 3 tipos de redes. El material extraído ha ido variando en su composición y en cantidad extraída según el tipo de material presente en cada circunstancia. Han variado desde los 50 Lis. diarios – antes del "bloom" principal – hasta los 900 Lis. (Peso en húmedo escurrido).

Se comenzó con la retirada de material el día 17 de Julio, retirándose los equipos el 31 de Octubre.

2.2 Descripción del proceso de oxigenación

La actuación se ha realizado and mediante una instalación consistente en:

A. Instalación de suministro

Compuesta de depósito tanque, evaporadores ambientales y cuadro de control.

El depósito es de tipo contenedor horizontal con una capacidad total de 20.000 kg. Se ha rellenado cada 2–3 días mediante un trailer cisterna, y puede acumular hasta 20.000 kg de oxígeno líquido. El proceso se ha realizado mediante una motobomba del propio camión cisterna. La presión que se ha mantenido ha sido de $10 \, kg/cm^2$. Se conexiona mediante tubería de cobre, al elemento siguiente las columnas de gasificación, evaporadores o ambientales, que vaporizan el mismo previa a su introducción en la red de distribución.

Se ha dispuesto de tres ambientales conectados en paralelo. 2 de ellos de alta capacidad y 1 de muy pequeña. Con este último se controla la temperatura final de salida mediante el siguiente proceso.

Al ser de pequeña capacidad de evaporación y sometido a un caudal ajustable a voluntad, el fluido que llegaba a él adquiría suficiente calor para vaporizarse pero no para alcanzar la temperatura ambiente, hecho que sí sucede con un ambiental de capacidad adecuada. Este fluido frío se mezcla entonces con cl proveniente de los otros ambientales consiguiéndose una temperatura inferior a la ambiental. La temperatura diurna era así mantenida entre 0°C y 10°C.

Mediante el cuadro de control se consigue la presión y caudal necesarios en la Red. Está constituido por un reloj-termómetro, manómetro, válvula de regulación de presión, válvula limitadora de presión, rotámetro y válvula de seguridad contra oxígeno líquido, así como las correspondientes llaves de manejo. La presión mantenida a la salida es de $2 \, kg/cm^2$.

Todos los elementos anteriores se ubican en el margen izquierdo de la presa, en el lateral del camino de servicio que conduce al embarcadero a unos 60 m. aguas arriba del muro.

B. Instalación de distribución

La instalación se basa en una red en espina; en la que a partir de una tubería principal, se insertan perpendicularmente a la misma los ramales con el elemento de difusión de oxigeno.

La tubería general desciende desde los ambientes anteriores por la ladera hasta la superficie del agua discurriendo paralela a lo largo del muro en 220 m y situado a 60 m del mismo. Las tuberías principales se insertan perpendicularmente a la general a 90 m de la orilla y a 130 m entre sí. Siguen el eje del cauce y su acción cubre desde el muro de presa hasta una distancia de 500 m.

En la tubería general se insertan 3 secundarias y en una principal 12 (en grupos de 2, exterior e interior), separadas entre sí 150 m, en la otra 9 (del mismo modo que en el caso anterior). Los ramales de distribución o tubería secundaria son independientes entre sí con accionamiento individual, y de la misma se suspenden las parrillas o elementos de difusión en su extremo.

Tanto la tubería general como las principales, así como todas las secundarias, tienen llave de accionamiento independiente. Las secundarias se fijan a la tubería principal por un extremo y por el otro llegan hasta el elemento de difusión, siendo mantenidas en su posición mediante un lastre en el fondo y una boya en superficie.

El control de los caudales que circulan por cada una de ellas se ha realizado mediante dos rotámetros portátiles de distinta capacidad (para principal y para secundaria) que se acoplan en los correspondientes by-passes, así como mediante manómetros fijos en 2 puntos en las tuberías principales, y otro incorporado en el rotámetro de baja capacidad para el control de las secundarias.

La pérdida de carga desde los ambientales hasta el extremo más alejado de la tubería ha sido únicamente de $0.15 \, kg/cm^2$.

La red de distribución se han "anclado" a 3 líneas de cable de acero perpendiculares a las tuberías principales, tendidas de orilla a orilla, y separadas 200 m entre sí, con las holguras necesarias para soportar el empuje del viento y el oleaje.

El material empleado es P.E. alta densidad, de 63 mm, en general y principales, y 32 mm en secun-darias.

C. Instalación de difusión

Consistentes en una parrilla rígida suspendida mediante cuerdas de boyas en superficie y situada a 7 m de profundidad. Esta parrilla incorpora la manga porosa, tubería que bajo presión abre los poros dejando salir el oxígeno gas.

De este modo la parrilla no está sometida a las tensiones del anclaje. Desde las boyas de suspensión desciende la manguera de alimentación a la parrilla, insertándose en ésta en el centro geométrico de la misma.

La variación de la profundidad de la parrilla se consigue con las cuerdas que desde los cuatro vértices sostienen a la misma. La parrilla se compone de un armazón rígido de 3 × 2 m de cobre. A modo de retícula anterior, dispone cada una de 10 m de tubería porosa, en tramos paralelos de 1 m. Los poros de esta tubería se abren a una presión mínima de 0.3 kg, con lo que se mejora la homogeneidad de la distribución.

Con el objeto de mejorar el rendimiento en las distribuciones de oxígeno a través del tamaño de burbuja, se disponen de 24 parrillas con un total de 240 m de manga porosa, con lo que a una presión próxima a los 1–1.5 kg se logran caudales bajos con tamaño fino de burbuja por ni. 1. de tubería.

La zona de influencia (en planta) de cada parrilla ha sido una circunferencia de 30 m e diámetro.

La presión mínima de trabajo es de 1 kg, correspondiendo a una cantidad de 875 litros/hora y metro lineal.

2.3 Retirada plancton y algas

El objetivo de la retirada de plancton y algas ha sido la extracción de la biomasa beneficiada por el enriquecimiento en oxígeno que presentaban las aguas, así como de las masas flotantes de algas durante los blooms con el fin de evitar que se convirtieran en "caldo de cultivo" de la especie siguiente.

El servicio se ha compuesto de 3 equipos, dotados de embarcación fuera borda y de redes de captura diseñadas y construidas a tal fin. Durante los primeros días se ensayó el tipo de red a emplear, especialmente la forma que resultaba con un mejor hidrodinamismo dados los tamaños de red que se iban a emplear, así como el tamaño de malla más adecuado para la captura del plancton presente. Como resultado de estas pruebas se adoptó un dispositivo consistente en un bastidor rectangular suspendido mediante boyas, y arrastrado por la embarcación, del que "colgaban" 4 mangas de 40 cm de diámetro y con longitud variable según la luz de malla de las mismas (desde 2.6 a 3.2 m). Estos han sido 90, 150, 200 y 300 micras.

Cada embarcación arrastraba el aparejo anterior durante un período de media hora, tras el cual se producía el vaciado en cubos tras el desmontaje del "tapón inferior". Estas redes resultaron efectivas cuando no había un "bloom" importante, y éste estaba en un estado "fresco", sin presentar desagregaciones.

En circunstancias de bloom se utilizaron dos aparejos distintos. Por un lado, bastidores de 50 cm de altura con una longitud de 5 m (con un ángulo central de 60°), que formaban un bolsa de 0.50 cm de profundidad mediante una malla tipo mosquitera, útiles también en el "estado fresco", y por otro redes tipo piscina, que permitían extraer las acumulaciones en los márgenes y junto al muro, en los momentos centrales del bloom, sin romper las agregaciones que entonces atravesaban cualquier tipo de malla.

El material extraído se depositaba en una excavación realizada al efecto, a la que se suministraba cal viva.

En el apartado correspondiente a los resultarlos obtenidos, se comenta la influencia sobre los blooms de las tareas realizadas.

Los equipos se han organizado mediante un sistema de relevos que permite disponer permanentemente de al menos dos de ellos permanentemente trabajando, incluso fines de semana y festivos, a fin de conseguir la regularidad necesaria.

Se ha trabajado de modo continuo toda la semana, durante el período diario en que se produce mayor acumulación en superficie, desde las 10:00 horas hasta las 17:00 horas.

3 RESULTADOS DE LA APLICACIÓN DE OXIGENO

El suministro de oxígeno comenzó el día 29 de Julio a las 14:00 horas.

Los contenidos de oxígeno en el embalse eran objeto de seguimiento con anterioridad desde el 14-06-95 dentro de los trabajos de "Control Intensivo de la Calidad del Agua Embalsada". Dentro de estos trabajos se realizaba la determinación del perfil de oxígeno disuelto y temperaturas en los puntos situados a 50, 300, y 1000 m de la presa, con una periodicidad semanal.

A partir del 28-8-95 se realiza el seguimiento de modo diario Basta el final de los trabajos. el 7-11-9.

Para el estudio de la incidencia del Proceso de Oxigenación en la evolución del contenido de oxígeno en las aguas del embalse se tomarán como referencia los contenidos obtenidos el año anterior, ya influidos por el Proceso de Aeración que se realizó ese año (dió comienzo el 14 de Septiembre de 1.994 en una primera fase y a pleno rendimiento el 23 de septiembre).

La comparación citada anteriormente se realizará por períodos homogéneos, para la mejor exposición de la misma.

1. Desde el 31-7 hasta el 2-9

Comprende el período desde que se inició la oxigenación (muestreo semanal más próximo) hasta que dieron comienzo los muestreos intensivos diarios. En este caso el término de comparación con el año anterior es sobre el embalse sin aeración, porque aún no había comenzado.

En el año 95 se han mantenido los niveles de oxígeno entre 6 y 10 mg.l. frente a los valores presentados en el 94, de 4 a 6 mg.l. Así mismo el Epilimnión alcanza espesores de 7 a 10 m frente a los 2 a 5 m del año anterior.

2. *Desde el 2-9 hasta el 17-9*
El período es similar al del caso anterior pero ya realizado sobre los perfiles intensivos diarios. Aunque el año anterior había comenzado la aeración, aún no estaba a pleno rendimiento.

Aunque en el tramo central se producen bajadas del contenido medio en ambos casos, el mínimo de 4 mg.l. en el 95 es superior al de 2 en el 94. Los perfiles tienen una tendencia similar en ambos años, aunque el del 95 sería una paralela desplazada 2 a 3 puntos de oxígeno por encima, y de 2 a 4 puntos en m de espesor a la derecha.

3. *Desde el 17-9 al 30-9*
Coinciden ya el inicio de la aeración y la oxigenación, aunque ésta última hay que recordar que comenzó casi un mes anterior.

En el 94 se presentan valores muy uniformes en el Epilimnion, oscilando de 3 a 6 mg.l. mientras que en el 95 parte en superficie de valores más altos (8 a 12 mg.l.) alcanzándose los valores del 94 a 10 m. de profundidad.

En relación a los "blooms fitoplanctónicos" comenzaron en fa última decena de este período, alcanzando la cumbre el día 28 de septiembre, con valores sensiblemente inferiores a los del año 94.

4. *Desde el 30-9 al 16-10*
La aeración y la oxigenación coinciden plenamente y es el período en el que se produjeron mayor número de blooms.

La tendencia general es muy similar al del período anterior. En el año 95 los valores caen en el entorno de 0 mg.l. entorno a los 12.5 m de profundidad, mientras que en el año anterior se alcanza ese valor a mayor profundidad, entorno a los 15–17 m. En cambio en el 95 el contenido en oxígeno a los 10 m. de profundidad es de 2 a 3 puntos superior. La situación a los 2000 m es muy similar en ambos años.

5. *Desde el 16-10 al 31-10*
Al comienzo se repiten los esquemas del período anterior. A partir del día 20 en el año 94 prácticamente desaparece la estratificación, mientras que en el 95 se mantiene pero con un espesor de Epilimnion de 15 m. Los contenidos de oxígeno en el 94 se estabilizan entorno a los 4–6 mg.l. mientras que en el 95 se alcanzan desde 6 a 7.5 mg.l.

6. *Desde el 31-10 al 7-11*
Sólo se refieren a datos del año 95. El embalse se encuentra en pleno período de mezcla, habiéndose alcanzado un contenido medio de 6 mg.l.
El día 11 se finaliza la aplicación de oxígeno.

CONCLUSIÓN GENERAL

Se puede concluir que la aplicación de oxígeno en el Embalse del Zújar ha sido netamente positivo para mantener la calidad de las aguas embalsadas, evitando la aparición de situaciones peligrosas o de riesgo para la fauna piscícola que habrían incrementado el empeoramiento de las aguas para su destino de abastecimiento.

Los Valores detectados permiten afirmar que se ha conseguido mantener los niveles de oxígeno en el Epilimnion, así como el espesor de éste, en valores superiores al año anterior, recordándose que el término de comparación ha sido fa situación del ario 94 con aeración.

4 COMPARATIVA DE LOS VALORES DE CLOROFILA EN EL PERIODO 94/95

La concentración de clorofilas a, b y c del embalse del Zújar ha variado considerablemente a lo largo del periodo estival de 1.995, alternándose cortos periodos de "bloom" con fases "limpias" y sin dicho fenómeno.

En la boya situada a 50 m de presa, la concentración de clorofila a en el periodo Junio-Septiembre de 1.995, fué siempre inferior o próxima a los 10 mg/m^3, mientras que las concentraciones alcanzadas en el mismo periodo del año 1994, fueron superiores en 5–6 veces, en valor medio.

Los "blooms" de clorofila a más importantes aparecieron desde mediados de septiembre hasta finales de octubre, al igual que en 1994. Sin embargo, se ha reducido su frecuencia, intensidad y niveles respecto a los registrados el año anterior durante el mismo periodo. El valor de clorofila a mas alto registrado durante 1.994, fue de 13.900 mg/m^3 y el periodo medio de duración de las proliferaciones planctónicas de 3–8 días. En 1.995, el máximo valor puntual registrado ha sido de 2.314 mg/m^3 y su duración máxima 1 día.

En los otros dos puntos de muestreo el número de proliferaciones han sido superiores, no coincidiendo en el tiempo con las proliferaciones del primero, pero sus comportamientos han sido similares entre ellos. Esta no coincidencia ha podido deberse tanto al hidrodinamismo propio del embalse del Zújar como a los vientos dominantes en la zona que han producido acumulaciones superficiales de plancton, tanto en las orillas como en las zonas próximas al muro de presa que se visualizaban como manchas de distintos colores, según la/s especie/s protagonista/s.

Hay que destacar la ausencia de "blooms" importantes en la boya situada a 300 m de presa desde la segunda semana de Octubre hasta finales del mismo, hecho que no ocurrió en los otros dos puntos, lo que es una clara respuesta a la actuación de la retirada de plancton llevada a cabo en dicha zona.

Así pues, se puede afirmar que la extracción de plancton llevada a cabo a lo largo de todo el verano 1995, ha reducido su concentración en la zona donde se ha llevado a cabo la actuación, que es alrededor de la boya situada a 300 m del muro de presa, así como en su entorno próximo. Se ha reducido notablemente la frecuencia de aparición de las proliferaciones masivas de plancton, su intensidad y duración.

5 RESULTADOS DE LA EXTRACCIÓN DE BIOMASA

La extracción de biomasa se ha llevado a cabo mediante diferentes tipos de redes, tanto planctónicas como redes de "bloom" o de captura masiva, con mallas de 90, 150, 200 y 300 u y de 0.5 mm de luz, respectivamente.

La cronología de la extracción de plancton ha sido, muy resumidamente, como sigue. Durante la segunda quincena de julio y primera de agosto el volumen húmedo medio de plancton retirado fue de unos 50 litros/día, cifra que se dobló en la segunda quincena de agosto, obteniéndose unos 100 l/d.

En la primera quincena de septiembre se alcanzaron los 200 l/d, que pasaron a ser de 800 l/d, durante la segunda quincena de septiembre. Durante la primera quincena de octubre se recogieron volúmenes medios de 900 l/d que descendieron a 200 l/d en la segunda quincena de octubre. Estos datos arrojan un volumen total húmedo de biomasa extraída de unos 30–35 m^3 durante toda la actuación. En el cronograma de la página siguiente se representan los hitos mas importantes ocurridos así como las actuaciones realizadas durante esta actuación de extracción de biomasa.

Dam Maintenance and Rehabilitation, Llanos et al. (eds)
© 2003 Taylor & Francis, ISBN 90 5809 534 7

Ejemplos de actuaciones ambientales en el ámbito del Guadiana y problemática que plantea la conservación y rehabilitación de presas ubicadas en espacios de interés medioambiental

N. Cifuentes
Ingeniero de Montes, Jefe de Servicio de Aplicaciones Forestales, Confederación Hidrográfica del Guadiana

M. Aparicio & P. Giménez
Ingenieros de Montes, PYCSA-INCISA, U.T.E.

ABSTRACT: Los nuevos usos asociados a los embalses y la creciente preocupación por el medio ambiente en la sociedad actual, obliga a gestores y proyectistas a tener en consideración a todos los agentes implicados a la hora de la toma de decisiones. En esta comunicación se esbozan algunas líneas de actuación en este sentido en distintos tipos de presas, desde Los Canchales, un pequeño embalse con un uso medioambiental importante, hasta grandes infraestructuras de reciente construcción como la presa del Andévalo.

INTRODUCCIÓN

Durante las décadas de los 50 y 60, se empezaron a construir en España las grandes presas que existen en la actualidad. Es la época del desarrollismo, de las grandes Obras Públicas de Infraestructura Hidráulica. En la Cuenca del Guadiana esta etapa tiene su máximo exponente en el Plan Badajoz, por el que se ponen en regadío más de 130.000 ha en las vegas del Guadiana.

En aquel momento la preocupación de la población va más en el sentido del progreso económico que supone el regadío, que en el del impacto ocasionado por estas grandes obras de regulación y no se puede decir que exista un activismo significativo en su contra. Esta circunstancia va a cambiar a la vuelta de unos pocos años, cuando las alegaciones y críticas se suceden a la hora de acometer la construcción de una presa y generan una problemática social y ambiental importante.

En cualquier caso, con el paso del tiempo, la sociedad se ha ido acostumbrando a la presencia de estas masas de agua embalsada que, por el mero hecho de su existencia, han provocado una serie de cambios planteando nuevas líneas de actuación y nuevos usos que hay que considerar a la hora de su explotación.

Una de las transformaciones que sufre el territorio es el aumento de la capacidad de acogida que adquiere para un nutrido grupo de especies, principalmente de aves. Algunos de los embalses más criticados, son ahora lugar de nidificación, cría, dormidero o refugio para especies cuyas poblaciones en algunos casos están muy reducidas o incluso en peligro de extinción. La importancia de estos embalses ha sido reconocida nacional e internacionalmente a través de su inclusión en el convenio de Ramsar de Humedales de Importancia Internacional (Orellana), o mediante distintas figuras de protección, como son "Zona de Especial Protección para las Aves" (García Sola, La Serena), o Parque Natural (Cornalvo).

Uno de los principales efectos negativos que tienen las presas sobre la fauna es el efecto barrera longitudinal que suponen para el movimiento de los peces.

Figura 1. Mirador en el Cerro Masatrigo.

Figura 2.   Escala de peces en la presa de Montijo.

Figura 3.   Centro de visitantes. Torre de Abraham.

Para corregir este impacto una vez construida la presa es necesario instalar unos dispositivos especiales o escalas que ayuden a los peces a franquear el obstáculo aguas arriba. En la cuenca del Guadiana existen varios ejemplos de estos sistemas de franqueo, en el azud de la Granadilla en Badajoz y en la presa de Montijo. Se trata de sistemas novedosos en el sentido que hasta ahora todas las experiencias que existían se referían a salmónidos, siendo menos conocidos el comportamiento y necesidades de los ciprínidos que son el grupo más abundante en los ríos del Sur de España. Además de la barrera física, la ictiofauna se ve afectada por alteraciones del hábitat, lo que provoca desequilibrios en las poblaciones. En relación a estas cuestiones se han realizado algunas experiencias en el embalse de Los Canchales.

Además de la importancia ambiental, no cabe duda que alrededor del agua, del medio fluvial en general, ha surgido en los últimos años una demanda de uso socio-recreativo cada vez más intensa que condiciona la vida de los embalses y de la fauna asociada a ellos

Figura 4.   Pesquiles flotantes.

y que los gestores deben tener en cuenta en la planificación y ordenación del territorio, sin olvidar otras actividades de tipo económico como la extracción de áridos.

Entre los usos secundarios más importantes actualmente en los embalses hay que destacar la pesca deportiva. Sirvan como ejemplo el tramo urbano del río Guadiana a su paso por la ciudad de Mérida, donde se han construido más de 120 pesquiles creando una zona de pesca de competición de aproximadamente 1200 metros que ya disfrutan miles de pescadores de la comarca, o bien la península de Los Caserones en el embalse del Zújar.

Sin embargo, este uso social tiene una vertiente negativa, motivada por el exceso de presión en algunos embalses que por sus características: situación próxima a un núcleo urbano importante, tamaño reducido, etc. son más vulnerables. En el embalse de Proserpina, ya se observan problemas de calidad del agua, destrucción del hábitat de algunas especies, etc.

Esto sugiere la necesidad de establecer unas limitaciones de uso espacio-temporales para poder integrar todos los componentes del sistema presa-entorno. A continuación vamos a ver dos ejemplos en los que se pone de manifiesto esta necesidad integradora. El primero se trata de un pequeño embalse con un claro uso medioambiental y donde se está actuando para potenciar ese uso, y el segundo corresponde a la problemática asociada a la construcción de una gran presa en la actualidad.

Embalse de uso medioambiental

Gran parte de los embalses construidos a lo largo de la cuenca del Guadiana fueron en su día objeto de controversia por el gran impacto ambiental ocasionado. Hoy en día, muchos de ellos son zonas húmedas de gran importancia ecológica, y pequeñas mejoras hechas de manera ordenada pueden llegar a lograr la creación de nuevas áreas de interés internacional. El embalse de Los Canchales es un ejemplo.

Figura 5. Repoblación de arbustivas.

Figura 6. Colocación de arrecifes.

Tras la primera fase de construcción de la Presa de los Canchales en 1989 se realizaron una serie de proyectos para disminuir los impactos ambientales producidos, que se centraban principalmente en la construcción de islas para la ornitofauna y de zonas especiales para la herpetofauna. Estas medidas tuvieron una muy buena aceptación por parte de la comunidad faunística, según se ha visto en estudios realizados.

La segunda fase de construcción de la presa contemplaba la subida 4 metros de altura del aliviadero, y se ha realizado durante los años 2001–2002. El mayor impacto producido por esta obra es sin duda alguna la inundación de hábitats existentes en el entorno. Incide negativamente en la flora (al ahogar a importantes extensiones de encinares), fauna (al inundar las islas de nidificación y otros lugares de querencia de la herpetofauna y vertebrados como el conejo), en el medio (al incidir directamente en el cambio de usos del suelo), y en las relaciones entre éste y la biocenosis (como consecuencia de todo lo anterior). Por tanto, a la hora de definir las actuaciones, se ha tenido en consideración el conjunto del sistema ecológico agua-tierra que comprende el embalse, realizando mejoras directas en cada apartado (fauna, flora y medio) que sean compatibles con el resto. De esta forma, las medidas llevadas a cabo se detallan a continuación:

El entorno del embalse se usa en su mayor parte como tierras agrícola-ganaderas. Esto ha ocasionado una degradación de la vegetación por lo que se planearon unas repoblaciones teniendo en cuenta la vegetación climatófila y edafohigrófila potencial, así como los usos ecológicos asignados a la zona (esparcimiento del conejo, refugio para paseriformes, etc. …); llevándose a cabo repoblaciones irregulares en bosquetes pluriespecíficos y monoespecíficos según su uso.

Las medidas correctoras relativas a la fauna comprenden a comunidades de peces, aves, anfibios, reptiles y otros vertebrados. La ictiofauna es fundamental en el ecosistema acuático del embalse, por lo que se realizó un censo para estudiar su estado, concluyéndose la existencia de una gran población alóctona (carpas, percasol, blackbass, etc.) y el gran

Figura 7. Formación de islas y canales.

desequilibrio de la población existente (alta escasez de alevines debido a la ausencia de un biotopo adecuado) que conllevaría la desaparición de la misma en un futuro cercano. Como medida correctora de la población se ha construido charcas comunicadas por canales de aguas someras, así como una serie de arrecifes formados por pirámides de cubos de bloques de hormigón de un metro cúbico cada cubo, dispuestas en superficies de $200 \times 30\,m^2$ aproximadamente. Dada la complejidad de estas operaciones, se efectuaron mediante helicóptero pues había que colocar las unidades sobre la lámina de agua.

La comunidad de aves comprende la población de fauna de mayor interés en conservación del embale. Existen poblaciones invernantes, nidificantes y migratorias de un alto valor ecológico, de hecho es una zona propuesta para RAMSAR. Dentro de las actuaciones correctoras cabe destacar:

– Recrecido de una serie de islas de estructura y morfología diferente (en atolones, agrupadas en gran número, individuales), y adecuación de las mismas según su uso asignado (nidificación de larolimícolas, de ánades, ardeídas. …).

– Creación e instalación de posaderos para descanso de aves. Se trata de simples rollizos de nueve

Figura 8.   Posaderos para avifauna.

Figura 10.   Construcción de diques.

Figura 9.   Jaula para ardeidas.

metros hormigonados en su base y colocados en el vaso del embalse con helicóptero.
– Construcción de una jaula de $30 \times 10 \times 3\,\mathrm{m}^3$ para uso de atracción de espátulas (*Platalea leucorodia*) mediante métodos hacking para fomentar la nidificación de esta importante especie a nivel internacional.
– Construcción de un gran dique en una cola del embalse para mantener láminas de agua constante a lo largo del año.
– Adecuación de diferentes parajes para nidificación de larolimícolas, cigüeñas, cernícalos primilla y ardeídas, mediante construcción de nidos y primillares, con fácil acceso para los científicos para investigación.

Además de estas actuaciones se han realizado otras encaminadas a la mejora de la biodiversidad de la herpetofauna (mediante manejo de cursos fluviales someros realizados con construcción de azudes y canales de derivación) y de mamíferos (construcción de majanos e islas flotantes para nutrias).

Otro tipo de medidas correctoras han sido las encaminadas a la ordenación del uso social. Todavía

se está redactando el Plan de Ordenamiento de Usos, pero debido a la gran demanda que actualmente existe en el embalse, se han realizado una serie de actuaciones. Actualmente coexisten diversos usos como son el científico, recreativo, turismo de naturaleza y deportivo. Gran parte de estas actividades se realizan a lo largo de todo el perímetro del embalse por lo que se superponen a zonas de nidificación o descanso de aves, como por ejemplo la de la pesca deportiva que llegan en coche a cualquier tramo de la orilla del embalse. Se pretende concentrar determinados usos en unas áreas localizadas en las cercanías de la presa. Por ello se ha acondicionado una serie de observatorios, señalizaciones de uso y zonas abiertas para concentrar a la gente en las cercanías de la presa. No obstante, dada la gran presión social, hay una gran necesidad de que se apruebe el Plan de Ordenación, para poder realizar las adecuaciones finales de carácter social.

Las grandes infraestructuras

Esta preocupación por la protección del medio natural de los últimos tiempos hace que el aspecto medioambiental sea fundamental hoy día a la hora de tomar importantes decisiones y en especial a las que afectan a la construcción de grandes infraestructuras como por ejemplo la presa del Andévalo (Huelva).

El diseño inicial de esta presa tenía previsto alcanzar una cota de llenado de 121 m.s.n.m con una capacidad de 1.025 hm³ pero que como consecuencia de la Declaración de Impacto Ambiental se limitó finalmente a la cota 112 m.s.n.m, reduciendo la capacidad de embalse a unos 600 hm³. Sin duda esta fue una decisión trascendental que se adoptó en 1994 en base a la falta de información suficiente que existía en aquel momento sobre la posible afección ambiental, pero se estableció la posibilidad de recrecer el aliviadero a la cota inicialmente planteada (la 121) siempre y cuando los correspondientes estudios ambientales así lo posibilitasen y tras una aprobación de un

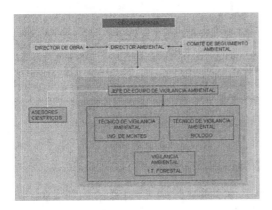

Figura 11.   Organigrama de funcionamiento.

Figura 13.   Hidrosiembra.

Figura 12.   Trasplante de encinas.

Figura 14.   Balsas de decantación.

Comité de Seguimiento Ambiental creado, entre otras cosas, para tal fin.

La importancia de los temas ambientales en la toma de decisiones ha hecho necesario la puesta en marcha un Programa de Vigilancia e Investigación Ambiental cuyo objetivo principal se centra en garantizar el cumplimiento de las medidas correctoras de la D.I.A., detectando problemas y proponiendo soluciones prácticas a los mismos.

La puesta en marcha de estas actuaciones exige la creación de un equipo multidisciplinar encabezado por un Director Ambiental adscrito a la Confederación Hidrográfica del Guadiana que actúa de forma coordinada y en paralelo con el Director de las Obras. Además es necesaria la intervención en este proceso de otros organismos especializados como universidades, administraciones ambientales, ONGs, etc.

Entre las numerosas medidas correctoras que incluía la D.I.A. o que fueron incorporadas destacan:

– La creación de un paso de fauna aguas abajo de la nueva presa. Esta es sin duda la medida correctora

más importante ya que pretende disminuir el efecto barrera que supone la creación de este embalse, en especial si como ocurre en este caso se trata de una presa ubicada sobre la cola de otro embalse, el del Chanza.

– Medidas compensatorias para la restauración de las riberas aguas arriba del embalse.

– Deforestación del vaso del embalse, mediante la elaboración de un detallado plan que tiene en cuenta numerosos aspectos como las pendientes, tipos de vegetación, erosiones, necesidades de refugio y zonas de nidificación, ritmo de llenado, trasplantes de arbolado de interés (unas 10.000 encinas), etc.

– Regeneración de canteras y zonas de préstamos, zanjas y balsas de decantación, control de vertidos, tratamiento de taludes, estribos, instalaciones, etc.

Como novedad en su momento la D.I.A estableció la necesidad de realizar simultáneamente a la ejecución de las obras e incluso durante la fase de explotación, una serie de programas de investigación ambiental que permitiesen aumentar el conocimiento tanto de la

Figura 15. Lince ibérico, nutria, buitre negro y águila real.

efectividad de las medidas correctoras propuestas como para asesorar al Comité de Seguimiento Ambiental sobre la viabilidad de recrecer finalmente el embalse. Se han establecido diferentes líneas de investigación y en especial sobre los posibles ecosistemas afectados y sobre especies protegidas como el lince ibérico, la nutria, el buitre negro y el águila real.

Especial mención merece el lince ibérico (*Lynx pardinus*) ya que sobre esta especie se ha realizado un esfuerzo singular en colaboración con la Estación Biológica de Doñana a la que tras varios meses de trabajo sistemático de campo en un área de estudio de 752,5 km², se le hizo llegar muestras de excrementos para su análisis del ADN, todo ello dentro de las líneas de actuación incluidas en la Estrategia Nacional para la Conservación del Lince Ibérico. Los resultados son concluyentes, la zona afectada por el embalse del Andévalo y su entorno no presenta en la actualidad población estable de lince ibérico, lo que no quiere decir que siga siendo considerado este territorio como zona susceptible de acoger individuos de esta especie en el futuro, aspecto este que se ha tenido muy en cuenta a la hora de definir y realizar las medidas correctoras.

La importancia de las medidas ambientales que hoy día se adoptan en obras de este tipo se pueden reflejar también por el importe final de las mismas. En este ejemplo de la presa del Andévalo se puede afirmar que aproximadamente las inversiones finales en medidas de protección y mejora ambiental pueden llegar a alcanzar un 28% del coste real de construcción de la presa (unos 17,8 millones de euros) cifra que hace unos años se consideraría inadmisible pero que hoy día responde a unas exigencias cada vez mayores por parte de la sociedad en la que vivimos.

CONCLUSIONES

Tras el análisis de estos y otros ejemplos se pueden extraer las siguientes conclusiones:

– La cada vez más compleja tramitación ambiental en la que intervienen numerosos sectores (administraciones, organizaciones y particulares), supone que en muchos casos se retrase el inicio de actuaciones como consecuencia de un exceso de burocratización.
– La conveniencia de compatibilizar los numerosos usos e intereses que se pueden llegar a producir y que afectan a colectivos cada vez mejor preparados.
– Una mayor visión de conjunto que permita identificar con rapidez las diferentes afecciones ambientales que pudieran derivarse en un futuro más o menos inmediato, sin tener que esperar a que se produzca algún tipo de conflictividad antes de actuar.
– La necesidad de establecer equipos multidisciplinares tanto en la administración como en las empresas, con capacidad para buscar soluciones a la cada vez más compleja problemática ambiental asociada a la ejecución y posterior gestión de este tipo de infraestructuras.
– En determinados casos es más conveniente proceder a segregar o independizar actuaciones de marcado carácter ambiental de lo que son importantes obras de infraestructuras, permitiendo así su licitación por parte de empresas especializadas, lo que sin duda mejora la calidad de la obra y la optimización de los recursos económicos.

Dam Maintenance and Rehabilitation, Llanos et al. (eds)
© 2003 Taylor & Francis, ISBN 90 5809 534 7

Ejemplo de actuación de rehabilitación en el ámbito del Guadiana: Rehabilitación funcional de la Presa de El Vicario

Manuel Rivera Navia
Ingeniero Industrial, Jefe del Servicio de Aplicaciones Industriales, Confederación Hidrográfica del Guadiana

Pedro Casatejada Barroso
Ingeniero Técnico, Confederación Hidrográfica del Guadiana

ABSTRACT: La presa de El Vicario, sobre el río Guadiana, en el término municipal de Ciudad Real, de gravedad con fábrica de hormigón, tenía dos desagües de fondo, de 1,2 m de diámetro, totalmente inoperativos. Los dos conductos de desagüe cuentan con sendas válvulas reglamentarias del mismo diámetro, si bien ambas se encontraban fuera de servicio, una de ellas con la carcasa agrietada y la otra con el accionamiento averiado, lo cual imposibilitaba su uso. La única posibilidad de desembalse por fondo se hacía a través de un injerto de 600 mm de diámetro acoplado a uno de los conductos anteriores, si bien su funcionamiento no resultaba ni aconsejable ni eficaz dada su reducida dimensión.

El año 2.001 se ha dado solución a la problemática existente, sustituyendo las válvulas averiadas así como renovando los conductos, los cuales han sido sustituidos y su trazado modificado a efectos de mejorar su funcionalidad, con todo lo cual se ha conseguido restituir la capacidad de desagüe precisa para la presa.

La presente comunicación pretende poner de manifiesto las operaciones de rehabilitación ejecutadas, su proceso constructivo y los resultados obtenidos.

1 INTRODUCCIÓN

La Presa del El Vicario, fue terminada su construcción en el año 1973, está levantada sobre el Río Guadiana, en el Término Municipal de Ciudad Real.

Es una presa de gravedad, con una altura total de 21,5 m. sobre cimientos y su uso es fundamentalmente riego agrícola.

La presa dispone de:

• Un amplio aliviadero donde se ubican siete compuertas tipo Taintor.
• Desagüe de fondo, formado por dos conductos, situados en la margen de – recha.
• Toma de agua para riego agrícola, formado por un conducto, situado en la margen izquierda.

Los dos conductos de desagüe de fondo de diámetro 1.200 mm, cuenta con sendas válvulas de compuerta del mismo diámetro, una de ellas con la carcasa agrietada y por tanto fuera de servicio y la otra sin accionamiento eléctrico por avería del mismo. Una tercera válvula de compuerta de 600 mm de diámetro que deriva del conducto izquierdo y con salida al cuenco del río, es la única válvula operativa.

Posteriormente a las válvulas, los conductos de salida discurren paralelamente y tras codo de 90° hacia la izquierda vierten al río en el cuenco amortiguador del aliviadero.

Las válvulas tienen sus aducciones unidas a un único colector que sale al exterior por la pared que da al cuenco.

2 PROBLEMÁTICA EXISTENTE

El desagüe de fondo está formado por dos conductos situados con su eje en la cota 589,50. Cada conducto, como puede verse en las imágenes, está constituido por un abocinamiento de sección circular hasta lograr la dimensión del díametro interior del conducto de 1.200 mm, antes del inicio de la tubería y en zona de sección circular existen ranuras para posible taponamiento de los conductos mediante un escudo de ataguía. Las embocaduras de ambos conductos están protegidas por una reja.

Los conductos se encuentran en mal estado debido a los muchos años de haber entrado su servicio y a la mala calidad de las aguas, por lo que se decide forrarlos

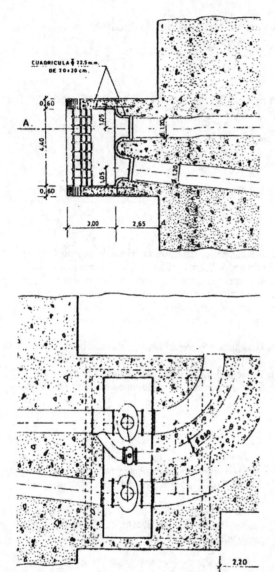

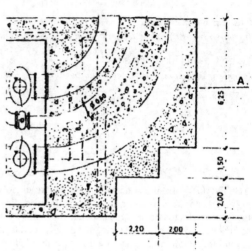

interiormente con chapa de acero inoxidable de 10 mm. de espesor, los diferentes tramos que forman el revestimiento, previa preparación de bordes se soldarán entre si, y el intersticio entre ambas tuberías se rellenó con resina epoxi, para inyección.

En cuanto a las válvulas, dado el estado en que se encontraban, se decide sustituirla por otras nuevas, para lo cual hubo que demoler el hormigón en masa en el recinto de válvulas.

En su interior se colocarán cuatro válvulas, dos en cada conducto al objeto de poder cumplir lo indicado en el Reglamento de Seguridad de Presas.

Las compuertas instaladas son del tipo Bureau de 1 * 1,20 m de vano, construidas en chapa de acero inoxidable AISI-304L con refuerzo de acero al carbono, y tablero de chapón de acero al carbono de 80 mm de espesor guarnecido con pletinas de bronce al cuerpo de la compuerta.

Entre cada grupo de dos compuertas, uno por conducto, se instalará el correspondiente by-pass de 150 mm de diámetro con doble válvula de compuerta.

En la zona de salida de cada compuerta y en su parte superior existirán orificios unidos a través de tubos a los conductos de aireación formados por tubos de acero inoxidable de 250 mm de diámetro.

Aguas abajo de la caseta de válvulas fue necesario la demolición del hormigón en masa para la instalación de nuevos conductos de desagüe, a fin de modificar el cambio brusco de dirección que existía. Para lo cual fue preciso la prolongación de los conductos de desagües y por lo tanto de la zona de hormigonado de los mismos, para lo cual previamente fue preciso realizar la excavación necesaria, así como taladrar el nuevo cajero de 1,20 m de espesor.

Estos conductos se construyeron en chapa de a – cero inoxidable de 10 mm. de espesor y dimensiones 1 * 1,20 m reforzado con bridas de acero al carbono.

3 ACTUACIONES REALIZADAS

Las actuaciones realizadas, para la rehabilitación de los desagües de fondo, así como la reparación

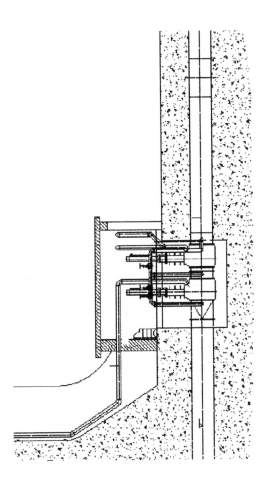

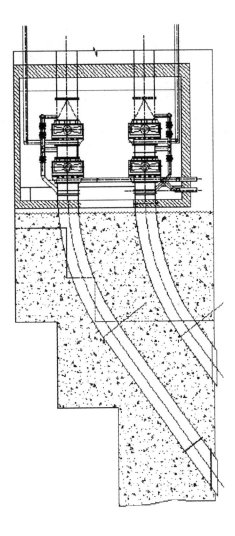

de la toma de riego son las que se indican seguidamente:

1) Comprobación, mediante equipo de buceo de las embocaduras en las tomas y conductos de desagües de fondo, y de toma de riego, previos orificios practicados en las rejillas.

2) Fabricación y montaje de escudos en las embocaduras de dichos desagües de fondo y de la toma de riego.

3) Acondicionamiento de conductos de los desagües de fondo, aguas arriba de las válvulas, mediante forrado con chapa de acero inoxidable AISI-304L, así como la construcción y montaje de piezas de transición de Ø 1,20 m a rectangular de 1,00 × 1,20 m del mismo material, con refuerzos y bridas de acero al carbono A-42B. Todo ello posterior al desmontaje de las válvulas de compuertas existentes.

4) Demolición en recinto de válvulas, para la ampliación del mismo, con el fin de dar cabida a las compuertas Bureau, así como a los carretes correspondientes.

5) Demolición de hormigón en zona de aguas debajo de las válvulas y taladro en el muro cajero, así como excavación y posterior hormigonado, para la instalación de conductos de salida de los desagües de fondo.

6) Fabricación y montaje de cuatro compuertas Bureau de 1 × 1,20 m de luz, dotadas de su unidad de accionamiento y su correspondiente cuadro eléctrico.

7) Fabricación y montaje de carretes de unión entre compuertas y carretes de desmontaje. Así como de tuberías de aireación y by-passes necesarios.

8) Fabricación y montaje de conductos de aguas debajo de compuertas Bureau, en acero inoxidable AISI-304L de 1 × 1,20 m con refuerzos de acero al carbono A42-B.

9) Acondicionamiento del conducto de toma de la estación de bombeo, en sus tres tramos: rectangular; de transición y circular, previo desmontaje de la válvula de compuerta.

10) Acondicionamiento de la válvula de mariposa Ø 1.500 mm, sita en la estación de bombeo.

En los dos últimos puede verse la instalación de las cuatro válvulas Bureau, así como disposición de conductos de desagüe, aireación y by-pass.

4 CONCLUSIÓN

Posteriormente se realizaron las pruebas de funcionamiento de los mecanismos instalados, comprobándose que los equipos realizarán la función encomendada con total eficacia, cumpliendo con las condiciones de seguridad que este tipo de instalaciones requiere.

Dam Maintenance and Rehabilitation, Llanos et al. (eds)
© 2003 Taylor & Francis, ISBN 90 5809 534 7

Ejemplo de actuación de rehabilitación en el ámbito del Guadiana: Rehabilitación por condiciones de seguridad en la presa de Los Molinos

Fernando Aranda Gutiérrez
Ingeniero de Caminos, Canales y Puertos, Confederación Hidrográfica del Guadiana, Mérida

Jose Luis Sánchez Carcaboso
Ingeniero Técnico de Obras Públicas, Confederación Hidrográfica del Guadiana, Mérida

ABSTRACT: La presa de Los Molinos es una presa de materiales sueltos, de 39 metros de altura, con una capacidad de embalse de unos 33 hm^3 y una cuenca de aportación de 1.200 km^2. El aliviadero se situa en un collado lateral, inicialmente no revestido. Dicha presentaba dos problemas de la máxima importancia. Uno de ellos consistente en la falta de capacidad de desagüe, que provocaba que avenidas por encima de los 500 años de periodo de retorno causaran vertidos sobre la coronación, y el otro consistente en la mala calidad geotécnica de la roca de la vaguada del aliviadero. En la presente comunicación se pone de relieve la problemática existente y las actuaciones llevadas a cabo para solucionar la misma.

1 INTRODUCCIÓN

La presa de Los Molinos se sitúa hacia la parte media del río Matachel, en el término municipal de Hornachos (Badajoz). Es una presa de materiales sueltos (escollera con núcleo de arcilla) con 39 metros de altura sobre cimientos.

La capacidad del embalse creado es de 33,65 hm^3, siendo la cuenca de aportación de 1.200 km^2, y la aportación media anual de unos 100 hm^3.

El aliviadero de la presa se sitúa en un collado lateral, cerrado a la cota 350 por una estructura de hormigón, de planta en arco de círculo. Aguas abajo del mismo discurre una vaguada de fuerte pendiente y cerca de seiscientos metros de longitud, que reincorpora los caudales vertidos al cauce del Matachel.

La presa ha sido clasificada como "A", por resolución de la Dirección General de Obras Hidráulicas y Calidad de las Aguas de fecha 23 de Julio de 1999.

Los estudios hidrológicos realizados para el proyecto de la presa, y concretamente para el dimensionamiento del aliviadero, tuvieron unos datos de partida necesariamente muy limitados, debido a la ausencia casi total de datos de aforos y a la escasa longitud de las series de datos meteorológicos. El caudal de la avenida de los 500 años de periodo de retorno resultante de los cálculos del proyecto era de 422 m^3/s, pero debido a la ausencia de datos comentada, se dimensionó el aliviadero para un caudal de 725 m^3/s.

Conviene destacar aquí que la capacidad de laminación del embalse de Los Molinos es muy reducida, dado su relativamente escaso volumen en comparación con los caudales y volúmenes de las avenidas que pueden presentarse. Asimismo, destacar que los desagües de fondo (2 tubos de 800 mm), tan solo desagüan a embalse lleno unos 17 m^3/s, por lo que su contribución al control de avenidas es mínima.

Ya durante la construcción de la presa y más desde la entrada en explotación de la misma, en 1.985, se habían venido produciendo avenidas importantes, alcanzándose en Diciembre de 1.989 una sobreelevación de 1,97 metros, correspondiente a un caudal desagüado de unos 930 m^3/s, en Enero de 1.996 hubo vertidos algo superiores a los 500 m^3/s, y en Enero de 1.997 fueron algo superiores a los 250 m^3/s. En todos los casos se incluye el caudal de los desagües de fondo.

Como puede apreciarse, en una ocasión se había alcanzado casi la capacidad del aliviadero, y en dos ocasiones se han tenido vertidos superiores a los caudales de la avenida de los 500 años de periodos de retorno calculada, teniendo que considerarse que los caudales de entrada que motivaron dichos vertidos serían lógicamente aun mayores, a pesar del escaso efecto laminador del embalse antes citado.

Por otra parte, los vertidos antes citados habían causado graves daños a la vaguada del aliviadero, constituida por pizarras de pobres características geotécnicas y que buzan casi perpendicular al vertido. Dichos

daños se agravaban a medida que se producían nuevos vertidos, pudiendo llegar a hablarse de un problema de erosión regresiva. Se realizaron diversas actuaciones de emergencia para tratar de solucionar el problema, incluyendo la construcción de defensas para rotura de energía, relleno de huecos con hormigón y escollera, así como la retirada de sedimentos, que ocasionan problemas de inundaciones del área de aguas abajo de la presa. No obstante, la eficacia de estas actuaciones era muy limitada, y hacía precisas nuevas actuaciones después de cada temporada de vertidos.

Este problema era doble, pues por un lado se tiene un importantísimo deterioro del canal de descarga, que podría llegar a causar la ruina de la estructura de control del aliviadero, y por otro, los sedimentos depositados en la confluencia entre el canal y el río Matachel tapan el cauce de éste en una zona por donde tienen que circular los caudales desagüados por fondo, las sobreelevaciones consiguientes provocaban inundaciones en la zona de pie de presa, donde se ubican las instalaciones de abastecimiento de la Mancomunidad de Los Molinos que abastecen a unos 50.000 habitantes.

Todos estos hechos, unidos a las antes citadas limitaciones del estudio hidrológico primitivo, motivaron que tras los vertidos del Invierno de los años 1995–1996 (que ocasionaron importantes daños en la

vaguada del aliviadero) se realizase un nuevo cálculo de máximas avenidas, mediante el método hidrometeorológico, completado por el correspondiente estudio de laminación, así como un reconocimiento geológico-geotécnico bastante completo de la vaguada del aliviadero.

Las conclusiones de dichos estudios, particularmente de los hidrologicos, fueron altamente preocupantes. Los caudales, volúmenes y niveles de embalse obtenidos para los diversos periodos de retorno pasaron a ser los que refleja el cuadro siguiente:

Periodo de Retorno	500	1.000	5.000	PMF
Caudal punta (m^3/s)	1.739	2.026	3.094	5.488
Volumen hidrograma (hm^3)	80	93	148	261
Cota de la lámina (m.s.n.m.)	352,89	353,20	354,21	356,37

Para hacerse una idea del problema, baste citar que con la nueva hidrología avenidas de periodo de retorno superior a los 500 años provocaban vertidos sobre coronación, incluso aunque la presa estuviese previamente vacía.

Por otra parte, la entrada en vigor del actual Reglamento Técnico de Presas y Embalses (RTSPE) y la posterior aparición de diversas Guías Técnicas que lo desarrollan, supuso un cambio en las condiciones de seguridad exigibles, que por supuesto no se cumplían en absoluto en el caso de la presa de Los Molinos.

2 EL CONCURSO DE PROYECTO Y OBRA

Todos los estudios anteriormente citados sirvieron para definir claramente la problemática de la presa de Los Molinos, punto de partida para plantearse posibles soluciones a la misma. Las líneas generales que debían cumplir dichas soluciones estaban relativamente claras, pasando necesariamente por el recrecido de la presa, incremento de la capacidad del aliviadero y revestido de la vaguada del mismo. Sin embargo, el desarrollo de estas líneas generales hasta el nivel de proyecto constructivo fue objeto de amplia discusión, optándose finalmente por convocar un Concurso de Proyecto y Obra, con el fin de poder contar con las diversas soluciones planteadas por las empresas que licitaran al mismo.

Con este fin, se redactó y cursó durante el año 1998 el correspondiente Pliego de Bases, que incluía toda la información disponible sobre la problemática de la presa de Los Molinos.

En dicho Pliego se ponía claramente de manifiesto que en la presa de Los Molinos y su aliviadero existía un **problema principal de seguridad hidráulica de la presa**, existiendo por otra parte otra problemática, mucho mas visible físicamente, motivada por la **importantísima erosión del canal de descarga y posterior sedimentación en el cauce del río.** Se citaba también otra problemática existente en la presa de Los Molinos, como era la existencia de unas **carencias en cuanto a instalaciones auxiliares y a auscultación** que también se estimaba conveniente solucionar, en el marco del Proyecto a realizar.

Resolución de la problemática de la seguridad hidráulica de la presa

Las posibles soluciones contempladas para el primero de los problemas planteados fueron las que se citan en el Artículo 13 de la Guía Técnica de Seguridad de Presas nº 5 "Aliviaderos y Desagües": aumentar la longitud del aliviadero existente, construir nuevos aliviaderos, rebajar la cota del aliviadero existente o acondicionar la presa a las condiciones de desagüe existentes. No se consideró la posibilidad de acondicionar la presa para admitir vertidos sobre coronación (Artículo 13.2 del RTSPE).

La primera de las soluciones citadas era bastante difícil de realizar en el caso de la presa de Los Molinos por razones topográficas, al estar el aliviadero primitivo bastante encajado en un collado existente, habiéndose ya adoptado una planta circular para aumentar su longitud de vertido, y surgiendo dudas en cuanto a posibles reducciones de la longitud eficaz de vertido por este hecho. Los posibles ensanches de este aliviadero hubieran implicado importantes desmontes en roca.

Tampoco parecía demasiado viable, por las mismas razones topográficas, la construcción de un nuevo aliviadero, aunque era un tema en cuyo estudio cabía profundizar.

También era posible considerar la ampliación la capacidad del aliviadero mediante un incremento de la lámina vertiente conseguido mediante un rebaje del umbral del mismo. Ello hubiera implicado una pérdida de volumen de embalse que no se consideró aconsejable en el caso de la presa de Los Molinos, ya que aunque la demanda de abastecimiento actual está ampliamente garantizada, la experiencia ha demostrado que en épocas de sequía constituye una importantísima reserva de agua para la zona del centro-sur de la provincia de Badajoz, por lo que se han previsto diversas actuaciones, incluidas en el Plan Hidrológico Nacional, para ampliar la zona conectada al sistema de abastecimiento de Los Molinos.

El acondicionamiento de la presa a las condiciones de desagüe existentes implicaría que el necesario aumento de la capacidad de desagüe debería conseguirse mediante el incremento de la lámina vertiente sobre el aliviadero, por lo que sería preciso acondicionar la presa para mantener los resguardos precisos, contando con la altura de lámina necesaria para el desagüe previsto, según los resultados de la laminación. Por supuesto, esta solución requeriría además la sustitución de la estructura de control del aliviadero existente por otra dimensionada para la nueva avenida de Proyecto. Esta fue la solución que se consideró más viable.

Para la definición de estas posibles soluciones había que dar previamente respuesta a las siguientes cuestiones fundamentales:

1. Qué avenida de Proyecto (Art. 11.2a del RTSPE) considerar.
2. Qué resguardo mínimo (el relativo a la avenida de Proyecto, según Art.13.1b del RTSPE) mantener.
3. Qué avenida extrema (Art. 11.2b) considerar, y como quedan los resguardos (Art. 13.2 del RTSPE) para la misma.

Con respecto a las avenidas, la Guía Técnica de Seguridad de Presas nº 4 "Avenida de Proyecto" determina en su Artículo 4.3 que para presas de categoría "A" la avenida de proyecto será la de los 1.000 años de periodo de retorno, y la extrema de entre 5.000 y 10.000 años, recomendando además que para grandes presas de materiales sueltos se tome el límite superior (es decir, los 10.000 años en este caso).

Respecto al resguardo mínimo, el Artículo 4.5 de la citada Guía establece que sea superior a la sobreelevación por oleaje en situación de avenida y que, mediante el agotamiento del mismo, se permita desaguar la avenida extrema. Recomendándose además que en presas "A" de materiales sueltos este sea de 2 a 3 metros.

Por tanto, como solución tentativa, el Pliego consideraba la siguiente:

1. Sustitución de la estructura de control del aliviadero existente por otra con la misma cota de umbral, dimensionada para la avenida de 1.000 años de periodo de retorno (avenida de Proyecto, de unos 2.000 m^3/s) comprobando que la misma es capaz de desaguar la avenida de 10.000 años de periodo de retorno (avenida extrema).
2. Recrecido de la coronación de la presa para garantizar un resguardo mínimo (para la avenida de Proyecto) de al menos dos metros, planteada mediante una estructura de fábrica que pueda considerarse "resistente" (en el sentido del Artículo 13.1 del RTSPE) y no un parapeto (Artículo 4.5 de la Guía Técnica). Esta estructura estaría dimensionada para resistir el empuje hidrostático, incluso el oleaje, y cimentada adecuadamente, incluyendo una conexión con el núcleo de la presa para garantizar la estanqueidad. Debería

comprobarse que no se agota el resguardo para la avenida extrema.

Resolución de la problemática de la vaguada de descarga del aliviadero

A la vista de los estudios geológico-geotécnicos realizados, la solución que "a priori" parecía razonable para resolver el problema de forma definitiva, era el revestimiento de dicha vaguada.

Dicho revestido podía adoptar muchas formas, desde simples vertidos de hormigón o combinaciones de hormigón-escollera (como las ejecutadas con anterioridad tras los daños causados por los vertidos) hasta la sustitución de la vaguada por un canal de hormigón con un dispositivo de disipación de energía. Esta actuación, no obstante, se complica por la forma en planta de la vaguada, con una curva importante antes de la restitución al Matachel, restitución además que se realiza por el cauce de un arroyo (arroyo de Torres) con un ángulo de incidencia muy desfavorable.

Las diversas soluciones a proponer deberían estar dimensionadas, por supuesto, para la nueva avenida de Proyecto, y ser comprobadas para la extrema. Con independencia de los cálculos hidráulicos a realizar, se consideraba básico a efectos de definir finalmente la solución a adoptar la realización de **ensayos en modelo reducido**, por lo que esta circunstancia fue claramente expresada en el Pliego, en el cual como solución tentativa se indicaba la realización de un canal de hormigón, dimensionado hidráulicamente para evacuar el caudal punta de la avenida de Proyecto y con posibilidad de evacuar la avenida extrema, con un dispositivo de disipación de energía consistente en un cuenco de amortiguación donde se rompería la energía antes de la incorporación de los caudales vertidos al río Matachel.

Resolución de las carencias en instalaciones auxiliares y auscultación

Dada la importancia de la presa de Los Molinos y su clasificación como "A", se consideraba que la misma debía contar con determinados medios auxiliares, de los que carecía, destacando por un lado la posibilidad de que al menos un trabajador de la presa resida de forma permanente en la misma, y por otro el conseguir un mayor conocimiento de su comportamiento, mediante una mejora de sus sistemas de auscultación, automatizando en lo posible la toma y transmisión de los datos aportados por tal sistema.

3 SOLUCIONES PRESENTADAS Y SELECCIÓN DE LA MÁS ADECUADA

La licitación del Concurso de Proyecto y Obra fue anunciada con fecha 6 de Julio de 1999. Al citado Concurso se presentaron 13 ofertas por parte de 5 empresas o uniones temporales de las mismas.

Con respecto a la resolución de la problemática de la seguridad hidráulica de la presa, la práctica totalidad de las ofertas presentadas contemplaban la ampliación de la capacidad del aliviadero mediante el aumento de la lámina vertiente sobre el mismo, lo cual implicaba necesariamente el recrecido de la presa para asegurar los resguardos adecuados.

Para la realización de dicho recrecido, se planteaban diversas soluciones, que en la mayor parte de los casos consistían en la ejecución de unos muros de hormigón armado en "L" sobre la coronación de la presa, con relleno del espacio comprendido entre ambos de material impermeable conectado con el núcleo de la presa. Se comprobaba la estabilidad de los citados muros, así como la estabilidad de la presa con el recrecido.

La resolución del problema de la vaguada del aliviadero fue el principal factor diferencial de las ofertas presentadas, estableciéndose los tres grupos siguientes:

Grupo 1. Aliviadero en nueva ubicación (margen derecha de la presa)

Ante las dificultades de trazado que presentaba la vaguada existente, antes citadas, las soluciones de este grupo planteaban la ejecución de un nuevo aliviadero, totalmente revestido, en la margen derecha de la presa.

Las ventajas de estas soluciones eran evidentes, eliminando la necesidad de curvas en el trazado y mejorando el ángulo de incidencia en el río Matachel. Su principal inconveniente era la proximidad a la presa, unido a los grandes desmontes a realizar y a la previsible necesidad de utilizar explosivos para ello.

Grupo 2. Aliviadero en la ubicación existente, con disipación de energía a nivel de cauce del río Matachel

Suponía la realización, en la vaguada existente, de un canal revestido continuo, con disipación de la energía en la restitución.

Como ventajas de estas soluciones, puede señalarse que el revestido del canal de descarga es completo, por lo que solucionaban los problemas de erosiones en toda su longitud. El principal inconveniente es que la curva existente se tomaba a velocidades muy altas al no haberse disipado la energía, por lo que el funcionamiento hidráulico parecía discutible.

Grupo 3. Aliviadero en la ubicación existente, con disipación de energía a nivel intermedio

Este grupo de soluciones planteaban la ejecución, también en la vaguada existente, de un canal de descarga revestido mas corto y de planta recta, realizándose al final del mismo la disipación de energía, habiéndose perdido ya en todos los casos por encima de las dos terceras partes del desnivel a salvar. La curva y la reincorporación se resolvían de diversas maneras, desde el revestido total con hormigón a canales simplemente excavados.

La principal ventaja de esta solución era que los caudales aliviados toman la curva con una velocidad relativamente reducida, por lo que el funcionamiento hidráulico previsible era mucho mejor.

Aunque las soluciones del primer grupo resultaban bastante atractivas, el problema citado de la proximidad a la presa, junto con el insuficiente grado de conocimiento de la geología y geotécnia de la traza del nuevo aliviadero, nos llevó a desechar dicho grupo. De entre los dos grupos restantes, nos inclinamos por el último, ya que nos pareció fundamental el disipar parte de la energía antes de tomar la curva, mientras que entendíamos que los posibles problemas de erosiones que se plantearan aguas abajo del elemento disipador de energía, tendrían consecuencias mucho menos problemáticas.

El Concurso fue adjudicado a una de las ofertas del grupo 3, presentada por la empresa Ferrovial-Agromán, S.A.

4 DESCRIPCIÓN DE LA SOLUCIÓN SELECCIONADA

Recrecido de la Presa

El recrecido se realiza con doble muro lateral y relleno de material impermeable. El muro de aguas arriba tiene una altura de 3.55 m. El muro de aguas abajo es de 2.40 m de altura. La cara vista de los muros se reviste con un chapado de piedra con el fin de mejorar la estética final de la obra y su integración en el entorno.

Entre ambos muros se extiende material impermeable de similares características al del núcleo de la presa y debidamente compactado. Sobre este material se dispone el pavimento.

Aliviadero

El aliviadero se dispone en la vaguada donde descarga el actual vertedero de la presa. El conjunto formado por el vertedero, bocina, rápida y cuenco es de trazado recto con una longitud, a partir del labio del vertedero de 278 m. Para su construcción era necesario demoler las defensas construidas en el cauce. El canal de restitución al río se inicia a la salida del cuenco, y está formado por un primer tramo curvo con sección rectangular en hormigón armado, y prolongación recta simplemente excavada.

Tanto la planta como el perfil longitudinal se adaptaban a las condiciones topográficas de la vaguada. Dada la irregularidad existente y con el fin de limitar las excavaciones que serían necesarias para un completo apoyo de las estructuras en la roca, se planteó el relleno de las fosas más profundas mediante vertido de hormigón en masa.

Vertedero

El vertedero es de planta circular. El labio se sitúa a la cota 350, manteniendo el nivel normal del embalse como en la actualidad. Para la construcción de este vertedero fue necesario demoler el existente, ya que su posición se adelanta ligeramente girando sobre su extremo derecho. La sección del vertedero es de hormigón armado, con la curva de vertido diseñada para la avenida de proyecto.

Lateralmente se disponen las correspondientes aletas de cierre y encauzamiento del agua, consistentes en muros de hormigón coronados a la cota 355.

Bocina

La bocina realiza el acuerdo entre el vertedero y la sección constante del canal de la rápida, mediante un doble acuerdo circular en planta. Su longitud según el eje, desde el labio del vertedero es de 127 m, con pendiente longitudinal variable entre el 7.7 y el 13.3%. La forma de la solera de la bocina fue uno de los problemas que más se tardó en resolver en el modelo reducido, ya que el diseño inicial provocaba una concentración excesiva del caudal en el centro del canal, con la formación de una cresta que superaba con mucho la altura de los cajeros y la consiguiente formación de ondas cruzadas, que provocaba desbordamientos en los puntos de choque con los cajeros laterales, de 4.5 m. de altura.

Rápida

El canal de la rápida se proyectó formado por un tramo recto de 52.16 m de longitud y sección rectangular constante de 45 m. de ancho por 4.50 m. de alto, con pendiente longitudinal del 4.4%. Los muros cajeros son de hormigón armado, la losa de la solera es también de hormigón armado. En el final de la rápida se disponía un tramo de transición de 30 m. de longitud, con ancho variable entre 45 m y 55 m y cajeros de altura variable. Tras el ensayo en modelo reducido se optó por cambiar el ancho de la sección rectangular de 45 a 55 m. lo que eliminaba la transición entre ambos anchos, mejorándose la alimentación al cuenco amortiguador. Asimismo, la pendiente aumentó hasta el 4,7%.

La losa de fondo en este tramo va anclada al terreno mediante bulones.

Cuenco amortiguador

Se proyectó con una longitud total de 68 m; aumentada despues a 81 m con sección transversal de 55 m de ancho por 13 m de altura inicial, que finalmente resultó ser de 15 m. Se inicia con una parábola de entrada, al final de la cual se alcanza la cota 323 correspondiente a la solera del cuenco. En el extremo

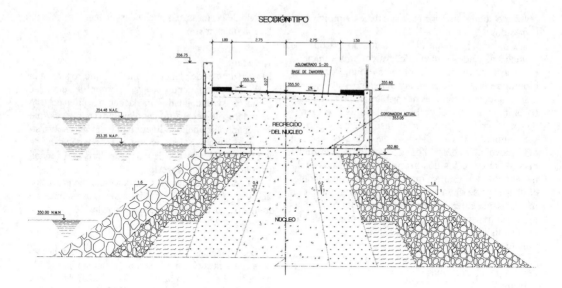

SECCIÓN TIPO

inferior de la rampa se coloca una fila de dientes deflectores.

A continuación se extiende una solera horizontal de 50 m. de longitud, formada por losas de hormigón armado ancladas a la roca mediante bulones.

La salida del cuenco está formada por una sección de control que corona a la cota 330 y que da paso al canal de restitución al río, que arranca a la cota 326.

Canal de restitución al río

El canal de restitución al río se inicia a la salida del cuenco amortiguador y está constituido por un tramo curvo de 123 m de radio en el eje y longitud 96.7 m y un tramo recto sin revestir hasta la incorporación. El ancho de la sección es constante de 55 m a lo largo de todo el trazado.

La sección transversal del tramo curvo está formada por una solera y muros cajeros de hormigón armado, que inicialmente eran de 4.50 m. de altura, con un muro partidor en el centro de la solera, también de 4,50 m. Tras los diversos tanteos realizados en el ensayo en modelo reducido, se mantuvo la altura del cajero izquierdo, pasando el central a 5 m y el derecho a 9 m. La pendiente longitudinal es del 1%. El tramo curvo termina en un escalón de 1.20 m. de altura que da paso al canal excavado, al final del cual se alcanza la cota 320 del cauce del río.

Protecciones del pié de la presa

Al pie de presa se dispone un repié de escollera formando una berma a la cota 330 de 5 m. de ancho y talud 2H:1V. Integradas en esta protección general se disponen recintos cerrados por muros de hormigón coronados a la cota 330, alrededor de las bocas de salida de las galerías.

Obras auxiliares

Edificios de explotación

Junto a un pequeño edificio existente, situado en la colina de la margen derecha de la presa, se proyecta construir dos edificios más, uno para vivienda de un trabajador de la presa ($130 m^2$) y otro para oficina y almacén ($75 m^2$).

Auscultación

Dentro de las obras se incluía la mejora de la auscultación de la presa, que se diseño para automatizar la recogida de los datos que así lo permitieran, y el tratamiento de todos ellos mediante un sistema informático, que tiene además la posibilidad de transmisión de datos, vía modem, a cualquier otro lugar que este adecuadamente equipado para recibirlos.

5 EJECUCIÓN DE LAS OBRAS Y CONCLUSIÓN

Una vez adjudicado definitivamente el Concurso, y firmado el correspondiente Contrato, se dio comienzo a la realización del modelo reducido del aliviadero, y se procedió a ir ensayando el mismo, lo que dio lugar a numerosas modificaciones del Proyecto inicial.

Fundamentalmente hubo de variarse la definición geométrica del alzado de la solera de la bocina, que pasó de ser un tronco de cono a una superficie reglada

más compleja, la profundidad del cuenco amortiguador, que hubo de incrementarse en dos metros, y las alturas de los muros del tramo curvo, llegando en un caso a duplicarse dicha altura respecto a la inicialmente prevista en Proyecto.

La descripción de todo el proceso de realización del modelo, ensayo de modificaciones y ejecución de las obras se describe en otra comunicación presentada a este Congreso.

Baste decir que las obras finalizaron en Octubre de 2001 con una inversión final de 6,5 millones de euros, considerándose que en su estado actual la presa de Los Molinos ha pasado de un estado de clara inseguridad hidráulica a otro en que su seguridad está garantizada, cumpliendo adecuadamente el Reglamento Técnico de Presas y Embalses y las recomendaciones de las Guías Técnicas que lo desarrollan.

Por lo que respecta al aliviadero, tan solo pueden presentarse problemas de erosiones en el último tramo del canal del mismo, antes de la reincorporación al Matachel, que ha quedado sin revestir. Para tratar de resolver estos problemas, se ha redactado un nuevo Proyecto para actuar en esta zona, que se basa en los resultados obtenidos en el modelo reducido realizado, extendiéndose el revestido hasta la misma incorporación al río, y ejecutándose un segundo cuenco amortiguador. Siendo deseable que las obras contempladas en dicho Proyecto se ejecuten en breve plazo, de forma que se pueda dar por concluida la rehabilitación por razones de seguridad de la presa de Los Molinos.

Dam Maintenance and Rehabilitation, Llanos et al. (eds)
© 2003 Taylor & Francis, ISBN 90 5809 534 7

Dam heightening – the UK perspective

R.A.N. Hughes & C.W. Scott
Binnie Black & Veatch, Redhill, Surrey, UK

ABSTRACT: Global water abstraction has doubled over the last 50 years and is expected to continue to rise. The World Commission on Dams report, published in 2000, proposes a set of strategic priorities and guidelines, which should be applied in the decision to construct new dams. The report demonstrates that opportunities exist to optimise benefits from existing dams.

This paper aims to illustrate the benefits of dam heightening as a means of increasing reservoir storage. Factors that need to be considered are outlined in the paper to provide a useful reference for dam engineers. Examples of several UK dams that have been designed to accommodate future heightening are detailed along with UK dam heightening projects that have been successfully carried out. The costs of several of the completed heightening projects are detailed to strengthen the attractiveness of dam heightening.

1 REASONS FOR HEIGHTENING A DAM

There are numerous reasons why the heightening of a dam may be carried out. The principal reasons are summarised below:

- Reinstatement of allowable freeboard due to settlement of the dam;
- Additional water storage for water supply or irrigation;
- Improved hydro-electric generation;
- Revision of flood studies guidance resulting in greater design storms.

1.1 *Reinstatement of freeboard*

Embankment dams are flexible structures which are continually moving. In an earthfill dam settlement is the result of consolidation of the dam material as pore pressures reach equilibrium. Post construction settlement also occurs in rockfill dams due to crushing of the rock particles from the resultant high contact pressures. The prediction of the degree of settlement of the dam foundation can be carried out at the design stage using conventional rock and soil mechanics principles.

It is common practice to construct the crest of the dam higher than the design level to allow for the predicted settlements. The varying height of a dam from its abutments to its highest point will result in the degree of settlement of the dam body changing along its crest. This is usually compensated for by constructing the crest with a camber (Fell 1992).

In the United Kingdom, of the 2,600 dams that come within the ambit of the UK Reservoirs Act 1975 approximately 850 are over 100 years old. It is possible that for older dams the amount of settlement has exceeded that allowed for in its design. To ensure the safety of the dam during flood events is not compromised there may be a need to heighten the dam such as to reinstate the design freeboard. The scale of heightening in this instance is generally small.

1.2 *Additional water storage*

Many water companies need to improve their supply/ demand balance either because of growth in demand, reduced yield or loss of existing sources, or climate change. The heightening of a dam would result in the extra water stored being above the existing top water level. This is where the reservoir has its maximum area, therefore the extra storage gained is considerable compared to the increase in the retention level.

1.3 *Hydro-electric generation*

The generation of electricity by hydropower is dependent upon the head and volume of water available. By heightening a dam both these parameters are increased. The additional depth of water would increase the zone for generation thereby prolonging the duration of generation.

The majority of UK dams associated with hydro electric schemes are sited in the highland area of Scotland and are predominantly of mass concrete gravity construction. The methods of heightening are described below.

1.4 Revised design flood methodologies

Guidance produced by the Institution of Civil Engineers outline flood and wave surcharge standards for a dam dependent on its type and location (ICE 1986). Improvements to the design flood methodologies have in several cases identified that a particular dam would not be able to safely pass the design flood. In the 1980s following the revision of the design flood methodology, major remedial works were carried out to several UK dams in order to improve their safety. The majority of schemes involved enlargement of the spillways to enable a greater flow to be discharged for the same flood rise.

Where dams are in cascade, the works associated with upgrading all of the spillways would be very expensive. Several examples exist where the spillway capacity of the uppermost dam has been reduced thereby restricting the peak outflow. To compensate for the smaller outflow, heightening of the dam was carried out so as to ensure that the calculated impounded flood volume could be safely retained in the reservoir. This method obviated the need for any expensive improvement works to the dams in the cascade downstream.

In the UK new guidance has recently been published relating to calculation of the design flood. A review of the guidance is currently ongoing as it may have significant implication on reservoir safety.

2 METHODS OF HEIGHTENING

When heightening of a dam is being investigated, it is likely because the existing reservoir is at its operational limit. It is therefore unlikely that the reservoir could be withdrawn from service whilst the heightening works is being carried out. Careful consideration needs to be given during the design phase as how to effect a heightening without affecting reservoir operation. In these instances, the heightening works will normally be focused on the downstream face of the dam.

Where substantial heightening is being considered the method of achieving the required new dam height will be dependent upon foundation conditions, operational constraints and type of dam.

2.1 Embankment dams

Embankment dams rely on the impermeability of the forming material to impound a reservoir. This is either in the form of zone within the dam body such as clay or asphalt, an upstream layer such as concrete slabbing or impermeable membrane or by the use of a low permeability material for the whole body.

The chosen detail is dependent upon the availability of suitable materials. Where the heightening would

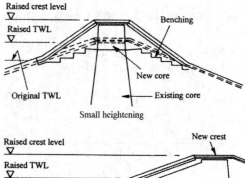

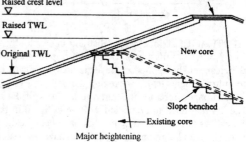

Figure 1. Typical interface details for heightening of an embankment dam.

raise the reservoir water level above that of the impermeable material a similar heightening must be carried out to that material. This will avoid the potential for seepage over the impermeable material causing the erosion and possible failure of the dam.

Where only a small heightening is planned it is possible to raise the crest level whilst maintaining its width by locally steepening the upstream and downstream faces of the dam or by installing a retaining wall on the existing crest (Burns 1932). Larger heightening would require the crest to move downstream of its original centreline by placement of a layer of material on the downstream face. To ensure adequate key between the new and existing material the upper layer of the exiting material would need to be removed and the surface benched (Fig. 1).

2.2 Concrete and masonry dams

For a mass concrete gravity dam the works would typically involve the placement of a concrete slab onto the downstream face with the heightened section being the same profile as the upper section of the original dam. The interface between the new and existing concrete is critical to ensure the overall stability of the dam is not compromised. Where such heightening works have been carried out the new slab is cast such as to be propped from the existing concrete with the interstitial void being infilled with non-shrink concrete. The void was only filled once shrinkage of the new slab was substantially completed.

Mullardoch Dam was raised using this technique and is described in the following pages. The full heightening of Llysyfran dam, when constructed, will also adopt similar construction details.

A unique method of heightening was adopted in the design of Avon dam, which would involve the installation of post-tensioned cables through the dam body to increase its ability to withstand the greater water pressures. The dam is briefly described in the following pages.

The spillway for a concrete dam is normally constructed as an integral part of the dam body. Any heightening works associated with the spillway crest is best carried out whilst the reservoir is still being impounded. The high water level would allow floating pontoons to be used to give access to the crest from the reservoir avoiding the need for large tower cranes and temporary works. Pontoons were used during the heightening of Llysyfran dam, which is described below.

3 ADVANTAGES OF DAM HEIGHTENING

When a dam is heightened, the volume of extra storage is considerable compared to the increase in retention level. The cost of heightening works is significantly less than the cost of a new dam to store the same volume. This can result in significant increases in yield, especially for single season reservoirs. Significant yield increases may be obtained with limited capital investment. The Llysyfran and Llyn Brianne dam heightening schemes that are described in the following pages illustrate the cost and yield benefits.

As built records of dams are typically very detailed and it is normally possible to determine geotechnical parameters for the dam and foundation materials without the need for further extensive site investigation works.

Another considerable benefit is that the reservoir infrastructure such as inlet works, spillway channel, access road, outlet works and connection to the treatment works is already in place.

Strong opposition is usually experienced to the construction of new dams on environmental grounds. As heightening schemes involve works to existing dams, the public perception to the environmental effect of the works is likely to be less as the reservoir is already in existence and the interaction between the reservoir and the environment is already appreciated. The extent of land take equates to an additional strip around the perimeter of the reservoir whereas for a new dam, the whole valley is lost.

4 FACTORS TO BE CONSIDERED

Raising the core and the crest of an embankment dam often involves the removal of the existing crest and its reconstruction. This would temporarily reduce the ability of the dam to retain floodwater and a reduction in the operating top water level is advisable. Constructional drawdown can almost invariably be accommodated within the normal summer drawdown (Binnie et al. 1999).

Fill for construction of an embankment dam would normally be obtained from within the reservoir basin, a source not readily available for raising an existing dam. For small crest raising the quantities of fill are so small they can generally be obtained elsewhere. For larger raisings this aspect would need careful study.

The raised water level in the reservoir will result in more of the land around the perimeter being submerged. A review of the surrounding ground should be carried out to determine the risk of slope instability due to the higher water levels.

Where a scheme involves modifications to both the overflow and embankment any work which would raise the level of the overflow should only commence following the completion of the embankment modification. This is to ensure the structural integrity of the dam would not be compromised during a flood event. This constraint also applies to a concrete dam although it is recognised that a concrete dam is able to withstand overtopping without being damaged.

5 CASE STUDIES

Numerous UK dams have been designed to accommodate future heightening, several of these have been heightened. The following section details a few of these dams.

5.1 Llysyfran dam

Llysyfran reservoir was formed in 1972 and is impounded by a 32 m high mass concrete gravity dam. The dam has been designed for construction in two phases; Phase 2 would heighten the dam by approximately 12 m increasing reservoir volume by 133% (Parkman 1979).

The heightening works would comprise the placement of a 12 m thick layer of concrete onto the downstream face of the dam and extending the crest upwards. The design of the Phase 1 dam took into account the possibility of future heightening and the profile of the downstream face was selected to coincide with the line of least shear between the Phase 1 and 2 concrete. To minimise excavation for the Phase 2 dam, the foundations of the heightened dam were formed at the same time as the Phase 1 dam.

In order to provide additional security to the water supply to south-west Wales, Welsh Water decided to heighten the dam. The additional volume of water impounded by the full Phase 2 heightening the dam

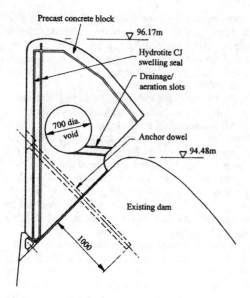

Figure 2. Llysyfran dam. Spillway crest detail following heightening.

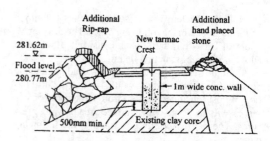

Figure 3. Brianne dam. Heightened embankment crest detail.

was much more than required at that time. A feasibility study concluded that a 1.65 m heightening was the most economical and the works were successfully completed in 1992 (Hughes 1998). The works comprised the raising of the spillway crest by precast concrete blocks placed onto the upstream sloping face of the dam and strengthening the parapet wave wall by means of reinforcement bars grouted into pre-drilled holes (Fig. 2). The spillway crest blocks were designed to be easily removed to allow the full Phase 2 heightening to be carried out when required.

Although the raising reduced the available freeboard, the occasional overtopping of the parapet wall by wave slop was considered acceptable. The parapet wall was strengthened during the raising to ensure the increased hydrostatic pressure from wave action could be safely accommodated.

5.2 Llyn Brianne dam

Brianne dam is a 90 m high rockfill dam located in mid Wales and is the tallest of its type in the United Kingdom. During the early stages of construction a study was carried out to assess methods of heightening the dam. The study concluded that a 18.3 m heightening was feasible but it was decided not to proceed with the works at that time.

The scheme would have comprised the raising the central core whilst maintaining the vertical symmetry of the dam section. The upstream and downstream rockfill shoulders would have been widened to ensure the stability of the section was not compromised. The

spillway section would have been raised in reinforced concrete and the draw-off works would have been modified to accommodate the higher reservoir water level.

In 1996 a 1 m heightening was carried out in order to optimise the operating regime of the hydro-electric scheme that was being constructed at the toe of the dam. Due to licensing constraints, the heightening permitted electricity generation to occur for longer periods utilising water which would have been wasted were the 1 m heightening not present.

The heightening was achieved by raising the crest of the spillway and abutments using in-situ reinforced concrete. The works resulted in a maximum still water level that was higher than the level of the impermeable clay core. To minimise the risk of seepage over the core which would have encouraged erosion of the crest and downstream shoulder material, the impermeable core was raised to road level by means of an articulated mass concrete wall (Fig. 3). Major earthworks on the crest were not required because the calculated maximum water level resulting from the raising was below the crest of the embankment.

Localised raising of the upstream riprap was also required to provide the same standard of protection along the upstream side of the crest. The riprap was obtained from the disused quarry near to the dam, which was used for the construction of the original dam. All of the additional riprap was sourced from loose material in the quarry preventing the need for any blasting.

5.3 Avon dam

Avon dam is a 35 m high mass concrete gravity dam with masonry facing constructed in the 1950s for water supply. Following completion of the design a review of the dam was carried out to assess the possibility of limited heightening (Bogle 1958).

The study concluded that a heightening was feasible. The cost of heightening the dam by adding concrete to the downstream side of the dam was considered but rejected as it was not the most economic solution.

The nature of the ground conditions at the dam site is such that a scheme to allow heightening by using

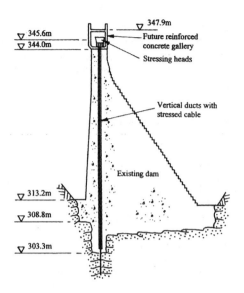

Figure 4. Avon dam. Proposed heightening arrangement.

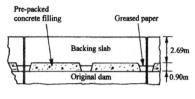

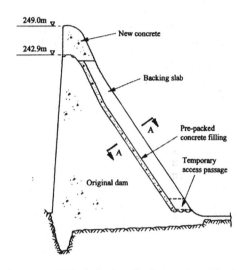

Figure 5. Mullardoch dam. Typical section following heightening.

stressed cables anchored in the foundation would be feasible. This would obviate the need for excavation for a wider foundation.

The chosen method of heightening will involve the construction of a reinforced concrete gallery on the existing dam crest that would be tied to the existing dam by post tensioned cables. A total of 34 cables will be installed and ducting has been allowed in the existing dam. The cross section detail for the heightened dam is shown in Figure 4.

5.4 Mullardoch dam

Mullardoch dam is a mass concrete gravity dam located in the north of Scotland and is part of a hydro-electric scheme. The dam was originally designed for a height of approximately 42 m but a review of capital expenditure during construction resulted in it being stopped when its height was 35 m. It was subsequently decided to complete the construction of the dam to its full height (Roberts 1958).

The heightening works comprised a concrete slab on the downstream face of the dam which was held separate from the original dam by a series of ribs in the vertical plane so that 900 mm wide slots were formed between the slab and the original dam. Two layers of greaseproof paper were installed between the ribs and the original dam to allow movement of the new concrete slab. Once the designers were satisfied that the majority of the movement of the new concrete slab had occurred the slots were filled with prepacked concrete. This involved the placement of the dry aggregate firstly, which was then grouted with a sand, cement and water

mix. This type of concrete was chosen due to its low shrinkage characteristics. The slab arrangement is shown in Figure 5.

5.5 Wayoh dam

Wayoh reservoir was formed in 1876 to regulate compensation water to the Bradshaw Brook. The reservoir is impounded by a 19 m high earthfill dam with a puddle clay core. In 1959 construction commenced on heightening works to the dam so that it could be used for water supply (Jones 1962).

The works involved heightening the dam by 7.6 m and alterations to the spillway and outlet works. The dam was heightened by steepening the upstream and downstream shoulders with two-part way up the heightened dam. To provide a good key between the existing and new fill material the upper layers of material were removed and a series of benches were formed in the existing surface.

The reservoir was lowered during the works which permitted the heightening works to be carried out to the upstream and downstream shoulders of the dam. The reservoir was also drawn down to allow modifications to the spillway and outlet works to be carried out safely.

The core of the dam is located centrally within the dam body and is made up of puddle clay. This is a common arrangement for dams of that era. The core was extended to the underside of the new crest road as part of the scheme, the puddle clay was compacted using the traditional method of workmen working the material with the heels of their boots.

5.6 Ladybower dam

Ladybower reservoir is impounded by a 43 m high embankment dam constructed between 1936 and 1945.

Remedial works have been carried out to the dam on 5 separate occasions since construction. On four occasions the works were carried out to address settlement, the other was the result of a review of the design flood routing.

The most recent works were carried out between 1998 and 2000 and comprised heightening the dam by 2.95 m at a cost of £4.9M, (Jamieson 1999).

The works involved placing about 200,000 m^3 of rockfill to raise the crest of the dam and onto the downstream shoulder, construction of a new wave wall on the upstream side of the crest. The east abutment of the dam was also heightened by 1.65 m to prevent flows bypassing the dam under Probable Maximum Flood conditions.

The impermeable zone of the dam was extended to the heightened crest level by means of a HDPE membrane that was keyed into the existing puddle clay core by a bentonite/cement slurry trench excavated into the top of the core.

6 ECONOMIC BENEFITS

To further stress the attractiveness of dam heightening as a means of providing additional storage the cost and yield benefits for three of the above case studies can be described.

6.1 Llysyfran dam

The nominal raising carried out in 1992 increased reservoir capacity by 15%. Operating yield has risen from 51.3Ml/d to 58.3 Ml/d, a 14% increase. The raising was completed at a cost of £260,000 (present day prices). This equates to approximately £37,320 per Ml/d of additional operating yield.

6.2 Llyn Brianne dam

Construction of the raising was undertaken in 1996 and took four months, at present day prices the works cost £360,000. Reservoir volume has increased by 3.4% as a result of the 1% heightening to the dam. Operational yield has increased by 11 Ml/d, equivalent to 3.7%. The cost per Ml/d yield of the heightening is £32,720.

6.3 Avon dam

The proposed heightening of 3.96 m, an 11% increase in dam height would increase reservoir storage by over 50%. The heightening would increase yield by 4.5 Ml/d, equivalent to a 24% increase in yield. The estimated cost of the heightening works, were they to be carried out today would be £960,000. The cost per Ml/d yield of the heightening would be £32,720.

7 CONCLUSIONS

The UK government is reluctant to consider new reservoirs which will in the future, require undertakers to provide innovative methods to increase water resources. This paper illustrates that dam raising should be seriously considered for increasing water resources.

The issues involved with a raising are much smaller than associated with a new reservoir. Often, many of the issues have already been addressed including site access and material availability. Several examples of successfully heightened UK dams are available, only a few are summarised in this paper.

REFERENCES

Binnie, C J A. Rowland A. Hughes R A N. 1999, Dam raising – The Economic Approach with Minimum Impact. *Making better use of water resources; Proc. CIWEM Conference, London, May 1999.*

Bogle, J M L. 1958. Provision for future raising of the Avon dam by the method of stressed cables. *Transactions of the 6th International Congress on Large Dams, New York, vol 1:* 367–380.

Burns, J C O. 1932. Some examples of the raising of reservoir embankments. *Transactions of Institution of Water Engineers, vol 37:* 259–283.

Fell, R. MacGregor, P. Stapledon, D. 1992. Geotechnical Engineering of Embankment Dams, Rotterdam: Balkema.

Hughes, R A N. 1998. Raising Llys-y-Frân and Brianne dams, In Paul Tedd (ed.), *The Prospects for Reservoirs in the 21st Century; Proc. 10th British Dam Society Conf., Bangor, September 1998.* London: Thomas Telford: 303–314.

Institution of Civil Engineers, 1996. Floods and reservoir safety, 3rd Ed. London. Thomas Telford.

Jamieson, J. 1999. Ladybower Reservoir – dam refurbishment scheme. *Dams & Reservoirs, vol 9, No. 3, December 1999:* 30–34.

Jones, R A. 1962. Modifications to Wayoh reservoir. *Civil Engineering and Public Works Review, vol 57, September, 1962:* 1119–1123.

Parkman, H C. 1979. General and raised dam interfaces. *Transactions of the 13th International Congress on Large Dams, New Delhi, vol 1:* 675–686.

Roberts, C M. 1955. The heightening of a gravity dam. *Transactions of 5th International Congress on Large Dams, Paris, vol 2:* 163–178.

Dam Maintenance and Rehabilitation, Llanos et al. (eds)
© 2003 Taylor & Francis, ISBN 90 5809 534 7

Consecuencias previstas e inesperadas de laminación de avenidas por algunos embalses en Rusia

A. Asarin

Instituto Hidroproyecto, Moscú, Rusia

ABSTRACTO: La eficiencia del control de avenidas por los embalses, tanto aislados como en cascada, depende de la argumentación de parámetros de la obra hidráulica adoptados en el diseño: caudal máximo y volumen de avenida de diseño y de la de seguridad, capacidad reguladora del embalse o del grupo de embalses, dimensiones de obras de aliviaderos etc. y de reglas de aprovechamiento de los recursos hídricos controlados por el embalse (satisfacción de los intereses de usuarios de agua: productores de energía eléctrica, agricultores, transporte fluvial, suministro de agua para la población o industria etc.). Si en el proceso de explotación de conjuntos hidráulicos las estructuras de éstas (presas, vertederos, esclusas, y obras auxiliares) permanecen invariables, las reivindicaciones de usuarios en cuanto al regimen de niveles y caudales de agua, aguas arriba y aguas abajo de la presa y destinacion del embalse pueden sufrir cambios a veces esenciales. Las particularidades típicas y singulares del control de avenidas con ayuda de los embalses en distintas regiones de Rusia se ilustran por los ejemplos de dos cascadas de las centrales hidroélectricas (sobre el Volga en el territorio europeo y en el Angara en Siberia) y un embalse aislado sobre el río Belaya en la república de Bashkortostán.

1 CADENA DE EMBALSES SOBRE LOS RÍOS VOLGA Y KAMA

La mayor parte de centrales hidroélectricas de cascada a sido construida en los años 60. De acuerdo con los proyectos los embalses no estaban predestinados al control de avenidas. Las obras de evacuación de caudales máximos estaban diseñadas de tal manera que permitiesen pasar por tránsito (sin transformación o laminación del pico) las avenidas con probabilidad de excedencia de 1/100 o menos. Las más grandes obras hidráulicas con capacidad instalada de centrales más de 1000 MW (Kuibishev, Saratov y Volgograd) pueden verter los caudales máximos alrededor de 60,000 m³/s sin sobrepasar el nivel normal de los embalses.

El plano esquemático de la disposición de presas en los ríos Volga y Kama está en la figura 1, las características de caudales máximos de los ríos Volga y Kama y las capacidades de aliviaderos de la cascada de presas se muesran en las tablas 1 y 2.

Según los proyectos de hidrocentrales sobre el Volga y Kama y "Las reglas de explotación de los embalses" de estas el sobrepaso del nivel normal se permite solo en el caso cuando el caudal afluente excede la capacidad de conducción de obras vertederas con compuertas y válvulas completamente abiertas.

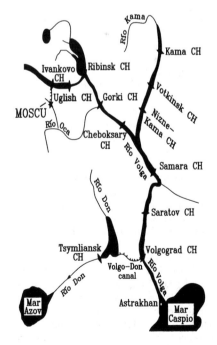

Figura 1. Plano esquemático de la cascada de CH en los ríos Volga y Kama.

Tabla 1.

Presa	Río	Caudal máximo, 10^3 m³/s			
		Probabilidad de excedencia, %			
		0.1	1	5	10
Kamskaya	Kama	19.1	16.2	13.9	12.8
Votkinskaya	Kama	19.3	16.3	14.1	12.9
Nizhnekamskaya	Kama	34.4	28.3	23.5	21.2
Ribinskaya	Volga	14.5	12.2	10.5	9.6
Gorkovskaya	Volga	21.5	18.2	15.6	14.3
Cheboksarskaya	Volga	46.6	39.1	33.3	30.4
Kuibishevskaya	Volga	70.4	59.5	51.1	46.9
Saratovskaya	Volga	67.0	57.1	49.2	45.5
Volgogradskaya	Volga	64.0	54.9	47.9	44.2

Tabla 2.

Presa	Capacidad de conducción de obras vertederas, m³/s	
Kamskaya	21,000	24,600
Votkinskaya	117,200	19,200
Nizhnekamskaya	13,400	28,400
Ribinskaya	8500	9000
Gorkovskaya	15,100	18,700
Cheboksarskaya	23,400	38,000
Kuibishevskaya	70,600	87,800
Saratovskaya	5300	70,000
Volgogradskaya	63,100	71,000

Es decir, la laminación de los picos de avenidas estaba prevista para los fenómenos hidrológicos de muy rara vez.

Mientras tanto los primeros decenios de explotación de la cascada coinsidieron con la época de baja aguacidad en la cuenca del Volga. La población situada en el valle del río aguas abajo de la presa de Volgograd, la última en la cadena, acostumbrada a la ausencia de grandes avenidas, empezó la colonización activa del valle anegadizo. Miles y miles de casa y casillas con jardines y huertas fueron construidas en las tierras que antes la construcción de presas en el Volga habían sido sometidas a la inundación cada cinco años.

Cuando en el año 1979 llegó la primera alta avenida después de varias decadas del período seco y el caudal máximo aguas abajo de la presa de Volgograd alcanzó 34,000 m³/s, el pánico se apoderó de la población de la zona. El daño económico no fue muy grande pero el perjuicio moral fue muy impresionante. Hay que aclarar que este caudal era apenas un poco mayor que el valor promedio maximal de la avenida en el Volga antes de la construccion de centrales hidroeléctricas que a sido igual a 32,000 m³/s.

Desde aquel entonces la descarga maxima de la presa de Volgograd durante las avenidas de primavera (derretimiento de nieve en el territorio de la cuenca de 1325,000 km²) como regla no sobrepasa 28,000 m³/s.

El caudal de tal escala es necesario anualmente para inundar los últimos desovaderos de los peces migratorios en el valle del Volga Inferior donde se reproducen peces de valor incluyendo los famosos esturiones caspios.

La cantidad de huertos con casitas de verano en la azotea del Volga Inferior sigue aumentandose. Para evitar la inundación de este territorio en los años con avenidas moderamente altas, por ejemplo de probabilidad de excedencia sobre 10% (caudal, máximo natural alrededor de 45,000 m³/s) resultó necesario sobrepasar el nivel normal de los embalses de Kuibishev y de Volgograd en un 0,5 o 0,9 m. En el caso de llegada de una avenida extraordinaria (con probabilidad de suceder 1% o menos) el prisma de embalse situada encima del nivel normal y predestinado para reducir el caudal máximo de avenida llenado prematuramente no podra cumplir con sus funciones de laminación del pico. Ademas, la combinación del nivel alto de aguas arriba y el bajo de agua abajo de la presa como resultado de caudal vertido mucho menor del calculado en el diseño para las condiciones hidrólogicas como estas llevara al aumento del salto.

Convenientemente crecera la presión hidrostática la sobre las estructuras hidráulicas sobrepasando lo de proyecto lo que puede provocar unas coincidencias desagradables.

Además de esto la limitación de caudales máximos vertidos por las obras hidráulicas durante más de cuarentas años, primeramente a causa de un período hidrológico seco y después debido a la arbitrariedad de la población del Volga Inferior, provocó la utilización incompleta de obras de aliviadero. Durante todo el período de explotación del conjunto hidráulico de Volgograd (y los situados aguas arriba) la evacuación de caudales máximos se efectuó a través el vertedero superficial. Las compuertas de vertederos del fondo no se abrieron ni una sola vez y ahora es poco probable que puedan ser abiertas en el caso que sea necesario.

Actualmente, si durante la primavera después de un invierno con mucha nieve los operadores del conjunto hidráulico de Volgograd están obligados de descargar más de 28,000 m³/s (lo que es menor del caudal medio maximal de la avenida del Volga en condiciones naturales) la población de la región (las personas de edad que olvidaron el pasado y la nueva generación que no sabe y no quiere saber la historia) dice que son ingenieros hidráulicos de pocos conocimientos o malhechores que inundan el valle del Volga Inferior y no dejan a la población vivir tranquilo.

La causa principal de la situación descrita es la ausencia de leyes o normas legislativas que regulen el usufruto de las tierras expuestas a la inundación periódica.

2 PROBLEMAS DE LA LIMITACIÓN DE CAUDALES DE AGUAS ABAJO DE LAS PRESAS SOBRE EL RÍO ANGARA

Unas décadas de explotación de presas e hidrocentrales en el Angara revelaron los problemas un poco similares a los de la cascada Volga-kama. En el Volga las más grandes complicaciones tienen lugar en el curso inferior del río aguas abajos de la última presa, la de Volgograd. En la cascada del Angara los problemas más renombrados de manifestaron en el curso de la parte superior, en la zona de la fuente del río que sale del lago Baikal. La presa de Irkutsk, es la primera en la cadena hidroeléctrica de el Angara que convirtió el Baikal en el embalse de regulación interanual.

La diminución de los caudales maximos del pico laminados por el lago de embalse llevó a la construcción activa no legalizada de casitas de campos y viviendas privadas sobre estas tierras ribereñas que fueron sujetas a inundaciones naturales en la parte inferior del Volga.

Cada año la nueva zona habitable se acerca más a las orilla del río. Ha pasado quince años de explotación de la central hidroeléctrica de Irkutsk y se puso en claro que el caudal de aguas sobrepasa los 40 m³/s el cual ha inundado docenasendas permanentes centenares y casitas de verano.

No está de más hacer notar que hasta la construcción de presa Irkutsk, el caudal máximo natural del Angara a pesar del efecto regulador del Baikal, cada 10–40 años llegaba a los 5000–8000 m³/s.

Para evitar la inundación del territorio de nueva urbanizacion en la ciudad de Irkutsk y tambien de los otros poblados que se encuentran localizados aguas abajo de la presa, fue necesario limitar las descargas máximas de la obra de hidráulica de Irkutsk.

La capacidad del aliviadero de la presa de Irkutsk (sumando el caudal de las turbinas) en la cota del nivel normal del embalse (457 m) es igual a 7000 m³/s. Sin embargo la limitación de caudales máximos de avenidas es posible solamente por medio de acumulación en el lago de embalse del Baikal de una parte de la avenida lo que exije la elevación del nivel del lago. El aumento de nivel del lago Baikal por encima de la cota normal conlleva a la erosión del terraplén y destrucción parcial del dique y de la vía del ferrocarril que circula alrededor del lago. Además de esto los niveles elevados del Baikal en el período de las tormentas del otoño, intensifican la erosión y el derrumbamiento de la orilla del lago provocando las

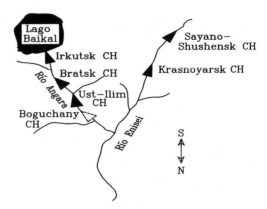

Figura 2.   Cascada de CH en los ríos Angara y Enisey.

pérdidas de las tierras agrícolas y de los bosques que en ella existen.

Los daños económicos y ecológicos se daran como resultado de inundacioón del territorio urbano de aguas abajos del la presa de Irkutsk en el caso de no limitar los caudales máximos del Angara y los del litoral del Baikal (que pertenecen a la república de Buriatia), en el caso de subir el nivel del lago para laminar las crecidas, son sujeto (o motivos) de disputas y pleitos interminables entre las autoridades de la región Irkutsk y las de Buriatia (unidas con el ministerio de transporte de Rusia que es el dueño del transporte ferroviario que circula alrededor del lago). El esquema de cascada de centrales hidroeléctricas sobre los ríos Angara y Enisey se muestra en la figura 2.

Otro problema grave de seguridad hidrológica relacionado con los caudales de aguas abajo de las centrales hidroeléctricas del Angara surge muy frecuentemente durante los períodos de formación y derretimiento del hielo. Ya que el río corre del Sur al Norte, en algunos estrechos del cause se forman aglomeraciones de hielo fiable o se forman presas de hielo.

En el principio de invierno la congelación del agua y formación del material de hielo primeramente tiene lugar en el curso inferior del río. En la primavera en esta parte del Angara el derretimiento y movimiento de la capa de hielo se realizan unos días o unas semanas más tarde que las de aguas abajo de la presa obtaculiza la corriente.

El remanso de tales secciones del cause tapado y represado por el hielo, en las aguas abajo de la presa el nivel del agua puede alcanzar unos 10 metros de crecimiento, que provoca inundación de tierras y viviendas en la zona ribereña.

Algo similar pasa en la primavera cuando el agua relativamente caliente pasa sale del embalse, pasa la seccion del cause ya libre de hielo y luego tropieza con el tramo del río congelado por la capa de hielo todavía intacta por el calor de abril.

La única salida de esta situación, tanto al comienzo como al final del invierno, es la reducción mínima del caudal de aguas abajo de la hidrócentral de Ust-Ilim en el período de los meses de noviembre-diciembre antes y durante la formación de la capa de hielo, y en abril-mayo que son los meses del derretimiento de hielo. Pero el embalse de Ust-Ilim dispone de muy limitado volumen de regulación y la diminución de descargas de la central Ust-Ilim exije la reducción simultánea de caudales aguas abajo de la presa Bratsk. Es evidente que la reducción de caudales de centrales hidroeléctricas de Bratsk y de Ust-Ilim está acompañada por la disminución de la capacidad de la turbinas y de la generación de la energía eléctrica. Lo último es muy desagradable en el período de demanda elevada de energía (y calor) que es natural en pleno invierno y en el principio de la primavera que en Siberia es bastante fría. La selección del régimen de funcionamiento de las centrales hidroeléctricas de Angara que reduzca al minímo las inundaciones invernales y al mismo tiempo no limite el suministro de energía eléctrica a la población de las localidades expuestas a estas inundaciones, es una tarea muy delicada. Nuestra estrategia de operación de hidrocentrales de Angara en los períodos de formación y destrucción de la cubierta de hielo está basada en los datos meteorológicos e hidrológicos operativos (la suma de temperaturas negativas y el nivel del agua) y en el pronóstico de temperaturas del aíre. Este pronóstico tiene que ser adelantado en unos 10–15 días antes del comienzo de la etapa de congelación invernal o al contrario del derretimiento primaveral del hielo, para determinar a tiempo el caudal acceptable de aguas abajo de la hidrocentral de Ust-Ilim.

3 MANEJO DE EMBALSES PREDESTINADOS PARA LA PREVENCION DE INUNDACIONES

El embalse de esta índole se está construyendo sobre el río Belaya que es el afluente más grande del Kama.

La tarea del embalse es la prevención de inundación del valle donde están situadas varias ciudades y centros de industria química. La inundación debe ser prevenida en avenidas con probabilidad de excedencia de un por ciento. La presa de Yumagusin con altura máxima de 55 m y volumen de embalse de 800 mln.m^3, según la clasificación rusa pertenece a obras hidráulicas de primera categoría y tiene que ser calculada para la avenida 1/10,000 (0.01%) de probabilidad. Así en las reglas de control de avenidas han

de ser incluidas dos etapas de regulación: la primera con el fin de preservar contra la inundación de la población y unidades industriales en el valle del Belaya y la segunda etapa con la finalidad de asegurar la entereza de estructuras bajo la presión hidrostática, evitando el rebosamiento de agua por encima de la presa de terraplén y mantener la capacidad de funcionamiento de la misma obra hidráulica.

La solución de la primera tarea está complicada porque la probabilidad de excedencia y otros parámetros como el caudal máximo, hidrógrafo y el de volumen de la avenida que está pasando a traves de la obra hidráulicas son desconocidos hasta la terminación del evento.

La inundación del territorio urbano en el valle del Belaya empieza cuando el caudal de agua en el cierre de control (punto hidrométrico en la ciudad de Sterlitamak) sobrepasa 2200 m^3/s. Este caudal es la mitad del valor máximo de la avenida natural del río Belaia de 1/100 de probabilidad. La afluencia lateral desde la cuenca de drenaje intermedio entre el cierre de la presa en construcción y el de Sterlitamak es comparable con las avenidas en el sitio de la presa. Por eso las reglas de regulación de las avenidas en el embalse de Yumagusín dicen lo siguiente.

1. En el final de los inviernos con precipitación nival grande lo que puede producir la avenida abundante el embalse se vacia hasta la cota de nivel muerto 225 m. El llenado del embalse con aporte de aguas desheladas hasta el nivel nomal de 260 m se realiza vertiendo el agua a traves del desagüe de fondo, que alimenta la pequena central hidroeléctrica de Yumagusín.

2. Hasta el momento cuando el nivel del embalse llegue a la cota de 265 m el caudal de aguas abajo de la presa no puede sobrepasar tal en suma con afluencia desde la cuenca tributaria constituya 2200 m^3/s.

La cota 265 m se mantiene abierto las compuertas del aliviadero sin contar con la seguridad del valle pués se trata de concervar la presa cuya rotura (brecha) está preñada de consecuencias catastroficas. Los cómputos realizados utilizando diferentes modelos de hidrógrafos de la avenida (semejantes a los fijados durante 50 años de observaciones hidrológicas) mostraron que con las compuertas completamente abiertas y con nivel aguas arriba de la presa igual a 270 m el vertedero puede dejar pasar 3800 m^3/s. Esto es el caudal máximo laminado de avenida de 1/10,000 de probabilidad de excedencia lo que corresponde a la primera categoría del complejo hidráulico de Yumagusín.

Dam Maintenance and Rehabilitation, Llanos et al. (eds)
© 2003 Taylor & Francis, ISBN 90 5809 534 7

Recrecimiento de la presa de El Vado

Alfonso Álvarez Martínez, Miguel Cabrera Cabrera & Francisco Javier Flores Montoya

RESUMEN: El recrecimiento de la presa de El Vado tiene por objeto aumentar la capacidad de embalse en el río Jarama para ayudar a garantizar el abastecimiento de agua a Madrid y asegurar un caudal para mejorar el estado ecologico del cauce agua abajo del embalse. Se aprovecha la infraestructura actual que se recrece agua arriba adoptando una presa de gravedad en forma de arco que permite rebajar las tensiones en la presa actual y aprovechar los órganos de desagüe, incluso el aliviadero, prolongando y adecuando estos a la presa recrecida. Se proponen procedimientos constructivos para compatibilizar la construcción con la explotación del embalse.

1 INTRODUCCION

La necesidad de regular el río Jarama está planteada formalmente desde los años cincuenta. El aprovechamiento del agua se destinaba al abastecimiento urbano y con esta finalidad se fueron construyendo infraestructuras, realizando el transporte del agua por gravedad.

La Ley 21/1.971, del aprovechamiento conjunto del Tajo y Segura, también recoge un conjunto de obras de regulación en la cuenca del Jarama.

El Plan Hidrológico de la Cuenca del Tajo, publicado en BOE el 30 de Agosto de 1.999, establece en el artículo 19.2 que todos los recursos hidráulicos del Alto Jarama (agua arriba de su confluencia con el

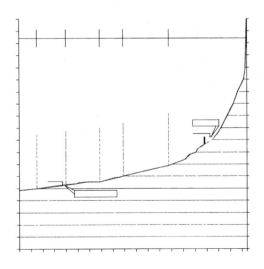

Lozoya) se reserven para abastecimiento de Madrid así como para la demanda medioambiental. La idea que sustenta la Normativa del Plan es el incremento de garantía para el abastecimiento de Madrid y Guadalajara y la necesidad de conseguir los objetivos de calidad del agua.

El Plan Hidrológico de la Cuenca del Tajo incluye la restauración fluvial de diversos tramos de los ríos Jarama y la protección y restauración de los ecosistemas asociados al agua. Se precisa para todo ello, además de abordar una depuración eliminando el fósforo y el nitrógeno, que circule un determinado caudal de agua limpia para bajar la contaminación mediante dilución. Recientemente, el Tribunal Superior de Justicia de Castilla-La Mancha dictó sentencia sobre la necesidad de atender al caudal del río Jarama, agua abajo de la presa de El Vado, para conseguir el buen estado ecológico, que establecen tanto la Ley como la Directiva de Aguas.

Buscando soluciones que conjuguen la necesidad de garantizar el abastecimiento de agua y de satisfacer el requerimiento medioambiental, se han realizado diferentes estudios. La solución encontrada para la cuenca del Jarama se expone en este artículo.

2 CARACTERISTICAS HIDROLOGICAS

Se suele llamar Alto Jarama o Cabecera del Jarama la cuenca de este río agua arriba de su confluencia con el Lozoya. Para aprovechar recursos de esta cuenca se construyó en los años cuarenta la presa del El Vado que genera un embalse con 50 hm³ de capacidad útil. Desde el embalse hasta Torrelaguna, hay un canal con capacidad para un caudal de 8 m³/s.

El Alto Jarama queda dividido en dos subtramos, agua arriba y agua abajo del El Vado. Las superficies de cuenca y aportaciones anuales, medias, máximas y mínimas, de estos tramos en el período 1940–93 son:

Tramo	Superior	Inferior
Superficie km^2	378	252
Ap. anual media hm^3	158	51
Ap. anual maxima en hm^3 (año 1965–66)	323	155
Ap. anual mínima en hm^3 (año 1948–49)	27	7

En la serie de aportaciones 1940–93, en más de 20 meses se producen aportaciones que superan el volumen de embalse, mientras que generalmente se producen fuertes estiajes que han llegado a proporcionar menos de 6 hm^3 en 6 meses consecutivos.

Los datos anteriores ponen de manifiesto la irregularidad interanual del Alto Jarama, así como la diferencia entre los dos subtramos, pues mientras la aportación anual del tramo superior es de 0,418 hm^3/km^2, la del inferior solo alcanza 0,202 hm^3/km^2, menos de la mitad.

3 SITUACION ACTUAL DE LOS APROVECHAMIENTOS

El río Jarama no tiene más embalses que El Vado. Su aprovechamiento se realiza mediante el canal del Jarama que recoge también agua del río Sorbe a través del Canal del Sorbe. Ambos tienen la misma capacidad, 8 m^3/s, y funcionan por gravedad. Desde Torrelaguna, donde se turbina para producir energía, continúa hasta el abastecimiento a Madrid.

Agua abajo de la confluencia con el Lozoya, un campo de pozos aprovecha el acuífero del río. Su recarga está favorecida por la retención que produce el azud de Valdentales; no obstante, su conexión con el río, su escasa capacidad y su afección a la vegetación de ribera, cuando el caudal baja por debajo del de extracción, dificultan ésta y pocas veces se llega al máximo teórico de 0,6 m^3/s.

3.1 *Explotación del río Jarama*

Se ha indicado la irregularidad que tienen las aportaciones del Jarama y que, con aportación anual media superior a 200 hm^3, solo cuenta con un embalse regulador de 50 hm^3 y un campo de pozos a la altura de Torrelaguna que pueden aprovechar parte de los caudales retenidos en el acuífero cretácico.

Además, en el curso medio del Jarama hay bastantes edificaciones e instalaciones diversas que están próximas a las orillas del río y peligran en caso de crecidas.

Por ello, la explotación del embalse de El Vado se realiza manteniendo el embalse casi vacío los meses en que hay posibilidad de crecidas. Aunque el canal que lleva agua al Lozoya tiene un alto grado de utilización, la entrega del Jarama al abastecimiento de Madrid supera raramente 100 hm^3 al año, solo el 50% de su aportación anual media.

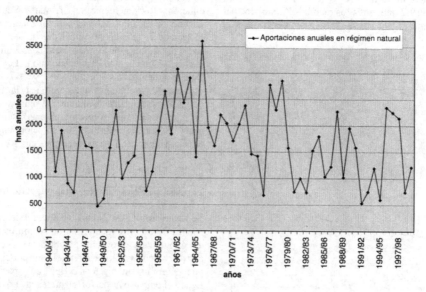

Figura 1.   Cuenca del Jarama: Aportaciones anuales en régimen natural.

3.2 *Recursos no controlados del Alto Jarama*

Las aportaciones no controladas en este río superan como media anual 60 hm³ a la altura de El Vado más otros 30 hm³ hasta la confluencia con el Lozoya.

4 LA REGULACION AL SERVICIO DEL BUEN ESTADO ECOLOGICO

Se puede afirmar que hoy se tiene conciencia, y la Directiva de Aguas pondrá en práctica su realización, que es necesario cumplir las estipulaciones de la Ley de Aguas y del proyecto de Ley de Plan Hidrologico Nacional relativas a conseguir y garantizar un buen estado ecológico en los cauces de los ríos de la cuenca del Tajo.

Se debe intertar que siempre circule por el río el caudal ecológico de agua limpia. Para ello es totalmente necesario que el río esté bien regulado. De otro modo, aun sin derivaciones de agua para abastecimientos y riegos, puede suceder (sucede en muchos ríos) que durante los meses sin lluvias el río quede totalmente seco, con gran perjuicio ecológico si la sequía se prolonga. En cambio con las épocas lluviosas viene el peligro de que el río se desborde, inundando zonas más o menos grandes. Aparte de las víctimas humanas que pueda ocasionar, está la realidad de que los daños ambientales pueden ser grandes. (Muchas veces lo son).

La cuenca de Alto Jarama sometida a casi nula presión antrópica, tienen agua de calidad natural excelente y pueden colaborar en la restauración ambiental de los cauces de agua abajo. Para ello será necesario, proteger dichas cuencas evitando su deterioro ambiental y controlar los caudales de su río.

Al crear nuevos embalses de regulación hay que considerar los efectos ambientales inherentes a las obras que los generan.

Cabe resaltar aquí que la afección ambiental de un embalse suele ser desfavorable cuando está vacío debido a que ha desaparecido toda la vegetación que ha estado inundada. Estando lleno, o con nivel poco menor que el máximo, se reducen los efectos paisajisticos negativos producidos por la carrera de embalse. Por ello, toda nueva presa, una vez asumida la inundación del vaso y salvo que lo impidan superficies a inundar, evaporaciones excesivas o limitaciones económicas, debe tener la mayor altura posible. Así podrá hacerse la explotación del embalse manteniendo su nivel suficientemente alto y se reducirán esas franjas que afean el paisaje.

5 POSIBLES AMPLIACIONES DE LA INFRAESTRUCTURA

Para introducir estos condicionantes en la explotación de las cuencas analizadas, es necesario hacer controlables sus recursos hídricos. Con ellos se podrá, no sólo mantener y mejorar su garantía, sino también aumentar el volumen de agua aportado al abastecimiento de Madrid y Guadalajara. Además, resultará factible cumplir los objetivos de calidad establecidos en el Plan Hidrológico de la cuenca y que por los ríos Henares y Jarama discurra habitualmente un caudal no menor que el prescrito en la sentencia del Tribunal de Castilla-La Mancha.

Para completar el aprovechamiento de aportaciones del **Alto Jarama**, lo más ventajoso es recrecer la presa de El Vado hasta aproximadamente la cota 949, con lo que la capacidad de su embalse alcanzaría 160 hm³. Esto proporcionaría, para el abastecimiento de Madrid, un volumen adicional nada despreciable que superaría el valor de 30 hm³/año.

Se han descrito las características de la cuenca alta del **río Jarama**, quedando dos aspectos a considerar, el caudal ecológico y la regulación de sus avenidas. El caudal ecológico puede ser atendido una vez regulado el río y de paso se habrán reducido las eventuales avenidas que causan daños en las edificaciones cercanas al río, más abajo de Torrelaguna.

6 RECRECIMIENTO DE EL VADO

En la mayoría de los casos, recrecer una presa existente es más económico que construir otra nueva. En El Vado apoyan esta aseveración las siguientes circunstancias:

a) La cerrada tiene una formación litológica verdaderamente buena.

b) Circundando el embalse no hay edificaciones, en lo que ha podido influir que para construir la presa

Figura 2. Embalse de el vado.

las expropiaciones fueron de acuerdo con la legislación de entonces.

c) El entorno del embalse está repoblado de pinos plantados con la finalidad de proteger el embalse de aterramientos. El efecto ambiental sobre ellos es muy pequeño.

d) La conducción que trasvasa el agua del Jarama al Lozoya, para llevarla a Madrid, parte de la presa de El Vado.

e) Existe una declaración de impacto de 30 de julio de 1993 (BOE de 21 de octubre de 1993) que dice que *"las aguas de su embalse ocupan terrenos antropizados y de escaso valor ecológico, geológico y agrícola, aparte de inundar los ya ocupados por El Vado: La construcción de esta presa sería ambientalmente viable con la sola observancia de un adecuado código de conducta ambiental, sin necesidad de tener que cumplir un condicionado específico"*.

Se acompaña esquema donde puede verse el vaso del embalse en la situación actual y en la solución propuesta.

f) La presa. recrecida no afectaría a ningún núcleo urbano.

g) La construcción de la solución que se plantea puede hacerse compatible con la explotación con un coste relativamente pequeño. Se ha comprobado que el régimen hidrológico del río Jarama es de tal irregularidad que permite ser aprovechado durante el estiaje con la ayuda de un azud a situar agua abajo de la presa actual en la sección donde el cauce está más próximo al canal del Jarama.

h) El cierre del collado lateral y el aseguramiento de la estanqueidad del contacto pizarras conglomerados obligaría a impermeabilizar la zona de posibles filtraciones y a su control. En esas condiciones la presa de cierre podría resolverse con distintas soluciones aceptables.

Indiscutiblemente la presa de El Vado tiene un valor, si no calificable de histórico si una testificación de cómo era la técnica de entonces, a mediados del siglo XX antes de introducirse tantas innovaciones posteriores. A esto se une el hecho de que varios meses al año el embalse permanece practicamente vacío.

En consecuencia de ambas circunstancias parece que lo mejor es recrecer la presa poniendo hormigón del lado de agua arriba. De esta forma la actual presa serviría de encofrado de la nueva hasta su coronación.

Considerando la calidad resistente de la roca, a cotas por encima del nivel de embalse máximo, y que la cerrada es poco ancha, se puede pensar en una estructura arco-gravedad para hacer el recrecimiento. El cuerpo de presa actual se vería relajado en sus esfuerzos.

Cabe mantener la coronación de la presa actual, aprovechándola para que la carretera siga pasando sobre ella.

Los desagües pueden seguir siendo los mismos de hoy día, prolongándolos hacia el embalse a través del hormigón nuevo. Bastará realizar en ellos algunas pequeñas modificaciones. Incluso no se vería afectada la conexión Sorbe Jarama.

Las tomas de agua pueden seguir siendo las mismas, al menos interiormente hasta la coronación actual, reforzando y recreciéndolas hasta la nueva cota.

El aliviadero y cuenco amortiguador actuales servirán para la presa recrecida. Naturalmente, por encima de la coronación actual habrá que ejecutar nuevo aliviadero, que algo curvado y con cierta convergencia enlace con el vertedero actual.

Habilitando el antiguo tunel de desvio, teniendo en cuenta los fuertes estiajes del río y con la ayuda de un pequeño azud y un bombeo a situar en la cerrada n° 1 de las estudiadas como alternativa a la presa de Matallana, se podría bombear el agua al canal del Jarama durante la explotación.

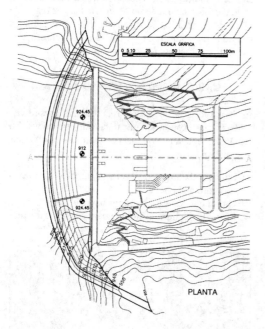

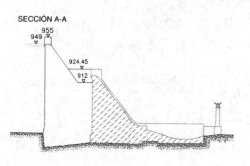

Figura 3.   Presa de el vado.

Se acompañan croquis indicando estas ideas del recrecimiento.

Se acompañan croquis indicando estas ideas.

7 CONCLUSIÓN

El planteamiento expuesto permite:

Incrementar la garantía para el abastecimiento a la zona suministrada por el Canal de Isabel II en las provincia de Madrid, suministrar con una alta garantía el caudal ecológico en el río Jarama y mejorar la calidad del conjunto de los ríos de la cuenca del Tajo, acercándolos a los objetivos de calidad contenidos en el Plan, especialmente los ríos Jarama y Tajo.

Dam Maintenance and Rehabilitation, Llanos et al. (eds)
© 2003 Taylor & Francis, ISBN 90 5809 534 7

Rehabilitación de la presa El Guapo Venezuela

Z.V. Prusza
Consultor, Harza Enginering Co., Venezuela

P.Ch. Perazzo
Coordinador, Harza Enginering. Co., Venezuela

G.G. Maradey
Coordinador, Ministerio del Ambiente y Recursos Naturales, Venezuela

RESUMEN: Se describen los estudios requeridos para rehabilitar una presa al Norte de Venezuela, donde como consecuencia de crecientes de dimensiones excepcionales, se produjo en Diciembre de 1999 la falla total del aliviadero.

1 INTRODUCCIÓN

El embalse sobre el río Guapo, cuya cuenca tiene un área de 468 km^2, está ubicado al norte de Venezuela y sus obras de contención fueron construidas entre los años 1975 y 1980, con la finalidad de regular las crecientes de los ríos Aragua y El Guapo, suministrar agua al acueducto que abastece las poblaciones cercanas a la costa así como a los sistemas de riego de los Asentamientos Campesinos y mantener las condiciones ecológicas de la Laguna de Tacarigua.

Las lluvias de Diciembre de 1999 originaron una creciente de dimensiones excepcionales que rebosaron el aliviadero de superficie, socavaron sus muros y área de disipación, y finalmente su ojiva, produciendo su falla total. El colapso del aliviadero y parte de la presa derecha, produjeron en el estribo izquierdo un boquete (Fotografía N° 1) de aproximadamente 200 m. en la cresta por 50 m en el fondo, en una altura de 60 m.

Dada la importancia de este embalse, el Ministerio del Ambiente y de los Recursos Naturales procedió a la rehabilitación del Proyecto.

En este artículo se describen los estudios realizados para actualizar y completar la información requerida para el diseño, la razón de los nuevos criterios adoptados, las alternativas y el procedimiento constructivo seleccionado para rehabilitar la presa.

2 DISEÑO ORIGINAL

El Proyecto se dividió y operó durante veinte años con los siguientes componentes: Presa y Embalse de

Fotografía N° 1.

El Guapo; Sistemas de Conducción; Planta de Tratamiento y Bombeo; Sistemas y canales de drenaje aguas debajo de la presa, así como el Sistema de distribución y riego.

2.1 *Descripción de los componentes principales*

Presa Derecha
Es una presa de tierra y enrocado. Presenta una altura de 60 metros y su longitud original era de 524 m. con un volumen de 2 600 000 m^3. Su sección muestra un

marcado predominio de gravas areno-limosas similares al lecho del río. Está formada por un núcleo central y espaldones de gravas areno-limosas. La cresta de la presa tiene un ancho de 8,0 m de los cuales 5,0 corresponden al núcleo impermeable. Los taludes poseen un enrocado de protección, cuya base es una mezcla gradada de cantos rodados. Presenta taludes de 2:1 aguas arriba y 2,25:1 aguas abajo, como consecuencia de un berma que le fue adosada por razones de estabilidad. La principal dificultad que se presentó en su construcción fue el alto contenido de humedad de los materiales de préstamo impermeables, la cual estaba un 8% por encima de la óptima.

Embalse

El embalse de El Guapo dispone de un volumen útil de aproximadamente 130 millones de m³, capaz de suministrar un gasto continuo de 2,2 m³/s, regar unas 5600 Has. y proporcionar un gasto medio de 0,55 m³/s. durante los meses de enero a Mayo a la Laguna de Tacarigua con el fin de mantener sus condiciones ecológicas.

Obras de Toma

Las obras de desviación y Toma se encuentran ubicadas en el estribo derecho. Se componen básicamente de una estructura inclinada de toma, una estructura de desviación, túnel de presión, cámara y chimenea para la compuerta de emergencia, túnel visitable, estructura de descarga y disipación de la descarga de fondo, tuberías, compuerta de emergencia, válvulas y la planta de tratamiento.

Aliviadero

Las principales características del aliviadero original eran las siguientes: ancho de 12,0 m; longitud de 282,0 m; Gasto de diseño de 101,8 m.

2.2 Características operativas

Entre los problemas de mayor relevancia que había presentado este proyecto cabe citar los siguientes:

- Incremento de unos 8.0 m en los niveles de sedimentación del embalse, los cuales están muy por encima del estimado original del diseño. Afectan la parte inferior de estructura de Toma.
- Comportamiento climático con eventos de lluvias extremas por encima de las estimaciones de diseño, obteniéndose un perfil hidráulico de la cuenca con caudales mayores.
- Problemas de permeabilidad en el núcleo de la presa, que afectaron la estabilidad de la presa e hicieron necesario adosarle una berma aguas abajo.

- Ausencia de un programa de seguimiento y mantenimiento de los instrumentos de control que se habían instalado.

3 FALLA DEL ALIVIADERO

En la Memoria descriptiva del Proyecto del Embalse el Guapo se indica que el aliviadero se apoyaría sobre un suelo que estaría "formado por una secuencia de capas predominantemente lutíticas con algunas intercalaciones de capas de areniscas." Por otra parte señala que " A partir de la Progresiva 0 + 10 se han anclado las placas del rápido a la roca de fundación mediante barras a fin de evitar que en un momento dado, por un aumento de la subpresión debida a la obstrucción del sistema de drenaje, se puedan levantar o desplazar de su sitio".

En función de las condiciones presentes al momento de ocurrir el evento, el embalse presentaba los siguientes niveles:

103,62 m s.n.m: nivel de aguas máximas. Caudal de 101,80 m³/s.
105,80 m s.n.m: máximo nivel alcanzado (15.12.1999). Caudal de 214.90 m³/s.
106,80 m s.n.m: nivel en el momento de la falla. Caudal de 335,39 m³/s.

Del análisis de los resultados del análisis efectuado se puede concluir lo siguiente:

Para el momento de la falla, la estructura del aliviadero descargaba el triple de los caudales correspondientes al diseño.

Esta situación hizo desbordar la lámina de agua por encima de los muros laterales, iniciando la socavación de la estructura. Simultáneamente se produjo el desbordamiento del pozo disipador, generando un resalto hidráulico fuera del mismo, con la socavación tanto del pozo como de la parte inferior del aliviadero.

Probablemente la roca sobre la que se fundó el aliviadero no resultó tan dura como se esperaba, debido a que en su tercio superior fue socavada hasta una profundidad variable entre 20 y 45 m, como consecuencia del proceso de la falla.

4 ESTUDIOS BÁSICOS

Considerando las condiciones existentes a consecuencia de la falla y el tipo de problemas asociados, el Ministerio del Ambiente y de los Recursos Naturales, contrató los servicios de empresas locales para realizar los siguientes estudios:

Levantamiento aerofotogramétrico del área de la presa (132 Ha) a escala 1:1000, integrada con el levantamiento topográfico (12 Ha) a escala 1:500 del área fallada.

Levantamiento Batimétrico del área ubicada aguas arriba de la Toma (4,0 Ha) y una franja a lo largo de la zona de falla, por la cual discurre el agua del embalse.

Condiciones Sísmicas: El sitio de la Presa El Guapo está localizado en una región de mediana sismicidad, con una aceleración máxima horizontal de 0,25 g; este valor está asociado a una probabilidad de excedencia de 10% en 50 años, valor este ultimo representativo de la vida útil de edificaciones de uso ordinario. El Proyecto original no incluyó un estudio detallado de las condiciones sísmicas, factor que por razones obvias se consideró prioritario para ser incluido en el diseño de las obras que formarían parte de la rehabilitación.

Para la selección de los movimientos de diseño y/o verificación para la presa El Guapo, se siguieron los criterios de ICOLD, realizándose un análisis determinístico y otro probabilístico. De los resultados de estos análisis se determinaron 3 tipos de sismos con 3 acelerogramas cada uno, con fuente cercana, intermedia y distante.

De los estudios de campo se desprende que el sitio de la presa se encuentra cruzado por lineaciones tectónicas con rasgos tectónicos que no permiten excluir su actividad sísmica. Conservadoramente, estas lineaciones se han supuesto activas con capacidad de generar sismos de 5,5 cada 10 mil o mas años; el desplazamiento cosísmico asociado alcanzaría como máximo 20 cm en distancia horizontal y 12 cm en dirección vertical.

Hidrología: La primera parte del estudio correspondió a la recolección y procesamiento de toda la información básica disponible relativa a la cartografía, pluviometría, evaporimetría, e hidrometría. Luego, se procedió a la estimación de la serie de caudales del río Guapo hasta el sitio de la presa. A los fines de caracterizar los eventos extremos se procedió a la estimación de los hidrogramas de caudales para períodos de retorno entre 5 y 1000 años, adicionalmente se llevaron a cabo estimaciones correspondientes al hietograma de la Precipitación Máxima Probable, así como el correspondiente hidrograma de la Crecida Máxima Probable.

Adicionalmente se realizó la estimación de la producción de sedimentos en el cuenca del río Guapo hasta el sitio de la presa, a los fines de estimar el volumen muerto de la estructura.

Finalmente se llevó a cabo un análisis de rendimientos del embalse El Guapo, para lo cual de realizó una generación estocástica de los caudales mensuales que permitió la construcción de curvas de rendimientos que definen los gastos garantizados para cada combinación de escenarios. Este caudal garantizado se obtuvo con un 95% de confianza.

Las principales conclusiones derivadas del estudio, se presenta a través de un resumen de los resultados obtenidos:

El área d e la cuenca hasta el sitio de la Presa 468 km^2

Precipitación media sobre la cuenca 1590 mm

Caudal promedio 7,40 m^3/s

Precipitación media sobre el embalse 2120 mm

Capacidad muerta para 100 años de vida útil 24 hm^3

Caudal máximo para 10 años de período de retorno 732 m^3/s

Caudal máximo para 50 años de período de retorno 1563 m^3/s

Caudal máximo para 100 años de período de retorno 1977 m^3/s

Caudal máximo para 1000 años de período de retorno 3717 m^3/s

Caudal máximo para la Crecida Máxima Probable 5487 m^3/s

Estudio Geológico-Geotécnico

El estudio geológico original incluyó 39 perforaciones verticales, con una profundidad promedio de 28 m. En el estribo izquierdo se realizaron 12 perforaciones con una profundidad máxima de investigación de 35 m. En el aliviadero se realizaron cuatro (4) perforaciones con profundidades entre 14 y 17 m. En 1980, debido a filtraciones de la Presa con la consiguiente disminución en su factor de seguridad con respecto a la estabilidad, se ejecutan cuatro (4) perforaciones cuya profundidad varió de los 37,50 aguas abajo de la Presa hasta los 60,0 m a través del núcleo de la misma.

La geología de superficie en el área afectada por la falla, está expuesta claramente en el estribo izquierdo. El estribo derecho muestra un corte de la presa.

El fondo de la falla, que fue lavada por una carga de 60 m de agua, muestra en buena parte la futura fundación del aliviadero, caracterizada por areniscas intercaladas con lutitas siliceas. Las areniscas se extienden hacia el estribo derecho, donde la secuencia alcanza unos 40 m. Las capas individuales de areniscas alcanzan espesores de 0,5 m, asociándose y formando espesores de 1,0 a 1,5 m, destacándose la falta de continuidad longitudinal. Las capas individuales de lutitas poseen espesores de 1 a 2 cm, formando espesores continuos de 0,5 a 1,0 m, asociada a capas muy delgadas de areniscas.

Tomando en cuenta la geología del área, se ejecutó un extenso muestreo en los préstamos existentes aguas abajo de la Presa, considerando que los correspondientes a la primera etapa se habían agotado ó sufrido modificaciones sustanciales durante la ejecución de la obra, inundación, etc.

El estudio de los préstamos se dividió en dos etapas investigación de los préstamos cuyos materiales pudieran ser utilizados en el núcleo impermeable de la presa, para lo cual los ensayos se enfocaron en la determinación de sus características granulométricas, clasificación, compactación, permeabilidad, volúmenes, etc...

Los resultados de la investigación y estimación de volúmenes de préstamos demuestran la presencia de suficientes materiales finos para la construcción del núcleo impermeable de la presa. La mayor parte de los préstamos explorados tienen una humedad natural que varía en ±2% con la óptima.

Investigación de los materiales para ser utilizados en la elaboración del concreto compactado, el cual sería utilizado para la construcción de la infraestructura del aliviadero. Como resultado de los estudios realizados, cabe mencionar que existe suficiente material granular, el cual mediante un adecuado tratamiento ó mezcla puede ser utilizado para la preparación del agregado para concreto compactado.

Estudio Ambiental

Dentro del proyecto de rehabilitación, se tiene prevista la ejecución de una evaluación ambiental con la finalidad de contar con un instrumento que le permita al Organo Ejecutor de la Obra corregir, controlar y prevenir los efectos ambientales negativos, actuales y potenciales, asociadas a la falla y rehabilitación de la Presa, entre cuyos objetivos específicos cabe mencionar los siguientes:

- Se identificó y evaluó las alteraciones positivas y negativas sobre el medio ambiente natural y los impactos sobre el medio socioeconómico.
- Se evaluó los daños ocasionados por la falla y los costos asociados.
- Se identificaron y propusieron las medidas ambientales preventivas, mitigantes y correctivas para minimizar los impactos negativos y potenciar los impactos positivos de las obras.
- Se propone un plan de Educación Ambiental en función de las expectativas de la población con respecto a la puesta en operación de la obra.

5 ACTIVIDADES ASOCIADAS A LA REHABILITACIÓN

Los trabajos de Rehabilitación que son requeridos para cumplir con los objetivos para los cuales fue construida son los siguientes:

- Diseño y construcción del túnel de desvío.
- Diseño y construcción de un nuevo aliviadero. Reconstrucción de la Presa Derecha.
- Recuperación y puesta en operación de las obras de toma y sistema de suministro de agua a la planta de tratamiento.

Diseño y construcción del túnel de Desvío

El criterio de diseño para el desvío implica un caudal durante la construcción de 200 m³/s, el cual corresponde a un período de retorno de 25 años.

El desvío para la construcción de las obras originales fue ejecutado mediante la construcción de un túnel revestido en el estribo derecho, el cual fue sellado posteriormente. Reactivar este túnel representaba dificultades por las obras que se requería ejecutar, además de que el nivel de sedimentación en el embalse lo obstruye.

Parcialmente

Con base a la geología del sitio, se seleccionó un túnel localizado en el estribo izquierdo con un diámetro interno de 4,40 m, con un nivel de la ataguía aguas arriba de 75 y de 46 en la de aguas abajo.

Al final de la construcción, el túnel de desvío será transformado en una descarga de fondo permanente, para lo cual se embutirá en concreto una tubería metálica con un diámetro interno de 3,00 m cuyo flujo será controlado por una válvula esférica de 1300 mm de diámetro. Esta descarga servirá para mantener un caudal ecológico del río, dotar de agua a las zonas agrícolas y a la Laguna de Tacarigua.

Diseño y construcción del nuevo aliviadero

Teniendo en cuenta las circunstancias que motivaron la falla del aliviadero, el Ministerio del Ambiente y de los Recursos Naturales consideró prudente considerar un esquema de máxima seguridad, fundado en roca, de operación segura, cuyas dimensiones se seleccionaran basadas en la creciente máxima probable y considerando cualquier efecto dinámico.

El nivel de la cresta se seleccionó con base al rendimiento requerido, ancho del aliviadero y las modificaciones necesarias para adoptarlo a las condiciones existentes. Para todas las alternativas estudiadas se consideró un aliviadero con cresta libre, deflector tipo "salto de esqui", con muros paralelos y convergentes.

Dos tipos de aliviadero fueron ensayados en un modelo físico no distorsionado a escala 1:50. para caudales de 1000, 2000 y 2700 m³/s.

El primero con muros convergentes, cresta en la elevación 97,0 y un deflector de 18 m de radio que finaliza en un labio de 30 m de ancho a la elevación 56. Las paredes eran verticales con altura de 6,0 m.

El segundo con muros rectos, un ancho constante de 43 m desde la cresta situada a la elevación 97,0 hasta el final del rápido, donde se había incluido una expansión de 12° en la pared derecha con respecto al eje central en la zona del deflector de 18 m de radio, con lo cual se ampliaba el ancho del labio del deflector a 46,40 m. El propósito de esta expansión era desviar parte del flujo y evitar su influencia en el talud izquierdo, constituido por suelos arenosos inestables en el área del impacto.

La medición de presiones negativas, indicó que el labio del aliviadero convergente presenta presiones negativas de −7, 71 mca, mientras que el labio del aliviadero recto presenta presiones de −3,56 mca.

Se decidió implementar una rampa de aireación en la cota 68 para evitar el fenómeno de la cavitación .

La socavación producida por el aliviadero recto es regresiva, sin llegar hasta las estructuras principales. Finalmente fue seleccionada esta alternativa.

6 ALTERNATIVAS ESTUDIADAS

En función de las obras a ser desarrolladas se realizaron diversos estudios con base a los cuales se definieron tres posibles alternativas:

Alternativa "A"
Construcción de un túnel de desvío de unos 308 m en el estribo izquierdo, con un diámetro acabado de 4,40 m, dimensionado para pasar un flujo de 200 m³/s cuando el nivel aguas arriba es de 74 m. Configuración de un aliviadero con descarga libre, 40 m. de ancho, excavado en el estribo izquierdo y una elevación de cresta al nivel 97. La descarga del aliviadero sería de 2700 m³/s. la cual representa la descarga de la máxima crecida probable (5487 m³/s) dirigida a través del embalse en base a una elevación inicial de 97 m y con volumen disponible entre las elevaciones 97 y 107.

La brecha entre el aliviadero y la Presa Derecha remanente, sería rellenada por un terraplén zonificado con un núcleo de arcilla, esencialmente igual a la estructura original erosionada por la falla.

El túnel de desvío se transformaría en una descarga de fondo, con un diámetro de 3,0 m al finalizar las obras.

Alternativa "B"
Construcción de un túnel de desvío con las mismas características indicadas en la Alternativa "A". Reconstrucción del área de la brecha con una estructura de concreto compactado. En la margen izquierda, se construye un aliviadero de las mismas características que en la Alternativa "A", pero ubicado encima del concreto compactado.

Alternativa "C"
Consiste en la construcción de un aliviadero de descarga libre sobre relleno de concreto compactado adosado al estribo izquierdo y la porción remanente rellenada por un terraplén zonificado con un núcleo de arcilla. El desvío y la transformación del túnel en una descarga de fondo sería igual a la alternativa "A".

En función de la cantidad de materiales, susceptibilidad climática, experiencia en Venezuela, disponibilidad de equipos y efectos ambientales se escogió la Alternativa "C" como la mas conveniente para la rehabilitación del Proyecto.

Las actividades restantes, tales como la Recuperación y Puesta en Operación de las Obras de Toma y Suministro de agua a la Planta de Tratamiento, son comunes a las alternativas estudiadas y no representan modificaciones a su diseño original.

Dam Maintenance and Rehabilitation, Llanos et al. (eds)
© 2003 Taylor & Francis, ISBN 90 5809 534 7

Spillways over earth dams lined with wedge-shaped pre-cast concrete blocks: Design criteria, construction aspects and cost estimate

A.N. Pinheiro
Assistant Professor, Instituto Superior Técnico, Lisbon, Portugal

C.M. Custódio
Civil Engineer, SANEST, Lisbon, Portugal

A.T. Relvas
Civil Engineer, COBA, Lisbon, Portugal

ABSTRACT: The construction of complementary spillways founded over earth dams is of great interest from the economic point of view, but raises some problems concerning the foundation deformability and the integrity of the spillway structures. Former studies of the authors showed that the use of stepped channel spillways lined with wedge-shaped pre-cast concrete blocks is a very attractive possibility to increase the discharge capacity of existent earth dams. The paper presents the most significant design criteria and construction aspects related to this type of spillways and mentions the issues where further research is still required. Cost estimates of wedge-shaped pre-cast concrete blocks spillways over earth dams, as a function of the dam height and of the design discharge, are included.

1 INTRODUCTION

The main purpose of studying new solutions of non-conventional spillways is to develop low cost solutions with reliable design criteria which may prove to economical alternatives to conventional spillway solutions.

In the case of embankment dams, the construction of spillways over the embankment will allow to reduce their length and avoid larger hillside works which frequently introduce significant visual impacts. That solution may be used in new projects or in existing dams where the lack of spillway discharge capacity is detected. In this case, the new spillway may operate as a complementary one, with low unit discharges, using part of the dam freeboard, and consequently, presenting long crest development.

The construction of spillways over earth dams presents technical problems due to the foundation deformability, which has been the main obstacle to the generalization of this solution. Different techniques have been put forward to overcome the structural damages due to the embankment settling and to control water infiltration (Albert & Gautier, 1992; Pinheiro & Relvas, 2000). Relvas (1997) analyzed design criteria and the costs of different types of spillways over

embankment dams. From the economic and technical points of view amongst the solutions analyzed by this author, the most attractive was the spillway lined with wedge-shaped pre-cast concrete blocks, laid with overlapping between successive block rows. Some prototypes of this type of spillway were already built (Grinchuk et al., 1977; Pravdivets, 1980; Pravdivets & Slissky, 1981; Baker & Gardiner, 1994; Baker, 1997). Part research on rectangular stepped channels with the bottom lined with wedge-shaped concrete blocks is also relevant (Baker et al., 1994, Gaston, 1995; Frizell, 1997). More recently, research on stepped channels allowed to obtained criteria which is also of interest for the spillways lined with wedge-shaped pre-cast concrete blocks (Boes & Minor, 2000; Matos, 2000; Pinheiro & Fael, 2000; Matos et al., 2001). Custódio (2000) presented a thorough bibliographic review and proposed constructional solutions concerning the construction of trapezoidal channels excavated in earth dams and lined with those pre-cast concrete blocks.

This type of spillway is constituted by the following main structures (Figure 1):

– Entrance channel.
– Discharge control weir.

- Stepped channel lined with wedge-shaped pre-cast concrete blocks.
- Energy dissipator.

With the purpose of reducing the traditional civil engineering works, with emphasis for the form work and reinforced concrete, a trapezoidal channel with bottom and walls lined with pre-cast concrete blocks was considered. Consequently, the upstream approaching channel will also have a trapezoidal cross-section, as well as the discharge control weir. In principle, this structure may be an ogee crest, a horizontal weir or a labyrinth weir. The first one accelerates the flow, which is a disadvantage for small dams, where the reduction of the stepped channel length implies a significantly energy dissipation reduction. The other two control structures are considered to be more adequate, but the discharge characteristics of the labyrinth weir with trapezoidal cross-section requires further research to establish appropriate hydraulic design criteria. In case there is no strong limitations to the design head or to the crest length, the horizontal weir is the most adequate control structure. The channel bottom is separated from the channel walls by two reinforced concrete beams. The walls slope is equal to downstream slope of the embankment, where the channel is excavated. The geometry of the final reach of the channel is determined by the type of energy dissipator used (Hewlett et al., 1997; Baker et al., 1994):

- The channel may be simply prolonged by an horizontal reach using heavier blocks to stand the uplift

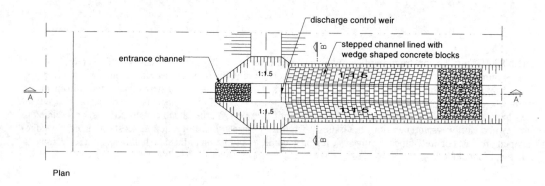

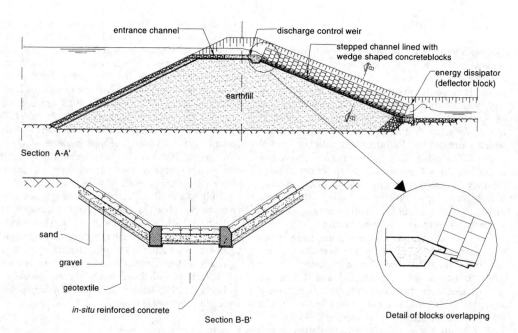

Figure 1.   Spillway lined with wedge-shaped block over an embankment dam. Schematic lay-out and details.

forces generated by the turbulence due to the energy dissipation process.

- In case a deflector block is used, the final reach will have a 1:6 slope and a length not less than eight times the flow height at the toe of the channel; a transition reach with a 1:4 slope must be considered.
- The use of a hydraulic jump stilling basin made with conventional reinforced concrete is also possible; in this case, a transition structure between the channel cross section and the basin cross section is required, where the blocks shall be also heavier than the ones of the channel because of turbulence; alternatively, the blocks may be replaced by *in-situ* reinforced concrete.

2 HYDRAULIC DESIGN

2.1 *Upstream channel*

Considering the upstream channel is excavated in the embankment is necessary to avoid excessive approach flow velocities and to protect the embankment against erosion. A maximum velocity of 2 m/s is recommended, which determines the elevation of channel bottom, once the bottom width will equal the discharge control structure and the downstream channel width.

2.2 *Concrete blocks: Stability and dimensions*

The wedge-shaped concrete blocks have their stability guaranteed by the hydrodynamic forces generated by the flow. In each step a depression zone forms immediately downstream of the step, due to the separation of the flow, and a positive pressure zone occurs due to the impact of the flow on the surface of the block (Figure 2). This constitutes a stabilizing moment which is reinforced by the block weight and opposed by the uplift force. The use of a drainage layer underneath the blocks and of blocks with holes or grooves located in the depression zone, which will aspirate the water from the drainage layer, will eliminate or greatly reduce the uplift force.

Due to the wedge shape, determined by hydrodynamic reasons, the blocks have variable thickness. Baker (1994) and Hewlett *et al.* (1997) proposed a stability design criterion relating the mean thickness of the blocks with the unit discharge, based in extensive laboratory research (Figure 4).

The minimum mean thickness considered by the authors is 0.10 m, which leads to a minimum block thickness of about 0.06 m, considered acceptable to easily take the blocks out of the forms. Hewlett *et al.* (1997) also recommend for non-reinforced blocks ratios between the block length, l_b, the block width, b_b, and the mean thickness, E_{mean}. In the present work it was considered:

$$b_b = 4E_{mean} \tag{1}$$

$$l_b = 3E_{mean} \tag{2}$$

For small or medium design unit discharges, the required minimum mean thickness is frequently too small if vandalism on the spillway blocks should be considered. In this case, higher thicknesses are recommended to obtain heavier blocks, which cannot be easily displaced, and the use of reinforcements is advisable to better withstand stone impacts.

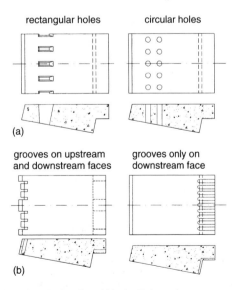

rectangular holes   circular holes

(a)

grooves on upstream and downstream faces   grooves only on downstream face

(b)

Figure 3. Wedge-shaped blocks. Holes and grooves.

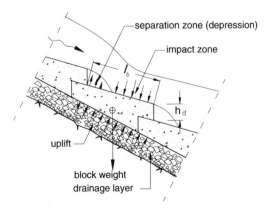

Figure 2. Wedge-shaped block. Actuating forces.

2.3 Upstream channel

The overlapping of the blocks makes the channel bottom to be stepped. Considering the work of Pravdivets & Bramley (1989), an equivalent Manning roughness coefficient of 0.033 to 0.040 may be considered to determine the backwater profile along the channel. The total flow height due to air entrainment was estimated to be 1.30 to 1.60 of water flow height. Boes & Minor (2000), based on tests carried out in stepped spillway with horizontal steps and bottom angle of 30 to 50°, considered a 1.50 ration between the flow height corresponding to an air concentration of 90% and water flow height. Considering that the tests carried out so far used rectangular channels, it seems adequate to use for trapezoidal channels the maximum coefficient proposed by Pravdivets & Bramley (1989).

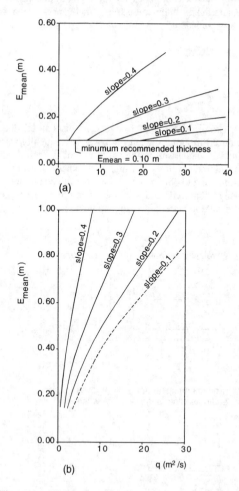

(a)

(b)

q (m² /s)

Figure 4. Wedge-shaped blocks. Relation between minimum mean thickness and unit discharge. (a) Blocks on spillway channel; (b) blocks under hydraulic jump (from Hewlett et al., 1997).

2.4 Drainage layer

The blocks must be laid on a drainage layer (Figure 1) whose granular materials either present filter conditions to the embankment materials or are laid on a geotextile to prevent the clogging of the drainage layer with earthfill materials. The drainage layer will drain the seepage that may come from the dam embankment and the water that infiltrates through the blocks joints or, for low unit discharges, through the holes or grooves of the blocks.

The drainage layer will be constituted by two or three sub-layers designed according to the following condition

$$4 < \frac{D_{15}}{d_{85}} < 5 \qquad (3)$$

where D_{15} is the size not exceeded by 15% by weight of material in the upper layer and d_{85} is the size not exceeded in 85% of the material in the lower layer. The thickness of each of the layers shall be 2 to 4 times the respective d_{85}, with a minimum of 0.20 m. The lower layer must also have filter conditions concerning the embankment material, if geotextile is not used.

The size of the material of the drainage layer must withstand the flow through the drainage layer. Martins & Escarameia (1989) presented a formula adequate to estimate the flow based on the characteristics of the layer granular material.

3 SPILLWAY COST ESTIMATION

The cost estimate of the spillway lined with wedge-shaped pre-cast concrete blocks is based on the evaluation of the quantities of the main woks referred to in Table 1.

Table 1. Spillways lined with wedge-shaped pre-cast concrete blocks. Main works quantities.

Work	Unit	Observations
Excavation	m³	Excavation in the dam embankment
		Excavation downstream of the dam to built the energy dissipator
Reinforced concrete	m³	In the discharge control structure
		In the deflector block or in the hydraulic jump stilling basin designed according to Peterka (1978), according to the case
Pre-cast concrete blocks	un	In the spillway channel
		In the hydraulic jump stilling basin, when that is the case
Drainage layer	m³	
Riprap	m³	In the lining of the upstream channel

Table 2. Spillways lined with wedge-shaped pre-cast concrete blocks. Design criteria used for cost estimation.

Structure	Observation

Upstream channel	Riprap layer – 1.00 m thick
	Labyrinth weir
	   Slab 0.50 m thick
	   Side walls 0.50 m thick
	   Weir walls height and thickness determined according to structural calculations

Discharge control structure	Horizontal weir Homogeneous embankments – horizontal slab 4.00 m long and structure 0.50 m thick. Zoned embankments – slab with the length necessary to cover the impervious core and 0.50 m thick Side walls 0.50 m thick Ogee crest Homogeneous embankments – standard profile Zoned embankments – standard profile prolonged with a 0.50 m thick slab to cover the impervious core Side walls 0.50 m thick
Drainage layer	Drainage layer with minimum thickness of 0.20 m or determined according to design criteria
Geotextile	Area of geotextile increased in 10% to account for overlapping
Filter	Sand with filter conditions 0.20 m thick

Energy dissipator	Hydraulic jump stilling basin
	Wall thickness, e, depending on the height, h:
	   $h \leq 2.00$ m $\Rightarrow e = 0.20$ m;
	   $2.00 \leq h \leq 2.50$ m $\Rightarrow e = 0.25$ m;
	   $2.50 \leq h \leq 3.00$ m $\Rightarrow e = 0.30$ m;
	   3.00 m $\leq h \Rightarrow e = 0.20$ m at the top and 1:10 face slope;
	Slab thickness equal to wall thickness at the base, with a minimum of 0.50 m
	Final reach of the channel with *in-situ* concrete, with steps, and mean thickness equals slab
	thickness
	Deflector block
	Uniform cross section along spillway width

A computer program developed for this purpose (Custódio, 2000) determines the blocks and spillway dimensions according to the criteria included in Table 2. The cost estimate is obtained according to a list of unit prices, which is an input to program. The unit costs of the blocks with different mean thickness, with or without reinforcements, were supplied by Portuguese manufacturers of pre-cast concrete (Table 4). Relvas (1999) estimated the cost of transport and laying of the blocks in 50% of the manufacturer cost. This criterion is considered in the present paper.

4 SPILLWAY COST ESTIMATION

Using the computer program developed by Custódio (2000) and considering three types of embankment dams with characteristics presented in Table 5, the dimensions of spillways lined with wedge-shaped concrete blocks and with different upstream control structures (horizontal weir, labyrinth weir and ogee crest) and two different energy dissipators (deflector block and hydraulic jump stilling basin lined with pre-cast concrete blocks designed according to Figure 4b) were optimized to obtain minimum cost, according to the unit prices presented in Tables 3 and 4. A range of design discharges, considered usual in Portugal for each type of dam, was established (Table 5). The natural water level at the toe of the spillway was determined considering a standard trapezoidal cross section with a bottom width of 10 m and bank slopes of 1:3. The bottom slope was considered to be 1%. The results are shown in Figure 5.

The analysis of Figure 5 shows that:

– The relationship between spillway design discharge and cost is approximately linear.
– The use of an ogee crest or an horizontal weir upstream with a deflector block are the most economical solutions, with small differences between them.
– The use of a labyrinth weir did not prove to be an economical solution; this is because the reduction

Table 3. Spillways lined with wedge-shaped pre-cast concrete blocks. Unit costs (1999 prices).

Item	Unit	Unit cost (Euro)
Concrete placed *in-situ* including form work and reinforcements	m^3	340
Geotextile under the drainage layer	m^3	5
Riprap in the upstream channel	m^3	17
Gravel in the drainage layer 0.20 m thick	m^3	20
Sand in the drainage layer 0.20 m thick	m^3	20
Excavation in the embankment and downstream of the dam	m^3	6

Table 4. Spillways lined with wedge-shaped pre-cast concrete blocks. Blocks characteristics and unit costs (1999 prices).

Mean thickness (mm)	Weight (N)	Unit cost (Euro) Without reinforcements	Unit cost (Euro) With reinforcements
0.10	35	4.96	7.53
0.15	110	13.25	16.28
0.20	260	21.83	25.97
0.25	530	37.23	42.02
0.35	1440	92.79	96.50
0.45	3030	163.41	179.75
0.55	5500	281.93	310.13

Table 5. Characteristics of the dams used for cost evaluation.

Characteristic	Type A	Type B	Type C
Embankment height (m)	7	15	30
Spillway design discharge (m^3/s)	10–100	20–200	30–300
Maximum upstream head (m)	1.5	2.0	2.5
Dam freeboard (m)	1.0	1.5	1.5
Upstream and downstream embankment slopes (–)	1:3/1:2.5	1:3/1:2.5	1:3/1:2.5
Dam crest width (m)	6	6	7

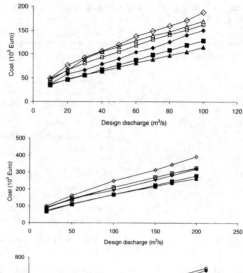

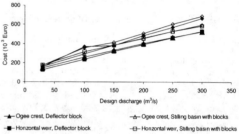

Figure 5. Spillways lined with wedge-shaped pre-cast concrete blocks. Relationships between design discharge and spillway cost. (a) Type A dam; (b) type B dam; (c) type C dam (Table 5).

of channel width does not compensate the larger quantity of reinforced concrete necessary to build the labyrinth wall and slab; the reduction is small because of the restriction of the labyrinth length along the horizontal entrance channel excavated on the dam.

– It must be emphasized that homogeneous dams were considered in the present study; in case zoned dams are considered, some cost differences will arise

because of the upstream slab which must cover the whole core of the dam. The costs will increase and some cost differences may be attenuated.

To analyse the influence in the costs of each structure of the spillway, the costs of the entrance channel and control structure, of the stepped channel and of the deflector block were represented separately as a function of the design discharge for the dam corresponding to configuration B (Table 5) – Figure 6. The head adopted for each design discharge, corresponding to the minimum total spillway cost, is also represented in Figure 6.

The analysis of Figure 6 shows that:

– The channel represents the most significant partial cost.
– The cost of the deflector block increases linearly with the design discharge and is close to the cost of the entrance channel and control structure.
– The upstream head for minimum cost condition presents linear increases with horizontal steps,

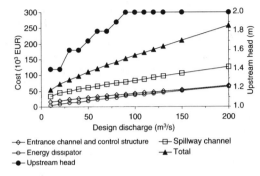

Figure 6. Spillways lined with wedge-shaped pre-cast concrete blocks. Relationships between design discharge and costs of spillway structures for a type B dam (Table 5).

which are justified by the discontinuities in the spillway width, due to the use of complete blocks.
– For discharges larger than 100 m³/s, the head is kept at 2 m, which was considered to be a maximum for this type of spillways over embankment dams; in this cases the minimum spillway cost was not achieved.

5 CONCLUSIONS

Previous research on channels with rectangular cross section with the bottom lined with wedge-shaped pre-cast concrete blocks demonstrated the good performance of the blocks and provided hydraulic design criteria. The use of this lining on trapezoidal channels excavated on embankment dams was analyzed from an economical point of view. The construction criteria considered by a computer program specially developed for this purpose was presented. Different solutions were considered for the upstream control structure and for the energy dissipator and three different dam types were proposed for cost analysis. It was concluded that the most economical solutions corresponded to the use of an ogee crest or a horizontal weir with a deflector block as energy dissipator. The most significant partial cost corresponds to the channel lined with wedge-shaped pre-cast concrete blocks.

More research on hydraulic design criteria for trapezoidal channels and on the interaction between channel flow, drainage layer flow and seepage through the embankment is considered necessary to fully support the design of this type of spillways.

ACKNOWLEDGEMENTS

The authors wish to thank the Portuguese Foundation for Science and Technology (FCT) for supporting the M.Sc. thesis of the second author (PRAXIS XXI Program – project ECM/12054/1998) and the Ph.D. grant conceded to third author. The authors also wish to thank Portuguese Institute of Water (INAG) for supporting the M.Sc. work of the second author and the development of the facility for the ongoing Ph.D. work of the third author.

REFERENCES

Albert, R. & Gautier, R. 1992. Evacuaters fondés dans remblai. *La Houille Blanche,* 2/3, 147–157.

Baker, R. 1997. *Field evaluation of the performance of wedge-shaped blocks.* CIRIA, Project Report 33, London.

Baker, R. & Gardiner, K. 1994. The construction and performance of a wedge block spillway at Brushes Clough Reservoir. *Reservoir Safety and Environment*, London, Thomas Telford, 214–223.

Baker, R., Pravdivets, Y. & Hewlett, H. 1994. Design considerations for the use of wedge-shaped pre-cast concrete blocks for dam spillways. *Proc. Instn. Civ. Engrs. Wat., Marit & Energy* (106), 317–323.

Boes, R. M. & Minor, H.E. 2000. Guidelines for the hydraulic design of stepped spillways. *Proc. Intl. Workshop on Hydraulics of Stepped Spillways*, Zurich, H.E. Minor e W.H. Hager (ed.). Balkema, p. 163–170.

Custódio, C. A. 2000. *Spillways lined with wedge-shaped pre-cast concrete blocks over embankment dams* (in Portuguese). Thesis submitted in partial fulfilment of the requirements for the Degree of Master of Science, IST, Lisbon Technical University, Lisbon.

Frizell, K. H. 1997. *Stepped overlays can protect your embankment dam during overtopping.* US Bureau of Reclamation Report, Denver, Colorado.

Gaston, M. L. 1995. *Air entrainment and energy dissipation on a stepped block spillway.* Thesis submitted in partial fulfilment of the requirements for the Degree of Master of Science, Colorado State University, Fort Collins, Colorado.

Grinchuk, A. S., Pravdivets, Y. P. & Shekhtman, N. V. 1977. Test of earth slope revetments permitting flow of water at large specific discharges. Translated from *Gidrotekhnicheskoe Stroitel'stvo* (4), 22–26.

Hewlett, H. W. M., Baker, R., May, R. W. P. & Pravdivets, Y. P. 1997. *Design of Stepped Block Spillways.* CIRIA Special Publication 142. London.

Martins, R. & Escarameia, M. 1989. Turbulent seepage flow. *Proc. 4th Simpósio Luso-Brasileiro de Hidráulica e Recursos Hídricos.* Lisbon.

Matos, J. 2000. *Air entrainment and energy dissipation in stepped spillways.* Ph.D. thesis, IST, Lisbon Technical University.

Matos, J., Pinheiro, A.N., Quintela, A.C. & Frizell, K. 2001. On the role of stepped overlays to increase spillway capacity of embankment dams. *Proc. Dams in European Context,* Gereinger, Balkema, p. 473–482.

Pinheiro, A. & Fael, C. 2000. Nappe flow in stepped channels. Occurrence and energy dissipation. *Proc. Intl. Workshop on Hydraulics of Stepped Spillways*, Zurich, H.E. Minor e W.H. Hager (ed.). Balkema, p. 119–126.

Pinheiro, A. & Relvas, A. 2000. Non-conventional spillways over earth dams. An economical alternative to conventional chute spillways. *Dam Engineering* 10(4), 179–196.

Pravdivets, Y. P. 1980. An economical design for an earth-fill spillway dam. Translated from *Energeticheskoe Stroitel'stvo*, n.° 3, 10–14. Bureau of Reclamation.

Pravdivets, Y. P. & Bramley, M. E. 1989. Stepped protection blocks for dam spillways. *Water Power & Dam Construction* 33(7), 49–56.

Pravdivets, Y. P. & Slissky, S. M. 1981. Passing floodwaters over embankment dams. *Water Power & Dam Construction* 25(7), 30–32.

Relvas, A. J. T. 1997. *Non-conventional spillways over embankment dams* (in Portuguese). Thesis submitted in partial fulfilment of the requirements for the Degree of Master of Science, IST, Lisbon Technical University, Lisbon.

Dam Maintenance and Rehabilitation, Llanos et al. (eds)
© 2003 Taylor & Francis, ISBN 90 5809 534 7

Recuperación de la cubierta vegetal en las márgenes del embalse de Santa Teresa (Salamanca)

F. González
Director General de Aguas de Duero S.A., Valladolid, España

A. Colino
Jefe de Proyecto, Aguas del Duero S.A., Valladolid, España

F. Ledesma
Castinsa, Salamanca, España

N. García
Iberinsa, Madrid, España

ABSTRACT: La ponencia resume los trabajos desarrollados durante la redacción del proyecto de recuperación de la cubierta vegetal en las márgenes del embalse de Santa Teresa, sobre el río Tormes, en Salamanca. A partir de los objetivos fijados y de las conclusiones de los estudios previos fue posible definir las distintas áreas de actuación, en las que se diseñaron diversos tipos de plantación acordes con la problemática de cada una de ellas.

1 INTRODUCCION

La redacción, hace ya varios años, de los denominados PICRHA (Planes Integrados de Cuenca de Restauración Hidrológico Ambiental), puso de manifiesto los problemas de índole ambiental que presentaban una parte de las presas y embalses españoles. Una de las presas analizadas fue la de Santa Teresa, perteneciente a la Confederación Hidrográfica del Duero.

La presa de Santa Teresa se encuentra situada sobre el río Tormes, en la provincia de Salamanca, embalsando las aguas de este río en su tramo de cabecera. Con una superficie de embalse de 2.579 ha, afecta a un total de ocho términos municipales.

La presa se encuentra en explotación desde 1960, sin que hasta el momento se tenga conocimiento de la realización de actuaciones de carácter medioambiental en la zona del embalse. La gestión y explotación del embalse corresponde a la Confederación Hidrográfica del Duero, dependiente del Ministerio de Medio Ambiente.

La escasez de vegetación en el entorno del vaso del embalse, motivada en parte por la fuerte presión ganadera existente en la zona, ha dado lugar a una pérdida de los valores paisajísticos, así como a un incremento de los niveles de erosión en las laderas. Este hecho, si bien no alcanza de momento niveles preocupantes, ha sido tenido en cuenta por los organismos encargados de la gestión y el mantenimiento del embalse.

De todos es sabido el importante papel que juega la vegetación en los procesos erosivos, por un lado defiende el suelo de la energía cinética que transportan las gotas de lluvia, al impedir que sea golpeado directamente; por otro lado influye en la formación de la lámina de escurrido, alargando el tiempo de concentración y disminuyendo los caudales punta del hidrograma. Además, la vegetación aumenta la porosidad del suelo al aumentar el contenido en materia orgánica y su sistema radical contribuye a aglutinar las masas terrosas.

En este sentido, en enero de 2001, la sociedad estatal Aguas del Duero S.A. sacó a concurso la redacción del "Proyecto de recuperación de la cubierta vegetal en las laderas vertientes al embalse de Santa Teresa", que fue adjudicado en marzo del mismo años la Unión Temporal de las empresas IBERINSA y CASTINSA. El proyecto definitivo se entrego en septiembre de 2001.

2 OBJETIVOS

El objetivo principal del proyecto es conseguir la regeneración de la cubierta vegetal en las márgenes del embalse de manera que se frenen los procesos de erosión, minimizando así el aporte de sedimentos al vaso. Por otro lado, se definirán las actuaciones precisas sobre la vegetación existente para conseguir mejorar la calidad de la misma.

Un segundo objetivo que se planteó a la hora de diseñar las actuaciones fue el de adecuar las márgenes del embalse a los requerimientos de la población local en cuanto a la utilización social (uso recreativo) del mismo. Estas actuaciones, que no son objeto de la presente comunicación, consistieron en el diseño de áreas de baño, embarcaderos y merenderos a lo largo del perímetro del embalse, situándolas lo más cerca posible de las poblaciones ribereñas.

3 TRABAJOS REALIZADOS

Los trabajos realizados por la UTE para la realización del proyecto se iniciaron con la toma de datos de campo para la elaboración del inventario. Una vez comprobado que no se afectaban ni a elementos históricos ni a vías pecuarias, los trabajos se centraron en la toma de datos referentes a la vegetación actual en el entorno del embalse. Igualmente se calculó la erosión en las laderas inmediatas, aplicando para ello el método USLE. Se contactó con todos los Ayuntamientos ribereños para conocer tanto sus deseos y necesidades como las posibles actuaciones de carácter medioambiental que tuvieran previsto iniciar en las inmediaciones del embalse.

4 ESTADO ACTUAL

El embalse de Santa Teresa, tiene un perímetro de costa de 103 km, estando la mayor parte del mismo desprovisto de vegetación. Esto se debe, básicamente a la intensa presión antrópica que las explotaciones ganaderas han ejercido sobre la zona desde tiempo inmemorial.

Se describen brevemente a continuación las principales características del medio en el que se inscriben las actuaciones diseñadas.

4.1 *Medio Físico*

El clima de la zona donde se ubica el embalse es de tipo Mediterráneo templado, con una temperatura media anual en torno a 10°C y una máxima estival que puede alcanzar los 35°C. La precipitación media anual no alcanza los 600 mm, con dos meses de sequía (julio y agosto).

La práctica totalidad de los sedimentos que afloran en la zona estudiada corresponden al Precámbrico y al Cámbrico. Existe una pequeña mancha del Terciario en las proximidades de La Tala que representa al Paleógeno superior.

Los suelos son en su mayoría Cambisoles, sustituidos por Fluvisoles aguas abajo de la presa.

De entre los numerosos arroyos y regatos que vierten al embalse el más importante es el río Valvanera, afluente por la izquierda del río Tormes y que tributa al embalse en el término municipal de Santibáñez de Béjar.

4.2 *Medio Biótico*

La vegetación del entorno inmediato al embalse se encuadra dentro de la Serie supramediterránea silicícola de la encina (*Quercus ilex*). Esta especie se puede encontrar tanto en forma arborea como arbustiva, bien de manera independiente, bien mezcladas. La formación dominante es la dehesa.

En las vaguadas y en los cauces de los arroyos, donde el nivel freático es más alto, aparecen formaciones edafófilas, donde predominan los sauces, álamos y fresnos.

Con fecha 19 de abril de 2001, la Junta de Castilla y León incluyó el embalse de Santa Teresa dentro del Catálogo de Zonas Húmedas de Interés Especial, debido a sus relevancia regional para las aves nidificantes.

4.3 *Medio Sociceconómico*

El embalse de Santa Teresa baña los terrenos de ocho términos municipales: Aldeavieja de Tormes, Cespedosa, Guijo de Avila, Guijuelo, La Tala, Montejo, Pelayos y Salvatierra de Tormes. Salvo Guijuelo, todos ellos se caracterizan por un paulatino despoblamiento, motivado tanto por la emigración como por la baja natalidad. De esta forma, salvo Guijuelo, con algo más de cinco mil habitantes, el resto de los municipios no alcanzan los 500 habitantes.

Figura 1. Vista de las laderas del embalse en la zona más próxima a la presa. Se aprecian la considerable pendiente y los terrenos desprovistos de vegetación.

La economía de la comarca se basa, fundamentalmente, en la industria chacinera. Esto condiciona también el uso del suelo, dominando los pastizales y los pastos adehesados, aprovechados por los ganados vacuno y porcino.

El porcentaje de terreno forestal en estos municipios no representa ni la cuarta parte de los pastos y dehesas, al haber sufrido desde antiguo roturaciones para su cultivo. El abandono de los pueblos y por tanto de la actividad agraria ha supuesto, entre otras cosas, que terrenos de cultivo abandonados hayan empezado a ser ocupados de nuevo por la vegetación natural.

5 ESTUDIOS ESPECIFICOS

Con el fin de profundizar en el estudio de las inmediaciones del embalse de cara a la definición de actuaciones se consideró necesario realizar dos estudios complementarios, por un lado el estudio de erosión de las laderas vertientes al embalse y por otro lado un estudio de detalle de la vegetación en las márgenes del mismo.

5.1 *Estudio de erosión en la cuenca*

El objetivo principal de este estudio es cualificar y cuantificar las características erosivas de las laderas vertientes al vaso del embalse de Santa Teresa.

Los elementos que se han tenido en cuenta para elaborar el estudio son: estado y características de la cubierta vegetal, pendiente y relieve del terreno y erosionabilidad del suelo. Se generan dos mapas temáticos: el de índices de protección del suelo por la vegetación y el geomorfológico. A partir de estos mapas y mediante la aplicación de la ecuación Universal de Pérdidas de Suelo (USLE), se han estimado las pérdidas de suelo anuales. El plano de pérdidas de suelos representa los distintos valores de erosión en las distintas teselas identificadas.

La clasificación utilizada para clasificar las pérdidas de suelo ha sido la adoptada por el ICONA en el estudio. "Paisajes erosivos en el Suroeste español: Ensayo de la metodología para el estudio de su cualificación y cuantificación. Proyecto LUCDEME", que a su vez se basa en la clasificación establecida por la FAO:

Nivel		Pérdidas de suelo (tm/ha y año)
I	Nula o ligera	<10
II	Baja	10–25
III	Moderada	25–50
IV	Acusada	50–100
V	Alta	100–200
VI	Muy alta	>200

La superficie analizada asciende a 36.650,96 hectáreas. A partir de los datos analizados se han obtenido las pérdidas medias interanuales de suelo para la cuenca estudiada, obteniéndose un valor de 25,54 tm/ha.año. Para cada uno de los niveles de erosión la superficie afectada es la siguiente:

Nivel	Pérdidas de suelo (tm/ha y año)	Superficie	%
I	<10	1.613,41	4.40
II	10–25	15.222,81	41.53
III	25–50	18.665,18	50.93
IV	50–100	1.149,56	3.14
V	100–200	0.0	0.00
VI	>200	0.0	0.00
Total	–	36.650,96	100.00

A partir de estos datos se obtuvieron las siguientes conclusiones: algo más de la mitad de la superficie analizada presenta valores de pérdidas de suelo superiores a 25 tm/ha.año; si además añadimos la superficie de los suelos con pérdidas superiores a las admisibles (10 tm/ha.año), se tiene que prácticamente toda la cuenca vertiente analizada presenta en mayor o menor grado problemas de erosión.

Estos datos vienen a confirmar las apreciaciones obtenidas durante la realización de los trabajos de campo, y corroboran la necesidad de abordar de manera rápida la elaboración del proyecto de restauración de las laderas vertientes al embalse.

5.2 *Estado de la vegetación en las márgenes del embalse*

Al tiempo que se elaboraba el estudio de erosión de la cuenca vertiente, se realizaron los inventarios florísticos en las riberas del embalse. El objetivo era conocer no sólo la estructura de la vegetación y la distribución de las distintas comunidades, sino también analizar el estado real de la misma, en cuanto a nivel de conservación y degradación.

El estudio consistió en la realización de seis muestreos en seis zonas seleccionadas aleatoriamente alrededor de la orilla, y en otros cuatro muestreos en otros tantos arroyos vertientes al embalse.

Además de estos muestreos se visitaron otras zonas del embalse, para determinar de manera lo más exacta posible las zonas a repoblar.

Con estos datos se llegaron a las siguientes conclusiones:

En las inmediaciones de la presa abundan los terrenos de pastos, cubiertos por herbáceas anuales y bianuales, con alguna encina dispersa y donde el aprovechamiento principal es el ganadero. En estas zonas es donde se han encontrado las laderas con más problemas de erosión de todas las márgenes.

Figura 2. Zona con abundante vegetación arbustiva. En primer plano retama y cantueso.

Según aumenta la distancia a la presa y el embalse se va estrechando, comienza a aparecer el matorral. La formación más representativa es el matorral mixto, con predominio de cantueso (*Lavandula stoechas*) y tomillo (*Thymus sp*). Otras especies representativas que suelen aparecer en estas formaciones son las retamas (*Cytissus multiflorus, C. scoparius.*) y escobas (*Genista hystrix*) caracterizadas por sus llamativas flores amarillas. La presencia de estas especies denota un avance en la recuperación del territorio, siendo ya el siguiente paso la aparición de la encina (*Quercus ilex rotundifolia*).

Ya en la cola del embalse, la vegetación comienza a ser más abundante, aparecen masas densas de encina, alternando con formaciones adehesadas, y en las márgenes de los arroyos, antes cubiertos por praderas, se observan formaciones de galería con una cierta espesura. Las especies más destacadas son: fresnos (*Fraxinus angustifolia*), sauces (*Salix sp*) y álamos (*Populus nigra*).

En esta zona el aprovechamiento de los terrenos se orienta hacia el ganado porcino, predominando las grandes fincas, que en su mayoría se encuentran valladas, llegando el cerramiento hasta la orilla del embalse.

6 ACTUACIONES PROPUESTAS

Una vez conocido el estado actual de las márgenes del embalse, se abordó la tarea de definir aquellas actuaciones que mejor se adaptaban tanto al tipo de terreno como a la vegetación ya existente. Hubo que tener en cuenta que existía un factor limitante que debía ser tenido en consideración, como era la casi nula disponibilidad de terrenos: los terrenos pertenecientes al Dominio Público Hidráulico (DPH), se ceñían a una estrecha franja alrededor del embalse, que en algunos tramos apenas alcanza los cuatro metros.

Esto llevó a la UTE, con la aprobación previa del gestor del proyecto (Aguas del Duero), a investigar en los distintos Ayuntamientos acerca de la existencia de terrenos públicos donde pudieran realizarse algunas de las actuaciones previstas. Los resultados de estas gestiones dieron lugar a un aumento de la superficie disponible.

Por otro lado se tomo la decisión de actuar sólo en aquellas zonas donde el ancho mínimo de la franja fuera de al menos diez metros, para no encarecer excesivamente el coste de las operaciones.

6.1 Elección de especies

A la hora de elegir las especies que van a ser usadas en las plantaciones de las distintas zonas, se tuvieron en cuenta tres criterios:

En primer lugar los denominados "factores ecológicos", entre los que se incluyen: factores geográficos y factores climáticos. Para determinar los factores climáticos se recurrió al cálculo de el climodiagrama de Walter-Lieth para la estación de Santa Teresa y al cálculo de los Diagramas Bioclimáticos para la misma estación, estos últimos con seis posibles hipótesis de escorrentía y capacidad de retención del suelo.

En segundo lugar se consideran los "factores biológicos", dentro de los que destaca el conocimiento de la composición florística del terreno a repoblar; ésta junto con las Tablas de regresión climácica de Ceballos y las Tablas de juicio biológicas sobre repoblación permiten establecer las especies a utilizar.

El tercer factor a tener en cuenta es el "factor económico": coste de las especies a implantar, disponibilidad en viveros cercanos, fin principal de la repoblación (protección de suelos, en este caso).

Se llegaron a las siguientes conclusiones:

– La vegetación potencial de la zona corresponde a la serie de la encina (*Quercus ilex rotundifolia*).
– La vegetación actual en zonas no alteradas corresponde a un monte bajo de encina al subir en altura evoluciona a masas más hidrófilas con freno y roble melojo (*Quercus pyrenaica*).
– Según Walter-Lieth el clima es Nemorimediterráneo genuino con una vegetación asociada a encinares, quejigares y melojares.
– Según los climodiagramas de Montero de Burgos la zona corresponde a un encinar con tendencia a quejigar. Las especies acompañantes serían pino rodeno (*Pinus pinaster*) y pino piñonero (*P. pinea*).
– Según la tabla de regresión climácica de L. Ceballos, a la serie 9, encinas sobre terreno silíceo, le corresponden *Pinus pinea* y *P. pinaster* como pinos asociados. Entre los matorrales cita el torvisco (*Daphne gnidium*), muy abundante en la zona.
– Es necesario conseguir de manera rápida una buena cubierta vegetal para frenar la erosión hídrica.

Todo esto llevó a considerar que las especies más adecuadas para realizar las plantaciones son:

En las laderas del embalse:
Especies principales

Quercus ilex rotundifolia	Encina
Pinus pinaster	Pino rodeno

Especies acompañantes

Quercus faginea	Quejigo
Juniperus oxycedrus	Enebro albar
Pinus pinea	Pino piñonero

Arbustos

Arbutus unedo	Madroño
Dphane gnidium	Torvisco
Rosa canina	Rosa
Lavandula stoechas	Cantueso
Thymus zygis	Tomillo salsero

En las márgenes del embalse y arroyos vertientes:
Especies principales

Salix alba	Sauce blanco
Salix fragilis	Mimbrera
Salix atrocinerea	Sauce
Salix elaeagnos	Sarga

Especies acompañantes

Fraxinus angustifolia	Fresno
Ulmus pumila	Olmo
Populus nigra	Alamo negro
Rubus ulmifolius	Zarzamora
Sambucus nigra	Sauco

6.2 *Método y tipo de repoblación*

Desde el principio del estudio se tuvo claro que el método de repoblación sería mediante plantaciones. Este sistema presenta una serie de ventajas frente al método de siembra que se pueden resumir en: mayor probabilidad de éxito y ganancia de tiempo equivalente a la edad de las plantas.

El otro aspecto a considerar, tipo de repoblación, también estaba claro desde el inicio, ya que el carácter de las plantaciones no podía ser otro que "protector". El único aspecto que hubo que determinar, pues, con más detalle, fue la densidad de las plantaciones. La bibliografía existente al respecto indica que para las repoblaciones de carácter protector la densidad de la masa debe estar próxima a 2.500 pies/ha. Esta cifra pareció a priori ligeramente alta, ya que hay que tener cuenta las siguientes consideraciones:

- Densidades altas suponen mayores costes de ejecución
- Solo están previstas operaciones de mantenimiento durante los dos años siguientes a la plantación
- Densidades de plantación alta implican que, si la masa sobrevive con éxito, a los pocos años es necesario realizar cortas para aclarar la masa y favorecer su desarrollo.

Por otro lado, se han definido distintas zonas de actuación que requieren tratamientos diferentes en función de los distintos objetivos: por un lado se actuará sobre las laderas vertientes con el fin de mejorar su estabilidad, disminuyendo los niveles de erosión; por otro lado se tratarán las márgenes del embalse buscando, además de estabilizar las orillas, crean una masa de vegetación propia de riberas que a día de hoy no existe; en último lugar, se actuará sobre algunos pastizales, a fin de conseguir una dehesa, como las existentes en el entorno del embalse, que permita continuar con el uso ganadero de ese terreno.

Por todo ello, las densidades previstas para cada uno de los tipos de actuación son las siguientes:

- Plantaciones en ladera: se ha establecido una densidad de 2.000 pies/ha para especies arbóreas y de 1.400 pies/ha para arbustos. La distribución de árboles y arbustos se hará según un módulo de plantación establecido, denominado Módulo 1
- Plantaciones en márgenes: en este caso la densidad prevista es de 2.500 pies/ha, ya que se busca cubrir rápidamente las orillas. Al tratarse de plantaciones más lineales se han definido dos módulos distintos, que al irse alternando evitarán, en cierto modo, la sensación de "orden". Módulos 2 y 3
- Formación de dehesas: en este caso, al tener que respetar el uso ganadero existente, la densidad propuesta es tan sólo de 100 pies/ha. Módulo 4.

6.3 *Preparación del terreno*

Con el fin de que las labores de preparación del terreno afecten lo menos posible, tanto a la vegetación existente como al paisaje, se ha optado por métodos puntuales o lineales a lo sumo. En el primer caso se incluye el ahoyado manual y las banquetas con microcuenca y en el segundo caso el subsolado lineal. El ahoyado manual presenta una ligera alteración de horizontes, no así los otros dos métodos, lo que favorece el éxito de la plantación. En todos los casos el efecto sobre el paisaje es reducido.

6.4 *Protecciones y cuidados posteriores*

El conocimiento de la biología de la encina demuestra que en los primeros años de vida las plantitas crecen mejor bajo cubierta, ya que en condiciones de estrés hídrico la sombra de los otros árboles evita el efecto conjunto del estrés y la luz intensa. Puesto que no es posible efectuar la plantación en dos fases dilatadas en el tiempo, se ha optado por proteger a las plantitas del género Quercus (encina y quejigo) mediante el sistema denominado "tubo-invernadero protector"). Se trata de unos tubos de plástico traslúcido, de 60 cm de altura que se colocan al tiempo que se realiza la plantación. Para facilitar la ventilación llevarán cuatro agujeros enfrentados dos a dos.

En la zona de pastizal donde se plantarán encinas para formar una dehesa, será necesario proteger a las

Figura 3. Area de pastizal en la margen izquierda, donde se realizará una plantación de encinas, para formar una dehesa.

Figura 4. Aspecto de una de las laderas del embalse donde además de las plantaciones se realizarán tratamientos selvícolas.

plantitas del ganado, ya que la condición impuesta por el Ayuntamiento fue que no se debía cerrar el paso al ganado. Se ha diseñado una estructura sencilla, de coste no muy elevado, consistente en cuatro varillas de acero, de 2 m de altura sujetas, formando un cuadrado con alambre de espino. Este sencillo sistema evitará que el ganado vacuno pueda acercarse a la planta, que a su vez estará cubierta por el tubo-invernadero ya mencionado.

En el resto de las zonas se ha previsto un cerramiento provisional durante los primeros años después de la plantación, que evite que las plantitas puedan ser dañadas por el ganado.

6.5 Tratamientos selvícolas

Algunos de los terrenos cedidos por los Ayuntamientos para repoblar, están cubiertos en la actualidad por monte bajo de encina. En las visitas realizadas a estas zonas, se llegó a la conclusión de que debido al aceptable estado de la vegetación, en cuanto a superficie cubierta y variedad de especies, no era procedente plantear la ejecución de plantaciones. Sin embargo, si era conveniente la realización de tratamientos selvícolas sobre estas masas. Estas actuaciones tienen como objetivo principal la regeneración del encinar, de manera que se pase de un estadio de matorral bajo de encina a monte alto.

La técnica que se empleará será la de resalveo de las cepas existentes, cuando se trata de matas con varios troncos. En el caso de ejemplares aislados, se podarán todas las ramas inferiores. Los dos sistemas facilitan el crecimiento en altura, si bien en el caso de las matas tratadas por resalveo, las ramas exteriores facilitan el desarrollo del resalvo dejado como principal.

7 PRESUPUESTO

Las actuaciones descritas anteriormente se enmarcan dentro de un proyecto que incluye también actuaciones de carácter social en el entorno del embalse. El capítulo correspondiente a la plantaciones se eleva a 4.536.215,23 €, que representa el 53% del Presupuesto de Ejecución Material del proyecto total.

8 CONCLUSIONES

Las actuaciones diseñadas tienen como objetivo principal, regenerar la cubierta vegetal en el entorno del embalse de Santa Teresa. Esto se conseguirá mediante la ejecución de plantaciones en aquellas zonas donde no exista vegetación o ésta se limite a praderas o bien mediante tratamientos selvícolas en las zonas de monte bajo, con el fin de obtener ejemplares arbóreos. Para las plantaciones se ha optado por especies presentes, en su mayoría, en las inmediaciones del embalse, o pertenecientes a las mismas series que las climácicas, como es el caso de los pinos.

Una vez conseguida la restauración de la cubierta vegetal y, por tanto, la estabilización de suelo, los aportes sólidos que llegan al embalse desde las laderas vertientes deberán, lógicamente, disminuir, consiguiendo así alargar la vida útil del embalse.

Dam Maintenance and Rehabilitation, Llanos et al. (eds)
© 2003 Taylor & Francis, ISBN 90 5809 534 7

Instalación de Rubber Dam en vertederos de la presa Fco. I. Madero, Chih

A.C.O. Ramos & A. Fco. Díaz Barriga
A.Comisión Nacional del Agua, D.F., México

ABSTRACT: La presa "Francisco I. Madero", Chih., construida de 1941 a 1949, con objeto de riego. Consta de cortina de contrafuertes, dos vertedores uno recto alojado sobre contrafuertes y en un puerto otro con capacidades de 2585 y 3415 m³/s respectivamente. Tiene dos diques de terracerías y obra de toma para gasto de 35 m³/s. El comportamiento estructural de cortina y estructuras es satisfactorio, sin embargo se azolvó hasta sobrepasar su capacidad diseñada. Motivo por el cual y de las necesidades de riego, primeramente se sobreelevó la estructura de entrada de obra de toma. Proponiéndose dos alternativas de solución con objeto de restituir la capacidad del almacenamiento: Primera: Sobreelevación de cortina y vertedores y Segunda: almacenamiento adicional controlando avenidas por ambos vertedores mediante la instalación del "Rubber Dam", eligiéndose esta por ventajas económicas, ecológicas, velocidad de construcción, continuación de servicio y evitó problemas sociales por afectación de tenencia de la tierra.

1 ANTECEDENTES

La presa "Francisco I. Madero" (Las Virgenes), Chihuahua., se localiza 17 km al oeste de ciudad Delicias, municipio de Rosales, sobre el río San Pedro. El sitio del área de la cuenca es de 10,600 km² y la avenida máxima registrada para el proyecto fue de 4000 m³/s (1932), siendo el propósito principal el abrir al riego una superficie de 30,000 ha.

La boquilla está labrada en una serie de tobas rioliticas, en las que se ha borrado la estratificación original debido a que sufrieron una fuerte silisificación. El lecho del río estaba cubierto por una capa de material de acarreo, en un espesor de 5 a 6 m constituido por grava y arena.

De los levantamientos topográficos y los estudios hidrológicos, se obtuvieron las siguientes dimensiones: Una capacidad total de almacenamiento de 425 millones de m³, de la cual 85 millones de m³ es de azolves, resultando una capacidad útil de 340 millones de m³; adicionalmente para fines de control, un superalmacenamiento de 196 millones de m³ estos volúmenes inundan una área de 3000 ha.

Dado el tipo de cimentación y la excelente calidad de la roca, se diseñó una cortina formada de 18 contrafuertes de cabeza redonda, los cuales ocupan la parte central del cauce con 57 m de altura máxima, longitud por la corona de 168.0 m y una sección de gravedad en cada extremo de los empotramientos de la ladera. En la zona de contrafuertes, se aloja en 10 de ellos el

vertedor con longitud de 112.0 m, que para el efecto sostienen una losa de concreto reforzado con perfil Creager, por la que derrama el agua y cae verticalmente 44 m al cauce del río. Considerándose que no habría erosiones peligrosas al pie de la cortina, por la buena calidad de la roca de la cimentación. La anchura de los contrafuertes es variable, de 3.50 m en la base a 2.00 m en la corona y la de sus cabezas de 9.00 m (Fig. 1).

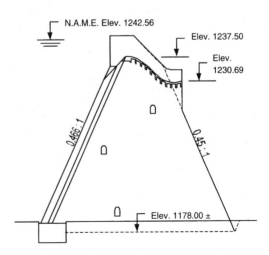

Figura 1. Sección máxima de la cortina de contrafuertes en la zona de vertedor recto.

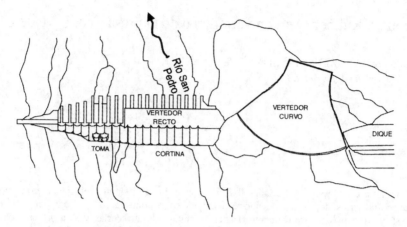

Figura 2.   Planta de localización de las estructuras de la presa.

El tipo de cortina de contrafuertes de cabeza redonda se investigó en México durante muchos años, buscando entre otras cosas, eliminar el uso de refuerzo metálico y ahorrar cemento tanto en las cabezas como en los contrafuertes, por lo que se procuró que sólo actúen en el concreto esfuerzos de compresión.

Para cerrar el vaso se construyeron diques de materiales graduados en ambas márgenes, con talud 2:1 y corona de 10.0 m. El de margen derecha, con altura de 28.0 m, longitud de 355 m y el de margen izquierda con altura 19 m y longitud de 258 m.

La obra de excedencias está constituida por dos vertedores; uno que ya se indicó, situado en el centro del cauce, otro de concreto ciclópeo, localizado en la margen derecha a continuación del anterior y separados por un macizo de roca, es del tipo de cresta libre, circular en planta, cimacio Creager y converge en un canal de descarga rematado con un deflector con longitud de 147.90 m (Fig. 2).

La elevación de la cresta es 1237.50 m, la del nivel de aguas máximas 1242.56 m con carga máxima 5.06 m y bordo libre de 1.24 m, considerando una avenida de diseño de 7700 m³/s que se regulan a 6000 m³/s.

La obra de toma se localiza en el lado izquierdo del cuerpo de la cortina. Esta constituida por 2 tuberías de acero; de 46 m de longitud y 1.82 m de diámetro ahogadas en macizos de concreto que atraviesan oblícuamente la cortina, provistas aguas arriba de rejillas montadas en estructuras especiales con un umbral a la elevación 1210.75 m, siguiendo a continuación válvulas de mariposa para emergencia de 2.13 m de diámetro. y en su extremo de aguas abajo válvulas de aguja Larner Johnson, para servicio de 1.52 m de diámetro, con su eje a la elevación 1193.00 m.

La construcción de la presa se efectuó entre los años de 1941 a 1949 la cual se realizó por administración de la entonces Comisión Nacional de Irrigación

y la terminó la Secretaría de Recursos Hidráulicos, ambos organismos gubernamentales.

Para el desplante de la cortina se realizó un tratamiento en la cimentación consistente en limpia minuciosa de toda la zona de desplante hasta una profundidad de 9 m, removiendo el material de acarreo y la roca alterada; complementado por inyectado de lechada de cemento a lo largo del eje de la cortina, el desplante de la cortina está en la elevación 1178.00 m y la corona 1243.80 m .

En la construcción de la cortina se emplearon 126,300 m³ de concreto, elaborado con cemento Pórtland de bajo calor de hidratación. Los agregados se obtuvieron de las vegas del río (riolita y basalto) y son de buena calidad y resistencia; se les realizó únicamente el tratamiento de lavado y cribado.

Los contrafuertes de concreto simple se dividieron para su colado en bloques de longitud no mayor de 15 m, quedando separados por espacios intermedios de 1.40 m de espesor, que se colaron posteriormente, después de que los bloques adyacentes se contrajeron, evitando así el agrietamiento. La cortina cuenta con un sistema de trabes de concreto longitudinales que obran como puntales al actuar un evento sísmico (Fig. 3).

2 PROBLEMÁTICA Y ALTERNATIVAS DE SOLUCIÓN

Después de 50 años de operación de la presa, se han generado del orden de 138 millones de m³ de azolve en el vaso, cuando se diseñó era para una capacidad de 85 millones de m³, lo que originó el azolvamiento de la entrada de la estructura de la obra de toma, así como de la parte baja del vaso, que han disminuido su capacidad útil para riego de 340 millones de m³ a 297 millones de m³ además nulificando la capacidad de

Figura 3. Vista de la presa antes de la instalación del Rubber Dam.

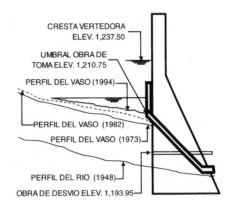

Figura 5. Niveles topobatimétricos de diferentes años.

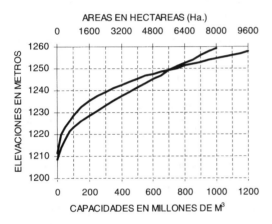

Figura 4. Elevaciones vs áreas – capacidades de 1994.

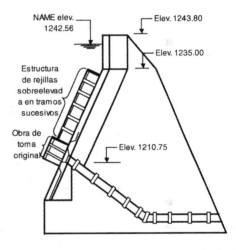

Figura 6. Sección de las rejillas sobreelevadas en la obra de toma entre contrafuertes 5–7.

los azolves, resultados obtenidos del levantamiento topo-batimétrico, en el cual es posible indicar que la restitución del volumen se consigue sobreelevando la estructura tres metros, según se observa en la (Fig. 4), afectando con ello tanto la productividad del distrito de riego como la economía de la región, al no disponer de volúmenes de agua en la cantidad y tiempo requerido para los cultivos (Fig. 5) .

Ante tal situación, con esta información y con el fin de continuar aprovechando la estructura, se procedió a diseñar la sobreelevación de la estructura de entrada de la obra de toma, la cual consistió en la prolongación de las rejillas adosadas a la estructura actual, con lo que se modificó el volumen aprovechable, disminuyendo este a 297 millones de m³, pero la presa podría continuar operando (Fig. 6).

Por otra parte y con el fin de restituir el volumen perdido por los azolves, se procedió a estudiar alternativas de solución que permitieran continuar dando el servicio de riego a la superficie desarrollada, para lo cual se analizó en primera instancia el estado

estructural de la obra después de 50 años, efectuándose reconocimientos geológicos y sondeos para conocer las características de la roca y verificar la estructura geológica, encontrándose que sólo existen fracturas desde el punto de vista estructural y que los RQD califican a la roca de buena a excelente (75% a 98%), la resistencia a la compresión simple de la roca resultó superior a 400 kg/cm², módulo de elasticidad superior a 8×10^5 kg/cm² y relación de Poisson que varía de 0.2 a 0.4. En la estructura para su revisión se obtuvieron corazones de concreto a los que se les determinaron su resistencia, obteniéndose valores superiores a 344 kg/cm² con módulos de elasticidad de 2.11×10^5 y se efectuaron visitas de inspección, para confirmar el estado de la estructura, con lo cual se determinó que no había sufrido movimientos ni desplazamientos en la cortina de contrafuertes, los cuales no presentan grietas ni por temperatura, conviene indicar que la temperatura en el sitio varía entre 46°C y −13°C, en relación con los diques de materiales graduados no se observan movimientos ni asentamientos, en lo referente al vertedor a pesar de haber funcionado con derrames, en 16 años con descarga máxima de 2017 m³/s no presenta erosión en sus concretos ni socavación en sus descargas, por lo que se dictaminó que era susceptible de estudiar su sobreelevación para continuar dando servicio.

La primera alternativa de solución consistió en analizar con procedimientos tradicionales, la sobreelevación para la cortina, diques y vertedores, consistentes en ampliar y sobreelevar la estructura rígida y las terracerías de los diques. Para lo cual se estudiaron tres alternativas de sobreelevación, las cuales consideraron reubicar la obra de toma entre el vertedor de abanico y el dique, y conducir las aguas por un canal ladereando hasta el canal Conchos. Otra alternativa consistió en estudiar una obra de toma bajo el dique de la margen derecha, continuando el canal de descarga hasta el Conchos. Finalmente se estudió también la prolongación de la obra de toma actual, mediante la construcción de un pantalón bifurcando una descarga en el río y la otra en el sitio de la primer alternativa.

Del análisis realizado a estas alternativas se eligió como posible la de alojar la nueva obra de toma bajo el dique de la margen derecha, por las ventajas de construcción que esta ofrecía; en esta alternativa la cortina de contrafuertes se sobreelevaría con la misma geometría, ampliando la base hacia aguas abajo, a manera de garantizar que la estructura continuará trabajando a compresión. En relación con la sección de gravedad, esta también se sobreelevará con concreto masivo hacia aguas abajo. En los diques se inclinará el corazón impermeable hacia aguas abajo y se disminuirá la corona. En lo referente al vertedor se construirá uno nuevo, sobreelevando el recto de los contrafuertes, con prolongación de los mismos y en el caso del vertedor curvo este se sobreelevará con concreto masivo, manteniendo en ambos casos el perfil Creager, conviene indicar que la roca de cimentación después de los resultados del estudio, se considera apta para dicha descarga, con estos datos se analizó el programa de trabajo, arrojando esto un costo aproximado de 150 millones de pesos, y un periodo de ejecución de 2 a 3 años. Se puede mencionar, que este procedimiento trae consigo el inundar área adicional al incremento de la altura del embalse y por lo tanto conflictos sociales por la tenencia de la tierra.

Cabe destacar que en el proyecto de sobreelevación fueron considerados los componentes ambientales que inciden en la ejecución de la obra a efecto de lograr la preservación y conservación del medio ambiente y dar cumplimiento a la normatividad establecida en la ley general de equilibrio ecológico y protección ambiental.

Dado el costo y el tiempo de ejecución, se estudió otra alternativa de solución, estudiándose la posibilidad de controlar las avenidas por el vertedor. Dada la longitud de los vertedores se consideró como alternativa moderna, el poder controlar las avenidas por medio de una membrana inflable (Rubber Dam), la cual funciona como una compuerta que cuando se desinfla permite el paso de agua por arriba y aún inflada esto puede ocurrir. Consiguiendo con una operación adecuada, al lograr almacenar volúmenes adicionales de agua sin modificar el área de embalse, eliminándose por lo tanto los problemas sociales generados por la tenencia de la tierra y la afectación de la ecología del lugar, haciéndose esta solución atractiva. La valoración de este proyecto resultó de 30 millones de pesos; por lo que se decidió realizar con esta alternativa el rescate de esta estructura, consiguiendo con esta solución almacenar las aguas entre la cresta vertedora y el nivel máximo extraordinario. El tiempo de construcción sería de 6 meses.

3 ANÁLISIS DE LA SOLUCIÓN ADOPTADA

Para analizar la solución adoptada, se consideraron las principales características del hule de la menbrana inflable (Rubber Dam) las cuales son:

Espesor de la pared	12.4 mm
Peso por metro	182.0 kg
Resistencia a la tensión en dirección al flujo	410 kg/cm²
Resistencia longitudinal a la tensión	273 kg/cm²
Temperatura de resquebrajamiento por frio	−40°C
Vida de servicio	30 años

El análisis se realizó por la forma de sus vertedores.

3.1 Vertedor Curvo

Revisión del funcionamiento Hidráulico
La carga sobre el vertedor sin Rubber Dam es de 5.06 m y la capacidad de descarga de 3460 m³/s.

Para la condición normal se consideraron los niveles de NAME y cresta del vertedor, obteniéndose lo siguiente: Altura de carga de proyecto H = 5.06 m, con lo que la velocidad de descarga resulta de V = 9.09 m/s.

Por otro lado se verificó el gasto de descarga

$$Q = CoLeH^{3/2}$$

donde:

Q – Gasto del vertedor
Co – Coeficiente de descarga = 1.77 h/H + 1.05
Le – Longitud de cresta vertedora
H – Carga del vertedor
h – Altura del gasto vertido

La condición con el Rubber Dam se analizó teniendo una carga de 2.06 m y resultó para esta carga una capacidad de desfogue por el vertedor de 991 m³/s, en la que se tiene una velocidad de V = 5.08 m/s.

El análisis realizado considera una carga de 2.06 m sobre el Rubber Dam, pero de acuerdo con las especificaciones del fabricante la carga máxima permitida es de 1.4 veces la altura del Rubber Dam considerando la altura de la propia membrana. Para el caso que nos ocupa, la carga máxima permitida es de 1.20 m, por lo cual se analizó la condición más desfavorable, es decir, la condición del NAME, cabe mencionar que en la memoria de cálculo el fabricante considera una carga de 60 cm, con lo cual los factores de seguridad calculados por el mismo son aceptables (Fig. 7).

Analizando cargas mayores de 60 cm se determinó que la máxima carga permitida para cumplir con los factores de seguridad necesarios es de 70 cm.

Se estudió el impacto que se genera por efecto de la caída del agua sobre el vertedor, encontrándose que esto se presenta a una distancia de 5.8 m y que en él se generan esfuerzos de 1.57 kg/cm² inferior a los 300 kg/cm² que tiene la resistencia del vertedor, por lo cual no existe la necesidad de un revestimiento especial para el vertedor.

Modelo Hidráulico del vertedor
Derivado de que es el primer vertedor curvo y de la importancia del gasto que pasará por la estructura, se verificó su funcionamiento hidráulico a través de un modelo hidráulico. La escala del modelo físico fue de 1: 20 de la mitad del vertedor; el modelo fue desarrollado por Bridgestone y Northwest Hidraulic Consultants.

En el proceso de prueba se ensayó el modelo Rubber Dam inflado se sometió a diferentes cargas, variando éstas de 2.5 hasta 5 cm que representan gastos reales de

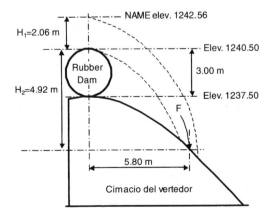

Figura 7. Esquema para el análisis de la membrana inflable (Rubber Dam).

vertido del orden de 105 a 296 m³/s respectivamente. Para el caso del Rubber Dam desinflado y para evitar turbulencias durante el vertido de la presa debido a las ondulaciones que se presentan en el cuerpo de hule aguas abajo debido a la curvatura del vertedor, se diseñaron soportes a base de tubería de acero los que resultaron de 16 pulgadas de diámetro a escala real, los cuales se fijarán a la losa de concreto del cimacio, con el que se logra dar apoyo a toda la membrana de hule y se uniformiza la descarga del vertedor.

Finalmente, dicha tubería de acero propuesta en el caso anterior, servirá exclusivamente para el apoyo del material de goma. Conviene indicar que el ensayo del modelo descrito, resultó satisfactorio.

Revisión estática
Se revisaron los esfuerzos de tensión que se presentan en la membrana del Rubber Dam considerando su altura, la carga sobre él y su peso con la siguiente expresión.

$$T = 0.5 \, wHr^2 + Khu$$

donde:

w – Peso específico del agua
Hr – Altura efectiva del Rubber Dam
K – Factor de corrección de tensión
hu – Altura de agua sobre la membrana

Para la altura de vertido de 0.70 m, la tensión en el cuerpo del Rubber Dam es de T = 51.23 kg/cm² y considerando la resistencia de la membrana de 410 kg/cm², el factor de seguridad contra la falla resulta de 8.0 el cual es igual al factor de seguridad requerido de 8.0.

La revisión del anclaje del Rubber Dam se efectuó en las diferentes partes que intervienen en el mismo: En los tornillos se verificó por cortante 358.81 kg/cm² menor al permisible de 1054 kg/cm²; así mismo se obtuvo un esfuerzo a la ruptura del tornillo de 1768.61 el cual es inferior al permisible de 5800 kg/cm².

En la placa de anclaje se calculó el momento a flexión a lo largo cuando la carga es de 0.7 m, resultando 108,936.39 kg/cm y un esfuerzo de flexión de 1583.39 kg/cm², de lo cual se determinó un factor de seguridad de 3.16 el cual es mayor al permisible de 3.

En la revisión del anclaje de los tornillos, considerando una longitud de anclaje de 31.8 cm, el área de contacto entre el concreto y el adhesivo es de 300 cm² y la fuerza de sujeción del tornillo es de 5724 kg, con lo que se obtuvo un esfuerzo de adherencia entre el grout y el concreto de 19.1 kg/cm² el cual es menor al esfuerzo permisible de 35 kg/cm², así mismo el esfuerzo entre el tornillo y el grout fue de 23.9 kg/cm² inferior al esfuerzo permisible de 200 kg/cm².

También se consideró que el concreto forma un cono con un diámetro máximo de 20 cm (Distancia entre pernos) en la parte superior y se analizó como superficie potencial de falla. En la condición al NAME se obtiene un esfuerzo de adherencia entre el grout y el concreto de 20.8 kg/cm^2 inferior al permisible, así mismo el esfuerzo entre el tornillo y el grout fue de 26.9 kg/cm^2 ambos inferiores al permisible; por lo que la longitud de anclaje es la adecuada. Conviene indicar que se consideraron en el análisis productos epóxicos adecuados para garantizar la resistencia requerida.

3.2 Vertedor recto

Se calcularon los esfuerzos internos en el cuerpo del Rubber Dam, en forma similar al anterior obteniéndose un factor de seguridad de 8.1 mayor al requerido. Referente a los tornillos de anclaje se determinaron los esfuerzos a que estarán sujetos, obteniéndose un esfuerzo de 1466 kg/cm^2 y considerando el esfuerzo a la ruptura del tornillo de anclaje se obtuvo un factor de seguridad de 4.0 superior al requerido.

Con respecto a las placas de anclaje se obtuvo un esfuerzo a la flexión de 1568.8 kg/cm^2 y considerando un esfuerzo a la ruptura en la placa de anclaje de 5000 kg/cm^2 se obtuvo un factor de seguridad de 3.2 superior al requerido de 3.

Con el objeto de evaluar el tiempo de inflado y desinflado del Rubber Dam, el cual depende de la capacidad del compresor que debe ser mayor a la presión de la columna de agua almacenada y el volumen interno de la membrana inflable, resultando un tiempo de 49 minutos, el cual se considera adecuado. Conviene indicar que la presión en la membrana de hule deberá ser de 0.36 kg/cm^2.

4 CONSTRUCCIÓN

Para la fijación de la membrana inflable (Rubber Dam) se realizarán actividades que a continuación se describen los procesos empleados:

4.1 Vertedor curvo

Se iniciaron los trabajos de construcción con la formación de rampas de acceso formadas con terracerías para el rodamiento de las grúas, para que efectuaran maniobras de izaje de carretes que contienen la membrana y tendido del cuerpo del dique inflable en el vertedor.

Se efectuaron adecuaciones a los muros laterales del vertedor, con el objeto de engrosar los espesores de estos y dejarlos sensiblemente verticales, realizando primeramente el escarificado de toda la superficie de contacto para garantizar la adherencia de concretos viejos con nuevos, adicionalmente se colocaron anclas de acero de refuerzo de 1.5 m de longitud y 1" de diámetro, ahogadas en los concretos existentes

mediante productos epóxicos que garantizarán su anclaje adecuado.

Se llevó a efecto la fijación de los elementos tubulares de 16" de diámetro que servirán de apoyo a la membrana cuando se encuentra desinflada, dichos tubos se fijan en anclas que garantizan su permanencia.

En la zona del anclaje de vertedor y derivado de la presencia de juntas frías horizontales de colado en el concreto masivo del vertedor, se instaló un refuerzo consistente en un anclaje a tres bolillo de 2" de diámetro a 2.0 m de profundidad, con el fín de que el concreto actúe monolíticamente, dichas anclas se fijarán con resinas epóxicas.

La fijación del dique de hule en el vertedor se realizó mediante la colocación de placas de asiento de acero galvanizado, sujetas al vertedor con anclas de acero de 1" de diámetro y longitud de 43 cm para el vertedor, colocadas con una separación de 20 cm centro a centro. Para la colocación de estas anclas se realizaron perforaciones con máquinas extractoras de núcleos de concreto de $1\frac{1}{4}$" de diámetro.

Se presentaron las placas de asiento armadas con las placas de fijación, para realizar la nivelación de éstas, colocando concreto de alta resistencia entre las oquedades resultantes, con el desnivel del vertedor.

Se efectuó la limpieza a detalle de las perforaciones iniciándose de inmediato el relleno de espacios entre ancla de acero y concretos con adhesivos epóxicos que permitieran el perfecto anclaje.

Se realizó la limpieza y pulido de toda la superficie de contacto del vertedor con la membrana inflable (Rubber Dam), para eliminar protuberancias que puedan dañar el material (Fig. 8).

En el vertedor se utilizó la grúa de 50 ton de capacidad la cual iza el carrete con el cuerpo de la membrana inflable (Rubber Dam) y fue colocándola al ir transitando por las plataformas de terracerías construidas.

Se colocaron las placas de fijación con sus respectivas tuercas, aplicando un torque inicial de 9.84 kg/cm^2 para evitar fugas en toda la longitud de los vertedores, realizándose pruebas a diferentes presiones en periodos de 12 horas (Fig. 9).

4.2 Vertedor recto

Se efectuaron adecuaciones a los muros laterales, con el objeto de engrosar los espesores de éstos y dejarlos sensiblemente verticales, similar a lo efectuado en el vertedor curvo.

La fijación de la membrana se realizó mediante la colocación de placas de asiento de acero galvanizado, sujetas al vertedor con anclas de acero de 1" de diámetro y longitud de 80 cm para el vertedor recto, atravesando toda la losa del mismo, colocadas con una separación de 20 cm centro a centro. Para la colocación de estas anclas se realizaron perforaciones con máquinas extractoras de núcleos de concreto de

Figura 8. Preparación del anclaje del Rubber Dam en el vertedor curvo.

Figura 10. Instalación del Rubber Dam en el vertedor recto.

Figura 9. Conclusión del Rubber Dam en el vertedor curvo.

$1\frac{1}{4}$" de diámetro. Conviene indicar que en este caso con medios geofísicos, se ubicaron las anclas, para no atravesar el acero de refuerzo de la losa del vertedor.

También se nivelaron las placas de asiento armadas con las placas de fijación, entre las oquedades resultantes, con el desnivel del vertedor.

Para evitar el deslizamiento de la membrana inflable (Rubber Dam) durante las maniobras de tendido en el revestimiento, en el paramento mojado se colocó estructura de acero, para utilizarse como seguridad en las maniobras de tendido de la membrana.

Se efectuó la limpieza a detalle de las perforaciones iniciándose de inmediato el relleno de espacios entre ancla de acero y concretos con adhesivos epóxicos que permitieran el perfecto anclaje y finalmente se realizó la limpieza y pulido de toda la superficie de contacto del vertedor con la membrana inflable.

Para el tendido de la membrana inflable (Rubber Dam), se utilizó una grúa de 50 Ton. de capacidad, colocada en la margen derecha de éste, para izar el carrete con el cuerpo del dique enrollado y desde la margen izquierda, mediante un sistema de polipasto, una grúa

de 30 Ton colocada en la corona. Fue extendiendo poco a poco la membrana, hasta tenderla en toda la longitud del vertedor, procediéndose a marcar y perforar el hule para el anclaje en muros e insertar la membrana inflable en la plantilla del vertedor (Fig. 10).

Se colocaron las placas de fijación con sus respectivas tuercas, aplicando un torque inicial de 9.84 kg/cm^2 para evitar fugas en toda la longitud del vertedor, realizándose pruebas a diferentes presiones en periodos de 12 horas.

Paralelamente a la instalación de los vertedores, se efectuó la construcción de casetas de operación, donde se alojarían los equipos de control de inflado de las membranas, así como, de las subestaciones eléctricas con la capacidad demandada necesaria para mover los equipos.

Conviene aclarar que estos equipos operan automáticamente y que en ello se encuentra instalada la política de operación, la que indica al llegar el nivel del agua a la elevación 1237 se inflarán las membranas y cuando sobrepasen el nivel 1241.1, el vertedor recto se desinflará hasta su totalidad para tratar de mantener ese nivel, si este nivel se incrementa hasta la 9.84 1241.40, el vertedor curvo comenzará a desinflar, cuando el nivel del agua disminuya de la cota anterior se iniciará el inflado del vertedor curvo para tratar de mantener la elevación anotada y cuando ésta descienda a la 1241.10 se iniciará el inflado del vertedor recto para mantener el almacenamiento.

Con esta política de operación es posible almacenar 110 millones de metros cúbicos adicionales, absorbiendo con ello los volúmenes de almacenamiento perdidos por efecto del azolve.

Posterior a su construcción y encontrándose las membranas desinfladas se presentaron vientos de consideración que voltearon la membrana y dañaron las conexiones de admisión de aire, razón por la cual ésta se reforzó y además se instaló en ambos vertedores un sistema de sujeción para evitar que el aire volteara las membranas inflables (Rubber Dam) (Fig. 11).

Figura 11.   Membrana inflable anclada para evitar que el aire la voltee.

5 CONCLUSIONES Y RECOMENDACIONES

El rescate de las presas que han sufrido por el transcurso de su vida útil, el azolvamiento de la estructura de toma; así como la pérdida del volumen necesario para continuar dando el servicio, para lo que fueron proyectadas, se consiguió en forma adecuada con la construcción del Rubber Dam (membrana inflable), la cual tuvo las siguientes ventajas:

– El tiempo de construcción fue inferior al de una sobreelevación normal; ya que éste fue de seis meses.
– El costo del rescate de la obra fue de un 20% del costo con un procedimiento tradicional.
– Se evitaron problemas sociales al no requerirse incrementar la superficie del embalse.
– Al no incrementar la superficie del embalse tampoco se alteraron los factores ecológicos.
– Se debe asegurar que el sistema de anclaje quede perfectamente instalado en la estructura del vertedor para que se garantice de esta manera su trabajo y desarrolle un buen comportamiento.
– Se considera que este tipo de soluciones permiten establecer control en vertedores de cresta larga.

– Permitió continuar dando el servicio de riego y por lo tanto evitar problemas sociales con los usuarios.
– Se obtuvo con éxito la construcción de controles en vertedores curvos a través de membranas inflables (Rubber Dam).
– Sería recomendable realizar estudios de controlar vertedores con membranas inflables de mayor diámetro.

REFERENCIAS

Anwar, H.O. 1967. Inflable dams. Jl of Hyd. Div., ASCE, Vol. 93, No. Hy3, pp. 99–119.
Shepherd, E.M. Mckay, F.A. & Hodgens, V.T. 1969. The fabridam extension on Koombooloomba dam of the tully falls Hydro-Electric power proyect. Jl Instn. of Eng., Australia, Vol. 41, pp. 1–7.
SRH. 1969. Presas de México tomo1, 123–131.México.
SRH. 1970. Manual de concreto tomo1, 2, 3. México.
SRH. 1970. Manual de mecánica de suelos. México.
SRH. 1976. Presas construidas en México, III-104. México.
SRH. 1976. Grandes presas de México, 60–67. México.
SRH. 1976. Atlas del agua de la República Mexicana.
Bergstrom, E.W. 1977 Elastomerics.
Ogihara, K. & Maramatsu, T. 1985. Rubber Dam: Causes of ascillation of Rubber Dams and contermeasures. Proc. 2lst IAHR Congress, Melbourne. Australia. Pp. 600–604.
Dumont, U. 1989. The use of inflatable weirs for water level regulation. Intl Water power & Dam construction, Vol. 41, No. 10, Oct., pp. 44–46.
Takasaki, M. 1989. The omata inflatable weir, at the Kawarabi Hydro Sheme, Japan. Intl water power & dam construction, Vol. 41, No. 11, Nov., pp. 39–41.
Baseden, G.A. 1993. Compouding Nordel® Hidrocarbon Rubber for good weathering resistanse.
Sistemas, T. 1994. Proyecto ejecutivo de la sobreelevación de la presa Fco. I. Madero (Las Virgenes) Chih. México.
Dakshina Moorthy, C.M., Reddy, J.N. & Plaut, R.H. 1995. Three-Dimensional vibrations of inflatable dams. Thin-Walled Struct., Vol. 21. pp. 291–306.
Bidgestone, C. 1997. Propuesta técnica de Bridgestone Rubber Dam para las Virgenes. Tokio, Japón.

Dam Maintenance and Rehabilitation, Llanos et al. (eds)
© 2003 Taylor & Francis, ISBN 90 5809 534 7

Silting-up of High Aswan Dam: Design, investigation and removal of deposits

H.M. Osman, M.K. Osman & A.S. Karmy
High and Aswan Dams Authority (HADA), Aswan, Egypt

ABSTRACT: The main two tributaries of the Nile, Atbara and the Blue Nile, when in flood carry along, solid matter which has been washed by the rains off the catchment area, and transported by the Nile water.

Since 1964, the year of the Nile diversion, and due to the formation of the huge Artificial Lake upstream the dam, the majority of the transported sediments was trapped in the reservoir (Nasser Lake).

Nasser Lake, southern Egypt, one of the largest man-made reservoirs in the world, extends over about 350 km in the Egyptian territory and about 150 km inside Sudan. Max. water depth in the dam site area is about 100 m. The total capacity of the lake (162 milliard m³), is divided into 3 capacities, the dead capacity (31 milliard m³), the live capacity (90 milliard m³), and the flood control capacity (41 milliard m³). Therefore the dead capacity that designed for sedimentation represents a ratio of 1/5 from the total lake capacity and a ratio of 1/3 from the total live storage capacity.

The High Dam Lake is a good example as an artificial lake can receipt, average annually 135 million tons of sediments. The average annual rates of sedimentation in the Egyptian borders partly less than that in the Sudanese borders and represents about (15–20%) from the total ratio of the sediments in the lake per year.

So, High and Aswan Dams Public Authority (HADA) sent many annual surveying missions starting from 1973 to the sedimentation area for researches and investigations related to that phenomena. Selected stations were fixed. The form of the collected data are on, velocity measurements, suspended sediment samples, hydrographical survey, freshly deposited sedimentation samples, and chemical analysis of water samples.

It's noticed that the majority of sediment deposition occurs at the tail zone of the reservoir, and movement of sediment deposition will be along the lakebed in the downstream direction towards the Egyptian borders (North).

So, HADA begins to establish the pre-feasibility studies about extraction of the sediments, transportation and utilization, with research institutes that belongs to the Ministry of Water Resources and Irrigation in Egypt. Two extraction methods have been suggested and studied to use in the highly sedimentation sectors in the lake inside Egyptian borders. The first method by using mobile dredges. The second one by sacking the sediments using sack pumps.

1   INTRODUCTION

(Egypt is a gift of the Nile River) Herodet, the great historian, said that in the past. This is true, especially after the High Aswan Dam construction. The Nile River is one of the largest and longest rivers in the world. With a length of 6700 km, passing through eleven countries from south to north. Its flood discharge is irregular from year to year (very high as 151 bcm, average 84 bcm, low as 41 bcm), and even from month to month due to many reasons (rains, loses, etc.) that affect its sources in Central Africa.

The major contribution to the Nile River water is coming from the Ethiopian Plateau through the Blue Nile and Atbara during the period from August to December while following this period, most of the water comes from the White Nile and its tributaries.

The construction of Aswan Dam began on 1960 and was completed on 1971. This great dam considers as strategic project and plays a vital part in the Egyptian life as century water storage and to stabilize water for irrigation, developing industries using generated electric power and let the country safer from the dangerous and destructive influences of the flood overflow.

Nasser Lake (High Dam Lake) one of the largest man-made reservoirs in the world was created as a result of the High Dam construction. The reservoir covers the area between Lat. 21 30 N and 24 00 N, Long. 31 20 E and 33 30 E and extends over about 350 km in the Egyptian territory and about 150 km

Figure 1. Map of the Nile Basin.

Table 1. Concentrated ratio of sediment.

Month	Concentrated ratio of sedimentation (part/million)
January	84
February	60
March	53
April	50
May	41
Jun	44
July	278
August	2820
September	2497
October	1034
November	294

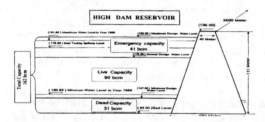

Figure 2. The three capacities of high dam Reservoir.

inside Sudan of total length 500 km, average width 12 km, and total surface area 6000 km^2 at the max. storage level (182.00 m) the max. water depth in the dam site area is about 100 m (Fig. 1).

The total lake capacity (162 milliard m^3 at max. level 182.00 m) upstream the Dam had been divided into three main capacities (Fig. 2):

- the dead capacity for storage accumulative sediments equal (31 milliard m^3)
- the live capacity for storage accumulative water equal (90 milliard m^3)
- the substitute capacity for emergency equal (41 milliard m^3)

Therefore the dead capacity that designed for sedimentation represents a ratio of 1/5 from the total lake capacity and a ratio of 1/3 from the total live storage capacity.

2 SEDIMENT INVESTIGATION

2.1 Sediment investigation before high dam constriction

From the earlier studied of the period of 1929 to 1955, the mean quantity of the river Nile sediments had been estimated according to the annual observation for the

clay sediment at two sections on the river (Halfa section 350 km, and Kangarty section 394 km U. S. High Dam).

It worthy to be noticed that about 95% of the sediment comes during the flood months (August, September, October) with max. concentrated ratio of the clay exceeds than 2500 part/million, and the minimum concentrated ratio was 41 part/million in May. (Table 1). Most of these sediments flow with the floodwater to the Mediterranean Sea and about 15% deposits in the Egyptian territory.

2.2 Design the dead storage capacity

Most of the sediments, about 95%, are transported from the Ethiopian Plateau through the Blue Nile and Atbara during the period from August to December and the other amount, about 5%, is transported by floodwater from the Equatorial Lakes.

The coarser sediments, sands and very little gravel size materials coming from Blue Nile and Atbara River, are found near the bed while the finer sediments, silts and clays, are found in suspension and is practically the same at all depths of the river.

After constracting the High Dam, most of these big quantities would be deposited in the reservoir, so the reservoir have to conclude a sufficient capacity to hold the deposition of silt for an adequate period of time before the contents of the live storage are effected.

The quantity of suspended matter in the Nile at Wadi Halfa (350 km U.S. High Dam) has been estimated at 110 million of tons per year, on an average. The flood carries most of it during the months August to October. The average proportions for the whole-suspended matter are roughly:

Coarse sand 0.2–2 mm none or trace
Fine sand 0.02–0.2 mm 30%
Silt 0.002–0.02 mm 40%
Clay less than 0.002 mm 30%

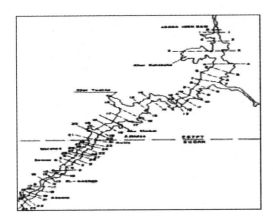

Figure 3.   Cross section of lake Nasser.

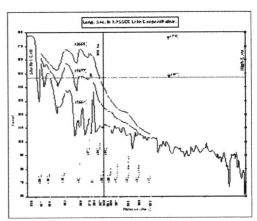

Figure 4.   Sediment thickness along the longitudinal cross section of the lake.

A reasonable estimate of the amount of sediment which, on average, would settle during one year would be as follows:

Fine sand 100% settles $1 \times 0.3 \times 110 = 33$ mill. tons
Silt sand 75% settles $0.75 \times 0.4 \times 110 = 33$ mill. tons
Clay sand 10% settles $0.1 \times 0.3 \times 110 = 3$ mill. tons
Coarse sand, transported as bed loads $= 21$ mill. tons

Total $= 90$ mill. tons

After consolidation during time the volume of these 90 millions of tons would be about 60 millions m^3. The dead storage capacity is designed at 30 milliards (now is 31.6 milliards according to recent survey) to be used as a silt trap for 500 years. So it seems after 500 years the live storage may be affected with silt.

The dead storage capacity occupied the range up to elevation 147.00-m, which is the minimum designed water level for operating the hydroelectric power station.

2.3   Sediment investigation after high dam construction

Since 1973 the High and Aswan Dams Public Authority (HADA) began to perform annual researches missions for studying the sedimentation processes along Nasser Lake (350 km in the Egyptian borders and 150 km in Sudan). 26 sectors had been surveyed at selected stations (11 inside Egypt and 15 inside Sudan). These sectors are presented by profiles across the Lake East-West. This scientific task comprises different goals as measuring water velocity, hydrographical survey, sorting and grain size distribution analysis for the derived deposit sedimentation samples from the all-different sectors, in addition to that chemical and biological studies are performed.

Recently the technology of global positioning system (GPS) was introduced side by side to the traditional surveying methods, which are carried out on the lake for more reliable and precise accuracy.

Annually the new surveying of the sections are plotted, compared with the previous sectors, determine variation in the thickness of the sediment, then the general framework of the sediments processes could be portrayed and calculated the sedimentation areas, quantities and its stations.

Fig. 4 shows the sediment thickness along the longitudinal cross section of the Lake. It is obviously that the sedimentation movement process begins more actives from the Sudanese borders and decrease gradually towards the Egyptian borders. Also we can see the rising of the accumulative deposit sediments every year and its movement in front towards U.S. High Dam, especially during years of high flood. The high flood carries huge quantities of sediments with a higher velocity, trying to open its way in the previous sedimentation area, taking a part of the previous sedimentation to other areas more wide, where its velocity decreases and the clay are deposit.

Sedimentation processes in the reservoir are quite complex, because of the variation in many factors: the quantity of the flood, water current velocity, water levels U.S. High Dam, density of the suspended materials, width and area of the cross section.

2.4   Sedimentation's rates

The survey of the sedimentation's rates show that the average annual rates during (1993–2000) as general was higher than this during the earliest storage periods. with regarding to the increasing of water level upstream the High Dam during (1993–2000) exceed than before and reached to level (181.60 m). Moreover

Table 2A. Deposit sediments in Sudan territory.

Name of the sector	Distance of U.S. High Dam (km)	Thickness deposit of sediments (m)	Volume of the deposit sediment (million m^3)
13	487	6.7	19.91
19	466	10.55	15.86
16	448	24.94	124.73
13	431	31.5	251.23
10	415.5	34.66	277.94
8	403.5	42.60	220.91
6	394	58.53	225.63
3	378.5	51.50	322.12
D	372	60.60	164.14
28	368	41.25	68.58
27	364	26.49	425.01
26	357	45.85	480.07
25	352	42.43	313.88
24	347	32.90	345.36
Total deposit sediments			3255.37

Table 2B. Deposit sediments in Egyptian territory.

Name of the sector	Distance of High Dam U.S. (km)	Thickness of deposit sediments (m)	Volume of the deposit sediments (million m^3)
Arkcn	331	22.25	109.87
Sara	325	18.53	206.93
Adendan	307	13.68	214.74
Abu Simble	282	10.52	133.35
Toshka	256	4.87	105.81
Abreem	228	8.17	190.88
Kruosko	182	5.16	
El Madeek	130	1.95	
Total deposit sediments			961.58

the maximum design U.S. water level for emergency is (182.00).

The average annual rates of sedimentation in the Egyptian borders partly less than of that in the Sudanese borders and represents about (20%) from the total sediments in the Lake that is about 120 bcm/year.

2.5 Sedimentation areas in Lake Nasser

a) It is found that the deposit sediments concentrate inside Sudan boundaries especially in the sectors of Gemai 372 km, Morshed 378 km, and Kangarti 394 km U.S. High Dam. Where the sedimentation thickness reached to 60.60, 51.50, 58.53 m respectively from the beginning of the storage in 1964 to last year 2001. With a high annually sedimentation rate of 1.74, 1.48, 1.68 m. These rates decrease gradually south and north those sectors.

b) The total volume of deposit sediments in the Sudanese sectors is about −3255 million m^3 till year 2001, about 1000 million m^3 above the max. Deed capacity level (147.00 m), which means that, is in the live zone. (Table 2A).

c) Inside the Egyptian borders it was found that it is concentrate in the region located from Arkeen sector 331.10 km to Abu Simble sector 282 km south of the High Dam. Where the sedimentation thickness reached 22.25 m at Arkeen sector and decrease gradually to be 18.53 m at Sara, 325 km, then 13.68 m and 10.52 m at Adendan 307 km, and Abu Simble 282 km, from the U.S. High Dam respectively. With average annually sedimentation rate of 0.61, 0.51, 0.38, and 0.29 m respectively.

d) The total sedimentation volume is **961** million m^3 till year 2001. It can be concluded that the total sedimentation volume in The Whole Lake is about **4217** million m^3. (Table 2B).

e) The result of the mechanical laboratory analysis of many deposit sediments samples prove that in general it is consist of:
30% Clay of grain size > 0.002
40% Silt of grain size between 0.002 and 0.02
30% Sand of grain size between 0.02 and 0.2.

3 REMOVAL OF DEPOSITS

3.1 The main aims of extracting sedum-entertain from High Dam Lake

In spite of the dead capacity is still having the capability for carrying and attain an additional quantities of sediments for 400 coming years. Attention must be paid to extract these sediments, because the release of deposit sediment could be beneficial in restoring the storage volume. Returning the excavated sediment from the reservoir to the river channel, downstream of the dam appears to be a natural solution. It is economically exploited and utilized in different uses such as:

Enrichment for the agricultural lands by using the extraction sediments as organic fertilizer to get first category soil, which allows to refuse of chemical fertilizers usage and will save 50% of water expenses because silt retains moisture itself for a quite long time.

− Manufacturing clayey and sandy bricks, ceramic,
− Extraction of minerals rare elements, radioactive minerals,
− Coating of the water canals,
− Reclaiming the desert by fertilizing it with these rich clay materials.

These above mentioned procedures would be useful and helpful aids for releasing the dead capacity of the lake and increasing the High Dam capability and motive power for the efficient operation of the High Dam. Also let the environmental effect of the sedimentation to be less.

3.2 *Methods of sediments' extraction and utilization*

The High and Aswan Dam Authority (HADA) begins to establish the pre-feasibility studies about extraction of deposit sediments from the lake bottom. Also, the attention was paid to the transportation and utilization through co-operation between (HADA) and Researches Institutes that belongs to the Ministry of Water Resources and Irrigation, and also between different international specialist companies.

We found that there are two methods of extraction deposit:

1. The first method could be executed by using complex system consists of extraction dredges of high capacity (15 or 25 million m^3/year) with basic vessel, transportation watercrafts, shore terminal equipment, and overland means of transportation.
2. The second method could be executed the sedimentation using suction drudgeries to pump the sediments to the shore through cross pipes lines into a closed system of high technology. Which allow executing extraction and transportation processes in a continuous, uninterrupted cycle providing through it high output products with low cost price.

The peculiarity of such complex technology lies in joining of known dredging technologies and hydrotechnical works. All marine and ashore parts of the system should be according to the specification and project requirements.

Besides mentioned above, it will be more economically utilized if the technology system allows extracting metals, contained in silt without interrupting the general process of works to use them as a raw material.

The main objectives of a reservoir dredging system are:

a) Minimization of pollution in the working area,
b) High removal capacity at large working depths,
c) Economically feasible costs,
d) Water consumption to be kept as low as possible,
e) The equipment must be capable of being dismantled and transported over land.

A successful dredging operation and its efficiency in removing sediment from a reservoir depends mainly on:

– The total volume of the sediment to be dredged.
– The nature of sediment (cohesive or granular) and its grain size (fine, medium or coarse).
– The geotechnical properties of the material (density and degree of consolidation).

– The location of the sediment deposits, in deep waters (usually close to the dam wall) or shallow waters (in the upstream areas of the reservoir basin).
– The thickness of the sediment layers and presence of different impurities (debris, trees, waste materials).
– The meteorological conditions (wind, rainfall and temperature regime) and flood conditions (frequency, magnitude, duration and regime of water levels) in the dredging site.
– The environmental restrictions (turbidity) and the disposal possibilities and others.

4 RECOMMENDATIONS

Dam Lake are rich and significant, especially the sedimentation movements and deposit extraction, that is very important project, needs more practical, technical and economical studies to get the maximum economical. The sedimentation studies in the High Aswan utilization and also to avoid any side environmental effects.

We can summarize these studies as follow:

1. Sedimentation process and its rates are quite complex. So it is therefore difficult to attempt a complete analysis of the reservoir sedimentation phenomena in nature, and the best approach to do analysis for the reservoir sedimentation problem is the application of two dimensional mathematical models, to respond more or less like the phenomena in nature. These models can be used for estimate and predict the sediments by producing the different cross sections and contour maps of the bed profile.
2. Combining of the two technologies GPS (global positioning satellites) and GIS (Geographic information system) to achieve a higher level of the contour maps of Nasser Lake reservoir and estimation of the sediment volume when the GIS produce maps more accurate (25% and 50%) than the traditional maps. Beside that the using of the combining two systems is virtually eliminate the human errors associated with data collection and subsequent calculations.
3. A comprehensive hydrographic surveys for the suggested extraction area specially the exact places and valid quantity of sedimentation to extract, with a small separation distances to have more precision knowledge about the hydrographic of the area.
4. Tested deep bore holes under the High Dam bed in the suggested extracted area to define the component materials, making chemical and biology in addition to bacteriology analysis on it. Therefore we could define the heavy and organic materials.
5. Environmental studies to know the effects of the extracted sediments on the quality of the water and organism, as there are some natural phenomena.

6. Preparation new conception of using the extracted sediments taking into consideration the new planning of development such as the New Valley Development Project.
7. Morphology effect of the extraction as an important point should be studied.

5 CONCLUSION

- The High Aswan Dam, as a long-term storage and controlling floods, formed a huge artificial lake (Nasser Lake) in the upstream. Which has a dead capacity of 31 bcm from the bed level to level (147.00 m) for accumulate the deposit sediments for the lifetime span of the dam (400 years) with average rate 100 millions m³/year.
- The data indicates continuos rising of the reservoir bed and movement of the sediments towards the upstream of the dam.

- Removal of the deposits are very important project needs a complete accurate studies for releasing the deed capacity of the lake, increasing the life time of the High Dam and increasing the national incoming by use it in different ways.

REFERENCES

Annual reports of the high Aswan dam surveying missions in the lake (1973–2001). Aswan: HADA.
YANGC.T. 2000. Sediment Transport, theory and practice. CHINA: the McGraw-Hill companies.
I.S.R.S. 2001. Eighth International Symposium on River Sedimentation. Cairo: Research Center.
Ekohidrotechnika. 2001. LTD report of extracted the dementia from Nasser Lake. LATIVIA: EHT
H.E. Hurst & P. Phillips. 1971. The Nile Basin. EGYPT: Nile waters authority.

Dam Maintenance and Rehabilitation, Llanos et al. (eds)
© 2003 Taylor & Francis, ISBN 90 5809 534 7

Improving flood control capacity of High Aswan Dam and elevation of flooding

T.H. Zedan, H.M. Osman & M.K. Osman
High and Aswan Dams Public Authority (HADA), Aswan, Egypt

ABSTRACT: High floods brought considerable damages with them. Sometimes not only the fields but erosion occurred in the riverbanks and beds. The important navigation on the Nile was seriously hampered. Various schemes for flood protection have been proposed from time to time, but it was limited, because the water passing down the river to the sea exceeded the safe margin. Reached to 162-milliard m^3, of which 41-milliard m^3 specified as flood control capacity, between elev. 175, 182 m U.S. the Dam.

If several high floods occur in sequence, the reservoir water level becomes comparatively high. According to instruction of operation for. The High Dam, the flood control capacity must be emptied down to level 175 m, before the arrival of the following. Flood, this will result in releasing high discharges, that may reach 350–400 million-m^3/day. In this case, further degradation is expected. This may affect the riverbed, downstream the control structures existing on the river; the canal intakes and water pumping station.

To avoid this, it was decided to make use of one of the western valleys (khor Toshka), connecting a huge depression (Toshka Depression) on the western desert to the reservoir, to act as additional spillway named as Toshka Spillway. When the live storage of the lake reached to the max. level (175 m). In spite of this case, the High Dam had been controlled by passing discharges through Toshka Spillway (total 12.60 billion m^3) beside, additional limited discharges D.S.

Also the next flood (1999/2000) was high. Max. lake water level reached to (181.60 m), which is less than the designed level by only 0.40 m. This high flood was also been controlled by passing (14.1 milliard m^3) through Toshka Spillway.

Flood of years (2000/2001) and (2001/2002) were above average and high, they had been controlled by passing (8.3, 5.7 milliard m^3) through the spillway. It would cause significant damages. So, Toshka Spillway improved flood control capacity and in conjunction with High Aswan Dam had played an important part in controlling and floods.

1 INTRODUCTION

In the EGYPT water is the dominating (actor for agricultural development and the River Nile is the only source of water for the country. The Nile discharge has an average of 84 billion cubic meters per year which can cover the present irrigation water requirements of both the EGYPT and the Sudan, amounting to 52 billion cubic meters per year. But this discharge varies considerably from year to year and it can be as low as 45 billion cubic meters in one year, thus exposing the EGYPT to disastrous droughts and can be as high as 150 billion cubic meters, in another year, causing dangerous floods. For this reason, regulation of the Nile flow has always been a major problem for Egypt since the ancient history. A number of dams and barrages have been built on the Nile for its training and

control. In spite of that, a big quantity of the Nile water amounting to an average of 32 billion cubic meters annually, flows to the Mediterranean, while it is badly needed for the reclamation of new areas to meet the requirements of the continuously increasing population.

Hence arose the idea of building a big dam across the Nile to store its water, saving the excess from high flood years to be used in the years of the low floods. This will guarantee the annual average of 84 billion cubic meters needed for the future expansion. The idea materialized in the project of the Aswan High Dam (Sadd-El-Aali).

The High Aswan Dam is one of largest rock fill dams in the world, impounds one of largest manmade lakes. It is the most important and vital element to social and economical development of Egypt. It was

Figure 1. High Aswan Dam on Nile River.

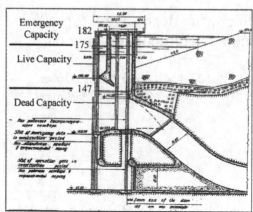

Figure 3. Lake Nasser capacities.

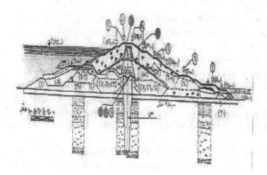

Figure 2. Cross section of dam.

1.2 Main data about the High Dam

Type of dam	Rock Fill
Length of dam inside the crest	3830 m
Length of dam inside the river	520 m
Length of the dam's right part	2325 m
Length of the left part	755 m
Breadth of the dam at the crest	40 m
Breadth of the dam at the base	980 m
Max height of the dam	111 m

1.3 Main data about the Nasser Lake

Length of the lake	500 km
Length inside Egyptian borders	350 km
Length inside Sudanese borders	150 km
Average width of the lake	12 km
Lake surface area	6000 km²
Dead capacity	31 billion/m³
Additional capacity for high flood	41 billion/m³
Live capacity	90 billion/m³
Total capacity	162 billion/m³

built in order to control and preserve the discharge of high floods for use during low flood seasons, as well as to ensure the releasing of water requirements in the adequate time, and protect towns from sink.

A detailed construction studies, and investigation were made by international and Egyptian experts led to site selection and the proposed design of the dam. The construction of Dam began at 1960 and finished at 1970. Before speaking about flood control, an idea about the main elements of the water management must be mentioned which are: Water resources, The High Dam, Nasser Lake and Spillways.

1.1 Flood resources

The main water resources are the Ethiopian and Equatorial belatu, where water inflow to the High Dam lake through three main rivers named Blue, White and Atbara rivers, by discharge (56%″30%″14%) respectively (Figure 1).

1.4 Spillways

There are three spillways for the High Dam to pass water through it or to increase downstream water level of the High Dam. These spillways are, High Dam Spillway (Irrigation Gates), Emergency Spillway and Toshka Spillway.

1.4.1 High Dam Spillway

It is a group of gates were designed to discharge irrigation requirement (max. discharge 450 m³/sec). Since

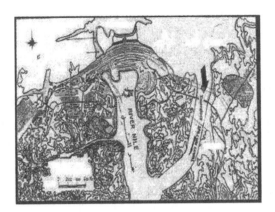

Figure 4. Dam Spillways.

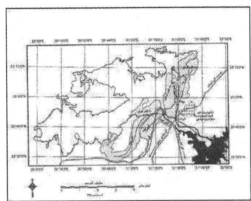

Figure 5. Toshka Spillways and Depression.

the downstream High Dam water level ranges between 105 and 111.00-m level.

1.4.2 Emergency Spillway

They are a group of gates lie at the West Side of the High Dam to pass water downstream it, if the U.S.W.L. of the Dam exceed than (178.00) m and to keep it not more than (182.00) m (Figure 4).

1.4.3 Toshka Spillway

Toshka Spillway Investigation began at 1976, included of khor, depression and Toshka Spillway Project.

1.4.3.1 Topography of khor Toshka

Khor Toshka with its mouth situated 250 km to the south of the dam is an old waterway. It is 72 km long divided into two parts by a hump between 42.0 and 43.0 km left of the Nile.

1.4.3.2 Topography of Toshka Depression (basin)

Toshka Depression is a huge basin of 120 milliard m³ capacity. Its elevation on its borders is 180–200 m. It reaches 120 m inside the depression. Its surface area at el. 180 m is 6000 sq. km. It is bounded by mountainous escarpments. The topographical maps show that the depression itself is composed of several smaller depressions. It can be joined to the Nile through khor Toshka. On the other side (Northwest), there are several openings with levels between 150 and 175, joined to the new Valley (Oasis Area).

The depression itself is composed of two parts, the southern part is 83 milliards m³ capacity and the western-northern part is of 37 milliards m³ capacity. The contour lines allow the connection of the two parts in five locations, all at a level between 155 and 178 m. In order to utilize the depression for storage, without affecting the New Valley, these openings should be closed by earth dams.

1.4.3.3 Toshka Project

The main works in the project are:

Digging a canal in khor Toshka with a cross section which allows the required flow to pass to the depression.

Construction of the intake of the canal either by an open cut or a regulator. Construction of the dams to close the openings in one of the two parts, most preferably those bounding the two depressions together as the capacity of 120 milliards m³ to be necessary for a series of high years similar to that which occurred in the period 1870–1900 (Figure 5).

1.4.3.4 Advantages of the project

- The surplus of water will be released to Toshka Depression to limit the discharge downstream Aswan by the irrigation requirements or by the actual discharge. Consequently unfavorable degradation is avoided.
- There will be an increase of the live storage capacity from elevation 175 to 178 thus allowing for an extra reserve of 16.2 milliard m³ Consequently, the head over the turbines is increased.
- The extra water that may be gained from upper Nile projects can be reserved.

2 HIGH ASWAN DAM AND FLOOD CONTROL CAPACITY

2.1 Flood prediction

In Egypt, several methods for flood quantities prediction have been utilized.

The main goal of these methods is estimating the quantities of water that accompanied the floods. This was done in order to give us the opportunities to propose the preliminary water policy and set up the operation of the High Dam.

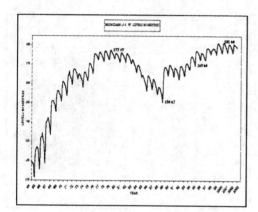

Figure 6.   Levels of Lake Nasser.

2.2   *Tour Lake Nasser capacity for facing up high floods*

After predicting initially of the floods and estimating the quantity of water that accedes over the needs, the additional capacity of the lake is utilized to be ready to absorb this access quantity of water. This is achieved such that keeping the operation – rules with the max. water level of the lake equals (182.00) m in addition, discharging process for the access quantities of water must be done before July of the next year to keep the water level in the lake under (175.00).

The managing operation of this additional capacity, between the before mentioned levels (175, 182), is executed by controlling the discharged water through the Dam related gates and spillways, it is known the max. water level of the Lake reached 181.60 during flood 1999/2000 (Figure 6).

2.3   *Control and coping with floods*

As it is known, the flood control and managing processes are considered the most critical task that is needed to cover the dam safety.

So it is so important to manage the additional storage water with equilibrium as could as possible.

As it was mentioned above the managing process of the flood in the additional capacity of the Lake, that reached 41 milliard m³, and the optimum operation of the Dam required covering two factors:

Firstly, storing apart of the exceeded water through the Lake's additional capacity, secondly discharging the rest into the Nile, and Toshka Spillway which will be under discussion later.

The best practical examples for clarifying our strategy what we performed for the high consequently floods that occurred in the period 1988 to 2002. Through those floods, a releasing process for the exceeded discharges into Nile and storing the rest inside the additional capacity of the lake according to the following table.

Flood year	Excess water into the Nile milliard m³	Max. additional storage milliard m³
1998/1999	15.930	37.750
1999/2000	11.560	39.700
2000/2001	6.495	33.470
2001/2002*	12.320	33.785

*Data of June and July were estimated.

As a closing remark for this section, is the max allowed discharge through the Nile was not exceeded 270-milliard m³ with taking care the operation rules, which stated that, the max. level is 182 m, strained with the water level should be under 175 at the end of the water year.

3   TOUR TOSHKA SPILLWAY FOR CONTROL AND IMPROVING CAPACITY

3.1   *Toshka Spillway*

- In case of high flood, it was planned to store a part of the water in the additional capacity of the lake. Another part is discharged into the Nile, over the normal discharge and the rest is allowed to flow freely into the channel of Toshka Spillway which is designed to allow a discharging of 250 million m³/day at the max. level of 182 m.
- The quantities of water which is discharged to the depressions (that are located away of High Dam), has a big advantage over the High Dam Spillway that became its quantity is controlled by the capacity of the Nile.
- Toshka Spillway increases the additional capacity of the lake, by storing in Toshka Depressions, by 50-million m³ in its current conditions.
- Nowadays several projects are under construction to increase its storing capacity to reach 120-million m³ at level 169.

Consequently, one can say that Toshka Spillway represents an actual factor in facing up to the high floods as what happened in the period 1988–2002, where the following quantities were released into it.

Flood year	Water released into Toshka Spillway
1998/1999	12.60
1999/2000	14.00
2000/2001	08.60
2001/2002	05.70
Total	41.00

Table 1.

	Flood year			
	1998/1999	1999/2000	2000/2001	2001/2002*
High level (m)	181.30	181.60	180.63	180.68
Excess to the Nile (mild. m³)	15.930	11.560	6.495	12.320
Water released to Toshka Canal (mild. m³)	12.596	14.088	8.320	5.670
Max. Add. storage (mild. m³)	37.750	39.70	33.470	33.785
Natural discharge (mild. m³)	122.00	109.00	106.00	108.00

*Data of June and July were estimated.

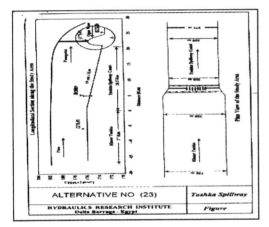

Figure 7.   Developed Toshka Spillway.

The last table indicates that total discharged quantities of water into the canal exceeded 40 milliard m³ for only the last four floods, hence this gives an impression about the important role that the canal did it in coping with these floods.

3.2   Increasing the capacity of Toshka Spillway and Depression

3.2.1   Improving the spillway capacity

Due to the important managing role of Toshka channel in facing up to the 1998/99 flood that accompanied a quantity of water of 122-milliard m³. The quantity of water that entered this spillway at the first time reached 150 million m³/day at level 181.30 m with total quantities 12.6 milliard m³. For increasing the storing capacity of Toshka Spillway, 24 alternative solution was proposed.

The best one was solution no 23 that purposed increasing the width of the channel to be 500 m over its total length from km³ and increasing the depth to be – 178 instead of – 176 in additional it suggested to clear the hour that is located at the mouth of the channel to reach a width of 750 m at its narrowest point (see Figure 7) the hydraulic design of this solution gives a daily discharge of 333 million m³ without any doubt, this solution will increasing the ability of coping the with floods.

3.2.2   Improve Toshka Depression

The theoretical capacity of Toshka Depression, about 120 million m³ at level – 169.00. But due to there were high obstacles between the prates of the depression and also it has an opening end at the end of the fourth part of Toshka Depression at level – 150.00 this leads to an make the actual capacity of this depression about 50 milliard m³ approximately. Therefore, to increase the storing capacity of Toshka Depression, the studies confirmed that the opening end should be closed with Dam its crest is at –169.00. In additional suggested opining some channels between the different parts of the depression. For example, opening a channel between the first and the third basin at a level 148.00, other one between first part of basin3 (3A) and the second part (3B) at a level (150.00). Another channel is purposed between the second and the third parts (3B) and (3C).

3.2.3   Examples for flood control capacity

By balancing between the released additional discharge in the Nile and the additional storage in the lake, HADA succeeded in verifying the safety of the High Dam and the operation rules of controlling the floods between level 182.00 and 175.00.

The hydrological feature of the floods indicated optimistic features as in table 1.

4   CONCLUSION

- The additional capacity of Nasser Lake performs a vital role in facing up the high floods. The lake stores huge quantities of floodwater.
- The High Dam spillway is considered as a complementary element to the additional capacity in coping

387

with the floods by releasing the discharges of exceeded water into the Nile, but the constrained of Nile capacity.

- Toshka Spillway is one of the important factors that increase the storage capacity of the lake. That is oriented mainly to face up to the high floods consequently, it not only protects High Dam but also it protects the Nile also by transmitting the exceeded water away of the Nile and High Dam.

Toshka Depression is considered a natural basin for the additional capacity of the lake. It increases the ability of the facing up the floods. After finishing the projects that aimed to increase the storage capacity. This will give us the ability to copy with consequence floods. Hence this leads to more control and managing ability of high floods.

High & Aswan Dams Authority. 1976. Studies & Research of Toshka Project. Aswan: High & Aswan Dams Authority.

REFERENCES

Bishai, H.M., Malak S. & Khalil, M.T.1999. Lake Nasser. Egypt: Nature Conservation Sector.

Moattasem, M. 2001. The project of minimizing Evaporation losses. Egypt: Nile Research Institute.

Ghetan, A.M. 1999. Toshka Depression, Development of Lake Nasser (Future and dangers). Egypt: Ministry of Water Resources and Irrigation.

Dr. Ahmed, G.M. 1998. Increasing the capacity of Toshka Spillway for passing flood discharges. Egypt: Hydraulic Research Institute.

Engineering Division. 1991. Review of operation and maintenance program filed examination guidelines. Colorado: Bureau of Reclamation.

Essam, A.M. 1999. Flow in a channel connecting to reservoirs, case study (Toshka Channel connecting between Aswan reservoir and Toshka Depression. Conference on coping with water scarcity Egypt: Natural Water Research Center.

Prof. B. Petru and Dr. M. Motaleb 1999. Environmental Impact Assessment of water related projects in Dry Regions. Egypt: Hydraulic Research Institute Trading Center.

D. Waston, Seraj perera. Risk assessment issues for Dam safety management. 2000. The Twentieth Congress on Large Dams, ICOLD20. China: ICOLD.

Safety Group. 1996. Standing operation procedures Guide for dams, Reservoirs, and power facilities. Denver: Bureau of Reclamation.

Spofford, Watert, Burdem, Robert. 1965. Notes on Study of the Uses of the High Dam. Egypt: Aswan Regional Development, Project.

Dam Maintenance and Rehabilitation, Llanos et al. (eds)
© 2003 Taylor & Francis, ISBN 90 5809 534 7

Development and application of sediment simulation system

Yamaoka Satoshi
NEWJEC INC., International Operations, Osaka Head Office, Japan

Morita Katsushige
NEWJEC INC., Domestic Operation, Osaka Head Office, Japan

ABSTRACT: Sediment simulation system was developed to estimate the future progress of sediment in a reservoir. This system provides an effective tool to monitor the active reservoir storage and to prevent damage or problems caused by sediment to hydro structures after impounding from planning and design stage. The system is based on the numerical model method using non-uniform flow equations, sediment transport equations and a riverbed movement model. Sediment simulation system was applied to the dam reservoir with whole capacity of 881 million m³ in West Java, Indonesia. The bed load and suspended load are modeled from the initial riverbed materials and the volume of wash load in relation with the river discharge is formulated from measured data in the river flow. The system is shown to simulate the actual progress of the sedimentation for 12 years quite well. The system is also applied to the planned reservoir in the hydropower project in the same river system.

1 INTRODUCTION

A sediment simulation system was developed to estimate the future progress of sediment in a reservoir. The riverbed movement is caused by the transport of sediment. This is effective to monitor the active reservoir storage and to prevent damage or problems caused by sediment to hydro structures after impounding from planning and design stage and to design a dam economically.

The sediment simulation system is based on a numerical model method using non-uniform flow equations, sediment transport equations and a riverbed movement model comprised of bed load, suspended load and wash load. The system has been applied to the reservoirs formed by dams in Japan to investigate the progress of sediment. The system is proven to reproduce the actual sediment progress in the reservoirs in Japan. The discharge of each load can be compensated from trial and error method based on the actual sediment progress.

The system was firstly applied to the sediment simulation for reservoirs in Indonesia. Even though the component of the loads is quite different with that in Japan, the theory on sediment progress is universal. First, the system was applied to the existing reservoir in process of sediment to clarify the effectiveness. Secondary, the system was applied to estimate the future sedimentation in the planned reservoir within the same river system.

2 SEDIMENT SIMULATION SYSTEM

2.1 Flow of sediment simulation system

The flow chart of the simulation system is presented in Figure 1. The formation of governing equations and mechanism of riverbed movement are described below.

2.2 River flow equations

The river flow is governed by the following continuity momentum conservation equations:

$$\frac{\partial Q}{\partial x} = q \tag{1}$$

$$\frac{1}{gA}\frac{\partial}{\partial x}\left(\frac{Q^2}{A}\right) + \frac{\partial}{\partial x}(Z_b + h) + I_e = 0 \tag{2}$$

where Q = discharge in volume per second; q = rate of change of discharge with respect to distance x due to the flow into the main stream from tributary; A = cross-sectional area of the flow; Z_b = distance of bed level above reference datum; h = pressure head; I_e = friction losses; g = gravity acceleration. The friction loss I_e is expressed by Manning's resistance

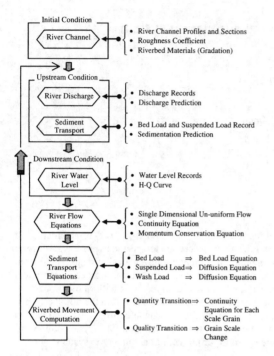

Figure 1. Flow chart of sediment simulation system.

formula:

$$Ie = \frac{n^2 v^2}{R^{4/3}} \qquad (3)$$

where n = Manning's roughness coefficient; v = the mean velocity at the cross section; R = hydraulic radius.

Water surface curve is calculated by differentiating Equation 1. The water surface curve is traced from lower to upper reach based on the water level at the lowest boundary. Non-uniform flow computation is then applied to the subcritical flow and uniform flow computation is done to the supercritical flow with using the bed slope of lower section. If the supercritical flow occurs at the lower section, the water level of lower section is replaced to the critical water level regarded as the lower level.

2.3 Sediment transport equations

2.3.1 Basic equation for riverbed movement
Bed material consists of the grain sizes which are predominantly represented in the movable bed of a stream. The object grains are classified into the number of N_d according to scale and the number of N_b among N_d belongs to the bed material load. The basic equation of movable riverbed consisting of the mixture of bed load, suspended load and wash load

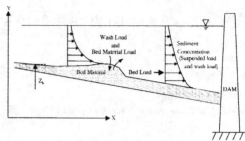

Figure 2. Schematic representation of sediment transport.

can be derived from continuous conditions (See Equation 4). The schematic sediment transport causing the movement of riverbed is presented in Figure 2.

$$\frac{\partial Z_b}{\partial t} + \frac{1}{B_b}\left[\sum_{k=1}^{Nb}\left\{ \frac{1}{1-\lambda_b}\frac{\partial(B_s q_{bk})}{\partial x} + \frac{B_s(E_{sk}-D_{sk})}{1-\lambda_s} \right\} \right. $$
$$\left. + \sum_{k=Nb+1}^{Nd} \frac{B_s(E_{wk}-D_{wk})}{1-\lambda_w} \right] = 0$$

(4)

where Z_b = distance of bed level above reference datum; B_b = riverbed width; B_s = width for sediment transport; q_{bk} = the bed load discharge with k-th grain scale per unit time per unit width of transportation; E_{sk}, D_{sk} = the rising flux and fall fluxes of suspended load with k-th grain scale per unit cross sectional area near riverbed; E_{wk}, D_{wk} = the rising flux and fall flux of wash load with k-th grain scale per unit cross sectional area near riverbed; λ_b, λ_s, λ_w = the porosity of deposited bed load, suspended load and wash load respectively.

Bed load transport is subject to the movement condition and characteristics of bed load. In real rivers where the riverbed moves in a large scale, the volume of the bed load passing through each cross section is found to be strongly dependent on the local hydraulic condition. Accordingly, the volume of bed load can be expressed by common equilibrium formula of sediment transport.

2.3.2 Calculation of bed load discharge
The bed load discharge per unit transport width for each grain diameter expressed in Equation 4 is converted to Equation 5 by substituting the formula of Ashida and Michiue:

$$\frac{q_{bk}}{\sqrt{(\sigma/\rho - 1)g d_k^3}} = 17 p_{bk}\tau_{*ek}^{3/2}\left(1 - \frac{u_{*ck}}{u_*}\right)\left(1 - \frac{\tau_{*ck}}{\tau_{*k}}\right)$$

(5)

where σ, ρ = density of grain and water; g = gravity acceleration; d_k = representative grain diameter of k-th scale; p_{bk} = the sharing volume ratio of grain of k-th scale in the bed ($\Sigma p_{bk} = 1$); u_* = shear velocity; u_{*ck} = critical shear velocity of grain in diameter d_k; τ_{*k} τ_{*ck} = non-dimensional bed shear stress and critical shear stress against grain in diameter d_k; τ_{*ek} = effective non-dimensional shear stress. These stresses are defined as follows:

$$\begin{cases} \tau_{*k} = \dfrac{u_*^2}{(\sigma/\rho - 1)gd_k} \\[3mm] \tau_{*ck} = \dfrac{u_{c*}^2}{(\sigma/\rho - 1)gd_k} \\[3mm] \tau_{*ek} = \dfrac{u_{e*}^2}{(\sigma/\rho - 1)gd_k} \end{cases} \tag{6}$$

Using revised Egiazaroff formula developed by Ashida and Michiue on critical shear velocity for the mixed materials, the value of u*ck can be obtained as follows:

$$\frac{u_{*ck}^2}{u_{*cm}^2} = \begin{cases} \dfrac{1.64}{\left(\log 19\dfrac{d_k}{d_m}\right)^2}\dfrac{d_k}{d_m} & \left(\dfrac{d_k}{d_m} > 0.4\right) \\[5mm] 0.85 & \left(\dfrac{d_k}{d_m} \leq 0.4\right) \end{cases} \tag{7}$$

where u_{*cm} = critical shear velocity for average grain diameter of the mixture. The u_{*cm} (unit = cm/second) is determined from Iwagaki's formula, Equation 8. The effective non-dimensional shear stress t_{*ck} is expressed by empirical formulas depending on the magnitude of Froude Number.

$$u_{*cm}^2 = \begin{cases} 80.9d & (d \geq 0.303) \\ 134.6d^{31/12} & (0.118 \leq d \leq 0.303) \\ 55.0d & (0.0565 \leq d \leq 0.118) \\ 8.41d^{11/32} & (0.0065 \leq d \leq 0.0565) \\ 226d & (d \leq 0.0065) \end{cases} \tag{8}$$

2.3.3 Calculation of sediment concentration
1 Basic equation

Concentration analysis for suspended substance consisting of suspended load and wash load is carried out by using single dimensional unsteady diffusion equation for river channel and two dimensional unsteady diffusion equation for a reservoir in this study.

Assuming three-dimensional diffusion equation is applicable to know the concentration distribution of suspended load, the equation is integrated with respect to the cross section. Then the two-dimensional unsteady diffusion equation on concentration distribution of suspended grain in diameter d_k can be led as follows:

$$\frac{\partial}{\partial t}(BC_k) = \frac{\partial}{\partial x}\left(B\left\{\varepsilon_{sx}\frac{\partial C_k}{\partial x} - uC_k\right\}\right)$$
$$+ \frac{\partial}{\partial z}\left(B\left\{\varepsilon_{sz}\frac{\partial C_k}{\partial z} - W_{sk}C_k\right\}\right) \tag{9}$$

where C_k = volume concentration of grain with k-th scale; B = river width; ε_{sx}, ε_{sz} = diffusion coefficients in the flow and vertical direction; u = river flow velocity; W_{sk} = fall velocity of suspended grains.

When the above equation is integrated with respect to water depth from bed to water surface level, the one-dimensional unsteady diffusion equation is obtained as follows:

$$\frac{\partial}{\partial t}(AC_k) = \frac{\partial}{\partial x}\left\{A\left(\varepsilon_{sx}\frac{\partial C_k}{\partial x} - uC_{kx}\right)\right\}$$
$$+ B_s(E_k - D_k) \tag{10}$$

where A = cross sectional area; C_k = mean concentration of grain with k-th scale in the cross sectional area; u = mean velocity; E_k = erosion speed of grain; D_k = fall velocity of grain.

Given the initial and the boundary condition to Equation 9 and Equation 10, the concentration of the each scale of grain can be obtained as a function of time.

2 Suspended load computation

The riverbed level movement due to suspended load is determined from the difference between E_{sk} and D_{sk}. The erosion speed (rising flux) tends to be controlled by the local hydraulic conditions. Then E_{sk} is expressed as follows:

$$E_{sk} = W_{sk}C_{ek} \tag{11}$$

where C_{ek} = equilibrium boundary concentration for grain with k-th scale.

On the other hand, the depositing speed (fall flux) D_{sk} tends to be controlled by the gravity force.

$$D_{sk} = W_{sk}C_{ak} \tag{12}$$

where C_{ak} = concentration above the bed, commonly 5% of the full depth from the bottom, for grain with the scale number of k.

3 Wash load computation

The riverbed movement due to wash load is determined as well as the suspended load from the difference between E_{wk} and D_{wk}. Wash load does not fall under the conditions of slower flow than the critical as the wash load are not observed on the actual riverbed. Then D_{wk} is considered to be expressed as follows:

$$D_{wk} = \begin{cases} W_{sk}C_{ak} & u_* \leq u_{*dk} \\ 0 & u_* > u_{*dk} \end{cases} \quad (13)$$

where u_* = shear velocity; u_{*dk} = critical shear velocity of grain with k-th scale to fall.

The rising flux of E_{wk} is expressed by the following equation for the mixture of materials developed from Iwashita's formula.

$$\frac{E_{wk}}{u_{*wk}} = \begin{cases} p_{bk} \cdot \beta \cdot \left(\dfrac{u_*^2}{u_{*wk}^2} - 1 \right)^n & u_* > u_{*wk} \\ 0 & u_* \leq u_{*wk} \end{cases} \quad (14)$$

where u_{*wk} = critical shear velocity of grain with k-th scale to rise, $*p_{bk}$ = volume ratio of the grain with k-th scale among all riverbed deposits; β, n = coefficients; $\beta = 1 \times 10^{-5} \sim 4 \times 10^{-5}$, n = $1.0 \sim 1.5$.

2.4 Riverbed movement computation

2.4.1 Grain gradation

The riverbed materials with various grain scales are modeled as the representative grains and their component ratios. This simulation treats the grains less than 0.2 mm in diameter as wash load and larger grains than that as suspended load, or bed load. Table 1 shows the 10 kinds of grade scales based on the actual sediment gradation measured from sampler.

The maximum size of the bed load is determined by the maximum shear stress inherent in the river itself for bed load subject to magnitude of flow discharge and riverbed slope. It is also well known that most sediment is formed with fine materials transported during floods (refer to Figure 8). For practical purposes, the maximum size of the materials is determined at 8 cm for the simulation of Saguling and Cisokan.

2.4.2 Riverbed movement model

The transition of quantity and quality at riverbed is presented by the riverbed movement model in Figure 3. The variation of sediment grade scale at the riverbed due to repeated deposition and erosion is reflected to a transition layer between a mixed layer and deposited layers. A model with one or two layers cannot present the historical change of sediment grade scale at the riverbed for long duration.

Table 1. Sediment grade scale for simulation.

Grain diameter classification (mm)	Representative diameter	Mode of transport
4080	56.57	Bed load + Suspended load
20~40	28.28	
7~20	11.83	
2~7	3.74	
0.7~2	1.18	
0.2~0.7	0.374	
0.05~0.2	0.100	Wash load
0.005~0.05	0.0158	
0.002~0.005	0.0032	
0.0005~0.002	0.0010	

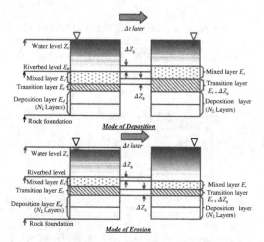

Figure 3. Riverbed movement model.

The transition layer first counts the balance of sediment transport and the change of sediment grade scale for computing unit time. The volume balance caused by the transport of sediment is directly absorbed in the transition layer. The changing sediment grade scale during the transport is then reflected to the mixed layer and the transition layer in proportion with its thickness.

One layer has the same sediment gradation. The deposited layers are numbered from the bottom to the top. Then the river bed level Z_b is expressed as following equation:z

$$Z_b = Z_0 + N_L E_d + E_t + E_m \quad (15)$$

where E_m = thickness of one mixed layer; E_t = thickness of one transition layer; N_L = the number of deposited layers; E_d = thickness of one deposited

392

layer; Z_0 = the bottom level of the deposited bottom layer (the limit of erosion).

E_d has a constant value but E_t is variable affected from the sediment transport as follows:

$$0 < E_t \leq E_d \qquad (16)$$

When erosion, so called bed movement variance $Z_b < 0$, happened at the unit time, the transition layer thickness E_t' is expressed after t thickness as follows:

$$E_t' = E_t + \Delta Z_b \qquad (17)$$

When $E_t < 0$, the top deposited layer is transferred to the transition layer and one deposited layer is lost. When the sedimentation makes the transition layer thickness E_t larger than the E_d, an additional deposited layer is borne.

3 SIMULATION AT EXISTING RESERVOIR

3.1 Existing reservoir

The Saguling reservoir with gross capacity of 881 million m^3 and a catchment area of 2,283 km^2 is located at Citarum River in West Java, Indonesia. The plan of Citarum River and Saguling Dam and reservoir is shown in Figure 4. There is no large reservoir in the upstream reach. That was formed for the Saguling hydropower project with 700 MW maximum output commenced commercial operation in May 1986. The sedimentation data in the reservoir were collected from 1987 to 1999 and its average erosion rate is 1.96 mm/km²/year.

3.2 Conditions of simulation

3.2.1 General

The riverbed movement transition was computed for the extent of 25 km long reservoir and its upper reach with length of 10 km to estimate the sediment distribution in the reservoir from 1986 up to 1998.The Saguling reservoir has a maple shape. The sediment simulation was carried out along the main stream of Citarum River.

3.2.2 Discharge

The inflow hydrograph was modeled from the daily inflow data measured for about 10 years at the upstream gauging station. The recorded maximum discharge after impounding is 476 m^3/s quite less than the design flood discharge of 5,195 m^3/s in 1,000 years return period.

3.2.3 Initial riverbed conditions

An initial grain size distribution curve was modeled from the representative 10 grain sizes obtained from the gradation tests of the riverbed deposits as shown in Figure 5. Wash load is not considered to deposit on the riverbed originally.

3.2.4 Sediment production conditions at upstream

All kinds of loads are assumed to be transported from the upstream boundary. The discharge of each load at the upstream section is computed from the equilibrium equation with hydraulic parameters and correlated with the measurement. The sediment discharge depends on the characteristics of sediment production on the river itself such as topography, geology, vegetation, rainfall intensity and producing process of sediment, not to be counted in the equation. The coefficients to compensate the discharge of bed load, suspended load and wash load are determined at 2.0, 2.0 and 0.75 respectively. The concentration in volume of wash load Q_s is expressed in proportion to two powers of the flow discharge Q based on sampling

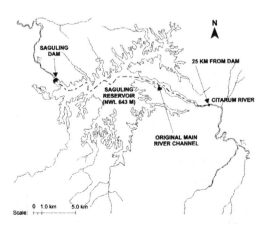

Figure 4. Plan of Citarum River and Saguling Dam and Reservoir.

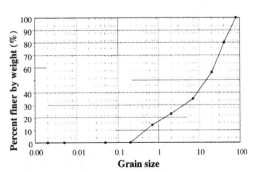

Figure 5. Initial grain size distribution curve.

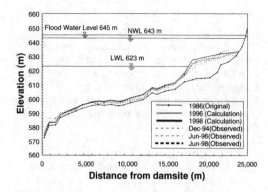

Figure 6. Comparison of computed riverbed movement profiles with observed ones in Saguling Reservoir.

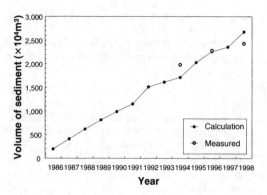

Figure 7. Comparison of computed sediment volume with measurement.

data at the upstream gauging station as $Q_s = 2.30 \times 10^{-6} \times Q^2$.

3.3 Results

The system simulated the progress of the sediment for 12 years in the Saguling reservoir. The simulation is carried out just on the main stream. The longitudinal profile of riverbed movement transition is presented in Figure 6 with the measurements.

The results reproduced the following actual progress observed in the Saguling reservoir so far quite well:

(1) Sedimentation of top set beds started upstream from the backwater of the reservoir to form a delta.
(2) Bottom set beds and density current beds started to deposit after impounding and are piled up in proportion to the stream discharge.
(3) The center of the delta was shifted to downstream and since then the delta was extended to the upstream and downstream. The latest delta is formed between LWL (Lowest Water Level in operation) 623 m and NWL (Normal Highest Water Level in operation) 643 m. The level of the pivot point tends to be transported to the LWL with time.

Figure 7 presents the comparison of the sediment volume progress between the measured data and computation results. The actual sediment volume progress is accurately reproduced by the computation significantly as well as the sediment longitudinal profile. But the compared volume is subject to that on the main stream only, not the overall one deposited in the reservoir. A few percentage of active storage volume has been lost so far.

Figure 8 shows the volume transition of sediment for each load in the longitudinal profile of the reservoir. The wash load occupies the most volume of sediment, especially almost all sediments downstream from the location of the delta shoulder, 18 km from the damsite.

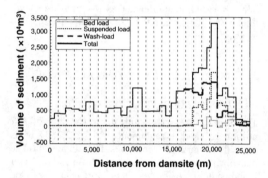

Figure 8. Load component in the profile on Citarum River.

The suspended load becomes dominant upstream from the location of the delta shoulder.

4 SIMULATION AT PLANNED RESERVOIR

4.1 Planned reservoir

The system is applied to estimate the sediment development in the Lower Reservoir for Cisokan Pumped Storage Hydropower Project (PSHP) with maximum output 1000 MW in Indonesia at the design stage. The Lower Reservoir to be formed on Cisokan River has a gross capacity of 63 million m^3, a large catchment area of 355 km^2 and a surface area of 2.6 km^2.

4.2 Conditions of simulation

4.2.1 General

The riverbed movement was computed for the extent of the main upstream reach of 12 km long and its tributary of Cilengkong River 2 km long to estimate the sediment in the reservoir for 50 years. The reservoir water level is computed to regularly fluctuate

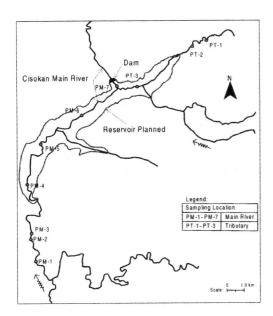

Figure 9. Cisokan River and sampling locations of riverbed materials.

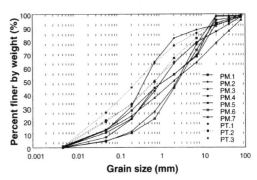

Figure 10. Initial grain size distribution curve applied for computation.

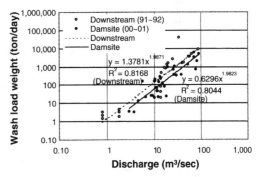

Figure 11. Relationship between discharge and wash load weight.

between LWL 495 m and NWL 499.5 m on a daily basis.

4.2.2 Discharge

The inflow hydrograph was modeled from the daily inflow data measured for 9 years (1991 up to 1999) at the downstream gauging station, then the data were applied cyclically during 50 years. The maximum daily discharge is 192 m³/s for the period.

4.2.3 Initial riverbed conditions

The riverbed materials were sampled at 7 locations on the main river from the damsite up to 12 km upstream and 3 locations on the tributary as shown in Figure 9. Few materials more than 8 cm in diameter were observed on the riverbed surface and in the 50 cm depth.

An initial grain size gradation curve was modeled from the grain sizes based on the gradation tests of the present riverbed deposits as shown in Figure 10.

4.2.4 Upstream sediment condition

The production for bed load and suspended load, so called bed load material is computed from the equilibrium equation with hydraulic parameters and correlated with the production rate as well as Saguling simulation. The production rate coefficient for each load is considered to be same with those used in Saguling. The same characteristics of sediment production

are presumed because the Cisokan reservoir is situated on the same river system with Saguling reservoir.

On the other hand, wash load is studied from the sampling record in Cisokan River. The density of the river flow was analyzed from the sampling to measure the mass of suspended grains including wash load in Cisokan River. Figure 11 presents the correlation between the weight of wash load Qs (ton/day) and discharge Q (m³/sec) measured at two gauging stations; One gauging station newly established is close to the damsite (2 km downstream from the damsite) and the other existing one is 11 km downstream (catchment area = 623 km²) from the damsite. The number of 36 data from 2000 to 2001 near the damsite and the number of 22 data from 1991 to 1992 in the downstream were collected for wash load. The relationship is expressed in similar fashion as follows:

Qs (ton/day) 5 0.63 3 Q1.99 (close to damsite)
Qs (ton/day) 5 1.38 3 Q1.99 (downstream)

The concentration by relative weight is converted to the concentration in volume and the relationship with the discharge is expressed as follows:

$$Q_s \text{ (m}^3/\text{sec)} = 2.75 \times 10^{-6} \times Q^{1.99} \text{ (close to damsite)}$$
$$Q_s \text{ (m}^3/\text{sec)} = 6.03 \times 10^{-6} \times Q^{1.99} \text{ (downstream)}$$

The measured wash load in proportion with two powers of the discharge corresponds to the empirical formula:

$$Q_s = \alpha \times Q^2 \quad (\alpha = 4 \times 10^{-8} \sim 6 \times 10^{-6})$$

The measured concentration at the downstream gauging station showed as more than double as that at damsite. That seems to be why there is remaining natural vegetation and more developed land at the residual area between two gauging stations even though the gentler slopes are extended at the residual area than upstream from the damsite. The relationship between Q_s and Q near the damsite is less different with that measured at Citarum River ($Q_s = 2.30 \times 10^{-1} \times Q^2$). The data measured close to the damsite were applied to the simulation as the data represent the wash load upstream from the reservoir more accurately.

4.3 Results

The results of simulation are presented in Figure 12. The sediment starts to make a delta at the backwater and the delta moves to the downstream and inclines down sharply into the reservoir. The delta shoulder firstly formed above EL.495 between NWL and LWL has not been fluctuated for 50 years. On the other hand, wash load dominantly deposits from the downstream of the delta to the dam. The sediment progress tendency resembles in that observed in Saguling reservoir.

The sediment deposits 3 m deep up to EL. 423 m in the front of the dam. The results show one-quarter

of the active storage will be lost after 50 years from the impounding.

4.4 Application to design

The results of the simulation give quite useful information to make design of hydraulic structures. First the sediment load to a dam can be reduced from the conventional design load for sediment. The sediment in front of the dam acts as horizontal loading to the dam. It is assumed in the conventional design for the Lower Dam in Cisokan PSHP that the sediment deposits flatly between the riverbed and EL. 484 m at the maximum.

The elevation of sediment is computed at EL. 423 for the loadings to dam in accordance with the results on simulation. The static pressure exerted by the sediment was considered equivalent to a fluid of unit weight 11 kN/m^3. The whole horizontal loads due to the sediment are 17,163 kN/m at EL. 484 and only 891 kN/m at EL. 423 at the non-overflow maximum section. The downstream slope of the dam is forced to the 0.829 horizontal to 1 vertical for EL. 484 and 0.718 horizontal to 1 vertical for EL.423 at the section against all the loads. The higher sediment level requires 15% increase of dam volume for the dam stability. The sediment design height was counted with a few ten meters allowance in practice. The slender shape of the dam results in the economic construction cost.

The application of the simulation system can be extended to the overall configuration of the hydraulic structures. The configuration of intakes, outlets and sediment flushing gates and conduits are highly influenced by the sediment action. The actual trouble or damages on these structures after operation are caused frequently by the in proper design on the sedimentation.

5 CONCLUSION

The sediment simulation system was proved to be effective to reproduce the sediment progress accurately in a reservoir. The simulation system will be applied to any reservoir using the sampling results of bed load, suspended load and wash load. The future sediment is predicted efficiently by this simulation for a reservoir under the sediment progress when enough data are available. If a new reservoir is formed in the same river system with similar riverbed movement condition with the reservoir simulated, the sediment progress for the new reservoir is analyzed in higher reliability. The sediment prediction becomes a key condition to avoid future trouble or damages caused by the sediment.

The results of the simulation will be also effective to monitor the actual transition of the sediment in the

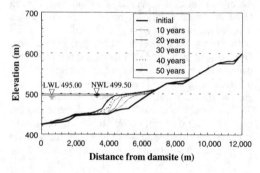

Figure 12. Sediment progress along Cisokan River and Reservoir.

reservoir. The active volume of the reservoir shall be maintained to keep the generation time but it tends to decrease by the sediment. The trend of the sediment and reduction of active storage volume shall be monitored carefully for the stable plant operation. The simulation system will work efficiently and effectively to predict this trend. The transition of sediment grains or their production rates will be observed and analyzed periodically, then the results are reflected to the input conditions of the simulation to increase its reliability.

REFERENCES

Ashida, K. and Michiue, M. 1972. Study on Hydraulic Resistance and Bed-load Transport Rate in Alluvial Streams. Proc. Japan Soc. Civil Eng., No. 21: 59–69.

Egiazaroff, I.V. 1965. Calculation of Non-Uniform Sediment Concentration. Proc. ASCE, Vol. 91 No. HY4: 225–247.

Ashida, K. and Michiue, M. 1970. Study on the Suspended Sediment (1) – Concentration of the Susupended Sediment near the Bed Surface. The Annuals of the Disaster Prevention Research Institute. Kyoto University, Japan, 13(B): 233–242 (In Japanese).

Ashida, K. and Michiue, M. 1971. Studies on Bed Load Transportation for Non-Uniform Sediment and River Bed Variation. The Annuals of the Disaster Prevention Research Institute, Kyoto University, Japan, 14(B): 1–56 (In Japanese).

Iwagaki, Y. 1956. Study on Critical Share Stress. Proc. Japan Soc. Civil Eng., No. 41: 1–56.

Iwashita. 1988. The Mechanism of Aggregation Erosion and Muddy Discharge in the Reservoir. Electric Civil Engineering, No. 212: 93–108.

Liu, B.Y. 1991. Study on Sediment Transport and Bed Evolution in Compound Channels. Doctoral Dissertation, Kyoto University, Japan.

Dam Maintenance and Rehabilitation, Llanos et al. (eds)
© 2003 Taylor & Francis, ISBN 90 5809 534 7

Renovación de los desagües de fondo de la presa de Iznájar y su incidencia en el aliviadero

J. Riera Rico
Confederación Hidrográfica del Guadalquivir, Granada, España

F. Delgado Ramos
E.T.S. de Ingenieros de Caminos, Canales y Puertos, Universidad de Granada, España

ABSTRACT: La presa de Iznájar entró en servicio en 1968, el tiempo transcurrido desde entonces y los problemas que provoca el ambiente agresivo creado por la presencia de aguas sulfurosas, han incidido en un deterioro notable de sus siete desagües de fondo que los ha dejado fuera de servicio prácticamente en su totalidad. La situación ha llevado a una revisión conceptual completa del sistema de desagües de fondo para llevar a cabo una renovación profunda del mismo: acondicionamiento y modernización de las compuertas de guarda (orugas) en paramento y sustitución total de las antiguas válvulas "Howell Bunger", incorporando un segundo cierre previo (válvula tipo compuerta "Bureau"). El encaje geométrico del conjunto es enormemente complejo lo que exige una modificación de los dientes de paramento del aliviadero que ha sido preciso estudiar en modelo reducido.

1 DESCRIPCIÓN GENERAL DE LA PRESA Y SUS ÓRGANOS DE DESAGÜE

La presa de Iznájar se construyó entre los años 1962 y 1968 en que entró en servicio. Se trata de una gran estructura de gravedad planta curva de 121,6 m de altura sobre cimientos que regula el tramo medio del río Genil (5000 km^2 de cuenca) que es el afluente principal del Guadalquivir. Con su gran volumen de embalse (980 hm^3) y su aportación media es una pieza fundamental de la regulación general de la cuenca de la Confederación Hidrográfica del Guadalquivir para riego y abastecimiento, aparte de producción hidroeléctrica y defensa frente a avenidas.

Los órganos de desagüe de la presa comprenden un aliviadero con ocho vanos equipados con compuertas Taintor capaz para evacuar 6.500 m^3/s con nivel máximo de avenida y siete grandes desagües de fondo idénticos (150 m^3/s de caudal máximo cada uno), alineados estos con los ejes de las pilas del aliviadero para facilitar desde ellas el accionamiento de las compuertas de guarda en paramento (Figura 1).

Cada desagüe está dotado de una compuerta de guarda en paramento tipo oruga de 2,00 m × 3,50 m a la que sigue una transición a sección circular de 2,38 m de diámetro que se mantiene a lo largo de todo el conducto que atraviesa la presa y termina en una válvula reguladora tipo Howell Bunger del mismo diámetro con cono final de 60° (en lugar del habitual

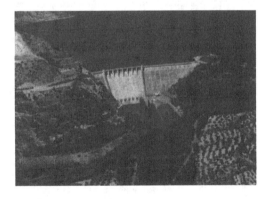

Figura 1. Presa y embalse de Iznájar.

de 90°). Estas válvulas se alojan en casetones que actúan como "dientes" de paramento en el aliviadero para facilitar la estabilidad del resalto en el cuenco disipador de energía a pié de presa (Figura 2).

2 ESTADO DE DETERIORO DE LOS DESAGÜES DE FONDO

El tiempo transcurrido desde su construcción y los problemas de conservación que provoca el ambiente agresivo creado por las aguas sulfurosas que se evacuan

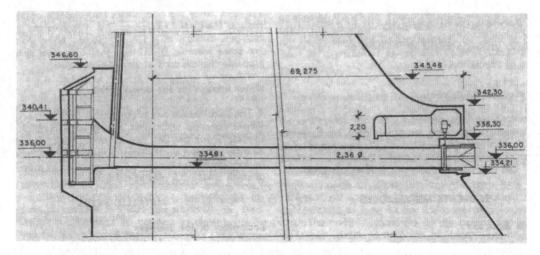

Figura 2. Perfil longitudinal de los desagües de fondo existentes (cotas en metros).

desde el sistema de drenaje de los cimientos de la presa, unidos al gran tamaño de las válvulas reguladoras que siempre han tenido problemas de ajuste en sus cierres de estanqueidad trasera y en los mecanismos de accionamiento, han incidido en un deterioro notable de los siete desagües de fondo que los ha dejado fuera de servicio prácticamente en su totalidad.

En líneas generales, los conductos, aparte de carecer de un acceso de revisión fácilmente practicable, están bien; pero los problemas se presentan en los elementos de cierre y por distinto motivo en los de guarda y en los de regulación.

En lo que se refiere a los cuerpos de las compuertas de paramento, éstos tienen un estado de conservación aceptable, pero por falta de peso y exceso de rozamiento son incapaces de cerrar el conducto en aguas vivas, cuando la válvula de aguas abajo está abierta; aparte los mecanismos de accionamiento están obsoletos.

En el caso de las válvulas "Howell Bunger", el cuerpo construido en acero al carbono y forrado en chapa de acero inoxidable presenta efectos de hinchamientos que irregularizan la superficie por donde ha de deslizar el cilindro obturador, lo que ha llevado a interminables intentos de ajuste sin éxito y que obliga a trabajar con presiones exageradamente superiores a los valores admisibles en los circuitos de accionamiento; por otra parte el enorme tamaño de las válvulas hace (cuando funcionaban) que se regulen muy mal los caudales pequeños y medios, únicos que en 30 años de explotación ha sido necesario evacuar; por supuesto, a pesar de diversas actuaciones de mejora a lo largo de ese tiempo en los mecanismos de accionamiento (se eliminó el sistema antiguo por mecanismo de crik y husillo y después los vástagos de

los servomotores hidráulicos hubo que sustituirlos dos veces por problemas de corrosión debido al ataque de las emanaciones de gas), dichos mecanismos están también obsoletos.

Esta situación ha llevado a una revisión conceptual completa del sistema de desagües de fondo de la presa para abordar una renovación profunda del mismo, partiendo de la posibilidad de reducir la capacidad de desagüe teniendo en cuenta la experiencia directa que han proporcionado los datos hidrológicos de los últimos 40 años.

3 PLANTEAMIENTO DE LA ACTUACIÓN

Aparte de acondicionar y modernizar las compuertas de guarda (orugas) en paramento, la actuación en curso plantea la sustitución total de las antiguas válvulas "Howell Bunger" por otras de menor tamaño (diámetro 1600 mm) e incorporar un segundo cierre previo inmediato (válvula de compuerta tipo "Bureau") que asegure el cierre del conducto en caso de fallo de la de regulación.

El encaje geométrico de estos conjuntos de doble válvula es enormemente complicado por los condicionantes técnicos que imponen las transiciones de cambios de sección y la falta de espacio disponible en los casetones, pues se ha pretendido no tener que demoler hormigón de presa, encajándolos a partir de las bridas de anclaje antiguas existentes. Esto ha exigido una modificación de los dientes de paramento del aliviadero que ha sido preciso estudiar en modelo reducido y que ha permitido optimizar todo el conjunto.

Por supuesto, la actuación contempla igualmente la renovación total de los sistemas eléctrico y oleohidráulico de accionamiento de esas compuertas y válvulas.

4 DESCRIPCIÓN DE LOS NUEVOS DESAGÜES

Siguiendo el sentido del agua, en las compuertas de paramento, abandonada la intención inicial de lastrarlas para aumentar su peso, la actuación se ciñe a un acondicionamiento profundo de los elementos de rodadura y renovación total de los sistemas eléctrico y oleohidráulico de accionamiento, con reubicación de los pupitres de mando en unas nuevas plataformas metálicas ancladas en el interior de las pilas, más accesibles y utilizables también para la operación de las compuertas del aliviadero (cuyo sistema de accionamiento se prevé renovar también en un futuro inmediato).

En los conductos, cuyo estado es bueno como ya se ha indicado, sólo se contempla una limpieza a fondo del fango acumulado, chorreado de arena y pintura de epoxi.

El doble cierre final (Figura 3) incluye una válvula de compuerta tipo "Bureau" seguida de una "Howell Bunger", ambas de ø 1600 mm; la primera colocada partir de la brida de anclaje de las antiguas Howell y entre una y otra un carrete de 2,03 m en el que se sitúa

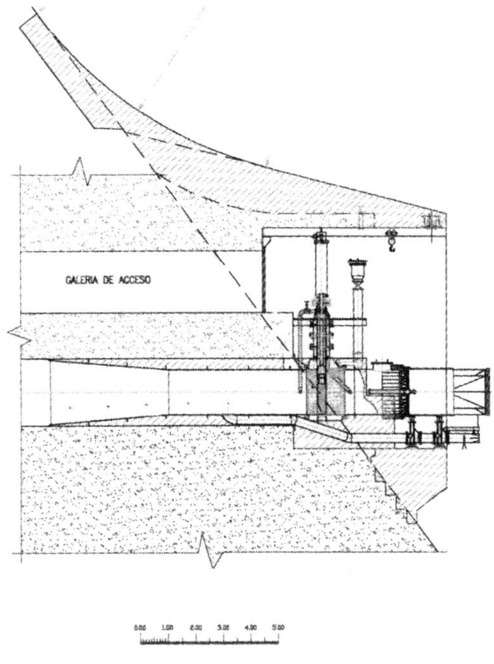

GALERIA DE ACCESO

0.00 1.00 2.00 3.00 4.00 5.00

Figura 3.   Nueva disposición de los desagües de fondo.

una boca de hombre que facilita el acceso interior a todo el sistema.

La transición del diámetro 2,38 m a 1,60 m tiene una longitud total de 9,00 m y se aloja en el interior del conducto preexistente, aguas arriba de la brida de anclaje de las anteriores válvulas; de esa longitud la mitad corresponde a un cono centrado (ángulo de desvío 4,95°) y el resto a tramo recto de regularización de régimen. Un aspecto singular y decisivo en este encaje es la utilización de un diseño de patente española para la válvula de compuerta tipo "Bureau" que, manteniendo el asiento plano y la robustez del original, tiene sección de paso circular evitando la complejidad y alargamiento del conjunto que supondrían las imprescindibles transiciones redondo-cuadrado e inversa.

Todo el sistema queda fijado a las bridas de anclaje originales, además de la soldadura del cono inicial al conducto y el cuerpo inferior de las "Bureau" embebido en nuevo hormigón anclado al antiguo. Por último, en tres de los conductos (2°, 4° y 6°) en ese tramo de transición se dispone un apéndice para un desagüe de diámetro 400 mm con doble válvula "Bureau" destinado a purga de turbias y suministro de caudal ecológico.

5 INCIDENCIA EN EL ALIVIADERO. ENSAYO EN MODELO REDUCIDO

Respecto a los desagües originales, el nuevo esquema supone una prolongación total de 2,6 m a partir de las bridas de anclaje antiguas que se mantienen por lo que se ha considerado necesario prolongar en el mismo valor la estructura protectora de los casetones.

Como el cuenco de resalto de Iznájar responde a una concepción de cuenco corto, dada la incidencia que los nuevos dientes de paramento del aliviadero así resultantes podrían tener en provocar un lanzamiento fuera del mismo, se ha analizado el tema sobre un modelo reducido a escala 1/60 de un sector de tres vanos de aliviadero.

El modelo ha permitido comprobar que los dientes originales (con ángulo de lanzamiento de 5° bajo la horizontal) quedaban ya en el límite, con lanzamiento al borde de salida del cuenco y fenómeno de rebotes intermitentes de los chorros para condiciones de nivel medio-alto, con pérdida de efectividad disipadora. Con el mismo ángulo de lanzamiento, los dientes prolongados lanzaban ya fuera del cuenco y adolecían del mismo problema.

La optimización del ajuste geométrico de los nuevos dientes prolongados ha llevado a un ángulo de 14° bajo la horizontal y a incrementar el radio de curvatura hasta 15 m (8.5 m en los dientes originales) que resuelve satisfactoriamente ambos aspectos (Figura 4), lo que ha incrementado apreciablemente el volumen

Figura 4.   Ensayo en modelo reducido.

Figura 5.   Trabajos en ejecución (descolgado de una válvula antigua).

de nuevo hormigón en los dientes respecto a la previsión del proyecto.

6   SITUACIÓN ACTUAL DE LOS TRABAJOS

En el momento actual los trabajos se encuentran en plena ejecución. La calderería de transiciones prácticamente terminada; el conjunto de válvulas a medio fabricar; los nuevos grupos oleohidráulicos de las compuertas de paramento en fabricación, con las nuevas plataformas para ubicar su accionamiento ya instaladas.

Se han desmontado ya dos de las antiguas válvulas y se trabaja en la tercera; estas operaciones de desmontaje han resultado bastante más dificultosas de lo previsto al haber aparecido fuertes soldaduras internas añadidas a la fijación a la brida con tornillería.

Tanto para el proceso de desmontaje y retirada de las válvulas antiguas como para el montaje de las nuevas, se cuenta con la ayuda de una gran pontona flotante que se desplaza por el cuenco manejada con cabrestantes para la que se ha acondicionado un muelle de carga y descarga (Figura 5).

Dam Maintenance and Rehabilitation, Llanos et al. (eds)
© 2003 Taylor & Francis, ISBN 90 5809 534 7

Toma flotante para abastecimiento en la presa de Iznájar

J.M. Palero
E.M.P.R.O.A.C.S.A.

J. Riera Rico
Confederación Hidrográfica del Guadalquivir, Granada, España

ABSTRACT: La presa de Iznájar entró en servicio en 1968 sin tener prevista toma de abastecimiento alguna, sin embargo, a finales del año 1970 se vio la necesidad de reforzar la dotación del sistema de abastecimiento del Consorcio de la Zona Sur de la Provincia de Córdoba con agua de Iznájar, para lo que se realizó una perforación del tapón del túnel de desvío para captarla a través de ella y de la chimenea de aireación del mismo que permanecía abierta. Ante los problemas de entrada de fango por el bajo nivel del punto de acceso, ya en el año 1980 se dispuso una gran manguera acoplada rudimentariamente a la boca de la chimenea y con el otro extremo colgado de una balsa flotando en el embalse. En el año 2001 se ha renovado todo el sistema con mayor capacidad y calidad, obteniendo resultados excelentes.

1 DESCRIPCIÓN GENERAL Y FINALIDAD DE LA PRESA

La presa de Iznájar se construyó entre los años 1962 y 1968 en que entró en servicio. Se trata de una gran estructura de gravedad planta curva de 121,6 m de altura sobre cimientos que regula el tramo medio del río Genil (5000 Km^2 de cuenca) que es el afluente principal del Guadalquivir. Con su gran volumen de embalse (980 Hm^3) y su aportación media-estimada en 600 Hm^3/año es una pieza fundamental de la regulación general de la cuenca de la Confederación Hidrográfica del Guadalquivir (Figura 1).

Inicialmente, cuando se proyectó la presa no se contemplaba la utilización directa de su embalse para abastecimiento de poblaciones sino, como se ha dicho, para regulación general del río Genil: defensa frente a avenidas, suministro a las zonas de regadío de los valles del Genil y Guadalquivir y producción hidroeléctrica (en su momento fue la central hidráulica más potente de Andalucía con 79 Mw). Por ello no se contempló la ejecución de una toma idónea dedicada a ese fin dotada de la posibilidad de selección en los niveles de captación, aspecto importante en un embalse de regulación hiperanual de este tamaño, donde la estratificación es acentuada y la presencia de turbiedad en fondo habitual en cuanto se producen aportes de crecidas del río e, incluso, simples tormentas en algunos arroyos que vierten directamente al mismo.

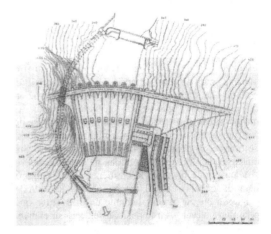

Figura 1.   Planta de la presa de Iznájar.

2 EVOLUCIÓN DE LAS NECESIDADES

A finales de los años 1970 el sistema de abastecimiento del Consorcio de la Zona Sur de la Provincia de Córdoba (que en la actualidad sirve a más de 200.000 habitantes en 30 poblaciones), basado en las aportaciones de diversos manantiales importantes, hubo de afrontar problemas de escasez debidos a la sequía y al fuerte crecimiento de la demanda, lo que

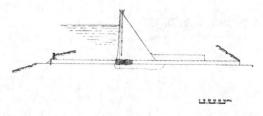

Figura 2. Perfil del túnel de desvío con su chimenea de aireación y tapón.

llevó a buscar la forma más simple y económica de captar agua del embalse Iznájar aprovechando el nivel del mismo en la elevación, aspecto no despreciable en los costes dada la altura de la presa y los niveles medios que estadísticamente se daban en el embalse. Al no existir una toma prevista a ese fin, se optó por hacerla perforando el tapón central del túnel de desvío (situado bajo el estribo derecho de la presa) que, aunque estaba sellado en la boca de aguas arriba, disponía de una antigua chimenea de aireación para la misma de 3,00 m de diámetro interior con 10,00 m de altura sobre la clave del conducto que era un falso túnel en esa zona (Figura 2). En un principio esa solución se consideraba suficiente pues no se tenía constancia todavía de los problemas que originarían las aportaciones de fangos.

3 SOLUCIÓN TÉCNICA ADOPTADA

El sondeo horizontal realizado entonces (con diámetro 400 mm) para perforar el tapón de 29 m de longitud, estando el embalse a nivel medio, fue una operación delicada y difícil que resultó un éxito. A partir del mismo se instaló la tubería de suministro, también de 400 mm de diámetro, que servía a las nuevas estación de bombeo y planta potabilizadora posteriores. Sin embargo, las frecuentes entradas de fango al nuevo sistema por la boca de la chimenea (que resultaba demasiado baja) que lo dejaban fuera de servicio exigieron buscar inmediatamente un dispositivo que permitiera elevar y, en lo posible, seleccionar el nivel del punto de toma.

A ese fin, se diseñó y se llevó a cabo ya en los años 1980 un sistema de gran manguera, de diámetro interior 550 mm, análoga a las usadas en la industria petrolífera para la carga y descarga de buques tanque, que colgada de una balsa-flotador se acoplara por su extremo inferior a la boca de la chimenea. Para facilitar el montaje con ayuda de submarinistas, el acoplamiento se realizó mediante una placa ligera circular del diámetro exterior de la chimenea, construida en chapa reforzada con perfiles y dotada en su centro de un orificio y manguito ajustado a la manguera. Esa pieza de acople disponía de unas guías de centrado y

unos enganches para la fijación de las pesas de lastre de hormigón armado que por peso la mantenían en posición. El contacto de la placa con la chimenea se selló con una junta elástica. La manguera iba dotada de anillos flotadores para mantenerla ingrávida dentro del agua. Todo este sistema se dimensionó para un caudal de 600 l/s que es el máximo de la estación elevadora actual (se prevé ampliarla en un futuro próximo).

4 PROBLEMAS DE ESTANQUEIDAD DEL SISTEMA

Este sistema funcionó satisfactoriamente unos años hasta que, a mediados de los años 1990, a raíz de una situación de embalse muy bajo, se produjo un plegado de la manguera que con la succión de las bombas dio lugar a fuertes depresiones que deformaron la placa, desajustando el acoplamiento y motivando con ello de nuevo entradas de fango en cuanto se producía presencia de agua turbia en el embalse.

Por otra parte, el crecimiento de la demanda hacía ver la conveniencia de incrementar en lo posible la capacidad de toma, evidentemente estrangulada tanto en el orificio que perfora el tapón del túnel y tubería subsiguiente (ø 400 mm) como en la propia manguera (ø 550 mm).

5 LA NUEVA INSTALACIÓN

Esta situación ha llevado a un nuevo análisis para optimizar el sistema hasta el límite de sus posibilidades, partiendo de la experiencia adquirida hasta ahora. Aparte del desdoblamiento de la tubería a partir del tapón del túnel, que va a acometer el Consorcio, se ha desechado realizar un nuevo taladro en dicho tapón en las condiciones existentes por el riesgo que implica y las dificultades que añade la instalación ya hecha (tendría que situarse en un lateral del tapón), optándose por adoptar una manguera de mayor diámetro y mejorar tanto su acoplamiento a la chimenea como el dispositivo de control de nivel de toma y los flotadores que la mantienen en posición dentro del agua (Figura 3), pues al parecer el plegamiento que causó la avería fue debido en parte a fallo de los antiguos flotadores que eran anillos huecos de chapa. El conjunto se ha estudiado para un caudal máximo futuro de 1000 l/s.

La nueva manguera (Figura 4), de 750 mm de diámetro interior fabricada en doble capa de caucho con una tercera capa de refuerzo exterior formada por subcapas de textiles de PE y anillos de acero arriostrados con cables de PE, tiene una longitud total de 50 m, dividida en cinco tramos de 10 m que incorporan de fábrica bridas de acero inoxidable y se enlazan

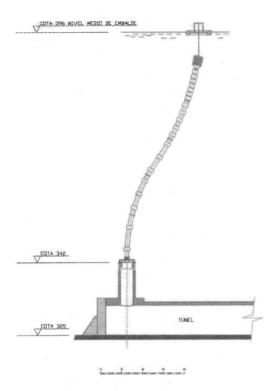

Figura 3. Esquema del alzado de la nueva toma flotante.

Figura 4. Lanzamiento de la nueva manguera totalmente montada.

Figura 5. Detalle de la pieza de boca de entrada.

Figura 6. Detalle de la pieza de acople a la chimenea.

mediante tornillos. Con idéntico sistema de bridas la manguera va unida a las piezas de boca de toma y de anclaje a la chimenea. Los flotadores son semianillos macizos fabricados en resina expandida con coraza de PE que abrazan la manguera mediante enlaces de bisagras y tornillería inoxidable; el número y disposición de estos flotadores fue cuidadosamente estudiado por el fabricante teniendo en cuenta la distribución de masas para facilitar la geometría posicional de la manguera en la forma más conveniente una vez instalada.

La pieza de boca de entrada (Figura 5), fabricada totalmente en acero inoxidable, con forma de gran farol de 3,00 m de altura y 2,20 m de diámetro tiene sus caras laterales constituidas por rejas protectoras para impedir la entrada de flotantes (tamaño máximo de paso 8 cm) en disposición octogonal, presentando una superficie total de 12,5 m², lo que da lugar a una velocidad de entrada insignificante que evite la adhesión de aquellos.

La pieza de acople a la chimenea (Figura 6), también fabricada en acero inoxidable, es una estructura cilíndrica con tapón superior de gran rigidez en cuyo

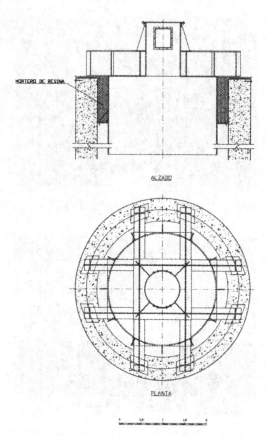

MORTERO DE RESINA

ALZADO

PLANTA

Figura 7.   Detalle de la pieza de acople a la chimenea.

centro va fijado el manguito o cuello de empalme con la manguera; la parte inferior penetra 1,50 m en la chimenea. La fijación a ésta es doble, mediante 8 anclajes al hormigón en acero de ø 16 mm más un anillo de mortero de resina de 25 cm de espesor con un metro de altura (Figura 7). En el cuello de empalme

se han dispuesto dos ventanas fusibles de seguridad fácilmente recambiables, que eviten el peligro de un colapso por depresión como el que afectó a la instalación anterior.

Todo el conjunto pende de una pontona cuadrada de 6,00 m de lado, dotada de hueco central y pórtico con cabrestante para regular el nivel de la boca de toma.

6   EJECUCIÓN

Una vez todos los dispositivos en obra, los trabajos de desmontaje del dispositivo antiguo y montaje del nuevo se han realizado, con ayuda de submarinistas y grúas dispuestas en coronación de presa, en un plazo de dos semanas durante la primera mitad del mes de Octubre de 2001, aprovechando la fecha en que el nivel del embalse era mínimo, una vez terminada la campaña de desembalses de verano. A pesar de ello ha sido necesario trabajar a profundidades de 60 m lo que ha obligado a los buceadores a utilizar mezcla de helio en lugar de nitrógeno.

Una vez montada totalmente en coronación de presa la manguera con sus piezas de toma (farol) y acople a chimenea y botada la pontona, la primera operación fue instalar los anclajes en el lateral de la boca de la chimenea; a continuación se descolgaron los antiguos bloques de lastre y se izó todo el conjunto de la manguera antigua. A continuación se lanzó y fondeó (con ayuda simultánea de cinco grandes grúas) el conjunto de manguera, colocando en posición la nueva pieza de acoplamiento, fijándola a los anclajes; después e procedió durante varios días a la operación de colada del mortero especial de resina de epoxi.

Tras las pruebas del nuevo sistema, se llevó a cabo una revisión final y registro en video del estado de todo el conjunto que, desde entonces, permanece en funcionamiento satisfactorio.

Dam Maintenance and Rehabilitation, Llanos et al. (eds)
© 2003 Taylor & Francis, ISBN 90 5809 534 7

Efficient surface protection by macro-roughness linings for overtopped embankment dams

S. André, J.-L. Boillat & A.J. Schleiss
Laboratory of Hydraulic Constructions (LCH), Federal Institute of Technology (EPFL), Lausanne, Switzerland

ABSTRACT: A considerable number of embankment dams could experience overtopping during flood events. It can lead to significant damage due to the high energy of the overflow. Since the middle of the eighties, engineers have focused their interest on controlling safe overtopping. Research activities allowed to develop downstream slope surface protections and showed that stepped chutes are very effective. The paper includes a brief overview of these protections. In order to study and to improve the dissipation energy capacity of stepped chutes, alternative macro-roughness systems have been tested for nappe, transition and skimming flows, in a steep 30° slope flume. The results provide the characteristics of the aerated flow for conventional steps and steps fitted with endsills. This last one increases the efficiency regarding energy dissipation and ensures a good slope protection.

1 INTRODUCTION

The very first embankment dams are already 2000 years old, but the most existing dams were built in the fifties of the last century. At this period, hydrology, computation and measurement techniques were limited. As a consequence, nowadays, a great number of embankment dams have an under-designed spillway capacity and could experience overtopping. The high energy of the overflow is able to create dramatic damage as erosion at the toe and on the downstream slope, leading to complete failure. In fact, 40% of the inventoried failures (without China) are due to uncontrolled overtopping (Lempérière 1993).

As a reaction to these events, important research activities have been conducted since the early eighties, particularly in Russia, the USA and the UK, to develop downstream slope surface protection systems, in particular stepped concrete blocks and Roller Compacted Concrete (RCC) linings. In order to study and improve the dissipation energy capacity of stepped chutes, to minimize the pressure fluctuations and the risk of cavitation, different macroroughness lining systems have been tested in a steep flume at the Laboratory of Hydraulic Constructions (LCH) of the Swiss Federal Institute of Technology (EPFL) in Lausane, Switzerland.

The present paper includes a brief overview of the main existing lining protections. Then, the hydraulic and the efficiency characteristics of conventional and endsill steps are discussed in detail.

2 EMBANKMENT EXISTING LINING PROTECTION SYSTEMS

The protection systems mostly concerns embankment dams lower than 30 m height, with a maximal slope of 1/2 (V/H).

2.1 Protection systems without energy dissipation capacity

The most classical linings are:

- *Well-established grass*
  Easy to fit, this low cost solution however requests regular maintenance. For cohesive earthfill dams, these linings can resist to overflow velocity up to 1.8 m/s and only 1.2 m/s for granular slope (Hewlett et al. 1987).
- *Geotextile covering by dense grass and anchored*
  This system behaves both as a sealing and an erosion protection. It resists to short overflow with velocity up to 8 m/s (Hewlett et al. 1987). However, as soon as the overflow duration increases, seepages located between the topsoil and the fabric create uplift pressures at the interface, leading to the fabric failure.
- *Soil cement overlay*
  It consists on a classical concrete layer of a minimum thickness of 30 cm. This high resistance and watertight protection can endure high overflow velocity (Powledge et al. 1989). Seepages through joints or

cracks can lead to great uplift pressures till failure and layer irregularities can initialize cavitation for high flow velocity.

– *Cable-tied concrete blocks covered with seeded topsoil.*

It consists of a layer of cellular concrete anchored blocks, underlined with Geotextile and covered with a minimum 25 mm thick seeded topsoil (Gray 1991). Due to its high resistance and stability, this protection permits overflow velocity up to 8.6 m/s.

2.2 *Protection systems with energy dissipation capacity*

In addition to protect the downstream slope against erosion, these protection systems dissipate the overflow energy over the slope and then decrease the residual energy at the toe structure.

– *Riprap*

The dimension of the blocks depends on the design specific discharge and the slope (Albert & Gautier 1992). For long duration and high discharge, the blocks can be overturned, moved and finally put out by uplift pressures.

– *Gabions*

They consist of compartmented rectangular rock-filled containers made of galvanized steel wire mesh cells, woven in a uniform hexagonal pattern. Gabions can endure velocity up to 8 m/s (Peyras et al. 1991) and permits a high degree of dissipation energy. However they can be rapidly used by erosion and/or abrasion and easily deformed.

– *Pre-cast concrete interlocked or cabled blocks*

They performed better when they are packed and when their interstices are filled with grass. A new concept of stepped-block chute had been developed (Baker et al. 1997). Though this system protection is very efficient concerning resistance (till overflow velocity up to 13 m/s), energy dissipation and stability, they lead to important block size and great cost.

– *RCC linings*

The technique of RCC leads to rapid and low cost construction. In addition to its high degree of resistance (for velocity up to 17 m/s) and stability, this system provide a high energy dissipation efficiency (between 50 and 90%) (Powledge et al. 1989).

3 MACRO-ROUGHNESS STEPPED PROTECTIONS

The analysis of the existing protection solutions for overtopped embankment dams highlights that the step and block linings are efficient and encouraging. On this basis, a research study is progressing at the LCH-EPFL

to characterize the overflow over macroroughness and to develop an optimal protecting macro-roughness concrete lining systems. The principal characteristics considered to optimize the macro-roughness are:

– High energy dissipation rate to minimize the residual energy of the flow at the toe.
– Aeration of the flow to eliminate the risk of cavitation and to protect the slope against abrasion and erosion.
– Reduction of the bottom velocity to decrease the tractive forces over the slope (and to avoid cavitation).
– Uniform pressure field over the overlay to minimize the pressure fluctuations, the local pressure peaks, and to assure the stability of the protection device.
– Environmental integration, cost and time saving, easy construction techniques and pre-cast forms.

3.1 *Experimental research*

The experimental set up consists of a 4 m high (H_n) chute of variable slope (up to 60°), 8 m long and 0.5 m wide (b), with acrylic sidewalls to allow a visual observation of the flow. The tests are lead for a 30° slope (θ). The bottom of the chute consists of 64 steps of 0.06 m height (h) and 0.104 m length (l), which can be fitted with PVC macro-roughness elements (Fig. 1a).

Considering the step height commonly found in prototypes, namely 0.30 to 0.60 m (embankment dams) or 0.60 to 0.90 m (RCC dams), the model data can be extrapolated to 1:5–1:15 scaled prototypes using the Froude similarity with negligible scale effects (Boes 2000).

The discharge is provided with a jetbox (Schwalt & Hager 1992) which ensures a homogenous distribution and a uniform height of the flow. The specific discharge (q_w) varies from 0.01 m²/s to 0.28 m²/s which permits to cover all the flow regimes.

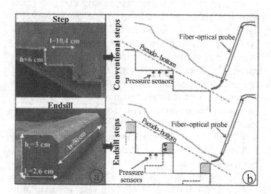

Figure 1. Details of the step/endsill (a); Localization of the instrumentation (b).

In order to characterize the flow behaviour, piezo-resistive pressure micro-sensors have been set up over the step and the endsill in the uniform region (André et al. 2001). In addition, local air concentration and flow velocity are measured with a doublefiber optical probe (Boes & Hager 1998) in the regions of the flow described in 3.2.2 (Fig. 1b).

3.2 Hydraulics of overflow

3.2.1 Overflow regimes

For both steps and endsills overlays, the general behavior of the overflow on a given slope is characterized by 3 different regimes, depending on the discharge.

– Nappe flow (Fig. 2a)
  For low discharges, the flow jumps from step to step, impacting on the horizontal step face or on the endsill. A hydraulic jump can also be developed partially or totally on the step (Pinheiro & Fael 2000).
– Transition flow
  With increasing discharge, the flow assumes intermediate or alternated characteristics of the well established nappe and skimming flow (Matos 2001).
– Skimming flow (Fig. 2b)

For large discharges, the flow skims over the step/endsill pseudo-bottoms as a coherent stream, cushioned by the recirculating vortices trapped between the steps. A portion of the jet still impacts the surface of the step/endsill inner edge, inducing internal jets transverse to the main flow direction and a separation zone on the chamfer, in case of endsills.

Dimensional analysis has shown that the flow regime depends on the normalized critical depth Y_c/h (where $Y_c = (q_w^2/g)^{1/3}$) and on the dimensionless step geometry h/l (Essery & Horner 1978). According to observation criteria (Matos 2001), the experimental onset of transition corresponds to about $Y_c/h = 0.9$ and the onset of skimming flow to about $Y_c/h = 1.2$ for both the conventional and endsill stepped chutes. Therefore, the endsills do not appear to modify the flow regimes. In fact, the endsills effect corresponds to a shifting of the pseudo-bottom steps of the endsill roughness height $k_e = h_e \cos \theta$.

3.2.2 Overflow regions

When overflow runs over the chute, for nappe regime, the fluid jumps from the first steps with a subcritical

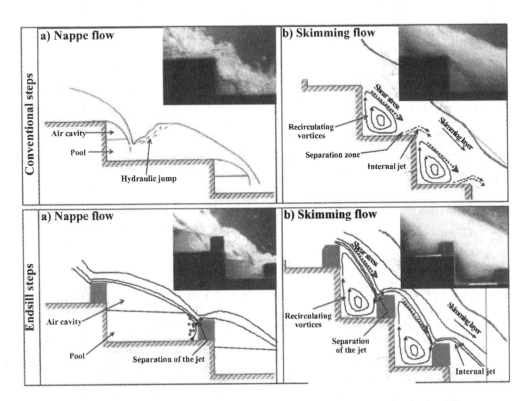

Figure 2. Definition sketch for nappe and skimming flow regimes over chutes with conventional and endsill steps.

velocity approach. However, for transition and skimming flows, the overflow becomes supercritical near the downstream part of the dam crest. It can be divided in several regions:

– Non aerated or clear water region

In this region, close to the dam crest, no air is entrained. The turbulent boundary layer which grows rapidly from the bottom still does not influence the glassy surface.

This short region is the most vulnerable to erosion and cavitation because of the high flow velocity without air to protect the surface.

The flow is characterized by the specific discharge q_w, and the clear water depth d_w.

– Aerated or white water region

The boundary layer grows up to reach the surface of the flow at the so-called inception point (Wood 1991). At this point, the energy of the vortices in the turbulent layer is sufficient to track and entrain air in the flow. The free surface becomes wavy and white, with spray ejections.

Tests conducted on the LCH flume have shown that for a same discharge, the endsills do not modify the inception point position.

The presence of air has two principal positive effects for the protection of the embankment slope: the reduction of the cavitation risks since the mixture is more compressible and the improvement of the protection against erosion and abrasion since air significantly reduces the shear stress (Wood 1991).

The mixture air-water is characterized by:

- the local volumetric air concentration c, and the depth average air concentration C_{mean},
- the flow depth Y_{90} where c = 90%, which corresponds roughly to the surface of the mixture flow (Boes & Minor 2000),
- the equivalent clear water depth d_w corresponding to the depth of water without air, where

$$d_w = \int_0^{y_{90}} (1 - c)\, dy \qquad (1)$$

If the slope is long enough, an equilibrium between the head losses and the gravity is attained and a quasi-uniform flow is established. From step to step, the flow is then characterized by a constant saturated air concentration $C_{mean,u}$, a mean air velocity $V_{mean,u}$ and a normal equivalent clear water depth $d_{w,u}$.

3.2.3 Overflow velocities

The local longitudinal velocity v, was measured at a cross-sectional vertical profile in the uniform region, at the outer edge of the step/endsill (Fig. 1b), with the double-fiber optical probe. The mean velocity

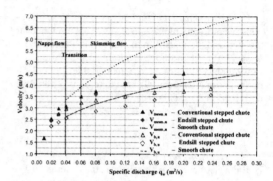

Figure 3. Mean and bottom velocities versus specific discharges for chutes with conventional and endsill steps as well as smooth chute of 30° slope.

$V_{mean,u}$ of the mixture flow, for both overlays, is obtained by Equation (2).

$$V_{mean,u} = \frac{1}{Y_{90}} \int_0^{Y_{90}} v\, dy \qquad (2)$$

For an equivalent smooth slope of 30°, $d_{w,u}$ is estimated using the Strickler formula (Eq. 3), and the mean velocity is calculated with Equation 4 (Cain & Wood 1981).

$$q_w = K \sqrt{\sin \theta}\, d_{w,u} \left[\frac{b d_{w,u}}{b + 2 d_{w,u}} \right]^{2/3} \qquad (3)$$

where the Strickler coefficient $K = 90\,\mathrm{m}^{1/3}/\mathrm{s}^{-1}$ to characterize the smooth flume.

$$\frac{v}{V_{90}} = \left(\frac{y}{Y_{90}} \right)^{1/6} \qquad (4)$$

where $V_{90} = 1.2 q_w / d_{w,u}$ (Wood 1991).

To illustrate the influence of the macro-roughness linings on the flow, mean velocity versus specific discharge is presented in Figure 3 for smooth, conventional steps and endsill steps slopes of 30°. The bottom velocity $V_{b,u}$, measured at 2 mm of the step/endsill pseudo-bottom and computed for a smooth chute using Equation 4 are also represented.

The following observations can be made:

– Conventional/Endsill steps linings:

Endsills have no significant effect on the mean velocity mixture flow. However, they reduce appreciably the bottom velocity, between 13% to about 8% for high discharges ($q_w > 0.16\ \mathrm{m}^2/\mathrm{s}$).

This reduction of the bottom velocity expresses that the endsills increase the head losses.

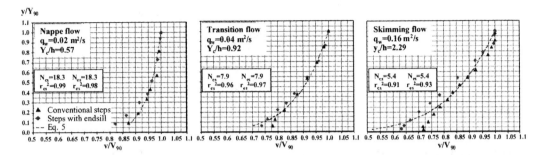

Figure 4. Velocity profiles in the uniform region, for chutes of 30° slope with conventional steps (N_{cs} and r_{cs}^2) and endsill steps (N_{es} and r_{es}^2).

As the bottom velocity contributes to the tractive force and to the cavitation process on the surface, the slope protection with the endsills overlays is more efficient.

– Macro-roughness linings/smooth chute:
The results highlight the efficiency of both stepped linings when compared to a smooth chute. They permit to reduce the mean velocity of about 10 to 30% for the tested discharges.

The vertical velocity profiles, represented in Figure 4 for nappe ($q_w = 0.02 \, m^2/s$), transition ($q_w = 0.04 \, m^2/s$) and skimming ($q_w = 0.16 \, m^2/s$) regimes show that:

– For both linings:
The vertical velocity distribution in the uniform region follows quite well the power law of Equation 5, as for smooth chute, but with the N varying with the discharge.

$$\frac{v}{V_{90}} = \left(\frac{y}{Y_{90}}\right)^{1/N} \qquad (5)$$

However, the nearest bottom values ($y/Y_{90} < 0.2$) do not fit with the power law. It may be the result of the macro-roughness form effects: interference of the transverse internal jet with the skimming layer and the nappe deflection after impacting the horizontal step face for nappe flow.

In the upper 60% of the mixture depth flow ($y/Y_{90} > 0.4$), where the air concentration is greater than 50%, the effect of the endsill on the velocity is not significant. However, for $y/Y_{90} < 0.4$, the flow velocity is significantly lower for the endsill steps lining. This result agrees with the observations of the macro-roughness form effects in this flow layer.

Therefore, it seems that the low aerated layer, corresponding at $c < 50\%$ and $y/Y_{90} < 40\%$, contributes more efficiently to the energy dissipation process.

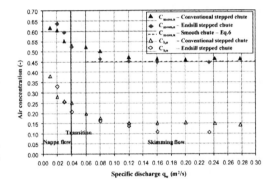

Figure 5. Mean and bottom air concentration versus specific discharge for chutes with conventional and endsill steps as well as smooth chute of 30° slope.

3.3 Self aeration

The air concentration profiles have also been measured by the double-fiber optical probe. The mean air concentration $C_{mean,u}$ is obtained by the integration of the vertical c-profile. It is represented versus the specific discharge in Figure 5 as well as the local concentration near the bottom (at 2 mm of the step/endsill outer edge).

– Mean air concentration:
For nappe regime, the deflected nappe contains 5% more air for endsills than for the conventional steps.

For transition and skimming regimes, up to about $0.12 \, m^2/s$ ($Y_{90}/(h + h_e)\cos\theta < 1$) the effect is inversed: the flow is in average less aerated with the endsill steps lining. The skimming layer is in fact thinner over the endsills pseudo-bottom, with a larger trapped pool between the steps. The internal jet, with low air concentration, is in fact more dominant in the skimming layer than for the conventional steps.

411

For larger discharges ($Y_{90}/(h+h_e)\cos\theta \geqslant 1$), when the skimming layer is well developed for both linings, the effect of endsills is negligible. The mean air concentration tends then towards the smooth chute mean air concentration value given by Equation 6 (Hager 1991).

$$C_{mean,u} = 0.75 \sin \theta^{0.75} \qquad (6)$$

– Air concentration at the pseudo-bottom:
For the tested discharges, the minimum air concentration measured in the flume is about 10%, with an uncertainty of more or less 1%. That means that both linings assure the minimal local air concentration of 5 to 8 % (Peterka 1953, Minor, 1987) requested by design engineers to prevent cavitation.

In conclusion, for skimming flow, the most frequent regime, the endsill stepped overlay does not increase the air entrainment, which would have for effect to decrease the friction factor. However, it supplies enough air to protect the endsills against cavitation, with a minimum aeration of 10%.

3.4 Water depth

The evolution of the mixture depth $Y_{90,u}$ in the uniform region, with a reference taken at the steps pseudo-bottom (André et al. 2003), shows that :

– For the nappe regime, the maximum depth is around twice when the endsills are fitted on each steps.
– For the transition and skimming regimes, the mixture depth with endsills is about 1.3 higher. In fact, the skimming layer is thinner over the endsills pseudo-bottom (about 0.90 to 0.95 the skimming layer depth of conventional steps). Therefore, for large discharges, the endsills do not swell the skimming layer.

The height of the side training wall, h_{wall}, for conventional stepped chute of a slope between 30° and 50° is given by Equation 7 (Boes & Minor 2000).

$$h_{wall} = \eta Y_{90,u} \qquad (7)$$

where the safety factor $\eta = 1.5$ for embankment dams prone to erosion.

Based on the experimental results, for the endsill steps linings, it is proposed to consider Equation 7, with $Y_{90,u,endsill\ steps} = 2Y_{90,u,conventional\ steps}$.

3.5 Pressure field

Four silicon-over-silicon piezo-resistive microsensors have been fixed to the step and endsill surfaces, along the flume axis, in the uniform region (Fig. 1b).

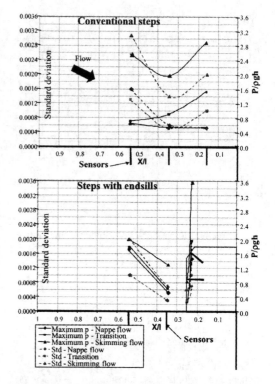

Figure 6. Maximal normalized pressure ($P/\rho gh$, $\rho = 1000\,kg/m^3$, $h = 0.06\,m$) and standard deviation over chutes of 30° slope with conventional and endsill steps.

The evolution of the dynamic pressure with the flow discharge (André et al. 2001) permits to determine the effects of the endsills. A summary of the maximal normalized pressure $P/\rho gh$ (where $\rho = 1000\,kg/m^3$ and $h = 0.06$ m) and of the standard deviation (Std) representative of the pressure fluctuations is given in Figure 6. It corresponds to a discharge scale of up to $0.28\,m^2/s$ (Y_c/h up to 3.33).
The following observations can be made:

– For both linings:
The horizontal step face is the most loaded during skimming regime due to the high kinetic energy of the flow. This regime also reveals the highest pressure fluctuations, as an expression of the interference between the oscillating jet impacts and the recirculating vortices. For nappe and transition regimes, the pressure fluctuations are lower.
No significant negative pressure peaks have been measured.
– For endsill steps lining:
At skimming flow, the jet impacts and separates on the vertical and on the horizontal faces of the endsill, near the chamfer edge (pressure peak). For

conventional steps, the jet impact zone is about the outer quarter of the horizontal face ($x/l < 0.4$).

The increase of the pool in the larger cavity between two steps fitted with endsill attenuates the pressure fluctuations on the horizontal face for all regimes.

Therefore, based on these measurements, the endsill steps lining is found to attenuate the pressure fluctuations at the jet impact regions (half outer horizontal face of the steps), without generating high pressure peaks on the chamfer of the endsill.

3.6 Energy dissipation

Depending on the flow regime, for both overlays, the energy is mainly dissipated :

– Through jet break-up in the air, jet impact on the step and by the eventual formation of an hydraulic jump in the case of nappe flow (Fig. 2a).
– Due to the shear stress between the skimming layer and the recirculating vortices, and due to the macro-roughness form (or drag) effects as the internal transversal jet and the separation zones, for the skimming flow (Fig. 2b).
– Due to a mixture of both above processes during transition.

A study of stepped chute filled with triangular fillets inside the step cavity had shown that the elimination or attenuation of the recirculating vortices do not reduce significantly the energy dissipation (Ahmann & Zapel 2000). According to this result, to the flow observations and the velocity profiles, it may be assumed that the dominant factor of energy dissipation is the macro-roughness form effect and not the friction between the layers. However, due to the complexity of the flow, the integration of these singular head losses in the estimation of the energy dissipation is still not well known. Therefore the present used formulae to estimate the energy efficiency of the conventional and endsill steps linings are based on the shear stress effect only.

3.6.1 Energy dissipation estimation

a) Nappe flow
According to (Chamani & Rajaratnam 1994), the energy dissipation is estimated by Equation (8).

$$\frac{\Delta E}{E_0} = 1 - \frac{(1-\alpha)^n \left[1 + 1.5\left(\frac{Y_c}{h'}\right)\right] + \sum_{i=1}^{n}(1-\alpha)^i}{n + 1.5\left(\frac{Y_c}{h'}\right)}$$

(8)

with $8 \leq n \leq 30$, $0.03 \leq h \leq 0.45$, $0.421 \leq h/l \leq 0.842$, where ΔE is the energy loss ($\Delta E = E_0 - E_r$,

with E_r the residual energy), E_0 is the head at the chute crest ($E_0 = H_{fl} + 1.5 Y_c$), n is the number of steps, $\alpha = (0.30 - 0.35h'/l) - (0.54 + 0.27h'/l)\log(Y_c/h')$ and $h' = h$ for conventional steps, $h' = h' + h_e$ for endsill steps, with h_e the endsill height.

b) Skimming flow
According to (Boes & Minor 2000), the friction coefficient on the pseudo-bottom is given by Equation (9).

$$\frac{1}{\sqrt{f_{w,u}}} = 2.69 - 1.38 \log\left(\frac{k'}{wD_w}\right)$$

(9)

where $f_{w,u}$ is the friction factor in the uniform region, k' is the macro-roughness height with $k' = h\cos\theta$ for conventional steps and $k' = (h + h_e)\cos\theta$ for endsill steps, D_w the hydraulic diameter ($D_w = 4bd_{w,u}/[b + 2d_{w,u}]$), and w, a form coefficient defined by Equation (10).

$$w = 0.90 - 0.38 \exp\left(\frac{-5d_{w,u}}{b}\right) \quad \text{for } \frac{d_{w,u}}{b} \geq 0.04$$

$$w = 0.060 \quad \text{for } \frac{d_{w,u}}{b} \leq 0.04$$

(10)

According to (Chanson 1994) the energy dissipation is calculated with Equation (11).

$$\frac{\Delta E}{E_0} = 1 - \frac{\left(\frac{f_{w,u}}{8\sin\theta}\right)^{1/3}\cos\theta + \frac{\varepsilon}{2}\left(\frac{f_{w,u}}{8\sin\theta}\right)^{-2/3}}{\frac{H_{fl}}{y_c} + \frac{3}{2}}$$

(11)

where ε is the kinetic energy correction coefficient ($\varepsilon = 1.22$ from measured profiles).

c) Transition flow
No formulae permit to estimate the energy dissipation for transition, then Equation 11 is applied but the results must be taken carefully since the vortices are not well developed for this regime.

d) Smooth chute
According to (Wood 1991), the energy dissipation is given by Equation (12).

$$\frac{\Delta E}{E_0} = 1 - \frac{1}{E_0}\left(z + d_{w,u}\cos\theta + \varepsilon\frac{q_w^2}{2gd_{w,u}^2}\right)$$

(12)

where $\varepsilon = 1.09$ and $d_{w,u}$ is calculated with equation (3).

Table 1. Friction factor according to equation 9 in the uniform region for skimming flow ($0.06 \, \text{m}^2/\text{s} \leq q_w \leq 0.28 \, \text{m}^2/\text{s}$) and 30° flume slope.

	Conventional step ($h/l = 0.56$)	Endsill step ($he/le = 1.15$)	Smooth slope
$f_{w,u}$	$[0.15 - 0.10]$	$[0.20 - 0.13]$	$[0.02 - 0.01]$

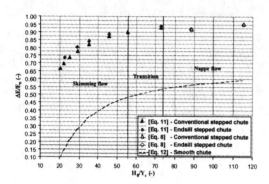

Figure 7. Energy dissipation rate versus the dimensionless critical depth H_{fl}/Y_c for chutes with conventional and endsill steps as well as smooth chute of 30° slope.

3.6.2 Results

a) Friction coefficient

The friction factor computed according to equation 9 are presented in Table 1.

Both linings generate a friction factor on their pseudo-bottom about 10 times larger than for the smooth slope. With endsills fitted, the overlay increases the friction on the pseudo-bottom with a factor of around 1.2.

b) Energy dissipation.

The evolution of the energy dissipation for both linings and smooth chute are presented in Figure 7. It can be seen that :

– Both macro-roughness linings drastically reduce the residual energy at the embankment toe with an energy dissipation rate around 40% higher for skimming flow.
– Considering the shear stress effect only, the endsill steps lining energy dissipation rate is around 5% higher than for conventional steps. This difference may be underestimated since it does not take into account the form effects.
– For nappe flow, the endsill steps lining seems to have no significant effect compared to conventional steps.

4 CONCLUSIONS

Experimental hydraulic tests have been conducted in a 30° slope flume in order to optimize a protection overlay for the downstream slope of embankment dams during overtopping. The hydraulic and energy dissipation results are presented for chutes with conventional steps and steps fitted with endsills. The stability of these concrete linings was studied by (Manso & Schleiss 2002).

The results show that, compared with an equivalent smooth chute, both macro-roughness linings:

– Increase the energy dissipation efficiency of about 40%.
– Decrease the bottom velocity up to 13% which lead to lower tractive erosive forces.
– Drastically improve the friction factor over the pseudo-bottom with a factor 10.

Furthermore, compared with conventional stepped chutes, the alternative steps with endsills:

– Does not swell the skimming layer and does not decrease the friction factor between the skimming layer and the recirculating vortices because of the air contained.
– Cushions and then diminishes the pressure fluctuations due to the nappe impact on the horizontal step surface.
– Improves for large discharges, the energy dissipation efficiency of about 5%, estimation based on existing formula taking into account only the friction effect.
– Is certainly a source of local head losses (or macroroughness form effects) which normally increase the energy dissipation efficiency.

Based on these results, different other macroroughness stepped linings conserving easy shape will be tested to increase the form effect efficiency.

ACKNOWLEDGMENTS

The authors gratefully thank the Federal Office for Water and Geology, Switzerland, which finances this research project.

REFERENCES

Ahmann, M.L. & Zapel, E.T. 2000. Stepped spillways, a dissolved gas abatement alternative . In Minor & Hager (eds), Proc. Int. workshop on hydraulics of stepped spillways: 45–52. Rotterdam: Balkema.
Albert, R. & Gautier, J. 1995. Evacuateurs fondés sur remblai (Embankment spillways). La Houille Blanche, (2/3): 147–157.

André, S., Boillat, J.-L., Schleiss, A. 2001. High velocity two-phase turbulent flow over macro-roughness stepped chutes: Focus on dynamic pressures. In ISEH (eds), *Proc. Int. Symposium on Environmental Hydraulics:* CD. *Tempe, Arizona, 5–8 December 2001.*

André, S., Manso, P.A., Schleiss, A., Boillat, J.-L. 2003. Hydraulic and stability criteria for the rehabilitation of appurtenant spillway structures by macro-roughness concrete linings. *Twentieth congress on large dams, Montreal* (Question 83). (CIGB/ICOLD (eds). In review.

Baker, R., Hewlett, H.W., May, R.W.P & Pravdivets, Y.P. 1997. Design of stepped-block spillways. In *CIRIA Special Publication,* (142).

Boes, R.M., Hager, W.H. 1998. Fiber-optical experimentation in two-phase cascade flow. In Hansen K. (eds), *Proc. Intl. RCC Dams seminar:* CD. Denver, USA.

Boes, R.M. 2000. Scale effects in modeling two -phase stepped spillway flow. In Minor & Hager (eds), *Proc. Int. workshop on hydraulics of stepped spillways:* 53–60. Rotterdam: Balkema.

Boes, R.M. & Minor, H.-E. 2000. Guidelines for the hydraulic design of stepped spillways. In Minor & Hager (eds), *Proc. Int. workshop on hydraulics of stepped spillways:* 163–170. Rotterdam: Balkema.

Cain, P. & Wood, I.R. 1981. Measurements of self-aerated flow on a large spillway. *J. Hydr. Division,* 197(HY11).

Chamani, M.R., Rajaratnam, N. 1994. Jet flow on stepped spillways. *J. Hydr. Engineering,* 120(2): 254–259.

Chanson, H. 1994. Hydraulics of skimming flows over stepped channels and spillways. *J. Hydr. Research,* 32(3): 445–460.

Essery, I.T.S., Horner, M.W. 1978. The hydraulic design of stepped spillways. In *CIRIA Rep.:* n°33, 2nd edition, UK.

Gray, E.W. 1991. Cellular concrete blocks for overtopping protection of earth dams. In CIGB/ICOLD (eds), *Seventeenth congress on large dams, Vienne, Austria:* 415–434.

Hager, W.H. 1991. Uniform aerated chute flow. *J. Hydr. Engineering,* 117(4): 528–533.

Hewlett, H., Boorman, L. & Bramley, M. 1987. Design of reinforced grass waterways. In *CIRIA Technical report.*

Lempérière, F. 1993. Dams that have failed by flooding: An analysis of 70 failures. *Water Power Dam Construction:* 19–24.

Manso, P.A. & Schleiss, A.J. 2002. Improvement of embankment dam safety against overflow by downstream face concrete macro-roughness linings. Submitted in *Proc. Inter. Cong. on Conservation and Rehabilitation of Dams, Madrid, November 11–13.*

Matos, J. 2001. Onset of skimming flow on stepped spillways – Discussion. *J. Hydr. Engineering,* 127(7): pp. 519–521.

Minor, H.-E. 1987. Erfahrungen mit Schssrinnenbelüftung (experience with chute aeration). *Wasser-wirtschaft,* 77(6): 292–295.

Peyras, J., Royet, P. & Degoutte, G. 1991. Ecoulement et dissipation sur les déversoirs en gradins de Gabions (Flow and dissipation over stepped Gabions weir). *La Houille Blanche,* 1: 37–47.

Peterka, A.J. 1953. The effect of entrained air on cavitation pitting. *Joint Meeting Paper,* IAHR/ASCE, Minneapolis, USA: 507–518.

Pinheiro, A.N., Fael, C.S. 2000. Nappe flow in stepped channels – occurrence and energy dissipation. In Minor & Hager (eds), *Proc. Int. workshop on hydraulics of stepped spillways:* 119–126. Rotterdam: Balkema.

Powledge, G., Ralston, D.C., Miller, P., Chen, Y.H., Clopper, P.E. & Temple, D.M. 1989. Mechanics of overflow erosion on embankments. II: Hydraulic and design considerations. *J. Hydr. Engineering,* 115(8): 1056–1075.

Schwalt, M. & Hager, W.H. 1992. Die Strahlbox (The jet box). *Scheizer Ingenieur und Architekt,* 110 (27–28): 547–549.

Wood, I.R. 1991. Free surface air entrainment on spillways. In Wood I.R.(eds), *Hydraulic structures design manual on air entrainment in free-surface flows:* 55–84. Balkema, Rotterdam.

Dam Maintenance and Rehabilitation, Llanos et al. (eds)
© 2003 Taylor & Francis, ISBN 90 5809 534 7

The Doiras Dam on the River Navia, an example of a dam being modernised

Eduardo Ortega Gómez
Viesgo Generación, S. L., Santander, Spain

ABSTRACT: Viesgo Generación S. L. has modernised the Doiras Dam, constructed between 1930 and 1934, on the River Navia (Asturias-SPAIN), following a multi-disciplinary model and applying the concept of ecological modernisation. We endeavour to achieve optimum productivity from installations that were built sixty years ago and improve the dam safety, by means of the correct environmental management, with the approval of the inhabitants of the zone. In 1989, we started the task of modernisation, which consisted of modifications to the surface spillway, installation of auscultation equipment and renovating the bottom outlet. The latter is the most significant activity of its kind to be carried out to date, and is the modification that is described in this article. In view of the fact that the reservoir is highly singular, because of the characteristics of the region – where different authorities have jurisdictional powers and co-exist in the same region – and because of the way in which the development of the project has been approached, the experience will serve to establish a set of guidelines that other companies can apply to deal with situations of a similar nature.

1 DESCRIPTION OF THE DAM AND ITS BACKGROUND

VIESGO GENERACIÓN, S. L. is the owner of the hydroelectric river development known as SALTO DE DOIRAS-SILVON, which has harnessed the waters of the River NAVIA, in the municipality of BOAL, in the Province of ASTURIAS.

The original DOIRAS Dam was completed in 1934, and its height about the foundations was 94.60 m. This dam supplied the DOIRAS Power Plant with its 3×18 MVA capacity, located about 300 m. downstream, on the left-hand bank. The intake for this power plant takes the form of a 4.5 m diam. 500 m long circular tunnel on the left bank, which lies about 60 m below the dam crest.

In the 1950's, work started on enlarging this river development through heightening the dam by 3.60 m, which meant that the reservoir storage capacity was increased by 16.10 hm^3, which made it possible to install a new power plant called SILVON at the toe of the dam, whose capacity is 2×35 MVA. The intake to this plant takes the form of two 3.5 m diam. pipelines that cross the dam.

The main characteristics of the Doiras Dam are as follows:

Identification	Heightened dam
Type of dam	Gravity
Shape	Curved
Radius of curve	190 m
Upstream slope	0.05
Downstream slope	0.76
Type of work	Concrete
Volume of concrete	231,000 m^3
Height above foundations	94.6 m
Geological period involved	Silurian
Type of rock	Metamorphic slate
Total storage capacity	96.48×10^6 m^3
Basin surface area	2.288 Km^2
Reservoir surface area	346.96 Ha
Maximum reservoir elevation (a.s.l.)	109.20
Doiras intake elevation	49.70
Silvón intake elevation	87.20
Spillway type	Joined to the dam
Sealing system	4 TAINTOR (13 m long × 7.5 m high)
Unitary capacity	600 m^3/sec

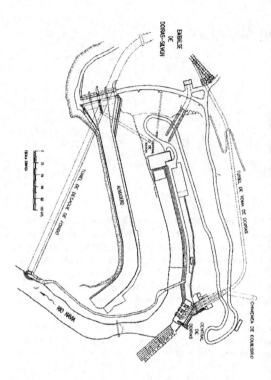

2 DESCRIPTION OF THE ORIGINAL BOTTOM OUTLETS

When the dam was constructed at the beginning of the 1930's, its bottom outlets were installed in the tunnel that was used to divert the waters of the River Navia when the dam was being constructed.

This diversion tunnel was located on the right bank of the river, and was approximately 450 m long, with a semi-circular diameter of approximately 13.00 m for a surface area of about 64 m². The photograph shows the diversion tunnel outlet and the bottom outlet, as they were before the works got under way.

Once the dam was constructed, the constituent elements of the bottom outlets were installed inside the tunnel in a zone located about 150 m downstream from the intake mouth, taking advantage of a situation in which the waters were at a very low level.

These are two identical pipes running parallel, and the distance between the centre lines is 4.50 m, the fluid dynamics of the two inlets being designed in such a way that the flow lines lead to the opening valves.

These valves are of the BUREAU type, being equipped with 2.15 m high and 1.20 m wide spindle sluice gates. Two identical ones are installed in each pipe, thereby forming an intermediate chamber between them, and upstream is connected to downstream by means of two by-passes provided with control keys and aeration circuits.

It is thus possible to balance the pressures between both sides of each of the sluice gates.

These pipes were perfectly embedded in a concrete cover that completely and carefully seals off the tunnel, in such a way that it can bear all the pressure exerted by the water in the reservoir on the upstream face and the atmospheric pressure exerted on the downstream face.

The way in which the original valves were arranged can be seen in the enclosed diagrams.

3 DESCRIPTION OF THE RENOVATION WORKS FOR THE BOTTOM OUTLET

After four years of preliminary works, we attached two 1.60 m. diam. circular pipes to the original bottom outlets, and these pipes run through the tunnel for

418

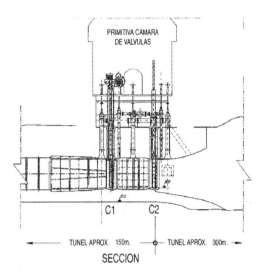

PRIMITIVA CAMARA
DE VALVULAS

C1   C2

TUNEL APROX. 150m. ───○─── TUNEL APROX. 300m. ─→

SECCION

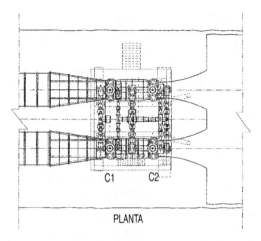

C1   C2

PLANTA

300 m before ending up in the valve house that channels the water into the river.

3.1   1st Phase preliminary works

First of all it was necessary to gain access to the
Bottom Outlets, so it was necessary to establish an
access point as far as the mouth of the tunnel outlet,
and this involved constructing a bridge with a span of
37.50 m (which can be seen in the photo in the
process of assembly), and then a COFFER DAM, so
that it could be isolated from the waters of the River
Navia, raised at the tail of the Arbón Reservoir.

When the waters were at a low level in 1994, it was
possible to construct a gravity dam section coffer dam
with a curved layout that managed to completely separate the diversion tunnel from the hydrological flow
of the River Navia.

This difficult construction was successful thanks
to the effective work carried out by some frogmen,
who managed to clear away all the rubble and rock

fragments from the riverbed on which the first ring
of the COFFER DAM was going to be laid, so that
the concrete sunk into it could be laid in perfect
conditions; all of these activities took place at a depth
of two or three meters under the waters.

The subsequent rings were constructed without any
difficulty, because they were above the water level.

Next, and once the tunnel had been allowed to dry
out, we went down to the tunnel floor, using a ramp
that was constructed and secured to the coffer dam.

It was then necessary to clear away all the rubble
throughout the length of the tunnel and closely inspect
the roof, before strengthening and supporting it with
anchor bolts, so that it was safe enough to carry out the
subsequent works beneath it.

Finally, the tunnel floor was paved. It was then possible to drive small vehicles and walk along the tunnel
floor, which would have been difficult to imagine only
a few months before.

All these works were merely preparatory activities
that enabled us to reach the original bottom outlets
that were no longer working; they had not been operated since 1945, when the D.F. valves were damaged
by being shut off roughly. Furthermore, the mechanisms gradually deteriorated still further because the

419

atmosphere was extremely damp, to the extent that many of the keys were completely stiff and rusty.

Restoring them to their original condition was a major problem.

First of all the conduction and by-pass piping was inspected. The thickness of the piping was measured at many different points and it was found that they were thick enough to bear the load.

As each one of the pairs of sluice gates was in line, it was impossible to tell if the upstream sluice gates were partially open or not. By measuring the pressure in the intermediate chamber and the by-pass, we were able to find out that the upstream gates were closed (C1) and that they would be able to support the whole pressure exerted by the reservoir, so it was possible to open the downstream gates and repair them (C2).

Even when the downstream gates were open, the leaks from the upstream gates (C1) still had to be released. With a view to this, calculations were made so that a seal-deflector could be designed that would enable us to repair the frame and floor of the downstream gates (C2), which can be seen in the photograph.

This element was remotely controlled by servo-motors to the hydraulic motors through closed-circuit television. Highly resistant devices were used to fix the support structure to the intermediate pier and the side wall. Before this was carried out, tests were conducted in the workshop, as can be seen in the photograph.

The aim of the deflector was to cushion the jet spurting out of the leaks in the upstream gates, and channel it away, so that the floor of the downstream gates could be repaired in the dry conditions that they required.

The next stage involved changing the activating mechanism, shell and press, and to replace the joint between the original ram and the gates, with a joint, a steel yoke (A-52) and stainless steel bolts.

The tasks required to actually modernise the bottom outlet did not start until a second phase, after these activities were completed.

3.2 Activities involved in the 2nd phase works

Once the preparatory work had been completed, the works themselves could be undertaken, and these consisted of attaching the new piping to the original valves (C2).

The new D.F. are made up of pipes that are connected to the original ones, which make it possible to channel the flows to be discharged outside the tunnel and let them flow back into the Navia through modern valves. The way in which the elements are arranged can be seen in the diagram below.

The main reason for operating the new D.F's is to control the flows exclusively with the modern valves that we are going to put in place (C3 and C4), and open the original valves (C1 and C2) just once, and leave them permanently open and out of use.

These valves are of the BUREAU type, for a static pressure of 77 metres of water column and a discharge of 30.76 m^3/sec, prepared to operate in conditions where

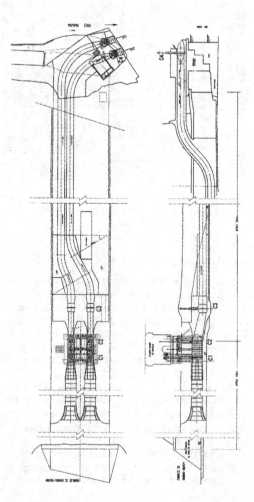

there is a pressure imbalance. They are 1,600 mm high and 1,270 mm wide.

As can be seen in the diagram, the piping for the outlet for the new upstream valves (C3) bends to the

Valve C3 being assembled.

left-hand side of the tunnel, because it is equipped with knee-pipes at an angle of 30°, before immediately bending back again also at an angle of 30°, to find their final direction before running throughout the length of the tunnel (300 m), in such a way that their centre lines are located at 2.60 and 4.60 m from the tunnel's axis.

The pipes were made of 10 mm thick A-42 steel, and the inner diameter is 1,600 mm. They have a concrete lining that is at least 20 cm thick, except for a 2 m section which is made of stainless steel, so that flow measurements can be taken where necessary.

The concrete lining and the 2 m section of stainless steel piping can be seen in the photograph.

The static and dynamic stress was calculated at all the bends, so it was necessary to install the anchorages.

Once the works had been completed according to the specifications of the approved project, the final stage involved finally opening the upstream gates for the original bottom outlet.

This operation was expected to be "easy", because it would take place with balanced pressures and in view of the experience obtained with the downstream gates (identical to the upstream ones) when their mechanisms were changed in 1992.

An unsuccessful attempt was made to open the gates with a maximum tensile strength of 20 t.

Then, several unsuccessful attempts were made to raise the gates. The last attempt consisted of applying a lifting capacity of 40 t from the spindle of each gate, simultaneously applying a counterpressure from 20 m downstream, by means of submerged pumps installed in the river, which had a capacity for supplying more than 100 l/s at a pressure of 150 m.

It was finally necessary to devise a mechanism capable of raising them, and attach it to the gates, downstream. We managed to achieve our aim by applying a total lifting effort of 170 tons, controlled from a distance.

Before the elements were installed "in situ", tests were conducted in the workshop, and these can be seen in the photograph.

An explanatory diagram of the operations performed can be seen below.

POSICION 1
Estado inicial
Compuerta o tratar C1 cerrado

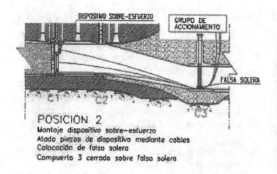

POSICION 2
Montaje dispositivo sobre-esfuerzo
Atado piezas de dispositivo mediante cables
Colocación de falsa solera
Compuerta 3 cerrada sobre falsa solera

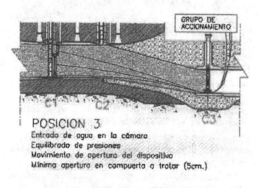

POSICION 3
Entrada de agua en la cámara
Equilibrado de presiones
Movimiento de apertura del dispositivo
Mínima apertura en compuerta a tratar (5cm.)

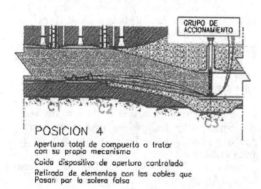

POSICION 4
Apertura total de compuerta a tratar
con su propio mecanismo
Caída dispositivo de apertura controlada
Retirada de elementos con los cables que
Pasan por la solera falsa

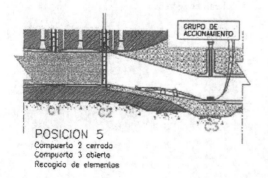

POSICION 5
Compuerta 2 cerrada
Compuerta 3 abierta
Recogida de elementos

4 OPERATIONAL TESTS

In the tests undertaken in February 1999, the water came out cloudy for a peak that lasted about 10 minutes, which is when suspended solids with in concentrations of 2 g/l and a dissolved oxygen content with a saturation level ranging from 70 to 80% were measured in the piping. For the next 30 minutes the suspended solids did not reach concentrations of 1 g/l and the dissolved oxygen reached a normal saturation level ranging from 90 to 100%.

A peak of 0.3 g/l was measured at a control point lying 2 Km downstream, where the dissolved oxygen did not drop below a saturation level of 90%. The conclusion to be drawn from all the values measured was that the water quality was the same as it would be in any slight flood situation.

A total of 301 analytic tests were conducted during monitoring activities that lasted for over 7 hours. 203 of these tests involved direct measurements (temperature, dissolved oxygen, electric conductivity and PH) and the rest involved laboratory tests (phosphates, ammonium, Fe, Mn, Cd and Cr). None of these analytical tests yielded results that exceeded the respective reference thresholds contained in the water quality legislation currently in force for fish-life.

5 NEXT STAGE IN MODERNISING THE DAM

The repairs carried out on the dam bottom outlet were the first step towards repairing the Doiras Power Plant intake and inspecting the tunnel, both of which were essential to improve dam safety. These works are scheduled to take place at the next low water level.

The operations were performed in dry conditions, so the reservoir had to be partially emptied. The lowering and subsequent raising of the level made the water cloudy for a short period of time, had had an effect on the fish-life, so, not only did we obtain permission from the authorities, but we also monitored the process and carried out environmental controls.

The company that I represent opted for a transparent project management model, so all the information that might be of interest to residents and institutions is made public. With a view to this, environmental experts and specialists in sociology, social communication and Law joined the technical team that is usually in charge of a project with these characteristics, in the belief that company interests are not only compatible with social interests, but also serve to enhance them.

Dam Maintenance and Rehabilitation, Llanos et al. (eds)
© 2003 Taylor & Francis, ISBN 90 5809 534 7

Raising of Cardinal Fly Ash Retention Dam

H.J. Buhac
Consulting Engineer, Formerly with AEP Service Corporation, Columbus, OH, USA

P.J. Amaya
Senior Engineer, AEP Pro Serv, Columbus, OH, USA

ABSTRACT: Many embankment dams that retain coal combustion by-products, such as fly ash, disposed from coal-fired power plants are constructed in stages. The dam is raised to provide additional capacity when the storage capacity of the original stage is reached. The Cardinal Fly Ash Retention Dam is located in eastern Ohio, USA. The original dam consisted of a 54 m (180 ft) high arched earth embankment with a zoned cross section. To increase the disposal capacity of the impoundment, the dam was raised 15 m (50 ft) in 1998 utilizing a composite structure consisting of a Roller Compacted Concrete (RCC) upstream shell, a clay core, a granular drainage blanket, and an earthen downstream shell. Economic analyses of various options to raise the dam lead to the unique utilization of an RCC fill with bottom ash from the plant as the aggregate for the mix in the project that also provided a beneficial long-term disposal of the bottom ash at a considerable saving. A construction method that combines the advantages of RCC and of earth fill building techniques proved to be effective and economical. The RCC characteristics for this project were evaluated on the basis of strength and durability. The lightweight RCC aggregate minimized the loading and deformation experienced by the new construction and existing structure. Cracks RCC zone were observed and monitored during and after construction. The potential effects of the cracks to the dam were evaluated. A summary of the design and construction of the dam raising is presented herein including a review of design alternatives, RCC mix design and placement, joint preparation, stability analyses, test results, and other significant QA/QC requirements.

Español
Extensión de la Presa El Cardinal para Cenizas

Las mayorías de las presas que se utilizan para el almacenamiento de residuos de la combustión de carbón, como las cenizas de las plantas térmicas de electricidad, son construidas en etapas. Cuando se completa la capacidad de una etapa, la presa se extiende para proveer capacidad adicional en el embalse. La presa de retención de cenizas El Cardinal esta localizada en la parte este del estado de Ohio en los Estados Unidos. La presa original estaba formada por un terraplén de 54 (180 ft) de sección compuesta. En 1998 la presa se extendió 15 m (50 ft) utilizando una sección compuesta de concreto compactado con rodillo (CCR) en el talud de aguas arriba, uno zona central del arcilla, un mato de drenaje y un terraplén como talud de agua abajo, todo ello con el objetivo de aumentar la capacidad del embalse. Estudios económicos de diferentes alternativas concluyeron que el CCR utilizando ceniza gruesa como el agregado de la mezcla era la alternativa más ventajosa para el proyecto ya que la ceniza gruesa producida en la planta resulta en ahorros importantes para el proyecto y en la reducción de costos de almacenamiento de los residuos de la combustión del carbón. Este método de construcción que combina las ventajas del CCR y las técnicas de construcción de terraplenes, demostró ser efectivo y económico. Las características de CCR para este proyecto se evaluaron en base a durabilidad y resistencia. El uso de la ceniza de fondo hizo el RCC ligero creando así un material ideal para ser colocado encima del terraplén existente. Durante el periodo de construcción, la zona de RCC exhibió fracturas en la sección que fueron identificadas y se evaluaron sus efectos en la presa. El proceso de diseño y la construcción empleada en este proyecto se muestran en el documento que se presenta y también se incluyen los estudios de las alternativas, la mezcla y emplazamiento del CCR, los análisis de estabilidad los resultados de las pruebas de laboratorio, los requerimientos del proyecto, y el programa de control de calidad de la construcción y de la mezcla de CCR.

INTRODUCTION

The site of the proposed dam raising is located in eastern Ohio, USA. The existing earth fill dam consists of a 180 feet (54.9 m) high arched earth embankment with a zoned cross section, Figure 1, and a 70-foot (21.3 m) by 1055 feet (321.6 m) long crest at elevation of 925 feet (282 m). In order to provide for the continued disposal of fly ash, the dam was raised to a new elevation of 970 feet (295.7 m). The new crest is 30 feet (9.2 m) wide by 1400 feet (426.8 m) long.

ISSUES ASSOCIATED WITH RAISING OF THE DAM

Geologic and existing performance considerations

The key to preparing for the raising of an embankment dam is to learn from past experience. Data gained during construction and observation/performance of the original dam were reviewed.

A list of potentially troublesome areas for the existing dam, their treatment and performance provided the necessary information to adjust the design to the specific field conditions discovered during raising of the dam. Evaluation of the rock foundation was made with a particular emphasis given to the continuity of the rock mass, its soundness and the location of potential seepage zones within the extended dam. This approach provided an insight into the grouting requirements for sealing the weathered rock mass in the upper portion of both abutments.

New seepage areas developed downstream of the existing dam as the reservoir water level was raised. Thus, the contact of the clay core and the rock foundation was tightly sealed by grouting it. All other surface seepage areas observed during foundation preparation activities for the extension of the dam were not grouted. It was believed that grouting these well-established seepage zones might open new seepage areas at unexpected locations. Instead, these areas were cleaned and covered with a free draining material. The seeping water was conveyed to the drainage

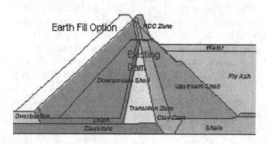

Figure 1.   Cross-section of dam.

blanket or the groin ditches of the extended dam. If the current seepage flow was expected to increase with the raising of the reservoir's water level, drainpipes were installed to facilitate the flow.

The existing 42-inch (1.07 m) diameter outlet pipe had developed longitudinal cracks and opening of the joints at a section subjected to the highest embankment fill loads. This section of the pipe was placed across the sound rock-earth fill transition zone that resulted likely in a differential settlement under the existing loading. Therefore, to minimize the effects of the earth fill loading, the new 54-inch outlet pipe was supported across the transition zone on a limited thickness of yielding fill placed over the rock foundation. A concrete cradle was provided for the length of the pipe with construction joints at transition points and at 20 feet (6.1 m) spacing within the fill zone placed over the rock surface.

Observation and performance of the existing dam

Frequent visual inspections of the dam indicated there was no evidence of excessive deformation movement or cracking.

The measured settlement rate of the crest was very small, indicating that most of the settlement had already occurred. Piezometer data illustrated a normal trend reflective of a steady-state condition only offset by increases in the reservoir water level. Field investigations indicated that the soil in the upstream zone above the water level was not saturated. This zone was critical for support of the raised dam. The soil below water level was presumably saturated. The soil in the clay core, and the soil downstream from this zone were dry.

It was important to determine a line of soil saturation within the dam because the saturated soils require that anisotropically consolidated undrained (ACU) soil conditions be used in determining the parameters for the stability analysis.

Water level in the reservoir at the time of the dam raising affected the extent and complexity of excavation for the foundation of the RCC on the crest of the existing dam. It should be at least 15 feet (4.6 m) below the crest of the existing dam. Considerable removal of soil below water level may disturb saturated soils at the bottom of the excavation and thus reduce their strength so critical for the new construction. Surface drainage of the bottom of the excavation must be maintained and during hot weather, watering of the exposed surface would be required to prevent excessive drying and cracking of the soils.

The width of the existing crest determines the depth of foundation excavation. If the crest was narrow the excavation would extend deeper in order to gain the necessary foundation width and to access various zones of the dam. The simultaneous extension of the dam's zones is always a construction challenge due to contamination of the various zones with other materials and construction delays.

The flow from the reservoir during construction continued to pass through the existing spillway tower in the reservoir and 42-inch (1.07 m) diameter outlet pipe until the new spillway was completed.

Undercutting operations at the toe were done in several stages with placement of the fill immediately after completion of the stage excavation. Construction plans must include a method of removing collected water from the excavated area.

Utilization of coal combustion products (CCPs)

Utilization of CCPs from the nearby generating plant as fill materials lowered the overall cost of the project and it also provided long-term disposal of CCPs at considerable savings to the plant. Moreover, because CCPs have a much lighter unit weight than natural aggregates they offered a loading advantage to the project.

The RCC with bottom ash as the aggregate was used as the upstream fill. Its lightweight imposed smaller loads on the existing structure and as a result the deformation was smaller.

Proposed raising of dam – comparison of options

If the upstream 2½H to 1V slope of the existing earth embankment was extended to a crest elevation of 970 feet (295.7 m), the raised dam would extend far in the downstream direction requiring a large downstream fill and associated additional cleaning, and foundation preparation of the toe area and both abutments. In order to reduce the costs of the project, CCPs from the nearby generating plant were used in the RCC and the raising of the dam was designed as a composite structure, consisting of an earth embankment, a chimney drain, a clay core and RCC face, Figure 1. The RCC zone, having steeper slopes than the existing dam, minimized the amount of fill required for the construction of the downstream shell.

At 5 feet (1.52 m), the buffer zone of fine bottom ash was placed between the RCC zone and the clay core. With this zone in place, cracks that could occur in the RCC would not be able to extend into the clay core. Nevertheless, if a crack develops in the RCC and extends into the clay core, and seepage occurs through this crack, fine bottom ash in the buffer zone would be washed into the crack and seepage through a crack choked with the fine bottom ash reduced to a negligible amount.

All other zones that comprise the original dam were extended. The extended zones included the clay core, chimney drain, drainage blanket, outlet of the blanket drain and downstream earth fill shell. Fly ash fill stabilized with cement and lime was also evaluated as a substitute for earth fill. However, the cost necessary for retrieval, mixing, placement and in-situ testing of the stabilized fly ash was higher than using a mine spoil fill, and therefore it was eliminated. Based on the above evaluation a composite dam with RCC facing and earth fill downstream shell was selected as the option to raise the Cardinal dam.

GEOTECHNICAL ANALYSES

Hydrologic/hydraulic

The maximum pool elevation of 968.1 ft (295.1 m) was determined based on the maximum possible flow (PMF). Based on this elevation, the crest elevation for the emergency spillway overflow section was set at El. 961.0 ft (293 m). The overflow section has a rectangular shape with a bottom width equal to 100.0 ft (33.5 m). The service spillway was designed as a sloping concrete shaft with a 4-feet (1.22 m) × 3.5-feet (1.07 m) opening that connects to a drop manhole and 54-inch (1.37 m) diameter conduit.

Seepage

The analysis of the existing Cardinal Fly Ash Retention Pond II was conducted first with coefficients of permeability (k) for the various embankment and foundation materials, Table 1. In addition, actual flow rates from the main seepage drain and both abutments for a current pool level of 894 ft (272.6 m) were also used in this analysis.

The seepage analyses were performed with the aid of a finite element computer program (SEEP/W).

This analysis showed a reasonable agreement of the top flow line and equipotential levels with the existing piezometer data. A seepage analysis was then performed for the proposed raising of the existing dam to assess the top flow line and the maximum seepage flow through the composite structure of the RCC and earth fill, embankment dam and both abutments for the various crest and pool levels expected during the operation of the reservoir.

Table 1. Summary of coefficients of permeability used in seepage analyses.

Material	Coefficient of permeability (ft/min)	
	Vertical	Horizontal
Downstream shell	2×10^{-4}	1.8×10^{-3}
Blanket drain	1×10^{-1}	9×10^{-1}
Fly ash	2×10^{-5}	1.8×10^{-4}
Clay core	4×10^{-8}	3.6×10^{-7}
Roller-impacted concrete	5.9×10^{-5}	9×10^{-8}
Upstream shell	4×10^{-7}	3.6×10^{-4}
Transition zone	4×10^{-8}	3.6×10^{-7}
Overburden	2×10^{-6}	1.8×10^{-5}

The new intake structure of the emergency spillway was incorporated into the RCC zone, whereas the existing freestanding overflow tower in the reservoir was abandoned and a new inclined structure was constructed at the upstream face of the RCC zone. Also a new 54-inch (1.37 m) diameter PCCP was connected to a transition manhole at the downstream face of the dam. From this manhole an overland steel pipe was connected to the existed energy dissipater at the toe of the extended dam.

Stability

Stability analyses were performed using the SLOPE/W computer program developed by Geo-Slope International. Bishop's simplified method was employed to analyze several stages of construction. Phreatic surfaces and pressure heads for these various stages of construction estimated with SEEP/W software package were imported into the SLOPE/W program. Acceptable factors of safety for all loading conditions were based on the minimum factors of safety recommended by the Federal Energy Regulatory Commission for embankment dams (2).

End-of-construction condition

Static and dynamic stability analyses were performed on both the upstream and downstream slopes for the end-of-construction condition of the proposed facility. The end-of-construction condition was modeled with the proposed RCC zone constructed to its maximum elevation of 970 ft (295.7 m). The pool and fly ash elevations were at 903 ft (275.3 m) and 895 ft (272.9 m), respectively. Furthermore, the slope of the downstream face of the dam was modeled as 2.5H: 1.0V. The parameters used for the end-of-construction stability analyses are presented on Table 2. ACU (anisotropically consolidated undrained) parameters were used for saturated embankment materials. ACU parameters were derived based on methods published by Lowe et al. (4).

The ACU conditions were calculated at the time of consolidation just before raising the dam. ACU shear strength varied from 272 psf at a normal stress at time of consolidation of $\sigma_{fc} = 120$ pfs, $K_c = 1.71$, and 1860 psf at a normal stress at time of consolidation $\sigma_{fc} = 1800$ psf, $K_c = 1.54$.

K_c is the ratio of major and minor principal stress at the time of consolidation. The minimum factors of safety calculated for the end-of-construction conditions varied from 1.30 to 1.47.

Steady-state condition with maximum storage

Static and dynamic stability analyses were simulated on both the upstream and downstream slopes for the proposed steady-state condition with maximum storage. The dam was modeled with RCC zone constructed

Table 2.   Material parameters used in stability Aaalysis.

Material	Unit weight, γ (pcf)	Angle of internal friction ϕ, (degrees)	Cohesion, c, (psf)
RCC zone	95	0	14400
Fly ash	90	26	0
Saturated upstream shell	128	Variable* (1) 30 (2)	Variable* (1) 0 (2)
Clay core	125	6.8 (1) 28 (2)	2200 (1) 0 (2)
Saturated clay core	128	Variable* (1) 28 (2)	Variable* (1) 0 (2)
Transition zone	125	11 (1) 30 (2)	2000 (1) 0 (2)
Saturated transition zone	128	Variable* (1) 30 (2)	Variable* (1) 0 (2)
Downstream shell	125	11 (1) 30 (2)	2000 (1) 0 (2)
Chimney and foundation drain	100	38	0
Overburden	123	0	1700
Claystone	140	22.5	1100
Shale	140	15	1100

*ACU parameters vary based on the major to minor principal stress ratio, K.
(1) End-of-construction parameters.
(2) Steady-state parameters.

to its maximum elevation of 970 ft (295.7 m). The pool and fly ash were both modeled at 960 ft (292.7 m). Table 2 also contains the strength parameters used in this analysis.

SLOPE/W was also employed to estimate safety factors for static and dynamic cases for the steady-state condition with maximum storage.

A shallow failure surface on the downstream slope of the dam had a factor of safety equal to 1.0 under dynamic loading. Under static loading, the calculated minimum factors of safety varied between 1.45 and 1.90.

Steady-state condition with surcharge pool

The final analysis entailed a static steady-state condition with a surcharge pool at elevation 968 ft (295.1 m), fly ash at elevation 968 ft (295.1 m) and at the proposed RCC zone at elevation of 970 ft (295.7 m). The steady-state condition material parameters provided in Table 2 were used in this analysis. Minimum safety factors for the steady-state condition with a surcharge pool varied between 1.45 and 1.86.

Mix design considerations

The RCC for this project was more appropriately identified as soil cement based upon the size and gradation of the aggregate (100% passing the 3/8 sieve,

428

50% passing the number 40 sieve, and 20% passing the number 200 sieve) and the strength to achieve.

The RCC zone consisted of a mixture of bottom ash, cement and water. The bottom ash was hauled and stockpiled near the central mixing plant location. The stockpile was a composite of ashes produced by all three units. The bottom ash was tested for gradation at the rate of one test for every 3000 cubic yards, however there was no gradation requirement for the bottom ash. The range of bottom ash dry unit weight obtained over the course of the laboratory-testing program (about 174 samples) has averaged 67.2 pcf. However, the cylinders made with bottom ash from the production stockpile had an average bottom ash dry unit weight of 72.2 pcf. In addition, during construction of the test pads the dry unit weight of the bottom ash was found to vary within the range of unit weights obtained by the above testing although some unit weights were lower than 67.2 pcf.

With this range of the dry unit weights the batch plant operator could not control the dry unit weights stockpiled, therefore, it was decided to eliminate a single representative average dry unit weight and instead to determine actual dry unit weights of stockpiled ash at least twice per shift and then use these values to adjust design mix accordingly. Furthermore, natural water content of stockpiled ash varied within a range of 14% to 20%. The higher value usually was obtained after rain. In order to obtain in-situ moisture content for stockpiled ash, the ash was tested each day prior to start up and at least one other time during the day. The testing was conducted at the immediate area of the stockpile to be utilized that day. The samples were taken at a depth of at least 3-feet from the exposed surface of the stockpile. The moisture content obtained by these tests was used to determine the appropriate amount of water to be added to the mix of bottom ash and cement in the pug mill in order to produce a mix at or near the optimum moisture content.

Cement used in the RCC mix was Portland Type II per ASHTO C 150. The water used in the RCC mix was from the nearby fly ash pond. The Cardinal Plant chemist tested this water at the extraction points once per month, with required limits not to exceed 2000 ppm for chlorides and 1500 ppm for sulfates as SO_4. This testing indicated that the water was well below the above noted limits. Mix design for RCC used Optimum Water Content Control Method. It was believed that batching the RCC mix at, or near, the optimum moisture content would facilitate compaction and provide additional moisture for the curing process.

The optimum moisture control method incorporated the following key variables:

- Actual dry unit weights (γ_{BA}), of stockpiled ash were obtained twice per shift and used in proportioning the mix. It varied between 62 pcf and 72 pcf.

- Absorbed water (W_{BA}) tests were conducted twice a day. W_{BA} varied between 14% and 22%.
- Water to offset hydration (W_H) and evaporation (W_E) were not evaluated.
- Water added to the mixer $W_A = W_T$ (target water) minus (W_{BA}).
- Optimum water content (W_O) was determined by 5-point Standard Proctor Test to be in 31% to 32% range. Thus, target water $W_T = W_O + W_H + W_E$ where: $W_O = W_{BA} + W_A$, and $W_H = W_E = 0$

Testing of RCC

The target compressive strength for the RCC was 400 psi at 28 days. Test fills were constructed to evaluate compaction equipment and methods, lift thickness, mixing times, curing methods and to field test the strength of the RCC as produced in production size batches. Equipment evaluation tests indicated that a Cat 563 single drum vibratory roller achieved the optimum compaction with 8 passes on a 12-inch thick loose lift. The surface was visually checked for any evidence of drying and a fogging was applied as needed to keep it moist.

Test batches were mixed using 45 seconds, 90 seconds and 2 minutes mix time to determine which would produce a uniform mix. The batches were 8 cubic yards in size. Cylinders were made for each batch and broken at 7 days. The strength ranged from 159 psi to 690 psi and averaged 371 psi. The break data indicated that 90 seconds mix time is acceptable.

A 5-point Proctor test of the mix were run and the optimum moisture content were determined to be in 31% to 32% range. This held true for bottom ash with different unit weights. In-situ densities of compacted RCC lifts were measured by sand cone method. Compaction was found to be between 99% and 100% of Standard Proctor. An attempt was made to correlate the results obtained by sand cone method and nuclear gauge. No reliable correlation was possible, most likely due to the presence of carbon in the bottom ash aggregate.

A set of cylinders was compacted using 25 blows per 2-inch thick lift. The resulting cylinder densities matched the in-situ densities. The average cylinder's density was 104.3 pcf and the average sand cone density was 104.6 pcf.

Seven-day compression strength of cylinders ranged from 340 psi to 752 psi and averaged 412 psi. The 7–10 days break strength from test pad and cores ranged from 530 psi to 772 psi and averaged 651 psi. In addition, unconfined compression tests at 91 days with a strain measurement, were conducted on cylinders prepared with the stockpiled ash, 10 pcf cement and water content that ranged between 18 pcf to 22 pcf. The peak strength was achieved at the strain of

0.5% and varied between 959 psi (W = 22 pcf) and 1591 psi (W = 20 pcf) and averaged 1289 psi.

In conclusion RCC design mix and compaction requirements derived from test pad testing and which were followed in the construction are described below:

- Cement content was set to a constant value of 270 pcf. Effective percentage of cement in the RCC mix depends upon an actual dry unit weight of bottom ash. A reduction in the unit weight of the bottom ash while holding the weight of cement in the mix constant resulted in an increase in the effective (by weight) of cement used in the mix from 14% at 72 pcf ash dry unit weight to 16% at 62 pcf.
- Target water content W_T varied from 604 pcy to 688 pcy.
- Water absorbed into bottom ash (W_{BA}) varied from 170 pcy to 388 pcy.
- Water added to the mixer (W_A) varied from 434 pcy to 300 pcy.
- Batch mixing time was determined by test fill uniformity tests to be 1.5 minute.
- Strength was established to be 400 psi in compression and 41 psi in tension at 28 days.
- The thickness of RCC loose lift was set at 12 inches.
- Compaction effort was set at 8 passes of Cat 563 single drum vibratory roller per lift.

Interim quality control consisted of making cylinders and breaking them at 7 days after lift has been completed. The cylinders were Standard Proctor filled with RCC material placed in 2-inch layers and each later compacted with 25 blows of Standard Proctor hammer. Also a computer spreadsheet program was developed during the course of the test fill program to generate RCC component weights based on ash dry unit weights and moisture content, cement weight and desired target moisture content as an input. The output provided the required wet ash weight to be added to the batch, the amount of water to be added to the batch and the resulting target water content. The cement weight was always 270 pcy. The bottom ash dry unit weight and moisture content was determined at least twice per shift. The target water content was set at 31% to 32%, which coincided with the optimum moisture content. No allowance for hydration and evaporation was included in W_O. The final Quality Assurance for the RCC section of the dam required coring and compression/density testing of the cores. The results of these tests are shown in Figure 2.

The maximum value obtained was 2400 psi, and the minimum value was 290 psi with the majority of the values between 500 and 2000 psi. The maximum and minimum in-place densities were obtained to be 110.6 pcf and 87.8 pcf respectively with an average value of 101.1 and standard deviation 3.7 pcf.

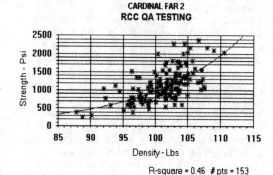

CARDINAL FAR 2
RCC QA TESTING

R-square = 0.46   # pts = 153
y = 0.807e^0.0709x

Figure 2. RCC cores strength.

Construction operations

This section describes construction operations pertinent to the raising of dam. Foundation preparation included removal of unsuitable soil, loose rock, cleaning out cracks in the rock face and the locations and quantities of slush grout, hand placed fill and leveling RCC course. All major changes in the type of foundation support such as clay core, mine spoil, rock and inclined surfaces were located with elevation and associated coordinates. Special foundation preparation was provided to rock abutments and crest of dam prior to placement of RCC. The rock surface was thoroughly cleaned, pressure washed and slush grouted and photographed to show details of the rock surface and extent of special preparation done to the abutment rock. The crest of the dam immediately prior to the placement of the RCC was moistened and proof rolled with sheep foot roller in order to provide good interaction between the RCC and soil.

Compaction of RCC against inclined rock surface to fill all voids was achieved by positioning a roller's drum axis parallel to the rock surface. Grouting of rock abutments was accomplished by utilizing a row of primary (20 ft o.c.) and secondary (10 ft o.c.) grouting holes, the same pattern used during grouting of the original dam. Some additional holes were drilled between primary and secondary holes to achieve a complete tightness of more pervious rock mass. Maximum depth of grouting zone was around 120 feet.

The upstream face of the RCC zone was designed at a 0.8H: 1V slope. This zone was constructed in 1-foot steps using temporary forms. The forms consisted of 2 in × 12 in timber plank and anchor rods consisting of 3/16 in × 5 ft steel pencil rod attached to 4 in × 4 in steel plate spaced at approximately 4.5 feet. A walk behind double drum vibratory roller to minimize lateral loading on the form accomplished compaction of RCC lift directly behind the forms. The forms were left in place no less than 4 hours

Figure 3.   Concurrent placement of materials.

Figure 4.   Typical RCC crack.

Figure 5.   Cardinal dam.

before resetting. The anchor rods after cutting were left in place. The steps for the emergency spillway were formed using a 12 in × 24 in similar timber forms.

The RCC was delivered with trucks, which run from the batch plant to the point of placement. Trucks crossed the mine spoil, bottom ash and clay zones to access the RCC area. Also, trucks run on a lift of RCC to reach point of placement.

To remove loose debris before traveling into the placement area compressed air and pressure water were available for removal of dirt and debris from the trucks and placement area of the RCC.

As shown in Figure 3, the dam raising consisted of various zones. All zones were brought up simultaneously. The mine spoil was placed ahead of the chimney drain, which was placed ahead of the clay core, which was placed ahead of the buffer zone bottom ash and RCC. The buffer zone bottom ash and RCC were compacted simultaneously with one roller. The mine spoil was built slightly higher than the rest of zones. The work in the abutment areas progressed either ahead of behind other work depending on the work required at the abutments.

Cracks in RCC zone

Two types of cracks developed in the RCC zone: settlement and thermal cracks. The settlement cracks occurred first at the abutments when the RCC zone was about 35 ft thick, due to differential settlement of the rock abutments and a 180 ft thick central soil section. These cracks dip toward the valley bottom as was expected for a relatively stiff RCC beam that is deflected down in the center relative to its ends.

All thermal cracks developed because the RCC outer (exposed) mass tends to shrink upon cooling. This shrinkage was resisted by the inner RCC mass which did not cool so quickly since it was insulated by soil, and by friction between outer RCC mass and foundation. When tension in the outer RCC mass exceeded its in-situ tensile strength it cracked. Moreover, development of thermal cracks was also enhanced by high cement content and light weight of the bottom ash. The cement content was kept at the constant 270 pcy and was necessary to accommodate variations in the unit weight of the bottom ash.

The raised dam has been in operation for 4 years and during this time no further movement of these cracks has been observed.

REFERENCES

1. American Electric Power Service Corporation, "Cardinal Plant Fly Ash Retention Pond II Design Report for Proposed Dam" Civil Engineering Division, Columbus Ohio, December 1984.

2. Federal Energy Regulatory Commission "Engineering Guidelines for the Evaluation of Hydropower Projects", April 1991 pages 4–48.
3. American Electric Power Service Corporation "Final Design Report for Proposed Earth fill-Roller Compacted Concrete Raising of Dam", Civil and Mining Engineering Division, Columbus Ohio, March 1997.
4. J. Lowe III, L. Karafiath, "Effect of Anisotropic Consolidation on the Undrained Shear Strength of compacted Clays", ASCE Research Conference on Shear Strength of Cohesive Soils, June 1960.
5. Geoenviromental Associates Inc. "Seepage and Stability Analyses of Cardinal Plant Fly Ash Retention Pond II, March 1997."

Dam Maintenance and Rehabilitation, Llanos et al. (eds)
© 2003 Taylor & Francis, ISBN 90 5809 534 7

Actualización de los criterios de operación durante crecidas normales y extraordinarias de los embalses en cadena del río Negro (Uruguay)

Ing. Julio Patrone
Sub-Gerente Ingeniería de Presas y Embalses

Ing. Alvaro Plat
Supervisor Técnico de Presas y Embalses

Ing. Guillermo Failache
Ingeniero civil de Presas y Embalses, Usinas y Trasmisiones Eléctricas (UTE) – Montevideo, Uruguay

RESUMEN: Durante 1997 y 1998 a través de una consultoría con la firma italiana ISMES, se actualizaron los estudios hidrológicos utilizados por UTE en el sistema integrado de los embalses del río Negro. El estudio consideró las nuevas series históricas de datos hidrológicos e incluyó la aplicación de modernas herramientas para el procesamiento y la modelación de los fenómenos físicos asociados a las crecidas.

Como principales temas del estudio se consideran: la elección de la metodología para la determinación de las máximas crecidas probables utilizando tanto métodos estadísticos como determinísticos (cálculo de Precipitación Máxima Probable y Crecida Máxima Probable), obtención de los hidrogramas de máxima crecida probable para las tres Presas ("Dr. Gabriel Terra", "Rincón de Baygorria" y "Constitución") y gastos máximos asociados con las diferentes variables hidrometeorológicas. A partir de la elaboración de un modelo matemático hidrológico para simular los distintos escenarios y la evacuación de las distintas crecidas por los aliviaderos, se obtuvo un programa de operación de compuertas a utilizar en caso de ocurrencia de eventos extremos. Se efectuaron recomendaciones para optimizar el Servicio de Previsión de Crecidas. Se realizó la reevaluación de la capacidad de descarga de los órganos de evacuación en función de los caudales máximos y de la seguridad estructural de las obras constitutivas de las presas principales y sus diques auxiliares en situación de crecida extrema en función de los resultados hidrológicos e hidráulicos obtenidos. Finalmente se elaboraron mapas de inundación de las zonas afectadas aguas abajo de las tres Presas para los casos de crecida extrema normal y extraordinaria y recomendaciones a ser tenidas en cuenta en los planes de contingencia.

En el presente trabajo se presenta una descripción de los principales aspectos metodológicos y las herramientas utilizadas en cada etapa del estudio, así como también sus conclusiones más importantes.

1 INTRODUCCION

La República Oriental del Uruguay con una superficie terrestre de 176215 km², limita al sur con el Río de la Plata y el Océano Atlántico, al oeste con la República Argentina y al noreste con la República Federativa del Brasil. La topografía es en general plana, existiendo pocas elevaciones. Tiene una densa red de cursos de agua, siendo el río Negro el mayor de los que atraviesan su territorio. El río Negro nace en la República Federativa del Brasil, en el estado de Río Grande del Sur a 50 km al norte de la frontera con la República Oriental del Uruguay. Tiene una extensión total de 850 km y un desnivel total de 140 m, siendo sus afluentes principales el río Tacuarembó y el arroyo Salsipuedes en la zona norte y el río Yi y el arroyo Grande del Sur en la zona Sur. La cuenca total del río Negro es de 71400 km², poco más de la tercera parte de la superficie del país, siendo 3125 km² correspondientes al territorio comprendido en la República Federativa del Brasil. La precipitación media anual en la cuenca del río Negro es de 1200 mm. El aprovechamiento hidroeléctrico del río Negro a partir del potencial hidráulico de su cuenca, es una de las mayores fuentes de generación de energía eléctrica de la República Oriental del Uruguay. El mismo lo integran

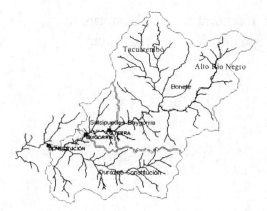

Figura 1.

tres saltos hidráulicos artificiales: en primer lugar la Presa y central Hidroeléctrica "Dr. Gabriel Terra", aguas abajo la Presa y Central Hidroeléctrica "Rincón de Baygorria" y finalmente la Presa y Central Hidroeléctrica "Constitución".

Se presenta a continuación un mapa (Figura 1) de la cuenca con la ubicación de las tres presas.

2 INFORMACIÓN DE BASE

Para la elaboración del estudio se utilizó la siguiente información:

– Datos de lluvia en la cuenca: desde 1912 hasta 1997 (192 estaciones pluviométricas en total).
– Datos de operación de las tres Centrales: desde su respectiva puesta en marcha (año 1945 para Terra, 1960 para Baygorria y 1982 para Constitución) hasta 1997.
– Datos de niveles de embalse: ídem anterior.

En particular para la determinación de la Precipitación Máxima Probable se utilizó la siguiente información:

– Selección de cinco grandes tormentas ocurridas en la cuenca de diez días de duración aproximada.
– Información meteorológica horaria completa de seis estaciones ubicadas dentro y en las cercanías de la cuenca del río Negro disponible en cada tormenta.
– Para las estaciones meteorológicas: series históricas de valores máximos anuales de punto de rocío persistente durante 12 horas para el semestre marzo–agosto.
– Información de los niveles superiores de la atmósfera obtenida de los radiosondeos diarios de la Estación Ezeiza (República Argentina) para los eventos seleccionados.

3 MODELOS DE MÁXIMAS CRECIDAS Y DE GESTION DE EMBALSES

Para la realización de este estudio de máximas crecidas se utilizaron dos modelos matemáticos: en primer lugar un modelo precipitación-escorrentía y en segundo, un modelo de simulación de embalses.

Modelo precipitación-escorrentía

El sistema utilizado por ISMES, denominado "HYDRA", requirió la construcción de un modelo digital del terreno ("DEM": Digital Elevation Model) de la cuenca total del río Negro hasta la Presa Constitución. El DEM se obtuvo digitalizando de la cartografía del Servicio Geográfico Militar en escala 1:500.000 tanto las curvas de nivel como la red hidrográfica. De estos datos se ha obtenido por interpolación, una malla cuadrada en la que cada cuadrado representa una fracción del terreno con características homogéneas y con una cota determinada. Cabe destacar que el uso de este tipo de modelos basados en hidrología distribuída, no era aún de uso común en Uruguay. La elección del tamaño de malla surge de la evaluación de varios factores, entre los cuales se mencionan los principales: superficie de la cuenca, pendiente del terreno, variabilidad de los tipos de suelo superficiales, lo mismo para el tipo de vegetación, variabilidad en los campos de isoyetas de la región en estudio. Para la cuenca del río Negro, de características bastante homogéneas, se eligió como más adecuada una malla de celdas de 2 km de lado, pues mallas de lado más pequeño aumentaban significativamente los tiempos de cálculo sin obtener cambios significativos en los resultados hidrológicos.

Modelo de gestión de embalses

Se utiliza aquí la ecuación de continuidad hidráulica de un embalse con un intervalo de tiempo de 6 horas (Δt seleccionado como óptimo durante las simulaciones).

El caudal erogado por vertedero se considera como una relación lineal entre el nivel de embalse y las etapas, variando entre un nivel Hmin por debajo del cual el vertedero permanece cerrado y un nivel Hmax por encima del cual el vertedero se debe abrir en banda. Los valores Hmin y Hmax son variables dentro del sistema HYDRA y por lo tanto pueden ser modificados de acuerdo a la crecida que se esté analizando.

Se presenta a continuación una figura (Figura 2) que representa este tipo de curva de descarga en función del nivel.

Implementación del sistema HYDRA en la cuenca del río Negro

Los modelos matemáticos descriptos, precipitación-escorrentía y de gestión de embalses, fueron

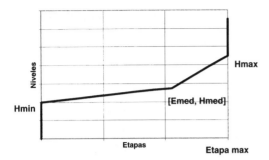

Figura 2.

implementados para la cuenca del río Negro a partir de los siguientes elementos:

1 Cinco subcuencas hidrográficas que simulan el comportamiento hidrológico de los aportes en correspondencia con los cierres en las tres presas. Las subcuencas del Tacarembó, Alto Río Negro y Directa Lago Bonete, simulan en su conjunto los aportes a la Presa "Dr. Gabriel Terra". La subcuenca de Salsipuedes-Baygorria simula los aportes intermedios entre la Presa "Dr. Gabriel Terra" y "Baygorria". La subcuenca Durazno-Constitución simula los aportes intermedios entre las Presas de "Baygorria" y "Constitución", con la estrategia de cálculo asociada a cada una de ellas. La disposición de estas subcuencas, puede apreciarse en la Figura 1.
2 Cinco conjuntos de pluviómetros que representan adecuadamente la distribución de lluvias sobre cada una de las subcuencas.
3 Los tres embalses con la estrategia de simulación asociada.
4 Los registros de niveles de embalse y los caudales erogados por las tres presas.

Calibración de los modelos

La calibración de los modelos se realizó con datos posteriores a 1946, año de entrada en operación de la Presa "Dr. Gabriel Terra" y fue realizada con los datos de cinco crecidas históricas y validada con los datos de otras cinco crecidas. Se realizó una primera etapa de pre-calibración de los parámetros de los modelos hidrológicos de precipitación-escorrentía a partir de los aportes a los embalses y en una segunda etapa de calibración final se utilizaron los niveles de los embalses.

A modo de ejemplo (Figura 3), se presenta a continuación la comparación de los aportes simulados con el modelo al embalse de Terra y los estimados por UTE para la gran crecida de abril de 1959 que ha sido la mayor registrada.

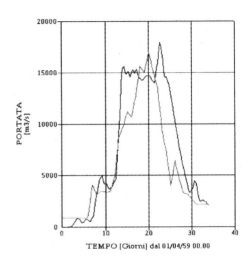

Figura 3.

Como se puede apreciar, los caudales obtenidos mediante simulación ajustan bastante bien a los calculados por UTE (que se basaban en estimaciones, dado que hubo sobrepaso de la Presa "Dr. Gabriel Terra" y fugas por pasajes laterales, lo cual determinó en años posteriores la sobrelevación de la Presa y sus diques auxiliares). De cualquier forma, y a pesar de existir una sobrestimación del volumen de la crecida, se observa que el valor del caudal máximo simulado es muy similar al estimado de $17000 \, m^3/s$ y que el desfasaje temporal es de solamente un día de retardo en los caudales simulados.

4 SIMULACIÓN DE MÁXIMAS CRECIDAS

El cálculo de los hidrogramas con probabilidades asociadas combinó procedimientos de simulación descriptos con anterioridad y conceptos probabilísticos. La metodología empleada se puede resumir en los siguientes pasos:

- Simulación hidrológica diaria de las cuencas.
- Determinación de la serie de hidrogramas máximos anuales simulados en correspondencia con los tres cierres para todas las lluvias disponibles en el sistema HYDRA (serie histórica de 90 años).
- Extrapolación estadística de los picos de los hidrogramas máximos anuales simulados.
- Extrapolación estadística de los volúmenes de los hidrogramas de las crecidas.
- Composición de los hidrogramas estadísticos para 100, 1000 y 10000 años de tiempo de recurrencia.

Precipitación Máxima Probable (PMP)

La PMP se define (Hansen et al. 1982), como la mayor cantidad de precipitación meteorológicamente posible, correspondiente a una determinada duración, sobre un área de tormenta dada, en una ubicación geográfica particular y en determinada época del año, sin tener en cuenta las tendencias climáticas de largo plazo.

La metodología empleada para el cálculo de la PMP se puede resumir en los siguientes pasos:

- Selección de cinco tormentas intensas. Se eligen las tormentas a analizar aplicando criterios hidrológicos (secuencias de máximos valores de caudales diarios en estaciones hidrométricas).
- Análisis de las tormentas:
  1. Trazado preliminar de los campos de precipitación en escala diaria y acumulada para los eventos seleccionados. Se efectúa con el propósito de detectar singularidades que podrían estar asociadas a la presencia de datos erróneos.
  2. Corrección de los datos supuestamente erróneos. Estos datos son reemplazados por valores interpolados en el campo analizado.
  3. Trazado de los campos definitivos de precipitación para cada evento.
- Maximización por punto de rocío. Se utilizó la información de las estaciones meteorológicas disponibles (3 en Uruguay y 2 en Argentina).
- Estimación de la tormenta máxima. Se considera la tormenta que, una vez maximizada, produzca el mayor volumen precipitado. Para la misma se determina, en escala diaria, los valores de precipitación en los puntos de interés para la modelación hidrológica y se trazan las curvas altura-área-duración.
- Trazado de las curvas altura-área-duración de la tormenta máxima (Manual for Depth-Area-Duration Analysis of Storm Precipitation, WMO). Se efectúa por cálculo de áreas entre isoyetas en los campos analizados, se seleccionan duraciones de 24, 48, 72, etc. horas y se trazan las curvas correspondientes a la tormenta para diferentes duraciones en función de la altura de la precipitación y el área.

Se presentan a continuación las curvas alturas-duración-área correspondiente a la precipitación máxima probable resultante del estudio (Figura 4).

Crecida Máxima Probable (PMF)

La metodología adoptada para la determinación de la PMF fue la siguiente:

- Determinación de varias posiciones posiblemente más desfavorables para el evento de la PMP.
- Cálculo de los niveles alcanzados para cada embalse.

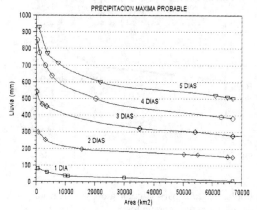

Figura 4.

- Elección del máximo nivel calculado.
- Elección del hidrograma correspondiente al máximo nivel calculado (PMF).

5 MODELO DE GESTION DEL SISTEMA DE EMBALSES ANTE CRECIDAS

Para la simulación de la gestión del sistema de embalses, se desarrolló un modelo matemático-hidrológico que simula la gestión de las tres Presas ante los eventos caracterizados por diversos tiempos de retorno (considera hidrogramas de crecida estadísticos) y ante el evento de la PMF.

Con el auxilio de este modelo se analizaron:

1. La evacuación de las crecidas estadísticas y PMF por los aliviaderos.
2. La adecuación de los órganos de evacuación existentes.
3. El programa de operación óptimo ante grandes crecidas, que permite laminarlas manteniendo las condiciones de seguridad de las estructuras y al mismo tiempo, conservar a la finalización de los eventos los máximos niveles de operación en los embalses para crecidas de tiempo de retorno hasta 10.000 años.
4. Niveles máximos de operación en los tres embalses.

Se presenta a continuación el resultado de la simulación de la crecida decamilenaria para la Presa Dr. Gabriel Terra mostrando el hidrograma de ingreso y los caudales erogados (Figura 5).

Del análisis y la reevaluación efectuadas acerca de la capacidad de descarga de los aliviaderos en las condiciones críticas (crecida decamilenaria), surgen

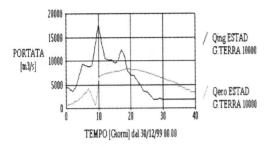

PORTATA
[m3/s]

/ Qing ESTAD
G.TERRA 10000

/ Qero ESTAD
G.TERRA 10000

TEMPO [Giorni] dal 30/12/99 00.00

Figura 5.

que no son necesarias adecuaciones en dichas obras desde el punto de vista de su funcionamiento hidráulico. Los aliviaderos de las tres Presas están en condiciones de operar con seguridad y de acuerdo a las descargas previstas aún en las condiciones más exigentes. La crecida decamilenaria constituye el evento extremo para proyectos nuevos en Europa, donde en el pasado se consideraba razonablemente seguro el desagüe de crecidas de tiempo de retorno de 1000 años, y es el que se adoptó como criterio hidrológico de verificación en el estudio. Las tres presas no son capaces de evacuar, sin importantes desbordes la PMF. En efecto este limite superior fue calculado por primera vez para el conjunto del sistema de embalses y determinó que fundamentalmente las Presas de Baygorria y Constitución se verían largamente desbordadas.

6   REEVALUACION DE LA SEGURIDAD ESTRUCTURAL DE LAS OBRAS

En esta etapa se analizaron las condiciones de seguridad estructural de cada una de las tres presas en función de los niveles hidrostáticos obtenidos sobre la base del análisis estadístico de los caudales para un tiempo de retorno de 10.000 años.

Los cálculos representaron una actualización de las verificaciones estructurales efectuadas en la fase de proyecto de cada una de las presas.

Criterios para el análisis estático

En la determinación de las condiciones de seguridad de las presas y en la definición de las eventuales acciones a llevar a cabo, fueron considerados los siguientes escenarios:

- No se considera aceptable la condición de desborde de las obras, tanto para las presas de tierra como las de hormigón.
- Para las presas de hormigón se considera aceptable que el nivel máximo de aguas arriba pueda coincidir con la cota de coronamiento de la presa.

- Para las presas de tierra se considera aceptable que el nivel máximo de aguas arriba pueda coincidir con la cota superior del núcleo impermeable interno de la presa.
- Se considera aceptable la reducción de la revancha por aguas abajo hasta un valor cero y eventualmente también la superación de la cota máxima de aguas abajo desde el punto de vista de la seguridad estática de las obras. En tal caso se deben considerar las protecciones adecuadas para cada central.

La crecida con tiempo de retorno 10.000 años no provoca variaciones significativas de los actuales factores de estabilidad estructural para ninguna de las tres presas debido a los aumentos, relativamente modestos de los niveles hídricos aguas arriba y aguas debajo de las estructuras respecto a los previstos por los proyectistas y no provocan desborde de las presas aún reduciendo o anulando las revanchas previstas.

7   AREAS INUNDABLES AGUAS ABAJO DE LAS PRESAS

En este estudio se trazaron los mapas de inundación del Río negro para los tramos de río ubicados aguas abajo de las tres presas, entendiendo como tramo el que va desde cada presa hasta el inicio del lago de la presa aguas abajo; en el caso de la presa Constitución es el comprendido entre la misma y la Ciudad de Villa Soriano.

Para cada uno de los tramos del río fueron analizadas dos situaciones:

- una que representa una crecida máxima normal para la cual fue adoptado un período de retorno de 100 años
- y una que representa una crecida máxima extrema para la cual se adoptó un período de retorno de 10000 años.

Los niveles para el trazado de los mapas fueron obtenidos calculando un perfil de régimen permanente con caudal igual a la envolvente de los máximos caudales de crecidas. De esta forma se trazaron los Mapas de Uniforme Probabilidad de Inundación.

La probabilidad asociada a un mapa determinado se hace coincidir con el tiempo de retorno del caudal que produce los niveles en el río utilizados para el trazado del mismo mapa. Para pasar del caudal de crecida a los niveles de referencia para el trazado de los mapas se utilizó un modelo atemático, considerando como condición hidráulica en el curso de agua un estado de régimen permanente, dado que las ondas de crecidas naturales pueden ser consideradas como sucesiones de estados de régimen permanente.

Del análisis de los mapas de áreas de inundación por efecto de las dos crecidas anteriormente mencionadas resulta que la extensión de estas áreas es notable debido a la particular conformación del territorio. Entre los efectos macroscópicos se señalan grandes remansos en los valles laterales en la desembocadura de los afluentes.

Los puntos que merecieron una mayor atención desde el punto de vista del riesgo hidráulico y de la protección civil son naturalmente los correspondientes a las ciudades de Paso de los Toros aguas abajo de la presa Dr. G. Terra y la ciudad de Mercedes aguas abajo de Constitución.

8 CONCLUSIONES

Desde que se proyectó el primer gran aprovechamiento hidroeléctrico en el Uruguay en la década de 1930 (Presa "Dr. Gabriel Terra"), nunca ha sido ignorada por parte de UTE la responsabilidad que implica la operación de una obra de estas características. Ya en abril de 1959, apenas 14 años después de entrar en operación la primer turbina de la Central, se debió gestionar una crecida con un tiempo de retorno superior a los 5000 años para la cuenca vertiente a dicha presa. Posteriormente, UTE encaró en la década del 60, una serie de estudios de actualización de las máximas crecidas en la cuenca del río Negro dada la magnitud de la ocurrida en 1959 y por otra parte, la implantación de su segundo escalón en el aprovechamiento del río Negro: la Presa "Rincón de Baygorria". Entre los estudios realizados, merecen destacarse especialmente los formulados por la firma francesa SOFRELEC, cuyas recomendaciones fueron llevadas a cabo por las sucesivas administraciones de la empresa. El esquema se completa hacia 1981, con la entrada en operación de la Presa "Constitución", que constituye el tercer y último proyecto en el aprovechamiento del río Negro.

Transcurridos más de 30 años de vigencia de dichos estudios, UTE entendió conveniente realizar un nuevo análisis de las crecidas máximas probables del río Negro, actualizando y complementando los anteriores a partir de la nueva serie de datos disponibles (30 años más extensa). Este nuevo estudio fue contratado con la firma italiana ISMES, desarrollado entre 1997 y 1998 y del mismo se han presentado en este trabajo, los principales aspectos metodológicos. Como conclusiones más importantes del estudio pueden mencionarse:

- Para la Presa "Dr. Gabriel Terra": la ocurrencia de una crecida decamilenaria se correspondería con un caudal máximo de aporte al embalse de 18000 m³/s y un caudal erogado máximo de 8300 m³/s. Para esta probabilidad de ocurrencia

(1 en 10000 años), la Presa no enfrenta problemas de seguridad.

- Para la Presa "Rincón de Baygorria", la ocurrencia de una crecida decamilenaria se correspondería con un caudal máximo de aporte al embalse de 11000 m³/s y un idéntico caudal máximo erogado, dado que el embalse no tiene capacidad alguna de regulación. Se ha verificado que para este evento extremo tampoco existe afectación de la seguridad de la obra.

- Para la Presa "Constitución", la crecida decamilenaria se correspondería con un caudal máximo de aporte al embalse de 24000 m³/s y un caudal erogado máximo de 21000 m³/s. Se ha verificado que las estructuras son, aún en este caso, globalmente estables y con márgenes apropiados de seguridad.

- Para las tres obras, se ha reevaluado la capacidad de descarga de los respectivos aliviaderos para el caso de crecida decamilenaria, de lo que surge que no son necesarias adecuaciones de los mismos. Los aliviaderos de las tres presas están en condiciones de operar con seguridad de acuerdo a las descargas previstas para esta condición extrema.

9 IMAGENES DE LAS TRES PRESAS

Presa "Dr. Gabriel Terra"

Presa "Rincón de Baygorria"

Presa "Constitución"

REFERENCIAS

1. **Estudio de máximas Crecidas del río Negro:** realizado con la firma ISMES (1998) (Ing. Morando Dolcetta Capuzzo, Ing. Sergio Menajovsky, Ing. Julio Alterach, Lic. Irene Obertello, Lic. Mario Bidegain, Ing. Leonardo Mancusi, Ing. Federico Bavestrello e Ing. Alberto Masera).
2. **Asesoramiento en Auscultación e instrumentación de Grandes Presas.** ISMES (1995).
3. **Informe hidrológico. Aprovechamiento Hidroeléctrico del río Negro**. SOFRELEC. (1962).
4. **Estudio de las Obras Complementarias en "Rincón del Bonete" para la Evacuación de las Crecidas.** SOFRELEC (1964).
(5) **Anteproyecto de Palmar – Memoria.** SOFRELEC (1963).

Dam Maintenance and Rehabilitation, Llanos et al. (eds)
© 2003 Taylor & Francis, ISBN 90 5809 534 7

Aumento de capacidad embalse cogotí – Norte de Chile

Orlando Moreno Díaz
Ingeniero Civil Universidad de Chile, EDIC Ingenieros Ltda, Chile

Guillermo Noguera Larraín
Ingeniero Civil Universidad Católica de Chile, EDIC Ingenieros Ltda, Chile

RESUMEN: Se presenta una aplicación típica de las barreras inflables de goma: aumentar la capacidad de un embalse mediante el peralte del nivel máximo de las aguas. Se resume el proyecto elaborado por los autores para el embalse Cogotí, de 150 millones de m3 de capacidad, situado en una región árida del norte de Chile. Con la instalación de cuatro barreras de goma inflables sobre el actual aliviadero se logra aumentar el nivel máximo de operación en 3 metros, y por lo tanto, incrementar la capacidad del embalse en un 15%, mejorando el riego de una región de clima desértico.

ABSTRACT: A typical application of rubber-dams is presented: to increase the capacity of a reservoir by allowing to rise the maximum operation level. The project design by the authors for the 150 million m³ Cogotí reservoir, located in an arid region of northern Chile, is discussed. The installation of four rubber dams over the present free spillway will allow rising the pool level in 3 meters, and to increase the reservoir capacity in 15%, improving the irrigation security in a desertic region.

1 DATOS GENERALES

1.1 *Ubicación*

El embalse Cogotí se localiza en la Región de Coquimbo, en el norte de Chile a unos 400 km de la ciudad de Santiago de Chile. Es el más antiguo de los tres embalses que constituyen el sistema de embalses Paloma, cuyo objetivo es regular con fines de riego el recurso hídrico del río Limarí, curso natural caracterizado por escasos recursos y sequías que pueden durar hasta cuatro (4) años.

1.2 *Antecedentes históricos*

Este embalse, construido por la Dirección de Riego del Ministerio de Obras Públicas de la República de Chile, fue puesto en servicio, después de varios años de trabajos, en el año 1940, es decir, ha estado en operación por más de 60 años. La presa es del tipo CFRD, cuerpo de enrocados con pantalla de hormigón en el talud de aguas arriba. Los enrocados que forman la presa fueron extraídos, en gran parte, de las excavaciones del canal colector del aliviadero dispuesto en la margen poniente de la presa.

Durante su vida operacional, el embalse ha experimentado períodos de extrema sequía que lo han vaciado completamente, y otros de grandes lluvias y avenidas, como el año 1997 cuando, luego de estar completamente seco, se llenó totalmente en dos meses. Además, ha sufrido la ocurrencia de varios sismos de magnitud Richter superiores a 6,5, el mayor de ellos en 1943 de magnitud 7,9 y el más reciente en octubre de 1997 de magnitud 6,8.

Frente a estas exigentes solicitaciones la presa de embalse se ha comportado satisfactoriamente y el efecto de los sismos se ha traducido en un sentamiento progresivo, lo que ha significado reducir el resguardo sobre el nivel máximo normal de las aguas de un valor inicial de 7,40 m a actuales 6,90 m.

1.3 *Objetivos del proyecto*

El principal objetivo del proyecto es recuperar la capacidad primitiva del embalse, que era de 150 millones m³, mediante la instalación de una presa inflable de goma de 2,80 m de altura, sobre el labio libre del aliviadero, haciendo uso de parte del resguardo de la presa. Se logrará de este modo aumentar la capacidad actual de 136 a 158 millones m³. La obra conserva su seguridad ya que en caso de ocurrir una crecida, las barreras de goma se desinflan y se recupera la capacidad de evacuación primitiva, al quedar expuesta una superficie plana a la misma cota que el actual umbral del aliviadero.

Este mayor volumen de regulación, que representa un 15% de aumento de su capacidad, permitirá contar con una mayor seguridad de riego para la agricultura de la provincia de Limarí, que ha evolucionado debido a las bondades de su clima, a la producción de frutas de exportación, tales como la uva de mesa y también para la elaboración de vinos y licores.

1.4 Area de influencia del embalse

El embalse Cogotí se ubica en la provincia de Limarí, región de clima seco, caracterizada por una gran incertidumbre en las precipitaciones, que basa su economía principalmente en la minería, aunque como se ha señalado la agricultura de exportación ha ido aumentando en importancia.

Este desarrollo sólo ha sido posible por la existencia de un sistema de tres embalses de regulación, cuyo pilar es el embalse Paloma de 750 millones m³ de capacidad, secundado por los embalses Recoleta, de 100 millones m³ y Cogotí de 150 millones m³. Este sistema permite regar unas 42.000 ha de terrenos agrícolas, que se suman a 26.000 ha que se riegan sin regulación. La estructura de cultivos del área se concentra en frutales (52%) y hortalizas (40%). Entre los frutales destaca la vid (90%) con sus variedades de mesa y pisquera. En el rubro hortalizas la más importante es el tomate para consumo fresco y el pimiento.

1.5 Características del embalse

La capacidad actual del embalse fue determinada mediante un levantamiento aerofotogramétrico que se efectuó aprovechando el vaciamiento total del vaso del embalse ocurrido antes de 1997. El plano permitió calcular una capacidad de 136 millones m³ hasta el nivel del umbral del aliviadero cuya altitud es la cota 644,43 m s.n.m., con un espejo de agua que cubre 850 ha.

La presa de embalse controla una cuenca hidrográfica de aproximadamente 1.560 km², cuyo caudal afluente promedio estadístico es de 3,44 m³/s, siendo de 27,5 m³/s para el año más húmedo y de sólo 0,19 m³/s para el año más seco.

La presa tiene 82,70 m de altura, 160 m de longitud en la corona y fue construida en la confluencia de los ríos Pama y Cogotí. Es del tipo rellenos de enrocado con pantalla de hormigón armado en el paramento de aguas arriba (CFRD). Sus taludes son variables entre 1,42 y 1,67 por aguas arriba y entre 1,47 a 1 y 1,50 a 1, por aguas abajo, es decir, corresponden a un diseño avanzado y audaz para la época de su construcción (1940) especialmente si se considera la gran sismicidad de la zona. Su corona, que ha experimentado una deformación progresiva por los grandes sismos

Tabla 1.   Crecidas afluentes al embalse cogotí.

Período retorno tr (años)	Caudal máximo m³/s	Volumen millones m³
50	1.039	48,7
100	1.420	70,8
200	1.819	93,9
500	2.459	131,8
1.000	2.959	161,8

ocurridos con epicentros cercanos al sitio de la presa, presenta actualmente una cota promedio de 651,33 m s.n.m.

El régimen hidrológico de los ríos Pama y Cogotí, que confluyen en el embalse, es de tipo mixto, nivo-pluvial, con un 68% de su hoya hidrográfica bajo la cota 2.500 m s.n.m., lo que se considera normalmente como cuenca pluvial para la región de Coquimbo.

Las crecidas afluentes al embalse para distintos períodos de retorno se resumen en el cuadro siguiente (Tabla 1).

Para evacuar estos caudales de crecida, que son enormes comparados con el caudal afluente promedio, se dispone de un aliviadero de cresta libre, horizontal, de unos 155 m de longitud, cuya planta tiene una curva de 80 m de radio aproximado, ubicada cerca del centro del aliviadero.

Las aguas que sobrepasan la cresta libre caen en un canal colector de sección trapecial, excavado en rocas del empotramiento izquierdo de la presa, de ancho en la base variable de 12 a 40 m, que termina en un canal rápido excavado también en roca, que finalmente descarga la aguas en el río Huatulame. El resguardo con respecto a la corona de la presa es de 6,90 m aproximadamente.

Durante el invierno del año 1997 ocurrieron dos temporales de lluvia de gran intensidad, en los meses de julio y agosto. Este último de gran intensidad, ocasionó una gran crecida cuyo caudal punta llegó a 1.000 m³/s aproximadamente, de acuerdo con la carga hidráulica registrada sobre el aliviadero. Como consecuencia se produjo un rápido y total llenado del embalse que al mes de junio de ese mismo año se encontraba totalmente vacío, por una sequía que duraba ya cuatro años.

2   AUMENTO DE LA CAPACIDAD

El proyecto de aumento de capacidad del embalse es una antigua aspiración de los usuarios del riego de la cuenca del río Limarí, representados por la Asociación de Regantes del embalse Cogotí, entidad que opera actualmente el embalse. Básicamente consiste en aumentar el nivel máximo normal de operación mediante la colocación de compuertas u otro tipo de barreras, sobre el umbral libre del aliviadero del embalse, haciendo uso de parte del resguardo disponible entre el labio vertedero y la corona de la presa, que alcanza a 6,90 m.

2.1 Antecedentes geológicos y geotécnicos

El sitio de la presa está emplazado en una garganta de rocas volcánicas cretáceas de varias centenas de metros de espesor, entre las cuales las andesitas son las más representativas. Estas rocas se presentan sólidas, macizas, con escasa o nula alteración y alta resistencia a la compresión simple.

Para verificar la calidad de la roca en la zona del aliviadero se hizo un completo reconocimiento geológico de superficie de la roca de fundación del aliviadero y del canal colector y se perforaron 3 sondeos verticales, los que no tuvieron problemas en su ejecución y no detectaron fallas de importancia.

2.2 Estudios topográficos

A la fecha del proyecto, 1999, se contaba con planos de diseño del aliviadero que datan de 1934 y levantamientos topográficos de la presa a escala 1:500 del año 1989. Para complementar estos antecedentes, se realizó un completo levantamiento del aliviadero y de su canal colector, como también se hizo una nivelación de la corona de la presa, con base en perfiles transversales, todo ligado al sistema de coordenadas UTM y al sistema nacional de cotas altimétricas.

2.3 Estudios sísmicos

Chile es uno de los países con más alta sismicidad mundial. Sus sismos son el producto de la subducción de la placa de Nazca bajo la placa Sudamericana.

La experiencia del país recomienda considerar como "sismo de diseño" aquél con un período de retorno 1 vez en 80 años, y como "sismo máximo creíble" aquél con período de retorno de 1 vez en 500 años. Mayores períodos de retorno generan un mayor amortiguamiento no aumentando la intensidad.

Para el caso de Cogotí se ha adoptado un sismo de diseño de magnitud Richter de 8,1 y para el sismo máximo creíble una magnitud 9,2. Las magnitudes anteriores generan en la roca de tipo andesítica de Cogotí, una aceleración de 0,26 g para el sismo de diseño y de 0,63 g para el sismo máximo creíble.

Las estructuras asociadas al peralte del nivel máximo normal de las aguas han sido calculadas para no tener problemas con la aceleración de diseño. En cuanto a los efectos de futuros sismos sobre la presa, se ha determinado que podrían ocasionar un mayor sentamiento de la presa y disminuir el resguardo en unos 50 cm, lo que aún sería admisible para la presa.

2.4 Estudio del resguardo

Como antecedente previo al estudio del aumento de la capacidad del embalse se determinó el reguardo teórico mínimo que debería quedar a todo evento entre la corona de la presa y el nivel máximo eventual de las aguas, considerando los efectos del viento, ola, sentamiento de la presa y sismos. Se obtuvo que el resguardo mínimo a todo evento debería ser de 2,00 m.

2.5 Estudio de las soluciones alternativas

El objetivo de aumentar el nivel máximo normal del embalse debía satisfacer condiciones tanto de operación como de seguridad, vale decir, en caso de presentarse una crecida, debería poder manejarse en forma eficiente y segura su evacuación por el aliviadero y garantizarse que la presa no sufriría el colapso por las nuevas condiciones de operación que implican los nuevos niveles permanentes de las aguas del embalse.

Una primera solución que se analizó fue la colocación de compuertas sobre el umbral abarcando toda su longitud. Sin embargo, considerando que ésta llega a 155 m, el número de compuertas por colocar resulta muy alto, dificultando la operación ante la eventualidad de una crecida. El riesgo que implica esta solución determinó su descarte.

Una segunda solución analizada era colocar tres compuertas frontales en el interior del canal colector, al inicio del rápido aprovechando el ancho de 40 m. Esta solución técnicamente factible tanto por las dimensiones de las compuertas como la magnitud razonable de la obra civil asociada, fue descartada por su costo.

La solución aceptada fue instalar una o varias barreras de goma inflables sobre una losa de hormigón, fundada sobre el labio libre del actual aliviadero. En caso de una crecida estas barreras se desinflarían restituyendo el nivel de vertimiento actual. Dada la curvatura que presenta el aliviadero actual, se requiere dividir la barrera inflable en 4 sectores.

La comparación entre las dos soluciones viables, compuertas en el canal colector o rubber-dam sobre el aliviadero, sobre la base de sus costos indica lo siguiente (Tabla 2 y 3).

Se debe considerar además que la solución con compuertas requiere una mayor carga hidráulica de 0,50 m para evacuar la crecida de diseño, lo que significa un menor resguardo y en el evento que una

Tabla 2. Costo de la solución con compuertas.

Objetivo	Dimensiones	Costo (miles US$)
Peralte de 2 m	3 × 11 × 14 m	4.383,4
Peralte de 3 m	3 × 11 × 15 m	4.603,5
Peralte de 5 m	3 × 11 × 17 m	5.100,0

Tabla 3. Costo de la solución con rubber-dam.

Objetivo	Dimensiones	Costo (miles US$)
Peralte de 2 m	4 barreras de 2 m	1.296,9
Peralte de 3 m	4 barreras de 3 m	1.823,3
Peralte de 5 m	4 barreras de 5 m	4.777,5

Tabla 4. Valores del VAN (miles US$) y TIR para diferentes tamaños de rubber-dam.

	2 m	3 m	5 m
VAN (10%)	−26,6	43,87	−1.668,31
TIR %	9,7	10,4	4,8

de las compuertas no pudiere abrirse, el riesgo aumentaría en gran medida.

3 ESTUDIO TECNICO ECONOMICO

3.1 *Metodología*

El estudio económico del peralte óptimo del nivel de las aguas del embalse Cogotí se basa en la comparación de los beneficios agropecuarios incrementales netos que se obtendrían por la mayor disponibilidad de agua, versus los costos de inversión y operación de las obras necesarias para disponer de ese mayor volumen de agua. Se determinaron los indicadores económicos típicos del beneficio actualizado neto y la tasa interna de retorno (VAN y TIR), para magnitudes de peralte entre 2 m y 5 m, a partir de los flujos del proyecto durante un horizonte de evaluación de 40 años.

Los costos del proyecto consideran costos de inversión, costos de operación y mantenimiento, y costos ambientales. Los costos de inversión se determinaron a partir de un diseño de detalle de las obras; los costos de operación y mantenimiento se han obtenido de información histórica proporcionada por los usuarios del embalse, más costos estimados de la operación de la barrera inflable; y los costos ambientales se han obtenido de un análisis de los principales impactos asociados al proyecto de aumento del nivel de operación normal del embalse.

Los beneficios agrícolas netos del proyecto, fueron determinados mediante un estudio agroeconómico del área de influencia del embalse y corresponden al diferencial entre los beneficios netos de una hipotética situación futura que considera el proyecto en operación y una situación base que corresponde a la actual situación agropecuaria optimizada desde el punto de visto del uso y eficiencia del recurso hídrico, mediante inversiones mínimas en asistencia técnica y capacitación de los agricultores.

El aumento de los beneficios se debe fundamentalmente a la mayor cantidad de hectáreas que podrían dedicarse a la producción de frutales y hortalizas de exportación, todo lo cual sólo es posible por la mayor seguridad de abastecimiento de agua de riego.

3.2 *Resultados*

Los resultados se presentan en la tabla siguiente (Tabla 4).

El punto de mayor rentabilidad resulta para una magnitud de peralte igual a 2,80 m, siendo por lo tanto éste valor el recomendado. Los costos actualizados en este caso ascienden a miles US$ 2.055.

4 DISEÑO DE LAS OBRAS

4.1 *Descripción de la obra civil*

La obra civil donde se anclarán y fundarán los cuatro cuerpos de la compuerta inflable de goma, rubber-dam, consta de las siguientes partes:

- Pilares de Anclaje
- Losa de Fundación
- Muro Cabecera Sur

La planta curva del aliviadero del embalse Cogotí exige dividir la barrera inflable en cuatro tramos rectos, entre pilares de anclaje de hormigón armado, para adaptarse a la forma curva del actual vertedero. Dos de estos pilares se dispondrán en los extremos y tres en puntos intermedios, de tal manera que los tramos centrales sean iguales, quedando un tramo largo adyacente a la presa y uno más corto en el extremo sur.

La forma de los pilares es tronco piramidal, de 4,0 m de altura, con sus caras laterales inclinadas 1:3 para anclar debidamente la rubber-dam mediante pernos. La cara frontal de los pilares es semicircular para mejorar el coeficiente de escurrimiento. La longitud de cada uno de los tramos de la barrera es la siguiente:

Entre pilares 1 y 2	40,82 m
Entre pilares 2–3 y 3–4	22,59 m
Entre pilares 4 y 5	57,41 m

La losa de fundación es la estructura de hormigón armado donde se fijarán las barreras longitudinalmente mediante pernos de anclaje. En su interior quedarán embebidos los ductos de aire y de control para operar adecuadamente el sistema de inflado y desinflado de la goma. Quedará fundada sobre el labio del actual aliviadero, aprovechando su cara horizontal. Tendrá un espesor de 0,80 m para garantizar la resistencia a los esfuerzos transmitidos por las barreras de goma y contener los ductos de 80 y 50 mm embebidos en su interior. El ancho de la losa, 5,55 m, permitirá que al desinflarse la rubber-dam, se apoye en toda su extensión sobre la losa de hormigón, quedando una superficie sensiblemente plana y horizontal, apta para el paso de las aguas. Adicionalmente, por aguas arriba, quedará un pasillo de 0,50 m de ancho. El nivel de la losa, en el borde de entrada será la cota 644,33 m es decir coincidirá con el actual nivel del labio del vertedero. Lo anterior implica que la parte superior del actual labio deberá ser demolida para fundar la losa sobre ella.

En el extremo más alejado del canal colector deberá construir un muro de cierre con su extremo superior de forma cilíndrica, que permite que las aguas viertan por sobre él. Su altura será de 3 m es decir el vertimiento en este sector se iniciará después que el vertimiento sobre las compuertas de goma.

4.2 Descripción de la rubber dam

La rubber-dam es un cilindro de goma hermético inflado con aire que permitirá peraltar en 2,80 m el nivel de las aguas del embalse Cogotí. Estará dividida en cuatro tramos y quedará anclada a la losa de fundación y a los pilares de anclaje mediante pernos. Sus características son las siguientes:

Diámetro nominal		2,80 m
Espesor de la goma		14 mm
Peso total de la goma	Tramo 1	8 t
	Tramos 2 y 3	5 t
	Tramo 4	11 t

El sistema de control de las barreras será diseñado de modo de mantener el nivel de aguas del embalse dentro de un rango de niveles predeterminado. El nivel de consigna podrá coincidir con el nivel máximo normal del embalse o ser algo mayor lo que permitiría poder evacuar crecidas menores sin necesidad de desinflar la rubber-dam. Para esto se aprovecha la facultad que tienen estas presas de goma de poder ser rebasadas por las aguas hasta en un 40% de su diámetro, sin presentar problemas de operación. En el caso de la presa de Cogotí se ha aceptado una carga máxima de 0,50 m, por sobre la presa de goma inflada, lo que permite evacuar crecidas de hasta 80 m^3/s.

Al ocurrir una crecida mayor, el nivel del embalse subirá y sobrepasará el nivel de consigna más la tolerancia, gatillándose entonces la orden de desinflar la rubber-dam. En esta situación el umbral del vertedero será una superficie horizontal a la cota 644,33, es decir, la misma cota de umbral que se tiene actualmente. La barrera permanecerá desinflada mientras el nivel de las aguas permanezca a una cota superior a la del nivel de consigna.

Cuando el nivel descienda por debajo de dicha consigna, la rubber-dam se inflará nuevamente. De este modo el volumen correspondiente al lapso cuando los caudales del hidrograma de la crecida van en descenso, quedará almacenado en el embalse

El tiempo mínimo de desinflado de la barrera será de 50 minutos. El tiempo de inflado será de aproximadamente 60 minutos.

4.3 Diseño de la obra civil

El diseño hidráulico de la obra civil está relacionado con el análisis comparativo de las capacidades de evacuación de crecidas entre la situación actual del vertedero y la situación futura cuando estén colocados los cuatro tramos de rubber-dam sobre él. La presencia de tres pilares en el sector intermedio del aliviadero y de dos pilares en sus extremos reducirá su longitud útil en unos pocos metros, no obstante su seguridad no se verá afectada significativamente.

En efecto, el aliviadero libre actual requiere de una carga hidráulica de 5,0 m para evacuar la crecida de probabilidad 1 en 1.000 años, estimada en 3.000 m^3/s, quedando un resguardo de 2,00 m. Al instalarse una rubber-dam se reduce la longitud del vertedero de 158 m a 143 m, es decir en un 10%. Sin embargo, la capacidad de evacuación no se reducirá en ese mismo porcentaje por cuanto para las cargas mayores la reducción de la longitud será menor porque a medida que la carga aumenta disminuye el espesor de los pilares, por su forma piramidal. El análisis hidráulico indica que para evacuar la crecida de 3.000 m^3/s la carga necesaria sobre el vertedero sería de 5,20 m, es decir, sólo 0,20 m mayor que la carga que tomaría el aliviadero en la situación actual. Adicionalmente, se cuenta con la posibilidad de que las aguas pasen por sobre el capacidad de evacuación del muro sur, lo que contribuiría en alguna medida a ayudar a evacuar la crecida.

El diseño estructural se ha efectuado teniendo presente las solicitaciones que trasmitirán las barreras al macizo rocoso que sostiene el actual aliviadero, así como las características geotécnicas de la roca de apoyo, su fisuración y permeabilidad.

Las dimensiones mínimas tanto de la losa como de los pilares de hormigón no quedarán determinados por las solicitaciones provenientes de las barreras sino por otras consideraciones: calidad superficial de la roca de apoyo, talud necesario para apoyar los extremos de la rubber-dam en los pilares, etc., de modo que resultan espesores mayores que los teóricamente necesarios.

Para los elementos de hormigón armado se usará hormigón Grado H30 con nivel de confianza 90% y acero de refuerzo para hormigón armado calidad A63-42H. Los pernos de anclaje y de ligazón a la roca (o al hormigón basal) serán de calidad A63-42H.

En el cálculo se ha supuesto que la roca y el hormigón de base serán capaces de resistir las cargas adicionales que le transmitirá la rubber-dam a través del sistema de pernos de anclaje.

Se ha efectuado una verificación del nivel de solicitación al que quedará sometida la roca de fundación en la situación futura de niveles del embalse (3 m superior). El cálculo de los elementos de hormigón armado se ha efectuado por el método a la ruptura mayorando las cargas según la norma ACI 318-93.

Para la losa de apoyo de la barrera, cuyas dimensiones aproximadas son de 120 m de longitud por 5,50 m de ancho y 80 cm de espesor, se emplearán enfierraduras mínimas, considerando que se trata de una estructura apoyada sobre roca y/u hormigón. El diseño tiene en cuenta que para la instalación de la rubber-dam el fabricante procederá a perforar la losa de hormigón armado y a anclarse a ella mediante un sistema de pernos y resinas epóxicas. En consecuencia no será necesario dejar en la losa ningún tipo de recesos, insertos ni elementos de anclaje.

Para garantizar la estabilidad de la roca de fundación y evitar el posible deslizamiento de bloques rocosos, cuyo plano preferencial presenta una inclinación entre 10° y 15° bajo la horizontal, se ha concebido un sistema de armadura por medio de pernos de anclaje de gran longitud, una cortina de inyecciones de lechada de cemento y una serie de perforaciones de drenaje.

La armadura del macizo se materializará por medio de pernos de anclaje de 28 mm de diámetro y 12 m de longitud, sellados con lechada de cemento, con separaciones de 1,50 m entre si, colocados verticalmente.

Para garantizar la impermeabilidad del macizo rocoso se inyectará una cortina de inyecciones de lechada de cemento, con perforaciones de diámetro Nx cada 2 m de distancia entre perforaciones y de 15 m de profundidad en la roca. Las perforaciones se harán con una inclinación de 5° hacia aguas arriba de modo que vayan alejándose del canal colector. Esta cortina se perforará una vez que se coloque el hormigón en la losa.

Para aliviar la presión en el interior del macizo rocoso se perforarán drenajes horizontales de diámetro Nx por el interior del canal colector, de 2,00 m de profundidad, cada 2,50 m en forma sistemática. La primera línea (línea superior) de estas perforaciones se ubicará a 7,00 m bajo el nivel del umbral del vertedero. Por lo tanto estas perforaciones sólo se ejecutarán donde el canal colector supera esa profundidad.

Los esfuerzos que transmite la rubber-dam, obligan a anclar adecuadamente los pilares al macizo rocoso. Además siendo el ancho actual del umbral de sólo 4 m, ambos extremos del pilar quedan en voladizo, lo que refuerza la necesidad de los anclajes. Por este motivo se ha considerado conveniente prolongar los extremos de cada machón hacia abajo de manera de envolver el actual vertedero y anclarlo mediante pernos verticales, de 28 mm de diámetro, que penetren entre 5 y 7 m de longitud en la roca (o en el hormigón existente) de fundación. La losa de fundación también debe anclarse adecuadamente al macizo rocoso, lo que se consigue con dos corridas de pernos sellados, de 28 mm de diámetro, separados entre si 2,50 m.

5 MEDIO AMBIENTE

Los impactos que este proyecto tienen sobre el medio ambiente de la zona son de baja relevancia ya que se traducen solamente en un aumento del espejo de agua permanente del embalse, debido al mayor nivel de operación del embalse.

Esta mayor superficie ocupada por las aguas no implica ningún tipo de alteración a los territorios que lo circundan, excepto la necesidad de construir algunos terraplenes para que el camino que une las ciudades de Combarbalá y Ovalle, que pasa por la ribera oriente del embalse, no quede en situación de inundación de su rasante. Los otros impactos ambientales corresponden a la fase de construcción de las obras civiles del aliviadero y serán de menor importancia y temporales.

6 CONCLUSIONES

La utilización de barreras de goma inflables aparece como una solución adecuada para el aumento de la capacidad de embalses actualmente en operación que dispongan de un aliviadero de cresta libre sin control.

El proyecto del peralte del nivel de las aguas del embalse Cogotí es plenamente viable tanto desde el punto de vista técnico, ambiental, como económico. En la actualidad, inicios del año 2002, la construcción está en su fase preliminar y se espera su materialización y puesta en servicio para el próximo año.

La versatilidad de estas barreras, que pueden inflarse o desinflarse a voluntad, permite, por una parte, aumentar los niveles de operación del embalse y por otra, al desinflarse, recuperar las condiciones primitivas para evacuar los caudales de las grandes avenidas ocasionales.

En el caso de la presa Cogotí, la instalación de un sistema de barreras de goma se ha visto dificultada por la curvatura en planta que presenta el actual aliviadero del embalse, lo que ha obligado a dividir la barrera en cuatro tramos de diferente longitud y construir pilares intermedios de hormigón armado para materializar el anclaje de las barreras inflables. El anclaje de estos pilares al macizo rocoso, sobre el cual se construyó primitivamente el aliviadero, exige disponer un denso y complejo sistema de pernos de anclaje e inyecciones.

No obstante que los pilares implican una disminución real de la longitud del labio del aliviadero, para las cargas mayores, esta disminución no es importante debido a la forma cónica que se ha adoptado para los pilares. Es así como la seguridad de la obra ante la ocurrencia de grandes avenidas se mantiene aproximadamente igual a la actual.

Se concluye finalmente que la instalación de un sistema de barreras inflables logra cumplir con el

Vista del embalse Cogotí en noviembre de 1997, aún vertiendo después de las crecidas de agosto.

objetivo de aumentar la capacidad del embalse Cogotí, por medio del peralte del nivel máximo de operación, sin afectar la seguridad de las obras.

AGRADECIMIENTOS

Los autores quieren expresar su agradecimiento a las siguientes instituciones que colaboraron en la preparación del proyecto y en este trabajo: Dirección de Obras Hidráulicas del Ministerio de Obras Públicas. República de Chile Asociación de Regantes del Embalse Cogotí Bridgestone Engineered Products Company, Inc. EDIC Ingenieros Ltda.

Dam Maintenance and Rehabilitation, Llanos et al. (eds)
© 2003 Taylor & Francis, ISBN 90 5809 534 7

Ambuklao hydroelectric scheme – sedimentation of the reservoir and rehabilitation program

J.P. Huraut
Technical Director, Consulting Branch, Sogreah

O. Cazaillet
Chief Engineer, River Basin and Rural Development Division, Consulting Branch, Sogreah

X. Ducos
Engineer, Energy Division, Consulting Branch, Sogreah

R.V. Samorio
Project Manager, Napocor

ABSTRACT: From the beginning of its operation, the Ambuklao scheme, located in the Benguet Province in the north of Luzon Island in the Philippines, suffered a rapid depletion of the reservoir active storage due to the considerable quantity of sediments transported by the various tributaries that flow into the reservoir. The scheme was severely affected by the 1990 Baguio earthquake of exceptional magnitude that triggered the movement of sediments accumulated in the reservoir towards the dam and the intake tower. The intake was submerged by a few meters of sediment leading to the immediate shut down of the plant. Although the plant generation has been restored some time after the event, the difficulty experienced in dredging the intake area and the impossibility to close the intake prevented a proper rehabilitation of the waterways and turbines, which continued to be operated at partial capacity from 1995 until the complete shut down of the plant in September 1999.

All possible solution to delay the filling of the reservoir by sediments including flushing and dredging of sediments have shown to be unworkable, environmentally unfriendly or economically unattractive. Sustainable solutions for the rehabilitation of the scheme will therefore have to accept that the filling of the reservoir by sediments is unavoidable, and that the operation mode of the scheme will evolve towards that of a run of river plant. The rehabilitation works, and particularly the new intake structure, have been designed accordingly.

1 INTRODUCTION

The Ambuklao scheme forms, together with the Binga scheme, a cascade of hydroelectric projects on the Agno river, one of the major river course of North Luzon, to the east of Baguio. The Ambuklao scheme, commissioned in 1956, includes the head reservoir of the cascade, with an initial total capacity of 327 Mm^3, and a 3 × 25 MW underground powerplant with a maximum gross head of 177 m, while the Binga scheme, commissioned in 1960 and installed immediately downstream of the tailrace outlet of the Ambuklao scheme, includes a smaller reservoir with a total capacity of 127 Mm^3, and a 4 × 25 MW underground plant with a gross head of 160 m (figures 1 and 2).

These two schemes are now getting old and have suffered, in varying degrees, severe aggressions from

difficult environment conditions. Binga scheme is still in operation, but the production at Ambuklao has been stopped in 1999, after the complete shut down of the plant further to the complete wreckage of the generating units.

The present paper concentrates on the rehabilitation programme to be adopted for the Ambuklao scheme, in relation with the operational difficulties and the damages suffered by the structures and equipment resulting from the heavy sedimentation of the reservoir.

1.1 Project description

The scheme includes

– A 129 high rockfill dam with a vertical clay core,
– A concrete spillway equipped wit 8 radial gates with a total discharge capacity of 11 000 m^3/s,

– A water conduit including an intake tower, a 300 m long, 7 m dia. headrace tunnel and a 2.2 km long, 5.2 m dia. tailrace tunnel equipped with a surge chamber,
– An underground powerhouse equipped with three Alstom 25 MW horizontal axis units and the

associated equipment, with the waterways arrangement as indicated in figure 3.

1.2 *Reservoir depletion*

From the beginning, the plant has been affected by a rapid depletion of the reservoir active storage due to the very high rate of specific degradation observed all over the catchment basin. The active reservoir capacity, which was 258 Mm^3 initially, has been evaluated to be 150 Mm^3 at present, which still allows some regularisation of the inflows, with, for the time being, a moderate impact only of the sedimentation on the annual energy generation capacity.

1.3 *1990 Baguio earthquake*

The power scheme has been severely affected by the strong earthquake that hit the Baguio area in July 1990. The epicenter of this magnitude 7.8 earthquake was on the Philippine fault, 100 km south of the site, but much closer aftershocks developed along the Ambuklao fault, very close to the site one day after the main shock.

These events triggered landslides in the upper valleys and above the reservoir, the dam as well as the spillway suffered some deformation or movement, and the powerhouse was inundated. The major damage

Figure 1.   Location map.

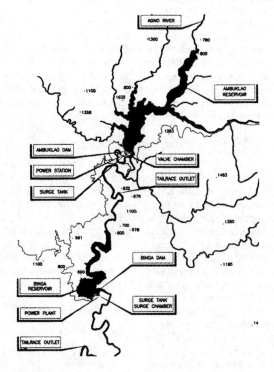

Figure 2.   Layout of the Ambuklao-Binga Cascade.

was however that sediments already accumulated in the reservoir moved towards the dam and submerged the intake tower by some ten meters, leading to the immediate shutdown of the plant.

1.4 *Present situation*

Although the plant generation capacity has been partially restored some time after the event, the difficulty experienced in dredging the intake area and the impossibility to close the intake prevented a proper rehabilitation of the waterways and overhauling or maintenance of the turbines, which continued to be operated at partial capacity until the complete shutdown of the plant in September 1999. At present, the situation of the Ambuklao plant and waterways is as follows:

– The bottom outlet is buried below 45 m of sediments,
– A circular caisson made of interlocked steel pipes has been installed around the intake, with the view to allowing the dredging of sand down to below the intake bays. Unfortunately, part of this caisson collapsed during the removal of sand, which level is now stabilised at mid level of the intake bays,
– The operation of the units, that was pursued after the clearing of waterways after the earthquake in spite of the very high sediment load of the water absorbed by the waterways, has resulted in considerable damages to the valves and turbines,

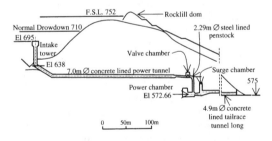

Figure 3.   Longitudinal profile of waterways.

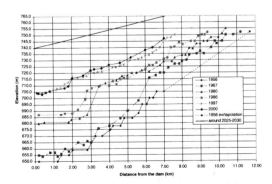

Figure 4.   Reservoir sedimentation along the Agno River.

– The inundation of the plant in 1990 has severely damaged the electrical equipment,
– All units are shut down; on one of the units, the damaged shaft seal is heavily leaking into the power cavern,
– The guard valves are all closed, but leaks through the units reach almost $2\,m^3/s$, with all valves and wicket gates shut,
– The draft tube gates are not operational anymore,
– The tailrace outlet structure is completely submerged by the sediments accumulated in the solid backwater curve upstream of the Binga reservoir tail, rendering the access and dewatering of the tailrace tunnel impossible without major works.

2   SEDIMENTATION IN THE AMBUKLAO RESERVOIR

2.1   *Observations*

The situation of the siltation in Ambuklao reservoir and its evolution with time is well known thanks to bathymetric surveys carried out in 1956, 1967, 1980, 1986, and 1997. The corresponding longitudinal profiles along the reservoir are reported in the figure 4.

The average sediment inflows can be derived from the analysis of the bathymetric survey data. They come as follows for the various periods between the surveys (Table 1).

All the data show exceptionally high sediment yield rates, as per world standards, that are explained by the cumulative effects of the geological nature of the area, the tropical environment and the typhoons that hit frequently the Philippines, the earthquakes, and the watershed deforestation. These sediment yield rates are generally well correlated to the water inflows, except during the last period where they appear to be much larger, as can be seen in the figure 5.

This particularly high sediment yield rate is most probably in relation with the strong earthquake of 1990 and the resulting landslides and sediment inflow towards the watercourses.

Table 1.   Reservoir sedimentation.

Period	Sediment volume mm³	Mean annual sedimentation mm³	Specific degradation t/km²/year	Mean annual inflow mm³
57–67	33.1	3.0	7290	1279
68–80	69.0	5.3	12 880	1454
81–86	8.4	1.4	3400	1192
87–97	66.7	6.1	14 830	1308
57–97	177.2	4.3	10 500	

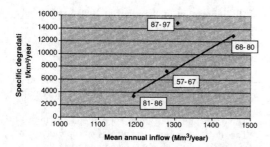

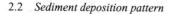

Figure 5. Specific degradation versus mean annual inflow.

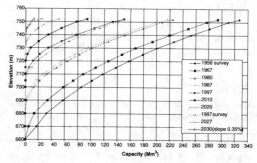

Figure 6. Elevation-capacity curves.

2.2 Sediment deposition pattern

The longitudinal deposition pattern of sediments in a reservoir depends on various factors such as pool geometry, discharge, grain size of the sediments and reservoir operation. According to the profile shown figure 4, the longitudinal deposition pattern of the Ambuklao reservoir is of a deltaïc type with the usual following characteristics:

– Abrupt chànge between the slopes of the topset and foreset deposits,
– Sediment particles on the topset coarser than on the foreset bed,
– Elevation of the transition zone between topset and foreset zones depending of the operating levels of the reservoir.

The foreset part of the reservoir appears to have been completely filled after the survey of year 1986, from elevation 687 to around elevation 705 as measured after the earthquake, enforcing the likelihood of a liquefaction of the sediments in the reservoir and the resulting large scale sliding of the sediments towards the dam.

2.3 Predictable evolution of the sediment deposit

The progression of the delta may be characterised by the progression of the delta pivot point (head of the topset bed) towards downstream and the evolution of the slope of the deposit.

The observation of the sediment deposition profile history during the past 45 years allows to extrapolate the future pivot point progression celerity and the future slope of the deposit, leading to the following conclusions:

– The delta should reach the dam between year 2025 and 2030, at the level of the spillway weir,
– The slope of the deposit should be around 0.35% at that time.

The results of another approach, with the application of the Area Reduction Method of Borland and Miller to the characteristics of the Ambuklao reservoir, are

in accordance with the observed evolution of the reservoir and confirm the correct estimation of the volumes of sedimentation. The related model is therefore considered to represent properly the evolution of the global sedimentation in terms of the evolution of the elevation capacity curve and in terms of an estimation of the sediment levels in the downstream part of the reservoir. The related evolution of the elevation capacity curve of the reservoir comes as follows (figure 6).

2.4 Bed load sediment transport

Taking into account the characteristic slopes and widths of the main tributaries of the reservoir (the Agno river proper and the Bokod river on the left bank of the reservoir), the grain size curves of the sediments of the bed and the mean flow duration curves of the rivers, it appears that, using the Meyer-Peter formula which is the best suited approach in the present range of slope and sediment grain size, the potential bed load capacity of these upper reaches is in the range of 400 000 to 600 000 m^3 per year, i.e. 10 to 15% of the total mean load deposited annually in the reservoir. This ratio is not unusual, but the related quantities of sediments are high when compared to the bed load transport capacity corresponding to the slope of the bed reached at the end of the filling of the reservoir.

It is therefore to be expected that the slope of the reservoir will become steeper with time, to reach a value of about 0.6%, corresponding to the present slope of the Agno river just upstream of the reservoir, able to carry towards downstream the bed load coming from the upper reaches.

It is however considered that 75 to 100 years will be necessary to reach this new equilibrium after the filling of the reservoir with sediments.

The maximal size of the sediments grains that will reach the spillway when the reservoir is filled is estimated to be currently in the range of 30 to 65 mm with boulders of diameter 100 to 150 mm during large floods.

2.5 Impact on the water intake

The maintenance of the reservoir bottom level lower than that of the existing water intake would imply the dredging of considerable amounts of sediments, that will increase when the delta reaches the intake. It is indeed expected that, at that time and assuming that the wash load component is either discharged through the turbines or the spillway, the major part of the incoming bedload and suspended load will have to be dredged each year, representing some 30% of the total 4.3 Mm³/year load.

The related operation of dredging, building embankments to store the sediments, transporting the sediments and filling up the deposit areas to maintain the operational character of so deeply seated an intake are obviously out of economical and technical range.

The scheme rehabilitation plan will have therefore to consider the eventual raising of the level of sediment in front of the dam.

2.6 Impacts on the operation of the Ambuklao scheme

The present 152 Mm³ reservoir active storage corresponds to 38 days of average inflow. The regularisation of the inflow provided by the reservoir is therefore relatively poor, when the dry season lasts 5 to 6 months.

The energy generation models show however that the decrease of the energy produced by the Ambuklao scheme resulting from the filling of the reservoir by sediments in the coming years is very modest. This is due to the fact that the benefit of the small discharge regularisation provided by the reservoir requires it to be drawn down before the onset of the rainy season, with the resulting temporary loss of head and production, which is only marginally compensated by the reduction of the spillage and increase of the water volume available for power generation, as shown by figure 7.

The benefit on the production of energy by the Binga plant of the small inflow regularisation provided by the Ambuklao reservoir has also been verified to be poor.

The benefit of any investment or running expenses aiming at preventing the deposition of sediment in the reservoir is therefore marginal in economical terms if compared to the value of the saved energy production.

There are however other beneficial aspects in preventing the progressive reduction of the active part of the reservoir despite of its relatively modest volume:

– It allows some dampening of the peak discharge of the usual flood flows, provided that the reservoir is drawn down before the arrival of the flood,
– It provides of a certain level of guaranteed energy or guaranteed power during peaking time all along the year for both Ambuklao and Binga schemes.

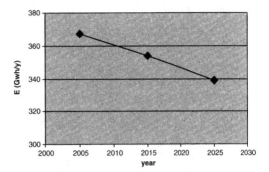

Figure 7.   Energy generation versus year.

3   REHABILITATION PROJECT

3.1   Water intake

3.1.1   Present situation

The present water intake consists in a 60 m high free standing tower located on the left abutment of the dam. Eight two meter wide inlet bays have been arranged in the upper 10 m of the structure. These bays are fitted with slots designed to accommodate either trashracks or bulkheads. The upper deck of the structure is set at elevation 695, one meter above the initial Minimum Operating Level, and 57 m below the Full Supply Level 752.

Although the design included a 20 m high steel operating tower providing guides extension and a working platform to be installed above the tower, this device has not been built and no permanent handling device is available for the installation of the bulkhead.

The intake structure, as it stands, see figure 9, is not able to cut any significant flow through the headrace tunnel, and does not provide any easy means to isolate the headrace tunnel from the reservoir. This is the reason for the arrangement with two valves in tandem installed in each one of the penstocks in the valve chamber.

The elevation of the sediment is generally at elevation 705 around the intake structure, and this level has been estimated to raise up to elevation 720 in year 2010 and 730 in year 2020.

The unsuccessful attempts to isolate the intake structure has resulted in the accumulation of various metallic structures and parts, that renders the approach of the structure awkward and dangerous (figure 10).

3.1.2   Rehabilitation of the existing intake structure

Any attempt to modify the design of the intake structure to make it adapted to the long term evolution of the sedimentation in the reservoir should consider the possibility to take water from elevation around 715 to the FSL 752.

453

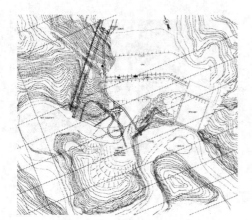

Figure 8. Layout of the waterways.

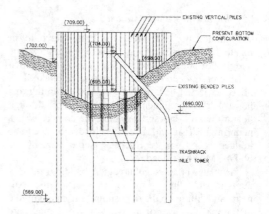

Figure 10. Present situation of the intake structure.

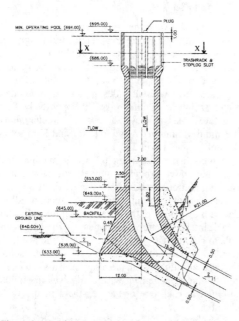

Figure 9. Intake structure.

It is clear that the considerable extension of the structure that should be required to satisfy such a requirement would raise huge difficulties. It has been ruled out on for the reasons indicated below:

– It is presently impossible to draw down the reservoir below the crest of the spillway at elevation 740, and it will be so until the powerplant is in operation. A large part of the work would have therefore to be built underwater,
– The extension of the intake tower to the extent required by the long term operation conditions of the plant would lead to a 120 m tall structure, that

will have to resist to all expectable loading conditions, including earthquakes,
– It is extremely difficult, if not impossible, to envisage the reinforcement of the existing part of the intake tower to ensure the overall stability of the extended structure, with the present situation of the structure fully submerged with water and sediments,
– A possible solution making use of jackets and piles to build a new structure with a flexible connection to the existing intake would take into account the presence of the existing disused and twisted piles and would be therefore very wide, involving the mobilization of outsized equipment, out of range with the importance of the project, the access possibilities, the time frame and the cost of other alternatives,
– Other alternatives involving a non rigid connection to the existing structure, with for instance a telescopic intake to adapt to the silt aggradation that will continue in the future, or other solutions have been found unpractical.

3.1.3 New intake structure

The retained rehabilitation solution includes the construction of a new intake structure on the right bank of the reservoir, above the existing waterways.

The structure will be built in a dry pit excavated in the dam right abutment and connected to the reservoir after completion of the structure (figure 10).

The principle retained for the structure is that of a frontal intake, with a gate able to cut the maximum discharge through the waterways, a trashrack and a trashrack rake and bulkheads (figure 11).

As the level of the sediments that will deposit in the reservoir is likely to reach a level around el. 740 by year 2025–2030, i.e. widely above the setting of the intake retained for making use of a large part of the reservoir capacity as it stands at present, it is anticipated that the bulkheads will be installed in the grooves provided for this purpose behind the trashrack

Figure 11.   Layout of the waterways.

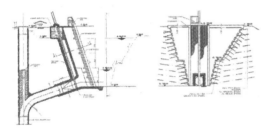

Figure 12.   New water intake.

Figure 13.   Tailrace outlet area.

panels as required by the eventual raising of the sediment level, so as to allow the flow to spill over the bulkheads while preventing the entrainment of the bed load into the waterways.

The connection of the new intake structure to the existing headrace tunnel will be through a vertical shaft to be driven from the dam abutment.

3.1.4 Closure of the existing water intake

The connection of the new shaft to the existing waterways requires the previous closure of the existing water intake. The closure procedure will have to include the necessity to cut the permanent discharge through the waterways.

The retained closure principle is based on the building of a tight and stable plug by dropping materials of adequate grading into the intake shaft, starting by large stone blocks.

3.2 Rehabilitation of the generating units and associated equipment

It has been considered that, given the age of the equipment, the history of their operation, the deficiencies and breakdowns observed during the more recent operation as well as the unusual concentration of the sediments that have been discharged through the waterways, all electrical and mechanical equipment, except possibly the major embedded pieces, were to be replaced, to allow a guarantee to be given to the future operational availability of the rehabilitated plant.

3.2.1 Guard valves

The new intake being now including an emergency gate able to cut the full flow through the waterways, the past arrangement with two valves in tandem on each of the three penstocks in the valve chamber is not justified any more, and is replaced by one butterfly valve per penstock, designed to allow the maintenance of the service seal without dewatering the waterways.

3.2.2 Generating units

The comparison of various rehabilitation options which covered different arrangements of the generating units led to the conclusion that the solution to be retained was to keep the existing lay out with three horizontal units, but with the installed power increased to 3×30 MW.

3.3 Other waterway structures

As a result of the deposition of sediment in the Binga reservoir and the reach of the Agno river upstream of the reservoir, the bed level of the Agno river has raised by some 15 meters in front of the Ambuklao tailrace outlet structure (figure 13), and is expected to continue to raise in the future at a rate of 2 to 3 meters every 10 years, with negative consequences on the tailrace tunnel surge chamber and outlet structure.

3.3.1 Surge chamber

The raising of the tailwater elevation together with the increase of the plant installed power concur to the increase of the maximum upsurge level in the tailrace surge chamber beyond the roof of the existing structure. This requires the extension of the surge chamber which is realized by the construction of an inclined gallery from the valve chamber to the east gable of the cavern.

3.3.2 Tailrace outlet structure

The tailrace structure of the scheme is now buried under 15 m of sediments, with a pit maintained open

Figure 14.   Tailrace outlet structure.

above the outlet by the permanent leak discharge through the waterways.

This situation requires the permanent maintenance of the tailrace outlet and prevents any easy possibility to dewater, visit and maintain the tailrace tunnel and surge chamber. A new arrangement will be built, taking into account the present elevation of the river bed and adaptable to its expected future raising (figure 14).

4   SEDIMENT MANAGEMENT

4.1   Reservoir sediment filling control options

Various possibilities for the control of the filling of the reservoir by sediments are generally considered as follows.

4.1.1   Reduction of sediment inflow
The implementation of watershed management policies may limit, to a certain extent, the rate of erosion in the catchment basin and contribute to the reduction of the sediment inflow into the reservoir. It is expected that this contribution will be however limited, specially in the first years of the programme.

4.1.2   Routing of sediments
The sediment routing methods may be classified into:

– Sediment Pass-Through methods, with seasonal or flood drawdown, and turbid density current,
– Sediment By-Pass methods, with sediment diversion dam and on-channel or off channel storage.

Pass Through methods are not applicable in the present situation of the scheme. However, seasonal or flood drawdown will become an option in the future when the level of sediment in the reservoir gets closer of the spillway sill level.

Sediment By-Pass methods could be a technical possibility. But it requires the construction of large infrastructures at a cost that is not commensurate with the modest decrease of the energy produces resulting from the filling of the reservoir by sediments.

4.1.3   Removal of sediments trapped in the reservoir
The removal of the sediments already trapped in the reservoir may by carried out through one or several of the following ways:

1. Maintenance dredging of the area in front of the water intake, with stockpiling of the dredged material behind check dams established across existing water courses or in piedmont,
2. Maintenance dredging with deposition of sediments in the Agno river, to be transported towards downstream by the water spilled during floods,
3. Flushing through a structure to be established in the right bank of the reservoir, included in or in the vicinity of the new power intake structure,
4. Flushing through the spillway.

All these possibilities have been found either unpractical or unworkable, environmentally unacceptable, or economically unattractive. The only solution found economically acceptable and corresponding to a sustainable development of the scheme is to accept that the filling of the reservoir by sediments is unavoidable, and that the operation mode of the scheme will evolve eventually towards that of a run of river plant.

4.2   Behavior of the sediment in the reservoir

In the absence of maintenance dredging, the sediment will continue to settle in the reservoir. After the deposited sediments have reached a level close to that of the spillway weir, expectedly after 30 year or so, the behavior of the sediments will depend of the mode of operation of the reservoir.

Calculations show that, at that time and when the slope of the Agno river is established at 0.35% in the reservoir, the sediments are transported mainly when the discharge in the Agno river is above 80 to 90 m³/s, which is exceeded on average one month per year, while the maximum turbined discharge will be 60 to 65 m³/s.

If at that time and in this high flow condition the gates remain open and the power plant is shut down, the discharge will be used entirely to transport the sediment towards downstream over the spillway. Otherwise:

– If the water level is maintained high during the floods (gates partially open), a large proportion of the bedload will deposit in the channel upstream of the dam,
– If the gates are open but the discharge is simultaneously allowed through the turbines, a part of the sediments will deposit in front or just downstream of the intake.

In these two last cases, maintenance by dredging or flushing the deposited sediments will be required to keep the scheme in operation.

In all cases, the surface of the spillway will have to be fitted with an abrasion resistant lining to permit the discharge of sediment without excessive wearing of the structure.

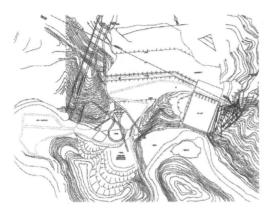

Figure 15. Scheme arrangement with groyne to be built in the future.

4.3 *Future complementary works in the reservoir*

The spillway being located on the left bank of the reservoir while the water intake is sited on the opposite bank, complementary works will have to be implemented before the channel elevation reaches the level of the spillway weir so as to ensure the proper supply of the intake. To this end the following works are anticipated (see figure 15):

– Construction of a submerged groin, rooted in the left bank upstream of the dam to a point 100 m in front of the intake structure, forcing the bed along the right bank upstream and in front of the intake structure. The elevation of the groin will be established to properly guide the small flood flow towards the

intake, and not to produce excessive headlosses during the discharge of large flood flows,
– Construction of a lateral weir across the intake entrance cut, that will prevent the entrainment of gravel and coarse sand towards the intake.

There is of course no necessity to decide now for the operation rules to be applied to the plant 25 to 30 years from now. The preceding considerations allow however to verify that the structures to be built now will be able to cope easily with the sedimentation situation that will prevail in the future.

BIBLIOGRAPHY

E. Meyer-Peter and R. Müller, Formulas for bedload transport, Prosc 7 Congress IAHR, Stokholm, 1948.

Andrew Eherhardt "Ambuklao underground Power Station", Journal of the Power Division, Proceedings of the ASCE, April 1958.

W.M. Borland and C.R. Miller, Distribution of sediments in large reservoirs, ASCE Paper 1587, vol 84, 1958.

B.N. Murthy, Life of reservoirs, Technical Report No. 19, Research Scheme applied to river valley projects, Central Board of Irrigation and Power, New Dehli, Sept 1980.

Sedimentation Control of Reservoirs, Bulletin 67, ICOLD, 1989.

Gregory L Morris and Jiahua Fan "Reservoir Sedimentation Handbook" McGraw-Hill 1997.

S. Alam "A critical evaluation of sediment management design practice", Hydropower and dams, Issue one, 2001.

S. Alam "Improving sedimentation management using multiple dams and reservoirs", Hydropower and dams, Issue one, 2002.

Dam Maintenance and Rehabilitation, Llanos et al. (eds)
© 2003 Taylor & Francis, ISBN 90 5809 534 7

Improvement of embankment dam safety against overflow by downstream face concrete macro-roughness linings

Pedro A. Manso & Anton J. Schleiss
Laboratory of Hydraulic Constructions (LCH), EPFL, Lausanne, Switzerland

ABSTRACT: The study of a macro-roughness lining system for protection of earth embankment dams during overflow is presented. The system consists of pre-cast concrete elements placed on a drainage/separation layer. Their stability concept is based on the self-weight of the blocks. Several types of elements were developed and tested for stability in a physical model for a typical dam slope of 1/3 (V/H). Based on the experimental results, a stability model was developed to compute the design safety factor for the surface protection lining. Synoptic design charts were derived for 1/3 dam slopes, allowing the rapid estimate of the lining characteristics, as dimensions and weight, for a given design unit discharge and various margins of safety. This macro-roughness lining system is envisaged for spillway rehabilitation of existing dams, for the design and construction of dams less than 30 m high, as well as for the protection of cofferdams.

1 INTRODUCTION

Increasing activity in the assessment of dam safety has revealed that many existing dams do not satisfy today's flood discharge safety standards. Dam overtopping is the cause of one third of the identified failures, mainly due to insufficient spillway capacity (Serafim, 1985, ICOLD, 1995). Embankment dams are the most widespread type of dam and their *uncontrolled* overtopping normally results in partial or complete failure. A large number of existing embankments have insufficient spillway discharge capacity and need repairing works urgently. Overtopping, when controlled, may be one solution for safe management of hydrological uncertainties and residual risk related with floods, providing an alternative or a complement to conventional spillways.

The need for additional flood discharge facilities can be found rather often at dams up to 30 m, the majority of which is earth fill dams (including Large Dams, ICOLD, 1997). This category of dams will see the largest construction rate around the world in the forthcoming years, mainly in irrigation, water supply and flood management schemes (ICOLD, 1997).

Erosion by overflow, if any, will start at the downstream dam toe where flow velocity and shear stress are higher. The progression and final extension of the overtopping-driven erosion of unprotected dams depend on the overtopping duration, unit discharge and head over crest, and also on the embankment characteristics. In extreme cases, breaching will empty completely the reservoir.

Controlled overtopping is already comprised in the legislation for dam safety in the USA (Hagen, 1982) and in the UK (Minor, 1998).

2 OVERFLOW LINING CONCEPT

Overflow accelerates from a reservoir subcritical regime to a supercritical regime down the dam slope. As soon as the turbulent boundary layer reaches the surface (inception point), air will be entrained gradually from the surface. If the slope is sufficiently long, quasi-uniform conditions are attained. At the toe, the restitution is often done by a hydraulic jump, which can lead to erosion and endanger the stability of the dam (Powledge et al., 1989).

To avoid erosion it is of utmost interest to *line* the embankment surface. The lining should discharge floods safely, protect the embankment against erosion and drain the infiltrated water. Compared to conventional side spillways, savings can be achieved in excavation, concrete and diversion works. In the particular case of macro-roughness linings, they can also improve the energy dissipation efficiency along the slope, resulting in savings in the restitution works.

Furthermore, the air entrainment in the flow is triggered, reducing the risk of negative pressures. Alternative lining systems such as grass, riprap, paving, geo-textiles, geo-membranes, concrete slabs, rolled compacted concrete (RCC) and gabions have been developed for embankment dams (Albert &

Gautier, 1992; Frizell et al., 1996). Linings using cement (RCC, soil cement, reinforced concrete slabs) are only economical if large quantities are used, requiring easy site access and heavy machinery. Grass, geotextile, gabions and polymeric covers are rather prone to vandalism. Up to now, overflow linings have been employed for velocities below 8 m/s, unit discharges lower than 2–3 m²/s and dams up to 10 m high, with some exceptions. RCC and concrete block lining are the most promising systems in view of higher discharge capacity.

Linings of concrete elements were first developed in the URSS (Pravdivets & Slissky, 1981). Its economical interest relies on multiple repetition, simple element and formwork geometry, and low transport cost. The preferred lining was conceived for embankment slopes below 1V/2H and comprises a row of overlapping concrete blocks placed upon a layer of draining gravel. The stability of the blocks is ensured by a combination of hydraulic forces, namely the impact on the step surface and the reduction of the up-lift pressures in the foundation by water extraction through vents (Frizell et al., 1996; Hewlett et al., 1997). This system has reached an advanced stage of development and has been used for unit discharges below 3 m²/s, head over the crest less than 1.0 m and velocities of up to 13 m/s. Some exceptional cases in Russia go considerably beyond.

The systems of concrete elements might fail by isolated or combined lifting, sliding, overturning or failure of the sub-layer (settlement caused by internal erosion of the subsoil or by sliding). Drainage is thus a key element in the overflow spillway's behaviour. Stability can be improved by connecting the blocks and/or by anchoring them into the underlying embankment to prevent sliding. Overlapping, mechanical interlocking (male-female joints, hollow joints), artificial interlocking or bindings are some of the alternative methods used. However, each of these systems has limitations. This work aims at presenting an alternative system.

3 TESTS WITH ALTERNATIVE MACRO-ROUGHNESS CONCRETE BLOCKS

The experimental work aimed at evaluating the stability of concrete elements placed on the downstream slope of an earth fill dam submitted to overflow (Manso, 2002). The objectives were to identify the geometry with the best performance in view of stability and, for the given geometries and dam slope α, to determine the critical unit discharge leading to failure. Tests were performed in a flume under Froude similarity with a geometric scale factor of 1:10 compared to typical prototype linings. Observations focused on the fully aerated quasi-uniform flow region where the velocity

has its maximum over the slope. The systems studied consist of concrete stepped or pyramidal elements, placed side by side, from downstream to upstream, separated from the embankment by a foundation and/ or drainage layer. Its innovative character concerns the stability principle, based on self-weight. Due to the cascade-like surface, the flow pattern is strongly influenced by the lining (macro-roughness flow). Such surfaces create a complex flow pattern, which by impact and deflection of jets increase the energy dissipation efficiency comparatively to smooth surfaces. The investigated concrete elements have a simple geometry and are divided in an exposed macro-roughness part and a foundation slab. Since handling, transportation and placing depend mainly on the element's weight, their dimensions are limited in practice. Four types of concrete blocks were investigated (Fig. 1), namely a 44° negative step (Type 1), a 30° negative step (Type 2), a 30° negative step with end sill (Type 2+ES) and a 45° pyramid (Type 3).

For improvements in the energy dissipation efficiency, end sills were added to the 30° negative steps, as proposed by Peyras et al. (1991) for gabions and by André et al. (2001) for stepped spillways. Eight different configurations of linings were created, including three configurations that resulted from inverting the upstream and downstream surfaces (Types 1/a, 2/a and 2+ES/a). The eighth was obtained by adding a 3 mm thick steel plate to the pyramid (Type 3+), simulating an increase of 10 mm of concrete foundation slab thickness (Table 1).

To perform the stability tests, one experimental facility was built, consisting of a 1:3 inclined, 0.8 m wide chute with total length of 6.0 m. Water enters in the flume from a 2 m³ tank over a sharp crest control weir (Fig. 2).

The upper part of the channel is used for bottom turbulent boundary layer development and partially aerated flow development. The blocks were tested in the downstream reach of the channel where quasi-uniform flow conditions were observed. Triangular steel profiles were placed on the upstream part to prevent over-accelerating of the flow before arriving at the test stretch. These 7.0 mm high steel profiles create a macro-roughness surface similar in height and shape to the tested linings. The system was kept from sliding by fixing the toe block to the channel. Water was supplied in the tank over a Ø 300 mm pipe by a centrifugal pump with a capacity of 250 l/s.

Eight elements were placed over the channel width and measurements were taken at half the width to avoid sidewall effects. During testing, increasing discharges were used until failure of the system was reached. Three alternative drainage conditions were studied, respectively: (1) without drainage, placing the element directly on the channel bottom and water tightening the downstream toe; (2) with a highly

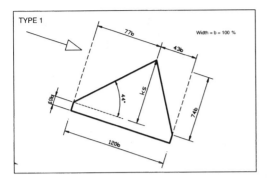

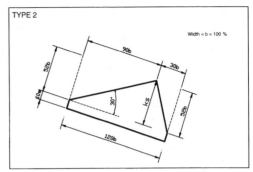

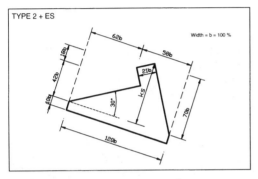

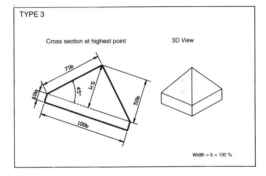

Figure 1. Dimensionless geometry of investigated types of concrete lining blocks on a 1:3 slope, normalized for the width of the elements (b = 100%).

Table 1. Tested concrete elements (channel slope 1V:3H).

Type	L_B (mm)	b (mm)	k_s (mm)	A (mm²)	Volume (mm³)	WN	ρ_s (kg/m³)
1	120	100	74	5640	564000	13.6	2411.3
2	120	100	52	4320	432000	10.4	2407.4
2ES	120	100	70	4761	476100	11.0	2310.4
3	100	100	50	–	266667	5.7	2137.5
3+	100	100	50	–	266667	8.2	2137.5

L_B – length, b – width, k_s – characteristic roughness height, A – lateral surface, ρ_s – density.

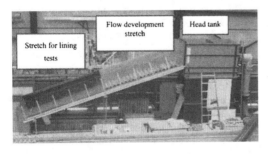

Figure 2. General view of the experimental facility.

draining under-layer foam ($K_{Darcy} \approx 10^{-3}$ m/s); (3) with a pressurized drainage foam achieved by closing the drainage outlet. The highly permeable stiff drainage foam eliminates entirely the uplift pressures on the element's foundation. Its permeability is about 10^2 higher than common prototype drainage layers. Depending on the infiltration rate through the lining joints, partial uplift pressures can build up if the prototype drainage layer is under-designed. For the step type blocks, aligned as well as non-aligned longitudinal joints were tested, where as for pyramids only non-aligned joints were tested.

For each lining, a preliminary test was performed to identify the failure discharge. At least two more tests were done to confirm the failure conditions and to perform measurements. Flow discharge, flow velocity, flow depth and infiltrated flow in the drainage layer were measured during the tests.

Discharge was controlled by the electromagnetic flowmeter of the laboratory pumping system and the infiltrated water in the drainage layer was separately measured using a triangular control weir. Photos were taken 5.00 m downstream from the upstream weir for each discharge step of 10 l/s. Metric scales placed at the sidewalls along the chute allowed obtaining from the photos a visual estimate of the flow surface level in quasi-uniform conditions. The flow surface elevation is slightly overestimated in photo readings, due to surface tension and side splash effects close to the sidewalls. The associated interpretation error is less than 5%. Flow velocity was measured using currentmeters and video recording. The currentmeters measured local velocity over stepped-like elements at a distance of approximately $0.30–0.40k_s$ above the element tip. These readings are not representative in the case of significant air concentration, but provide a rough estimate of flow velocity. At this depth, water was the predominant fluid and the velocity readings allowed comparing the behaviour of the different macro-roughness linings. Digital video was used to film the propagation of coloured dye, three times for each recorded discharge. Picture processing allowed identifying a mean front velocity in a channel stretch between 4.50 m and 5.50 m downstream. It is considered as a fairly good estimate of the skimming flow mean velocity in the quasi-uniform flow region.

4 RESULT ANALYSIS

Results could be obtained from 18 different combinations of element type, joint alignment and foundation drainage conditions. For seven tests, collapse was not reached before the maximum pump discharge capacity (228 l/s).

Two main well-known flow regimes were observed over uniform macro-roughness surfaces, namely skimming and nappe flow (Fig. 3). Cascade-like low discharge flow is called "nappe flow". For large discharges, the flow acts as a coherent stream, "skimming" over the elements and creating a pseudo-bottom. Entrapped vortexes occupy most of the cavities between consecutive tips. For stepped-like elements, the transition between these regimes is understood as "the disappearance of the cavity beneath the free-falling nappes" (Chanson, 1994).

Skimming flow conditions were observed for all tested discharges above 20 l/s (channel of 0.8 m width) over stepped-like elements (in regular or inverse position). Over the pyramids, a clearly visible three-dimensional flow pattern is also created below the skimming layer.

The test facility channel was made long and the measurements sections placed 5.0 to 6.0 m downstream from crest, so that quasi-uniform flow could be achieved at the downstream measuring cross-sections of the flume during the tests (estimated distance to the crest of about 20 times the head over the crest, Pravdivets & Slissky 1981).

4.1 Analysis of flow depth

From photos, a mean surface level S_{mean} was determined for all discharges investigated (Fig. 4), neglecting the

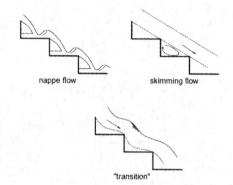

Figure 3. Flow regimes over stepped macro-roughness.

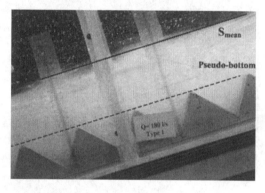

Figure 4. Definition of flow surface level S_{mean} (Photo of test with lining type 1, $Q = 180$ l/s).

surface irregularities. The latter tend to be less perceptible for high discharges.

For a given discharge, the mean average Y_{mean} flow depth was defined as the distance between the pseudo-bottom and S_{mean}. This mean depth corresponds approximately to the depth Y_{90} at which the local air concentration is of 90% (Matos, 2000). This conclusion is valid for stepped surfaces once skimming flow becomes fully developed (constant air profile) and for which a stepped surface behaves in the same way as a non-stepped one (Chanson, 1994).

The equivalent clear water depth h_w used to compute the forces acting on the concrete elements is:

$$h_w = Y_{mean}(1 - C_{mean}) \qquad (1)$$

where C_{mean} = mean depth-averaged air concentration. For steady uniform flow conditions in a given slope, C_{mean} can be assumed equal both for smooth chutes and stepped-like macro-roughness chutes in skimming regime (Frizell et al., 2000). Therefore, for the negative concrete steps, is given by:

$$C_{mean} = 0.9 \sin \alpha \, (\alpha < 50°, \text{ Chanson } 1994) \qquad (2)$$

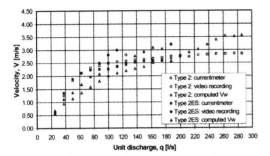

Figure 5. Flow velocity comparison between 30° negative step with/without end sill (Type 2 and 2+ES). Measurements and computed velocities.

The pyramids create a flow pattern closer to natural macro-roughness mountain riverbeds and the relationship derived by Hartung & Scheuerlein (1970) was considered more adequate:

$$C_{mean} = 1.44 \sin \alpha - 0.08 \qquad (3)$$

4.2 Analysis of flow velocity

From digital video film, averaged mean front velocities could be obtained. The accuracy is of about one frame or 1/25 s, according to the recording frequency and of ±16% in the final outcome.

A mean water velocity U_w was computed from the unit discharge q_w:

$$U_w = \frac{q_w}{h_w} \qquad (4)$$

For the tests with drainage, q_w was reduced accordingly. The different methods allow estimating the order of magnitude of flow velocity (Fig. 5). Video measurements were always higher than those obtained with currentmeter, especially at higher discharges ($Y_{mean} > k_s$) for which the measured local velocity at $0.3–0.4\,k_s$ (k_s: characteristic roughness height, see Fig. 1) is increasingly influenced by the momentum exchanges at the pseudo-bottom interface.

4.3 Lining failure conditions

As expected, the inverted elements failed at lower discharges than regular ones. Element shape and inertia seem to be as important as its weight. As an example, the pyramids (Type 3) failed at approximately the same discharge as the inverted 30° negative step with end sill (Type 2ES/a), despite having half the weight. On the other hand, for elements of similar roughness shape, stability clearly depends on the weight. For instance, the heavier pyramids Type 3+ withstood larger discharges than regular Type 3 pyramids, for equal hydrodynamic loads.

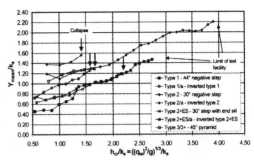

Figure 6. Relation between dimensionless mean flow depth (Y_{mean}/k_s) and the dimensionless clear-water rectangular section critical depth (h_{cr}/k_s) for all types of linings tested in a 1/3-channel slope ($\alpha = 18.43°$). Flow depth was taken for quasi-uniform flow conditions for tests WITHOUT drainage.

5 STABILITY OF CONCRETE ELEMENT LININGS

The stability of the concrete elements is analysed for a 1/3 slope and steady flow conditions in a wide channel. Experimental tests showed that the governing failure mechanism is overturning. Failure of the lining occurs when the *first* element departs under gradually increasing flow forces (Neill, 1967).

5.1 Maximum allowable discharge and flow velocities for a given block weight

The experimental results for each tested concrete block are presented in Figure 6, as a function of the dimensionless mean flow depth Y_{mean}/k_s and critical depth h_{cr}/k_s. Limit equilibrium state conditions (collapse) correspond to the maximum value of h_{cr}/k_s, except for those configurations where collapse was not observed (Type 1 and 2) and the remaining margin of safety could not be determined. This dimensionless diagram can be used to design prototype elements of different size than those used in tests. For equal density of the blocks, the maximum discharge that an element can withstand defines the minimum size (k_{smin}) for which the element is still stable. Only the most unfavourable stability case, without drainage, is presented in the diagram.

To estimate the flow velocity for a given discharge in the prototype, a dimensionless ratio V_{cr}/U between the rectangular section critical velocity V_{cr} and observed model values U can be used. The mean allowable flow velocity U_{LES} was estimated from the model tests from U_w, which closely agrees with the mean velocity from digital video analysis V_v at limit equilibrium flow conditions. In Table 2, failure discharge q_{max} and velocity U_{LES} are calculated with the above-mentioned relationships for prototype concrete

Table 2. Failure discharge and velocity in model (1), in a 1:10 scale prototype (2) and for a maximum block weight of 30 kN (3) (without drainage, $\rho_{concrete} = 2400\,kg/m^3$).

Type	1	1/a	2	2/a	2ES	2ES/a	3
q_{max1} (l/s.m)	286	125	286	62.5	188	87.5	75
V_{cr} (m/s)	1.21	0.92	1.21	0.73	1.06	0.82	0.78
V_c (m/s)	2.89	2.29	2.86	1.71	2.54	2.1	–
V_v (m/s)	3.75	2.65	3.83	2.14	–	–	2.1
U_w (m/s)	3.76	1.92*	3.56	1.10*	3.23	1.98*	1.56
U_{LES1} (m/s)	3.76	1.92*	3.56	1.10*	3.23	1.98*	1.56
q_{max2} (m²/s)	9.03	3.95	9.03	1.98	5.93	2.77	2.37
U_{LES2} (m/s)	11.9	6.10*	11.3	3.5*	10.2	6.3*	4.9
W (kN)	13.6	13.6	10.4	10.4	11	11	5.7
Scale (1:λ)	13	13	14	14	13.7	13.7	16.6
Q_{max} (m²/s)	13.3	5.85	15	3.35	9.6	4.4	5.1
U_{LES3} (m/s)	13.5	6.9*	13.3	4.1	12	7.3*	6.4

*For these concrete elements, C_{mean} is under-estimated, h_w is overestimated and U_{LES} is under-estimated, V_c – velocity with curretmenter, W – weight of the block.

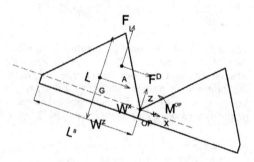

Figure 7. Set of forces acting on a concrete element (reaction forces of neighbouring elements are neglected at limit equilibrium state).

blocks for a scale 1:10 and for a maximum block weight of 30 kN.

5.2 Safety factors for limit equilibrium conditions

To define a unity safety factor, stability of the concrete blocks is studied for limit equilibrium conditions (LES). The governing equation indicates that the moment created by the acting forces in relation to the overturning point M_{OP} is zero (Fig. 7).

The forces considered are the weight of the element W, the hydrostatic uplift L, the hydrodynamic drag force F_D, parallel to the flow and hydrodynamic lift force F_L, perpendicular to the flow (i.e. to the slope). The hydrostatic uplift is perpendicular to the bottom of the channel (hydrostatic pressure gradient). Since the contact with neighbouring elements at failure is merely tangent, friction and pressure forces in the joints are neglected. The hydrodynamic forces result from the irregular pressure distribution on the element surfaces and are variable in time. Their distribution

along the exposed surfaces varies considerably, due to the re-circulating flow cells created in the cavities. The weight components (forces per meter of width) are taken from (6) and (7), where g is the gravitational acceleration (m/s²).

$$M_{OP} = 0 \tag{5}$$

$$W_x = A\rho_s g \sin \alpha \tag{6}$$

$$W_z = A\rho_s g \cos \alpha \tag{7}$$

In hydrostatic and steady conditions, uplift is perpendicular to the slope:

$$L = \rho_w g A \cos \alpha \tag{8}$$

The hydrodynamic forces are defined by:

$$F_D = C_D A_D \rho g \frac{U_w^2}{2g} \tag{9}$$

$$F_L = C_L A_L \rho g \frac{U_w^2}{2g} \tag{10}$$

where A_D, A_L are reference surfaces and C_D, C_L are hydrodynamic coefficients which take into account form effects and its influence on the velocity distribution over depth. The coefficients and the application point (A) are not known. Thus, the stability equation (5) has 4 unknowns (C_D, C_L, z_A, x_A) and assumptions are mandatory. The application point A location varies in time and space with the acting forces. As a first assumption, F_D and F_L can be replaced by an equivalent static system (two forces and one moment) at the gravity centre of the element G. As this moment depends on the distance between A and G it was replaced by increasing the hydrodynamic forces at the gravity centre, leaving 2 unknowns. To eliminate the unknown in excess, one single resultant hydro-dynamic force $F*$ with the drag direction was considered, cumulating the assumptions in a single factor $K*$:

$$F* = K* A_D \rho_w g \frac{U_w^2}{2g} \qquad (11)$$

In fact, this corresponds to assuming that only hydrodynamic pressures caused by the skimming flow are acting and that pressures due to cavity vortex eliminate themselves perpendicular and parallel to the slope-axis. Hydrodynamic lift is neglected.

The air concentration of the mixed fluid flow reduces the hydrostatic lift and the fluid's density ρ, which is lower than the water density ρ_w:

$$L = \rho_w (1 - C_{mean}) \, gA \cos \alpha \qquad (12)$$

For 100% efficient drainage, the hydrostatic lift is eliminated, being the weight of the water column above the element accounted for:

$$L_{with\_drainage} = -g \rho_w L_B h_w \cos \alpha \qquad (13)$$

The only unknown force $F*$ can be computed in Limit Equilibrium State (LES) knowing that the direction of the resultant of all acting forces R in G has to pass through OP. The direction of R is the ratio of its components R_z and R_x given by:

$$\frac{R_z}{R_x} = \frac{(z_G - z_{OP})}{(x_G - x_{OP})} = \frac{z_G}{(L_B - x_G)} \qquad (14)$$

Since all forces in the normal (z) direction are known, $F*$ can be determined by:

$$R_x = \frac{R_z (L_B - x_G)}{z_G} = W_x + F* \qquad (15)$$

$$R_z = (W_z - L) \qquad (16)$$

The safety factor SF is defined as the quotient of the sums of stabilising and overturning moments:

$$SF = \frac{\sum M_{stabilizing}}{\sum M_{Overturning}} = \frac{R_z (b - x_G)}{(W_x + F*) z_G} \qquad (17)$$

For limit equilibrium state (LES) the safety factor is equal to 1.0. For a given *overflow discharge*, additional safety can be achieved by enlarging the size of the concrete block (increasing the characteristic roughness height k_s and computing the safety factor for conditions *below-LES*), or by maintaining the same roughness height and increasing the element's weight

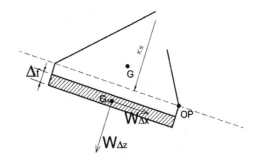

Figure 8. Increase of concrete block weight by enlarging the thickness of the foundation slab.

by enlarging the thickness of the foundation slab (Fig. 8). The analysis showed that the second possibility results in a minimum volume of concrete per square meter of lining. The enlarged foundation slab is accounted for by adding a stabilising moment MW_Δ:

$$MW_\Delta = W_{\Delta x} \left(h_f + \frac{\Delta_f}{2} \right) + (W_{\Delta z} - L_\Delta) \frac{L_B}{2} \qquad (18)$$

$$W_{\Delta x} = L_B \Delta_f \rho_s g \sin \alpha \qquad (19)$$

$$W_{\Delta z} = L_B \Delta_f \rho_s g \cos \alpha \qquad (20)$$

The required additional thickness Δf can be obtained by equations (18) and:

$$\left(\sum M_{stabilizing} \right)_\Delta = SF_\Delta \sum M_{Overturning} \qquad (21)$$

Modifications should be introduced to former equations. If no drainage is considered, the additional uplift force L_Δ is given by (11) substituting the lateral cross-section area A by A_Δ. For a 100% efficient drainage, additional uplift is zero. For a certain unit discharge and final safety factor SF_Δ, Δf will be the largest for $k_s = k_{s\,min}$ (SF = 1.0), reducing progressively for increasing k_s values (SF > 1.0).

For the pyramids, the computations should be done by element, meaning that equations (6), (7), (12), (13), (19), (20) should be multiplied by the width b and equations (11) and (24) by $b/2$.

5.3 Computation of safety factor for conditions below Limit Equilibrium State ($k_s > k_{s\,min}$)

If for a given discharge a roughness height (or a block weight) larger than the minimum required is chosen ($k_s > k_{s\,min}$), design is made for conditions *below* limit-equilibrium state ($h_{cr}/k_s < h_{cr}/k_{s\,max}$), for which the precise direction of the resultant of all acting forces is not precisely known.

Hydraulically, the cavity size is increased and the skimming flow depth and velocity are slightly reduced. The corresponding Y_{mean} and h_w are not known. To obtain them, tests with larger blocks would be needed. The mean flow depth and flow velocity will be slightly smaller compared to LES conditions but cannot be computed. However, since the corresponding LES ($k_{s\,min}$) values of h_w and U_w are certainly the maximum values of these flow characteristics for a given discharge q, their values are also taken for below-LES conditions (22 and 23). These assumptions are conservative regarding stability.

$$(U_w)_{ks\,min} = U_{w\,max} => (U_w)_{ks} \sim (U_w)_{ks\,min} \quad (22)$$

$$(h_w)_{ks\,min} = h_{w\,max} => (h_w)_{ks} \sim (h_w)_{ks\,min} \quad (23)$$

Moreover, for a given discharge, the quotient between the kinetic head and the element roughness height is the highest for LES conditions. This relation is related to factor K^* of equation (11). Therefore, F^*, now defined as $(F^*)_{ks>ks\,min}$, should be computed using K^* as previously computed for $k_{s\,min}$ (i.e. LES):

$$(F^*)_{ks>ks\,min} = (K^*)_{ks\,min} k_s \rho_w g \frac{(U_w^2)_{ks\,min}}{2g} \quad (24)$$

The components of the resultant acting forces can be obtained from (15) and (16), taking the hydrostatic lift from (12) for no drainage conditions or from (13) with $(h_w)_{ks\,min}$ for 100% efficient drainage. Once all the forces are known, the sum of stabilizing and overturning moments is obtained by (17). The safety factor is obviously larger than unity (SF > 1). The safety margin can be further increased by increasing the foundation thickness a little more or by increasing the roughness height.

Based on the described stability model, design charts were established for the tested geometries (Figs 9–12). For a certain safety factor SF and unit discharge q, the

minimum block size and weight can be determined. According with these design charts elements with SF > 1.0 may not correspond to the lowest concrete volume required to withstand q. Therefore, it is recommended to select a low value of SF, preferably equal to

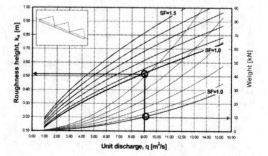

Figure 10. Design chart for a 30° negative sloped step (type 2). Safety factor SF between 1.0 and 1.5, without drainage (concrete density 2400 kg/m³, dam slope of 1/3, the experimental observation corresponds to the circled item).

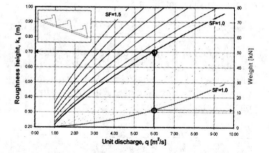

Figure 11. Design chart for a 30° negative sloped step with end sill (type 2+ES). Safety factor SF between 1.0 and 1.5, without drainage (concrete density 2400 kg/m³, dam slope of 1/3, the experimental observation corresponds to the item marked with a circle).

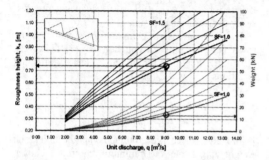

Figure 9. Design chart for a 44° negative sloped step (type 1). Safety factor SF between 1.0 and 1.5, without drainage (concrete density 2400 kg/m³, dam slope of 1/3, the experimental observation corresponds to the circled item).

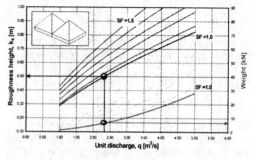

Figure 12. Design chart for 45° pyramid (type 3). Safety factor SF between 1.0 and 1.5, without drainage (concrete density 2400 kg/m³, dam slope of 1/3, the experimental observation corresponds to the item marked with a circle).

466

unity. The required safety can be obtained by increasing the thickness of the foundation slab. The final safety factor can be computed easily with the equations provided. The design charts allow a rapid comparison of different roughness heights and corresponding safety factors.

5.4 Suggested stability design procedure and safety factor for a given unit discharge

For LES conditions (SF = 1.0) the following procedure is proposed:

1. Choose element type and roughness height by preliminary analysis of the charts (Figs 9 to 12).
2. Compute the weight from the dimensionless drawings (Fig. 1) with equations (6) and (7).
3. Choose a with/without drainage scenario, compute the hydrostatic lift using (12) or (13), the mean flow depth from Figure 5 and the mean air concentration with (2) or (3).
4. Compute the resultant of acting forces in z-axis with (16), the stabilizing and overturning moments with (17), the hydrodynamic force F^* with (16) and the coefficient K^* with (11).
5. For a higher safety factor, increase the foundation slab thickness by (18) to (21).

If choosing a larger block is considered (SF > 1.0), design should follow the below-LES procedure:

1. Perform all the steps of the previous LES procedure for the minimum roughness, defining the maximum equivalent clear-water velocity and hydrodynamic loads.
2. For the increased roughness height (larger than in step 1) compute the block's geometry and weight.
3. Compute the hydrostatic lift using (12) or (13) and the hydrodynamic force F^* with (11), using the values of K^* and U_w obtained in step 1.
4. Compute the stabilizing and overturning moments and the initial safety factor SF with (17).
5. If this factor is considered insufficient, the procedure repeated for a larger roughness height. Alternatively, the foundation slab thickness can be increased in order to achieve the required safety.

For permanent structures a safety factor of 1.5 against the instability of the blocks is recommended for design flood. For the safety check flood, the stability of the lining should be verified (SF > 1.0). If quasi-uniform conditions are expected at the toe of the dam, the equivalent mean clear-water velocity may be used to design the restitution works. Designing the drainage layer for about 1% of the overflow design unit discharge seems to be a safe estimation if the joints between blocks do not exceed 5 mm. Particular attention should be given to the crest geometry, the drainage and foundation layer and to the stabilization of the toe of the dam.

6 CONCLUSIONS AND RECOMMENDATIONS

Several lining systems for overflow dams exist which are limited to discharges up to 3 m³/s/m and velocities of up to 13 m/s (with some exceptions in Russia). Most of them have a relatively smooth surface, which results in an acceleration of the overflow along the downstream slope of the dam, resulting in high flow energy at the toe. Therefore, alternative systems made of macro-roughness concrete block linings were studied, for which quasi-uniform flow conditions are reached after a relatively short flow distance. The proposed and tested concrete block linings can withstand more severe hydraulic conditions and are rather easy to carry, to handle and to place in the case of pre-casted blocks.

The results of the physical model stability study can be used to design similar elements of any size, based on similarity laws and dimensionless relationships. The largest element, the 44° negative sloped step (Type 1), does not present any advantage in terms of stability regarding other elements within the range of discharges tested. The 30° negative step element (Type 2) withstands the highest discharges with lower concrete demand. The addition of an end sill (Type 2+ES) seems likely to contribute for higher energy dissipation efficiency by increased momentum exchanges at the pseudo-bottom interface. The pyramids (Type 3) are a good alternative for moderate discharges, creating a highly complex flow pattern and presenting the lowest velocities for the observed range of discharges. The energy dissipation efficiency and flow characteristics are presently under study at the LCH (André et al., 2001).

Drainage below the lining proved during the tests to be of crucial importance for stability of the concrete blocks. Drainage efficiency highly influences the uplift pressure in the foundation slab of the block and the seepage flow pattern in the embankment.

The proposed stability model allows a good estimate of the safety factor of the investigated lining types. The assumptions regarding the hydrostatic pressures, the hydrodynamic forces and air concentration have positively contributed to the development of a reliable design procedure. The concrete blocks should be designed for limit equilibrium state neglecting drainage (conservative). A higher safety factor (>1.0) can be achieved most economically by increasing the thickness of the foundation slab rather than by enlarging the element dimensions in height. Covering the concrete blocks with earth may lead to vegetation growth and improve the integration in the landscape. During overflow this cover will be washed out. This lining system is envisaged for spillway rehabilitation of existing dams, for the design and construction of dams less than 30 m high, as well as for the protection of cofferdams.

ACKNOWLEDGEMENTS

The first author was financed by the Fundação para a Ciência e a Tecnologia (Portugal) and the experiments were carried out at the Laboratory of Hydraulic Constructions (LCH-EPFL).

REFERENCES

Albert, R. & Gautier, J. 1992. Evacuateurs fondés sur remblai. *La Houille Blanche,* 2 (3): 147–157.

André, S., Boillat, J.-L. & Schleiss, A. 2001. High velocity two-phase turbulent flow over macro-roughness stepped chutes: Focus on dynamic pressures. *Proc. Inter. Symp. on Environmental Hydraulics, Arizona, November 2001*: 67.

Chanson, H. 1994. *Hydraulic design of stepped cascades, channels, weirs and spillways.* Pergamon.

Frizell, K.H., Matos, J. & Pinheiro, A.N. 2000. Design of concrete stepped overlay protection for embankment dams. In Minor & Hager (eds), *Hydraulics of Stepped Spillways:* 179–186. Rotterdam: Balkema.

Frizell, K.H., Mefford, B.W., Vermeyen, T.B. & Morris, D. I. 1996. US5544973: Concrete step embankment protection, Delphion Intellectual Property Network, Patent Plaques: 1–8. (http://www.delphion.com).

Hagen, V.K. 1982. Re-evaluation of design floods and dam safety. *Proc. XIV ICOLD Congress on Large Dams*, Q.52/R.29, Rio de Janeiro: 475–491.

Hewlett, H.W.M., Baker, R., May, R.W.P. & Pravdivets, Y. 1997. Design of stepped-block spillways. *CIRIA Special publication 142.*

Hartung, F. & Scheuerlein, H. 1970. Design of overflow rock fill dams. *Proc. XV ICOLD Congress on Large Dams*, Q.36 R.35, Montreal: 578–598.

ICOLD 1997. Dams less than thirty metres high – cost savings and safety improvements. *Bulletin 109.*

ICOLD 1995. Dam Failures – Statistical Analysis, *Bulletin 99.*

Manso, P.A. 2002. Stability of linings by concrete elements for surface protection of overflow earthfill dams. *Communication n° 12 of LCH, EPFL, Lausanne.*

Matos, J. 2000. Hydraulic design of stepped spillways over RCC dams. In Minor & Hager (eds), *Hydraulics of Stepped Spillways:* 187–194. Rotterdam: Balkema.

Minor, H.-E. 1998. Report of the European R&D Working Group "Floods". In Berga (ed): *Conference on Dam Safety, Barcelona:* 1541–1550. Rotterdam: Balkema.

Neill, C.R. 1967. Mean velocity criterion for scour of coarse uniform bed-material. *Proc. XII IAHR Congress Vol.*1(C6). 46–54.

Peyras, L., Royet, P. & Degoutte, G. 1991. Ecoulement et dissipation sur les déversoirs en gradins de gabions. *La Houille Blanche* 1: 37–47.

Powledge, G.R., Ralston, D., Miller, P., Chen, Y.H., Clopper, P.E. & Temple, D.M. 1989. Mechanics of overflow erosion on embankments II: hydraulic and design considerations. *Journal of Hydraulic Engineering* 115(8): 1056–1075.

Pravdivets, Y.P. & Slissky, S.M. 1981. Passing floodwaters over embankments dams. *Water Power & Dam Construction* (7): 30–32.

Serafim, J.L. 1981. Safety of dams judged from failures. *Water Power & Dam Construction* (12): 32–35.

Dam Maintenance and Rehabilitation, Llanos et al. (eds)
© 2003 Taylor & Francis, ISBN 90 5809 534 7

Empleo de rozadoras en las obras del cuerpo de presa para las actuaciones en sus órganos de desagüe

José López Garaulet
Ingeniero de Caminos, Canales y Puertos, Director de las Obras, Confederación Hidrográfica del Júcar

Pablo de Luis González & Luis Miguel Viartola Laborda
Ingeniero de Caminos, Canales y Puertos, ACS, Proyectos, Obras y Construcciones, S.A.

RESUMEN: Se presenta la realización práctica de dos casos concretos, en los que se ha efectuado una modificación en los órganos de desagüe de una presa. Tras una breve descripción de los motivos que provocaron las actuaciones, se comenta la particularidad del método empleado en la demolición y excavaciones en el interior del cuerpo de presa. Por último se desarrollan los casos particulares de uso de la rozadora en la Presa de Escalona y en la Presa de Contreras, pertenecientes a la Confederación Hidrográfica del Júcar.

1 INTRODUCCION

Determinadas transformaciones en los órganos de desagüe de una presa conllevan una mejora de los rendimientos de su explotación desde un punto de vista hidráulico, y una gestión más eficaz de los recursos hídricos.

Estas actuaciones requieren modificar o ampliar los conductos existentes, o crear cámaras en las que implantar órganos de control. En las presas de hormigón, todas estas operaciones necesitan de trabajos de demolición que hay que efectuar en muchos casos en el cuerpo de presa, por lo que desde el punto de vista constructivo son obras con un carácter singular. Es importante una adecuada elección de los medios de demolición para minimizar la afección a la estructura existente, ajustándose fielmente a la geometría prevista, que se adapte a la poca disponibilidad de espacio, y se obtengan unos rendimientos óptimos.

La Confederación Hidrográfica del Júcar dentro del "Plan de defensa contra avenidas de la cuenca del río Júcar" y bajo la dirección de D. José López Garaulet encargó en los últimos años, a la UTE formada por ACS Proyectos, Obras y Construcciones, S.A. y CORSAN las obras de transformación de desagües en las presas de Escalona y Contreras, en las que se ha usado una rozadora como elemento para la demolición. Las ventajas de este procedimiento constructivo son muchas, y destaca fundamentalmente la no afección desde el punto de vista estructural al cuerpo de presa que, en este tipo de obras, está en servicio.

2 JUSTIFICACION DE LA NECESIDAD DE ACTUAR EN LAS PRESAS EXISTENTES

Hay presas que se conciben para desempeñar una función específica y que a lo largo de su vida es necesario modificar bien porque ya la han cumplido y ahora pueden tener otro aprovechamiento, o bien porque no pueden realizar óptimamente su función y hay que poner los medios para que alcance un rendimiento adecuado.

Estos dos casos son los que se presentan en esta comunicación y en los que se ve claramente la necesidad de adaptación de los órganos de desagüe para optimizar el aprovechamiento de estas presas.

En primer lugar se presenta la presa de Escalona concebida y construida dentro de un "Plan de defensa contra avenidas de la cuenca del río Júcar", mientras se construía la nueva Presa de Tous. Su construcción comenzó en Agosto de 1.988 y finalizó en Abril de 1.995 siendo su misión la de laminación y contención de las avenidas del río Escalona, afluente del Júcar por la margen derecha, justamente aguas arriba de la presa de Tous.

Para esa específica misión se concibió, y en consecuencia estaba dotada de un elemento hidráulico principal en forma de desagüe intermedio, sin elementos de control. Ese conducto permanentemente abierto, le confería un extraordinario poder de laminación debido a su gran capacidad.

Una vez acabada la presa de Tous, tras un periodo de sequía, se estudió la adecuación de la funcionalidad de la Presa de Escalona, confiriéndole capacidad para regular y almacenar las aportaciones de su cuenca hidrográfica, sin menoscabo de su función original.

Para ello era necesario dotar al desagüe intermedio de la presa de los adecuados elementos de cierre y control que se debían alojar en el interior del cuerpo de presa, estos elementos se componían de dos compuertas Taintor y dos Bureau. Con esto se conseguía una función de regulación-laminación, por lo cual se podía ayudar a garantizar el suministro de aguas de la ciudad de Valencia. La Dirección General de Obras Hidráulicas, con fecha 21 de Septiembre de 1.995, dispuso la ejecución de las mencionadas obras en aplicación del Art. 73 de la ley 13/1.995 de 18 de Mayo, declarando dichas obras de emergencia.

En segundo lugar se expone el caso de la Presa de Contreras, dotada de un aliviadero en pozo, también denominado "morning glory", que es un tipo de aliviadero de superficie con la sección de control en el vertedero.

Debido a los problemas detectados en la cimentación de la Presa del Collado, que restringen la adecuada explotación de la presa de Contreras y por otra parte la dificultad de laminación de la avenida con los desagües existentes, una vez estudiada la hidrología de la cuenca y la explotación de los recursos hídricos de la misma, se llegó a la conclusión de que era necesario dotar a la presa con un nuevo órgano de desagüe de medio fondo. Para ello es necesario establecer una nueva toma a un nivel inferior que entronque con el conducto vertical, dejando inutilizado el cáliz y construir una cámara de compuertas en que se alojen los elementos hidromecánicos de cierre y control del conducto, compuestos de dos compuertas Bureau y dos Taintor. El tramo final de descarga funcionará en lámina libre alimentado por el desagüe bajo compuerta establecido en la cámara de control.

Con fecha 18 de Abril de 1.996 el Ministerio de Obras Públicas Transportes y Medio Ambiente declara de Emergencia las obras correspondientes a la "Adecuación de la presa de Contreras a la función conjunta de regulación-laminación".

3 PLANTEAMIENTO DEL PROCESO CONSTRUCTIVO

Como se ha expuesto anteriormente la modificación en los órganos de desagüe de estas presas, buscaba la incorporación de unos instrumentos de control y cierre en el cuerpo de presa o en elementos adyacentes que también pertenecen al conjunto hidráulico construido. Uno de los aspectos más importantes en estos cambios era la necesidad de crear unas cámaras que alojaran los elementos de control en el interior de las presas y para ello era necesaria una demolición de un volumen importante.

Las dos premisas principales para elegir un proceso constructivo consistían en que ambas presas estaban en explotación, por lo que la ejecución de los trabajos no debía de interferir en el funcionamiento de la presa y en la imposibilidad de ejecutar cualquier actividad que alterara lo más mínimo el conjunto estructural de la presa. Por otro lado al tener que hacerse demoliciones con volúmenes importantes, había que encontrar un sistema que permitiera obtener un rendimiento y unos costes adecuados. Después de evaluar varios sistemas de demolición, desterrados los explosivos, y sin encontrar un equilibrio entre producción y costes, se hizo el planteamiento de asimilar la demolición a una excavación subterránea. Para ello había que considerar medios de excavación con una alta producción, que no alteraran lo más mínimo el cuerpo de presa y que tuvieran la dimensión adecuada al espacio de trabajo.

El sistema encontrado y elegido fue el de utilizar rozadoras. Las rozadoras son máquinas de excavación mecánica de galerías, túneles y cámaras (en nuestro caso), de ataque puntual mediante una cabeza provista de unos elementos de corte llamados picas.

Este sistema de demolición-excavación es óptimo por:

1. La no afección al macizo remanente.
2. Ausencia de transmisión de vibraciones.
3. Perfilado de gran exactitud.

4 LA APLICACIÓN PRÁCTICA

4.1 *Presa de Escalona*

Cuando se planteó la ejecución de esta obra existían dos condicionantes; uno era que se trataba de hacer un agujero en el cuerpo de la presa, sin producir ningún daño a la misma y el segundo que se debía trabajar en un espacio pequeño y con un acceso a la zona de trabajo que se complicaba según avanzaba la obra (Figura 1).

Por ello cuando se buscó entre los diferentes medios de demolición, se evaluó entre explosivos, el corte con disco de diamante e hilo, cementos expansivos con cuñas hidráulicas, el martillo hidráulico y el rozado. Los explosivos eran inviables y por ello se rechazaron desde el principio. El corte con disco e hilo suponía un proceso muy largo y sin muchas posibilidades en una zona sin frentes abiertos. Los discos se utilizaron para quitar el blindaje y la armadura de piel que protegía el conducto de desagüe. Los cementos expansivos y las cuñas hidráulicas no ofrecían rendimientos que merecieran la pena y además no se tenía garantía de que no transmitiera fisuras al cuerpo de la presa. El martillo hidráulico iba a tener un trabajo tedioso de romper el hormigón ampliando el techo del conducto y además se tenía la duda de que

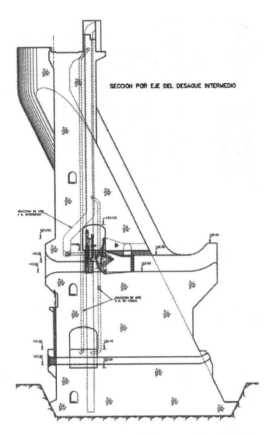

Figura 1. Sección transversal de la presa. Situación de los nuevos órganos de desagüe.

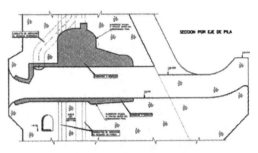

Figura 2. Sección transversal de la presa. Zona que hay que demoler para abrir la cámara de compuertas.

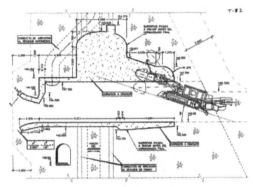

Figura 3. Sección transversal de la presa. Encaje de la rampa máxima admisible por la rozadora.

produjera alguna vibración. Por último el rozado era el sistema más inocuo para la presa, dejaba las superficies preparadas para el hormigonado y conseguía ajustarse a la geometría. También era un sistema con posibilidades de grandes producciones (Figura 2).

Una vez elegido el sistema se escogió la máquina idónea que para nosotros era una PAURAT E-134 que por potencia, peso y tamaño era capaz de hacer este trabajo. Las dimensiones de trabajo eran justas, pero el mayor problema era que la máquina tenía que acceder a zonas altas sin posibilidad de hacer rampas suaves, por lo que se tuvo que encajar la rampa de 18° (máxima posible para el trabajo de la rozadora) en el desagüe de la presa y además dotar a la máquina de unos gatos hidráulicos traseros y delanteros que compensaran reacciones y aumentaran la estabilidad de la misma (Figura 3). Una vez demolida la zona armada con discos y cuñas hidráulicas (Figura 4), ya se podía acceder al hormigón en masa, para ello se subió la rozadora desde el vaso del embalse con una grúa de 300 Tn a una plataforma diseñada para el caso y que admitiera el peso de la máquina de 70 Tn (Figura 5).

Figura 4. Corte con disco. Demolición previa del armado y blindaje del conducto de desagüe.

Figura 5. Momento en que se iza la rozadora. Plataforma de apoyo construida en el desagüe intermedio.

Figura 6. Situación de la rozadora en el conducto, antes de empezar a rozar, la cámara de compuertas.

Una vez emplazada la máquina comenzó a rozar y con el mismo material de escombro se iba formando la rampa de subida (Figura 6).

El trabajo fue muy complicado, ya que las condiciones de espacio y movilidad eran muy estrictas (Figura 7). Una vez efectuada la demolición se evacuó

Figura 7. Momento de rozado. Se observa el acabado del hormigón en masa.

el escombro y se bajó la máquina de la misma forma que se izó.

Posteriormente se realizaron los trabajos de colocación de blindajes, compuertas, ferrallado y hormigonado. Con esto se conseguía la modificación del órgano de desagüe sin alteración alguna en la presa.

4.2 Presa de Contreras

Como ya se ha comentado, la Presa de Contreras tiene un aliviadero de superficie complementario, del tipo "morning glory" que consta de una rama vertical en pozo de más de 100 m de caída y un túnel de 300 m de longitud, aprovechando parte del que en su día fue el túnel de desvío (Figura 8).

Los problemas detectados en la cimentación de la Presa del Collado, que restringen la adecuada explotación del Embalse de Contreras unido a la necesidad de optimizar las infraestructuras de regulación existentes requieren dar una solución a estos problemas.

Partiendo de las siguientes conclusiones:

1. La capacidad del embalse de Contreras que resulta necesaria está entorno a los 400 hm^3.
2. Esta capacidad se consigue con un nivel de agua en el embalse que corresponde a la cota 651,00 m.
3. Desde el punto de vista de estabilidad, todas las estructuras de la presa de Contreras se han comportado correctamente bajo este nivel de carga.
4. El estudio de la laminación de unas avenidas determinadas.

Se llega a la solución de que con un desagüe de medio fondo con una capacidad de 400 m^3/seg. aprovechando parte del conducto original ("morning glory"), se cubren las necesidades planteadas.

La obra consta de una embocadura, un tramo horizontal en túnel hasta el pozo del aliviadero, revestimiento de este pozo hasta el codo inferior, demolición y revestimiento de la zona entre el codo inferior y la cámara de compuertas, cámara de compuertas a

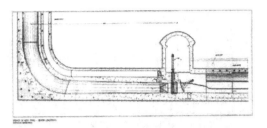

Figura 9. Esquema de la cámara de compuertas realizada y elementos de control instalados. Zona de demolición en escalones del hormigón del pozo original.

Figura 10. Galería de servicio excavada con rozadora. Máquina apunto de subir por la galería auxiliar a la bóveda de la cámara de compuertas.

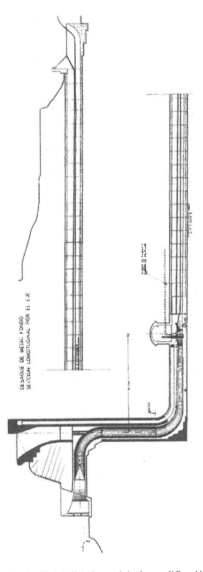

Figura 8. Perfil del aliviadero original y modificación con los órganos de desagüe actuales.

Figura 11. Bóveda de la cámara de compuertas excavada por la rozadora, antes de hormigonarla.

ejecutar en caverna, revestimiento parcial del túnel actual y estructura de lanzamiento al río (Figura 9). Además se ejecuta una galería subterránea de acceso a la cámara de compuertas. Todas estas obras afectan a un órgano de desagüe, ya construido y al estribo derecho de la presa. Por esto, como en el caso de la presa de Escalona, no es posible utilizar explosivos para realizar ninguna excavación o demolición en la zona. Nuevamente y en este caso con más motivo, pues se realizan excavaciones subterráneas, se elige la rozadora como elemento de excavación y demolición (Figura 10).

Había dos tipos de materiales a rozar; por una parte el hormigón que revestía el pozo y túnel del "morning glory" y por otra, todas las excavaciones subterráneas a realizar en calizas y dolomías muy cristalizadas (Figura 11). Como se utilizó la rozadora para las excavaciones, su aplicación a la cámara de compuertas

Figura 12. Vista de la cámara después de armar y hormigonar la bóveda, con el segundo piso excavado y a falta de excavar el último piso.

Figura 13. Cabeza de la excavadora, rozando el último piso de la cámara.

condicionó una ejecución particularizada. Las dimensiones de la cámara son 9,50 m en el sentido del flujo del agua por 15,50 m en sentido perpendicular y 11,54 m de altura (Figura 12). Fue necesario realizar una galería de acceso a la zona de bóveda desde la galería de servicio ejecutada anteriormente, con la pendiente máxima en que puede trabajar la máquina. Una vez en ese nivel se excavó una sección de 5 m de altura, armándola y hormigonándola después, dejando el techo acabado. Posteriormente se bajaron dos pisos de 3 m de altura rozando hacia abajo mediante rampas y abriendo la cámara al túnel de desvío existente (Figura 13).

5 CONCLUSIONES

Los casos prácticos que se han expuesto en esta comunicación, son el claro ejemplo de la adaptación de un método de trabajo de otras ramas de la obra civil a una obra hidráulica. El uso de rozadoras en presas hasta el momento de realizar estas obras, solo estaba recogido en bibliografía, en sendos casos de Japón y Estados Unidos. Por esto y debido al éxito que ha supuesto su uso en estas obras, se considera una técnica a tener en cuenta en trabajos de características similares.

Dam Maintenance and Rehabilitation, Llanos et al. (eds)
© 2003 Taylor & Francis, ISBN 90 5809 534 7

Ampliación de aliviaderos y mejora de capacidad de desagüe en la presa del Rumblar (Jaén) y la de Guadiloba (Cáceres)

A.F. Belmonte Sánchez & J.M. Hontoria Asenjo
Sacyr, S.A., Madrid, España

RESUMEN: La presa del Rumblar fue puesta en servicio en el año 1941. El aliviadero de que dispone es de tipo lateral y desaguaba a través de un túnel por el estribo derecho, que terminada en una obra de lanzamiento. Desde la puesta en servicio nunca se adecuó a las necesidades de explotación, ya que no podía evacuar el caudal máximo previsto. Tras numerosas obras de reparación a lo largo de su explotación se decidió la construcción de un nuevo aliviadero. Las obras consistieron en remodelar el labio de vertido y la construcción de un nuevo canal de descarga y cuenco amortiguador. Además se acometieron otras obras entre las que destacamos la reparación en los desagües de fondo.

La presa de Guadiloba se explota para el abastecimiento de la ciudad de Cáceres. Su aliviadero está integrado en el muro de presa y es de labio fijo de tres vanos con compuertas. Desde su puesta en servicio la presa ha sufrido repetidas veces su desbordamiento por coronación, debido a que su aliviadero no actuaba con la capacidad máxima diseñada por haberle incluido unas compuertas de apertura insuficiente. Tras la última avenida producida en Cáceres la noche del 6 al 7 de Noviembre de 1997 se decidió la construcción de un nuevo aliviadero.

1 PRESA DEL RUMBLAR

1.1 *Antecedentes*

1.1.1 *Datos generales de la presa*
Está situada en el río Rumblar, a unos 5 km de Baños de la Encina (Jaén). Es una presa de gravedad, de planta recta, con taludes 0.03 aguas arriba y 0.75 aguas abajo, con 67.5 m. de altura máxima sobre cimientos y 220 m. de longitud de coronación (ver figura 1 y 2). El volumen del embalse es de 126 hm³; se explota para abastecimiento de los pueblos del Consorcio del Rumblar y riego de 5400 Has. Su proyecto es anterior a 1930 y la puesta en servicio data de 1941.

A lo largo de su vida ha habido problemas con el funcionamiento de su aliviadero, cuyos deterioros

obligaron a acometer obras parciales de arreglo, mejora y por último las del proyecto de su reforma (1) realizadas por *Sacyr* (2) en los años 1993 a 1995.

1.1.2 *Descripción del aliviadero y funcionamiento*
El aliviadero es de tipo lateral, con un labio fijo situado aguas arriba del paramento en la ladera derecha, cruzaba en túnel el estribo y tras una curva de muy pequeño radio (17.2 m) y 90° grados de desarrollo, entregaba a la salida de túnel a un tramo corto de canal que descargaba el caudal en una vaguada lateral al río mediante una obra de disipación de energía.

La primera avenida importante tras su puesta en servicio provocó una gran erosión en el barranco lateral donde finalizaba el canal, formándose una barra de sedimentación a lo ancho de todo el cauce. Se comprobó

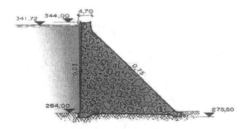

Figura 1. Esquema del cuerpo de presa.

Figura 2. Vista de la presa y aliviadero.

que la capacidad real del aliviadero era de unos 300–350 m³/sg, limitada por la capacidad del túnel, no pudiendo evacuar el caudal previsto de 436 m³/sg. En 1947 se redactó el proyecto de ampliación de la capacidad del aliviadero rebajando la solera del túnel y prolongando el canal de salida, cruzando la antigua vaguada de descarga mediante una obra de fabrica. La conexión entre canal antiguo y ampliación se hizo sin transición ninguna, incluso se mantuvo la antigua obra de disipación de energía, con lo que este punto singular, en la unión entre ambos tramos, perjudicaba el funcionamiento hidráulico de la descarga. El canal entregaba el agua directamente al río, unos 400 m aguas abajo de la presa (ver figura 3). En una avenida de 1963 se destruyó gran parte de este canal, creando una gran caldera erosionada (se llegó a 35 m de profundidad), lo que inestabilizó buena parte de la ladera y erosionó gran parte del canal. En 1971 se realizaron estudios sobre modelos reducidos, que pusieron de manifiesto la insuficiente capacidad del túnel ya que, para caudales inferiores a los de la máxima avenida, sufría la puesta en carga en la embocadura y en la primera parte del túnel, mientras que con caudales superiores a 350 m³/sg se empezaban a originar fenómenos de pulsaciones.

1.2 Estudio de soluciones

Tras estas vicisitudes se acometieron nuevos estudios de posibles soluciones para el aliviadero. Tras sucesivos proyectos y subastas destinadas a acondicionar el aliviadero y el túnel, que se declararon desiertas, se decidió estudiar soluciones basadas en el abandono del aliviadero existente, diseñando uno totalmente nuevo.

En primer lugar se consideró la demolición de la parte central de la coronación de la presa, para dar paso sobre ella a los caudales del aliviadero, cerrando éste mediante compuertas Taintor, ejecutando un vertedero sobre el paramento de aguas arriba y añadiendo en el pié un cuenco amortiguador. Esta solución se sometió a un ensayo de modelo reducido, que indicó que era preciso profundizar con el cuenco más de lo inicialmente previsto, originando excavaciones de hasta 15 m de profundidad en el pie de la presa, que descalzaban la estructura y, todo ello, sin poder vaciar el embalse por las condiciones de explotación.

Se estudió entonces la solución de un lanzamiento por trampolín, lo que tampoco satisfizo plenamente por las incertidumbres sobre el alcance de las erosiones en el cauce y laderas en la zona de impacto de los chorros.

Finalmente se concluyó que la solución ideal debería pasar por mantener el vertedero actual, convenientemente modificado, continuándolo con un nuevo canal de descarga por la margen derecha de la presa, hasta restituir el caudal al río bien mediante trampolín o bien a través de un cuenco amortiguador. Se abandonaba el túnel de descarga, punto de critico en el funcionamiento, además de la zona de la ladera erosionada en el canal de vertido existente.

1.3 Diseño hidráulico de la solución

1.3.1 Posibilidad de modificar la explotación del embalse durante las obras

Se estudiaron las interferencias entre el proceso de obras y la normal explotación del embalse (demanda

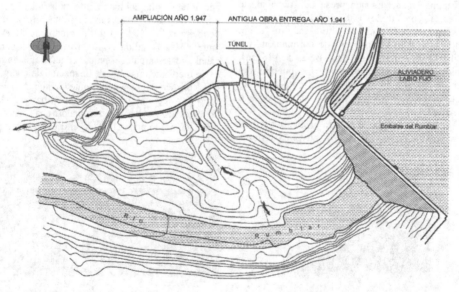

Figura 3.   Situación anterior a la reforma.

de riego de 5400 Ha y abastecimiento a más de 20.000 habitantes). A partir de las aportaciones estadísticas al embalse y la distribución mensual histórica de las demandas, se estudió el volumen que podría regular, para diferentes alturas de agua embalsada, garantizando el 90% de la demanda para riego (7800 m³/Ha/año), concluyéndose que era prácticamente incompatible la disminución del volumen útil del embalse, necesaria para realizar obras con el aliviadero en seco en un período de tiempo largo, con el mantenimiento de una dotación aceptable para riegos. Por ello, se decidió diseñar una reparación que interfiriera mínimamente con el nivel de agua en el embalse y pudiera acometerse en el tiempo más corto posible.

1.3.2 Hidrogramas de avenida. ley altura-volúmenes de embalse y capacidad del aliviadero

Se realizaron los correspondientes estudios de avenidas, determinación de hidrogramas, caudales punta, obtención de leyes alturas-volúmenes del embalse y determinación de niveles-caudales para el desagüe de la avenida previsible sobre el aliviadero existente, vertedero de labio fijo de 122.5 m de longitud.

Se adoptó para el diseño (500 años de período de retorno) un caudal punta de 774 m³/sg y un volumen de tormenta de 31.1 hm³.

1.3.3 Laminación de la avenida

Supuesto el embalse lleno, se calculó la sobreelevación que se originaba en el embalse para desaguar la avenida de diseño.

Como resultado más significativo se observó que la punta del hidrograma pasaba de 774 a 485 m³/sg (ver figura 4), con un retraso de 4 horas respecto a la natural, provocando una sobreelevación en el embalse de 1.44 m, dando como resultado que el nivel extraordinario era inferior en 90 cms al de coronación de presa, lo que demostraba la posibilidad de seguir utilizando el aliviadero lateral, con las modificaciones hidráulicas y estructurales precisas, sin tener que plantear una nueva estructura de desagüe y no siendo,

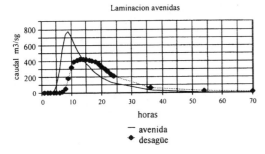

Figura 4. Hidrograma de avenida.

por tanto, estrictamente necesario bajar la lámina de agua del embalse durante las obras.

1.3.4 Canal de vertido

Partiendo de la sección de control rectangular de 12 m. de anchura, con su correspondiente transición a trapezoidal situada a la salida del canal (cota 330.5), se calculó la curva de remanso, observándose que se alcanzaba el régimen crítico en varias secciones, debido a la pendiente de la solera existente. Este funcionamiento hidráulico inestable, con cambios de régimen dentro del propio canal, junto con otras consideraciones de orden constructivo, replanteó el diseño de la sección crítica. Reduciendo el ancho de 12 a 10 m, además de adoptarse una nueva solera con pendiente uniforme, que se lograba con el revestimiento del canal, estableciendo la nueva cota de diseño de la sección crítica a la 333.0.

Con este nuevo diseño, la nueva curva de remanso originaba la sumergencia del labio en la mitad aguas arriba del labio de vertido, debido a la falta de sección transversal en esta zona. Aspecto que se resolvía con un ensanchamiento del canal en dicho tramo, en base a excavar en la ladera. Se mantenian así las ventajas de tener una obra prácticamente independiente del nivel de embalse, ya que otras curvas de remanso, para evitar la sumergencia, correspondían a secciones más anchas y profundas, obligando a profundizar la solera de aguas arriba en más de 5 m, siendo su construcción incompatible con la seguridad en la explotación.

1.3.5 Diseño de la obra de entrega

La solución con trampolín suponía una velocidad de salida de 27.5 m/sg y una distancia de impacto, desde el punto de lanzamiento, de 90 m (a 200 m del pie de presa).

El diseño con cuenco amortiguador, considerando una altura de energía de 60–70 m, estimaba una velocidad de entrada en el cuenco de 34 m/sg, siendo precisa una profundidad del cuenco de unos 16 m y una anchura del cuenco de unos 50 m.

Aunque la solución cuenco resultaba más cara, aproximadamente un 40%, por razones de diseño más convencional y mayor seguridad, se decidió optar por este tipo, optimizando el diseño previo para reducir la diferencia económica con la solución trampolín; para ello se planteó incrementar el ancho del canal de descarga (10 a 15 m), reduciendo la altura del agua en la entrada y así las dimensiones del cuenco.

1.3.6 Ensayos a modelo reducido

La alternativa escogida, que consistía en conservar en la práctica el vertedero lateral, aumentando ligeramente la anchura en su mitad de aguas arriba y establecer como sección de control un estrechamiento de 10 m con cota de solera a la 333.0., continuando con un canal de descarga de anchura variable entre 10 y 15 m, hasta llegar a un cuenco amortiguador con solera inclinada y 50 m de longitud, se comenzó a ensayar en modelo reducido, por el Laboratorio de Hidráulica de la Confederación Hidrográfica del Guadalquivir. Se observó que el labio de vertido quedaba anegado en su mitad de aguas arriba para el caudal de diseño, siendo necesaria una altura de lámina cercana a los 2 m (frente a 1.5 si no existiese sumergencia) para desaguar los 485 m³/sg (ver figura 5).

Para conseguir la ausencia de anegamiento era preciso profundizar la solera unos 4 m, lo que obligaba a demoler todo el vertedero existente y mantener el embalse al menos 20 m bajo el nivel normal, sin poder controlar la lámina de agua con los desagües de fondo existentes. Se observaron igualmente unas ligeras depresiones en la parábola de acuerdo entre el tramo subhorizontal y el inclinado del canal de descarga.

El cuenco amortiguador era demasiado estricto, lanzándose el resalto para caudales cercanos a los 400 m³/sg, menores de diseño.

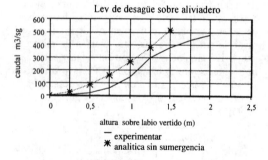

Figura 5. Ley de desagüe.

1.3.7 Diseño final

Se concluyó que lo más adecuado era mantener el labio de vertido y el canal lateral, puesto que en el caso extremo la lámina de agua no rebasaría la cota 344.0, estando el camino de coronación a la 344.5, aumentando el resguardo de la presa y protegiendo la coronación frente al oleaje mediante la construcción de un murete bate-olas de hormigón armado, anclado a la fabrica actual, sustituyendo la barandilla por el murete de 1.1 m de altura que permitía conseguir un resguardo de 1.6 m sobre el nivel máximo de avenida. En el canal se modificó la parábola de acuerdo hasta conseguir evitar las pequeñas depresiones observadas en el modelo ensayado. En cuanto al cuenco amortiguador y después de probar varias alternativas, se modificó aumentado su longitud en 5.5 m pasando a 56.5 m, se suprimió la inclinación de la solera que se mantuvo horizontal y se hizo variable su anchura en planta, pasando de 15 m en la unión con el canal de descarga a 24 m en la zona de vertido al río. En la figura 6 se representa gráficamente la forma del canal y cuenco finalmente adoptada.

Además, era preciso construir una nueva estructura de paso sobre el aliviadero, continuando la coronación de la presa, dos nuevas tomas intermedias que sustituyen a las que se inutilizaban al reformar el vertedero y una protección de escollera en la margen izquierda del río, frente a la salida del cuenco amortiguador.

1.4 Diseño estructural

1.4.1 Vertedero

Al realizar la comprobación considerando los efectos de la subpresión, de vió que el vertedero estaba en un equilibrio precario. Aunque las obras proyectadas favorecían el equilibrio al añadir peso al sólido,

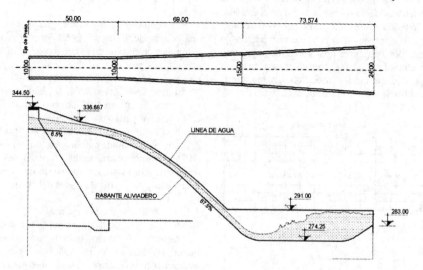

Figura 6. Diseño final.

resultaba preciso aumentar más el momento estabilizador mediante la realización de anclajes, por lo que se dispusieron anclajes mediante redondos corrugados de 32 mm de diámetro, cada metro, empotrados 2 m por debajo del hormigón existente.

1.4.2 *Canal de descarga y cuenco*

El canal aliviadero se calculó con hipótesis de canal vacío y empuje de tierras y canal lleno sin empuje de tierras; en la solera se calcularon los esfuerzos transmitidos por los cajeros y los efectos de la subpresión, considerando ineficaz el drenaje dispuesto. En el canal de descarga se consideraba como subpresión el 20% de la altura de energía. En el cuenco amortiguador se ha consideraba como subpresión la cota de la máxima avenida en el río.

Todo ello con canal y/o cuenco vacío, es decir en la hipótesis de efectos inmediatamente después de producirse la avenida. Lo que llevó al diseño de anclajes con redondos de acero corrugado de diámetros entre 25 a 32 mm y dispuestos en cuadrícula de 1.3 a 2.0 m. Los cajeros del canal de descarga se diseñaron verticales en el paramento interior e inclinados en el contacto con el terreno (con altura variable de 5 a 6 m). El cuenco amortiguador se diseñó con una profundidad máxima de 12.16 m y salida a 3.5 m debajo de la avenida de diseño en el cauce del río.

Todas las obras nuevas que se apoyaban sobre hormigones existentes se cosieron mediante anclajes y con resinas epoxi en las uniones. El mal estado del labio de vertido hizo preciso además proceder a la demolición de la parte superior del mismo. Los revestimientos proyectados en solera y cajeros se ejecutaron con espesores mínimos de 40 cm, suficientes para dar entidad propia a las partes reconstruidas, llegando a los 3 m en las proximidades del cuerpo de presa.

La estructura de paso sobre el nuevo aliviadero se resolvió mediante un tablero de vigas prefabricadas, vano libre de 10 metros.

Las nuevas tomas se ejecutaron a la cota 333.5 manteniéndose su disposición con dos conductos circulares de 1.1 m de diámetro dominadas por compuertas murales deslizantes.

1.5 *Desarrollo de las obras*

Fue necesario una planificación minuciosa y un cumplimiento escrupuloso de los plazos parciales de algunas actividades. Existían dos periodos críticos, dentro del programa general de realización de la obra, que debían coincidir con dos estiajes (meses de julio, agosto y septiembre). En el primer estiaje se realizaron los trabajos correspondientes al labio de vertido y a su cuenco (ver figura 7), quedando las obras listas para su conexión con el futuro canal de descarga.

A continuación se realizaron las obras correspondientes al canal de descarga y cuenco amortiguador (ver figura 8 y 9), para en un segundo estiaje, realizar las obras de conexión que exigen la demolición previa del estribo derecho de la presa y del canal de descarga actual, parte de él en túnel (ver figura 10).

Fué preciso realizar un saneo de espesor superior al inicialmente previsto en el labio del vertedero, debido a la mala situación del hormigón.

Además de las obras en el aliviadero se ejecutaron obras en los desagües de fondo (ver figura 11). Los desagües de la presa eran 2 conductos de 1200 mm de chapa de acero, equipados cada uno con válvulas de compuerta y otra tipo Howell Bunger.

Tanto el conducto como la válvula de compuerta se montaron en la década de 1930 a 1940, siendo posterior el montaje de la válvula Howell. Las válvulas de compuerta se encontraban bloqueadas y con sus elementos bastante deteriorados. Las válvulas Howell presentaban fugas de agua y el ciclo apertura-cierre se realizaba con dificultad. Por todo ello hubo de procederse al desmontaje de los dos juegos de válvulas, sustituyendo el sistema de apertura-cierre de las válvulas de compuerta por otro hidráulico más moderno y de más potencia. Los tubos de chapa se

Figura 7. Labio de vertido.

Figura 8.   Aliviadero.

Figura 10.   Zona de conexión.

Figura 9.   Cuenco.

Figura 11.   Desagüe de fondo.

revistieron interiormente con una nueva camisa, eliminando las fugas. Estos trabajos se ejecutaron con ayuda de buzos que, de forma previa, colocaron escudos metálicos aguas arriba, para lo que hubo de acondicionarse las guiaderas de la presa.

El Director de las obras fue Ildefonso Maillo Calzada de la Confederación Hidrográfica del Guadalquivir y el Jefe de obra, de la empresa Sacyr, D. Antonio Belmonte Sánchez.

2 PRESA DE GUADILOBA

2.1 Antecedentes

2.1.1 Datos generales de la presa
Está situada en el río Guadiloba, a unos 5 km de la ciudad de Cáceres. Se trata de una presa de gravedad, de planta recta de 32 m. de altura y 545 m. de longitud en coronación. El embalse de 20 m³ de capacidad se explota para el abastecimiento de la ciudad.

Desde la puesta en servicio en 1971, la presa ha sufrido diversos vertidos por coronación, lo que ha ocasionado deterioros aguas debajo de la presa, problemas en el suministro de agua de la capital cacereña y, sobre todo, una gran alarma social en la zona, por el pánico que producen este tipo de situaciones, y más teniendo en cuenca que dicha presa se encuentra cerca de un núcleo importante de población. Por ello, después de la riada de la noche del 6 al 7 de noviembre de 1997, donde la presa volvió a verter por coronación, la Administración promovió la construcción de un nuevo aliviadero en la citada presa.

2.1.2 Descripción del aliviadero y funcionamiento
El aliviadero, integrado en el muro de presa, es de labio fijo, de tres vanos con instalación de compuertas Taintor de 3 m de altura.

Tras la puesta en explotación se comprobó que la apertura de dichas compuertas era insuficiente para evacuar el caudal al que fue proyectado, 220 m³/sg, pues su apertura máxima era de 1,55 m.

Diversos estudios, más recientes, indicaron que la capacidad necesaria del aliviadero era de 360 m³/sg, siendo inviable evacuar este caudal por el propio diseño del aliviadero y el condicionante antes expuesto.

2.2 Estudio de soluciones

En la solución de aliviadero lateral, en primer lugar, se consideró el vertedero recto de labio fijo. Debido a los requerimientos de no perder capacidad de embalse, así como evitar el vertido por coronación y estribos, la carrera de avenida no podría superar los 0,8 m. Este condicionante, conducía a un aliviadero de 255 m. Contando, incluso, con el efecto favorable de la velocidad de aproximación.

Las alternativas para soslayar este inconveniente conducían a la implantación de un aliviadero en zigzag que, aunque de desarrollo mayor (271 m), permitía por su morfología la adopción de una longitud entre estribos de 85 m. Sin embargo, presentaba un grave problema en la transición a la rápida, de anchura mucho mayor, con el inconveniente de tener que realizar un elevado movimiento de tierras, provocando un impacto medioambiental mayor pues la traza del aliviadero está localizada en una rasa de un bosquete de encinas y una anchura elevada provocaría el arranque de árboles.

Otras alternativas consideradas, como el sifón o los aliviaderos en pozo, presentaban elevados costes por la dificultad de llevarlas a cabo en el Guadiloba.

Como consecuencia de lo anteriormente expuesto, se llegó a la conclusión de que lo más factible, sería realizar una solución convencional en trampolín con compuertas Taintor implementándo, adicionalmente, una estación limnimétrica y pluviométrica en la proximidad del embalse, que mediante los automatismos pertinentes permitan transmitir las informaciones en tiempo real de los parámetros precisos para la adecuada y ajustada maniobra de aquellas, así como el necesario soporte informático con tal fin.

2.2.1 Posibilidad de modificar la explotación del embalse durante las obras
Se realizaron estudios destinados a conocer y determinar las interferencias entre el proceso de obras y la normal explotación del embalse.

Conocidas las aportaciones estadísticas al embalse y la distribución mensual histórica de las demandas, y la capacidad de almacenamiento de los depósitos reguladores de la ciudad de Cáceres, contando para ello con la colaboración del Canal de Isabel II, explotadora del abastecimiento a Cáceres, se estudió el periodo de realización de la obra y su plan de ejecución, tomando como referencia el nivel mínimo del embalse, producido en verano, pero a la vez condicionado por el cruce del nuevo aliviadero con la tubería del segundo abastecimiento de la ciudad, el bombeo desde el río Almonte, el cual es usado preferentemente en esas épocas de estío, en las cuales la presa de Guadiloba no tiene prácticamente agua embalsada.

Por ello, se diseñó la obra de manera que la ejecución del aliviadero se realizase sin interferir a la tubería del bombeo del Almonte y con nivel bajo en el embalse, para minimizar las filtraciones a través de los terrenos en que está ubicada la obra, pizarras y grauwacas fracturadas.

Una vez terminada la obra de procedió a la sustitución de la tubería del bombeo del Almonte a su situación definitiva, con corte mínimo en el suministro a la ciudad, y la ejecución del tramo final de tierras de conexión entre el nuevo aliviadero y la presa.

2.2.2 Diseño de la solución final
En síntesis, las actuaciones conducen a la construcción de un aliviadero lateral, en su margen izquierda, con las siguientes características (Figuras 12 y 13):

– Número de compuertas: Tres, tipo Taintor, de superficie proyectada 6 × 3 m², es decir, totalizando

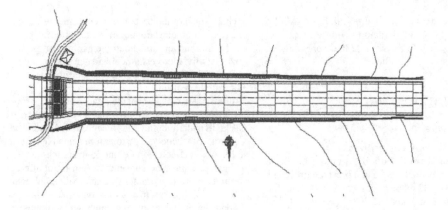

Figura 12.   Planta del nuevo aliviadero.

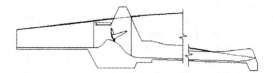

Figura 13.   Perfil esquemático del aliviadero.

54 m². Las compuertas se accionan mediante grupos oleohidráulicos.

– Canal de entrada de 25 m de longitud y ancho variable disminuyendo hasta la embocadura del vertedero en forma convergente formando los cajeros entre sí un ángulo de 30°.

– Vertedero de perfil standard. Solidario al mismo van dos pilas de 10,30 m de longitud con tajamar de perfil Zhukovski y 1,2 m de anchura.

– Rápida de 215,5 m de longitud, a partir de la coronación del vertedero, terminada en trampolín de 23° y con una anchura de 18 m. la realización de este canal supone la excavación de una trinchera entre los bancos de pizarras y grauwacas con una profundidad de excavación máxima de 13 m. La pendiente de la misma es del 3,1%, que al ser superior al 0,277%, hace que la corriente vaya en régimen supercrítico, describiendo una curva de régimen variado del tipo S2, a partir del calado crítico de 2,78 m.

– La rápida tendrá sus cajeros y solera construidos en hormigón armado, disponiendo esta última de una red de drenaje con el objeto de eliminar los empujes causados por la subpresión ya que puede ser poco eficaz la disposición de anclajes.

– La rápida tiene su origen, como tal (con ancho constante) a 11,873 m del umbral del vertedero y finaliza a 210,642 m del mismo.

– Prolongación de la línea eléctrica, para la alimentación eléctrica de los servomecanismos de las compuertas.

2.2.3   Otros aspectos de la solución

El tratamiento de la solera del cajero frente a las supresiones se hace mediante la disposición de dos drenes profundos excavados en la roca, complementados con cinco bulones triples en su losa central

En los trasdoses de los muros se disponen drenajes para eliminar las filtraciones de agua del desmonte.

Para la construcción de la solera del canal de desagüe o rápida se disponen losas de longitud 10 m y anchura variable, que van contrapeadas. Las juntas transversales van abiertas.

Los cajeros de la rápida se dimensionan de acuerdo con los empujes recibidos en su trasdós, que forman una berma hasta los taludes de excavación (1:3). Su altura tiene en cuenta la de la lámina de agua entumecida, junto a un resguardo. Los cajeros sobresalen sobre la berma 0,5 m.

Debido a la proximidad a Cáceres del aliviadero, y a que el Ayuntamiento de dicha localidad tenía previsto ejecutar áreas recreativas y de ocio en el entorno de la presa, y una de ellas, concretamente al lado del nuevo aliviadero, se procedió a la adecuación medioambiental de la zona mediante la ejecución de hidrosiembra en los taludes del aliviadero y zonas afectadas por las obras, así como la plantación de especies autóctonas y ornamentales, las cuales se adapten al terreno y sean de fácil mantenimiento.

2.3   Desarrollo de las obras

La obra ha mostrado su necesidad a poco de ser construida, con su utilización ya en repetidas veces desde su inauguración en marzo de 2000 (Figura 14).

Figura 14.   Aliviadero en funcionamiento.

El Director de las obras fué D.Jesús Morán Cabreros, de la Confederación Hidrográfica del Tajo, y el Jefe de obra, de la empresa Sacyr, D.José María Hontoria Asenjo.

REFERENCIAS

Morientes Rodríguez, J. 1987. Proyecto de Reforma del Aliviadero del Rumblar. España.
Sacyr, S.A. empresa constructora. www.sacyr.com

Dam Maintenance and Rehabilitation, Llanos et al. (eds)
© 2003 Taylor & Francis, ISBN 90 5809 534 7

Embankment dams adaptation to resist overtopping

M.A. Toledo

Polytechnic University of Madrid, Spain

ABSTRACT: When the discharge capacity of an embankment dam spillway is not enough to evacuate the maximum foreseen flow, one possible solution is making it resistant to overtopping. This adaptation design requires the analysis of failure mechanisms in an overtopping situation. After brief consideration of a wide range of solutions and their scope of application, this essay examines the most simple solution based on the use of rockfill. Criteria are given for defining stone size and stable slope. The isoresistant composite slope method, developed at the UPM (Polytechnic University of Madrid), is shown. This essay also emphasizes certain additional topics that must be considered when designing the adaptation. Finally, the cost of simple solutions based on the use of rockfill is compared to the cost of RCC protection, widely used in USA. This allows conclusions to be drawn as to the economical advantage of any type of solution. The need for additional research is emphasized.

1 GENERAL APPROACH TO THE PROBLEM

1.1 *The need to increase spillway capacity*

The new criteria for definition of Design and Extreme Floods imply the need to discharge greater flows in a safe way. Existing dams that do not meet these new criteria must be adapted, which shall involve a huge total investment for some dam owners, notwithstanding the fact that this will only be used in very uncommon circumstances, when outflow is greater than actual discharge capacity. In addition to other solutions that should be considered, it is possible to adapt the dam so that it resists a certain overtopping flow. In some cases, this solution may solve the problem in the most efficient manner.

1.2 *Protections and spillways over the dam body*

It is possible to draw a distinction between what may be called protections, as a general term, and new spillways placed over the dam body. Both types of solutions imply overflow, but the problems to be solved are quite different.

In order for a concrete spillway to be placed over a dam body it is necessary to take into account the different deformability of the spillway and the dam body. It may cause the appearance of cracks in the spillway and facilitate the entrance of water, which may lead to failure of the spillway and the dam. Other problems to bear in mind are the possible pressure of water on the concrete side in contact with the dam shoulder, which must be avoided, and the dynamic forces of high velocity flow. In designing a protection against

overflow, it must be noted that the beginning of potential failure mechanisms in relation to it will be similar to those mechanisms as they affect an unprotected dam.

2 MECHANISMS OF FAILURE

There are two basic mechanisms of failure: mass sliding and progressive loss of particles, which act in different phases of the failure depending on the type of dam and the characteristics of the materials.

Rockfill dams may fail due to mass sliding, because of the partial saturation of the downstream shoulder, or due to the loss of rockfill which is dragged by surface flow in a progressive but quick way. The behaviour of cohesive materials is different, thus giving rise to a slower erosion process. So, the erosion of homogeneous dams and of the core of rockfill dams is progressive, and the time elapsing until total failure depends on the value of overflow. Failure caused by mass sliding is not possible in this type of materials because the time required for saturation of the dam body is much longer than the usual flood duration.

A protection system against a certain overflow must avoid the occurrence of these basic mechanisms of failure.

3 PROTECTION SYSTEMS

3.1 *Overflow due to wave action*

In some cases, when determining the maximum water level in the reservoir according to the new criteria, it is possible to establish that it is below crest level, but overtopping may happen due to wave action. The protection system should then be designed according to port technology.

3.2 Moderate overflow

In this case, should the unit flow be less than about 1.5 m²/s, avoiding the loss of rockfill is easy even by implementing a small rockfill armour. Assuming that a short saturation process is possible, then the main problem will be to avoid mass sliding. The slope of the downstream shoulder can be adapted to maintain safety against mass sliding taking into account pore pressures that will originate in shoulder saturation. Another solution could be to reduce permeability of the downstream shoulder surface to delay the saturation process or completely avoid the entrance of water into the dam body. This can be done with different technologies.

3.3 High overflow

For an overtopping unit flow that is higher than about 3.5 m²/s, the dragging of rockfill becomes the predominant problem, so it may be necessary to adopt a different solution, such as e.g. a reinforced rockfill, gabions or even the construction of a concrete spillway over the dam body, which may be made of RCC, vibrated concrete or wedge-shaped blocks. It must be borne in mind that only solutions that imply water flowing over the dam crest are discussed here. Of course, a more conventional solution could also be applicable.

4 ROCKFILL ARMOUR

4.1 Critical flow and stone size

We are now going to focus on the simplest solution based on the use of rockfill to protect the downstream slope of the dam. Given a certain slope, the issue is to find the weight or size of the stone that would be necessary to resist the overflow stream. Several authors have studied this subject, inter alia Olivier (1967), Hartung & Sheuerlein (1970), Knauss (1979), Solvik (1991) or, more recently, Mishra (1998).

Knauss, based upon tests performed by Hartung and Sheuerlein, provides a simple formula to determine the size of the stone:

$$q = \sqrt{g} \cdot d^{3/2} \cdot (1.9 + 0.8 \cdot \Phi - 3 \cdot \sin \alpha) \qquad (1)$$

where q = unit overtopping flow, in m²/s ; g = gravity acceleration, in m/s²; d = equivalent diameter, in m;

Φ = compactness factor, 0.165 for poured rockfill and 1.125 for manually placed rockfill; and α = downstream slope angle with horizontal. Equivalent diameter is defined as the sphere diameter with the same volume than the stone.

This formula was used to design the Wadi Khasab dam, in Oman, showing a good reconciliation with physical model tests (Taylor 1991).

Comparing Knauss and Solvik methods (Toledo 1997) we can find similar results if we take into consideration the different criteria used to determine the critical flow: failure of the dam and beginning of stones movement respectively. This movement initiates at about half the flow that would cause the dam to fail.

4.2 Safety factor

Safety factor can be defined as a lessening factor of stone weight or size, or as a lessening factor of withstood flow. Using the Knauss formula, we can find the following relation between different security factors defined as mentioned (Toledo 1998):

$$F_q = F_d^{3/2} = \sqrt{F_G} \qquad (2)$$

where F_q, F_d and F_G are safety factors and subindex q, d and G express the lessened magnitude: unit overflow, equivalent diameter and weight of the stone respectively.

Provided that we use the Knauss formula, safety factors, with respect to critical flow, slightly higher than unity, and two, could be appropriate for an extreme and a normal situation, respectively. In the last case even the movement of individual stones would be avoided, the critical flow being double than the maximum foreseen. Accordingly, stone size should range between 1 and 1.6, and stone weight between 1 and 4.

5 MASS SLIDING STABILITY

5.1 General approach

It is a verified fact that the failure of rockfill dams initiates with shallow mass sliding at the downstream toe. Subsequent progressively deeper slides continue the destruction of the downstream shoulder due to heightening of pore pressure. So, in this type of dams, with pervious materials forming the downstream shoulder, it is essential to avoid mass sliding in order to maintain safety during spilling.

A research based on mathematical modelling and numerical experimentation has been developed at the UPM (Polytechnic University of Madrid) to analyze the role of the parameters involved and to establish a simple method to determine the stable slope in an overtopping situation.

5.2 Relative pore pressure (RPP) and subpressure factor (β)

It was found that the ratio between pore pressure and vertical height of rockfill over the considered point, which was called RPP, is a good indicator of the stability status. It is logical because pore pressure is the destabilizing factor and the vertical height of rockfill determine the stabilizing friction force. RPP is almost unity in the zone of the downstream toe, where stability situation is the worst, and decreases towards the crest of the dam. So, the stability condition at the toe zone determine the slope needed.

If we establish the equilibrium condition in a potential sliding plane that is parallel to the surface of the dam, the only action which is specific to an overtopping situation is pore pressure on that plane. The pore pressure law on the potential sliding plane may be substituted by an equivalent uniform law with the same integral extended to the whole surface. The value of pore pressure under this uniform law can be expressed as a fraction of the vertical height of rockfill over any point of the potential sliding plane. Multiplying this height by a factor, that we can call subpressure factor (β), we can obtain the pore pressure in the equivalent uniform law.

The value of β mainly depends on the slope, and can be estimated at the downstream toe by the following expression (Toledo 1997, 1998):

$$\beta = -0.32 \cdot N^2 + 1.52 \cdot N - 0.77 \tag{3}$$

where N = inverse of slope.

5.3 Stable slope

When determining the stable slope in an overtopping situation, with the purpose of designing, we must consider the most unfavorable condition, which corresponds to a completely saturated downstream shoulder. The equilibrium of forces in the potential sliding plane leads to the following expression, which enables us to estimate the stable slope (Toledo 1997, 1998):

$$F = \frac{1}{\gamma_{e,sat}} \cdot \left(\gamma_{e,sat} - \frac{\beta \cdot \gamma_w}{\cos^2\alpha} \right) \cdot \frac{\tan \varphi}{\tan \alpha} \tag{4}$$

where F = safety factor; $\gamma_{e,sat}$ = unit weight of saturated rockfill; γ_w = unit weight of water; φ = rockfill friction angle; and α = downstream slope angle with horizontal.

The safety factor is defined as a lessening factor of the friction angle tangent.

5.4 Design options to avoid stability problems

There are two basic options to avoid stability problems: to soften the slope in order to assure stability even with pore pressure due to percolation of water inside the downstream shoulder, or to avoid or delay the pore pressure by preventing the entrance of water into the dam body. In the second option, it is important to notice that it is not necessary to achieve a total impermeability of the downstream slope, but just enough to avoid installation of pore pressure in the usually short duration of the spilling.

6 ISORESISTANT COMPOSITE SLOPE METHOD

6.1 Definition of the problem

A stable slope can be estimated by using formula (4). As mentioned before, it is imposed by the situation in the downstream toe, where β is higher. It means that all along the rest of the slope safety factor is higher than needed. So, it would be possible to vary slope from the toe to the crest while maintaining the same global safety factor, but using less material. A continued variation of slope is not interesting from a practical point of view, but perhaps two different zones could be established, with different slopes, so as to reduce the volume of material that is needed to stabilize the dam without introducing a great complexity in the construction process. In some cases, it may just be necessary to soften the slope of the lowest part of the downstream shoulder.

Provided that the lower zone must keep the slope as estimated with formula (4), a composite slope can be defined by locating the change point (Q) on the basis of two parameters: the slope of the upper zone (N_s), and the horizontal distance between the downstream point of the crest and the change point (L_s).

The optimization of the problem is defined as the identification of the change point position which minimizes the volume of material needed while maintaining the global safety factor of the dam. This approach has a limited practical applicability. In most cases the simplest solution of a constant slope will be preferable in order to avoid the singularity introduced by the point where slope changes. In practice, the point should be substituted by a zone of gradual change. Anyway, a method has been developed at the UPM to determine its optimal position.

6.2 Relation between safety factor and friction angle

From equation (4) it is easy to establish the relation between safety factor (F) and friction angle (φ) for two different values of this last parameter:

$$\frac{F_{\varphi_1}}{F_{\varphi_2}} = \frac{\tan \varphi_1}{\tan \varphi_2} \tag{5}$$

where F_{φ} is the safety factor for friction angle φ.

Consequently, a change in friction angle is equivalent to a change in safety factor, while maintaining the original friction angle. It allows to eliminate one of the two parameters from the analysis, which was developed considering a constant friction angle of $38°$. When using the results obtained, it is necessary to apply a correction factor according to the last expression (5).

6.3 Optimal isoresistant composite slope

The geometric place of the change point (Q) which maintains the safety factor equal to that determined using equation (4) was found for different initial stable slopes. It may be called "change point isoresistant trajectory". Also, the optimal position of Q in every trajectory was found. Figure 2 shows the identified optimal location of Q for any safety factor (Toledo 1999). The practical use of this chart is explained in the section dedicated to examples.

7 ADDITIONAL PROBLEMS TO CONSIDER

The design of the adaptation of the dam to resist overtopping must consider several additional problems.

Filters and drains can be destroyed by percolation of water through them if the transition material between them and rockfill is not effective. Smaller sizes of rockfill or gravel, specially if it is a dusty material, may be carried out of the dam body, and such loss of material can induce settlements the effect of which must be analyzed.

The contact of the slope with the ground can be eroded by water flowing over the slope, and this can facilitate the beginning of the failure. So, it is necessary to protect this area, specially at the dam toe.

The dam crest is another problematic area which must be protected. Suction may happen at the downstream border, with a destabilizing effect on stones in that region.

8 COST ESTIMATE AND COMPARISON

8.1 Alternative solutions compared

In order to have an estimate of the cost of this type of solution to adapt an embankment dam to resist overtopping, and to analyze its practical applicability,

a study has been performed leaving from simple assumption. The solutions compared are:

a) Softening of the slope and protection with rockfill armour.
b) Reduction of surface permeability of the slope to avoid pore pressure and protection with rockfill armour.
c) Downstream slope protection by means of RCC.

The last solution has been widely used in the USA (Hansen & Reinhardt 1991). A comparison between the proposed solutions and a widely used solution may serve to assess situations in which the former may result interesting from a strictly economical point of view.

8.2 Hypothesis for estimating the cost

The cost of every solution has been estimated with different assumptions as to dam height and crest length, bed width, dam shoulder material friction angle and overtopping flow. The following unit prices have been considered: Added material to change downstream slope: $4.21 €/m^3$; armour rockfill: $8.41 €/m^3$ (a double layer has been considered); downstream slope treatment for reducing its permeability: $15.03 €/m^2$; treatment of the dam-ground contact along downstream slope to avoid ground erosion: $120.20 €/m$; RCC protection: $42.07 €/m^3$ (a minimum 5 m horizontal thickness has been considered for constructional purposes).

The cost of every type of solution has been obtained as a sum of the following partial costs: Solution a): material added to change downstream slope + armour rockfill (corresponding to the corrected slope); Solution b): downstream slope treatment for reducing its permeability + armour rockfill (corresponding to the original slope); Solution c): RCC protection. The treatment of the dam-ground contact has been added to all solutions, according to its own geometry. Only these most relevant costs have been taken into account. The problem of adapting the crest, which is common to the three solutions, has been ignored. Of course, in any particular case additional topics may appear which may be important, or unit prices may be quite different than those assumed, but the hypothesis considered can still be valid for a general purpose, with the only intention of detecting general trends.

The corrected slope and size of the stone for the armour rockfill have been determined as explained above, in preceding sections, with expressions (4) and (1) respectively. Assuming that overflow would occur in an extreme situation, a unity safety factor has been adopted with respect to both basic failure mechanisms.

8.3 Results obtained

From the parametric study that has been performed, general trends are clear and can be summarized very easily.

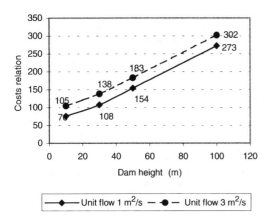

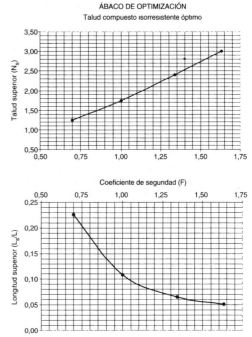

ÁBACO DE OPTIMIZACIÓN
Talud compuesto isorresistente óptimo

Figure 1. Cost relation between Solution a) Slope correction, and Solution c) RCC protection. Friction angle: 45°. Crest length 15 times dam height.

RCC protection is no doubt the cheapest solution if overtopping unit flow is not small, let us say higher than 2 or $3\,m^2/s$, independently from the rest of the parameters involved.

Slope correction and reduction of downstream slope permeability, combined with a rockfill armour, may be economically competitive for small overtopping flows, the more competitive the smaller flows are.

Slope correction is the cheapest solution for small heights, less than about 20 m, and long dams. The advantage is greater if friction angle of shoulder material is high. Saving may reach 20% or even 30%.

Reduction of downstream slope permeability is an economically good solution for dams that are higher than about 20 m. A greater saving is obtained for higher dams, and can reach up to 30%. So, if the over-topping flow is small, about $1\,m^2/s$ or less, the selection of the cheapest solution will mainly depend on the dam height. Figure 1 is given as an example of the cost estimates performed.

In addition, it must be noted that the use of rockfill provides a much better appearance to the dam than RCC, despite its being a simpler technology. It may be a relevant advantage in some cases.

9 EXAMPLE

We will consider as an example a 10 m high rockfill dam having a clay core and the following data: crest length: 100 m; friction angle of rockfill: 40°; saturated unit weight of rockfill: $2.3\,t/m^3$; downstream slope: 1/1.67. The foreseen maximum overtopping flow is $100\,m^3/s$. So, unit overflow is $1\,m^2/s$.

Using equation (4) we can obtain the stable slope: 1/2.43. From equation (1) the stone size needed for

Figure 2. Chart for determining isoresistant composite slope geometry.

rockfill armour is 0.40 m. Unity safety factor has been considered with respect to both mechanisms of failure, taking into account that overflow corresponds to an extreme flood. So, its adaptation can be solved by changing its slope and using the appropriate rockfill protection.

There is also a possibility of maintaining the original slope while reducing the permeability of the downstream slope surface to avoid destabilizing pore pressure. In this case, with an steeper slope, the stone size needed is 0.52 m.

In the first solution, we can substitute the constant slope 1/2.43 by a composite slope with the same slope in the lower part and a greater slope in the upper part, having a small reduction in volume of material needed to change the slope, while maintaining the safety factor. First of all, it is necessary to determine the safety factor of a rockfill with an angle friction of 38° which is equivalent to a unity safety factor for the rockfill with friction angle of 40°. From equation (5): $F_{38} = F_{40}\,\tan 38/\tan 40 = 0.93$. From the Figure 2, for $F = 0.93$, the upper part slope is 1/1.62 and extends to 13% of the slope in horizontal projection. The use of a composite isoresistant slope instead of the constant slope implies, in this case, a saving in materials needed to correct the slope of about 20%.

10 CONCLUSIONS AND RESEARCH LINES

For small overtopping flows, the simplest solution, based on the use of rockfill to protect the downstream slope, is technically and economically feasible, even for high dams. In some cases it may be the best solution, so it should be considered when performing the study of alternatives.

More research is needed. The Department of Hydraulics of the UPM maintains this research line, now focused on the failure evolution of an embankment dam due to overtopping. A better understanding of failure may allow a better design to avoid rupture in an overtopping situation, which can apply both to new and existing dams. In addition, it will help to evaluate in advance the possible consequences of an embankment dam failure due to overtopping, and to draw up more efficient emergency plans, based on realistic assumptions about time and mode of failure.

REFERENCES

Hansen, K.D. & Reinhardt, W.G. 1991. *Roller-compacted concrete dams; Chapter 7: RCC applications in embankment dams:173–197.* New York: McGraw-Hill.

Hartung & Sheuerlein, 1970. Design of overflow rockfill dams, *Proc. Intern. Congress on Large Dams, Montreal, 1970, Q36, R35.* Paris: ICOLD.

Knauss, 1979. Computation of maximum discharge at overflow rockfill dams (a comparison of different model test results), *Proc. Intern. Congress on Large Dams, New Delhi, 1979, Q50, R9.* Paris: ICOLD.

Mishra, S.K. 1998. *Riprap design for overtopped embankments.* Ann Arbor, Michigan: UMI Dissertation Services.

Olivier, 1967. Through and overflow rockfill dams. New design techniques. *Institution of Civil Engineers, paper 7012, Vol. 36.* London: ICE.

Solvik, 1991. Throughflow and stability problems in rockfill dams exposed to exceptional loads, *Proc. Intern. Congress on Large Dams, Vienna, 1991, Q67, R20.* Paris: ICOLD.

Taylor, 1991. The Khasab self spillway embankment dams, *Proc. Intern. Congress on Large Dams, Vienna, 1991, Q67, R12.* Paris: ICOLD.

Toledo, M.A. 1997. *Rockfill dams subject to overtopping. Study of water flow through rockfill and mass sliding stability. (Doctorate Thesis, text in Spanish).* Madrid: Polytechnic University of Madrid (UPM).

Toledo, M.A. 1998. Safety of rockfill dams subject to overtopping. In L. Berga (ed.), *Dam safety:* 1163–1170. Rotterdam: Balkema.

Toledo, M.A. 1999. *Design of overtopping resistant rockfill dams, (text in Spanish).* Madrid: Spanish National Committee on Large Dams.

Dam Maintenance and Rehabilitation, Llanos et al. (eds)
© 2003 Taylor & Francis, ISBN 90 5809 534 7

Dispositivo de dragado y contención de lodos, para acceso subacuático a la embocadura de conducciones, en presas aterradas de paramento vertical

Rafael Romeo, Honorio J. Morlans
Confederación Hidrográfica del Ebro

Jorge García
Ciagar

RESUMEN: El artículo describe un dispositivo de dragado y contención de lodos, diseñado y construido por la Empresa Ciagar. El dispositivo permite el acceso subacuático a la embocadura de conducciones, en presas de fábrica aterradas. Se presenta la aplicación del dispositivo en la rehabilitación del desagüe de fondo de la Presa de Moneva (un conducto de 1,00 × 1,20 m, con una carga de 19 m.c.a.).

1 ANTECEDENTES

Los aterramientos de las presas son uno de sus mayores inconvenientes funcionales, de solución muy costosa y compleja.

En la actualidad y en las presas de paramento vertical o ligeramente inclinado, la única solución para acceder y mantener libre el conducto de desagüe de fondo o de toma inferior, es la de excavar los fangos del fondo, en semitronco de cono invertido y de generatrices muy oblicuas, en ángulo variable que puede alcanzar los 30° o incluso los 15° de inclinación y con su base menor dispuesta a un nivel inferior al de la embocadura del desagüe, lo que implica unos costes elevados por el gran volumen de fangos a remover, un alto nivel de contaminación ambiental y tiempos largos de actuación. Problemática que se incrementa en función de la columna de agua en el embalse, que dificulta o limita las condiciones de trabajo de los buceadores que se encargan de las labores de dragado o de instalación de los elementos de obturación.

Aún así, estos taludes son de gran inestabilidad y no garantizan a medio plazo la libertad de acceso a la embocadura del conducto del desagüe, con lo que la operativa debe repetirse con frecuencia y en cada uno de los desagües o de las tomas existentes y siempre que sea necesario el acceso a sus embocaduras.

2 BREVE HISTORIA DEL SISTEMA

Como alternativa al dragado convencional, la Empresa Ciagar ha diseñado y desarrollado un dispositivo para la excavación, construcción y dragado de sedimentos que permite llegar a las embocaduras de los desagües de fondo o de las tomas en condiciones de seguridad para los buceadores.

Este sistema, patentado con el nombre comercial "Dracón®", permite alcanzar el nivel de las embocaduras, prácticamente con independencia de los aterramientos por lodos sedimentados y mantenerlos libres durante todo el tiempo que duren los trabajos.

La mínima cantidad de sedimentos movilizados con la utilización de esta metodología, unido a que ésta no precisa el traslado de los lodos fuera del vaso del embalse, ni si quiera a grandes distancias dentro del mismo, permite reducir al mínimo el impacto contaminante que habitualmente estas operaciones ocasionan.

El permitir a los trabajadores subacuáticos realizar sus actuaciones en el interior de un recinto que les aísla completamente de los posibles peligros de derrumbes o deslizamientos de la masa de sedimentos, es otra de las grandes ventajas de la utilización de este sistema, que redunda en una mejora de las condiciones de trabajo y que se refleja finalmente en los costes de las operaciones de reparación y obturación.

Finalmente otra de las ventajas de este desarrollo es su posible utilización como seudo-torre de toma, una vez terminados los trabajos en los desagües de fondo.

3 ACCESIBILIDAD A LAS EMBOCADURAS

Con un carácter permanente, si se considera inviable la recuperación de la operatividad normal del desagüe, actuando como torre de toma, justo por encima del nivel de aterramientos. La utilización del sistema "Dracón®" permite el vaciado de un embalse aterrado por debajo del nivel de la toma útil más baja y hasta su nivel de aterramiento. Un problema de difícil solución que hasta la fecha, en la mayoría de los casos, pasaba por el dragado hasta la cota del eje de embocaduras, que ocasionaba con la apertura de los desagües de fondo una gran movilización de lodos y éstos un importante impacto medioambiental, aguas abajo del embalse. A esta problemática, además, hemos de añadirle la del riesgo que se corre al realizar estas operaciones de que cualquier objeto movilizado por la masa de sedimentos, bloquee o impida las operaciones de cierre de los elementos hidromecánicos que operan el desagüe de fondo.

La componente económica de la solución llamémosle tradicional, es tanto más importante, si con independencia de su mayor riesgo y coste inicial, consideramos que es una operación útil solamente durante un período breve de tiempo ya que está comprobado que una vez suspendida la operativa del desagüe, el aterramiento del mismo se vuelve a producir. Este aterramiento obviamente es función principalmente del tipo de sedimento, del tiempo que transcurra y de la columna de sedimento que exista sobre el eje de las embocaduras.

En ocasiones se considera posible la recuperación de la operatividad normal de los desagües, por el tipo de explotación del embalse, la cantidad y tipo del sedimento y la posibilidad de evacuación de los lodos del entorno de los desagües de fondo emulsionados con otras aportaciones de caudal en época de aguas altas.

El sistema "Dracón®" posibilita la eliminación paulatina y programada de diferentes volúmenes de sedimentos, al realizarse la retirada de los elementos de contención módulo a módulo. Permite paralizar la operación a la altura o en el momento deseado y retomar el proceso de eliminación en otro período, sin ninguna desventaja, aunque el tiempo transcurrido haya sido prolongado.

Esta operativa nos llevará recuperar la operativa normal en el desagüe de fondo, aunque la mayor parte de los sedimentos permanezcan en el embalse, generando el típico cono invertido con las generatrices propias para cada embalse.

4   DESCRIPCIÓN DEL DISPOSITIVO

Este sistema de dragado y contención denominado "Dracón®", en líneas generales consiste en, un dispositivo desfangador de presas de paramento vertical o ligeramente inclinado del entorno de los desagües de fondo o tomas inferiores, que se caracteriza por ser de instalación permanente, con montaje y desmontaje

progresivo, que reduce al mínimo el personal operativo, siendo necesarios los buceadores solamente en operaciones irregulares y puntuales, tales como serrar algún tronco arrastrado o retirar ocasionalmente piedras de gran tamaño que hayan podido ser arrastradas hasta las embocaduras.

El dispositivo está configurado en base a un escudo modular, laminar y en forma semicircular, adecuadamente reforzado a fin de soportar las presiones de servicio. Un sistema de sujeción une cada módulo con el siguiente, alineándose verticalmente.

El módulo inferior muestra un acabado apuntado con el fin de facilitar su enclavamiento en el fango. Asimismo dispone de unas conexiones en dos líneas independientes de alimentación de agua con dos presiones diferentes y una tercera línea de inyección múltiple de aire a presión. Adicionalmente estos conductos de aire se complementan con unas derivaciones que siguen la semicircunferencia de cada módulo, con múltiples perforaciones a fin de distribuir regularmente la inyección de aire por las caras interior y exterior del dispositivo.

El bombeo de agua alta presión actúa como sistema de perforación en el fango, mientras que el suministro de alto caudal a baja presión, con el auxilio del aire comprimido remueve el fango y lo diluye en lodos susceptibles de ser extraídos por una bomba aspirante.

La alineación de módulos o tejas definiendo el escudo, está guiada por unos perfiles de contraguía fijados al paramento por encima del nivel máximo de agua en la parte superior y por encima del nivel de fangos en la parte inferior.

La regulación posterior del nivel de fangos, se realiza con aguas altas, de forma que los que bordean la teja extrema superior son arrastrados cuando se retira esta, para lo cual se inyecta aire a presión en las tuberías semicirculares periféricas, que ayudan al desenclavamiento al crear una cortina de aire entre las caras interior y exterior de la teja, sobre la que apoyan los lodos, permitiendo el izado del elemento.

En la Figura 1, se describe la secuencia de los trabajos, diferenciándose ocho fases, en la instalación y retirada del dispositivo.

5   APLICACIÓN DEL SISTEMA EN LA PRESA DE MONEVA

El satisfactorio resultado obtenido con la utilización del sistema "Dracón®" anteriormente descrito, en la sustitución y rehabilitación de los mecanismos del desagüe de fondo del embalse de Moneva, tiene una consecuencia positiva cara el futuro de obras similares, muy necesarias en numerosas presas y fundamentalmente las más antiguas.

La cuenca del río Aguas Vivas, se caracteriza por padecer una sequía que podríamos calificar de

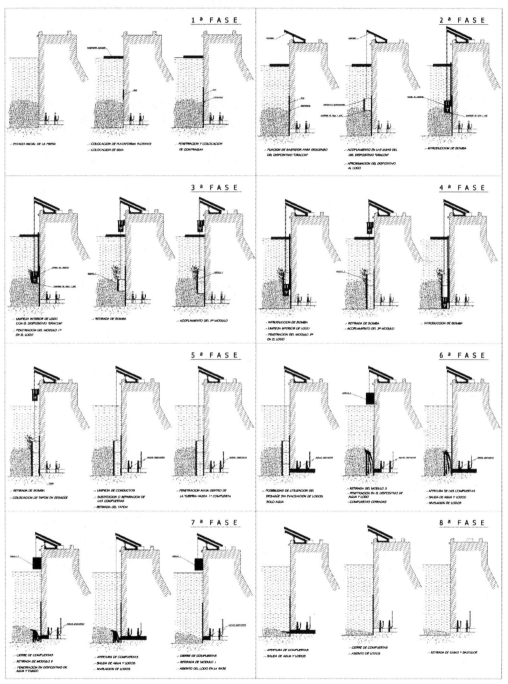

Figura 1. Fases de instalación del dispositivo "Dracón®".

"endémica", ya que desde la puesta en explotación del embalse, solamente se ha llenado en los años 1946, 1961 y 1972. Las aportaciones quedan agravadas por la existencia en el cauce del río, desde la cola del embalse y hacia aguas arriba, de una zona karstica, por la que se filtran los pequeños caudales, llegando solamente al embalse las avenidas que se producen.

Con el fin de aprovechar los pequeños caudales, se ha construido un canal capaz de 1,5 m³/s y 19,8 km a modo de by-pass, de la zona filtrante.

Los escasos volúmenes reguladores deben ser aprovechados todos los años al máximo, respetando los necesarios para el mantenimiento medio-ambiental del embalse. Por ello en la campaña de riegos de 1998, se procedió a desembalsar por el desagüe de fondo ya que la carga de agua no era suficiente para dar los caudales demandados por la toma de riegos. Al pretender cerrar la compuerta esta operación, no se pudo efectuar en su totalidad, perdiéndose un caudal de unos 200 l/sg que amenazaban con vaciar el embalse, circunstancia que había que evitar para que no se produjese un desastre ecológico por la mortandad de la fauna piscícola, ni la pérdida del escaso recurso de agua almacenado.

Además de avisar de esa circunstancia a los responsables de Medio Ambiente, para prever una operación de rescate de dicha fauna, se tomaron otras medidas urgentes para atajar la fuga. Una inspección subacuática, demostró la imposibilidad de acceder con garantías de seguridad, a la compuerta de cierre para proceder a la obturación deseada. Por ello se tomó la decisión de llevar a cabo esta operación, mediante el vertido de material terroso con abundancia de arcilla, que colmató todo el conducto aguas arriba del tablero de la compuerta.

En esta situación de la presa, se planteó la necesidad de rehabilitar el desagüe de fondo sin vaciar el embalse, aprovechando la circunstancia para mejorar los elementos mecánicos existentes y poniendo en funcionamiento el segundo conducto anulado desde su construcción.

En los conductos del desagüe de fondo, se instaló un doble conjunto de compuertas tipo Bureau de 1,00 × 1,20 m, las de aguas arriba de seguridad y de regulación las de aguas abajo. Las maniobras de apertura y cierre se realizan mediante sistemas oleo-hidráulicos, comandados desde un pupitre centralizado. Asimismo se instalaron conductos de by-pass para el equilibrado de presiones de las compuertas de seguridad y los necesarios conductos de aireación para todas las compuertas.

Para la instalación de todos estos elementos sin el vaciado previo del embalse y con una columna de agua mínima durante la realización de los trabajos de 19 m.c.a., era necesaria la colocación de un escudo que cerrara los conductos del desagüe de fondo en el paramento de aguas arriba, obturando la fuga de

Figura 2. Fotografías de la utilización del dispositivo, en la rehabilitación del desagüe de fondo de la Presa de Moneva.

agua y permitiendo realizar en seco la mencionada instalación.

Fue necesaria la perforación y dragado de una columna de lodos de 7 m que impedía el acceso a las embocaduras de los desagües. A esta columna hubo que añadir el importante volumen de tierras que se colocaron para lograr la obturación de los desagües.

En la Figura 2, se presentan unas fotografías de la utilización del dispositivo en la rehabilitación del desagüe de fondo de la Presa de Moneva.

El proceso de implantación y adaptación del sistema a las características específicas del embalse, se desvió de las previsiones iniciales de tiempos al encontrarse algunos problemas para fijación y anclaje de los elementos de suspensión en la coronación de la presa.

Una vez resuelto y preparado el proceso de hincado de las tejas, éste se realizó en unos tiempos y con una facilidad que mejoraba en mucho las previsiones más favorables.

La colocación de escudo, su fijación y retacado no tuvo ninguna complicación. El "Dracón®" permitió la realización de los trabajos de desmontaje de los equipos existentes, la mejora de los conductos y la instalación de las nuevas compuertas en condiciones óptimas de trabajo.

Terminadas las actuaciones en los desagües, se procedió a la retirada del escudo y se realizaron las pruebas en carga y de funcionamiento de la nueva instalación.

Durante un período de tiempo, se operó el desagüe con agua limpia tomada a través del sistema instalado, con el fin de limpiar la zona próxima del cauce aguas abajo de la presa.

La retirada del sistema "Dracón®" fue programada y se realizó sin ninguna complicación.

6 CONCLUSIÓN

El satisfactorio resultado obtenido con la utilización de este dispositivo y su metodología asociada, tiene una consecuencia positiva de cara a la futura realización de obras similares de reparación, sustitución y rehabilitación de los mecanismos de regulación en desagües de fondo o tomas de agua de presas de fábrica aterradas.

Dam Maintenance and Rehabilitation, Llanos et al. (eds)
© 2003 Taylor & Francis, ISBN 90 5809 534 7

Nuevas tendencias en el diseño y la utilización de compuertas radiales en desagües de fondo

Ángel Andreu & Jorge García
Ciagar

RESUMEN: El artículo describe las nuevas tendencias en el diseño de las compuertas radiales para su empleo como elementos de regulación en desagües de fondo. Se presenta un nuevo diseño con eje excéntrico y compuerta tipo "retráctil" (que permite disminuir enormemente los esfuerzos de rozamiento sobre las gomas de estanqueidad), en el desagüe de medio fondo, de 2,50 × 1,10 m, de la Presa de La Sotonera. También se presenta una aplicación novedosa de las compuertas radiales en el Canal navegable de Xerta, con dimensiones de 12,50 × 4,70 m.

1 INTRODUCCIÓN

1.1 *Antecedentes*

Es evidente que la capacidad de un embalse tiene su efectividad en los metros próximos a su máximo nivel, en donde coinciden tanto los resguardos como la capacidad de regulación en avenidas.

Para los aliviaderos de superficie en la coronación de los embalses se han diseñado varios tipos de sistemas de retenida con sus correspondientes mecanismos. Unos con mandos a voluntad, reductores, cables, cilindros, etc. y otros automáticos que actúan sobre las compuertas mediante contrapesos y flotadores, siempre complejos, difíciles de mantenimiento y por tanto no muy fiables.

Las compuertas de coronación deben resolver un momento tan crítico, como es el de una avenida en el que en la mayoría de las veces se debe actuar con premura de tiempo y condiciones atmosféricas y de entorno, nada favorables.

De los diferentes tipos de compuertas, a instalar en las presas, para alivio de caudales, nos vamos a centrar en este Artículo en las compuertas radiales o "Taintor" y más concretamente las utilizadas en los desagües con carga, en sus dos facetas: bien como elementos de retenida, o bien como elementos de regulación de caudales.

En el presente Artículo nos vamos a centrar en la adaptación de este tipo de elementos para su utilización en desagües, los nuevos diseños y sus ventajas.

2 PROBLEMÁTICA DE LA UTILIZACIÓN DE COMPUERTAS RADIALES EN DESAGÜES CON CARGAS

2.1 *Generalidades*

De todos es conocido que al implantar cualquier sistema de obturación, en los desagües con carga, los problemas que aparecen al tener que transmitir grandes esfuerzos y la problemática de los fuertes esfuerzos por rozamientos a considerar para el buen funcionamiento y fiabilidad de las instalaciones.

Vemos como solución francamente aceptable la instalación de compuertas radiales (para los desagües profundos), pues centran esfuerzos al pasar la resultante de las mismas por el eje de giro de la compuerta y minimizan los rozamientos mecánicos de forma muy considerable.

La construcción tradicional de compuertas radiales para este tipo de instalaciones, no obstante, deja sin resolver uno de los principales problemas, solventar los rozamientos de los elementos de estanqueidad, muy a tener en cuenta en este tipo de obturación y razón por la que este tipo de elementos no se ha incluido de forma general como solución de los órganos de regulación en tomas con carga.

La experiencia y la bibliografía nos dice que, en la mayoría de los casos, se trata de regular desagües con secciones útiles no superiores a los 8,00 m², y generalmente en un rango comprendido entre los 2,50 m² y los 8,00 m². Consideramos que en estos rangos se podría cubrir con compuertas radiales como mejor alternativa tanto desde el punto de vista técnico como económico.

Estas dimensiones permiten diseñar, compuertas radiales, con viga en cajón y con un solo brazo. Proyectar un gozne con eje excéntrico, nos permitirá de forma sencilla y eficaz, conseguir que la compuerta sea retráctil, es decir, que podamos retirar la compuerta de la estanqueidad y volver a incidir sobre la misma a voluntad, evitando el contacto de la chapa pantalla durante las operaciones de apertura y cierre. Gomas de tipo "Omega" serán instaladas en los hierros fijos del conducto y en todo su perímetro.

El accionamiento en avance de la compuerta está comprendido, entre los 5 y 10 mm y se consigue mediante una biela calada en el eje excéntrico que se acciona con un cilindro oleohidráulico.

El cierre inferior de la compuerta no se realiza apoyando en la solera, ya que la chapa pantalla sobrepasa la solera del conducto y cierra por contacto de la goma inferior que continúa en todo el perímetro del conducto.

La compuerta abre y cierra suspendida de un cilindro oleohidráulico de accionamiento. Este cilindro está articulado en cabeza de forma tal que permite el recorrido, subida-bajada y a su vez el avance retroceso de la compuerta.

Por los laterales y en solera de la compuerta se diseñan estructuras que permiten garantizar la perfecta aireación del chorro.

El gozne de la compuerta y mecanismo auxiliar están fijos al cuerpo de presa.

2.2 *Sistema de accionamiento*

Tanto el accionamiento principal de la compuerta, como el accionamiento auxiliar de excentricidad se realiza mediante cilindros oleohidráulicos, de doble efecto diseñados y construidos para soportar adecuadamente tanto los esfuerzos calculados como las condiciones de trabajo en explotación.

Un grupo oleohidráulico para el accionamiento de los dos cilindros, con el aparellaje necesario está controlado por un cuadro de mando eléctrico que permite conocer las condiciones de funcionamiento de la instalación y actuar sobre las mismas.

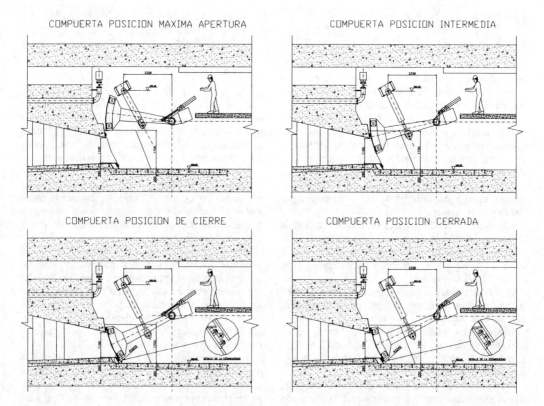

Figura 1.   Instalación de compuerta radial tipo "retráctil", de 2,50 × 1,10 m, en la toma de medio fondo de la Presa de La Sotonera.

2.3 Aireaciones

Se trata con sumo cuidado la aireación del chorro a su salida, tanto su caudal como su distribución y disponibilidad en los puntos adecuados.

Está prevista la aducción de aire atmosférico a través del cuerpo de presa, hasta llegar a los canales de distribución que abrazan el chorro.

La entrada de aire se procurará que nunca se realice contracorriente, se efectuará por conducto independiente a la salida del chorro ya que lo contrario puede generar importantes problemas por falta de aireación en la zona de la compuerta, debidos al desplazamiento de la masa de aire en dirección a la zona exterior.

En la Figura 1, se presenta el perfil de la instalación de la toma de medio fondo de la Presa de La Sotonera, con la compuerta radial tipo "retráctil" diseñada.

3 VENTAJAS E INCONVENIENTES DE LAS COMPUERTAS RADIALES, RESPECTO A LA UTILIZACIÓN DE COMPUERTAS RECTANGULARES

Como anteriormente hemos comentado, consideramos este tipo de compuertas como las más idóneas para el rango de dimensiones comprendido entre 2,50 y 8,00 m², en el que la solución alternativa habitual, válvulas compuerta tipo "Bureau", Vagón o similares, presentan importantes problemas tanto constructivos como hidráulicos y económicos.

3.1 Aspectos hidráulicos

a) Regulación

La capacidad de regulación de las compuertas radiales con respecto a la rectangular es superior. Por una parte, el propio diseño radial que intercepta el chorro de forma mas hidrodinámica y por otra, por el sistema de aireación es mucho más sencillo de realizar de forma completa en este tipo de elementos.

b) Cavitaciones

Al carecer de recatas laterales y de cámara de alojamiento, propias de las compuertas rectangulares tipo "Bureau" o "Vagón" o similares, las compuertas radiales no poseen zonas de cavitación. Eliminan el problema de erosiones que habitualmente se producen sobre los elementos de cierre en las compuertas rectangulares.

c) Cierre

Los caudales de pérdidas son inferiores con la utilización de este tipo de compuertas radiales con respecto a las compuertas rectangulares ya que el cierre se realiza sobre elastómeros y además la presión sobre los mismos es regulable.

3.2 Aspectos mecánicos

La utilización de compuertas radiales retráctiles en desagües con carga, viene aconsejada también desde un punto de vista mecánico y de construcción.

Al pasar la resultante de los esfuerzos producidos por la carga de agua por el eje de giro de la compuerta se minimizan los rozamientos mecánicos y por lo tanto los esfuerzos necesarios para su movimiento.

Para el rango de dimensiones para el que estamos aconsejando este tipo de soluciones, en comparación con las compuertas rectangulares tipo "Bureau", "Vagón" o similares, desde un punto de vista constructivo se reducen enormemente las exigencias en cuanto a los espesores de los materiales a utilizar, el volumen de zonas mecanizadas y el grado de tolerancia de los ajustes.

La eliminación de todo tipo de prensa-estopas es otra gran ventaja del diseño de este tipo de elementos, con respecto a las compuertas tipo "Bureau" o similares.

3.3 Aspectos económicos

En comparación con otro tipo de soluciones, la posibilidad de utilizar compuertas radiales en desagües con carga aporta una reducción importante de la componente económica.

El peso de la compuerta tipo Radial, será siempre inferior a cualquier otra propuesta en igualdad de secciones y carga. Este diferencial de peso se traslada de forma directa a la vertiente económica.

3.4 Seguridad

Si en algún momento, durante la explotación surgiera la necesidad de cerrar un desagüe en el que por las causas que fuere se hubiera perdido la capacidad de actuación por rotura del grupo oleohidráulico, pérdida de energía, rotura de la instalación oleohidráulica, etc, con la solución de compuertas rectangulares tipo "Bureau" se estaría en una situación irresoluble sin la incorporación de equipos o sistemas externos a la propia instalación.

La utilización de compuertas radiales retráctiles al transmitir todos los esfuerzos al eje de giro y éste tender por naturaleza a desplazarse separando las compuertas de los sellos de elastómeros sólo necesitan, simplificando el problema, pesar lo suficiente para vencer los rozamientos mecánicos que se producen en el eje de giro para posibilitar el cierre. Dada la geometría de las compuertas, esto se puede lograr fácilmente lastrando el cajón en caso necesario.

Otra ventaja desde el punto de vista de la seguridad es la de que al carecer de recatas laterales no existe la posibilidad de que ningún elemento o cuerpo extraño se aloje en las mismas durante su tránsito por la conducción, impidiendo el cierre del desagüe.

Podríamos decir, que este tipo de compuerta garantiza absolutamente que cualquier objeto que se desplace por la conducción saldría con la compuerta abierta en su totalidad.

3.5 *Explotación y mantenimiento*

La conservación de los diferentes componentes de este tipo de compuertas cuentan con la ventaja de tener una fácil y cómoda revisión. Lo accesible de todos sus componentes permite la revisión y, en su caso, la sustitución de partes deterioradas de un modo más sencillo y económico.

El sistema de accionamiento está aguas abajo del elemento de cierre y, por lo tanto, no se encuentra afectado por posibles daños que el agua les pueda ocasionar.

Es habitual que uno de los elementos que más problemas ocasione en las instalaciones con carga de agua sean los prensa-estopas.

Carecen de elementos que impliquen la unión o el paso entre la zona atmosférica y la zona en carga eliminando un gran número de problemas y actuaciones de mantenimiento.

3.6 *Inconvenientes*

Obviamente, como todo tipo de elemento que aporta ventajas en su utilización, las compuertas radiales también tienen algunos inconvenientes o limitaciones en su utilización.

Precisan cámaras de mayores dimensiones para su instalación que las compuertas tipo "Bureau" o similares.

Esta limitación puede ser importante si consideramos que estas cámaras en muchos casos se realizan en el interior del cuerpo de la presa.

Otro inconveniente es el de que con estos elementos no es posible dar continuidad a los conductos con carga aguas abajo de las mismas, lo que, en muchos casos, supone una importante limitación en su aplicación.

4   OTRAS APLICACIONES DE NUEVO DISEÑO

En los canales o esclusas por donde han de transitar barcos con un calado medio, se venían utilizando las compuertas de "Busco o libro", consistente en dos hojas cuyos goznes o ejes de giro se encuentran adosados a los paramentos del canal, accionadas por cilindros, husillos o cremalleras que se encuentran apoyados en los muros del canal.

Este tipo de compuerta permiten el paso sin limitación de altura.

Es fácil de comprender que cualquier otro tipo de compuerta que se eleve por encima de la rasante del

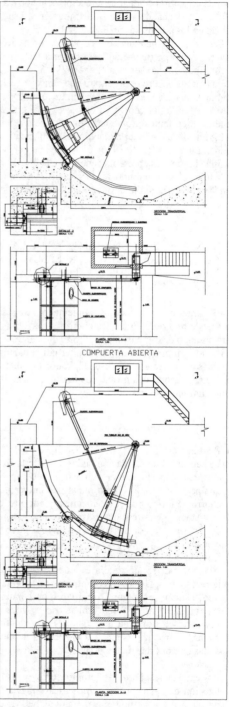

Figura 2.   Compuerta radial de 12,50 × 4,70m, instalada en el Canal navegable de Xerta.

nivel del agua, siempre limitará la altura del barco que va a transitar por ese punto.

En los últimos años, se han diseñado y construido compuertas radiales que se sumergen en el lecho del paso, con ello se consigue:

1) Que el paso de los barcos nunca quede limitado por su altura.
2) El ancho del canal se reduce únicamente por espesor de los brazos, volumen despreciable si lo comparamos con las pérdidas laterales de otros tipos de elementos.
3) La operatividad en apertura de la compuerta radial está garantizada, asegurando el paso del agua y los barcos.
4) Los esfuerzos necesarios para su accionamiento, son muy inferiores a los de las compuertas tradicionales de canal o esclusa.

5) A iguales secciones de paso, suponen una importante mejora económica.

En la Figura 2, se presenta el diseño de las compuertas radiales (de 12,50 × 4,70 m), instaladas en el Canal navegable de Xerta.

5 CONCLUSIONES

Las compuertas radiales, que son sobradamente conocidas por su utilización como sistemas de regulación en aliviaderos, son elementos que admiten, con importantes ventajas, su instalación para otros usos y aplicaciones, tanto en el campo de las presas (regulación de desagües de fondo o tomas), como en el de los canales y de esclusas.

Dam Maintenance and Rehabilitation, Llanos et al. (eds)
© 2003 Taylor & Francis, ISBN 90 5809 534 7

Válvulas compuerta, de paso circular y asiento plano y su aplicación en las tomas de agua y desagües de fondo, de las presas

Juan A. Marín
Consultor de Presas

Jorge García
Ciagar

RESUMEN: El artículo describe una nueva válvula diseñada y construida por la Empresa Ciagar. Se trata de *"válvulas de compuerta deslizantes, de asiento plano y paso circular"*, que combina las ventajas del asiento plano de las válvulas rectangulares tipo "Bureau" y la facilidad del paso circular de las válvulas compuerta convencionales. Se presentan aplicaciones de estas válvulas en los desagües de fondo y/o tomas, de cinco presas en explotación (en la gama Ø 0,50 m a Ø 1,40 m) y de dos importantes realizaciones, en presas en rehabilitación (7 Ø 1,60 m, en la Presa de Iznájar, y 2 Ø 2,50 m, en la Presa de La Sotonera).

1 INTRODUCCIÓN

Las válvulas de compuerta deslizantes son elementos componentes de instalaciones hidráulicas ampliamente conocidas, como órganos hidromecánicos destinados a cerrar el paso del agua o fluido en un conducto u orificio, mediante un obturador deslizante, generalmente vertical, alojado en el interior de una carcasa denominada cuerpo.

Estas válvulas son de uso habitual en presas de embalses (desagües, tomas, etc.) y se diferencian, básicamente, en la construcción del cuerpo y en la forma de la sección de paso, que suele ser circular o rectangular (rectangular o cuadrada).

Las válvulas convencionales de paso circular se caracterizan porque su cuerpo dispone de un alojamiento para el extremo inferior del obturador y se acoplan directamente intercaladas en tuberías circulares o bien en el extremo de las mismas.

Estas válvulas circulares tienen el problema de la discontinuidad del cuerpo para alojamiento de la parte inferior del tablero, que tantos problemas vienen originando, por el posible alojamiento en esta ranura inferior de cuerpos arrastrados por el agua, que llegan a impedir el cierre de estas válvulas.

Las válvulas compuertas de paso rectangular se caracterizan porque su cuerpo es plano en su cara inferior, no disponen de alojamiento para el obturador y se acoplan directamente intercaladas en conductos rectangulares o en el extremo de los mismos. Su instalación se realiza en tuberías o en conductos circulares,

siendo necesario disponer de piezas especiales de conexión, que realizan la transición de una sección de paso a otra.

Las válvulas compuertas rectangulares tienen el problema de que, para acoplarlas a tuberías o conductos circulares necesitan disponer de piezas de conexión, de transmisión entre una sección de paso y la otra, produciéndose discontinuidades en las mismas e incrementado las obras necesarias.

En este Artículo se describe la *"válvulas compuerta deslizante de asiento plano y paso circular"* que combina las ventajas del asiento plano de las válvulas rectangulares y la facilidad del paso circular, eliminando la necesidad de piezas de transición redondo/rectángulo/redondo, aguas arriba y/o aguas debajo de la válvula.

Estas "válvulas" responden a un diseño propio de la Empresa Ciagar, que dispone del reglamentario registro de la patente de este mecanismo hidráulico.

2 DESCRIPCIÓN DE LOS ELEMENTOS PRINCIPALES

2.1 *Generalidades*

Las *"válvulas de compuerta deslizante, de asiento plano y paso circular"*, concebidas para sustituir a veces a las compuertas rectangulares tipo "Bureau", conservan el cierre inferior plano como éstas, eliminando la ranura inferior de las válvulas compuerta

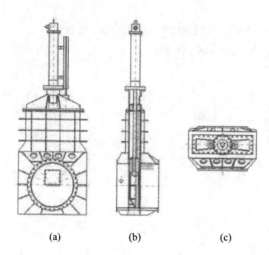

(a)   (b)   (c)

Figura 1. Válvula compuerta deslizante de asiento plano y paso circular: (a) Alzado; (b) Sección; (c) Planta.

circulares convencionales y conservando el paso circular. De esta forma se eliminan las transiciones de sección circular a rectangular, necesarias aguas arriba y aguas debajo de las "Bureau", mejorando el diseño hidráulico de la conducción y acortando la longitud de montaje de las válvulas.

En la Figura 1 se define esta válvula en alzado, sección longitudinal y planta.

2.2 Componentes

Los elementos constitutivos de las "*válvulas compuertas circulares y asiento plano*", son los siguientes:

- *Obturador*: Elemento de cierre: mediante su movimiento se consigue la apertura o cierre de la válvula.
- *Cuerpo de válvula*: Envolvente de la válvula en cuyo interior se aloja el elemento obturador.
- *Cúpula*: Elemento de unión entre el cuerpo de válvula y el cilindro de accionamiento.
- *Cilindro de accionamiento*: Cilindro oleohidráulico amarrado a cúpula y obturador.
- *Indicador de posición*: Indica en todo momento el grado de apertura de la válvula.
- *By-pass*: Sistema de llenado de la tubería aguas abajo de la válvula para la operación de apertura con presiones equilibradas.
- *Aducción de aire*: Sistema destinado a proporcionar un suministro continuo de aire cuando éste es requerido para el buen funcionamiento de la instalación.
- *Grupo oleohidráulico*: Grupo motor-bomba encargado de accionar el cilindro hidráulico de la válvula.

Figura 2. Tablero de la compuerta circular de asiento plano Ø 800 mm. Impermeabilización del lateral y del umbral: Banda de bronce contra inoxidable. Impermeabilización del piso: Inoxidable contra inoxidable.

- Pupitre de mando: Cuadro eléctrico de control, mando y señalización.

Los materiales de fabricación más usuales (para los elementos principales), son aceros al carbono para obturador y cuerpo de la válvula, aceros inoxidables en guías y vástagos y bronce en casquillos y cierres del obturador.

Los diferentes elementos son calculados para soportar la máxima presión hidráulica, sin colaboración del hormigón.

Todos los elementos mencionados tienen diseño mecánico similar o idéntico a los equivalentes de las compuertas rectangulares tipo "Bureau".

Seguidamente, se describen las particularidades de los elementos diferenciadores con las compuertas "Bureau": obturador y cuerpo de válvula.

2.3 Obturador

Tiene forma rectangular, con las esquinas inferiores redondeadas. Su parte inferior presenta un achaflanado con recubrimiento de acero inoxidable.

En la cara de aguas abajo, en disposición circular y sobre los laterales se disponen pletinas de bronce, encargadas de realizar el cierre cuando asientan sobre las pletinas de acero inoxidable dispuestas en el cuerpo de válvula.

En los costados de aguas arriba y laterales existen unas pletinas de acero inoxidable, cuya misión es el guiado durante el desplazamiento.

En las zonas de aguas arriba del obturador se colocan cuñas de acero inoxidable, para conseguir una perfecta aproximación del obturador en su posición de cierre, el cual se realiza por presión hidrostática.

En la Figura 2, se presenta una fotografía de la cara de aguas abajo del obturador de una válvula circular de asiento plano Ø 800 mm.

Figura 3. Cuerpo de la compuerta circular Ø 800 mm, visto desde aguas abajo (se observan los cuatro conductos Ø 150 mm, de aducción de aire).

Figura 4. Cuerpo de la compuerta circular Ø 800 mm, visto lateralmente.

2.4 Cuerpo de válvula

Formado por dos elementos claramente diferenciados:

- *Cuerpo de la sección de paso*: Elemento que da continuidad a la tubería y que en ambos extremos lleva sendas bridas circulares para su unión con la tubería.
- *Cámara de alojamiento*: Lugar donde se introduce el obturador durante las aperturas.

Estos dos elementos se unen entre sí mediante bridas rectangulares y tornillería.

La cámara de alojamiento tiene una brida rectangular superior, para unión con la cúpula.

El cuerpo de válvula se refuerza exteriormente con marcos horizontales y nervios verticales con secciones resistentes apropiadas.

En sus laterales interiores, tanto de aguas abajo como de aguas arriba, el cuerpo de válvula incorpora pletinas soldadas de acero inoxidable para apoyo, guía y cierre del obturador.

En la solera del cuerpo de válvula, se dispone una chapa de acero inoxidable sobre la que el obturador realiza el cierre inferior.

En las Figuras 3 y 4, se presenta dos fotografías del cuerpo de una válvula circular de asiento plano Ø 800 mm.

3 APLICACIÓN DE LAS VÁLVULAS COMPUERTAS, DE PASO CIRCULAR Y ASIENTO PLANO, EN PRESAS

Las válvulas compuertas descritas (de paso circular y asiento plano), reúnen características hidráulicas y mecánicas muy ventajosas, que las hacen especialmente indicadas como elementos de cierre de seguridad en conducciones circulares, de elevadas presiones, como pueden ser las conducciones de los desagües de fondo y las tomas, de las presas.

Según se mencionó en los apartados anteriores, las ventajas de estas válvulas, en estas aplicaciones, son principalmente las siguientes:

a) Conservan el cierre inferior plano, eliminando las recatas de las compuertas circulares convencionales.
b) Se acoplan directamente en conductos circulares, eliminando las transiciones de aguas arriba y aguas abajo.
c) Disponen de la robustez y fiabilidad de una compuerta rectangular tipo "Bureau", al ser muy similar su diseño mecánico.

La aplicación de estas válvulas, como elementos de regulación, en la descarga de estas conducciones de aire, tiene limitaciones similares a las compuertas rectangulares tipo "Bureau". Se han ideado algunos dispositivos complementarios, para su empleo con válvulas finales de regulación, que se exponen en las realizaciones que se comentan seguidamente.

4 EJEMPLOS DE REALIZACIONES

4.1 *Introducción*

Seguidamente se describen algunas aplicaciones de estas válvulas en las tomas y desagües de fondo de presas:

a) *Presas en explotación*
   - Presa Francisco Abellán (Granada).
   - Presa El Portillo (Granada).
   - Presa Peñarroya (Ciudad Real).
   - Presa Urdalur (Navarra).
   - Presa Navacerrada (Madrid).
b) *Presas en rehabilitación*
   - Presa Iznájar (Córdoba).
   - Presa Sotonera (Zaragoza).

4.2 *Presas en explotación*

Las realizaciones más importantes de estas válvulas en presas construidas recientemente, se resumen en el cuadro adjunto.

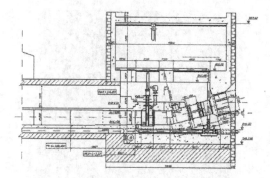

Figura 5. Presa del Portillo. Perfil del desagüe de fondo Ø 1,40 m, con válvula compuerta de asiento plano y válvula Howell-Bunger.

Nombre Presa	Año instalac.	Tipo conduc.	Carga (m)	Ø válvula (m)	Uds	Tipo cierre
Fco. Abellán (Granada)	1996	D. Fondo	80	1,40	3	Seguridad
El Portillo (Granada)	1998	D. Fondo	80	1,40	2	Seguridad Regulación
Peñarroya (C. Real)	1998	D. Fondo	30	1,00	2	Seguridad Regulación
Urdalur (Navarra)	2001	D. Fondo	45	0,80	4	2 válvulas Seguridad 2 válvulas Regulación
Urdalur (Navarra)	2001	Tomas	45	0,50	4	4 válvulas Seguridad
Navacerrada (Madrid)	2001	Tomas	30	0,50	1	Regulación

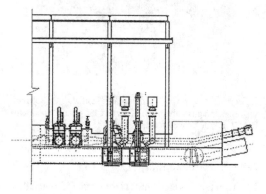

Figura 6. Presa de Urdalur. Perfil del desagüe de fondo Ø 0,80 m, con dos válvulas compuerta de asiento plano y dispositivo aireador, en la descarga al aire.

En la Figura 5, se presenta el perfil longitudinal de la instalación de la Presa del Portillo, constituida por una válvula de compuerta de asiento plano Ø 1,40 m, como elemento de seguridad y una válvula Howell-Bunger Ø 1,40 m, con concentrador, lanzando al aire como elemento de regulación. La presa de Francisco Abellán, dispone de una instalación similar.

En la Figura 6, se adjunta el perfil de la instalación de los desagües de fondo de la Presa de Urdalur, equipadas con cuatro válvulas Ø 800 mm, funcionando dos válvulas como elementos de seguridad y otras dos válvulas como elementos de regulación, complementadas con un dispositivo aireador en la descarga al aire.

En la Figura 7, se adjunta el perfil de la instalación de la Presa de Navacerrada, que dispone de una

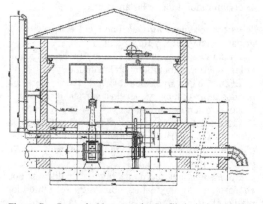

Figura 7. Presa de Navacerrada. Perfil de la instalación, con válvula convencional Ø 800 mm, reducción Ø 800/Ø 500 mm, válvula compuerta de asiento plano Ø 500 mm y descarga sumergida, mediante codo a 90°.

reducción Ø 800 mm/Ø 500 mm, con válvula compuerta de asiento plano Ø 500 mm y descarga sumergida, mediante un dispositivo constituido por un codo de 90°.

4.3 Presas en rehabilitación

4.3.1 Presa de Iznájar

4.3.1.1 Generalidades

La presa de Iznájar (Córdoba), con un embalse de 980 Hm³, regula el tramo medio del río Genil. Su construcción se llevó a cabo entre 1958 y 1966 y en los 36 años que lleva en servicio ha cumplido su finalidad satisfactoriamente.

Las características principales de la presa son:

- *Cuerpo de presa*
  - Longitud de coronación   406 m.
  - Altura sobre cimientos   121 m.
  - Cota coronación   426,00 m.s.n.m.
  - Tipología   Gravedad.
  - Talud aguas arriba   0,05/1 (H/V).
  - Talud aguas abajo   0,76/1 (H/V).
- *Aliviadero*
  - Ocho vanos con compuertas Taintor de 13,50 × 6,00 m.
  - Capacidad 3.000 m³/s, con NME (421,06 m.s.n.m.) y 6.550 m³/s con NMA (424,50 m.s.n.m.).
- *Desagües de fondo (instalación actual)*
  - Siete conductos de Ø 2,38 m, protegidos por rejas, equipados aguas arriba con compuertas oruga de 2,00 × 3,50 m (accionadas desde la cámara alojada en las pilas del aliviadero) y aguas abajo con válvula Howell-Bunger Ø 2,38 m, con cono de 60°.
  - Cota del eje de conductos: 336,00 m.s.n.m.
  - Carga máxima sobre válvulas: 88 m.
  - Capacidad máxima total: 650 m³/s.

El tiempo de explotación transcurrido (36 años), ha supuesto un envejecimiento notable y progresivo de las siete válvulas Howell-Bunger de los desagües de fondo, como consecuencia de emanaciones de SO_2 que se extienden por la red de galerías inferiores y la zona exterior y que procede de un alumbramiento de aguas sulfhídricas en la cimentación de la presa.

4.3.1.2 Proyecto de Rehabilitación

El Proyecto de Rehabilitación actualmente en ejecución comprende las siguientes actividades:

- Adecuaciones de las rejas actuales.
- Actuaciones en las compuertas oruga y sus mecanismos.
  - Sobre el tablero de cada compuerta (sustitución de banda de impermeabilización y lastrado de los tableros).

- Sobre los vástagos de extracción.
- Sobre los equipos de accionamiento (sustitución).
- Sobre los carriles-guías laterales y la deslizadera central.
- Sobre la obra civil.
- Actuación en el interior de la tubería Ø 2,38 m.
  - Limpieza interior de la tubería.
  - Aplicación protección antioxidante.
  - Instalación y soldadura del cono de reducción Ø 2,38/Ø 1,60.
- Actuaciones en los elementos de cierre, alojados en los dientes del aliviadero.
  - *Instalaciones de las válvulas compuertas circular y asiento plano, Ø 1,60 m.*
  - Instalación válvulas Howell-Bunger Ø 1,60 m (cono 60°), con lanzamiento al aire.

Los trabajos de rehabilitación en curso, permitirán mejorar la operatividad y seguridad de los desagües de fondo y dispondrán, una vez renovados, del triple cierre siguiente:

a) *Cierre de emergencia.* Compuerta de oruga actual de 2 × 3,00 m, transformada para actuar con presiones equilibradas, como un ataque de elevado grado de seguridad.
b) *Cierre de seguridad.* Constituido por una moderna válvula compuerta circular de asiento plano, Ø 1,60 m. Se aloja bajo el diente actual del aliviadero correspondiente. Se diseña para que pueda operar en aguas vivas o con presiones equilibradas.
c) *Cierre de regulación.* Constituido por una moderna válvula Howell-Bunger Ø 1,60 m (con cono de 60°). Sustituye a la válvula Howell-Bunger actual y se aloja en una posición aproximada a aquella.

Los nuevos conductos, los elementos de las válvulas en contacto con el agua y los cilindros de accionamiento se constituyen en acero inoxidable AISI-304, que ha demostrado en el sitio, su resistencia a las emanaciones sulfhídricas.

En la Figura 8, se adjunta el perfil longitudinal de un desagüe de fondo rehabilitado.

4.3.2 Presa de La Sotonera

La Presa de La Sotonera (Huesca), crea un embalse de 189 Hm³, que alimenta el Canal de Monegros. La presa es del tipo de materiales sueltos, con una longitud total de 3.866 m y una altura máxima de 32 m.

El Proyecto de Rehabilitación, comprende el rediseño del desagüe de fondo, constituido por un ramal Ø 2,50 m, que deriva de la toma inferior Ø 3,50 m, que alimenta la central hidroeléctrica de pie de embalse, que descarga al Canal de Monegros. El nuevo desagüe de fondo es controlado por dos válvulas compuerta de asiento plano Ø 2,50 m (con cargas máximas de 25 m), que descargan sumergidas (mediante un dispositivo con adecuada aireación), a un

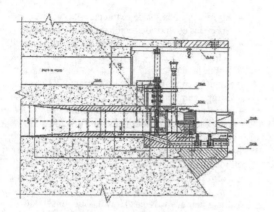

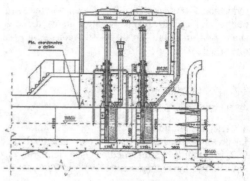

Figura 8.   Presa de Iznájar. Perfil de la instalación con conducto existente Ø 2,38 m, reducción Ø 2,38 m/Ø 1,60 m, válvula compuerta de asiento plano Ø 1,60 m y válvula Howell-Bunger Ø 1,60 m (cono 60°), descargando al aire.

Figura 9.   Presa de La Sotonera. Perfil de la instalación con dos válvulas compuerta, de asiento plano Ø 2,50 m y dispositivo aerador, para descarga al aire.

cuenco de amortiguación. En la Figura 9, se adjunta el perfil de esta instalación, actualmente en ejecución.

5 CONCLUSIONES

Las válvulas de compuerta, de paso circular y asiento plano, diseñadas y construidas por Ciagar, constituyen una notable contribución para mejorar y simplificar los mecanismos de cierre de seguridad y de regulación de las conducciones circulares de las tomas y de los desagües de fondo de las presas.

Las realizaciones actuales, con diámetros comprendidos entre Ø 0,50 m y Ø 1,40 m y la experiencia exitosa acumulada con estas realizaciones, ha permitido emprender obras de gran envergadura, como son las instalaciones (en ejecución) de Iznájar (7 Ø 1,60 m) y La Sotonera (2 Ø 2,50 m).

Dam Maintenance and Rehabilitation, Llanos et al. (eds)
© 2003 Taylor & Francis, ISBN 90 5809 534 7

Elementos hidromecánicos de la presa y central de Caruachi (Venezuela)

Fernando Abadía Anadón
Asesoría Técnica Dragados O.P.

Fernando Vega Carrasco
MASA, Departamento de Internacional

ABSTRACT: La Presa y Central de Caruachi constituye el tercero de los cuatro proyectos que desarrollan la capacidad hidroeléctrica del bajo Caroní, cuyas obras se vienen desarrollando desde el año 1997.

Esta presa y central, adicionalmente a sus inusuales características como obra civil hidráulica, une unas excepcionales características en el número, dimensiones y configuración de sus elementos hidromecánicos, mereciendo especial atención las compuertas de cierre del desvío de río las cuales han sido concebidas, diseñadas y ensayadas para trabajar bajo condiciones excepcionales (velocidades del agua en el cierre de 20 m /s y caudales de 1000 m³/s). El diseño y ensayo de dichas compuertas aportó sorpresas, fundamentalmente en la magnitud del tiro hidráulico (down pull), que tuvieron que ser tenidas en cuenta tanto en su diseño como en el de los elementos de maniobra de las mismas. El presente artículo pretende, de una manera resumida, describir las características de estos elementos, sus procesos de montaje, así como la influencia de los resultados de los ensayos en el diseño de las compuertas de cierre del desvío.

Hydro-mechanical elements of Caruachi dam and plant

Subject: Current trends on hydro-mechanical elements design
Caruachi dam and hydropower station is the third out of four projects that develops the hydroelectric potential of low-lying Caroní, whose works are being carried out from 1997.

This dam and plant, besides its unusual features as hydraulic civil project, joints outstanding features, dimensions and shaping in its hydro-mechanical elements. A special regard is deserved by the diversion sealing gates, which have been devised and tested to work under hard conditions (20 m/s stream speed and 1000 m³/s flow when sealing). The outcome model test was surprising in the down pull amount, which had great influence on the diversion gates handling elements design.

This paper aims, briefly, to describe the features of these elements and its assembly processes as well as the trial outcomes on the diversion sealing gates design.

1 DESCRIPCIÓN DEL PROYECTO

Desde el año 1997 se vienen realizando las obras tanto civiles como los montajes de elementos hidro y electro-mecánicos de la Presa y Central de Caruachi, la cual se encuentra en un avanzado estado de construcción.

Esta presa y central, adicionalmente a sus excepcionales características como obra civil hidráulica, une unas excepcionales características en el número, dimensiones y configuración de sus elementos hidromecánicos.

La Presa y Central de Caruachi constituye el tercero de los cuatro proyectos que desarrollan la capacidad hidroeléctrica del bajo Caroní.

Está situada a unos 40 km de la ciudad de Puerto Ordaz en la Guayana Venezolana, dista 30 km de la

Vista general del proyecto.

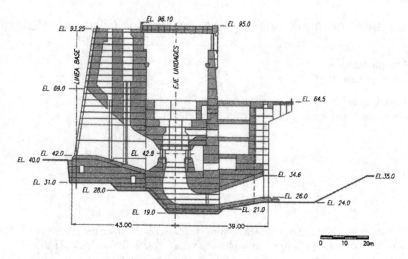

Sección transversal de las tomas y central.

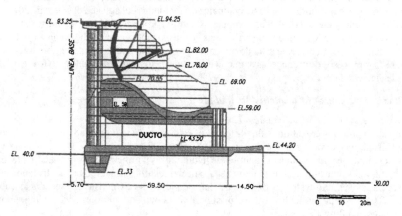

Sección transversal del alivaidero.

desembocadura de dicho río en el Orinoco, y está proyectada para instalar una potencia de 2.160 MW. EDELCA (Electrificación del Caroní) es la empresa encargada del desarrollo y explotación de los recursos hidroeléctricos de dicha cuenca. Esta empresa forma parte de la estatal C.V.G. (Corporación Venezolana de Guayana).

1.1 Esquema general

El proyecto de la presa y central está constituido por los siguientes elementos, enumerados desde la ladera derecha a la izquierda:

- *Presa margen derecha*: presa de escollera con pantalla de hormigón aguas arriba. Altura sobre cimientos 57 m. Longitud de coronación 1 km Volumen aproximado del cuerpo de presa 3 millones de m³.

- *Presa transición margen derecha*: presa de gravedad de 57 m de altura máxima sobre cimientos. Esta presa forma la aleta donde se unen las presas de escollera de la margen derecha y el cuerpo de la presa de hormigón.
- *Presa de hormigón y central integrada*: presa de hormigón de 74,25 m de altura sobre cimientos en cuyo cuerpo se encuentran insertadas las tomas de agua de la central, la cual está ubicada inmediatamente aguas abajo e integrada en la misma. Esta central alberga doce turbinas Kaplan de 180 MW cada una totalizando una potencia de 2.160 MW.
- *Aliviadero*: situado a continuación de la presa y central y previsto para un caudal de 30.000 m³/s. Consta de nueve vanos de 15,20 m de anchura cerrados por compuertas motorizadas tipo Taintor de la misma anchura y 21 m de altura. En su parte

510

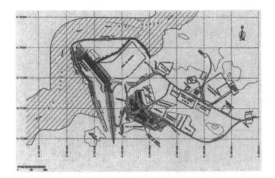

Desvio etapa primera.

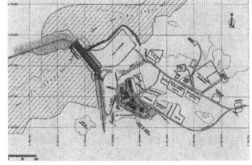

Desvio etapa segunda.

inferior este aliviadero aloja 18 conductos de 6 × 9 m destinados a constituir el desvío del río en la segunda fase de ejecución de la obra.

– *Presa transición margen izquierda*: presa de gravedad de 57 m de altura que, al igual que la presa transición de la margen derecha, está destinada a ser la aleta donde se estrella la presa de escollera de la margen izquierda.

– *Presa margen izquierda*: presa de escollera con núcleo de arcilla. Altura sobre cimientos 57 m. Longitud de coronación 4,6 km. Volumen aproximado de cuerpo de presa 9 millones de m³.

– *Canal de descarga*: excavado en roca, tiene mas de 400 mts de anchura y un volumen aproximado de excavación de 3,5 millones de m³.

1.2 *Fases de ejecución*

El proceso de construcción del proyecto está dividido, fundamentalmente, en tres fases:

– En una primera fase se construye, mediante ataguías, un recinto estanco derivando el río Caroní por un canal de más de 600 m de anchura en la margen izquierda. Al abrigo de este recinto se ejecutan las obras de la presa derecha, central y aliviadero. A la vez que se ejecutan los trabajos anteriores se construye la zona de la presa de margen izquierda que no está afectada por el cauce del río.

– En una segunda fase se retiran las ataguías aguas arriba y se desvía el río Caroní por los conductos del aliviadero mencionados anteriormente. Finalizada esta maniobra, que sólo es posible ejecutar durante el período de estiaje, se comienza la construcción de la presa margen izquierda afectada por el anterior desvío.

– En una tercera fase se procede a cerrar los conductos de desvío mediante compuertas y se retiran las ataguías aguas abajo, de esta manera se inunda el canal de descarga y comienza la puesta en marcha secuencial de las unidades de generación.

Zona de tomas y central.

2 ELEMENTOS HIDROMECÁNICOS DEL PROYECTO

2.1 *Elementos hidromecánicos de las tomas*

La central, como se ha comentado anteriormente, contiene 12 unidades tipo Kaplan de 180 MW cada una. Cada una de estas unidades está alimentada por tres conductos, lo cual hace un total de 36 conductos, y cada uno de estos conductos dispone de una reja, una compuerta de mantenimiento y una compuerta de maniobra.

A continuación pasamos a describir brevemente las características de estos elementos.

Rejas (36 unidades)

Están diseñadas para impedir la entrada de elementos flotantes en las cámaras espirales de las turbinas, son del tipo de izado inclinado y apoyo aguas abajo. Se operan mediante viga de izamiento y grúa pórtico, la misma que para las compuertas de mantenimiento y maniobra.

Aspecto de una reja montada.

Vista de una compuerta de mantenimiento montada.

La reja completa pesa 42,3 t. Para facilitar su manejo están divididas en 5 secciones cuyo peso se encuentra en el entorno de las 8,5 t.

Sus dimensiones, ciertamente notables, alcanzan una altura de 25 m, una anchura de 7 m y un canto de 1,3 m.

Compuertas de mantenimiento de toma (36 unidades)

Son tableros metálicos que están previstos para ser operados con presiones equilibradas en aguas muertas. Están diseñados como tableros ortótropos con el marco de sellado aguas abajo. Su operación está prevista mediante viga de izamiento y grúa pórtico, la misma que para las compuertas de maniobra.

El peso de la compuerta completa alcanza las 64,7 t. Para facilitar su manejo y montaje están formadas por 4 secciones de un peso aproximado a las 16,2 t.

Sus dimensiones, notables como en el caso anterior, alcanzan los 19,2 m de altura, una anchura de 6,45 m y un canto de 1,25 m.

Compuertas de maniobra (9 unidades)

Son compuertas de tipo vagón, de izado vertical con el sistema de sellado hacia aguas arriba. Están formadas por 6 secciones de pesos comprendidos entre 10 y 17 toneladas, pesando la compuerta completa 90 toneladas. Estas secciones están articuladas entre sí con pasadores y eslabones de acople al objeto de permitir movimientos angulares relativos.

Cada sección está diseñada para no sobrepasar la carga máxima prevista por rueda.

Sus dimensiones son; 16,55 m de alto, 7 m de ancho y el canto de la compuerta es de 1,3 m. La cota superior de la compuerta cerrada se sitúa 55,43 m.s.n.m. y la cota inferior de la compuerta cerrada a 38,88 m.s.n.m.

Secciones de las compuertas de maniobra.

Una vez en operación, mediante grúa pórtico, las 3 compuertas de cada turbina cerrarán o abrirán simultáneamente, operadas mediante una viga de izamiento de 2,75 toneladas.

Procesos de montaje

La parte primordial en el montaje de los elementos hidromecánicos de la toma son los hierros fijos de segunda etapa, guías, sellos y vigas carrileras. Todos fueron prearmados en taller de obra sobre bancadas.

Dadas las dimensiones de las piezas a montar y sus estrictas tolerancias, se optó por armar los tramos de guías sobre cunas, lo cual facilitaba posteriormente su colocación y alineación acorde con las tolerancias a alcanzar.

Las bancadas garantizaban la adecuada ejecución de las soldaduras de empalme, facilitando a los fabricantes, montadores y supervisores la observación de

Montaje del sector superior de una reja.

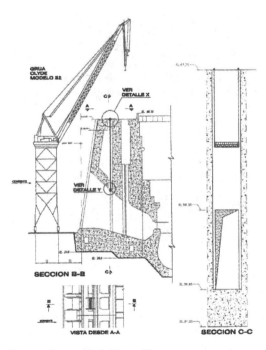

Esquema de montaje de hierros fijos en tomas.

posibles defectos de fabricación, teniendo así la oportunidad de corregirlos previamente al montaje.

Las cunas aseguraban la rigidez del conjunto prearmado evitando flexiones y pandeos innecesarios, facilitaban el transporte y su posterior montaje. Una vez montado el conjunto completo, la cuna era retirada después de alcanzar la posición definitiva y una vez fijado el conjunto.

Seguidamente se procedió a la soldadura de los pernos de anclaje y a la alineación y nivelación de los hierros fijos. Para ello se utilizaron medios topográficos tradicionales y, como elemento auxiliar para el movimiento del personal, andamios colgados de coronación accionados por sistemas de propulsión eléctrica.

Una vez finalizada y comprobada la alineación, se colocó hormigón de segunda fase, usando los mismos medios auxiliares que se han mencionado anteriormente. Una vez fraguado el mismo se limpiaron las guías sellos y vigas carrileras.

Una vez finalizada la colocación de las guías, el montaje de las rejas y compuertas se realizó sector a sector con grúas auxiliares de entre 25 y 150 toneladas. Cada sector se unió al siguiente mediante bulones troncocónicos. Una vez finalizado el montaje de la totalidad de la reja o compuerta se procedió a realizar las pruebas utilizando las vigas pescadoras y grúas tipo Clyde.

2.2 Compuertas de aspiración

La aspiración está formada por los 36 conductos de descarga de las 12 turbinas (3 por cada unidad al igual que las tomas), al final de los cuales se encuentran 36 compuertas tipo vagón de izado vertical y sellado aguas arriba.

Descripción

Estas compuertas están formadas por dos secciones de 14,4 y 14,1 toneladas y son operadas por grúa pórtico y viga de izamiento.

Sus dimensiones son; 8,7 m de altura, 7,24 m de ancho y 1,3 m de espesor. Su peso total es de 28,5 toneladas, situándose la cota superior de la compuerta cerrada 34,7 m.s.n.m. y la cota inferior 26 m.s.n.m.

Procesos de montaje

El montaje de los elementos hidromecánicos de la aspiración, se inició con los hierros fijos de segunda etapa, siguiendo el mismo procedimiento que para los elementos fijos de la toma.

Una vez finalizada la colocación de las guías, el montaje de las compuertas se realizó también sector a sector, al igual que en el caso de las tomas, usando grúas auxiliares de entre 25 y 150 toneladas. Cada sector se unió al siguiente mediante bulones troncocónicos. Una vez finalizado el montaje de la totalidad de la compuerta se procedió a realizar las pruebas utilizando las vigas pescadoras y grúas tipo Clyde.

2.3 Aliviadero. Compuertas radiales

El aliviadero tiene una capacidad de descarga de 30.000 m³/seg con una longitud de 178,16 m. El borde de descarga se encuentra a la elevación 70,55 m.s.n.m.

El aliviadero está dividido en 9 vanos de 15,24 m de anchura, cada uno de estos vanos emplaza una

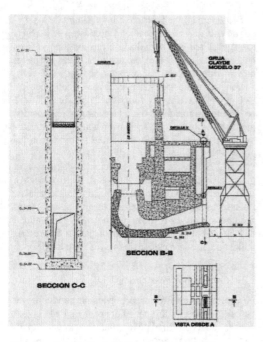

Esquema de montaje de hierros fijos en aspiración.

Vista del aliviadero aguas abajo (compuertas radiales y tapones de los conductos de desvío).

Compuerta radial.

Sección de compuerta de mantenimiento.

Viga de izamiento de las compuertas de mantenimiento.

compuerta radial de 20 m de radio y está preparado para recibir una compuerta de mantenimiento en caso de que sea necesaria.

Características de las compuertas radiales
Como se ha comentado anteriormente el aliviadero se compone de nueve (9) compuertas radiales de descarga superficial, con un radio de 20 m, y unas dimensiones de 15,24 m de ancho por 21,66 m de altura. Su peso alcanza las 250 toneladas que se distribuyen de la siguiente manera:

– Cuerpo de la Compuerta   150 t
– Brazos y Muñones   67 t
– Muñones   16 t
– Soportes de los Cilindros   15 t

Los cilindros hidráulicos tienen una capacidad de 2.200 kN, miden 13,13 m y tienen una carrera de 11,2 m. Su diámetro es de 530 mm y el de los vástagos alcanza los 280 mm. Su peso sin aceite es 11,5 toneladas (13,5 toneladas en operación llenos de aceite) cuando la compuerta está cerrada.

Características de las compuertas de mantenimiento
En cada uno de los nueve vanos se encuentran instaladas guías para la colocación de las compuertas de mantenimiento. Dichas compuertas son tableros ortótropos con sellado en la cara aguas abajo. Han sido fabricadas dos unidades de 23,76 m de alto por 16,10 m de ancho y un canto de 1,65 m. Su peso total

Montaje de muñón y despiece de la compuerta radial.

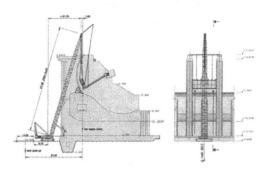

Esquema de montaje del brazo inferior y sector nª 1.

Montaje de brazo inferior.

es de 200 toneladas y para facilitar su transporte y manejo están formadas por 10 secciones.

Una vez armadas las 10 secciones, la compuerta es colocada por una viga de izamiento cuyo peso es de 6,10 toneladas.

Procesos de montaje

Para facilitar el transporte y montaje las compuertas radiales fueron fabricadas con el siguiente despiece:

– Pantallas: 4 piezas.
– Brazos: 2 piezas.
– Muñones individualizados.
– Elementos hidráulicos individualizados y separados de sus soportes.

El proceso de montaje comenzó posicionando y hormigonando en segunda etapa las guías de compuertas.

El proceso de montaje de los brazos y pantallas, cuidadosamente programado, se resume en los siguientes diagramas.

Para estas operaciones se utilizaron dos tipos de grúa dependiendo de la posición de los elementos a montar, la maniobrabilidad y capacidad de carga de cada tipo. Así para la primera y tercera secciones de la pantalla (51 y 42 t respectivamente) fue usada una

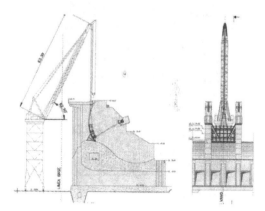

Esquema de montaje del sector nª 2.

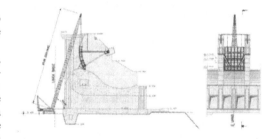

Esquema de montaje del sector nª 3.

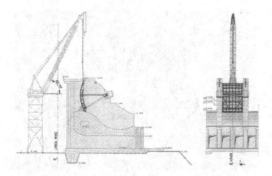

Esquema de montaje del sector nª 4.

Montaje sección 3.

Montaje sección 1.

grúa Link-Belt sobre cadenas de 400 t nominales de capacidad de carga. Para las secciones segunda y cuarta (34 y 21 t respectivamente) se utilizó una grúa Clyde de 45 t de capacidad de carga a 20 m.

Los brazos fueron chorreados y pintados hasta la segunda capa intermedia antes de su colocación. De la misma forma se procedió con los sectores de las-pantallas pero sólo por su cara de aguas abajo.

Respecto a la secuencia de soldadura de los brazos, una vez montada la sección 1 se procedió a soldar al 50% los brazos inferiores, procediéndose a continuación al montaje de la sección 2. Una vez montada la

sección 3 y antes de montar la 4, se posicionaron los brazos superiores, soldándose al 100%. Una vez finalizada la soldadura de los brazos superiores, se concluyó la soldadura de los inferiores y se procedió al montaje de la sección 4.

2.4 Maniobra de cierre. Compuertas de cierre de conductos

2.4.1 Descripción de la maniobra

Como se ha comentado anteriormente, en una tercera fase de ejecución, necesaria para la puesta en marcha de las unidades de generación, se procederá al cierre de los 18 conductos de desvío situados en la parte baja del aliviadero.

Este cierre se ha previsto (Marcano et al. 1998) desde el extremo aguas abajo de cada conducto, y de manera secuencial, desde el conducto situado en la margen derecha hacia la izquierda. Este plan de operación contempla la posible ocurrencia de alguna situación excepcional que dificulte el cierre normal desde aguas abajo. En este caso el cierre se llevará a cabo desde el extremo aguas arriba. Por ello, se debe contar con una compuerta para el cierre normal y otra de emergencia, así como sendas grúas ubicadas una en cada extremo del conducto.

La dificultad en el cierre de los últimos conductos es muy elevada, ya que deberá realizarse con caudales en cada uno de ellos próximos a los 1000 m^3/s y aproximadamente una carga hidráulica de 22 m.

Las maniobras de cierre se realizarán según los protocolos de cierre desarrollados por EDELCA. Dichos protocolos abarcan tanto la operación de cierre en condiciones normales, desde el extremo aguas abajo del conducto (compuerta de cierre), como en caso de emergencia, desde su extremo aguas arriba (compuerta de emergencia).

516

Esquema de cierre normal.

Esquema de cierre de emergencia.

El comienzo de dicha maniobra está previsto durante el estiaje del año 2003 a partir de finales del mes de Febrero.

La operación con estos últimos conductos, y en particular, la del último por tratarse de la situación más desfavorable (máximo caudal y máxima carga) justificó el encargo, por parte de *DRAGADOS CONSTRUCCIÓN P.O.S.A.*, del estudio en modelo reducido en el *Laboratorio de Modelos Reducidos* del *Dpto. de Ingeniería Hidráulica, Marítima y Ambiental* de la *Universitat Politècnica de Cataluny*a.

2.4.2 *Ensayo en modelo reducido*

El modelo se ha construido a escala 1/20 y se ha operado según el criterio de semejanza de Froude. Reproduce el conducto número 18, el último que está previsto cerrar. Por tanto, se trata del conducto que presenta un mayor caudal en el momento del cierre, puesto que el nivel en el embalse se encontrará a la máxima cota (cota 80 m). Aguas abajo, el río se sitúa a la cota 56.5 m.

El detalle de estos ensayos puede ser consultado en "Presa y Central de Caruachi (Venezuela). Diseño y ensayos de las compuertas para las maniobras de cierre" (Abadía, Quintero, Sánchez Juny y Dolz) publicado en las VII Jornadas Españolas de Presas del Comité Nacional Español de Grandes Presas.

En dicho modelo se ha caracterizado el comportamiento hidráulico del flujo para las diversas posiciones de las compuertas, en particular aquéllas para las que el funcionamiento del conducto es en lámina libre. De esta manera se ha analizado la capacidad de desagüe, la aireación y las presiones en el conducto así como los esfuerzos verticales descendentes sobre las compuertas y su estado vibratorio.

Los resultados han sido muy importantes y trascendentes para el dimensionamiento de los diversos elementos integrantes de esta maniobra y, en cierto sentido, sorprendentes; sobre todo en lo relacionado con los esfuerzos que el flujo induce sobre las compuertas tanto de cierre como de maniobra.

En relación con las compuertas los resultados más trascendentes han sido el empuje hidrodinámico vertical y la vibración inducida.

Empuje hidrodinámico vertical
Las acciones hidrodinámicas sobre las compuertas han sido estudiadas a través del análisis de los datos obtenidos por la instrumentación instalada: acelerómetros para registrar la vibración (en la dirección del flujo y en sentido vertical) y células de carga para registrar el esfuerzo sobre el sistema de suspensión.

El esfuerzo vertical sobre la compuerta de emergencia es más elevado para aperturas parciales de la misma, estando la compuerta de cierre totalmente abierta. El máximo ($2.022,5 \times 10^3$ N) tiene lugar para una apertura del 100% en la compuerta de cierre y del 50% en la de emergencia.Un primer análisis para identificar la posible causa del elevado esfuerzo hidrodinámico descendente que actúa sobre la compuerta de emergencia aconseja estudiar en detalle la forma de su labio inferior. Así, al modificar el ángulo de dicho labio se observó un cambio notable en el esfuerzo descendente: para el caso de mayor esfuerzo éste disminuyó del orden de un 50% al reducir el ángulo de 45° a 30°. Teniendo en cuenta, también, los condicionamientos resistentes se adoptó el valor de 37,5°. De este modo el máximo esfuerzo hidrodinámico hacia abajo a que está sometida la compuerta de emergencia es de 1.39×10^3 N.

Cabe indicar que el importante esfuerzo hidrodinámico descendente es también en parte debido al hecho de ser una compuerta de paramento. Este esfuerzo fue el que se tuvo en cuenta para el dimensionamiento tanto de la compuerta como de los elementos de sustentación y maniobra de la misma.

Respecto a la compuerta de cierre el valor de los empujes hidrodinámicos medidos es siempre muy cercano a su peso sumergido; en consecuencia esta compuerta siempre actuará con ligeros empujes que pueden ser hacia arriba, razón por la cual deberá ser lastrada ligeramente para asegurar su cierre.

Vibraciones en las compuertas

Los primeros ensayos realizados con la compuerta de emergencia no mostraron situaciones vibratorias conflictivas, mientras que la de cierre presentaba un acusado estado vibratorio vertical justo al inicio de la maniobra de cierre.

Un primer análisis mostró que el fuerte estado vibratorio en la compuerta de cierre depende de:

– Posición. La situación problemática se presenta al inicio de la maniobra de cierre, cuando la compuerta se ha introducido entre 0,1 y 0,2 m en el conducto. Al alejarse ligeramente de la posición conflictiva se comprobó que desaparecía el estado vibratorio.
– Rigidez del sistema de sustentación.
– Geometría del labio. Se ha comprobado la clara influencia de la geometría de la parte inferior de la compuerta.
– Condiciones de flujo en el río. Unas primeras observaciones cualitativas parecen mostrar que el flujo alterado que se presenta en el río a la salida del conducto puede influir en el estado vibratorio de la compuerta de cierre. De ser cierta esta hipótesis, el estado vibratorio de la compuerta de cierre correspondiente al conducto 18 no tendría por qué ser idéntico al de otro conducto situado en la parte más central del río.
– Peso de la compuerta. En la medida que la masa de la compuerta, incluida la del correspondiente lastre, afectan a su frecuencia propia, cabe esperar que tenga incidencia en el estado vibratorio. Según proyecto a la compuerta se le incorpora un lastre de 15 t.

Sopesados los factores anteriores la decisión adoptada es realizar la maniobra de cierre asumiendo la vibración observada; teniendo en cuenta que no se va a producir más que en algunas compuertas y que su aparición es fugaz y se amortigua rápidamente.

En caso de surgir problemas por esta causa en algún conducto se realizaría su cierre con la compuerta de emergencia aguas arriba.

2.4.3 *Diseño*

Los elementos hidromecánicos antes citados se han diseñado cumpliendo las Especificaciones basadas en la versión vigente en su momento de "Load and Resistance Factor Design Specification for Structural Steel Buildings", del AISC, que trabajaban en tensiones admisibles.

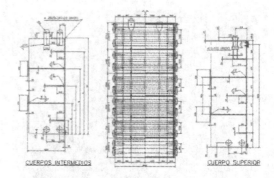

Planos de las compuertas de emergencia

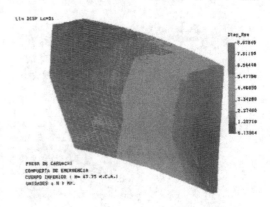

Elementos finito. Labio inferior de la compuerta de emergencia

Para algunos casos se han utilizado DIN 19704 y el reciente Eurocódigo 3, ENV 1993 parte 1. La mayor parte de los materiales empleados se han elegido de acuerdo con Euronormas UNE EN.

El diseño de las compuertas está guiado en gran parte por la elección de las ruedas. Para que el número de cuerpos fuese razonable, se ha previsto para las mismas una capacidad de carga ligeramente superior a 1600 kN en caso de carga normal.

De acuerdo con el cliente se han diseñado trabajando sobre un eje en voladizo, con rodamiento oscilante y llanta plana. Su diámetro es de 700 mm y la llanta tiene 160 mm de anchura, con dureza superficial superior a BHN 270, lo que supone una tensión de rotura en el acero de la misma $f_u \geqslant 900 \, N/mm^2$.

Las compuertas se han dividido en cuerpos articulados entre sí, cuyo número y altura se han elegido de forma que cada uno de ellos reciba un empuje no superior a la capacidad portante de las 4 ruedas de que dispone.

Prueba en seco de las compuertas de emergencia.

Viga pescadora de las compuertas de emergencia.

Puente grua de las compuertas de cierre.

el comportamiento del labio inferior, muy agudo en este último.

A causa de los valores excepcionalmente altos del tiro hidrodinámico o downpull detectado durante los ensayos, fue preciso cambiar el diseño del labio inferior de las compuertas de emergencia para reducirlo a valores no superiores a 1500 kN, y disponer además en las mismas un lastre negativo, formado por poliestireno expandido, para compensar en parte dicho tiro y reducir el esfuerzo en el pórtico grúa de accionamiento, que alcanza valores de casi 3200 kN para un peso de compuerta de 715 kN.

En las compuertas de cierre estos valores se reducen notablemente, siendo el peso de cada compuerta de 380kN, nulo el downpull y 1400 kN el tiro máximo previsto en el pórtico grúa.

Las compuertas se accionan mediante dos pórticos grúa, uno a cada lado de los conductos, que enganchan el elemento correspondiente con la ayuda de una viga pescadora de gran capacidad.

Las compuertas de cierre se han dividido en dos cuerpos de igual altura debido a la presencia de agua contra las dos caras; las de emergencia, en 6 cuerpos de alturas comprendidas entre 2014 y 2772 mm.

La pantalla se sitúa siempre al lado del conducto, esto es, aguas arriba para las compuertas de cierre y aguas abajo para las de emergencia. La rigidización se realiza con dos vigas horizontales principales, 5 horizontales intermedias y 6 vigas verticales. De éstas, las exteriores y sus contiguas soportan además los ejes de las ruedas.

Los métodos de cálculo empleados han sido los tradicionales de la Resistencia de Materiales para cada una de las partes significativas, que se han complementado con un análisis empleando el método de los elementos finitos de uno de los cuerpos de la compuerta de cierre para controlar desplazamientos, y del inferior de la compuerta de emergencia para controlar

BIBLIOGRAFÍA Y REFERENCIAS

Marcano, A.; Patiño, A. 1998. Proyecto Caruachi, desvío del río durante la construcción. *Proc. del XVIII Congreso Latinoamericano de Hidráulica, Octubre 1998.* Oaxaca. México.

Méndez, I.; Salazar, E.; Marcano, A.; Sánchez-Juny, M.; Egusquiza, E; Pomares, J.; Ninyerola, D.; Dolz, J. 2000. Proyecto Caruachi, investigación experimental sobre la fuerza descendente (downpull) durante las maniobras de cierre de emergencia de los conductos de desvío. *Proc. del XIX Congreso Latinoamericano de Hidráulica, Octubre* 2000. Córdoba Argentina.

DEHMA. 1999. Estudio en modelo reducido del comportamiento hidráulico de las compuertas de cierre y emergencia de los conductos de desvío de la presa de Caruachi (Venezuela). *Documento interno. Estudio realizado por encargo de Dragados y Construcciones S.A. UPC.* Barcelona. España.

DEHMA. 1999. Estudio en modelo reducido del comportamiento hidráulico de las compuertas de cierre y emergencia de los conductos de desvío de la presa de Caruachi (Venezuela). Informe n° 1. Avance de los resultados obtenidos en el estudio de las necesidades de aireación y del esfuerzo hidrodinámico sobre la compuerta de emergencia. *Documento interno. Estudio realizado por encargo de Dragados y Construcciones S.A*. UPC. Barcelona. España.

DEHMA. 1999. Estudio en modelo reducido del comportamiento hidráulico de las compuertas de cierre y emergencia de los conductos de desvío de la presa de Caruachi (Venezuela). Informe n° 3. Avance de los resultados obtenidos en el estudio del estado vibratorio de la compuerta de cierre. *Documento interno. Estudio realizado por encargo de Dragados y Construcciones S.A*. UPC. Barcelona. España.

Dam Maintenance and Rehabilitation, Llanos et al. (eds)
© 2003 Taylor & Francis, ISBN 90 5809 534 7

Eliminación de sedimentos en el Embalse de Alfonso XIII (Confederación H. del Segura – Murcia)

A. Maurandi
Conf. Hidrográfica del Segura, Ministerio de Medio Ambiente, Murcia, España

G. Sanchez
Rodio Cimentaciones Especiales, Madrid, España

RESUMEN: La presente Comunicación describe los trabajos realizados en el Embalse de Alfonso XIII, con el fin de eliminar los sedimentos existentes en el fondo del mismo, con un espesor superior a los 20,00 m. El trabajo se realizó en el año 1993, utilizando un novedoso sistema de dragado consistente en la disgregación, suspensión y elevación de los materiales hasta la superficie por bombeo. Todo el equipo estaba montado sobre una barcaza modular de pequeñas dimensiones, lo que facilitó su transporte e instalación.

1 INTRODUCCION Y ANTECEDENTES

El embalse de Alfonso XIII está situado sobre el Río Quipar, entre las localidades de Cieza y Calasparra, en la provincia de Murcia (Figura 1).

La construcción de la Presa data del año 1912. Desde su puesta en servicio se han ido depositando sedimentos en su fondo, hasta alcanzar una cota superior a 24,00 metros.

Durante la ejecución de los trabajos las características aproximadas del Embalse eran las siguientes:

- 8,00 a 5,50 m de altura de agua.
- Superficie sumergida: 1.164.556 m³
- Volumen de agua : 3.017.270 m³

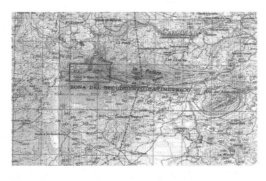

Figura 1. Plano de situación del embalse.

Los sedimentos inutilizaron los desagües de fondo (cota 0,00) y los de las cotas +10,00 y +20,00. Únicamente quedaba en funcionamiento un desagüe a la cota +30,00.

La CONFEDERACIÓN HIDROGRÁFICA DEL SEGURA encomendó a RODIO los trabajos necesarios para dar servicio a los desagües de la cota +20,00.

2 RECONOCIMIENTOS PREVIOS

Con el fin de determinar las características geomecánicas/geofísicas de los sedimentos a eliminar, así como de los diferentes estratos que se pudieran encontrar, se realizó una campaña de reconocimiento, consistente en varias penetraciones dinámicas tipo borros, y diversas pruebas y ensayos de laboratorio.

Como elemento importante podemos destacar una capa de 40 a 50 cm de espesor, a una profundidad variable entre 8 y 13 m reflejada por unas características del penetrómetro de 6 a 8 golpes.

El alto contenido de finos arcillosos hizo concentrar los puntos de actuación de la bomba a una red cuadrada de 2,5 × 2,0 m.

Era de esperar que la respuesta de los perfiles a una etapa de bombeo fuera diferente según las características del sedimento; así, en la parte inicial superior del cono ejecutado, la regularidad del perfil debería ser casi constante, como se observó en los últimos ejes medidos (s, t, u, v), capa en la cual el golpeo del penetrómetro era inexistente. En el momento en que el golpeo aumenta se producen unos perfiles bastante más irregulares, como se comprobó en los primeros ejes (a, b, c).

Se confeccionaron una serie de informes con los seguimientos puntuales del avance.

Se analizaron en laboratorio cuatro muestras inalteradas extraídas por percusión con sacatestigos simple. Una de las muestras (7,90 a 8,10) corresponde a la capa de terreno donde la resistencia a la penetración Borros es de 6 a 8 golpes.

También se realizó un estudio sobre el estado nutricional del suelo, con relación a su aprovechamiento agrícola. Se comprobó que el alto contenido de finos de estos materiales hacía necesaria la mezcla de ellos con arenas, para utilizarlos como terreno agrícola. Su composición química y su contenido en los cationes más importantes no descartan esta posibilidad, quedando el estudio abierto para la posible reutilización de estos materiales.

3 PROCEDIMIENTO DE EJECUCION Y EQUIPAMIENTO UTILIZADO

El procedimiento consistió en disgregar los materiales colocándolos en suspensión en agua para, de este modo, poder extraerlos a la superficie.

La disgregación y suspensión de los materiales se consigue por medio de chorros de agua, introducidos a alta presión (30–50 MPa), proporcionando la energía necesaria para romper la cohesión de las partículas y mantenerlas en suspensión.

Una vez conseguida la suspensión de las partículas disgregadas, se elevan a la superficie por medio de una bomba sumergible adecuada.

El equipamiento necesario se colocó sobre una barcaza modular, de pequeñas dimensiones para permitir la movilidad necesaria que requiere el trabajo y el barrido sistemático del área a tratar. El empleo de maniobras extensibles permitió la aplicación de los chorros de alta presión a cualquier profundidad. La capacidad de modulación de este sistema, facilitando su transporte e instalación, le confiere unas ventajas importantes frente a los sistemas convencionales de dragado, donde se emplean medios voluminosos y pesados. En la Figura 2 se aprecian en esquema los fundamentos de los equipos.

Al equipamiento anteriormente descrito se le ha añadido, y puesto a punto durante la ejecución de los trabajos, unas células de pesaje conectadas a un lector de medidas y a un ordenador para la recopilación y estudio de datos (Figura 3). Asimismo se desarrolló un programa para las medidas instantáneas de la concentración del material extraído. Diferentes medidas de verificación han sido ejecutadas para demostrar la fiabilidad de los datos obtenidos por nuestro programa, siendo los errores de éste inferiores al 10%.

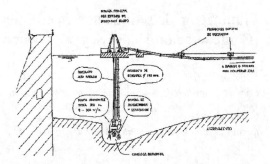

Figura 2.   Esquema de los equipos.

Figura 3.   Célula de pesaje.

Se utilizaron tres grupos básicos de maquinaria:

1° Equipo de disgregación.
2° Equipo de extracción.
3° Equipo de control.

Equipo de disgregación consistente en:

– Bomba de alta presión, accionada por motor diesel de 350 CV.
– Circuito de alta presión.
– Dispositivo disgregador con toberas incorporadas.
– Bomba de abastecimiento de agua.

Equipo de extracción consistente en:

– Bomba sumergible accionada por motor eléctrico de 60 CV.
– Cortadoras montadas sobre el eje de la bomba.
– 300 m de tubería de extracción, mangueras de conducción de sedimentos, etc.

Figura 4. Panorámica de los equipos en obra.

Figura 6. Control topográfico.

Figura 5. Vista de la barcaza con los equipos.

Equipo de control:

– Células de pesaje para 300 kg.
– Medidor de pesada.
– Ordenador.
– Báscula de pesaje.
– Medidores de concentración de gases en el aire.
– Máscaras y botellas de oxígeno para caso de urgencia.

Además de estos equipos se utilizaron los siguientes medios auxiliares:

– Barcaza modular de 15 Tn. de capacidad.
– Grupo electrógeno de 150 KVA.
– Barca de transporte para el personal.
– Barca a motor para los trabajos de control.
– Penetrómetro Borros.

4 DESARROLLO DE LOS TRABAJOS

Durante las instalaciones generales necesarias para la ejecución de los trabajos, se procedió a la realización de una batimetría sobre toda la zona afectada para la liberación de las compuertas de la cota +20,00 m.

Esta batimetría sirvió de base para conocer el perfil inicial del fondo a tratar.

Inicialmente se consideró una pared de ejes espaciados 5,0 m entre ellos y ataques de bombeo puntuales cada 3,0 m (Ejes "21 a 27").

El alto contenido en arcilla de estos materiales impidió que la zona de influencia del punto de bombeo fuera de la magnitud prevista, por lo que se redujo el espacio entre ejes a 2,50 m y ataques puntuales cada 2,0 m (Ejes "28 a 32" y "a–z").

Las etapas de ejecución han sido las siguientes:

– Del eje "21 al 32", más los ejes "y–z".
– Del eje "a al x".
– Terminaciones y regulaciones del talud desde el eje "i al a".

El control de la ejecución se ha realizado utilizando varios sistemas complementarios:

– Batimetría.
– Control de caudales.
– Medidas puntuales-manuales en cada etapa de bombeo.
– Medidas de concentraciones medias de sólido en los sedimentos bombeados.

4.1 Batimetría

Aparte de la batimetría inicial se han ejecutado varias batimetrías intermedias para la comparación con los resultados previstos por otros medios. Al final de los trabajos se realizó una batimetría final.

4.2 Control de caudales

El control de caudales ha sido realizado mediante un sistema experimental verificando los datos con algunos controles de llenado de una balsa con dimensiones predefinidas. Esta misma balsa sirvió para realizar las pruebas de decantación.

Después de algunas intervenciones en las características internas de la bomba, así como en la optimización de las pérdidas de carga de los 300 m del conducto de transporte de sedimentos, se han medido caudales entre 250 y 300 m³/h.

4.3 Medidas manuales

Sobre una serie de ejes se realizaron medidas manuales por medio de una plomada métrica. Se han trazado 5 medidas a través del ancho de la barcaza, antes de la etapa de bombeo y después de ejecutarla.

Disponiendo estas dos series de medidas sobre un gráfico se obtiene tanto la influencia lateral del punto de bombeo como el volumen aproximado de material sólido evacuado en esa etapa (Figura 7).

4.4 Medidas de concentración

Inicialmente se tomaron probetas instantáneas a la salida de los materiales. Se esperaban tres días para que los sólidos decantaran y se media el porcentaje volumétrico. Sobre una serie de probetas se calculaba la concentración media.

Automatizando estas lecturas, por medio de una instalación de pesaje (sobre la conducción y un lector de pesadas sobre la propia barcaza) se logró un continuo control de los niveles concentración (Figura 3).

Después de algunas mejoras en el sistema intrínseco de bombeo se lograron concentraciones puntas del 90%. Las concentraciones medias de sólido durante todo el día alcanzaban el 20% del volumen del sedimento extraído.

Con la idea de poder transportar la parte sólida de estos materiales por otros medios que la suspensión en agua, se efectuaron pruebas de decantación utilizando aditivos acelerantes: FLOCUSOL-PA/18 y FLOCUSOL-AP/1.

5 CONCLUSIONES

A partir de las plantas de batimetría iniciales y finales, por medio del programa de cálculo de volumen, así como la comparación con los volúmenes que hemos obtenido por las diversas medidas efectuadas, el volumen de material evacuado ha sido de 8.951 m³.

Figura 9.   Apertura del desagüe y primera salida de agua.

Figura 7.   Salida de sedimentos.

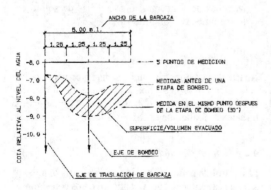
Figura 8.   Lectura de los gráficos.

Figura 10.   Salida de agua limpia.

El objetivo principal de los trabajos, que era dar servicio a los desagües de la cota +20,00, se obtuvo el día 14 de octubre de 1993. La apertura se realizó con la colaboración del Cuerpo Especial de Bomberos de Caravaca de la Cruz.

El tiempo empleado para esta intervención fue de 30 a 40 minutos. La mayor parte de este tiempo fue empleado en la propia apertura de las válvulas, ya que estas se encontraban en bastante mal estado, dificultando por ello la maniobra.

Es de resaltar la perfecta asociación de este sistema al medio ambiente que le rodea.

Las instalaciones necesarias son ligeras, no necesitan una gran superficie, y pueden situarse a poca distancia del punto de trabajo efectivo comunicando con la barcaza por medio de radiotelefonía o bien por mando a distancia.

Los equipos pueden ser eléctricos totalmente, caso de requerirse, e igualmente insonorizados, no solo los grupos electrógenos sino también las bombas de alta presión y demás componentes.

No se ha observado ninguna perturbación del agua alrededor de las zonas de bombeo durante todo el proceso de ejecución de la obra, debido al especial diseño de la campaña de extracción.

El aprovechamiento de los materiales extraídos, que cerraría el ciclo operativo impidiendo el impacto ecológico de su vertido, sería deseable que se fomentara, para así facilitar la financiación de los costes de dichos estudios, que permitirían el aprovechamiento citado en otras actividades posteriores.

Otra alternativa sería la reducción de los caudales que transportarán los sólidos, conduciéndolos a "balsas de decantación" apropiadas y estaciones "floculantes" idóneas, para que el pequeño volumen de sólidos que restaría pudiese ser evacuados igualmente sin "impacto ecológico".

Dam Maintenance and Rehabilitation, Llanos et al. (eds)
© 2003 Taylor & Francis, ISBN 90 5809 534 7

Recrecimiento de la presa de Camarillas

J.G. Muñoz López
Ingeniero de Caminos, Jefe de Servicio de Presas de la Confederación Hidrográfica del Segura

J.M. Ruiz Sánchez
Ingeniero Técnico de Obras Públicas, Jefe de Sección de Proyectos y Obras de la Confederación Hidrográfica del Segura

A. Granados García
Ingeniero de Caminos, INPROES

RESUMEN: En esta comunicación se describe la solución adoptada para el recrecimiento de la presa de Camarillas, en la que se aumenta la cabeza de coronación al mismo tiempo que se activa el drenaje interno del hormigón y el de la roca de sustentación. Ambas actuaciones combinadas contrarrestan el incremento del empuje hidrostático generado por la mayor altura de embalse, asegurando la estabilidad de la sección resistente. Esta solución es exportable a otras presas antiguas, que carecen, como ésta, de un sistema eficiente de drenaje.

ABSTRACT: This paper describes the solution taken for heightening the Camarillas dam. It consists in the construction of a concrete head over the actual crest and the activation of the drainage inside the structure and its foundation. Those actions together counteract the increment in hydrostatic pressures generated when the water level raises, making sure the stability of the dam. This solution may be used for the heightening of other old dams, which, as Camarillas dam, lack of an effective drainage system.

1 RESEÑA HISTÓRICA

Existen en España varias presas cuya construcción pasó los avatares de la Guerra Civil del 36, y las escaseces posteriores de los años 40. Todas ellas tienen rasgos comunes característicos: un plazo de construcción dilatado de varias décadas, con largas interrupciones que generaron controversias y cambios de criterio, y al final una obra dignamente terminada, aunque con calidades desiguales. Una de estas presas es la de Camarillas.

Su historia se remonta prácticamente a la creación de la Confederación Hidrográfica del Segura, en el año 1926 y su objetivo es la regulación del río Mundo. El proyecto data de 1930. La obra comenzó en Abril de 1931. Desde antes del inicio esta presa estuvo cuestionada por la incertidumbre geológica del emplazamiento elegido, en la boca de entrada de un impresionante cañón calizo, tanto por la altura de las paredes que lo conforman como por lo angosto del paso. La altura quedó condicionada por el hecho de no afectar a la vía del ferrocarril. La obra estuvo paralizada 18 años, desde 1935 a 1953, terminándose en el año 1961.

Figura esta presa en la literatura técnica por los fenómenos de sismicidad inducida que se produjeron

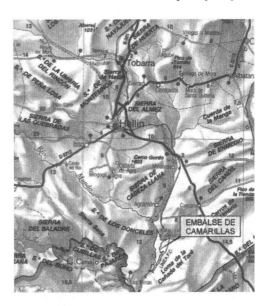

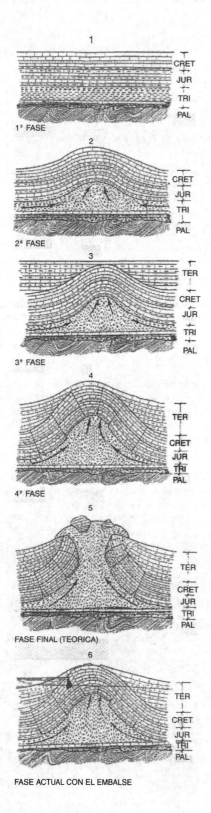

1ª FASE

2ª FASE

3ª FASE

4ª FASE

FASE FINAL (TEORICA)

FASE ACTUAL CON EL EMBALSE

durante su puesta en carga, en las campañas del 61, 62 y 63. Se tiene constancia de los seísmos acaecidos en aquellas fechas, los cuales estuvieron acompañados de ruidos, explosiones y caídas de bloques de las paredes calizas del congosto. Ello motivó que se reestudiaran en profundidad las condiciones geológicas del emplazamiento, por el SGOP, llegándose a la conclusión de que la presa se había ubicado sobre un domo diapírico que está flotando sobre el Keuper y que conforma el macizo rocoso de la cerrada. La figura adjunta ilustraba el informe que se emitió, en donde se explica que los terremotos se generaron por reajuste tensional de los bloques calizos del domo, al lubricarse los planos de contacto de las fracturas con el agua filtrada desde el embalse. Desde entonces no se han vuelto a reproducir fenómenos de este tipo.

2 SITUACIÓN ACTUAL

Cuando se construyó la presa de Camarillas no se pensó que por ella habrían de pasar todos los recursos trasvasados por el Acueducto Tajo-Segura. La aportación que llega desde Bolarque, en el río Tajo, hasta el Talave, en cabecera del río Mundo, es mucho mayor que la aportación propia de este afluente del Segura, por lo que sus embalses han quedado claramente infradimensionados para cumplir las funciones encomendadas. Tanto es así que hoy en día se pueden considerar como embalses de paso. Los datos de las aportaciones que recibe el embalse de Camarillas son suficientemente aclaratorios al respecto.

- Aportación propia media interanual del río Mundo $\sim 138\,\mathrm{hm^3/año}$
- Volúmenes de agua trasvasados desde el río Tajo $>400\,\mathrm{hm^3/año}$

Para entender el problema existente hay que añadir que el embalse del Camarillas sólo tiene $35\,\mathrm{hm^3}$ de capacidad, y que es el último eslabón de la cadena de regulación antes de entrar en la vega del Segura.

Al problema planteado se añade otro, no menos importante, que es la defensa contra avenidas. La cuenca del embalse de Camarillas se halla en una zona de alto riesgo en la que se pueden producir aguaceros de gran intensidad (gota fría) capaces de generar avenidas que podrían comprometer la seguridad de los núcleos urbanos de la vega del Segura. La avenida de proyecto puede dar una punta superior a los $500\,\mathrm{m^3/s}$, con un hidrograma de volumen semejante a la capacidad del embalse. Si se quiere defender adecuadamente a la población y a las vegas de aguas abajo es necesario dejar en el embalse un volumen de reserva vacío, de manera permanente, que colabore activamente en la laminación de las avenidas y reduzca el caudal vertido a valores aceptables.

La insuficiencia de capacidad de este embalse siempre ha sido motivo de preocupación de los técnicos encargados de la explotación de esta cuenca. Es más, el ingeniero que la proyectó[*] ya sabía que el embalse tenía una capacidad escasa para las funciones que tendría que realizar. Aunque la topografía de la cerrada admite presas de mucha mayor altura, que podrían crear embalses de capacidad sobrada para todo, había un limitante decisorio que era no inundar la línea de ferrocarril que recorre todo el vaso, desde la presa hasta cola, a cota de máximo embalse, con un trazado difícil, y sin posibilidades aparentes de cambio. Estuvo también presente, durante la gestación del proyecto y durante la ejecución de las obras, el fantasma de la posible karstificación del macizo calizo en el que se estaba asentando la presa, del que se detectan en la geología de superficie algunos signos que evidencian su existencia. Afortunadamente éste ha sido un problema menor, pero que evidentemente inquietó a todos los técnicos de una época en la que se habían sufrido, en otras presas ya construidas, fracasos estrepitosos por esta causa.

Como se ha dicho antes, el convertir este embalse en paso obligado de las aportaciones que recibe la cuenca del Segura procedentes del ATS, ha venido a incrementar el ya problema antiguo de falta de capacidad de almacenamiento, sobre todo si se tiene presente que con el embalse lleno la laminación conseguida sobre la avenida de proyecto es puramente testimonial, y si se mantiene para este fin un resguardo de seguridad en el llenado, el embalse pierde su función de regulación, como viene ocurriendo en la actualidad.

En la cuenca hidrográfica del Segura el agua es un bien muy escaso y muy caro, por lo que los desembalses deben estar perfectamente sincronizados con el consumo. Para poder realizar esta función con una garantía mínima se precisa disponer de cierta capacidad de regulación en Camarillas, lo que conduce ineludiblemente al recrecimiento de esta presa.

Se quiere aprovechar además esta actuación para incrementar el resguardo de la presa, adaptándolo a lo dispuesto en el RTSPE.

3 PROBLEMAS QUE CONDICIONAN EL RECRECIMIENTO DE LA PRESA

Abordar el recrecimiento de esta presa es técnicamente complejo, y esa es la razón por la que esta actuación ha venido postergándose en el tiempo. Como se ha dicho la necesidad de disponer de más capacidad de embalse ya ha preocupado a varias generaciones de ingenieros, que no hallaron en su momento una solución satisfactoria.

Las razones son obvias. En primer lugar hay una línea de ferrocarril que recorre todo el vaso y que llega al estribo izquierdo de la cerrada con la rasante de la vía a cota de coronación de la presa. Apartar esta vía del área del embalse exige construir una variante con largos túneles y costosas obras de fábrica, sobre una geología desfavorable que puede llevar el proyecto al borde de su viabilidad económica. En segundo lugar, siempre se ha tenido presente el temor del karst del macizo rocoso y los fenómenos de sismicidad inducida del pasado. En tercer lugar, las condiciones de accesibilidad al cañón por aguas abajo son hoy en día inabordables, no por motivos técnicos sino por la grave problemática medioambiental que ello plantearía. En cuarto y último lugar, no por ello menos importante, figura la anegación de los terrenos de cultivo situados en cola del embalse, con un área de regadío desarrollada fundamentalmente al amparo del agua que discurre hoy por el cauce del río Mundo en el trayecto Talave–Camarillas, procedente del ATS.

Aunar esta compleja problemática en una solución claramente viable, que compatibilice el conjunto de las cuestiones planteadas, no ha sido una tarea fácil. Sin embargo, el análisis minucioso de las distintas variables que entran en juego ha permitido engarzar perfectamente todas las piezas que habían de casarse, a saber: la capacidad mínima adicional de embalse que da satisfacción suficiente al explotador, resolviendo los problemas insoslayables que se tienen actualmente; la altura máxima de recrecido que permite la estructura de la presa actual, sin necesidad de acudir a una obra de refuerzo integral que parta del fondo del cauce, lo que comprometería seriamente la viabilidad de la solución al inducir problemas medioambientales notorios; la altura máxima de recrecido, compatible con el trazado actual del ferrocarril, defendible del agua del embalse mediante barreras interpuestas; la minimización de las afecciones sociales sobre el área agrícola de cola del embalse; y el mantenimiento integral del servicio durante la construcción de las obras.

4 ANÁLISIS DE LA SOLUCIÓN ADOPTADA

Todos los condicionantes analizados confluyen en fijar la altura de recrecimiento de la presa en 6 m, con lo que se consigue un volumen adicional de $21,5\,hm^3$.

4.1 *Volumen adicional de embalse*

Como base de partida se ha establecido que el volumen adicional que se consiga con el recrecimiento se destinará íntegramente a la defensa contra avenidas. El nivel normal de explotación del embalse no rebasará por lo tanto el NMN actual, con capacidad de $35\,hm^3$.

---

[*]Ingeniero de Caminos Donato Paredes Granados, en Agosto de 1930.

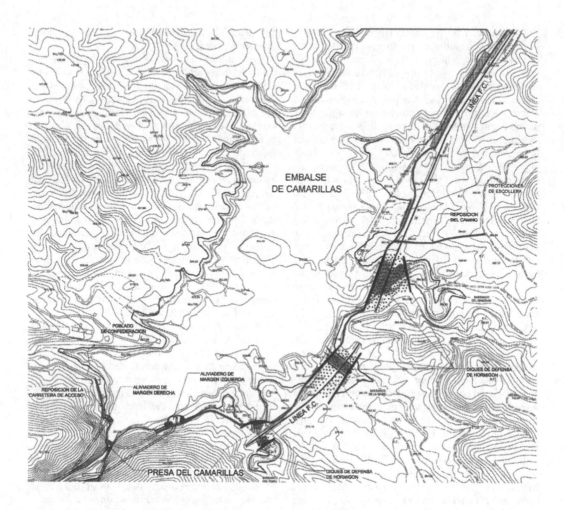

Para cuantificar las necesidades de volumen de reserva exigidas por la laminación de las avenidas se estudió la evacuación de riadas con alturas de recrecimiento crecientes desde 3 a 15 m, llegándose a la conclusión de que el recrecimiento mínimo que cumple satisfactoriamente este cometido es el de 6 m, aunque esta altura sólo permite guardar en el embalse, para su aprovechamiento posterior, una parte del volumen de los hidrogramas de avenida. Este aspecto es importante ya que la cuenca del Segura, como se ha dicho, es muy deficitaria y aprovechar el agua de las avenidas es muy beneficioso. Para el aprovechamiento completo del hidrograma de la avenida de proyecto habría que fijar la altura de recrecimiento en 10 m o más.

4.2 Posibilidades técnicas de recrecimiento de la estructura de la presa

La necesidad ineludible de mantener el embalse en explotación durante la ejecución de las obras, impide cualquier actuación de recrecimiento por el lado de aguas arriba, quedando las posibilidades técnicas reducidas a las dos alternativas siguientes:

– Recrecer la cabeza de la presa, solución válida solamente para alturas muy pequeñas. En general esta opción tiene muchas limitaciones, ya que la ganancia de peso estabilizante se consigue con la masa de hormigón que se adosa sobre la coronación de la presa antigua, complementada a veces con cables postesados (la contribución de los cables tiene también un alcance muy reducido y exigen un control posterior muy especializado).
– Recrecimiento por aguas abajo, arrancando desde cimientos con la sección adecuada. Es la solución clásica con la que se han acometido los recrecimientos importantes de presas de este tipo, realizados con hormigón.

La opción primera no tendría ninguna posibilidad si no fuese por una singularidad de la presa de Camarillas, la cual se proyectó y construyó sin galerías

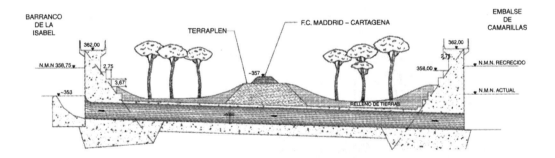

internas, ni red de drenaje. Ello permite acometer una nueva acción técnica, ya que se puede combinar el recrecimiento de la cabeza de coronación con la excavación de una galería que recorra la base de la presa y abrir desde ella el drenaje. De esta forma además del peso estabilizante del hormigón colocado en coronación (que alcanza valores siempre limitados) se cuenta con la reducción de la subpresión (que toma valores mucho mayores, los cuales se consiguen además a menor costo que aquellos). Con esta combinación se pueden alcanzar alturas de recrecimiento de hasta 6 m, con seguridad adecuada.

4.3 Obras de defensa de la línea de ferrocarril

Es otro de los condicionantes importantes que limitan la altura de recrecimiento. La línea de FC Madrid – Cartagena discurre por margen izquierda bordeando el embalse a escasa altura sobre el nivel de las aguas. Cuando se construyó la presa se aquilató tanto la cota de embalse que posteriormente hubo que hacer una variante del FC en la que se retranqueó la vía hacia la montaña, en todo lo posible, atrincherándola en donde se pudo e incluso construyendo algún tramo en túnel. En las condiciones actuales no se puede plantear el realizar el recrecimiento de la presa, ni en un solo metro siquiera, si no se procede previamente a la defensa del ferrocarril. Esta defensa puede llevarse a cabo de dos formas distintas:

– Cambiando el trazado de la vía y alejándolo del embalse, de manera que se evite toda interferencia entre ambos.
– Manteniendo el trazado y protegiéndolo mediante defensas que lo aíslen del embalse.

La opción primera, en la que se han analizado varios trazados posibles, conduce a costos muy altos, que incluyen además una problemática geológica y medioambiental importante, por lo que se han considerado poco recomendables.

La opción segunda, consistente en disponer una barrera entre el ferrocarril y el embalse, de forma que la plataforma y los terraplenes de la vía queden fuera del alcance de las aguas, es fácil de conseguir siempre que la altura de recrecimiento sea moderada y se afecte a un tramo corto del trazado. Ambos requisitos se pueden cumplir bien, ya que la vía discurre con una pendiente alta y uniforme (próxima al 1%) y, por ello, un recrecimiento de 6 m afectaría sólo a unos 600 m de recorrido. Además, el hecho de que el trazado de la vía vaya, en buena parte de este tramo, en trinchera o en túnel facilita la obra de protección. Además, hay una singularidad que favorece esta solución, y es que el futuro nivel máximo de explotación se fijaría a la cota de NMN antiguo, quedando la altura de recrecimiento como reserva para albergar hidrogramas de avenida, por lo que el llenado por encima de la cota de la vía sólo será ocasional y por tiempo reducido. Se adjunta croquis de esta actuación, consistente en la ejecución, en los barrancos interceptados por el FC, de dos diques contrapuestos interconectados con una galería, que dejen libre una banda reforestada interior por la que discurrirá la vía.

4.4 Otras consideraciones

La altura de recrecimiento de 6 m se consolida en todos los estudios realizados como una solución muy adecuada, ya que soslaya impecablemente toda la compleja problemática que plantea esta obra, incluso la parte correspondiente al anegamiento de los suelos agrícolas de cola del embalse, cuya afección queda minimizada.

Otra cuestión importante es la del efecto que puede tener el recrecimiento sobre la karstificación del macizo rocoso calcáreo de la cerrada y sobre la posible repetición de fenómenos de sismicidad inducida. En los reconocimientos geológicos realizados se han detectado pérdidas de agua moderadas, tanto en los hormigones de la presa como en la roca de los estribos y del cimiento, que deben corregirse con una campaña de inyecciones. Asimismo, en los estudios sísmicos llevados a cabo se ha llegado a la conclusión de que, dada la escasa sobrecarga adicional a la que va a someterse el embalse, es muy poco probable que puedan producirse nuevos reajustes tensionales en el domo diapírico, y en cualquier caso, si se produjesen, la energía liberada sería siempre pequeña.

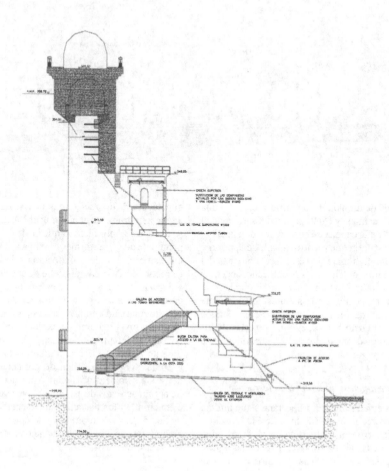

5 DESCRIPCION DEL RECRECIMIENTO DE LA PRESA

La estructura de la presa se recrece mediante la ejecución de una cabeza de hormigón que sobreeleva la coronación en 6,19 m. Al mismo tiempo que se recrece, se ensancha 2 m hacia aguas arriba y 2,30 m hacia aguas abajo. El tratamiento del contacto entre hormigones nuevos y viejos consiste en el repicado y pintado con epoxi, previa demolición de las impostas y del solado de la calzada. El contacto vertical del paramento de aguas abajo se cose con bulones.

La nueva coronación cumple con lo dispuesto en el RTSPE al haberse ampliado la capacidad de desagüe de los aliviaderos, mejorándose las condiciones de resguardo de la presa. Asimismo, se ha mantenido en la obra nueva la estética de la antigua, para lo cual se han reproducido las formas y se han guardado las proporciones existentes.

Para abrir el drenaje se construye una galería excavada en el hormigón, con disposición horizontal, a 3 m sobre el cauce y a 4 m de distancia del paramento de aguas arriba. Desde ella se ejecutará la pantalla de inyecciones y se abrirá el drenaje del cimiento. Esta galería se comunica directamente con el exterior, a nivel de solera, para favorecer la ventilación y dar salida al agua recogida con los drenes.

6 CONCLUSION

La presa de Camarillas es una presa de gravedad dispuesta sobre un estrecho cañón calizo formado sobre un domo diapírico que generó en la puesta en carga fenómenos de sismicidad inducida. Su recrecimiento ha exigido realizar un profundo estudio sobre el medio físico, integrando un amplio conjunto de complejos condicionantes. La solución estructural adoptada se basa en la apertura del drenaje de la presa antigua, del que carecía, con lo que se consigue reducir notablemente las subpresiones y en consecuencia se gana peso efectivo a bajo coste, lo que posibilita recrecer 6 m de altura aumentando solamente la cabeza de la cuña de coronación.

Dam Maintenance and Rehabilitation, Llanos et al. (eds)
© 2003 Taylor & Francis, ISBN 90 5809 534 7

Recrecimiento de la presa de Santolea

Fernando del Campo Ruiz, Mª Gabriela Mañueco Pfeiffer
Intecsa-Inarsa

Honorio J. Morlans Martín
Confederación Hidrográfica del Ebro

RESUMEN: La presa de Santolea es una pieza fundamental del sistema de regulación del río Guadalope. A pesar de que los cinco embalses existentes en el río permiten regular una gran parte de los 330 hm³ de aportación media anual, los estudios realizados ponen en evidencia la falta de unas garantías de suministro aceptables y, en consecuencia, la necesidad de proyectar el recrecimiento de Santolea. La reciente sucesión de años secos tuvo gran repercusión en los regadíos del Guadalope, por lo que sus usuarios pidieron que se acometieran lo más urgentemente posible dichas obras de recrecimiento. Como consecuencia de los estudios realizados, se ha seleccionado como más idónea una solución de recrecimiento por aguas arriba. En la comunicación se describen las características de la solución de recrecimiento adoptada.

1 PREÁMBULO

Es manifiesta la gran diferencia de aportaciones específicas existente entre las márgenes izquierda y derecha de la zona aragonesa de la cuenca del Ebro, a favor de la primera. La causa de esta diferencia es la debilidad con que los frentes de lluvia atlánticos llegan a las cuencas de los ríos Queiles, Jalón, Huerva, Aguas Vivas, Martín, Guadalope y Matarraña. Las lluvias procedentes del Mediterráneo son de carácter torrencial, y aunque generalmente significan la esperanza de salvación de una cosecha, con cierta frecuencia provocan su destrucción y la de las obras existentes en los cauces. Esta escasez de caudales (salvo en raras y torrenciales ocasiones) tiene como consecuencia que los regantes y demás usuarios de aprovechamientos de agua estén mentalizados en la necesidad de regulación de las cuencas desde hace mucho tiempo.

2 LA PRESA DE SANTOLEA EXISTENTE

El embalse de Santolea se ubica en el río Guadalope, situándose la presa a unos 3 km aguas arriba de la población de Castellote (Teruel) en cuyo término municipal se encuentra. El río Guadalope es uno de los afluentes del Ebro por su margen derecha, tiene una longitud de 190 km y la mayor parte de sus aportaciones proceden de las sierras del Maestrazgo.

La cuenca vertiente se desarrolla entre la cota 2.000 m.s.n.m. del pico del Hornillo y la 115 m.s.n.m. en su confluencia con el Ebro en el embalse de Mequinenza. Con una superficie de 3.815 km², es una de las más importantes de la margen derecha del Ebro y presenta una aportación relativamente uniforme, con importantes crecidas debidas sobre todo a su afluente el Bergantes que, de momento, no está regulado por ningún embalse.

La presa de Santolea es una pieza fundamental de la regulación del río Guadalope, que está además regulado por otras dos grandes presas aguas abajo, Calanda y Caspe, así como por la presa de Gallipuén en su afluente el Guadalopillo y el embalse en derivación de La Estanca en las proximidades de Alcañiz. A pesar de que estos embalses permiten regular una gran parte de los 330 hm³ de aportación natural media anual del río, los estudios realizados ponen en evidencia la falta de garantías de suministro aceptables para los usos actuales y futuros previstos para la cuenca del Guadalope en el Plan Hidrológico de la Cuenca del Ebro, y, en consecuencia, la necesidad de proyectar su recrecimiento. Además, la reciente sucesión de años secos ha tenido una gran repercusión en los regadíos del Guadalope, por lo que sus usuarios pidieron que

Figura 1.   Vista general de la presa de Santolea desde aguas abajo.

se acometieran lo más urgentemente posible estas obras de recrecimiento.

El proyecto de la actual presa de Santolea data de 1926, habiéndose realizado la construcción de la misma en el periodo 1929–35.

A lo largo de la historia de su explotación (que comenzó realmente en 1947, debido a los daños sufridos durante la Guerra Civil), el aprovechamiento ha sido objeto de diversas modificaciones de distinta importancia que han afectado especialmente al aliviadero, a los desagües de fondo y a las tomas de agua. En estas últimas se ha construido una central hidroeléctrica relativamente reciente (1987).

Las características actuales de la presa son las siguientes:

- Tipo de presa: Gravedad, con cuerpo de hormigón ciclópeo
- Paramento de aguas arriba: Mampostería concertada, talud 0,05
- Paramento de aguas abajo: Mampostería careada y sillería, talud 0,75
- Longitud de coronación: 137,75 m
- Cota de coronación: 584,349 m.s.n.m.
- Nivel máximo normal de explotación del embalse (NMN): 583,349 m.s.n.m.
- Altura de la presa sobre cimientos: 50,50 m
- Altura de la presa sobre el cauce aguas arriba (con sedimentos): 36,35 m
- Volumen del embalse con NMN: 47,65 hm^3
- Superficie del embalse con NMN: 379,77 ha
- Aliviadero situado en la margen derecha. Caudal de diseño: 741 m^3/s
- Tomas de agua capaces para: 18,4 m^3/s
- Desagüe de fondo en la margen derecha. Caudal máximo: 219 m^3/s
- Central hidroeléctrica de pié de presa. Potencia: 2.613 kW

3   NECESIDAD Y PROPÓSITO DE LA AMPLIACIÓN DEL EMBALSE DE SANTOLEA

El recrecimiento de la presa de Santolea fué planteado por primera vez en el Plan Integral del Guadalope de 1967, no habiéndose abandonado la idea de llevarlo a cabo en ninguna de las sucesivas revisiones de aquel plan. El Plan Hidrológico Nacional prevé su ejecución en el primer horizonte, es decir antes del año 2005.

Es de hacer notar que ya antes de la construcción de la presa se pensó en un embalse más grande, planteándose la polémica "pantano grande, pantano chico" que llevó a expropiar muchos más terrenos de los estrictamente necesarios para la alternativa construída: así, se expropió por completo el término municipal de Santolea y la totalidad de su núcleo urbano (que no quedó inundado en absoluto). Hoy día, después de 50 años de explotación, la experiencia de los beneficios reportados por el embalse y las restricciones sufridas durante algunos años secos, hacen que el recrecimiento sea considerado imprescindible por la gran mayoría de los usuarios de la cuenca.

El aumento de la capacidad del embalse de Santolea es, pues, necesario, siendo su propósito asegurar una garantía adecuada de suministro a los nuevos regadíos del Canal Calanda-Alcañiz, declarados de Interés Nacional por el Decreto 1295/72 de 20 de abril. Por otra parte, el inicio de esta actuación tiene un cierto carácter de urgencia, ya que la puesta en servicio de la 1ª Parte de dicha zona regable (4.438 ha) se va a ir realizando de forma progresiva en los próximos años.

Los beneficios adicionales del aumento de embalse son:

- Mayor capacidad de laminación de las avenidas del Guadalope que redunda en una notable mejora de la situación de la presa de Calanda frente a las avenidas de su propia cuenca vertiente, constituída por el Guadalope y el Bergantes.
- Creación de un embalse de nivel constante en cola que tendrá un atractivo para el establecimiento de zonas de esparcimiento, además de una gran importancia desde el punto de vista ecológico.

4   JUSTIFICACIÓN DE LA SOLUCIÓN ADOPTADA

Como se indicó anteriormente, la necesidad de recrecimiento de Santolea se había planteado ya en 1967 aunque no fue hasta 1997 cuando, tras una sucesión de años secos, el Sindicato Central del Guadalope, decidió llevar a cabo el proyecto de recrecimiento mediante un convenio con la Confederación Hidrográfica del Ebro que asumió la Dirección del mismo. Los estudios previos confirmaron la necesidad del recrecimiento.

En principio, las soluciones más adecuadas para recrecer una presa de gravedad se basan en el empleo del mismo tipo de estructura de fábrica. Las soluciones que se han venido empleando con mayor frecuencia son las siguientes:

- Recrecimiento por aguas arriba, como en el caso de las presas de Alsa-Torina, Mediano y Riudecanyes.
- Recrecimiento por aguas abajo, del que pueden citarse como precedentes las presas de Irabia y Torre de Abraham.
- Pretensado con cables para la creación de tensiones de compresión que aseguren la estabilidad al deslizamiento o anulen las posibles tracciones en el paramento de aguas arriba, o ambas cosas a la vez. Se ha aplicado en las presas de Cheurfas (Argelia) y El Sancho.
- Aumento de peso mediante una cabeza de hormigón sobre la coronación de la presa actual de forma que se asegure la estabilidad, y se absorban las tracciones del paramento aguas arriba si fuese necesario, como en Ulldecona y La Cierva.

Las dos primeras soluciones apuntadas son aplicables al caso de Santolea, si bien exigen vaciados importantes del embalse, con los consiguientes inconvenientes para la explotación durante la fase de obras. Si se trata de recrecer por el paramento de aguas arriba, el vaciado deberá ser total; si el recrecimiento es por aguas abajo, se precisa un vaciado parcial muy importante para reducir el estado tensional de la presa existente, principalmente durante la excavación y durante el hormigonado de la parte inferior del recrecimiento.

Tanto en la solución de pretensado como en la de aumento de peso de hormigón, puede quedar reducida la obra de refuerzo y recrecimiento a la zona de coronación de presa, sin afectar en absoluto a las partes bajas de ambos paramentos. Por ello, no es necesario mantener un control del nivel del agua tan importante como el mencionado para las soluciones de recrecimiento por paramentos, bastando a lo sumo disponer unos portillos provisionales para controlar el nivel y los puntos de vertido. Infortunadamente, debido a los límites tecnológicos que impone la resistencia de los materiales, estas dos alternativas tienen rangos de aplicación muy escasos, bastante inferiores a los 16 m que es necesario recrecer Santolea, por lo que se han considerado inviables.

Otro tipo de soluciones que puede considerarse es la construcción de una presa de materiales sueltos aguas abajo, ya sea adosada a la presa actual como se ha proyectado en el embalse de Yesa, o bien totalmente independiente como en el caso de Santillana. Sin embargo, la cerrada desaparece bruscamente en la margen izquierda a unos 75 m aguas abajo de la coronación de la presa actual, por lo que se considera que no es económicamente factible ninguna presa cuya coronación se sitúe más allá de dicho límite.

Figura 2   Vista general del paramento de aguas abajo.

Esto descarta cualquier solución exenta, ya que, aún diseñando un talud muy estricto (1,3 H/1,0 V) aguas arriba, no podría situarse la coronación a menos de 110 m de la actual. En cambio, sería económicamente factible en teoría una solución adosada de pantalla de hormigón aguas arriba con el mismo talud estricto (que sería la de dimensiones mínimas), ya que tendría su coronación a unos 65 m de la actual. No obstante, también se ha desechado esta solución pues, aparte de entrar muy forzada en la cerrada, taparía las salidas del aliviadero y desagüe de fondo actuales, por lo que obligaría a unas obras de reforma de estos elementos de entidad y coste muy superiores a los necesarios en caso de recrecimiento con hormigón y además se perdería el patrimonio histórico que representa el paramento de aguas abajo.

Como consecuencia de lo anteriormente expuesto, se decidió considerar en el estudio comparativo solo las dos alternativas siguientes:

A. Recrecimiento con hormigón por aguas arriba
B. Recrecimiento con hormigón por aguas abajo

Se prediseñaron las dos soluciones intentando ponerlas en pie de igualdad frente a los distintos condicionantes de seguridad, funcionalidad y medioambientales a considerar, recogiendo en cada caso las obras necesarias para lograr dicho fin. En consecuencia, se decidió considerar la construcción de una presa auxiliar de cola en los dos casos, ya que era fundamental para regular provisionalmente el río durante la construcción del recrecimiento en la Solución A y, al mismo tiempo, era necesaria para la mejora medio ambiental de la cola del embalse en ambas soluciones. De esta forma los costes resultan similares con ligera ventaja del orden de un 3% a favor de la Solución A.

Finalmente, se ha considerado más idónea dicha solución de recrecimiento por aguas arriba, por presentar, además, las siguientes ventajas cualitativas:

- Permite conservar, sin recurrir a imitaciones de la fábrica antigua, la estética de la presa actual y de sus edificios anexos y por lo tanto el patrimonio histórico.
- Es mejor desde el punto de vista de la impermeabilidad y del drenaje, pues con las galerías incorporadas al cuerpo de presa en la obra nueva se tiene mayor garantía que con las efectuadas mediante perforación de la presa actual en la Solución B.
- Al contrario que la Solución B, no plantea grandes problemas estructurales, ya que la junta entre la presa antigua y el recrecimiento se sitúa en una zona de muy bajas tensiones.

5 DESCRIPCIÓN DE LAS OBRAS PROYECTADAS

Las obras proyectadas son fundamentalmente las que se relacionan a continuación.

- Obra de regulación provisional constituida por la presa denominada "del Puente de Santolea" que se ha proyectado de hormigón compactado con rodillo, con aliviadero de labio fijo sobre coronación y desagüe de fondo en la margen izquierda con dos conductos.
- Presa de Santolea recrecida por aguas arriba mediante una sección de hormigón en masa vibrado.
- Desagüe de fondo constituido por dos conductos alojados en el túnel actual.
- Aliviadero situado en la margen derecha de la presa y regulado mediante tres compuertas Taintor, para lo que se aprovecharán las actualmente existentes.
- Tomas de riego y de la central constituidas por tres conductos en el emplazamiento de las tomas actuales.
- Accesos a la presa de Santolea por ambas márgenes y acceso a la presa del Puente de Santolea por la margen izquierda.
- Reposición de un tramo de la carretera TE-V-8101 de Cuevas de Cañart que resulta afectado por el embalse y de la estación de aforos EA-30 que también queda inundada por el mismo.

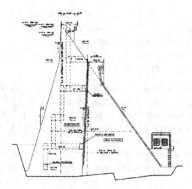

Figura 3.   Sección tipo del recrecimiento.

- Edificios de explotación en la coronación de la presa de Santolea y en la margen izquierda de la presa del Puente de Santolea, así como adecuación de los actuales edificios de la Administración.
- Acondicionamiento y protección del cauce del río Guadalope entre la presa de Santolea y el futuro puente de la variante de la carretera A-226, situado unos 600 m aguas abajo, que incluye la estación de aforo EA-106.

La presa proyectada tiene 65,35 m de altura máxima sobre cimientos y 282,375 m de longitud de coronación de los cuales 167,047 m corresponden a la alineación recta del cuerpo de presa, 58,811 m al tramo en curva del estribo derecho y 56,517 m a la alineación recta del aliviadero. El embalse de Santolea recrecido tiene una capacidad total de 111,389 hm^3 y una superficie de 621,81 ha a la cota de nivel máximo normal (NMN) que se sitúa a 596,00 m.s.n.m.

El embalse creado corresponde a 17,67 hm^3 de volumen en la presa del Puente de Santolea y 93,719 hm^3 en la presa de Santolea, siempre a la cota 596,00 m.s.n.m. de nivel máximo normal.

Las estructuras fundamentales de la presa de Santolea son, además del propio cuerpo de presa:

- El aliviadero, situado en el estribo derecho y con el labio a cota 596,00 m.s.n.m., cuya capacidad nominal es de 520,542 m^3/s (avenida de T = 1.000 años, laminada en embalse) y que además, aprovechando los resguardos previstos, puede también desaguar la avenida de 5.000 años de periodo de retorno que se ha considerado como avenida extrema.
- Los desagües de fondo, que se implantan en el mismo emplazamiento que los actuales. Están constituidos por dos conductos blindados de 2,00 × 2,50 m^2 controlado cada uno por una compuerta tipo Bureau de maniobra y otra de guarda. La capacidad de cada uno de estos conductos es de 125 m^3/s.
- Las tomas, que se distribuyen en tres conductos. El más alto de ellos correspondiente a la acequia de

Figura 4. Edificio de compuertas de los desagües de fondo.

Figura 5. Edificio de salida de las tomas de riego y central hidroeléctrica.

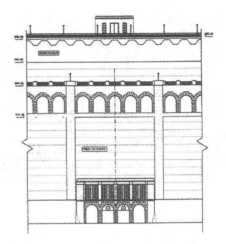

Figura 6. Alzado de la presa recrecida.

"La Pinilla" ; los otros dos, conocidos respectivamente como toma de la acequia de "El Molinar" y toma de la Central, alimentan a los riegos en general y a la central hidroeléctrica. Todos estos conductos se han mantenido en el cuerpo de presa, prologándolos hacia aguas arriba y sustituyendo las válvulas de aguas abajo por otras adecuadas a la nueva carga de agua.

El recrecimiento que se ha proyectado para la presa de Santolea consiste en crear una nueva sección de gravedad adosando por aguas arriba a la existente un muro de hormigón en masa vibrado que completa el perfil necesario para resistir el empuje del embalse recrecido. El trazado en planta del cuerpo de presa propiamente dicho es recto, si bien se prolonga en el estribo derecho mediante un dique también de hormigón que tiene dos acuerdos circulares para enlazar con la estructura de control del aliviadero.

La sección tipo de presa tiene el paramento de aguas arriba inclinado con talud 0,3:1,0 (H:V) por debajo de la cota 584,35 m.s.n.m. y talud 0,05:1,00 (H:V) por encima de dicha cota. El paramento de

aguas abajo tiene talud 0,75:1,00 (H:V), tanto en el hormigón nuevo como en el paramento de mampostería y sillería existente.

La coronación de la presa de sitúa a la cota 600,35 m.s.n.m., con lo que la altura máxima es de 61,00 m sobre el fondo del cauce natural (53,35 m sobre los sedimentos del embalse actual) y de 65,35 m sobre el punto más bajo de la cimentación. La altura del recrecimiento es de 16,00 m, puesto que la coronación actual está situada a la cota 584,35 m.s.n.m.

La coronación proyectada tiene un ancho total de 7,50 m, con una calzada de 5,00 m de ancho y sendas aceras de 1,25 m. En el paramento vertical aguas abajo se ha creado un voladizo de 1,50 m que permite crear una greca que contrasta con los arcos del paramento existente sin dañar la estética del conjunto.

Para conservar al máximo el aspecto estético de la presa actual se ha previsto el desmontaje de los edificios de la torre de los desagües de fondo y de las tomas de riego para volver a montarlos en la presa recrecida. Lo mismo sucede con la barandilla de coronación de aguas arriba, cuyos sillares se recuperarán para situarlos en la nueva coronación.

Para el control de la seguridad de la obra se ha diseñado una galería perimetral de 1,80 m de ancho y 2,50 m de altura, de sección tipo baúl, que asciende desde la cota 537,50 m.s.n.m. hasta la coronación de la presa por la margen izquierda, y que se prolonga bajo el azud del aliviadero y sube también hasta coronación por la margen derecha. Además se han proyectado dos galerías horizontales, situadas a la cota 546,85 m.s.n.m. y 571,85 m.s.n.m., que permiten controlar la junta de unión entre la antigua y nueva obra de fábrica.

Un elemento fundamental de la obra de recrecimiento de la presa de Santolea es la junta longitudinal

Figura 7.   Aliviadero, edificios de compuertas y coronación.

que se crea entre la antigua y la nueva fábrica, y que se prolonga entre bloques del recrecimiento de la zona de presa curva. Esta junta longitudinal se inyecta en su totalidad para que los bloques de fábrica de edades diferentes trabajen conjuntamente.

Al proyectar el aliviadero de la presa de Santolea recrecida, se ha dispuesto éste controlado mediante compuertas Taintor, conservando el sistema de compuertas reparado recientemente, si bien se ha modificado su emplazamiento.

Como el funcionamiento del aliviadero existente en 1999 parecía hidráulicamente correcto y los caudales unitarios para la avenida laminada por la presa recrecida serían equivalentes a los actuales, se estimó oportuno conservar el canal de descarga y el cuenco amortiguador existentes y crear un cuenco amortiguador aguas arriba del vertedero actual para disipar la energía debida al recrecimiento. El correcto funcionamiento hidráulico de este primer tramo se comprobó mediante un ensayo en modelo reducido del que se derivaron algunas variaciones en la obra para mejorar su funcionamiento. Pero el resultado más sorprendente fue comprobar que el segundo tramo del aliviadero ensayado es decir el canal de descarga existente no funcionaba correctamente para los caudales actuales, puesto que se producía, entre otros casos, el despegue de la lámina.

Ha sido por lo tanto necesario realizar una segunda fase de ensayo para rectificar adecuadamente la segunda parte del canal de descarga y el cuenco amortiguador final. Todo ello sin afectar al túnel de los desagües de fondo, que pasa bajo el aliviadero ni al cuenco de salida de las tomas de riego y de la central. Todo ello queda descrito dentro de otra ponencia presentada en este mismo simposio.

6   EPÍLOGO CONCLUSIONES

La construcción de un embalse auxiliar de cola, destinado a la regulación durante la realización de las obras y al establecimiento de una lámina constante durante la explotación de la presa, permite conservar el patrimonio histórico que representan su coronación, el paramento de aguas abajo, y las obras de salida y edificios, así como realizar el recrecimiento por aguas arriba resolviendo de forma idónea los problemas estructurales y aumentando las garantías de impermeabilidad y drenaje de la presa.

REFERENCIAS

Proyecto del Pantano de Santolea en la cuenca del río Guadalope. Eduardo Elio (1902).

Informe de la Comisión de Ingenieros de Caminos nombrada por R.O. de Agosto de 1921, para dictaminar sobre la impermeabilidad del vaso y emplazamiento de la presa del Pantano (de Santolea). Severino Bello, Alfonso Benavent y Mariano Vicente (1922).

Proyecto Reformado y adicional del Pantano de Santolea en el río Guadalope (Teruel). Joaquín Gállego (1926).

Proyecto reformado general de las obras hidráulicas del pantano de Santolea (Teruel). Francisco Checa (1934).

Plan de aprovechamiento integral de la cuenca del río Guadalope. Tomo VI: Anteproyecto del recrecimiento de la Presa de Santolea (Teruel). Jaime Fernández Moreno (1967).

Documento XYZT de la presa de Santolea. José Luis Uceda (1986).

Aprovechamiento de pie de presa del Embalse de Santolea. T. M. Castellote (Teruel). Jorge Mestres (1987).

Modificación n° 1. Puesta a punto de las instalaciones mecánicas de los dispositivos de evacuación del Embalse de Santolea (Teruel). Honorio J. Morlans (1996).

Proyecto de recrecimiento del embalse de la presa de Santolea sobre el río Guadalope (Teruel). Fernando del Campo Ruiz. Honorio J. Morlans Martín. Sindicato Central de la Cuenca del río Guadalope (1999).

Addenda al proyecto de recrecimiento del embalse de la presa de Santolea sobre el río Guadalope (Teruel). Fernando del Campo, Honorio J. Morlans. Aguas de la Cuenca del Ebro (2000).

Dam Maintenance and Rehabilitation, Llanos et al. (eds)
© 2003 Taylor & Francis, ISBN 90 5809 534 7

Evolución y desarrollo del aliviadero de la presa de Santolea

Honorio J. Morlans Martín
Confederación Hidrográfica del Ebro

Fernando del Campo Ruiz, Mª Gabriela Mañueco Pfeiffer
Intecsa-Inarsa

José Luis Blanco Seoane
Iberinco

RESUMEN: En esta comunicación se describe la evolución histórica del aliviadero de la presa del embalse de Santolea, que desde su construcción ha sido modificado en cuatro ocasiones, estando proyectada una más con su recrecimiento, las causas por las cuales se han realizado dichas modificaciones, las vicisitudes de las obras y por último la solución proyectada para el recrecimiento aludido.

1 INTRODUCCIÓN

El embalse de Santolea, se ubica en el río Guadalope afluente por la margen derecha del río Ebro, está dentro del término municipal de Castellote, de la provincia de Teruel, y se construyó entre los años 1926 y 1935.

Su finalidad es la regulación de las aportaciones para abastecimientos y riegos, existiendo también un aprovechamiento hidroeléctrico de pié de presa.

La presa es de fábrica de hormigón ciclópeo, tipo gravedad de planta recta y tiene una altura sobre cimientos de 50 m.

La coronación, de 138 m de longitud, está situada a la cota 584,35 m.s.n.m.

En la Figura nº 1 se puede ver una vista general de la presa con un vertido por el aliviadero.

La toma de riegos está ubicada en el centro de la presa y constituida por dos conductos circulares de 800 mm de diámetro, dotados de dos válvulas compuerta de seguridad y otra más en el tramo de unión de aquellos. La regulación se efectúa mediante dos válvulas Howell-Bunger que descargan a un cuenco amortiguador.

En el mismo edificio, y tomando mediante un injerto de los conductos principales, se ubica la central hidroeléctrica de pié de presa, con una potencia máxima de 3.500 kVA.

El desagüe de fondo se encuentra ubicado en la margen derecha de la cerrada y está constituido por un túnel de 50 m² de sección, interrumpido en una

Figura nº 1. Vista general del canal de descarga actual.

zona intermedia por un cuerpo de cierre atravesado por tres conductos que se obturan mediante dobles compuertas tipo Bureau de 1,20 m de luz y 3,00 m de altura.

A continuación se hace una descripción de la constitución, vicisitudes y cambios producidos en el aliviadero de superficie a lo largo de su existencia, que es el tema de la presente comunicación.

2 PRIMERA DEFINICIÓN

El aliviadero que se proyectó en primera instancia en el año 1926, se diseñó sobre la base de un caudal

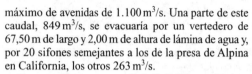

Figura n° 2.   Primer aliviadero.

Figura n° 3.   Canal de descarga y cuenco.

máximo de avenidas de 1.100 m³/s. Una parte de este caudal, 849 m³/s, se evacuaría por un vertedero de 67,50 m de largo y 2,00 m de altura de lámina de agua y, por 20 sifones semejantes a los de la presa de Alpina en California, los otros 263 m³/s.

Como entonces era usual, el aliviadero se ubicó en una de las márgenes de la presa, concretamente en la derecha, y se proyectó también un costoso y largo canal de evacuación, de 114,00 m de longitud, con sucesivos dispositivos de amortiguación de energía a base de una serie de saltos en los que se fraccionaba la altura de caída.

Durante la ejecución de las obras se realizaron nuevos estudios hidrológicos que tuvieron como consecuencia modificaciones técnicas en cuanto a la concepción del aliviadero, del que se suprimieron los 20 sifones de descarga, dejando en cambio, el umbral del vertedero 1,00 m más bajo. En la Figura n° 2 se ve una vista retrospectiva del primer aliviadero.

Se cambió el diseño del canal colector del aliviadero y principalmente el de evacuación, que forma un ángulo algo mayor que el recto con el vertedero, reforzando los muros de la cascada excavada en la ladera y mejorando y prolongando las defensas y protecciones del cuenco amortiguador final, situado al pié de la presa.

La máxima lámina vertiente prevista era de 3,00 m a lo largo de los 67,50 m de vertedero. La capacidad del embalse hasta el labio fijo del vertedero era de 38,60 hm³.

La cascada de evacuación está constituida por cinco escalones que van amortiguando la caída del agua, hasta el último que finaliza en el cuenco amortiguador.

Se une este cuenco por su margen derecha con la salida del desagüe de fondo, mientras por la margen izquierda está encauzado en forma de curva, con el fin de desviar las aguas del pié de la presa. Está dotado de unos dados rompe-láminas orientados de forma que el agua quede dirigida hacia ayuso de la presa, conduciéndola al cauce natural del río. Esta

descripción se puede ver en la Figura n° 3 con un pequeño vertido controlado.

3   PRIMERA MODIFICACIÓN

En el año 1957, ante los progresos de la zona agrícola, el aumento de consumo de agua y habiéndose presentado algún año excepcionalmente seco, se llegó a la conclusión de que convendría aumentar la capacidad del embalse, mediante la instalación de unas alzas móviles que aprovechasen los tres metros de la altura de vertido ya indicada.

A tal efecto se redactó el correspondiente proyecto, que tras diversas vicisitudes tales como la redacción de dos reformados, fue licitado en 1968.

El nuevo aliviadero proyectado y construido estaba constituido por tres vanos de 18,00 m de luz cada uno, separados por pilas de fábrica de hormigón armado de 3,00 m de ancho y cerrados por compuertas de tipo Taintor de 18,00 m de luz por 4,00 m de altura, consiguiéndose un volumen total embalsado de 48,87 hm³ y una capacidad de evacuación de 898 m³/s para la cota de N.A.E.

La estructura de esas compuertas era abierta y muy ligera, formada por chapa y perfiles laminados. Su funcionamiento fue insatisfactorio desde el primer momento, deformándose excesivamente a flexión y torsión al entrar en carga, dada su esbeltez.

El accionamiento, eléctrico o manual, se realizaba mediante un piñón situado en cada pila, que engranaba en una cremallera solidaria con el tablero.

Para la maniobra eléctrica se disponía en cada extremo de dos motores, uno para la apertura y otro para el cierre, que movían los piñones a través de unos reductores y estaban sincronizados por un eje eléctrico. Todos estos elementos se alojaban en cámaras ubicadas en la parte superior de las pilas.

Este sistema de maniobra adolecía también de problemas de sincronización, que provocaban el

Figura n° 4.   Aliviadero con alzas móviles.

Figura n° 5.   Nuevo aliviadero.

acodalamiento de las compuertas tanto en el ascenso como en el descenso.

Otro defecto que se detectó fue el agarrotamiento de los ejes de apoyo de las compuertas.

En 1971, se reforzó la estructura de las compuertas y se alinearon los ejes .

En la Figura n° 4 se contempla el aspecto del aliviadero con la concepción de su segunda modificación.

En el estribo izquierdo del aliviadero se dispuso un mecanismo de maniobra automática de la compuerta adyacente, mediante una boya colocada en un pozo que se comunicaba mediante un conducto con el embalse.

La unión entre pilas se hacía mediante pasarelas de estructura metálica en celosía.

4   SEGUNDA MODIFICACIÓN

Esta segunda modificación fue mas bien una ampliación del aliviadero existente, aunque no para el aumento de su capacidad de desagüe, sino para la evacuación de los cuerpos flotantes que se acumulaban ante las compuertas, precisándose levantar las alzas móviles para su eliminación.

Entre 1984 y 1985, tras diversas vicisitudes administrativas se ejecutó la obra proyectada para evitar dicha circunstancia, la cual consistió en adosar al extremo derecho del aliviadero una compuerta del tipo de tablero con contrapeso, de 2,50 m de luz por 3,00 m de altura, con los correspondientes muros de acompañamiento. Para ello se realizó una excavación en la ladera que ampliaba tanto el canal de acceso como el de evacuación.

5   TERCERA MODIFICACIÓN

A finales de 1989, al llevar ya en explotación casi 55 años y pese a las reformas y reparaciones efectuadas,

parte de las instalaciones mecánicas se encontraban en precaria situación, fundamentalmente el aliviadero, precisándose una completa revisión.

Por ello se consideró imprescindible su modernización y puesta a punto, con el fin de asegurar una total garantía de funcionamiento para la explotación, dotándolo de los avances técnicos habidos desde su montaje y adaptándolo a lo previsto en la reglamentación vigente.

Entre los estudios realizados para conseguir la solución más idónea, se rechazaron tres: En la primera, se aprovechaban las compuertas existentes reforzadas y dotadas de un nuevo sistema de maniobra; en la segunda se estudiaba la fabricación de nuevas compuertas pero utilizando el mismo sistema de maniobra; y en la tercera se fabricaban nuevas compuertas de tipo cajón y nuevos mecanismos de maniobra a base del sistema de elevación con cadena Galle y eje mecánico de sincronismo, pero aprovechando la obra civil existente donde se cambiarían los hierros fijos tanto de apoyo como de las deslizaderas laterales.

Simultáneamente a estos trabajos se realizó un estudio hidrológico de la cuenca teniendo en cuenta la influencia en la presa de Calanda existente aguas abajo de la de Santolea. Como resultado de dicho estudio y en cumplimiento de la "Instrucción para el proyecto, construcción y explotación de grandes presas" entonces vigente, se fijó como máximo caudal evacuable con nivel máximo normal, el correspondiente al periodo de retorno de 50 años, es decir 590,00 m^3/s, y con el máximo embalse extraordinario que coincide con el nivel de la coronación, el caudal correspondiente al periodo de retorno de 500 años, es decir 975,00 m^3/s.

Con estas premisas se estudiaron distintas posibles soluciones, llegándose a una solución que, con algunas modificaciones posteriores, se ha construido, habiendo finalizado la obra en 1998.

El nuevo aliviadero que se puede contemplar en la Figura n° 5 es del tipo denominado mixto, y está constituido por un vertedero de labio fijo y otro móvil.

El vertedero de labio fijo tiene 65,00 m de longitud y está coronado a la cota de máximo embalse normal. Se ubica con disposición lateral al móvil y formando con él un ángulo de 101,5°, aprovechando la explanada existente asuso del mismo.

El vertedero móvil, está constituido por tres compuertas tipo Taintor de 12,00 m de luz y 3,15 m de altura, separadas por pilas de hormigón armado de 2,00 m de anchura y ubicado en el mismo lugar que el aliviadero que se sustituye en la parte más cercana a la presa.

Las compuertas son del tipo cajón, rigidizadas convenientemente y con posibilidad de pequeños vertidos por la parte superior. El accionamiento se realiza mediante la clásica pareja de cilindros oleohidráulicos, mandados desde una centralita instalada en una caseta totalmente cerrada, ubicada entre las pilas del vano central ayuso de la compuerta y desde donde se divisa el movimiento de las tres compuertas de forma directa.

La unión entre pilas del aliviadero móvil se realiza asuso de las compuertas, mediante losas de hormigón armado que permiten acceso y el paso de todo tipo de vehículos.

El primer vertido y pruebas de funcionamiento de este nuevo aliviadero se produjo en la madrugada del 2 de noviembre de 2000, como consecuencia de las intensas lluvias acaecidas los días 23 y 24 de octubre de dicho año.

6 FUTURO

En el "Plan de aprovechamiento integral de la cuenca del río Guadalope, provincias de Castellón Teruel y Zaragoza", redactado en 1967 y revisado en 1981, figura entre otras obras de regulación, la ampliación de capacidad del embalse de Santolea mediante el recrecimiento de la presa existente. Así mismo, en el "Plan Hidrológico de la cuenca del Ebro", también figura entre las actuaciones futuras esta obra.

El correspondiente "Proyecto de recrecimiento de la presa del embalse de Santolea sobre el río Guadalope", tiene fecha de julio de 1999 y aunque está redactado como un documento único, en realidad comprende dos obras de presas: el recrecimiento propiamente dicho de la actual presa y la ejecución de una nueva presa en la cola del embalse, denominada "presa del puente de Santolea" por su ubicación, que permitirá regular provisionalmente el río durante la construcción del recrecimiento y que servirá posteriormente para mantener un embalse de nivel constante destinado a la protección medioambiental del entorno y a usos recreativos.

El recrecimiento que se ha proyectado es de 14,85 m lo que supone incrementar el volumen embalsable hasta 111,389 hm^3.

Entre las obras proyectadas y en relación con el tema de la presente comunicación, se encuentra el nuevo aliviadero que se ubica aguas arriba de su situación actual y se regula mediante las tres compuertas tipo Taintor existentes en la actualidad y descritas anteriormente.

La cota del labio del aliviadero es la 596,00 m.s.n.m. que coincide con el nivel máximo normal. La capacidad de evacuación es de 520,542 hm^3/s (avenida de T = 1000 años, laminada en el embalse). Aprovechando los resguardos previstos puede también desaguar la avenida de 5000 años de periodo de retorno, considerada como la extrema.

El paso sobre el aliviadero y la caseta de maniobras son iguales a los actualmente existentes y ya descritos, si bien situados en la nueva ubicación.

También se ha estudiado mediante ensayos en modelo reducido, la adecuación del canal de descarga y cuenco amortiguador a las nuevas circunstancias, ya que es necesario disipar una mayor altura de energía.

Sin cambiar la concepción general de la estructura existente y tras sucesivas modificaciones en su geometría tanto longitudinal como transversal, el esquema general de la disipación de energía consta de las siguientes partes:

– Cuenco amortiguador superior para la disipación del exceso de energía correspondiente al recrecimiento de la presa y primer cambio de dirección de los caudales vertidos.
– Cuenco amortiguador intermedio, estableciendo una segunda disipación de energía y facilitando el cambio de dirección para orientar los caudales en la dirección del eje del vertedero de la rápida que sigue.
– Solera lisa que sustituye a los escalones actuales.
– Elementos de disipación de energía finales, constituidos por muro frontal y dientes de disipación. El esquema de dientes se completa modificando la posición y situación de uno de ellos en la fila anterior y añadiendo dos nuevos en la fila posterior.

7 MODELO REDUCIDO

Los estudios en modelo reducido realizados incluyeron una primera fase de diseño de los elementos de disipación de energía del recrecimiento, y una segunda fase de modificación y adaptación de las estructuras actuales para mejorar el funcionamiento hidráulico.

De forma general, se ha tenido en cuenta lo actualmente existente tratando de adaptar las soluciones nuevas en lo posible y aprovechando los elementos ya construidos, disminuyendo el alcance de las modificaciones, naturalmente considerando siempre el objetivo final de buen funcionamiento hidráulico.

El esquema de disipación de energía finalmente alcanzado consta de los siguientes elementos:

- Cuenco amortiguador superior, para la disipación de energía del recrecimiento y la reorientación de caudales vertidos en la dirección de las estructuras siguientes.
- Cuenco de amortiguación intermedio, para el cambio de dirección y reparto de caudales previo al canal de descarga.
- Paramento liso, sustituyendo al actual escalonado y respetando el túnel de desagües de fondo bajo él.
- Disipadores de energía residual, constituidos por un muro transversal de amortiguación y dientes o dados rompe-lámina finales.

En todos los casos se ha observado en modelo la reintegración de caudales al cauce del río en régimen lento.

Figura n° 6. Solución inicial. Vertedero, cuenco amortiguador, contrapresa y canal lateral.

Figura n° 7. Dientes de disipación de energía, "rompe-lámina".

7.1 Primera fase del modelo

Los objetivos iniciales del modelo reducido se referían a la comprobación del funcionamiento hidráulico del esquema de recrecimiento proyectado y de las modificaciones o mejoras necesarias para su optimización, teniendo en cuenta la idea básica de mínima alteración del esquema construido. Estos estudios incluían la comprobación de funcionamiento del cuenco amortiguador, la situación de cota de contrapresa para una adecuada formación del resalto hidráulico en el cuenco y su estabilización para toda la gama de caudales, la determinación de las curvas de rendimiento del vertedero y la toma de datos de las láminas de agua vertientes para las distintas hipótesis de funcionamiento previstas.

Se determinó, en modelo, el máximo caudal que, agotando los resguardos proyectados, provoca vertidos sobre coronación de presa, cuyo valor fue de 820 m³/s. Para este caudal se realizaron comprobaciones de funcionamiento, fundamentalmente de estabilidad de los resaltos hidráulicos en los distintos cuencos. Para el resto de estudios en modelo se emplearon los caudales de 100, 350, 520 y 675 m³/s.

El modelo reducido se construyó a escala 1/30, sin distorsión. Los elementos representados fueron un tramo de terreno aguas arriba del vertedero proyectado, la estructura completa de éste, incluyendo pilas intermedias y compuertas de cierre de vanos, el cuenco amortiguador superior, las estructuras del vertedero antiguo que deberían ser utilizadas con el nuevo diseño y un tramo de terreno aguas abajo para comprobación de las condiciones de reintegración al cauce.

Durante el curso de los ensayos se observó un anómalo funcionamiento del tramo escalonado del canal de descarga actual y del esquema de disipación de energía final. Ello obligó a una ampliación de los objetivos de estudio fijando como nuevos apartados

Figura n° 8. Paramento escalonado.

a analizar el diseño y comprobación de un segundo cuenco amortiguador para la conexión de la obra de recrecimiento con el canal de descarga, la sustitución y eliminación de los escalones en dicho canal

Figura n° 9. Solución inicial. Paramento escalonado. Caudal, 675 m³/s.

Figura n° 10. Solución final. Caudal 520 m³/s.

construyendo un paramento de solera lisa, y la modificación y adaptación de la estructura de disipación final.

A título de ejemplo de las modificaciones realizadas sobre el primer modelo se incluye a continuación la descripción en el paramento escalonado y en los disipadores de energía residual.

7.2 Modificación del paramento escalonado

El funcionamiento hidráulico del paramento escalonado mostró claras deficiencias que aconsejaron su modificación. Dado que sus efectos como disipador de energía son de escasa entidad, se planteó el nuevo diseño con solera lisa, uniendo el talud aguas abajo de la contrapresa del cuenco amortiguador intermedio con un acuerdo circular de transición al paramento aguas abajo, formado por un primer tramo de alzado recto seguido de otro de alzado parabólico necesario para salvar la existencia del túnel de desagüe de fondo bajo él.

El funcionamiento hidráulico obtenido es correcto, aun con ciertas irregularidades consecuencia de las variaciones de nivel de la superficie libre del resalto en el cuenco intermedio, que se traducen en concentraciones de caudal sobre la contrapresa y que se transmiten hacia aguas abajo. Estas concentraciones son de escasa entidad, más visibles para pequeños caudales y que prácticamente desaparecen para los iguales o superiores a 350 m³/s.

Las fotografías de las figuras siguientes ilustran el aspecto de la reforma en modelo y el funcionamiento hidráulico observado.

Figura n° 11. Caudal 675 m³/s.

7.3 Disipación de energía residual

El esquema actual dispone, como se ha descrito anteriormente, de 9 dados romboidales que producen la disipación de energía residual antes de la reintegración de caudales al cauce del río.

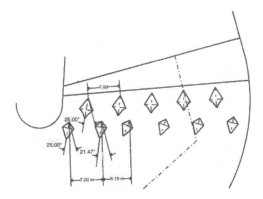

Figura n° 12.   Modificación de dientes "rompe-lámina".

Figura n° 14.   Restitución al cauce, caudal 675 m³/s.

Figura n° 13.   Restitución al cauce, caudal 520 m³/s.

Se ha respetado este esquema de funcionamiento, completándolo para mejorar la disipación y validar su funcionamiento para toda la gama de caudales. Ello obliga a la creación de un cortísimo cuenco previo que conduce los caudales hasta un muro transversal a la corriente, de amortiguación, y completar la fila de dados existente con cambio de posición de uno de ellos y construcción de otros dos nuevos en la segunda fila. El muro de amortiguación es de 3 m de altura y situado 0,90 m aguas arriba de la posición de la primera fila de dientes o dados. El funcionamiento observado permite afirmar la estabilidad del resalto hidráulico para toda la gama de caudales y la formación de régimen lento en todos los casos.

7.4   *Otros ensayos*

El estudio en modelo se completó con ensayos adicionales de comprobación de otros componentes del proyecto y con tomas de datos, entre los que destacan:

– Funcionamiento hidráulico de las pilas de vertedero: se mantuvo la definición inicial al no detectar irregularidades importantes.
– Funcionamiento del cuenco en la hipótesis de avería de una de las tres compuertas del vertedero: se comprobó la viabilidad de tal funcionamiento en caso de emergencia, detectándose las irregularidades en cada caso.
– Determinación de las líneas de agua sobre cajeros: se tomaron los datos correspondientes al caudal de 520 m³/s y al de avenida extrema, 675 m³/s.

Dam Maintenance and Rehabilitation, Llanos et al. (eds)
© 2003 Taylor & Francis, ISBN 90 5809 534 7

Automatic, self-actuating equipment to improve dam storage

P.D. Townshend

Director, Flowgate Projects (Pty) Ltd.

ABSTRACT: Most hydro-mechanical equipment installed on dams and weirs are electro-mechanically actuated and this has been the standard for more than a century.

Unfortunately there is also a considerable record of these types of gates failing to operate at critical periods or suffering unscheduled openings all of which add risk to dam safety and water supply. At a recent ANCOLD conference it was stated that human error and systems failures contribute almost 95% of the problems experienced on hydro-mechanical equipment in that region, and no doubt a similarly high proportion applies to the remainder of the world.

It is precisely because of the unreliability of electro-mechanical equipment that a unique range of automatic self actuating hydro-mechanical equipment has been developed in South Africa and has been operating successfully for more than 20 years.

Whilst the equipment is used for a variety of water control applications, of particular interest is its applications in:

- increased storage in existing dams
- improved spillway capacity
- flood control

This paper introduces the equipment by means of case studies on present installations.

1   INTRODUCTION

These fully automatic and self actuating gates are used for:

- increased storage in existing dams
- cost effect new dams
- improved spillway capacity and
- flood control.

2   THE CREST GATE

The FDS Crest gate consist of a buoyancy tank connected by ducted radial arms to an upstream axle. The buoyancy tank seals against the cill of the spillway and between vertically sided piers. An inlet weir situated upstream is connected to the hollow axle to allow water to flow into the buoyancy tank. A pipe drains the buoyancy tank to the downstream side of the weir.

The empty buoyancy tank floats on the water and seals against the spillway cill and sides to increase the water-level above the spillway level.

As the upstream water level rises due to a flood, water flows into the inlet weir and into the buoyancy

tank at a rate greater than the discharge rate from the tank. The buoyancy tank fills and submerges.

In the totally submerged position, the buoyancy tank is full and the gate fully open to offer an unobstructed spillway to pass floodwaters and debris.

As the flood level recedes, water ceases to flow into the inlet weir. The buoyancy tank drains until empty and the gate floats into its fully closed position as shown in Figure 1a.

The gates is suitable for weirs and dams where the depth of water over the gate is considerable and the

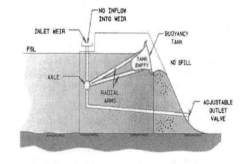

Figure 1a.   Gate closed.

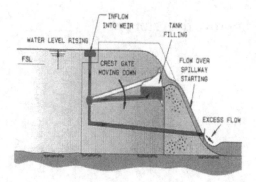

Figure 1b.   Gate opening.

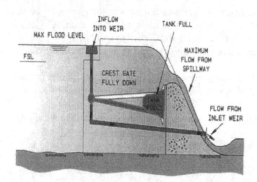

Figure 1c.   Gate fully open.

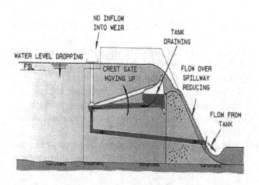

Figure 1d.   Gate closing.

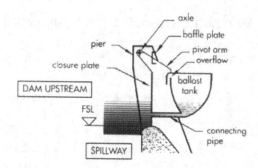

Figure 2a.   Dam filling.

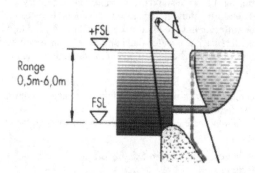

Figure 2b.   Dam full.

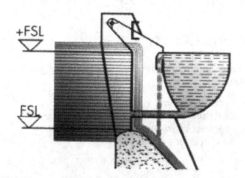

Figure 2c.   Gate passing small floods.

debris load high. For weirs it is usually used in conjunction with the FDS Scour gate which maintains a sediment free pool of water for the crest gate to open fully.

3   THE TOPS GATE

The TOPS gate has similar features to the crest gate but can operate on a wider selection of spillways including side channel spillways. However, the selection of which type of gate is very much site-dependent.

The TOPS gate consists of a ballast tank attached to a closure plate which seals against the spillway cill and vertical sides of piers to retain the increased water level above the spillway. The gate is attached to two trunnions positioned above the water level.

The ballast tank is connected by conduits to the closure plate so that the water level in the dam and the ballast tank are in equilibrium. The mass of water in the ballast tank, together with the gate's self-weight

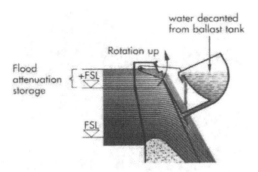

Figure 2d. Gate opening.

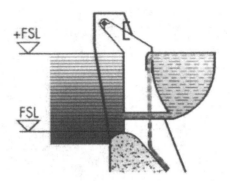

Figure 2g. Gate closed.

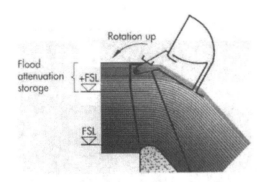

Figure 2e. Gate fully open.

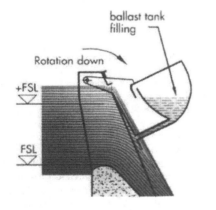

Figure 2f. Gate closing.

create a closing moment about the axle which is greater then the opening moment induced by the upstream water level, and hence the gate remains closed.

The gate remains closed for all upstream water levels up to the increased supply level. The ballast tank is then full and excess water is spilled from outlets on the upstream side of the tank.

In order for the gate not to open for all small order floods, surplus flood waters pass over the closure plate and discharge between the closure plate and ballast tank.

For larger order floods, the upstream water level will rise and the opening moment exceeds the closing moment. The gate then rotates upwards and outwards and by so doing, decants water from the ballast tank through the outlets thereby making the gate lighter. The gate then opens easily with increased upstream flood levels.

In its fully open position, the ballast tank is empty and the gate rides on the flood waters with very little backup of upstream water level. The offset in the pivot arm causes the gate to rise as it rotates, thereby creating sufficient waterway to pass the design flood.

As the water level recedes, the gate will rotate downwards and the ballast tank fills partially in order to balance the opening and closing moments.

As the flood subsides, the gate will close completely and surplus flow will pass through the gate. The gate is finally closed to retain the increased full supply level.

4   FEATURES OF THESE GATES

- They are totally automatic and self-actuating in both opening to pass floods and closing after floods to retain the increased water level.
- They can be manually opened either by an operator or by an electrically actuated valve by instrumentation or telemetry. The gates can therefore be used to regulate controlled releases from the dam.
- By means of different opening mechanisms, certain gates of a multi-gated spillway can be opened fully at the start of an incoming flood. This assists greatly in flood routing and in attenuating the peak discharge for large order floods.
- They incorporate a number of safety and backup facilities to ensure that the gates operate as intended and that dam safety is not compromised.

Figure 3.   NHlabane Weir Crest Gate.

Figure 4.   Tswasa Weir Crest Gates open.

- The gates are modular to form a multigated spillway. This assists in dam safety as well as reduces the possibility of losing the whole spillway system as a result of one failure.
- The gates can fit most types of spillways, including curved spillways provided the radius of horizontal curvature is not too tight.
- The gates are constructed in metal and are therefore robust and easily repaired or modified by standard steelwork practices.
- The gates can be inspected and maintained in position against a full head of water without the need to draw down the water level.

Figure 5.   Belfast Dam Tops Gates.

5   CASE STUDIES

5.1   *NHlabane Weir, Kwazulu Natal, South Africa*

Lake nHlabane is used by a large mining company as the only water supply to mine heavy minerals from dune sands using water to excavate and transport the sands.

More water was required to assure adequate supply and lake nHlabane was raised by 1,5 m using 4 crest gates, each 10 m long.

The gates were installed by floating the gates into position.

The gates open automatically and have cycled a few times since its installation in 1996.

5.2   *Belfast Dam, South Africa*

The Belfast regional council required additional safe water supply for their increasing population and put out a tender to raise the Belfast dam by 2 m.

The TOPS gate won the tender against an international competitor based on flexibility, technical advantages and cost.

The civil works to build four piers was minimal and were constructed whilst the dam was full with-out having to alter the ogee crest shape.

The 4 gates were fabricated offsite in a workshop under controlled quality conditions, transported to site and installed in one day.

The gates have been operating successfully for 7 years.

A further unexpected event occurred after installation which demonstrated the flexibility of the Tops gates. During further stability checks, it was found that the dam could only be impounded to 1,2 m depth and not the full 2 m. One gate was modified in situ to open automatically at this lower water level. This could not have been achieved with other types of gates.

5.3   *Avis dam, Namibia*

The Avis dam is situated on the outskirts of the city of Windhoek with the downstream water course flowing through developed areas.

The city council required the maximum discharge from the dam for a 1 in 100 year recurrence interval flood not to exceed $350\,m^3/s$ for a $600\,m^3/s$ peak

Figure 6. Avis dam Tops Gates opening during commissioning.

inflow. The existing side channel spillway could not achieve that.

The required maximum discharge could only be achieved by excavating a 5 m deep channel through the spillway. The lowered full supply level by this 5 m drop was not acceptable to the council and environmentalists of this arid country.

In order to achieve the highest possible water level as well as not to exceed the maximum outflow, two 3,5 m by 11 m long Tops gates were installed.

These gates are unique in that they are controlled by a float operated discharge such that the gate will open and/or close down to maintain a constant water level in the dam. This would occur up to a certain travel of the gates and thereafter the water level would rise by a further 1,5 m to attenuate the inflow peak.

In this way the gates would release water early in the inflow hydrograph, thereby fully utilizing available the dam storage to attenuate the inflow peak as well as not exceeding the maximum permissible discharge rate, whilst still maintaining the highest full supply level possible in the dam.

5.4 Lenthalls Dam, Australia

The City of Hervey Bay midway on the coast of Queensland, Australia is one of the fastest growing commercial, residential and recreational centers in Australia.

The main supply dam, needs to be raised initially by 2 m to meet medium term water demand.

75 m of 2 m high crest gates are to be installed towards the end of this year.

Interesting features of these gates include:

- A possible future raising from 2 to 4 m. This is easily achieved by adding an extension to the 2 m high gates. This can be done in situ and with minimal capital expenditure.
- The gates will be installed by floated in and can also be floated out, behind stop logs, if required for maintenance.
- A water rise of not more than 1 m was required for the 1 in 10 year flood to minimize flooding to a future development. This could not be done with a fixed labyrith type spillway, but with the 5 crest gates set to open in close succession, this performance requirement could be met.
- Two crest gates are fitted with float controlled inlet valves to pass environmental floods for the first spring rains which need to equal a 1:5 year flood downstream of the dam. This could not be achieved with other automatic systems.

6 CONCLUSION

Automatic, self-actuating spillway gates are operating in Southern Africa, which offer the dam engineers an attractive alternative to consider in raising dams.

Attention has been given to backup and safety devices to ensure that they do not jeopardise dam safety. These gates give the same flexibility in operation as mechanically driven gates but offer the more important feature in that they will operate automatically when required.

These automatic spillway gates can therefore be used with confidence by dam engineers.

Dam Maintenance and Rehabilitation, Llanos et al. (eds)
© 2003 Taylor & Francis, ISBN 90 5809 534 7

Roller compacted concrete and stepped spillways: From new dams to dam rehabilitation

J. Matos

Instituto Superior Técnico, Technical University of Lisbon, Lisbon, Portugal

ABSTRACT: Roller compacted concrete (RCC) dams have gained acceptance worldwide, particularly due to their economic advantage. Stepped spillways are easily incorporated into RCC dams due to the method of construction. In recent years, a large number of embankment dams have been considered unsafe due to inadequate spillway capacity and predicted overtopping during extreme flood events. The use of RCC stepped overlays for overtopping protection has proven to be cost effective and has gained acceptance, particularly in the USA. The present paper includes a brief overview of the worldwide application of RCC stepped spillways, namely on concrete and embankment dams. It also includes a state-of-the-art review on the hydraulic design criteria for such stepped spillways.

1 INTRODUCTION

Although the first suggestion that roller compacted concrete (RCC) could be used in dam construction was in 1941, it was only in the 80s that the construction of large RCC dams was initiated (ICOLD 2000). Since then, RCC dams have gained wide acceptance through the world due to their economic advantage combined with their long-term safety. By the end of 1999, 195 large dams had been completed worldwide, while 51 were under construction (Hansen 2000).

The use of stepped spillways for RCC dams is beneficial from both a construction and economic point of view: the creation of steps on the sloped downstream face suits the construction technique (RCC layers), and greatly enhance the energy dissipation so that the need for a terminal energy dissipator is either reduced or eliminated. Another advantage of the creation of a stepped downstream face is that it provides easy access to this face from where post-cooling of the concrete, joint grouting and dam safety inspections can be performed with ease (Geringer & Officer 1995). Presently, stepped spillways can be found in approximately 30% of the RCC dams (Dunstan 1996, Ditchey & Campbell 2000).

In recent years, a significant number of embankment dams have been considered unsafe due to inadequate spillway capacity and predicted overtopping during extreme flood events. Among the common structural remedial measures, providing for safe overtopping has gained acceptance for existing small embankment dams, which constitutes the majority as regards recent ICOLD statistics of dam failures (Berga 1995).

This paper discusses the use of stepped spillways on RCC dams and as well as RCC overlays for overtopping protection of embankment dams. The hydraulics of stepped spillways is reviewed, along with the presentation of guidelines for the hydraulic design.

2 RCC AND STEPPED SPILLWAYS. EXAMPLES OF APPLICATION AND PROTOTYPE EXPERIENCE

2.1 Stepped spillways over RCC dams

The U.S Bureau of Reclamation (Reclamation) had a pioneering role in proposing and modeling the benefits on using steps for dissipating energy, namely in developing its design concept for the Upper Stillwater dam in USA. Based on Reclamation's considerations and initial model study findings, Monksville dam, also in USA, was the first RCC dam constructed with a stepped spillway. Hydraulic model studies were performed during the design of Monksville dam to provide information to confirm the adequate size of steps, the smooth transition geometry from the ogee crest to the stepped chute, and the elimination of the terminal energy dissipation (Sorensen 1985, Ditchey & Campbell 2000).

Table 1 list several RCC dams incorporating a stepped spillway on the downstream face. Many of the dams have incorporated a stepped spillway with

Table 1. Stepped spillways over RCC dams.

Dam	Ref.	Dam height (m)	Chute height (m)	Chute slope (deg.)	Chute width (m)	Step height (m)	Design unit disch. (m³/s/m)	Remarks
Boquerón, Spain, 1997	ME, SA	58	46	54	16	1.2	17.8	
Choldocogagnia, France, 1991	GO	35	32.5	50	13.5	0.6	2.1	
De Mist Kraal Weir, South Africa, 1986	GO, GE1, GE2	30	18.5	59	210	1.0	10.3	Peak unit discharge of 2.94 m³/s/m.
Grindstone Canyon, USA, 1986	GO	42	34	53	30	0.3	1.0	
La Puebla de Cazalla, Spain, 1991	EM, ME	71	58.2	51	18	0.9	9.0	Chamfering of outer step edges.
La Touche Poupart, France, 1992	GO	36.5	33	53	35	0.6	6.1	
Les Olivettes, France, 1987	GO	36	31.5	53	40	0.6	6.6	
Lower Chase Creek, USA, 1987	GO, FR	20	18	55	61	0.6	3.3	
Monksville, USA, 1987	SO	48	36.6	52	61	0.6	9.3	
Nakasujigawa, Japan, 1998	HS	71.6	64.1	55	175	0.75	6.6**	Converging sidewalls; chamfering of outer step edges.
New Victoria, Australia, 1993*	WA	52		72; 51	130	0.6	5.4	
Petit Saut, French Guyana, 1994	DU, GO	45	31	51	60	0.6	4.0	
Riou, France, 1990	GO	26	19	59	105	0.6	1.05	
Shuidong, China, 1994	GX	62	38.2	60	60	0.9	100.2	Gated spillway. Max flood unit discharge of 90 m³/s/m.
Sierra Brava, Spain, 1994	ME, SA	54	39.5	53	166	0.9	3.9	Rounded step edge and step face sloping.
Stagecoach, USA, 1988	FR, SA	46	42.7	51	16.8	0.6	3.6	
Upper Stillwater, USA, 1987	HO	88	61	72; 59	183.0	0.6	11.4	
Wolwedans, South Africa, 1990	GE1, GE2	70	62.9	63	77	1.0	12.4**	Curved spillway. Peak unit discharge of 4.1 m³/s/m.
Zaaihoek, Rep. South Africa, 1986	HD, GO,	50	40	58	160	1.0	5.1	Peak unit discharge of 0.17 m³/s/m.
	GE1, GE2		40	58	160	1.0	5.1	

Note: * *in* Chanson (2002); ** unit discharge at spillway crest.
DU – Dussart et al. (1992); EM – Elviro & Mateos (1992); FR – Frizell (1992); GE1 – Geringer (1995); GE2 – Geringer & Officer (1995); GO – Goubet (1992); GX – Guangtong & Xiankang (1995); HD – Hollingworth & Druyts (1986); HO – Houston (1987); HS – Hakoishi & Sumi (2000); ME – Mateos & Elviro (2000); SA – Sánchez-Juny et al. (1998); SO – Sorensen (1985); WA – Wark, Kerby & Mann (1991).

the benefit of hydraulic model investigations, such as Upper Stillwater, Monksville and Stagecoach in the USA, De Mist Kraal, Wolwedans and Zaaihoek in South Africa and La Puebla de Cazalla, Sierra Brava and Boquerón in Spain, Shuidong in China, and Nakasujigawa in Japan, among others. An extensive list of model and prototype studies conducted in the last three decades can be found in Chanson (2002).

The most common form of spillway used on RCC dams has been the uncontrolled crest, in result of the economies inherent to this form of structure and their ease of construction. Nevertheless more recent RCC dams are also being designed and constructed with gated spillways (ICOLD 2000). The discharge per unit length has in general been limited to 20 m³/s/m. However, large unit discharges have already been considered, namely for Shuidong dam, where the unit design discharge was 100 m³/s/m (Table 1).

As far as can be assessed the performance of stepped spillways on RCC dams in service has been satisfactory, the steps being intact or in good operational order. It is reported that the spillway steps of M'Bali dam (a concrete gravity dam), which is subjected to discharge head of 1m for at least 3 months every year, has not shown visual deterioration of the concrete surface (Bindo et al. 1993). The spilling histories of some South African RCC dams with stepped spillways are summarized in Geringer & Officer (1995). For the De Mist Kraal, Zaaihoek and Wolwedans dams (Table 1), the number of spillings up to the end of 1995 reached 38, 2, and 13, respectively. The maximum peak unit discharges were 2.94 m³/s/m (De Mist Kraal), 0.17 m³/s/m (Zaaihoek) and 0.97 m³/s/m (Wolwedans). According to ICOLD (2000), the highest unit discharge recorded on stepped spillways in South Africa occurred on Wolwedans dam, on 21 November 1996. It measured about 4.1 m³/s/m and the corresponding flow depth over crest was 1.65 m. Spillings have also been experienced on several other stepped dam spillways (e.g. Upper Stillwater dam in USA, Trigomil dam in Mexico). A major prototype experience was however that of the Shuidong dam in China. Shortly after beginning the operation, the dam experienced a large flood (nearly 100 year return period). The flood discharge reached 5397 m³/s, which corresponds to a unit flow of 90 m³/s/m, fairly close to the design value, 100 m³/s/m. During the event, visual observation of the site was made and no abnormal phenomena occurred. Subsequent examination showed that the steps remained intact (Guangtong & Xiankang 1995).

2.2 RCC stepped overlays over embankment dams

Since the first use of RCC to provide increased safety during overtopping for Ocoee No. 2 dam, a 9.1 m high rock-filled timber crib dam constructed in USA, 1913, the RCC protection technique has gained acceptance for overtopping protection of embankment dams, particularly in the USA. By the end of 1998, the number of US embankment dams rehabilitated using RCC totaled 58 (Hansen & Bass 1999), and a total of 72 were in rehabilitation or planned for rehabilitation (Bass 2000). Other projects have been constructed worldwide, namely in South America (McLean & Hansen 1993).

A summary of projects where RCC stepped overlays have been used for overtopping protection of embankment dams is shown in Table 2.

Although most of the RCC stepped overlays for overtopping protection have not yet been subjected to large flows, close to the design value, some have experienced significant overflows (e.g., Ocoee 2 dam), while others have passed low flows (e.g., Brownwood Country Club dam, Thompson Park No. 3 dam and Ringtown No. 5 dam). A review of the performance of such projects is included in McLean & Hansen (1993).

Kerrville Ponding dam, a 6.4 m high, 182 m long concrete-capped clay embankment was built in 1980 (Hansen & Reinardt 1991). A portion of the dam in the spillway area was washed out in late 1984 when a flood overtopped the embankment by 3 m. After evaluating several alternatives, a new RCC section was constructed immediately downstream of the damaged embankment area. The dam has experienced two significant overtoppings: shortly after completion of the RCC section (1985), when heavy rains caused the dam to be overtopped by as much 4.4 m (1–50 year event), and in July 87, the dam was subject to a 100-year event, which overtopped it by a maximum of 4.9 m. No noticeable erosion or other distress resulted (Hansen & Reinardt 1991).

Ringtown No. 5 dam, completed in 1991, has experienced several low head flows with satisfactory performance and no noticeable problems. The Brownwood Country Club dam, the first earth embankment in USA rehabilitated using RCC, has been overtopped at least six times since 1985 with a maximum height over the RCC protected embankment estimated at 0.3 m. The Thompsom Park dam has experienced three overtoppings of small height, about 2.5 cm. The latter two RCC stepped overlays performed without of any kind of distressed being noted (McLean & Hansen 1993).

3 HYDRAULICS OF STEPPED SPILLWAYS

3.1 Presentation

Three types of flow regimes can be found in stepped spillways, for identical chute geometry (i.e., step configuration): the nappe flow regime at low unit

Table 2. RCC stepped overlays over embankment dams (after Matos et al. 2001).

Dam	Ref.	Dam height (m)	Chute slope (deg.)	Step height (m)	Design unit disch. (m³/s/m)	Max. overflow height (m)	Remarks
Ashton, 1991	MH	18.3	33.7	0.6	11.2	3.7	
Bishop Creek No. 2, 1989	MH	12.5	18.4	0.3	2.2	0.9	New emergency spillway
Boney Falls, 1989	MH	7.6		0.6	9.2	3.0	
Brownwood Country Club, 1984	MH	5.8	26.6	0.2	2.3	1.7	Overtopped 6 times since 1985, by less than 0.3 m
Butler Reservoir, 1992	MH	13.1	21.8	0.3	12.6	4.0	Steps hold at 1V:0.6H
Comanche Trail, 1988	MH	6.1	26.6	0.3	5.5	1.8	
Goose Lake, 1989	MH	10.7	45.0	0.5	0.8	0.7	
Goose Pasture, 1991	MH	19.8	18.4	0.3	8.7	3.0	
Harris Park No. 1, 1986	MH	5.5		0.3	8.3	3.0	
Horsethief, 1992	MH	19.8	26.6	0.3	1.6	1.3	
Kemmerer City, 1990	MH	9.4	21.8	0.3	2.2	1.1	
Kerrville, 1985	FR, MH	6.4	45	0.3	31.1		New RCC section; overtopped by 4.4 m (1985) and by 4.9 m (1989); b = 182 m
Lake Diversion, 1993	MH	25.9	20.0	0.2	29.0	6.2	New emergency spillway
Lake Lenape, 1991	MH	5.2	21.8	0.3		0.9	Steps compacted at 1V:0.6H
Lima, 1993	MH	16.5	26.6	0.6	5.6	2.8	Steps cut at 1V:1H
Meadowlark lake, 1992	MH	8.5	18.4	0.3	10.8	3.1	
North Potato Diversion, 1992	MH	10.7	11.3	0.6	31.2	6.1	New spillway
Philipsburg dam No. 3, 1992	MH	6.1	26.6	0.3	1.3	2.1	
Ringtown No. 5, 1991	FR, MH	18.3	20.0	0.3	5.1	2.1	Combined principal and emergency spillway. Frequently overtopped. Cut steps vertical
Rosebud, 1993	MH	10.1	26.6	0.3	5.0	2.1	
Salado Creek, Site 10	RK	17.1	21.8		14.5		
Spring Creek, 1986	MH	16.2	23.1; 17.9	0.3	4.1	1.4	
Thompson Park, No. 3, 1990	MH	9.1	14.0	0.3	2.8	1.3	Overtopped 3 times by less than 0.03 m.
Umbarger, 1993	MH	12.2	18.4	0.3	19.8	5.3	Steps cut at 0.6H:1V
Upper Las Vegas Wash Retention	FR	18.3	20.0		21.4		
White Cloud, 1990	MH	4.6	21.8	0.2		0.5	
White Meadow Lake, 1991	MH	6.1	21.8	0.3		0.4	

FR – Frizell (1992); RK – Rice & Kadavy (1996); MH – McLean & Hansen (1993).

discharges, the mixed or transition flow regime at intermediate flow rates and the skimming flow at larger unit discharges (e.g., Essery & Horner 1978, Chanson 2002). Nappe and mixed flow regimes occurs in general for unit discharges considerably lower than those corresponding to the design value of stepped spillways. A proper crest profile should however be provided in order to eliminate the deflecting jet of water which may occur for low discharges. On the other hand, the evaluation of the skimming flow properties down the stepped chute is of relevance for the hydraulic design of the chute sidewalls as well as the energy dissipator at the spillway toe.

Skimming flow down stepped spillways can be divided into a number of distinct regions. In the non-aerated flow region close to the spillway crest, the boundary layer grows from the spillway floor. Outside the boundary layer the water surface is initially smooth and glassy, but it becomes contorted, upstream of the inception of air entrainment. This contorted surface is responsible for the transport of air between the irregular waves, as shown in Matos et al. (1999). At the point of inception, where the boundary layer reaches the free-surface, entrainment of air by the multitude of vortices in the turbulent flow commences. Downstream of the start of air entrainment an upper layer containing a mixture of air and water develops with increasing depth. In skimming flows, the rate of growth of the above layer is significant in a short region close to the point of inception. Downstream of that region, a trend of slight increase of the air concentration with the distance is noticeable. Far downstream from the point of inception the flow becomes quasi-uniform and for a given discharge, the flow properties such as the mean air concentration, equivalent clear water depth and mean water velocity will not vary along the spillway.

3.2 Definitions

The local air concentration C is defined as the time averaged value of the volume of air per unit volume. The equivalent clear water depth is defined as:

$$d = \int_0^{Y_{90}} (1 - C)\, dy \qquad (1)$$

where y is measured perpendicular to the spillway surface and Y_{90} is the depth where the local air concentration is 90%. A depth averaged mean air concentration for the flowing fluid can then be defined from:

$$d = (1 - C_{mean})Y_{90} \qquad (2)$$

The average water velocity U_w is defined as:

$$U_w = \frac{q_w}{d} \qquad (3)$$

3.3 Flow properties at the point of inception

On stepped chutes, the position of the inception of air entrainment is mainly a function of the flow discharge, step geometry and chute geometry. Chanson (1994) re-analysed the flow properties at the point of inception of model experiments and the following formulae have been developed for chute slopes ranging from 26.6 to 53.1 degrees:

$$\frac{L_i}{k} = 9.719 \,(\sin \alpha)^{0.0796}\, F^{0.713} \qquad (4)$$

$$\frac{d_i}{k} = \frac{0.4034}{(\sin \alpha)^{0.04}}\, F^{0.592} \qquad (5)$$

where L_i is the distance from the start of growth of the boundary layer, d_i the flow depth at the point of inception and F a roughness Froude number defined as

$$F = q_w / \sqrt{g \sin \alpha\, k^3}$$

where $k = h \cos \alpha$ (h is the step height and α the chute slope).

The application the above formulae is expected to overestimate slightly L_i as well as d_i (Matos et al. 1999, 2000b), because the data used to obtain Equation 4 were based on the visual observations of the apparition of "white waters", and also because Equation 5 was mostly based on the sidewall bulked flow depths at the point of inception. Based upon experimental velocity and air concentration data gathered on a 53 degrees sloping stepped chute assembled at the national Laboratory of Civil Engineering (LNEC), Lisbon, new formulae have been proposed to estimate the main flow properties at the point of inception (Matos 2000, Matos et al. 2000a):

$$\frac{L_i}{k} = 6.289\, F^{0.734} \qquad (6)$$

$$\frac{d_i}{k} = 0.361\, F^{0.606} \qquad (7)$$

$$C_{mean_i} = 0.163\, F^{0.154} \qquad (8)$$

$$\sigma_i = 0.094\, \mathrm{tg}\,\alpha^{-1} F^{-0.182} \left[1 + \frac{\dfrac{2.77}{k}\left(\dfrac{p_{atm} - \tau_v}{\gamma} \right)}{\cos \alpha\, F^{0.606}} \right] \qquad (9)$$

where C_{mean} is the mean air concentration, α the cavitation index, p_{atm} the atmospheric pressure (absolute) and τ_v the vapor pressure. Equation 8 denotes large values of the mean air concentration close to the inception point, due to the free-surface deformation transporting entrapped air along with the flow. Equations 4 and 5 may be used for chute slopes typical of stepped chute overlays (Table 2), whereas Equations 6 to 9 may be applied on stepped chutes typical of RCC dams (Table 1).

3.4 Mean air concentration down the chute

In an initial region downstream of the point of inception, the mean air concentration increases very rapidly, increasing gradually in the region further downstream (Matos et al. 2001). On stepped chutes over RCC dams, an intermediate region can clearly be noted, where the mean air concentration decreases slightly down the chute. This has been attributed to the curvature of the flow tending to promote the release of the air bubbles (Matos 2000).

For large values of s' (i.e., s' ~ 100), the mean air concentration approaches the equilibrium value for self-aerated flow on conventional chutes of identical slope, which is 0.63 and 0.43 for 53 and 30 degrees sloping chutes, respectively (Matos 1999).

The following empirical formulae were obtained for stepped spillways over RCC dams (Matos, 2000):

$$C_{mean} = 0.210 + 0.297\, e^{\left[-0.497(\lambda ns' - 2.972)^2\right]} \quad (10a)$$
$$(\text{for } 0 < s' < 30)$$

$$C_{mean} = \left(0.888 - \frac{1.065}{\sqrt{s'}}\right)^2 \quad (\text{for } s' > 30) \quad (10b)$$

where $s' = (L - L_i)/d_i$ and L is the distance measured along the chute.

The reason for proposing two distinct equations is that $s' = 30$ is the location where the onset of the gradually varied flow approximately takes place. Equation (10b) should however not be applicable for values of s' much greater than 100. In such situations, the uniform mean air concentration on a conventional chute may be applied.

For stepped chute overlays over embankment dams, the data gathered by Gaston (1995) at the large outdoor facility located in CSU, Colorado, along with that of Boes (2000), obtained at the ETH-Zurich stepped chute, were found to fit fairly well to Equation (11), proposed in Matos et al. (2001):

$$C_{mean} = 0.262 + \left[\frac{0.158}{1 + (0.031 s')^{-2.389}}\right]\, s' > 0 \quad (11)$$

3.5 Equivalent clear water depth and characteristic depth down the chute

The experimental data gathered at the LNEC as well as at the CSU and the ETH-Zurich stepped chutes made possible to obtain the normalized equivalent clear water depth (d/d_i) and the characteristic depth (Y_{90}/d_i) in function of the dimensionless distance s'.

The following regression equations were obtained for the estimation of the equivalent clear water depth on stepped chutes typical of RCC dams (Matos 2000):

$$\frac{d}{d_i} = \frac{1}{1 + \xi \sqrt{s'}} \quad (12a)$$

where ξ is given by

$$\xi = \left[21.338 - \frac{13.815}{(d_c/h)^2}\right]^{-1} \quad (12b)$$

For chute slopes typical of RCC stepped chute overlays, the following unique equation was obtained (Matos et al. 2001):

$$\frac{d}{d_i} = 0.642 + 0.105\, e^{(-0.0011 s')} \quad (13)$$

At the point of inception ($s' = 0$), Equation 13 gives $d/d_i = 0.75$, because the flow depth estimated by visual observation is larger than the equivalent clear water depth. The dimensionless characteristic depth (Y_{90}/d_i) can be obtained from Equations 2, 10a,b and 12a,b (embankment stepped overlays) or Equations 2, 11 and 13 (stepped spillways over RCC dams).

4 HYDRAULIC DESIGN CONSIDERATIONS

4.1 Spillway crest profile

Broad crest and ogee crest shapes have been used in stepped spillways. Broad-crest design was found to perform well on stepped overlays over embankment dams (e.g., Rice & Kadavy 1996). In concrete gravity dams, the ogee crest is generally fitted to the WES profile, having few smaller steps near the crest to eliminate deflecting jets of water. Various profiles have been tested in hydraulic model studies, namely by Sorensen (1985), Bindo et al. (1993) and Elviro & Mateos (1995). The empirical design chart presented by Elviro & Mateos (1995) is judged adequate for the definition of the height of the steps in the transitional zone because it was based on several experiments conducted at large model scales, thus being exempted from major scale effects.

4.2 Step height

Step heights have mainly been controlled by the thickness and number of layers for the construction of RCC dams (Table 1). Although 30 cm thick RCC layers are the most common, 25 cm thick layers have also been used, namely in South Africa. Drawing from the findings of Tozzi (1992) and later confirmed by others (e.g., Pegram, Officer and Mottram 1999), the concept of "optimum step height" on the hydraulics standpoint, given by $h = 0.3\, d_c$, has been suggested for RCC dam spillways (in Matos 2000). Although merely indicative, this relation may however be inadequate for large unit discharges (e.g., much larger than $20\,m^3/s/m$).

4.3 Flow properties at the point of inception

The location of the inception point and the respective flow characteristics can be estimated by Equations 4 and 5 (Chanson 1994) for stepped overlays over embankment dams or by Equations 6–9 for stepped spillways over RCC dams.

4.4 Flow properties downstream of the point of inception

The mean air concentration and the equivalent clear water depth are given by Equations 11, 13 along with Equations 4 and 5 (embankment stepped overlays) or by Equations 10a,b and 12a,b along with Equations 6 and 7 (stepped spillways over RCC dams). Equation 2, along with the former equations, can be used to obtain the characteristic flow depth Y_{90}. Wood's (1991) turbulent diffusion model of the air bubbles within the air-water mixture or the Chanson's advection-diffusion model (in Chanson 2002) can be used to predict the air concentration distribution and, in particular, the air concentration close to the pseudo-bottom, as shown by Matos et al. (2000b) and by Chanson (2002), respectively.

Extensive quantitative information and modeling of the pressure field on various step faces down a 51 degrees stepped chute were presented by Sánchez-Juny et al. (1998, 2000).

4.5 Training wall height

The characteristic depth Y_{90} may be used in the design of the training walls. Although it contributes little to the total discharge, the spray projected from the air-water wavy interface may extend well above Y_{90}. According to the findings of Boes (in Boes & Minor 2000), the mixture flow depth Y_{95} is about 12% larger than Y_{90}, whereas Y_{99} is approximately 40% larger than Y_{90} (Y_{95} and Y_{99} are the depths where the local air concentration is 95 and 99%, respectively). The additional safety factors of 1.2 for concrete dams with no concern of erosion on the downstream face and 1.5 in case of emergency spillways on embankment dams prone to overtopping, as recommended by Boes & Minor (2000), are judged adequate.

4.6 Residual energy

The equivalent clear water depth can be used to estimate the specific energy at the spillway toe. A value of about 1.2 may be used for the kinetic energy correction coefficient on stepped spillways over RCC dams, as proposed by Matos (2000) and by Boes & Minor (2000).

4.7 Potential for cavitation damage

An analysis of the potential for cavitation damage at the point of inception on stepped spillways typical for RCC dams was developed by Matos et al. (2000a).

Therein the cavitation index given by Equation 9 was compared to the incipient cavitation index estimated after a re-analysis of Tozzi's (1992) data and assuming an analogy between the skimming flow and the flow on conventional chutes.

It was found that the cavitation index is expected to be larger than the incipient cavitation index for unit discharges up to 20–30 $m^3/s/m$, corresponding to the mean velocities at the inception point of 17–23 m/s. Significant dissimilar conclusions are not expected for stepped chute overlays on the downstream slope of embankment dams.

It is interesting to note that cavitation damage was not reported after the large spilling occurred in the Shuidong dam spillway (unit discharges up to 90 $m^3/s/m$ and mean velocities near 17 m/s). Also cavitation damage was not observed in the prototype tests conducted at Dneiper special test chute (8.8 degrees sloping chute), in which the unit discharges attained 60 $m^3/s/m$ (mean velocities up to 23 m/s).

5 CONCLUSIONS

RCC has played an important role on the design and construction of new concrete dams as well as on the rehabilitation of existing dams.

The use of stepped spillways proved to be very advantageous on RCC dams and for overtopping protection of embankment dams. The performance of stepped spillways in service has been satisfactory.

Empirical models were presented for estimating the main flow properties down stepped spillways, namely the mean air concentration, equivalent clear water depth and characteristic flow depth. Recommendations for the hydraulic design were also included.

ACKNOWLEDGMENTS

The author acknowledges the support of INAG – Portuguese Institution of Water and of LNEC, in the framework of the Research Project *Stepped Spillways*. The personal support of Prof. A. Quintela (IST) and Eng. C. Matias Ramos (LNEC) through this project is gratefully acknowledged.

REFERENCES

Bass, R. 2000. Future RCC projects. *Proc. Int. RCC Dams Seminar*, K.D. Hansen (ed). Denver, USA.

Berga, L. 1995. Hydrological safety of existing embankment dams and RCC for overtopping protection. *Proc. Int. Symposium on RCC Dams*, Santander, Spain: 639–651.

Bindo, M., Gautier. J. & Lacriox, F. 1993. The stepped spillway of M' Bali dam. *Water Power & Dam Construction*, Jan.: 35–36.

Boes, R.M. & Minor, H-E 2000. Guidelines for the hydraulic design of stepped spillways. *Proc Int. Workshop on Hydraulics of Stepped Spillways*, Zürich, Switzerland, H. E. Minor & W. H. Hager (eds). Balkema: 163–170.

Chanson, H. 1994. *Hydraulic design of stepped cascades, channels, weirs and spillways*. Oxford: Pergamon.

Chanson, H. 2002. *Hydraulic design of stepped chutes and spillways*: Balkema.

Ditchey, E. J. & Campbell, D. B. 2000. Roller compacted concrete and stepped spillways. *Proc. Intl. Workshop on Hydraulics of Stepped Spillways*, Zürich, Switzerland, H. E. Minor & W. H. Hager (eds). Balkema: 171–178.

Dunstan, M. R. H. 1996. The state-of-the-art of RCC dams. *Proc. 1st Portuguese conferences on RCC dams*. Nov. Lisbon.

Dussart, B., Deschard, B. & Penel, F. 1992. Petit Saut: an RCC dam in a wet tropical climate. *Water Power & Dam Construction*, Feb.: 30–32.

Elviro, V. G. & Mateos, C. I. 1992. Aliviaderos Escalonados. Presa de La Puebla de Casalla *Ingeniería Civil* 84: 3–9.

Elviro, V. G. & Mateos, C. I. 1995. Spanish research into stepped spillways. *Int. J. on Hydropower & Dams*, Sept.: 61–65.

Essery, I. T. S. & Horner, M. W. 1978. *The hydraulic design of stepped spillways*. CIRIA report No. 33, 2nd ed., London.

Frizell, K. H. 1992. Hydraulics of stepped Spillways for RCC dams and dam rehabilitations. *Proc. ASCE Roller Compacted Concrete III Conference*, San Diego, CA, USA: 423–439.

Gaston, M. L. 1995. *Air entrainment and energy dissipation on a stepped blocked spillway*. M.Sc. thesis. CSU, Fort Collins, Colorado, USA.

Geringer, J. J. & Officer, A. K. 1995. Stepped spillway hydraulic research for RCC dams – Quo vadis?. *Proc. Int. Symposium on RCC Dams*, Santander, Spain: 549–563.

Geringer, J. J. 1995. The design and construction of RCC dams in Southern Africa. *Presented as Special Conference, Proc. Int. Symposium on RCC Dams*, Santander, Spain.

Goubet, A. 1992. Evacuateurs de crues en marches d'escalier (Stepped spillways). *La Houille Blanche*, no. 2/3: 159–162 (in French).

Guangtong, H. & Xiankang 1995. The integral RCC dam design characteristics and optimization of its energy dissipater in Shuidong Hydropower Station. *Proc. Int. Symposium on RCC Dams*, Santander, Spain: 405–412.

Hakoishi, N. & Sumi, T. 2000. Hydraulic design of Nakasujigawa dam stepped spillway. *Proc Intl. Workshop on Hydraulics of Stepped Spillways*, Zürich, Switzerland, H. E. Minor & W. H. Hager (eds). Balkema: 27–34.

Hansen, K. D. & Bass, R. 1999. How old dams are reborn. *Intl. Water Power & Dam Construction*, June: 40–45.

Hansen, K. D. & Reinhardt, W. G. 1991. *Roller-compacted concrete dams*. New York: McGraw-Hill.

Hansen, K. D. 2000. History & development of RCC dams. *Proc. Int. RCC Dams Seminar*, K. D. Hansen (ed), Denver, USA.

Houston, K. L. 1987. *Hydraulic Model Studies of Upper Spillway dam stepped spillway and outlet works*. Bolletin No. REC-ERC-87-6, U.S. Department of Interior, Bureau of Reclamation, Denver, USA.

ICOLD (2000). *State-of-the-art of roller-compacted concrete dams*. Bulletin CIRC 1599 (Daft), Version 4.1, Dec.

Mateos, C. I. & Elviro, V. G. 2000. Stepped spillway studies at CEDEX. *Proc Intl. Workshop on Hydraulics of Stepped Spillways*, Zürich, Switzerland, H. E. Minor & W. H. Hager (eds). Balkema: 87–94.

Matos, J., Sánchez, M., Quintela, A. & Dolz, J. 1999. Characteristic depth and pressure profiles in skimming flow over stepped spillways. *Proc. 28th IAHR Congress* (CD-ROM), Theme B, Graz, Austria.

Matos, J. 1999. *Emulsionamento de ar e dissipação de energia do escoamento em descarregadores em degraus (Air entrainment and energy dissipation on stepped spillways)*. Research Report, IST, Lisbon (in Portuguese).

Matos, J. 2000. Hydraulic design of stepped spillways over RCC dams. *Proc Intl. Workshop on Hydraulics of Stepped Spillways*, Zürich, Switzerland, H. E. Minor & W. H. Hager (eds). Balkema: 187–194.

Matos, J., Pinheiro, A. N., Frizell, K. H. & Quintela, A. 2001. On the role of stepped overlays to increase spillway capacity of embankment dams. *Proc. ICOLD European Symposium – Dams in a European Context*, NNCOLD, G. H. idttømmn, B. Honningsvag, K. Repp, K. Vaskinne T. Westeren (eds): 473–483.

Matos, J., Quintela, A. & Ramos, C. M. 2000a. On the safety against cavitation damage in stepped spillways. *J. Recursos Hídricos*. Vol. 21, No. 3: 91–96 (in Portuguese).

Matos, J., Sánchez, M., Quintela, A. & Dolz, J. 2000b. Air entrainment and safety against cavitation damage in stepped spillways over RCC dams. *Proc Intl. Workshop on Hydraulics of Stepped Spillways*, Zürich, Switzerland, H. E. Minor & W. H. Hager (eds). Balkema: 69–76.

McLean, F. G. & Hansen, K. D. 1993. Roller compacted concrete for embankment overtopping protection. In *Geotechnial practice for dam rehabilitation*, April, ASCE, New York, USA.

Pegram, G., Officer, A. & Mottram, S. 1999. Hydraulics of skimming flow on modeled stepped spillways. *J. of Hyd. Engrg.*, ASCE, 125 (4): 361–368.

Rice, C. E. & Kadavy, K. C. 1996. Model study of a roller compacted concrete stepped spillway. *J. of Hyd. Engrg*, ASCE, 122 (12): 292–297.

Sánchez-Juny, M., Pomares, J., Niñerola, D. & Dolz, J. 1998. Caraterization of the pressure field in a stepped spillway. *Proc. 18th IAHR-Latin-American Division Congress*, Oaxaca, Mexico: 609–618 (in Spanish).

Sánchez-Juny, M., Pomares, J. & Dolz, J. 2000. Pressure field in skimming flow over a stepped spillway. *Proc Intl. Workshop on Hydraulics of Stepped Spillways*, Zürich, Switzerland, H. E. Minor & W. H. Hager (eds). Balkema: 137–145.

Sorensen, M. 1985. Stepped spillway hydraulic model investigation. *J. of Hyd. Engrg*, ASCE, Vol. 111, no. 12: 1461–1472.

Tozzi, M. J. 1992. *Hydraulics of stepped spillways*. Ph.D. thesis, University of São Paulo, Brazil (in Portuguese).

Wark, R. J., Kerby, N. E. & Mann, G. B. 1991. New Victoria dam project. *ANCOLD Bulletin*, no. 88: pp. 14–32.

Wood, I. R. 1991. Free-surface air entrainment on spillways. *Air Entrainment in Free Surface Flows*. Ian Wood (ed), IAHR, Hyd. Structures Design Manual No. 4, Hyd. Design Considerations. Balkema: 55–84.

Dam Maintenance and Rehabilitation, Llanos et al. (eds)
© 2003 Taylor & Francis, ISBN 90 5809 534 7

Ataguía flotante para aliviaderos

F.L. Salinas
Consulhidro Presas y Terminales, Madrid, Spain

RESUMEN: La mayor parte de los aliviaderos controlados con compuertas, disponen de ataguías necesarias para su reparación, rehabilitación y mantenimiento, sin perder el agua almacenada. Los aliviaderos suelen disponer de caminos de coronación que permiten la colocación de las ataguías mediante grúas.

En algunos casos, el transporte de ataguías, su colocación y posterior desmontaje por tierra, no resulta posible. La Ataguía Flotante que se describe en esta comunicación posibilita la colocación de las mismas cuando no existen accesos o caminos de coronación que lo permitan, tal es el caso de la Ataguía Flotante de la Isla de la Cartuja; asimismo resulta conveniente en aquellos casos en los que siendo difícil la colocación por tierra, resulta, sin embargo, más ventajosa su colación a flote tal es el caso de la Presa de Colomés para la que se ha propuesto su estudio en el momento de escribir estas líneas.

1 INTRODUCCIÓN

Las compuertas de aliviadero, por lo general, disponen, aguas arriba de las mismas, de ranuras previstas para la colocación de los tableros correspondientes a la ataguía de obturación del vano. Estos dispositivos permiten la rehabilitación, reparación y mantenimiento de las compuertas del aliviadero sin necesidad de proceder al desembalse correspondiente para dejar en seco la zona de trabajo.

En la mayor parte de las presas con aliviadero controlado por compuertas existe un camino de coronación y accesos a este que permiten la colocación de los tableros de la ataguía mediante grúa y camión. Son muy frecuentes dos tipos de configuración de ataguías. En una de estas configuraciones, los tableros de la ataguía permanecen colgados, mediante enganches especiales, en la parte superior de algunos de los vanos del aliviadero; cuando se requiere ataguíar un determinado vano, se recurre a una grúa autopropulsada y a un camión, que transitando por el camino de coronación, realizan la obturación del vano en cuestión; el enganche y desenganche de los tableros, durante la operación de arriado, se realiza mediante la utilización de la correspondiente viga tenaza que pude prepararse en modo de colocaciónpara este caso, o bien en modo de desmontaje cuando sea requerida esta operación. En la otra configuración se emplea una grúa pórtico cuyos carriles discurren a lo largo de la línea que cubre todas las compuertas del aliviadero; en esta configuración los tableros pueden estar también colgados

Fotografía 1. Corresponde a un aliviadero controlado con compuertas y equipado con ataguíoas convencionales. En la fotografía se ve un tablero de ataguía colgado de uno de los vanos y encima del mismoo se ve la viga tenaza.

en diversos vanos; para obturar un vano determinado, la grúa pórtico se encarga de enganchar, mediante la correspondiente viga tenaza, los tableros de ataguía y colocarlos en el vano en cuestión. Otras veces los tableros de ataguía se encuentran colocados, en situación de espera o stand-by, en una zona, alcanzable por la grúa pórtico, de la coronación de la presa, en este caso se requiere in carrillo de desplazamiento transversal.

Los tableros se colocan siguiendo el orden previsto para su apilado; el tablero superior dispone de una válvula de by-pass para equilibrar las presiones, después de terminada la necesidad de obturación, y así poder proceder al desmontaje de la ataguía.

En algunos aliviaderos de superficie no existe un camino de coronación que permita él tránsito de grúas o camiones o la colocación de los raíles correspondientes a una grúa pórtico.

La ataguía flotante que se describe en el apartado número 4 de este informe es o puede ser la solución que permita, en estos casos, resolver el problema de carencia de los accesos y caminos requeridos para su colocación.

2   LA PRIMEA ATAGUÍA FLOTANTE

Creemos que la Ataguía Flotante de la Isla de La Cartuja que aquí se describe es la primera que se diseña y se construye en España.

Esta primicia que se describe en este punto del informe, va seguida del estudio, actualmente en curso, de una ataguía flotante para la presa de Colomés, posteriormente se establecen las normas básicas para el diseño de una ataguía flotante.

El proyecto inicial de la esclusa que salva, para la navegación, el desnivel entre el río Guadalquivir y el lago de la isla de La Cartuja, incluía una ataguía para

Fotografía 2.   Vista de la ataguía flotante de la Isla de la Cartuja en el taller de construcción. Se ven, en la fotografía, los tres flotadores verticales de una banda y el flotador horizontal.

obturar ambas compuertas de la esclusa. La compuerta de aguas arriba, de acuerdo con lo proyectado y con lo construido, es una compuerta vagón de aliviadero de superficie, cuya cámara de almacenamiento de la compuerta, en posición de apertura, esta bajo el umbral de la misma. El cierre de aguas abajo lo hace una compuerta de busco.

El autor de este informe estima más adecuada la denominación de Compuerta Mitral para referirse a este cierre; Compuerta de Busco es una denominación que alude a una irrelevante disposición de la solera, en tanto que Compuerta Mitral alude a la disposición en ángulo que configuran las dos partes de la compuerta para beneficiarse del empuje del agua en el sellado de la compuerta; la denominación francesa Portes Busquées, ha dado origen a la denominación más usada en español, en tanto que la denominación inglesa Miter Gate alude mejor a su configuración.

La ataguía inicialmente proyectada servía para obturar tanto la compuerta de aguas arriba, dejándola en seco con relación al agua del lago, como para obturar la de aguas abajo, dejándola en seco con relación al río. La ataguía, depositada en un lugar próximo a la esclusa, se colocaría, cuando fuese necesario, en una o en otra de las entradas mediante la correspondiente grúa autopropulsada, camión y viga pescadora.

Durante la construcción de la esclusa nos comunicaron que se había proyectado un camino de circunvalación alrededor de toda la isla. Ese comino pasaría por encima de la esclusa, con altura suficiente para no impedir la navegación a través de la misma, pero impedía absolutamente la colocación de la ataguía prevista mediante una grúa.

Se propuso el empleo de una ataguía flotante, la idea fue aceptada por la propiedad, posteriormente, se realizó el diseño y construcción de la misma.

La Ataguía Flotante puede permanecer, a la espera, en una zona del río próxima a la esclusa, o bien en una zona del lago también próxima a la esclusa. La Ataguía Flotante puede remontar la esclusa en caso de estar depositada en el río y ser requerida para obturar la puerta del lago y viceversa.

Estructuralmente esta ataguía esta constituida por un flotador cilíndrico horizontal y seis flotadores cilíndricos verticales, tres a cada lado del tablero de la ataguía, tres aguas arriba y los otros tres aguas abajo, para conferirle simetría y estabilidad. Todos estos flotadores contribuyen a la rigidización del tablero.

La ataguía incorpora un flotador de eje horizontal de 1 m de diámetro y 7 m de longitud, que permanece siempre en inmersión, y seis flotadores satélites de eje vertical también de 1 m de diámetro. El flotador de eje horizontal está dividido en tres compartimentos A, B y C. El compartimento central B asegura la colocación de la ataguía con calados de entre 1,50 m y 1,90 m.

Los niveles de referencia de la esclusa son los siguientes:

Nivel máximo de la esclusa   +5,30 m
Nivel máx. excepcional de la esclusa   +5,60 m
Nivel normal aguas abajo   +1,50 m
Nivel máximo aguas abajo   +2,00 m
Nivel normal aguas abajo   +1,00 m

Los flotadores verticales de las cuatro esquinas llevan pintadas, en una generatriz bien visible, las escalas de medida de calado. La nivelación puede controlarse, en las operaciones de achique o de inundación, de los tres compartimentos del flotador horizontal, mediante la lectura e igualación de estas escalas de calado. También permiten controlar las

Fotografía 3. Vista de la ataguía flotante de la Isla de la Cartuja en el taller de construcción. Se ven, en la fotografía, el puente todavía sin barandillas y las bocas de hombre de cuatro flotadores verticales y la del flotador horizontal a través de la chimenea.

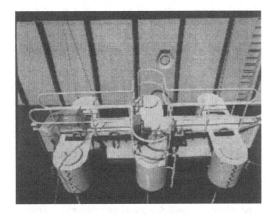

Fotografía 4. Vista de la Ataguía Flotante, a flote dentro de la esclusa. Se aprecian, el puente con sus barandillas, el equipo de inundación y de achique, los seis flotadores verticales, etc.

operaciones de trimado que pueden estar previstas en las operaciones de colocación, o bien para largos desplazamientos, de más de unos cien metros en que resulte conveniente el trimado de la ataguía.

Todos y cada uno de los flotadores de la ataguía disponen de su correspondiente boca de hombre para poder ser visitados en las operaciones de inspección, mantenimiento, protección superficial, etc.

La estanqueidad de las jambas se consigue mediante perfiles elastoméricos angulares de acción lateral, lo que permite, incluso si la ataguía no esta perfectamente aplicada a las caras laterales, asegurar la puesta en seco, el empuje hidrostático que se produce al vaciar el recinto de la esclusa situará a la ataguía en su buena posición.

Para permitir una cómoda realización de todas las maniobras de la ataguía dispone de un puente de 7 m de longitud, volado a ambos lados del tablero, protegido con barandillas a ambos lados del puente, estas barandillas se prolongan hasta los testeros de los dos flotadores centrales de cada banda. De los testeros cada uno de estos dos flotadores arranca una escalera vertical para permitir el acceso a la embarcación de servicio utilizada en las maniobras. El puente permite a dos operadores efectuar las diferentes operaciones y acceder a las siete bocas de hombre.

Los seis flotadores verticales no se utilizan para lastrado y deslastrado con agua.

El acceso a los tres compartimentos del flotador de eje horizontal para las operaciones de mantenimiento se efectúa a través del compartimento central B, siempre tomando las precauciones de visita: preventilación, caretas de respiración, etc. el acceso alos compartimentos Ay C se realiza a través de las escotillas colocadas en los mamparos de separación de los compartimentos. La parte inferior de los flotadores verticales se lastra con chapas de acero de modo permanente.

La primera fase de lastrado se realizó antes de la botadura. Después de la botadura se realizó la segunda fase de lastrado fino, en una zona calmada, hasta conseguir el franco bordo de cálculo y cuidando de mantener iguales los calados en los cuatro flotadores de esquina.

Se dispone, a bordo de la ataguía, de una bomba que permite realizar todas las operaciones de achique y llenado de los compartimentos del flotador vertical. Esta bomba está alimentada en corriente continua de 24 V para seguridad de los operadores. La bomba es reversible con lo que se simplifican mucho los llenados y achiques. El equipo dispone de un sistema de tuberías que permiten realizar todas las operaciones de lastrado y deslastrado de las cántaras del flotador horizontal. Todas las operaciones se realizan desde un cuadro de mando situado en la parte central del puente.

Los cabos de maniobra pueden arraigarse a los noray situados en las esquinas superiores del tablero o a cáncamos soldados al testero de los cuatro flotadores de esquina.

3 ATAGUÍA FLOTANTE PARA COLOMÉS

La retenida de la Presa de Colomés se realiza mediante siete compuertas Taintor, que pueden asimilarse a un aliviadero de superficie controlado por compuertas.

La presa de Colómes está construida en la cuenca del Pirineo Oriental y situada en el tramo final del río Ter, en los términos municipales de Colomés y Foixá, provincia de Gerona. Se accede a la presa desde la carretera de Gerona a Estarlit. Los trabajos de construcción de la presa terminaron en diciembre de 1967, habiéndose iniciado en diciembre de 1964.

La finalidad de la presa es la derivación de agua para la puesta en riego del Bajo Ter, mediante dos canales, uno en cada margen.

Las características del embalse son las siguientes:

Cota de máximo embalse normal	23,75 m
Cota de máximo embalse extraord.	24,00 m
Precipitación anual media	688 mm
Aportación media anual	919 hm^3
Capacidad total	1,1 hm^3
Máxima avenida prevista	2.000 m^3/seg
Máxima avenida registrada	2.500 m^3/seg

La presa es de planta recta, dividida en 7 vanos, de los que los 5 centrales son de 15 m de luz libre, y los 2 laterales de 5 m de luz libre cada uno de ellos. La longitud total de la presa entre los muros laterales es de 103 m, y la luz libre de desagüe, considerando los 7 vanos es de 85 m.

Los muros laterales tienen una longitud total de 77 m y abarcan no solamente el ancho de la presa en sí misma, sino que se prolongan 32 m hacia aguas arriba y 24 m hacia aguas abajo.

Las principales características de la presa son las siguientes:

Planta	recta
Longitud de coronación	103 m
Longitud de vertedero	85 m
Cota de cimientos	15,50 m
Cota del cauce	19 m
Cota del umbral del vertedero	18,50 m
Cota superior de las compuertas	23,75 m
Cota de las pilas	25,00 m
Cota de coronación	30,00

El aliviadero está compuesto por 7 compuertas Taintor con el labio a la cota 18,50 m las dos compuertas extremas son de 5,00 m × 5,25 m y las 5 compuertas centrales son de 15,00 m × 5,25 m.

Existen dos tomas de agua, una a cada margen, cuyas embocaduras se sitúan en el muro de encauzamiento.

Fotografía 5. Aliviadero de la presa de Colomés. Se aprecian, en la fotografía, las cuatro compuertas de al derecha del aliviadero, la pasarela metálica de comunicación entre las casetas de accionamiento.

El caudal máximo a derivar por cada toma es de 8 m^3/seg.

La toma de la margen derecha alimentaría el canal principal de riego de la zona derecha del Bajo Ter. Este canal no ha llegado a construirse. La toma de la margen izquierda alimentaría la acequia del Marques de Senmenant, pero no ha llegado a entrar en servicio.

Cada embocadura dispone de tres rejillas rectangulares de 3 × 2 m^2. Exteriormente a la rejilla se disponen unos abocinamientos en el muro y pilas de separación. La sección total es de 18,00 m^2 y la útil de 12,60 m^2.

La sección del canal se reduce progresivamente a partir de la toma hasta la compuerta de admisión y cierre del mismo, zona en la que tiene una sección rectangular de 3 × 2 m^2, continuando así un corto recorrido hasta legar al tramo de aforos y vertedero del canal.

Este tramo consiste en una sección rectangular uniforme de 12 m de anchura y 40 m de longitud con transición, a la entrada y salida, para su conexión con el canal de toma y canal de riego respectivamente. En él se aloja en la primera parte el vertedero del canal que desagua aguas abajo de la presa. Más adelante se sitúa el vertedero en pared delgada.

En mayo de 2002, el autor de este informe ha realizado una revisión completa de la Presa de Colomés, como conclusión del informe se realiza un Diagnóstico en el que se consideran 13 puntos de diversá naturaleza. Posteriormente se indican las Medidas Correctoras y Cambios Propuestos a esos 13 puntos antes indicados. Tanto en las Medidas Correctoras como en los Cambios Propuestos figura un punto dedicado a Ataguías. El contenido del diagnóstico y de las medidas correspondientes a la ataguía es el que se transcribe a continuación.

En las pilas y estribos de la presa existen, aguas arriba de las Compuertas Taintor, unas ranuras practicadas en la obra de hormigón en previsión de su posible utilización para la colocación de las ataguías necesarias para la renovación, reparación y mantenimiento de las compuertas, sin perdida del volumen de agua retenido.

No se han encontrado en las inmediaciones de la presa los tableros de ataguía correspondientes a dichas ranuras. Según la información recibida durante la visita a la presa, no se han fabricado y suministrado estas ataguías en ningún momento.

Para la explotación de esta presa es muy recomendable que se pueda disponer de la posibilidad de ataguiar uno cualquiera de sus vanos, en caso de emergencia o de mantenimiento de su correspondiente compuerta, sin perder volumen de agua embalsada.

Evidentemente se tendrían que diseñar, fabricar y probar dos tipos diferentes de ataguía, una de 15.000 mm de luz para los vanos centrales y otra de 5.000 mm para los vanos extremos.

En esta presa habría que estudiar en detalle la posibilidad y mayor conveniencia de emplear, o bien una ataguía de tableros colocados con grúa desde aguas abajo y sobre un camino preparado con prestamos, o bien el empleo de una ataguía flotante botando la ataguía desde el muro de la presa, que tiene fácil acceso para camión y grúa autopropulsada, o teniéndola fondeada en el embalse.

Sobre la construcción de la ataguía convencional, hierros fijos para las guías, sellos, viga tenaza para su colocación, enganches, dispositivos de by-pass, número de tableros, etc., no hay que añadir nada especial para este caso, que es bien conocido de todos los especialistas.

En relación con la colocación de los tableros mediante grúa por aguas abajo, podemos hacer alguna estimación muy preliminar. La luz entre la viga de celosía de la pasarela de coronación y el dintel de la compuerta cerrada es de 5 m aproximadamente, lo que permite una altura bajo gancho de lä grúa equivalente a la de un tablero de ataguía de alrededor de 1,50 m de altura y su correspondiente viga tenaza. Una grúa autopropulsada (no sobre camión) de unas 80 t/100 t con alcance de 15 m y pluma de 30 m podría manejar una carga de unas 15 t para cada tablero.

Un estudio detallado y la distancia del almacén habitual de la grúa más próxima permitiría determinar si la solución de colocación con grúa es económicamente viable.

Caso de emplearse una ataguía flotante, esta permanecería fondeada y amarrada en un lugar del embalse con su fondo nivelado al efecto y permanecería convenientemente lastrada.

Tampoco hay aquí lugar para definir, ni en síntesis, la configuración de la ataguía flotante. Como referencia se cita la ataguía flotante de las compuertas de la esclusa de la Isla de la Cartuja, entre el lago artificial de dicha isla y el río Guadalquivir.

De la Parte Quinta. ALGUNAS REALIZACIONES INNOVADORAS DEL TITULAR del C.V. del autor de este informe, acotamos lo siguiente: "3. Ataguía flotante. Esta idea permite la utilización de una misma ataguía para obturar las puertas de aguas arriba y de aguas abajo de una esclusa de navegación, durante la reparación o mantenimiento de sus elementos hidromecánicos. El proyecto inicial de la esclusa de la Expo´96, que elaboró el autor de este Curriculum, incluía una ataguía que utilizaba para su colocación, aguas arriba o aguas abajo, una grúa autopropulsada. Entre tanto la Expo´96 proyectó un viaducto sobre la esclusa que impediría esta operación. Para obviar esta dificultad se diseñó esta original ataguía, que permaneciendo amarrada aguas abajo, aguas arriba, o en la propia esclusa, puede navegar del río al lago o del lago al río, como cualquier otra embarcación que sube o baja la pendiente de la esclusa, y aplicarse, navegando, a la puerta que se requiera dejar en seco para su reparación o mantenimiento. Así es como esta ataguía flotante, también diseñada por el mismo autor, resolvió el problema planteado por el viaducto. Esta ataguía flotante es aplicable a aliviaderos de varios vanos".

Una buena solución para la presa de Colomés que no dispone de una carretera de coronación para paso de camiones, como es muy frecuente en otras presas, es la de diseño y empleo de una ataguía flotante de muy fácil manejo y remolcare con una pequeña embarcación (Zodiac con motor de 25 CV) de servicio.

Esta solución ha sido presentada a la Autoridad Competente, que tiene todo el informe de la Presa de Colomés bajo estudio.

4 DISEÑO DE UNA ATAGUÍA FLOTANTE

4.1 *Clasificación de las condiciones de diseño*

A continuación se establecen las condiciones que deben regir el diseño de una Ataguía Flotante. Se clasifican dentro de tres apartados diferentes las condiciones de diseño con el fin de estructurar adecuadamente su contenido. Los tres aludidos apartados son los siguientes: obturación, navegavilidad y ranuras. Obturación, en tanto y cuanto que la ataguía tiene por función fundamental dejar en seco, con la estanqueidad aceptada, uno cualquiera de los vanos del aliviadero. Navegabilidad, en tanto y cuanto que la ataguía tiene la condición de flotante y debe poder moverse por el embalse. Ranuras, es el tercer apartado que se considera en atención a las modificaciones que deben ser llevadas a cabo en las ranuras convencionales.

4.2 *Condiciones para la obturación*

La misión fundamental de la ataguía es obturar el vano correspondiente, para esto se requieren las siguientes condiciones.

El sellado de la ataguía contra las caras de aguas debajo de las ranuras fijas, requiere por parte de la ataguía, la colocación de los habituales elastómeros en ambas jambas de la ataguía. El sellado contra el umbral, requiere por parte de la ataguía, la colocación de los habituales elastómeros en el labio inferior de la ataguía. La posición de los sellos de umbral puede tener lugar aguas abajo, centrado o aguas arriba dependiendo de los siguientes factores: distancia entre las guías de la ataguía y la compuerta correspondiente, dimensiones de los flotadores, tendencia al vuelco hacia aguas arriba o hacia aguas abajo o neutralidad. La estanqueidad final será un compromiso entre el caudal de fugas aceptable y la precisión de los elementos de sellado.

La ataguía debe incluir un sistema de by-pass entre el embalse y la cámara creada entre la ataguía y la compuerta cerrada. Este by-pass permite el equilibrado de presiones en ambas caras de la ataguía y su fácil despegue, después de terminadas las operaciones realizadas en seco, de los contactos de presión sobre las jambas. Este equilibrado de presiones permite, a su vez, tener un conocimiento inicial de la estanqueidad de la compuerta después del trabajo realizado en ella. Dependiendo de la capacidad de caudal de la bomba de la ataguía, del volumen a llenar y del tiempo de que pueda disponerse, puede usarse dicha bomba para transvasar agua del embalse al recinto formado por la compuerta y la ataguía.

Para poner la ataguía en obra se aproximará a su zona de emplazamiento y una vez aproximada a sus guías se irá lastrando lentamente con el fin de conseguir un buen contacto de presión sobre todos sus sellos. Las fugas de umbral son un índice de la proximidad de los sellos inferiores y permiten, jugando con el lastrado, afinar tanto como sea posible las condiciones de sellado.

Los flotadores formarán parte de la superficie de obturación que se completará con las chapas pantalla convenientemente reforzadas que sean requeridas.

4.3 Condiciones para la flotabilidad

En todos los tratados de construcción de barcos se incluye, generalmente al principio, una lista de características que debe reunir un barco para serlo. De memoria voy a dar a continuación una lista dichas características que se aproximará más o menos a las bien estudiadas. Resistencia estructural, estabilidad en flotación, velocidad, maniobralidad, funcionalidad (transporte de pasajeros o de mercancías, servicios, etc.). En nuestro caso prestaremos mayor atención a unas que a otras.

La resistencia estructural es una característica que debe cumplirse estrictamente. Cualquier diseñador o fabricante de equipos hidomecánicos conoce perfectamente cómo hay que calcular esta estructura. Deberá

tenerse en cuenta la posibilidad de que en algún caso especial pudiera verse dificultada la acción de la subpresión en la ataguía y fuese necesario achicar los flotadores antes de ponerse flote la ataguía. Esto se traduciría en una nueva condición de cálculo que se enunciaría como sigue: los flotadores deben soportar, al colapso, las presiones del agua del embalse.

La estabilidad en flotación es una condición absolutamente necesaria para este tipo de artefactos flotantes. El cálculo de estabilidad no es nada difícil pero no es habitual que lo hayan realizado los especialistas en diseño y fabricación de equipos hidromecánicos. Lo más conveniente puede ser encargar a un técnico naval este cálculo de estabilidad. En realidad todos los cálculos parciales para el estudio de estabilidad son bien conocidos de todos. Pero es necesario estar familiarizado con algunos conceptos como: centro de gravedad en operación, metacentro, inercia de flotación, radio metacéntrico, desplazamiento, criterio de estabilidad en operación, estabilidad longitudinal, carena líquida, etc. El estudio debe hacerse para las configuraciones posibles. En el caso de la Ataguía Flotante de la Isla de la Cartuja, se estudiaron dos configuraciones: una para compartimentos de lastrado vacíos y otra para compartimento central y chimenea llenos de agua.

Con relación a la velocidad, está claro que este es un aspecto que tiene un interés primordial en un navío, pero que carece de importancia en una ataguía flotante. La ataguía flotante se va a mover, de un emplazamiento a otro, mediante una pequeña embarcación de servicio (una simple Zodiac de 25cv es suficiente) ya que el tiempo o la velocidad de movimiento carecen de interés en este caso. En algunos otros casos la ataguía se va a mover por laboreo de cabos a ella arraigados y manejados desde tierra sin que la velocidad represente ninguna necesidad especial.

Con relación a la maniobralidad de la ataguía podemos hacer las mismas consideraciones del punto anterior.

4.4 Ranuras

Las ranuras para ataguía de las pilas, o de estribo y pila, en el vano de una compuerta de aliviadero convencional se componen de tres planos verticales; un plano de aguas abajo que actua como guía de presión y de superficie de sellado; un plano de aguas arriba que actua como contraguía y que no es absolutamente imprescindible; y por último un plano de fondo que es paralelo al flujo del agua. Este tipo de ranuras permite la introducción de la ataguía, o de los tableros que la componen, por la parte superior y en movimiento vertical descendente para su encaje en las ranuras.

Por el contrario, en una ataguía flotante su acoplamiento a las superficies de presión y de sellado tiene lugar en sentido horizontal, ya que la ataguía se aproxima por flotación con movimiento horizontal y paralelo a la superficie libre del agua.

Es evidente que, en al menos una de las dos ranuras, la contraguía y parte de la pila o estibo correspondiente debe demolerse para permitir la aproximación de la ataguía después de haber sido encajada en la guía de la otra banda.

En aliviaderos de nueva construcción con ataguías flotantes se tendrá en cuenta el espacio que hay que prever, entre compuerta y ataguía para permitir el espacio necesario para ubicar los flotadores de aguas abajo del tablero. Esto podrá significar tener que alejar un poco, de la compuerta, la línea de ranuras de la ataguía (se entiende que en este caso se tratará de dos ranuras abiertas o de una abierta y otra cerrada).

En el caso de aliviaderos ya construidos podría tener que ser necesario desplazar las guías algo hacia aguas arriba.

Dam Maintenance and Rehabilitation, Llanos et al. (eds)
© 2003 Taylor & Francis, ISBN 90 5809 534 7

Methodologic criteria to modify existing dam stilling basins, to make them suitable for discharges bigger than original design flow

J.F. Fernández-Bono, F.J. Vallés Morán & A. Canales Madrazo
Dept. Ing. Hidráulica y M. Ambiente, Universidad Politécnica de Valencia, España

ABSTRACT: In order that ancient dams comply with the new security requirements demanded by the regulations in force, it is necessary to check them and to lay down general methodologic criteria. Based on this, the changes needed by these dams can be assessed and done so they function correctly with spillway flows bigger than original design flows. This paper is related to the stilling basins placed at the toe of gravity dam spillways where energy is dissipated by means of hydraulic jump. Some theoretical ideas are presented and they allow to plan the changes that have to be done to the stilling basin so it works correctly under the new flow conditions. These are: a predimensioning chart that makes easier the choice of the kind of stilling basin valid for a particular project according to the specific flow and the water level height upstream the spillway (crest elevation plus design head), and artificial aeration in the chute, inmediatly upstream of the dissipation structure, as a way to avoid cavitation and improve the hydraulic conditions at its entrance. Two examples are solved to clarify the ideas and reasonings presented.

1 INTRODUCCIÓN

La nueva reglamentación de presas y embalses, establece nuevos criterios de seguridad y la necesidad de actualizar periódicamente los estudios que en su día justificaron el dimensionamiento de nuestras presas. Entre los aspectos a revisar se encuentra la hidrología y, consecuentemente, los caudales esperables de avenida. Los condicionamientos adoptados en su día para el proyecto de presas relativamente antiguas, serán sin duda obsoletos a la luz de los nuevos datos recolectados desde el proyecto de las mismas y de los nuevos métodos de cálculo.

Los aliviaderos de que disponen las presas son, en ocasiones, susceptibles de mejoras tendentes a aumentar su capacidad debido a nuevas necesidades. Sin embargo, los diseños más habituales con disipación de energía al pie mediante resalto hidráulico, tienen límites muy estrictos, convirtiéndose en ineficaces para caudales superiores al de diseño. La presente comunicación aborda el problema planteado, centrándose en las estructuras de disipación de energía mediante resalto hidráulico situadas al pie de las presas de gravedad vertedero.

Se presenta un ábaco original de predimensionamiento que facilita la elección del tipo de cuenco amortiguador tipificado, en función de las nuevas características de caudal específico, altura de caída de la presa y Froude de acceso al cuenco (Z, q, F). Habrá casos en los que no sea conveniente, por razones técnicas o económicas, utilizar un cuenco tipificado. En este trabajo se plantea que, mediante la aireación del flujo se pueden modificar sus características originales a la entrada del cuenco (y_{1x}, U_{1x}, $\mathbf{F}_{1x}$) de manera que con las nuevas características (y_{1eqx}, U_{1eqx}, $\mathbf{F}_{1eqx}$) se calcula la altura de caída virtual correspondiente (Z_{eqx}). Después con este nuevo valor, que será menor que el original porque la aireación esponja y frena al flujo, y el caudal específico (q_x), se forman las coordenadas con las que se recurre al ábaco propuesto para comprobar si dicho punto cae en la zona de validez de algún cuenco tipificado.

Si tampoco así es posible usar un cuenco tipificado para conseguir la disipación de energía necesaria, se debe recurrir a los distintos elementos disipadores y con ellos, diseñar un cuenco para ese caso particular.

Los criterios generales de actuación aquí establecidos, se han aplicado a la presa de Beniarrés, en el ámbito de la Confederación Hidrográfica del Júcar, donde existen al menos once grandes presas con tales condicionamientos.

El estudio teórico-experimental se ha llevado a cabo por el equipo de investigación del Laboratorio de Hidráulica y Obras Hidráulicas del DIHMA de la UPV, con la financiación de la Confederación Hidrográfica del Júcar.

2 OBJETIVOS

Los objetivos fundamentales planteados han sido, a saber: 1) Revisar la literatura técnica existente, haciendo énfasis en documentación sobre actuaciones concretas en casos similares, como base para orientar sobre posibles medidas generales de actuación o criterios originales de adecuación. Estos últimos se verificarían sobre modelo físico hidráulico. 2) Agrupar y sintetizar los resultados obtenidos de experiencias en modelo y prototipo relacionadas con el tema de la disipación de energía mediante cuencos amortiguadores. Esto permite utilizar dicha información para hacer un primer dimensionamiento o comprobar su validez. 3) Plantear alternativas al uso de cuencos amortiguadores tipificados, bien porque el caso en estudio se salga del campo de aplicación de los conocidos o porque así se consigue una mayor economía en la obra resultante. Ello obliga a estudiar por separado, el efecto de cada elemento disipador -dientes, bloques, etc.- ya sea conocido o propuesto por los autores. 4) Ampliar el campo de validez global de los cuencos amortiguadores, que típicamente se usan en obras con alturas de caída menores de 50 m y velocidades del flujo de aproximación menores de 30 m/s. Para ello se plantea, a nivel teórico, que con la aireación artificial del flujo al final de la rápida, las condiciones de entrada de éste al resalto, serán las equivalentes a las del flujo sin airear correspondiente a las presas que se encuentren dentro del campo global de utilización ya citado. Así se minimizan los posibles daños por cavitación, principal enemigo de este tipo de estructuras en sus límites de actuación; esto además permite, el uso de elementos disipadores, principalmente bloques y dientes, para límites del número de Froude de entrada de hasta 8.

Los objetivos planteados abren diversos campos de investigación, a nivel teórico y experimental: elementos disipadores conceptualmente distintos (nuevos mecanismos de funcionamiento, nuevas geometrías ...) o con variaciones dimensionales respecto a los existentes; resaltos hidráulicos con chorros incidentes, en el sentido del flujo o a contracorriente; influencia de la aireación artificial del flujo al final de la rápida o en el propio cuenco, en las zonas críticas en cuanto a la cavitación, sobre los límites para el uso de estas estructuras, etc.

3 CUENCOS AMORTIGUADORES TIPIFICA-DOS. ÁBACO DE PREDIMENSIONAMIENTO

A partir de los conocimientos teóricos existentes y de la revisión bibliográfica hecha sobre los cuencos tipificados hasta hoy propuestos, se ha preparado un ábaco de predimensionamiento, válido para el caso de presas de gravedad vertedero (Figs. 1–4). Con dicho

ábaco, usando dos variables sencillas de obtener (altura de caída y caudal específico en el cuenco), se puede situar un punto dentro de una determinada región del mismo – Punto de Funcionamiento-. A éste le corresponde una o varias alternativas en cuanto al tipo de estructura de disipación a proyectar. Deberá seleccionarse una para proceder a su predimensionamiento con las recomendaciones particulares para cada tipo. Éstas se pueden encontrar en Hager (1992) y Peterka (1964).

El citado ábaco también es de utilidad para comprobar la validez del cuenco amortiguador de una determinada presa existente, cuando cambian las condiciones para las que se proyectó (mayores caudales de avenida, recrecimiento, etc.). Para ilustrar lo antedicho, se ha preparado un sencillo ejemplo.

Sea una presa de gravedad vertedero cuya cota relativa de coronación es la 31,15 m. Tiene un aliviadero formado por tres vanos de 10 m de ancho y pilas intermedias de 3 m, siendo la cota del umbral del vertedero la 22 m. La obra de reintegro es un cuenco USBR II de 36 m de ancho y 46,5 m de longitud; la cota relativa de la solera del mismo es la 0 m. En su día, para 500 años de período de retorno, se estimó un caudal de proyecto de 1000 m³/s. Se conoce además, que el resguardo mínimo es de 1 m, que ni en la rápida ni en el cuenco existen muros cajeros intermedios y la curva de gasto del aliviadero actual (6,19 m de altura de proyecto), se desprecian las pérdidas por fricción en la rápida por lo que $F_1 = 2,976389*[(Z^{3/2})/q]^{1/2}$ y en los caudales citados ya se ha tenido en cuenta el efecto laminador del embalse. Se pide: 1) Comprobar si la obra proyectada y ejecutada es correcta. 2) Tras realizar nuevos estudios hidrológicos se obtiene que el nuevo caudal para 500 años de período de retorno es de 1555 m³/s entonces, verificar si es válida la misma tipología de cuenco y en su caso, indicar cuáles serían las modificaciones a introducir. 3) Ya que se pretende adaptar la presa a los nuevos estándares de seguridad, se ha efectuado el correspondiente estudio. De éste, resulta la propuesta de clasificar la presa como de Categoría A, siendo entonces la recomendación técnica, tomar como avenida de proyecto la de 1000 años de período de retorno, que se cuantifica en 1944 m³/s. ¿Qué tipología o tipologías de cuenco amortiguador tipificado podrían adoptarse?

La solución del problema es:

1) $q = 27,28 \, m^2/s$; $Z = 22 + 6,19 = 28,19 \, m$. Punto 1 (28,19; 27,28), del ábaco se lee resalto estacionario y cuenco USBR II. Con estos valores se calculan $F_1 = 6,91$ e $y_1 = 1,67 \, m$; de la ec. 1, $y_2 = 10,97 \, m$. La longitud de cuenco USBR II recomendada para este F_1 es $L_{II}/y_2 < 4,2$ entonces, $L_{II} < 46,07 \, m$, se concluye que la longitud proyectada es correcta.
2) $q = 43,19 \, m^2/s$; $Z = 22 + 8,087 = 30,087 \, m$ (resguardo suficiente). Punto 2 (30,087; 43,19), queda

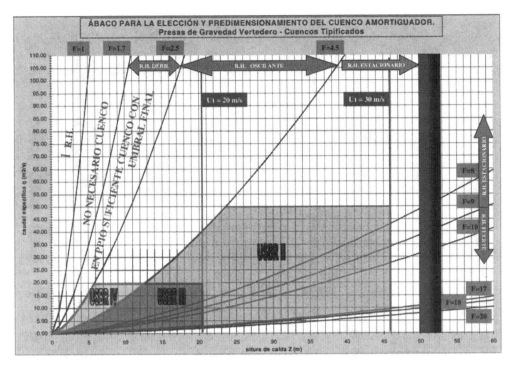

Figura 1. Ábaco para la selección y predimensionamiento del Cuenco Amortiguador Tipificado. Familia USBR.

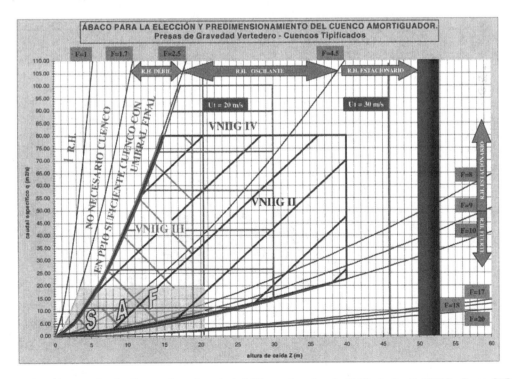

Figura 2. Ábaco para la selección y predimensionamiento del Cuenco Amortiguador Tipificado. Familia VNIIG y Cuenco SAF.

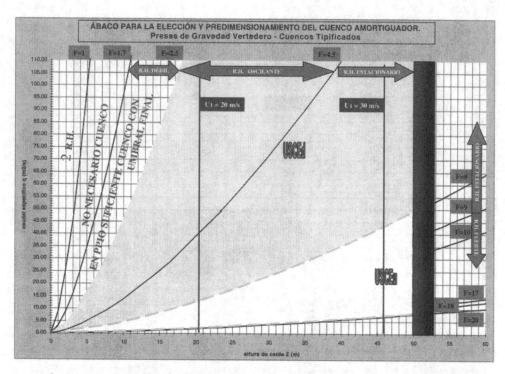

Figura 3.   Ábaco para la selección y predimensionamiento del Cuenco Amortiguador Tipificado. Familia USCE.

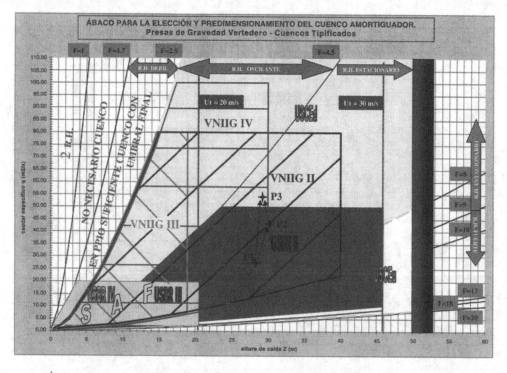

Figura 4.   Ábaco Completo para la selección y predimensionamiento del Cuenco Amortiguador Tipificado.

en la zona de resalto estacionario y cuenco USBR II. Ahora $F_1 = 5,82$ e $y_2 = 13,77$ m, lo que implica $L_{II}/y2 = 4$ de donde $L_{II} < 55,1$ m. Las modificaciones a realizar serían, prolongar el cuenco 8,5 m, recrecer los dientes deflectores a 1,78 m conservando ancho y separación, y reconstruir el umbral terminal dentado.

La altura del umbral será de 2,75 m y separación igual al ancho, de 2,07 m. Habría que verificar no obstante, si la cota de la solera del cuenco es la adecuada para evitar el barrido del resalto.

3) Para este caudal, la presa vierte por coronación. Como primera solución se propone dejar sólo una pila intermedia y dos vanos de 16,5 m; esto resulta insuficiente. Entonces se opta por rebajar el labio y modificar el perfil del vertedero, resultando el rebaje necesario de 2,5 m; $q = 54,00$ m^2/s; $Z = 19,50 + 9,63 = 29,13$ m (rebaje labio 2,5 m). Punto 3 (29,13; 54,00), resalto estacionario, queda en la zona de cuencos VNIIG II o IV. En la Figura 4 se muestran los puntos 1, 2 y 3 y el recorrido experimentado por los cambios de situación a que supuestamente se ha visto sometida la presa.

4 AIREACIÓN DEL FLUJO DE ENTRADA AL RESALTO COMO MEDIO DE AMPLIACIÓN DE LOS LÍMITES DE UTILIZACIÓN

La aireación artificial, además de disminuir o minimizar el riesgo de daños por cavitación, aumenta el calado del flujo y le hace perder velocidad. Por esto disminuye el número de Froude, no sólo del flujo aireado real sino también el del flujo equivalente -aquél que, moviéndose a la velocidad de la mezcla, tiene el calado con el que fluiría el agua supuesta independiente del aire-.

Mediante la aireación se mejoran las condiciones del flujo al inicio del resalto.

Sobre el ábaco (Fig. 5), el punto de coordenadas (Z_x, q_x) representativo de un flujo con unas condiciones de entrada y_{1x}, v_{1x} y F_{1x}, el efecto que la aireación produce, se traduce en una traslación de aquel, sobre la recta horizontal $q = q_x$, hacia curvas de Froude constante menores, lo cual nos lleva a una nueva situación, representada ahora por el punto (Z_{x^-}, q_{x^-}) tal que $q_{x^-} = q_x$ y $Z_{x^-} < Z_x$, de manera que a este nuevo punto, que denota unas condiciones de entrada y_{1eqx^-}, v_{1eqx^-} y F_{1eqx^-}, le corresponde un número de Froude menor, ya que $y_{1eqx^-} > y_{1x}$, lo que implica que $v_{1eqx^-} < v_{1x}$ y por tanto, $F_{1eqx^-} < F_{1x}$, quedando el punto (Z_{x^-}, q_x) a la izquierda del (Z_x, q_x).

Lo anterior, a efectos prácticos, es equivalente a tener una presa que, sin problemas de cavitación, tuviese una altura de caída real Z_{x^-} y por tanto con las mismas condiciones de entrada al resalto que la actual, con una altura de caída Z_x y flujo aireado. Por

ello, llamaremos a Z_{x^-} altura de caída virtual asociada a una determinada aireación.

En definitiva, con este criterio se amplía el campo de aplicación de los cuencos tipificados conocidos, al conseguir que situaciones que se salen de su rango de utilización, mediante la aireación del flujo al pie de la rápida vuelvan a tener condiciones de entrada al resalto propias de casos que se encuentran dentro de aquel.

Todo lo expuesto, puede seguirse además gráficamente en la Figura 5 preparada al efecto.

Como puede observarse, la base de esta figura no es otra que el propio ábaco de la Figura 4, en el que se ha ampliado los límites de los ejes. Se ha representado además los puntos que definen la ubicación de tres ejemplos internacionales que son representativos de valores extremos, tanto de q, como de Z y F_1, de utilización de cuencos amortiguadores, si bien se tiene noticias de que al menos dos de estas presas han presentado problemas de erosión por cavitación.

En esta Figura 5, se ha incluido además una curva, cuasi vertical, que aparece aproximadamente en el centro de la misma y que, para los taludes normales del paramento de aguas abajo de las presas de gravedad vertedero (0.6 a 0.8), delimita o separa la región en la que se producen problemas por cavitación en la rápida de aquella en la que no se producen, por ello la llamaremos, curva de cavitación. Debemos señalar no obstante que, no se trata en realidad de una curva sino de una estrecha banda, por lo que debe tenerse cuidado con los valores próximos a la curva, que exigirían comprobación explícita.

Para la realización de los cálculos necesarios conducentes a la obtención de la mencionada curva, se ha utilizado el programa de ordenador ALIV-AIR (Gutiérrez Serret, R. M. & Palma Villalon, A. 1994), cuya aplicación permite caracterizar los flujos aireados en los aliviaderos de las presas.

La curva obtenida, presenta una clara utilidad práctica por sí misma, pues permite conocer desde la fase inicial de proyecto, si es previsible o no la aparición de problemas de erosión por cavitación en la rápida de cualquier presa vertedero, y ello tan solo con la sencilla operación de situar el punto, de coordenadas Z,q, representativo del comportamiento de la presa, y ver en que lado de la misma queda ubicado.

Si la presa en cuestión, no dispone de cuenco amortiguador por encomendarse la disipación de energía a un trampolín semisumergido por ejemplo, y el único problema a resolver es el anterior, es decir la aparición de cavitación en la rápida, bastará normalmente con la colocación de un aireador en la misma, para hacer "pasar" el punto de funcionamiento al otro lado de la curva de cavitación.

Señalaremos finalmente que, como puede observarse también en la Figura 5, las presas anteriormente mencionadas y en concreto, Green Peter Dam y

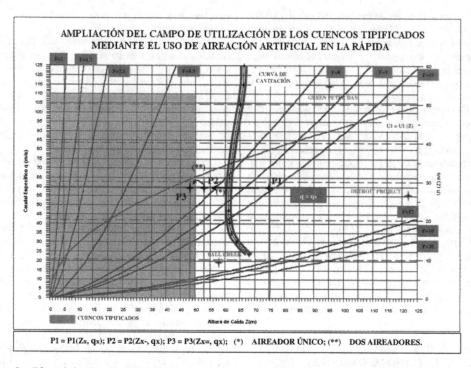

AMPLIACIÓN DEL CAMPO DE UTILIZACIÓN DE LOS CUENCOS TIPIFICADOS MEDIANTE EL USO DE AIREACIÓN ARTIFICIAL EN LA RÁPIDA

P1 = P1(Zx, qx); P2 = P2(Zx-, qx); P3 = P3(Zx=, qx); (*) AIREADOR ÚNICO; (**) DOS AIREADORES.

Figura 5.   Efecto de la Aireación del Flujo sobre las condiciones de entrada al cuenco. Curva de Cavitación.

Detroit Project, que son las que han sufrido cavitación, se encuentran claramente dentro de la región de cavitación definida por la curva anterior.

5   NUEVAS LÍNEAS DE INVESTIGACIÓN

Para los casos en los que los valores de los parámetros Z y q sean tales que, se exceda el campo de aplicación de los llamados cuencos tipificados y la aireación no resulte suficiente, existe a nuestro juicio, otra posibilidad desde el punto de vista metodológico, a saber:

Planteamiento de soluciones singulares y por tanto No Tipificadas: sería el caso de cuencos con elementos disipadores adicionales de tipología no estandarizada, o con variaciones dimensionales respecto de los tipificados, cuyo comportamiento hidráulico debería verificarse en modelo reducido.

En un futuro inmediato, se pretende seguir con la vía experimental emprendida e ir estudiando los efectos que los distintos elementos disipadores producen sobre el resalto clásico, tanto en el canal de ensayos como en modelos físicos de presas existentes en el Laboratorio. Se seguirá estudiando la influencia del chorro incidente; tanto en el canal de ensayos como en modelos antes mencionados. Para los ensayo en modelo, el chorro se provocará colocando dientes deflectores sobre la rápida. Éstos desviarán parte del caudal, para

que incida en la zona donde se presente el resalto hidráulico. Probando dientes con distintos ángulos, se tratará de fijar cual es el punto óptimo de incidencia, problema que actualmente no está resuelto. Además, se están estudiando nuevos elementos disipadores que aumenten la disipación de energía del resalto clásico mediante la producción de una turbulencia adicional por formación de remolinos de eje vertical.

BIBLIOGRAFÍA

American Society of Civil Engineers. 1995. *Hydraulic Design of Spillways*. Technical Engineering and Design Guides as adapted from the US Army Corps of Engineers: No. 12. Estados Unidos.

Fernández-Bono, J.F, et al. 2000. Estudio Teórico-experimental de los criterios metodológicos de adaptación del diseño de las presas con cuenco amortiguador de resalto o trampolín semisumergido existentes en el ámbito de la Confederación Hidrográfica del Júcar a caudales superiores a los de diseño. Informe Final Convenio CHJ-UPV. Valencia.

Gutierrez, R.M. & Palma, A. 1994. *Aireación en las Estructuras Hidráulicas de las Presas: Aliviaderos y Desagües Profundos*. Premio José Torán. CNE, ICOLD, España.

Hager, W.H. 1992. *Energy Dissipators and Hydraulic Jump*. In Kluwer Academic Publishers. Holanda.

Peterka, A.J. 1964. Hydraulic Design of Stilling Basins and Energy Dissipators. USBR. Washington. Estados Unidos.

Dam Maintenance and Rehabilitation, Llanos et al. (eds)
© 2003 Taylor & Francis, ISBN 90 5809 534 7

Incremento de regulación mediante la implantación de desagües intermedios. Adecuación de las presas de Escalona y Contreras

José López Garaulet
Ingeniero de Caminos, Canales y Puertos, Director de las Obras, Confederación Hidrográfica del Júcar

Salvador Rubio Catalina & María Dolores Ortuño Gutiérrez
Ingeniero de Caminos, Canales y Puertos, Corsán – Corviam S.A.

RESUMEN: Se relatan soluciones constructivas ante las dificultades en la ejecución de desagües intermedios en dos presas en explotación, las Presas de Escalona y Contreras. Son conceptualmente distintas en cuanto a su finalidad, puesto que Escalona se concibió para generar un embalse de laminación exclusivamente y Contreras con la doble función de regulación – laminación, en un momento de su vida útil se adoptaron soluciones análogas para modificar o ampliar su finalidad.

1 INTRODUCCIÓN

Los trabajos que se ejecutaron en ambas presas, tienen una serie de características comunes que se pueden resumir en las siguientes:

a) Ambas presas estaban en explotación, por lo que la ejecución de los trabajos, no debía interferir en el funcionamiento de la presa.

b) Los trabajos se debían realizar, en el caso de Escalona, en el cuerpo de presa y, en el de Contreras en sus proximidades, por lo que la demolición y la excavación debían producir las mínimas vibraciones posibles.

c) Se planteó como mayor dificultad el acceso para introducir e instalar los blindajes y compuertas a las zonas de obra.

Las obras de adecuación de las Presas de Escalona y Contreras fueron ejecutadas por una UTE constituida por las empresas Corsán y OCP, y dirigidas desde Confederación Hidrográfica del Júcar por D. José López Garaulet.

2 PRESA DE ESCALONA

La construcción de la Presa de Escalona terminó en Abril de 1995, con la finalidad de laminar y contener avenidas. Contaba con un desagüe intermedio libre de 5.50 m de ancho en galería, atravesando el cuerpo de presa. Situado en la cota 143, máximo embalse normal, podía desaguar un caudal de 347 m³/s.

Tras un periodo de sequía se pensó en la posibilidad de utilizar la capacidad del embalse, controlando el desagüe intermedio, colaborando en garantizar el suministro de aguas a la ciudad de Valencia.

La Dirección General de Obras Hidráulicas, con fecha 21 de septiembre de 1995, dispuso la ejecución de las obras, en aplicación del Art. 73 de la Ley 13/1995 de 18 de mayo, declarándolas obras de emergencia.

Las obras de "Adecuación de la Presa de Escalona para el refuerzo del abastecimiento a Valencia" consistieron en la modificación del desagüe, instalando los equipos de control necesarios para obtener un desagüe regulado.

De esta forma el embalse adquirió la doble función de regulación-laminación, mediante la utilización de las compuertas instaladas en el nuevo desagüe intermedio.

Se iniciaron los trabajos en Octubre de 1995 y terminaron en Diciembre de 1996. Consistieron en:

1) Demoliciones y excavación de la cámara, sin empleo de explosivos
2) Revestimientos
3) Blindajes
4) Proceso de instalación de los equipos hidromecánicos
5) Aducción de aire
6) Accesos

Además de estas obras, se ejecutó un tapiz arcilloso impermeabilizante entre el pie de aguas arriba de la presa y la ataguía.

1ª Fase: Compuerta Taintor de 2.0m × 2.25m y el blindaje de aguas abajo (2 ud 3 18.1t).

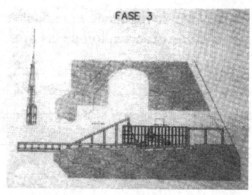

3ª Fase: Compuerta Bureau (2 ud × 18.5 t).

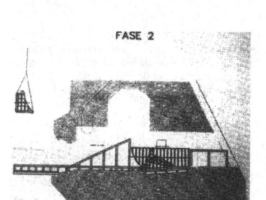

2ª Fase: Carrete intermedio (2 ud × 5.5 t).

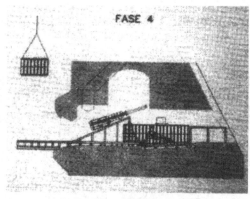

4ª Fase: Blindaje de aguas arriba (2 ud × 7.5 t).

El problema fundamental para la ejecución de las obras fue la accesibilidad a la zona de trabajo, para lo que se instaló previamente una plataforma metálica en la embocadura del desagüe. Esta plataforma contaba con dimensiones suficientes y estaba estructuralmente diseñada para las cargas de los equipos que tenían que acceder al desagüe (rozadora, compuertas, blindajes, etc).

Los equipos y los materiales necesarios se llevaban hasta la plataforma mediante una grúa colocada a pie de presa, aguas arriba, con el apoyo de otra grúa que actuaba desde coronación.

Fue necesario realizar la elevación fraccionada de los equipos según las siguientes fases (1ª Fase–6ª Fase).

Dadas sus dimensiones, de $2.0 \times 3.0\,m^2$, su peso de 18.5 t y el espacio disponible en la embocadura, fue necesario idear un sistema para introducir las compuertas Bureau hasta el interior de la cámara para su instalación. El sistema consistió en la colocación de perfiles constituyendo dos caminos de rodadura, para cada compuerta, uno interior de trazado horizontal, con un rebaje en el interior de la cámara y otro

5ª Fase: Blindaje de aguas arriba, embocadura (2 ud × 8.0 t).

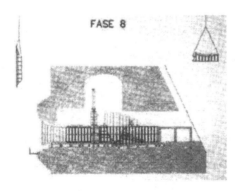

FASE 8

6ª Fase: Blindaje de aguas abajo y tajamar.

exterior inclinado formando una rampa en dirección a la bóveda de la cámara.

Una vez elevada la compuerta hasta la plataforma y colocada sobre las guías horizontales, con el eje hacia el interior, se empezó la soldadura de los elementos auxiliares para su desplazamiento. En cada uno de los vértices inferiores del tablero quedaron soldados dos cajetines con un engranaje de rodillos para deslizar sobre las guías interiores. Bajo el extremo superior del tablero se fijó un eje con ruedas, preparadas para girar sobre las guías exteriores. Además se dejaban soldadas dos piezas laterales, en la zona superior, que servirían después, para apoyar dos gatos hidráulicos.

El desplazamiento sobre estos caminos de rodadura, mediante un sistema de tracción con cables, no sólo trasladaba la compuerta al interior de la cámara sino que además iba elevando la zona superior del tablero acercándola a la posición vertical.

Una vez en el interior de la cámara se procedió a elevar la compuerta, usando los dos extremos soldados al efecto, separándola de sus guías superiores y, eliminando los cajetines inferiores, se dejó girar hasta quedar en posición vertical.

Después se realizó el hormigonado del revestimiento y se inyectó, con lechada de cemento, para rellenar los posibles huecos.

Presa de escalona.

3 PRESA DE CONTRERAS

La presa de Contreras, terminada en 1975, se construyó para regular caudales para abastecimiento y riego, además de controlar y laminar avenidas y servir para producir energía eléctrica. Está situada en el río Cabriel, afluente del Júcar por su margen derecha, es una presa de gravedad de planta recta de 129 m de altura y 240 m de longitud en coronación, situada en la cota 679.

Para culminar esta cota cuenta además con el cierre de un collado, situado en su margen derecha, denominado Collado de la Venta, también es de gravedad de 43 m de altura y 234 m de longitud, de planta arco con la singularidad de tener su curvatura invertida, puesto que así lo exigía el trazado de la variante de la carretera Madrid – Valencia que discurre por ambas coronaciones.

La presa de Contreras tiene un aliviadero de tres vanos con labio de vertido a la cota 664, dotado de compuertas Taintor hasta la cota 669, además contaba con un aliviadero secundario, en su margen derecha, tipo morning glory con la cota de vertido en la 669.

La embocadura del aliviadero secundario es de planta semicircular y el diámetro interior del pozo es de 8,00 m, tiene una caída vertical de casi 100 m y después aprovecha el túnel de desvío, a lo largo de unos 300 m, hasta su restitución al cauce.

El modelo de gestión conjunta de los recursos de la cuenca cuenta con un volumen de regulación en el embalse de 400 hm^3, capacidad que está superada con la cota 651, máximo nivel producido en el embalse desde su construcción (463 hm^3).

La capacidad de desagüe, hasta alcanzar la cota 664 del aliviadero, se reducía a la correspondiente a los desagües de fondo, por lo que se pensó buscar una solución que permitiera llegar a esos niveles de almacenamiento manteniendo el control, para bajar el embalse en un plazo de tiempo aceptable. Esta solución exigía incrementar la capacidad de desagüe por debajo de esta cota, era necesario incorporar un desagüe intermedio de gran capacidad.

En esta situación la Confederación Hidrográfica del Júcar realizó los estudios necesarios para la creación de un desagüe intermedio, utilizando el pozo y túnel del aliviadero secundario. Los resultados fueron positivos, puesto que se podría laminar la avenida de 1000 años alcanzando un nivel máximo en el embalse a la cota 655.6 y evacuando hasta 366 m^3/s por el desagüe intermedio. Se proyectó el nuevo desagüe con capacidad máxima de 400 m^3/s.

Las obras denominadas "Obras de adecuación de la Presa de Contreras a la función conjunta de regulación-laminación" consistían en la ejecución de un nuevo desagüe intermedio, aprovechando en parte el conducto del aliviadero secundario existente, del tipo morning glory.

Podemos distinguir los siguientes apartados:

a) Embocadura
b) Tramo horizontal en túnel y el codo de conexión con el pozo del morning glory
c) Revestimiento del pozo hasta el codo inferior
d) Demolición y revestimiento entre el codo inferior y la cámara de compuertas
e) Cámara de compuertas: 2 compuertas Bureau y 2 Taintor; de 2,0 × 3,0 m
f) Adecuación del resto del túnel (antiguo túnel de desvío)
g) Estructura de lanzamiento, restitución al río
h) Galería de acceso a cámara de compuertas

La plataforma de entrada se realizó en la cota 628 y la estructura de la embocadura se ejecutó de hormigón con una reja de protección, de 2.0 × 4.0 m^2 de paso, construida con 11 pilas de 14 m de altura (tres principales e intercalando dos en cada uno de los tramos) y dos vigas transversales, todas ellas con perfil hidráulico.

Fue necesario utilizar 25 piezas especiales de encofrado metálico, para ejecutar ese mismo número de nudos distintos, que constituyen el enrejado.

Para la construcción de la bóveda se montó una cimbra metálica, con un peso de unas 30 t, para conformar el abocinamiento de geometría elíptica de la parte superior. Con esto se llega al tramo de la embocadura blindado que es una transición entre la sección inicial, de 20.0 × 9.42 m^2, hasta sección cuadrada de 6.0 × 6.0 m^2, en una longitud de 12.0 m, donde se continúa la geometría elíptica en la bóveda y además en hastiales y en solera, alcanzando la cota del labio de embocadura, cota 630.

A partir de aquí se prolongó el blindaje del conducto hasta la cámara de compuertas con acero laminado F-6206, A-42 b, con espesor de 3 cm. El trazado del conducto hasta dicha cámara consta de; un primer tramo horizontal hasta el codo de conexión con el

pozo del morning glory, el propio codo de 90°, un tramo vertical dentro del pozo y un codo de 90° hasta un nuevo tramo horizontal que llega a la zona de ubicación de las compuertas.

La geometría del blindaje desde la transición de la embocadura pasa por una transición de sección cuadrada a sección circular de 6.0 m de diámetro, en una longitud de 9.0 m. Se mantiene esta sección circular en el tramo horizontal hasta el inicio del codo superior (en 4.57 m), durante el desarrollo del codo de radio 13.0 m en el eje, y en el tramo vertical, que comienza en la cota 620 y se prolonga durante 31 m hasta la cota 589.

En esta cota 589 comienza otro codo de 90°, que coloca el conducto en posición horizontal, con el eje, en su tramo final, en la cota 574.50. También, en el inicio del codo empieza la transición, las secciones sucesivas van disminuyendo paulatinamente su altura por medio de planos superior e inferior hasta una distancia de 49.28 m, medidos sobre el eje de la tubería. La sección final, ya en el tramo horizontal, tiene 3.0 m de altura y los hastiales siguen en arco de 6.0 m de diámetro. A continuación se realiza la transición en hastiales, en 3.0 m de longitud, hasta obtener la sección útil, rectangular de 6.0 × 3.0 m^2, que enlaza con las bridas de las compuertas BUREAU. Un tajamar central de 2.0 m de ancho delimita los dos conductos laterales de 2.0 × 3.0 m^2 donde están instaladas las compuertas.

Ejecución del conducto

La unión de las chapas (4) que forman las virolas se realizaba en taller, mediante soldadura semiautomática. La unión de las virolas entre si se realizaba en el conducto, una vez colocadas en su posición, mediante soldadura manual.

Se inició el montaje en el codo inferior. Las piezas se introducían bajando por el morning glory o desde el túnel de salida, según donde debían colocarse. Se comenzó por la virola central del codo, siguiendo por el conducto hacia aguas abajo.

Las virolas se apoyaron sobre una estructura auxiliar (Esquema n°1), anclada a la solera, con la forma geométrica del codo. Esta estructura auxiliar se utilizó como anclaje de la tubería para evitar la flotación de la misma durante el hormigonado.

Una vez colocado el semicodo inferior y hormigonado, se procedió al montaje del semicodo superior y la tubería vertical en sentido ascendente, con la ayuda de una estructura auxiliar (escalera con plataformas) que servía para la colocación de las virolas, la ejecución de las soldaduras y el posterior hormigonado (Esquema n°2).

Una vez montado este codo en su posición, con total exactitud, se pudo seguir montando hacia aguas arriba, la tubería vertical en sentido ascendente y la tubería

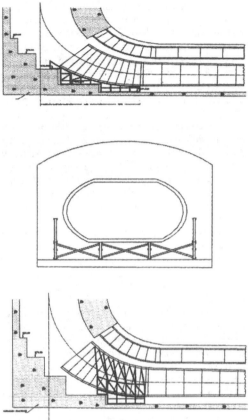

Esquema n°1.

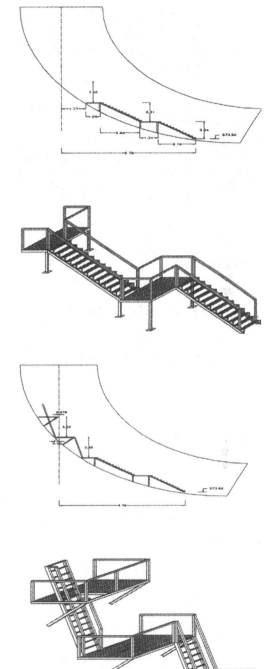

horizontal de salida hacia aguas abajo. Una vez finalizado el montaje del tramo vertical se dispuso una tapa cerrando la sección de la misma, en la cota 620.

Al ejecutar la perforación horizontal, después de realizada la embocadura y la transición, la tapa impidió la caída de escombros, y efectuado el desescombro, se procedió al montaje del codo superior de enlace.

Al realizarse la unión de las virolas en el conducto, la principal dificultad para la soldadura fue la presencia de agua procedente de las filtraciones y el alto índice de humedad.

Para minimizar estas dificultades se opto por:

a) Secado permanentemente de las juntas mediante antorchas.
b) Limpieza del oxido mediante cepillos metálicos, tanto de las juntas como de los cordones de soldadura en la secuencia seguida.
c) Desecado de los electrodos en estufa.

A pesar de que el control geométrico de las virolas se realizaba, en el taller de fabricación, mediante

Esquema n°2.

579

mediciones estrictas y probando el montaje de cada una de ellas sobre sus adyacentes, (cada una de ellas servía de plantilla de la siguiente), hubo dificultades en el momento de acoplarlas dentro del conducto.

Se habían producido pequeñas deformaciones debidas:

a) Al transporte.
b) La diferencia de temperatura entre el taller de fabricación y el conducto.
c) A la propia soldadura dentro del conducto.

Por lo que hubo que repasar prácticamente todas las juntas para conseguir los valores recomendados en las gargantas y acoplar las virolas mediante gatos para conseguir la alineación adecuada. Para minimizar las deformaciones debidas a la soldadura se optó por soldar la secuencia indicada en el esquema n°3.

Al formarse una corriente natural de aire en el conducto, fue necesario apantallar la zona de trabajo de soldadura y consecuentemente instalar un sistema de aspiración de humos procedentes de la misma.

SECUENCIA DE SOLDADURA

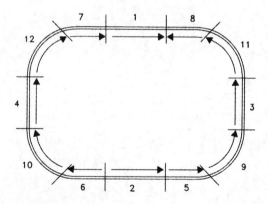

Esquema n°3.

Para garantizar la indeformabilidad del blindaje durante la fase de hormigonado, se realizó el entibamiento de los hastiales de la embocadura y el apeo del techo, con apoyos distanciados unos 3.0 m y se hormigonó con tongadas del orden de 1.0 m y a su vez de espesor mínimo 1.0 m. El resto de la conducción iba apeado con viga longitudinal dispuesta en el eje de la conducción, tanto en dintel como en solera y apoyos laterales.

Durante el proceso de hormigonado, debemos insistir en las dificultades de ejecución, en el anillo circular de 1.0 m de espesor entre el diámetro del pozo 8.0 m y el blindaje, concéntrico de 6.0 m de diámetro. En este anillo, con elevada densidad de armaduras, debía ejecutarse la soldadura y el posterior hormigonado, que se realizó con cuidados adicionales y concretos según las zonas.

Ante estas dificultades y para garantizar la correcta ejecución de las soldaduras, se procedió a comprobar mediante radiografías y líquidos penetrantes, y por último, especialmente en las zonas más inaccesibles, se realizó el control por ultrasonidos, no detectando sigularidad alguna.

Una vez efectuado el hormigonado y anclado el blindaje mediante los anclajes de los marcos de refuerzo, dispuestos para este fin, se realizaron inyecciones con presión de 2.5 kg/cm^2 a través de una serie de orificios previstos en el contorno de la sección y longitudinalmente.

En la tubería circular el blindaje soporta la carga externa de inyección, por lo que se realizaba, esta inyección, por todos los tapones periféricos a la vez, de modo que la carga fuese uniforme en todo su contorno, para poder garantizar la estabilidad de la chapa de la tubería. Del mismo modo se ejecutó la tubería de aireación. La inyección de la clave del túnel se realizó desde taladros con tubo a partir de la tubería de aireación.

Dam Maintenance and Rehabilitation, Llanos et al. (eds)
© 2003 Taylor & Francis, ISBN 90 5809 534 7

Rehabilitación total de los desagües de fondo y obras accesorias de la presa de Barasona (Huesca)

Antonino Puértolas Tobías
Ingeniero de Caminos, Canales y Puertos, FCC Construcción, S.A., España

1 ANTECEDENTES

Esta obra contratada por FCC en 1994 a la Dirección General de Obras Hidráulicas y Calidad de las Aguas del Ministerio de Medio Ambiente fue dirigida por D. Rafael Romeo García, actual Director Adjunto Jefe de Explotación de la Confederación Hidrográfica del Ebro.

La presa de Barasona se encuentra en el río Ésera y abastece al Canal de Aragón y Cataluña que riega una extensión de más de 98.000 ha, suministra a poblaciones con un total de 100.000 habitantes y tiene un aprovechamiento hidroeléctrico de 28.000 kVA.

La aportación media anual es de 845 hm³/año, en régimen nivo – pluvial. El vaso del embalse está formado por materiales del oligoceno: arcillas, arenisca y conglomerados. La cerrada se encuentra en rocas calizas arenosas y calizas masivas.

Las características de la presa son las siguientes:

- Presa de gravedad de planta curva de 120 m de radio.
- Taludes: aguas arriba 0,05:1 y aguas abajo 0,724:1.
- Longitud en coronación: 99 m.
- Ancho de coronación: 5 m.
- Altura sobre cauce: 60 m.
- Altura sobre cimientos: 65,5 m.

- Aliviadero independiente del cuerpo de presa, formado por 4 compuertas Taintor de 10 × 7,50 m, el desagüe es de libre lanzamiento y se realiza mediante un túnel excavado en la roca de 250 m de longitud y 10 m de diámetro.
- Desagües de fondo doble, uno por cada margen situados en los túneles que sirvieron para el desvío del río durante la construcción de la presa. Cada conducto está cerrado mediante 3 parejas de compuertas Bureau de 1,20 × 2,40 m. La desembocadura se realiza en sendos túneles sin revestir con salida en lámina libre al cauce.
- Toma de la central hidroeléctrica situada a 30 m de altura sobre el cauce en la margen izquierda.

La Presa ha sufrido, desde su terminación en 1932, una serie de reformas como la ejecución de la toma de la central hidroeléctrica en el año 1957, el recrecimiento de 5 m que finalizó en 1969 y la reforma del aliviadero cuyas obras terminaron en 1972. Desde esta fecha pocas obras se han ejecutado, salvo las imprescindibles de conservación, siendo en 1978 la última vez que se accionaron las compuertas de los desagües de fondo, con grandes problemas que obligaron a prohibir su accionamiento de cara al futuro, ya que incluso por las compuertas de la margen izquierda no llegó a salir agua.

2 OBRAS A EJECUTAR

Las obras contratadas consistieron fundamentalmente en la sustitución de las compuertas de los desagües de fondo, consolidación de los túneles, tanto de los desagües de fondo como del aliviadero, reparación de las compuertas Taintor, tratamiento de los paramentos y juntas verticales de la presa, sustitución de las instalaciones eléctricas, etc.

Así pues, las obras comenzarían después del vaciado de la presa que, teóricamente, se produciría abriendo las compuertas por parte de la Confederación Hidrográfica del Ebro. Se procedió de esta manera,

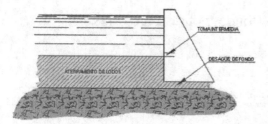

Figura 1.

pero el aterramiento de lodos en el embalse era de tal magnitud que una vez abiertas las compuertas de los desagües de fondo se encontró una pared de fango inmóvil que impidió el comienzo del vaciado.

Se intentaron acciones de emergencia destinadas a forzar el desembalse:

- Lanza de agua a presión desde aguas abajo.
- Robot teledirigido que entrando por las compuertas y con agua a presión, avanzase hacia el embalse.
- Jet-grouting horizontal perforando los tajamares de las compuertas de los desagües de fondo.
- Jet-grouting vertical desde coronación de presa.
- Sonda vertical para comunicar el embalse con la entrada a los túneles de los desagües de fondo.

La lanza de agua avanzaba unos metros pero el empuje del fango cerraba el conducto presionando sobre la tubería elástica de la lanza, lo que impedía la progresión hacia el embalse.

El Robot teledirigido estuvo a disposición de la obra pero su gran coste y la imposibilidad de recuperarlo una vez conseguido el desembalse, nos obligó a considerarlo como última alternativa.

Jet-grouting horizontal, aunque la potencia de este sistema es infinitamente mayor que el de la lanza de agua, sospechamos que la sonda aunque empezase a una altura sobre la solera del túnel, esta iría cayendo conforme avanzase en su trayectoria y las irregularidades de la solera (el túnel no está revestido) impedirían su correcto trazado.

Jet-grouting vertical. Esta actuación, aunque con grandes dificultades, tuvo éxito, por lo que a continuación pasamos a describirla más detalladamente.

Los taladros se realizaron sobre el túnel de la margen izquierda ya que la vertical de este túnel es accesible desde coronación en toda su longitud.

Al acometer dicho túnel se planteó otra dificultad ya que en su vertical se encuentra el túnel de toma de la central hidroeléctrica, lo que obligaba a realizar taladros inclinados y con gran exactitud, ya que el punto a alcanzar era la clave del túnel de desagüe

T_1	52,00	
T_2	55,30	
T_3	55,00	
T_4	1,50	(fallo)
T_5	51,50	
T_6	56,00	
T_7	52,00	
T_8	52,80	

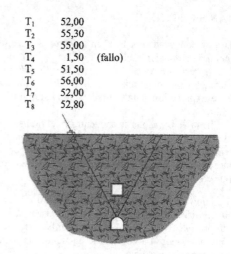

Figura 2.

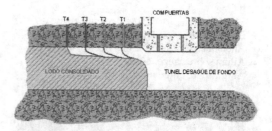

Figura 3.

de fondo. Se realizaron 8 perforaciones con las longitudes siguientes:

Al ejecutar el primer taladro se observó que al introducir agua a presión, esta salía por las compuertas. Al perforar el segundo se comprobó que ocurría exactamente lo mismo. Y así sucesivamente, logramos ejecutar una vía por la bóveda del túnel.

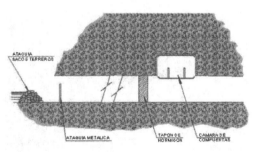

Figura 4.

Ya únicamente faltaba conectar el túnel desde aguas arriba con el agua del embalse. Esto se consiguió con la sonda vertical.

Sonda vertical. Desde una pontona flotando en el embalse, y en la vertical teórica de la boca del túnel, se introdujo una sonda con aire a presión que fue calando en el fango hasta llegar a la vía abierta por el Jet-grouting. En ese momento se inició el desembalse; el resultado, en el interior del túnel, de todas estas maniobras se observaba desde el exterior por medio de un sistema de circuito cerrado de TV.

En un principio se produjo el destaponamiento con salida de gran cantidad de agua y lodos, si bien la salida de fangos más voluminosa se produjo al terminarse el agua del embalse.

La salida de lodos fue de tal magnitud que, unido al estrechamiento existente en el río unos 500 m. abajo de la presa, produjo el taponamiento de los conductos de los desagües de fondo, así como el anegamiento de la explanada de pie de presa y cámaras de compuertas, alcanzando el fango una altura de unos 7 m sobre el cauce.

La limpieza de este fango se realizó con excavadoras que se bajaron con grúas a pie de presa y con ayuda del río que volvía a embalsar tras la presa hasta que alcanzaba una altura suficiente para producir el sifonamiento por el túnel operativo de los desagües de fondo, tras varios días obturando y sifonando el fango acumulado aguas abajo se fue diluyendo y por tanto, dejando el cauce suficientemente limpio para que el flujo fuese constante.

Tras conseguir el desembalse se pudo acometer la ejecución de la obra.

2.1 *Cronología del Primer Desembalse*

   I Limpieza de fangos, aguas arriba de la presa.
  II Acceso peatonal hasta la boca del túnel aguas arriba, margen derecha.
 III Ataguía metálica en la boca del túnel aguas arriba, margen derecha.
 IV Limpieza del túnel del desagüe de fondo, margen derecha.
  V Sostenimiento del túnel.
 VI Escudo de hormigón.
VII Inyección en escudo y cierre de compuertas, margen izquierda.

I Limpieza de fangos aguas arriba de la presa
La limpieza se realizó con personal especializado en trabajos en altura, debido a la dificultad de los accesos, así como la cantidad de barro depositado en las paredes de la roca.

Las herramientas utilizadas fueron lanzas de agua a presión suministrada por camiones de nuestra propia Empresa.

583

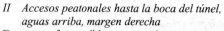

Esta ataguía no cerraba totalmente la sección del túnel, sino que dejaba abierta la clave con objeto de que nunca entrase en carga, puesto que su provisionalidad y ligereza así lo obligaba.

II Accesos peatonales hasta la boca del túnel, aguas arriba, margen derecha
En cuanto fue posible se preparó un acceso para el personal mediante pasarelas de madera ancladas en la roca, contando siempre con el apoyo de los especialistas antes mencionados.

Una vez confeccionado el acceso se colocó en el cauce aguas arriba de los túneles una ataguía de sacos terreros que desviaba el río hacia el túnel de la margen izquierda.

III Ataguía metálica en la boca del túnel, aguas arriba y margen derecha
Esta ataguía provisional se apoyaba en los tajamares existentes en las bocas de los túneles y garantizaba el poder trabajar dentro del túnel, aún cuando la ataguía de sacos terreros no fuese lo suficientemente estanca o fuese rebasada por una avenida mínima.

IV Limpieza del túnel del desagüe de fondo, margen derecha
Se realizó mediante bombas de lodos y de forma manual con carretillas, por ser el único medio que se podía introducir por el hueco de las compuertas.

V Sostenimiento del túnel
Una vez analizado por expertos en Geotecnia, se diseñó un sostenimiento a base de bulones. Este sostenimiento fue en malla más cerrada en la zona de construcción del escudo de hormigón.

VI Escudo de hormigón
El siguiente paso y además el más importante, ya que de él dependía la continuación de la obra, fue la ejecución del cierre hidráulico del túnel. En el proyecto original la solución consistía en la construcción de una corona de hormigón armado empotrada en la roca y el cierre del hueco central mediante un escudo metálico. La obra civil necesaria para la ejecución de la corona era sumamente laboriosa, requiriendo un

plazo de ejecución de 15 días y la colocación del escudo metálico necesitaba de 7 días más.

Debido a varias crecidas del río que inundaron la zona de trabajo y por consiguiente obligaron a nuevas limpiezas, se estudió la sustitución del escudo metálico por un tapón de hormigón en masa que, si bien no era sencillo de ejecutar sí presentaba unos plazos previsiblemente más acotados.

La decisión final fue, por tanto, construir un escudo de hormigón en masa en toda la sección del túnel, de 4 metros de espesor. Se hormigonó en dos fases por condicionamiento del terreno, ya que la solera del túnel se encontraba 70 cm por debajo de la de compuertas. La primera fase se hormigonó dejando unos escalones en la parte superior para encaje de la segunda fase y resistir los esfuerzos cortantes. En la masa de hormigón se dejó empotrada una tubería cerrada con una válvula con objeto de proporcionar agua en las siguientes operaciones a realizar en el túnel y poder desaguar el trasdós del túnel en el momento de la demolición de este escudo.

VII Inyección en escudo y cierre de compuertas, margen izquierda

Tras dos días de fraguado se desencofró el escudo y se realizaron unas inyecciones en el contacto hormigón – roca que hiciese estanco el tapón.

Tras la ejecución de estas inyecciones se procedió al cierre de las compuertas de la margen izquierda y comenzó el embalse de agua para suministrar durante la siguiente campaña de riegos.

2.2 Sustitución de las compuertas

Posteriormente y con el embalse lleno se procedió a la sustitución de las compuertas de la margen derecha. Para completar esta operación fue necesario realizar las siguientes operaciones:

A) Desmontaje y demolición del conjunto de antiguas compuertas.
B) Montaje y hormigonado de las nuevas Bureau.
C) Inyecciones acero – hormigón y hormigón – roca.

A) *Desmontaje y demolición del conjunto de antiguas compuertas*

Se comienza con la retirada del aceite del sistema óleo – hidráulico de accionamiento de las Compuertas Bureau, envasándolo para llevarlo a una planta de tratamiento de aceites usados.

Posteriormente se retiran los elementos mecánicos exteriores, cilindros, cúpulas y obturadores, y se comienza la demolición de los blindajes de los conductos y demás elementos metálicos embutidos en el hormigón. Para realizar esta operación se contó con la colaboración de personal especializado en desguaces, usando propano por ser más rápido en el corte y no ser necesaria gran precisión.

Para la demolición de los hormigones se utilizaron técnicas de demolición sin vibración, el sistema

585

blindajes están formados por chapa de acero A-42B de 14 mm. de espesor, reforzada interiormente por marcos de perfil IPN-280 cada 300 mm.

Las compuertas colocadas en cada margen fueron 3 parejas de compuertas Bureau de 1,20 × 2,20 m de altura, además en el túnel de la margen derecha se colocó una válvula Howell – Bunger Ø 600 mm que proporciona el caudal ecológico al río.

C) *Inyecciones acero – hormigón y hormigón – roca*
Para realizar estas operaciones se llevaron a cabo un serie de perforaciones en la chapa de acero de los blindajes que facilitó la inyección acero – hormigón, cerrándose estas perforaciones con unos tapones roscados al efecto. La inyección hormigón – roca se realizó con técnicas habituales en estos trabajos.

Después de realizadas estas operaciones de montaje y completando las instalaciones óleo – hidráulicas

consistió en la ejecución de un corte con coronas de diamante de Ø 200 mm, mediante máquinas óleo – hidráulicas. Una vez retirado el testigo de hormigón se introduce un gato hidráulico con una presión máxima de 1.500 kg/cm² produciendo la rotura del hormigón según una cuña.

B) *Montaje y hormigonado de las nuevas Bureau*
Una vez limpia la zona de la cámara de compuertas se procede al montaje de las compuertas con sus blindajes de conductos, teniendo en cuenta que son operaciones a realizar con gran precisión, después se realiza el hormigonado con la precaución de no dejar bolsas de aire en ningún punto, evitar movimientos en la estructura y excesivo calor en el fraguado. Los

Esta demolición se realiza igualmente que la del macizo de compuertas con métodos sin vibración.

Una vez terminada la demolición se realiza una última limpieza del túnel, se desmonta la ataguía metálica que se montó en los tajamares de entrada al túnel y con ayuda de una retroexcavadora que descolgamos hasta el pie de presa aguas arriba, cambiamos el curso del río para reconducirlo por el túnel de la margen derecha y poder realizar la sustitución del conjunto de compuertas en el túnel de la margen izquierda, pasando por todas las operaciones descritas anteriormente. Se completa la obra en sucesivas campañas de trabajo, procediendo igual que en el primer túnel habilitado.

La obra finalizó con las rehabilitaciones ajenas a los desagües de fondo, constituyendo un éxito total por el cumplimiento estricto de los plazos, la calidad de la obra ejecutada y, fundamentalmente, por la resolución inmediata de las muchas de las dificultades que se fueron planteando.

3 RESUMEN

Con el fin de poder accionar los Desagües de Fondo necesarios para poder manejar los niveles de agua del embalse, prescripción impuesta por la legislación sobre presas – embalses, se procedió a realizar una serie de operaciones y trabajos que se mencionan en la comunicación. Se aprovechó la bajada de nivel del embalse para realizar obras de acondicionamiento de la presa.

La Confederación Hidrográfica del Ebro, con la colaboración de varias Universidades y Centros de Investigación, hizo unas exhaustivas campañas de carácter científico que podrán aprovecharse en futuras actuaciones sobre desembalses de presas.

que accionan las compuertas se da por concluida la operación, esperando tener el embalse vacío en la próxima campaña.

Llegado este momento se conduce el agua del río por el túnel de la margen izquierda y comienza la operación de demolición del tapón de hormigón realizando en la margen derecha la campaña anterior.

Dam Maintenance and Rehabilitation, Llanos et al. (eds)
© 2003 Taylor & Francis, ISBN 90 5809 534 7

Reparación de los desagües de fondo de la presa de Sau (Barcelona)

Manuel Alonso Franco & Miguel Angel Lobato Kropnick
Ingenieros de Caminos Canales y Puertos, FCC Construcción, S.A., España

RESUMEN: En este articulo, se describen los trabajos realizados para el dragado de los lodos depositados en el fondo del embalse, la **rehabilitación** de los **desagües de fondo** laterales y la anulación de los centrales. La dificultad fundamental de esta obra fue la ejecución con el embalse en carga, trabajando a profundidades superiores a los 50 metros. Gran parte de los trabajos, toma de datos, preparación de superficies del paramento, anclaje de estructuras, colocación de ataguías provisionales, etc., se tuvieron que realizar con equipos de **submarinistas** especializados, coordinando los trabajos desde la superficie.

1 ANTECEDENTES

La presa de Sau, situada sobre el río Ter, término municipal de Vilanova de Sau (Barcelona), constituye uno de los principales embalses para abastecimiento de agua a varias poblaciones importantes, Barcelona y su zona de influencia, Gerona y otras poblaciones de la Costa Brava, teniendo instalada una central hidroeléctrica de pie de presa.

Después de 30 años desde su terminación, los desagües de fondo se encontraban en mal estado, presentando daños importantes en el hormigón y en el acero de las chapas del blindaje de los conductos, así como en los elementos de cierre y de accionamiento y control, no permitiendo su manejo con seguridad.

En este embalse, por su situación y características del régimen hidrológico de su cuenca, con riadas importantes, se ha producido la acumulación durante

años, de lodos que habían alcanzado una altura que llegaba a sobrepasar la cota superior de las embocaduras de los desagües de fondo, obstruyéndolas y dificultando su utilización.

En Septiembre de 1994, la Junta de Aguas de la Generalidad de Cataluña, adjudicó a la empresa Fomento de Construcciones y Contratas, S.A., la obra correspondiente al proyecto de "Reparación de los desagües de fondo de la presa de Sau. T.M. de Vilanova de Sau (Osona)", con un plazo de ejecución de 22 meses.

2 CARACTERÍSTICAS DE LA PRESA

Las características principales de la presa son:

Tipología: Gravedad de hormigón.
Año de terminación: 1963
Función: Regulación, abastecimiento y energía
Altura s/ cimientos: 84 m
Longitud de coronación: 260.00 m
Cota N.N.E.: 424.54
Cota de coronación: 426.54
Aliviadero: 4 compuertas (2500 m³/s)
Desagües de fondo: 2 (31.62 m³/2)
Cota del eje: 360.50
Desagües de fondo laterales: 2 + 2 (253.89 m³/s)
Cota del eje: 359.55

3 ALCANCE DEL PROYECTO

Las obras adjudicadas consistieron en:

- Extracción de los depósitos de lodos hasta el nivel de operatividad de los desagües.

Vista aérea de la presa y embalse.

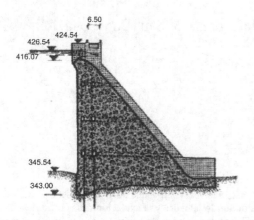

Sección tipo de la presa.

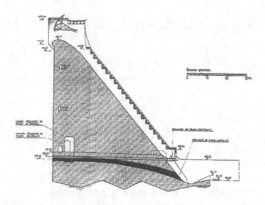

Sección tipo con los conductos de desagüe.

– Rehabilitación de los desagües de fondo laterales (2 + 2 conductos).
– Inutilización de los conductos del sistema de desentarquinamiento, en desagües laterales.
– Adecuación del camino de acceso al pie de aguas debajo de la presa.
– Inutilización de los desagües de fondo centrales (2 conductos), eliminando todos los elementos de cierre y regulación.
– Modificación y sustitución de los conductos del sistema de desentarquinamiento, para toma de agua de los contrapesos de las compuertas del aliviadero.

4   CONDICIONANTES ESPECIALES

Una premisa inicial del proyecto era que los trabajos había que realizarlos con el embalse en explotación, al no poder ser vaciado por ser imprescindible para el suministro de agua.

Esto hizo que todas las operaciones que se realizaron en el paramento de aguas arriba de la presa se complicaran enormemente.

Los trabajos de reconocimiento y la toma de datos, así como los de colocación de anclajes, montaje y desmontaje de las ataguías, sellado de filtraciones, etc., se tuvieron que realizar a profundidades mínimas del orden de 50–55 m, que a embalse lleno podían alcanzar los 70 m, siendo necesario trabajar con un equipo de submarinistas altamente cualificados, con unos equipos muy sofisticados. Obteniendo unos rendimientos muy bajos debido al limitado tiempo de trabajo útil en las inmersiones.

Por seguridad para los submarinistas, en la coronación de la presa se instaló una cámara de descompresión, para poder ser utilizada en caso de que se produjera algún incidente en las inmersiones, no habiendo sido necesaria su utilización durante la obra.

En la coronación, también se colocó una caseta para control y vigilancia de las inmersiones, y para el manejo de una cámara de televisión sumergible, montada en un robot teledirigido y autopropulsado.

La ejecución de los trabajos bajo el agua, se vigilaba permanentemente con la cámara, que también se utilizó para realizar los reconocimientos preliminares del estado del paramento y las embocaduras de los desagües.

5   EXTRACCIÓN DE LOS LODOS

La cota superior de los lodos en el embalse era la 364.00, superior a las de las embocaduras de los desagües, bajándose hasta la cota 356.00, por debajo del umbral inferior, eliminando un espesor de 8 metros. El volumen total de fangos extraídos fue de 6500 m³.

Con anterioridad a los trabajos de dragado, el equipo de submarinistas tuvo que realizar un reconocimiento del fondo y unos perfiles, que sirvieron para realizar los planos definitivos de trabajo.

Para eliminar los lodos del embalse, se instaló una lanza de agua sobre una plataforma flotante, con 2 bombas sumergidas y alimentación eléctrica desde el exterior.

La lanza se manejaba desde la plataforma, y con ella se fueron removiendo y quitando consistencia a los lodos, empezando por las proximidades de los desagües, que quedaban en suspensión.

Para su extracción del embalse, se utilizaron los desagües de fondo laterales, abriendo ligeramente las compuertas, creándose un flujo de agua que arrastraba los lodos al exterior.

6   REHABILITACIÓN DE LOS DESAGÜES DE FONDO LATERALES

Cada desagüe lateral (derecho e izquierdo), está formado por dos conductos rectangulares de 1.00 m de anchura por 2.00 m de altura, cerrados por 2 válvulas de compuerta cada uno, accionadas mediante cilindros oleohidráulicos, desde la cámara situada sobre ellas.

La secuencia de los trabajos realizados en los desagües de fondo laterales de la margen izquierda, fue la siguiente:

- Reconocimiento y toma de datos, para la elaboración de planos de detalle.
- Preparación de las superficies de los paramentos de la presa, perforaciones y anclajes para los soportes de la ataguia.
- Construcción de la ataguía en taller.
- Descenso y anclaje del marco de la ataguía.
- Descenso y colocación de la compuerta de la ataguía.
- Vaciado de los conductos de desagüe.
- Sellado desde el embalse, de las filtraciones y fugas de agua detectadas.
- Desmontaje de las compuertas y de todos los mecanismos y los equipos, para su inspección y recuperación de los elementos servibles.
- Saneado y reparación de los tramos de conducto de 2 × 1 m. con blindaje.
- Saneado y reparación de los tramos de conducto de 2 × 1 m. sin blindaje.
- Inutilización y relleno de los conductos de desentarquinamiento.
- Montaje y pruebas sin carga de las nuevas compuertas de los desagües laterales.
- Equilibrado de presiones mediante la apertura de las válvulas de la ataguía.
- Comprobación en carga del cierre de las compuertas.
- Retirada de la ataguía, incluido el marco.

Inicialmente estaba previsto rehabilitar todos los desagües de fondo laterales, pero después de realizar el dragado y realizar un reconocimiento, se comprobó que la ladera rocosa de la margen derecha impedía utilizar la misma ataguía que para la margen izquierda, teniendo que diseñar una nueva.

Esto último, unido a que no estaba previsto en el proyecto la sustitución completa de las compuertas y los mecanismos de la margen izquierda, aumentó en exceso el total del presupuesto, lo que originó que la rehabilitación de los conductos de la margen derecha no se realizara, quedando pendiente de un nuevo proyecto.

6.1 Ataguía de los desagües de fondo laterales (margen izquierda)

La ataguía que se colocó era única para los dos conductos del desagüe, ya que la separación entre ellos no permitía la colocación de dos ataguías independientes, una en cada embocadura.

Se ha diseñado de tal forma que al cerrar contra el muro de la presa quedara un espacio libre de aproximadamente 45 cm entre el paramento y la compuerta,

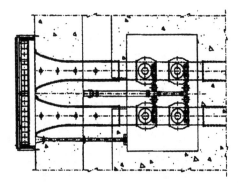

permitiendo el paso de un conducto a otro por delante del tajamar, lo que permitía la inspección y reparación del hormigón de las embocaduras y además facilitaba los trabajos y el movimiento de los operarios.

El diseño de la ataguía se hizo teniendo en cuenta las condiciones en las que se tenía que colocar, por lo que se modificó el diseño inicial del proyecto, estudiando la forma de aligerar peso para que las maniobras que tuvieran que realizar los submarinistas fueran menos pesadas.

La compuerta y el marco estaban construidos con perfiles HEB y IPE, soldados a tope mediante soldadura continua, cerrando los extremos, de tal forma que se crearan cámaras de aire estancas, que disminuyesen el peso una vez sumergidas.

Consiguiendo que la compuerta y el marco que pesaban 19.40 y 3.65 toneladas en la superficie, al sumergirlas se quedaran en 6.90 y 1.93

Las maniobras de descenso y ajuste de la compuerta eran muy delicadas, por lo que en fase de diseño se previó la colocación de dos cables guía para que la compuerta bajara sujeta lateralmente en su posición, sin golpear al paramento ni al marco y que no hubiera que realizar movimientos de ajuste con la grúa situada en superficie, solamente de los submarinistas.

Para ello se colocaron dos cables de acero, tensados entre dos ménsulas colocadas próximas a la coronación y a la parte inferior del marco. La compuerta tenía en los laterales unas ranuras con casquillos de plástico, que permitían introducir el cable y su deslizamiento sin roces.

De esta forma, antes de introducir la compuerta en el agua, con ella suspendida de la grúa, se colocó entre los cables guía, y una vez conseguido esto se bajó lentámente encajando en su sitio, con la ayuda de los submarinistas, sin tener que realizar ninguna maniobra mas.

6.2 Marco de la ataguía

Es una estructura de acero, de 6.40 m de anchura y 4.80 m de altura, formada con perfiles IPE-400 soldados a tope, 3 en cada lateral y 2 en los lados

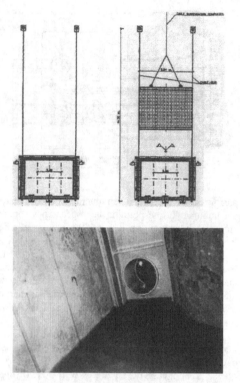

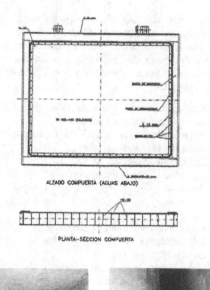

ALZADO COMPUERTA (AGUAS ABAJO)

PLANTA-SECCION COMPUERTA

Estado de paredes, techno y solera.

Vista de la compuerta, marco y tubo φ 250 mm.

horizontales, quedando estancos los espacios creados entre cada dos perfiles.

En el marco se colocaron tres válvulas, 1 de φ 100 mm en el dintel y 2 de φ 250 mm en los laterales, para el llenado de agua del espacio entre la ataguía y las compuertas, poder equilibrar presiones antes de retirar la compuerta de cierre una vez terminadas las obras.

6.3 Compuerta de la ataguía

Está formada por un tablero rectangular de 6 m de anchura y 4.66 m de altura, formado por 20 perfiles HEB-450 colocados verticalmente y soldados a tope. Los 19 espacios creados entre cada 2 perfiles se han cerrado con chapas soldadas, creando cámaras estancas.

Para asegurar la estanqueidad, en el contacto de la compuerta contra el marco se colocó una banda de goma continua de 5 mm de espesor, y además por el exterior del apoyo otra banda continua de goma con un perfil tipo nota musical.

6.4 Tratamiento del hormigón de los conductos

En las zonas del conducto donde no existía blindaje, las operaciones realizadas fueron las siguientes:

Repicado mediante pistolete neumático de todas las zonas donde el hormigón se encontraba dañado, hasta conseguir una superficie sana.

Chorreado de toda la superficie hasta conseguir un acabado grado SA 2½ incluidas las barras de acero de las armaduras y aplicación sobre ellas de una capa de resina epoxi, para conseguir una buena unión con el mortero.

La reconstrucción de la sección original del conducto, se realizó con un mortero sin retracción de alta resistencia, con un espesor de 10 cm en la solera y laterales, colocando una armadura de piel (150 × 150 × 4 mm), en todo el perímetro del conducto. Esta malla se ancló al hormigón mediante barras de diámetro 10 mm cada 25 cm, (4 anclajes por m^2), recibidos con resina epoxi en taladros en el hormigón.

Para la colocación se empleó un encofrado, tratado previamente con un desencofrante especial que actuase de inhibidor superficial de endurecimiento. Para obtener una textura rugosa, una vez quitado el encofrado, se chorreó toda la superficie con agua a presión, eliminando el desencofrado.

En el techo se colocó un mortero armado con fibras de polipropileno, con un espesor de 3 cm, dándole un acabado final rugoso.

Como acabado final de toda la superficie del conducto, se aplicó en la solera, paredes y techo, un revestimiento especial de mortero hidráulico

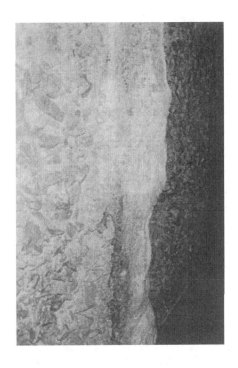

tixotrópico, con un espesor mínimo de 5 mm, adecuado para resistir los ataques de aguas agresivas, con una alta resistencia a la abrasión.

6.5 Tratamiento del blindaje aguas arriba de las compuertas

Como resultado de la inspección realizada se consideró que el estado era aceptable, ya que el espesor de la chapa tenía entre 7 y 10 mm, excepto en zonas puntuales, descartando la opción de sustitución de la totalidad del blindaje por otro de acero inoxidable, siendo suficiente reparar y proteger el existente.

En las zonas donde la chapa del blindaje había perdido espesor, por la actuación de ferrobacterias, se aplicó un producto metálico, mezclado con un reactivo de polímeros y olígomeros de un alto poder molecular.

En el resto de superficie de chapa, se hizo un chorreado mediante arena, hasta conseguir un acabado con un grado SA 2½. Durante toda la operación de chorreado se mantuvo bien ventilada la zona, para evitar que la condensación del vapor de agua sobre la chapa impidiera conseguir el grado de acabado y para impedir una oxidación rápida del acero.

Como tratamiento de acabado y barrera de protección contra la corrosión, se aplicó en toda la superficie dos capas de revestimiento de un producto de dos componentes a base de líquidos tixotrópicos.

Aspecto del conducto terminado.

6.6 Tratamiento del blindaje de los conductos aguas debajo de las compuertas

En este tramo de la conducción que estaba en peor estado, existían zonas en donde había desaparecido totalmente la chapa de acero, con grandes cavidades en el hormigón. La solución fue conservar y tratar las chapas que estaban en buen estado, y sanear el hormigón restituyendo la sección original.

Las operaciones realizadas fueron las siguientes:

Extracción de todos los trozos de chapas dañadas o desprendidas del hormigón.

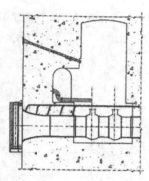

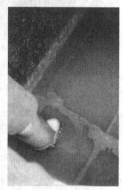

Estado de la chapa en pared y solera.

Repicado mediante pistolete neumático de todas las zonas donde el hormigón se encontraba dañado, hasta conseguir una superficie sana.

Chorreado de toda la superficie chapa y hormigón, especialmente en la chapa hasta conseguir un acabado grado SA 2½.

Aplicación sobre todas las superficies metálicas, incluidas las barras de armadura visibles, de una capa de resina epoxi.

Relleno de todas las cavidades del hormigón, con mortero hidráulico de alta resistencia sin retracción, hasta conseguir la geometría original del conducto.

Aplicación de una capa de acabado de piel con un espesor mínimo de 5 mm, con un producto formado por cuarzo seleccionado, mezclado con resinas liquidas (especialmente formuladas para reaccionar químicamente con el cuarzo). Esta capa tiene una gran capacidad de adherencia al hormigón y a la chapa, además de buenas cualidades mecánicas y resistencia a las agresiones químicas.

Por último se realizaron pequeños taladros en la superficie para facilitar la salida de agua, y evitar la existencia de presiones intersticiales que puedan empujar y dañar las paredes del conducto.

6.7 Desmontaje y reparación de las compuertas y los equipos de cierre

En la cámara de compuertas, se desmontó todo el equipo oleohidráulico de accionamiento y control, las bombas, conducciones, distribuidores, etc. y a la vista de su mal estado, se sustituyó por equipos nuevos con un diseño y materiales mas acorde con la tecnología actual.

Los cilindros se sustituyeron por otros nuevos, ya que el estado que presentaban impedía su recuperación. Se desmontaron las bases de los cilindros y campanas, con sus prensaestopas, empaquetaduras, etc., para revisar, reparar y poner a punto, haciendo un tratamiento anticorrosión de 250 micras de espesor, mediante zinc y resina epoxi.

Desmontaje de los tableros de las compuertas de 2.00×1.00 m, que debido al mal estado en que se encontraban, con pérdidas de material y fisuras, no se pudieron reparar.

La construcción de los nuevos tableros de las compuertas, se realizó con un diseño que reprodujera de forma exacta los originales, para evitar que un nuevo diseño modificase el comportamiento e incluso el centro de gravedad y pudiese originar un mal funcionamiento.

Inspección de las partes fijas de las compuertas, realizando un control dimensional y planimetría, comprobando el estado de los materiales, existencia de corrosión, erosión, fracturas, fisuras, etc. reparando y saneando sin desmontar, salvo las juntas, ya que implicaría la demolición del hormigón en el que se encuentran embebidas.

Instalación de nuevas centrales oleohidráulicas para maniobrar las compuertas (una cada dos conductos, que gobernará las cuatro compuertas), con un diseño que permitió eliminar el distribuidor de aceite

594

para las maniobras de apertura y cierre, sustituyéndolo por una electroválvula accionada desde el armario de control. También se instaló una bomba manual incorporada al circuito de presión, para poder maniobrar las compuertas en caso de fallo en el suministro de energía eléctrica. Todas las conducciones de fluido hidráulico entre la unidad de potencia y los cilindros hidráulicos se colocaron de acero inoxidable.

Instalación de un nuevo armario eléctrico para el manejo y control de las compuertas, realizando el cableado eléctrico nuevo entre la central oleohidráulica y los equipos de control de los cilindros, con finales de carrera, señalización de apertura y cierre y recuperación automática por descenso de compuertas.

Una vez completado el montaje de todos los elementos, se realizaron las pruebas de funcionamiento de las compuertas, por separado y simultáneamente.

Se realizó la apertura de la válvulas de la ataguía para poner en carga las compuertas. Se comprobó la ausencia de fugas y filtraciones de agua en el sistema y en las compuertas, y una vez recibida la autorización de la Administración, se retiró la ataguía de cierre provisional.

6.8 Anulación de los conductos del sistema de desentarquinamiento

Dado el estado de degradación del sistema de desentarquinamiento, se procedió a su anulación mediante el relleno de los conductos con una resina epoxi de alta resistencia. El tapón de cierre entre el exterior y la cámara interior, se realizó mediante inyección, macizando el espacio entre el tapón cónico colocado por el interior y una placa metálica anclada al paramento de la presa.

7 INUTILIZACION DE LOS DESAGÜES DE FONDO CENTRALES

Estos desagües estaban constituidos por dos conductos de 62 metros de longitud, de dimensiones 1.0×0.80 m hasta la compuerta y circular de 1.00 m el resto. La compuerta de aguas arriba no tenía regulación y aguas abajo había una válvula Larner-Jonhson de $1000/750$ mm, por conducto. Debido al mal estado en que se encontraban estos elementos de cierre y la poca utilidad que tenía, se desmontaron según lo previsto en el proyecto.

Los desagües de fondo centrales tienen una capacidad máxima de 31.62 m^3/s, que frente a los 253.89 m^3/s de los laterales, eliminarlos suponía perder un 1.10% de la capacidad total.

Estos desagües estaban concebidos inicialmente para regular los caudales del río Ter aguas abajo, pero con la construcción posterior del embalse de Susqueda, ya no se utilizan para esta función, siendo suficiente con el agua que se turbina para la producción eléctrica.

Para la realización de los trabajos en los conductos, se colocó una ataguía de cierre sobre el paramento de aguas arriba. Las operaciones realizadas han consistido en el desmontaje de todos los equipos y el posterior hormigonado de los conductos y la anulación del sistema de desentarquinamiento.

El tapón de hormigón se realizó entre la ataguía del paramento de aguas arriba y la válvula de compuerta. Para su puesta en obra se realizaron unos taladros en el hormigón desde la galería situada por encima del conducto.

El sistema de desentarquinamiento de estos desagües se está utilizando en la actualidad para suministrar agua, mediante un bombeo posterior, para mantener el nivel de los contrapesos de apertura de las compuertas de superficie, por lo que a pesar de estar en mal estado no se podía anular el tramo, sustituyéndose las conducciones por unas nuevas, anulando el resto de conductos a partir del punto donde se desviaba el agua al bombeo.

Dam Maintenance and Rehabilitation, Llanos et al. (eds)
© *2003 Taylor & Francis, ISBN 90 5809 534 7*

Recrecimiento de presas

D. Manuel Alonso Franco
Ingeniero de Caminos, Canales y Puertos – Asesor de F.C.C. Construcción S.A.

RESUMEN: En este artículo, que consta de dos partes, se exponen las distintas tipologías más generalizadas para el **recrecimiento de presas**, con especial mención a las realizaciones españolas. La segunda parte trata de **recrecimiento de embalses** en los que por falta de calidad en la estructura ya envejecida, o en el comportamiento defectuoso de su cimiento o condiciones topográficas-geotécnicas difíciles o por las grandes dimensiones requeridas para el recrecimiento, se ha considerado conveniente construir una nueva presa exenta aunque próxima de la primitiva o bien contando con su apoyo. En todos los casos la presa antigua ha prestado una colaboración durante la construcción.

PARTE I   RECRECIMIENTO DE PRESAS

1   INTRODUCCION

España al igual que otros países que por su clima o motivos diversos tuvieron que recurrir desde antaño a la creación de embalses son también los primeros en revisar las soluciones que adoptaron correctamente en su época. Así mismo se ha tenido que atender a nuevos usos y demandas y contemplar unas mayores exigencias de seguridad y conservación de la naturaleza.

El recrecimiento de presas existentes es hoy un tema importante dentro de la ingeniería de presas y que requerirá cada vez más atención.

El porcentaje actual de presas recrecidas sobre las existentes es reducido, no sobrepasa el 2%.

Reparaciones, Refuerzos y Recrecimientos tienen bastante en común. La realización de un recrecimiento es aprovechado, con frecuencia, para acometer obras de refuerzo o adecuación.

Los recrecimientos pueden ser previstos desde la misma concepción de la presa. Si su realización se pensó para un futuro próximo, deberíamos hablar de una construcción por etapas, y en consecuencia la estructura estará diseñada para ello desde su comienzo.

2   MOTIVOS

Los motivos más significativos que hacen pensar en un crecimiento son:

- Mayor regulación de los ríos.
- Aumento de los resguardos y del efecto laminador.
- Compensar la pérdida del volumen inicial debido a los sedimentos depositados.
- Alternativa a la construcción de nuevas presas por su menor coste económico y social.
- Mejor rendimiento energético y reducción de las variaciones del mismo, al disponer de volumen importante a cota más alta. La zona inferior del embalse sólo sirve como apoyo de la superior utilizable.

En España las presas recrecidas, de las que el autor tiene referencia, y que están catalogadas como Grandes Presas, son salvo error u omisión:

Aguascebas
Alsa Torina
Almansa
Almodóvar
Arguis
Bárcena (diques)
Bolarque
Burguillo
Burgomillado
Campofrío
Conde de Guadalhorce
Doiras
Estanca de Perdiguero
Estangento
Guadalcacín
Guadalmellato
Hoya de Ponce
Irabia
La Cierva
Lazcano II
Molinos de Matachel

Mulato
Panzacola
Proserpina
Puentes
Puentes Viejas
San Esteban
Sancho
Santillana
Ruidecanyes
La Toba
Torre de Abraham
Torre del Águila
Uldecona
Vado
Valdeinfierno
Yesa

3 TIPOLOGIAS

Los procedimientos más comunes para un recrecimiento de presas son:

3.1 *En presas de fábrica*

El mayor n° de presas recrecidas son de gravedad. Se han recrecido algunas presas de contrafuertes y presas bóvedas, aunque éstas últimas normalmente estaban preparadas para ello desde su origen, es decir se podría hablar de una construcción por fases:

- Por adición de masa en la coronación de la presa.
- Recrudecimiento por el talud de aguas abajo añadiendo masa sobre su paramento, conservando o variando su talud.
- Aumento de la sección de la presa por aguas arriba.
- Empleo de cables tensados.
- Actuaciones sobre el aliviadero.

3.2 *Presas de materiales sueltos*

Al no existir en su interior materiales con una cohesión significativa, el problema fundamental de las presas de fábrica (junta entre fases) desaparece prácticamente. Aquí el Proyectista recurrirá a su fantasía para adoptar su solución preferida.

4 PROBLEMAS A RESOLVER

La elección de la tipología del recrecimiento no siempre podrá valorarse por aspectos técnicos: estabilidad, resistencia, deformabilidad, monolitismo tensional. La situación de operatividad del embalse puede condicionarle. Con cierta frecuencia será conveniente durante un cierto tiempo un descenso del nivel del agua embalsada por exiguo que éste sea.

Un estado precario de la seguridad de la presa antigua, no permitirá su recrecimiento, aunque las condiciones topográficas y geotécnicas fuesen favorables. La construcción de una nueva presa ubicada junto a la anterior ha sido la solución elegida en repetidas ocasiones; en concreto así se han planteado los últimos grandes recrecimientos en nuestro país.

Los problemas que requieren mayor atención en los recrecimientos son:

- El estado deformacional de la estructura en el momento de recrecerla.
- La junta inter-fase entre las fábricas de distintas edades.
- El refuerzo de la cimentación si ello fuera necesario.
- La adaptación a la nueva situación de las estructuras anejas: aliviaderos, desagües, cuencos de amortiguación, etc.

Es lógico pensar, desde el punto de vista práctico, que la presa existente posea unos márgenes de estabilidad y resistencia que puedan aprovecharse con un sentido ingenieril. Lo mismo puede decirse de los materiales de las presas que permitirán, al menos en ciertas zonas, soportar mayores esfuerzos.

Una situación a cumplir, ideal por otra parte, sería que la nueva estructura estuviese lo más próximo posible a las condiciones de estabilidad y resistencia como si el conjunto se construyera de nueva planta.

Con la utilización de programas y métodos informativos el proyectista dispone de una estimable ayuda, que hasta hace poco no poseía.

El problema se reduce a dificultades constructivas: las mayores exigencias son el obtener una unión de las juntas entre fases que permita el paso de las líneas de esfuerzo sin solución de continuidad, que evite o reduzca las tensiones locales en la superficie de contacto: efectos térmicos, distintos coeficientes de elasticidad. Hoy día se pueden minimizar los efectos perniciosos del calor de hidratación y retracciones térmicas con el empleo de cementos fríos. Otros materiales a utilizar pueden ser las resinas epoxídicas con formulaciones adecuadas.

5 PROCEDIMIENTOS

5.1 *Recrecimiento añadiendo masa en coronación*

Es el recrecimiento más sencillo por no afectar a los paramentos y no precisar la bajada del embalse. Es adecuado para recrecimientos de pequeña altura.

Es el peso de la masa de hormigón colocada en coronación la que estabiliza la presa recrecida. La masa de hormigón necesaria puede desbordar el ancho de la coronación mediante voladizos; su centro de gravedad se desplazará hacia aguas arriba para limitar tracciones en el pie de aguas arriba de la presa.

Son normas del buen hacer, el picado de la superficie antigua, su enlace con barras de acero, el recubrir la inter-fase con resinas de tipo epoxídico, colocar una galería de inspección y hacer la junta quebrada e inclinada hacia aguas arriba.

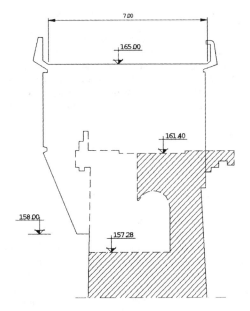

Figura 1. Recrecimiento de la presa de doiras con peso en cabeza. Año 1934-h = 94.40 m, Año 1957-h = 98.00 m.

Este recrecimiento en coronación no tiene por que dañar la estética de la presa; al contrario puede servir para mejorarla y resultar armónica con el resto (Conde de Guadalhorce, La Cierva…).

Esta solución de recrecimiento es quizás la más usada en nuestro país.

5.2 Cables postensados

No suele ser un procedimiento preferido por la falta de seguridad en el tiempo (relajamiento, corrosión) Se colocan próximos al paramento de aguas arriba.

Pueden actuar por sí solos o acompañando al peso colocado en la cabeza de la presa. Su empleo puede ser muy conveniente en las zonas de aliviadero donde es difícil colocar el peso estabilizador. Colaboran a la estabilidad el peso del terreno afectado por el anclaje.

5.3 Recrecimiento por aguas arriba

Tiene grandes ventajas estructurales pues la junta entre hormigón viejo y nuevo está sometida a pequeñas tensiones tangenciales dada su situación aguas arriba. Esta solución requiere que el recrecimiento no sea de mucha altura.

Su mayor inconveniente es la necesidad de tener el embalse vacío. Así mismo se requiere hacer una nueva pantalla de impermeabilización y de drenaje en el cimiento. En la junta no debe establecerse presión intersticial.

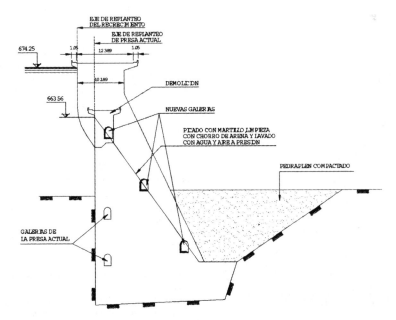

Figura 2. Recrecimiento presa de la torre de Abraham. Solución mixta: Masa en coronación y refuerzo talud aguas abajo evitando tocar la cimentación (Variante presentada al concurso).

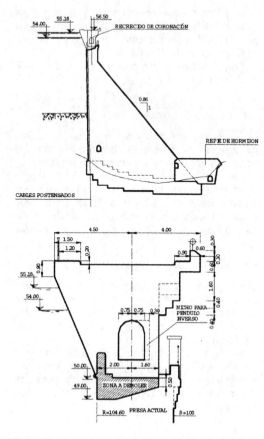

Figura 3.   Presa de la cierva. Recrecido de coronación y cables anclados.

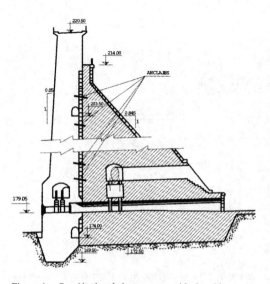

Figura 4.   Sección tipo de la presa recrecida de ruidecanyes.

Si al nuevo paramento se le da un talud más tendido se podrá mejorar la estabilidad al contar con el peso de la cuña de agua.

5.4   *Recrecimiento por aguas abajo*

Esta situación es más favorable que la anterior para recrecimientos de cierta entidad.

Es condición imprescindible conseguir el monolitismo del conjunto de las dos estructuras. La rugosidad del paramento antiguo, el empleo de cementos fríos para su menor retracción, la utilización de resinas epóxicas, el refuerzo con armaduras pasantes ancladas en la fábrica antigua, el drenaje de la junta, son medidas que ineludiblemente deben tenerse en cuenta.

La nueva cimentación deberá hacerse por bataches y prolongarse en un repie de presa formado por bloques de hormigón.

6   OTROS CASOS DE RECRECIMIENTOS

En las presas de **contrafuertes**, donde los elementos estructuras (cabezas y almas) son muy esbeltos con una mayor concentración de tensiones, no suele ser interesante el añadido de masa en los paramentos. Mejor solución es la precompresión mediante cables.

Si se trata de recrecimientos importantes es preferible recurrir al macizado con fábrica en los huecos entre contrafuertes (presa de Burgomellado) o adosar un espaldón de materiales sueltos que los englobe.

Se han hecho recrecimientos en presas **bóvedas** en casos muy singulares. Lo normal es que el recrecimiento sea previsto, y se trate de una construcción por fases.

En todos estos casos son válidas las observaciones hechas para las presas de gravedad en cuanto a la ejecución de las juntas y el logro del monolitismo. Se deberá comprobar el estado tensional de la presa definitiva por medio de modelos validados.

7   PRESAS DE MATERIALES SUELTOS

Como se ha señalado anteriormente el recrecimiento de estas presas presenta menos problemas técnicos que en las presas de fábrica al no existir una preocupación por el monolitismo. Se ha de buscar la continuidad del elemento impermeable tanto si es interno (núcleo de tierras, de hormigón asfáltico, diafragmas...) como externo (pantallas).

Casi todas las soluciones que pueda concebir el proyectista tendrán una referencia en realizaciones anteriores.

Son normales los recrecimientos de pequeña entidad que tratan de adecuar los resguardos a las nuevas normativas o bien la de recuperarlos cuando por asientos postconstructivos o movimientos debidos a

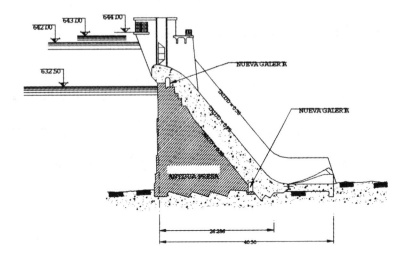

Figura 5. Presa de bolarque. Recrecimiento tipico de 3.50 m por aguas abajo.

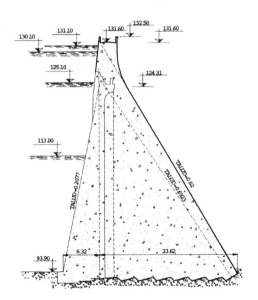

Figura 6. Presa de burgomillado. Recrecimiento con hormigón en masa entre contrafuertes.

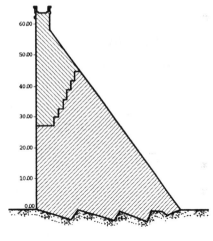

Figura 7. Presa de puentes viejas. Construcción en 2 etapas.

acciones externas resulten exiguos. En la mayoría de estos casos puede ser suficiente la verticalización de los paramentos en su parte superior.

PARTE II   RECRECIMIENTOS DE EMBALSES

1   INTRODUCCION

Hay situaciones en que habiendo necesidad de disponer de mayores recursos de agua para atender las demandas señaladas en el punto 2 de la 1ª Parte, no es posible o conveniente recrecer la presa existente por diferentes motivos: estado de la estructura y/o su cimiento o condiciones topográficas y geotécnicas nada favorables. En estos casos se recurre a la construcción de una presa nueva en las inmediaciones de la antigua.

Citaremos tres casos espectaculares que mediante nuevas presas se consiguen grandes aumentos de la capacidad de sus vasos, construidos o en construcción en estos últimos años.

– Nueva presa de Guadalcacín construida en las inmediaciones aguas abajo de la primitiva.
– Nueva presa de Puentes situada aguas arriba de la antigua.

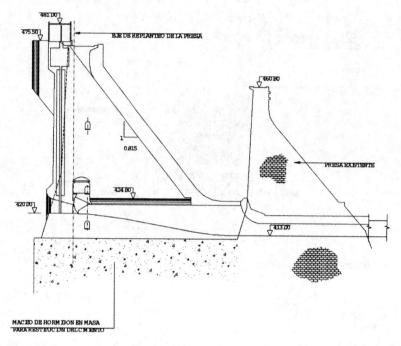

Figura 8.   Presas, antigua y nueva, de puentes.

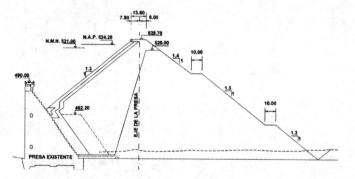

Figura 9.   Recrecido de la presa de yesa.

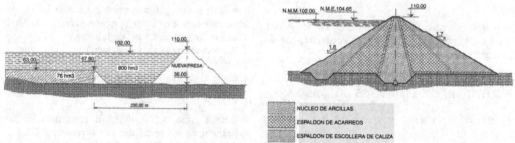

Figura 10.   Presa de Guadalcacin I y II Esquema de
volumenes.

Figura 11.   Nueva presa de Guadalcacin sección tipo.

– Presa de Yesa a recrecer con una estructura que se apoya en el paramento de aguas abajo de la existente.

La primera supone una capacidad de embalses 15 veces superior al existente.

La segunda recupera el volumen (26 hm³) de la presa vieja que se encuentre totalmente aterrada.

La tercera presa triplicará el volumen de su vaso.

Se acompaña un esquema de las dos últimas actuaciones, y se expone con más detalle la primera (Guadalcacín).

2 EMBALSE DE GUADALCACIN Y SU RECRECIDO

2.1 Reseña histórica

En el año 1917 se terminó la construcción de la pesa de Guadalcacín en el río Majaceite, afluente por la margen izquierda del Guadalete, a unos 8 km aguas arriba de la confluencia de ambos ríos.

La presa es del tipo gravedad con planta curva, paramento aguas arriba vertical y talud de 0,87 (H): 1(V) el de aguas abajo. Con una altura sobre cimientos de 43 m. crea un embalse de 76 hm³ en parte hoy aterrada.

Fue una presa emblemática de principios del siglo XX con paramentos de mampostería concertada de gran belleza, en un paraje excepcional, a la entrada de la "Angostura de Arcos". Fue proyectada y construida por el insigne Ingeniero D. Pedro Miguel González Quijano.

2.2 Antecedentes y estudios de soluciones

La regulación y aprovechamiento de los recursos hidráulicos de la cuenca del río Guadalete ha sido una preocupación constante de la Confederación Hidrográfica del Guadalquivir. Para ello se han estudiado diversas soluciones; las más remotas en el tiempo contemplaban el recrecimiento de la presa de Guadalcacín. Así, en el año 1.949 se redactó un proyecto para recrear un (1) metro su aliviadero y colocar alzas móviles en el mismo; la capacidad del embalse se incrementaba de los 76 hm³ a los 112 hm³. En 1.955 se redactó un nuevo proyecto para recrecer la estructura en 14,5 m, con lo cual su capacidad, ya entonces reducida a 63 hm³ por los sedimentos depositados, subía a los 274,6 hm³.

Ninguna de ambas soluciones fue realizada, tanto por dificultades de origen técnico como socioeconómicas. Entre las primeras cabe señalar que si bien la presa mostraba una buena calidad de su fábrica, por la inexistencia de filtraciones, éstas son importantes por el contacto con el terreno y a través de la roca. Desde el otro punto de vista, estas soluciones

sólo resolvían parcialmente el fuerte aumento de la demanda que se estaba produciendo.

Se optó como alternativa por construir, en una primera fase (1.964), un nuevo embalse en el mismo río y aguas arriba, el de los Hurones, con una capacidad de 135 hm³ mediante una presa de tipo gravedad de 73 m de altura. De este embalse parte la conducción en canal para el abastecimiento de agua a la zona gaditana. A su vez en la presa de Guadalcacín se construye una central de bombeo para elevar su propia agua a este canal, como refuerzo para atender al consumo en la estación veraniega. Como segunda fase se concibe la construcción del Nuevo Guadalcacín, un gran embalse que regula totalmente el río Majaceite y almacena los excedentes transvasados del río Guadiaro que se estiman en unos 110 hm³ al año, mediante un túnel de unos 12 km que entregará este agua en la cola del embalse de los Hurones.

La Dirección General de Obras Hidráulicas encargó a la Confederación Hidrográfica del Guadalquivir la redacción del "Proyecto de Nueva Presa de Guadalcacín sobre el río Majaceite – T.M. de Jerez de la Frontera (Cádiz) – (05.192-117/2121)".

Las obras salieron a Concurso-Subasta y fueron adjudicadas a Fomento de Construcciones y Contratas, S.A. el 26 de Octubre de 1.985.

Con la construcción de esta nueva presa (Guadalcacín II) la cuenca del río Guadalete queda regulada con los siguientes aprovechamientos:

Presas	Año	Embalse (hm³)	Rio
Guadalcacin I	1.917	76	Majaceite
Hurones	1.964	135	Majaceite
Bornos/Arcos	1.961/65	229	Guadalete
Zahara	1.993	212	Guadalete
Guadalcacin II	1.994	800	Majaceite

2.3 Descripción de la presa

Esencialmente se trata de una presa de 77,50 m de altura, del tipo de materiales sueltos con núcleo grueso de arcillas y espaldones de acarreos y escollera. Entre núcleo y acarreos se coloca un filtro de material seleccionado.

El eje de esta presa se sitúa a 130 m aguas abajo de la estación de bombeo, antes mencionada, en un punto cuya cota en el cauce es la 36,50. La distancia entre ejes de la presa antigua y la nueva es pues de 200 m.

Coronada la presa a la cota 110, la capacidad de su embalse a cota de M.N.N (102) es de 800 hm³, su altura sobre cimientos es de 77,50 m. La longitud y anchura de coronación son 260 m y 10 m respectivamente.

Los taludes externos de los espaldones son de 1,6:1 aguas arriba y 1,71:1 aguas abajo.

El volumen total de los materiales que forman el cuerpo de la presa es de 1.240.000 m^3 que se distribuyen de la siguiente manera:

- Escollera caliza en espaldones   467.000 m^3
- Acarreos en zona de transición   412.000 m^3
- Arcilla en núcleo   275.000 m^3
- Material granular para filtro   86.000 m^3

Las estructuras hidráulicas que conforman este aprovechamiento son:

El **aliviadero de superficie** es de labio fijo constituido por un Creager circular de 28,00 m de longitud y 53,47 m de radio. El canal de descargas de 165,00 m de longitud y 12 m de anchura desciende por la ladera derecha y restituye sus aguas al cauce mediante un trampolín de 40 m de radio.

La torre de toma de 82,00 m. de altura y 7,00 m de diámetro interior, a la que se accede por una pasarela a la cota 110 desde la ladera izquierda, tiene cuatro embocaduras controladas por compuertas deslizantes para la selección de la calidad del agua. Entronca con la conducción de los desagües de fondo situada al pie del estribo izquierdo, y que en su día sirvió para el desvío de los caudales no retenidos por la presa antigua.

Estos desagües de fondo, constituidos por dos (2) tuberías de palastro de 2.000 mm de diámetro, conducen el agua, mediante una bifurcación, a un cuenco de rotura de carga que alimenta el canal de agua para el regadío de la zona. Así mismo conecta con las tuberías de abastecimiento de agua que proceden del embalse de los Hurones.

Esta obra, de gran belleza, se terminó de construir en 1.995 y en un corto periodo de tiempo ya embalsaba unos 600 hm^3, siendo correcto su comportamiento.

La Nueva Presa de Guadalcacín (Guadalcacín II) supone, en porcentaje, el mayor crecimiento de un embalse en España pasando de una capacidad inicial de 76 hm^3 a una final de 800 hm^3.

El embalse de Guadalcacín II cumple las siguientes funciones:

- Regula prácticamente la totalidad de la cuenca del río Majaceite y recoge, con un trasvase de 120 hm^3/año las excedencias de la cuenca del río Guadiaro.
- Lamina con total eficacia las avenidas del río Majaceite, al tener un espejo de agua máximo de 3.670 has. de superficie.
- Cumple con gran garantía su objetivo principal, que es terminar con el problema endémico de no poder atender con garantía el abastecimiento de una población que supera el millón de habitantes en la zona gaditana.

El Aprovechamiento hidráulico del nuevo Guadalcacín es un ejemplo de una magnífica planificación de los recursos hídricos de su cuenca.

Dam Maintenance and Rehabilitation, Llanos et al. (eds)
© 2003 Taylor & Francis, ISBN 90 5809 534 7

Mejora de la capacidad de desagüe y de laminación de avenidas. Presa de Puentes, sobre el río Guadalentín, Murcia (España)

D. José Manuel Somalo Martín & J. Carvajal Fernández de Córdoba
Ingeniero de Caminos, Canales y Puertos – OHL, S.A.

RESUMEN: Se trata aquí de la nueva Presa de Puentes, sobre el río Guadalentín, en Murcia, y de las características de su diseño con vistas a mejorar la capacidad de desagüe y de laminación de avenidas. Se considera el adecuado reparto en la capacidad de desagüe entre el aliviadero superficial y la gran potencia de los desagües de fondo, incidiendo en la singularidad del desagüe de medio fondo en carga, diseñado para aprovechar el aliviadero en pozo de la presa preexistente.

SUMMARY: Discussed herein are the new Puentes Dam on the Guadalentín in Murcia and its design featuress so as to improve the drainage capacity flood routing We have considered the adequate distribution in the drainage capacity between the surface spillway and the great power of the bottom outlets, while noting the unique nature of the mid-level under presure outlet, designed to take advantage of the shaft spillway of the preexisting dam.

1 LA PRESA DE PUENTES

La actual Presa de Puentes es la cuarta que se construye en el río Guadalentín, en el denominado "estrecho de Puentes". La primera se comenzó en el siglo XVIII, sin llegar a finalizarse las obras. La segunda se construyó en el siglo XVIII, y se arruinó por sifonamiento de la cimentación en los primeros años del siglo XIX. En los últimos años del siglo XIX, se realizó la tercera de ellas, que se ha mantenido en servicio hasta la última década del siglo XX, en que se decidió su recrecimiento como parte del plan de defensa de avenidas de la cuenca del Segura.

Ya en la década de 1960, se recreció con hormigón en una altura de 80 cm, ejecutando una pantalla de hormigón de 50 cm de espesor sobre el paramento de aguas arriba, y construyendo un aliviadero en pozo en la margen izquierda, en sustitución del aliviadero situado en el barranco situado en la margen derecha.

La cuarta presa de Puentes ocupa aproximadamente la cerrada correspondiente a la presa arruinada en el año 1802, aguas arriba de la presa anterior en servicio, con su coronación 13 m por encima de ella, a la cota 474,00, produciéndose un embalse de 52 hm³ de capacidad que resuelve los problemas de incrementar la regulación, y de mantener y laminar las avenidas del río Guadalentín.

La Nueva Presa de Puentes de hormigón, de tipo gravedad, y está definida en planta por tres alineaciones rectas. La central, normal al cauce del río Guadalentín tiene una longitud de 144 m. Las laterales corresponden a sendas aletas hacia aguas arriba que cierran el embalse a cota de coronación. El desarrollo total a lo largo de la coronación es de 382,00 m.

La sección transversal tipo está formada por un perfil triangular con vértice a la cota 474,00 completado en parte superior por un macizo prismático de 5,50 m de anchura que se remata en coronación mediante dos ménsulas de 1,20 m.

2 CARACTERISTICAS PRINCIPALES

- Altura sobre cimientos   78 m
- Longitud de coronación   382 m
- Anchura de coronación   7 m
- Volúmenes de embalse:
  - Regulacion para riegos   13 hm³
  - Reserva para laminación   53 hm³
- Superficie regable   11.000 ha
- Longitud del aliviadero   29 m
- Capacidad máxima aliviadero (PMF)   2000 m³/seg

- Desagüe de fondo   850 m³/seg
- Desagüe de medio fondo   450 m³/seg
- Longitud del túnel de desvío   260 m

3 APROVECHAMIENTO DEL ALIVIADERO EN POZO EXISTENTE

Los aliviaderos en pozo, o "morning glory", se han utilizado por los proyectistas de presas, sobre todo en presas de materiales sueltos, debido a la ventaja que supone la sustitución del canal de descarga en ladera por una galería trazada bajo el cuerpo de presa, que en muchas ocasiones se aprovecha como elemento del sistema de desvío provisional del cauce, para la construcción de la presa.

En el caso de la presa de Puentes, el aliviadero en pozo fue construido posteriormente, en sustitución del primitivo aliviadero lateral de que estaba provista la presa, coincidiendo con una rehabilitación y recrecimiento ligero de la misma.

El funcionamiento de un aliviadero en pozo, corresponde al de un aliviadero de superficie, con sección de control en el vertedero. A lo largo del tramo en pozo vertical, el agua circula en régimen de caída libre, hasta llegar a una determinada altura sobre el codo inferior. A la salida de éste, al iniciarse el tramo inferior de descarga, el agua debe circular en régimen de lámina libre, para lo cual se aduce aire por la parte superior del conducto de descarga.

En la presente comunicación, se presenta una alternativa de modificación de un aliviadero en pozo de manera que pasa de funcionar como tal a hacerlo como desagüe en carga, con la sección de control en el tramo inferior de descarga. Ello, requiere el anegamiento del vertedero o cáliz, de manera que todo el tramo vertical, el codo y el inicio del tramo de descarga funcionen en régimen de presión, y el establecimiento de una sección de control al inicio del tramo de descarga.

Para conseguirlo, es necesario elevar el nivel máximo de explotación del embalse (caso de un recrecimiento de presa), o bien establecer una nueva toma a un nivel inferior que entronque con el conducto vertical, dejando inutilizado el cáliz.

Para cumplir la segunda de las condiciones anteriores se debe construir una cámara de compuertas con elementos hidromecánicos de cierre y control del conducto. El tramo final de descarga funcionará en lámina libre alimentado por el desagüe bajo compuerta establecido en la cámara de control.

Las ventajas que aporta la transformación de un aliviadero en pozo en un desagüe de medio fondo provienen de la propia naturaleza de ambas estructuras hidráulicas.

Así, mientras que el funcionamiento del "morning glory" rige por la ecuación del vertedero en pared delgada, en la que el caudal evacuado es proporcional a la potencia de grado 1,5 de la altura de lámina, el de un desagüe en carga, en este caso de medio fondo, surge por la ecuación de Torricelli, en la que el caudal evacuado es proporcional a la raiz cuadrada de la carga hidráulica sobre su sección de control.

Por tanto, puede entrar en funcionamiento a lo largo de toda la carrera de embalse comprendida entre la cota de toma y el máximo nivel que se alcance en el mismo. Todo ello se traduce en una mucho mayor efectividad parte del desagüe en carga a la hora de controlar los niveles y laminar las avenidas, y se puede considerar muy recomendable en los siguientes casos:

- Necesidad de mejorar la capacidad de control de niveles en el embalse, ya sea en situación normal o bien en avenidas.
- En caso de recrecimiento de la presa.

El primero de los casos ya se ha comentado al hablar de las ventajas de la transformación.

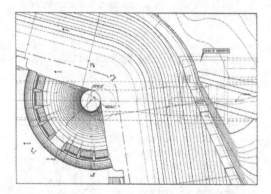

Figura Nº 1. Desague medio de fondo planta general.

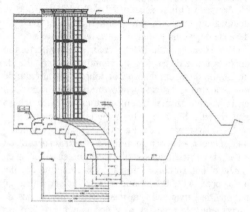

Figura Nº 2. Embocadura – sección.

El segundo es también muy claro; en efecto, recrecerun aliviadero tipo "Morning glory" requiere la prolongación de su pozo y la reconstrucción del cáliz. Frente a ello, se puede optar por su transformación en desagüe de medio fondo y beneficiar a la presa con las ventajas enumeradas anteriormente en cuanto al control del embalse se refiere.

Las obras necesarias para la adaptación del aliviadero en pozo al desagüe de medio fondo serán:

– Nueva embocadura a la cota elegida.
– Conducto de conexión, desde la embocadura al pozo existente.
– Cámara de compuertas, aguas abajo del codo.
– Sistema de aducción de aire al túnel de descarga.
– Acceso a la cámara de compuertas, independiente del propio túnel de descarga, siempre que sea factible.
– Acondicionamiento del túnel de descarga, en función del estado real del existente y de las secciones que exija el nuevo desagüe.

La embocadura se debe equipar con una reja primaria cuyo vano libre sea inferior a la mínima dimensión de las compuertas a instalar en la cámara.

En el nuevo conducto integrado por el tramo de conexión, el tramo de pozo que se aprovecha, el codo

y el tramo de aproximacion a la cámara, se debe considerar su blindaje, siempre que el estado de los revestimientos existentes lo hagan conveniente.

La cámara de compuertas, se excavará a partir del túnel existente. A su entrada, el conducto se debe dividir en dos, mediante una pila intermedia, con objeto de permitir doble toma de control. Deberá alojar por cada uno de los dos conductos una compuerta deguarda, normalmente del tipo BUREAU, y otra posterior de regulación del tipo TAINTOR. El sistema de aducción de aire al pie de las compuertas TAINTOR, se debe llevar a cabo aprovechando en lo posible conductos de aireación del antiguo aliviadero en pozo.

El acceso a la nueva cámara de compuertas debe ser independiente del túnel de descarga, y con sección suficiente para permitir el acceso de vehículos en todo momento a dicha cámara.

4 ORGANOS DE DESAGÜE

El aliviadero consiste en un vertedero sobre coronación formado por cuatro vanos de 7,50 m de longitud, de labio fijo, y con el umbral a la cota 465,00.

El perfil responde a un tipo BRADLEY. Los cuatro vanos se agrupan en dos módulos gemelos,

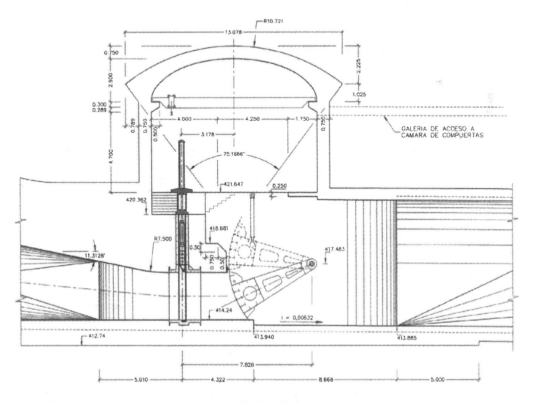

Figura Nº 3.   Camara de compuertas – section longitudinal por eje de vano.

simétricamente dispuestos con relación a la estructura del desagüe de fondo. Cada módulo posee, por consiguiente dos vanos de 7,50 m de anchura, separados por una pila intermedia – tajamar.

Los correspondientes canales de descarga, atraviesan la parte inferior de la Presa Actual, sobre su zócalo, para lo cual se perforan dos túneles de 6,00 m de luz (más otros tantos para el desagüe de fondo), en su fábrica, que posteriormente se revisten de hormigón armado.

El aliviadero así definido es capaz de evacuar un caudal máximo de 2.020 m³/seg, caudal que corresponde al paso de la avenida de verificación (P.M.F.), tras su laminación en el embalse.

El desagüe de fondo de la presa, posee dos vanos y consiste en una estructura adosada al paramento de aguas arriba de la presa, que aloja en su interior sucesivamente los siguientes elementos:

La embocadura, sin rejas de ningún tipo, y con la solera a la cota 420,00.

Transiciones, con solera horizontal y techo inclinado 15° sobre la horizontal.

Compuertas wagon, de 4,50 m de altura por 5,00 m de anchura, alojadas en torre hasta coronación, con cámara de revisión y cámara de maniobras superior.

Compuertas Taintor de 2,75 m de altura por 5,00 de anchura, alojadas en una cámara de maniobras en el cuerpo de presa.

Compuertas de descarga, con anchura de 6,00 m, que se prolongan primero en túnel o galería por el interior de la presa, posteriormente en canal entre las dos presas, después en túnel a través de la Presa Actual y finalmente de nuevo en canal hasta los deflectores de lanzamiento.

En la nueva Presa de Puentes se diseña además un tercer y órgano hidráulico; el desagüe de medio fondo que consta de los siguientes elementos:

4.1 Embocadura

La sección de toma se sitúa en un plano horizontal, coincidente con la embocadura del antiguo aliviadero en pozo. La cota del umbral es de 455,12 m y en planta, posee forma sectorial adaptándose al cambio de alineaciones que presenta la presa en el estribo izquierdo. En alzado, presenta forma de cáliz desde la forma sectorial a la circular completa de 5 m diámetro.

Sobre el umbral de la embocadura se establece la estructura de la reja. Esta consta de una reja primaria de hormigón armado, sobre cuyos elementos estructurales se apoya la rejilla metálica formada por paneles independientes modulados y extraibles.

4.2 Revestimiento del pozo

Este tramo vertical o pozo del "morning glory" hasta el codo, queda sustituido por un conducto blindado de 5,00 m de diámetro, con un revestimiento exterior de hormigón armado.

4.3 Codo y conducto hasta cámara de compuertas

Igual que el anterior, este tramo es blindado y con revestimiento de hormigón armado. Tiene una sección variable que varía desde cirucular de 5,00 m de diámetro, al inicio del codo, a rectangular de 5,00 m de anchura por 2,75 m de altura, al llegar a la cámara de compuertas.

4.4 Cámara de compuertas

Tiene unas dimensiones de 10 m en el sentido del flujo del agua por 14 m en sentido perpendicular y 8,5 m de altura, y se construye excavada en la roca. Su sección transversal es abovedada superiormente con directriz elíptica, y su revestimiento, de hormigón armado, posee un espesor de 0,75 m. Su solera está situada a la cota 421,647, y se accede a ella a través de una galería independiente. El conducto blindado del nuevo desagüe, se divide, al llegar a la cámara, en dos conductos de 2,75 m de altura por 2,50 m de anchura separados por una pila de 1,75 m de espesor. Cada uno de estos conductos se cierra y controla mediante dos compuertas, una BUREAU primero, la cual sirve de guarda, y a continuación una TAINTOR de 5,00 de radio de giro.

4.5 Revestimiento del túnel actual y estructura de lanzamiento

Este túnel se aprovecha, desde aguas abajo de la cámara de compuertas, como canal de descarga del nuevo desagüe. Para ello se construyen dos nuevos muros hastiales adosados a la sección actual en herradura, de manera que la sección final resultante es rectangular de 6,00 m de anchura y calado variable, acabado en una estructura de lanzamiento en deflector, previamente a la restitución de caudales al cauce.

5 EQUIPOS HIDROMECÁNICOS

Completan la Presa el conjunto de compuertas, válvulas, tuberías y blindajes necesarios para la explotación de la presa, situados en las siguientes cotas:

- Desagüe de Fondo   a la cota 420,00 m
- Desagüe de Fondo   a la cota 435,00 m
- Desagüe Fondo Operativo   a la cota 435,00 m
- Desagüe de Medio Fondo   a la cota 455,00 m
- Aliviadero de lámina libre   a la cota 465,00 m

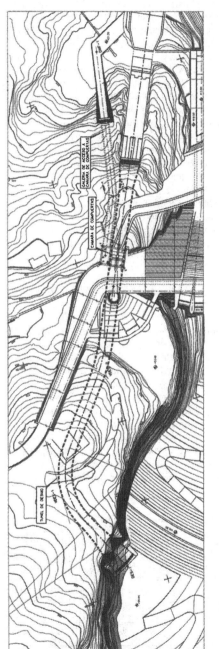

Figura Nº 4. Desvio del rio – planta general.

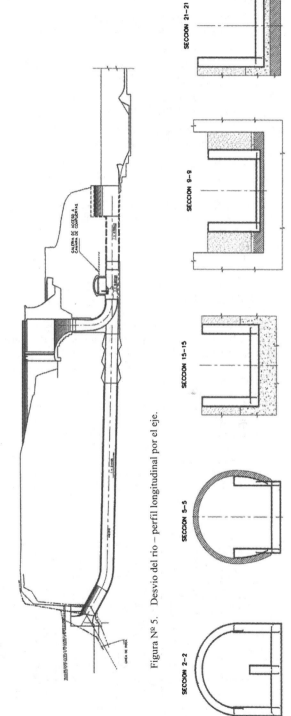

Figura Nº 5. Desvio del rio – perfil longitudinal por el eje.

Los elementos de control instalados en cada uno de ellos son los siguientes:

Desagüe de fondo:
- 2 Compuertas tipo WAGON de 4,50 m × 5,00 m
- 2 Compuertas tipo TAINTOR de 2,75 m × 5,00 m

Desagüe de Medio fondo:
- 2 Compuertas BUREAU de 2,75 m × 2,50 m
- 2 Compuertas TAINTOR de 2,75 m × 2,50 m

Desagüe de Fondo Operativo:
- 2 Compuertas BUREAU de 1,25 m × 0,75 m

Tomas de agua para riego:
- 2 Compuertas BUREAU de 1,25 m × 0,75 m

Cabe destacar que las compuertas TAINTOR de 2,75 m × 5,00 m, son de las más grandes que se han instalado en España: Para dar una idea de su magnitud, baste indicar que pesan más de 30 T. Asimismo, las WAGON pesan más de 40 T. También estarán entre las mayores construidas las BUREAU de 2,75 m × 2,50 m.

6 LA LAMINACION DE AVENIDAS EN EL EMBALSE DE PUENTES

El embalse de Puentes tiene un capacidad de 52 hm^3 y las avenidas que debe soportar tienen puntas de 3.600 m^3/seg y 5.600 m^3/seg, para periodos de retorno de 1.000 años y en el caso de la P.M.F., respectivamente.

Para poder controlar estos caudales con un embalse reducido, se puede optar por incrementar la capacidad del aliviadero de superficie, o bien dotar a la presa de desagües en carga de gran capacidad. Esta segunda posibilidad es la que se ha adoptado al diseñar la Nueva Presa de Puentes.

En el figura N° 6 se muestra el proceso de la laminación de la avenida milenaria en el embalse de Puentes. En él se puede ver que el reparto de funciones entre el aliviadero, desagües de fondo y desagüe de medio fondo está muy compensado: 1.000 m^3/seg para el aliviadero, 800 m^3/seg para el desagüe de fondo y 400 m^3/seg para el desagüe de medio fondo, que suman los 2.200 m^3/seg totales desaguados a que se reducen los 3.600 m^3/seg de punta de la avenida.

En el caso de la avenida máxima probable, que se presenta en el figura n° 7, los resultados del proceso de laminación son áun más espectaculares: el valor de pico del hidrograma se lamina desde 5.600 m^3/seg hasta 3.300 m^3/seg, con un reparto entre los tres órganos de desagüe como sigue: 2.000 m^3/seg para el aliviadero, 850 m^3/seg para el desagüe de fondo y 450 m^3/seg para el desagüe de medio fondo. Todo ello viene a demostrar el gran poder de laminación que posee la Nueva Presa de Puentes, con tal sólo 52 hm^3 de capacidad, gracias a los dos desagües en carga de gran capacidad de que está dotada, uno de fondo de nuevo diseño y otro de medio fondo procedente de la transformación del antiguo aliviadero en pozo.

7 OTROS ASPECTOS SINGULARES DE LAS OBRAS

Una singularidad más de la Nueva Presa, corresponde a la exigencia, por parte de la comunidad de regantes, de mantener durante todo el tiempo de la construcción el mismo nivel de suministro a los regadíos de Lorca que había anteriormente. Para resaltar la dificultad de cumplir esta exigencia, basta recordar, que la Nueva Presa está construyéndose dentro del embalse de la Antigua y por lo tanto, se hace imprescindible mantener sin agua el embalse para realizar las actividades necesarias de la nueva cimentación.

Este problema, tuvo la excelente solución proyectada por el ingeniero D. Jesús Granell, que resolvió

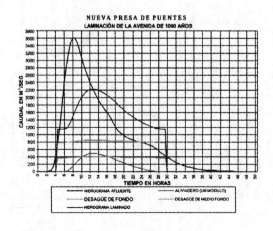

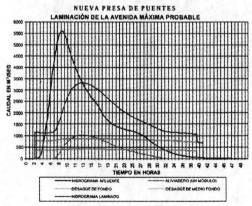

muy satisfactoriamente el mantenimiento en todo momento el suministro a los riegos lorquinos.

Este proyecto consiste esencialmente, en una presa de materiales sueltos, que tiene la importante particularidad de estar cimentada flotando sobre más de 14 m de tarquines fluidos, formados por limos arcillosos con un 90% de finos que pasan por el tamiz n° 200, con un índice de plasticidad comprendido entre 20 y 30, una humedad natural del 40%, y bajísima capacidad portante (0,1 kg/cm^2). En su estado natural presentan un escaso grado de consolidación, ya que tienen una densidad seca alrededor de 1,30 t/m^3, mientras que su densidad óptima Proctor Modificado es de cerca de 14,70 t/m^3, no es de extrañar que con estas características los asientos producidos durante su construcción sobrepasaran los 2,5 m.

La presa se complementa con un aliviadero lateral, novedoso por su tipología, que es el primero de este tipo que se construyó en España. El aliviadero consiste en un muro-vertedero ejecutado en hormigón armado, cimentado en las molasas que afloran en el collado existente en la margen derecha del emplazamiento del dique de la Obra de Regulación.

Posee planta poligonal formada por una sucesión de nueve módulos trapeciales, de manera que se obtiene un aliviadero del tipo "en laberinto". La altura del muro – vertedero es de 3,00 m con un espesor de 0,75 m y se cimenta sobre una losa de hormigón armado de 1,00 m de espesor, la cual apoya directamente sobre las areniscas subyacentes. La cota del umbral es de 456,00 m. La anchura del aliviadero, medida entre sus dos muros – cajeros laterales es de 91,50 m, mientras que su desarrollo a lo largo del umbral es de 288,00 m.

El vertedero en sí, está formado por un perfil circular de dos centros en forma de "pico de pato", y está provisto, aguas abajo, de un goterón o conducto de aducción de aire que facilita la aireación de la lámina vertiente, y evita su adherencia al paramento de aguas abajo del vertedero.

La capacidad del aliviadero así definido es de 905,00 m^3/seg, valor de la punta del hidrograma

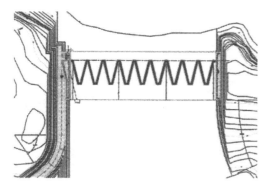

pésimo de 10 años de periodo de retorno, una vez laminada en el embalse de la Obra de Regulación. Este caudal es evacuado con una lámina vertiente, sobre el umbral, de 1,54 m. Lateralmente, el aliviadero se cierra mediante dos muros-cajeros que se apoyan sobre los taludes de excavación en la roca. Estos muros se coronan a la misma cota que el dique de cierre, es decir a la 458,00 m.

Las obras de desvío provisional del cauce necesarias para la construcción de la Nueva Presa de Puentes, constaron de los siguientes elementos:

Ataguía: Proyectada con sección tipo de materiales sueltos. Núcleo interno vertical de material arcilloso impermeable, arropado por zonas de transición – filtro de material granular, y espaldones exteriores de escollera de caliza. Se interpuso, entre el núcleo y la zona de transición un filtro complementario de material sintético geotextil. Se cimenta a la cota 130,00 sobre los tarquines consolidados y su coronación se establece a la cota 441,50.

Túnel: Comienza con una embocadura de 16 m. de longitud, transición hasta una anchura de 8,00 m y finalmente enlaza con el túnel de desvío, con sección en herradura normalizada de 8,00 m de diámetro. Es capaz de desviar un caudal máximo de 900 m^3/seg, el cual corresponde a la punta de la avenida de 10 años de periodo de retorno.

8 CONCLUSIÓN

A lo largo del presente artículo se han dispuesto las características y ventajas que presenta la transformación de antiguos aliviaderos auxiliares del tipo "morning glory" o el pozo en desagües de medio fondo de gran capacidad.

Las ventajas se circunscriben a dos aspectos fundamentales en la explotación del embalse, como son el control de niveles y control de avenidas.

A través del caso concreto de la Nueva Presa de Puentes, queda patente en este tipo de obras, gracias las ventajas antes mencionadas pueden contribuir a la adaptación de antiguas presas a la nueva normativa vigente así como a las nuevas necesidades hidráulicas impuestas por una revisión o mejor conocimiento de los parámetros hidrológicos de sus cuencas y embalses.

Evidentemente, tales obras de transformación conllevan ciertas singularidades y dificultades en determinadas partes de las mismas dignas de comentar y desarrollar quizá en futuros trabajos a publicar.

En particular son dignos de mención el diseño y dimensionamiento de los blindajes y las transiciones desde el codo inferior hasta la cámara de compuertas, el dimensionamiento del sistema de aducción de aire a las compuertas y la elección y diseño de los elementos de estanqueidad de las compuertas TAINTOR.

En cualquier caso y dentro de los límites marcados para la presente comunicación, se puede concluir que este tipo de obras de adaptación, en antiguas presas o en presas a reconocer, ofrece indudables ventajas desde el punto de vista funcional, y pueden contribuir a mejorar notablemente la explotación de embalses.

La Nueva Presa de Puentes se ha diseñado, por lo tanto, para la doble finalidad de regular caudales para riego y de laminar y contener avenidas. Con esta doble finalidad, se ha dotado de órganos de desagüe singulares, como lo son el desagüe de fondo, capaz de evacuar $800 \, m^3/seg$, y el desagüe de medio fondo, capaz de evacuar $400 \, m^3/seg$, correspondientes a la avenida de 1.000 años de periodo de retorno.

El presente trabajo describe estos órganos desde los puntos de vista de diseño, construcción y funcional.

REFERENCIAS

Las Presas del Estrecho de Puentes. José Bautista Martín y Julio Muñoz Bravo. 1986.

Recrecimiento de la Presa de Puentes. Nueva Presa. T.M. Lorca (Murcia). Proyecto de Construcción. Jesús Granell Vicent. 1993.

Nova Barragem de Puentes. Estudo em Modelo Hidraulico do Descarregador de Cheias, da Desacarga de Fundo e da Descarga de Meio Fundo. Laboratorio Nacional de Engenharia Civil (Lisboa). 1995.

Nova Barragem de Puentes. Estudos Complementares das Estruturas Terminas dos Orgaos de Segurança e Exploraçao. Laboratorio Nacional de Engenharia Civil (Lisbora). 1996.

Nova Barragem de Puentes. Estudo Complementar da Estrutura Terminal da Descarga de Meio Fundo. Laboratorio Nacional de Engenharia Civil (Lisboa). 1997.

Autores del Diseño y Proyecto de Construction
D. Jesús Granell Vicent. Ingeniero de Caminos, Canales y Puertos (Jesús Granell, Ingeniero consultor, S.A.)
D. José Manuel Somalo Martín Ingeniero de Caminos, Canales y Puertos (Obrascón Huarte Lain, S.A. – OHL)

Director de Las Obras
D. Antonio Maurandi Guirado Ingeniero de Caminos, Canales y Puertos (Confederación Hidrográfica del Segura)

Theme 3:
Improvement of stability and impermeability

Dam Maintenance and Rehabilitation, Llanos et al. (eds)
© 2003 Taylor & Francis, ISBN 90 5809 534 7

Invited Lecture: Algunas experiencias en mejora de la estabilidad e impermeabilidad

José Polimón López
Director Técnico Dragados O.P.

ABSTRACT: Las estructuras hidráulicas, para cumplir con la finalidad a que están destinadas, deben ser impermeables y estables. Es por ello que la mejora de estas dos cualidades en las presas y embalses que sufren algún tipo de carencia o anomalía en ellas se convierte en una actuación primordial. Las causas conocidas que han producido este tipo de anomalías han sido diversas, así como también han sido diversas las técnicas y aplicaciones utilizadas para su corrección, muchas de las cuales demuestran la capacidad e inventiva del ingeniero encargado de resolverlo.

La rehabilitación de presas es un capítulo de la ingeniería hidráulica en el que queda todavía mucho por recorrer. Así pues este artículo trata de hacer una pequeña síntesis de las causas y tratamientos que, hasta la fecha, han sido mas significativos en la casuística de estos problemas así como la descripción de algunos casos representativos ocurridos en España que pueden servir de ejemplo en futuras actuaciones.

1 INTRODUCCIÓN

Las estructuras hidráulicas están construidas con un fin concreto (producción de energía, abastecimiento de agua, regulación, etc.). Además de cumplir adecuadamente el fin o fines previstos para ellas deben ser estables e impermeables, cualidades sin las cuales su función y seguridad se vería seriamente comprometida.

Es por ello que las principales actuaciones correctoras sobre presas existentes están encaminadas a mejorar ó restablecer alguna de las características mencionadas, que debido a una u otra causa han sufrido una carencia o pérdida total en sus cualidades.

Dado que este congreso se refiere a todos los aspectos relacionados con la conservación y rehabilitación no podemos pasar sin mencionar que las actuaciones también se refieren a la **seguridad** (Insuficiencia o pérdida de la capacidad de desagües y aliviaderos, etc.) y a la **funcionalidad** (Reparación o sustitución de válvulas, compuertas de toma, elementos hidro y electromecánicos en general).

Estas actuaciones sobre la estabilidad e impermeabilidad están fundamentalmente dirigidas a la cerrada; habiendo menos referencias a actuaciones en el vaso.

No se nos debe escapar la importancia que en las funciones de estabilidad e impermeabilidad tienen las características del vaso y la sinergia entre éste y la cerrada. A pesar de ser menores las referencias a la pérdida de estabilidad e impermeabilidad del vaso ha habido ejemplos tristemente célebres de conocimiento general.

Aunque con fenómenos de naturaleza distinta y tratamientos diferentes no existe, en la casuística conocida, una preponderancia de un tipo de cerrada sobre otro en cuanto a problemas de estabilidad e impermeabilidad. Se puede decir sin error práctico que tanto las presas de fábrica (hormigón, mampostería) como las de materiales sueltos tienen una casuística equilibrada asociada a defectos en sus características de estabilidad e impermeabilidad.

2 TÉCNICAS DE DIAGNÓSTICO

Es evidente que lo primero que se percibe cuando una presa comienza a manifestar problemas es una serie de fenómenos externos que no encajan con su comportamiento esperable o con su función prevista.

Dentro de estos fenómenos podemos comentar las fisuras y deterioros en paramentos, desplazamientos estructurales imprevistos, filtraciones excesivas, deterioros visibles en galerías, deformaciones no esperables, funcionamiento anómalo de hidromecánicos, deslizamientos en las presas de tierra, humedades en juntas, sifonamientos, medidas anómalas en parámetros sometidos a medición por la instrumentación de la presa: etc.

Estos fenómenos precisan una interpretación para determinar sus causas. En muchas ocasiones la interpretación necesita apoyarse en estudios de investigación y en una toma, digamos científica, de datos.

Para ello suele ser necesario y en ocasiones, como veremos, imprescindible el establecimiento o ampliación de la auscultación de la presa.

La mayor parte de las presas en donde se presentan problemas de impermeabilidad e inestabilidad suelen ser relativamente antiguas por lo cual su sistema de auscultación, en general, suele ser insuficiente y en ocasiones inexistente. Es por ello que, en la mayoría de los casos la primera operación a realizar consiste en el establecimiento de una red de aparatos de auscultación suficiente para recoger los datos necesarios para averiguar el origen del problema. Por ello no es casualidad que en no pocas ocasiones los proyectos de medidas correctoras, suelen incluir una puesta al día total de la instrumentación.

Mención especial merece el esfuerzo invertido en la investigación e instrumentación que ha sido necesario poner a punto para la detección e interpretación de los fenómenos expansivos en las presas de hormigón, y no solo en lo relativo a la instrumentación sino también en la aplicación de técnicas de laboratorio acordes con el fenómeno a estudiar como la petrografía en láminas delgadas, la mineralogía a través de difractometría y, en último término, el estudio por microscopía electrónica de barrido – espectrometría de dispersión de energí de rayos X.

3 FENÓMENOS DESENCADENANTES

Los fenómenos desencadenantes que se citan en los casos documentados disponibles podemos dividirlos en dos grupos claramente diferenciados.

3.1 Primer grupo

Estaría integrado por las inestabilidades o necesidad de actuación en aquellos casos que tengan su origen en **anomalías de comportamiento** ocurridas durante la explotación **asociadas a defectos constructivos, a errores de proyecto a procesos evolutivos y, también, a carencias de mantenimiento** y/o defectos en la explotación.

Es de comentar que en los casos documentados, salvo raras y honrosas excepciones, no se reconoce tácitamente la existencia de defectos o carencias en el proyecto, construcción o mantenimiento; incluso aunque en la mayoría de ellos se describen fenómenos de inestabilidad y/o permeabilidad claramente asociados a este tipo de defectos.

Este comentario de ninguna manera pretende ser una crítica a los diseñadores y constructores de dichas presas ya que la mayoría de ellas fueron diseñadas y construidas en una época en la que los conocimientos técnicos y los medios materiales disponibles para la construcción distaban mucho de los actuales.

Los principales fenómenos citados en los casos documentados son variopintos pero pueden ser citados como mas importantes y recurrentes:

a) En presas de fábrica

– Meteorización y envejecimiento
– Acciones de las heladas sobre paramentos
– Obsolescencias, principalmente de elementos hidromecánicos y de compuestos de sellado de juntas
– Reacciones de materiales:
   • Procesos expansivos de hormigones
   • Deposiciones de Carbonatos
   • Ataques por sulfatos
– Acciones térmicas (producción de grietas)
– Filtraciones:
   • Por cimientos (escasez o carencia de cortinas de impermeabilización. Disolución de suelos)
   • Por paramentos (hormigones porosos o mal ejecutados, meteorizaciones)
   • Por juntas (mala ejecución, materiales inadecuados, obsolescencia y envejecimiento)
– Deterioro en el sistema de drenaje con incremento de subpresiones.
– Zonas traccionadas sin armaduras (aparición de grietas)
– Sedimentación
– Estructuras inestables

b) En presas de materiales sueltos:

– Roturas en galerías (por asientos excesivos)
– Erosiones por oleaje
– Filtraciones:
   • Por núcleo (materiales o ejecución inadecudos)
   • Por cimentación (pérdidas de suelos, carencias de cortinas de drenaje)
– Meteorización y envejecimiento
– Asientos excesivos de espaldones y/o núcleo
– Filtros inadecuados
– Espaldones inestables
– Materiales inadecuados en espaldones y/o núcleo
– Carencias de compactación

3.2 Segundo grupo

Se integraría por casos sobre los que ha sido necesario actuar debido a la **evolución del conocimiento científico bien vía investigación o bien tras experiencias pocos agradables**.

Entre estos las causas más sobresalientes que se pueden citar son:

a) Incremento en los conocimientos hidrológicos

Es de obligado comentario el caso de la presa de Tous; el cual modificó substancialmente la mayor parte los reglamentos y recomendaciones acerca del cálculo de la seguridad de las presas frente a las avenidas.

Parece evidente que la adecuación de aliviaderos y resguardos a las nuevas reglamentaciones posiblemente va a ser una de las principales actividades a realizar en el apartado de rehabilitaciones.

b) Incremento en los conocimientos sismológicos

Existen casos referenciales de presas que actualmente no cumplen los mínimos coeficientes de seguridad a la luz de las actuales reglamentaciones sobre la materia. A esto se une un mejor conocimiento de las características geológicas y geotécnicas tanto de la cerrada como del vaso gracias a los cuales se pueden prever problemas que hace unos años no se tenían en cuenta. Dentro de los casos referenciados se encuentran diversas modificaciones estructurales (anclajes, refuerzos de taludes, recrecimientos...) motivadas por esta causa.

c) Coeficientes estrictos de seguridad

Se encuentran referenciadas actuaciones debidas a que, con el actual conocimiento de los parámetros reales de la cimentación, de la tipología utilizada, y lo de los materiales empleados; la presa no cumple con los coeficientes mínimos de seguridad en la reglamentación vigente. Normalmente este tipo de descubrimientos vienen de la mano del incremento en nuestros conocimientos en mecánica de Suelos y Rocas así como en importantes avances en la técnica de instrumentación, investigación y ensayos.

4 TÉCNICAS Y MATERIALES DE REPARACIÓN

Las técnicas descritas en la documentación consultada son tan variadas como los materiales utilizados. En todos los casos ha sido necesaria una investigación previa, mas o menos prolija y complicada, y un diseño a medida de las técnicas a utilizar. Estas técnicas tienen elementos diferenciados en cada caso ya que suelen estar adaptadas al problema específico que se trate.

Los materiales usados responden a un abanico tan variopinto como los problemas planteados.

Es de destacar el uso de productos de última generación (láminas impermeables, resinas especiales, etc.) en una mayor proporción que en los proyectos de nuevas presas. Ello es debido sin duda a la necesidad de resolver problemas nuevos que plantean necesidades que no se presentan en las construcciones nuevas. Por supuesto es un fenómeno con retroalimentación de tal manera que alguno de los productos usados ha tenido su origen en la necesidad de resolver un problema determinado.

Las técnicas y materiales pueden dividirse en tres grandes grupos de los cuales dos pueden ser considerados como principales. Nos referimos a las **modificaciones estructurales** y al **incremento del drenaje y la impermeabilización**. Un tercer grupo se formaría bajo el epígrafe de otras técnicas.

Un resumen de la clasificación de estas técnicas y de los materiales y/o equipos empleados en ellas con mayor frecuencia se puede encontrar en el cuadro 1, el cual pasamos a comentar mas detalladamente.

4.1 Modificaciones estructurales

4.1.1 Adición de masa

Ha sido empleada fundamentalmente en reparaciones estructurales de presas de tierras. Está registrado el uso de arcillas en la reparación de tapices impermeables y en el recrecimiento y reparación de núcleos. Las escolleras y tierras como adición de masa se han usado en el tendido y engrosamiento de taludes de espaldones en presas con problemas de estabilidad y en el refuerzo de taludes erosionados por el oleaje.

Últimamente se está aplicando la técnica del hormigón compactado con rodillo (RCC) para la protección de la coronación y paramentos de las presas de tierras frente a vertidos por encima de ellas así como para la creación de aliviaderos de emergencia en las mismas. Está técnica, que empieza a tomar impulso, probablemente tendrá un notable desarrollo en los próximos años.

4.1.2 Demoliciones y corte de juntas

Estas técnicas han sido usadas exclusivamente en presas de fábrica con presencia de hormigones expansivos con el objeto de liberar tensiones o sustituir dichos hormigones en los casos en que ha sido posible, que han sido escasos.

4.1.3 Anclajes y cosidos

Estas técnicas han sido usadas en presas de fábrica y en estructuras, principalmente aliviaderos, de presas de materiales sueltos.

Una primera aplicación ha sido el uso de cables postensados para incrementar la estabilidad al deslizamiento de presas de fábrica, fundamentalmente presas de mampostería y antiguas presas de hormigón.

También está contrastado el uso de anclajes pasivos en la unión de la presa y el cimiento al objeto de incrementar la seguridad al deslizamiento en presas de fábrica.

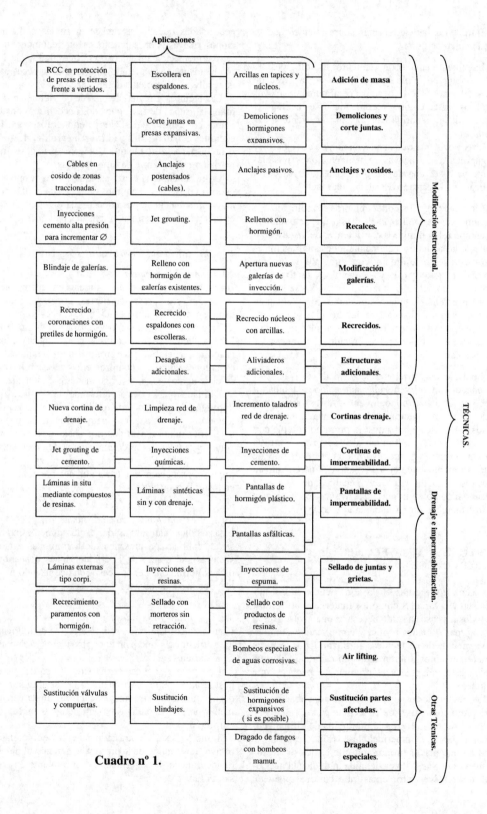

Cuadro nº 1.

Una tercera aplicación conocida ha sido el cosido de zonas fisuradas por tracciones y el anclajes de estructuras (como pilas de aliviadero desplazadas) mediante la técnica estructural del hormigón postesado.

4.1.4 Recalces

Esta técnica ha sido aplicada en casos de fallo de cimentación debido a falta de capacidad portante, disolución y arrastre de componentes o por carencia de resistencia a esfuerzo cortante (bajo ángulo de rozamiento interno $\varnothing$).

Los casos documentados contienen referencias al uso de rellenos de hormigón (en cimentaciones con pérdida de suelos), recalces con micropilotes de Jet – Grouting e inyecciones de cemento de alta presión en el contacto presa – cimiento, al objeto de incrementar al ángulo de rozamiento de dicho contacto.

4.1.5 Modificación de galerías

En los casos documentados los relativos a galerías se pueden dividir en dos motivaciones diferentes.

La primera consistiría en las galerías que, por su posición, problemas de diseño, asientos o cualquier otra razón han supuesto un problema estructural, apareciendo roturas y fisuras de gran importancia. En este caso la solución ha consistido en macizar dicha galería y en la apertura de una nueva o el blindaje de la misma.

La segunda consiste en apertura de nuevas galerías para perforar e inyectar una nueva cortina de impermeabilización y/o drenaje. Ello está motivado o bien por inexistencia de una galería en el momento de la construcción o porque no es posible alcanzar la nueva zona desde la galería existente. En ocasiones la apertura de una nueva galería supone el macizado de la (o las) existentes.

4.1.6 Recrecidos

Está documentado el uso de esta técnica en tres situaciones distintas.

La primera es en las presas que han sufrido reboses debido al oleaje. Generalmente se recrecen con un perfil de hormigón sobre coronación con lo cual se incrementa su resguardo.

La segunda corresponde a las presas de materiales sueltos que han sufrido filtraciones cuando el nivel del embalse alcanza cotas superiores a la de nivel máximo ordinario debido a que el núcleo se ha quedado corto o la parte superior del mismo tiene una calidad insuficiente. La solución aplicada consiste en recrecimiento y/o sustitución de la parte superior del núcleo con arcillas adecuadas. Este recrecimiento también lleva aparejado la modificación y/o recrecimiento de los filtros y de los espaldones.

Existe una tercera situación documentada que consiste en presas, generalmente de hormigón, en las que se

han observado problemas importantes en su evolución (deformaciones anormales, pérdidas de impermeabilidad, etc.) que han sido solucionados aprovechando un recrecido importante de la presa modificando profundamente la estructura inicial.

4.1.7 Estructuras adicionales

Esta técnica se ha aplicado fundamentalmente para adecuar presas antiguas a nuevas normativas.

Generalmente las estructuras adicionales suelen consistir en aliviaderos y desagües; sean nuevos o sea una ampliación de los existentes.

Está siendo cada vez mas usual la ampliación y modernización de los sistemas auscultación.

4.2 Drenaje e impermeabilización

4.2.1 Cortinas de drenaje

Es relativamente frecuente en los casos documentados la pérdida de efectividad de las redes de drenaje existentes, tanto en el cimiento como en el cuerpo de presa, o la inexistencia de las mismas.

Ello acaba produciendo un incremento en la subpresión actuante en la presa con disminución de los coeficientes de seguridad estructural.

Las soluciones aplicadas han sido el incremento de la red con nuevos taladros intercalados; la perforación de una red nueva, lo cual suele estar ligado a la excavación de nuevas galerías; o la limpieza de la red existente en casos de colmatación por deposiciones, como es el caso de colmatación por carbonatos.

En todos los casos consultados ha sido necesario el uso de equipos de perforación especiales adaptados a las galerías de acceso existentes en presas que generalmente son antiguas.

4.2.2 Cortinas de impermeabilización

Uno de los problemas más frecuentes es la aparición de filtraciones anormales, bien a través del cuerpo de presa bien a través del cimiento.

La escasez o carencia de una cortina de impermeabilización en la cerrada suele ser la causa principal de las filtraciones a través del cimiento y/o el vaso. La solución generalmente adoptada consiste en el incremento de la cortina existente o la ejecución de una nueva.

En los casos documentados la realización de esta cortina se lleva a cabo desde galerías, existentes o nuevas, y desde la coronación de presa en aquellos casos en los que no es posible ejecutarlo desde una galería.

Generalmente este tipo de inyecciones se realizan con cemento y determinadas adiciones (plastificantes, bentonitas, etc.). En algunos casos está documentado el uso de inyecciones químicas en función de la dificultad del terreno a inyectar.

También está documentado el uso de Jet – Grouting para la creación de pantallas de impermeabilización en aquellos terrenos en los que la formación de una pantalla impermeable a través de unas inyecciones no está garantizada.

4.2.3 *Pantallas de impermeabilización*
Han sido fundamentalmente usadas en el tratamiento de filtraciones a través del cuerpo de presa.

Está referenciado el uso de pantallas de hormigón plástico o cemento – bentonita en presas de tierras con filtraciones a través del núcleo. Esta pantalla se excava desde coronación a cimientos mediante cuchara o hidrofresa. Es una solución muy eficaz en presas de materiales sueltos en las que el núcleo presenta deficiencias debidas a materiales inadecuados o a falta de compactación. También ha sido usado este procedimiento cuando existen problemas en los filtros, sobre todo en el filtro crítico.

Otra referencia importante es el uso de láminas impermeables. Su uso principal se encuentra en la impermeabilización del cuerpo de presas de fábrica y en la impermeabilización de pantallas en las presas CFRD (presas de escollera con pantalla de hormigón).

El tipo de láminas usado es variado. Las referencias mas abundantes corresponden a láminas sintéticas, generalmente hialon ó pvc, con y sin drenaje posterior. Otro tipo de láminas son las ejecutadas in situ mediante el uso de resinas de unión y hormigones ó morteros especiales. Todo este tipo de láminas se aplica en la cara aguas arriba de la presa.

Un tercer tipo referenciado es el uso de pantallas asfálticas. Se encuentra su uso en la reparación de pantallas asfálticas existentes, como capas adicionales, y en la ejecución de tapices impermeables en aquellas zonas que han sufrido filtraciones.

4.2.4 *Sellado de juntas y grietas*
Las filtraciones a través de juntas y grietas en los paramentos de las presas de fábrica y en las pantallas de las presas CFRD constituyen el mayor número de referencias en los casos documentados.

Las técnicas y materiales empleadas son diversos de acuerdo a los problemas particulares y concretos a resolver.

Para el sellado de juntas dos han sido las técnicas usadas. Una las inyecciones tanto de resinas como de espumas a través de la junta, la otra la colocación de tapajuntas externos similares a las láminas sintéticas, ésta técnica es similar a la usada recientemente en presas de gravedad.

Para la reparación y sellado de grietas en paramentos de hormigón dos han sido las técnicas que principalmente aparecen en las referencias. Una es el sellado mediante resinas epoxi y/ó mortero sin retracción, la otra es el recrecimiento de paramentos sobre todo en casos en que el deterioro de los mismos es generalizado.

4.3 *Otras técnicas*
En casos muy particulares está referenciado el uso de técnicas especialmente diseñadas para un caso específico.

Así podemos citar la aplicación del air – lifting para resolver la evacuación de aguas agresivas en filtraciones y el dragado de sedimentos fangosos mediante bombas tipo mamut.

Otra técnica que podemos incluir dentro de este apartado sería la de sustitución de partes afectadas; esta técnica está referida fundamentalmente a la sustitución de elementos hidromecánicos, blindajes e instrumentos de auscultación.

5 CASOS

A continuación vamos a comentar algunas de las mas destacadas actuaciones en presas españolas que nos sirven para hacer hincapié en varios de los aspectos comentados anteriormente.

Debido a su distinta naturaleza, y con el ánimo de hacer una elemental clasificación, vamos a dividir los casos en actuaciones sobre la presa y actuaciones sobre el vaso.

5.1 *Actuaciones sobre la presa*

5.1.1 *Presa de San Esteban*
La patología detectada en esta presa es un ejemplo claro de expansividad en el hormigón. Esta presa es notable no ya por la actuación de corrección llevada a cabo sobre ella, sino fundamentalmente por el esfuerzo realizado en la investigación, modelización y comprensión de un fenómeno tan complicado como los mecanismos productores de la expansividad en los hormigones.

Características

– Construida en 1955 es una presa para producción de energía hidroeléctrica con una central de 266 Mw.
– Situada en el río Sil en la provincia de Orense.
– Tipo arco Gravedad. 115 mt de altura y 295 m de longitud de coronación.
– Se encuentra dividida en 17 bloques.
– Está cimentada en Gneis.

Comportamiento estructural
Progresivamente se fueron observando en la presa una serie de comportamientos extraños tales como:

– Registros anormales de deformaciones que denotaban un movimiento hacia el embalse.

- Filtraciones provenientes de los recintos agua arriba de las juntas radiales sin dudar por rotura de las chapas de estanqueidad.
- Efectividad corta de las reinyecciones de estos recintos.
- Humedades en las uniones de tongadas en el paramento visto en su parte superior.
- Fisuras en los hastiales en la galería superior bajo el aliviadero, coincidentes con las uniones de tongadas.

Auscultación

Considerando estas singularidades y el escaso número de dispositivos de auscultación se amplió dicho sistema para investigar más profundamente los comportamientos anómalos observados, para ello se procedió a la colocación de 3 péndulos adicionales a los existentes: combinación de directos e invertidos.

Adicionalmente se procedió al establecimiento de una red de bisección topográfica de bloques y una red geodésica extendida a todo el paramento con dos itinerarios de nivelación de precisión.

Se colocaron extensómetros de varilla para medir los movimientos del cimiento y bases de elongámetros en todas las juntas, así como medidores de tensión y extensómetros en el cuerpo de presa.

Por último se incrementó el drenaje y la piezometría.

Esto ha confirmado los procesos irreversibles anteriormente apuntados y una ligera y progresiva elevación de la estructura, mas marcada en bloques del estribo derecho.

Estudios especiales

La hipótesis de una reacción expansiva en el seno del hormigón fue la más consistente. En función de ella se plantearon diversos trabajos iniciados en 1986.

- *Prospección del hormigón:* Mediante sondeos y pruebas de permeabilidad se detectaron zonas de coqueras y ausencia de pasta y finos en bastantes uniones de tongadas. Se observó que el movimiento de juntas activas sólo actúa en los 10 m superiores, y las fisuras en las galerías más altas están más cerradas cerca del paramento; particularidad lógica con la expansión.
- *Obtención de tensiones:* Se efectuaron ensayos basados en la técnica de liberación de tensiones. La magnitud y signo de los mismos no denotaron nada que señalase un estado particularmente anormal.
- *Establecimiento de un modelo matemático:* Se consideró un modelo no lineal para, entre otras cosas, estudiar el fenómeno expansivo. El modelo, complejo, fue adecuado para el análisis de la estructura bajo efectos no considerados en el proyecto. Dicho modelo sirvió para confirmar la hipótesis de expansión y para prever la integridad de la obra al final de su desarrollo.

Análisis de los componentes del hormigón

La información derivada de la prospección de los bloques y del modelo matemático, sobre todo, reforzó la idea de la existencia del fenómeno volumétrico en el seno del hormigón. Por lo tanto era lógico abordar directamente el estudio del material sospechoso de albergar la causa.

La investigación fundamental se centró en las rocas de cantera utilizadas como áridos y en los hormigones. Los ensayos y técnicas usadas han sido complejos y el proceso requerido ha sido muy laborioso exigiendo cambios en el plan trazado a medida que los datos que se iban obteniendo no tenían la consideración de válidos o brindaban nuevas perspectivas.

Es de destacar la escasa fiabilidad de muchos de los métodos convencionales aplicados y la gran eficacia del empleo de la microscopia electrónica combinada con la difractometría que abre nuevas posibilidades a la investigación de conglomerantes.

Mecanismos de interacción

El material de San Esteban presenta diversas formaciones perniciosas en su seno que originan expansiones. Todas ellas incluyen el Ca en su formulación, principalmente proveniente del $Ca(OH)_2$ y de la hidratación del cemento. La intervención del agua es decisiva.

No se puede hablar de un tipo de reacción concreto si no más bien de un caso de áridos reactivos frente a componentes de la pasta de hormigón que ha desencadenado la generación de varios compuestos anómalos. Las reacciones han sido favorecidas por la intensa presencia de $Ca(OH)_2$.

En esta patología el agua es totalmente necesaria tanto en la formación de compuestos como en los mecanismos de expansión en ellos asignados. Es por ello que la consecución de un hormigón con altas características de impermeabilidad es una recomendación esencial.

Actuaciones. Impermeabilización de la presa

Se llevó a efecto una impermeabilización general de la presa a tenor de las filtraciones existentes en juntas y retomas, y la seria sospecha de una reacción de tipo expansivo que requiere la presencia de agua.

Este tratamiento consistió en la impermeabilización de los 50 m superiores del paramento aguas arriba de la presa mediante aplicación de capas base de resina epoxi combinadas con material de fibra de vidrio; como complemento las juntas radiales se inyectaron con resina elástica entre el paramento y la primera chapa de estanqueidad. Las juntas de construcción se inyectaron en su recinto de aguas arriba con mortero de resina no adherente en toda su altura.

Se eligieron 23 juntas de retomas para su inyección con epoxi en todo su plano. El tratamiento se realizó en dos fases comprobando en la segunda la calidad de la anterior mediante la extracción de testigos.

Se rellenaron las fisuras de las galerías y se perforaron nuevos drenes entre galerías en sustitución de los inutilizados por las inyecciones.

El resultado de la obra ha sido satisfactorio por cuanto no se observan humedades en el paramento de aguas abajo, las filtraciones interiores del cuerpo de presa y juntas se han reducido en un 98% y los movimientos en fisuras y retomas son nulos.

5.1.2 Presa de camarasa

Esta presa constituye un claro ejemplo de detección de parámetros reales, en este caso la densidad del hormigón de construcción, detectados en mediciones realizadas con posterioridad a su puesta en carga y que suponen una alteración en los coeficientes de seguridad supuestos en el diseño de la misma.

Características

- Presa gravedad de planta curva.
- 92 mts altura sobre cauce río y 101,57 sobre cimientos.
- Construida en 1919–1922 con Hormigón cilópeo.
- Longitud coronación 216 m.
- Sin Galerías ni drenajes en el cuerpo de presa.
- Cimentada en calizas dolomíticas.

Actuaciones previas

En el primer llenado en 1920 aparecieron filtraciones a pie de presa y en los márgenes del río aguas abajo, llegando a unos caudales de 11,4 m³/s en 1926.

Se propuso y ejecutó una pantalla de impermeabilización en el seno de las dolomías hasta un profundo estrato de margas liásicas. Se realizó una primera campaña entre los años 1927 y 1931 en la que se inyectaron 190.000 t de materiales y otra entre 1954 hasta 1959 en la que se inyectaron 19.250 de materiales. Actualmente las filtraciones se estiman en 3 m³/seg.

Comportamiento

En 1997 se realizó el proyecto de auscultación de la presa de Camarasa y se instalaron 4 piezómetros y un péndulo invertido. Se obtuvieron probetas del hormigón del cuerpo de presa con un peso específico de 2,1 T/m³ muy inferior a la de proyecto de 2,45 T/m³.

En su día la presa fue diseñada sin sistema de drenaje, trabajando a subpresión total. No obstante, debido al menor peso específico obtenido en los testigos extraídos la estabilidad de la presa ha visto disminuido su coeficiente de seguridad.

Por ello, se diseñaron medidas correctoras para evitar riesgos.

Actuaciones

La principal actuación ha sido la reducción de la subpresión en la cimentación mediante la realización de una pantalla de drenaje. Adicionalmente, también se realizó una pantalla de drenaje en el cuerpo de presa en la zona próxima al paramento de aguas arriba.

Ambas pantallas se realizaron desde dos plataformas situadas en el paramento aguas abajo a cotas 260 y 270 m.s.n.m. Las pantallas de drenaje se emboquillaron 1 mt por encima de estas pasarelas.

Desde la cota 270 se ejecutó el drenaje del cuerpo de presa con una combinación de drenes horizontales y otros ascendentes hacia aguas arriba.

Desde la cota 260 se ejecutó el drenaje del cimiento con drenes inclinados para cortar la superficie de cimentación.

El diámetro de los drenes fue de 3 pulgadas y sus longitudes entre 40 y 53 m con un espaciamiento medio del orden de 4 mts.

5.1.3 Presa de la cuerda del pozo

Esta presa es un ejemplo de actuación sobre una meteorización y envejecimiento generalizado acentuado por la porosidad del hormigón constitutivo de la misma.

Características

- Presa de gravedad planta curva
- Altura sobre cimientos: 40,25 m
- Longitud coronación: 425 m
- Material: Hormigón ciclópeo

Comportamiento

Desde la primera puesta en carga de la presa, que fue construida entre 1929 y 1941, aparecieron importantes filtraciones las cuales afloraron a través de la pantalla de drenaje a las galerías de presa y en el paramento.

En un primer momento se corrigieron estas filtraciones mediante varias campañas de inyecciones; no obstante se reprodujeron llegando algunos drenes a dar caudales de filtración entre 10 y 34 l/s.

El paramento aguas abajo se encontraba seriamente deteriorado debido a las heladas.

Auscultación

Se realizaron ensayos fisico – químicos de muestras de hormigón y una observación detallada del paramento de aguas arriba.

La porosidad del hormigón resultó elevada y el paramento aguas arriba muy deteriorado en las juntas verticales y en la unión entre tongadas.

Actuaciones

La corrección de las filtraciones se consideró fundamental para mejorar la seguridad de la presa. Para ello las dos actuaciones principales que se diseñaron fueron sobre el paramento de aguas arriba, cortando en lo posible la entrada de agua, y la inyección del cuerpo de presa en las proximidades del citado paramento.

Una vez realizada la inyección se perforó una nueva pantalla de drenaje.

Adicionalmente se consideró necesario proceder a la reparación del paramento de aguas abajo y la restitución de los mecanismos de los órganos de desagüe.

La reparación del paramento aguas arriba consistió en un saneamiento de las zonas deterioradas y posterior relleno con mortero previa imprimación de la superficie saneada con emulsión de resina sintética.

La inyección con cemento PUZ II – 350 del cuerpo de presa se realizó desde coronación, previa prueba de permeabilidad mediante ensayos Lugeon.

El paramento de aguas abajo, una vez conseguido el objetivo de cortar las afloraciones de agua en el mismo, ha sido saneado y sobre el mismo se colocó un revestimiento de losas de hormigón armado de 0,60 m de espesor ancladas al paramento saneado.

5.1.4 *Presa de mequinenza*

Al igual que la presa de Camarasa constituye otro ejemplo de datos e hipótesis de parámetros de cimentación que después no se cumplen.

Es de destacar el completo, detallado y ejemplar estudio que se llevó a cabo para obtener la solución más idónea.

Características

– Situada sobre el río Ebro ceca de la localidad de Caspe.
– Tipo: gravedad planta recta de 81 m de altura sobre cimientos.
– Aliviadero incorporado en la presa. 6 tramos de 15,50 × 15,50 para 12.800 m³/s.
– Central de 310 MW de potencia a pie de presa en el estribo izquierdo.
– Taludes a arriba / a. abajo: 0,05 / 0,75.

Comportamiento

El proyecto estaba concebido suponiendo una cimentación en las capas calcáreas sanas de resistencia suficiente para soportar las fuertes cargas a transmitir por la presa.

En el proyecto inicial se había previsto una serie de pantallas dobles de impermeabilización realizadas desde las galerías aguas arriba y debajo de la presa llegando desde la base de la cimentación hasta profundidades del orden del 50% de la altura de presa en cada perfil. Adicionalmente estaban previstas las pantallas de drenaje complementarias.

Los trabajos siguieron su curso previsto hasta 1962 en que estando muy avanzada la construcción se comenzó a sospechar que su cimentación podría tener unas características inferiores a las que habían sido consideradas al proyectarla. La roca de cimentación estaba formada por una serie de estratos de caliza prácticamente horizontales con intercalaciones de margas y lignitos que constituían planos de debilidad y de presunto deslizamiento.

Auscultación

El problema que preocupaba fundamentalmente era la seguridad de la presa contra el deslizamiento.

La roca de cimentación es un conjunto de estratos horizontales de calizas, margas y lignitos.

El espesor típico de las capas de lignito es de unos milímetros a 25 cm. La caliza presenta capas entre 0,10 a 2,00 m de espesor y las margas tienen espesores comprendidos entre 20 y 40 cm. La presa está cimentada sobre una capa caliza de 1 m de espesor.

Los ensayos realizados han sido:

– *Ensayos de corte in situ:* Para determinar el coeficiente de rozamiento en las diferentes capas de la estratificación o el contacto entre dos de ellas se realizaron ensayos en probetas talladas en las posiciones más convenientes. Se hicieron varios grupos de probetas de 50×50 cm y 400×400 cm para determinar la influencia de la dimensión en los resultados.

También se han realizado gran cantidad de ensayos en probetas cilíndricas estudiando la correlación con los resultados de probetas paralelepipédicas.

Por supuesto al ser el lignito la roca que ofrece el mayor peligro los ensayos in situ sobre este material han sido los más numerosos; y entre ellos el contacto margas – lignitos.

Como consecuencia de todo ello se llegaron a conocer mejor los coeficientes mecánicos de las capas intercaladas que resultaron ser de 0,6 a 0,7 para el coeficiente de rozamiento interno y de 0,5 a 0,7 kg/cm² para la cohesión.

– *Ensayos de placa de carga:* Destinados a determinar la capacidad portante del terreno y los módulos de deformación del mismo.

Se realizaron cinco ensayos con carga vertical y un ensayo con carga horizontal. Como resultado de ellos se pudo admitir como módulo de deformación del conjunto de estratos el valor de 25.000 k/cm².

– *Ensayos de permeabilidad:* Destinados principalmente a investigar la permeabilidad de las capas de lignito.

Se pudo concluir que los valores calculados para la permeabilidad en las condiciones de carga que encierran todas las combinaciones posibles en la presa de Mequinenza están comprendidos entre 0,91 y $28,27 \times 10^{-8}$ cm/s. Esto permitió calificar el lignito de Mequinenza como bastante impermeable.

– *Ensayos de resistencia pasiva de la roca:* Considerados de gran interés a causa del empotramiento de la obra en sus cimientos. Los valores aceptados con un margen suficiente de seguridad fueron de 40 k/cm² sin carga vertical y de 48 k/cm² con carga vertical.

Actuaciones

Como resultado de los ensayos geomecánicos mencionados el coeficiente de seguridad al deslizamiento, aunque mayor que uno, se consideró insuficiente y se decidió el refuerzo de la presa.

Se consideraron diversas soluciones como refuerzo por cables tensados, rastrillo de hormigón aguas arriba, rastrillo de hormigón bajo la presa y rastrillo de hormigón aguas abajo.

Se consideró conveniente ordenar una serie de ensayos tensionales en modelo reducido para poder fijar y comparar algunos extremos en los que los cálculos basados en los métodos tradicionales no podían dar una garantía suficiente.

Se desechó la solución de refuerzo por cables tensados por la concentración de tensiones necesaria, su carestía y dificultad de ejecución y la permanencia de su tensión en el tiempo, dada la plasticidad de los estratos de las capas intercaladas entre los estratos de caliza.

El rastrillo aguas arriba exigía obras de desviación especiales y costosas. Además funcionalmente tampoco era la solución más conveniente.

El rastrillo debajo del cuerpo de presa implicaba serios inconvenientes de construcción y una gran dificultad en evitar concentraciones de esfuerzos; asimismo también era problemática la unión de este rastrillo con el resto de la presa; por ello también fue desechado.

La solución elegida y adoptada fue distinta para la zona de aliviadero y cuenco de amortiguación que para la zona de la central.

En la zona de aliviadero la solución elegida fue la del rastrillo profundo aguas abajo el cual es una obra prácticamente externa a la presa al objeto de debilitar al mínimo sus cimientos y su propia estructura.

La nueva construcción se unió a la existente exigiendo solamente un corte en el pié, al objeto de establecer debidamente la unión y dar al contacto de ella con el rastrillo una superficie sensiblemente normal a las isostáticas de embalse lleno. El conjunto trabaja como un anclaje grueso al pie de presa proporcionando una reacción superior a la que tenía y, por tanto, un momento contrario al del empuje del agua, contribuyendo muy sensiblemente la resistencia al deslizamiento gracias al peso de la obra adicional, al de los estratos afectados por el rastrillo y a la resistencia de los mismos a la compresión longitudinal.

En los cálculos y resultados de los ensayos en modelo reducido se observó un incremento notable del coeficiente de seguridad frente al deslizamiento. Adicionalmente el reparto de cargas con el embalse lleno se mejoró notablemente disminuyendo las compresiones aguas abajo e incrementando las aguas arriba mejorando, adicionalmente, las condiciones de impermeabilidad.

Como complemento totalmente ligado a las condiciones de seguridad de la presa, se realizaron los siguientes trabajos complementarios para someter a la cimentación a un drenaje intenso:

– Perforación de una galería profunda de drenaje a la cota 21 msnm; es decir, unos 25 m por debajo de la cimentación de la presa, paralela a la coronación y de 3×4 mts de sección.
– Refuerzo de las pantallas de impermeabilización existentes.
– Refuerzo de la cortina de drenaje.
– Estación de bombeo como complemento a la cortina de drenaje.
– Prolongación de las galerías de visita de la presa hasta el interior de los estribos obteniendo un buen drenaje de los mismos.
– Creación de desagües intermedios a cota 87 para desaguar un máximo de $1.800 \, \text{m}^3$ / s; para incrementar la capacidad de desagüe en caso necesario.
– Instalación de un completo equipamiento de auscultación.

A pesar de todo ello se consideró la hipótesis de un fallo del sistema de drenaje, resultando un coeficiente de seguridad satisfactorio.

En la parte ocupada por la central, el problema era diferente tanto por su constitución estructural como por no necesitar prever el riesgo de erosiones debido a los caudales aliviados.

El refuerzo propuesto y ejecutado para esta zona consistió en:

– Reducción de la subpresión en la zona mediante la ejecución de galerías con sus cortinas de impermeabilización y drenaje.
– Recrecimiento de la cota 54 a 65 de la plataforma existente en la salida de turbinas para contribuir con su peso a la mejora de la estabilidad general.
– Inyección y anclaje mediante cables de la junta presa – cesa de máquinas al objeto de solidarizarlas.
– Anclaje profundo de la central.
– Refuerzo del conjunto solera – estratos de roca subyacentes inmediatamente aguas debajo de los tubos de aspiración, al objeto de reforzar la resistencia pasiva de la roca.

Estos refuerzos se han comportado perfectamente estando la presa en explotación normal desde 1966.

5.2 *Actuaciones sobre el vaso*

5.2.1 *Presa de canelles*

La actuación sobre esta presa constituye uno de los más importante ejemplos de tratamientos de vasos en calizas permeables, tanto por su magnitud como por la significación especial que tiene la estructura de su cerrada entre los ingenieros hidráulicos españoles, ya que fue diseñada por Eduardo Torroja.

Al igual que en casos anteriores es de destacar el minucioso y riguroso estudio que fue llevado a cabo para acceder mas idónea.

Características

- Presa bóveda de 151 m de altura sobre Cimientos.
- Central hidroeléctrica subterránea en estribo izquierdo de 107 Mw.
- Vaso y cerrada de calizas masivas en el río Noguera Ribagorzana.

Comportamiento

La presa y embalse se situó en un cañón de caliza masiva labrada por el río. La cerrada se situó cercana a la salida del cañón con idea de acercarse a un estrato de calizas margosas llamado ¨La Capa Negra¨ que se confiaba que fuera impermeable. Con dicho paquete se enlazó una pantalla de inyecciones de 70 m de profundidad bajo la presa.

Sin embargo, las condiciones de impermeabilidad de dicha capa no resultaron ser como se había supuesto y ya en el primer llenado del embalse aparecieron filtraciones importantes en la ladera izquierda cuando el embalse alcanzó la cota 400; solamente 25 m sobre el cauce del río.

Se trató entonces de regenerar e impermeabilizar sistemáticamente la ¨Capa Negra¨ y para ello se perforó una galería horizontal a lo largo del estrato margoso y desde ella sondeos hacia arriba y hacia abajo. Aprovechando períodos de desembalse se inyectaron los taladros y se consiguieron algunas mejoras, pero se vio que aparte de la dificultad que entrañaba impermeabilizar la ¨Capa Negra¨ existían también filtraciones que llegaban por debajo de ella, éstas no se podrían cortar sin poner en peligro la estabilidad del macizo rocoso, que quedaría sometido a la acción de la carga hidrostática.

Como consecuencia de lo anterior, se decidió abandonar los trabajos y proceder a nuevos estudios, para llegar al máximo conocimiento posible del problema.

Auscultación y estudios

Se realizaron ensayos con trazadores radioactivos tratando de determinar los caminos de circulación del agua, y se perforó una galería que se desarrolló próxima al embalse para conocer el interior del macizo. Al mismo tiempo se ejecutaron prospecciones sísmicas y eléctricas y ensayos de inyección.

Actuaciones

Como resultado de los estudios mencionados se llegó a la conclusión de que podría resolverse el problema de las filtraciones creando una cortina de inyecciones en el interior del macizo aguas arriba de los primeros tratamientos, una vez deshechadas otro tipo de soluciones de impermeabilización superficial del vaso.

Se pensó en acometer una pantalla vertical extendida a los límites que fuera necesario. Existían dos alternativas para el trazado de esta pantalla. Una de ellas, la finalmente adoptada, entra directamente en el macizo rocoso desde el estribo izquierdo y gira hacia aguas abajo para acabar siendo prácticamente paralela al cauce del río aguas abajo de la presa. La otra alternativa considerada consistía en una pantalla que se aproxima al contorno del embalse aguas arriba de la presa.

Una pantalla como la descrita en primer lugar necesariamente debería realizarse desde galerías perforadas en la roca pues el terreno a lo largo de su trazado tiene cotas altas. En cambio una pantalla por el contorno del embalse podría realizarse en su casi totalidad desde la superficie. No obstante una vez realizados los estudios y auscultaciones mencionados anteriormente se constató que para abordar con éxito el problema de la estanqueidad debía tenerse en cuenta que el terreno que garantizaba la impermeabilidad eran las denominadas ¨Margas Hondas¨ las cuales se encontraban por debajo de la denominada ¨Capa Negra¨, ya que la karstificación del macizo calizo era generalizada no pudiendo encontrarse vías preferentes de filtración.

Teniendo en cuenta lo anterior la pantalla era interesante colocarla lo más aguas abajo posible pues de este modo era más corta la distancia a dichas margas hondas. La pantalla de inyecciones, tratando de conseguir una estanqueidad lo más perfecta posible, determina una brusca discontinuidad en la ley de presiones intersticiales que se traduce en un empuje hidrostático importante.

Atendiendo a las condiciones mencionadas se buscó un trazado de pantalla situado lo más aguas abajo posible estudiando las diferentes superficies de posible deslizamiento. Para ellas se tomaron como parámetros resistentes los menores valores que habían sido hallados en los ensayos de corte. A la pantalla adoptada le corresponde una superficie de deslizamiento pésimo con un coeficiente de seguridad de 1,5.

El trazado elegido además de satisfacer la condición de estabilidad del macizo asegura el cierre de todos los posibles conductos de filtración ya que se alcanzan las margas hondas con la cortina de inyecciones.

Para la realización de las inyecciones era obligada la construcción de galerías dadas las elevadas cotas de la superficie del terreno. Se decidió adoptar un sistema de galerías separadas verticalmente unos 50 m estando la más baja a nivel de la central hidroeléctrica, desde donde ya existían accesos a dicho nivel. Así pues se construyeron tres galerías a cotas 380, 450 y 510. La disposición relativa entre ellas que se adoptó fue la de desplazarlas 6,50 mts hacia aguas abajo respecto de la inmediata superior. Los conductos de drenaje, de esta manera, van de una galería a otra facilitando su comprobación, limpieza y mantenimiento.

No se estableció, en la fase de proyecto, una distribución fija de taladros sino que se adaptó cada tramo a los requerimientos deducidos de las perforaciones que se iban realizando y de las pruebas de permeabilidad bajo presión de agua; así las galerías se realizaron con sección de 4 mt de ancho, que es suficiente para poder ejecutar en todo el tramo tres filas de taladros si las condiciones de la roca lo requieren. Como norma general se realizó una sola fila de taladros pero se duplicó en las zonas más diaclasadas o donde se registraron pérdidas importantes en las pruebas de permeabilidad. Dentro de cada fila se tomó el módulo de 2 m para la distancia de taladros.

Para la presión se adoptó la norma de aplicar presiones hasta de $40 \, k/cm^2$ para así tener seguridad de rellenar también las fisuras pequeñas. La mayor parte de los taladros se han inyectado con una mezcla de bentonita y cemento; para diclasas delgadas la mezcla satisfizo adecuadamente los requerimientos de fluidez y resistencia.

La pantalla de Canelles, por su extensión y porque en una parte importante ha sido inyectada estando el embalse en carga, ofrece un ejemplo interesante de la posibilidad técnica y económica de hacer estancos vasos en terrenos kásrticos.

5.2.2 Presa de los alfilorios

Esta presa constituye otro ejemplo de impermeabilización de vasos calizos.

Características

Situada en Asturias término municipal de Morcín, es una presa de escollera con pantalla de hormigón (CFRD) de 65 m de altura sobre cimientos y 160 m de longitud de coronación. El embalse que forma tiene un volumen de $9,5 \, hm^3$.

Sus taludes son típicos de esta clase de presas 1,38/1 aguas arriba y 1,3/1 aguas abajo desde coronación hasta la cota 388 y 1,4/1 desde esta cota hasta cimentación.

Los terrenos afectados por el embalse y la cerrada corresponden a varias series de materiales que van desde el Devónico Medio hasta el Carbonífero inferior.

El Devónico, a excepción de las denominadas Calizas de Moniello, es relativamente impermeable y el Carbonífero, representado por las Calizas Griotte y de Montaña, puede considerarse muy permeable.

La solución inicialmente adoptada para la impermeabilización consistió en la ejecución de un manto de arcilla superpuesto a una capa de hormigón pobre sobre las calizas permeables

Comportamiento

La solución inicial ejecución de un manto de arcilla sobre las calizas permeables exigía para su estabilidad retirar el coluvión que existía encima de las mismas.

(Esta operación se hizo en $35.000 \, m^2$; parte permeable del vaso).

Seguir con esta operación implicaba costes muy elevados por lo que se proyectó la ejecución de una pantalla que impermeabilizase el paquete kárstico situado en la ladera derecha del embalse de los Afilorios.

Para ello se tuvo en cuenta no solo la información geológica del proyecto base sino que se hizo un estudio mediante medidas piezométricas, hechas por el Servicio Geológico de O. Públicas con sondeos profundos y pruebas de permeabilidad e inyección.

Según estos estudios quedó claro que las principales pérdidas se producían por el tramo kárstico de la Caliza de Moniello con desagüe lateral al río Candal.

Actuaciones

Se proyectó una pantalla de inyecciones a modo de tapón. Los huecos y cuevas cársticas se rellenaron con productos adecuados (hormigón pobre).

La profundidad de los taladros se estableció de manera que en el fondo los valores de permeabilidad local fueran inferiores a 2 ud Lugeon. El terreno karstificado fue un problema para la perforación y para no afectar la calidad de la inyección se adoptó la técnica del tubo – manguito en terrenos conflictivos. El resto se realizó con el sistema tradicional de etapas ascendentes.

El tamaño de las cavernas llegó a 12 mts en las mismas se introdujo espumante expansivo e impermeable. Las cavidades más significativas tuvieron admisiones de 386, 340 y 194 t de materia seca.

Se proyectó una cortina trilineal de inyecciones. La absorción por Ml de taladro en la fila A llegó a 1.000 k de materia seca y en la B a 300. En la fila C (intermedia) las admisiones fueron, obviamente, mucho menores pues se encontraba parcialmente inyectada por A y B.

Las presiones utilizadas en las fila A y B se limitaron a 5 atmósferas en boca de taladro.

Las lechadas utilizadas variaron desde puras de cemento hasta hormigón de gravilla de 12 mm de tamaño máximo. La mezcla base contenía Cenizas Volantes y Bentonita.

REFERENCIAS

"Análisis de la estabilidad de presas mediante modelos numéricos de macizos rocosos diaclasados [síntesis estructural macizo de cimentación de la Presa de Canelles]"
En: Primeras Jornadas Españolas de Presas. Madrid, Octubre 1985/Ministerio de Obras Públicas, Dir.Gral. de Obras Hidráulicas; Comité Nacional Español de Grandes Presas
Madrid, 1985. – Tomo II, págs. 453–505.

"Impermeabilización del macizo kárstico de Canelles"/
MILLET, G. ; ALVAREZ, A.
En: Revista de Obras Públicas, n. 3098, Junio 1973,
[monográfico XI Congreso Mundial de Grandes Presas],
págs. 423–436.
"Canelles, 1960"
En: Un testimonio de las presas españolas/Ministerio de
Obras Públicas, Dir.Gral. de Obras Hidráulicas ; Comité
Nacional Español de Grandes Presas. –Madrid, 1973. –
págs. 1–6.
"Presa de Canelles"
En: Informes de la Construcción, n. 137, Enero-febrero
1962, [monográfico dedicado a Eduardo Torroja], págs.
531–557.
"Presa de Canelles, 1956"
En: Las estructuras de Eduardo Torroja/TORROJA,
Eduardo. -CEDEX ; CEHOPU. – Madrid, 1999. – [Reed.
de la 1a. ed. de 1958] págs. 111–112.
"Recrecimiento y refuerzo de Presas (Refuerzo Presa de
Mequinenza y otras)
VALLARINO, Eugenio.
En: Grandes presas: experiencias españolas y su proyecto
y construcción. 1976"/Comité Nacional Español de
Grandes Presas, Madrid, 1976. –págs. 377–393.
"Recrecimientos y refuerzos en presas de gravedad
(Refuerzo Presa Mequinenza y otras)"/VALLARINO, E.
En: Revista de Obras Públicas, n. 3098, Junio 1973,
[monográfico XI Congreso Mundial de Grandes Presas,
Madrid 1973], págs. 593–608.
"Proyecto de cimentación de presas de fábrica (Refuerzo
Presa Mequinenza y otras)"/BAZTAN, J.A. -En:
Revista de Obras Públicas, *n. 3061, Mayo 1970, [mono-*
gráfico X Congreso Mundial de Grandes Presas,
Montreal 1970], págs. 593–608.
"Mequinenza, 1966"
En: Un testimonio de las presas españolas / Ministerio de
Obras Públicas, Dir.Gral. de Obras Hidráulicas ; Comité
Nacional Español de Grandes Presas. -Madrid, 1973. –
págs. 97–102.
Gete – Alonso "Application des concepts de sûreté , dans le
fondation et culées des rives, au barrage de
Mequinenza.
ISTAMBUL, congress 9, 1967, pp 421–496, report C09,
Volume V.
"Estudio de la interacción cemento-pasta en la presa de
SanEsteban".
A.Gil García; J. Cajete Baltar
"Impermeabilización del embalse de Los Afilorios en
Morcín (Asturias).
F. Redondo , M.A. Román. VI Jornadas españolas de pre-
sas, 1999, ponencia n° 39.
"Proyecto de drenaje de la presa de Camarasa"
A.J. López Martínez. Mayo 2000, Endesa Generación.

627

Dam Maintenance and Rehabilitation, Llanos et al. (eds)
© 2003 Taylor & Francis, ISBN 90 5809 534 7

Ponencia general del tema 3: Patología de las presas: sintomatología, diagnóstico y terapia

Francisco Rodrigues Andriolo

Andriolo Ito Engenharia SC Ltda, São Paulo, Brasil

RESUMEN: El Informe General del Tema III - "IMPROVED STABILITY AND IMPERMEABILITY" – del "International Congress on Conservation and Rehabilitation of Dams" me fue designado por el Comité Técnico, a través de la honrosa invitación formulada por el Prof. Dr. Joaquin Diez Cascon.

Este Informe contempla el análisis de los trabajos designados al Tema, y formula cuestiones de tal suerte que proporcionen debates y eventuales orientaciones de caminos alternativos para la ampliación de la vida de las Presas.

El Informe presenta, también, la estadística general de los trabajos técnicos designados al Tema.

1 INTRODUCCIÓN

El siguiente conjunto de afirmaciones es normalmente observado en los Informes Técnicos y/o Documentos que tratan el Mantenimiento y Rejuvenecimiento de los Presas:

- *...La Presa no está al día con el actual nivel de tecnología...*
- *...Los registros de instrumentación fueron interrumpidos...*
- *...La instrumentación dejó de funcionar hace mucho tiempo...*
- *...Las reparaciones fueron realizadas sin buscarse el origen de los problemas...*
- *...Después de varias acciones reparadoras sin éxito, se hizo un análisis profundo de los problemas....*
- *...Debido al envejecimiento y a la falta de mantenimiento periódico...*
- *...Las averiguaciones no indicaron las causas de los problemas...*

Por otro lado se observa, en varios Países del Mundo, y en varias Entidades Públicas Propietarias de Presas y Usinas Hidroeléctricas que los cuidados con el Bien Público y acciones de Inspección, Seguridad, Mantenimiento son las más variadas. Incluso en Países, considerados como del Mundo Desarrollado, esos cuidados dejan mucho que desear.

No es sólo una cuestión de desarrollo técnico, pero mucho más que una postura para desencadenar acciones. Es evidente una deficiencia en las Administraciones Públicas y en la propia característica cultural.

De manera general los Profesionales Técnicos saben de las necesidades, o por lo menos de la conveniencia de llevar a cabo acciones periódicas, para evaluar la patología de las estructuras, sin embargo, en la mayor parte de las oportunidades, se percibe la poca disponibilidad para transformar Idea en Acción.

Esa afirmación es ampliamente confirmada a través de la lectura de varias de las publicaciones de este Congreso.

2 PONENCIAS PRESENTADAS

Hay 33 Trabajos presentados para el Tema III – "IMPROVED STABILITY AND IMPERMEABILITY" relatando actividades en 42 Presas en 16 Países. La edad media de los Presas citados es de 52 años, siendo que el más antiguo citado fue construído hace cerca de 100 años y el más nuevo 10 años atrás.

Los trabajos presentados para el TEMA III, engloban presas de Tierra y Escombreras, Hormigóns, en varias concepciones estructurales (Gravedad, Arco-Gravedad, Arco, Gravedad Aligerada). La mayoría de las publicaciones relatan aplicaciones de productos y metodologías de acciones reparadoras, siendo interesante lo que otras publicaciones relatan sobre acciones en sistemas de drenaje de tal forma que se puedan reducir las fuerzas inestabilizantes.

Algunas otras publicaciones mencionan los beneficios de la instrumentación en el auxilio de la Sintomatología y Diagnósticos. Hay relatos sobre la adecuación de modelos Matemáticos en busca de mejorar el entendimiento de los fenómenos. Hay también informaciones sobre la actualización de Criterios de Estabilidad, consecuentes de la contemplación de nuevas y actualizadas acciones Sísmicas o de Carácter Estructural.

Es evidente que la mejora de los Estanques fue buscada a través de inyecciones y/o membranas o carpetas. La mejora de la Estabilidad fue buscada mediante la implementación y/o la adopción de sistemas de drenaje y, en unos pocos casos, mediante el apósito de masa en la región aguas abajo.

3 SINTOMATOLOGÍAS

Consideraciones usuales

Una presa segura es aquel cuyo desempeño satisface a un nivel aceptable de protección contra ruptura, o desgaste sin ruptura, conforme a los criterios de seguridad utilizados por el medio técnico.

La seguridad de las presas existentes normalmente es evaluada regularmente por las reevaluaciones de seguridad de todas las estructuras e instalaciones. La seguridad de una presa puede ser garantizada por:

- Corrección de cualquier deficiencia prevista o constatada;
- Operación segura, continuada, mantenimiento e inspección;
- Preparación adecuada para emergencias.

Los programas de mantenimiento normalmente son organizados y evaluados como mínimo anualmente. Los requisitos de mantenimiento también son documentados para las diversas estructuras, inclusive estructuras en madera y conductos.

Normalmente son evaluados los cambios en las condiciones de las instalaciones y acciones apropiadas deberán ser tomadas, tanto en relación a la revisión de proyecto como a los cambios necesarios en la construcción y/o reparaciones.

La instrumentación necesaria para verificar la continuidad de las condiciones de seguridad de una presa, juntamente con cualquier sistema de aquisición, procesamiento y transmisión de datos, deben ser mantenidos en buenas condiciones de funcionamiento.

De manera general, las citas precedentes son lo que se observa en la mayoría de los Manuales de Seguridad y Operaciones de Presas.

Las consideraciones para el mantenimiento de diferentes tipos de estructuras y equipos están resumidamente descritas abajo.

Presas y estructuras de hormigón

La subpresión y la filtración de agua son las principales causas de inestabilidad potencial, bajo condiciones normales de carga, de parte o de la totalidad de las estructuras. Reacciones de agregados con los álcalis, reacciones debidas al uso de Pirita, reacciones debidas a la acción de Sulfatos pueden ocasionar serios impactos en la seguridad de las estructuras.

Programas anuales y de largo plazo de mantenimiento para las estructuras de hormigón se deben incluir, pero no limitarse a la limpieza regular de desagües o sistemas de drenaje, mantenimiento de los sistemas impermeabilizantes, equipos de bombeo y de los equipos e instrumentos de monitoreo, necesarios para garantir la seguridad de las estructuras.

Los análisis estáticos para presas de gravedad son normalmente basados en el método de equilibrio límite de "cuerpo rígido" y en el método de la linearidad elástica. Las presas de contrafuertes deben reunir la totalidad de los requisitos de estabilidad para presas de gravedad y todos los otros componentes en hormigón armado deben seguir las normas de cálculo de estructuras.

La evaluación de presas en arco, requiere una experiencia especial y una comprensión general acerca de los detalles únicos de estas estructuras. Los análisis de tensiones y estabilidad de las presas en arco, pueden ser basados en el método de cargas sucesivas o por el método de elementos finitos u otro aplicable. Las propiedades de deformación de los cimientos deben ser incluídas y, específicamente, los efectos de la secuencia constructiva. Las temperaturas y los deslocamientos diferenciales deben ser evaluados. Los efectos de juntas (de dilatación vertical y de construcción) deben ser considerados.

Los análisis sísmicos o dinámicos son normalmente ejecutados en diferentes niveles de sofisticación, dependiendo de la consecuente evaluación de la presa y de la probabilidad de desempeño no aceptable. Las fisuras, así como la interacción de la represa y de los cimientos debe ser incluída en el análisis, cuando sea necesario.

La capacidad de carga de los cimientos está relacionada a la tensión normal máxima, definida mediante criterios que atiendan las condiciones de ruptura, y las limitaciones relativas a los recalques excesivos, perjudiciales para el funcionamiento y la perfecta utilización de la estructura.

Presas de tierra y roca

Las estructuras en terraplén necesitan de trabajos de mantenimiento esencialmente dirigidos al control de la filtración y erosión a fin de prevenirse el deterioro del macizo y/o de los cimientos, y el desarrollo de caminos preferenciales del trazado de la filtración.

Los programas de mantenimiento periódicos para estructuras en terraplén deben incluir el mantenimiento regular de la instrumentación, mantenimiento de la cresta y de los bloques, el control de la vegetación y cuevas de animales, estabilización de rampas, mantenimiento de los sistemas de drenaje y la remoción de escombros aguas arriba, a fin de garantizar la seguridad de la estructura.

Las cargas provenientes del presa y la distibución de esos esfuerzos sobre los cimientos, no deberán causar deformaciones totales o diferenciales excesivas o causar ruptura del cimiento por fractura. Las rampas de aguas arriba y aguas abajo del presa y las ombreras deberán ser estables bajo todos los niveles de la represa, así como bajo todas las condiciones de la operación.

Las rampas de la represa deben ser estables bajo condiciones de carga sísmica, precipitaciones pluviométricas severas, bajada rápida y cualquier otra condición, caso que la ruptura de la rampa pueda inducir a la formación de olas que amenacen la seguridad pública, la presa o sus estructuras asociadas. El borde libre debe considerar la expectativa del recalque de la cresta.

La carga de las partículas del suelo por las fuerzas de filtración debe ser evitada mediante filtros adecuados. Los filtros y cañerías internos son particularmente importantes porque es donde se considera posible la aparición de fisuras en el presa, debido a recalques diferenciales, arqueamiento y/o fractura hidráulica.

Las pendientes hidráulicas en la presa, en los cimientos, en las hombreras, y a lo largo de los conductos, deben ser bajos o suficientes para prevenir la erosión regresiva. La capacidad de vaciado de los filtros y de las cañerías no debe ser excedida.

Las presiones neutras altas pueden indicar que el drenaje es insuficiente o si la permeabilidad de las cañerías es excesivamente baja. La disminución de la filtración proveniente de las cañerías puede indicar la acumulación física, química o bacteriológica. La presa debe mantener la represa en condiciones de seguridad, en relación a cualquier fisura que pueda ser provocada por recalque o fractura hidráulica.

Las rampas de aguas arriba de la presa y sus ombreras, deben ser provistas de protección adecuada para resguardarlas contra la erosión, inclusive la producida por las olas. Las rampas de aguas abajo deben ser protegidas contra la acción erosiva de escurrimientos superficiales, eventuales surgimientos de filtraciones, del tráfico de personas y de animales. Todos los materiales de relleno y de los cimientos susceptibles a la licuefacción deben ser identificados. Si la licuefacción es posible, entonces la estabilidad de la presa post-licuefacción deberá ser evaluada.

La presa, sus estructuras asociadas, cimientos, hombreras y las márgenes de la represa deben ser capaces de resistir a las fuerzas asociadas a las condiciones de Sismos OBE y MCE.

La resistencia y la rigidez de la roca deberán ser suficientes para proveer la estabilidad adecuada bajo cargas de proyecto para el presa, estructuras asociadas, hombreras y cimientos, y las deformaciones limitadas a valores aceptables.

Directamente debajo de la presa, la principal consideración debe ser la naturaleza del contacto roca-presa, su forma y las características de los cimientos. Donde los cimientos estuvieran expuestos, o en contacto con el macizo de tierra, el énfasis deberá estar en la impermeabilidad y en el sellado, en función del tiempo. Se deberá deteterminar si detalles geológicos podrían conducir al deterioro del macizo rocoso. También se deberá determinar la necesidad de ejecutar investigaciones y ensayos de campo.

Todos los tratamientos correctivos sub-superficiales ejecutados durante el período de construcción de la presa deben ser identificados y evaluados para determinarse si ellos permanecen eficientes y en condiciones estables.

La compatibilidad entre la deformación de la presa y sus cimientos precisa ser considerada sobre la determinación de los parámetros de resistencia al deslocamiento de los cimientos. Generalmente no se considera en los análisis, la resistencia a la tracción en la interfase presa-cimiento, y abajo de estas. Sin embargo, para los presas de hormigón, donde la existencia de fisuras en esta interfase es dependiente de alguna resistencia a la tracción, ésta debe ser basada en una cantidad representativa de ensayos ejecutados en muestras retiradas de la zona de interfase. Si los cimientos están compuestos de varios tipos y calidades de roca, los valores deben ser evaluados para cada área correspondiente al tipo de roca dentro de la zona de influencia de la presa.

Si las fundaciones están irregularmente fracturadas, métodos y programas deben ser establecidos para determinarse los datos de resistencia para las partes más críticas de los cimientos en roca.

Un sistema de drenaje de los cimientos es normalmente utilizado para reducir la subpresión que actúa en la base del presa y en el cuerpo del macizo rocoso. El sistema más común, consiste en cañerías aguas abajo de la cortina de injección principal.

Cimientos y hombreras, así como macizos de tierra, a través de los cuales, o sobre los cuales una estructura asociada haya sido construida, deben ser libres de movimientos que podrían perjudicar la capacidad operacional de la estructura o conducir a un daño estructural, tal como una fisura excesiva, deformación, desviación, daño a las juntas, separación de juntas o de algún otro modo amenazar la integridad estructural y/o su desempeño hidráulico. Los cimientos de una estructura asociada deberán poseer resistencia suficiente para resistir deslizamientos, y una capacidad de soporte adecuada para prevenir recalques excesivos.

La zona impermeable, inmediatamente subyacente o incluida en la parte de aguas abajo de una estructura asociada, incluyendo ahí componentes tales como trinchera de sellado (cut-off), sección del núcleo o carpeta impermeable, deben ser libres de concentraciones localizadas de filtración, que podrían resultar en erosión interna (piping).

Equipos y estructuras metálicas

Requisitos de mantenimiento deben ser aplicados a todos los componentes eléctricos y mecánicos, esenciales a la seguridad de la presa, a saber:

- vertedero,
- conductos,
- compuertas,
- accionadores,
- dispositivos de accionar de compuertas,
- instrumentación,
- iluminación normal y de emergencia y
- bombas.

Un programa de mantenimiento preventivo debe ser planeado de acuerdo con la clasificación por consecuencia de ruptura de la presa, patrón de la industria, recomendaciones del fabricante y el historial operacional de cada pieza, en particular, del equipo.

Referencias deben ser hechas (con informaciones suplementarias donde sea necesario), a los manuales de operación y mantenimiento de los fabricantes y proyectistas, con relación al mantenimiento necesario, piezas de reposición y pruebas regulares apropiadas para confirmar la funcionalidad de trabajo.

Los requisitos de mantenimiento para los componentes de estructuras metálicas tales como compuertas, stop-logs, guias, estructuras de izado, monocarriles y conductos, deben aplicarse a lo siguiente:

- Alineamientos, tornillos de anclaje, conexiones atornilladas, reviradas y soldadas, revestimientos de protección, detalles de soporte y lechadas.

Familiaridad con los modos y causas de fallas
Categorías y Causas de Fallas

Situaciones y características de anormalidades y síntomas

Alineamiento de los caminos del presa de tierra y/o de escombros, parapetos, líneas de transmisión o distribución, cercas de protección, canalizaciones longitudinales u otros alineamientos paralelos o concéntricos al presa pueden revelar la existencia de deslocamiento superficial. Depresiones que puedan disminuir el borde libre. Protuberancia u otro desvío de planos lisos y uniformes.

Las rajaduras en la superficie de una presa de tierra y/o de escombros pueden ser indicadoras de muchas condiciones potencialmente inseguras. Pueden ser causadas por disecación y retracción de los materiales próximos a la superficie de la presa; entretanto, la profundidad y la orientación de las rajaduras deben ser definidas para entender mejor sus causas. Aberturas o escarpas en la cresta del presa de tierra y/o de escombros o en las rampas pueden identificar deslizamientos. Rajaduras superficiales, próximas a las zonas de contacto de los encuentros del presa, pueden ser una indicación de recalque de la misma y, si fueran bastante severas, pueden convertirse en un camino de filtración a lo largo de estas zonas de contacto.

Puntos húmedos, burbujas, depresiones, sumideros o nacientes pueden indicar filtración excesiva a través de la presa. Puntos blandos, crecimientos anormales de vegetación y, en los climas fríos, acumulación de hielo en áreas donde ocurre una rápida licuación de la nieve, también indican anormalidades.

Falla	Consecuencia o Asociadas a	Causa
Deterioro de los Cimientos	Calidad y/o tratamiento de los cimientos. Presentan rajaduras visibles; Hundimiento localizado; Remoción de materiales	Remoción de materias sólidas y solubles; Remoción de Rocas; Erosión
Inestabilidad de los Cimientos	Materiales solubles; Esquistos arcillosos o arcillas dispersivas que reaccionan con agua	Licuefacción; Deslizamientos; Hundimientos, y; Deslocamiento de Fallas
Vertederos Defectuosos	Llenado de Proyecto; adecuación del Vertedero; historial de Operación del Vertedero y del Descargador; Obstrucciones; Condición aguas abajo; Crecimiento de la Vegetación; Fisuras y/o rajaduras en las estructuras de hormigón; Equipos en malas condiciones de uso	Obstrucciones; Revestimientos Fracturados; Evidencia de sobrecarga de la capacidad disponible, y; Compuertas y gruas disponibles
Deterioro del Hormigón	Materiales defectuosos; Agregados reactivos; Agregados de baja resistencia;	Reacción de agregados con los álcalis; Reacciones con Pirita; Acciones con Sulfato; Congelamiento- Deshielo, y; Disolución
Defectos de Presas de Hormigón		Alta Sub-presión; Distribución imprevista de Sub-presión; Dislocamientos y Desvíos diferenciales, y; Sobrecargas
Defectos de Presas de Tierra y/o de Escombros	Estabilidad y Sanidad de las rocas de escombros; Fractura Hidráulica; Rajaduras en el Suelo; Suelos de baja densidad	Potencial de Licuefacción; Inestabilidad de las rampas; Filtración excesiva; Remoción de los materiales sólidos y solubles, y; Erosión de la Rampa

Deposiciones químicas, desarrollo de bacterias, deterioro, corrosión u otras anormalidades pueden obstruir o tapar los drenes.

Causas de erosión, tales como: protección de rampas inadecuada, exceso de lluvias, deslizamiento superficial concentrado, o la presencia de sedimentos o de arcillas dispersivas altamente corrosivas pueden identificar anormalidades.

La vegetación nueva y tipos de vegetación que requieran gran cantidad de humedad son motivo de sospecha, porque pueden indicar puntos húmedos en la presa. Una diferencia de color notada dentro de un área de un mismo tipo de vegetación es una buena indicación de puntos húmedos en la presa.

El alineamiento de las estructuras de las paredes de los canales, de paredes y pisos, adyacentes a juntas de contracción transversales y aguas abajo de ellas, pueden indicar anormalidades.

4 DIAGNÓSTICOS

Se ha venido lidiando con el envejecimiento de las presas de hormigón y albañilería de varias formas, los presas de hormigón provocan aparentemente más preocupación a sus dueños que los presas en terraplenes. Podría haber dos razones para esto: los materiales manufacturados por el hombre no son tan buenos como aquellos provistos por la naturaleza, la cual tuvo más tiempo para elaborarlos, por supuesto; y los presas de hormigón y albañilería son más livianos y en consecuencia están más expuestos a las severas condiciones en términos de carga, pendiente hidráulica y a los efectos de las temperaturas.

Ciertas cuestiones en varios informes prestan atención preferencial a los escenarios de envejecimiento, por ejemplo aquellos que ocurren más comúnmente o en forma aguda como ser la reacción de los agregados alcalinos, el ataque de aguas violentas sobre el cuerpo del presa, el cual puede ser acoplado con el peligro de daño por deshielos en el centro de la presa.

Las consecuencias de la dilatación del hormigón varían mucho con el tipo de presa, funcionalidades específicas como los cimientos y la geometría de la presa, y el estándar de dilatación dentro del mismo, pero el signo observable más común es el de rajaduras.

La lógica presión causada por la dilatación de estructuras encerradas es frecuentemente mencionada y hay también inquietud acerca de los niveles de presión y de la fortaleza del hormigón.

Toda agua pasando a través del hormigón ataca el mineral calcáreo y el carbonato de calcio contenido en el cemento y especialmente si el agua es pura porque contiene dióxido de carbono disuelto o tiene un coeficiente de pH ácido. Finalmente el proceso tiende a empeorar en forma progresiva ya que los pasajes de agua se ensanchan con la pérdida de cemento y el agua dañina circula más libremente.

Las presas fueron construídos en un tiempo en que no se hacían esfuerzos para obtener un hormigón altamente compacto o albañilería bien compacta, el material era poroso y las juntas frías entre elevadores de hormigón no eran adecuadamente tratadas. Las presas eran contruídos en altitudes sobre pequeñas cuencas en geologías cristalinas donde el agua es pura o tiene un bajo pH. Presas de poco espesor con alto grado de filtración por la pendiente.

Es importante resaltar la naturaleza crónica de la erosión del agua. Si esto no es controlado a tiempo puede provocar un gran daño, el cual, seguramente, sería muy caro de reparar. Delgados revestimientos y el hormigón que se encuentra cerca de las juntas de los muros de contención son particularmente vulnerables a este tipo de desgaste por el efecto del alto declive hidráulico. En climas fríos, la erosión del hormigón es agravada por el congelamiento-deshielo, por lo tanto, hormigones de baja calidad pueden ser rápidamente destruidos.

El daño de la erosión producto del congelamiento-deshielo, muy común en los países fríos, afecta principalmente a los presas más antiguos por las razones mencionadas más arriba. La principal causa no es el frío mismo sino que lo más frecuente son los ciclos de congelamiento y deshielo sobre el hormigón húmedo. El hormigón en las construcciones más recientes en más denso, duro, ventilado y generalmente de mejor calidad y más resistente a cualquier tipo de agresión.

Los efectos de congelamiento-deshielo son rápidos y más devastadores en estructuras más livianas. La cresta de la presa trabaja expuesta a diarios deshielos de nevadas que a menudo no son masivos pero que hacen particularmente vulnerables esas partes sin afectar la integridad de la contrucción. La situación es diferente con las múltiples y delgadas bóvedas y pivotes y con el frente de hormigón de las presas de terraplén donde el deterioro toma rápidamente grandes proporciones.

En estructuras más masivas, los efectos del congelamiento-deshielo sobre las superficies expuestas son un problema sólo con el paso de los años. Los daños aguas arriba son casi siempre debidos a un lento proceso que no llega a penetrar profundamente dentro del hormigón. Esto podría deberse a las siguientes razones:

- el hormigón que se encuentra debajo de la superficie del agua no está expuesto a las heladas,
- Las presas construídos en países con inviernos severos tienen depósitos estacionales con niveles regulares de espejo de aguas que bajan en invierno para entonces tener menores niveles de congelamiento-deshielo cíclico.

Las precipitaciones con heladas caídas aguas debajo de la presa, causan frecuentemente escamaciones en el hormigón. Esto tiende a largo plazo a afectar la seguridad de significativa magnitud pero vigoriza la vegetación y en las temporadas de lluvias pueden hacer peligrar la seguridad de las personas. Los efectos del congelamiento-deshielo son mucho más serios y preocupantes si hay reparaciones o parches efectuados sobre el frente aguas abajo debido a algún ineficiente drenaje interno. El grosor externo del hormigón del presa o su albañilería puede ser dañado más profunda y rápidamente.

La rajadura del hormigón es un síntoma, no un proceso de envejecimiento. Esto puede ser causado por la edad tanto como por RAA, pero la mayoría de las rajaduras son producidas por causas accidentales, como por ejemplo un diseño incorrecto, contracción inicial del hormigón, problemas con los propios cimientos, etc. Esas rajaduras pueden entonces agrandarse a través de cargas cíclicas hidrostáticas o termales. El resquebrajamiento no es por sí mismo un proceso de envejecimiento pero sí una manifestación de algunas debilidades en la construcción con respecto al ciclo o persistencia de la carga. La interpretación inicial de la situación debe, en consecuencia, mencionar la actuación y el comportamiento del conjunto de la contrucción a través de datos de deformaciones en los canales de descarga y datos de los registros del piezómetro, aun cuando las grietas fueran primeramente detectadas por inspección ocular, como ocurre frecuentemente.

Otro tipo de agrietamiento se debe a procesos naturales, tales como las variaciones diarias y estacionales de la temperatura cuando los picos o coeficientes de variación exceden ciertos valores. En términos prácticos, el envejecimiento reflejado por agrietamientos es signo de algunas debilidades que pueden provenir de persistentes o repetidas cargas, al margen de escenarios de envejecimiento que pueden provenir según lo expresado. El resquebrajamiento es siempre concerniente a los operadores de la presa pero realmente, sólo afecta en forma directa a la seguridad si se desactiva la transmisión de las tensiones de corte. El caso clásico de la sala de clase es el dirigido al conjunto de grietas en la bóveda del presa que ellos aislan en un bloque de hormigón que es expulsado por la presión que viene de la represa.

Algunos problemas serios han sido informados sobre viejos anclajes ya que los tensores son especialmente vulnerables a la corrosión y a las condiciones de los lugares del anclaje que son frecuentemente húmedos y estrechos. La pérdida del pre tensado por aflojamiento de los tensores o deslizamiento es otro riesgo de envejecimiento con o sin corrosión. El problema empeora por el hecho de que pueden haber señales no visibles hasta que finalmente la falla se produce como un resquebrajamiento colapsante.

Pocos informes describen casos de presas de terraplenes con envejecimiento totalmente similar.

La impermeabilidad de la tierra y presas de tierra homogénea son los componentes más importantes en la seguridad del presa de terraplén ya que el envejecimiento puede causar canaletas.

Las causas de las filtraciones son el resquebrajamiento y finas filtraciones que se producen, o porque hay un inadecuado filtro aguas abajo, atrás del cuerpo principal o porque la tierra en una presa homogéneo no posee propiedades para reconstituirse. Los defectos más importantes, aparte de las pequeñas filtraciones son heterogeneidades de origen incierto, fracturas hidráulicas por sequedad y quebraduras por contracción.

El envejecimiento de las hombreras aguas arriba de la presa en terraplén y su cobertura de protección no tiene un efecto ni directo ni inmediato sobre la seguridad de la presa, lo que es diferente al caso de la parte central de la misma.

Las ombreras son mencionadas en los informes como en conexión con fragmentación de escombros y la erosión de la superficie donde no existe ninguna protección. El primer proceso causa continuas fijaciones de magnitud variable y raramente lleva a situaciones peligrosas. A lo sumo, ello podría producir alguna reducción en la permeabilidad del material y en el largo plazo posiblemente causaría algún peligro durante un rápido "draw-down". La erosión superficial no es peligrosa en el corto y mediano plazo y puede ser fácilmente reparada.

Otra protección en aguas arriba que no sea la impermeabilización frontal mencionada en los informes, consiste en el "rip-rap" o el emplazamiento manual; otras técnicas tales como la del cemento, no han sido mencionadas. El rip-rap puede ser afectado por la olas y el clima cambiante, por las condiciones físicas o químicas o la forma y contorno de las rocas. Sin embargo, ningún proceso es descrito con precisión. El declive es afectado por el mismo tipo de ataques así como el hormigón y las estructuras de albañilería, adicionalmente agravados por el ángulo del declive que permite la acumulación del agua y raíces de plantas. La presión del hielo también puede tener efectos desastrosos.

El envejecimiento de los estanques aguas arriba tiene muchos más inmediatos y urgentes efectos sobre la seguridad del presa. El frente de hormigón sufre mucho el mismo tipo de ataque que el angosto hormigón de la construcción arriba mencionado; y es más, ellos son también afectados por deformaciones no significativas del subyacente relleno del presa y tiene un punto débil en las juntas entre las tablas o las tiras.

A pesar de la importancia de las hombreras de aguas abajo para el soporte estructural y para los desagües y filtros de control de filtraciones en el cuerpo central de la presa, pocos casos de envejecimiento son informados. Se hacen necesarios cambios en los conocimientos y prácticas de la ingeniería, sin embargo, éstos sólo suceden en poco frecuentes intervalos, por ejemplo entre 30-50 años, o cuando acontecimientos excepcionales han ocurrido.

Presas de hormigón y de hormigón armado han provocado la mayoría de las discusiones, clasificando dentro de ella la dimensión de la inestabilidad del hormigón, el envejecimiento del hormigón a través de las erosión o el agrietamiento por el congelamiento-deshielo, y el pre tensado. La contracción del hormigón en bóvedas y contrafuertes del presa y el agregado de reacciones alcalinas, varias veces mencionada en los informes, será discutida más abajo. Comentarios sobre RAA son ampliamente aplicables a cualquier tipo de reacción causante de dilatación.

5 TERAPIAS

Las historias de casos cubren una amplia variedad de situaciones diferentes. A veces, después de que las investigaciones son completadas, la presa continúa operando sin soluciones de reparación, o puede ser totalmente reconstruido, o también reparado y mantenido en cualquier rango.

Los informes dan la impresión de que algunas reparaciones son sumamente costosas y que por lo tanto los dueños de las presas estarían más propensos a aceptar más modestas y tempranas formas de mantenimiento. No obstante, los operadores son reacios a hacer eso, ellos prefieren esperar hasta que algún acontecimiento se produzca afectando la seguridad, especialmente cuando hay escacez de fondos para ese fin y en el entendimiento de que el financiamiento para esto es oneroso. Un entendimiento más claro sobre el financiamiento envuelto sería saludable. Los tiempos de los trabajos de reparación son también altos. No hay informes de estados de problemas en términos económicos, ni siquiera, mencionando el valor del agua perdida por el derrame.

A diferencia de la industria de transporte aéreo, no se hacen mantenimientos preventivos en los presas. Los trabajos son llevados a cabo cuando la represa está en su menor nivel de agua. Vale la pena mencionar que es buena práctica encargarse del mantenimiento en este momento con el objeto de evitar tener poco tiempo en el futuro.

Si un estudio sobre potenciales consecuencias de envejecimiento revelan inadecuada seguridad, especialmente en el caso de las construcciones más antiguas en vías de obsolescencia, ello traerá algunos problemas de difícil solución, como así lo podemos ver en varios informes.

Los trabajos informados sobre reparación en los cimientos de las presas apuntan a la restauración de estanques; los casos más frecuentemente encontrados son: control de edificaciones, reparación de sistemas de drenaje y mejoras en la estabilidad de los cimientos.

La lechada es usada en la mayoría de los casos para acoplar con un excavador de drenaje extra, si es que el material permirte conectar drenajes existentes. Recientemente se han hecho mayores avances en las lechadas a base de cemento y otros materiales. Ahora más que antes, es posible penetrar finas rajaduras o materiales porosos; así como rellenar activas rajaduras con lechadas que se pueden adaptar a los cambios de volumen.

La mayoría de estos nuevos materiales son compuestos sintéticos orgánicos pero materiales de base mineral. Los silicatos y los bituminosos son también usados en combinación con varios otros tipos como por ejemplo el epoxi-poliuretano, polyester, etc.

El trabajo operacioneal en las presas comprende restricciones especiales. El uso de la lechada debe ser diseñado con esas y otras funcionalidades especiales en el lugar en cuestión. Estudios previos son recomendados. El trabajo es más complicado que el necesario para un proyecto de un nuevo presa y es limitado por restricciones de costos.

Las otras aproximaciones informadas son compuertas de emergencia y distribución de plataformas o carpetas sobre las rocas aguas arriba del presa. En este último caso, la represa debe ser vaciada y el problema de las juntas entre las plataformas y la presa, a pesar de ser superable, demanda cuidados profundos.

El caso del tratamiento de los cimientos en aguas arriba más allá del arco de la presa, será discutido en la sección sobre la estabilidad dimensional del hormigón.

El tratamiento más común es proveer más drenaje y mejorar los estancamientos si es que la pendiente hidráulica es el asunto que nos ocupa. Hay dos caminos de rehabilitación del sistema de drenaje: limpieza de los desagües existentes y la perforación de unos nuevos.

Varias soluciones han sido aplicadas a los efectos de la contracción del hormigón en los arcos de presas cuando ha alcanzado proporciones intolerables. Una segunda lechada en las juntas de saliente vertical tiene la ventaja de restaurar la geometría de la presa original con pocas consecuencias secundarias.

En la escena de trabajo hubo dificultades prácticas para llevarlo a cabo, por lo tanto no fue un éxito completo, aun usando finas resinas en la penetración. Estas dificultades son problemas de control del nivel de la represa, la posibilidad práctica de la penetración de las lechadas en las juntas, asegurando que las mismas se hayan llenado completamente y chequear que el trabajo proceda satisfactoriamente.

En presas de tamaño moderado donde las cargas de los cimientos no son demasiado altas, abrir la roca de hormigón aguas arriba es considerado aceptable, sujeto a chequeo con un apropiado modelo matemático que nos diga que la presa en su totalidad trabaja satisfactoriamente. El sistema de desagüe puede ser llevado aguas abajo si es necesario.

Donde esto no es aceptable se debe inyectar resina en la junta abierta del cimiento, con la represa casi llena. Esto demanda estudios previos, procedimientos diseñados cuidadosamente y un fuerte control para prevenir efectos secundarios no deseados.

Se les ha ocurrido a muchos autores que un frente impermeable le negaría acceso a la presa debido al agua necesaria para que la dilatación ocurra, pero esta idea ha sido a menudo rechazada debido al problema de la prevención de entrada de agua a través de los cimientos y del largo tiempo requerido para que el hormigón se seque. En los lugares donde han sido aplicadas cubiertas y no han fallado, no ha pasado tiempo suficiente como para juzgar su eficacia.

En los lugares donde deformaciones de dilatación inducida tienen efectos fatales, a veces se han abierto ranuras en el hormigón para permitirle su expansión. A pesar de no ser ésta considerada una solución permanente, ha producido el resultado deseado y puede aparentemente ser repetida sin dificultad. Las ranuras fueron primeramente hechas perforando agujeros en forma continuada pero éste no es un trabajo correctamente ejecutado ya que en los últimos intentos se han usado abrasivos y sierras metálicas.

La filtración en las presas de hormigón puede producirse a través del cuerpo del mismo, o de las rajaduras o juntas verticales u horizontales. La mayor parte de esta sección se aplica igualmente a los frentes de hormigón de los presas de terraplén. Los métodos de reparación son muy variados y grandes avances se han hecho recientemente. Dos son las tendencias que emergen de estos informes, el incremento del uso de frentes de hormigón "grueso" y sustancias orgánicas sintéticas.

Las valuaciones del hormigón. Un mínimo grosor se necesita para superar los efectos de la temperatura en las zonas de arriba de la línea del agua y prevenir pendientes hidráulicas excesivas sin material. El frente puede ser mucho más grueso si el objetivo es mejorar la estabilidad, como ser en los muy antiguos presas. Pendientes hidráulicas altas atravesando el hormigón, pueden ser también un problema en cualquier lugar, por ejemplo cuando se sella una junta de construcción horizontal o alrededor del dique contenedor durante la construcción o la reparación. En el primer caso, una solución localizada como lo es simplemente la que proviene de la junta está limitada a no tener éxito si una franja de junta ancha no se coloca sobre ella. En el segundo caso, un simple dique de contención es muy probable que traiga problemas a largo plazo si es que está sujeto a alturas sin arreglos especiales. El grosor en el frente del hormigón no es el único factor. Ellos son cuidadosamente diseñados con refuerzos y barras de anclaje, tamaños apropiados y tipo de cemento correspondiente, mezclas, humo de sílice, etc., para asegurar una apropiada performance. Se usa frecuentemente hormigón lanzado para los frentes.

Desde su primera aparición cerca de treinta años atrás, los sintéticos nunca han cesado de mejorar en resultados y costos, y ahora ellos tienen muchas más aplicaciones. Muchos reportes reflejan la gama de usos que ofrecen. Ellos proveen diques de contención preformados y compuestos de sellado, sin embargo, la posibilidad de que sean flanqueados por la filtración bajo pendientes hidráulicas debe ser considerada. Ellos pueden ser formulados como epoxies de lechadas, poliuretanos para rajaduras abiertas y grandes cavidades, polyesters, acrylamides con o sin silicatos, o poliuretanos reactivos en agua para finas rajaduras y materiales porosos. Por último, ellos pueden ser usados para cubiertas a prueba de agua, principalmente el epoxies y el poliuretano formulados para conferir flexibilidad. Un éxito remarcable se viene obteniendo desde hace diez años con membranas a base de un compuesto de pvc sobre un material de drenado.

Se necesitan estudios apropiados y una aplicación cuidadosa para que el uso de sintéticos sea exitoso en la prevención del congelamiento o evaporación, el control de las pendientes hidráulicas cerca de los bordes del frente de la presa, así como proveer un legítimo apoyo a la superficie, protegerla contra la humedad y el polvo y se debe planificar el trabajo adecuadamente. Esto significa que el uso de sintéticos necesita especialistas.

Aún se usa hormigón lanzado reforzado en los frentes de aguas arriba fuertemente unido al hormigón de la presa. Esos frentes son más durables cuando son más gruesos, la presa tiene una altura moderada y las temperaturas son limitadas.

Los estanques de varias presas se han reparado colocando la lechada desde el frente de aguas arriba o desde la cresta. Se han usado lechadas sintéticas y cementos. Defloculantes mejorados, cementos ultra finos, procedimientos controlados y equipos introducidos en la última década han extendido la aplicación de lechadas a mezclas a base de cementos, aun combinándolas con silicatos y resinas. Siempre deben hacerse pruebas previas para chequear que la mezcla pueda penetrar en las rajaduras y poros.

Para trabajar con revestimientos a prueba de agua es importante preparar la base adecuadamente; siempre es necesario fregarla con chorros de agua a alta presión. Cementos de alúmina con alta resistencia a la erosión del agua pueden ayudar a superar algunos problemas ya que son compatibles con el agregado pero su costo es muy elevado.

Se han usado recientemente frentes delgados herméticos pero se les han colocado revestimientos sintéticos protectores en las caras de aguas arriba.

El daño causado por el congelamiento-deshielo que actúa juntamente con el ataque de aguas agresivas es generalmente reparado restaurando la parte hermética del presa. Este aspecto ha sido discutido más arriba. Estas reparaciones son siempre necesarias cuando las filtraciones van penetrando el presa, se congelan y dañan el frente aguas abajo.

Las reparaciones en la cresta, los contrafuertes y trabajos accesorios consisten en cortar una parte del hormigón y emparcharlo. La resistencia al congelamiento de la nueva mezcla del hormigón es maximizada por los métodos usuales, alta densidad, ventilación, amplia cobertura a los refuerzos , etc. Las formas serán también simplificadas o el perfil del hormigón se engrosará.

Se aplicarán los mismos principios de reparación para los daños causados por los efectos de congelamiento-deshielo en el frente aguas arriba y en la faja horizontal a lo largo de la línea de agua.

Se debe remarcar que la estabilidad no es afectada a menos que el daño sea muy importante, con una pérdida significativa en la cantidad del material de la presa. Si éste es el caso, el frente aguas abajo puede no ser el lugar más adecuado para agregar hormigón para mejorar la seguridad de la presa.

Rehacer el frente no es totalmente esencial para prevenir la caída del material de la cara dañada. Sería suficiente por ejemplo graduar el frente con mangueras de alta presión. Varios informes citan aplicaciones exitosas con este método lo cual puede ser altamente automatizado.

Rehacer el frente es sólo necesario por razones de apariencia, ya que es un área donde los operadores están expuestos a alta presión e inspecciones continuas de diversos grados de autoridades. Pero rehacer los frentes no está libre de inconvenientes:

- Una fina camada o revestimiento es inútil a menos que se rehaga nuevamente a los pocos años.
- Una gruesa (varios decímetros) capa de hormigón es necesaria si el hormigón original tiene que ser protegido contra la acción del congelamiento y para mejorar su durabilidad.

El hecho de que las rajaduras expuestas raramente sean reparables es una dura realidad. Aparte de unos pocos casos muy especiales, en los cuales un tratamiento específico fue aplicado, las únicas reparaciones informadas fueron sobre contrafuertes y hondonadas de las presas.

En ambos ejemplos, el trabajo fue muy extenso, casi el equivalente a construir un nuevo presa. Por otra parte, la protección termal o una lechada de resina parcial se consideraron suficientes. Esto confirma que las rajaduras no son necesariamente un tema de gran preocupación. Sin embargo, se debe recordar que se está hablando sólo de rajaduras producidas por la fragilidad del presa respecto a su resistencia o a las repetidas cargas.

Algunos autores cuestionan la rehabilitación de los presas sobrecargados. Se ha considerado la instalación de nuevos tensores y revestir los ya existentes para que puedan estar más protegidos.

La reparación de los frentes de hormigón en las presas de terraplén envuelve un trabajo similar al ya descrito para presas de hormigón resquebrajados: recortar el hormigón dañado y emparcharlo o revestirlo con polímeros sintéticos. Se debe tener cuidado especial con las juntas, las cuales son puntos débiles en los frentes herméticos. En las rampas planas el hormigón bituminoso es una alternativa factible. El área del frente tiene que ser reparada siempre que haya muchos defectos localizados.

Casi el único tipo de reparaciones para las hombreras de aguas abajo, sin importar cual sea el daño, es colocar un relleno extra ,con o sin filtro sobre el viejo frente.

6 COMENTARIOS Y RECOMENDACIONES

La experiencia muestra que la mayoría de las medidas destinadas a prevenir el envejecimiento o limite estos efectos deben ser tenidas en cuenta en el proceso de diseño o de construcción. Esas medias preventivas son discutidas primero, seguidas luego por las acciones en la provincia donde está el operador de la presa.

Los propietarios de la presa no ven el más alto costo del capital como favorable, prefieren negociar con los efectos del envejecimiento. La decisión debería ser basada en análisis económicos para minimizar costos inmediatos con, además una rebaja de gastos futuros. Sin embargo, un buen diseño y prácticas de construcción eliminarán ampliamente las causas de envejecimiento. La roca o los cimientos en el suelo deben ser capaces de resistir las cargas aplicadas en el presa para tener una performance exitosa de largo plazo.

Entre las medidas de control de envejecimiento más eficientes es usual hacer inspección de galerías para realizar lechadas y canales de drenaje. Esto es también beneficioso si el drenaje puede ser convenientemente limpiado y sustituido y ellos deberían ser organizados en grupos por zonas de cimientos homogéneos para poder realizar una fácil interpretación de su descarga estándar.

En algunos países, se ha monitoreado un gran número de tipos de roca que pueden ser responsables de causar RAA. Esto reduce los riesgos de patologías en una presa y la aproximación debe ser aplicada en cualquier lugar.

Controlar el contenido de humedad del hormigón a través de precisos métodos preferentemente drenado como ser haciendo cubiertas a prueba de agua, fue tema de varios estudios y juicios, algunos de los cuales son mencionados en la sección anterior.

Ciertas medidas ofrecen una efectiva prevención para estos tipos de envejecimiento. Cementos con alta proporción de escoria del alto horno o material puzolánico son ideales; la baja formación de piedra caliza hace que el hormigón sea resistente a ataques químicos y el bajo calor por hidratación mantiene una moderada contracción con bajo riesgo de rajaduras.

A los contratistas se les debe hacer saber sobre la necesidad de tener una buena unión en las juntas. La erosión por el paso de agua puede ser prevenida mediante la aplicación de cubiertas impermeables, capas o membranas sobre los frentes aguas arriba. Esto también se hace como medida de reparación tal como fue discutido en la sección precedente. Tanto el diseñador como el operador pueden hacer uso de esta aproximación. Los controles de seguridad contra los efectos de los ciclos de congelamiento-deshielo están manejándose con varios informes: simples formas, arreglos para contener derrames y liberar descargas de líquidos pluviales, ingreso de aire en el hormigón, amplia cobertura de hormigón para reforzar el presa. Si el vaciado del hormigón es factible en términos de costos, esto aportaría una gran resistencia contra el congelamiento.

Muchos propietarios de presas se preocupan acerca de la integridad a largo plazo del hormigón instalado unas pocas décadas atrás porque ahora los requerimientos sobre la prevención de envejecimiento son más rigurosos.

Dam Maintenance and Rehabilitation, Llanos et al. (eds)
© 2003 Taylor & Francis, ISBN 90 5809 534 7

Rehabilitation of Chenderoh dam and spillway

Choy Fook Kun & Mohamad Jaafar Saroni
Tenaga Nasional Berhad, Kuala Lumpur, Malaysia

ABSTRACT: The Chenderoh dam was constructed during the period 1927–1930 on Perak River in the State of Perak Darul Ridzuan, Malaysia to provide a source of hydroelectric power for the state. It is a 22 m high hollow concrete buttress dam. Over the years modifications have been made to the original dam structure to increase its spillway crest level by 1.7 m from elevation 58.8 m to 60.5 m and its abutment crest walls heights from elevation 67.7 m to 68.9 m.

In the mid fifties, cracks were observed on the dam particularly in the buttresses and piers and concrete in certain areas was found to have deteriorated. The integrity and safety of the dam was a cause for concern. Measures were taken shortly to monitor the cracks development and the dam performance. Inspection and investigation works were carried out to determine the causes of the cracks and to recheck the design of the dam. The findings did not reveal any unacceptable stress conditions.

A feasibility study of rehabilitating the Chenderoh station including the dam was conducted in 1986. The study report concludes among other things that the cracks are due to the cooling strains and drying shrinkage, and are generally of little significance from structural point of view. Nevertheless, recommendations and proposal are made in the report to repair all deteriorated concrete and to seal all the cracks as to restore concrete strength in those affected areas and to inhibit the ingress of water into the areas of reinforcing steel. The recommendations and proposal for the rehabilitation of the Chenderoh dam was accepted and implemented when the decision was made to rehabilitate the Chenderoh power station. The rehabilitation works of the dam were carried out during the period between mid 1995 to end 1996.

1   INTRODUCTION

The Chenderoh Dam forms an integral part of the Chenderoh Hydro Electric Scheme which is located some 30 km (by road) north of the town of Kuala Kangsar in the state of Perak Darul Ridzuan. It is the first hydro dam constructed in the late 1920's on the Perak River and is one of the four hydro dams in the cascade development of the hydro power resources in the Upper Perak River Basin. The other three dams are namely Temengor, Bersia and Kenering dam all located upstream of the Chenderoh dam. Figure 1 shows the location of these dams.

The Chenderoh dam is a hollow reinforced concrete structure and has an overall length of 390 m including 207 m of free-overflow spillway and 30.5 m gated spillway (the sector gate section). In the dam there are nine bottom outlets each with a taintor gate constructed beneath the 132.3 m long left spillway. These bottom outlets are for temporary river diversion during the construction of the sector gate portion

of the dam. The right abutment is about 70.4 m long connected to the bank by 18.3 m of concrete sheeting, whilst the left abutment is about 36.6 m in length connected to the bank by 9.1 m of concrete sheeting. The 41.2 m long section of intake to the power station is located adjacent to the right abutment.

In 1944, a small concrete section ("Japanese crest") was constructed on top of the existing spillway crest to raise the original dam crest level of el. 58.8 m to el. 59.8 m. The crest walls of the abutments were raised from 67.7 m to 68.9 m about three years later. A radial gate with an overflow level of el. 60.1 m was installed above the sector gate in 1951 to make full use of the increased dam height and the enlarged reservoir storage.

In 1967 timber flashboards were added onto the el. 59.8 m dam crest to further raise the normal full supply level (FSL) to about el. 60.4 m. The overflow level of the radial gate was also later raised by another 0.5 m to el. 60.6 m. Figure 2 shows the plan and sectional views of the Chenderoh dam.

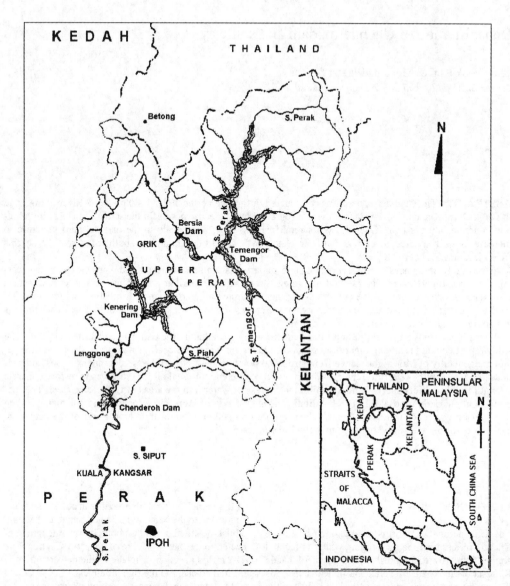

Figure 1. Location.

2 CHENDEROH STATION AND RESERVOIR

The Chenderoh power station originally houses three generating units each of 9 MW capacity. The generator stator of these units were rewound in the sixties increasing the power output of each unit to 10.8 MW to take advantage of the increase in the dam height. A fourth unit of 10 MW output was installed at the eighth bottom outlets and commissioned in 1981. The installed capacity of the station has thus been enlarged from the original 27 MW to 42 MW. The annual average energy output of the station is about 220 Gwh/annum.

The catchment area for the station is about 6500 km². The Chenderoh reservoir at its full supply level has a gross storage of about 95 million cubic meters (Mcm) of which 49 Mcm is active storage.

3 REPORT OF DAMAGE

The existence of cracks at access gallery level was first noticed in 1953, and a formal report on the cracking and the erosion damage at the sector gate spillway of the dam was first made in 1954. Serious

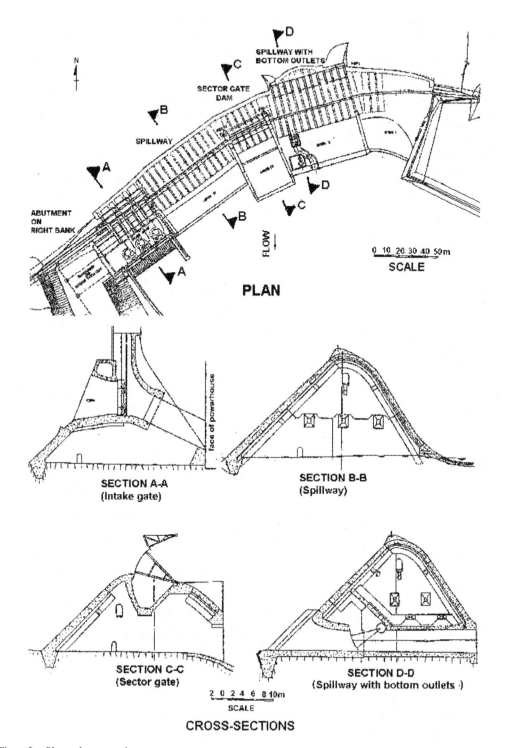

Figure 2.   Plan and cross-sections.

attention to and inspection of the cracks in the buttresses and piers of the dam was made a year later in 1955. The cracks were reported to occur mainly round the access openings in the piers and buttress webs, also at the toes and heels of the buttresses.

Remedial work was carried out some years after the report of the damage. The work includes thickening the toes of some buttresses and encasing the damaged part of the jet breaker with concrete. However, installation of the flashboards in 1967 to obtain a full supply level of el. 60.4 m has served to concentrate the spill over the sector gate and sector gate spillway, this causes occurrence of damage to the splitter and jet breaker to continue.

With the formation of the Temengor, Bersia and Kenering reservoirs upstream in the late seventies and early eighties, there is a less frequent and lower volume of spill, continuation of the damage to the buttresses and jet breaker below the sector gate spillway has been then avoided to a large extent.

Regular surveys were carried out to measure water leakage and to monitor the development of the crack opening. Inspections of the dam by dam specialists were periodically conducted. In 1976 an in-depth investigation of the water leakage and dam cracks was carried out, and the design of the dam was checked. The results confirmed the amount of water leakage to be insignificant and revealed no unacceptable stress conditions, but the results were inconclusive in explaining the causes of cracking (Gosschalk, E.M. et al. 1984).

4 REHABILITATION STUDY

About a dozen of inspection and investigation report of the cracks on the Chenderoh dam has altogether been prepared since cracks were first noticed in the mid fifties. The last one was included as part of a feasibility study report of the rehabilitation project for the Chenderoh Hydro Electric Station.

The feasibility study report on the civil works integrity aspect concludes among other things that:

– there is no occurrence of foundation erosion or settlement
– the safety of the dam is not at risk
– there is a lack in provisions for cooling of concrete to reduce the heat of hydration during construction; the cracks are likely due to cooling shrinkage and drying shrinkage (i.e. cracks initiated post construction cooling continue primarily under influence of drying shrinkages).

The feasibility investigation records a total number of 66 horizontal and 11 vertical cracks exceeding 1 mm wide, which have a total length of about 200 m and 50 m respectively. The recorded number of horizontal and vertical micro cracks (i.e. less than 1 mm wide) is 100 and 14 with total length of 250 m and

40 m respectively. These cracks are reported to be of little significance from structural point of view, except the few cracks with width exceeding 3 mm.

Notwithstanding to the above, the study report highlights that it is advantageous to seal all the cracks and to repair all deteriorated concrete. Recommendation is made to include dam rehabilitation as part of the overall rehabilitation project of the Chenderoh station.

5 REHABILITATION WORKS

The rehabilitation works of the Chenderoh dam consists mainly of crack repair, deteriorated concrete replacement, anchoring of the "Japanese crest" drilling and grouting for abutment foundations.

5.1 Crack repairs

The cracks are sealed with a two-component epoxy compounds or equivalent materials that have the following properties:

– high penetration capability
– ability to bond with wet concrete surface
– a coefficient of thermal expansion compatible with that of ordinary concrete
– a bond strength in tension at least equal to the tensile resistance of concrete

Most of the cracks were found on the buttresses and piers of the dam. The cracks repair and sealing were carried out to restore shearing resistance along the crack and prevent the ingress of moisture as well as to restore the tensile and compressive properties of the concrete in those crack areas would be restored. The homogeneity and structural strength of the buttresses and piers which might have been affected by the existence of the cracks would also be reestablished.

PVC cone type injection ports are first inserted along the surface of cracks after the cracks were cleaned with pressurized air to remove contaminants. A coat of epoxy compound, "Concressive 1411" was then applied to the base of the ports to secure them and along the cracks to seal the surface. Upon setting of the epoxy coatings, epoxy compound "Epojet 818" was injected into the cracks through the PVC injection ports under sufficient pressure (maximum 30 p.s.i.) to ensure complete penetration and filling of cracks. During injection adjacent cracks and cracks on the opposite face of the structural member were carefully monitored to prevent excessive loss of epoxy compound due to overfilling.

5.2 Concrete repairs

Defective concrete was generally found in the following areas of the dam:

– rollaway surfaces and piers

- training walls and spillway aprons
- sector gate flow splitter piers and jet breaker

Repair of the defective concrete was carried out to restore concrete strength in those affected areas and to inhibit the ingress of water into the regions of the reinforcing steel bars. The concrete repair work included removal of defective concrete and replacing it with fresh sound concrete in areas of depth equal or exceeding 75 mm and with mortar of a two-component, polymer-modified cementitious type in areas of shallow depth.

Depending on the depth of repair areas, pressure/gravity grouting method, which required the erection of formworks over the repair areas or simple patching method was used for the repairs.

5.3 Anchoring Japanese crest

Pre-stressed anchor bolts of various lengths were installed along the "Japanese crest" on top of the dam. The installation of the bolts was to anchor the Japanese crest and original spillway slabs to the supporting buttresses and structures against any uplift and vibration developed during water spilling. Figure 3 shows the layout of the anchor bolt installation.

The end expansion "long cone and shell" type of anchor bolts were used. The Specifications required the use of deformed high tensile steel rods with rolled thread of 150 mm minimum length at each end. The minimum yield load and minimum ultimate load of the bolts were 160 kN and 220 kN respectively. The use of Macalloy 500 bolts manufactured in the United Kingdom was nevertheless approved upon successful site test on a bolt sample during work progress. 50 mm diameter holes of specified depth were drilled at specified distance interval on the Japanese crest. 28 mm diameter anchor bolt of length varying from 1.2 m to 3.2 m complete with anchor plate, bolt & nuts were installed and gradually tensioned to 85 percent ultimate tensile stress and grouted with high strength non shrink grout. A surface recess about 300 mm square and 150 mm deep is chipped into the crest prior to the drilling of hole to provide for complete embedment

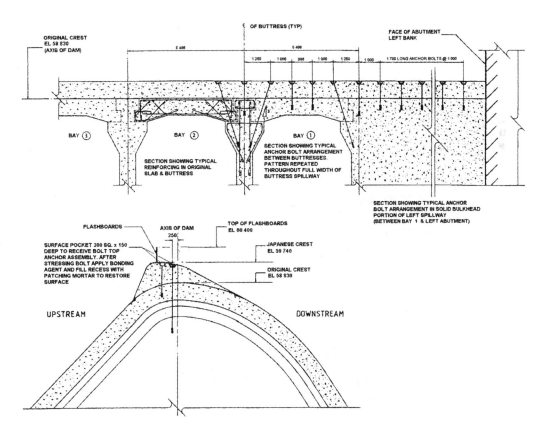

Figure 3.   Chenderoh dam and spillway rehabilitation – Anchoring of Japanese crest.

of each bolt anchor assembly below the surface on completion.

The initial proposal of sealing the joint between the original spillway surface and the Japanese crest, and drilling 25 mm diameter pressure relief holes 750 mm into the downstream face of the Japanese crest was however considered to be not necessary hence not being implemented.

5.4 *Abutment repair*

Inclined grout holes approximate parallel to the upstream face were drilled from the crest, through the upstream portion of the abutment bulkheads on each side of the dam to about 5 m into the dam bedrock foundation of the concrete cut-off. Cementitious grout and admixtures were injected under pressure to seal deteriorated or open construction joints and voids intercepted by the drill hole. This repair works

would help to restore full face contact and some shearing resistance. Grouting of each hole of approximate 27 m in length was done in three stages.

Drainage holes were then drilled from the deck/ crest to the inspection gallery at the base of the bulkhead to intercept seepage and relieve pressure downstream of the concrete cut-off. Additional drain holes are also drilled from the inspection gallery 5 m into the bedrock to relieve foundation pressures downstream of the concrete cut-off. A sectional view of the grout holes and drainage holes is shown in Figure 4.

5.5 *The repair contract*

The contract for the Rehabilitation of Chenderoh Dam and Spillway was awarded to a local contractor. The works commenced in July 1995 and was completed in November 1996. The final value of the contract was about RM7.57 million.

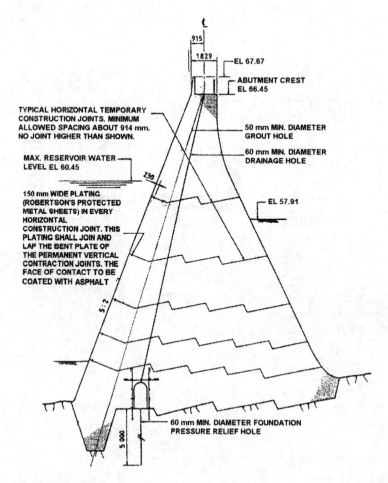

Figure 4.   Grouting and drainage details.

The final quantity for the major items of works was as follows:

- surface sealing of cracks: 9000 linear metres
- epoxy resin (crack repair): 4600 litres
- area of repaired concrete surface: 900 m^2
- polymer modified cementitious mortar: 30,600 litres
- number of 28 mm diameter anchor bolt: 186 nos.
- cement grout for abutment grouting: 3100 litres

6 DAM INSTRUMENTATION AND MONITORING

The Chenderoh dam was originally not provided with instrumentation for dam behaviour monitoring except some pressure relief holes at the foundation of the left and right abutments. After report of lateral movement and report of cracks/damage of concrete by the station staff in the fifties, and subsequent to dam inspections by consultants in the sixties and seventies, instrumentation units including clinometers, strain gauges, extensometers, inverted plumblines and survey monuments were installed on the two piers, some buttresses and dam top surface in the eighties for monitoring of the dam behaviour. The instrumentation readings show no more than a few millimeters in tilting and 1.0–1.5 mm in horizontal displacement. There is no indication of any abnormality in the dam behaviour causing concern for stability/safety of the dam before the rehabilitation works. However, the under-side of the upstream face of dam which was observed to be damp or wet before the rehabilitation has become dry after the repair/sealing of the cracks.

7 CONCLUDING REMARK

The 22 m high Chenderoh dam was constructed about 70 years ago and had been subjected to some modification which includes raising of its spillway crest and abutment walls and installation of an additional generating unit at one of the bottom outlets. After cracks on the dam were noticed, the conduct of periodical inspection and investigation to determine the cause of the cracks and to re-check the design of the dam is therefore necessarily required from the dam safety point of view. With the gross volume of water of about 95 Mcm behind the dam and a relative dense population at downstream it is of paramount importance that the safety of the dam has to be ascertained.

The cracks on the Chenderoh dam were assessed to be of little impact on the dam structure stability and of no risk to the safety on the dam. Notwithstandingly decision was made to rehabilitate and repair the dam

and spillway. The investment on the Chenderoh dam rehabilitation works would provide benefits in the long run and would be sufficiently justified on the basis of dam safety enhancement.

It is important and essential from the safety point of view that periodic surveillance of a dam structure is done and any abnormal dam behaviour or unusual occurrence, which may have an impact on the safety of a dam, is reported, investigated and monitored. In Malaysia, there is presently neither legal requirement for such practice nor existence of a dam authority to oversee such practice and to ensure procedures or guidelines for dam safety be followed. An Inter Department Committee on Dam Safety was established in May 1986 and "Guidelines for Operation, Maintenance and Surveillance of Dams" was prepared in October 1989 by this Committee. There is perhaps a need for legislation or regulations on a dam safety assurance program.

ACKNOWLEDGEMENT

The writers would like to thank the President of Tenaga Nasional Berhad for his permission to publish this paper. All views expressed are the writers' and do not necessarily reflect those of the Management.

REFERENCES

Hellsatorm, M. 1934. The Perak River Hydro Electric Scheme: *Minutes of the Proceedings of the Institution of Civil Engineers, Paper 4974, Volume 239, December.*

Gosschalk of Sir William Halcrow & Partners: Chenderoh Dam, Report on the Results of an Inspection – July 1968 & June 1969, August 1969.

Sir William Halcrow and Partners: Report On Investigations and Recommendations, July 1976.

Sir William Halcrow & Partners: Report on Exploratory boreholes and installation of Instruments, March 1981.

Gosschalk, E.M. of Sir William Halcrow & Partners: Chenderoh Dam, *Report on the Results of an Inspection on 23–25 August 1984 & January 1985.*

Sir William Halcrow & Partners: Preliminary Reports on Instrumentation Results, February 1985.

Shawinigan Engineering Co. Ltd. In association with Jurutera Konsultant (SEA) Sdn. Bhd. Chenderoh Hydro Electric Station. Rehabilitation Project. *Feasibility Study Report – Annex G, Civil Works Integrity, 1986.*

Gallachar, D. & Boo, T.C. 1994. Dam Safety Assurance, *Seminar On Dam Engineering, 3 October 1994* Kuala Lumpur.

Hydro Project Unit, TNB Engineers Sdn. Bhd.: Chenderoh Dam and Spillway Repair, Completion Report, 1997.

Choy Fook Kun & Darul Hisham Saman. 2001. Upper Perak Hydroelectric Scheme – Dam Surveillance Aspect. *3rd International Conference, Dam Safety Evaluation, 11–14 December 2001, Panaji, Goa, India.*

Dam Maintenance and Rehabilitation, Llanos et al. (eds)
© 2003 Taylor & Francis, ISBN 90 5809 534 7

Uplift control and remedial measures with waterproofing drained synthetic membranes

A.M. Scuero & G.L. Vaschetti
Carpi Tech S.A., Chiasso, Switzerland

ABSTRACT: The capability to control uplift is a major asset for the safety of old dams, and can provide significant benefits in design of RCC dams. The installation of an upstream synthetic membrane system with dedicated face drainage is an efficient method to control uplift within the dam body. Without a drained membrane system, the reduction in uplift due to the dam drains is assumed to occur at the line of the drains, and to be in the order of 2/3 of the full uplift. With a drained membrane system, the reduction in uplift due to the face drainage of the system occurs at the upstream face, and can be theoretically in the order of 100%. The paper illustrates the main concepts, and discusses present trends for evaluation of uplift control by waterproofing drained synthetic membranes. Applications in rehabilitation of old dams, and in new construction, are also illustrated.

1 DESIGN UPLIFT

1.1 *Uplift along the base of the dam*

In gravity dams, in absence of drains the uplift pressure at the base is considered acting on 100% of the base, and varying in a linear way between headwater and tailwater. In presence of foundation drains, the design uplift can be reduced based on the effectiveness of the drainage system, that is to say on depth, size, and spacing of the drains; on the character of the foundations; and on the facility with which the drains can be maintained (US Army Corps of Engineers 1995). The uplift pressure at the base will vary linearly from the undrained pressure head at heel, to the reduced pressure head at the line of drains, to the undrained pressure head at toe.

According to some design manuals, if the line of foundation drains is within a distance of 5% of the headwater pressure, the uplift may be assumed to vary as a single straight line, as if the drains were exactly at heel.

The implications are:

– the more efficient the drains, the higher the uplift reduction
– the closer the drains to the face of the dam, the higher the uplift reduction.

1.2 *Uplift within the dam body*

In concrete dams, uplift within the dam body is assumed to vary linearly in absence of drains. Based on the

relative impermeability of new concrete, which precludes the build-up of internal pore pressures, generally a 50% reduction in uplift is assumed. In presence of drilled drain, an additional 2/3 reduction is generally considered at the drilled drains.

RCC dams have different characteristics in the mix and placement technique, and a great number of horizontal lift joints. The percent uplift depends on these elements, and on the treatment for watertightness at the upstream face (US Army Corps of Engineers 1995). Without a special impervious facing, the appropriate design uplift at the upstream face is generally

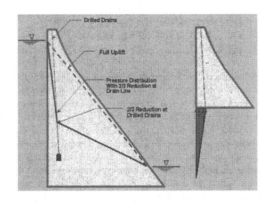

Figure 1. Uplift within the dam body, without upstream geomembrane.

considered 100% of the reservoir head (no uplift reduction). With an upstream treatment for watertightness, a conservative approach, consistent with the reduction for concrete dams, uses an uplift reduction of 50% at the upstream face, with a further 2/3 reduction at the drains. Therefore the reduction in uplift is a function of the watertightness of the dam, and of the efficiency of the drains.

2 ACTUAL UPLIFT

During service life of the dam, the upstream watertightness and the efficiency of the drains generally decrease. In concrete and masonry dams, water infiltration occurs through cracks, through deteriorated construction joints, through general increased perviousness. In RCC dams, the possibility of water infiltration is aggravated by the presence of the great number of potential leakage paths at horizontal lift joints that may not have been totally and perfectly treated during construction. The increase in pore pressure within the dam body is a function of the amount of infiltrating water, and of the effectiveness of the drains. As ageing of the dam often entails ageing and clogging of the drains, maintaining them efficient is an additional care and cost, especially if drilling of new drains is required.

Water infiltrating into the dam, and not intercepted by the drains, may lead to actual uplift conditions that are different from the ones taken into account at the design stage. Furthermore, water reaching the downstream face, even when stability of the dam is not at stake, usually creates concern in the public, the more so when dams are located in populated areas.

Upstream watertightness and efficiency of the drainage system are crucial in respect to uplift.

3 UPSTREAM WATERTIGHT GEOMEMBRANE WITH INTEGRATED FACE DRAINAGE SYSTEM, AND EFFECTS ON UPLIFT

An upstream watertight geomembrane that maintains its efficiency over time, with an integrated drainage system placed at the upstream face, and including a system to monitor the efficiency of the water barrier and of the drains, can control uplift. If such a water barrier is installed since the design stage, the design uplift can be reduced. If such a water barrier is installed for rehabilitation purposes, it is a measure to stop water infiltration and to reduce uplift. It also decreases the humidity in the dam body.

The drained synthetic geomembrane system conceived and patented by Carpi achieves these objectives.

Figure 2. Lago Nero, Italy. The PVC membrane installed in 1980 is exposed position at 2031 m a.s.l. maintains unaltered watertightness.

3.1 The water barrier

To be able to stop water infiltration, the water barrier must be continuous and durable. The water barrier must have characteristics that are constant at manufacturing, and that are not influenced by local conditions during placement and in service. Local conditions are inclusive of environmental conditions, of installation procedures, craftsmanship, construction quality assurance procedures, and operation.

Synthetic geomembranes, prefabricated in the controlled environment of a factory, and checked by a continuous documented quality control, can provide a liner that has constant characteristics at manufacturing. In the drained synthetic membrane system that is object of this paper the water barrier is made by a PolyVinylChloride (PVC) composite membrane, consisting of a PVC geomembrane, typically 2 to 3 mm thick, heat-coupled during manufacturing to a nonwoven geotextile, mass per unit area being typically 200 to 500 g/m^2. The membrane is engineered to meet the service requirements for each specific project, and is manufactured under ISO 9000 certification. The imperviousness of the geomembrane is measured and controlled at manufacturing.

The PVC membrane is supplied in sheets covering the entire upstream face of the dam. Adjacent PVC sheets are joined by watertight welds checked 100% with standard control procedures. This results in a membrane liner that has no joints on the upstream face, and no foreign material that can have a different ageing process from the main liner. The water barrier is continuous.

The durability of PVC membranes is ascertained by accelerated ageing tests performed in the laboratory. Laboratory results must be implemented by field results. A unique experience in this field has been acquired by ENEL, the Italian National Power Board.

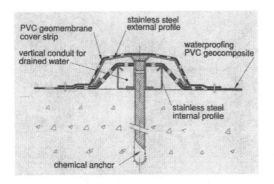

Figure 3. The patented anchorage system fastening the PVC liner along vertical lines. Drainage water flows by gravity inside the cavity formed by the two profiles.

Figure 4. Scais, Italy, pumped storage scheme. Installation on the buttress dam was performed in 4 consecutive summer campaigns starting from 1991, minimising impact on operation.

In 1976, at Lago Miller gravity dam in Italy, a Carpi PVC geomembrane was installed for total rehabilitation of the upstream face of the dam. After the excellent performance at Lago Miller, ENEL adopted the same membrane system on other 7 dams. In 1995, ENEL exhumed samples that had been in service on 6 of those dams, to verify how the characteristics of the waterproofing liners had changed. Tensile and elasticity characteristics had changed in the order of 10% due to some migration of plasticisers, while permeability resulted unchanged after 19 years of service (Cazzuffi 1998). Accelerated ageing tests performed by various laboratories confirm and exceed these results, indicating an estimated service life of more than 200 years.

3.2 The anchorage system

The system anchors the PVC sheets on the dam face with a mechanical anchorage, consisting of parallel vertical fastening lines on the face of the dam, and of a peripheral seal.

The vertical fastening lines are made with a patented assembly of two stainless steel profiles that clamp the PVC sheets at regular spacing, keeping them tightly fastened to the dam face. Due to the geometry of the profiles, their clamping tensions the PVC sheets so that there is no sagging or formation of folds, to avoid any potential for localised strain at drawdown. The two profiles fasten the PVC liner to the dam face without gluing it, thus assuring that there is a space for free water flow between the PVC and the dam surface. The two profiles form a cavity that becomes a vertical conduit for drained water, making the vertical anchorage system an integral part of the face drainage system.

The peripheral seal (top, bottom, spillway, inlets and outlets) fastening the PVC liner is designed to avoid water infiltration in function of the local water pressure. The seal can be of the mechanical type, where a stainless steel batten strip compresses the PVC liner on the concrete surface, or of the insertion type, watertight embedding the liner in a slot filled with sealing material.

3.3 The face drainage system

The most important feature of the system, from the point of view of control of uplift, is the integrated face drainage placed at the upstream face of the dam. The face drainage system consists of

– a drainage layer on the entire upstream face of the dam. The drainage layer is the geotextile associated to the PVC geomembrane, optionally integrated by another synthetic material with high transmissivity such as a geonet.
– a network of drainage conduits that collect and discharge drained water by gravity. The network consists of the vertical conduits formed by the vertical anchorage profiles, and of bottom collection and discharge conduits. All conduits are maintained at free-flow by a ventilation system connecting them with ambient pressure.

In the drained membrane system, the drainage system is moved upstream, at the upstream face, and has high capacity: the drains consist of the vertical hollow drains made by the vertical profiles (typical spacing 1.80 m), and in addition of the drainage layer, which is continuous over the entire face of the dam (the geotextile and the optional geonet).

Through the ventilated face drainage system, the humidity content in the dam is gradually reduced, as water present in the pores of the concrete in the form of vapour migrates towards the upstream face due to temperature differentials, condenses, and is collected

Figure 5. Pracana, Portugal, 1992. The drained PVC geomembrane installed on a buttress dam subject to AAR, to stop water infiltration feeding the AAR and to avoid that water could exert uplift in the horizontal cracks.

Figure 6. Underwater installation of the drained membrane system at Lost Creek, USA, 1997.

and discharged by the drainage system. This dehydrating capability is particularly beneficial in dams subject to alkali-aggregate reaction.

3.4 Monitoring of the drainage system

The drainage system provides the possibility of monitoring the efficiency of the waterproofing system by monitoring drained water. The drainage system is often divided into compartments that are monitored separately. At Miel I dam, 192 m high, there are 47 compartments.

Optional installation of a piezometer within the drainage space allows monitoring if there is water behind the PVC membrane. The measurement of drained water associated to the readings of the piezometer provides an accurate representation of the actual efficiency of the waterproofing system, and a control that the drainage system is not clogged. This has been adopted for example at Lost Creek dam in USA, where the drained membrane system was installed underwater (Onken et al. 1998).

The face drainage system can be backwashed should efficiency decrease over time. However, different from conventional discharge by drilled drains, there is no transport of fines that can clog the drainage system, therefore possibility of clogging is much reduced.

3.5 Uplift in the dam body

The difference between the traditional drilled drains and the membrane system with integral face drain resides in the position and zone of influence of the drains.

Drilled drains are placed in the vicinity of the upstream face: their capability to intercept infiltrating water, hence their capability to reduce uplift, is dependent on their distance from the upstream face,

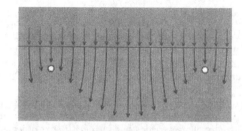

Figure 7. Water seepage paths with drilled drains.

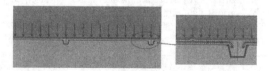

Figure 8. Water is blocked by the upstream drained membrane. Water seeping through accidental damage is conveyed to discharge and does not enter the dam body.

their spacing, their capacity, and on the seepage paths within the concrete. Their zone of influence is not continuous, hence at a maximum there is a 2/3 and not 3/3 reduction in uplift at the line of drains (Figs 1–7).

The drained membrane system moves the drainage and subsequent reduction in uplift further upstream, at the dam's face. Spacing between the drains is zeroed, as the face drainage is continuous; the zone of influence of the drains is not interrupted, water can be intercepted over the entire upstream face, by the drainage layer and the vertical conduits. Seepage paths are no more an issue, as with the drained membrane system water does not infiltrate. Furthermore, should water infiltrate through accidental damage to the membrane, the face drainage layer and vertical conduits at the

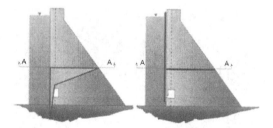

Figure 9. Uplift within the dam body, with upstream drained geomembrane.

upstream face intercept water immediately and totally, before it can enter the dam body. Theoretically, the reduction in uplift is therefore not 50% and additional 2/3 at the drains, but 100% at the upstream face.

Concerning RCC dams, recent literature recognises that in presence of an upstream impervious drained liner the reduction in uplift due to the face drainage of the system occurs at the upstream face (Schrader & Rashed 2002). Theoretically such reduction is in the order of 100% (Scuero & Vaschetti 2002).

3.6 Uplift at heel

Concerning uplift at heel, the considerations to be made depend on the configuration adopted for the bottom perimeter seal. The bottom perimeter seal has been made according to one of the following three conceptual configurations:

– one seal at bottom of upstream face
– double seal at bottom of upstream face
– one seal on grouting plinth/beam.

In the configuration with one seal at the bottom of the upstream face, there are still two areas of potential water infiltration: the area of the upstream face that is below seal, and the zones of the foundations that present seepage paths either due to intrinsic permeability, or to decreased efficiency of the grout curtain.

In the configuration with double seal at the bottom of the upstream face, the areas of water infiltration are conceptually the same, but the secondary seal at bottom has the advantage of reducing the water head on the primary seal that is on top of it.

In the configuration with one seal placed on the grouting plinth/beam, there are no areas of potential infiltration: the upstream face is totally covered, the plinth is also totally waterproofed with the same type of geocomposite waterproofing the upstream face, and the new grout curtain should assure that there is no possibility of infiltration from foundations.

The configuration with seal on the grouting beam (Figs 14–15) is adopted practically in all cases of new construction, and in cases of rehabilitation when it is

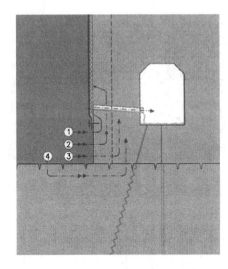

Figure 10. Scheme of one seal at bottom of upstream face.

Figure 11. Alpe Gera, Italy, 1994. Application of the single bottom seal on a 174 m high gravity dam.

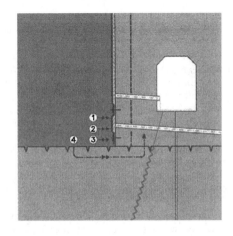

Figure 12. Scheme of double seal at bottom of upstream face.

Figure 13. Illsee, Switzerland, 1996. Application of the double bottom seal on a dam subject to AAR.

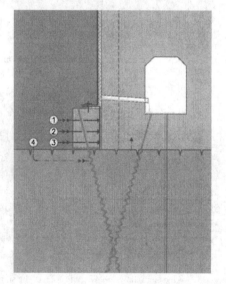

Figure 14. Scheme of seal on grouting beam.

required that the water barrier is extended to deep foundations, or if a new plinth is constructed for stability reasons. In case of rehabilitation, the new beam for additional grouting can have small dimensions, in the order of 40 × 50 cm, depending on type of grouting equipment.

However, it must be noted that the presence of the plinth allows the connection/transition from the synthetic membrane to the grout curtain. Infiltration through foundations is governed by the grout curtain and NOT by the membrane.

3.7 Local conditions at installation

No special conditions are required. Installation is made in all weather conditions, including temperatures some degrees below freezing point. Placement of sheets is

Figure 15. Placing the bottom seal on the grouting plinth as done at Miel I, 192 m high RCC dam under construction in Colombia, achieves imperviousness from crest to deep foundations.

generally avoided in presence of very strong winds. Welding in case of heavy rain can be made if under shelter. Placement and welding of the liner and execution of perimeter seals is made by specialised crews, under documented Quality Control procedures, from travelling platforms suspended at crest, or from light scaffoldings, or working at the heel of the dam. Installation equipment and tools are lightweight, allowing transport of all that is required to perform installation of the system even by helicopter where necessary.

Installation can also be made underwater, both for total rehabilitation, as performed at Lost Creek in 1997, and for local repair, to waterproof cracks and failing joints, as at Platanovrissi RCC dam (Greece, 2002).

4 EXPERIENCE

The described system has a large experience and precedents on all types of dams since the beginning of the 1970ies. It has been installed for rehabilitation, repair, and new construction.

4.1 Rehabilitation

Rehabilitation has been executed on all types of dams, and in very different climates. Applications include dams with sharp rock masonry facings, gravity and buttress dams, including dams subject to AAR, arch dams, multiple arch dams, embankment dams.

Except for one case on an embankment dam, the waterproofing geocomposite is left exposed to the environment. Maximum water load attained so far is

Figure 16. Publino, Italy, 1989. The exposed PVC geocomposite withstands impact by ice and UV exposure.

Figure 18. Balambano RCC dam, Indonesia, 1999. The exposed PVC geocomposite withstanding tropical climate.

Figure 17. Platanovrissi, Greece, 2002. The exposed PVC geocomposite has been installed underwater on the new crack.

174 m (Alpe Gera, Italy). All liners in 2002 retain unaltered imperviousness.

4.2 *Repair*

The system has been adapted to repair cracks and failing joints. One of the most outstanding recent projects is the repair of the failing joints at Main Strawberry CFRD in USA, where after only 2/3 of the joints have been waterproofed in spring 2002, leakage rates are already well below the target.

Another milestone in the use of geomembranes as repair measure is the underwater installation of the system on a crack that developed in Platanovrissi RCC dam in Greece. Installation has been performed in spring 2002 (Scuero & Vaschetti 2002).

4.3 *New construction*

The system has been installed since the design stage as watertight element on embankment dams, RCC dams,

and as external waterstop on vertical induced joints of RCC dams.

On bankment dams, the most important project and world's record is at present Bovilla 91 m high rockfill dam, where the original CFRD design was modified to include a geomembrane system allowing substantial time and costs savings. The PVC liner is ballasted by cast in place unreinforced concrete slabs.

RCC dams waterproofed with the same drained system are to date 14, the highest of them is Miel I with 192 m of height. On 2 of these dams, the system has been installed as external waterstop on the vertical induced joints.

4.4 *References*

The system was included in ICOLD Bulletin 78 Watertight geomembranes for dams – State of the art. In particular, with reference to the Lago Miller installation, " ... The results obtained on specimens sampled regularly from the upstream facing seem very encouraging, taking into account the long period of exposure." (ICOLD 1991).

IREQ, the research institute of Hydro Quebec, has selected the PVC geocomposite system as the most performing for rehabilitation of dams in cold climates (Durand et al. 1995).

The US Army Corps of Engineers, acknowledging the success of the system in controlling leakage, its demonstrated durability, and its competitiveness as compared to other repair alternatives (McDonald 1994), funded a research program aiming to develop an underwater system and to demonstrate its constructibility. The system demonstrated during the research is the one that was later installed underwater on Lost Creek dam.

The system has been adopted on a total of 54 dams. Table 1 lists these projects.

Table 1. Major projects with the Carpi system on dams.

Dam name	Type*	Height (m)	Date**	Country
Olivenhain	RCC	94.5	2003	USA
Mujib	RCC	67	2003	Jordan
Herbringhausen	PG	38	2002	Germany
Beli Iskar	PG/M	49.7	2002	Bulgaria
Main Strawberry	CFRD	43	2002	USA
Miel I	RCC	192	2002	Colombia
Winscar	ER	52	2001	UK
Hunting Run	RCC	30	2001	USA
Hughes River	RCC	30	2001	USA
Hohenwarte	PG	22	2000/01	Germany
Dona Francisca	RCC	50	2000	Brazil
Brändbach	PG	14	2000	Germany
Porce II	RCC	118	2000	Colombia
Rouchain	ER	60	1999	France
La Rive	PG/M	48	1999	France
Moravka	TE	39	1999	Czech Rep.
Balambano	RCC	99.5	1999	Indonesia
Buckhorn	RCC	13	1998	USA
Platanovrissi	RCC	95	1998	Greece
Penn Forest	RCC	54	1998	USA
Santo Stefano	PG	25	1998	Italy
Lost Creek	VA	36	1997	USA
Bouillouse	PG/M	25	1996/98 1999/00	France
Illsee	PG/M	25	1996/97	Switzerland
Fully	PG/M	11	1996	Switzerland
Bovilla	TE	91	1995/96	Albania
Nacaome	RCC	55	1994/95	Honduras
La Girotte	MV	48	1994/97 1998	France
Larecchio	PG	33	1993/94	Italy
Alpe Gera	PG	174	1993/94	Italy
Scais	CB	65	1993	Italy
Chartrain	PG/M	54	1993	France
Campo Secco	PG/M	27	1993	Italy
Pracana	CB	65	1992	Portugal
Sa Forada	TE	30	1992	Italy
Ceresole Reale	PG/L	57	1992	Italy
Chambon	PG	136	1991/94	France
Concepcion	RCC	70	1991	Honduras
Le Riou	RCC	20	1990	France
Pian Sapejo	MV	16	1990	Italy
Migoelou	MV	29	1989	France
Publino	VA	40	1989	Italy
Alento	ER	21	1988	Italy
Crueize	ER	5	1988	France
Cignana	PG	58	1988	Italy
Piano Barbellino	PG	66	1987	Italy
Molato	MV	55	1986	Italy
Lago Nero	PG	43	1980	Italy
Gorghiglio	ER	12	1979	Italy
Lago Miller	PG/M	11	1976	Italy
Poma	TE	56	1974	Italy
Pantano d'Avio	CB	65	1974	Italy
Lago Baitone	PG/L	37	1970	Italy
Lago Verde 2	ER	53	1970	Italy

* Symbols according to the ICOLD World Register of Dams.
PG/M is gravity dam with a masonry facing. PG/L is gravity
dam with a Lévy facing.
**Of installation of the waterproofing geomembrane.

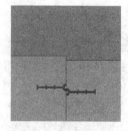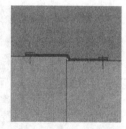

Figure 19. Behaviour of embedded waterstop and external waterstop in case of large movement of the joint.

5 BENEFITS

In rehabilitation of concrete and masonry dams, the advantages of the system are related to its following characteristics:

– provides watertightness of the entire surface
– is a drained system, which allows controlling uplift, and continuous monitoring of performance
– protects the dam from freeze/thaw, AAR
– can withstand seismic events
– induces drying of the dam body
– can be watertight connected to the grout curtain
– can be installed without dewatering
– is long lasting and cost effective.

In rehabilitation and new construction of embankment dams, the absence of joints at the upstream face and the elongation properties of the PVC membrane provide additional substantial assets and safety:

– no failure in case of settlements and deformation of the fill
– the perimeter seal can resist face settlements at plinth junction
– eliminates problems and costs for embedment of waterstops.

In construction of RCC dams, the specific additional advantages are related to

– watertightness at horizontal lift joints and vertical induced joints
– protects in case of formation of new cracks
– simpler design and construction
– reduced constraints and costs for RCC mix, aggregates, treatment of joints, RCC placement, etc.

When the system is used as external waterstop on RCC dams and CFRD, the elongation characteristics, and the fact that a much larger portion of membrane can freely elongate over the joint, make it more performing than traditional embedded waterstops. The external waterstops can accommodate larger movements of the joints, permit faster construction as there are no embedded items interfering with construction, can be

Figure 20. Platanovrissi, Greece, 1998. The membrane system was installed as external waterstop during dam construction in 1998. The same system was adopted in 2002 to perform the underwater repair of a crack that developed in the RCC.

built at a later stage by specialised crews independent from Main Contractor and without affecting the schedule of dam's construction, are price competitive.

6 CONCLUSIONS

The application of a synthetic drained membrane system on all types of dams is a well-established and proven technique. Due to the upstream position and to the efficiency of the drainage system, it allows controlling uplift within the dam body. As a rehabilitation measure or in new construction, the drained membrane

system will be beneficial to the dam because it will provide durable watertightness at the upstream face.

REFERENCES

Cazzuffi, D. 1998. Long Term Performance of Exposed Geomembranes on Dams in Italian Alps, *Proc. Sixth International Conference on Geosynthetics, Atlanta, 25–29 March 1998.*

Durand B., et al. 1995. *Etude des revêtments étanches pour la face amont des barrages en béton,* Hydro-Québec, Varennes: 1995

International Commission on Large Dams 1991. *Watertigth geomembranes for dams – State of the art.* Paris: 1991.

McDonald, J.E. 1994. Geomembranes for Repair of Concrete Hydraulic Structures, *USCOLD newsletter, July 1994.*

Onken S. C., Harlan R. C., Wilkes J., Vaschetti G. L. 1998. The underwater installation of a drained geomembrane system on Lost Creek dam, *Proc. CanCOLD, Nova Scotia, 27 September–1 October 1998.*

Schrader, E. & Rashed, A. 2002. Benefits of non-linear stress-strain properties & membranes for RCC dam stresses, *Proc. International Workshop on Roller Compacted Concrete – Dam Construction in the Middle East, Irbid, 7–10 April 2002.*

Scuero, A. M. & Vaschetti, G. L. 2002. Uplift control in RCC dams with synthetic geomembranes, *Proc. International Workshop on Roller Compacted Concrete – Dam Construction in the Middle East, Irbid, 7–10 April 2002.*

Scuero, A. M. & Vaschetti, G. L. 2002. Drained synthetic membrane facings: a cost effective long lasting solution for waterproofing of dams, *7th National Conference of Large Dams, Bulgarian COLD, Smkovo, 6–7 June 2002.*

US Army Corps of Engineers 1995. *Engineering and Design – Gravity Dam Design.* Washington, DC: 1995.

Dam Maintenance and Rehabilitation, Llanos et al. (eds)
© 2003 Taylor & Francis, ISBN 90 5809 534 7

Seepage evaluation and remediation under existing dams

D.A. Bruce
Geosystems, L.P., Venetia, Pennsylvania, USA

M. Gillon
DamWatch Services, Ltd., Wellington, New Zealand

ABSTRACT: Unacceptably high seepage volumes and/or pressures may occur under a dam at any point in its service life. When such events occur long after the dam has been completed, the difficulty of collecting contemporary construction data and memories is a severe challenge to the goal of trying to understand the cause of the problem. The amount of new field investigatory work to be conducted to help understand the cause and characteristics of the problem is correspondingly greater. This paper presents the case history of seepage evaluation and remediation at a 74-year-old concrete dam in New Zealand. The example is used to illustrate the basic steps that should be followed when a "condition" is recognized to exist which may threaten dam safety. These steps apply regardless of the degree of sophistication of the instrumentation and monitoring equipment.

1   INTRODUCTION

Unacceptably high seepage volumes and/or pressures may occur under a dam at any point in its service life. It is common to find these conditions existing upon first impoundment, and appropriate remedial measures are undertaken expeditiously by the contractor, willing to have a satisfactorily completed and functioning project and keen to collect the full contract amount invoiced. It is usually easier and cheaper to conduct such works at that time – appropriate resources are still readily available and there remains amongst the various parties comprehensive collective knowledge of the many site and construction factors that may have contributed to the situation. In many cases, the option followed has been simply to monitor carefully, and be prepared to act only if the situation deteriorates to such a point that a dam safety issue develops, or the loss of water becomes significant from an economic, environmental, or recreational viewpoint. This is a path often followed where the dam has been built on foundations known to contain material which may be eroded (e.g., karst) or dissolved (e.g., gypsum) under sustained differential head.

Thereafter, it is typical that the details of the project are still easily accessible via the minds of the active participants – even as much as 20 years on – and in the project records, which in all probably can still be physically located and retrieved. Thus there is still a comprehensive data base from which to design a remedial solution, supplemented of course, by the historical records maintained since first impounding, and what usually amounts to a fairly limited additional program of site investigation. Recent major works of this type described by the authors and their colleagues in the U.S. include the successful seepage remediations at Jocassee Dam, S.C. (Bruce et al., 1993), Dworshak Dam, ID (Smoak et al., 1998), Tims Ford Dam, TN (Hamby and Bruce, 2000), and Patoka Dam, IN (Flaherty et al., 2002).

Occasionally, however, a situation arises when a dam that has been functioning satisfactorily (or, often times the case – not found to be functioning unsatisfactorily) for a long period, suddenly exhibits a potentially very serious seepage condition. Such structures are invariably an integral part of the regional or local social and economic fabric, and so must be remediated. Few, if any, of the engineers who worked on them survive or can be located, while changes in dam operation management personnel and practices may have resulted in the loss of the contemporary construction records. Historical seepage monitoring data are typically incomplete or inaccurate or have been made at instrumentation points no longer functional. Vegetation growth immediately downstream of the dam may have obscured actual seepage loci and characteristics.

The successive steps in a dam remediation process begin with a proper understanding of the factors which have created the condition, the paths followed by the seepage, and the rate and pressure of the seepage. This baseline of knowledge is typically less reliable and complete the older the dam, for the reasons outlined above: the engineer responsible for designing the remediation is therefore faced with a daunting task which can however constitute a truly fascinating research project involving many parallel investigatory tracks.

The authors are currently involved in the study and remediation of an old concrete dam in New Zealand, which, for reasons that become clear, "suddenly" was found to exhibit a seepage condition, that, while not yet threatening the dam's safety, provided grounds for considerable present concern. The purpose of this paper is, by using this case history, to illustrate the research path that has been followed in such a way that the technical and financial goals of all the stakeholders have been satisfied.

Following a brief appreciation of the project itself, and its problem, the successive steps in evaluating the baseline are illustrated

- The "event".
- Geological and history research.
- Supplementary investigations.
- Evolution of a working hypothesis.
- Short term remediation, permitting consideration of long term options.

Photograph 1.   Arapuni Dam, NewZealand, looking west.

2   SETTING OF ARAPUNI DAM, NEW ZEALAND

Arapuni Dam forms the reservoir for the 186 MW Arapuni Power Station located on the Waikato River, 55 km upstream of Hamilton City in the North Island of New Zealand. Construction was started in 1924 and lake filling was completed in 1928. The Arapuni Power Station is owned and operated by Mighty River Power Ltd., a State owned electricity generation company. The dam is a 64 m high curved concrete gravity dam (Photograph 1) with a crest length of 94 m. Original concrete cutoff walls extend 20 m and 33 m into the left and right abutments respectively. On the left abutment (Figure 1) a headrace channel takes water to the power station intakes. A diversion tunnel runs through the right abutment, south of the cut off wall and has two gate shafts, both upstream of the cut off wall. The dam is founded on relatively new volcanic eject amenta.

The position of the foundation defects ("the feature") as determined during construction is shown. The diversion tunnel curves to the south of the cut off wall.

3   THE "EVENT": THE DETECTION OF HIGH PRESSURE SEEPAGE

In 1995, the dam toe area was cleaned up and seepage monitoring arrangements rejuvenated. As part of this

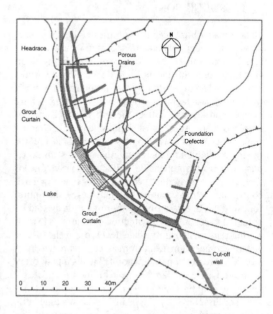

Figure 1.   Plan view of Arapuni Dam, New Zealand.

program, eight inclined non-core holes were drilled from the downstream dam toe through the dam concrete and into the foundation. The purpose of the holes was to investigate groundwater conditions under the dam. Two of the holes, referred to as OP05 and OP06, intersected a zone of high water pressure and flowed at several hundred liters per minute after drilling. The zone of high pressure coincided with a structural feature mapped on the foundation drawings (Figure 1). The other six holes encountered low ground water pressures consistent with normal design assumptions and indicative of satisfactory conditions. Following this drilling, the flows from the dam drains increased indicating a connection with the feature.

Hole OP05 was subsequently used to measure the pressure in the feature and hole OP06 was used as a relief well. With OP06 flow shutoff, the pressure in the feature in 1995 was about RL 97 m, i.e., 14 m below reservoir level. With OP06 flowing at about 380 liters/min, the feature pressure dropped to RL 87 m. OP05 and OP06 pressure and flow were included in the monthly dam surveillance monitoring program thereafter.

By September 2000, pressures and drainage flows were assessed and found to be rising relatively rapidly. This indicated a deteriorating foundation condition with a consequently increasing risk of leakage occurring from the fissure where it daylighted downstream from the dam. The deterioration in seepage conditions was considered to be due to the erosion of fissure infill material. The seepage from OP06 was throttled to reduce flow velocities in the feature in the expectation that this would reduce the rate of deterioration while further investigations were carried out. Another immediate response was to install telemetry on the key seepage monitoring instruments with a 24 hour alarm warning capability.

4 GEOLOGICAL AND HISTORICAL RESEARCH

Close cooperation with local geological specialists helped to supplement the data available from published sources. The dam is located in a region with extensive ignimbrite (welded tuff) flows which erupted during the last 2 million years. At the dam site (Figure 2), three principal ignimbrite flows are recognized. The dam foundation is located on the Ongatiti Ignimbrite dated at $0.9 - 1.1$ million years. In the abutments the Ongatiti Ignimbrite is overlain by Powerhouse Sediments, a mixture of alluvial and airfall tephra deposits, the Ahuroa Ignimbrite and the Manunui Ignimbrite.

Hydraulically, the Powerhouse Sediments act as an aquiclude with seepage in the Ongatiti Ignimbrite isolated from the overlying units. The dam cutoff walls extend down through the overlying units into the Ongatiti Ignimbrite appear very effective in controlling abutment seepage through the upper units, and the foundation seepage in the Ongatiti Ignimbrite is

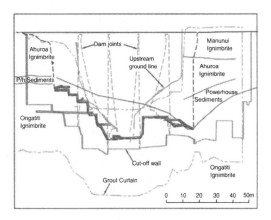

Figure 2. Elevation of Arapuni Dam, New Zealand.

therefore largely isolated from the abutment seepage even though the valley is very narrow.

The Ongatiti Ignimbrite in the dam foundation is a very weak, coarse pumice breccia with an unconfined compressive strength of between 1 and 5 MPa. Joints are rare, subvertical where present, and spaced at greater than 6 m. A set of three sub-parallel cracks or fissures (Figure 1) were recorded on the dam foundation as-built drawings forming a feature that runs obliquely across the foundation from the upstream right abutment to the downstream left abutment.

The dam is founded directly on the Ongatiti Ignimbrite with a cutoff trench located at the upstream face of the dam and a circumferential porous concrete drain located downstream from the cutoff. Some additional, similar contact drains are located along or across the fissures. A series of radial drains conduct drainage flows to the downstream face of the dam where the flows are monitored by weirs (Figure 3).

Fortunately, in this case, the Engineer was able to locate an invaluable collection of contemporary records, photographs, and drawings, from which the following key events were noted.

Following lake filling and in the first 2 years of operation, there was considerable leakage from the reservoir both from the dam drains and from springs in the downstream rock. Flows typically varied between 2200 liters/min and 4200 liters/min.

In May 1929, a large crack opened in the headrace channel due to tilting of the left bank cliff face. The diversion tunnel was re-opened and the lake lowered. The lake was not refilled until April 1932 while the headrace was lined. During this time a single row cement grout curtain was constructed along the full length of the dam and both abutment cutoff walls.

After refilling the reservoir in 1932, leakage flows had been reduced to 420 liters/min. In the period 1932 to 1943, the records indicate that there were several instances of sudden flow increases and a number of holes on the right abutment were injected with hot bitumen grout. The bitumen grouting had no long-term influence on the leakage flows.

From 1943 to 1950 leakage was typically about 750 liters/min but this reportedly declined to about 75 liters/min by 1950. Leakage flows of about 75 liters/min were typical through the period 1950 to 1995.

There was no blanket grouting, curtain grouting or drainage curtain in the dam foundation as originally constructed. The grout curtain constructed during the 1929–1932 lake lowering was a vertical single row curtain with holes at 3 m centers. It was constructed just upstream from the dam and cutoff walls, and was not structurally connected to them (Figures 1, 2, and 3). In the valley bottom, a fill platform for drilling was constructed to above the river level and the grout curtain was constructed through the fill. In the steep gorge walls a bitumen plug was constructed between the dam and the gorge wall interface. Grouting was by descending stages with grout injection undertaken at points of lost drill water return. Injection pressures and grout takes were modest with an average take of about 50 bags per 100 feet, although far higher takes were locally recorded coinciding with elevations of

lost flush return. The grout curtain does not continue for the full depth of the Ongatiti Ignimbrite sheet. In general the grouting methodologies reflected contemporary practice in the United States.

During the construction of the grout curtain it was found that several holes drilled in the upstream right abutment area and at the downstream end of the left bank cutoff wall had good hydraulic connections with the dam porous drains. Also, following the later construction of a second diversion tunnel gate shaft and the operation of that gate, it was found that that flows from the dam drains increased markedly when the tunnel between the two shafts was dewatered. This was also confirmed in tunnel dewatering in the 1980s and in 1999. This is an unusual observation.

5 SUPPLEMENTARY SITE INVESTIGATIONS

These seepage investigations were initiated with the broad objective – "to safely and economically establish acceptable, long term, stable seepage conditions at the Arapuni Dam." The seepage investigation therefore looked wider than the immediate vicinity of the feature. Investigation activities included:

- Installation of an external filter on OP06 relief well flows.
- Drilling and piezometer installation from the dam galleries to establish the area of foundation adjacent to and within the feature subject to the high pressures observed at OP05 and OP06.
- Driling, Lugeon testing and instrumentation from the two abutments to assess rock properties and seepage conditions adjacent to the grout curtain, particularly in the area of the mapped foundation defects.
- Remote Operated Vehicle inspection and mapping of the lake bed in front of the dam.

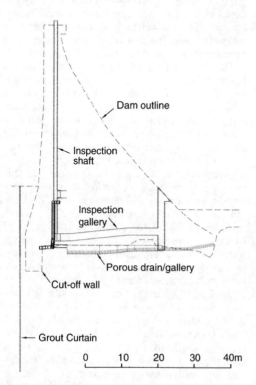

Figure 3. Cross section of Arapuni Dam, New Zealand. (Note the spatial separation of the original grout curtain from the dam or its concrete cutoff.)

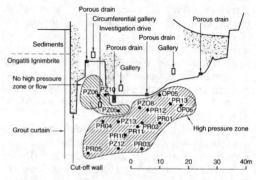

Figure 4. Elevation of defect showing intersections by investigation and grout holes drilled from the galleries and the downstream face.

- Dye testing from the lake and within boreholes and the diversion tunnel.
- Temperature testing and groundwater sampling from seepage flows and boreholes.
- A final series of non-core holes drilled from the downstream toe into the OP05/OP06 feature to establish relief wells and grout injection points (Figure 4).

6 EVOLUTION OF A WORKING HYPOTHESIS

The wealth of historical and contemporary data were reviewed in a series of workshops, involving the Owner, the Engineer, and various Specialty Consultants and Peer Reviewers. This proved to be a very stimulating, efficient, and effective process. This team noted the following key findings:

- High piezometric pressures were only observed in some parts of the feature (Figure 4) and had little effect on the adjacent foundation. They were not present in the other mapped foundation cracks.
- OP06 flows were carrying bitumen fragments, clay fragments from the fissure, snails (small), and lake biota.
- Dye traces were observed in drainage flows from releases in the lake, the headrace channel, right abutment boreholes and the diversion tunnel. Average dye velocities in the rock foundation were typically between 0.8 and 2.0 m/minute. Special attention was devoted to analyzing and rationalizing the data from the dye testing, using instrumentation capable of detecting dye concentrations of a few parts per billion.
- No flow entry points were observed in the lake bed, the cliff/dam face bitumen plugs were in good external condition, and the steep uneven lake bed terrain was unsuitable for constructing an upstream blanket.
- The nature of the infill materials (nontronite – a clay mineral derived from the weathering of airborne material deposited almost contemporaneously into shrinkage cracks in the ignimbrite) observed in cores from the lower part of the Ongatiti Ignimbrite was indicative of discontinuities existing through the whole depth of the sheet.
- There was evidence that groundwater in the Ongatiti Ignimbrite was hydraulically isolated from that in the underlying pre-Ongatiti Ignimbrite.
- There was a particularly strong flow connection between the flooded portion of the diversion tunnel and the defect.
- The high pressure area of the defect averaged about 80 mm in width.

- The hydraulic connection between the dam drains and the feature was probably limited to a porous drain contact near OP05 (Figure 4).

The team concluded that the seepage sources included both the lake bed and the diversion tunnel, and that the existing grout curtain was clearly not effective in influencing the present seepage conditions. The flow paths were felt to be most likely within the Ongatiti Ignimbrite, and focused within a discrete sub-vertical feature from which the nontronoite had been eroded over the years of service. There was considerable concern that the possibility existed of a sudden blow out of nontronite leading to a direct and major pipe under the dam which, acting under full reservoir head, would cause destabilization of the downstream left abutment. This would immediately elevate the situation to one of dam safety being threatened.

The choice of a definitive long term solution lay between installing a new intense grout curtain (to prevent seepage) or building a large downstream buttress (to ensure seepage would not cause structural instability). Given the technical challenges and cost inherent in these options, particularly since foreign expertise would most probably be involved, the final choice demanded lengthy and detailed study. In the interim, therefore, the concept of a smaller scale remediation was agreed, as a holding action. The nature of this operation, described in Section 7 below, would itself provide further information on the nature of the feature, and so would provide a further test of the working hypothesis.

7 SHORT TERM REMEDIATION

When sharply rising pressures were identified in OP05 in September 2000, a possible mitigation measure was to attempt to grout the feature using holes OP05 and OP06. There were two main concerns with this concept. First, little was then known about the nature of the flow paths within the foundation and so the grouting operation and its effectiveness would be very uncertain. Also, there was concern that the high grouting pressures necessary to inject grout through OP05 and OP06 could blow out the infill and so significantly increase flow rates.

It was therefore concluded that while fissure pressures remained within previously observed limits, investigations and preparations necessary for a high quality, planned feature grouting operation should be completed. Grouting equipment and materials were assembled at the site to enable feature grouting to be carried out at short notice during the investigation period if conditions warranted.

Grouting was planned and initiated once the primary seepage investigations were complete and additional relief wells and grouting holes were drilled into the high pressure area of the fissure (Figure 4). The grouting plan required that upstream relief wells would be used during the grouting operation to lower fissure water pressures such that the added pressure of the grout injection would not exceed previously observed pressures in the fissure. This minimized the risk of infill blowout and increased downstream leakage.

Before the grouting operation, the seepage properties of the foundation were baselined to enable improvements to be determined following the grouting and any subsequent improvement works. Water and dye tracer was also pumped into each of the grouting holes prior to grouting to give an indication of likely flow paths and assist in determining the likely sequence of grouting.

To protect the drainage function of the porous concrete foundation drains during grouting, two fundamental precautions were taken. First, plumbing was installed to enable flushing of the drain in such a way that the drain would not backflow into the feature and so disrupt the setting grout. Secondly, small wood chips were injected into the feature close to the contact with the foundation drain to help prevent grout entry. The drain pressure was lowered to increase the flow and draw the wood chips onto the drain/feature contact. These precautions proved very successful, and the cement based grout did not subsequently enter the drain.

The grouting operation was managed and coordinated by Mighty River Power's engineering staff utilizing very detailed preprepared procedures and checklists. The grout mixing and injection was undertaken using local labor and equipment under the direction of foreign grouting supervisors. Key dam safety parameters were monitored and the relief wells operated by the Owner's dam safety consultants. The project was a classic example of practical and effective partnering in action.

The grout mix was designed to be placed in either static or flowing water conditions in a fissure conceived to average 80 mm wide. It incorporated antiwashout and dispersant additives, and a water/cement ratio (by weight) of 0.8, plus 9% of bentonite (by weight). The mix had been designed and experimented with to ensure it would be stable, durable, and possessed of appropriate rheological and hydration properties, reflecting the best contemporary practice.

Grouting took 12.5 hours during which 11.5 cubic meters of grout was placed. At the start of grouting, relief well discharge was transferred to the most upstream well so that grout being injected at the downstream end was in still water. After about 2.5 hours, grout was detected at the relief well. The relief well was closed after 6 hours and a further 4.4 cubic meters of grout was injected to refusal at 8 bar. Minor modifications were made to the mix during injection in response to the field observations.

It was recorded that the quantity of grout injected was about one third the quantity estimated assuming that fissure infill had been totally removed in the high pressure area. This piece of information, plus an analysis of the observations made during grouting strongly suggested there were considerable areas of intact nontronite infill remaining within the feature.

8 VERIFICATION OF SHORT TERM REMEDIATION

The immediate response to the grouting was that drainage flows from the dam drains dropped from a total of 600 liters/min to 50 liters/min. Piezometric pressures in other parts of the foundation and in the other mapped cracks either dropped or remained constant. The only pressure increase under the dam foundation was in a deep piezometer, which indicated no effect on dam stability.

Four holes drilled into the grouted area retrieved drill core showing three natural infill zones and one grouted zone. The grouted zone had good quality grout across the fissure with only minor surface traces of clay infill against the fissure sides. This drilling, combined with the other data and observations, led to the development of a model for envisioning the treated feature (Figure 5).

9 FINAL REMARKS

Further verification work is planned using dye tracing, temperature measurements and dewatering of the diversion tunnel to determine if dam foundation flows and pressures increase as they have in the past. This will give comfort in the period prior to the implementation of the final solution that the situation is not deteriorating significantly. This case history illustrates several basic factors which the authors believe should be contemplated by engineers involved in similar projects. The authors also believe that these factors transcend developments in measuring and monitoring technology, and that they are consistent with the fundamental aims of dam safety programs internationally. These factors include:

1. Access to detailed historical dam construction, and performance data and the provision of resources to analyze them in the light of contemporary developments.
2. Assimilation of all available regional, local, and site specific geological data especially with regard to lithogenesis and long term performance under sustained hydraulic head.
3. The commitment to conduct focused contemporary site investigations in support of working hypotheses.

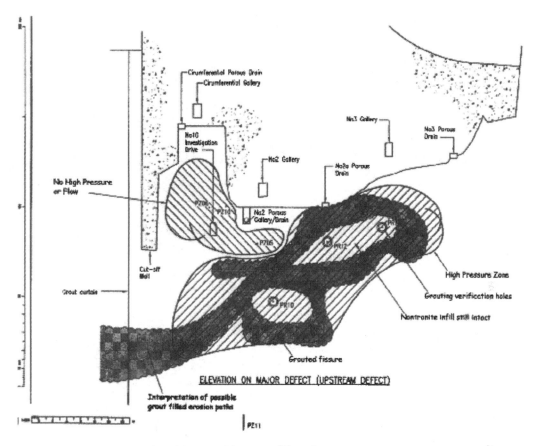

Figure 5. Conceptual interpretation of the grouted feature conditions after treatment.

4. The provision of a professional forum in which the situation can be comprehensively reviewed and remediation plans logically evolved.
5. A comprehensive, reliable, and routine dam instrumentation, data monitoring, and interpretation program.
6. The execution of the requisite remedial measures by properly qualified human resources using state of practice means, methods, and materials.
7. Appropriate verification of remediation performance and long term effectiveness.

ACKNOWLEDGEMENTS

The authors are keen to acknowledge the excellent efforts of all the personnel involved from the Owner (Mighty River Power Ltd.) and its various consultants, the Engineer (Dam Watch Services Ltd.) and its consultants, and the various contractors involved.

REFERENCES

Bruce, D.A., Luttrell, E.C. and Starnes, L.J. (1993). "Remedial Grouting using Responsive Integration[sm]." Proc. ASDSO 10th Annual Conference, Kansas City, MO, September 26–28, 13 pp. Also in *Ground Engineing* 27 (3), April, pp. 23–29.

Flaherty, T. (2003). "Recommended Drilling and Gring Techniques for Remedial Grouting of Embankment Dams." to be presented at *Grouting and Ground Improvement*, American Society of Civil Engineers, New Orleans, February.

Hamby, J.A. and D.A. Bruce. (2000). "Monitoring and Remediation of Reservoir Rim Leakage at TVA's Tims Ford Dam." U.S. Commission on Large Dams (U COLD) 20th Annual Meeting, Seattle, WA, July 10–14, pp. 233–249.

Smoak, W.G., F.B. Gularte, and J.R. Culp. "Remedial Grouting of Dworshak Dam" *Grouts and Grouting: A Potpourri of Projects*. Proceedings of Sessions of Geo-Congress 98, American Society of Civil Engineers, Geotechnical Special Publication No. 80, Boston, MA, October 18–21, pp. 83–99.

Dam Maintenance and Rehabilitation, Llanos et al. (eds)
© 2003 Taylor & Francis, ISBN 90 5809 534 7

A historical review of the use of epoxy protected strand for prestressed rock anchors

D.A. Bruce

Geosystems, L.P., Venetia, Pennsylvania, U.S.A.

ABSTRACT: Fusion bonded epoxy protected strand has been used in post tensioning applications in North America since 1983, with the first ground anchor project undertaken in 1985. The product has been used in dam anchor tendons since 1991. A recent and significant problem at Wirtz Dam, TX has focused industry attention on vital issues relating to the production, testing, specification, installation, and stressing of the material. It is clear that this problem has raised questions in the industry regarding the use of the product, but the authors believe that through the development and application of appropriate codes, standards, recommendations, and specifications, the inherent advantages of the material can again be routinely exploited in sensible fashion for mutual benefit. The paper provides a historical and technical overview of the use of epoxy protected tendons, primarily in dam rehabilitation.

1   INTRODUCTION

The process of applying fusion bonded epoxy coating to 0.6-inch diameter, 7-wire prestressing strand appears to have been developed commercially in 1981, following earlier experiences with epoxy coated reinforcing bar. According to Bonomo (1994), the product was first commercially used in 1983 to post tension a precast concrete floating dock in Portsmouth, VA. Until 1985, epoxy protected strand was used only in structural/building related projects. Early examples of its use include the Bayview cable stay bridge in Quincy, IL (1984) and post tensioned pier caps on I-495 in Rochester, NY (1988).

Although ground anchor practice in the United States has enjoyed a long, successful and internationally acclaimed reputation (Bruce, 1997) one area in which it differed from European concepts was in its somewhat more relaxed approach to corrosion protection. For example, what British practice (BS8081, 1989) regarded as single corrosion protection (i.e., the use of a protective corrugated sheath, grouted in situ) U.S. specialists typically referred to as double corrosion protection. The difference lay in the interpretation of the reliability of the grout in the bond zone as an acceptable layer of corrosion protection. Thus while the British tended not to count the grout as a reliable and permissible layer of corrosion protection since it could crack during stressing due to its strain differential with the far more elastic steel it

encased, others disagreed. It was argued that any stress fractures would be of very small aperture, and that the highly alkaline environment of the grout would prevent acid corrosion of the steel – should it actually be exposed to direct contact with continually aggressive groundwater in any case. No case has been reported, nevertheless, of failure resulting from bond length corrosion in a properly grouted anchor.

Around the same period in the late 1980s, U.S. contractors installing permanent ground anchors began to realize that the use of a corrugated plastic duct as corrosion protection over the bond length required special attention to construction detail during the grouting operation (e.g., tremie tubes inside and outside the sheath, grouted in careful sequence to avoid structural distress to the sheath due to differential fluid grout pressures); as well as demanding larger diameter drill holes to accommodate the tendon, the corrugated sheath, and the multiple tremie tubes with appropriate thicknesses of grout cover.

It was logical, therefore, that epoxy protected strand should become considered for strand tendons: it removed the necessity for a separate tendon protective encapsulating sheath, allowed hole diameters to be minimized, and simplified the grouting operation. Such construction efficiencies would have the potential to offset the far higher material costs of such strand. Its first use in an anchoring application was to stabilize the foundation of a private residence in Malibu, CA, in 1985, while the first *major* anchoring project was a permanent tieback wall at the Los Angeles City Library in 1989. This followed a smaller similar project in Phoenix, AZ, in 1988. However, little interest seems to have been generated within the ground anchor community during this period, and high capacity permanent anchors for high dams continued to be installed using only grout as the definitive (and sole) barrier to corrosion of the tendon in the bond length (e.g., Bruce, 1989).

In contrast, the Bureau of Reclamation specified in 1990 (following 3 years of market research) the use of epoxy coated strand for the seismic rehabilitation of Stewart Mountain Dam, AZ, incorporating long, high capacity tendons (Bruce et al., 1992). Here, the Bureau were concerned about the impact that such high, concentrated, compressive prestress loads could have on their tall, thin arch dam. They therefore mandated that the tendons should be installed, primary grouted, stressed, and then monitored (together with the structure) over a period of 90 days to assure acceptable performance of both anchors and structure. Given successful performance of dam (and anchors) under this new loading condition, the tendons would then have their free lengths grouted in a secondary operation. However, the structural engineers required, for seismic considerations, that the tendons be fully bonded by grout to the dam *in the free length also*: this meant

that the tendon in the free length could *not* be protected conventionally over the 90-day observation period (i.e., by extruded or greased and sheathed, plastic coating) during which time there was considerable concern about the corrosive effect of the ambient conditions on the exposed, unsheathed tendon free length. The Bureau therefore specified epoxy coated strand ("Flo-Bond", from Florida Wire and Cable) as the tendon material. The project was conducted expeditiously, and the case history was widely promoted by dam owner, anchor contractor, tendon supplier, and strand manufacturer alike. Industry was keen to emulate and take advantage of this success and many projects followed (Figure 1). By the end of 1991, "Flo-Bond" was replaced as the material of tendon choice by "Flo-Bond-Flo-Fill", a product wherein epoxy was also introduced around the central wire of each strand, to guard against the possibility of water "wicking" up the otherwise unfilled interstices surrounding the central wire.

In 1992, ASTM A882/A882M-92 "Standard Specification for Epoxy Coated Seven Wire Prestressing Steel Strand" was published, followed by a PCI publication, "Guidelines for the Use of Epoxy Coated Strand." In a significant paper that did not receive commensurate attention, Bonomo (1994) further promoted the use of the material while strongly advised against stripping the epoxy coating off the strand in the

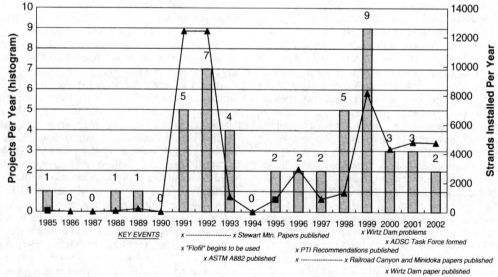

KEY TO GRAPH :
• Histograms show number of projects per year
• Strands installed per year:
   ■ Approximated and/or estimated quantities
   ▲ Quantities determined more closely

Figure 1. Epoxy protected strand usage for prestressed anchor applications, United States.

stressing tails, a practice which was becoming common, especially on the earlier projects, mainly east of the Mississippi. He provided specific guidance on certain "unique properties" of the epoxy protected material:

- *Relaxation*: Losses are higher than for bare strand. In a 1000-hour test at 70% GUTS, the loss in bare strand (low relaxation) was 1.5% compared to 4% in "Flo-bond" and 5.2% in "Flo-bond-Flo-fill."
- *Creep*: For a short period of time during the load hold test, both types of epoxy strand "undergo creep at a rate appreciably greater than that experienced by uncoated strand." He did conclude, however, that the long term performance of the material "is not impaired by the initial creep, which can be allowed for in the design of the anchor."
- *Wedge Seating Loss*: At ¾-inch, is significantly higher than that of bare strand (⅜ -inch) at 80% GUTS. The initial creep that occurs during the load hold test will reduce subsequent relaxation losses. Emphasis was placed on the merits of correct wedge design to assure proper seating performance at Lock Off.
- *Construction Issues*: Special care during handling, and installation was recommended, together with (routine) cleanliness of the anchorage hardware, and correct tendon/jack alignment (especially for inclined anchors).

During the period 1993 to 1995, the Rock and Soil Anchor Committee of the Post Tensioning Institute, under the chairmanship of Heinz Nierlich, drafted completely revised Recommendations later published in 1996. These Recommendations included a new and enhanced approach to corrosion protection (Nierlich and Bruce, 1997). In particular, the terms "Double" and "Single" Corrosion Protection were dispensed with, in favor of the less judgmental terms "Class I and II" levels of corrosion protection, as summarized in Table 1. The acceptability of epoxy protected strand was thereby endorsed by the PTI Committee with respect to its corrosion protection capability.

The PTI guidelines for estimating creep in epoxy protected strand during the load hold test were in fact based on tests conducted by Florida Wire and Cable in 1993. The Recommendations consequently state, "The creep behavior of epoxy filled strand itself is significant and the measured anchor creep movements must be adjusted to reflect the behavior of the material. At a Test Load of 80% F_{pu} (GUTS), creep movements of epoxy filled strand are conservatively estimated to be 0.015% of the apparent free stressing length during the 6–60 minute log cycle, but may be higher than this value.

For a Test Load of 75% of F_{pu}, this percentage can be reduced to 0.012%. These correction factors are based on limited laboratory tests, but appear to be reasonable based on field observations."

As described in the following sections, issues were encountered regarding the short term performance of a few anchors on certain projects in the early and mid 1990s. Construction deficiencies usually involving "first time user" contractors led to sudden slippage of strands through the wedges, resulting from tendon misalignment and/or dirty or grouted up top anchorage components. Creep losses beyond those allowed for in the then prevailing PTI Recommendations (i.e., the 1986 Edition) also created concern among owners otherwise acquainted only with the performance of bare strand tendons. Although general comfort was provided in the 1996 Recommendations, certain owners encouraged further research prior to permitting the use of epoxy protected strand.

For example, prior to the anchoring of Minidoka Dam, ID, in 1997, Florida Wire and Cable (still at the time the only manufacturer of the product in the United States) had indicated that changes in their manufacturing processes may have reduced the amount of creep in their product. The designers of the Minidoka proj-ect therefore required that further creep testing be conducted by the manufacturer on the new strand (Trojanowski et al., 1997). Based on tests on 16-foot lengths, at 80% GUTS, the creep was found to be 0.008% of the free length in the 6–60

Table 1. Corrosion protection requirements as recommended by PTI, 1996.

| Class | Protection requirements | | |
	Anchorage	Unbonded length	Tendon bond length
I Encapsulated Tendon	1. Trumpet 2. Cover, if exposed	1. Grease-filled sheath, or 2. Grout-filled sheath, or 3. Epoxy for fully bonded anchors	1. Grout-filled encapsulation, or 2. Epoxy
II Grout Protected Tendon	1. Trumpet 2. Cover, if exposed	1. Grease-filled sheath, or 2. Heat shrink sleeve	Grout

Table 2.   Summary of data from anchor projects using epoxy protected tendons (concluded).

Year (No. of jobs)	Project name	No. of tendons	No. of strands per tendon	Total no. of strands	Inclination	No. of grouting stages	Post tensioning supplier
1993 (4)	Lower Bonnington Dam, BC	26	26	676	Vertical		DSI
	Upper Bonnington Dam, BC	16	12	192	Vertical		DSI
	Buck Dam, VA	13	9–12	140 approx.	Vertical		VSL
	Kingston Ferry Terminal, WA	3	9	27 approx.	Vertical		DSI
1992 (7)	Martin Dam, AL	63	36	3000 approx.	Vertical	Two	LTI
			54				
	Oswego Falls, NY	32	15	480	Vertical	Two	LTI
	Upper Occoquan Dam, VA	56	20–53	2000 approx.	Vertical		DSI
	Occoquan Dam, VA	47	41–54	2500 approx.	Vertical		DSI
	Byllesby Dam, VA	8	3	2312	Inclined	Two	DSI
		12	24				
		56	32				
		4	34				
		2	36				
1991 (5)	Saluda Dam, SC		43	Assume 500	Vertical		DSI
	Corra Linn Dam, BC	107	15	1605	Vertical		DSI
	Corra Linn Dam, BC	11	12	132	Vertical		DSI
	Stewart Mountain Dam, AZ	62	22	1980	Mainly inclined	Two	DSI
		22	28				
	Mathis Dam, FL	34	28	1980	Vertical		DSI
	Burton Dam, VA	34	53	1802			LTI supplied hardware. Owner assembled tendons.
	Lloyd Shoals Dam	104	54	5616			
		53	54	2862			
1989 (1)	L.A. Library, CA	20	9–12	200 approx.	Inclined		DSI
1988 (1)	Phoenix, AZ	13	4	52	Inclined		DSI
1985 (1)	Malibu, CA			Assume 50	Inclined		DSI

Notes: 1. Gaps in this table represent data to be acquired.
2. CTS = Con-Tech Systems; DSI = Dywidag Systems International; LTI = Lang Tendons, Inc.
3. All data subject to confirmation.

minute log cycle. The following formulae were therefore specified for estimating the creep to be expected on the project:

- 1–10 minutes: 0.04% of free length
- 6–60 minutes: 0.01% of free length

Creep amounts so calculated would be subtracted from the total creep recorded in the field, and the net value compared to the limits recommended in PTI (1996) for bare strand.

Adding further fuel to the debate, Lang (2000) cited even more recent test data which indicate creep from 1–60 minutes to be 0.0214 to 0.0557% free length at loads varying from 70 to 80% GUTS.

The catalyst for this current initiative was the case of Wirtz Dam, TX in 1999. On this major project, several instances were found in early installed anchors of wedge slippage within 48 hours of Lock Off, together with observations of epoxy delamination from the strand. All tendons had previously performed well during routine Performance Testing. Closer examination of the tendons also revealed an unacceptably high frequency of "holidays" (Frithiof and Krumm, 2000). Questions were raised regarding the uniformity of the thickness and adhesion of the epoxy coating, and so its ability to behave satisfactorily in the short term during stressing and Lock Off, and to satisfy the long term corrosion protection goals. These problems precipitated detailed forensic investigations by the various parties involved in the Wirtz Dam project and the findings elevated the issue to one of general discussion in the anchor industry (Aschenbroich, 2000).

This situation culminated in the formation in 2000 of an Epoxy Coated Strand Task Force, under the auspices of ADSC: The International Association of Foundation Drilling (Lang, 2000). The impetus for this came primarily from the post tensioning companies who assemble the tendons, provide the top anchorage hardware and jacks, and supply stressing expertise. One of the main goals set by the new chairman of this Task Force, Christopher Lang, was to write a supplement to the PTI Recommendations of 1996, dealing specifically and solely with issues relating to epoxy coated strand in ground anchors. This is scheduled to complete by mid 2002. A further goal of the ADSC Task Force has been to collect published and unpublished data regarding the historical size and value of the epoxy coated anchor tendon market over the years. At the same time, the ASTM A882 Committee has also been active in revising the standard to improve controls over the quality and consistency of the production processes.

This paper provides a brief summary of the major preliminary findings of the Task Force's efforts to date and is the first in a series of papers to be authored by members of the Task Force. It is hoped that this paper will stimulate critical debate and attract more data.

2 HISTORY AND USAGE

Based on a survey of suppliers, owners, consultants, and contractors, supplemented by published data and the proceedings of successive Task Force meetings, the authors have generated the data shown in Table 2 and Figure 1. During the period from first usage in 1985 to early 2002 there would appear to have been 47 projects (some being consecutive, but separate contracts on the same structure), of which 33 were related to dam or hydro schemes. During the period from 1990 to 2001, it is estimated that between 100 and 120 dams and hydro facilities were repaired by prestressed rock anchors in North America, at a total price of $200 to 300 million. Therefore it would seem that, overall, around 30% of the projects involved epoxy protected strand with an estimated 25% of each project's price being linked directly to the provision of the tendon and its hardware (i.e., $15 to 23 million). Figure 1 does illustrate, however, a smaller but relatively constant use of epoxy coated strand, following its peak of 9 projects in 1999.

In contrast, Kido (2002) notes that in Japan, Sumitomo Electric Industries Co., Ltd. started using epoxy protected strand ("Flotech") in 1991, the main applications being for ground anchors and post tensioned bridges. Statistics through 2000 on over 700 projects are summarized in Table 3.

Forty-three of these projects involved dam stabilization. At an average of 20 m per strand, one may assume that a total of around 30,000 strands have been installed, stressed, and locked off. There are no reports of problems in the short or long term. A few projects (for bridges) have been undertaken in Korea and the Philippines. No other foreign applications have been recorded to date.

Table 3. Data on Japanese usage of epoxy protected strand in ground anchors.

Year	Number of projects
1991	1
1992	3
1993	1
1994	0
1995	6
1996	17
1997	47
1998	89
1999	266
2000	303
Total	703 projects for a total of 606,000 lin. m.

Note: "Super Flotech" introduced in 1999 and now dominates usage.

3 REVIEW OF PUBLISHED DATA

Since 1991, there have been numerous publications on aspects of the use of epoxy protected strand, mainly in the form of project case histories. These papers in fact provide details on 23 projects. A close examination of the case history data reveals a very interesting pattern (Table 4), in that of the 23 projects that were detailed in any way:

- Seven reported strand slips through the wedges on a limited number of early tendons.
- One other reported "excessive creep" (which could, however, have been due to the inherent properties of the material, inaccuracies in load measuring and/or slippage of one or more strands after Lock Off).
- At least three took careful preemptive steps (or special monitoring) to successfully avoid short and long term problems.
- Two referred to "previous problems" having been reported on other projects.
- In addition, the authors are aware that examples of strand slippage at lock off were noted (but not published) on a few strands at Stewart Mountain, Tolt

River, and High Rock Dams: all simply remediated by thorough cleaning of the wedges and their seats.

The following conclusions may be drawn:

1. "Excessive" short term creep, relative to contemporary PTI Recommendations (1986) for bare strand, was first recognized in 1991, but was rationalized after laboratory testing, first described in 1994 (Bonomo).
2. Projects undertaken with strand manufactured in 1999 and/or 2000 seem to have had most slippages, following initial problems in the early 1990s, possibly due to stressing techniques.
3. Regarding those projects where strand slippages were recorded, these were typically only found during the "learning curve," i.e., on the first few anchors stressed. For example, wedges contained grout, rust, or other debris, and the importance of accurate alignment was not fully appreciated. Problems were most prevalent where the work was conducted by contractors using the material for the first time. Modifications to construction/stressing techniques, allied to intensive monitoring were successfully implemented, although at Wirtz Dam the problems were more pervasive and took longer to resolve.

Table 4. Summary of published case history performance characteristics.

Project	Year	Reported problems	Comments
Stewart Mountain Dam	1991	No	Acceptable long term performance confirmed by monitoring
Mathis Dam	1991	Yes	"Excessive creep" reported.
Martin Dam	1992	No	Special testing used to ensure acceptability.
Byllesby Dam	1992	Yes	30% slippage on first three anchors due to misalignment and cleanliness issues.
Occoquan Dam	1992	Yes	Strand slippages on early anchors due to grout in wedges; excessive creep.
Saluda Dam	1995	No	–
Railroad Canyon Dam	1996	No	Special wedges used.
Alton Clark Bridge	1995	Yes	Early strand slippages, plus corrosion under epoxy (Flo-Bond).
Pardee Dam	1997	No	"Previous problems" referred to.
Minidoka Dam	1997	No	"Previous problems" referred to in paper relating to other projects.
Tolt River Dam	1998	No	"Minor flaking" above wedges; 2 strands slipped.
Lake Quinesec Dam	1998	No	–
Big Creek Bridge Piers 1 and 3	1998	No	–
Santeetlah Dam	1998	Yes	One strand on a vertical anchor slipped.
High Rock Dam	1999	No	–
Ribbon Bridges	1999	No	–
Bixby Dam	1999	No	–
Fern Canyon	1999	Yes	Strand slippages.
Wirtz Dam	1999	Yes	Strand slippages.
Lookout Shoals Dam	1999	Yes	Strand slippages, and corrosion concerns.
Pacoima Dam	1999	?	?
Cowan's Ford Dam	2000	Yes	Strand slippages.
Big Creek Bridge Pier 2	2000	No	–
Carquenez Bridge	2000	No	–

4. It is likely that the problem has been more wide-spread than realized and that individual strand slip-pages have simply not been recognized (or recorded) by site personnel. Furthermore, "excessive creep," as measured on an entire tendon 24 or 72 hours after lock-off may in fact *not* have been the natural, gradual phenomenon participated in by all strands. Rather a loss of 2% or 3% of total tendon load in that period may equally have been caused by sudden slippage of 1 or 2 strands in a large, multistrand tendon, due to lock off problems.

5. It must be realized that the actual number of strands recorded as having slipped through the permanent wedges is a very small percentage of the total number of strands installed (perhaps about 0.1% to 0.2%). However, the technical, financial, and contractual impacts arising from the resultant project delays, and the general level of suspicion regarding the installed anchors are disproportionally high.

6. In virtually every case, the failures have been ascribed to inefficient seating of certain designs of wedges, i.e., their inability to quickly and uniformly bite through the epoxy and firmly engage the underlying steel. A detailed review of the literature dealing with the projects, and the forensic testing conducted in association, leads to defining certain broad groups of causes. It would seem that on any given project, failure is a combination of some or all of these individual factors, in proportions which cannot always be determined. Critical variations in aspects of material quality and construction processes can create a marginal environment on any given project wherein even small or otherwise unimportant details can prove sufficient to catalyze a slippage. In other words, the material and its associated lock off hardware are not as forgiving as bare strand to site practices and so special steps and care must be taken to assure reliable performance. Broadly speaking, the causes of problems may be summarized as follows:

1. The nature of the product itself – being epoxy coated and filled, there will always be a tendency for higher short-term load loss to occur due to the plastic properties of the coating, even under the best of circumstances (as acknowledged by PTI, 1996). This can be accommodated by revising short term creep acceptance criteria, and by two-stage grouting. Also the higher creep losses require their own acceptance criteria, and can actually be beneficial for the long term performance of the anchor. The initially reported creep losses will reduce the later occurring relaxation losses proportionally, allowing a higher design load, closer to the one for bare strand.

2. Manufacturing variations in the product – variations in epoxy thickness, homogeneity ("foaming" has been discovered on one company's product from 1999 and 2000), adhesion to the steel, and adhesion of grit to epoxy, will each affect lock-off effectiveness. Also "holidays" in the epoxy coating (apparently also related to foaming) can also create gaps in the corrosion protection which will permit the steel to corrode and thus further impact epoxy adhesion. Repair of such defects can be done on site but is tedious and costly, and is impractical if steel corrosion has already begun. (Corrosion will further reduce the epoxy-steel adhesion.)

3. Tendon and anchor geometry – uneven seating of the individual wedge parts may occur due to "differential" friction during multistrand loading. This is exacerbated in inclined tendons where strands have not been completely straightened prior to grouting, in tendons which have been poorly sorted (with spacers/centralizers) in their free lengths, and in anchors where primary grouting has been conducted to within 10 feet of the top anchorage plate prior to stressing. Primary grouting should not be conducted within 35 feet of the head.

4. Contamination of wedges and wedge holes – corrosion and dirt can build up on these vital components in the period between tendon installation and stressing. This is particularly significant in humid, dam environments, and is worsened by situations where inclined spillway anchors are inundated after installation. Such critical interfaces must be cleaned and lubricated prior to stressing. Also grit from the coating can clog wedge teeth if left in place during Performance Testing, further acting to prevent the essential "bite through" occurring into the steel. Thus final wedges should be placed only before the lock off process.

5. Misalignment – it is essential that all the stressing components, from tendon to upper gripper wedges are collinear, so eliminating the possibility of lateral loads preventing uniform and quick wedge seating.

6. Inappropriate anchor components – it is expressly recommended now not to strip the epoxy in the stressing tails to allow the use of "conventional" bare strand wedges in the top anchorage. Special wedges designed to reliably bite through the coating and into the steel strand, and special wedge plates – all free of dirt and dust, and well lubricated – must be used.

4 DUTIES AND RESPONSIBILITIES OF THE RESPECTIVE PARTIES

The authors believe that the responsibility for the past problems the industry has encountered should be shared by all parties – if not necessarily equally. At least one strand manufacturer has not consistently produced a material that has met applicable codes and standards, or, more importantly, can withstand the rigors of well-known field conditions. Owners have perhaps been over eager to accept the financial benefits the product can afford, but have undervalued the concomitant risks. Designers have not been systematically pragmatic or informed about load loss issues and have not specified realistic acceptance criteria. Post tensioning companies that assemble tendons have occupied a pivotal position (technically, financially, and contractually) between manufacturer and contractor, but until recently, the majority has not consistently exerted the industry leadership their knowledge and experience would merit. Contractors have attempted to blame the other parties for problems found in the field while at the same time have made few efforts to adjust and enhance their construction methods to sensibly accommodate the special implications of the use of this material. Codes, standards, and recommendations have not comprehensively protected the goals of all parties. However, it is equally clear that the current reassessment of the issues has forged a new awareness in the industry, which, if appropriately exploited, can lead to mutual benefit.

4.1 *Anchor industry in general*

1. Be aware of the types of problems which have occurred when using the material and have cognizance of remedial measures, options, or alternatives available. Also realize that different post tensioning systems exist and may provide different levels of performance.
2. Take a systematic and pragmatic view of the risk/benefit issues involved in the selection of the corrosion protection system, for each project.
3. Share fully and honestly all relevant experiences (good and bad) in an appropriate forum (e.g., ADSC Epoxy Coated Strand Task Force).
4. Promote and support the highest practical quality of manufacture and application via appropriate testing, and through revision and subsequent conformance with relevant recommendations and standards (e.g., ASTM A882, PTI, 1996). In this regard, it must be realized that a materials standard such as ASTM A882 will not cover handling and construction-related practicalities. The new supplement to the PTI Recommendations will address such issues.

4.2 *Strand manufacturer*

1. Provide a consistent and reliable product conforming to all relevant codes, standards, and recommendations.

2. Knowing fully the "end use" of the product in such cases, provide all technical support to its clients in the development of appropriate tests and QA/QC methods (e.g., an adhesion test).
3. Immediately notify industry of any significant changes in the materials or details of manufacture which may potentially influence the product's ability to consistently satisfy project requirements.

4.3 *Project owner*[*]

1. Even as a "non-specialist" relying on the advice of others, become in advance, cognizant of the state of industry thinking.
2. Ensure that the highest standards of site inspection are provided, and that the supervisory personnel involved have clear mandates as to their limits of authority regarding issues in non-conformance to the specification.
3. Provide an unbiased forum to help resolve any issues which may arise, and be prepared to provide sponsorship of any forensic efforts which may be required. (In this regard, the attitude of the Lower Colorado River Authority during and after the problems at its Wirtz Dam, has set the industry standard.)

4.4 *Anchor designers and specifiers*

1. Where allowed by the Owner, offer Bidders the option of epoxy protected strand, or corrugated sheathed tendons – price and performance to decide.
2. Specify two-stage grouting (i.e., to ensure that the strand is also bonded by grout in the free length – a minimum length of 35 feet of the tendon).
3. Specify special standards of care during tendon assembly, transportation, installation, grouting, and stressing especially for inclined anchors. In particular, the absolute cleanliness of the wedges and their anchor head pockets must be specified (especially for inclined anchors subjected to running water prior to stressing) together with appropriate use of spacer/centralizer units in the free length also.
4. Clarify precisely the liability of each party involved on the project, relative to the use of the product.
5. When assessing short and long term performance acceptance levels, be cognizant of the higher creep and relaxation losses inherent to epoxy protected

---

[*] For the sake of this listing, oversight agencies, such as FERC, are deemed included.

Appendix 1. Critical analysis of published data on projects with epoxy coated strand (continues).

Source and date	Perspective E	Type of paper	Significance/Key issues relating to epoxy coated/Filled strand
Bruce et al. (1991 through 1993 several)	Contractor and Owner	Case history of Stewart Mountain Dam, AZ (Construction: 1991)	• Non-filled strand used, on first major epoxy strand project, strongly promoting use. • Vertical and inclined anchors installed, two-stage grouting. • Long term monitoring (90 days) showed no systematic problem. • A few strands slipped – judged not significant at time.
Leamon and Dunlap (1994)	Owner and Designer	Case histories of (Mathis Dam, AL) (1991–1992) Martin Dam, AL (1992–1993)	• In 1991, FERC insisted upon *filled* strand being used. • "First indication" of short term creep problems at Mathis, also evaluated at Martin, on systematic basis. • Hypothesis evolved that creep was proportional to strand free length.
Buhac and Baldwin (1994)	Owner and Contractor	Case history of Byllesby Dam, VA (1992)	• Paper strongly promotes use. • However, later personal communication (2001) confirms first three anchors had slippage on 30% strands (arguably due to misalignment of hole and tendon, and, corrosion of components in long submerged period prior to stressing).
Bonomo (1994)	Tendon Assembler	Overview of history, applications, and issues	• Provided history of usage. • Highlighted creep, relaxation and lock off issues. • Discussed construction-related problems. • Extremely supportive of the use of the material, with appropriate controls, allowances, and methodologies.
Tucker (2001)	Contractor	Case history of Saluda Dam, SC (1995)	• No problems recorded.
Marsh et al. (1996); Bogdan et al. (1996)	Designer, Contractor, and Assembler	Case history of Railroad Canyon Dam, CA (1995–1996)	• Promoting use of product. • Special wedges used. • Awareness of need for special stressing modifications clear. • Long term monitoring conducted. • "Creeping suspicions" about product reported "elsewhere in the literature." • No problems recorded in the case history, but reportedly did occur.
Trojanowski et al. (1997)	Owner, Designer, and Assembler	Case history of Minidoka Dam (1997)	• "Creep within the epoxy coating itself has been a concern during tensioning," based on data from other sites. • Specification modified based on tests by FWC (1993) and Recommendations of PTI (1996) for creep. • No problems recorded.

Appendix 1. Critical analysis of published data on projects with epoxy coated strand (continues).

Source and date	Perspective E	Type of paper	Significance/Key issues relating to epoxy coated/Filled strand
Frithiof and Krumm (2000)	Owner and Contractor	Case history of Wirtz Dam, TX (1999)	• Major strand slippages recorded on one-stage grouted, inclined tendons (9 strands). • Site tests confirmed unequal strand loading due to strand misalignment/bending in hole. • Laboratory tests confirmed variations in coating thickness and quality (plus "holidays"). This was the first paper to highlight significant problems with the quality and consistency of the material itself (could explain many prior problems) leading to major concerns about coating adhesion to steel and efficiency of its long term protection. • The problems experienced on this site precipitated the current industry initiative.
Aschenbroich (2000)	Assembler	Several summary case histories (1995–2000); Pardee Dam, CA (1995)	• "Problems on previous projects" referred to. • Despite variations in product, no problems encountered: new anchorage components developed. • Success encouraged subsequent Caltrans' use on bridge structures.
		Tolt River Dam, WA (1998)	• Some epoxy "flake off" above wedges noted (2 strands). • No slippage or excessive creep.
		Little Quinnesec Dam, WI (1998)	• No problems reported.
		Big Creek Bridge, CA (1998)	• No problems reported.
		Ribbon Bridges, CA (1999)	• No problems reported.
		Bixby Creek Bridge, CA (1999)	• No problems reported.
		Wirtz Dam, TX (1999)	• Severe problems with wedge seating (due to "differential friction," and variations in material properties). • Following adjustments to construction methods, no short- or long-term problems.
		Fern Canyon Bridge, CA (1999)	• On one anchor, 4 of 24 strands pulled. • Same time as Wirtz Dam issues.

Reference	Role	Topic / Case	Comments
		Big Creek Bridge, CA (2000)	• No problems reported.
Wagner (2000)	Manufacturer	Carquenez Bridge, CA (2000)	• In light of previously encountered problem, Owner revised stressing procedure.
		Brief overview of properties of material and related impact	• "It is well known" that short- and long-term creep and relaxation are higher, although the variation is not qualified. • Construction related issues important (e.g., differential friction, alignment, cleanliness). • Variability of product *not* discussed.
Lang (2000)	Assembler	Critical overview of technical and contractual issues. Plus, case history of Lookout Shoals and Cowan's Ford Dams, NC (1999 and 2000)	• 5 dams (1990–1995) used stripped epoxy and normal wedges. Subsequent 5 dams have used special epoxy wedges. • 4 of 24 anchors at Lookout Shoals and 9 of 73 anchors at Cowan's Ford had problems, mainly with slippage and/or excessive creep, but also with frequent "holidays." • Creep/slippage problems resolved by extra cleaning/lubrication of top anchorage components. • Recent product tests provide higher creep values than PTI Recommendations.
O'Brien (2000)	Assembler	Overview of corporate experience via summaries of case histories Occoquan Dam, VA (1992) Byllesby Dam, VA (1992) Alton Clark Bridge, IL (mid 1990s)	• "Some concern by designer" over long term performance. • Grout contaminated wedges caused explosive failure in first anchor only. • See Buhac and Baldwin (1994) above. • A "few" strands slipped due to misalignment in the tendon. • Rust was also reportedly found under the coating.
		High Rock Dam, NC (1999)	• Several strands slipped in first anchor over a period of "a few hours." • Components found to be corroded. After replacement, no further problems.
Plizga et al. (2001)	Owner and FERC	Case history of High Rock Dam, NC (1999)	• Slippage recorded on a few strands in first anchor. • Cause was contamination of head and wedges, although tendon alignment also queried. • 9 further strands explosively slipped at Test Load.
Bogdan (2001)	Assembler	Detailed overview of all aspects of product and its use	• Strongly promotes use of material if proper controls exercised on material production and construction techniques. • Material has a higher creep rate "for a short period of time immediately" after lock off. • Valid adhesion test still not developed.

strand. Specify short and long term load monitoring in excess of the minimum recommended by PTI.

6. Ensure that close and empowered independent site inspection is provided.
7. Specify exactly what will be expected of the contractor in event of "incidents."

4.5 Post tensioning companies that also assemble tendons

1. For every delivery of strand, secure full written warrantees from the supplier that the product is in conformance with all relevant codes, standards, recommendations, and specifications.
2. Obtain from the manufacturer any and all special test data (e.g., pullout tests, adhesion tests) which are required by the specification and/or the contractor, on a project-specific basis.
3. Exercise special care in the assembly, and transportation of the assembled tendons to avoid significant damage to the coating.
4. Provide only anchorage hardware which is fully appropriate to the material and the project conditions.
5. Provide only anchorage hardware which is fully appropriate for the stressing systems and methodologies.
6. Observe the provisions of all relevant codes, standards, recommendations, and specifications.

4.6 Anchor contractor

1. Obtain all relevant certification and test data from tendon assembler, as required by the specifications *and* by the specific project requirements.
2. Be aware of all the potential causes of problems, and develop site practices to preempt them (from receipt of tendon to final anchor acceptance).
3. Observe the provisions of all relevant codes, standards, recommendations.
4. Observe the requirements of the specifications, as a minimum acceptable standard.
5. Provide only knowledgeable and experienced stressing personnel who have executed such work previously. (If not available, ensure that appropriate training or resources are obtained via the post tensioning companies)
6. Maintain full, frank, and informed technical dialogue with all parties at every phase of the project (from preconstruction submittals to final anchor report).
7. Inspect all tendons upon delivery to site so that any problems can be immediately referred to the tendon supplier. Thereafter, any "flaw" observed during actual tendon handling on site and installation will be the technical and financial responsibility of the contractor.

FINAL REMARKS

This paper is written with the benefit of long hindsight, and so illustrates certain shortcomings in the way we in the anchor community have collectively addressed certain issues. While there is no systematic reason to doubt the ability of the anchors installed to date to satisfy the owners' goals

– there is an almost overwhelming degree of redundancy in certain aspects of dam anchor systems
– there is a clear need to improve current practice to eliminate the costly and controversial problems which have affected the construction phase of several projects to date.

Awareness of problems is the first major step in solving them, and in this regard, the activities of the Task Force of ADSC, have provided vital industry leadership. In addition to facilitating papers such as this, the Task Force is exerting an active and consistent influence on the PTI Recommendations, via the upcoming supplement, and upon the current version of the ASTM standard (ASTM A882/A882-96). As an example, the following items are understood to be approved for future incorporation (inter al.) in the revision of the ASTM standard:

1. Only epoxy coated and filled strand is recommended for use in anchors.
2. Filled strand shall have relaxation losses of not more than 6.5% after 1000 hours when initially loaded to 70% GUTS.
3. "Disbonding" is a term introduced to describe loss of adhesion between epoxy and steel.
4. Manufacturer to provide creep data on strand (at 80% GUTS) over periods of 10 minutes, 1 and 3 hours, in combination with relaxation test data.

A change in the permissible range of epoxy thicknesses from 25–40 mils to 15–40 mils is still pending. The thinner coating has been proven to afford adequate corrosion protection, seems to have a better adhesion to the strand, and is more easily gripped by the wedges.

Readers of this paper are strongly encouraged to provide critical comment and factual input so that a full and accurate document will ultimately be produced. Such a document will hopefully be beneficial to the interests of all parties in the dam anchor industry.

REFERENCES AND BIBLIOGRAPHY

American Society for Testing and Materials. (2001). Specification A882/A882M-01 Standard Specification for Epoxy-Coated Seven-Wire Prestressing Steel Strand, West Conshohocken, PA.

Aschenbroich, H. (2000). "Experiences and Observations Using Epoxy Coated Flo-Fill Flo-Bond 0.6" 270 ksi

Strand for Permanent Rock and Ground Anchors." ADSC Seminar, October 25, Dallas, TX.

Baldwin. (2001). Personal communication, Nicholson Construction Co., Bridgeville, PA, January.

Banna, H. and K. Lilley. (2001). "Pacoima Dam after the 1994 Northridge earthquake: design, installation, and maintenance of high strength steel rock anchors, epoxy injection and extensometers." Proceedings of the Annual Conference, Association of State Dam Safety Officials, Snowbird, UT, September 9–11, 11 p.

Bianchi, R.H. and D.A. Bruce. (1993). "The Use of Post Tensioned Anchorages on the Arch Portion of Stewart Mountain Dam, Arizona." ASCE Specialty Conference on Geotechnical Practice in Dam Rehabilitation, N.C. State University, Raleigh, N.C., April 25–28, pp. 791–802.

Bogdan, L. (2001). "Post Tensioned Anchors Using Epoxy Coated Strand for Rehabilitation of Concrete Dams." *The Future of Dams and their Reservoirs.* 21st Annual USSD Lecture Series, United States Society on Dams, Denver, CO, July 30–August 3, pp. 681–692.

Bogdan, L. (2001). "The Use of Epoxy Coated Strand for Post Tensioned Anchors." *Foundation Drilling*, ADSC, September/October, pp. 23–34.

Bogdan, L., T. Feldsher, and D. Moody. (1996). "Rehabilitation of Railroad Canyon Dam." *Foundation Drilling*, ADSC. pp. 13–14.

Bonomo, R. (1994). "Permanent Ground Anchors Using Epoxy Coated Strand." *Foundation Drilling*, ADSC, March/April.

British Standards Institution. (1989). "Ground Anchorages." BS8081. BSI, London, England.

Bruce, D.A. (1989). "An Overview of Current U.S. Practice in Dam Stabilization Using Prestressed Rock Anchors." 20th Ohio River Valley Soils Seminar, Louisville, KY, October 27, 15 pp.

Bruce, D.A. and L.K. Nuss. (1992). "Anchoring Stewart Mountain Dam Against Seismic Loadings." Proc. 45th Canadian Geotechnical Conference, Toronto, ON. October 26–28, paper 25, 11 pp.

Bruce, D.A., W.R. Fiedler, G.A. Scott, and R.E. Triplett, (1992). "Stewart Mountain Dam Stabilization." USCOLD Newsletter, 97, (March) pp. 6–10.

Bruce, D.A. (1997). "The Stabilization of Concrete Dams by Post-Tensioned Rock Anchors: The State of American Practice," *Ground Anchorages and Anchored Structures*, Proceedings of the International Conference, Institution of Civil Engineers, London, U.K., Thomas Telford, Ed. by G.S. Littlejohn, March 20–21, pp. 508–521.

Buhac, H.J., and R. Baldwin. (1994). "Cutting Dam Stabilization Costs through Innovation," *Civil Engineering News*, Vol. 5, No. 12, January, p. 33.

Frithiof, R. and P. Krumm. (2000). "Wirtz Dam Post Tensioned Anchoring Project Issues Affecting the Performance of Epoxy-Coated Tendons," *Dam O&M Issues* – The *Challenge of the 21st Century*, Twentieth Annual USCOLD Lecture Series, Seattle, WA, July 10–14.

Kido, T. (2002). Personal communication. Sumiden Wire Products, Stockton, CA, February.

Krumm, P. "Issues Affecting the Performance of Epoxy-Coated Tendons." ADSC Seminar, October 25, Dallas, TX.

Lang, J.C. (2000). "Technical and Contractual Issues for Epoxy Coated Strand Anchor Jobs," ADSC Seminar, October 25, Dallas, TX.

Leamon, T.D. and L.F. Dunlap (1994). Source unknown.

Marsh, S.G., T.B. Feldsher, and L.I. Bogdan. (1997). "Rehabilitation of Railroad Canyon Dam." Proc. of the Association of State Dam Safety Officials, 14th Annual Conference, Pittsburgh, PA, September 7–10, Compact Disc.

Nierlich, H. and D.A. Bruce. (1997). "A Review of the Post-Tensioning Institute's Revised Recommendations for Prestressed Rock and Soil Anchors, *Ground Anchorages and Anchored Structures*, Proceedings of the International Conference, Institution of Civil Engineers, London, U.K., Thomas Telford, Ed. by G.S. Littlejohn, March, 20–21, pp. 522–530.

O'Brien, M. (2000). "Stressing Epoxy Coated Strand Anchors: The DSI Experience," ADSC Seminar, October 25, Dallas, TX.

Plizga, A.W., P.F. Shiers, S.W. Schadinger, and J. Lyon. (2001). "Installing High Capacity Rock Anchors to Meet Stability Requirements." *The Future of Dams and their Reservoirs*. 21st Annual USSD Lecture Series, United States Society on Dams, Denver, CO, July 30–August 3, pp. 125–136.

Post Tensioning Institute (PTI). (1996). "Recommendations for prestressed rock and soil anchors." Post Tensioning Manual. Fourth Edition. Phoenix, Arizona. 41 p.

Trojanowski, J., W.R. Fielder and L.J. Bogdan. (1997). "Stabilization of Minidoka Dam Using Epoxy Coated Strand Rock Anchors." *Dam Safety '97*. Proceedings of the 14th Annual Conference, Association of State Dam Safety Officials, Pittsburgh, PA, Compact Disk, September 7–10.

Tucker, T. (2001). "Saluda Hydro Station – Stability Remedial Work." Project Description and Specifications. Personal communication, August.

Wagner (2000). "The Status of Epoxy Coated Strand at Florida Wire and Cable." ADSC Seminar, October 25, Dallas, TX.

Dam Maintenance and Rehabilitation, Llanos et al. (eds)
© *2003 Taylor & Francis, ISBN 90 5809 534 7*

Mantenimiento, conservación, rehabilitación de impermeabilizaciones asfálticas (y su aplicación en recrecimiento de presas)

Wilfried Flemme
Walo Bertschinger AG Damm Und Deponiebau, Zurich, Switzerland

ABSTRACT: The article will give an introduction and short history of asphalt sealing systems of reservoirs, dams, canals and other structures and its constructional aspects. It will describe the various possibilities, laying methods and delicate points of union between concrete structures / asphalt sealing.

Design, control methods and selection of raw materials during the phase of suitability testing, quality control during and after laying of asphalt.

Inspection methods during period of explotation of the building are described, to judge influences of weather, settlements and deformations, sedimentation, chemical, biological strain and ageing (oxidation) of the sealing and its refurbishing procedures.

Normal periodical maintenance procedures, and rehabilitation or substitution of old and eventually damaged structures, comparison with other sealing methods are described and dam heightening methods discussed.

1 INTRODUCTION

Despues de entregar el abstracto breve al comite el mismo me respondio que se haga el informe mas corto y con referencia a las temas claves:

Para comprender, sin embargo, una impermeabilizacion asfaltica, hace falta entender algunas cosas basicas del sistema. Mas tarde volvere a hablar brevemente de esto.

Mantenemiento y conservacion de una estructura, en este caso la de una impermeabilizacion asfaltica, tendria que ser una cosa normal y logica, igual y semejante como lo es en casos de maquinaria, edificios, carreteras etc.

Maquinas se engrasen, coches se revisan periodicamente por el ITV, casas se pintan, techos se reparan y todo con el fin de evitar danos mayores.

Presas se construyen y en muchos casos ....se olvidan.

Son consideradas como seguras, pero sufren las inclemencias del tiempo, hielo y nieve, calor tropical, oleajes y corrientes, abrasion, presiones enormes de agua y deformaciomnes del subsuelo. Nos sirven diariamente, ponen a disposicion agua potable, industrial y de riego, nos protejen contra riadas, producen energia electrica, nos sirven como medio de transporte, o para zonas de deporte y recreo.

Sin embargo el elemento mas importante de la presa, su impermeabilizacion es tratada con poco amor. Ya hace su servicio.

La pantalla asfaltica es un sistema de impermeabilizacion conocido desde la antiguedad aunque algunos creen que es un invento de tiempos modernos.

Ya en el antiguo Pakistan 3000 años a.Chr., y en Mesopotania 1200 a.Chr. se construyeron como proteccion de canales y segun los arqueologos existen ya desde algo mas de 5000 años.

Nosotros, como empresa constructora de pantallas, nos vemos confrontados con la eterna pregunta del plazo de garantia, desgraciadamente 5000 años no podemos garantizar.

Ahora bien, se puede afirmar que si el asfalto es tan durable, no necesita ningun tipo de mantenemiento. Al observar en detalle la proteccion asfaltica del talud del Tigris se aprecia que tiene dos capas de ladrillos encima, se trata asi estrictamente hablando, de una pantalla protejida o un tipo de nucleo asfaltico, donde un mantenimiento no es posible.

2 DESGASTES EN UNA IMPERMEABILIZACION ASFALTICA

2.1 *Oxidacion*

1. Oxidacion durante la produccion, transporte y puesta en obra (calentamiento, vease 3)

2.2 *Intemperie*

– Rayos ultravioletas/sol (oxidacion durante el uso)
– Erosion causada por vientos/abrasión

- Oleaje
- Precipitaciones, (lluvia/nieve)
- Sedimentos como limos, barro, arenas
- Helada/hielo:
  a) influencia e los minerales (friabilidad)
  b) deslizamiento de capas de hielo (erosion superficial)
  c) empuje de capas de hielo (tensiones y asentamientos)

2.3 Movimientos causados por presion de agua y peso propio

- Asentamientos del cuerpo de la presa (terraplen de escollera o tierra)
- Movimientos de las obras de fabrica aliviaderos, estructuras de entrada y salida galerias de control, plinton, camaras de valvula juntas entre bloques vigas en coronacion/rompeolas
- Movimientos por cambios de temperaturas, dilatacion y contracción
- Movimientos por cambios de nivel de agua (depositos de bombeo 1 × por dia en 25 años 10.000 cargas)

2.4 Desgastes quimicos o biológicos

- Aceites, grasas, solventes
- Alteraciones quimicas de los minerales (Sonnenbrand)
- Crecimiento de plantas (algas, hierbas etc.)

3 OXIDACION DE BITUMINA EN MEZCLAS ASFALTICAS

Bitumen es el producto final de la destilacion del crudo y es usado como ligante en mezclas asfalticas.

La perdida de penetracion (endurecimiento) causada por los diferentes procesos de produccion transporte y puesta han de ser considerada ya desde el principio y manterla al minimo posible.

Las diferentes perdidas se listan abajo y pueden servir como guion y ejemplo:

	Penetración (1/10 mm)
Bitumen tipo B 50/70 en rafineria	60
Oxidacion durante el transporte y almacenamiento −5	55
Oxidacion durante el proceso de produccion de la mezcla −20	35
Oxidacion en el silo de almacenamiento −2	33
Oxidacion durante el transporte y puesta en obra −5	28
Oxidacion durante la vida de la pantalla (rayos UV) −3−8	25.20

En el ejemplo se puede ver que las mayores perdidas en la penetracion del betun se producen durante el proceso de fabricacion (−20) y se hace necesario observar estrictamente las temperaturas durante el mismo.

La **oxidacion** durante el tiempo de vida de la pantalla se define tambien como **envejecemiento** del asfalto. La radiacion ultravioleta afecta diariamente a la pantalla y activa la oxidacion (endurecimiento) de la superficie del asfalto. Por este motivo las pantallas asfalticas usualmente reciben una capa de proteccion y de desgaste formada por un mastic que se aplica en caliento o en frio.

La capa de mastic al sufrir directamente la radiacion solar alcanza una vida media de aproximadamente 15 unos años, bajo de la superficie del agua 20–30 años.

La capa de mastic debe ser renovada periodicamente.

4 CAPAS ASFALTICAS DE UNA PANTALLA SUPERFICIAL

Basicamente se dividen en cuatro capas diferentes:

4.1 Capa impermeable de hormigon asfaltico

(elemento impermeable) contenido de huecos £ 3%.

4.2 Capa de binder

(subbase para capa impermeable, da estabilidad y ventilacion, sirve de transicion y nivelacion) contenido de huecos >8%, valor k Darcy = 10 − 3 hasta 10 − 4 cm/s.

4.3 Capa de drenaje

(sirve de avenamiento y control de filtraciones) contenido de huecos 18 hasta 25%, valor k Darcy = 10 − 1 cm/s hasta 10 − 3 cm/s.

4.4 Capa de Mastic

(sirve de proteccion y desgaste, para sellar rugosidades y poros superficiales). No tiene funcion impermeable.

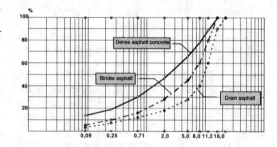

Figure 1. Curvas de granulometria para hormigon asfaltico, binder y drenaje.

En obras hidraulicas con asfalto el criterio mas importante de impermeabilidad es el contenido de huecos. Las composiciones de las mezclas se realizan segun los requerimientos de las capas deseadas.

5 SISTEMAS

La combinacion tipica de una pantalla asfaltica depende del perfil de riesgo del proyecto.

5.1 *Pantallas asfalticas controladas*

(Tipo sandwich) para obras en zonas densamente pobladas, con cimentaciones dificiles, en regiones sismicas o donde se exija un sitemas de control.

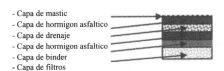

- Capa de mastic
- Capa de hormigon asfaltico
- Capa de drenaje
- Capa de hormigon asfaltico
- Capa de binder
- Capa de filtros

5.2 *Pantallas asfalticas sin control*

Para obras de poco riesgo (depositos de compensacion, presas pequeñas con bajo riesgo de erosion intena).

- Capa de mastic
- Capa de hormigon asfaltico
- Capa de binder
- Capa de filtros

El tipo de pantalla elegido tiene que unirse a las obras de fabrica a fin de producir una impermeabilidad continua desde la cortina de injecciones, atraves de la galeria o plinton y la pantalla asfaltica hasta la coronacion de la presa.

La seleccion qualitativa de los materiales de base, la composicion de la mezcla y su comprobacion en las **pruebas de aptitud** en el laboratorio, el control de calidad en obra con un sistema rigido y competente, **la adecuada maquinaria y personal qualificado**, son las condiciones fundamentales para un trabajo irreprochable.

Hasta finales de los años 80 las capas impermeables cuyos espesores superaban los 5 cm se han construido en dos fases, generalmente $2 \times 3{,}50$ cm; 2×4 cm y $2 \times 5{,}0$ cm ya que espesores mayores no eran posibles con la maquinaria hasta entonces a disposicion.

Este metodo de construccion del pasado ha sido causa de daños inducidos por ampollas y fisuras que se origina al quedar agua o aire atrapado entre las capas impermeables.

Hoy dia, al mejorarse la maquinaria de colocacion y compactacion, se pueden construir capas de hasta 10 cm de espesor en una pasada.

Las capas con mayor espesor mantienen las temperaturas durante mas tiempo mejorando el proceso de compactacion. Actualmente se construyen casi exclusivamente monocapas con espesores entre 6 y 10 cms.

El tamaño maximo de aridos y las composiciones de las mezclas han de ser elejidas en correlacion con los correspondientemente espesores.

6 MEDIDAS DE VIGILANCIA DE UN SISTEMA DE IMPERMEABILISACION BITUMINOSA

6.1 *Pantallas con sistema controlado*

6.1.1 *Control de filtraciones*
Control de filtraciones en galerias o tubos de control y su evaluacion estadistica en comparacion con curvas de nivel del pantano, de las precipitaciones etc.

Comprobacion y analysis del origen del agua (filtraciones en drenajes de la pantalla o filtraciones de eventuales fuentes en los estribos).

6.1.2 *Mediciones de piezometros*
Mediciones de piezometros y su evaluacion estadistica en comparacion con curvas de nivel del pantano, de las precipitaciones etc.

6.1.3 *Medicion de deformaciones*
Medicion de deformaciones con inclinometros y su evaluacion estadistica en comparacion con curvas de nivel del pantano y calculos con elementos finitos.

Todas las mediciones se hacen en el sitio donde se producen o son transmitidas automaticamente a una central.

6.1.4 *Vigilancia topografica*
Vigilancia topografica mediante puntos trigonometricos y su evaluacion estadistica en comparacion con curvas de nivel del pantano y calculos con elementos finitos.

6.1.5 *Inspecciones periodicas de la presa aguas arriba con*
Inspecciones periodicas de la presa aguas arriba con expertos, preferentemente en epocas de embalse vacio, eventualmente con ayuda submarina de buzos.

Los puntos de conexion entre un medio y el siguiente (cajetines de bloques de hormigon, juntas de cobre en lugares de posibles asentamientos, relleno de juntas horizontales e inclinadas) estos son puntos criticos en el sistema de impermeabilizacion y hay que observarlos cuidadosamente.

El estado de la capa del mastic en la pantalla y el comportamiento de las juntas entre franjas necesitan atencion especial.

6.1.6 Inspecciones periodicas de la presa aguas abajo

Inspecciones periodicas de la presa aguas abajo con expertos posiblemente en epocas de embalse lleno.

6.2 Pantallas con sistema incontrolado

6.2.1 Control de filtraciones

Control de filtraciones, si existiese alguna posibilidad y su evaluacion estadistica en comparacion con curvas de nivel del pantano, de las precipitaciones etc.

Comprobacion y analisis de origen del agua (filtraciones en drenajes de la pantalla o filtraciones de eventuales fuentes en los estribos).

6.2.2 Mediciones de piezometros

Mediciones de piezometros si existe posibilidad siquiera y su evaluacion estadistica en comparacion con curvas de nivel del pantano, de las precipitaciones etc.

6.2.3 Medicion de deformaciones

Medicion de deformaciones con inclinometros si existe posibilidad siquiera y su evaluacion estadistica en comparacion con curvas de nivel del pantano y calculos elementos finitos.

Todas las mediciones se hacen en el sitio donde se producen o son transmitidos automaticamente a una central.

6.2.4 Vigilancia topografica

Vigilancia topografica mediante puntos trigonometricos y su evaluacion estadistica en comparacion con curvas de nivel del pantano y calculos elementos finitos.

6.2.5 Inspecciones periodicas de la presa aguas arriba

Inspecciones periodicas de la presa aguas arriba con expertos, posiblemente en epocas de embalse vacio, eventualmente con ayuda submarina de buzos. (comentarios vease arriba)

6.2.6 Inspecciones periodicas de la presa aguas abajo

Inspecciones periodicas de la presa aguas abajo con expertos posiblemente en epocas de embalse lleno.

7 DAÑOS EN PANTALLAS ASFALTICAS

7.1 Flujo del mastic

Flujo del mastic fenomeno que indica estabilidad insuficiente (valor de anillo y bola muy bajo) o espesores gruesos del material.

7.2 Pinturas de aluminio

Pinturas de aluminio no mejoran esta situacion. Su efecto es minimal y se pierde a causa de sedimentos de polvo o fango.

7.3 Sistemas de riego

Sistemas de riego para bajar temperaturas ambientales no son necesarias con composicion correcta de las mezclas.

7.4 Piel de elefante del mastic

Piel de elefante del mastic se produce por contracciones. El aspecto es superficial pero sin efecto técnico.

7.5 Sedimentos de fango

Sedimentos de fango pueden causar fisuras por tensiones que se transmiten con el tiempo al mastic y al hormigon asfaltico de la pantalla.

7.6 Derrame de masilla de juntas

Derrame de masilla de juntas en:

– Juntas horizontales
– Juntas inclinadas
– La perdida de la masilla en las juntas puede causar vias de entrada de agua y provocar daños.

7.7 Juntas cubiertas

Juntas cubiertas (con laminas pegadas) en muchas ocasiones engañan del estado real de una junta y hay que evitarlos.

7.8 Juntas entre bandas del asfalto

7.8.1 Juntas frias
Juntas frias horizontales y verticales

7.8.2 Juntas calientes
Juntas calientes horizontales y verticales.

Se pueden pronunciar por zonas asperas y aparecer despues de muchos cambios de carga (p.e. en depositos de bombeo) o ser causa de una preparacion insuficiente de la junta durante su construccion.

7.9 Formacion de grietas

7.9.1 Compactacion
Grietas causadas por compactacion.

7.9.2 Fuerzas cortantes o deslizamientos
Grietas causadas por fuerzas cortantes o deslizamientos.

7.9.3 Ondulaciones

Eventualmente acompanado con formacion de ondulaciones pueden tener su origen en mezclas sobrante de betun o capas de riego excesivo.

7.9.4 Endurecimiento

Grietas por endurecimiento (perdida de flexibilidad) se forman sin presencia de la capa de proteccion de mastic.

7.9.5 Ampollas

Grietas formadas por ampollas.

7.9.6 Juntas

Grietas en juntas.

Entrada de agua puede provocar daños.

7.10 Formacion de ampollas

7.10.1 Ampollas de gran tamano

Formacion de ampollas de gran tamano. Se producen por malfuncionamiento del filtro.(Subpresiones de agua o presion atmosferica).

7.10.2 Agua y entre dos capas impermeables

Ampollas producidas por agua filtrada entre dos capas impermeables. Estas ampollas pueden caminar.

7.10.3 Vaporizacion

Ampollas producidas por vaporizacion de agua, aceites o grasas que quedan encerradas en la capa impermeable durante la construccion.

7.10.4 Estranas

Ampollas producidas por materiales estranas, (Sonnenbrand, maderas, aluminat).

7.10.5 Hinchamiento

Ampollas de hinchamiento (arcillas, aridos blandos, aridos machacados) Entrada de agua puede provocar danos.

7.11 Aumento inconstante de aguas de filtraciones medido en puntos de control y piezometros

7.11.1 Asientos con rotura de la pantalla

Asientos con rotura de la pantalla (esto sobre todo en lugares como tomas de agua, aliviaderos, camaras de valvulas etc. y en caso de un embalse rapido del deposito.

7.11.2 Depresiones en la pantalla

Depresiones en la pantalla indican asentamientos en el subsuelo causados por erosion.

7.11.3 Levantamiento o cortura en conexiones

Levantamiento o cortura en conexiones con formacion de ampollas indican subpresiones actuando desde abajo.

7.12 Sedimentos

Sedimentos en depositos lleva a una reduccion considerable de la capacidad del embalse.

8 MANTENEMIENTO Y CONSERVACION DE IMPERMEABILIZACIONES ASFALTICAS

8.1 Primer embalse

Al finalisarse los trabajos y durante la puesta en servicio del proyecto, el primer embalse tendra que ser realizado lentamente para permitir al cuerpo de la presa y a la pantalla adptarse a las deformaciones iniciales. Es recomendable el establecimiento de un plan del primer embalse.

No se deben superar velocidades de aumento del nivel de agua entre 1 y 2 m/dia. En el caso de grandes depositos con afluencia uniforme y natural no suele presentar problemas, mientras en el caso de afluentes irregulares y depositos de bombeo hay que poner especial atencion en conseguir un ritmo lento del primer embalse.

8.2 Inspecciones por el vigilante de la presa

El personal encargado tendra que ser instruido de forma que sea capaz de juzgar el estado de la pantalla y evaluar los eventuales pequeños daños y su saneamiento con propios medios como p.e.:

– flujo del mastic
– cambio en el estado de las juntas
– filtraciones
– aparicion de ampollas y fiduras
– crecemiento de plantas

En caso de dudas es aconsejable consultar a un experto en la materia.

8.3. Inspecciones periodicas de rutina

Tendrian que ser realizadas **anualmente**. En esta ocasion todos los datos estadisticos de mediciones de los diferentes instrumentos tienen que ser analizados e interpretados.

Hay que perseguir la inspeccion detallada, preferiblemente de toda la superficie. Acompañamiento de un experto en la materia es recomendable.

Eventuales abnormalidades o danos pequeños tienen que ser documentados y remediados en breve.

8.4 Inspeccion grande

Despues de transcurrir aprox. 15–20 anos, la capa de proteccion de mastic, que en su mayor parte del tiempo esta expuesta al aire, habra desaparecido. Esto significa que el elemento de impermeabilizacion esta desnudo y expuesto a la radiacion solar que provoca un endurecimiento del mismo. Los microporos del hormigon asfaltico de la pantalla sufren la intemperie (efectos del sol, viento, lluvia, helada, rocio, hielo etc.).

Este proceso normalmente lleva parejo el desgaste y endurecimiento del las juntas entre bandas asfalticas, en las juntas de conexion (bordillo,estribos) permitiendo que aguas de lluvia o del embalse se pueden filtrar causando daños que en el caso de penetrar al interior o entre dos capas acelera el grado de deterioro.

Las plantas asentadas rompen y levantan la pantalla, al igual que los sedimentos finos depositados en la superficie que por contractacion agrietan y levantan. Caso de haber conexion entre las capas las heladas y placas de hielo acarrean los mismos daños pero mas rapidamente.

Sedimentos de fangos y arenas (especialmente en depositos de compensacion y de bombeo) reducen considerablemente la capacidad del embalse y tendran que ser eliminado.

8.5 *Medidas a tomar*

Hay que elaborar una lista de inventario de los daños (Estado de l mastic, juntas,conecciones, formacion de grietas, ampollas) y valorar el estado de la capa asfaltica. Por medio de taladros (testigos) se comprueba el estado del sistema, la conexion entre las diferentes capas y la profundidad de los danos. Mediante analisis en el laboratorio se puede evaluar el grado de oxidacion y fragilidad del ligante.

8.6 *Analisis spectrales*

Son validos para conocer el grado de oxidacion del mastic. (Hay que tomar y guardar muestras de reserva para su comparacion con el estado actual). Una evaluacion del alcance de los trabajos es necesario.

8.7 *Planificacion de las medidas de mantenemiento*

En base a las medidas a tomar hay que elaborar un plan de actividades de trabajos en colaboracion con todos los responsables de explotacion y beneficiarios del proyecto. Se deben establecer planos alternativos para cada instalacion (sistemas de aguas potable e industrial, suministro de energia en caso de centrales electricas, alternativas de trafico en canales de navegacion, compatibilidad medioambiental en zonas de recreo, emisiones y eliminacion de materiales nocivos).

8.8 *Coordinación*

Coordinación con otros trabajos de rehabilitacion es recomendable para minimar tiempos de parada del sistema. Los trabajos hay que planificar de acuerdo con el grado de degradacion de la pantalla.

9 MEDIDAS DE REHABILITACION

9.1 *Medidas normales en caso de buen estado de la pantalla*

9.1.1 *Retirada de protecciones*
Retirada de protecciones, vallados y eventualmente rompeolas. Es recomendable ya durante la fase del proyecto prever *elementos prefabricados y desmontables* para facilitar su dislocacion.

9.1.2 *Quitar sedimentos*
Eventualmente quitar sedimentos.

9.1.3 *Limpieza*
Limpieza de la superficie con agua de alta presion.

9.1.4 *Capa nueva de mastic*
Aplicacion de una capa nueva de mastic.

1. Mastic caliente
2. Mastic frio

9.1.5 *Trabajos complementarios*
Trabajos complementarios como p.e. relleno de juntas del bordillo y estribos.

9.2 *Medidas en caso de buen estado de la pantalla con daños pequeños*

9.2.1 *Retirada de protecciones*
Retirada de protecciones, vallados y eventualmente rompeolas. (vease arriba)

9.2.2 *Quitar sedimentos*
Eventualmente quitar sedimentos.

9.2.3 *Limpieza*
Limpieza de la superficie con agua de alta presion.

9.2.4 *Correccion*
Correccion de pequenas *zonas dañadas* (ampollas, grietas, filtraciones) con martillo pneumatico

9.2.5 *Hormigon asfaltico fresco*
Colocacion de hormigon asfaltico fresco con maquinaria manual.

9.2.6 *Trabajos complementarios*
Trabajos complementarios como p.e. relleno de juntas del bordillo y estribos.

9.2.7 *Capa nueva de mastic*
Aplicacion de una capa nueva de mastic

1. Mastic caliente
2. Mastic frio

9.3 Medidas en caso de mal estado de la pantalla

9.3.1 Retirada de protecciones
Retirada de protecciones, vallados y eventualmente rompeolas. (vease arriba).

9.3.2 Quitar sedimentos
Eventualmente quitar sedimentos.

9.3.3 Zonas dañadas
Correccion de pequenas zonas dañadas (ampollas, grietas, filtraciones) con martillo pneumatico.

9.3.4 Fresar
Fresar zonas danadas (juntas, zonas locales) y transportar material al deposito.

9.3.5 Limpieza
Limpieza de las zonas fresadas.

9.3.6 Limpieza
Limpieza de la superficie con agua de alta presion.

9.3.7 Hormigon asfaltico
Colocacion de hormigon asfaltico *fresco* con maquinaria.

9.3.8 Trabajos complementarios
Trabajos complementarios como p.e. relleno de juntas del bordillo y estribos.

9.3.9 Capa nueva de mastic
Aplicacion de una capa nueva de mastic

1. Mastic caliente
2. Mastic frio

9.4 Medidas en caso de muy mal estado de la pantalla

9.4.1 Retirada de protecciones
Retirada de protecciones, vallados y eventualmente rompeolas. (vease arriba).

9.4.2 Quitar sedimentos
Eventualmente quitar sedimentos.

9.4.3 Fresar superficie completa
Fresar superficie completa y transportar material al deposito. (Reciclaje del asfalto posible).

9.4.4 Limpieza
Limpieza de la zona fresada.

9.4.5 Capa nueva hormigon asfaltico
Colocacion capa nueva hormigon asfaltico con material asfaltico fresco con maquinaria.

9.4.6 Trabajos de complementarios
Trabajos de complementarios como p.e. relleno de juntas del bordillo y estribos.

9.4.7 Capa nueva de mastic
Aplicacion de una capa nueva de mastic

1. Mastic caliente
2. Mastic frio

Es facilmente comprensible que la vigilancia constante de una pantalla asfaltica y el saneamiento de los pequenos desperfectos con medios propios y gastos minimos evita daños mayores de costes considerables.

10. COSTOS INDICATIVOS DE REHABILITACION DE PANTALLAS ASFÁLTICAS

(sin gastos de instalaciones y retirada de sedimentos) Naturalmente los costos dependen del tamano de la pantalla.

10.1 Medidas normales en caso de buen estado de la pantalla
7–10 Euro/m^2.

10.2 Medidas en caso de buen estado de la pantalla con danos pequenos
10–12 Euro/m^2.

10.3 Medidas en caso de mal estado de la pantalla
35–50 Euro/m^2.

10.4 Medidas en caso de muy mal estado de la pantalla
70–100 Euro/m^2.

11 REHABILITACION DE CANALES CON PANTALLAS DE HORMIGON

11.1 Canales de agua para centrales electricas, riego y navegacion

En la primera mitad del siglo pasado se han construido con pantallas de hormigon. Estos canales en muchos casos presentan danos de:

1. Daños de desgregacion
2. Daños en las juntas
3. Daños de asentamientos y rotura
4. daños causados por vegetacion

Su capacidad hidraulica queda muy reducida a causa de factores de rugosidad muy altos Danos por filtraciones y erosion presentan un potencial considerable, sobretodo en trazas de canales construidas en terraplen.

En muchas ocasiones pantallas de hormigon se han sustituidos por canales revestidos con pantallas asfalticas sin juntas. Depende del estado de degradacion de la pantalla de hormigon se escoda la misma con ranuras o se demola completamente y coloca una pantalla asfaltica nueva.

Los valores favorables de rugosidad de una pantalla asfaltica sellada con mastic aumentan la capacidad de transporte del canal aunque el perfil hidraulico sea reducido.

Los costes de rehabilitacion son similares a los de una pantalla asfaltica en muy mal estado, el sistemas de drenaje y suporte deben de considerarse aparte.

La construccion tipica de una pantalla asfaltica sobre un canal de hormigon es:

Se coloca normalmente con sistema horizontal y sin juntas con extendedora tipo puente.

12 NÚCLEOS ASFALTICOS, IMPERMEABILIZACIONES SISTEMAS INTERIORES

Este tipo de impermeabilizacion no esta expuesto a la intemperies y no sufre los desgastes de una pantalla exterior y esta colocada en el centro de un cuerpo de escollera. Se puede construir con y sin sistemas de control (galeria, plinton) El nucleo asfaltico es estable

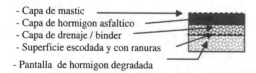

- Capa de mastic
- Capa de hormigon asfaltico
- Capa de drenaje / binder
- Superficie escodada y con ranuras
- Pantalla de hormigon degradada

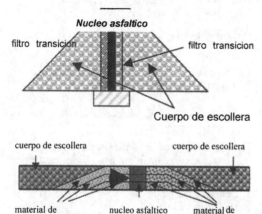

Nucleo asfaltico

filtro transicion   filtro transicion

Cuerpo de escollera

cuerpo de escollera   cuerpo de escollera

material de   nucleo asfaltico   material de
transicion/ filtro fino   transicion/
          filtro fino

contra erosion y de uso inmediato. Un embalse parcial durante la construccion de la presa es posible.

El nucleo asfaltico esta construido en tongadas de 20 cms conjuntamente con sus filtros laterales. Sigue el ritmo de la escollera. La zona de filtros y transicion aguas arriba puede estar compuestas con mas finos que las de aguas abajo.

La impermeabilizacion bituminosa tipo nucleo debe ser dimensionada no solamente segun los criterios de impermeabilidad y flexibilidad sino tambiem segun su comportamiento dentro del cuerpo de la presa y tiene que estar en equilibrio con los cuerpos de soporte.

El nucleo asfaltico practicamente no necesita mantenemiento, no es posible su inspeccion posterior. Instrumentos de auscultacion para seguir empuje de tierras y deformaciones son necesarios.

Aunque no se conocen danos en nucleos asfalticos, eventuales filtraciones se sanean por si mismo (finos del filtro aguas arriba) o por inyeciones de la zona de transicion aguas arriba.

Se han comprobado en el laboratorio, que probetas de nucleos asfalticos de ensayos de corte, bajo la presion del interior de la presa, se sanean y son impermeables (terremoto).

13 REHABILITACION DE PRESAS MACIZAS

Una forma especial de rehabilitacion de presas macizas es la construccion de un nucleo asfaltico anclado delante de la presa antigua. En este caso despues de la limpieza del muro antiguo y del saneamiento del fondo se coloca la impermeabilizacion asfaltica delante del muro existente.

La impermeabilizacion esta soportada por medio de una pared de elementos de hormigon prefabricados y anclados. Hay que analizar minusciosamente el comportamiento de deformacion de la impermeabilizacion asfaltica, sobretodo alrededor de los anclajes.

14 RECRECEMIENTO DE PRESAS EXISTENTES CON PANTALLAS ASFALTICAS

Son posibles los siguientes sistemas de un recrecemiento.

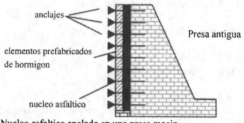

anclajes

Presa antigua

elementos prefabricados
de hormigon

nucleo asfaltico

Nucleo asfaltico anclado en una presa maciz

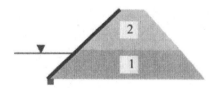

Recrecemiento presa materiales sueltos
en fases con pantalla asfaltica

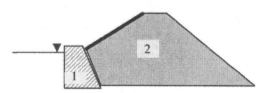

Recrecemiento presa maciza con cuerpo
de escollera aguas abajo y pantalla asfaltica

Recrecemiento presa con nucleo asfaltico
mediante blanket bituminoso con nucleo asfaltico nuevo

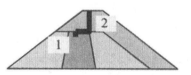

Reccrecemiento presa con nucleo de arcilla
mediante blanket bituminoso con nucleo de hormigon

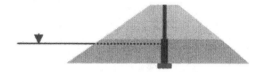

Recrecemiento nucleo asfaltico con nucleo asfaltico

14.1 *Cuerpo de la presa con area de fundacion estrecha*

– En este caso se trata normalmente de recrecer una presa existente antigua.
– Se forma la parte de escollera aguas abajo mas recrecimiento y se une al sistema de la pantalla asfaltica con sus filtros y sistemas de control.

– Es recomendable de construir la coneccion entre las diferentes capas con solape y reforzamiento.
– Recrecemiento de una presa materiales sueltos con pantalla asfaltica mediante relleno de la parte aguas abajo.

14.2. *Cuerpo de la presa con area de fundacion ancha y presas macizas*

– En este caso se trata normalmente de presas altas construidas en varias fases y donde se obtienen un beneficio parcial durante elprogreso de la obra
– La coneccion de la pantalla asfaltica es como descrito anteriormente.

15 RECRECEMIENTO DE PRESAS EXISTENTES DE NUCLEOS ASFALTICOS Y DE ARCILLA

15.1. *Cuerpo de la presa con area de fundacion estrecha*

En caso de los sistemas de nucleos interiores se une la estructura del nucleo antiguo mediante un blanket asfaltico con el nucleo asfaltico nuevo. Las capas de filtros y control se unen correspondientemente.

15.2. *Cuerpo de la presa con area de fundacion ancha*

En este caso se trata normalmente de presas altas construidas en varias fases y donde se obtienen un beneficio parcial durante el progreso de la obra.

Se prolonga el nucleo asfaltico con todas sus capas de filtros y drenaje. Una reduccion del espesor del nucleo en funcion a su altura es posible.

Dam Maintenance and Rehabilitation, Llanos et al. (eds)
© 2003 Taylor & Francis, ISBN 90 5809 534 7

Problemas expansivos en el hormigón: Detección y tratamiento

R. Del Hoyo
Dr. Ingeniero de Caminos, Soluziona Ingeniería, Universidad de La Coruña, Comité Español de Grandes Presas, España

J. Baztán
Ingeniero de Caminos, Soluziona Ingeniería, Comité Español de Grandes Presas, España

J.M. Alonso
Ingeniero de Caminos, Soluziona Ingeniería, España

RESUMEN: En algunas presas de hormigón, principalmente en aquellas que se han construido antes de que la adición de cenizas volantes fuera una técnica habitual, se han presentado problemas expansivos debidos a diversas causas, tales como reaccciones alcali-silice y otras. La aparición de este fenómeno expansivo se detecta por un comportamiento anómalo de algunos dispositivos de auscultación (péndulos, extensómetros y nivelaciones) y una vez detectado, es conveniente reforzar la vigilancia de la presa incrementando las inspecciones visuales e instalando los equipos de auscultación precisos que permitan controlar más detalladamente la evaluación del fenómeno expansivo, tales como extensómetros de invar, bimetálicos, además de en algunos casos, extensómetros elásticos. Con toda la información facilitada por estos equipos se puede evaluar la tasa anual de expansión y estimar su influencia sobre la seguridad de la presa, así como facilitar información sobre las medidas correctoras a adoptar y la evaluación de su efectividad.

INTRODUCCIÓN

Para conocer qué factores afectan de forma fundamental a la vida de las presas se han desarrollado por la Comisión Internacional de Grandes Presas (ICOLD) varios estudios en los que se analizan los distintos accidentes que se han producido a lo largo de la historia. De este análisis se han podido obtener unas consideraciones altamente instructivas, que se resumen a continuación:

- La mayor parte de los fallos en presas se producen en sus primeros años de vida y una gran mayoría en el 1er llenado.
- El porcentaje de fallos de presas relativamente recientes es notablemente inferior al de presas antiguas (cosa lógica que indica un avance en el conocimiento humano).
- En las presas de hormigón la causa más común de fallos está relacionada con la cimentación.
- En presas de materiales sueltos o mampostería la causa más frecuente de fallos es el vertido por coronación.

Las causas que pueden producir problemas relacionados con la seguridad de la presa pueden provenir de criterios de proyecto inadecuados, en lo que a consideración de las acciones se refiere. Así, el valor adoptado para la avenida de proyecto ha evolucionado notablemente, en el sentido de que en muchas presas antiguas se había infravalorado esta avenida. Otro tipo de problemas que afectan a la seguridad, aplicable a todo tipo de presas, son los derivados de un reconocimiento incompleto de la cimentación.

Entre las presas de fábrica, un problema que desde hace años está poniéndose en evidencia es el envejecimiento de los hormigones, manifestándose por fisuras, variaciones volumétricas, cambios de permeabilidad, etc.

La expansión del hormigón por reacciones tipo álcali-sílice o similares que provocan la aparición de geles con gran capacidad de absorber agua, y por tanto aumentar de volumen, o por reacciones con sulfuros que evolucionan a sulfatos, entre otras, son problemas cada vez más frecuentes en presas con más de treinta años en servicio.

Debe considerarse que la fisuración del hormigón sea cual fuese la causa inicial, además de afectar a sus características mecánicas, facilita la entrada de agua, con lo que los problemas de alteración, quizás por otras causas distintas de las que provocaron la fisuración inicial, pueden verse notablemente aumentados.

La gestión de la vida de una presa, o, como suele denominarse generalmente, su explotación, incluye el conjunto de operaciones y actuaciones necesarias para que la presa cumpla la finalidad para la que se ha construido, obteniendo el máximo rendimiento y rentabilidad de la inversión realizada, pero siempre garantizando la seguridad de las obras que la integran, y de las personas y bienes que pudiesen resultar afectados por un eventual fallo o mal funcionamiento de las mismas, es decir, garantizando tanto su seguridad estructural como funcional. Entre las actuaciones incluidas en la explotación de una presa, la vigilancia y auscultación ocupan un lugar importante.

VIGILANCIA Y AUSCULTACIÓN

Como se dice en el Boletín n° 59 de ICOLD "Seguridad de Presas. Recomendaciones" la mayoría de las presas que han sufrido accidentes no disponían de sistemas de vigilancia o alarma, es decir, dispositivos de auscultación, o de tenerlos, se encontraban fuera de servicio. Por lo general el fallo de una presa es un proceso complejo que se inicia con alguna anormalidad de funcionamiento, cuyos síntomas siguientes, en general no observados cuando se ha desarrollado la avería, llevan a fallos más graves o al desastre. La inspección y vigilancia de una presa, así como el rápido análisis de los datos que se obtengan de los sistemas de auscultación son una ayuda enorme para su seguridad.

La Vigilancia y Auscultación comprende todas aquellas actuaciones que tienen por objeto conocer en todo momento el comportamiento de la estructura para garantizar su seguridad y detectar, con la mayor anticipación, los posibles defectos o anomalías que puedan presentarse.

Para controlar el comportamiento de la presa se miden unos determinados parámetros, tanto de la propia estructura como de su cimentación, lo que permite comparar sus valores con los previstos en proyecto, ver su evolución en el tiempo, y, en el caso de que haya algún comportamiento anormal, analizarlo, y si fuera necesario, estudiar las medidas correctoras oportunas. También se miden una serie de parámetros ambientales, con objeto de tenerlos en cuenta en la aplicación e interpretación del modelo matemático que simula el comportamiento de la presa.

Además de las mediciones de parámetros que se realizan de una forma periódica y sistemática, adaptados al tipo de presa de que se trata, presas de fábrica o de materiales sueltos, y donde dentro de estos dos grandes grupos, se ajustan a cada tipo en particular (presas con pantalla o núcleo, gravedad o arco, etc.), es fundamental la inspección visual. Esta inspección se realiza recorriendo la presa tanto por su exterior (coronación, pasarelas, accesos y laderas) como por su interior (galerías de visita y de drenaje) y efectuando observaciones detalladas, no solo de la presa sino también de los macizos rocosos sobre los que se apoya. Las fotografías periódicas, realizadas siempre desde los mismos puntos y enfocando a las mismas zonas, permiten detectar por comparación de unas con otras, evoluciones en el tiempo que no siempre serían perceptibles con el archivo de la memoria o anotaciones del observador.

Evidentemente, un sistema de auscultación bien proyectado, y con medidas sistemáticas, con periodicidad variable según la edad y comportamiento de la presa, permite disponer, al cabo de unos años, de gran cantidad de información que requiere un tratamiento informático para que pueda ser útil.

Mediante el análisis sistemático de la evolución de los parámetros se puede detectar la aparición brusca o repentina de algún fallo: por esto, la información facilitada por la auscultación, debe analizarse frecuentemente, por ejemplo cada mes o cuando se observe una variación anormal de alguna de las magnitudes medidas, de las condiciones ambientales o del nivel del embalse y con algo más de detalle, cada año, redactando un informe anual del comportamiento de la estructura.

En la presa también pueden presentarse, durante su explotación, fenómenos de evolución lenta, que, a largo plazo, pueden afectar a la seguridad. Estos fenómenos lentos suelen manifestarse por una evolución irreversible de algunos parámetros; en otros casos por determinadas anomalías, localizadas en inspecciones visuales, como pueden ser la aparición de fisuras, humedades, etc., que varían con el tiempo.

Para detectar estos fenómenos de evolución lenta, es necesario realizar, cada 5 ó 10 años, un análisis del comportamiento de la presa desde su puesta en carga analizando la evolución de los parámetros en el tiempo, comprobando los máximos y mínimos y comparándolos con los determinados en el modelo matemático; efectuando un análisis comparativo de las fotografías a que hemos hecho referencia, estudiando las observaciones registradas en los informes de las inspecciones realizadas, etc.

EXPANSIÓN DEL HORMIGÓN

En varias presas de hormigón, generalmente construidas hace 20 ó 30 años, se han presentado problemas derivados de una expansión del hormigón. Esta expansión suele estar motivada por reacciones del tipo álcali-sílice, en las que en muchos casos tanto la sílice activa como los álcalis proceden de los áridos. En otros casos la expansión es consecuencia de la formación en exceso de etringita, originada por la presencia de sulfatos derivados en ocasiones de sulfuros. A veces se han presentado los dos tipos de reacciones de forma simultánea, o bien con una cierta precedencia en el tiempo de una sobre otra, de tal forma que una de las reacciones puede haber favorecido la actuación de la otra, al abrir caminos de paso a la humedad a través de una fisuración inicial.

La existencia de un fenómeno expansivo en el hormigón de una presa se pone de manifiesto bien a través de la evolución en el tiempo de ciertas magnitudes medidas con los equipos de auscultación, como por ejemplo por desplazamientos irreversibles hacia aguas arriba de los péndulos, elevación sistemática de puntos de coronación, controlados por nivelaciones, o deformaciones irreversibles crecientes medidas con los extensómetros embebidos en el hormigón de la presa.

En otras ocasiones, son las inspecciones visuales las que permiten detectar la aparición de fisuras, por ejemplo, lo que indica que algo anormal está ocurriendo y es el origen de una investigación de su causa, que entre otras pueden ser expansiones del hormigón.

CONTROL DE LA EXPANSIÓN

Cuando se presenta un problema expansivo, es necesario controlar su evolución y valorar la expansión.

Con objeto de controlar la expansión, y teniendo en cuenta que en la dirección vertical es en la que menos coacción hay para la libre dilatación del hormigón las nivelaciones frecuentes, tanto en coronación como en galerías, son una forma barata y fácil de controlar la evolución en el tiempo de la expansión. Es conveniente realizar dos nivelaciones al año, una cuando la presa está más fría, que suele coincidir en nuestras latitudes con los meses de febrero o marzo, y otra cuando está más caliente, que suele ser en septiembre.

Los extensómetros de invar, constituidos por un hilo de invar que se instala aprovechando los pozos de los péndulos, con elementos de medida en las distintas bases del péndulo permiten evaluar la expansión en tramos verticales, entre bases de medida, que suelen coincidir con las galerías horizontales. Estas medidas completan y confirman las de las nivelaciones.

Los extensómetros eléctricos o de cuerda vibrante, embebidos en el hormigón de la presa, si existen, son unos dispositivos muy adecuados para comprobar la existencia y valorar la magnitud de la expansión. Los extensómetros correctores son para este fin excepcionales.

Se puede decir que la instalación de extensómetros en las presas de hormigón, más que para evaluar su estado tensional, tienen una gran utilidad para controlar la evolución volumétrica del hormigón, permitiendo detectar y valorar posibles expansiones o retracciones.

Cuando la presa no dispone de extensómetros, se pueden instalar a posteriori en taladros perforados con este fin.

También se emplean extensómetros bimetálicos, que se pueden colocar en galerías o paramentos accesibles, y que permiten registrar la variación de longitud entre bases de medida de varios metros. Estos extensómetros están constituidos por dos barras o mejor tubos de poco diámetro de metales diferentes, en los que se busca que su coeficiente de dilatación térmica sea distinto, con objeto de poder eliminar el efecto de la temperatura en la longitud de las barras y controlar la evolución en el tiempo de la distancia entre dos bases fijas al hormigón.

MEDIDAS CORRECTORAS ADOPTADAS EN UNA PRESA DE ESCOLLERA CON ALIVIADERO DE HORMIGÓN

La Presa situada en Galicia es de escollera con núcleo de arcilla, de 93 m de altura y 460 m de longitud de coronación. El aliviadero lateral, situado en la margen izquierda, contiguo a la coronación de la presa, es de labio fijo, con reducida lámina vertiente y 130 m de longitud. Dispone de una cubeta de la que parte el canal de descarga a cielo abierto, sobre el que se ha construido un puente para restablecer el camino de coronación de presa.

Este aliviadero constituye realmente una presa de gravedad de unos 20 m de altura máxima, que está provista de una galería situada unos 2 m sobre su cimentación.

En este aliviadero se detectó en los años 70 un problema expansivo, originado probablemente por un ataque de sulfatos procedentes de la oxidación de sulfuros, que dio origen a una primera fisuración que permitió la entrada de agua y el desarrollo posterior de una reacción álcali-sílice.

En la zona afectada por la expansión del aliviadero de la Presa (Fig. 1), se pueden distinguir dos zonas:

Zona A: Constituida por los bloques vertedero.

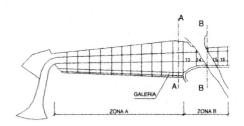

Figura 1. Planta aliviadero.

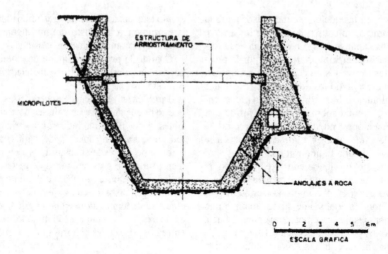

Figura 2.   Arriostramiento del cajero derecho del canal.

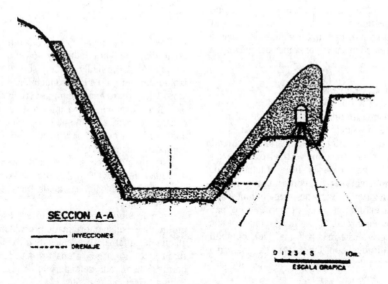

Figura 3.   Secciones del aliviadero con disposicion de taladros de inyeccion.

Zona B: Formada por los bloque situados inmedi-atamente a continuación del vertedero, hacia aguas abajo, que constituyen el cajero derecho del canal y sobre los que se apoya la presa.

Los bloques de la zona B constituyen una de las zonas delicadas de la presa, ya que sobre ellos se apoya el núcleo impermeable y, como es bien sabido, estas zonas de interfase núcleo de arcilla-hormigón son puntos delicados que es necesario cuidar.

Las medidas correctoras que se han tomado, para asegurar en todo momento que la presa en esta zona

del aliviadero tiene el grado de seguridad que le cor-responde, son las siguientes:

- Arriostramiento de los cuatro bloques de la zona B (Fig. 2) mediante una estructura de hormigón armado y anclajes, con la finalidad de garantizar la estabilidad de estos bloques, sobre los que se apoya el núcleo de arcilla.

- Tratamiento de la cimentación a base de inyecciones de cemento y apertura de nuevos drenes (Fig. 3), con objeto de reducir los caudales drenados y las

692

subpresiones y mejorar las características geotécnicas de la roca.

- Impermeabilización de paramentos exteriores y galerías en los cuatro bloques de la zona A que están más próximos a la zona B, así como los de la zona B para evitar la percolación de agua a través del hormigón, con lo cual se esperaba se redujera el fenómeno expansivo. Esta impermeabilización se realizó con láminas adecuadas y se inyectaron las fisuras con resinas.

En relación con estos trabajos, desarrollados a mediados de los ochenta se puede decir:

- La impermeabilización no ha sido efectiva, ya que el fenómeno expansivo continua al mismo ritmo. Es necesario tener en cuenta que la superficie de hormigón no protegida es grande, ya que en la cimentación y en los paramentos en contacto con los materiales de la presa no ha sido posible impermeabilizar.
- Las vigas riostras y anclajes han cumplido su misión asegurando la integridad y evitando movimientos excesivos en la denominada zona B, que podían haber provocado alteraciones en la interfase núcleo arcilloso-muro de hormigón.
- El tratamiento de cimentación se ha mostrado útil, pero ha perdido su eficacia como consecuencia de que las expansiones del hormigón han continuado. Así, al cabo de algunos años, se han vuelto a incrementar los caudales drenados al proseguir los movimientos en cimentación.

A mediados de los años noventa se realizan, además de nuevas inyecciones en cimentación, cuatro cortes en la zona A con sierra de cable de diamante de 13 mm, con objeto de liberar tensiones al dejar espacios para la libre expansión del hormigón. Es evidente que estas juntas o cortes ha sido necesario impermeabilizarlas. Este tratamiento parece estar dando buen resultado y se debe continuar haciendo trabajos periódicos de refuerzos de la estructura del hormigón, con anclajes pasivos que cierren las fisuras que se mueven, inyecciones de resinas, inyecciones en drenes en cimentación y probablemente apertura de nuevas juntas mediante corte de sierra de diamante, si se viera su necesidad. Así se continuaría, con pequeñas inversiones que pueden considerarse gastos de mantenimiento, hasta que se agoten los productos que provocan la expansión, si es que esto ocurre.

CONCLUSIONES

Una vez detectado un problema expansivo en el hormigón de una presa, no siempre es posible adoptar una solución que, siendo económicamente viable, resuelva de una vez por todas el problema.

De todas formas, en muchos casos, con pequeños gastos de mantenimiento realizados de forma periódica, es posible mantener la seguridad estructural y funcional de la presa, eliminando las consecuencias negativas provocadas por un problema, en el caso comentado de expansión del hormigón, cuya causa originaria (reacción álcali-sílice, por ejemplo) no es posible hacerla desaparecer a un coste asequible.

REFERENCIAS

Del Hoyo, R. & Villar. 1985. Reparación del Aliviadero de una presa de materiales sueltos. *1ª jornada española de presas, C.E.G.P. Madrid. Octubre 1985.*

Del Hoyo, R. & Guerreiro, M. Concrete cracking in two Dams. *Q.57.15 Congress ICOLD.*

Del Hoyo, R. 1996. Repair works in two dams with problems of expansion. *The concrete. Symposiums "Repair and upgrading of dams". Stockolm 1996.*

Del Hoyo, R. 1998. Dams agein caused by concrete expansive troubles. *Symposium "New trends in Dam Safety". Barcelona 1998.*

Del Hoyo R., Alonso JM., Velasco J., Losada J., Baztan J., Auscultación de Presas de Hormigón con problemas expansivos. *7ª Jornadas españolas de Presas. C.E.G.P. Zaragoza 2002.*

Dam Maintenance and Rehabilitation, Llanos et al. (eds)
© 2003 Taylor & Francis, ISBN 90 5809 534 7

Rehabilitation of the Sayano-Shushenskaya HPS dam-foundation system

V.I. Bryzgalov
Sayano-Shushenskaya HPS, Cheremushki, Republic of Khakasia, Russia

ABSTRACT: After the Sayano-Shushenskaya dam reservoir impounding, the tension cracks appeared on the upstream face of the dam, and the seal failure of the foundation took place at the base of the upstream face. The seepage through the concrete and the foundation amounted to 520 and 549 l/s, correspondingly. The lack of the bottom outlets impeded to drop down the reservoir level, therefore, the restoration of the impermeability should be carried out by the head more than 200 m. The high rate of leakage did not permit to use traditional mortars for injections. The new repair technology using epoxy grouting was developed. Special attention was paid to the compound composition, control of injection pressure, and injection sequence to avoid inadmissible deformations of the dam body and rock mass. As a result, the seepage through dam's body and rock foundation was decreased up to 99.5% and 78%, correspondingly.

1 INTRODUCTION

The arch-gravity dam of Sayano-Shushenskaya Hydro Power Station (HPS), built on the Yenisei River, is one of the largest in the world. It is 242 m high with 1066 m in crest length, 25 m in crest and 105 m in base width, with the arch radius 600 m. The maximum head is 220 m. The designed total generating capacity is 6400 MW, and production is about 22,800 GWh/year of electric energy.

The problem of the rehabilitation of concrete dams with cracked upstream face is very common in the world practice, especially for concrete dams with heights above than 150–200 m. The empting of reservoirs (removing hydrostatic load) usually preceded the sealing of cracks to unload the structure and to stop the seepage, creating the good conditions for repair works. However, it is not always possible to remove the hydrostatic thrust, and the dam remains with a high stresses and strains. In this case, the rehabilitation of dam is much more difficult, especially taking into account high acting head, speed and amount of seepage in the dam body, that had lost its impermeability. Under such conditions, deterioration of the dam progresses very fast, and the dam can transit from faulty to a non-working state. The danger of such a condition is obvious.

2 REHABILITATION OF CONCRETE DAM

After the impounding of the Sayano-Shushenskaya dam reservoir in 1989, we met with the mentioned above problems. The horizontal tension cracks appeared on the upstream face of the dam, and a high seepage through the concrete dam body amounted to 520 l/s. At the same time the zone of decompression, created in the rock foundation below the upstream face of the dam, exceeded the projected expectations. The seepage through the foundation reached to 549 l/s. The lack of the bottom outlets in the project of the Sayano-Shushenskaya dam impeded to drop down the reservoir level and remove the hydrostatic thrust, the dam passed to a non-working state.

The high rate of leakage did not made possible use of traditional cement or polyurethane mortars for injections, being injected cement and polyurethane were instantly washed out and carried away. The intensive internal errosion of concrete created danger of uncontrollable process.

Some world companies had experience of sealing cracks under seepage in concrete constructions with the help of polymeric materials. But there was no experience of suppression of high seepage rate with the heads more than 200 m.

The rehabilitation of the dam by epoxy polymers could not be applied directly to the Sayano-Shushenskaya dam due to significant differences in the seepage scale and the stress-strain state of the dam. Known existing practical methods needed some revision of the material's properties, the sequence of injections in respect to the pool water level, the development of special technique of control the injection works, and installation of additional monitoring tools at the sites of injection.

It was necessary to create special materials for injections in order to achieve satisfactory results in sealing the cracks under high pressure, speed and seepage rate. In accordance with the demands formulated by the operation services, the material should have the following principal properties: (1) it has not to be washed out by water; (2) it has to have good adhesion with the walls of a crack in water, (3) it has to be deformable during the operation of the dam, (4) it has to provide the compression of the area of cracked concrete, (5) penetrate into tiny cracks with the opening of 0.1 mm, and (6) its polymerization might be performed at a low temperature.

Existing world methods of dam repair with the help of epoxy polymers showed that the influence of the injection on the stress-strain state of a dam in the process of work was not evaluated by the maintenance staff, and the technology of the repair and the material's properties were defined prior to the beginning of the works and were not later corrected. In the case of the Sayano-Shushenskaya dam, the selection of the technology and the properties of the material should be carried out cautiously, since the change in the stress-strain state of the dam was very sensitive to even a slight changes of the external forces: reservoir water level, temperature and grout pressure.

French company "Soletanch", arrived by our invitation, agreed to carry out experimental works concerning the sealing of the cracks in the dam of the Sayano-Shushenskaya HPS. In the result, due to a number of engineering and organizational measures, the operation service of the Sayano-Shushenskaya dam jointly with the engineers of the project Institute "Lenhydroproject" (Saint-Petersburg, Russia) and the specialists of the French company have solved the problem successfully.

First of all, the composition of the epoxy compound "Rodur" was modified, as a result, the composite due to its viscosity and inertia to water provided good penetration into cracks, and ability for fast solidification at low temperature. But this material turned to be very expensive, and later on, a home produced material in accordance with our specification was worked out. The cost of the home-produced material was one-sixth of the previously used composites.

It was obvious for us that the injection of a viscous material under high pressure can affect the stress-strain state of the dam-foundation system. It really happened, and once we had to stop the works in the very beginning, because the monitoring equipment (installed in adjacent sections and even remote) indicated the move of dam sections.

The use of the viscous resin revealed the main problem of the previously existed technology that used a very high injection pressure, up to 40–60 MPa. The injection of the viscous material with such a pressure could cause the opening of the cracks in the second cantilever section and the split of the mass concrete below the crack along the first contraction joint. Therefore, one of the most important problems of the repair was to watch the response of the construction and, depending on it, to provide the regulation of the technological parameters of the injection scheme with subsequent estimation of the state of the construction during and after the repair of each section.

The operation service solved the task by creating a special monitoring system for controlling the construction state. This system included standard installed equipment and additional instruments for the adjustment of the injection parameters. The feedback of the operators with the control service provided the controllability of the technological process. The following data were controlled: the volume and the intensity of the injection, the pressure, the viscosity and the time of the survivability of the compound material, the measured parameters of the dam comportment. During the first stages of works, the estimation and the control of the technology were carried out every 15 minutes. In order to estimate the influence of the process on the construction, a special program of observations was worked out, and some additional measuring instruments were installed.

To prevent the appearance of cracks in concrete and deformations of adjacent areas during injections, some direct and indirect limiting control parameters were proposed by the operation service.

During carrying out the experimental works, it was determined that the admissible area of the influence is about 50–60 m along the front and the height of the dam, the maximum of the additional opening of the cracks being injected should not exceed 1.8–2.7 mm. After the injection some partial closing of cracks (up to 18%) takes place.

As a result of the rehabilitation of concrete, the seepage rate through the first treated zone reduced from 448 l/s to 2.3 l/s (2001), in other words by 99.5%.

3 REHABILITATION OF ROCK FOUNDATION

Attempts of the rock foundation rehabilitation using cement mortars was not successful too, despite of a great amount of the cement used (from 10 t to 100 t per one section). During the regular cycles of drawdown and filling of the reservoir, the redistribution of the seepage rate and even the increase of the seepage took place.

There was no experience in the World of the injection of viscous polymers in the foundation. Our operation services proposed to seal the cracks in the foundation using the technique developed for the injections of the cracked concrete mass of the dam.

In the contact area up to a depth of 10–15 m in the foundation, the seasonal changes of the reservoir water level and the biaxial tension state conditioned the appearance of tensile cracks that formed seepage systems. The contact of the cement stone in the cracks with the rock surface was deteriorated. The upper part of the cement curtain near the dam bottom was destroyed and washed out.

Before the beginning of the works the dam foundation was a dynamical system with constantly changing in volume, depth and front seepage rates.

The greatest seepage was observed in the contact zone, so the injection works were concentrated up to a depth of 20 m from the contact and at a distance of 12–18 m from the upstream face.

The foundation was treated every year, and the process had two stages:

– the first stage was carried out at minimum reservoir water levels, it made it possible to fill the most washed cracks and cavities,
– the second stage was carried out at maximum reservoir water levels when the cracks had the greatest opening.

During the initial period of works, injection pressure was determined. With a pressure of 50–60 MPa, the rise and the inclination of sections, large deformation of the outlines of the galleries were observed. Therefore, a pressures of 15–25 MPa were determined as the operational; at these pressures, the values of settlements, inclinations and opening of joints between sections did not exceed the admitted values.

Observations of cores and the results of measurements by three-base extensometers showed that when the injection was being carried out, the additional opening of cracks took place, as a rule, within the area of 6–10 m from a contact, and the opening was up to 2.6 mm. The maximum elongation of the extensometers caused by injections in the whole treated area at a depth of 20 m from a contact did not exceed 1.6 mm.

The analysis of the results of the study showed that when the injection pressure was specially selected, the opening of cracks due to the influence of injection was 5–10 times less than the value of the opening of cracks due to the rise of the reservoir water level. It is an evidence of the low influence of injections in the foundation on the displacement of the dam, that is in general, the injection did not influence the stress-strain state of the dam-foundation system. After the treatment of the foundation the uplift pressure acting on the bottom of the dam under the upper half of the first cantilever increased, that is evidence of the created impermeable curtain of a polymeric material. The gained experience showed that the changes of the values of inclination, vertical movement, deformation

and seepage rate directly corresponds to the parameters of injections. This fact was used to predict the results of injections at each section of the foundation. Hydraulic tests having been carried out in injection boreholes made it possible to determine the necessary injection volume for each borehole exactly.

The most part of the information about the state of the foundation was got from the thorough analysis of cores and during the hydraulic tests in the boreholes.

The monitoring of deformation of each layer of foundation that was carried out with the help of the three-base extensometers (developed at the HPS) promoted the achievement of measured influence, that did not affect the foundation.

4 CONCLUSION

After a four-year period of the repairs of the foundation, modifying the location of boreholes, the volume of the injection composite, its properties, pressure and injection intensity, the foundation was reinforced well enough. As a result, the seepage rate decreased from 549 l/s to 121 l/s, that is by 78%.

The development of the injection technology of the foundation using viscous polymers and good results of its practical application during the unique repair in the conditions of the complicated stress-strain state of the dam-foundation system made it possible for the Sayano-Shushenskaya HPS to take out the Russian National license: "Method of improvement of the operational properties of hydrotechnical constructions" (Patent No 217801, 27.08.2000).

The result of all the carried out works was the restoration of compression on the upstream face of the dam up to 1.5–3.5 MPa, the increase of inclication of the dam to downstream up to 14 mm, the displacement of the dam sections towards the banks and the compression of abutments, the rank of the seasonal displacements of the dam crest reduced approximately by 10 mm, and the uplift pressure behind the rehabilitated curtain in the contact zone decreased.

These processes resulted on the increase of the total stiffness of the dam-foundation system. The scale of seasonable movements decreased, arch and cantilever stresses near the upstream and downstream faces increased by 1 MPa, and a stiffer response of the construction to the change of the reservoir water level and temperature fluctuations was developed.

The Public Company "Sayano-Shushenskaya HPS", Ltd., collaborates with chief scientific and industrial organizations of Russian Federation, conducts a great deal of research and experimental works.

Dam Maintenance and Rehabilitation, Llanos et al. (eds)
© 2003 Taylor & Francis, ISBN 90 5809 534 7

Experience with subsequently installed drainage systems inside of masonry dams

V. Bettzieche

Ruhr-River-Association, D-45128 Essen, Germany

ABSTRACT: At the beginning of the 20th century many masonry dams with build-in drainage systems were constructed in Germany. Several circumstances caused the malfunction of these systems after more than 60 to 90 years in operation. In 1965 The Ruhr-River-Association started the rehabilitation of these dams by blasting a drainage gallery into the dam of the Lister Reservoir. From 1997 to 1998 the Ennepe Dam was reconstructed by mining the drainage gallery with a tunnel boring machine (TBM). The rehabilitation concept was based upon a detailed feasibility study, applying different numerical simulation methods. The official permission required the proof of the performance of the structure by several measurements. The comparison of the real measurings with the assumptions from the "a-priori"-simulations proves the successful rehabilitation and is a valuable tool for reservoir monitoring in the next years of operation.

1 INTRODUCTION

During the first 20 years of the last century about 30 gravity dams were built in Germany. These structures were designed as so-called "Intze-type" masonry dams with build-in drainage systems but without taking the pore pressure, respectively the uplift into account.

Several circumstances caused the malfunction of these systems after more than 60 to 90 years in operation. The Moehne Dam (40 m high, build in 1913) was damaged in World War II and rapidly rebuild without the drainage system. The Lister Dam (42 m high, build in 1912) was reconstructed because it was included in the new Bigge Reservoir in 1965. The Ennepe Dam (50 m high, build in 1904) had to be rehabilitated because the drainage system was unintentionally filled by injections in the sixties (Fig. 1).

As this rehabilitation concept turned out to be rather cost-efficient the Ruhr-River-Association implemented drainage galleries and drain borings inside of these three masonry dams. These galleries serve as means for the inspection of the condition of the foundation joints, as well as drainage system for increased water pressures.

2 INVESTIGATION OF THE EFFECTS FROM DRAINAGE SYSTEMS AT THE ENNEPE DAM

In June 1997 the 93-year-old Ennepe Dam was taken over by the Ruhrverband (Ruhr River Association), who is responsible for water quality and water resources management in the catchment area of the Ruhr River in the State of Northrhine-Westphalia, Germany since 1913. This association owns and operates 8 reservoirs with a storage capacity of about 470 million m³. The Ennepe Dam has to be adapted to the established technical standards and safety regulations. The construction of a drainage and inspection gallery (Fig. 2) with a Tunnel Boring Machine has been the most spectacular part of the rehabilitation work so far and has been successfully finished in August 1998.

The realisation of the concept "draining the masonry dam" was allowed by the Reservoir Supervision Authority firstly because numerical models had proved the feasibility and secondly under the reservation, that measurements had to prove the success of the rehabilitation.

The most important elements of this concept were:

- the construction of a drainage gallery close to the upstream face at normal reservoir level and
- to drain masonry and bedrock with fans of drainage borings.

The Reservoir Supervision Authority agreed upon the entire rehabilitation concept, under the reservation, that measurements had to prove the success of the rehabilitation (Heitefuss, C. & Rissler, P. 1999).

2.1 A-priori studies of the drainage system

For the optimization of the arrangement of the drainage borings as well as of the planned measuring instruments a three-dimensional flow model was

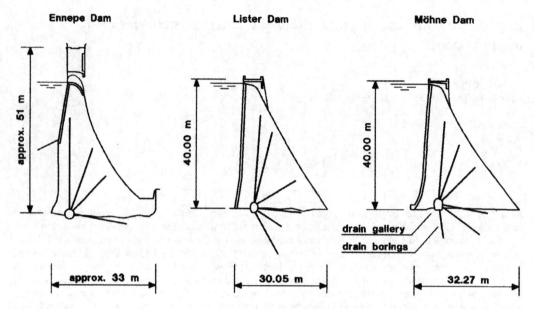

Figure 1.   Masonry dams of the Ruhr-River-Association, rehabilitated with drain systems.

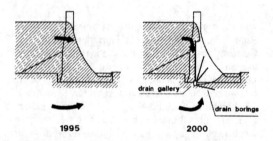

Figure 2.   Realised concept of rehabilitation, using draining at the Ennepe Dam.

provided. This mathematical model computes the potential and pressure distributions in a section of the masonry dam and the bedrock by use of the Finite-Element-Method (FEM).

Two exemplary cross sections were provided as 3D-models. The first cross section represents the situation in the middle of the dam. The inspection gallery is placed half part in the masonry and half in the bedrock.

The second cross section figures the situation where the inspection gallery is placed some meters below the foundation, completely surrounded by the bed rock (this is not shown here).

With both models different distances of the arrangement of the drainage borings were examined on their drainage effect. The drainage is fan-like arranged, by implementing each fan in a cross section. A fan consists of four drillings, which were finally implemented as follows:

- drilling D1, perpendicularly upward (90° to the downstream face), depth: 28 m
- drilling D2, diagonally upward (70° to the downstream face), depth: 20 m
- drilling D3, diagonally upward (45° to the downstream face), depth: 15 m
- drilling D4, diagonally downward (−10° to the downstream face), depth: 17 m.

The drainage effect of this fan was examined with a lateral distance of 3 m and 4 m.

The computed field of pore pressure is shown in Fig. 3. The seepage flow seeps from the upstream face of the dam to the drain gallery and borings. A small portions drips backward from the stilling basin into the masonry.

A free surface is formed below the crest. Nevertheless the quantities of seepage through the masonry are very small, because of the small potential gradient.

A strong potential dismantling takes place between the upstream face and the first drainage. Because of the highly accepted permeability (to be on the safe side) of the intze wedge, the largest quantity of water seeps by this way and through the upper rock layer to the drainages. Between the third drainage and the downstream face an insatiated zone develops. Due to the higher permeability of the upper rock layer, this insatiated zone ranges nearly to the inspection gallery.

Fig. 4 shows the situation of seepage in two horizontal sections. The first section is placed at the middle of the height and cuts the first drain boring. The second

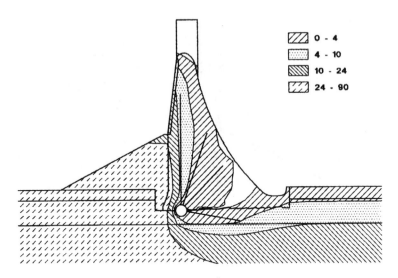

Figure 3. Seepage in a cross section of the Ennepe Dam (water pressure in m).

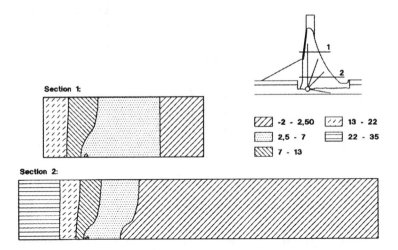

Figure 4. Seepage in two horizontal sections of the cross section model (water pressure in m).

section is placed 10 m above the gallery and cuts all three dam drainages. In both sections the largest potential dismantling takes place in the small range between the upstream face and the layer of the first drain boring. Approximately 3 m behind the drainage layer no more changes of the potential field are noticed.

Fig. 5 represents the differences between the pore pressure in the section of the drainage fan and the section between two fans. At a distance of 1 m from the first drain boring the differences of pore pressure are not more than 1 m, a very fast pressure equalization takes place between the fans from the upstream to the downstream side. This effect was observed with a

distance of 3 m and 4 m between the drainage fans. The differences of pore pressure between this two layouts are shown in Fig. 6.

2.2 Calculation of the stability of the dam

The rehabilitation concept was based upon an a-priori calculation of the effects from the drainage system to the dam stability. On the basis of these simulations the Reservoir Supervision Authority agreed in the concept of rehabilitation in 1998.

Three numerical models, using the Finite-Element-Method (FEM) were used:

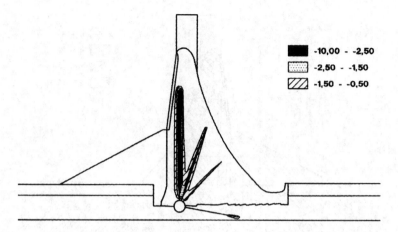

Figure 5.   Differences between the water pressure (in m) in the section of the drainage fan and the section between the fans.

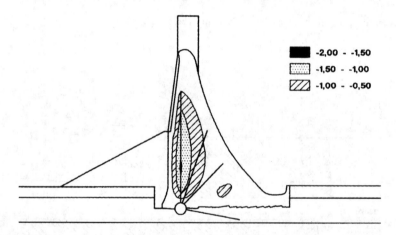

Figure 6.   Differences of water pressure (in m) between the models with 3 m and 4 m distance of the drainage fans.

- a fluid-FEM-model to analyse the seepage inside the dam and the effect of the internal waterforces (see above)
- a FEM-model of temperature flow for the quantification of the influence of the seasonal temperatures and from this resulting the internal stresses in the dam
- a FEM-model of crack propagation to prove the stability and the occurrence of cracks, essentially affected by the stresses, determined by the first two models.

A representative profile of the gravity dam, including the clay, the so called "Intze-wedge", was approximated with a discrete FEM-model. The piezometers were included as nodes of the Finite-Element-Mesh. The permeability of the materials (masonry, clay, rock) were assigned on the basis of hydraulic geological

investigations. Already the following measuring of the seepage-model showed, that the upper rock horizon was more permeable than the masonry. With the help of the calibrated model the seepage-situation for different sea-levels of the reservoir including different flood scenarios could be calculated.

2.3   Rehabilitation of the Ennepe dam

2.3.1   Drainage gallery

The Ruhr River Association suggested the construction of the drainage gallery with a tunnel boring machine (TBM). This construction method was accepted by the Reservoir Supervision Authority. Even though there was no specific experience with the use of a TBM under these conditions, there seemed to be big advantages concerning the quality of the tunnel. The lack of structural disturbance of

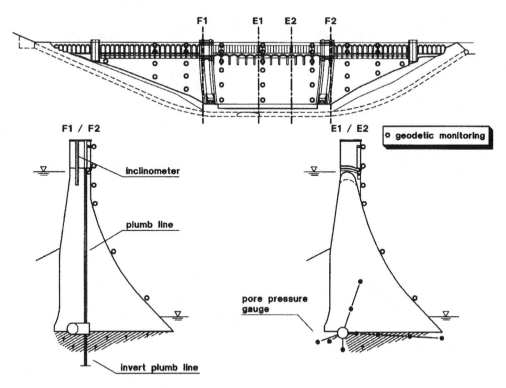

Figure 7. Measuring equipment for the experimental section (incl. geodetic monitoring system).

the bedrock and the masonry surrounding the tunnel opening would make any kind of lining unnecessary, turning the gallery into a large scale drainage boring.

In the beginning there seemed to be some problems associated with the use of a tunnel boring machine,

- the curved axis of the gallery with a radius of 150 m,
- the very steep curve of the gallery at the abutments (30° angle),
- the length of the gallery of only 370 m, being unfavourable for the economical use of a TBM.

This demanded the use of a small and manoeuvrable tunnel boring machine like the Robbins 81-113-2 TBM by the Murer AG from Switzerland. This TBM is equipped with only one pair of grippers. Therefore this TBM is extremely manoeuvrable.

The TBM started on the 24 October 1997 and reached the left end of the gallery on May 14, 1998. Seven weeks later, on August 18, 1998 the TBM appeared at the target shaft at the right abutment. The average rate of advance had been 6.7 m per day, the peak performance was 20 m per day.

It can be stated that the TBM has driven a mostly smooth and circular gallery 90–95% of the gallery can remain unlined with no additional support. In the bottom reach, the upper half of the gallery runs through

the masonry of the dam. Since this part is virtually unlined, the visitor has a remarkable view into the interior of the masonry, which is almost 100 years old.

2.3.2 Dam section for experimental measuring and monitoring

It has been mentioned, that before the execution of final stability calculations the effects of the drainage measures on the pressure conditions inside the dam and the bedrock had to be investigated by experimental measurings in a specific section of the dam. The results of these measurings were supposed to be the basis both for the determination of the distances between the drainage fans and for improved elastic moduli. For this reason a specific section for experimental monitoring with a length of 40 m was laid out in the centre of the dam. After the completion of the gallery this section was equipped with measuring devices, making use of the easy access via the gallery itself.

According to the german Guidelines (DVWK 1991) the following measuring devices have been installed (Fig. 7):

- plumblines, 1 5 50 m (from the crest to the gallery)
- 2 invert plumblines, l = 25 m (in continuation to the plumblines)

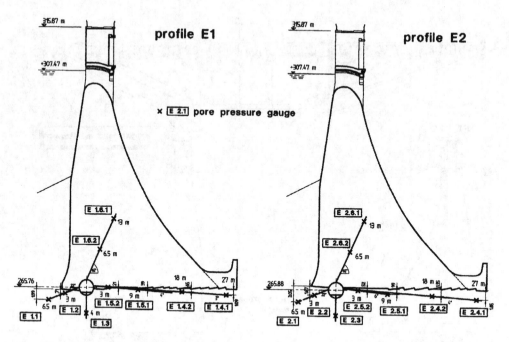

Figure 8.   Measuring sections E1 and E2 with piezometers.

- 2 inclinometers for monitoring of possible movements of the crest.
- 2 measuring sections with 9 piezometers each, in order to monitor the piezometric pressures from the upstream to the downstream face of the dam (Fig. 8).
- 2 measuring sections with 40 temperature gauges together and an additional fibreoptical sensor (Bettzieche, V. 2000b).

Since the Ennepe Dam was supposed to be run without a steady operating crew, all relevant data of the structure are provided for external monitoring via a data transmission system.

2.4   A-posteriori proofing and results

Additionally to the measurements of the described measuring instruments the seepage was measured, which flowed out from each individual drainage drilling.

A comparison of these measurements with the values expected on the basis the seepage model is possible by averaging the measured outflow of the drillings (s. Table 1). The quantities measured at the drainage in the masonry dam are clearly below the predictions of the model, while the quantity of the rock drainage reaches these. Also the values of the surface of the gallery are from same order.

Table 1.   Results of the provisional measurement of the 19 drainages in the centre of the dam, referred to a drainage fan, thus to 4 m length long the gallery.

Seepage	Seepage model (l/min)	Measurement average of drilling (l/min)
Out of the reservoir	11,3	?
Out of the stilling basin	0,3	?
Downstream face	0,2	?
Vertical drains (1)	2,9	0,30
70° drains (2)	0,5	0,01
45° drains (3)	0,1	0,001
Ground drains (4)	0,7	0,04
Surface of the gallery	7,2	3,85

Also the measurements of pore pressure were analysed constantly and verify the success of the rehabilitation:

1. The masonry body of the dam is substantially drier than assumed in the seepage computations and in the structural investigation (Table 1). A considerable pore water pressure does not exist inside the dam. Only the piezometers located at the upstream side show measurable pressures (s. Fig. 9).
2. Under the upstream face of the dam a fast reduction of uplift pressure takes place.

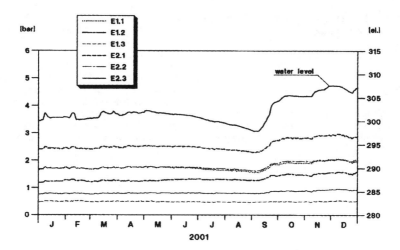

Figure 9. Measurement of pore pressure (only measurable devises plotted).

3. The drainage gallery itself provides an extensive drainage of the dam and bedrock. Together with the permeable upper rock horizon it reduces the sole water pressure and the water pressure in the bedrock.
4. The masonry dam was substantially relieved from the water by the mechanism of drainage curtain.
5. Altogether the measurements corroborate the success of the rehabilitation and the assumption of the uplift at the a-priori calculations.

These results were confirmed also in the further observations. The comparison of the results of measurement with the assumptions of the (a-priori) simulations the success of the rehabilitation of the Ennepe dam and serves as basis of the dam monitoring in the next years of operation.

Table 2. Data of the drainage systems of three masonry dams (s. Figure 1).

	Ennepe dam	Lister dam	Moehne dam
Dam Height	50 m	42 m	40 m
Crest length	320 m	264 m	650 m
Build/Rehabilitation	1904/1997	1912/1965	1913/1976
Number of drain borings/section (body/foundation)	3/1	3/3	3/3
Distance of sections	4 m	3 m	3 m
Diameter of drain borings	101 mm	60 mm	90 mm
Max. length of the vertical drain boring	28 m	30 m	24 m
Cleaning of the drain borings	not yet done	not yet necessary	every second year

3 EXPERIENCES IN MAINTENANCE

As there are no experiences about the maintenance of the new build drainages of the Ennepe Dam, it can only be reported on the drainages of the Lister and Moehne Dam (s.Table 2). These two drainage systems are in operation for more than 25 years. The diameter of the drillings proved as sufficient for control and maintenance purposes.

At the drainage of the Lister Dam no maintenance work has been necessary so far. The drainage borings of the Moehne dam are regularly cleaned every second year with high pressure water jet. The experiences predominantly showed very small incrustations.

4 CONCLUSIONS

Some 100 years old masonry dams had to be adapted to the established technical standards because their drainage systems had failed.

By numeric models the effects of later inserted drainage could be examined and optimized. The rehabilitation of the masonry dams took place via driving of a drainage gallery and bores from drainage. The planar effect of the vertical drain borings was of special importance.

The a-posteriori measurements verified the success of the rehabilitation.

At the Ennepe Dam the numeric simulations and measurements as well as a new procedure for the propulsion of the drainage gallery bisected the costs of rehabilitation of 40 millions EUR to 20 millions EUR.

REFERENCES

Bettzieche, V., et al. 2000a. Simulation of hydrofracturing in masonry dam structures. *XIII International Conference on Computational Methods in Water Resources*. Calgary

Bettzieche, V. 2000b. Temperature Measurement in a Masonry Dam by Means of Fibreoptical Sensors. *Commission Internationale Des Grands Barrages*. Beijing

German Association for Water Resources und Land Improvement (DVWK). 1991. Measuring devices for the check of the stability of gravity dams and embankment dams. *DVWK-Merkblätter zur Wasserwirtschaft (DVWK-Guidelines)*. Volume 222

Heitefuss, C. & Rissler, P. 1999. Upgrading of the Ennepe dam. *Hydropower & Dams Issue Two*. Volume six

Dam Maintenance and Rehabilitation, Llanos et al. (eds)
© 2003 Taylor & Francis, ISBN 90 5809 534 7

Rehabilitation of Matka Dam

J. Ivanova-Davidovic & A. Jovanova
Electric Power Company of Macedonia, Skopje, Macedonia

ABSTRACT: Matka dam is the oldest dam in Macedonia constructed in 1938. The height of this arch dam is 38 meters. There are ten zones of 3,0 m height and the width of each zone is 1,6 m in the lower and 1,0 m in the upper part. The upstream face of the dam has a bitumen layer isolation with a layer of cement and grid reinforcement. During 1990 reconstruction of the sealing layer only on the two upper zones was performed. The present condition of a sealing demands a total reconstruction. The hydroisolation of the upstream face will be performed with system of synthetic geocomposite.

1 INTRODUCTION

Electric Power System of Macedonia with 1441 MW installed capacity in thermal and hydro power plants annually generates 6.500 GWh. At the beginning of the century electricity was mainly used for lighting. Therefore number of small hydro power plants were constructed in different regions of the country supplying the nearest cities with electricity. In 1938 Matka dam and hydro power plant (HPP) were constructed with main purpose, both with small thermal power plant-Disel, to supply electricity for the capital of Macedonia, Skopje. The total capacity of the plants was 5 MW with annual generation of about 30 GWh.

2 MATKA HYDRO POWER PLANT

The plant was built at the very end of the canyon of Treska River, fourteen kilometers west of Skopje. A course of river seven kilometers long is used for head and water storage creation. Here the river course cuts its way through a series of almost vertical geological folds, composed alternatively of clay schist and calcareous schist that ensure a watertightness of the dam and storage foundations.

The total useful head of the plant is 24,50 meters achieved by construction of the dam. The intake, the head race tunnel and the power house are located on the left bank of the river. The overflow combined with the bottom outlet are located on the right river bank. In the power house three vertical Francis turbo-generator sets are installed with nominal discharge of 6,5 m³/s and capacity of 1,3 MW each. Average annual generation of the plant is 25 GWh.

3 MATKA DAM DESCRIPTION

Matka Dam is concrete arch type with constructive height of 38,00 m. Arches are with different radiuses. There are ten zones with 3,00 m height and the width of each zone is 1,60 m at the bottom and 1,00 m at the crest.

The conditions for construction of an arch dam were favourable. The natural section of the canyon formed in crystalline schist (marble) is of V shape, 45,00 meters wide at the level of the dam crest and 38,00 meters high. The sides of the valley are solid enough to receive the resultant forces of water pressure on the arch. The upper 29,50 meters high part of the dam was constructed as an arch while the lower part in the river bed with height of 8,50 meters is concrete block. The radius

Figure 1.   Matka dam.

of the arch varies from 19,00 meters at the bottom to 25,50 meters at the top of the dam while the centre angle remains almost constant from 148° to 155°. At the time when the dam was designed the calculation of the stresses in an arch dam was very complicated and uncertain when the arch is fixed along its bottom. This prevents the bottom of the dam to act as an arch. The rigidity at the bottom influences thence the arch action of the rest of the dam decreasing from the bottom to the top. To eliminate this influence, the arch dam is composed of series of continuous arches (rings), which from the structural point of view act independently. Thus an arch dam was constructed of reinforced

concrete composed of ten independent arches, each 3,00 meters high and 1,60 to 1,00 meters width.

Calculated extreme stresses in the arch amounted to 7,0 MPa of compression and to 2,5 MPa of tension, taking into account all loads: water pressure, concrete temperature during construction, temperature loads during operation. Water pressure is calculated with 1,1 of the actual load, and the extreme temperatures are: +35°C maximal and −23°C minimal temperature. Dam was constructed with 2.500 m³ of reinforced concrete and 150 t steel.

The most delicate work on the dam was to achieve waterproof horizontal joints between the rings of the dam. To comply with the structural requirements, rings are separated by horizontal joints formed of several tar coatings and a very thin zinc sheeting. Considering such joints as permeable, dam designer and the contractors introduced a vertical copper sheeting 0,5 mm thick placed 25 cm into the concrete of the adjacent rings. Due to total length of the joints, about 600 meters, and very unfavourable conditions for positioning of the copper sheeting, which interfered with reinforcement assembling and concreting, it was doubtful whether such joints would be waterproof.

With extreme carefulness the work was accomplished with success and the dam exposed to full water pressure has shown no leakage. As an additional measure contractors applied bituminous coating of "Flintkote" on the upstream face of the dam, which is protected by cement reinforced mortar anchored to the dam.

Figure 2. Dam body.

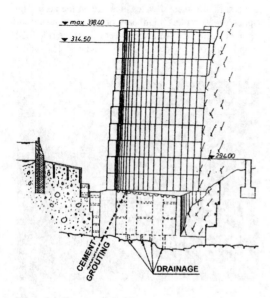

Figure 3. Dam cross section.

4 RECONSTRUCTION IN 1990

After 50 years operation and exposure on various influences even on the largest earthquake in Skopje in 1963, with intensity of 9 degrees according to MCS

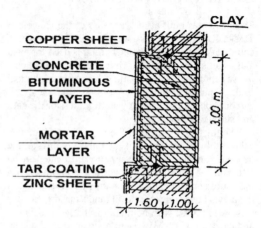

Figure 4. Joint detail.

the dam condition and dam's response was perfect. Nevertheless, after all these years necessity for reconstruction of the upstream face of the dam body-sealing layer, became more than obvious. In 1988 the contract for reconstruction was signed with famous Macedonian construction company-GIM, for reconstruction of upper two rings of the dam body.

The lower parts of the dam body were not reconstructed because of the hydrology conditions. There was no possibility to drain the total storage to approach the lower upstream parts of the dam in order to perform the reconstruction. According to the design and the contract conditions following works were performed:

– Demolishing of the old layer of spread concrete along the ring surface;
– Sand blasting of the bituminous layer and the concrete surface;
– Construction of new waterproof layer consists of: epoxide resin layer, reinforced grid and spread concrete layer.

Also test fields for different receipts for the spread concrete were performed. Results for the different concrete receipts were satisfactory. Main problem was cohering to the epoxide resin layer. The best results were achieved with epoxid resin Astra-Ljubljana and measured cohering strength was 0,917 MPa.

5 ROT CONCESSION PROJECT

During year 2000 Electric Power Company of Macedonia started a concession project for Rehabilitation Operation and Transfer of seven small hydro power plants in the system. HPP Martka was part of this project. Within the scope of the works for HPP Matka, the reconstruction of the upstream face of Matka dam was also planed. Tender procedure started in July 2000 and at the end of February 2001 concessionary was defined. Contract was signed in October 2001 with Czech company-Hydropol, Prague. According to the contract, reconstruction will be performed in assistance with Italian company-Carpi, using its product-geomembrane.

6 PLANED RECONSTRUCTION

The hydro isolation of the upstream face will be performed with hydro isolation system of synthetic geocomposite.

Prior the installation of the geocomposite hydro isolation system the surface will be cleaned by pressure water. The surface irregularity will be repaired with concrete layer and the probable grid damages will be fixed and afterwards the special hydro isolation system will be installed.

A continuous waterproofing synthetic liner made out of Polyvinyl Chloride (PVC) is the selected lining material. Such PVC liner will allow drainage at its back and will be linearly anchored into the existing bituminous concrete support by means of mechanical anchoring and tensioning devices.

The waterproofing liner will consist of a drained SIBELON geocomposite formed by two layers of

Figure 5. Upstream surface of the dam.

Figure 6. Reconstruction performing.

geosynthetic materials mechanically heat-coupled together, PVC geomembrane and geotextile made out of pure polyester fiber.

The waterproofing liner will be anchored at the dam surface through linear anchoring and shall be fastened to the existing concrete liner by linear mechanical anchoring. The anchoring system shall allow the tensioning of the liner and the drainage at its back.

7 CONCLUSIONS

No meter how good the design is and how solid the construction of the dam is, all construction materials have so called economic and technical life. Matka dam is an example for good design and good construction

thus it was in perfect condition for more than 50 years. The necessity for reconstruction of the waterproof layer initiated additional problems like storage drainage if the reconstruction is performed in classical way, by epoxid resin and concrete. New technologies and materials have advantages allowing the impossible to become possible. Such example is geomembrane and the technology used for its placement.

REFERENCES

Pecinar, M. 1939. Water power plant St. Andrea on Treska riv. Skopje, Yugoslavia. Beograd, Minerva.
Litvinenko, V. 1990. Study for reconstruction of HPP Matka. Skopje, GIM.
ESM & Hydropol. 2001. ROT Agreements, Skopje.

Dam Maintenance and Rehabilitation, Llanos et al. (eds)
© 2003 Taylor & Francis, ISBN 90 5809 534 7

Actuaciones en presas de la Confederación Hidrográfica del Duero

J.I. Díaz-Caneja Rodríguez

Confederación Hidrográfica del Duero, Valladolid, España

RESUMEN: Las presas de La Cuerda del Pozo y Arlanzón, situadas ambas en la cuenca del Duero, construidas y explotadas por el Estado, han sufrido un proceso de deterioro en su paramento de aguas abajo producido por los acusados cambios de temperatura y la acción de las heladas. El agua de la lluvia, y el de las filtraciones que se producían a través del cuerpo de la presa y afloraban en el paramento, al helarse ha contribuido a su deterioro. En la presente comunicación se expone la reparación realizada en las dos presas, semejante y próxima en el tiempo, consistente en la corrección de la filtraciones, la mejora de la red de drenaje, y la protección del paramento de aguas abajo.

1 INTRODUCCIÓN

Las Presas de La Cuerda del Pozo y Arlanzón se encuentran situadas en la cuenca del Duero. Ambas fueron construidas por el Estado antes del año 1941. Se encuentran situadas a una cota semejante, alrededor de la 1.100, distantes entre sí unos 60 km.

Desde su primera puesta en carga en ambas aparecieron filtraciones de cierta entidad a través del cuerpo de la presa, que al aflorar a su paramento de aguas abajo contribuían a la acción del hielo sobre el mismo, combinada con los importantes cambios de temperatura que se producen a esa cota, provocando un progresivo deterioro del paramento.

Aunque las filtraciones se corrigieron en varias campañas de inyecciones, nunca se consiguió que desaparecieran totalmente del paramento de aguas abajo, incrementándose progresivamente su caudal.

A finales de la década de los años 80 se abordó una reparación profunda de ambas presas, reparación que se hizo de forma semejante, adaptándola a las características de cada una. Aunque las dos presas son de gravedad, su disposición y materiales son bastante diferentes.

En las dos presas se han llevado a cabo las siguientes actuaciones:

- Corrección de filtraciones existentes a través del cuerpo de presa, reparando el paramento de aguas arriba e inyectando la presa.
- Ejecución de una nueva pantalla de drenaje.
- Reparación de paramento de aguas abajo.
- Sustitución de las válvulas de las tomas intermedias y de los desagües de fondo.
- Reparación del aliviadero.

2 PRESA DE LA CUERDA DEL POZO

2.1 *Características de la presa*

Esta presa se proyectó en 1918, y se construyó entre 1929 y 1941, con una posterior remodelación del aliviadero que se terminó en 1958.

Está situada en la cabecera del río Duero, en la provincia de Soria. El objeto de esta presa es la regulación de este río para abastecimientos, caudal ecológico y regadíos. El salto se aprovecha mediante una central hidroeléctrica.

Es la única presa de regulación de titularidad estatal existente en el río Duero, debiendo regularlo hasta su confluencia con el río Pisuerga, situada 387 km aguas abajo.

La presa tiene 12 juntas transversales, cada 30 m, impermeabilizadas mediante viga pentagonal armada, pozo de hormigón, y relleno de la junta con betún. También tiene dos galerías longitudinales, situadas a 4 m del paramento de aguas arriba, de 1 m de anchura y 2 m de altura. Las longitudes de estas galerías son de 226 m la superior, y de 331 m la inferior. La pantalla de drenaje, perforada desde coronación, cortaba las dos galerías.

Contaba con dos desagües intermedios, de 1.500 mm cada uno, cuatro desagües de fondo, de 1.500 mm cada uno, y un aliviadero en margen izquierda, con tres compuertas Taintor de $12,00 \times 6,50\,m^2$ cada una, y canal de descarga sobre el terreno de 282 m de longitud.

La cerrada está formada por areniscas y pudingas en grandes bancos, con entrelechos margosos, de dirección sensiblemente paralela a la cuerda de la presa y buzamiento hacia aguas arriba con un ángulo de unos 20°.

Tabla 1.   Características de la presa de La Cuerda del Pozo.

CUENCA	
Superficie	550 km²
Altitud máxima	2.315 m
Aportación media anual	222 hm³
Avenida de 500 años	1.400 m³/s
EMBALSE	
Volumen para MEN	229 hm³
Superficie	2.176 ha
PRESA	
Tipo	Gravedad, planta curva
Radio de curvatura	300 m
Altura sobre cimientos	40.25 m
Altura sobre cauce	36,00 m
Cota de MEN	1.084,60 m
Longitud de coronación	425 m
Espesor de coronación	4,85 m
Taludes	0,80 y vertical
Volumen de hormigón	130.520 m³

Las características más significativas son las que figuran en la tabla 1.

2.2 Filtraciones a través del cuerpo de presa

El hormigón utilizado en el cuerpo de la presa es de árido calizo, ciclópeo con un 25% de bloques, y con dosificaciones diferentes en distintas zonas de la presa, con 300 kg/m³ de cemento en cimentación próxima al paramento de aguas arriba, 250 kg/m³ en paramento de aguas arriba, 180 kg/m³ en el resto de la cimentación, y 160 kg/m³ en el resto de la presa.

Desde la primera puesta en carga de la presa aparecieron importantes filtraciones, que afloraban en las galerías a través de la pantalla de drenaje, y en el paramento, que se corrigieron en varias campañas de inyecciones, pero se reprodujeron, siendo el caudal de 117 l/s con el embalse a la cota 1083,87 antes de empezar las obras. 7 drenes daban caudales unitarios superiores a 10 l/s, con un caudal máximo en un dren de 34 l/s. Otros 7 drenes daban caudales unitarios superiores a 1 l/s.

Se rompieron testigos extraídos del cuerpo de la presa, dando como resultado resistencia máxima de 313 kp/cm², mínima de 110 kp/cm², y media de 172 kp/cm², siendo la resistencia característica de 135 kp/cm².

Se realizaron ensayos físico-químicos de muestras de hormigón tomadas cerca del paramento de aguas abajo, y de áridos de las canteras. El contenido de cemento resultó ser bajo, la porosidad elevada, el ph más bajo de lo habitual, y los áridos no tenían compuestos de pirita.

Del resultado de los ensayos en el hormigón, de la observación del paramento de aguas arriba, muy

Figura 1.   Aforo de filtraciones en un dren en la galería inferior.

deteriorado en las juntas verticales y en uniones de tongadas, de la distribución de filtraciones a través de los drenes, con caudales muy importantes en algunos, y del afloramiento de humedad al paramento de aguas abajo, en este último caso casi siempre sin que corriese agua, se dedujo que aún siendo la permeabilidad del hormigón superior a la que sería deseable, la mayor parte de las filtraciones se producían a través de las juntas verticales, insuficientemente impermeabilizadas, y de juntas entre tongadas de hormigón. Los drenes que cortaban juntas defectuosas son los que tenían caudales de filtración altos.

La corrección de las filtraciones era la actuación fundamental para mejorar la seguridad de la presa. Para ello se consideró necesario actuar sobre el paramento de aguas arriba, cortando en lo posible la entrada de agua, y realizar una inyección del cuerpo de la presa en las proximidades del paramento de aguas arriba.

Una vez realizada esta inyección, era necesario realizar una nueva pantalla de drenaje. Además se consideró que había que proceder a la reparación del paramento de aguas abajo, interrumpiendo el deterioro del mismo, y sustituir todos los mecanismos de los órganos de desagüe. Se aprovechó la ocasión para instalar instrumentación, y renovar toda la instalación eléctrica.

Figura 2. Paramento de aguas arriba antes de la reparación.

Figura 3. Paramento de aguas abajo antes de la reparación.

2.3 Paramento de aguas arriba

En el paramento de aguas arriba se apreciaba un claro deterioro en algunas juntas verticales, y en juntas entre tongadas de hormigón.

La circunstancia de que este embalse es el único existente para la regulación del río Duero, debiendo suministrar agua por lo menos hasta la confluencia de éste río con el Pisuerga, hacía totalmente inviable vaciar el embalse para acometer la reparación completa del paramento. Se decidió hacer una reparación limitada a la zona superior, sin alterar de ninguna forma el régimen de explotación del embalse.

La franja sobre la que se actuó tenía una altura de 15 m. La reparación consistió en un saneamiento de las zonas deterioradas, imprimación de la superficie saneada con emulsión de resina sintética butadieno estireno, y relleno del hueco resultante con mortero de cemento, al que se incorporó la misma emulsión para mejorar la resistencia y adherencia.

Desde la ejecución de la obra no se han apreciado daños en la zona reparada.

2.4 Inyección del cuerpo de la presa

En primer lugar se realizó un sondeo vertical de reconocimiento en el centro de cada bloque, cada 30 m, desde coronación, a 1 m del hastial de aguas arriba de las galerías, a rotación, diámetro de 56 mm, extracción de testigo, efectuándose pruebas de permeabilidad obturando por tramos de 5 m. El sondeo penetraba en la roca de la cimentación una profundidad de 15 a 20 m. La permeabilidad máxima fue de 8,2 unidades Lugeon, y la media de 3,1.

La inyección se realizó con cemento PUZ II-350, con una dosificación de 2/1 de ceniza/cemento, 1/1 de agua/sólido, y un 2% de bentonita. Se optó por una dosificación alta de cenizas para mejorar la penetración de la inyección en los huecos y fisuras.

La inyección se realizó perforando y lavando todo el taladro, para inyectar a continuación obturando por

tramos ascendentes de 5 m, a presiones de $10\,kp/cm^2$ en roca, y de $5\,kp/cm^2$ en hormigón.

Los taladros se perforaron desde coronación a rotación, verticales, a una distancia de 1 m del hastial de aguas arriba de las dos galerías.

La inyección se hizo en dos fases. En la primera la separación de los taladros fue de 6 m. En la segunda la separación también fue de 6 m, intercalando los taladros entre los de la primera fase.

La admisión total fue de 602 t, con una admisión media de 87.29 kg/m en la primera fase, y de 83,0 kg/m en la segunda.

Los drenes antiguos también se inyectaron, con una admisión de 42 t.

El caudal de filtración no sobrepasa en la actualidad los 0,75 l/s.

2.5 Pantalla de drenaje

Se ha perforado una nueva pantalla de drenaje desde coronación, con taladros a rotación de 56 mm de diámetro, cortando las dos galerías a una distancia de 0,30 m del hastial de aguas arriba, separados entre sí 3 m, penetrando en la roca de la cimentación una longitud de 10 m.

2.6 Paramento de aguas abajo

Una vez conseguido el objetivo de que las filtraciones no aflorasen al paramento de la presa, se acometió su reparación, para evitar que el agua de la lluvia, combinada con las heladas y las fuertes oscilaciones de temperatura siguiesen degradándolo.

Se ha eliminado todo el material de relleno que se había colocado al pie de la presa, hasta descubrir el contacto del hormigón con la presa. El espesor de relleno llegaba a ser de 5 m.

El hormigón de la zona excavada resultó aceptable, al haber estado protegido por el relleno.

Se ha procedido a sanear el paramento existente mediante martillo picador ligero, hasta llegar a

Figura 4.   Detalle de una de las losas.

Figura 6.   Paramento de aguas abajo terminado.

Figura 5.   Paramento de aguas abajo. Ejecución del revestimiento.

hormigón sano. Una vez realizada esta operación, se ha limpiado con agua a presión de 5 kp/cm².

A continuación se ha colocado un revestimiento, a base de losas de hormigón armado de 0,60 m de espesor, de altura 2,60 m y anchura en pié de presa de 5,20 m.

La losa se ha hormigonado in situ, con encofrados de paneles fenólicos, anclándola al paramento con redondos de 20 mm con una densidad de 1 anclaje cada 1,5 m².

La armadura ha sido de redondos de 12 mm de diámetro separados en ambos sentidos 10 cm, a 6 cm del paramento.

En las juntas horizontales y verticales entre losas se han colocado bandas de PVC de 22 cm.

Las losas se han hormigonado por paños alternos, habiéndose dispuesto un drenaje bajo las juntas verticales, en el contacto con el hormigón antiguo, para evitar que si aparece alguna filtración, pueda producirse subpresión en las losas.

Cada dren termina en una arqueta situada al pie de la presa, de tal forma que si se produce alguna filtración,

se localice en qué zona se produce. Todas estas arquetas están unidas por una tubería perimetral, que desagua en la galería de acceso a la galería inferior.

Todos estos drenes están abiertos en el extremo superior, para poder comprobar su continuidad metiendo agua.

El hormigón utilizado se ha fabricado a pié de obra, con áridos silíceos procedentes del aluvial del río Duero, cemento PUZ II-450 y dosificación de 300 kg/m³. El cono ha sido del orden de 2 cm y la colocación se ha realizado con grúa torre situada en la coronación de la presa.

La superficie total revestida ha sido de 7.750 m².

Para el remate del revestimiento en la zona superior, en donde el paramento antiguo era vertical, se han hormigonado unos pilares de 0,45 × 0,45 m² de sección, que sirven de apoyo a los arcos de piedra de la coronación.

2.7   Aliviadero, tomas intermedias y desagües de fondo

En el aliviadero se ha realizado una reparación del canal de descarga, hormigonando una nueva solera anclada a la roca. Además se ha modificado el sistema de accionamiento de las compuertas, y se han instalado ataguías en las mismas.

En las dos tomas intermedias se han sustituido las válvulas, instalando compuertas de seguridad de mariposa de 1.500 mm de diámetro, y compuertas de regulación Taintor de 0,90 × 0,90 m². Se ha demolido y reconstruido toda la obra civil de cuenco amortiguador y caseta de alojamiento de válvulas.

De los cuatro desagües de fondo antiguos, se han anulado dos, demoliendo la caseta de alojamiento y rellenando la tubería de hormigón. En los otros dos se han sustituido las válvulas existentes por otras tipo Bureau. En cada conducto se han instalado dos, de 0,70 × 0,70 m². También se ha demolido y reconstruido la obra civil y el edificio.

3 PRESA DE ARLANZÓN

3.1 Características de la presa

Esta presa se proyectó en 1927, y se construyó entre 1929 y 1933.

Está situada en la cabecera del río Arlanzón, en la provincia de Burgos. El objeto de esta presa es la regulación de este río para abastecimiento de la ciudad de Burgos y de otros núcleos de población, caudal ecológico y regadíos. El salto se aprovecha mediante una central hidroeléctrica instalada recientemente.

Era la única presa de titularidad estatal en el río Arlanzón. La posterior construcción y puesta en explotación de la Presa de Úzquiza, también de titularidad estatal, que crea un embalse de 75 hm³, situada en el mismo río, ha permitido realizar la reparación de la presa de Arlanzón vaciando totalmente el embalse.

La presa se construyó sin ninguna junta transversal, y la única galería que tenía era la que servía de acceso a la cámara de los desagües de fondo. En principio no existía pantalla de drenaje, realizándose posteriormente una después de la anterior campaña de inyecciones, a base de drenes perforados desde el pié de la presa y desde la cámara de los desagües de fondo.

Contaba con tres desagües intermedios, a diferentes cotas, idénticos, de 800 mm de diámetro, con válvula de seguridad de compuerta de sección circular, y válvula de regulación Larner-Johnson. La descarga se hacía a través de canales de hormigón de sección rectangular.

Los desagües de fondo eran dos, cada uno con dos compuertas Bureau de 1,00 × 1,50 m².

El aliviadero, situado en la margen izquierda de la presa e inmediato a la misma, de labio fijo, de 75 m de longitud y planta curva de 100 m de radio, desaguaba por medio de un canal rectangular a una vaguada lateral.

La cerrada está formada por crestones de cuarcita.

Las características más significativas son las que figuran en la tabla 2.

3.2 Filtraciones a través del cuerpo de presa

El hormigón del cuerpo de la presa y del aliviadero es de hormigón ciclópeo de 300 kg/m³ de cemento, con bloques procedentes de una cantera de cuarcitas próxima a la presa y distribución muy irregular. En el cuerpo de la presa quedaron embebidos pilares de mampostería de cuarcita que se construyeron para servir de apoyo a las vías sobre las que circulaban las vagonetas que transportaban el material. Los paramentos estaban enlucidos.

Como en Cuerda del Pozo, desde la primera puesta en carga se produjeron abundantes filtraciones a través del cuerpo de la presa, que en este caso afloraban en su mayor parte al paramento de aguas abajo, al no

Tabla 2. Características de la presa de Arlanzón.

CUENCA	
Superficie	105 km²
Altitud máxima	2.132 m
Aportación media anual	62 hm³
Avenida de 500 años	380 m³/s
EMBALSE	
Volumen para MEN	22 hm³
Superficie	123 ha
PRESA	
Tipo	Gravedad, planta curva
Radio de curvatura	350 m
Altura sobre cimientos	47,20 m
Altura sobre cauce	43,05
Cota de MEN	1.143 m
Longitud de coronación	262 m
Espesor de coronación	3,50 m
Taludes	0,82 y vertical
Volumen de hormigón	113.000 m³

Figura 7. Acción del hielo en el paramento de aguas abajo.

disponer esta presa de galerías. La acción combinada de estas filtraciones, la humedad producida por las lluvias, el hielo, y los cambios de temperatura, todo esto agravado por estar el paramento orientado al norte, provocaron el deterioro progresivo del mismo, que se intentó corregir con varias campañas de inyecciones.

La posibilidad de poder dejar vacío el embalse durante la ejecución de las obras ha permitido realizar la reparación de la presa sin carga de agua, por lo que la reparación del paramento de aguas arriba ha podido realizarse en todo el paramento, con un tratamiento mucho más completo y eficaz.

3.3 Paramento de aguas arriba

Desde el principio aparecieron en el cuerpo de la presa una serie de 15 fisuras verticales, muy marcadas en el paramento de aguas arriba, e inapreciables en el de aguas abajo, separadas una distancia de entre 25 y 6 metros.

Antes de iniciar la reparación, se procedió a retirar todo el relleno existente, hasta dejar al descubierto el contacto con la roca.

La reparación del paramento se ha realizado siguiendo el siguiente proceso:

- Saneamiento neumático-mecánico, con martillo neumático ligero y chorro mixto de arena y agua a 200 kp/cm^2 de presión.
- Regeneración del soporte con mortero epoxi-cemento-cuarzo, previa aplicación de adhesivo epoxi bicomponente.
- Tratamiento de grietas, con un fuelle elástico.
- Tratamiento de toda la superficie con epoxi de baja viscosidad.
- Tratamiento de regularización con micromortero epoxi, con cargas minerales y microesferas de vidrio.
- Colocación de una manta de fibra de vidrio.
- Inyección de grietas con resina epoxi elástica.
- Aplicación de otra capa de ligante.
- Terminación de sellado con poliuretano.

Figura 8. Paramento una vez saneado, e iniciada la regeneración.

El tratamiento se ha extendido a todo el paramento, entre la coronación y el contacto con la roca.

3.4 Inyección del cuerpo de la presa

Desde coronación se han realizado dos series de taladros de 75 mm de diámetro, unos verticales y otros inclinados 20° respecto a la vertical hacia el paramento de aguas abajo, que han penetrado en roca entre 5 y 10 m.

La separación entre taladros ha sido de 4 m.

La inyección se ha realizado de forma ascendente, obturando por tramos de 5 m.

La relación cemento/ceniza ha sido 1/1, la relación materia seca/agua ha sido también 1/1. La presión máxima ha sido de 6 kp/cm^2.

La admisión máxima en los taladros verticales ha sido de 261 kg/m, y la media de 32 kg/m. En los taladros inclinados estas admisiones han sido de 972 y 270 respectivamente.

De estas admisiones se deduce que la presa tenía un menor índice de huecos en la zona próxima al paramento de aguas arriba, debido sin duda a que en anteriores campañas se había realizado en esta zona una inyección más exhaustiva.

La longitud total de taladros inyectados ha sido de 4.073 m.

El caudal de filtración ha pasado de 35 a 2,5 l/s.

3.5 Pantalla de drenaje

La ausencia de galerías planteó la necesidad de perforar una galería longitudinal en la presa, que recogiese las posibles filtraciones de la pantalla de drenaje. El drenar desde el paramento de agua abajo con drenes inclinados se consideró una solución poco adecuada, ya que el agua se helaría al salir al paramento, como pasaba anteriormente, inutilizando la pantalla de drenaje.

Figura 9. Paramento de aguas arriba, una vez reparado.

Figura 10. Martillo hidráulico utilizado.

716

La sección de la galería es de 2,00 × 2,50 m². Es paralela al paramento de aguas arriba, a una distancia del mismo de 4 m.

La perforación se ha hecho con martillo hidráulico.

Desde ambas márgenes se han hecho sendas galerías de acceso, de 11 m la de la margen izquierda y de 6 m la de la margen derecha. Desde estos ramales de acceso la galería continúa hasta la galería de acceso a los desagües de fondo, con rasante en rampa para salvar el desnivel existente.

Las longitudes de los dos ramales de la galería perimetral son de 122 en la margen izquierda y 82 m en la margen derecha.

Posteriormente se ha hormigonado una solera con dos cunetas.

Una vez terminada la perforación de la galería perimetral, que como el resto de la obra se ha hecho con el embalse vacío, se ha perforado una pantalla de drenaje desde coronación con taladros inclinados, inclinación que viene impuesta por la necesidad de que los drenes corten la galería perimetral.

El diámetro de los taladros ha sido de 110 mm separados entre sí 4 m, penetrando en la roca 10 m. La longitud total de drenes ha sido de 1.131 m. En los estribos se han perforado unos drenes en abanico, que comunican la coronación con los extremos de la galería.

3.6 Paramento de aguas abajo

La reparación del paramento de aguas abajo ha sido muy semejante a la realizada en La Cuerda del Pozo. En esta caso el espesor de las losas ha sido de 45 cm, su anchura en el pié de la presa de 5 m, y su altura de 2,50 m. También se ha instalado un drenaje bajo las juntas verticales, y una tubería longitudinal que comunica las arquetas de todos los drenes.

El hormigonado también se ha hecho con grúa torre desde la coronación de la presa.

3.7 Aliviadero, tomas intermedias y desagües de fondo

El aliviadero estaba muy deteriorado, y sus cajeros eran insuficientes. Se ha demolió totalmente, construyendo uno semejante, situado en el mismo lugar, ensayado previamente en modelo reducido.

De las tres tomas intermedias que existían, se ha suprimido la superior. En la intermedia se han desmontado los mecanismos y se ha demolido la caseta, construyendo unas nuevas casetas e instalando nuevas válvulas, Bureau de 0,80 × 1,00 m² la de seguridad, y Howell Bunger de 800 mm de diámetro la de regulación. En la toma inferior también se han desmontado las válvulas y las casetas. En este caso se ha instalado una única válvula Bureau de 0,80 × 1,00 m², instalándose a continuación y posteriormente una central hidroeléctrica.

En las tomas intermedias se ha conservado la tubería que atravesaba el cuerpo de la presa, habiendo procedido a su limpieza y pintura. Además se han instalado rejillas en el paramento.

Los desagües de fondo se desmontaron totalmente, montando en cada conducto dos válvulas Bureau de 0,80 × 1,00. Ambos conductos, que no estaban blindados, se han blindado en toda su longitud,

Figura 11. Paramento de aguas abajo antes de iniciar las obras.

Figura 12. Ejecución del revestimiento del paramento.

Figura 13.   Vista actual de la presa.

Figura 14.   Presa de Arlanzón. Vista aérea en la actualidad.

colocándose en su salida un deflector para alejar el impacto del chorro de agua del pié de la presa.

El accionamiento de todas las válvulas instaladas es hidráulico.

Además, se ha renovado totalmente la coronación, la instalación eléctrica de la presa, con nueva acometida en alta tensión, transformador, grupo electrógeno e iluminación de coronación y galerías. Se ha instalado instrumentación, con un péndulo, piezómetros, termómetros, medidores de caudales y colimación. Se ha construido un camino de acceso al pié de la presa, y nuevas viviendas para el personal de explotación.

4   CONCLUSIÓN

De las presas de titularidad estatal de la cuenca del Duero, las de La Cuerda del Pozo y Arlanzón eran las que estaban en peor estado. La reparación realizada puede considerarse novedosa. En el momento de redactar los proyectos no teníamos conocimiento de que se hubiese hecho algo parecido. Desde la realización de las obras, su comportamiento ha sido correcto.

La ejecución de la galería perimetral en Arlanzón ha sido una buena solución para una presa antigua, sin drenaje adecuado. Los medios técnicos disponibles en la actualidad hacen abordable su ejecución sin ningún peligro para la seguridad de la presa durante la ejecución de las obras. La Confederación Hidrográfica del Duero ha realizado otras galerías en presas (Barrios de Luna, Camporredondo y Águeda), en todos los casos con buen resultado.

La sustitución de mecanismos en los órganos de desagüe es una actuación que hay que ir abordando, teniendo en cuenta la antigüedad de los mecanismos existentes. En este sentido la Confederación Hidrográfica del Duero ha sustituido recientemente las compuertas de aliviadero de las presas de San José y Villameca, las compuertas de las tomas intermedias de las presas de Camporredondo, Aguilar de Campoó, Requejada y Villameca, y de los desagües de fondo de la presa de Camporredondo.

BIBLIOGRAFÍA

Seventeenth International Congress on Large Dams – 1991. Vienne – Q65 Ageing of Dams and Remedial Measures

• R 37 J. I. Díaz-Caneja Rodríguez – Restoration of La Cuerda Del Pozo Dam
• R 28 K. Malmkrona, J. R. Malmcrona Díaz-Ambrona – Description of a Method for Localizing Water Seepage Across a Concrete Surface

Eighteenth International Congress on Large Dams – 1994 Durban – Q68 Safety Assessment and Improvement of Existing Dams

• R30 J. I. Díaz-Caneja Rodríguez – Evaluation and Increase of Safety for Dams in Service in the Basin of the Duero River – Remedial Works

Reparación De Obras Hidráulicas De Hor-migón – 1991 – Universitat Politecnica De Ca-taluña – Reparación De La Presa De La Cuerda Del Pozo – J. I. Díaz-Caneja Rodríguez

Dam Maintenance and Rehabilitation, Llanos et al. (eds)
© 2003 Taylor & Francis, ISBN 90 5809 534 7

Reparación de la presa de El Tejo

J.M. González Fernández

Confederación Hidrográfica del Duero, Valladolid, España

RESUMEN: En el año 1.959 se construye la presa de El Vado de las Cabras en el río Moros para abastecimiento de agua a El Espinar. Con el mismo fin, en el año 1.975 se pone en servicio la Presa de El Tejo, quedando desde entonces El Vado de las Cabras en una situación de abandono, con los desagües de fondo inoperativos, cediendo toda la aportación del río Moros a través del aliviadero para ser regulada en el embalse de El Tejo, situado a 1,5 km aguas abajo. Desde su primer llenado, se observaron importantes filtraciones en la presa de El Tejo, crecientes con la lámina de agua, que han dado lugar a diversas actuaciones a lo largo de su explotación.

1 INTRODUCCIÓN

El municipio de El Espinar se abastece con las aportaciones del río Moros, reguladas en los embalses de El Vado de las Cabras y El Tejo.

La Presa de El Vado de Las Cabras es de hormigón de contrafuertes, de 30 m de altura sobre cimientos y 132 m de longitud de coronación, que genera un embalse de 200.000 m^3. Su construcción data del año 1.959.

La Presa de El Tejo es de escollera con pantalla de hormigón, tiene 40 m de altura y 340 m de longitud en coronación y da lugar a un embalse de 1,2 hm^3. Fue puesta en servicio en el año 1.975, sustituyendo a El Vado de Las Cabras en el cometido de abastecer a El Espinar.

Ambas presas se sitúan en Sistema Central, en la vertiente Norte de la Sierra de Guadarrama, cerrando el valle del río Moros, de morfología glaciar, en su cabecera.

Desde la puesta en servicio de la presa de El Tejo en 1.975, El Vado de las Cabras ha quedado en situación de abandono, con los desagües de fondo inoperativos, cediendo las aportaciones del río Moros a través del aliviadero para ser reguladas en el embalse de El Tejo, situado a 1,5 km aguas abajo.

En cuanto a la presa de El Tejo, desde su primer llenado se observaron importantes filtraciones, crecientes con la lámina de agua que han dado lugar a diversas actuaciones a lo largo de su explotación.

En la actualidad (Noviembre de 2.002), la Confederación Hidrográfica del Duero está acometiendo actuaciones en las dos Presas, que consisten fundamentalmente en la puesta en servicio de los órganos de desagüe y corrección de filtraciones.

2 PRESA DE EL VADO DE LAS CABRAS

2.1 *Antecedentes*

En junio de 1.955 se redacta el *Proyecto para embalse regulador de El Vado de Las Cabras, en el Río Moros, para abastecimiento de agua a El Espinar*. En él se contempla la construcción de una presa de contrafuertes de mampostería con pantalla de hormigón ciclópeo de 36 m de altura sobre cimientos, que habría de generar un embalse de 360.000 m^3. Se proyecta con un solo aliviadero de labio fijo con umbral en la cota 1.593 dispuesto entre los dos contrafuertes centrales, con capacidad para 75 m^3/s y establece la coronación en la cota 1.594,50.

Las obras se iniciaron en octubre de 1.956 y quedaron interrumpidas en agosto de 1.959 por resolución de la Dirección General de Obras Hidráulicas, en la que se instaba al Ayuntamiento de El Espinar a recoger en un Proyecto Reformado los excesos de excavación motivados por la deficiente calidad de la cimentación bajo los contrafuertes próximos a la margen derecha y la modificación que suponía la introducción de un aliviadero en dos vanos ensayada en el Laboratorio de Hidráulica de la Escuela de Ingenieros de Caminos, Canales y Puertos de Madrid. La coronación quedó en la cota 1.588,70 y el umbral del aliviadero en la 1.587, es decir 6 m. por debajo de la cota proyectada. En enero de aquel mismo año de 1.959 se había producido la rotura de la Presa de Vega de Tera, de idéntica tipología a El Vado de Las Cabras. Este aciago acontecimiento sin duda hubo de tener influencia sobre la resolución adoptada por la Dirección General de no continuar las obras.

Aunque se produjeron actuaciones posteriores a partir de 1.959, la presa no se continuó en altura, y las

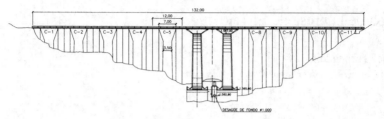

Figura 1.   Presa de El Vado de las Cabras. Alzado.

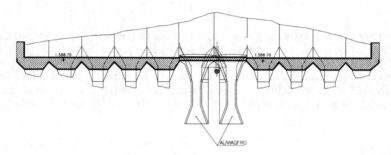

Figura 2.   Presa de El Vado de las Cabras. Planta.

cotas citadas de coronación y umbral de aliviadero son las actuales.

El aliviadero construido dispone de dos vanos libres de 12 m. de labio situados sobre los dos contrafuertes centrales, con capacidad total de 75 m³/s. Los correspondientes canales de descarga discurren sobre sendos contrafuertes finalizando cada uno en un trampolín de lanzamiento. La cámara de válvulas se sitúa aguas abajo de la presa, entre los mismos contrafuertes. El desagüe de fondo está constituido por una tubería metálica de 1 m. de diámetro equipada con una válvula de compuerta alojada en el interior de la sala y una clapeta exterior. Existen otros tres conductos de desagüe de 300 mm de diámetro, con doble válvula de compuerta alojada en la misma sala de válvulas.

Las características más significativas son las que figuran en la tabla 1.

2.2   Comportamiento de la Presa

No existe información sobre la explotación de la Presa de El Vado de las Cabras desde que en el año 1.959 se interrumpía su construcción y se daba por terminada iniciando su llenado en 1.960. Los únicos datos de que se dispone son los que figuran en las Notas Informativas de Vigilancia de Presas.

Durante los años 1.967 y 1.968 se llevaron a cabo por la empresa GEOTECNIA STUMP, S.A. y bajo la dirección del Ingeniero D. Emiliano Martín Romero las actuaciones recogidas en un proyecto de título AUSCULTACIÓN DE LA PRESA DE EL VADO

DE LAS CABRAS. El objetivo de los trabajos fue conocer el comportamiento de la estructura y aumentar las garantías de seguridad en algunos aspectos relacionados con los contrafuertes – concretamente: las tracciones en las alas y el comportamiento de contrafuertes contiguos apoyados a alturas muy diferentes –. Las actuaciones consistieron en comprobar el estado de la mampostería entre contrafuertes y unión de estos al terreno, arriostramiento de contrafuertes apoyados a alturas muy diferentes y drenaje de la presa y su cimiento.

Concluidos los trabajos se pudo constatar que los contrafuertes estaban constituidos por un encofrado de mampostería relleno de hormigón ciclópeo, de dosificación poco cuidada, pero cuya densidad es mayor que la de la mampostería para la que fueron dimensionados en el primitivo proyecto, por lo que es confiable su resistencia en las condiciones actuales de la presa.

La roca de cimentación de los contrafuertes ha resultado bastante sana y no se detectaron huecos en el contacto hormigón roca, aunque el gneis que la constituye se encuentra bastante diaclasado. Se efectuaron inyecciones de prueba con dosificación 2:1 con un total de admisión de 29,2 Tn de cemento hasta rellenar los huecos del hormigón ciclópeo y de dosificación irregular de los contrafuertes, sin que fuera posible inyectar más cantidad. En el contacto hormigón roca no fue posible inyectar cantidades apreciables.

Las buenas condiciones que reúne esta presa para su explotación quedan reflejadas en el informe favorable

Tabla 1.   Características de la presa de El Vado de las Cabras.

CUENCA Y EMBALSE

Situación	Segovia (España)
Río	Moros
Superficie de la cuenca	2,66 km^2
Altitud máxima	2.196 msnm
Aportación media anual	6,5 hm^3
Precipitación media anual	1.300 mm
Capacidad de embalse	200.000 m^3
Superficie embalsada	2,26 ha
Avenida de 500 años	41,6 m^3/s

PRESA

Tipo	Hormigón de contrafuertes
Longitud de coronación	132,00 m
Cota de coronación	1.588,70
Cota de máximo embalse normal (MEN)	1.587,00
Altura sobre cimientos	29,70 m
Ancho de coronación:	
En el centro del contrafuerte	4,40 m
En el extremo del contrafuerte (Juntas)	2,05 m
Talud del paramento de aguas arriba	0,45
Talud del paramento de aguas abajo	0,50
Volumen de hormigón	19.000 m^3

ALIVIADERO

Tipo	Labio fijo
N° de vanos	2
Ubicación	Sobre los dos contrafuertes centrales
Capacidad	75 m^3/s

DESAGÜES Y TOMAS

Desagüe de fondo	1 conducto circular Ø 1.000 mm
Cota del eje	1.562,90
Capacidad de desagüe	1,25 m^3/s
Tomas	3 conductos circulares Ø 300 mm
Cota del eje	1.562,40; 1.563,50; 1.564,50

Fotografía 1.   Presa de El Vado de Las Cabras.

Fotografía 2.   Presa de El Tejo.

de Vigilancia de Presas emitido el 2 de mayo de 1.969, con relación a una instancia remitida por el Ayuntamiento de El Espinar a la Dirección General de Obras Hidráulicas solicitando autorización para recrecer la Presa de El Vado de las Cabras hasta la cota originalmente proyectada.

Desde su terminación hasta el año 1.975 en que se puso en servicio el embalse de El Tejo, la presa de El Vado de las Cabras estuvo cumpliendo adecuadamente su misión de abastecer a El Espinar. A partir de esa fecha pasa a un segundo término, quedando en una situación de abandono, con los desagües cerrados cediendo la aportación del río Moros a través del aliviadero para ser regulada en el embalse de El Tejo, situado a 1,5 km aguas abajo.

3   PRESA DE EL TEJO

3.1   *Antecedentes*

En el año 1970 la Confederación Hidrográfica del Duero suscitó el Concurso de Proyecto y Ejecución de las Obras de Ampliación del Abastecimiento de El Espinar, resolviéndose a favor de la empresa AGROMAN, S.A. que proponía la construcción de una nueva presa, en una cerrada situada 1,5 km aguas abajo de la presa de El Vado de las Cabras.

La presa de El Tejo responde a la tipología de presa de escollera con pantalla de hormigón. Tiene planta recta con una longitud de 349 m y su altura es de 40 m.

Dispone de un aliviadero de superficie con embocadura en el estribo derecho de la presa, de labio fijo en forma de pico de pato de 41,34 m de longitud, con umbral en la cota 1.516,75 y una capacidad máxima de vertido de 75 m^3/s. La restitución al río se hace a través de canal de descarga que se desarrolla por la ladera de margen derecha, con trampolín de lanzamiento.

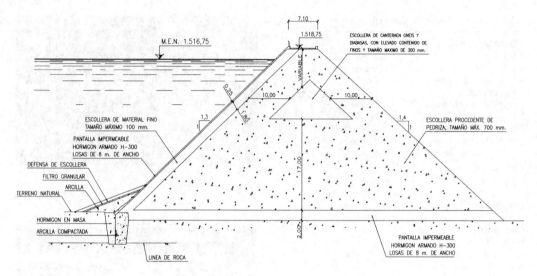

Figura 3.   Presa de El Tejo. Sección Tipo.

Los órganos de desagüe están constituidos por dos embocaduras de 400 mm en la cota 1.488,60 y otra de 450 mm en la cota 1.487,55. Todas ellas se acoplan a don conductos de 500 mm de diámetro que comparten las funciones de tomas para abastecimiento y desagües de fondo.

3.2   Geología

La zona en estudio está emplazada en el Sistema Central, en la vertiente norte de la sierra de Guadarrama, originada por fracturación durante el Terciario Superior, con materiales formados tanto por metamorfismo como por granitización de sedimentos paleozoicos durante la orogenia herciniana, con extenso desarrollo de gneis y rocas asociadas a ellos.

El substrato paleozoico en la zona está tapizado por un importante espesor de materiales cuaternarios constituidos por derrubios de ladera en la margen izquierda y por depósitos fluvioglaciares en la derecha. Ambas formaciones cuaternarias, con potencias que llegan hasta los 13 metros, resultaron ser muy permeables, por lo que fue necesaria la ejecución de un muro-rastrillo profundo de hormigón que conectara la pantalla con el substrato rocoso.

El gneis subyacente está alterado y decomprimido en la zona próxima a su techo, desarrollándose localmente zonas con espesores de varios metros de roca muy descompuesta.

El material cuaternario constituye la cimentación del cuerpo de escollera. Esta ha sido vertida previo desbroce de la capa vegetal y saneo hasta un metro de profundidad. El coluvión de la margen izquierda manifestó una compacidad claramente inferior al material

morrénico de la otra margen, observándose una cierta ordenación de estratos de muy diferentes características, pasando de gravas limpias y sueltas que formaban capas y bolsas completamente limpias a arenas y limos procedentes de la descomposición de granitos y gneises con algo de material arcilloso. Ambas formaciones cuaternarias resultaron muy permeables.

El gneis aunque aparece muy meteorizado es de permeabilidad baja, ya que no se observaron diaclasas abiertas y las pruebas de presión efectuadas en los sondeos dieron admisiones bajas.

3.3   Características de la Presa de El Tejo

La Presa de El Tejo dispone su coronación con una anchura total de 7,10 metros en la cota 1.518,75. El perfil de la presa está constituido por un triángulo cuyo vértice se dispone a la cota 1.521,34 y cuyos lados están formados por los paramentos de la presa; el talud de aguas arriba es de 1,3H:1,0V y el de aguas abajo de 1,4H:1,0V.

El cuerpo del dique está construido mediante tres tipos de escollera. Un primer tipo se colocó en los 17,00 primeros metros del terraplén y procedía de pedriza de gneis con un tamaño máximo de 700 milímetros. Los diez metros siguientes se construyeron mediante una escollera de cantera, compuesta de gneis y diabasas con tamaño máximo de 300 milímetros y alto contenido de finos, rodeándolos mediante 10,00 metros del primer tipo de escollera en ambos paramentos. Un tercer tipo de escollera con tamaño máximo de 100 milímetros, se vertió formando una pantalla de 1,80 metros de espesor sobre el paramento de aguas arriba. Con material del mismo espesor y

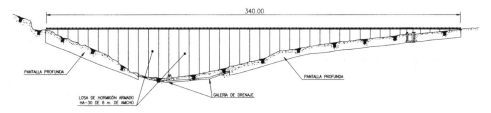

Figura 4. Presa de El Tejo. Alzado aguas arriba.

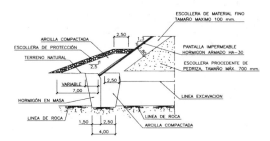

Figura 5. Presa de El Tejo. Detalle del Plinto.

Tabla 2. Características de la presa de El Tejo.

CUENCA Y EMBALSE	
Situación	Segovia (España)
Río	Moros
Superficie de la cuenca	10,00 km²
Altitud máxima	2.196 msnm
Aportación media anual	8,1 hm³
Precipitación media anual	1.300 mm
Capacidad de embalse	1,20 hm³
Superficie de embalse (MEE)	11,05 has
Superficie embalsada (MEN)	10,57 has
Máxima Avenida prevista (500 años)	75 m³/s
Máxima avenida registrada	12,81 m³/s
Cota de mínima explotación	1.487,75 msnm
PRESA	
Tipo	Escollera con pantalla de hormigón
Espesor de la pantalla	25 cm
Longitud de coronación	340 m
Cota de coronación	1.518,7 msnm
Ancho de coronación	6,40 m
Altura sobre cimientos	40 m
Máximo Embalse Normal (MEN)	1.516,75 msnm
Máximo Embalse Extraordinario (MEE)	1.517,75 msnm
Cota mínima de explotación	1.487,75 msnm
Talud del paramento de aguas arriba	1,3h:1v
Talud del espaldón de aguas abajo	1,4h:1v
Volumen de Presa	235.000 m³
ALIVIADERO	
Tipo	Labio fijo en pico de pato
Ubicación	Estribo izauierdo
Longitud de labio	41,34 m
Capacidad	77,37 m³/s
Canal de descarga	Sobre la ladera
Restitución al río	Trampolín
DESAGÜES Y TOMAS	
Cota de embocadura Desagüe de fondo	1.487,55
Cota de embocadura tomas	1.488,50
Conductos en salida	2 circulares Ø 500 mm
Dispositivos de cierre	Compuertas motorizadas

características que esta última, se efectuó el relleno de la excavación para la implantación del dique.

Para la impermeabilización de la presa se dotó, a su paramento de aguas arriba, de una pantalla armada de hormigón de 25,00 centímetros, que se amplió hasta 40,00 centímetros en su parte baja; ésta es continua desde la zarpa del dique hasta la junta del pretil, con juntas en el sentido de la máxima pendiente cada 8,00 metros, impermeabilizadas mediante bandas de polivinilo.

Siguiendo la zarpa del paramento de aguas arriba se ejecutó un rastrillo de ancho variable, alrededor de 5,50 m profundizándose hasta la roca sana y rellenándolo de hormigón en masa, en su mitad anterior, y arcillas compactadas, en la posterior. En la zona próxima al cauce se aprovechó el rastrillo para construir en su interior una galería de drenaje, inmersa en el bloque de hormigón y que se desarrolla 24 m hacia la margen izquierda y 48 m hacia la margen derecha.

El cuerpo de presa está dotado de una galería de inspección que lo atraviesa longitudinalmente en su totalidad perpendicularmente a su eje a lo largo del cauce original y a cota de éste. Al final de esta galería se encuentre la sala de válvulas y a través de ella se accede a la galería de drenaje anteriormente descrita.

Los mecanismos de las tomas de abastecimiento y desagües de fondo coinciden en una sala de válvulas situada en el extremo interior de la galería de inspección, que se acoplan a dos conductos de 500 mm de diámetro que discurren a lo largo de la misma galería.

Las características más significativas de la Presa de El Tejo son las que figuran en la tabla 2.

3.4 Comportamiento y actuaciones posteriores a la construcción

Desde el inicio de la puesta en carga se detectaron importantes filtraciones, crecientes con la lámina de agua, que motivaron las actuaciones posteriores que se describen en el presente apartado.

Durante el año 1976 se detectaron dos zonas con bastante permeabilidad, una en el cimiento de la margen izquierda y otra a través de la pantalla.

Con objeto de reducir las filtraciones se llevaron a cabo una serie actuaciones:

• Vertidos de arcilla desde coronación y removido con bomba de agua para mantenerla en suspensión.
• Perforaciones para comprobar las filtraciones provenientes del rastrillo. Ante el importante caudal de drenaje se decidió obturarlas con manómetro para control de subpresiones.

El día 17 de octubre de 1976 el aliviadero vierte por primera vez.

Como consecuencia de las inspecciones y recomendaciones de Vigilancia de Presas se redactaron y ejecutaron los siguientes proyectos:

PROYECTO 10/76: Tapiz de impermeabilización de la presa del Tejo:
La actuación consistió en la realización de un tapiz de arcilla de 2 a 3 m de espesor y 7 m de ancho en horizontal compactado por tongadas de 0,30 m, en el contacto rastrillo-pantalla de hormigón, con una capa de 0,25 m de filtro y protección con un manto de escollera de 0,50 m de espesor. El tapiz se extiende más afuera del cuerpo de presa. Sobre el terreno. En esa zona, previamente es retirado el substrato vegetal en una profundidad indeterminada. El tratamiento se extiende al aliviadero lateral, para impermeabilizar sus juntas. Las obras concluyeron el 6 de abril de 1.978.

PROYECTO 02/77: Inyecciones en la Presa de El Tejo. Ampliación del Abastecimiento de agua de El Espinar:
La realización consistió en la perforación de taladros verticales en el muro pantalla, distanciados tres metros con objeto de formar una pantalla de impermeabilización. Los taladros habrán de constituir a su vez un cosido de el muro con la roca de cimentación. En el interior de la galería se rellenaron con lechada de cemento y arcilla los drenes que sirvieron para el control de filtraciones. El Proyecto incluyó el retacado de la junta perimetral de la pantalla con el plinto. Las obras finalizaron el 16 de diciembre de 1.980.

PROYECTO 02/77: Tratamiento de arcilla de la pantalla de impermeabilización de la presa del Tejo:
El tratamiento consistió en la perforación de taladros en las proximidades de las juntas de los paños de la pantalla donde aparecen fisuras para su posterior inyección con mezclas de cemento y arcillas. También se realizaron vertidos de arcillas desde coronación, manteniéndola en suspensión mediante inyección de aire a presión. Las obras finalizaron el 16-11-1980.

A pesar de las citadas obras de reparación, el estado de filtraciones se mantiene prácticamente constante alrededor de los 20 l/s hasta el año 1.981, en que por posibles movimientos de las losas los caudales suben hasta los 30,6 l/s. A partir del año 1.985 las filtraciones se han estabilizado en unos 43 l/s.

En el año 1.995 el CEDEX, haciendo uso de una sofisticada tecnología -calicatas eléctricas, geo-radar y termografías- realiza un estudio de filtraciones y análisis de la pantalla, del que se resumen las siguientes conclusiones:

• Las filtraciones varían con la lámina de agua y no sólo se producen en el contacto de la pantalla con el plinto, sino a lo largo de toda la pantalla.
• Se presumía que las mayores fisuras se encontrarían situadas en la mitad inferior de la pantalla, a partir de los 13 m de profundidad.
• Se suponía que las filtraciones se desarrollaban en su mayor parte a través de desperfectos y grietas en la pantalla en la mitad inferior, sobre todo en los bordes de las juntas, y en el contacto pantalla-plinto. En varios puntos se observaba que la banda de PVC asomaba por las grietas próximas a las juntas y podía levantarse con la mano, constituyendo verdaderos caminos francos de agua.
• El espesor y armaduras de la pantalla coincide con los planos del proyecto de construcción y en hormigón se observa denso y de buena calidad, sin coqueras ni desconchones.

3.5 Situación actual

En base Estudio del CEDEX, en diciembre de 1.995 se redacta el PROYECTO DE REPARACIÓN DE LA PRESA DE EL TEJO, cuyas actuaciones consisten básicamente en la corrección de filtraciones mediante tratamiento superficial de impermeabilización de la pantalla y estanqueidad de todas las juntas, tanto de las existentes entre las losas que constituyen la pantalla como la longitudinal de unión de la pantalla con el plinto. El proyecto incluye así mismo la sustitución de los órganos de desagüe, acondicionamiento de accesos, incorpora energía y un sistema de auscultación y una partida para inyecciones.

El proyecto recoge así mismo las actuaciones necesarias para poner en servicio la Presa de El Vado de las Cabras en condiciones de seguridad, tales como la restitución de los órganos de desagüe, losa de paso sobre el aliviadero, accesos y tratamientos de regeneración del aliviadero.

En junio de 2.001 dan comienzo los trabajos de la pantalla de El Tejo, iniciando en tratamiento en las

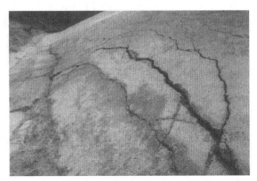

Fotografía 3. Fracturación de la pantalla de la Presa de El Tejo.

Fotografía 4. Fracturación de la margen izquierda.

cotas superiores y condicionando el Programa al descenso del nivel de embalse por los consumos de El Espinar.

Previamente a la aplicación de los tratamientos de impermeabilización, fue necesario proceder a la retirada de sedimentos acumulados sobre el paramento de la presa a lo largo de los casi 30 años que lleva en servicio, y el tapiz de arcilla de recubrimiento de la junta longitudinal de la pantalla con el plinto.

Los trabajos se desarrollaron con normalidad mediante la aplicación de los tratamientos previstos en el Proyecto de Reparación, tanto en lo que se refiere a la pantalla, como a tratamientos específicos de juntas verticales y de la junta longitudinal de la pantalla con el plinto, hasta llegar al tercio inferior del paramento, donde se observa que la pantalla se encuentra hundida en tres zonas -margen izquierda, zona central y margen derecha-, como si hubiera fallado el apoyo de la escollera.

La zona de pantalla de la margen izquierda presenta un hundimiento de mayor intensidad que las otras dos, con una intensa fracturación que pone de manifiesto un fallo estructural cuya resolución va más allá de los tratamientos de impermeabilización inicialmente previstos.

La fracturación en esa margen pone de manifiesto aperturas que se miden en decímetros, con asientos diferenciales del mismo orden.

Para indagar sobre las causas del colapso de la pantalla, se optó por abrir una pequeña porción del paramento a modo de calicata, observando la existencia de vacíos bajo la pantalla, en las zonas de mayores asientos de hasta dos metros de profundidad.

Para dar respuesta a este problema se procederá a la reposición de las losas afectadas. Para ello se hará un recorte y retirada de la superficie fracturada, se rellenarán con escollera de los vacíos existentes bajo las losas con el fin de restituir la superficie de apoyo de la pantalla y posteriormente será hormigonada la losa según el armado y geometría original.

Para permitir un embalse parcial que no deje totalmente desabastecido a El Espinar se han sellado provisionalmente con mortero las zonas agrietadas. Los trabajos de reposición de losas serán reanudados en el momento que se vea vacío el embalse de El Tejo.

Durante el curso de la obra se han practicado dos sondeos verticales sobre el Plinto. Los ensayos de permeabilidad daban pérdida total en el contacto con la roca de fundación y elevados valores en los primeros metros de ésta. Esas filtraciones, actuando durante el tiempo que lleva en servicio el embalse, habrán provocado el lavado de finos y reorganización de materiales y bien han podido ser el origen de los fallos aludidos. Por lo tanto, para dar solución definitiva a los problemas de la Presa de El Tejo, no será suficiente la reparación de las losas fracturadas sino que será preciso emprender actuaciones complementarias para corregir las filtraciones bajo el sustrato de apoyo del Plinto, bien mediante la implantación de una nueva pantalla profunda o bien mediante tratamientos de la cimentación a base de inyecciones. En aras de la definición de estos tratamientos en la actualidad se está acometiendo una campaña de sondeos para investigar el estado del Plinto y de la roca de fundación.

Dam Maintenance and Rehabilitation, Llanos et al. (eds)
© 2003 Taylor & Francis, ISBN 90 5809 534 7

Improvement of stability of masonry dams

S.Y. Shukla
Secretary Irrigation, Govt. of Maharashtra and Vice President, Indian Committee on Large Dams, India

D.R. Kandi
Superintending Engineer, C.D.O. Nashik

V.M. Deshpande
Executive Engineer, C.D.O. Nashik

ABSTRACT: State of Maharashtra (India) has a long history of building high dams. Most of these dams are constructed in stone masonry because it was cheap and labor oriented. These dams were designed based on the design criteria prevalent at that time. Uplift and Seismic forces were not considered in those designs. Though there were earthquakes in this area, a wide spread belief arose that the deccan penisula is non-seismic. This was so because of absence of systematic records of such events in the historical period. This belief got strengthened further because of absence of any active fault zones in trap rocks covering the basement formations. However, in view of the following major events, a fresh look into the seismic potential of the area was felt necessary.

a) Koyna Earthquake   6.5 M   11th Dec' 1967
b) Bhatsa–Khardi Earthquake   4.9 M   15th Sept' 1983
c) Killari Earthquake   6.3 M   30th Sept' 1993

In the Indian standard (1960) for seismic designs, the Maharashtra state was earlier shown as non-seismic but in subsequent revisions (1962, 1966, 1970, 1975, 1984) entire area has been classified into various seismic zones with varying degree of seismicity. The killari earthquake, which took a toll of human life of about 10,000 occurred in an area with no evidence of any significant seismic activity in the past. Considering the importance of the dams in the state, Government appointed an expert committee to review the stability of the dams. The main terms of reference were as below:

a) To review the seismic activity in state and decide seismic parameters
b) To review the design standard adopted for the existing dams and suggest modifications, if any
c) To suggest strengthening measures to be adopted in case of existing dams

Twenty six important dams in the state were identified and referred to the committee. The committee comprised of experts in the field of seismology and dam engineering. The Central Designs Organisation being the prime body entrusted with work of dam designs in the state was associated with the working of the committee. The deliberations and the final recommendations made by the committee have helped the state in setting an approach to tackle similar situations in future as there are no standards for retrofitting.

1   INTRODUCTION

State of Maharashtra (India) has a long history of building high dams. Most of these dams are constructed in stone masonry because it was cheap and labor oriented. These dams were designed based on the design criteria prevalent at that time. Uplift and Seismic forces were not considered in those designs. Though there were earthquakes in this area, a wide spread belief arose that the deccan penisula is non-seismic. This was so because of absence of systematic records of such events in the historical period. This belief got strengthened further because of absence of any active fault zones in trap rocks covering the basement formations. However, in view of the following major events, a fresh look into the seismic potential of the area was felt necessary.

a) Koyna Earthquake
    6.5 M   11th Dec' 1967

b) Bhatsa–Khardi Earthquake
   4.9 M   15th Sept' 1983
c) Killari Earthquake
   6.3 M   30th Sept' 1993

In the Indian standard (1960) for seismic designs, the Maharashtra state was earlier shown as non-seismic but in subsequent revisions (1962, 1966, 1970, 1975, 1984) entire area has been classified in various seismic zones with varying degree of seismicity. The killari earthquake, which took a toll of human life of about 10,000 occurred in an area with no evidence of any significant seismic activity in the past. Considering the importance of the dams in the state, Government appointed an expert committee to review the stability of the dams. The main terms of reference were as below:

d) To review the seismic activity in state and decide seismic parameters
e) To review the design standard adopted for the existing dams and suggest modifications, if any
f) To suggest strengthening measures to be adopted in case of existing dams

Twenty six important dams in the state were identified and referred to the committee. The committee comprised of experts in the field of seismology and dam engineering. The Central Designs Organisation being the prime body entrusted with work of dam designs in the state was associated with the working of the committee. The deliberations and the final recommendations made by the committee have helped the state in setting an approach to tackle similar situations in future as there are no standards for retrofitting.

2   SEISMIC PARAMETERS

The committee was given the important task of finalising the seismic parameters for the dams. Committee took a cautious approach in deciding the seismic parameters as too liberal an upward revision would entail huge costs at the same time too niggardly approach may end in eventual risk to property and life.

As per the provisions of International Commission on Large dams (ICOLD) Bulletin No. 72 on "Selecting Seismic Parameters for Large dams", for site specific estimation of the design seismic coefficient, prediction of the Maximum Credible Earthquake (MCE) from various tectonic features in the region around which the site is located and characteristic distance from the site is necessary. The committee has suggested the worst upper bound magnitude of MCE in the entire state as 6.8 M to occur in Koyna–Warna (KW) area and for other areas the values are lowered in proportion to the relative grading of seismic potential of different regions depending on the past history. The approach adopted was that if there is an active fault with which

MCE can be associated, or if there is a major lineament representing some geological discontinuity (as confirmed from field studies) in that area on which MCE could be assumed to occur, the magnitude of MCE can be taken as given in Table 1.

Also as a conservative approach, it is assumed to occur closest to the site with a focal depth of 10 kms. On the other hand, if no geological feature is known with which the MCE could be associated, the magnitude of MCE is slightly lowered and it is assumed to occur with equal likelihood everywhere in the region. The distance is taken as 15 kms which is roughly the distance upto, which no significant attenuation of ground motion takes place due to saturation effects. The former case has been termed as "Proven lineament" and the latter case as "Floating earthquake". Plate 1 shows the lineaments, various zones and the dam locations.

As per the Indian standard which is under revision the PGA values and the basic seismic coefficient likely to be proposed for different zones are given in Table 2.

The committee also recommended an empirical attenuation relationship based on the available data. The available Koyna earthquake spectra gives lower value therefore seed's spectra is used as a conservative measure. After carrying out several analysis and based on past experience, it was proposed that for simplified analysis (pseudostatic) the earthquake intensity level be reduced to ¼ of MCE to arrive at the seismic coefficient. A dam which indicated stresses with in permissible limits in simplified analysis with ¼ of the MCE, would be able to withstand higher intensities

Table 1.

Sr. No.	Region and zone	MCE and focal depth for proven lineament	MCE and distance for floating earthquake
1	Koyna–Warna (KW) Zone-IV	M 6.8/10 km	M 6.5/15 km
2	Latur–Usmanabad Zone-IV and III	M 6.5/10 km	M 6.3/15 km
3	North and South of KW Zone-III	M 6.3/10 km	M 6.0/15 km
4	Rest of Maharashtra Zone-II	M 5.5/10 km	M 5.0/15 km

Table 2.

Zone	PGA for MCE in g	Seismic coefficient
V	0.36	0.09
IV	0.24	0.06
III	0.16	0.04
II	0.10	0.025

with higher stresses when FEM analysis is carried out. If linear FEM is used, the earthquake intensity may be taken as ½ of MCE and for full non-linear analysis full MCE may be used. Therefore to obtain seismic coefficient for horizontal component of ground motion the seed's spectrum is scaled down to PGA value obtained for the MCE condition. The ¼ of the amplitude of this spectrum at the natural frequency of the dam is taken as the horizontal seismic coefficient. If it is found to be lower than that suggested by Indian standard then the code provision is used. The dam is also analysed for the vertical component, which is taken as $^2/_3$rd of horizontal acceleration. Sample calculations for evolving the seismic coefficient is given in plate 2. It can be seen from the stress table on plate 3 that there is substantial increase in the seismic parameters. Time history has also been prescribed by the committee for carrying out Dynamic analysis wherever found necessary.

3 FACTOR OF SAFETY

It is utmost necessary to get an idea of the in-situ strength of the construction, which ultimately decides the safety of the existing structure. Direct determination of strength by coring is most desirable where direct coring was not possible, non-destructive test was carried out to determine strength of construction. Non-destructive studies using sonic wave velocity method were carried out to evaluate the in-situ quality of the masonry. In this method low frequency (long wave length) sonic waves are generated by hammer impact on one face of a structure under study and the travel time of the compressional waves is measured on the opposite face of the structure. Using the travel times, compressional wave velocities along different travel paths through the structures are evaluated (High wave velocity corresponds to better quality material). The wave velocity therefore provided an indirect measure of the strength of the structure.

As mentioned earlier there are no standards for retrofitting. Higher factor of safety taken at the time of design is to cover several uncertainties. It was opined during deliberations that there is a need to reduce the factor of safety, as the health of the dam is known. In ICOLD Bulletin no. 46, following has been mentioned for the criteria for factor of safety of dams and foundations which are expected to resist earthquake forces.

"If all the parameters are chosen to avoid possibilities of unsafe error i.e. all loads are maximum, all strengths are minimum, then the factor of safety required is 1. This is the most conservative approach generally resulting in an unnecessarily expensive structure. This approach may however be justified when considering the stability of dam subjected to the MCE and with maximum allowable distortion but no failure in the stress analysis."

As per USBR, cracking is permitted in case of extreme loading condition (MCE) in case of concrete dams with a factor of safety of 1.

From the data presented to the Committee and investigations made as elaborated above, the Committee arrived at to the following *conclusion*:

a) The compressive strength of masonry in CM 1:5 and CM 1:3 shall be considered as $6000 \, kN/m^2$ and $9000 \, kN/m^2$ respectively.
b) The tensile strength of masonry and concrete shall be taken as 10% of the corresponding compressive strength.
c) For a pseudo-static approach of analysis, where the acceleration is taken as ¼th of MCE, factor of safety of 2.5 is adopted.
d) With this reduced factor of safety, permissible tensile stress in masonry in CM 1:5 and 1:3 would be $240 \, kN/m^2$ and $360 \, kN/m^2$ respectively.

4 REVIEW OF DAMS

In light of these criteria, stability analysis was carried out and stress picture is given in plate 3. Out of the 26 dams, stresses in 20 dams are within permissible limit and do not need strengthening. Out of the remaining six, Tansa dam is 100 years old and it is unsafe even in normal condition therefore its strengthening has been recommended and the work has also been taken up. Dynamic analysis of a Lower Terna dam located near the epicenter of Killari earthquake shows that the stresses are within permissible limits therefore it was also found to be safe. Studies regarding strengthening in case of Koyna and Kolkewadi dams are in process. Regarding Warna and Upper Vaitarna, further studies are in process as the stresses are marginally above the permissible limit.

Thus dams are without doubt, among the safest structures and can withstand the earthquake of higher intensity than designed, however, constant review needs to be taken after the occurrence of such an event. The approach set out by the committee shall in long way would be helpful in tackling similar situation in future so that the authorities could be appraised of situation immediately.

5 STRENGTHENING MEASURES

Strengthening of masonry/concrete dam can be accomplished by

i)   Post-tensioning
ii) Earth backing
iii) Masonry/Concrete backing

729

5.1 Post-tensioning cables

Post-tensioning is one of the good old systems of strengthening of gravity dam. However, there is an apprehension about the loss of stress in the cable over a period of time. Though it has not been substantiated by any observed data. Therefore post-tensioning is advocated only as an emergency measure to strengthen the dam till permanent measures could be taken up in hand.

5.2 Earth backing

Earth backing is also one of the simpler ways of strengthening which however is not preferred because there is an apprehension about separation between earth and masonry during earthquake conditions particularly near the top.

5.3 Masonry or concrete backing

This method has proved to be most reliable as nearly 10 dams strengthened so far in the state have been performing well and also withstood the earthquakes. Therefore strengthening by full backing or by buttresses or both in parts is recommended.

5.3.1 Bonding level

While designing, it is necessary to ensure that there is a proper bond between the old and the new masonry. The stresses in the old masonry at the time when the new masonry is bonded on the downstream remain locked. It therefore follows that the bonding has to be done when the stresses in the old masonry are minimum. The level at which bonding could be done is required to be prescribed as low as possible to ensure monolithic behavior and to avoid unduly large strengthened section. This limitation causes severe constraints in the construction program because the period available for bonding in a working season is very short. The important assumption in design is the following.

a) Stresses in the old dam due to masonry weight, water pressure and uplift remain locked at the bonding level.
b) Additional masonry, stored water above the bonding level and seismic forces induce stresses in the combined section of old and new masonry.

The stress diagram is shown in plate 4

5.3.2 Shear key

Behavior of the combined section is indeterminate to some extent. The design assumption of monolithic behavior of the entire dam depends upon how the interaction within the old and new work takes place. For ensuring proper bond, shear keys are proposed for resisting the shear along the junction between old and new masonry and to have monolithic behavior. Shear keys of size 600 mm × 750 mm for the full width of buttress/full backing masonry spaced at 5 m interval is proposed. Shear keys are proposed to be cast in concrete with necessary reinforcement as shown in plate 4. Instead of shear keys anchor rods are also proposed at higher elevation where shear keys are not possible from execution point of view.

5.3.3 Bonding concrete

The principal stresses at the interface are perpendicular, whereas the shear stresses are along the interface. For the load transfer in a monolithic behavior, therefore, shear strength along the interface becomes critical. Experiments were carried out to find out the shear strength along the junction between surface conditions viz.: dry, semi-dry, and wet. Blocks were cast over the downstream face of the dam. In situ shear tests on these blocks were carried out. It was observed that the shear strength in wet condition was the least and was accordingly adopted for design. Whereas this shear strength between masonry and concrete was of the order of 431.64 KN/m². It was as low as 255.06 KN/m² between old masonry and new masonry. This indicated that instead of placing the new masonry directly on the old masonry it would be desirable to place sandwiched concrete in between so that the shear strength is maximised. Therefore bonding with concrete is proposed.

5.3.4 Drainage arrangement

To drain out any likely seepage, 150 mm dia half round concrete pipes are placed abutting the existing dam surface above the shear keys, sloping on either sides as shown in plate 5. These pipes are provided at every shear key or at alternate key depending on the anticipated extent of leakage.

5.3.5 Construction sequence

The downstream face of existing masonry is thoroughly cleaned by air water jetting. The mortar joints are raked for a depth of 40 mm. Then the notch for shear keys is excavated. The shear keys are then cast in place. On reaching the desired foundation level for buttress construction of masonry in zone I is taken up irrespective of any water level in the lake as this construction is away from the dam body and would not induce any stress in the dam. When the water level reaches upto the planned bond level then masonry in Zone II along with bonding concrete is taken up. The masonry in Zone III is raised, if some period is available in the working season i.e. before rising of Lake Level above bond level. All the details are shown in plate 5.

6 CONCLUSION

So far 10 masonry dams in the state are strengthened either by buttressing or by full backing and its behavior

is carefully watched. It is observed that their performance is satisfactory and therefore this method of
strengthening is considered as adequate enough.

IMPERMEABILITY OF MASONRY DAMS

1 INTRODUCTION

To minimize leakage in the dam masonry upstream
septum in rich masonry having low permeability is
constructed which also helps in reducing uplift. Indian
standard specifies a water loss of not more than 2.5 and
5 lugeons in the upstream and downstream portions of
the dam respectively depending on the mortar mix used
for masonry at that location (rich or lean respectively).
Lugeon is the measure of defining permeability which
is the water loss in litres per minute per metre depth of
the drill hole under a pressure of 10 atmospheres maintained for 10 minutes in a drill holes of 46 to 76 mm
diameter. The values of water loss obtained from the
test is the overall value of masonry including loss into
cracks joints, etc. It provides an approximate estimate
of the possible leakage that may take place through
specific zones of masonry. It has been experienced that
the dams which are constructed in the past have comparatively very little or no problem of leakage but the
dams which are constructed recently in the last 25
years have been facing severe problem of leakage and
in some cases it has assumed enormous proportion.
In the last 2 decades, quality of hand laid masonry
has deteriorated mainly because of dearth of skilled
masons. It is observed that the art of constructing stone
masonry is day by day disappearing. This has resulted
in large leakage through the dams involving loss of
precious water and also fear in the minds of people
residing on downstream side. Profuse leakage induces
considerable leaching of free lime in the cement rendering masonry week and unsightly appearance of the
structure. It has been experienced that once the
masonry starts leaking badly and amount of corrective
measures is not only expensive but fool-proof correc-
tions cannot be ensured.

To overcome this problem methods as mentioned
below were tried and finally upstream septum in colgrout masonry is adopted because of its satisfactory
performance.

2 MEASURES ADOPTED

To overcome this problem, following construction
types were tried.

1) Construction of an upstream septum in concrete
2) Guniting the upstream face in cement mortar 1:3
3) Colgrout masonry in cement mortar 1:3

2.1 Upstream septum in concrete

In some dams concrete septum has been provided as
shown in plate 6. Keys and dowel bars in masonry
were not provided in view of construction difficulties.
Concrete possesses the necessary strength in tension
and compression required from stability point of
view. The width of the septum was kept as 1.5 m in
view of the cost constraints. However it is observed
that the concrete septum suffered from following construction deficiencies.

a) Improper bonding of concrete and masonry.
b) Improper treatment at the horizontal joints at successive lifts.

From the observed leakage for the dams where
upstream septum in concrete is provided, it is seen
that there is no appreciable improvement in controlling leakage. This, it is believed is attributed to leaky
concrete joints. Further, separation of the concrete
septum is feared in one case thereby endangering the
stability of the dam. Thus though the concrete material as such is water tight, the septum failed in rendering a watertight barrier along the upstream face of
dam. Therefore this practice was dropped.

2.2 Guniting

In some dams guniting in C.M. (1:3) 40–50 mm.
thick with wire mesh (I.R.C. fabric) has been provided to the upstream face. From the data available it
is seen that the gunited surface has reduced the
leakage to some extent in the initial period. However, gunited surface has developed hair cracks or
peeling of mortar due to loss of bond, especially due
to fluctuations in water levels and subsequently
after some period the leakage has again resumed.
Therefore guniting the upstream face is also dis-
continued.

It has been observed that cement grouting of
masonry has helped in some cases in reducing the
leakage but after some period, 5–6 years, the leakage
has again increased.

2.3 Applying water proof coats

Water proofing compound treatment was provided
in some cases for upstream concrete surface for
minimising leakage. Although this has resulted in
reducing leakage, it has been found that it is not
durable.

Applying epoxy mortar pointing to the joints in the
masonry face was also thought. But this was
extremely expensive and difficult to execute perfectly
in already constructed high dams where water is
already stored and hence this was also discarded.

3 COLGROUT

3.1 Colgrout masonry

Besides concrete septum, Indian Standard has suggested a sandwich concrete membrane, 1.5 m thick between upstream stone masonry and the hearting masonry. It is proposed that cement mortar shall be pumped from bottom in the well graded pre-packed coarse aggregate by perforated pipes already placed in aggregates. Based on similar lines, the Colcrete technology was studied and tried on one dam (Wan) on experimental basis. Simultaneous testing in the research laboratory was also carried out. Results were encouraging and therefore colgrout masonry technique was developed and adopted.

Colgrout is a colloidal grout produced by high speed mixing of cement and sand in proportion with minimum water content. It is stable and pumpable. It does not readily mix with water. "COLGROUT MASONRY" is the grouted masonry made by pumping colgrout into the voids of prepacked stones. The speed of mixing is increased to 1500 to 2000 rpm. Because of this, fine particles of cement and water form a uniform "Gel" like paste which remains stable. The mxture of this kind of gel and sand is pumped into mass of prepacked rubble. After some time the gel begins to harden and eventually the whole mass turns into a solid monolithic block.

3.2 Colgrout equipment

Double drum mixer consists of two mixing units and power unit mounted on a suitable chasis. Each mixing unit consists of a hopper tank connected by means of a trap to a casting similar to that of centrifugal pump. The first mixing produces water – cement slurry which is transferred to the second unit where the sand is added to produce water, cement, sand grout. The grout, thus produced is injected through a delivery pipe at about 1.75 kg/cm^2 pressure. The total mixing time is about 60 to 90 seconds and depends upon the method of feeding.

3.3 Method of construction

First of all, a hollow compartment of suitable size which will ensure turn out of 15 to 30 m^3 of colgrout masonry is constructed. The sides of compartment are constructed in conventional masonry in CM 1:4. Thickness of the side wall may not be more than 45 cm. and height of 1.2 m. Some times, instead of constructing masonry on all four sides, centering may be erected depending on the site situations. In this compartment, stones are then hand packed. The gaps are filled with stone chips to the maximum possible extent. The top layer is arranged with larger stones so as to protrude in to the subsequent colgrout layer. G.I./M.S. pipes of 75 mm. diameter and 2.0 m. height are placed in the compartment at about 1.5 to 2.0 m. spacing while filling the compartment with rubble. Colgrout is then pumped through these pipes. The entire compartment starts getting filled up with the mortar from the bottom upwards. The G.I. pipe is lifted up as the mortar in the compartment rises upward till it reaches upto the top level. The pre-constructed walls in masonry in CM 1:4 become an integral part of the colgrout masonry.

3.4 Properties of colgrout

a) Every particle of cement is thoroughly wetted.
b) Because of colloidal form it does not mix with water and prevents segregation of sand and reduced bleeding to the minimum.
c) Its fluidity permits it to be pumped upto a considerable distance i.e. upto the point of placement and penetrates uniformly in the voids.
d) Separation of smaller particles of cement achieved by high speed mixing resulting in greater fluidity with less water cement ratio.
e) High degree of impermeability is achieved.
f) It makes construction possible on remote sites with minimum skilled labour.
g) High density.
h) Compaction is eliminated.
i) Daily out put is more than hand laid masonry.

3.5 Water cement ratio

The quantity of water to be used for mixing of a colgrout slurry shall in no case be more than 0.85 times the weight of cement in colgrout slurry for 1:3 mortar slurry.

3.6 Admixtures

"Plasticon" (or super plastisizer) improves workability. It can be used as water reducer and thereby it increases the strength of mix. It is claimed that for a given strength, saving of cement upto 20% is possible, with use of superplastisizer.

3.7 Other properties

– Compressive strength: 10800 kN/sqm
– Density: 24.5 kN/sqm
– Permeability: 0.80 lugeon
– Split–tensile strength: 1410 kN/sqm
– Modulus of Elasticity: 2.13 × 107 kN/sqm
– Cement Consumption: 3.7 to 4 bags per m^3

4 CONCLUSION

This technique was first tried in case of a 67 m hign Wan Dam and the leakage observed was 2.3 litres per second as against the permissible criteria of 16 litres per second. In view of the encouraging results, an upstream septum of 5 m width is now proposed in all the masonry dams as shown in plate 6 as a normal practice.

Dam Maintenance and Rehabilitation, Llanos et al. (eds)
© 2003 Taylor & Francis, ISBN 90 5809 534 7

Rehabilitación de la presa de El Batán

Luis García García
Dirección General de Obras Hidráulicas y Calidad de las Aguas, Ministerio de Medio Ambiente

Miguel Alonso Pérez de Agreda
Proyectos y Servicios S.A.

Juan Fco. Coloma Miró
Universidad de Extremadura

ABSTRACT: La actual presa de El Batán terminada en el año 1963 ha sido parcialmente rehabilitada. Con objeto de mejorar sus precarias condiciones de estabilidad, se ha añadido un cuenco nuevo de mayores dimensiones que el anterior, que impide el deslizamiento de los bloques centrales y se han adaptado sus órganos de desagüe a la normativa vigente.

La presa de El Batán está situada en el término municipal de San Lorenzo de El Escorial, provincia de Madrid, sobre el arroyo de El Batán, tributario del Aulencia que a su vez lo es del Guadarrama.

Los orígenes de la actual presa de El Batán, hay que buscarlos a mediados del siglo XIX cuando se inicia la construcción de los Ferrocarriles del Norte cuyo trazado discurre por la Villa de San Lorenzo del Escorial. Para obtener el agua necesaria para el abastecimiento de las máquinas de vapor, se planteó la construcción de una presa en las proximidades del municipio, ya que los pozos y manantiales cercanos eran insuficientes. Además se abastecerían también la huerta del Monasterio de El Escorial, la pradera de la Herrería y los jardines de la Casita del Príncipe.

La presa se ubicó en el valle que forman los cerros de San Benito, Las Machotas y Peñas Pardas, cuya escorrentía constituye el arroyo de El Batán que da lugar al río Aulencia.

En 1866 se aprueba la construcción de una presa de mampostería con mortero de cal, revestida de sillería. La altura de la presa sería de 9,5 m con una longitud de coronación de 80 m. Debido a un aumento de la demanda, en 1925 se realiza un recrecimiento de la presa elevando ésta en 5 m, lo que supuso alargar la coronación hasta los 104 m y la construcción de un muro lateral de unos 40 m en la margen izquierda.

La presa recrecida al mantener el perfil y aumentar la altura resultaba inestable al deslizamiento, lo que se puso de manifiesto en la noche del día 23 de marzo de 1943 en la que una gran tormenta seguida del deshielo de la nieve acumulada en las montañas de la cuenca originó una fuerte crecida en el arroyo, por lo que la lámina de agua superó la coronación de la presa produciendo el colapso de los bloques centrales de la misma.

En el año 1955 la Jefatura de Sondeos, Cimentaciones e Informes Geológicos emite el Informe "Acerca de los sondeos realizados para estudio del emplazamiento de la nueva presa de El Batán en el Escorial" en el que textualmente se dice: "el vuelco y la destrucción de la presa son imputables a la esbeltez del perfil recrecido, y a la insuficiencia del aliviadero que dio lugar a la elevación del nivel del agua y al aumento de la subpresión, que debía actuar con coeficiente próximo a la unidad, dadas las condiciones no muy buenas de la cimentación".

El objetivo del informe era determinar la posibilidad de aprovechar los cimientos de la antigua presa que quedaron sin destruir, y caso de no ser esto recomendable, investigar las condiciones del terreno para elegir un nuevo emplazamiento para la reconstrucción de la presa. Vista la no conveniencia de aprovechar la antigua cimentación, se estudia un nuevo emplazamiento inmediatamente aguas arriba de la misma, que coincide con la ubicación de la actual presa de El Batán. En las conclusiones del informe se recomienda atravesar con la excavación los derrubios de laderas, los acarreos, y aquellas zonas más alteradas de la roca que no ofrezcan buenas condiciones de resistencia.

También se recomienda la ejecución de las correspondientes inyecciones de cosido presa-terreno.

En el año 1960 la Jefatura de Sondeos emite el informe "Acerca de las excavaciones realizadas para la cimentación de la nueva presa de El Batán", en el que se concluye que, salvo en la zona del cauce donde las excavaciones están sólo iniciadas, se ha llegado a terreno con resistencia apropiada para cimentar la presa. Se insiste, de nuevo, en la necesidad de realizar los correspondientes trabajos de corrección de permeabilidad y cosido de la presa al terreno.

En estas condiciones se construyó la presa de hormigón en masa de árido granítico, que antes de la rehabilitación, tenía una altura máxima sobre cimientos de 31,1 m, con talud vertical aguas arriba y 0,76 aguas abajo. La cota de coronación era la 1007,00 m.s.n.m. En planta está formada por dos alineaciones rectas: la primera transversal al río, la segunda, que constituye el estribo izquierdo, forma con la anterior un ángulo de unos 250° hacia aguas arriba. La longitud de la primera alineación era de 110 m y de 130 el estribo izquierdo. En los bloques centrales se sitúa el aliviadero de 281m de longitud dividido en 7 vanos por pilas de 0,60 m de anchura. La cota del nivel máximo normal era la 1005,00 m.s.n.m.

Foto n° 1.   Restos de la presa hundida.

La presa aloja una galería de reconocimiento de 98 m de longitud, horizontal en la parte central e inclinada en las laderas.

Aguas abajo del canal de descarga del aliviadero, existía un pequeño cuenco amortiguador para disipar la energía de los caudales vertidos antes de su incorporación al cauce.

La presa poseía un único desagüe de fondo formado por una tubería metálica que descargaba en un canal escalonado adosado al exterior del cuenco, en la margen derecha.

En el año 1966 el Servicio Geológico de Obras Públicas emite informe "Sobre los trabajos de impermeabilización realizados en la presa de El Batán en El Escorial" en el que se describen los tratamientos realizados, que se desarrollaron en dos fases. Ambas supusieron la perforación de 4.366 m de taladro y la inyección de 315 t de cemento, "con lo quedó completamente hecho el cosido de la fábrica de la presa al terreno y corregidas las abundantes filtraciones en el hormigón de la presa".

Todos los taladros realizados para la inyección, tanto los perforados desde coronación, como desde la galería, quedaron limpios y emboquillados con tubería de chapa y tapón de cierre.

Aunque el aliviadero fue diseñado y construido para trabajar en lámina libre, en 1971 se planteó la necesidad de aumentar la capacidad del embalse, para lo cual se colocaron 7 compuertas rectas de 3,25 m de ancho y 1,15 m de altura.

En el año 1993 el antiguo Area de Tecnología y Control de Estructuras emite un informe "Sobre la situación de la presa de El Batán" en el que, entre otros comentarios se constata la instalación, en el año 1991, de tres parejas de piezómetros de cuerda vibrante y la obstrucción, total o parcial, de la red de drenaje de subpresión.

Ante las elevadas presiones medidas en los citados piezómetros en distintos estados de carga de la presa, se concluye que la situación de la presa es grave,

Foto n° 2.   Presa sin recrecer.

Foto n° 3.   Cuenco antiguo.

responsabilizando del fenómeno a la puesta en carga de la red de diaclasas y fracturas del terreno de cimentación, que tendrían una transmisividad hidráulica reducida por lo que las filtraciones, o no se apreciarían o aparecerían bastante aguas abajo de la presa.

En las conclusiones se indica que: "la presa, en su situación actual, no es estable a nivel normal de máximo embalse". "Mantener el embalse lleno durante un periodo superior a un mes tendría efectos catastróficos, de ser fidedignos los registros piezométricos". "Aunque se ignoran las causas del derrumbamiento de la presa primitiva, éste se pudo deber muy probablemente a la puesta en carga de la red de diaclasas y al correspondiente aumento de la subpresión".

En las recomendaciones del informe se indicaba que:

1. "Es necesario proceder a la reperforación urgente de la cortina de drenaje"
2. "Hasta la implantación de las medidas indicadas en el párrafo anterior, el nivel máximo normal del embalse no deberá superar la cota 1000,00 m.s.n.m."

En 1995 el Área de Tecnología y Control de Estructuras emite un nuevo informe en el que prácticamente se mantienen las conclusiones y recomendaciones del de 1993 antes citado.

A petición del Patrimonio Nacional, organismo que actualmente explota la presa, la Dirección General de Obras Hidráulicas redacta un proyecto encaminado al estudio de la situación de la presa y su posible corrección.

Los trabajos que se abordan como consecuencia del proyecto, son los siguientes:

1. Se realizan tres sondeos de reconocimiento en los bloques centrales de la presa.
2. Se reperforan e inyectan todos los taladros existentes en coronación, que correspondían a los de la pantalla realizada en 1962 y que por alguna extraña razón se habían lavado después de la inyección y dotado de tapones. En la reperforación de los taladros se llegó hasta cinco metros por debajo del contacto presa terreno, con intención de inyectar la zona del contacto.
3. Ejecución del plano drenante del cuerpo central de la presa desde la galería perimetral.
4. Rehabilitación de los drenes de subpresión existentes y perforación, desde la galería perimetral, de 21 drenes nuevos separados 3,0 m hasta una profundidad de 20 m.
5. Inyección de las juntas verticales de la presa mediante inyección de lechada de bentonita-cemento.

Después de realizados los trabajos anteriormente citados, se observó una ligera disminución de la subpresión, de todas formas inferior a la esperada.

Los ensayos de laboratorio realizados con la muestras extraídas en los taladros de reconocimiento, indican

bastante dispersión de las mismas en cuanto a resistencia a compresión simple, estando comprendida entre 6,72 y 21,6 Mpa; aunque lo más determinante desde el punto de vista de la estabilidad de la presa fue la baja densidad del hormigón, máxima de 2,16 kg/dm^3, mínima de 1,87 kg/dm^3 y media de 2,04 kg/dm^3. Es decir, solamente debido a la pérdida de densidad del hormigón, existía una disminución importante del coeficiente de seguridad.

Las elevadas subpresiones unidas a la baja densidad de la fábrica y a lo estricto del perfil, con talud de aguas arriba vertical y 0,76H/1,00V en el de aguas abajo, motivaron el planteamiento de una rehabilitación integral de la presa.

Desde la Dirección General de obras Hidráulicas se consulta a distintos especialistas en el proyecto de presas, seleccionándose de las propuestas presentadas la de la empresa PROSER S.A., que en diciembre de 1998 redacta el "Proyecto de rehabilitación de la presa de El Batán" atendiendo a las premisas siguientes:

1. Un estado de seguridad nominal deficiente en los bloques centrales de la presa, que son los más altos y los de cimentación más somera, que sería necesario mejorar.
2. La necesidad de aumentar la capacidad del embalse para atender las mayores demandas de riego en los años secos, por lo que se eleva la altura de la misma en 1,50 m.
3. La adecuación de los órganos de desagüe al actual Reglamento Técnico de Seguridad de Presas y Embalses.

Bajo estas premisas se redacta el correspondiente proyecto que incluye las siguientes obras:

— Recrecimiento de la totalidad del cuerpo de presa en 1,50 m, elevando la coronación desde la cota 1007,00 hasta la 1008,50 m.s.n.m., de tal manera que se consiguiera una capacidad de embalse similar

Foto n° 4.   Recrecimiento coronación.

737

Foto nº 5. Estado del hormigón del aliviadero y demolición de pilas del tablero.

Foto nº 7. Losa anclada del nuevo cuenco.

Foto nº 6. Armadura y conectores de la losa de refuerzo del aliviadero.

a la que proporcionaban las antiguas compuertas. Este recrecimiento exigía prolongar la presa por ambos estribos con nuevos bloques de hormigón, que dieran continuidad a la tipología existente.

— Modificación y recrecimiento del vertedero, y del canal de descarga del aliviadero, cuyo hormigón se encontraba muy deteriorado debido a su baja calidad y al efecto del hielo. El vertedero se recrecería desde la cota 1005,0 hasta la cota 1006,50 (NMN actual).

— Refuerzo del canal de descarga mediante la ejecución de un revestimiento de hormigón anclado al paramento. Este revestimiento incluye los 0,30 m de demolición del paramento antiguo, necesaria por la evidente degradación del hormigón en espesores apreciables

— Demolición de las antiguas pilas del tablero, con el fin de aumentar la capacidad de desagüe, necesaria para evacuar los caudales correspondientes a la avenida de proyecto y a la avenida extrema.

— Nuevo cuenco del aliviadero, que se diseña para mejorar la estabilidad al deslizamiento de los bloques centrales de la presa y para restituir al cauce sin daño, los caudales laminados de la avenida de proyecto. La losa de la solera del cuenco está unida a la roca de cimentación mediante anclajes pasivos de 12 m de longitud, formando un ángulo de 45º con la vertical.

Dam Maintenance and Rehabilitation, Llanos et al. (eds)
© 2003 Taylor & Francis, ISBN 90 5809 534 7

Ejemplo de actuaciones de rehabilitación en el ámbito del Guadiana y problemática que plantea la conservación y rehabilitación de presas antiguas e históricas

J. Martín Morales

Ingeniero de Caminos, Director Adjunto-Jefe de Explotación, Confederación Hidrográfica del Guadiana

ABSTRACT: En el ámbito de la cuenca del Guadiana se encuentran ubicadas las dos presas construidas en la época romana, con casi 2.000 años de funcionamiento. Ello evidentemente resulta posible en la actualidad gracias a las diversas y continuadas labores de conservación y rehabilitación que han sido realizadas a lo largo de los siglos que llevan en servicio, cuyo análisis resulta realmente interesante.

En época reciente la presa de Proserpina ha sido objeto de un ambicioso Plan de Rehabilitación, y está previsto acometer en breve plazo la rehabilitación integral de la presa de Cornalbo, actuaciones que han sido puestas de manifiesto en diversas ocasiones y que no se pretende aquí repetir con detalle sino que aprovechando estas experiencias con la presente comunicación se pretende poner de manifiesto la problemática que se plantea para la realización de cualquier actuación de cierta entidad e importancia en este tipo de presas históricas o antiguas, sobre las cuales ostentan determinadas competencias y responsabilidades diversas Administraciones que es preciso coordinar y unificar criterios y objetivos, considerando de vital importancia la incorporación de especialistas en variadas materias formando equipos multidisciplinares para la mejor definición de las actuaciones a realizar y la mejor consecución de los objetivos prefijados.

En el ámbito geográfico de la cuenca del río Guadiana se encuentran ubicadas las dos presas aún en servicio construidas en la época romana, Cornalbo y Proserpina, con casi dos mil años de funcionamiento, y otras con período de funcionamiento más humilde pero significativo, como la de Gasset, con sólo un siglo de existencia, todas ellas de titularidad estatal, y otras de titularidad Autonómica y/o Local o de propiedad privada con más de un siglo de existencia y funcionamiento como son las presas de la Albuera de Castelar sobre el río Alconera, propiedad del Ayuntamiento de Zafra, datada en 1.500, la Albuera de Feria, de 1.747, propiedad del Ayuntamiento de Almendralejo, la presa de Zalamea, datada en 1.800, la Albuera de Casabaya en Jerez de los Caballeros, del año 1.840, la presa de La Marismilla en Nerva, del año 1.878, la presa de El Lagunazo, en Alosno, del año 1.880, la presa de Campofrío (Huelva) del año 1.883, las presas de El Puerto del León, año 1.887, de Alisal, del año 1.900, y de El Toril, año 1.900, las tres en Almonaster la Real, La Joya en El Cerro de Andévalo, del año 1.894, la presa de Minas Herrerías III, año 1.900, en Puebla de Guzmán, así como otras muchas presas que ya rondan el siglo de existencia, como son las presas de Tumbanales I, en Nerva, año

1.905, y Tumbanales II, del año 1.910, el Calabazal, del año 1.908 en Calañas, El Zumajo, en Zalamea la Real, del año 1.908, Electrolisis del Cobre I y II, ambas en Almonaster la Real del año 1.910, La Garnacha I y II, en Cortegana, del año 1.910, El Campanario, en Beas, de 1.911, etc., etc., etc.

Esta enumeración de presas, llamemos antiguas, indica y refleja la riqueza del patrimonio hidráulico y presístico existente en el ámbito de la cuenca del río Guadiana, ubicadas la gran mayoría en la zona occidental y sur de Extremadura así como en la sierra de la provincia de Huelva, y con usos predominantemente de abastecimiento a poblaciones o para usos industriales en las minas de la provincia de Huelva.

El mayor mérito que presentan todas las presas inicialmente citadas, sin lugar a dudas, es mantener en activo su funcionamiento tras siglos o décadas desde su construcción y poder así seguir prestando el servicio para el que fueron proyectadas y construidas en su día. Y sin duda alguna también, si las mismas siguen en funcionamiento y dando el servicio correspondiente a sus usuarios es gracias a las labores de mantenimiento, conservación y rehabilitación que han debido realizarse en las mismas a lo largo de los años o siglos de existencia.

También es verdad que en la zona del Guadiana existen numerosos restos de diversas presas, muchos de ellos simples vestigios o restos arqueológicos de la época romana, existiendo constancia documentada de un buen número de presas fuera de servicio y arruinadas, desconociéndose si dichas ruinas fueron producidas por algún tipo de incidente o accidente, o simplemente por abandono y falta de atención.

Parece obvio que para que estas presas antiguas puedan mantenerse en adecuadas condiciones de funcionamiento y seguridad resulta totalmente imprescindible dedicarles el personal, los equipos y medios precisos para la realización de las labores de mantenimiento y conservación adecuadas que posibiliten y garanticen una mínimas condiciones de seguridad y de funcionamiento de manera continuada.

Como ejemplo práctico de las actuaciones que ha realizado la Confederación Hidrografica del Guadiana, como Organismo sobre el que recae la responsabilidad de la explotación, mantenimiento y conservación de las presas de más antigüedad de este país, Cornalbo y Proserpina, puede ponerse de relieve el ambicioso Plan de Rehabilitación acometido en la presa de Proserpina durante la pasada década, así como el Plan que está previsto acometer en breve plazo para la presa de Cornalbo.

En cuanto al Plan de Rehabilitación de la presa de Proserpina, que ha sido ampliamente difundido en repetidas ocasiones, no se pretende repetir aquí nada de lo ya dicho en anteriores ocasiones sino solamente poner de manifiesto el cúmulo de actuaciones que se han realizado a lo largo de los últimos diez años y que finalmente han posibilitado garantizar las condiciones estructurales y de seguridad de la presa, tras una intensa campaña de estudios y profundización en el conocimiento de sus características, sondeos, testificación, etc., y que en síntesis las más destacables han consistido en las que se resumen a continuación:

- Estudio de caracterización completa de la presa.

- Construcción de un nuevo desagüe de fondo exento en un lateral del embalse para mejorar las condiciones de la explotación del embalse y su seguridad frente a avenidas.
- Consolidación de la cimentación y tratamiento del contacto presaterreno.
- Consolidación del paramento y espaldón de la presa.
- Corrección de filtraciones.
- Rehabilitación de la toma profunda.
- Dragado del embalse.
- Rehabilitación medioambiental de su entorno.

En la presa de Cornalbo aún no se ha dado inicio a su rehabilitación integral, si bien la presa presenta una problemática de filtraciones a partir de un cierto nivel que han de ser corregidas, existiendo muchas incógnitas sobre su propia estructura sobre las cuales sería muy interesante profundizar en su conocimiento, estando previsto, en el plazo más breve posible en función de las posibilidades presupuestarias, dar inicio a una campaña de estudios, reconocimientos, sondeos y testificación, y a partir de los resultados que se obtengan definir las posibles actuaciones a realizar y acometer su rehabilitación integral.

Ambas presas han sido objeto de importantes actuaciones de rehabilitación a lo largo de su dilatada historia, de algunas de las cuales se tiene constancia documentada, y sin duda alguna se ejecutaron bajo criterios eminentemente estructurales y funcionales, lo cual ha posibilitado garantizar la seguridad de las estructuras así como prestar el servicio correspondiente a lo largo de los años y hasta la actualidad.

Parece evidente la necesidad de realizar las actuaciones de conservación y rehabilitación precisas para mantener las presas en adecuadas condiciones de funcionamiento y seguridad, pero lo que ya no parece tan evidente hoy en día es cómo han de ejecutarse tales operaciones.

Los criterios para cualquier tipo de actuación de rehabilitación de este tipo de presa antigua, hoy en día,

Figura 1.   Presa de Proserpina.

Figura 2.   Presa de Cornalbo.

no pueden ni deben restringirse exclusivamente a aspectos puramente funcionales, ya sean estructurales o hidráulicos, sino que además deben considerarse, quizás con mayor peso específico incluso, otros diversos aspectos como pueden ser de índole histórica, estética, artística, cultural, ambiental, etc., etc.

La asunción de estos criterios de índole tan diversa conlleva por una parte la necesidad de contar con equipos multidisciplinares para el estudio, definición y proyecto de las posibles actuaciones a acometer, pero esa misma necesidad de equipos multidisciplinares conlleva al mismo tiempo la necesidad de una coordinación estricta y muy precisa a efectos de compatibilizar los distintos criterios y puntos de vista de los integrantes, muchas veces con criterios e intereses muy contrapuestos pero sin que pueda olvidarse el objetivo final de las posibles actuaciones a realizar: que la presa siga en funcionamiento, prestando el servicio correspondiente, y siempre en las mejores condiciones de seguridad posible.

Esta diversidad de aspectos a considerar lleva parejo una cierta complejidad en la tramitación de los proyectos de rehabilitación. Ya no basta con la tramitación habitual ante la Administración Hidráulica competente en la materia, sino que al tratarse otros aspectos históricos, monumentales, etc., interviene también otras diversas Administraciones con unas determinadas competencias, ya sean Estatales como Autonómicas, e incluso en algún caso Local como podría ser el caso del Consorcio de la Ciudad Histórico Artística y Monumental de Mérida, el cual ostenta una serie de competencias en el ámbito geográfico de Mérida en el cual se encuentran ubicadas las presas de Cornalbo y Proserpina.

Esta diversidad de Administraciones competentes implican de alguna manera una mayor complejidad en la tramitación administrativa de cualquier proyecto de rehabilitación, posiblemente con dilatación del período habitual de tramitación, y requiere una mayor coordinación a efectos de compatibilizar criterios e intereses, especialmente si las operaciones a realizar son relativamente delicadas y requieren la previa adopción de decisiones atrevidas.

Ahora bien, un obstáculo o condicionante importante que se suele presentar para la toma de decisiones se refiere casi siempre a la falta de información existente sobre una determinada serie de aspectos de la presa, lo cual conduce a la necesidad de realizar campañas de investigación previas para la definición de actuaciones adecuadas. Evidentemente no existen planos de la construcción de las presas de Cornalbo y Proserpina, pero tampoco existen documentos ni planos de los proyectos de construcción de algunas presas antiguas, como puede ser el caso de la presa de Gasset, de principios de 1.900, lo cual conlleva a la necesidad de realizar campañas de reconocimiento y caracterización previamente a cualquier operación

importante de rehabilitación que pueda programarse. A este respecto, habría que señalar que las campañas de investigación a realizar deberían ser totalmente compatibles con el régimen de explotación del embalse, y sobre todo compatibles con el régimen fluvial del río en cuestión, ejecutándose en aquellos períodos compatibles con la presentación de avenidas asumibles a afectos de evitar posibles daños. Esto resulta muy importante ante la posibilidad de acometer excavaciones arqueológicas, cuyo ritmo y plazo resulta siempre imprevisible, pudiendo surgir problemas de consideración ante la presentación de avenidas, como podría ser el caso de realizar excavaciones en los espaldones de las presas de Cornalbo o Proserpina, en cuyo caso podría verse comprometida su seguridad estructural.

No puede obviarse que con el transcurso de los años la tecnología ha sufrido importantes novedades y que han surgido nuevos materiales cuyo uso sería preciso compatibilizar con los materiales originales.

Otro aspecto de cierta importancia a considerar se refiere a las nuevas normativas que puedan ir entrando en vigor estableciendo disposiciones de obligado cumplimiento a efectos de garantizar condiciones de seguridad o similares en las presas. No puede obviarse que las presas antiguas en servicio son como son y fueron proyectadas y construidas en su día, acorde con las normativas y criterios, o modos y costumbres existentes en cada época, y que sus órganos de desagüe son los que son y no otros.

Todo ello quiere decir que plantear alguna modificaciones tendentes al cumplimiento de una nueva normativa en este tipo de presas antiguas podría dar lugar a una problemática de muy difícil solución ante la imposibilidad material de poder realizar tales obras en algunos determinados casos.

Un aspecto de especial relevancia se refiere a las nuevas exigencias en materia de seguridad, la cual requiere una determinada capacidad de desagüe y la fijación de unos resguardos estacionales, todo lo cual puede resultar de muy difícil cumplimiento en las presas antiguas cuyos aliviaderos y órganos de desagüe son los que son y podrían resultar limitados para cumplir las nuevas estipulaciones y no resultar útiles para mantener los resguardos precisos, en cuyo caso se requeriría actuar sobre los mismos, actuaciones que en muchos casos podrían resultar totalmente incompatible con las circunstancias y características de la propia presa y su configuración, especialmente si las presas están consideradas como monumentos histórico-artístico a preservar.

Dentro de estas nuevas normativas que obligan a introducir una serie de modificaciones en las presas o en sus instalaciones complementarias se encuentra la nueva normativa en materia de seguridad y salud en el trabajo, cuya estricta aplicación supondría en algunos casos introducir importantes modificaciones en algunos elementos (accesos, escaleras en galerías, salubridad de las mismas, etc.) que igualmente podrían resultar también incompatibles con las circunstancias y características de la propia presa.

Y finalmente un aspecto importante a considerar se refiere a la recuperación de las inversiones correspondientes, la cual, acorde con la Legislación vigente, debe ser atendida por los usuarios y beneficiarios de la presa, consumidores finalistas de su agua embalsada. Ahora bien, parece lógico que los usuarios consumidores finalistas de agua hagan frente a aquella parte de las inversiones precisa para mantener las condiciones de funcionamiento y seguridad de la estructura e instalaciones complementarias, pero quizás resulte algo abusivo que tengan que hacer frente a los importes correspondientes a aspectos puramente estéticos o artísticos, en su calidad de monumento histórico-artístico, a los cuales parece más sensato que haga frente la sociedad en general.

No obstante todas las posibles complicaciones que pudiesen surgir para la conservación y rehabilitación de las presas antiguas e históricas, resulta evidente la necesidad de mantener en el mejor estado de funcionamiento posible, y en las mejores condiciones de seguridad, todo el patrimonio hidráulico existente en el país, lo cual solo resulta factible mediante los adecuados programas de mantenimiento y conservación, los cuales han de ser programados y ejecutados en forma coordinada entre todos los diversos sectores implicados en la materia, con la participación de equipos multidisciplinares, solventado y superando con sentido común todas las posibles dificultades que pudiesen ir surgiendo y así conseguir hacer realidad los objetivos planteados.

Dam Maintenance and Rehabilitation, Llanos et al. (eds)
© 2003 Taylor & Francis, ISBN 90 5809 534 7

Ejemplo de actuación de rehabilitación en el ámbito del Guadiana: Rehabilitación estructural de la presa de Gasset

M. de la Barreda Acedo Rico
Ingeniero de Caminos, Jefe de Área de Proyectos y Obras, Confederación Hidrográfica del Guadiana

J. Martín Morales
Ingeniero de Caminos, Director Adjunto-Jefe de Explotación, Confederación Hidrográfica del Guadiana

ABSTRACT: La presa de Gasset, construida en los primeros años del siglo XX, presentó durante el año 1.998 un fenómeno puntual de filtraciones muy preocupante, el cual fue reducido y resuelto de manera realmente ingeniosa, pero puso de manifiesto la problemática existente sobre la precisa y necesaria estanqueidad del espaldón de tierras de la presa.

La sección transversal de la presa era más bien estricta, con unos taludes de fuertes pendientes, lo cual añadido a posibles problemas puntuales de impermeabilidad en el espaldón de tierras planteaba una serie de dudas respecto a la estabilidad de la estructura.

Para dar solución a la problemática planteada, se ha proyectado y construido una pantalla plástica continua de bentonita-cemento en el interior del espaldón, arraigada en el terreno de cimentación, y al mismo tiempo se ha procedido a recrecer y reforzar el paramento de aguas abajo de la presa, añadiéndole un manto de escollera que contribuye a aumentar la propia estabilidad de la presa, habiéndose obtenido resultados totalmente satisfactorios.

La presente comunicación pretende poner de manifiesto la problemática planteada y la solución adoptada, describiendo el proceso y los resultados obtenidos.

ANTECEDENTES

El proyecto de la presa de Gasset data del año 1.900, comenzando su construcción en 1.901, entrando finalmente en servicio el año 1.910. Se encuentra ubicada dentro del término municipal de Fernancaballero, en la provincia de Ciudad Real.

Se trata de una presa de gravedad, cuyo cuerpo de presa es un todo uno homogéneo formado por materiales arcillosos impermeables procedentes del propio fondo del embalse, y con una pantalla de mampostería revistiendo su paramento de aguas arriba. Tiene una altura total de 15,29 m. sobre cimientos, una longitud total de coronación del cuerpo de presa de 178 m., y de 205 m. incluyendo los dos aliviaderos laterales. Los taludes originales eran de 1,7/1 aguas arriba y aguas abajo de 1,5/1, 2,0/1 y 2,3/1, con dos bermas intermedias de 2 m de ancho cada una.

La presa cuenta con dos aliviaderos, uno en cada extremo de la misma, que desembocan en sendos canales de descarga que discurren por los laterales de la presa y finalmente confluyen en el cauce aguas abajo de la presa.

Originalmente la presa tenía tal fisonomía y no contaba con compuertas. En el año 1.981 se procedió a un recrecido de la misma, el cual consistió básicamente en dotar a la presa de compuertas, mediante la construcción de unos pequeños azudes vertedero de

Figura 1. Presa original.

aproximadamente 1 metro de altura sobre cada uno de los aliviaderos, como prolongación del murete de mampostería de la coronación, disponiendo tres vanos en cada uno de ellos, cerrados con compuertas de 3,00 × 1,50 m., separados por pilas de hormigón. Como prolongación de dichas pilas se construyó encima de cada aliviadero una casa de compuertas, todo ello chapado en piedra, para alojamiento de los mecanismos de accionamiento correspondientes. Así mismo se procedió al recrecimiento del murete de coronación así como al recrecimiento del espaldón de aguas abajo, con un metro aproximadamente de espesor en vertical, pasando los taludes a ser de 1,5/1, 2,0/1 y 2,5/1, manteniéndose las dos bermas pero a cota algo superior y disminuyendo el ancho de coronación inicial de 5,70 m. a 4,70 m.

En el año 1.998 se presentó un fenómeno de surgencias en el paramento de aguas abajo muy preocupante. Este fenómeno se presentó en breves fechas posteriores a producirse un llenado relativamente rápido del embalse ante la presentación de precipitaciones y aportaciones de cierta entidad, tras haber pasado por un largo período de sequía y escasez de reservas, a consecuencia del cual llegó a quedarse durante unos meses totalmente vacío el embalse, momento en el cual se aprovechó para realizar un dragado y limpieza de los fondos del embalse.

Parece ser que el origen real de las filtraciones estaba motivado por la putrefacción de la gran cantidad de raíces de eucaliptos que quedaron embutidas en el espaldón de tierras, ya que durante unas décadas todo el espaldón de tierras se encontraba sembrado de dichos árboles precisamente con la intención de trabazón de los materiales que formaban dicho espaldón. En la década de los años 60 se procedió a la tala de todos los árboles del espaldón, si bien sin extracción de las raíces a efectos de no producir mayores daños. Dicho fenómeno de putrefacción pudo verse favorecido a consecuencia del largo período de sequía ante una modificación drástica de las condiciones del espaldón, dando así lugar a la creación de una red potencial de vías de agua muy peligrosa.

Este fenómeno puntual, preocupante y grave, de surgimiento de filtraciones que avanzaba y se incrementaba de forma muy alarmante fue reducido y resuelto de manera realmente ingeniosa, lo cual fue divulgado en su día, pero puso de manifiesto la problemática existente sobre la precisa y necesaria estanqueidad del espaldón de tierras de la presa así como la necesidad de actuar para garantizar la seguridad futura de la misma.

ACTUACIONES REALIZADAS

Las actuaciones emprendidas para asegurar la estabilidad de la presa y garantizar su seguridad fueron

dobles. Por una parte se procedió a la ejecución de una pantalla de impermeabilización y por otra al recrecimiento del paramento de aguas abajo.

El diseño de una pantalla interior para garantizar las condiciones de impermeabilidad de la presa tenía como primer efecto inmediato el corte de todas aquellas posibles vías de agua que hubiesen podido surgir a través de la red de raíces de los eucaliptos plantados en su día.

Figura 2. Construcción pantalla.

Figura 3. Recrecimiento espaldón.

El criterio fue diseñar una pantalla que permitiese una admisión de movimientos apreciables del terreno periférico coherentes y compatibles con los propios de una presa de materiales sueltos, para lo cual el material idóneo era un lodo autoendurecible de bentonita-cemento, cuya composición fue de 250 kg de cemento y 50 kg de bentonita por metro cúbico de mezcla.

La pantalla se construyó con espesor de 0,60 m., a todo lo largo de la coronación comprendida entre los dos aliviaderos laterales, y a una distancia aproximada de 2,50 m. del paramento de aguas arriba, empotrándose 1 m. en la cimentación impermeable.

Para posibilitar la construcción de dicha pantalla se construyeron dos muretes laterales que sirvieron de guía a la cuchara de perforación y que al mismo tiempo colaboraban a la estabilidad del terreno superior. Finalmente se aprovecharon dichos muretes auxiliares para apoyo de las losas que conforman el pavimento de la coronación y así se protege el posible deterioro de la pantalla.

El nuevo recrecimiento del espaldón se construyó con un pedraplén, encima de una lámina de geotextil colocada sobre el paramento de aguas abajo, creándose un mayor espesor en el pié de aguas abajo, consiguiéndose así un mayor coeficiente de seguridad, disminuyendo las pendientes de los taludes anteriores con unos nuevos valores de 2,5/1, 2,75/1 y 2,75/1, manteniendo las dos bermas de 2 m de ancho, si bien a cota algo superior.

Revistiendo todo el nuevo talud de aguas abajo se extiende una capa de tierra vegetal y se siembra con unas series de especies arbustivas, todo lo cual mejora sensiblemente el impacto visual del paramento de aguas abajo, integrándolo en el entorno.

La coronación pasa de 4,70 a 5,10 m. de ancho, modificándose el pavimento colocándose un solado de piedra que al mismo tiempo sirve de protección de la pantalla de bentonita-cemento.

COMPROBACIÓN DE LA ESTABILIDAD DE LA PRESA

La estabilidad de la presa para el proyecto de recrecido ejecutado en el año 1.981 se efectuó por el método sueco de BISHOP del círculo de deslizamiento, reiterando el cálculo hasta obtener el arco que daba el mínimo coeficiente de seguridad. Se calcularon un total de 250 círculos de rotura cuyo coeficiente mínimo de seguridad obtenido fue de 1,46, cuando según la Instrucción vigente en la época para Embalse lleno el mínimo admisible era de 1,40, con lo cual quedaba asegurada la estabilidad de la presa con tal recrecimiento proyectado.

En las nuevas condiciones se ha vuelto a comprobar las condiciones de estabilidad de la presa en todas

las hipótesis que se expresan en la sección 3ª del vigente Reglamento Técnico sobre Seguridad de Presas y Embalses.

Dada la fecha de construcción de la presa y la carencia de datos sobre la misma, primeramente se ha procedido a la realización de una campaña de reconocimiento y caracterización de los materiales que forman parte de la presa y de las características involucradas en el cálculo de estabilidad, tomándose muestras inalteradas de los sondeos ejecutados en el cuerpo de presa y cimentación, analizando las incidencias presentadas, tales como pérdida de material, presencia de agua, etc., así como ensayos standar de penetración dinámica, procediéndose después en laboratorio a la determinación de las características resistentes y deformacionales, así como análisis químico.

Una vez determinados y evaluados los diversos parámetros geotécnicos y de cálculo precisos, se ha escogido como método de cálculo el simplificado de BISHOP, contrastando los resultados obtenidos con el método de Morgernsten y Price con función constante, comprobándose que este último proporciona coeficientes de seguridad prácticamente idénticos.

Acorde con lo dispuesto a sus efectos en el vigente Reglamento Técnico sobre Seguridad de Presas y Embalses se han contemplado tres tipos de solicitaciones :

- Solicitación normal.- Embalse lleno hasta el Nivel Máximo Normal (NMN).
- Solicitación extrema.- Embalse lleno hasta el Nivel de la Avenida Extrema (NAE).
- Solicitación accidental.- Desembalse rápido.

Los coeficientes de seguridad obtenidos con dichas hipótesis garantizan también la seguridad para la hipótesis de Nivel de Avenida de Proyecto (NAP).

No se ha considerado el análisis dinámico para ninguna de las hipótesis anteriores al tratarse de una zona en la que la Norma de Construcción Sismorresistente Española, NCSE-94, define una aceleración sísmica básica menos que 0,04 g.

Los coeficientes de seguridad finalmente obtenidos han resultado de 1,76 para solicitación normal y de 1,71 para solicitación extrema, los cuales resultan totalmente aceptables si se tiene en cuenta que la antigua Instrucción Española establecía para presas heterogéneas de tierra coeficientes mínimos de 1,4 para solicitaciones normales y de 1,3 para solicitaciones accidentales y extremas.

En cuanto a la hipótesis de desembalse rápido, sin ninguna disipación de presiones intersticiales, el coeficiente de seguridad obtenido resultó ser de 1,13. por dicho motivo se comprueba la hipótesis de desembalse rápido hasta la cota para la cual se obtiene un coeficiente de seguridad de 1,3, resultando ésta ser la cota 616, es decir 3 metros por encima de la cota de vaciado total de la presa, lo cual supone un volumen de 2,2 Hm^3 frente a la capacidad total de 38,87 Hm^3.

CONCLUSIONES

Los resultados obtenidos con las actuaciones de rehabilitación ejecutadas han sido totalmente satisfactorios, habiéndose mejorado notablemente las condiciones de estabilidad, impermeabilidad y seguridad de la presa, garantizando así el suministro de agua a Ciudad Real y las poblaciones de su entorno.

Dam Maintenance and Rehabilitation, Llanos et al. (eds)
© 2003 Taylor & Francis, ISBN 90 5809 534 7

Aportaciones de las resinas sintéticas a la seguridad de presas

E. Cuadrado Michel & R. Nieto
IRETSA

ABSTRACT: La finalidad de esta exposición es presentar una serie de trabajos realizados en Presas con la ayuda de RESINAS SINTETICAS y que han supuesto una contribución, en unos acasos importante, en otros modesta, a la seguridad de la obra. Pero la verdadera intención es llevar al ánimo de todos los ingenieros hidráulicos que las RESINAS SINTETICAS abren un campo ilimitado de posibilidades que sólo exigen un cierto ingenio para convertirlas en realidad.

1 INTRODUCCION

Antes de comenzar con el detalle de los trabajos, vamos a comentar una serie de ideas sumamente sencillas, que si bien están en el ánimo de todos, conviene resaltar su gran importancia.

2 CONSIDERACIONES PREVIAS

Todas las Obras Hidráulicas, y en particular las PRESAS, deben POSEER, en su origen y CONSERVAR, a lo largo del tiempo, dos características fundamentales: ser RESISTENTES y ser ESTANCAS.

Estas dos cualidades están íntimamente ligadas entre sí, de tal forma que el menor fallo de una de ellas ocasiona distorsiones en la otra, y esta, a su vez al incidir en la primera provoca un proceso cíclico e irreversible que puede suponer una variación en los parámetros que determinan la seguridad de la Presa y en casos extremos ocasionar su ruina.

Por lo tanto podemos afirmar que los principales desarreglos que se presentan en las Presas tienen su origen en al INSUFICIENCIA o PERDIDA de estas características.

La *INSUFICIENCIA* de estas cualidades se genera a nivel del PROYECTO o de la CONSTRUCCION, por una deficiente CONCEPCION o EJECUCION de la obra.

La *PERDIDA* de las cualidades mencionadas aparece, con el concurso del tiempo, a nivel de la EXPLOTACION, por ENVEJECIMIENTO, normal o anormal, de la obra.

En numerosas ocasiones estas deficiencias están ocasionadas por apreciaciones excesivamente teóricas u optimistas sobre los MATERIALES y SISTEMAS tradicionales empleados, tanto desde el punto de vista de su COMPORTAMIENTO, como del CUIDADO EXIGIBLE en su puesta en obra y de su DURABILIDAD.

Las precauciones a tener en cuenta deberán por lo tanto considerarse a nivel de PROYECTO o de la CONSTRUCCION, como *PREVISIONES*, generalmente de bajo costo relativo, pero de necesidad difícil de justificar, o a nivel de la EXPLOTACION, como *REPARACIONES*, cuya necesidad es de fácil justificación pero su costo mucho más elevado.

De los numerosos problemas que puedan afectar a la seguridad en una Presa, nos referiremos únicamente a aquellos cuyo origen está en la acción del AGUA, que son tan diversos en la forma de presentarse y en las consecuencias nocivas que acarrean, que su resolución ha dado lugar a una TECNOLOGIA especializada, basada en un conjunto variadísimo de PRODUCTOS, SISTEMAS y TECNICAS DE APLICACIÓN.

3 PROBLEMAS

Los problemas a estudiar, con un factor común; la acción del agua, los podemos clasificar en tres grandes grupos, atendiendo a su forma de presentarse:

1. De ESTANQUIDAD
2. De CORROSION
3. De DEGRADACION.

que podemos sintetizar, sin ánimo de ser exhaustivos en los siguientes cuadros-resumen.

3.1 Problemas de estanquidad

Pueden surgir en:

- *ELEMENTOS METALICOS*, por deficiencias en:
  - Los **materiales** (poros, fisuras)
  - Las **soldaduras** (poros, fisuras).

- *HORMIGONES*, por:
  - **Permeabilidad** de la propia masa, por defecto en:
    Dosificación
    Mezcla
    Puesta en obra.

  - **Fisuración**, debida a tensiones anormales originadas por:
    retracción
    choque térmico
    tensiones internas
    asientos direnciales
    sobrecargas
    presión intersticials.

  - **Juntas de hormigonado**, mal soldadas.
  - **Despegue** entre éste y los elementos metálicos que lo atraviesan, generalemente causadas por:
    retracción
    presión hidráulica
    vibraciones y choques violentos, anormales, de elementos de cierre.

- *ELEMENTOS ESPECIALES*, por mal funcionamientos de:
  - Juntas de dilatación.
  - Elementos de cierre (compuertas, válvulas).

3.2 Problemas de corrosion

Pueden surgir en:

- *ELEMENTOS METALICOS* por oxidación en ambientes húmedos y en presencia de agua, de magnitud variable en función de la naturaleza química de ésta.
- *HORMIGONES*, como consecuencia de filtaciones a través de la *naturaleza química* del agua que puede facilitar incluso la aparición de tio-bacterias.
- *ARMADURAS Y ANGLAJES*, como consecuencia de filtraciones de agua o gases a través de la masa del hormigón, por porosidad o fisuración de éste, que pueden provocar *oxidación con aumento de volúmen* y consecuente rotura del hormigón de recubrimiento, así como la *pérdida progresiva de sección* resistente.

3.3 Problemas de degradacion

Causados por:

- *SUBPRESIONES* en fisuras y grietas de las fábricas sometidas a cargas hidráulicas.

- ACCION DEL HIELO, en fábricas permeables o fisuradas, en Presas sometidas a bajas temperaturas.
- CAVITACION Y EROSION de fábricas en aliviaderos, desagües y canales de descarga.
- CHOQUE TERMICO en superficies de hormigón expuestas a la intemperie, tales como desagües y aliviaderos, donde el incremento del coeficiente de rozamiento, disminuye la capacidad de desagüe y aumenta los efectos de erosión y cavitación.
- EROSION eólica y pluvial en terraplenes y paramentos aguas abajo, en Presas de materiales sueltos.

4 TRATAMIENTOS

Los tratamientos a aplicar en la resolución de estos problemas los clasificaremos atendiendo a tres factores:

1. PRODUCTO empleado
2. TECNICA DE APLICACIÓN utilizada
3. FINALIDAD perseguida.

que podemos sintetizar, de forma no exhaustiva, en el siguiente cuadro-resumen.

4.1 Productos

- *RESINA BASE*
  - EPOXI
  - POLIURETANO
  - ACRILICA
  - POLIESTER
  - OTROS POLIMEROS
- *NATURALEZA*
  - PINTURAS e < 200 μm
  - REVESTIMIENTOS DELGADOS 200 < e < 400 μm
  - REVESTIMIENTOS GRUESOS > 400 μ
  - MASILLAS
  - MORTEROS
  - COLAS
  - ESPUMAS
  - COLADAS INYECCION
  - PREFABRICADOS (membranas, water stop ...)
- *AMBIENTE DE PLIMERIZACION*
  - SECO
  - HUMEDO
  - SUMERGIDO
- *CARACTERÍSTICAS ELASTICAS*
  - RIGIDOS
  - ELASTICO
  - ELASTO-PLASTICOS

4.2 Técnica de aplicación

- *NATURALEZA DEL SOPORTE*
  - METALICO
  - HORMIGON

- MAMPOSTERÍA
- OTRAS FABRICAS
- TERRENOS
- *POSICIÓN TRATAMIENTO –SOPORTE*
  - TRAT. SUPERFICIALES
  - TRAT. PROFUNDOS (Inyecciones)
- *POSICIÓN TRATAMIENTO-AGUA*
  - TRAT. POSITIVOS (A compresión)
  - TRAT. NEGATIVOS (A subpresión)

4.3 Finlidad del tratamiento

- *ESTANQUIDAD*
  - IMPERMEABILIZACION de fábricas permeables.
  - TRATAMIENTO DE FISURAS
  - TRATAMIENTO DE JUNTAS DE HORMIGONADO
  - TRATAMIENTO DE JUNTAS DE DILATACION
- *PROTECCION*
  - ANTI-CORROSION
  - ANTI-EROSION
  - ANTI-ROZAMIENTO
  - ANTI-HIELO
- *REGENERACION*
  - RECUPERACION o AUMENTO de CA PACIDAD RESISTENTE.

5. TRABAJOS EN PRESAS

Los trabajos que presentamos a continuación se han ordenado por PRESAS, para comentar, dentro de cada una de ellas, los diferentes PROBLEMAS aparecidos y los TRATAMIENTOS llevados acabo.

5.1 Presa de azules

Propietario: E.I.A.S.A.
Terminación: 1.958

Río: Caldarés
T° Municipal: Panticosa
Provincia: Huesca
Destino:Energía
Tipo: Gravedad
Altura (m): 7
Vol. Embalse: (hm^3): 0,7
Aliviadero: Labio Fijo
Capacidad (m^3/s): 69

5.1.1 Paramento aguas arriba

Problemas: Degradación típica en alta montaña del hormigón de rejuntado de mampuestos por acción del hielo y aguas muy puras
Tratamientos: De estanquidad mediante

- Saneado y nuevo llagueado superficial de mampuestos.
- De impermeabilización general del paramento, con revestimiento en membrabna "in situ" de resinas de poliuretano bicomponentes. Terminación mediante filtro U.V. con resinas de naturaleza acrílica.

5.1.2 Paramento aguas abajo

Problemas: Filtraciones de agua por mampuestos
Tratamientos: Inyecciones de cemento en contacto paramento-terreno aguas arriba, coronación y aguas abajo.

Inyección entre mampuestos con espumas acuar-reactivas para bloquear salidas de agua y lechada de cemento.

Sellado de mampuestos con mortero hidráulico polimérico predosificado M.H.P.

EJECUCION: 1.998

5.2 Presa de tramacastilla

Propietario: E.I.A.S.A.
Terminación: 1.957
Río: Escarra
T° Municipal: Escarrill
Provincia: Huesca
Destino:Energía
Tipo: Gravedad/escollera
Altura (m): 17
Longitud Coronación (m): 200
Vol. Embalse: (hm^3): 1
Aliviadero: No tiene
Capacidad (m^3/s): -

5.2.1 Parmento aguas arriba
Problemas: Degradación típica en alta montaña del hormigón por acción del hielo y aguas muy puras.
Tratamiento: De estanquidad mediante,

- Saneado de juntas y fisuras.
- Impermeabilización general del paramento, con revestimiento en membrabna "in situ" de resinas de poliuretano bicomponentes. Terminación mediante filtro U.V. con resinas de naturaleza acrílica.
- Inyección con resina epoxídica de fisura longitudinal transversal.

- Sellado del contacto con lechada de cemento y terminación con mortero MHP.

EJECUCION: 1.998

5.3 Presa de santillana (manzanares el real)

Propietario: C.Y.II.
Terminación: 1.969
Río: Manzanares
T° Municipal: Manzanares el Real

750

Provincia: Madrid
Destino:Abastecimiento
Tipo: Escollera
Altura (m): 40
Long. Coronación (m) : 1.346
Vol. Embalse: (hm^3): 91
Aliviadero: de compuertas
Capacidad (m^3/s): 270

5.3.1   *Paramento aguas arriba*
Problemas: Degradación de la pantalla asfáltica
  impermeabilizante.
Tratamiento: De protección superficial de la pantalla
  existente mediante,

- Saneado de pantalla asfáltica existente.
- Protección general del paramento, con revestimiento en membrabna "in situ" de resinas de
  copolímeros acrílicos.

EJECUCION: 2.000

5.4   *Presa de alsa*

Propietario: E. VIESGO
Terminación: 1.921
Río: Torina
Tº Municipal: Bárcena de Pie de Concha

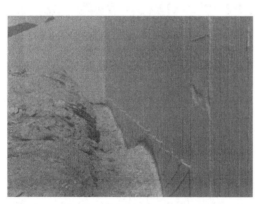

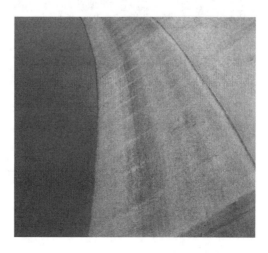

Provincia: Santander
Destino: Energía
Tipo: Gravedad
Altura (m): 42
Vol. Embalse: (hm³): 13
Aliviadero: Lámina libre
Capacidad (m³/s): 124

5.4.1 *Paramento aguas arriba*

Problemas: Falta de estanquidad en junta de dilatación por fallo de la junta de goma entre bloques.

Tratamiento: De estanquidad mediante,

- Inyección de espuma acuarreactiva en junta.
- Impermeabilización general de la junta, con revestimiento en membrabna "in situ" de resinas de poliuretano bicomponentes. Terminación mediante filtro U.V. con resinas de naturaleza acrílica.

EJECUCION: 2.001

5.5 *Presa de revenga*

Propietario: Ayto. de Segovia
Terminación: 1.953
Río: Frío
T° Municipal: Revenga
Provincia: Segovia
Destino: Abastecimiento
Tipo: Contrafuertes
Altura (m): 47
Vol. Embalse: (hm³): 3
Aliviadero: Lámina libre
Capacidad (m³/s): 30

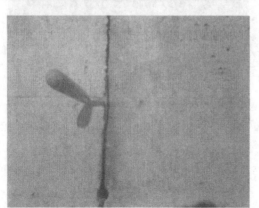

5.5.1 *Paramento aguas arrriba*

Problemas: Degradación típica del hormigón por acción del hielo y aguas puras.

Tratamientos: De estanquidad mediante,

- Saneado del, paramento, juntas y fisuras.
- Regeneración mediante enfoscado con morteros MHP.

- De impermeabilización general del paramento, con revestimiento en membrabna "in situ" de resinas de poliuretano bicomponentes. Terminación mediante filtro U.V. con resinas de naturaleza acrílica.

EJECUCION: 1.995–1.996

Dam Maintenance and Rehabilitation, Llanos et al. (eds)
© 2003 Taylor & Francis, ISBN 90 5809 534 7

Rehabilitation and upgrading of a zoned fill dike

A.A. El-Ashaal, A.H. Heikal & A.A. Abdel-Motaleb
Construction Research Institute, National Water Research Center, Delta Barrage, Egypt

ABSTRACT: The rehabilitation of a zoned fill dike is presented. The dike drawings showed that it is a zoned fill type having a sandy loam core with a filter at the downstream toe and sandstone upstream shoulder. More than two decades after construction, the upstream slope of the dike was submerged by water for the first time. Field observations showed the presence of some cracks at the crest and upstream and downstream slopes and no seepage was observed. Further investigation of the soil of the upstream shoulder showed that it is cemented loamy sand and not sandstone as shown in the drawings. After submergence, the soil of the upstream shoulder lost its cementation. Consequently, two stabilization measures were carried out. The first one was an urgent measure to prevent any further deterioration while the second one was a permanent protection of the dike. The urgent measure consisted of quickly constructing a stabilizing mass of graded sandstone resting on a suitable aggregate filter to support the downstream slope. The second stabilization measure was to place a prism of loamy sand as an extension of the upstream slope covered by three graded filters. Blocks of sound granite mother rock were placed above the upstream surface to protect it against wave and surge effects.

1 INTRODUCTION

Dams are considered the backbone of most of the infrastructure of the irrigation networks. Replacement or constructing new dams has become more complex because of the high cost and environmental aspects. Therefore, rehabilitation and upgrading of dams and dikes have become more practical and also more accurate.

In the last decade, Egypt faced successive high floods and consequently all major hydraulic structures, which control Egypt's irrigation network, were subjected to heavy inspection and evaluation. The present case focuses on a zoned fill dike, shown in Figure 1, that was submerged for the first time by water in the last decade. Continuous inspection of the dike showed that some settlement occurred at its crest, upstream and downstream slopes. As a result of the settlement, cracks with different patterns appeared. The induced deformations were recorded as a part of a field-monitoring program. Figure 2 shows the general layout of the dike cracks and Table 1 shows the values of

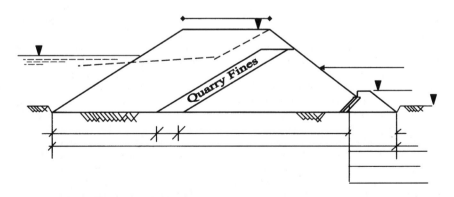

Figure 1. Schematic cross section of the zoned fill dike.

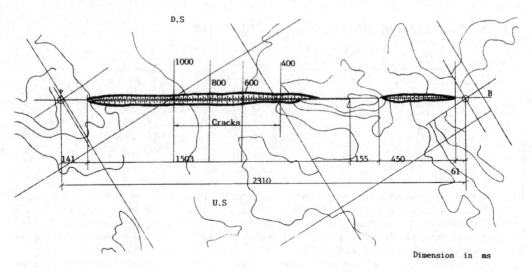

D.S

1000

400

800 600

Cracks

B

141 1503 155 450

2310 61

U.S

Dimension in ms

Figure 2. General layout of the cracks in the dike.

Table 1. Observed values of the vertical settlement of the dike.

Mark No.	Position	Settlement (mm)	
		3 weeks after beg. of filling	5 weeks after beg. of filling
1	East. Abutm.	0	0
2	East. Abutm.	2	2
3	West. Abutm.	0	0
4	West. Abutm.	21	27
5	West. Abutm.	4	9
6	West. Abutm.	2	4
7	West. Abutm.	13	20
8	West. Abutm.	1	1

vertical settlement at some stations throughout nine weeks, that is the period of first filling. To evaluate the current safety of the dike and determine the required upgrading measures, several tasks were carried out. The first task was to evaluate the construction materials of the dike and determine its physical, mechanical and chemical properties. Second task was to determine the geotechnical properties of the dike foundation soil. Other tasks were to evaluate the borrow areas that could be used as source for the materials required for upgrading the dike and also carrying out a systematic monitoring process to record the deformation of the dike during and after rehabilitation. The stabilization of the dike was made on two stages. The first one was to carry out the urgent protection of the dike, while the second one was the final permanent stabilization. The urgent protection of the

dam was designed to be one of the elements of the final protection scheme.

2 DESCRIPTION OF THE DIKE

The dike area has an arid climate. The depression, which forms the valley and is occupied by the dike, is more regular and has remnants of harder sandstone covered by caps of ferruginous sandstone. The local stone is represented by interbedded sandstone of different granularity. Alevrolitic sandstone and argillites are mostly spread in the area. The permeability of the rock, which forms the dike basement and abutments, ranges between 0.003 m/day and 0.1 m/day. The body of the dike is composed of sandy loam, sandstone, crushed stone, and washed sand. The dimensions of each section are shown in Figure 1. In the following, a brief description of each material, the function, and the method of control on filling are presented.

The sandy loam, as shown in Figure 1, was used for making a partially impervious core at the downstream side. Before filling of the first layer of the sandy loam, the foundation under the core was cleaned by bulldozers and manually to remove the loose rock on the surface to ensure good contact between the core and the rocky surface below it and prevent water leakage between them. The core was filled and compacted in layers of thickness not more than 50 cm. The laboratory results showed that the dry density ranged between $1.65\,t/m^3$ and $1.85\,t/m^3$ and that the water content ranged between 8% and 10%. Each layer was compacted by rollers from 6 to 8 passes to satisfy the required degree of compaction.

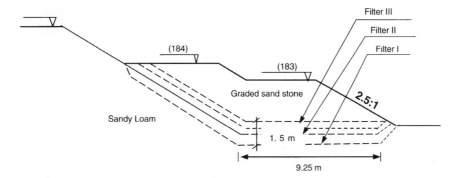

Figure 3. The urgent stabilization measure of the dike.

The sandstone used in the dike is not hard, as its crushing strength is 173 kg/cm^2 for dry samples and 165 kg/cm^2 for saturated ones. There are three sandstone prisms in the dike body. The first one is the downstream toe prism of the dike. The toe prism is formed of sandstone with a maximum of 20% of pieces less than 20 mm in size. Then follows two layers of filter material on the downstream slope. The second sand stone prism is the quarry fines prism upstream the core. This prism is formed of sandstone pieces of size less than 20 mm and an allowance of 5% was made for pieces with size more than 80 mm. The thickness of the prism is 1.5 m. It was constructed on layers each of 40 cm to 50 cm thick and was laid one by one parallel to the progress in filling of the sandy loam core. The main function of this prism is to act as a transition zone between the sandy-loam core and the upstream rock muck prism as well as protecting the core against washing of its fines during the drawdown of the upstream water level. The third sand stone prism is the upstream rock muck prism that was constructed of 2.0 m thick layers. Each layer was laid down when the thickness of the core and quarry fines layers reach 2.0 m high. The function of this upstream prism is to protect the dam from the wave and surge effects. The width of this prism should be enough to provide a considerable safety against wearing due to both wave action and severe weathering effect. Furthermore, it was stated in the design documents of the dike that the upstream slope must be annually inspected to compensate for any loss in the upstream profile.

The filter downstream of the sandy-loam prism consisted of three layers. The first layer towards the sandy-loam prism is washed sand with a thickness of 0.20 m. Then follows a 0.20 m thick crushed stone layer with a size range of 5 mm to 35 mm. The third filter layer is crushed stones with a size range of 20 mm to 80 mm. The same size of crushed stones is used as a protection layer on the downstream slope of the dike. The thickness of the crushed stone layer is around 15 cm on the slope and 10 cm on the crest.

3 ANALYSIS AND DISCUSSION OF THE DIKE CRACKING

The amount of cracking developed at any dike depends on the magnitude of strain imposed on it and the deformability of the embankment (Snerard 1963). Cracking of the dike happened after the first filling of the reservoir that caused partial disintegration or collapsing of the dike materials. Differential settlement is one of the main factors contributing to cracking of the embankment. Another main factor is the instability of the cemented sand boulders that was originally classified as sandstone and later showed a disintegrating behavior when exposed to water. Consequently, the dike was twisted in different ways that resulted in different cracking patterns as shown in Figure 2. The most dangerous cracks are those that run transversely, creating a path for water seepage through the core. They are caused by differential settlement between adjacent components of the dike, usually between the portion located at the abutment and the portion in the center of the valley. The other main danger is due to longitudinal cracks that may occur in conjunction with other unseen cracks running transversely through the core. Thus, the dike may split into more than one disintegrated portion.

4 URGENT PROTECTION MEASURE

After examining the dike and the cracks, it was necessary to carry out a quick action to enhance the stability of the dike before the coming of the next flood that will raise the water level in the upstream side. Therefore, the urgent protection measure was mainly to construct a stabilizing mass of graded sandstone to support the dike downstream slope as shown in Figure 3. This mass was intended to be at level 183 m but due to the occurrence of some cracks in the original dike downstream slope during the construction of the stabilizing mass, a berm at level 184 m was added as shown in Figure 3. As the difference between the

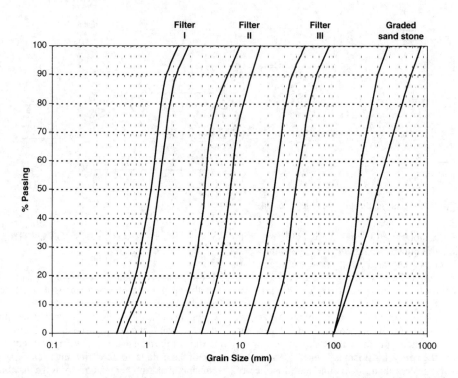

Figure 4. Grain size distribution of graded sand stone and the filters of the urgent stabilization measure.

grain size of the impermeable sandy loam, after removing the protection layers, and permeable new stabilizing mass is very big, three-layers filter was used. Special care while placing the designed filters was recommended to provide complete protection against piping that may result in erosion of the dike downstream slope. Furthermore, the down stream filters should act as a reliable control seal against concentrated leaks through the impervious dike section (Snerard & Dunnigan 1985). The filter consists of two layers of graded gravel size granite and one layer of sand. The grain size distribution curves for the dam base material and the used filters are shown in Figure 4. It was planned that the urgent dike protection measure must be completed before the beginning of the next flood. The urgent protection measure was carried out on several steps. First, the accumulated sand dune deposits on the downstream slopes of the dike and the basalt and granite crushed stones were removed to reach for the sandstone constituting the main part of the downstream mass. Then, serration was done on the downstream slope to provide an interlocking between original dike mass and the filter layers (CRI 2000, Mayer 1936, Fellenius 1936, Fairbanks et al. 1961). The base of the stabilization mass at the downstream was founded at a depth of either 1.0 m from natural ground surface or where a homogeneous saturated

soil layer could be reached whichever is deeper. Then the surface was compacted to reach to 90% of the maximum dry density, obtained by modified Proctor test, using suitable equipments. Chimney filter of three layers was then placed to protect the sandy loam that forms the dike downstream slope from internal erosion. Finally, the graded sandstone stabilizing mass was placed on layers above the filter and were compacted till reaching the required relative density, not less than 75%, to satisfy the highest interlocking action between the stones.

5 PERMANENT PROTECTION OF THE DIKE

The function of this stabilization measure is to protect the dike permanently. It is taken into consideration that the urgent protection is one of the elements forming the permanent stabilization measure. It was also planned that the permanent stabilization works be finished before the flood season. Figure 5 shows the details of the permanent stabilization measure. To carry out the permanent protection measure, the accumulated sand dune deposits on the upstream slope of the dike and the basalt and granite crushed stones were removed to reach for the rock muck constituting the major upstream dike mass. Then, serration was done

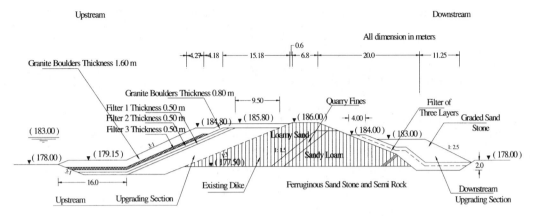

Figure 5. Details of the stabilization measures of the dike.

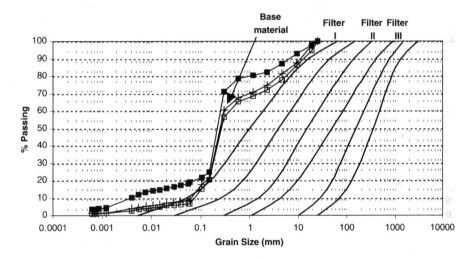

Figure 6. Grain size distribution of loamy sand and the filters of the permanent stabilization measure.

on the upstream slope to provide an interlocking between original dike mass and the stabilizing mass. A mass of loamy sand was placed in the upstream of the dike. The new mass was laid on layers and each layer was compacted to 90 % of the maximum dry density obtained by modified proctor test. The main function of this mass is to reduce the permeability through the dike. An aggregate filter consisting of three layers was then placed as shown in Figure 5. The grain size distribution curves for the dike base material and the used filters are shown in Figure 6. The external filter layer must be protected from any damage caused by the erosive action of waves beating on the upstream slope (Snerard 1963). The severity of the wave action and the amount of protection needed depend on the surface area of the reservoir over which the wind may

blow and the local wind velocity. The present dike has a reservoir with 12 square kilometers surface area in a windy region. Waves with heights up to more than 1.0 m may rise and be driven against the upstream slope of the dike. The surge action of the water surface as a result of the wind creates another force action against the upstream slope. In order to reduce the cost of wave and surge protection on the upstream slope of the dike, a layer of randomly dumped sound granite rock is used. This was considered the most economical way for wave and surge protection since there is an adequate amount of this rock type available locally. The thickness of the external protection layer ranges between 80 cm and 160 cm. The base of the stabilization mass at the upstream was founded at a depth of either 2.0 m from natural ground surface or where a homogeneous saturated soil layer could be reached whichever is deeper. Then the surface was compacted to reach to 90% of the maximum dry density, obtained by modified Proctor test, using suitable equipments. The impervious mass and the filter work as a control region of the seepage forces through the dam body. In addition, it controls the path of the phereatic surface either under the effect of high water level or during the case of sudden draw down (Lowe & Karafiath 1959, Wilson 1952, U.S.D.I. 1970).

6 TECHNICAL PRECAUTIONS FOR THE DIKE UPGRADING

Excavation needed for and execution of both the urgent and permanent stabilization measures were carried out on alternating sections. The length of any section did not exceed 10 m in the longitudinal direction. This means that the work commences at any section while the next section is left without excavation until final execution of the compacted stabilizing soil mass and the three filters. Thus, the lateral displacement of the front and back slopes of the dike could be controlled to eliminate any further cracks. The overlapping distance at any joint between two successive sections was around 50 cm. The number of alternating sections that can be excavated at the same time depends on the capacity of the in-situ equipment and the available labor. The maximum allowed period between terminating the excavation of any section and commencing the execution of the stabilization works at this section must not exceed 24 hours. Vibrator rams of weight not less than 10 ton were used to improve the interlocking between stabilizing mass and the original mass at the upstream and downstream slopes of the dike. This step is to get rid of any cavities, weak planes, or poorly compacted spots that may exist into the original mass of the dike (Noveiller 1953). The compaction continued till reaching a relative density not less than 70% or a dry density not less than 90% of maximum dry density obtained by using modified Proctor test. The three filter layers should be compacted once at a time to reach the required relative density. The quality assurance and quality control measures must be conducted periodically (Blight 1962, Morris 1960). Finally, Leveling the dike top surface using vibrator rams of weight not less than 10 ton is necessary to get rid of any weak spots or cavities inside the original dike mass. The crest settlement due to compaction process must be substituted to reach the designed levels.

All constructional materials used in stabilization works should be sound and not vulnerable to disintegration or change in its physical, mechanical, and chemical properties when saturated and/or submerged. The crushed sandstone should be sound and

Table 2. Acceptance limits of the sandstone used in dike stabilization works.

Test	Testing according to ASTM	Acceptance limit
Absorption	C97	$\leq 10\%$
Dry unit weight	C97	≥ 2.3 t/m^3
Durability (sodium sulphate)	C88	<10% weight loss after 5 cycles
Crushing strength for Saturated samples	C170	<140 kg/cm^2
Abrasion (Los Angeles)	C535	<35% weight loss after 500 cycles

free from defaults, cracks, and separation planes cemented by weak and organic materials. Furthermore, the grain size distribution of the crushed stones should fit within the limits of the grain size distribution of the underlain filters. The percentage of materials passing from a sieve with an opening of 2 mm must not exceed 10 %. Acceptance limits of the tested samples must comply with the limits shown in Table 2. The loamy sand must be inert, i.e. not active, free from impurities, organic materials and troublesome soil (Morris 1960). The grains of filter materials must be clean and free from organic materials, dust, impurities, and weak separation planes. The sand should be of siliceous origin.

7 CONCLUSIONS

Important conclusions may be summarized in the following main points:

1. The factor that contributed the most to magnifying the strain values of the embankment after the first filling was the misevaluation of the borrow areas that was used for providing the constructional materials. This misevaluation lead to the presence of some materials that disintegrated and/or collapsed after being exposed to water.
2. The rehabilitation and upgrading of the dike safety were carried out on two stages. The first one was to carry out an urgent protection of the dike to stop any further deterioration of the dike safety through the flood season, while the second one was to carry out a permanent protection of the dike to permanently protect the dike against the flood season high water level and surge and wave actions upstream the dike. The urgent protection was planned to be a part of the dike final protection.
3. The urgent protection measures were carried out by providing a stabilizing mass of graded sandstone to support the dike downstream slopes. The mass is resting on a filter of three layers. On the

other hand, the permanent stabilization measures were to provide a stabilizing prism of loamy sand as an extension for the berm at upstream dike slopes. An inverted filter of three layers covered this prism. The external filter surface was protected against wave and surge actions by placing crushed granite of mother rock type above the filter. Both rehabilitation measures succeeded in providing high strength and low permeability to the dike mass.

4. Placing suitable aggregate filters greatly enhance the dike safety against different operating conditions, such as submergence, sudden draw down, and wave and surge actions. The granite sound blocks serve as a wave and surge protection measure and in the same time provide a free drainage of the upstream slope.

5. Carrying out the stabilization work on alternating sections helps in limiting the lateral displacements and the resulting cracks due to constructional activities.

6. Dynamic compaction with vibrator rams helps in getting red of any internal cavities, uncompacted spots and weak interface planes, which in turn result in enhancing the overall stiffness and permeability of the dike mass.

REFERENCES

Blight, G. E. 1962. Controlling earth dam compaction under arid conditions. *Civil engineering.* August: p. 54.

Construction Research Institute. 2000. Technical report on upgrading of a zoned fill dike.

Fairbanks, H. K. & Sutherland, R. A. 1961. Design features for safety and economy for wide valleys. *Seventh congress on large dams, Rome.* Question 26, Report 61.

Fellenius, W. 1936. Calculation of the stability of earth dams. *Second congress on large dams. Washington, D.C.* Vol. 4: p. 445.

Lowe, J. & Karafiath, L. 1959. Stability of earth dams upon draw down. *First pan american conference on soil mechanics and foundation engineering. Mexico city.* Vol. II: p. 537.

Mayer, A. 1936. Characteristics of materials used in earth dam construction-stability of earth dams in cases of reservoir discharge. *Second congress on large dams. Washington, D.C.* Vol. IV: 295–331.

Morris, M. D. 1960. Earth compaction-how to achieve better results at less cost. *Construction methods and equipment.* June: p. 160.

Noveiller, E. 1953. The stability of slopes of dams composed of heterogeneous materials. *Third international conference in soil mechanics and foundation engineering. Zurich.* Vol. 2: p. 268.

Snerard, James L. 1963. *Earth-rock dams, engineering problems of design and construction.* John Wiley and Sons, New York.

Snerard, James L. & Dunnigan, Loren P. 1985. Filters and leakage control in embankment dams. *Proc. symposium sponsored by the geotechnical engineering division in conjunction with the ASCE national conversion. Denver, Colorado, 5 May*: 1–30.

United States Department of Interior, Bureau of Reclamation. 1970. Design of small dams. Oxford & IBH publishing Co.

Wilson, S. D. 1952. Effect of compaction on soil properties. *Proc. conference on soil stabilization, Massachusetts Institute of Technology.* p. 149.

Dam Maintenance and Rehabilitation, Llanos et al. (eds)
© 2003 Taylor & Francis, ISBN 90 5809 534 7

Upgrading and reconstruction of a collapsed embankment founded on salty soil

A.A. El-Ashaal, A.A. Abdel-Motaleb & S.M. Elkholy
Construction Research Institute, National Water Research Center, Delta Barrage, Egypt

ABSTRACT: Failure of a local drainage lake embankment has caused a disaster and initiated a full-scale study to upgrade and reconstruct a new one. An extensive field geotechnical study was conducted along the failed embankment to investigate the cause of its failure. The field study showed the presence of a high percentage of salts mainly sodium chloride in the surface layers. Washing the present salts with time might have been one of the main factors that caused the embankment failure. The survey of the area nearby the drainage lake and the laboratory results showed that the local suitable construction materials are not sufficient to construct a homogenous embankment. Therefore, it was decided to construct a zoned embankment. The embankment consisted of an impermeable core, three transitional layers, a filter, and protected shoulders. The surface salty layer under the base of the embankment was replaced with a compacted silty clayey sand layer with a minimum thickness of 2.0 m. A numerical study of the embankment was conducted to investigate the behavior of the suggested cross section under working conditions.

1 INTRODUCTION

Earthfill embankments have several advantages over other embankment types. One of the main advantages is the adaptability to foundations that might not be suitable for other embankment types (Jansen et al., 1988). The safety of any embankment depends on many factors such as the appropriate embankment foundations, stability of its side slopes, seepage control, and erosion control. Although the foundation is not actually designed, certain provisions for treatment are made in designs to assure that the essential requirements will be met (U.S.D.I., 1970).

The drainage system of one of the Egyptian governrates that lies west of the Nile River depends mainly on two drainage lakes. The lake under consideration in this study has an area over 330000 square meters. In the year 2000, a reach with a length of about 200 m of the lake embankment collapsed and caused a disaster for the human beings, agricultural lands, and cattle. This disaster called for an immediate full-scale study to determine the cause of the failure and suggest the best way to upgrade and reconstruct the lake embankment. The upgrade of the embankment was necessary to increase the lake area to about 900000 square meters. The full-scale study started with a filed trip aiming at examining the failed embankment. Then, it was followed by an extensive

field geotechnical study along the embankment to investigate the cause of the failure and look into the measures and precautions to be taken into consideration while designing the new embankment. Then a survey of the area around the lake was done to investigate the suitability of the available construction materials to the construction of the new embankment. Based on the survey of the local material, a cross section of the embankment was introduced and a numerical analysis is conducted to evaluate the safety and suitability of the suggested cross section under working condition.

2 FIELD INVESTIGATIONS

Examining the failed embankment showed the presence of an intercepting drain at the downstream toe of the embankment. Improperly designed toe drain can cause trouble for embankments (Dewey, 1993). It was noticed that internal erosion started at the toe drain and could have been one of the factors that lead to the failure. It was also found that the embankment site was originally a salt bed and that the embankment was constructed directly on the ground without any treatment. The geotechnical field study consisted of 29 boreholes along the lake embankment. The spacing between the boreholes was about 120 m. The

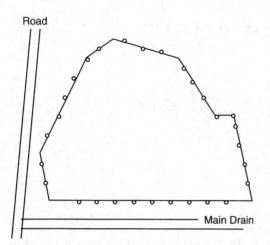

Road

Main Drain

Figure 1. Sketch of the drainage lake embankment and the locations of the boreholes along it.

depth of the boreholes ranged between 14.25 m and 20.0 m. Standard Penetration tests were done in the sandy soil layers. Another 29 locations were bored for the Static Cone Penetration tests along the lake embankment. The readings were taken every 0.5 m down to a depth of 10 m for each hole. Undisturbed and disturbed samples were extracted from the boreholes. Figure 1 shows a sketch of the locations of the boreholes along the lake embankment.

From the boreholes, the soil deposit starting from the embankment surface consisted of a non-compacted sandy clayey silt layer at the surface with a thickness of 1 m to 5 m. Then follows a layer of silty clay with an extremely high percentage of salts, especially Sodium Chloride salts, at a depth that ranges between 1 m to 2 m and extends down to 5.0 m. Then follows a deep layer of silty clay that extends to the end of most of the boreholes. According to Atterberg limits, this layer is classified as clay with medium to high plasticity. In some boreholes, there are lenses of silty sand with some clay at different depths. It was noticed that the percentage of salts in all the layers was high. From the readings of the static cone penetration tests, it was noticed that the smallest readings were at the silty clay layer with an extremely high percentage of salts, that is the ground surface of the old salt bed.

3 LABORATORY TESTING

A laboratory-testing program was conducted on the soil samples. It was directed to determining Atterberg limits, grain size distribution, free swell ratio, shear strength, and chemical properties of the soil samples. The results showed that the silty clay layer has a liquid limit that ranges between 42% and 64%, a plasticity

index between 19% and 40%, and a free swell ratio between 20% and 45%. The total soluble salts reached as high as 37.50%. The concentration of Sodium Chloride salts reached up to 32%.

One of the objectives of the laboratory-testing program was to investigate the effect of the high percentage of salts on the behavior of the soil. Therefore, direct shear tests were conducted on undisturbed samples after submerging them in water for one day and then for ten days. It was noticed that submerging the samples for ten days reduced the shear strength of the samples by 15% to 20% of the shear strength after submerging for one day. Thus, it was concluded that washing the salt assisted in reducing the shear strength of the embankment soil and instigating the failure.

4 SURVEY OF LOCAL CONSTRUCTION MATERIAL

Design of earthfill embankments must be optimized by using the local materials (Jansen et al., 1988). Consequently, the area around the site of the drainage lake was surveyed. Ten sites were selected and samples of different soil types were collected to be tested. The available soil types were sand with some silt, silty gravelly sand, silty sandy clay, and silty clayey sand. Tests such as Atterberg limits, free swell, sieve analysis, hydrometer, and chemical analysis were conducted. Based on the test results, the different soil types were evaluated and it was decided to construct a zoned embankment. The embankment will consist of an impermeable core, filter, and shoulders. The silty sandy clay available at one of the surveyed sites was chosen to construct the core because of the high percentage of fines, low swelling potential, and low amount of soluble salts. The sand with some silt was chosen to construct the shoulders and the silty gravelly sand to construct the filter layers around the impermeable core. All the chosen soils have a low amount of soluble salts.

5 EMBANKMENT CROSS SECTION

The suggested cross section of the embankment is shown in Figure 2. The height of the embankment is 6.0 m and the maximum depth of water in the drainage lake is 5.0 m. The total depth of the salty layer at the surface must be completely replaced with the silty sandy clay soil, with a minimum depth of 2.0 m. The impermeable core has a width of 3.0 m at the top and 5.0 at the bottom. To minimize the amount of water seeping through the embankment, the core is extended down through a trench to penetrate the silty clay layer for a depth of at least 1.0 m and a width of 1.5 m. A filter and three transitional layers, each is 75 cm thick,

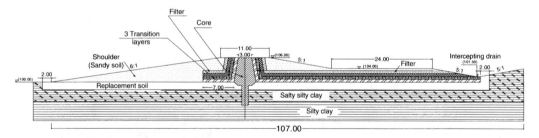

Figure 2. Details of the suggested cross section of the new embankment.

protects the core at the upstream and downstream sides. The first layer near the core is a mix of 80% of the core soil with a 20% of the filter soil. The second layer is a mix of 30% of the core soil with a 70% of the filter soil. The third layer is a mix of 10% of the core soil with a 90% of the filter soil. Then follows the shoulders, 15 cm thick filter of sand and gravel, and a 30 cm thick external protection layer of gravel.

Since improperly designed toe drain can cause trouble for embankments (Dewey, 1993), an intercepting open drain, to relieve pore water pressure and collect any seeping water, is made at a distance of about 45 m downstream the embankment to avoid any piping that would lead to internal erosion at the downstream toe of the embankment. The filter around the core is extended for 7.0 m upstream the embankment and until the intercepting drain downstream the embankment.

6 THE ANALYSIS OF THE EMBANKMENT

Since it allows for the study of earthfill embankment under a wide range of conditions, numerical analysis of embankments and dams has become a common lesson learned from several failures (James et al., 1988). Thus, a numerical analysis was carried out to study the suitability and behavior of the suggested embankment cross section. The finite element method was utilized and Figure 3 shows the finite element mesh. The study included slope stability analysis, seepage analysis, and stress-strain analysis.

6.1 Seepage analysis

The seepage analysis was used to estimate the amount of water seeping through and underneath the core of the embankment and collected in the intercepting drain. The amount of seeping water in the intercepting drain was estimated at about 1.2 m³/day/m. This amount is considerably small and could be collected and pumped into the drainage lake. Figure 4 shows the flow lines and equipotential lines in the case of maximum water level in the drainage lake.

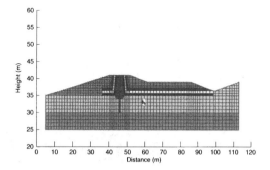

Figure 3. Finite element mesh of the embankment suggested cross section.

6.2 Slope stability analysis

The slope stability analysis used several methods to determine the minimum factor of safety of the embankment slopes. The methods used are Bishop's, Janbu's, and Spencer's method. A live load of 10 kN/m² was used on the top of the embankment. The strength used for the clayey soil was reduced to consider for the long-term effect of salt washing on the shear strength of the soil. The safe slope of the upstream side was found to be 6 (horizontal) : 1 (vertical) and 5 (horizontal) : 1 (vertical) for the downstream slope. It was noticed that the critical circles are local circles. The minimum factor of safety for the upstream slope is 1.6 and for the downstream slope is 1.82. Figures 5, 6 show the critical circles and their factor of safety in the upstream and downstream sides consequently.

6.3 Stress-strain analysis

The stresses and strains in the embankment and the foundation were studied using the finite element method. The construction sequence was taken into consideration by dividing the embankment into several layers. The stresses and strains resulting from the application of each layer are calculated and then the following layer is applied.

765

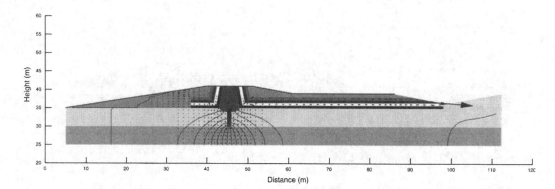

Figure 4.   Flow and equipotential lines through and underneath the embankment.

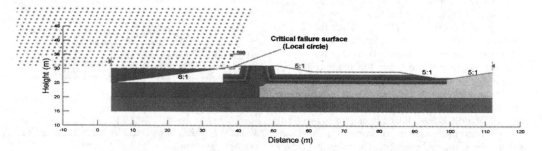

Figure 5.   Critical circle and its factor of safety of the upstream slope.

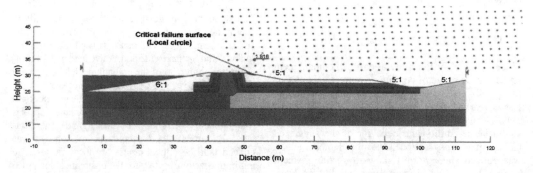

Figure 6.   Critical circle and its factor of safety of the downstream slope.

Figure 7 shows the contour lines of the total vertical stresses in the embankment and underneath it. It shows that the maximum total vertical stress in the embankment is at the contact plane between the bottom of the impermeable core and the replacement layer, that is at a depth of about 1.5 m below the original ground surface, with a value that range between $11 \, kN/m^2$ and $18 \, kN/m^2$. The total vertical stress reaches $23 \, kN/m^2$ at the bottom of the cutoff trench, that is at a depth of about 6.5 m below the original ground surface. Then,

the total vertical stress keeps increasing with the depth until it reaches the value of $29.5 \, kN/m^2$ at a depth of about 11.5 m below the centerline of the embankment, that is the bottom of the model. These values are all less than the maximum strength of the soil.

Figure 8 shows the contour lines of the vertical displacements in the embankment and underneath it. It shows that the maximum accumulative vertical displacement is 14 cm below the core near the downstream side. The value of the vertical displacement

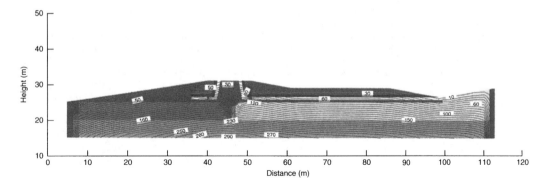

Figure 7. Contour lines of the total vertical stresses in the embankment.

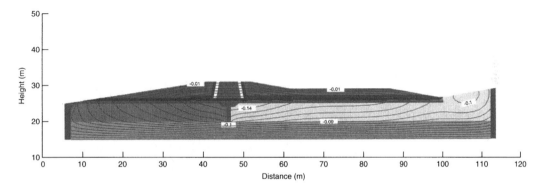

Figure 8. Contour lines of the vertical displacements in the embankment.

decreases with either going up or down from the bottom of the core until it reaches 1 cm at the top of the embankment and at the bottom of the model.

7 CONCLUSIONS

The failure of a drainage lake embankment was investigated. The foundation of the failed embankment was not suitable since it contained an extremely high amount of salts. Washing the salt with time reduced the strength of the foundation soil. The presence of an intercepting drain at the downstream toe of the failed embankment was not proper since it helped on washing the salt and eroding the soil at the toe.

A new embankment was designed and analyzed. Several recommendations for the construction of the new embankment were made but the most important ones were the removal and replacement of the salty layer at the top of the ground surface and constructing the intercepting drain about 45 m away from the downstream toe to avoid any destabilizing erosion to the embankment downstream slope. Other recommendations included extending the core down to penetrate completely the silty clay layer with an extremely high percentage of salts and 1 m into the deep silty clay layer. This was to reduce the pressure head at the downstream toe, reduce the amount of seeping water and consequently minimize the effect of washing the salt in the salty silty clay layer. To protect the core and relieve the pore water pressure, it was also recommended to extend the filter and the transitional layers for a length of 7 m in the upstream and till the intercepting drain in the downstream side.

ACKNOWLEDGMENTS

The authors would like to acknowledge the Construction Research Institute director and staff for their assistance in the laboratory and field investigations and their general support.

REFERENCES

Construction Research Institute. 2001. Technical report on the field and laboratory test results of the study of Elhendaw lake embankment – Elwady Elgadid governrate.

Construction Research Institute. 2002. Technical report on the studies made for the construction of Elhendaw lake embankment – Elwady Elgadid governrate.

Dewey, Robert L. 1993. Rehabilitation of a toe drain. In Loren R. Anderson (ed.), *Geotechnical practice in dam rehabilitation; Proc. of the specialty conf., North Carolina, 25–28 April 1993.* ASCE.

James, Laurence B. et al. 1988. Lessons from notable events. In Robert B. Jansen (ed.), *Advanced dam engineering for design, construction, and rehabilitation*: 8–59. Van Nostrand Reinhold.

Jansen, Robert B. et al. 1988. Earthfill dam design and analysis. In Robert B. Jansen (ed.), *Advanced dam engineering for design, construction, and rehabilitation*: 256–320. Van Nostrand Reinhold.

United States Department of Interior, Bureau of Reclamation. 1970. Design of small dams. Oxford & IBH publishing Co.

Dam Maintenance and Rehabilitation, Llanos et al. (eds)
© 2003 Taylor & Francis, ISBN 90 5809 534 7

Upgrading the stability of three masonry dams in different ways

W. Wittke
WBI GmbH, Prof. Wittke Beratende Ingenieure für Grundbau und Felsbau, Aachen, Germany

D. Schröder
Wasser- und Schifffahrtsdirektion Mitte, Hannover, Germany

H. Polczyk
Wasserverband Eifel-Rur, Düren, Germany

M. Wittke
WBI GmbH, Prof. Wittke Beratende Ingenieure für Grundbau und Felsbau, Aachen, Germany

ABSTRACT: The Urft dam, the Diemel dam and the Eder dam are three old masonry dams located in Germany. The paper describes the rehabilitation measures and the corresponding stability analyses carried out to adjust the dams to today's standards. Remedial works such as the excavation of inspection galleries, the installation of a grout curtain with a downstream drainage screen as well as the installation of pre-stressed permanent tendons were carried out. In all three cases the stability of the upgraded dam could be proven on the basis of finite element analyses.

1 INTRODUCTION

The stability of the Urft dam, which was built from 1900 until 1905, as well as the Diemel dam and the Eder dam, which were built between 1908 and 1923, was not sufficient under consideration of today's standards. Therefore, rehabilitation measures became necessary.

2 URFT DAM

2.1 *Dam and foundation rock*

The Urft dam has a height of 58 m and a width at the foundation level of approximately 50.5 m. The 226-metre-long dam crest has a curvature with a radius of 200 m. The Urft reservoir has a storage volume of approximately 45 million m^3 (Fig. 1).

The rock mass in the area of the dam belongs to the Upper Rurberger layers of the Lower Devonian.

There are massive sandstone layers as well as alternating sequences of silt-, sand- and claystone layers at the left slope, whereas silt- and claystones are prevailing in the middle of the valley. The right hillside mostly consists of alternating sequences of silt and sandstone layers. The orientation of the families of discontinuities, which are important for the stability and the permeability of the underlying rock, are shown in Figure 2.

2.2 *Monitoring program and results*

In order to adjust the dam to the generally acknowledged technical standards, an appropriate remediation program was developed. Most important elements of the rehabilitation measures were the excavation of two inspection galleries by blasting and the installation of a monitoring program, including pore-water pressure,

Figure 1. Urft reservoir.

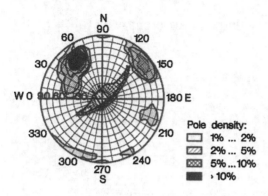

Figure 2. Orientation of discontinuities (563 measurements).

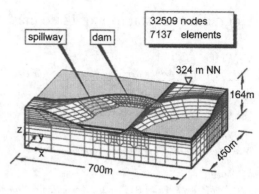

Figure 4. Three-dimensional finite element mesh.

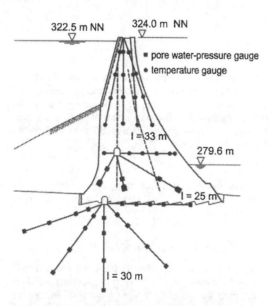

Figure 3. Measuring cross-section IV.

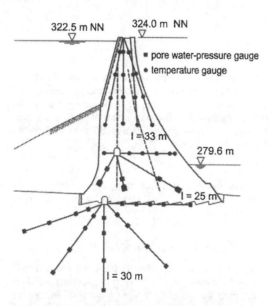

Figure 5. Equipotential lines derived from pore-water pressure measurements.

seepage flow, temperature and extensometer measurements, a pendulum and an inverted pendulum device and a crown alignment (Fig. 3) (Polczyk 2001). Moreover Lugeon, dilatometer and large flat jack tests were carried out.

The Young's moduli, resulting from the results of the large flat jack tests in the rubble stone masonry, range from 8000 to 12000 MPa. The back analyses of the displacements measured for the structure do confirm these values (Wittke & Polczyk 1999).

2.3 Stability analyses

In order to prove the stability of the Urft dam, three-dimensional finite element analyses were carried out

(Fig. 4). The data gained from the extensive monitoring program were interpreted and used to calibrate the FE-model. Seepage flow analyses as well as stress-strain analyses were carried out for the load cases dead-weight, impounding, temperature changes and earthquake, using the finite element codes FEST03 and HYD03 described in Wittke (1990) and Wittke (2000).

As an example for the pore-water pressure measurements, Figure 5 shows the equipotential lines for full storage derived from pore-water pressure measurements in the middle of the valley by inter- and extrapolation. The decline of potential takes place in the rock mass and in the lower part of the dam from upstream to downstream down to the level of the lower inspection gallery. Thus, the distribution of pore-water

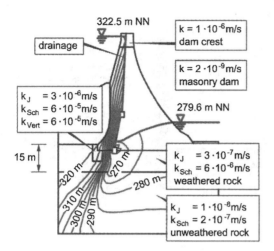

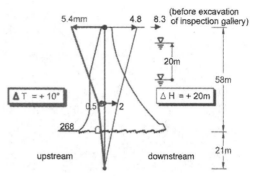

Figure 7. Measured displacements in the middle of the valley.

Figure 6. Equipotential lines determined by three-dimensional seepage flow analysis.

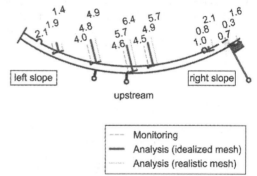

Figure 8. Displacements of the dam's crest due to a rise of storage level. Comparison of measurements and analyses results.

pressure on the downstream side of the inspection gallery is not or only scarcely influenced by the upstream side. The decline of potential is concentrated to a relatively narrow and limited area at the upstream side. At the downstream side the decline of potential from the downstream lake (Oberer See) to the lower inspection gallery is continuous (WBI 2001).

In the rock mass of the Urft dam essentially two families of discontinuities were explored: Beddingparallel discontinuities striking transversely to the valley and dipping at approximately 60° in the upstream direction, as well as almost vertical joints striking parallel to the valley (Fig. 2). The orientation of these discontinuities leads to a pronounced anisotropic permeability of the rock mass. The equipotentials for full storage in the middle of the valley represented in Figure 6 resulted from a three-dimensional finite element analysis taking into account this anisotropy (WBI 2001). They agree well with the equipotential lines derived from pore-water pressure measurements (compare Fig. 5 and Fig. 6). The coefficients of permeability the analysis was based on were derived from geological data, the results of tests carried out, as well as the interpretation of seepage flow and pore-water pressure measurements (WBI 2001).

In order to enable the numerical evaluation of the deformations of the dam caused by temperature changes, which amount to more than 20°C throughout the year, the distribution of temperature in the dam is required. For this, a total of 29 temperature gauges were installed, equally distributed over a measuring cross-section in the middle of the valley.

Due to a temperature increase of $\Delta T = +10°C$ a displacement of the dam crest of approximately 5 mm towards the upstream side was measured in the middle

of the valley (Fig. 7). The calculated displacements fit well with the measured displacements (Wittke & Polczyk 1999). The rise of the storage level of approximately 20 m leads to a displacement of the dam's crest towards the downstream side of some 5 mm as well. Before the excavation of the inspection galleries the corresponding displacement was approximately 8 mm (Fig. 7).

Figure 8 shows the displacements of the dam's crest due to a rise of the storage level of some 20 m. Here also a good agreement between measurement and analysis is achieved. A pronounced three-dimensional load-carrying behavior can be observed. By the realistic modeling of the two abutments of the dam (Fig. 4) the three-dimensional load-carrying behaviour could be verified (WBI 2001).

2.4 *Concluding remarks*

The excavation of the inspection galleries, the renewal of the drainage system, the monitoring

Figure 9. Diemel masonry gravity dam.

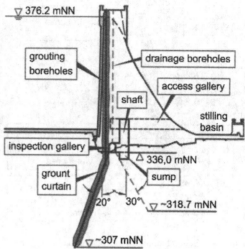

Figure 10. Remedial works.

programme carried out and the interpretation of the measurement results using three-dimensional finite element analyses enabled an economy-priced rehabilitation of the dam. A drawdown of the reservoir was not necessary to carry out the remedial works.

3 DIEMEL DAM

3.1 Dam and foundation rock

The Diemel dam was built from 1912 to 1923. A review of the stability of the dam in the 1980s showed that the stability of the dam according to DIN 19700 (edition 1986) was only given for a lowered storage level

The Diemel dam is a curved gravity dam composed of Diabase rubble stone masonry and lime trass mortar. The dam has a maximum height of 42 m and is founded 3.5 m deep in the foundation rock.

The dam crest has a length of 194 m and the radius of curvature is 250 m (Fig. 9). The storage volume of the reservoir amounts to approximately 20 million m³.

At the upstream side the dam was sealed with a 2.5 cm thick coating of cement trass lime mortar with a sealing coat of paint. At the downstream side as well as in the area of the foundation drainage tubes were installed.

In the 1980s it was observed that the drainages were sintered and the pore-water pressures at the foundation level had increased. Therefore, the storage level was lowered to 374.7 mNN, that means 1.5 m underneath the original storage level.

The foundation rock consists of Middle Devonian clayey slates with layers of fine sand. As main sets of discontinuities, the schistosity and two steeply dipping joint sets are developed in the rock mass.

3.2 Restoration concept

To prove the stability of the dam for the original storage level of 376.2 mNN a restoration concept was

elaborated. This mainly consisted of three remedial measures.

First, an inspection gallery at the foundation level was excavated. Afterwards a grout curtain was constructed in the dam and the foundation rock. In the rock mass the grout curtain is inclined towards the upstream side at 20° against the vertical (Fig. 10). On the downstream side of the grout curtain fanshaped drainage boreholes were arranged.

3.3 Stability analyses

In order to prove the stability of the Diemel dam taking into account the remedial measures and considering the three-dimensional load transfer of water pressure, 3D-finite element analyses were carried out using the computer codes FEST03 and HYD03 (Wittke 1990; Wittke 2000). Figure 11 shows the finite element mesh, the boundary conditions and the parameters, on which the stability and seepage flow analyses are based (Wittke & Schröder 2001).

In Figure 12 the computed equipotentials for a storage level of 376.2 mNN in the middle of the valley are represented. The grout curtain is assumed to be fully effective. Further it is assumed, that the water pressure at the bottom of the dam on the downstream side is only reduced to 40 percent of the full upstream hydrostatic head due to limited efficiency of the drainage ($\lambda = 0,4$).

The stability of the Diemel dam under consideration of the remedial measures could be proven according to DIN 19700 (edition 1986) for the original storage level of 376.2 mNN (WBI 1995a).

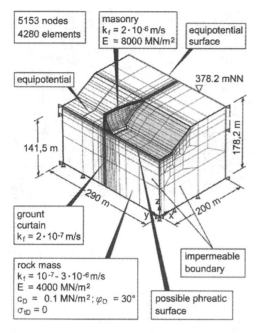

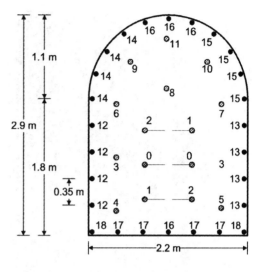

Figure 11. Finite element mesh, boundary conditions and parameters.

● ignition steps 0-11: Ammon Gelit 2 (≤ 400 g)
● ignition steps 12-18: Supercord 100

round length:	1.0 m
total charge:	7.40 kg
max. charge per ignition step:	400 g
specific charge:	1.26 kg/m³

Figure 13. Excavation of the inspection gallery. Blasting pattern.

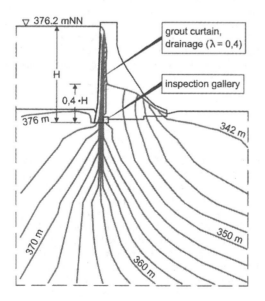

Figure 12. Analysed equipotential lines for partly effective drainage (λ = 0,4).

3.4 Excavation of the inspection gallery

The excavation of the inspection gallery along the foundation of the dam was done by drilling and blasting. The feasibility of this excavation method was proved with the aid of dynamic analyses with the finite element code FESTD3 (WBI 1995b). The analyses were calibrated with the aid of the results of two blasting tests. The blasting works were carried out with round lengths of 1 m. The selected blasting pattern is represented in Figure 13. With this arrangement of boreholes and charges an excavation true to profile could be achieved (Fig. 14).

The excavation of the inspection gallery was carried out from three locations. Excavated lengths up to 6 m per day were achieved. The inspection gallery was completed in the relatively short period of five months (WBI 1998a).

Before each blasting seismic sensors were installed to supervise the blasting works and to measure the seismic velocities due to blasting. The limiting maximum vertical seismic velocity, which was defined on the basis of the results of the dynamic analyses, was not exceeded, with only a few exceptions. Most of these exceptions were measurements at the dam's crest, which are influenced by reflections (Fig. 15).

The limitation of vibrations was mainly achieved by a low maximum charge per ignition step (Fig. 13, Wittke & Kiehl 1999).

773

Figure 14. Muck and profile of the inspection gallery after blasting.

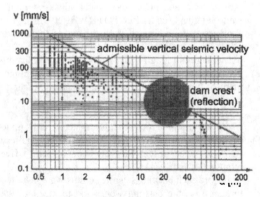

Figure 15. Maximum vertical seismic velocities (v) as a function of the distance to the blasting location, measurement results.

3.5 Grout curtain and drainages

The grouting works were carried out with a cement suspension with a w/c-ratio of 2.0 for the dam and 1.5 for the foundation rock, respectively. The success of

Figure 16. Eder masonry dam.

grouting was checked by Lugeon tests. A mean coefficient of permeability of $2 \cdot 10^{-7}$ m/s was achieved. In the dam and the foundation rock 489 grouting boreholes with a total length of 16874 m were carried out. The average amount of grouted cement was 20 kg/m (WBI 1998a).

After the grout curtain was completed 55 drainage boreholes were carried out as core-drillings from the crest of the dam. The quantities of seepage flow in these boreholes were low. From the inspection gallery another 61 drainage boreholes were sunk in the foundation rock. In two drainage holes temporarily seepage water quantities of >10 l/min were measured. It is obvious, that no additional sealing measures were required (WBI 1998a).

4 EDER DAM

4.1 Dam and foundation rock

The Eder dam was built between 1908 and 1914 as a curved gravity dam to provide water for the Mittelland canal (Fig. 16). The dam is founded partly on slate and partly on graywacke of the Lower Carboniferous. Graywacke and trass cement were used for the masonry. The dam, which is 36 m wide at the base and 6 m wide at the crest, is relatively thin. With its capacity of 202.4 million m^3 the Eder reservoir is one of the biggest reservoirs in Germany (Edertalsperre 1994).

As for many gravity dams built in Germany around the turn of the century, the absence of porewater pressure in the dam foundation was assumed in the original design. Thus, the stability of the dam was not sufficient according to today's standards.

4.2 Restoration concept

After careful studies of several design alternatives, a solution including 104 permanent rock anchors was

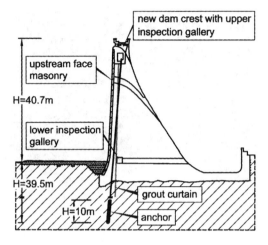

Figure 17.   Cross-section of the Eder dam.

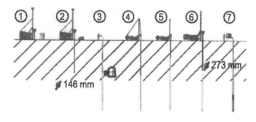

① setting up drilling equipment

② sinking of borehole

③ borehole surveillance

④ cement grout injection

⑤ redrilling with a 3-cone rock bit

⑥ borehole expansion using a down-the-hole hammer

⑦ Lugeon-tests

Figure 18.   Drilling of the boreholes for installation of anchors.

given preference, whereby the dam was anchored into the bedrock (Fig. 17). To distribute the anchor forces, a load distribution beam was needed on the dam crest. The design load on each anchor in the area between the superstructures was calculated as 4500 kN, with an average spacing of 2.25 m. The length of the load transfer section of the anchors in the rock was chosen to 10 m.

4.3   Stability analyses

As in the case histories described above three-dimensional finite element analyses were carried out using the computer codes FEST03 and HYD03 (Wittke 1990; Wittke 2000). These served as an aid to the interpretation of the measured water pressures and displacements in the dam and were also carried out to review the stability analyses performed by the client (WBI 1991; Wittke & Schröder, 2000).

4.4   Method of construction

To construct the load bearing beam, a section of the original dam crest was separated from the body of the dam by gap blasting. The parts that were to be removed were prepared for demolition by loosening blasting. In the next step, the load bearing beam and the upper inspection gallery were constructed. After completion of the overflow crest the piers for the road were concreted. The sandstone parapet was, as far as possible, reconstructed with the original stones. Finally the front of the upstream side of the crest was faced with quarry-stones (Wittke & Schröder 2000).

4.5   Manufacturing and placement of anchors

The preparatory drillings for the anchors to an alternating depth of 68 and 73 m were carried out from the newly constructed crest as wire line core drillings (Fig. 18).

As the thickness of the masonry dam amounts to only about 2.5 m between the existing face liner wall and the lower inspection gallery, the client demanded borehole deviations of less than 1% of the borehole length at the level of the lower inspection gallery. Typically, for core drilling boreholes deviations of 2–3% are expected. The contractor, however, achieved an average borehole deviation of 0.36% at the level of the lower inspection gallery and of 0.45% at the deepest point of the borehole.

After drilling, the boreholes were cement grouted. In the next step, the injected boreholes were redrilled with a roller bit and subsequently expanded from 146 mm to 273 mm. After the expansion, the treatment of the boreholes was examined by means of Lugeon tests (Fig. 18).

The most important elements of the reconditioning works are 104 permanent rock anchors as described before. With this anchor type the anchor forces are transmitted from the anchor head via a load bearing beam made of reinforced concrete into the masonry. At the anchor foot, the forces are transmitted by the grouted bonding section of the anchor into the bedrock. The load transfer from the anchor head to the anchor foot is effected by 34 wire strands, ST (steel quality) 1570/1770 with a 150 mm^2 nominal cross-sectional area each (Fig. 19).

As the length of 70 and 75 m and the weight of about 4 t prevented the anchors from being transported by lorry or train, they were assembled on site (Fig. 20).

The anchors were moved to the drilling site on the crest by means of rollers and subsequently placed in

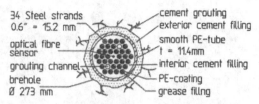

corrosion protection in the free anchor length

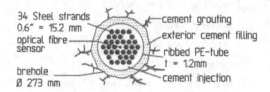

corrosion protection in the bonding length

Figure 19. Anchor cross-sections.

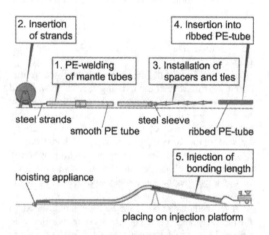

Figure 20. Anchor manufacturing scheme.

the borehole by means of a mobile crane and an installation frame (Fig. 21).

4.6 Concluding remarks

The anchoring of the dam with pre-stressed anchors in the bedrock results in the masonry dam stability being in line with current requirements for a future design life of 80–100 years. Two- and three-dimensional analyses confirmed that applied anchor forces of 2000 kN/m reduce tensile stresses in the dam to tolerable values. The reconstruction project proved that anchors with high capacity can be produced under site conditions. This presupposes an expert and diligent execution of all steps as well as constant supervision up to the very end of construction.

Figure 21. Anchor transport and installation.

REFERENCES

Edertalsperre 1994. *Sonderdruck aus Anlaß der Wiederherstellung der Edertalsperre*. Wasser- und Schifffahrtsverwaltung des Bundes, 6. Mai 1994.

Polczyk, H. 2001. Mehrjährige Beobachtungen des Verhaltens der Urftstaumauer. *Geotechnical Engineering in Research and Practice, WBI-PRINT 10*. Essen: Glückauf.

WBI 1991. Edertalsperre. Prüfung der Berechnungen zur Ermittlung der erforderlichen Ankerkräfte. Aachen, unpubl.

WBI 1995 a. Diemeltalsperre. Nachweis der Standsicherheit der Staumauer. Aachen, unpubl.

WBI 1995 b. Sanierung der Diemeltalsperre. Gutachterliche Stellungnahme zur Machbarkeit des sprengtechnischen Vortriebs des Kontrollganges. Aachen, unpubl.

WBI 1998 a. Instandsetzung der Diemelstaumauer. Ausbruch Kontrollgang, Einpressarbeiten und Dränagebohrungen. November 1995 bis Mai 1997. Aachen, unpubl.

WBI 2001. Urfttalsperre. Endgültiger Standsicherheitsnachweis. Aachen, unpubl.

Wittke, W. 1990. *Rock mechanics – theory and applications with case histories*. Berlin, Heidelberg, New York, Tokyo: Springer.

Wittke, W. & Kiehl, J. R. 1999. Measurements and analyses of the propagation of seismic waves due to blasting. *Proc. 9th intern. symp. on interaction of the effects of munition with structures*. Berlin-Strausberg: 523–530.

Wittke, W. & Polczyk, H. 1999. The Urft masonry dam, three-dimensional stability analyses, monitoring and comparison of results. *Annual meeting, ICOLD*. Antalya.

Wittke, W. 2000. Stability analysis for tunnels, fundamentals. *Geotechnical engineering in research and practice, WBIPRINT 4*. Essen: Glückauf

Wittke, W. & Schröder, D. 2000. Upgrading the stability of the Eder masonry dam with prestressed vertical anchors. *Annual meeting, ICOLD*. Beijing.

Wittke, W. & Schröder, D. 2001. Eine wirtschaftliche Lösung zur Instandsetzung der Diemelstaumauer. *Wasserwirtschaft 91 (11)*: 521–527.

Dam Maintenance and Rehabilitation, Llanos et al. (eds)
© 2003 Taylor & Francis, ISBN 90 5809 534 7

Algunas ideas relativas a la protección e impermeabilización de paramentos de presas de hormigón

J.C. De Cea Azañedo
Dirección General de Obras Hidráulicas-Ministerio de Media Ambiente (España)

E. Asanza Izquierdo & M. Blanco
Centro de Estudios y Experimentación de Obras Públicas (España)

ABSTRACT: La rehabilitación de paramentos de presas de mampostería o de hormigón es una asignatura obligada y pendiente en España. Se describen en el texto algunos trabajos efectuadas hasta este momento a base de aplicar ciertos tratamientos superficiales o mediante la instalación de forros de hormigón. Debido a que desde hace algunos años se viene realizando una importante investigación con geomembranas con el objetivo de examinar su comportamiento a largo plazo, se comparan las propiedades que, después de casi 30 años en servicio, presentan estas últimas, y se comparan con las de los tratamientos superficiales. Se concluye las buenas perspectivas de futuro que presentan las geomembranas como elemento de protección y de mejora de la impermeabilidad.

1 INTRODUCCION

Según los diccionarios, rehabilitar es acomodar algo al fin para el que fue creado. Dicha acomodación, en el caso de las presas, puede ser debida a:

a) deterioros ocasionados como consecuencia de la presentación de problemas
b) al natural envejecimiento, o
c) a un inadecuado mantenimiento.

La rehabilitación tiene un gran sentido en España si tenemos en cuenta el elevado grado de envejecimiento de nuestras aproximadamente 1350 presas. En efecto, en el año 2000, un 25% de ellas llevaba más de 50 años de servicio[1]. De acuerdo con los datos que figuran en la Dirección General de Obras Hidráulicas y Calidad de las Aguas, organismo que se encarga de la gestión de la seguridad de las presas, el mayor porcentaje de actuaciones que se ha efectuado y se va a tener que seguir efectuando en el futuro en las presas españolas va a ser en los desagües de fondo, si exceptuamos la adaptación que va a tener que realizarse en todos los aliviaderos para cumplir los nuevos criterios de diseño recomendados por la nueva normativa vigente, dependiendo de la categoría a la que pertenezca la presa, en función de los daños que en caso de su rotura puedan ocasionarse aguas abajo.

El segundo lugar en la lista de actuaciones lo ocupa la rehabilitación de paramentos de presas de hormigón, debido al natural envejecimiento de éste y a su deterioro por fenómenos de expansión consecuencia de reacciones alcali-árido. Este hecho es más que evidente analizando muchas presas de gravedad construidas entre los años 60 y 70: muchas presentan un elevado grado de fisuración de sus paramentos, habiendo aumentado en los últimos años la cuantía de las filtraciones.

La situación anterior se complica aún más cuando coexiste con un inadecuado diseño, con una mala construcción o con el empleo de materiales de baja calidad.

2 ALGUNOS EJEMPLOS DE REHABILITACIONES EFECTUADAS EN ESPAÑA

2.1 *Azud de estagento*

Se trata de una presa de gravedad construida entre los años 1912 y 1914, a base de bloques de granito unidos con mortero. Tiene planta circular con un desarrollo en coronación de 188 m, una altura de 20 m y talud vertical aguas arriba y quebrado el de aguas abajo : Desde coronación, a cota 2141,5 m, hasta la 2138 m, 0,294 (H):1 (V) y desde esa cota 0,876 (H):1(V). El embalse creado por ese azud, de 3,29 Hm³ de capacidad, forma

---

[1] 50 años es lo que suele considerarse en la práctica como umbral de envejecimiento.

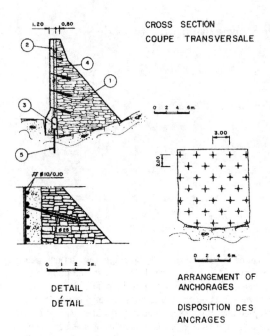

CROSS SECTION
COUPE TRANSVERSALE

0 2 4 6m.

ARRANGEMENT OF
ANCHORAGES

DISPOSITION DES
ANCRAGES

DETAIL
DÉTAIL

Figura 1. Esquema de la rehabilitación del paramento de aguas arriba efectuada en el azud de Estagento.

Foto 1. Aspecto del paramento de aguas abajo de la presa de Arlanzón antes de su rehabilitación.

Foto 2. Aspecto del paramento de la presa de Arlanzón una vez rehabilitado.

parte del esquema hidráulico de una empresa hidroeléctrica. Dicho embalse, se llena y vacía completamente todos los días.

El clima extremo – no son infrecuentes en invierno temperaturas por debajo de los −20° C – junto con las condiciones de explotación, han dado lugar con los años a la aparición de filtraciones de importancia que ha sido necesario corregir. La solución ha consistido en la construcción de un forro de hormigón de 1,20 m de espesor en el paramento de aguas arriba, anclado mediante bulones de 25 mm de diámetro y 2,50 m de longitud, separados 3 m horizontalmente unos de otros, y 2 m verticalmente (Figura 1).

2.2 *Presa de arlanzón*

Fue construida entre 1929 y 1933. La coronación se encuentra situada a la cota 1144 m, aproximadamente. Es una presa de gravedad con una altura de 47 m desde cimientos, y taludes vertical aguas arriba y 0,82 aguas abajo. El cuerpo de presa, como el de muchas de las presas construidas en la misma época, está constituido por un hormigón ciclópeo forrado por un hormigón de mejor calidad, tanto aguas arriba como aguas abajo. Como era también costumbre en la época, no dispone de juntas transversales, creándose posteriormente éstas de forma natural.

La altura a la que se encuentra y el clima extremo al que está sometida, provocaron un deterioro de los paramentos, especialmente del de aguas abajo, al

estar más tiempo expuesto a los agentes atmosféricos. La reparación del mismo consistió:

a) En la limpieza de todo el hormigón deteriorado
b) En la instalación de bulones de 2 m de longitud separados unos de otros 1,5 m
c) En la colocación de un mallazo
d) En la instalación de tubos de PVC de 150 mm de diámetro con la misión de drenar las aguas que eventualmente puedan filtrarse desde el exterior
e) En la construcción final de un conjunto de losas de 5 m de lado y 45 cm de espesor, unidas unas a otras mediante juntas de P.V.C. convencionales

En las Fotos 1 y 2 se muestra, respectivamente, el aspecto del paramento antes y después de realizada su reparación.

2.3 *Presa de agueda*

Esta presa, de gravedad y planta recta, fue terminada de construir en el año 1931. Como el de otras presas realizadas en la misma época, el cuerpo de ésta está constituido por un hormigón ciclópeo forrado exteriormente por otros de tamaño de árido más pequeño y de mejor calidad.

El mal estado del paramento de aguas arriba junto con un aumento paulatino de la cuantía de las filtraciones obligó a efectuar unas obras de reparación consistentes en el gunitado del primero a base de una gunita mezclada con fibras de acero en forma de grapas (dramix), colocando previamente un bulón cada metro cuadrado, en perforaciones de 15 a 20 cm de profundidad.

Como consecuencia de los muchos años de servicio, se observó también en la rápida del aliviadero de esta presa que el forro de hormigón estaba agrietado en muchos puntos y perdido en otros, por lo que se acometieron una serie de trabajos para restituir la superficie de la rápida a sus condiciones originales (Foto 3). Estos consistieron en:

a) Limpiar la superficie picando el hormigón en mal estado
b) Regularizar, Reforzar e instalar un mortero epoxídico mezclado con un árido muy fino (más grueso si los huecos en el hormigón eran grandes), de baja retracción y tixotrópico y sobre él una malla plástica de soporte, e
c) Instalar un revestimiento a base de una o dos capas de pinturas de resina de poliuretano, también tixotrópicas.

Desde que se llevó a cabo esta reparación han circulado por encima de este nuevo revestimiento laminas de agua de hasta 1 m de espesor, sin problemas, poniéndose así de manifiesto lo acertado de la elección.

También en la Presa de Cenza (Figura 2) se utilizó un proceso de reparación del paramento de aguas arriba similar al anterior. Se aplicaron en este caso un total de 2 capas de resina con un espesor del orden de 1 mm. El acabado final se hizo con pintura de poliuretano para proteger las resinas de la acción de los rayos ultravioleta. El resultado de este tratamiento sobre las filtraciones que obligaron a llevarlo a cabo, fue notable. De los 2900 l/min aforados previamente a la aplicación del tratamiento, después de éste se redujeron en un 87%.

Sistemas de protección similares se han empleado también en las presas de Graus, Pon de Rei y Tavescan, todas en los Pirineos, la cadena montañosa más importante, en lo que a altitud se refiere, de España.

Foto 3. Trabajos de rehabilitación en la rápida del aliviadero de la presa del Agueda.

Figura 2. Tratamiento efectuado en el paramento de la presa de Cenza.

Como conclusión: La altura a la que se encontraban algunas de las presas anteriormente mencionadas junto con la importancia de los agentes medio-ambientales imperantes (ciclos Frio-Calor y Hielo-Deshielo muy intensos) decantaron el sistema de protección a emplear hacia los forros de hormigón – que se pensaba eran más durables-, si bien en los últimos años éstos han sido paulatinamente desplazados por pinturas a base de resinas de poliuretano, epoxidicas, acrilicas o vinilicas, etc.

España cuenta además de las 1350 grandes presas a las que hemos hecho referencia con más de 40.000 balsas de riego que, en muchos casos, no cumplen la condición de gran presa definida por ICOLD, y cuya impermeabilidad suele confiarse en numerosas ocasiones a geomembranas de P.V.C, E.P.D.M, Caucho-Butilo, Polietileno, Polipropileno, etc. El CEDEX es un organismo de investigación oficial que desde el año 1986 viene examinando tanto las patologías que presentan estos materiales "in situ" como su comportamiento a lo largo del tiempo, es decir, su envejecimiento, la evolución de sus propiedades. Dada esa importante experiencia surge rápidamente como pregunta: ¿porqué se utilizan pinturas para rehabilitar los paramentos en vez de geomembranas, dado que se tiene un mayor conocimiento del comportamiento que presentan estas últimas con respecto a aquellas?

2.4 Azud de matavacas

Este es un ejemplo de instalación en el paramento de aguas arriba de una presa de escollera con pantalla de una geomembrana para mejorar la impermeabilidad de aquella (Foto 4). Se empleó en este caso una lamina de caucho-butilo de 1 mm de espesor, ya que en la época de su instalación, año 1974, era, quizá, el material de uso más común.

2.5 Presa del odiel-perejil

Es un ejemplo de empleo de geomembranas sintéticas como impermeabilización no vista.

La presa, de escollera de 35 m de altura y taludes 1(V): 3(H) aguas arriba y aguas abajo, se terminó de construir en el año 1971, confiándose la impermeabilidad a una geomembrana de polietileno clorado (CPE) totalmente embebida en la escollera y protegida por dos capas de arena. Cabe calificar el comportamiento

Foto 4. Azud de Matavacas.

de esta presa, en base a las inspecciones efectuadas en los primeros años de explotación, de excelente, siendo mínimas las filtraciones registradas.

Necesidades de explotación obligaron a recrecerla 6 m. Conservando la misma tipología que la primitiva, la nueva geomembrana instalada fue de idéntica composición que la original, pero de diferente espesor: 0,76 mm en lugar de 1,5 mm.

3 ¿GEOMEMBRANAS O TRATAMIENTOS DE SUPERFICIE?

Para contestar a esta pregunta, lo primero que hay que hacer es conocer las condiciones a las que va a estar sometido el material a colocar, con objeto de prever qué características hay que exigirle. Suelen examinarse normalmente:

– La capacidad de deformación en rotura
– La resistencia ante cargas hidrostáticas de hasta 15 kg/cm^2
– La posible exposición a ambientes muy agresivos (Frío, Radiación solar (UV), agentes químicos con distintos orígenes: aguas ácidas, por ejemplo, etc.)
– La influencia de impactos de troncos, ramas, etc.

3.1 Ventajas e inconvenientes

3.1.1 Geomembranas
a) Ventajas
– Garantía de fabricante entre 15 y 20 años
– Fácil puesta en obra y fácil corrección de los errores de instalación
– Colocación independiente del estado en que se encuentre la base
– Reparación posterior sencilla y económica
– Conservación de la flexibilidad a lo largo del tiempo
b) Inconvenientes
– Muy susceptible a los daños causados por actos vandálicos
– En caso de rotura, la pérdida de agua puede llegar a ser muy elevada

3.1.2 Tratamientos de Superficie
a) Ventajas
– Adherencia elevada al soporte y entre capas
– En caso de rotura en algún punto la pérdida de agua es moderada
– Instalación lenta
– Facilidad de reparación
– Resistencia a la subpresión
b) Inconvenientes
– Garantía de componentes, no del producto terminado
– Al ser aplicados manualmente, se producen grandes variaciones de espesor

- Necesitan una limpieza muy cuidada del soporte
- Salvo excepciones, difícil aplicación a bajas temperaturas
- Elevada rigidización con el tiempo
- Escasos datos acerca de su envejecimiento

3.2 Propiedades de algunos tratamientos

Son muy escasos los resultados de ensayos efectuados sobre tratamientos, al ser en muchos casos materiales manufacturados "in situ". Resumimos a continuación los realizados por un organismo oficial sobre sistemas constituidos por pinturas de resina de poliuretano comercializadas por una empresa Española, para su examen.

a) Resistencia a la tracción de un sistema a base de imprimación + revestimiento (A) situados sobre una base fisurada (Tabla I)
b) Durabilidad de un sistema constituido por una imprimación, un revestimiento y una protección ultravioleta (B): tras 1500 horas de radiación a una temperatura de 45 a 50°, *no se aprecia degradación alguna* (sic). (Tabla II)
c) Resistencia a la tracción de los sistemas A y B, nuevos y envejecidos de acuerdo con las especificaciones comentadas en el punto anterior (Tabla III)
d) Estanqueidad: Sometido el sistema A a una columna de agua equivalente a una presión de 60 Kpa, no se produjo pérdida alguna de aquella.

3.3 Evolucion de propiedades de algunas geomembranas

Como ya se ha indicado, el CEDEX viene realizando desde hace años un seguimiento de distintas geomembranas instaladas, con objeto de poder evaluar su estado de conservación. Anualmente hace una toma de muestras en obra y posteriormente efectúa con ellas una serie de ensayos de laboratorio.

En el caso de las geomembranas de polietileno de alta densidad, quizá las dos conclusiones más importantes que se deducen de la investigación efectuada hasta este momento con ellas son que su deterioro es más fuerte en las zonas sometidas a fuertes radiaciones solares, especialmente cuanto menor es su espesor, y que su comportamiento es mejor en las zonas de exposición continua a las radiaciones solares que en las partes donde estuvo en contacto con el agua.

En el caso de las geomembranas de EPDM, serían que los valores de resistencia de la soldadura por pelado son extremadamente bajos comparados con el resto de materiales utilizados como geomembranas, la baja resistencia al impacto dinámico inicial, y lo reducido de los valores obtenidos de la resistencia a la tracción y al desgarro.

Con respecto a las propiedades que presentan las dos geomembranas mencionadas, que son las que más años llevan instaladas, los valores medios de las del azud de Matavacas, después de 27 años en servicio, son las siguientes:

Espesor, mm	1,06
Dureza Shore-A	69
Doblado a bajas temperaturas ($-40°C$)	No rompe
Resistencia al impacto dinámico, mm	>500
Resistencia a la tracción, MPa	10,2
Alargamiento en rotura, %	213
Impacto estático	
Resistencia al punzonamiento, N/mm	225
Recorrido del punzón, mm	37

Aunque el alargamiento en rotura es algo menor que el inicial, el resto de las características demuestran el buen estado del material. En la Foto 5 puede verse su aceptable estado de conservación, sin fisuras, grietas o imperfecciones superficiales de carácter grave, así como las huellas del entramado propio de la vulcanización del caucho.

Tabla I.

Ancho de grieta	Espesor Capa	Alargamiento máximo		
		A 80°	A 20°	A 220°
<0,1 mm	1,5 mm	0,7 mm (47%)	3 mm (200%)	3,9 mm (260%)

Tabla III.

Ancho de grieta	Espesor de Capa	Alargamiento máximo		
		A 80°	A 20°	A 220°
<0,1 mm	1,5 mm	0,7 mm (47%)	3 mm (200%)	3,9 mm (260%)

Tabla II.

Sistema	Espesor	Nuevo		Envejecido	
		Tracción N/30mm	Alargamiento (%)	Tracción N/30mm	Alargamiento (%)
A	2,14 mm	216	2	—	—
C	1,75 mm	284	4.3	250	1.9

Foto 5. Muestra de la geomembrana del azud de Matavacas observada por microscopía electrónica de barrido, SEM, (90x).

En el caso de la geomebrana de la presa del Odiel, serían las siguientes:

Doblado a bajas temperaturas (−50°C)   No rompe
Resistencia a la tracción, MPa   11,2
Alargamiento en la rotura, %
   Longitudinal   340
   Transversal   525
Resistencia al desgarro, N/mm   26,8
Estabilidad dimensional, %
   A 100°C   <20
   A 70°C   <7

Las pruebas de punzonamiento efectuadas en condiciones similares a las que se encuentra en la obra, o sea entre un "sandwich" de material granular, sometiendo al conjunto a una presión efectiva de 16,6 MPa, dan unos resultados correctos. Asimismo, realizado un ensayo de fricción entre la geomembrana y el material granular de tamaño inferior al pasante por el tamiz n° 4 (ASTM), se llega a la conclusión de que el ángulo resultante es muy semejante al del propio material granular.

4 CONCLUSIONES

1. La rehabilitación de paramentos de presas en nuestro país ha sido hasta este momento variada, habiéndose llevado a cabo, básicamente, por dos métodos distintos: colocación de forros de hormigón y aplicando tratamientos superficiales.
2. Existe una gran experiencia en la utilización de geomembranas sintéticas como elemento de impermeabilización de presas de materiales sueltos grandes y pequeñas, que, en algunos casos, llevan instaladas más de treinta años.
3. Los ensayos realizados sobre muestras de estas últimas arrojan unos valores todavía correctos para la función que desempeñan, lo que pone de manifiesto su elevada durabilidad.
4. Por todo ello, nos inclinamos por este tipo de protección, que significa, además, una apuesta de futuro en el campo de la protección e impermeabilización de paramentos de todo tipo de obras hidráulicas.

Dam Maintenance and Rehabilitation, Llanos et al. (eds)
© 2003 Taylor & Francis, ISBN 90 5809 534 7

Propuesta para la obtención de un índice de calidad del macizo rocoso, IPS índice de permeabilidad, a partir de los ensayos de carga de agua en cimentaciones de grandes presas

A. Foyo, M.A. Sánchez, C. Tomillo & J.L. Suárez
Geología Aplicada a las Obras Públicas, E.T.S. Ing. Caminos, Canales y Puertos, Universidad de Cantabria

ABSTRACT: Water load tests are the most common and appropriate method in order to determine rock mass permeability due to the presence of weak planes, such as faults, bedding planes, joints, fissures, etc. RQD index along with Total Core Recovery, allow for a semiquantitative characterisation of rock quality, this being sometimes in poor agreement with the result of the permeability test by means of water pressure tests. Thus, the possibility is suggested to obtain a rock quality index, Secondary Permeability Index or SPI, intended to enhance the understanding of the rock mass and enlarge the information provided by this kind of in situ test.

1 INTRODUCCIÓN

Cualquier mejora que quiera realizarse en la impermeabilización del macizo rocoso que soporta una presa debe ir dirigida, por un lado, al análisis cuantitativo de la permeabilidad, y por otro al conocimiento de la distribución espacial de las discontinuidades que la generan.

Es importante señalar que los resultados obtenidos en los ensayos de carga de agua están condicionados por una serie de elementos independientes del macizo rocoso, como son la presión total de inyección de agua, y la correcta determinación de la posición del nivel freático. Existen también factores internos o intrínsecos de los planos de discontinuidad del macizo rocoso, apertura, relleno, conexión entre planos, etc., que van a condicionar los resultados del ensayo, y que sin lugar a duda van a influir en el diseño del tratamiento de corrección.

Los parámetros externos citados anteriormente, pueden ser controlados con un exhaustivo y cuidadoso tratamiento de los datos. Mientras que para el control de los citados en segundo lugar se propone la obtención de un índice o coeficiente que permita una mejor comprensión de la morfología del sistema de discontinuidades estructurales a lo largo del cual se produce la circulación de agua.

El conocimiento del sistema de discontinuidades que presenta el macizo rocoso por medio de un índice, permite al mismo tiempo obtener una acercamiento a la calidad del macizo rocoso a través de los resultados obtenidos en los ensayos de carga de agua.

2 PARÁMETROS DE CONTROL

2.1 *Presión Total de inyección de agua y situación del ensayo respecto al nivel freático*

La determinación de la permeabilidad de macizos rocosos fisurados mediante la realización de ensayos de carga de agua, refleja la capacidad de una roca para permitir la circulación de agua a través de las distintas familias de discontinuidades presentes. Es por lo tanto un método apropiado para la valoración de la permeabilidad secundaria, siendo la Presión Total o Presión Real de inyección y la situación del tramo de ensayo frente a la posición del nivel freático, los dos principales parámetros de control de la prueba extrínsecos al macizo rocoso. En este sentido, la realización de un Ensayo de Permeabilidad Lugeon estricto es realmente difícil o incluso imposible, ya que requeriría una serie de cálculos previos para determinar la Presión Manométrica con la que tendríamos que realizar la prueba para que diera como resultante una Presión Total de 10 bar.

La Presión Total de inyección para cada escalón de carga del ensayo se obtiene a partir de la siguiente expresión:

$$Pt = Pm + 0,1 \cdot [d + \text{sen}\alpha(l_h - l_w)] \qquad (1)$$

donde Pt = Presión Total (bar); Pm = Presión Manométrica (bar); d = distancia boca-manómetro (m); ∀ = inclinación del sondeo medida desde la horizontal (°);l_h = longitud desde la superficie hasta el punto de ensayo (m); l_w = longitud desde la posición del nivel freático hasta el punto de ensayo (m).

La expresión (1) es apropiada para ensayos realizados bajo o sobre el nivel freático, al mismo tiempo que es apta para ensayos realizados en sondeos verticales o inclinados.

2.2 Formas de expresión de la permeabilidad secundaria. Modos de comportamiento

El resultado obtenido en las pruebas de inyección de agua es un caudal absorbido por las discontinuidades del macizo rocoso, a una determinada presión de inyección, en un tramo de sondeo aislado de longitud conocida. Cumpliendo las condiciones de normalización propuestas por M. Lugeon en 1933, una absorción de 50 litros a una presión de inyección de 10 bar durante 10 minutos y para un tramo de ensayo de 5 m de longitud, corresponde con la Unidad Lugeon (UL). La variación de las condiciones anteriores implica la expresión de la capacidad de absorción de agua del macizo rocoso en forma de Unidad Lugeon Equivalente (ULE), Foyo & Cerda (1990).

La obtención de un índice o coeficiente de permeabilidad a partir de los resultados del ensayo constituye la segunda forma de expresión de la permeabilidad de macizos rocosos fisurados. No cabe duda que cualquier expresión encaminada a la obtención de dicho coeficiente tendrá una cierta carga de empirismo y/o subjetividad, pero aun así el control meticuloso de los parámetros que intervienen en el ensayo y el uso de expresiones sencillas, permitirán una aproximación certera a la velocidad de flujo de agua a través de las discontinuidades. La expresión utilizada para el análisis de los resultados ha sido la siguiente, Foyo & Sánchez (2002):

$$k = 2,65 \cdot 10^{-7} \cdot \frac{Q_k}{Pt \cdot l_e} \cdot \ln\left(\frac{l_e}{r}\right) \qquad (2)$$

siendo k = coeficiente de permeabilidad (m/s), Q_k = caudal de agua (l/min), Pt = presión total (1), l_e = longitud del tramo de ensayo (m), r = radio del sondeo (m).

La circulación de agua a través de diaclasas, planos de falla, planos de estratificación, grietas o fisuras, bajo unas determinadas condiciones de presión, que normalmente alcanzan y superan los 10 bar, puede generar toda una serie de modificaciones en las características geométricas de dichos planos que modificarán la permeabilidad real del conjunto. Desde este punto de vista, se definieron, Gómez Laá et al (1982),

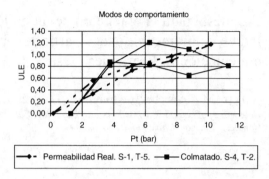

Figura 1. Modos de comportamiento: Fracturación Hidráulica y Lavado del relleno de grietas y fisuras.

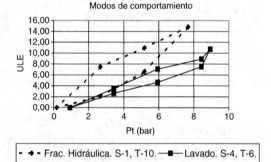

Figura 2. Modos de comportamiento: Permeabilidad Real y Colmatado del relleno de grietas y fisuras.

cuatro modos de comportamiento del macizo rocoso como respuesta al esfuerzo tensional asociado a la circulación del fluido. Cada uno de ellos debe ser valorado convenientemente y analizar su influencia en la obtención de la permeabilidad real del macizo rocoso, que podrá ser enmascarada o incluso totalmente modificada por la aparición de dichos patrones básicos.

Habitualmente estos modos de comportamiento se han establecido mediante el análisis de la permeabilidad expresada como Unidades Lugeon. Se ha dejado siempre aparte el análisis de dichos patrones en base a la expresión de la permeabilidad por medio del índice o coeficiente k. Sin embargo, esta segunda forma de interpretación presenta importantes ventajas. Los ejemplos seleccionados corresponden a cuatro ensayos realizados en la cimentación de la Presa de La Llosa del Cavall, Figuras 1 y 2, sobre la que se hará una referencia más completa a continuación. En las Figuras 3 y 4, se presentan los resultados obtenidos en los mismos ensayos pero expresando la permeabilidad por medio del coeficiente de permeabilidad k (2). Las ventajas de la interpretación de los resultados por medio de este índice son obvias. Un ensayo en el que se está manifestando la permeabilidad real del

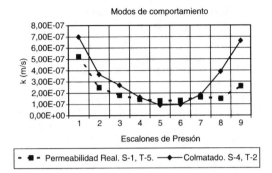

Figura 3. Modos de comportamiento reflejados por el coeficiente de permeabilidad.

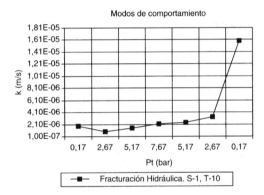

Figura 4. Grafica Pt–k. Fracturación hidráulica superando límite elástico.

macizo rocoso debe presentar una gráfica similar a la mostrada por la Figura 3, de tal manera que el índice nos está indicando que independientemente de la presión total de inyección correspondiente con el escalón de carga, el coeficiente se mantiene constante o al menos sin fluctuaciones considerables. La expresión gráfica del fenómeno de colmatado de grietas representado por medio del coeficiente de permeabilidad k, Figura 3, es mucho mas evidente que mediante la expresión de la permeabilidad como Unidad Lugeon Equivalente, Figura 2.

En el siguiente ejemplo la mejora en la interpretación de los resultados del ensayo por medio del coeficiente de permeabilidad es evidente. El ensayo T-10 realizado en el sondeo S-1 presentó un claro proceso de fracturación hidráulica, no pudiendo superarse los 7,5 bar de presión manométrica. En la gráfica Pt-ULE se aprecia dicho proceso, Figura 1, sin embargo no puede apreciarse que la fracturación ha superado el límite elástico del macizo rocoso, no pudiendo recuperarse la permeabilidad real en el tramo de presiones descendentes, Figura 4.

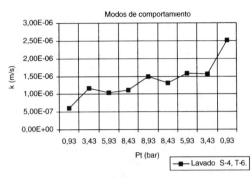

Figura 5. Gráfica Pt–k. Lavado del relleno de grietas y fisuras. Ensayo T-6, Sondeo S-4.

Finalmente, en la Figura 5 aparece representada la gráfica Pt–k del ensayo T-6 del sondeo S-4. Al comparar dicha figura con la Figura 1, es patente que el fenómeno de lavado de fisuras resulta mucho mas claro cuando se expresa la permeabilidad por medio del coeficiente k, pudiendo observarse como la permeabilidad aumenta a medida que se van ejecutando cada uno de los escalones de carga, extendiéndose este proceso incluso al tramo de presiones descendentes.

2.3 Indice de Permeabilidad Secundaria, IPS

En el apartado anterior se citaban como parámetros de influencia extrínsecos o externos al macizo rocoso la Presión Total de inyección de agua y la situación del punto de ensayo respecto a la posición del nivel freático, ambos parámetros de claro efecto en el análisis de los resultados obtenidos en el ensayo. Las características geométricas de las discontinuidades por donde va a circular el agua constituye el conjunto de parámetros intrínsecos del macizo rocoso.

Los factores citados en primer lugar son de fácil precisión, puesto que sólo dependen de una meticulosa toma de datos en el caso de la posición del nivel freático, y sencillos cálculos para determinar la Presión Total para cada escalón de carga (2). Sin embargo, la cuantificación de aspectos como las irregularidades que presentan los planos de discontinuidad, la distribución espacial e interconexión entre planos de rotura, continuidad, apertura, y la presencia o ausencia de relleno, constituye un problema realmente serio. Se recomienda siempre la realización de sondeos con recuperación de testigo ya que la correcta testificación de la muestra recuperada es la única aproximación al conocimiento de dichos factores, testificación que normalmente refleja el porcentaje de recuperación de testigo y el R.Q.D. Sin embargo, este proceso permite caracterizar el macizo rocoso exclusivamente en la superficie resultante de la perforación, siendo obligatorio la extrapolación de esa información al interior de la roca. Por lo tanto, lo que ocurre en el interior del macizo rocoso, o en lo que nos atañe, cómo circula el agua a través de él, sigue estando rodeado de un cierto misterio.

En este sentido, se considera que cualquier intento de obtener un índice de calidad del macizo rocoso a partir de los ensayos de carga de agua, debe valerse de la capacidad de la roca para permitir que el fluido circule a través de ella, siendo esta circulación el único aspecto que podrá informarnos, al menos cualitativamente, del estado del macizo rocoso.

Por lo tanto, se propone la obtención de un índice a partir de los resultados del ensayo de carga de agua, basándose en la siguiente expresión:

$$IPS = 2,35 \cdot 10^{-10} \cdot \frac{\ln\left(\frac{4l_e}{r}\right)}{l_e} \cdot \frac{Q}{H \cdot t} \qquad (3)$$

siendo IPS = Indice de Permeabilidad Secundaria $(l/(s*m^2))$, l_e = longitud del tramo de ensayo (m), r = radio del sondeo (m), Q = caudal de agua absorbido por el macizo rocoso (litros), t = tiempo en (s), H = presión total de inyección expresada como columna de agua (m).

Sólo el caudal de agua absorbido por el macizo rocoso u otro fluido inyectado, Ikegawa et al (1997) y Yamaguchi et al (1997), puede facilitar información de cómo es la circulación a través de las discontinuidades. El resultado de este índice IPS, es por lo tanto un caudal de agua circulando a través de una superficie, Figura 6. El caudal aumentará por el incremento de la Presión Total, aspecto contemplado en la expresión, o por la disminución de la superficie mojada como consecuencia de una mayor fisuración. Puede deducirse por lo tanto, que la expresión actúa doblemente, como índice de permeabilidad por un lado, y como índice de calidad del macizo rocoso por otro.

2.4 Rango de permeabilidad e Indice de Permeabilidad Secundaria

En la actualidad no está plenamente aceptado que pueda obtenerse un coeficiente de permeabilidad del macizo rocoso a partir de los ensayos de carga de agua, o al menos no un índice como el correspondiente a medios porosos. Sin embargo, existen y han existido intentos de obtener dicho coeficiente pudiendo concluirse que la Unidad Lugeon equivale aproximadamente a un coeficiente de 10^{-7} m/s, Figura 7 y Tabla 1.

Respecto a la relación entre la Unidad Lugeon, el Coeficiente de Permeabilidad y el Indice de Permeabilidad Secundaria se obtiene la siguiente equivalencia, considerando la realización de un Ensayo de Permeabilidad Lugeon estricto, es decir, Presión Total de 10 bar mantenida durante 10 minutos y longitud de tramo de ensayo 5 m, Tabla 2, Foyo & Sánchez (2002).

Por otro lado, y a partir de la equivalencia mostrada en la Tabla 2, se propone los siguientes

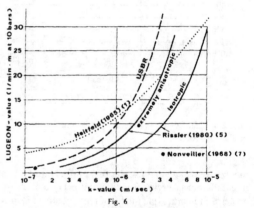

Fig. 6

Permeability (k) versus absorbtion (LU)
Perméabilité (k) en fonction de l'absorption (LU)

(1) extremely anisotropic   *(1) fortement anisotrope*
(2) isotropic   *(2) isotrope*

Figura 7. Equivalencia entre k y Unidad Lugeon. Kutzner (1985).

Tabla 1. Equivalencia ente la Unidad Lugeon y el Coeficiente de Permeabilidad.

Unidad Lugeon y Coeficiente de Permeabilidad		
Autores	UL	k (m/s)
Shibata et al (1981)	ϕ = 65 mm	$1,3*10^{-7}$
	1 ϕ = 45 mm	$1,4*10^{-7}$
Kutzner (1985)	1 UL	$1*10^{-7}$
Bulut et al (1996)	1 UL	$5*10^{-7}$
Foyo & Sánchez (2002)	1 ULE	$1,26*10^{-7}$

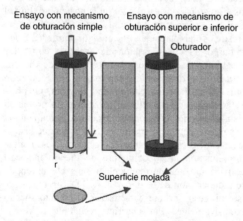

Ensayo con mecanismo de obturación simple   Ensayo con mecanismo de obturación superior e inferior

Obturador

l_e

r

Superficie mojada

Figura 6. Superficie mojada para distintos mecanismos de obturación.

límites de permeabilidad, que en el caso del Indice de Permeabilidad Secundaria se convierte en un índice de calidad del macizo rocoso, Figura 8, Foyo & Sánchez (2002).

ANÁLISIS DE RESULTADOS

2.5 Modelo teórico

Con el fin de comprobar la relación existente entre los parámetros citados anteriormente, se han analizado los resultados de una serie de ensayos teóricos que reflejan cada uno de los modos de comportamiento citados anteriormente, planteando dos situaciones posibles: ensayos realizados bajo la posición del nivel freático y ensayos realizados sobre el nivel freático. Al mismo tiempo, esta modelización ha tenido en cuanta la realización del ensayo en un sondeo vertical y en un sondeo inclinado.

En primer lugar se ha estudiado la variación sufridas por la Presión Total, la Unidades Lugeon

Equivalente, el Coeficiente de Permeabilidad (2) y el Indice de Permeabilidad Secundaria (3), en base a los resultados de estos parámetros obtenidos a la máxima presión total de ensayo, Tabla 3.

El incremento de los cuatro parámetros se mantiene aproximadamente constante independientemente del modo de comportamiento presente. Se ha podido constatar, que suponiendo las mismas condiciones anteriores pero en ensayos realizados en sondeos inclinados, dichos incrementos se mantienen constantes para los distintos parámetros, pero el valor del incremento es diferente, Tabla 4.

En segundo lugar, Figura 9, se ha podido comprobar que la variación de los parámetros anteriores para cualquier ensayo, y para cada uno de los escalones de carga de agua, presenta una evolución común. A medida que va aumentando la presión total el incremento de los parámetros comparando un ensayo bajo y sobre el nivel freático, se hace progresivamente menor. Por otro lado, la Presión Total, el Coeficiente de Permeabilidad y el Indice de Permeabilidad Secundaria, presentan una evolución idéntica para todos los ensayos, independientemente del modo de comportamiento.

Sin embargo, las Unidades Lugeon Equivalentes presentan valores de incremento ligeramente inferiores al resto para el segundo y penúltimo escalón de carga, fenómeno que se repite independientemente

Tabla 2. Relación entre la absorción de agua y el índice k e IPS. Foyo & Sánchez (2002).

Equivalencia entre permeabilidad e Indice de Permeabilidad Secundaria. Ensayos de Carga de Agua

Q (l)	UL	k (m/s)	IPS (l/s*m²)	IPS´(l/s*m²)
50	**1**	**$1,26*10^{-7}$**	**$2,41*10^{-14}$**	**$3,89*10^{-14}$**

IPS´. Indice de Permeabilidad Secundaria para ensayos con mecanismo de obturación superior e inferior.

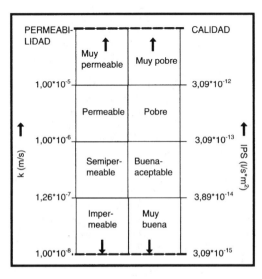

Figura 8. Límites de permeabilidad y calidad del macizo rocoso. Foyo & Sánchez (2002).

Tabla 3. Incrementos para los parámetros de control del ensayo de carga de agua a máxima presión total de inyección.

	Presión total máxima		
Modo I	Sobre N.F.	Bajo N.F.	Incremento (%)
Pt	13,88	10,17	36.48
ULE	0,72	0,98	36,11
k	9,32E-08	1,27E-07	36,27
IPS	1,77E-13	2,41E-13	36,16
Modo II	Sobre N.F.	Bajo N.F.	Incremento (%)
Pt	13,88	10,17	36.48
ULE	5,76	7,87	36,63
k	7,46E-07	1,02E-06	36,73
IPS	1,41E-12	1,93E-12	36,88
Modo III	Sobre N.F.	Bajo N.F.	Incremento (%)
Pt	13,88	10,17	36.48
ULE	0,86	1,18	37,21
k	1,12E-07	1,53E-07	36,61
IPS	2,12E-13	2,9E-13	36,79
Modo IV	Sobre N.F.	Bajo N.F.	Incremento (%)
Pt	13,88	10,17	36.48
ULE	0,33	0,45	36,36
k	4,29E-08	5,86E-08	36,60
IPS	8,13E-14	1,11E-13	36,53

Modo I: permeabilidad real.
Modo II: fracturatión hidráulica.
Modo III: lavado del relleno de grietas y fisuras.
Modo IV: colmatado del relleno de grietas y fisuras.

Tabla 4. Análisis de resultados para ensayos realizados en sondeos inclinados.

	Pt máxima. Sondeo inclinado		
Modo I	Sobre N.F.	Bajo N.F.	Incremento (%)
Pt	12,76	10,14	25.84
ULE	1,11	1,39	25,23
k	1,01E-07	1,28E-07	26,73
IPS	1,92E-13	2,42E-13	26,04
Modo II	Sobre N.F.	Bajo N.F.	Incremento (%)
Pt	12,76	10,14	25.84
ULE	8,86	11,16	25,96
k	8,11E-07	1,02E-06	25,77
IPS	1,54E-12	1,94E-12	25,97
Modo III	Sobre N.F.	Bajo N.F.	Incremento (%)
Pt	12,76	10,14	25.84
ULE	1,33	1,67	25,56
k	1,22E-07	1,53E-07	25,41
IPS	2,31E-13	2,90E-13	25,54
Modo IV	Sobre N.F.	Bajo N.F.	Incremento (%)
Pt	12,76	10,14	25.84
ULE	0,51	0,64	25,49
k	4,67E-08	5,87E-08	25,70
IPS	8,84E-14	1,11E-13	25,57

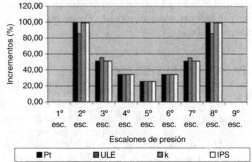

Figura 10. Análisis de resultados para ensayos realizados en sondeos inclinados.

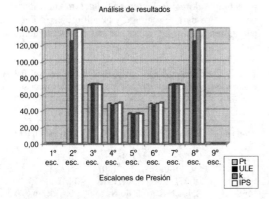

Figura 9. Evolución del incremento para cada escalón de presión y para cada parámetro de control.

del comportamiento de la roca frente al ensayo y de la inclinación del sondeo, Figura 10.

Por lo tanto, a partir de la definición de un modelo teórico se puede comprobar como las expresiones utilizadas para la determinación de la permeabilidad (1) (2), y el Indice de Permeabilidad Secundaria IPS (3), como índice de calidad del macizo rocoso basado en ensayos de carga de agua, están actuando de modo adecuado. Por un lado, muestran una reducción en la permeabilidad y una mejora en la calidad cuando con mayores presiones totales de inyección el caudal absorbido por el macizo rocoso es el mismo. Por otro lado, las presiones totales resultantes en las situa-ciones supuestas, ensayo bajo y sobre nivel freático o ensayo realizado en sondeo vertical o inclinado, son coherentes con las condiciones impuestas al reflejar el aumento para ensayos realizados por encima del nivel freático y en sondeos verticales respecto a los otros dos casos respectivamente.

2.6 Presa de la Llosa del Cavall

Han sido analizados un total de 407 ensayos de carga de agua realizados en la roca cimiento de presas españolas. En la elaboración del presente trabajo, han sido seleccionados los resultados obtenidos en 45 ensayos realizados en el año 1993 en la Presa de La Llosa del Cavall, situada en la provincia de Lleida. Las pruebas se realizaron empleando un sistema de obturación superior e inferior, Figura 6, con longitud de tramo de ensayo de 2,5 m y máxima presión manométrica de 10 kg/cm². La roca cimiento está constituida por una alternancia de conglomerados, areniscas y microconglomerados, limolitas y margas de edad Terciario.

El análisis de la testificación indica que en general el macizo rocoso puede ser considerado de calidad buena – muy buena, ya que tan sólo 6 testigos presentaron un R.Q.D inferior al 90%, teniendo 32 testigos un R.Q.D. superior al 95%, Figura 11. En este sentido, el sondeo S-4 es el que presenta una calidad inferior, ya que ninguno de los tramos ensayados presenta un R.Q.D superior al 93%, valor relativamente bajo para el conjunto del macizo rocoso, pero alto aun en términos generales. El índice IPS muestra que tan sólo 15 ensayos presentan un valor de dicho índice que permite situarlos en calidad buena – aceptable, mientras que el resto corresponden a ensayos de calidad muy buena.

Los resultados obtenidos para el IPS en cada ensayo, y para cada escalón de carga del ensayo, han permitido conseguir una comprensión más completa

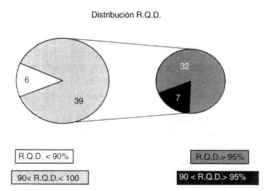

Figura 11. Distribución del R.Q.D. en el sondeo los testigos analizados de la presa de La Llosa del Cavall.

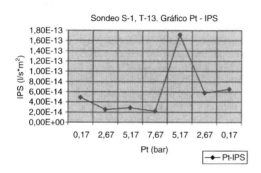

Figura 12. IPS para el ensayo T-13, sondeo S-1.

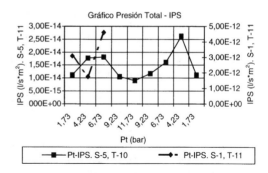

Figura 13. Gráfico Pt–IPS. Sondeo S-1, Ensayo T-11 y Sondeo S-5, T-10.

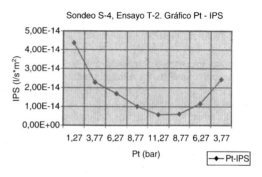

Figura 14. Sondeo S-4, Ensayo T-2.

de las características permeables y de la calidad del macizo rocoso. El ensayo T-13 realizado en el sondeo S-1 presenta un índice R.Q.D. y un porcentaje de recuperación de testigo del 100%, además el valor del IPS, Figura 12, a la máxima presión total de inyección es de $2,17*10^{-14}$ l/s*m^2, es decir, calidad muy buena, Figura 8. Sin embargo, para el quinto escalón de carga el IPS es de tan solo $1,71*10^{-13}$ l/s*m^2, indicando que la calidad del macizo rocoso es menor, aspecto que corrobora que en este ensayo no pudiera alcanzarse la presión manométrica de 10 bar. Es por lo tanto fundamental obtener el índice IPS para todos y cada uno de los escalones de carga del ensayo.

El ensayo T-11 del sondeo S-1 presenta un índice IPS de $1,76*10^{-12}$ l/s*m^2 que indica una calidad del macizo rocoso pobre, Figura 8. Este ensayo, Figura 13, es un claro ejemplo de la ambigüedad que generan el índice R.Q.D. y el porcentaje de recuperación de testigo en este tipo de pruebas, ya que para el caso que estamos describiendo estos índices se sitúan en el 95% y el 100% respectivamente. Aun así, lo más frecuente es que exista una correlación clara y directa entre dichos índices, como ocurre en el ensayo T-10

realizado en el sondeo S-5, Figura 13, en el que tanto el índice R.Q.D. como el porcentaje de recuperación de testigo son del 100% respectivamente.

Sin embargo, aparecen casos como el del ensayo T-2 realizado en el sondeo S-4, en el que con un R.Q.D. del 86%, uno de los más bajos de los resultados analizados, el índice I.P.S. es de $5,66*10^{-15}$ l/s*m^2, siendo además este caso un claro ejemplo de colmatado del relleno de grietas y fisuras, que alcanza su máxima expresión a la máxima presión total de inyección, Pt = 11,27 bar, Figura 14.

En resumen, el índice de calidad del macizo rocoso, o Indice de Permeabilidad Secundaria, obtenido a partir de ensayos de carga de agua, IPS, es una herramienta útil para limitar la imprecisión que pueden generar los índices que se basan en la presencia o ausencia de discontinuidades, o en un mayor o menor número de éstas como criterio de definición de la calidad o comportamiento predecible para el macizo rocoso. Para los resultados analizados en la fase actual de la investigación, Tabla 5, se ha comprobado que en un porcentaje elevado de casos, 60%, presentan una relación inversamente proporcional entre R.Q.D. – porcentaje de recuperación de testigo frente al Indice I.P.S., considerándose la situación

Tabla 5. Distribución de resultados. Fase inicial de la investigación.

	I.P.S.	
R.Q.D.	**Muy buena-buena**	Pobre
95–100	60%	15,55%
<95	6,67%	17,78%

normal. Sin embargo, existe un porcentaje del 15,55% de casos en los que el análisis de las discontinuidades presentes en el testigo indican un macizo rocoso de calidad alta, mientras que el I.P.S. muestra una alta permeabilidad secundaria y por lo tanto un índice de calidad de la roca catalogable como pobre.

3 CONCLUSIONES

Los macizos rocosos de cimentación de grandes presas presentan una permeabilidad predominantemente de tipo secundario. Mientras que en los suelos la permeabilidad es de tipo primario y viene determinada por la Ley de Darcy, la permeabilidad secundaria no responde a esta ley y resulta difícilmente modelizable. En este sentido, cualquier expresión que pretenda cuantificar la circulación de agua a través de los planos de discontinuidad de la roca debe tener en cuenta todos los parámetros que intervienen en el ensayo, manifestándose las expresiones (1) y (2) como apropiadas para la obtención de la Presión Total o Real de ensayo y el Coeficiente o Indice de Permeabilidad respectivamente.

Los parámetros intrínsecos de las discontinuidades presentes en el macizo rocoso, apertura, relleno, interconexión, etc., pueden condicionar los resultados obtenidos en los ensayos de carga de agua. Por esta razón, la identificación de los modos de comportamiento, resultado de la adaptación del macizo rocoso al esfuerzo ejercido por el agua inyectada a presión, sigue siendo un método apropiado de análisis para ensayos de carga de agua. La interpretación o identificación de dichos patrones básicos se realiza con mayor claridad mediante el análisis de la gráfica Pt–k.

Tradicionalmente la decisión de llevar a cabo el ensayo de carga de agua en un tramo determinado del sondeo o la previsión del comportamiento de la roca, se basa en la testificación, que habitualmente se expresa mediante dos índices: Indice de Calidad de la Roca, R.Q.D., y el porcentaje de recuperación de testigo. Sin embargo, la experiencia acumulada indica que en ocasiones estos índices presentan cierta ambigüedad, existiendo casos en los que los índices anteriores presentaban valores muy elevados y sin embargo el ensayo realizado a continuación mostró una gran absorción de agua. No es descartable, aunque sí

menos frecuente, que pueda presentarse la situación contraria. Es por esta razón, por la que se propone la obtención de un índice, I.P.S. o Indice de Permeabilidad Secundaria, que presenta una doble vertiente. Por un lado, refleja la capacidad de circulación de agua inyectada a presión a través de la superficie mojada del tramo de sondeo aislado, y por otro lado, indica un orden o magnitud que puede ser interpretada como un índice de calidad de la roca. La fase actual de estudio dirigido en este sentido, nos permite establecer una relación inicial entre la permeabilidad del macizo rocoso obtenida a partir del Coeficiente de Permeabilidad k (2) y el Indice de Permeabilidad Secundaria, al mismo tiempo que puede establecerse una correlación con los intervalos de calidad del macizo rocoso mostrados por el índice R.Q.D. El análisis detallado de nuevos ensayos posiblemente acotará los intervalos y permitirá una mayor precisión.

Por último, no debemos olvidar que uno de los principales objetivos de los ensayos de permeabilidad mediante inyección de agua a presión, es la toma de decisión sobre la necesidad o no de llevar a cabo una campaña de inyección de lechada con el fin de reducir la permeabilidad del macizo rocoso. En este sentido, el índice I.P.S puede resultar de vital importancia en el esclarecimiento de la relación permeabilidad – inyectabilidad.

AGRADECIMIENTOS

Los autores agradecen a la Junta D´Aigües, Generalitat de Catalunya, la información facilitada sobre la presa de La Llosa del Cavall (Lleida), utilizada en la elaboración de este trabajo.

REFERENCIAS

Shibata, I et al.: Procedures for the investigation of permeability and seepage control in soft rock foundations for dams. 1981. International Symposium on Weak Rock. Vol 1. pp. 595–600. Tokyo.

Gómez Laá, G & Foyo Marcos, A & Tomillo García, C: Verification and treatment of the permeability of foundations collected observations on a number o spanis dams. 1982. XIV ICOLD. Q.53, R.62. pp. 1001–1015. Río de Janeiro.

Kutzner, C: Considerations on rock permeability and grouting criteria. 1985. XV ICOLD. Vol. 3. Q. 58. R. 17. pp. 315–328. Laussane.

Cerda Ramos, S: Definición de la Permeabilidad Crítica. Propuesta de modificiación del Ensayo Lugeon y su aplicación a la determinación de la Permeabilidad en cimentaciones de Grandes Presas. 1990. Tesis Doctoral.

Bulut, F et al: A new approach to the evaluation of waterpressure test results obtained in bedrock by the US

Bureau Reclamation. 1996. Engineering Geology. Vol. 44. No. 1–4. pp. 235–244. Elsevier.

Ikegawa, Y et al: In-situ study of fluid flow through the discontinuities by liquid tracer test. 1997. Int. J. Rock Mech. & Min. Sci. Vol 34, No. 3–4.

Yamaguchi, Y et al.: Permeability evaluation of jointed rock masses using high viscosity fluid tests. 1997. Int. J. Rock Mech. & Min. Sci. Vol 34, No. 3–4.

Foyo, A, & Sánchez, M.A.: Propuesta para la obtención de un índice o coeficiente de permeabilidad a partir de los Ensayos de Permeabilidad Lugeon. 2002. VII Jornadas Españolas de Presas. Vol II. pp. 275–285. Zaragoza.

Dam Maintenance and Rehabilitation, Llanos et al. (eds)
© 2003 Taylor & Francis, ISBN 90 5809 534 7

Rehabilitation of dams in the Republic of Macedonia

S. Dodeva
PWME "Water Management of Macedonia", Skopje, Republic of Macedonia

J. Taseva
WB Project Office for Irrigation Rehabilitation and Restructuring Project at Ministry of Agriculture, Forestry and Water Management, Skopje, Republic of Macedonia

V. Stavric
GTZ Project Office at Ministry of Agriculture, Forestry and Water Management, Skopje, Republic of Macedonia

ABSTRACT: There are 21 large dams under operation in Republic of Macedonia. The storage water is used for irrigation, drinking and industry water supply, hydropower, flood protection, fishing, recreation, tourism, provision of biological minimum downstream, etc. Our dams are more than 30 years old and due to the ageing and often not regular maintenance, some of them suffer from stability or leakage problems. In the last few years four dams were rehabilitated. Irrigation Rehabilitation and Restructuring Project supported the rehabilitation of the irrigation intake tunnel of the dam Tikves that suffered from land sliding, and control gallery and crest renovation of the dam Kalimanci. Rehabilitation and Completion of Dams Project supported the rehabilitation of control gallery and crest of the dam Turija and reconstruction of the gate valve of the bottom outlet of dam Mantovo. Both projects were completed successfully and improved the stability and operation conditions of these four dams.

1 INTRODUCTION

In the Republic of Macedonia there are more than 120 dams from which 21 large dams are under operation. The uneven distribution of the surface water in space, time and quality in our country imposed construction of dams and creation of reservoirs that improves the water regime regarding it quantity and quality and enable utilization of water both for the needs of water management and protection of the environment from water harmful effects.

The beginning when big dams started to be constructed in the Republic of Macedonia dates back in 1938, when the first dam "Matka" was built on the River Treska, in the vicinity of Skopje City. During the late fifties and especially in the sixties they were intensively built, so that until 1970 a total number of 11 dams were constructed and additional 10 after that period.

According to the catchment areas, 14 big dams were built in the Vardar catchment area, 4 dams in the Strumitca and 3 in the Crn Drim catchment areas.

Fifteen dams were built as embankment dams made of local material: clay, sand, gravel, and crushed rock. The remaining is concrete arch, and one of them is caunterphora concrete dam.

The embankment dams Kozjak (114.20 m), Tikves (113.50 m) and Spilje (112 m) are the highest dams in the Republic of Macedonia, while the total area for the water storage account for 2400 million cubic meters.

The storage water is used for satisfying the requirements of water supply for the population and industry, irrigation, production of electric power, flood control, maintaining the biological minimum, sports, recreation and tourism.

Our dams are more than 30 years old and due to the ageing and often not regular maintenance, some of them suffer from stability or leakage problems. In the last few years four dams were rehabilitated and costs were covered by two projects. The first one, "Irrigation Rehabilitation and Restructuring Project", financed by World Bank, the Netherlands and Macedonian Government, supported the rehabilitation of the Tikves and Kalimanci dam. Second project "Rehabilitation and Completion of Dams", mainly financed by GTZ, supported the rehabilitation of control gallery and crest of the dam Turija and reconstruction of the gate valve of the bottom outlet of dam Mantovo. The total costs for all four dams were about €1,000,000. Both projects were completed successfully and improved the stability and operation conditions of these four dams.

2 TIKVES DAM

2.1 General

Tikves dam is a 113.50 m high rock fill dam with a clay core and length 338 m, located on the Crna River. The dam was constructed between 1964 and 1968. The water from the reservoir Tikves (catchments area of 5361 km^2) is used for two purposes: hydropower and irrigation; from 240 × 10^6 m^3 active storage, for irrigation are allocated 95 × 10^6 m^3 water per year for 18,000 ha.

There is a shaft spillway with a nominal capacity of 2150 m^3/sec communicating with the conformer river diversion tunnel around the right abutment. There is also a bottom outlet with a capacity of 120 m^3/sec which discharges into the spillway tunnel. The penstock tunnel runs around the left abutment conveying water to four vertical shafts Francis turbines. Irrigation releases from the reservoir are made via the 2 km long Tisoves tunnel which commences upstream of the right abutment of the dam. The grout curtain extends to a minimum depth of about 40 m beneath the dam.

2.2 Tunnel Tisovec, condition before rehabilitation

The upstream end of the 2.50 m diameter Tisovec tunnel is located on the right bank of the reservoir about 230 m upstream of the crest of the dam at elevation 240 m (full reservoir water surface elevation of 265 m and top of dam at 268.50 m). It was originally intended that the tunnel should be straight in plan but a bend was introduced at the time original construction to avoid a known area of unstable ground. The mouth of the tunnel was therefore moved up the reservoir. No particular problems were encountered driving the 100 m of tunnel upstream of the gate shaft and energy dissipater.

The discharge through the tunnel is controlled by two pairs of vertical gates installed at the bottom of a vertical gate shaft located at about 106 m from the tunnel inlet. The energy-dissipating basin (20 m long, 5.50 m wide, and 6.50 m high) is just downstream of the gate shaft. The entire stilling basin, lower part of the gate shaft, and the tunnel downstream thereof is in sound quartzite schists. The upper portion of the gate shaft and most of the tunnel from the inlet to the gate shaft is located in blocky quartzite schists, broken quartzite schists, quartzite schists with mylonite filled in between the blocks, and overburden.

However there was movement of the hillside following a rapid draw down of the reservoir in 1976. In 1977 a number of additional survey monuments were installed on the surface above the tunnel and in 1981 survey points were installed inside the tunnel. Between 1977 and 1995 the new surface monuments showed movements of up to 178 mm horizontally and 84.40 mm

vertically (downwards). In 1987 a restriction of 0.50 m per day or 12 m per month was placed on the maximum rate of draw dawn permitted in the reservoir.

The tunnel, when inspected in 1993 (when the reservoir reached the lowest level and could be lowered further below the tunnel invert), showed horizontal and vertical movements at the transverse joints of the lining, and cracks in the vicinity of the joints. Cracks were also noticed in the lower portion of the gate shaft concrete lining. Significant cracks and displacements of the order of 100 mm are recorded between cross sections 0 + 40 and 0 + 55 and also 0 + 75 and 0 + 90.

2.3 Rehabilitation activities on the tunnel

In 1997 repair and strengthen of existing tunnel was proposed as part of Irrigation Rehabilitation and Restructuring Project financed by the World Bank, the Netherlands and Macedonian Government. During 1998 technical documentation was prepared. In order to undertake the rehabilitation, the water level of the reservoir was draw down in 1999 for a period of one month after analyses which period is most acceptable for two users, hydropower production and irrigation. In that short time the inspection of the tunnel was performed, the technical solution prepared in accordance to the known situation 10 years ago, was checked and adopted, and the rehabilitation itself was undertaken. Major works were completed for one month (January 1999) and whole contract after 3 months.

Starting of works was January 5, under snow condition and very heavy access to the tunnel. Inspection itself was undertaken within 2 days immediately after water level reached bottom part of the tunnel. Group of experts consist of civil engineers, hydro engineers, geologist and survey team entered the tunnel. During the inspection it was found that movements recorded in 1993 were not significantly changed and only few new cracks appeared. The survey team in 3 days completed inventory and record of existing tunnel condition according which detailed guidelines were prepared for rehabilitation.

Works covered three places for interventions. Repair of concrete lining on whole length of Tisovec tunnel, inserting two 15 m lengths of steel lining 2.40 m diameter and 8 mm thick into the worst affected sections of tunnel for strengthen where concrete lining is out of order and grouting of its surrounding; repair of concrete lining and where needed grouting of vertical gate shaft and energy dissipating basin and repair of hydro mechanical equipment (repair of two pairs of vertical gates, repair of two hydro cylinders and mounting of two new, repair of four servo motors and installment of new steel mash on the tunnel entrance).

Beside equipment 500 m cracks were repaired with grouting, 200 m^2 concrete surface was repaired,

300 m drilling for grouting, 20,000 kg grouting material, 20 survey points were installed and 9000 kg steel was installed. Total cost was €250,000 (including design, supervision, construction and Study for security of tunnel Tisovec with completed works).

3 KALIMANCI DAM

3.1 General

Kalimanci dam is 98 m high rock fill dam with a clay core and a crest length of 240 m, located on Bregalnica River (catchments area of 1100 km^2). The dam was completed in 1969. The reservoir has 127×10^6 m^3 active storage and surface of 4.23 km^2. Top water level in the reservoir is 515.00 m.a.s.l. with the crest of the dam nominally at 520.50 m.a.s.l. (actually 519.30 m.a.s.l. there has been vertical settlement of up to 1.09 m since construction).

There is a side entry spillway on the right bank with a cill length of 80 m. and a capacity of 720 m^3/sec. There is also a bottom outlet installed in the old 5.60 m diameter diversion tunnel beneath the left abutment and a power tunnel beneath the right abutment. The bottom outlet, which has a capacity of 42 m^3/sec, takes the form of a 1.60 m diameter pipe installed in the diversion tunnel. There is a power station downstream of the dam with two 6.40 MW vertical axis Francis turbines. There is no irrigation outlet from the dam; all irrigation abstractions are maid from a weir on the Bregalnica River several kilometers downstream of the dam. Dam is founded on stratified mica schist with quartz intercalations overlain by 12 m of alluvium.

3.2 Dam crest and foundation gallery, condition before rehabilitation

The crest of the dam is 10 m wide with a 1.00 m high wave wall on the upstream side and railings on a concrete plinth on the downstream side. The height of the plinth varies from about 100 mm at the ends of the dam to about 500 mm in the center. The reason for this is thought to be that the filters, on which the plinth is located, have settled less than main body of the dam and core.

The first settlement measures were taken one year after dam was completed. Total settlement of 1088 mm was recorded on May 18, 1994. Plots of settlement show that there was considerable movement up to 1974 and that settlements been steadily decreasing after that. The minimum level of the crest in 1996 was 518.34 m.a.s.l. (i.e. 644 mm above the 10,000-year flood level). Current rates of settlement appear normal for this height of dam.

The rock in the foundation was said to be very permeable and the grout curtain is up to 100 m deep. The depth in the middle of the valley is 70–80 m. The grout curtain was drilled from the gallery, which is unreinforced and about 3.50 m high. In June 1996 inflows total about 6.40 l/sec with reservoir at top water level. There appears to have been a slight increase from 1986 when the inflow was measured as 4.20 l/sec. Inflow did not very much with reservoir level having been about 5.50 l/sec in 1993 with a reservoir level of 476. Leakage from the dam is measured downstream and includes inflows to the gallery (which is pumped out) as well as leakage beneath the dam and through the abutments. Total leakage was 96 l/sec in 1980 (with level of 515) and 78 l/sec in 1996 (with water level of 513).

3.3. Rehabilitation activities on the crest and gallery

In 1997 rising of dam crest by 1.20 m and carrying out grouting from the foundation gallery was proposed as part of Irrigation Rehabilitation and Restructuring Project financed by the World Bank, the Netherlands and Macedonian Government. During 1998 designs were prepared according existing records for dam crest settlements, inflows in the gallery and grout curtain condition.

Rehabilitation works were completed within period of 10 months. Works were composed from works on the dam crest and in the foundation gallery. On the dam crest besides dam rising by 1.20 m, renewal of wave wall from two sides, renewal of road across dam, renewal of drainage and electrical installation and renewal of survey markers on the dam crest was carried out.

Works in the foundation gallery were performed per sections; first bottom part of the gallery and second left and right side of the gallery in parallel. In the first third of the left gallery side from one new drilled hole in the downstream dam part very big quantity of water started to inflow in the gallery. Trails with different contents of grouting material were carried out to stop this inflow but without success. Experts were immediately called to help with this problem. After one week investigation in the original documentation from dam construction time, it was found that somewhere in the position where new inflow occurred pipeline for water supplying of construction site was passing. Solution was found with closing particular hole with special epoxy materials with fast effects.

In the foundation gallery 2600 m drilling for grouting was carried out, 280,000 kg grouting material was injected, 200 m cracks were repaired, 100 m^2 concrete lining surface was repaired and 2 piezometers and 8 survey points were installed.

Quantities of installed grouting material were above designed. The design failed due to not existing grout curtain detail technical documentation, which should be prepared after construction and reconstruction, and not enough trail holes and measurements performed to assure requirements for rehabilitation. These activities raised the issue of water aggressivity towards grouting material. Additional investigation should be undertaken in near future in order to clarify chemical water influences.

Total cost was €310,000 (including designs, supervision, construction and monitoring of dam survey markers).

4 MANTOVO DAM

4.1 General

The Mantovo dam is 49 m high rock fill dam with a clay core and a crest length of 138 m, located on Kriva Lakavica River. The reservoir has $40 \times 10^6 \text{m}^3$ active storage. Maximum reservoir level is on 402.50 m.a.s.l. while the elevation of the dam crest is on 406.50 m.a.s.l. This dam was built between 1980–83 for drinking and industrial water supply of Radovis town and for irrigation of approximately 7150 ha arable land in the Radovis Valley. Some 5000 ha have been covered with irrigation infrastructure.

4.2 Dam bottom outlet, condition before rehabilitation

The problems have occurred with the intake structure of the bottom outlet due to sediment deposits and the inability to operate the gate valve, used also to provide the necessary minimum biological discharge downstream of the dam. The main gate valve has been blocked and stayed constantly open. The auxiliary gate valve could be opened, however with a risk that it cannot be closed again. Both gates' hydraulic equipment was in bad shape due to corrosion and long period of inactivity, even though the dam operation regulations proscribed check-ups and opening of the gate valves in regular intervals.

A direct safety risk did not exist. In an emergency situation, an earthquake, for example, the auxiliary valve could have been used to release the water and empty the reservoir. However, the ecological minimum flow downstream of the dam could not have been maintained at a satisfactory level.

4.3 Rehabilitation activities

The rehabilitation comprised the reconstruction of hydro-mechanical equipment and renovation of the gate-valve of the ground release, thus making sure the control of a minimum downstream flow for ecological purposes and the operation-safety of the dam.

The underwater repair works of the ground release shaft could not be started as planned in summer 1999, because the water level in the dam was some 20 m higher than the expected for safe working conditions. Thus, the rehabilitation works under this sub-component remained suspended for a long time.

In the phase of the investigations and underwater survey of the bottom outlet entrance the problems were the high water level and the turbidity in the reservoir, which caused problems to the divers.

Upon recommendations of the expert revision commission, the project was then separated into two stages. In the first one, the works should be performed under conditions of high water level in the reservoir, and in the second stage, the works to be performed when the water level in the reservoir allows safe working conditions.

Phase 1 contained works for complete rehabilitation of the main gate valve and partial rehabilitation of the auxiliary (revision) gate valve. Basically, two types of works have been foreseen: (a) construction works for rehabilitation of the concrete layer and cement-injection works to protect the gate chamber from leakage of water and (b) mechanical and electro-mechanical works as a complete reconstruction of the main gate valve, hydraulic and electrical equipment and installation. For the auxiliary gate valve it has been foreseen to rehabilitate only the elements that can be repaired in dry conditions, like the hydraulic equipment and electrical installations and putting the gate in operation.

The foreseen civil and craft works on the gate valve chamber and the entrance gallery of the ground release and reconstruction of the mechanical and electrical equipment were completed as planned by December 2000.

Phase 2 has been planned for execution depending on the conditions, namely the water level in the reservoir. It has been foreseen to close the entrance structure of the bottom outlet, to empty the tunnel and make a complete reconstruction of the auxiliary gate valve. The hydrological conditions were not favorable in the autumn 2000 – the water level in the reservoir did not drop to a level providing safe for execution of underwater works.

In order to provide better operating and safety conditions on Mantovo dam, following complementary works were carried out: installation of an additional command board at the entrance building to the gate-valve chamber, installation of a limnigraph on the main irrigation tunnel, and rehabilitation of the access road to the dam. By this measures the operational safety of the dam could be improved. These final works were fully completed following the frost period in spring 2001.

The project target, to re-establish the operational safety of the dam has been accomplished by completion of the works of Phase 1 and the additional works.

The works were performed under the umbrella GTZ Project. Total costs for rehabilitation of Mantovo dam were €110,000 (design, supervision, construction, procurement and installation of equipment and complementary works).

5 TURIJA DAM

5.1 *General*

The Turija dam is 93 m high rock fill dam with a clay core and a crest length of 417 m, located on Turija River. The reservoir has $48 \times 10^6 \mathrm{m}^3$ active storage. Maximum reservoir level is on 388.50 m.a.s.l. while the elevation of the dam crest is on 392 m.a.s.l. This dam was completed in 1972. The water from the reservoir is used for drinking and industrial water supply of Strumica town and for irrigation of 10,050 ha arable land out of which 8.600 ha are covered with built-in irrigation infrastructure.

5.2 *Dam crest and foundation gallery, condition before rehabilitation*

In the course of the last years, the water loss through the injection curtain at the dam foundation increased significantly, as well as the seepage into the gallery itself. The situation could be tolerated no longer, because the existing drain-release could not cope with the increased water quantities.

At the same time, the washing of the fine particles in the foundation and the filter material of the dam due to increased leakage jeopardized the overall stability of the dam. An expert commission determined that the maximum water level in the reservoir should not be higher than 364 m.a.s.l. corresponding to only 44% of the storage capacity. Therefore, essentially, only the drinking and industrial water supply for the town of Strumica could be provided for. The remaining volume of water was sufficient for mere 300 ha of irrigation (as compared to coverage of ca. 3800 ha during 1980's).

Due to the processes at the dam foundation, settling of the body of the dam occurred, resulting in deformation and damage of the crest of the dam and the wave protection wall. The largest deformation of the crest of 50–60 cm occurred at the center part of the dam where the dam height is largest.

5.3 *Rehabilitation activities on the crest and gallery*

The implementation comprised the rehabilitation of the dam crest, injection and concrete lining works of the control gallery and re-establishing of the control points, thus permitting the reservoir to be filled to its maximum level and secure its the operation safety.

The initially planned time schedule for completion of the works has been 3 months. The construction works were performed on two independent locations:
Works in the control gallery:

- new concrete layer, 260 m^3;
- injection curtain with 26 cores.

Works on the dam crest:

- elevation of wave protection wall, 193 m^3 concrete built in;
- elevation of the dam crest with 910 m^3 embankment;
- renewal of 5 monitoring geodetic ausculation points.

The planned works have substantially been completed by spring 1998. Due to changes in the design and upon suggestions of the supervising engineer, some complementary works have been foreseen, comprising additional injection works, repair of the electricity in the gallery and painting works.

The works were performed under the umbrella GTZ Project. Total costs for rehabilitation of Turija dam were €210,000 (design, supervision, construction, procurement and installation of equipment and complementary works).

6 CONCLUSIONS

At the Tikves dam the full running capacity and operation safety of tunnel for irrigation supply was reestablished, thus allowing the safe irrigation supply on 18,000 ha. Undertaken works were the cheapest and fastest measure to prevent the collapse of the tunnel Tisovec allowing its further safety operation in the next 25–30 years with continuation of monitoring process as well as regular annual maintenance.

At the Kalimanci dam the operation safety of foundation gallery and dam crest was reestablished, thus reducing the water losses which are very important in dry years and allowing the safe live of the dam as itself. Undertaken works allow further safety dam operation in the next 25–30 years with continuation of monitoring process as well as regular annual maintenance.

At the Mantovo dam, through the rehabilitation of the ground release the water losses in the system were reduced. By enabling the release of the required biological minimum flow into the downstream river, the ecological appropriateness and a more rational use of the water resources can be ensured. Also, the general safety of the dam was improved.

At the Turija dam the full storage capacity and operation safety was re-established, thus allowing the safe municipality water supply and irrigation of approx. 8600 ha. The losses from reduced water fees can be balanced and the income from drinking water supply and irrigation can be increased.

REFERENCES

FAO, 1996. Irrigation restructuring and rehabilitation Project – Preparation Report. Report No. 96/085 CP – MCD. Rome: FAO.

The World Bank, 1997. Staff Appraisal Report. Report No. 17013 MK. Washington: WB.

Water Development Institute, 1998. Final design on the reconstruction of tunnel Tisovec. Volume I, II, III. Design No. KA IV G 318/98. Skopje: WDI.

Water Development Institute, 1998. Final design on the reconstruction of dam Kalimanci. Volume I, II. Design No. KA IV G 319/98. Skopje: WDI.

Water Development Institute, 1999. Supervision Report on reconstruction of tunnel Tisovec. Report No. KA I G 326/99. Skopje: WDI.

Water Development Institute, 2001. Supervision report on reconstruction of dam Kalimanci. Report No. KA IV G 319/01. Skopje: WDI.

Water Development Institute, 1997. Final design on the reconstruction of dam Mantovo. Design No. KA IV G 215/97. Skopje: WDI.

Water Development Institute, 1997. Final design on the reconstruction of dam Turija. Design No. KA IV G 273/97. Skopje: WDI.

MAFWE, 2002. Final Report on Rehabilitation and completion of dams. Project No. 95.0086.9. Skopje: MAFWE.

Dam Maintenance and Rehabilitation, Llanos et al. (eds)
© 2003 Taylor & Francis, ISBN 90 5809 534 7

Presa de Iznájar – renovación de las pantallas de impermeabilización y drenaje, acondicionamiento de las galerías y aplicación de un nuevo sistema de evacuación de aguas sulfurosas en cimientos

J. Riera Rico
Confederación Hidrográfica del Guadalquivir, Granada, España

F. Delgado Ramos
E.T.S. de Ingenieros de Caminos, Canales y Puertos. Universidad de Granada, España

ABSTRACT: La presa de Iznájar, que entró en servicio en 1968, regula el tramo medio del Genil que es el afluente principal del Guadalquivir. Siendo una presa de gravedad pura de gran altura (100 m) con una cimentación complicada y delicada, la pérdida de efectividad del sistema de drenaje en el tiempo transcurrido desde su construcción llevó a una situación preocupante que, unido a los problemas que provocaba el ambiente agresivo creado por las aguas sulfurosas que se evacuan desde la galería de cimientos, ha exigido una actuación importante, ya completada en gran parte, consistente en: rehacer las pantallas de impermeabilización y drenaje, aplicación de la técnica de "air lifting" para la evacuación de las aguas sulfurosas, restauración general de galerías y de su vialidad (en curso todavía) y completar la auscultación con péndulos invertidos.

1 MARCO GENERAL DE LA ACTUACIÓN

La presa de Iznájar, construida entre los años 1962 y 1968 en que entró en servicio, es una gran estructura de gravedad planta curva de 121,6 m de altura sobre cimientos y 407 m de longitud en coronación que regula el tramo medio del río Genil (5000 km^2 de cuenca) que es el afluente principal del Guadalquivir. Con su gran volumen de embalse (980 hm^3) y su aportación media – estimada en 600 hm^3/año es una pieza fundamental de la regulación general de la cuenca de la Confederación Hidrográfica del Guadalquivir. En las comunicaciones mencionadas pueden encontrarse más detalles sobre algunos de sus aspectos técnicos y órganos de desagüe.

Las dificultades geológicas de la cerrada (única posible para situar una presa de las dimensiones requeridas) y la gran entidad de la estructura determinaron desde el principio una gran preocupación y atención a todos los aspectos relacionados con su cimentación, aplicándose técnicas de reconocimiento y evaluación de los terrenos de apoyo pioneras en España en su momento.

En un resumen simplificado (Figura 1), la cerrada en terrenos liásicos, situada entre los cerros de La Camorra (calizas fracturadas) y El Palmero (margocalizas liásicas apoyadas sobre margas miocenas), con un tramo intermedio (zona de fondo del valle) de calizas con intercalaciones margosas del Lias medio y superior, presentaba diferentes capacidades portantes y deformabilidades que llevaron a concebir la estructura como tres bloques con diferente tratamiento en el talud de aguas arriba y en la zona de apoyo, bloques que se separaron con juntas abiertas para absorber las deformaciones relativas. A lo anterior se unía la existencia de una surgencia de aguas sulfurosas en cimientos, en el contacto de la falla entre las calizas del estribo derecho y las margocalizas del fondo de valle (Bravo 1.967).

Tratándose de una presa de gravedad pura, es evidente la importancia de cuidar y mantener la operatividad de las pantallas de impermeabilización y drenaje, máxime cuando la auscultación venía mostrando una disminución sustancial de los caudales drenados respecto a los que se producían anteriormente para las mismas cotas de embalse.

Por otra parte, la evacuación de las aguas sulfurosas de cimientos, con caudales bastante estabilizados a todo lo largo de la vida de la presa, ha dado lugar a un ambiente generalizado – aunque más intenso sobre todo en las galerías inferiores – de gases que en presencia de humedad son altamente agresivos, principalmente para

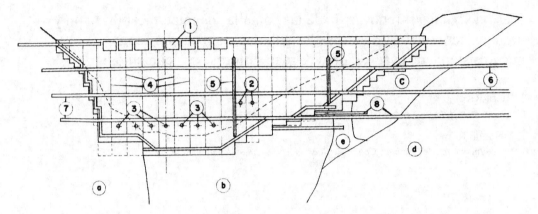

Figura 1.   Geología de la cerrada y esquema estructural de la presa de Iznájar. (a) Lías, calizas fracturadas; (b) Lías medio, calizas con intercalaciones margosas; (c) Lías superior y medio, margocalizas; (d) Mioceno, margas; (e) Brecha de contacto; (1) Aliviadero; (2) Toma de central; (3) Desagües de fondo; (4) Juntas transversales; (5) Juntas abiertas; (6) Galerías de drenaje; (7) Galerías de inyección; (8) Galerías de reconocimiento y drenaje del estribo izquierdo.

los elementos metálicos y también superficialmente para los hormigones. Este aspecto ha sido un continuo motivo de deterioro de multitud de elementos vitales para la explotación, comenzando por las propias bombas sumergidas que drenan el pozo de aguas sulfurosas y siguiendo por las válvulas de los desagües de fondo, cuadros e instalaciones eléctricas, escaleras, barandillas, ascensores, elementos de hormigón armado, solería de galerías, etc.

2   ALCANCE DE LA ACTUACIÓN

Todo lo anterior ha motivado una actuación (de entidad superior a las de simple mantenimiento), llevada a cabo entre los años 1997 y 2000, cuyo alcance – aparte de otros temas menos significativosha incluido los siguientes aspectos:

– rehacer las pantallas de impermeabilización y drenaje de la presa
– adoptar la técnica de "air lifting" para la evacuación de las aguas sulfurosas de cimientos
– restauración parcial de las galerías y de su vialidad; mejora de la ventilación
– completar el sistema de auscultación con tres péndulos invertidos.

Aunque los factores agresivos permanecen y los deterioros no se detienen -lo que exige una atención y esfuerzo permanente-, la experiencia adquirida hasta ahora ha permitido optimizar las soluciones adoptadas para los distintos problemas que se describen a continuación, lo que consideramos puede ser también de interés para otras presas con casos similares.

3   PANTALLAS DE IMPERMEABILIZACIÓN Y DRENAJE

Las dimensiones de las galerías de la presa (1,20 m de ancho por 2,20 m de altura), inferiores a las que son habituales en las presas nuevas, ha sido la mayor dificultad para esta parte de la actuación. Desde la galería de cimientos, se han perforado 8.500 m en 102 nuevos taladros inyectándolos después para reforzar la pantalla de impermeabilización; para la pantalla de drenaje, realizada continuación, se ha optado también por hacer nuevos taladros en lugar de reperforar los antiguos. Para ésta se han perforado 6.700 m en 98 taladros, más 390 m en 26 piezómetros (combinados con otros tantos drenes).

Al objeto de barrer mejor la zona y potenciar la efectividad de ambas pantallas, superpuestas a las que se hicieron originalmente, todos los taladros de ambas se han inclinado 45° hacia la margen derecha, teniendo también una inclinación en sentido transversal a la presa de 5° hacia aguas arriba los taladros de inyección, 10° hacia aguas abajo los de drenaje y siendo verticales los piezómetros.

4   SISTEMA DE EVACUACIÓN DE AGUAS SULFUROSAS CON "AIR LIFTING"

El drenaje mediante bombeo del pozo de aguas sulfurosas y de los tres pozos achique de la galería de cimientos es imprescindible para mantener en seco y accesible dicha galería que no tiene otra posibilidad de evacuación. Desde la puesta en servicio, la evacuación de estas aguas sulfurosas ha venido realizándose con bombas verticales sumergidas -del tipo utilizado en los pozos profundos- de características especiales en la calidad de los rodetes, estanqueidades y cojinetes. A pesar de ello, la agresividad del agua ha llevado a que la vida media de las bombas ha venido siendo de unos dos años que se alargaba hasta cuatro con dos reparaciones importantes renovando buena parte de sus elementos. Estas reparaciones, aparte de costosas, suponían un periodo importante de inactividad, lo que exigía disponer de un parque de bombas de repuesto, que en cuanto tenían una cierta edad daban una garantía de servicio muy precaria, habiéndose producido innumerables situaciones angustiosas de galería inundada e inaccesible.

La conveniencia de evitar los elementos mecánicos en contacto con el agua agresiva llevó a contemplar la aplicación del sistema de "air lifting" que se emplea habitualmente para la limpieza final de pozos de extracción de agua. Como es sabido, esta técnica consiste en la disposición de dos tubos concéntricos, inyectando de aire comprimido por el tubo interior, lo que provoca una emulsión aire agua de menor densidad que se evacua por la corona.

Aunque el rendimiento es relativamente bajo, la ausencia de dispositivos mecánicos en contacto con el agua agresiva evita decisivamente los problemas de mantenimiento que presentan las bombas, limitándolo como máximo a la operación fácil de sustitución de los tubos. En nuestro caso, el tubo exterior es de acero inoxidable y el interior de PVC (que largamente ha mostrado un buen comportamiento frente a este tipo de ataque) y en los cuatro años de funcionamiento todavía no ha sido necesario realizar ninguna sustitución. La mayor dificultad y coste de implantación de este sistema proviene de la estación de aire comprimido, que ha de estar relativamente próxima y para la que ha contarse con un espacio suficiente y aislado del ambiente agresivo.

En Iznájar se ha optado finalmente por un sistema mixto sin eliminar las bombas clásicas (que se reservan sólo para emergencia), disponiendo dos estaciones de compresión, una en cada margen. El "air lifting" de la margen izquierda sirve el pozo que capta el manantial de aguas sulfurosas de cimientos; el de la margen derecha drena dos de los pozos de achique existentes que, para facilitar el sistema, se han conectado mediante un taladro horizontal de 350 mm de diámetro y 6 m de longitud. Queda un tercer pozo en el centro de la galería de cimientos, equipado con bomba reservada para emergencia, ya que por distancia no resultaba conveniente la aplicación del "air lifting".

5 RESTAURACIÓN DE GALERÍAS

El mayor deterioro se ha producido en solería y canaletas de evacuación de filtraciones de las galerías

Figura 2. Nuevo revestimiento en galería de drenaje del estribo izquierdo.

Figura 3. Nuevo tratamiento de solería y canaletas en galerías.

más bajas: cimientos y nivel de desagües de fondo; aparte del revestimiento de la galería principal de drenaje (circular de 3.000 mm de diámetro) del estribo izquierdo a nivel de dichos desagües, donde el ataque al hormigón es muy patente.

La reparación con gunita de ésta última se ha sustituido finalmente por un nuevo anillado de hormigón armado (figura 2) en el tramo más dañado, superpuesto al revestimiento existente. Para las demás galerías, las pruebas realizadas han aconsejado utilizar solería de gres rugoso y canaletas prefabricadas de cerámica (figura 3).

Figura 4.   Nuevo péndulo invertido en estribo izquierdo.

Esta parte de la actuación se ha completado con un nuevo acceso desde el exterior a la galería de drenaje del estibo izquierdo para facilitar los trabajos en la misma y 162 m de taladros de 350 mm de diámetro entre galerías y exterior para, con ayuda de nuevos

ventiladores, mejorar la aireación de las mismas, aspecto que se ha comprobado fundamental, tanto para reducir la agresividad a los materiales como para mejorar las condiciones de trabajo del personal.

6   DISPOSITIVOS DE AUSCULTACIÓN

La presa cuenta desde un principio con 4 péndulos directos con 13 puntos de lectura (en total) que se han renovado completamente, al tiempo que se han instalado tres nuevos péndulos invertidos que han exigido perforar 146 m de taladro vertical de 200 mm de diámetro. Dos de estos nuevos péndulos se han situado en la galería de cimientos y el tercero en el contacto del cuerpo de presa con la galería del estribo izquierdo (figura 4).

7   CONCLUSIONES

Cada vez cobran más importancia las labores de mantenimiento y rehabilitación de presas, sobre todo en casos extremos de ambientes agresivos como el que aparece en la presa de Iznájar donde casi cualquier pieza de acero al carbono convencional es destruida en un corto plazo de tiempo.

En el presente artículo se han dado algunos detalles de los trabajos realizados en esta presa con el objetivo de que sirvan de experiencia para casos similares.

REFERENCIAS

Bravo Guillén, G 1967. La foundation de barrage de Iznajar. (Q.32, R.35). IX Congreso Internacional de Grandes Presas, (ICOLD-CIGB), Estambul.

Dam Maintenance and Rehabilitation, Llanos et al. (eds)
© 2003 Taylor & Francis, ISBN 90 5809 534 7

Rehabilitation of dam Mavčiče at river Sava in Slovenia with extra sealing

S. Isakovič, B. Prokop, V. Ečimovič
GEOT, Ljubljana, Slovenia

R. Brinšek
Savske Elektrarne, Ljubljana, Slovenia

ABSTRACT: Soon after construction of the Mavčiče hydroelectric power plant, differential settlements occurred between the platform of the assembly hall and engine room. It was necessary to level a crane runway, a question arose about the stability of the assembly hall. The investigations performed did not give a clear answer on causes of settlement, that is why the project took into consideration the most probable reason, washing of fine particles out of the dam due to a strong flow of water through the existing grout curtain. As required by the Client Savske elektrarne Ljubljana, the works are carried out at a normal depth of the dam and a regular power station operation. The rehabilitation project, drawn up by the IBE Ljubljana, required an extra sealing of the grout curtain along the diaphragm wall and axis of the original curtain in a length of 35 m, and by the engine room in a length of 10 m up to a depth of 50 m below the surface. Due to high flow velocities, the designer foresaw the use of water-reactive polyurethanes in combination with a cement-bentonite mixture. The works were started in autumn 1999 and completed in spring 2000.

1. INTRODUCTION

1.1 *General*

The Mavčiče hydroelectric power plant was built in 1986 at the upper stream of the Sava river downstream from the town of Kranj. The dam structure of a concrete-gravity type comprises an engine room, spillway chutes, and an access rock-fill dam by the left bank. The construction height of the dam is 40 m. The dam is entirely founded on an approx. 10 m thick layer of permeable rock from the Quaternary gravel and conglomerate, for this reason a sealing with a single cement-bentonite grout curtain was performed up to an impermeable Tertiary silty clay. The spacing among grout holes amounted to 1.5 m. In order to decrease uplift pressures, at a foundation joint of the engine room and spillway chutes a drain system was executed. To the right close by the engine room an assembly hall can be found, shallow founded on a 25 m thick compressed embankment of the gravel sand material. The embankment is wedge-shaped, filling up the excavation for a construction pit. In the axis of the grout curtain, the fill wedge is sealed by a diaphragm wall of reinforced concrete.

Soon after construction of the hydroelectric power plant, differential settlements occurred between the platform of the assembly hall and engine room, causing appearance of cracks in solid walls of reinforced concrete of the assembly hall, it was also required underlying of the crane runway, as the operation of the service crane was limited.

In order to establish the causes for settlement of the assembly hall and the upper and lower yard, several investigations were conducted, but they did not provide a completely clear answer. Regarding the development of settlements in time, the most probable explanation was that these settlements were the result of the inner erosion of fill materials.

1.2 *Soil composition and investigations*

The ground is made up of loose to strongly cohesive sand and gravel, alternating downward with variously thick and cohesive layers of the Quaternary conglomerates. At a depth of 48–49 m a layer of the poorly permeable Tertiary sediments starts ($k = 10^{-6}$ to 10^{-7} m/s). By a depth the permeability changes and values obtained by grouting tests are from $k = 1.39 \times 10^{-3}$ m/s to $k = 5.47 \times 10^{-5}$ m/s. The average value acquired by a pumping test at a right bank is $k = 2.1 \times 10^{-3}$ m/s.

Within the scope of research works were performed probe holes V1 to V3 and S1 to S6. The boreholes, marked with S, are equipped as piezometers. Based on the follow-up tests, in a profile of boreholes S3 and S4, filtration of groundwater through the grout curtain was established in a direction of the drain system of the engine room. The filtration speeds in the region of the grout curtain amounted to around 1 cm/s, while the average speed between the upper borehole S3 and the drain system was approx. 0.68 cm/s.

Prior to, during, and after rehabilitation works, the surveyings of the bench mark settlements at structures and the nearby ground were carried out.

In the range of research works were also performed standard soil mechanics investigations (density of fill material, granulation), which did not provide reliable results.

2 REHABILITATION PROJECT

2.1 Design brief

Based on the results provided by the investigations and measurements of settlement of structures performed so far, the IBE Ljubljana drew up a project, foreseeing three consecutive phases of rehabilitation works. The second and third phase would be executed only if the first one were not successful. As the first phase foreseen by the project were rehabilitation works on the existing grout curtain to the right of the turbine intakes of the engine room and upstream from the diaphragm wall of reinforced concrete up to a place of crossing with the grout curtain for enclosure of a construction pit.

The project execution required as follows:

- Draw down of the dam during rehabilitation works was not allowed,
- power station operation during execution of works should not be hindered,
- after rehabilitation works, the permeability coefficient for water of grouting materials should be smaller than a value $k = 10^{-5}$ m/s, while filtration speeds should be reduced by 10 times.

2.2 Project of rehabilitation measures

In its first phase, the project requires an extra sealing of the grout curtain. Its execution was foreseen at a normal depth of the reservoir and undisturbed power station operation. As the grouting material it was envisaged by the project a combination of water-reactive polyurethanes, namely a combination of TACSS and FLEX manufactured by the De Neef Belgium, and a cement-bentonite mixture. Grouting should be carried out with the use of PVC grout pipes with rubber packers 50 mm in diameter. In Slovenia, no manufacturer with suitable references could be found, that is why a co-operation with a foreign partner was required.

The applied polyurethanes were preliminary polymerised and when used, only chemical reaction with water is performed. Anticipated increase of volume caused by reaction is $10\times$. Up to the present day, it is not known that by reaction process toxic products would be freed. For conditions foreseen, the durability established on the basis of results, amounts to 300 years at least.

It was anticipated to perform by the project 26 grout holes in a line 1 m upstream from the existing grout curtain or the diaphragm wall of reinforced concrete, and in a line 0.5 m to the right from the wall of turbine intakes of the engine room. The spacing between the individual boreholes amounted to 1.25 m. The boreholes extended into a depth of 50 m below the ground or 1 to 2 m into the impermeable Tertiary base. The boreholes deviation from the vertical axis should not exceed 1 m.

It was foreseen 1800 m of drilling and placing of grout pipes with packers, as well as the use of 30.000 kg of the polyurethane and 450.000 kg of cement and bentonite. The estimated costs of works were 950.000 €.

Special measures were required by the project for maintenance of the drain system at a foundation joint of the engine room, being at a distance of 8 m only from the grout holes by the wall of turbine intakes of the engine room. For this reason it was provided a continuous washing out of the drain system with water, a continuous inspection of a content of grout materials at the outflow of the drain systems was performed, as well as a control of uplift pressures at built-in places of measurement.

By the project were also foreseen measures for determination and way of avoiding the grout holes at places of a crossing with various underground structures, like a rainfall sewerage system of the yard and inlet pipeline of a small hydroelectric power plant at a fish spawning ground.

2.3 Prescribed inspection of efficiency of extra sealing curtain

It was foreseen by the project a series of measures for follow-up of the efficiency of executed works. Before the start of works, it was necessary to renew or built in a new piezometeric hole up to the impermeable base. Afterwards, in order to establish filtration speeds of the groundwater before the start of works for finding out the initial state, follow-up tests with NaCl were conducted. The efficient rehabilitation works should be confirmed by follow-up tests after completed works.

For a final selection of technological procedures within the scope of preliminary works, it was foreseen an execution of a trial filed with two extra exploratory holes to establish the success of rehabilitation works among grout holes.

3 REHABILITATION WORKS

3.1 Preliminary works

The preliminary works at the site were started in September 1999. Before start of works, there was a need to exactly determine the position of rainfall sewerage in the region of interventions, underground inlet pipeline of the small power plant for fish spawning ground, as well as the position of a sealing diaphragm wall or the existing grout curtain. The position of underground structures was to be determined with the aid of a geo-radar, but the method did not provide satisfactory results, so that the position had to be determined by execution of exploration holes. The pipeline position was determined with the aid of a diver and surveyings performed.

3.2 Drilling

A relatively small deviation of boreholes from their verticality was permitted by the project. At a bottom in a depth of 50 m the deviation should not be greater than 1 m. In order to exactly determine the vertical axis of the poles, it was used an electronic sound produced by the DMS, Slovenia, fixed to a tower of the drilling machine. The drilling works were performed with a drill Mustang, Atlas Copco. The holes were 146 mm in diameter up to a depth of 20 m, a hole diameter up to the hole bottom amounted to 105 mm. The drilling works and production of cement-bentonite mixture was provided by the Contractor Geoprojekt, Slovenija

The verticality at some holes was inspected with the aid of ABS inclination pipes for a servo inclinometer produced by the SISGEO Italy, which were temporarily mounted into a pipe casing and a borhole.

3.3 Grouting

Since it was impossible to find an expert for execution of this kind of works in Slovenia, the project involved specialists from the company DE NEEF Scandinavia and Geoteknisk *Spets*-Teknik AB from Sweden. De Neef prepared documents required for execution of works, job mix formulas, and instructions. Their expert was also present at the introduction of works on the site.

For execution of works a mixture of polyurethanes was prescribed in a combination of 75% TACSS 020 NF and 25% FLEX 44 with an addition of 2% accelerator C 852. The materials were supplied by De Neef Belgium.

Grout pipes with an outer diameter of 50 mm and rubber packers at 0.33 m were provided by a German manufacturer. It was recommended a use of double

mechanical packers, fixed to steel grout pipes 3/4" and jointed at a length of 1 m.

For grouting of holes and as a means of grouting among particular polyurethane phases of grouting was prescribed a cement with 10% or 5% addition of bentonite and a water cement factor v/c = 2.

3.4 Protection of drain system

To protect the drain system, a siphon was installed through a shaft of the inspection control gallery, enabling a continuous supply of water from the reservoir into the drain system.

At outlet pipes in the inspection control gallery continuous measurements were carried out of uplift pressures in the region of the drain system, at these places of measurement an everyday inspection of the conductibility of the drain water was performed, too.

The content of grouting materials in the drain water was continuously monitored also at the outflow of the drain system in the tailwater, where a probe for conductibility measurement was installed. The results of measurement were seen on a monitor in the site office.

3.5 Grouting procedure and troubles at execution of works

Due to a great depth of drilling and grouting, geological soil composition, and a very pedantic work needed at dosage and change of grouting phases of particular materials, the rehabilitation works soon proved to be technologically very demanding.

It was found out that drilling with rotation casing pipes could be performed only to a depth of 20 to 25 m, deeper on merely with the use of pneumatic drill. Fortunately, no difficulties arose in view of stability of holes walling. At the upper part the holes were 146 mm in diameter, and at the lower part 105 mm.

In accordance with the prescribed procedure, the grout pipes with packers, built in the hole, were first poured with cement grouting compound with 10% addition of bentonite and total v/c = 2.0. The following day the grouting started, comprising:

– testing of particular levels with water, if water was accepted by the level, the grouting went on with a cement mixture in the amount of 400 l, afterwards with polyurethanes in the amount of 25 kg, again with a cement mixture, and the system was washed out with water.

In the first hole we managed to perform grouting in one fifth of the grouting levels only, although according to instructions given, testings were performed at intermediate levels, too. Of all levels only 4 levels were grouted with polyurethanes, the same was repeated also in the next hole. Due to a relatively large room among the hole and a pipe with packer and cohesive gravels and conglomerates, on the proposal of the Swedish consultant a not hardened grouting cement bentonite suspension was used for its grouting.

By a changed working technology much better results were achieved, but delays in work still could not be avoided, so that above all grouting of upper levels at verifying the causes for this, the following was found out:

- the grout pipes with packers were unsuitable, as they could not bear the declared outside and inside pressure of the packer and grouting compound,
- at perforated places of the pipe in the region of packers, scrapings were found, causing damage on rubber washers of mechanical packers,
- the grout pump used for cement bentonite suspension did not reach the sufficient pressure (15 bars), so that due to long transportation ways it came to washing out of the polyurethane of the system that was too slow,
- because of a great depth of grouting or frequent displacing of the mechanical packer, it came to its rapid wearing out.

Owing to the above stated, a new correction of the grouting procedure was made, involving:

- replacement of the pump for a cement bentonite suspension with a pump of the company Obermann, type DP 63/2, with working pressures up to 100 bars and excellent regulation of pressures and their small oscillation, a double pump was chosen to enable the work of two grouting groups at the same time,
- replacement of pipes with packers (the old ones could bear only 12 bars of working pressure) by new ones of the manufacturer Sireg, Italy, properties of which were additionally checked in a laboratory (tests performed showed that new pipes can bear minimum 30 bars of outside pressure for duration of loading of minimum 1 hour; ultimate pipe pressure served also as a basis for setting the pump working pressure),
- replacement of mechanical packers by hydraulic ones on a safety steel rope,
- replacement of high pressure rubber transportation pipes with high pressure smooth ones of aluminium and synthetic mass, in which the adherence of polyurethane was smaller, because of their inexpensiveness they were also easily thrown away,
- reestablishment of a circuit via transportation pipes for a cement bentonite suspension by a continuous operation of the pump and agitator,
- speed up of drilling works by execution of several successive primary holes,
- introduction of continuous grouting during night time as well.

4 TRIAL FIELD

4.1 Dilemmas on the method of execution of trial field

Due to the troubles described, the Client appointed a commission of external experts for follow-up of further rehabilitation works. The works proceeded on a trial field in November 1999. Because of shortage of time, it was decided that in the region of the trial field, representing a section of the new grout curtain, only 5 from initially foreseen 9 grout holes would be executed.

Despite doubts of the technical commission on efficiency of applied not hardened grouting compound, the contractors of works together with consultants persevered at the described method of works also within the frame of execution of the test field. The doubts of the technical commission on the efficiency of works were in this case as follows:

- the cement bentonite grouting compound not hardened does not create a sufficient back pressure for execution of the grouting itself,
- polyurethane and the grouting compound not hardened leak out in a vertical direction of holes, after their solidification subsequent necessary grouting at upper levels is made impossible,
- the use of grouting compound not hardened is not appropriate for grouting of sandy gravel materials and conglomerates.

Irrespective of the remarks by the commission, the contractors started with execution of the trial field according to the initial procedure. The grouting holes of the trial field were bored and grouted alternately, first every second hole, then intermediate secondary ones.

Because of grouting performed in the vicinity of the existing observation holes S1 to S4, these one were washed out by supply of water from the river. In this way they were to be protected from grouting.

During execution of the trial field, the outside temperatures dropped below 0°C. Due to the increased viscosity of the polyurethane and crystallisation of the accelerator C 852, it was necessary to maintain the temperature in the whole system above +5°C. A heat protection of a mixer and the pump was performed, re-established was also a heating of polyurethane constituents, so that the works were carried at the outside temperature up to −16°C as well.

The grouting works at the trial field were completed by the end of 1999.

4.2 Investigations for demonstration of efficiency of works at the trial field

In accordance with the rehabilitation project, it was foreseen in the region of the trial field to perform two exploratory holes for establishing the density of grouting materials and execution of grouting tests in levels of a length of 5 m. The exploratory holes were constructed among grout ones.

Because of low temperatures the exploratory works only began in the middle of January 2000 and lasted 5 months. The technical commission did not permit continuation of rehabilitation works before results of investigations treated had been known.

With regard to the project requirements, the grouting tests results were positive, as the greatest measured coefficient of the grouted materials permeability amounted to $k = 5 \times 10^{-6}$ m/s. The measured values of k were not essentially different by hole depths.

Based on satisfactory results achieved, permission was given by the commission and the client to continue with works, which started in the second half of April 2000.

5 EXECUTION OF WORKS

5.1 *Course of works*

Practically all rehabilitation works were performed by the end of June 2000. They were executed in accordance with the last correction of the procedure, described in the Item 3.5.

By the holes, where the grouting material broke into the pipes with packers before execution of the trial field, at an interval of 20 cm new holes were drilled, which were successfully grouted.

The most of grouting works were carried out without interruption. Periodical stops were merely caused due to displacement of gates at a stock pile and minor breakdowns of the drilling machine.

For the sake of attaining the grouting effect as great as possible, this one was carried out at every level up to a moment, when the flow of the cement bentonite suspension completely stopped. It also arrived that grouting of a particular level could not be concluded by washing out with water, as the cement bentonite suspension was not accepted. In this case, the pressure in the packer was reduced to a value of pressure, enabling displacement of the packer in the pipe to new levels, where grouting of suspension was still possible.

At levels, where the pressure did not increase even after two attempts at grouting, the possibility of suspension to be accepted was verified also by a team in the next shift. As a thing of interest it could be mentioned that at one hole the pressure did not increase even after several attempts at grouting. The works proceeded in neighbouring holes, while grouting in this hole was repeated every 24 h, until the acceptance of grouting materials were no more possible. In spite of careful working, faults arrived at some holes, as the cement bentonite compound entered the pipe with a packer also at a height of 10 m above the momentary level of grouting. The fault occurred always only at grouting with the cement bentonite suspension. The cause for a fault was not found out. Possible reasons could be: damaged rubber packers, pipe deformation due to outside pressure, not tight adhesive joint of pipes with packers. In this case a search for a spot with a fault was carried out and grouting continued up to the filling up. After completion of grouting of the entire hole, washing out with water of the inside of the pipes with packers was performed, in order to enable the usage of pipes for later eventual grouting works.

Grouting of particular levels were completed, when the pressure at the place of packer reached the value of ca 25 bars and application of the cement bentonite suspension was no more possible. After completion of works all levels were checked again for acceptance of water. With the cement bentonite compound it was no more possible to grout any level.

The use of grouting materials at completion of rehabilitation works at the Mavčiče power station was 28,000 kg of the mixture of TACSS-75% + FLEX-25% + C852-1,5%, and the total use of cement and bentonite for the mixture 210,000 kg.

The works were completed at the beginning of June 2002.

5.2 *Experiences acquired and findings*

At grouting the following was established:

– The execution of works with a liquid grouting compound proved to be appropriate, the only possible and surprisingly selective at choosing the levels for grouting. At the level that did not accept grouting materials, a final pressure of 30 bars was reached, already at the following one a usual initial working pressure in the system 7 to 10 bars could be reached.
– The grouting works are made very difficult by a great depth and for grouting unsuitable geology. Every most minute fault caused delays because of the polyurethane reaction in the system. At the undisturbed working as well it was necessary to periodically lift and clean the packers, as the hardened polyurethane hindered their moving.
– Washing out of the system with water, representing the last phase of grouting, proved to be successful at grouting in less firm materials. It was proved that particular levels, only checked for acceptance of the cement suspension, could not be grouted any more at a later stage.
– The levels, at which grouting could not be completed by usual phases because of a great acceptance, were grouted by teams in the next shifts. The criteria for execution of the polyurethane phase was the pressure reached of the cement bentonite suspension.

- The subsequent grouting or inspection of the already grouted levels with water was performed at each team shift, i.e. after expiry of 8 h. Subsequent inspections would not have any sense, as the grouting material could be hardened too much and eventual additional grouting would not be possible any more.
- At depths from 30 up to 50 m, the uses of grouting materials were relatively small, essentially greater were at a foundation level of the sealing diaphragm wall and a foundation joint of the engine room.
- During execution of works there were also found out particular zones or privileged paths among conglomerate layers with a great use of grouting materials.
- In spite of a relatively small distance to the drain system, below the engine room not once was noticed appearance of grouting constituents in drainage systems.

5.3   Demonstration of efficiency of works

By the rehabilitation project it was foreseen the execution of a series of investigations during execution and after completion of works. The purpose of investigations was to prove the efficiency of executed works.

- During execution of works investigations were performed of verticality of grout holes. In three holes were temporarily placed the ABS pipes for a servo inclinometer. The measurements showed the deviation at a hole bottom from the vertical line was minor than 0.5 m.
- During execution of works there was a continuous monitoring of conductivity of drain waters at the outflow off the drain system and at measuring spots in the inspection control gallery. The results of these measurements showed no content of the grouting materials in the drain waters, what indicated that the state of the drain system remained unchanged.
- Simultaneously to the measurement of conductivity of drain waters, the measurements of uplift pressures were performed at a foundation joint of the engine room. Values of the uplift pressures remained unchanged.

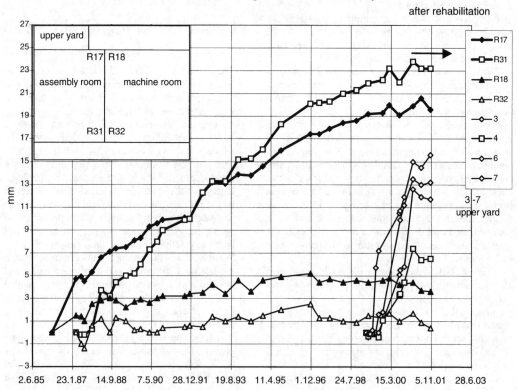

Figure 1.

- In the region of rehabilitation works a continuous monitoring of the groundwater levels in observation holes. After completion of works, in some holes upstream from the grout curtain an increase in a groundwater level was noticed.
- After the works completed, two exploratory holes were executed among the grout holes. In one of these a coring was performed, in both grouting tests were carried out. The results showed an appropriate density state and permeability of the grouting materials.
- The follow-up tests with NaCl after completed works did not confirm the filtration of the groundwater through the grout curtain in a direction of the drain system at a foundation joint of the engine room.
- During execution of works, investigation of the water quality was carried out in the lower riverbed. The investigation did not show a strong pollution of the river.

6 CONCLUSIONS

- Execution of grouting works is very demanding, according to the described technological procedures at a given unfavourable geological composition of materials, great depths of grouting, and relatively great filtration speeds of the ground water. It is possible to complete the works only by usage of the topmost grouting equipment and quality grouting materials. At this, conscientious and qualified workers are of the prime importance.
- Execution of grouting with the water-reactive polyurethane in combination with the cement bentonite suspension and the use of grout pipes with packers has proved to be successful at given conditions. This has been proved by investigation results during execution and completion of works, as well as the one-year results of surveying the bench mark settlements at the affected part of the dam structure, shown on the figure 1.

REFERENCES

Borchardt, P.: Active penetration in ground technique, Conference in Grouting in Rock and Concrete; Salzburg, 1993.

Anderson, H.: Chemical Rock Grouting; Chalmers University of Technology; Göteborg 1998.

Borchardt, P., Anderson, H.: Use of Poliurethane Grouts in Romeriksporten, Norway; 4th International Conference on Ground Improvement Geosystems; Helsinki 2000.

Dam Maintenance and Rehabilitation, Llanos et al. (eds)
© 2003 Taylor & Francis, ISBN 90 5809 534 7

A new sealing system for dams

C. Rüesch & I. Scherrer
ISO Permaproof AG, Thusis, Switzerland

ABSTRACT: Effectively meeting long-term sealing requirements for hydraulic structures is a tough assignment. Thanks to intensive research and wide-ranging trials over the last twenty years, great progress has been made in this direction by developing the PP-DAM multi-layer sealing system based on PUR ductile plastic. This innovation is now well-proven in practice, and has largely overcome prejudices against ductile sealing foils. The PP-DAM system optimally prevents alkali-aggregate reactions in concrete, and ensures efficient, cost-effective sealing of concrete dams, earth and rockfill dams, reservoirs, ducting, canals and penstocks.

1 DEVELOPMENT

1.1 *Problems to be solved*

Formerly the use of plastic sealing was avoided for hydraulic structures, particularly dams. Over the last two decades, however, increasing use has been made of PVC foils mechanically anchored to the upstream dam surface. Among the drawbacks of PVC foil are problems with rock anchorage, vulnerability to damage by ice and vandalism, and underseepage when damaged.

Ductile foils produced in situ were not very successful in the past, due to unreliable quality for various reasons:

- The spray application of highly reactive foils led to excessive variations in thickness
- Stretch characteristics of the foils used were inadequate
- The foils were not UV-resistant
- Vapour permeability was inadequate, thus leading to vapour pressure on the dam surface which caused the sealing to fail
- The foils were not water-resistant
- Not enough attention was paid to substrate preparation
- Various limitations applied in practice, particularly at low temperatures

Without these drawbacks, the advantages of a ductile plastic sealing foil over other sealing systems are significant.

1.2 *Sealing system requirements*

The requirements on an efficient sealing system are clearly defined by the loading conditions on the object to be sealed:

- Residual moisture in dams (when the reservoir is empty) causes vapour pressure to build up under the sealing layer. For this reason the entire sealing system must be as vapour-permeable as possible. Furthermore, primer bonding must remain unaffected by permanently damp conditions.
- Dams are subject to movements caused by water level fluctuation, temperature changes, and seismological effects. In order to cover crack and joint movements, sealing membranes must therefore have the highest possible tear stretch and tear strength even at temperatures down to $-20°C$.
- In water flow zones such as flood gates, weirs, etc. the sealing layer must be resistant to mechanical loading and abrasion.
- The sealing layer must also be able to take ice loading in winter:
  ?dynamic pressure (ice block impact due to waves)
  ?tension stress/peeling (frozen-on ice)
  ?scraping by ice layers with falling water level
  For resistance against ice impact, the adhesive strength must be as high as possible.
  The highest possible **Shore A hardness** is required for resistance to scraping.
- Sealing installation must be possible in the winter/spring in order to reduce energy production losses. This means that the sealing layer must be applicable at temperatures only just above freezing point.
- In order to dispense with drainage between the sealing layer and the masonry, it must fully adhere to the substrate without underseepage.
- Attachment to rock and structures (such as newel posts) must be possible without mechanical fixings or change of material.

- The sealing system must be resistant to ageing and UV radiation.
- Perfect sealing must be ensured even at the highest water pressures.
- The surface must be fit for walking and motor vehicles.
- It must be resistant to frost, ice-melting salt, root growth, micro-organisms and aggressive water.

Intensive research work has been done over the last twenty years to develop a ductile PUR based sealing system meeting all these requirements. Wide-ranging trials were carried out under the most extreme conditions on dams and infrastructures at elevations of 2000 to 3500 m.a.s.l. Continuously product optimisation based on findings led in the early nineties to this PP-DAM system, which meets all goals and requirements. Since then a number of dams and hydraulic structures have been permanently sealed using this innovative system. Apart from comprehensive, durable sealing, it optimally prevents alkali-aggregate reactions in concrete.

2 THE PP DAM SYSTEM

2.1 Structure

The PP-Dam system is total-coverage sealing system based on ductile PUR plastic, made up of various layers which are integrally bound into each other during setting. Each layer forms a sealing membrane, but has different characteristics so that the system as whole meets all the aforementioned requirements. Overall thickness is 3 to 4 mm, depending on sealing needs.

2.2 Substrate

The PP-DAM sealing system is suitable for various substrates such as concrete, rock or steel. Prior cleaning of the substrate is required, such as by sandblasting or high-pressure water jet, to remove all loose surface material.

Very rough substrates such as natural rockface or other unsuitable surfaces, have to be reprofiled by spraying with concrete (jetcrete).

2.3 Application

The 2-component PUR material used is slow-setting (liquidity time 10 to 15 minutes). Depending on circumstances it is either applied mechanically, or manually by roller. Mechanical application is airless (i.e. not by spraying). Application is in several layers, and is possible at temperatures as low as +3°C.

Guaranteed mixing precision and constant layer thickness are maintained during application by various automatic control systems.

Colour coding of the individual layers enables immediate visual check on correct mixing and thicknesses. During application layer thickness is also checked by depth gauge and quantity measurement.

2.4 Joint detailing

Joint detailing is possible without any mechanical fixings or templates. Furthermore, no additional materials such as tapes or textile inserts are required. Joint detailing with the PUP-DAM system ensures outstanding mechanical protection (Shore A hardness >90°). Moreover the high tear stretch and tear strength easily accommodate joint movements in the centimetre range.

Figure 1.   Microsection through PP-DAM seal structure.

Figure 2.   Reprofiling with jetcrete.

2.5 *Tests*

In cooperation with site owners and LPM AG, a detailed test programme for the PP-DAM system has been developed and implemented for hydraulic structure applications. Tests are based both on laboratory samples, and on samples taken directly from actual structures and subjected to long-term weathering effects. The following test results are available:

- Tear stretch and tear strength measurements
- Quasi-static crack coverage at +23°C and −23°C, including layer thickness
- Dynamic crack coverage at +23°C
- Bonding strength (adhesion tests)
- Shore A hardness
- Vapour permeability

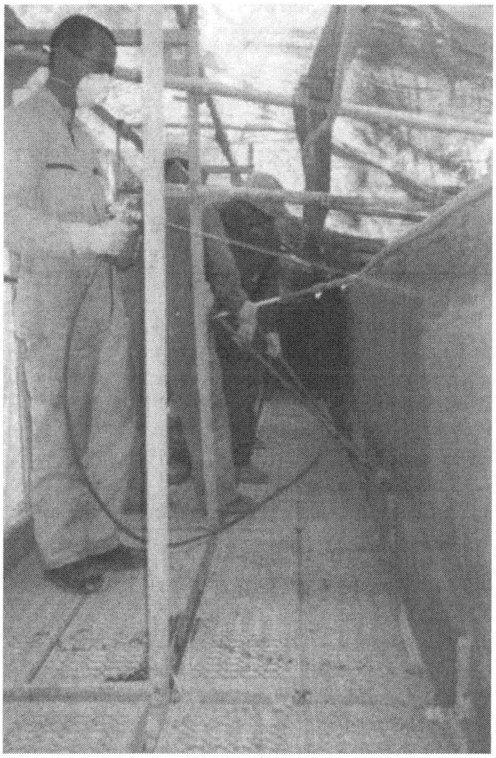

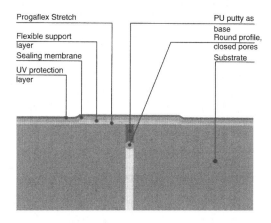

Figure 3. Mechanical application.

Progaflex Stretch
Flexible support layer
Sealing membrane
UV protection layer
PU putty as base
Round profile, closed pores
Substrate

Figure 4. Joint detailing.

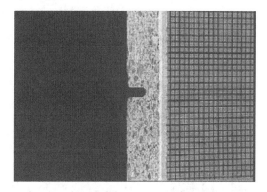

Figure 5. Test sample before stretching.

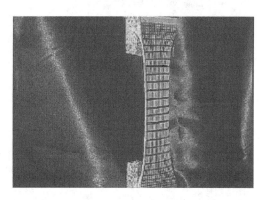

Figure 6. Test sample during stretching.

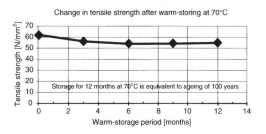

Change in tensile strength after warm-storing at 70°C
Tensile strength [N/mm²]
70
60
50
40
30
20
10
0
Storage for 12 months at 70°C is equivalent to ageing of 100 years
0
2
4
6
8
10
12
14
Warm-storage period [months]

Figure 7. Ageing test on sealing membrane sample, change in tensile strength.

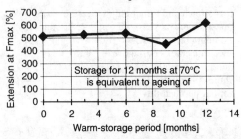

Figure 8. Ageing test on sealing membrane sample, change in extension.

Figure 9. Dam refurbishing at Lago Bianco north.

- Tensile strength of warm-stored samples (to determine ageing resistance)
- Slab-tensile peeling resistance tests
- Slit pressure tests (SIA 280)
- Layer thickness at polished section (coating and layering)

2.6 *System characteristics*

Based on test data, the system characteristics are as follows:

- Tear stretch at $+20°C$ (flexible support layer) 1500%
- Tear stretch at $-20°C$ (flexible support layer) 1000%
- Tear strength at $+20°C$ (sealing membrane) $>60\,N/mm^2$
- Tear strength at $-20°C$ (sealing membrane) $>65\,N/mm^2$
- Overall system crack coverage capacity, dynamic 2 cm
- Overall system crack coverage capacity, static >5 cm
- Shore A hardness 92° to 95°
- Vapour permeability Sd 2 to 3 m
- Substrate bonding $>1.5\,N/mm^2$
- Minimum application temperature $+3°C$ (perfect hardening at temperatures below 0°C).

3 SUMMARY

The wide applications and long-term efficiency of the PP-DAM system are now well-proven in practice. Due to the outstanding technical and cost advantages of this system over other sealing methods, it is increasingly preferred by dam owners, such as at Lago Bianco north and south (Switzerland) for solving AAR problems.

Dam Maintenance and Rehabilitation, Llanos et al. (eds)
© 2003 Taylor & Francis, ISBN 90 5809 534 7

Estructura del hormigón y susceptibilidad al deterioro

M. Guerreiro
Ingeniero Civil, Consultor, España

M. Rubín de Célix
Ministerio de Medio Ambiente, España

R. Fernández Cuevas
Auscultación y Taller de Ingeniería SA, España

RESUMEN: Analizando la estructura de poros del hormigón de la presa se captan importantes aspectos que hacen referencia a las condiciones en que fue fabricado y a las de su curado. Estos aspectos son determinantes del comportamiento físico del hormigón, fundamentalmente su permeabilidad. También son determinantes de la susceptibilidad al deterioro. Atando aquellos con éstos, podemos establecer condiciones de puesta en obra, y curado consiguiente, que mejorarán la durabilidad de la obra ejecutada; también otras prácticas que conviene evitar.

1 INTRODUCCIÓN

Cuando el hormigón se encuentra en equilibrio, en cuanto a intercambio de humedad con el exterior, hay un tamaño de sus poros a partir del cual los menores están llenos de agua y los mayores están vacíos. Se está haciendo referencia a la porosidad abierta o, dicho de otra forma, la que ejerce sobre el agua fuerzas de capilaridad. Tal afirmación está basada en un pequeño número de leyes nacidas en el siglo pasado y cuyos autores son hombres bastante conocidos: Laplace, Poiseuille, Darcy, Kelvin y Van't Hoff.

Alcanzado un equilibrio de humedad, y conocida ésta, se puede saber el tamaño de poros que establece el límite entre los vacíos y los llenos de agua. Si se averigua el agua perdida desde la situación en que un testigo está saturado, se conoce el volumen de poros ya vacíos. Siempre en la mencionada situación de equilibrio en el intercambio de humedad con el medio ambiente. Repitiendo el proceso para un espectro amplio de porcentajes de humedad se ha averiguado la distribución de poros, en testigos extraídos de cuatro presas recientemente construidas.

También se ha determinado la cantidad de agua que entra en un testigo, inmerso en agua durante un determinado período de tiempo, obteniendo otra permeabilidad, relacionada con la de Darcy, muy ligada con el proceso de deterioro. Esta permeabilidad resulta muy dependiente del período de tiempo utilizado en el ensayo y debiera ser muy significativa cuando se quieren estudiar fenómenos de deterioro, unidos mucho más a la imbibición por capilaridad que a la permeabilidad por fuerzas de presión hidrostática.

2 RESULTADOS OBTENIDOS

El trabajo de laboratorio ha sido muy arduo, pero los resultados obtenidos compensan el esfuerzo. Los ensayos han presentado aspectos interesantes desde variados puntos de vista, aunque quizás los más destacables tengan que relacionarse con los trabajos de puesta en obra y con la susceptibilidad física al deterioro del hormigón resultante. Todo ello se relata seguidamente, de forma muy concisa, dadas las características de esta comunicación. El trabajo, en toda su extensión, puede consultarse en la referencia (Guerreiro y Fernández, 1998).

2.1 *Porosidad y distribución de poros*

La esencia de la determinación de las curvas de distribución de poros está relacionada con dos leyes: la ley de Laplace que relaciona el diámetro de un tubo capilar con la ascensión del agua en el mismo por succión y la ley de Kelvin que permite relacionar, para una determinada temperatura, la ascensión citada con la humedad relativa. De la conjunción de las dos leyes, ligadas por la succión capilar, resulta una fórmula (1) que relaciona el diámetro de poros límite, entre los saturados y los vacíos, con la humedad relativa de equilibrio.

$$\ln\left[\frac{p}{P}\right] = -\frac{2Ad_{aire}}{d_{agua}RP} \qquad (1)$$

Donde p es la presión de vapor de agua en las proximidades del menisco y P la presión de vapor de agua en las proximidades de una superficie de agua libre, ambas dos para una misma temperatura conocida. A es la tensión superficial del agua y d_{aire} y d_{agua} las densidades del aire y del agua respectivamente, R el radio del tubo capilar, asimilado aquí al del poro. Puede notarse que el cociente p/P es la humedad relativa. Resolviendo la ecuación anterior para una temperatura constante de 20°C, se obtiene la fórmula (2) siguiente, empleada en los ensayos:

$$\text{Diámetro del poro} = 2R = \frac{-21,61}{\ln\left[\dfrac{p}{P}\right]} \quad (for\ 20°C)$$

$$(2)$$

En la Figura 1 se presentan las curvas de distribución de poros en cuatro testigos del hormigón de una de las presas estudiadas. En el eje vertical se presentan los tamaños de poros y en el eje horizontal el porcentaje de poros que son iguales o mayores que el indicado por cada punto de una grafica. Así el punto A de la Figura indica que el 2% de la porosidad del testigo la forma

el conjunto de poros iguales o mayores que 170 Å. Puede notarse una cierta dificultad en la obtención de los tamaños más grandes que ha hecho necesaria la extrapolación de las curvas. También que dos de los testigos pertenecen a un hormigón claramente más poroso. Sobre las trayectorias de las gráficas presentadas en la citada figura, debe resaltarse que, cuando las curvas tienen su tramo más vertical muy próximo a los ejes quiere ello decir que los tamaños grandes de poros prácticamente no existen. Por otra parte, cuando el tramo casi horizontal se acerca al eje horizontal habrá poca incidencia en tamaños intermedios, aunque la porosidad total pueda llegar a valores altos contando con la aportación de poros muy pequeños. En suma, el hormigón de una presa resultará de mejor calidad cuando la curva de su distribución de poros se acerque mucho a los ejes. Con una curva muy próxima a los ejes se tendrá una mayor aportación a la porosidad de los poros pequeños y una permeabilidad mucho menor, confirmando la mejor calidad de un hormigón próximo al eje horizontal.

Resumiendo el resultado de los ensayos realizados aparecen varios aspectos, relacionados con la puesta en obra todos ellos, que influyen bastante en la porosidad resultante en un hormigón en masa. Se les puede citar en orden de mayor a menor importancia, aún a riesgo de equivocarse en ocasiones.

Si el árido es poco poroso, cuanto mayor es el porcentaje de árido grueso que contiene un hormigón menor es la porosidad resultante. La variación

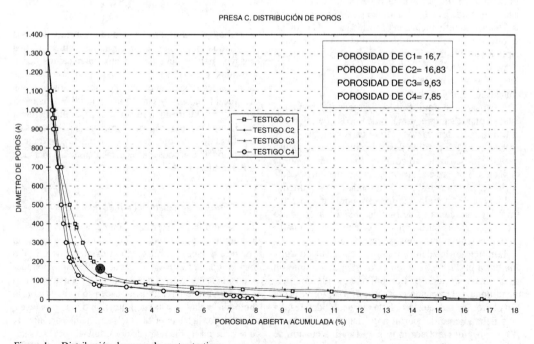

Figura 1. Distribución de poros de cuatro testigos.

comprobada en los ensayos llega a un 4% de bajada de la porosidad cuando el contenido de árido pasa del 40% al 60%. Esta evolución se produce muy en conformidad con lo que puede obtenerse con unos cálculos teóricos simples.

Los hormigones puestos en obra en verano son, en los casos analizados, más porosos que sus equivalentes de época no calurosa.

Comparando testigos suficientemente cercanos como para considerarlos constituidos por hormigones idénticos, cuanto más lejos se está de una superficie de evaporación, como puede ser una junta vertical, una junta de tongada, una fisura producida tempranamente, etc., menor es la porosidad resultante. Esta consideración hace referencia, por una parte, a superficies de evaporación activas durante la fase de hidratación y, por otra, a profundidades de hasta un metro, distancia a partir de la cual se supone que la porosidad es ya bastante homogénea.

Cuando se ha podido conocer la distribución de poros de las muestras estudiadas se ha descubierto un panorama nuevo, lleno de matices, donde destaca como constante la falta de tamaños de poros entre 5 y 20 Å. Todo ello comparando los resultados con lo que debiera haber sido un hormigón perfectamente hidratado. Por el contrario, se constataron demasías en tamaños entre 20 y 80 Å. Resulta aventurado deducir de la falta de estos tamaños de poros la existencia de un problema en el hormigón conseguido, aunque sí se puede afirmar que, en su momento, la hidratación no fue completa. En la Figura 2 se presenta la distribución de poros para los testigos de la presa C; en ella puede notarse la falta de tamaños inferiores a 20 Å y el sobrante de tamaños entre 20 y 80 Å todo ellos por comparación con una pasta de cemento perfectamente hidratada.

Aunque es usual que los poros más grandes de un hormigón estén dentro del árido, se ha podido comprobar que, en ocasiones, la pasta contiene también poros comparables en tamaño. Ello debe darse en paralelo con deficiencias en la hidratación, concretamente con falta de agua.

2.2 Permeabilidad

Trabajando con la curva de distribución de poros no sólo se puede llegar a conocer la permeabilidad Darcy del hormigón, sino que también se puede contabilizar, de forma fácil, la aportación que cada conjunto poros, clasificados por tamaños, hace a esa permeabilidad. Se nota que un 90% del coeficiente de permeabilidad corresponde a la contribución de los tamaños grandes, por encima de 500 Å, es decir, los poros del árido y los grandes de la pasta. Se corrobora, por tanto, la importancia del árido grueso para la consecución de un hormigón impermeable: si está bien fabricado, es decir, perfectamente hidratado, cuanto mejor es el árido, en cuanto a baja porosidad se refiere, menor es el coeficiente de permeabilidad resultante, ya que la aportación del árido para el coeficiente es muy grande.

Curiosamente, los coeficientes de permeabilidad obtenidos a partir de las curvas de porometría no sólo son coherentes con los resultados usuales de permeabilidad sino que, obtenidos por este camino, a través de las curvas de distribución y de sus correspondientes ensayos, presentan valores muy cercanos entre sí, en contra de la usual disparidad en la determinación de la permeabilidad por los métodos tradicionales. Los ensayos están todos entre 1 y $11,5 \times 10^{-9}$ cm/s, mostrándose más agrupados todavía lo pertenecientes a cada presa (entre 1,4 y $2,4 \times 10^{-9}$ cm/s los de los testigos de la Figura 1); es más, las diferencias entre los coeficientes obtenidos en cada presa tienen explicación por uno u otro camino.

Cuando el árido empleado tiene una porosidad baja, como es usual en el hormigón en masa empleado en las presas, la disminución de su contenido por debajo de la dosificación óptima, produce hormigones más permeables.

Cualquier circunstancia que favorezca la pérdida de agua conduce a un hormigón más permeable y viceversa. De la afirmación anterior se deducen otras claramente comprobadas: Dentro de una misma dosificación, contando con similar contenido de árido grueso, la puesta en obra en verano produce hormigones más permeables. Las puestas en obra próximas al terreno consiguen hormigones de menor permeabilidad, circunstancia esta que debe estar relacionada con un mejor mantenimiento de la humedad de la mezcla. La proximidad a superficies que favorecen la pérdida de

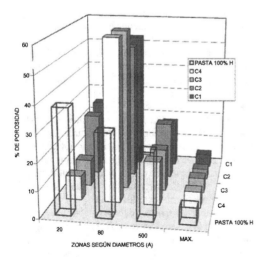

Figura 2. Porcentaje de porosidad aportada por cada tamaño de poros. En primer término, mismos porcentajes para una pasta perfectamente hidratada.

agua, por uno u otro camino, contribuye a aumentar la permeabilidad.

La permeabilidad obtenida en los ensayos de imbibición presenta valores distintos de los de la permeabilidad Darcy y, aunque varias de las particularidades encontradas para esta se repiten en aquélla, se dan características especiales en correspondencia con dos procesos físicos bastante distintos: se produce un desequilibrio máximo en la imbibición de las muestras y se busca el máximo equilibrio en los ensayos de distribución de poros. La permeabilidad de imbibición, más relacionada con ciertos fenómenos de deterioro, permite sospechar, en ocasiones, sobre el inicio de estos fenómenos en alguna parte de la presa. Las sospechas se apoyan en la disminución de permeabilidad que se produce cuando se inician los fenómenos de deterioro y el aumento, relativamente brusco y localizado, que se produce en la fase siguiente. En la primera fase nada hace pensar en la existencia del fenómeno, incluso el hormigón parece haber mejorado desde el punto de vista de su permeabilidad.

2.3 Carencia de los poros más pequeños

En los ensayos realizados sobre testigos de hormigón cuyas condiciones iniciales de hidratación se produjeron con falta de agua, se nota una falta de tamaños de poros comprendidos entre 5 y 20 Å. Estas faltas llegan hasta casi el 30% sobre el total de poros de ese tamaño que, a su vez, son el 38,5% de todos los existentes en una pasta perfectamente hidratada. Cuando se reanuda una hidratación detenida se produce una disminución de la carencia. Aparecen nuevos poros de ese tamaño pero no se llega nunca a una recuperación completa. Esta circunstancia, la de falta de agua en los inicios de la hidratación, es la que más influye en la carencia de los poros pequeños. Por tanto, cuando se dan condiciones favorecedoras de pérdida de agua, se fomenta la existencia de la citada carencia. Debe notarse que la falta de ciertos tamaños de poros no conduce a un cambio de porosidad sino a un cambio en la distribución de tamaños: menos pequeños y más grandes.

Aunque parezca contradictorio, cuanto mejor es la dosificación de hormigón, con una buena proporción de árido grueso en la mezcla, mayor es la posibilidad de que se produzcan carencias de los tamaños de poros pequeños. La explicación reside en la disminución de proporción de pasta, que es quien aporta agua. Con menos pasta, menos agua, y más posibilidades de que escasee.

Cuando hay juntas o fisuras cercanas, normalmente sin agua en el inicio de la puesta en obra, se obtiene un hormigón con mayores carencias. Por el contrario, cuando se está lejos de superficies libres, la carencia disminuye, incluso con proporciones grandes de árido grueso y es que, en estas condiciones, es más difícil que se dé la pérdida de agua.

La falta de poros pequeños en el hormigón resultante tendrá, seguramente, un efecto negativo sobre la resistencia a tracción, efecto de importancia en edades muy bajas, cuando más se nota la acción de tensiones de gradientes térmicos o de los cambios volumétricos por retracción hidráulica.

2.4 Falta de compacidad

Se ha determinado la dosificación real empleada en el hormigón que contuvo cada testigo. Esta dosificación dista algo de la teórica empleada en la presa. Una de las diferencias más notables corresponde a la proporción de árido grueso realmente medida.

Una vez conocida la dosificación resultante ha podido determinarse la densidad teórica de ese hormigón si hubiera resultado perfectamente hidratado. El resultado de este estudio sobre los diferentes testigos condujo, casi siempre, a faltas de compacidad. Las faltas de compacidad se producen, sobre todo, en hormigones más próximos a superficies libres o que no han estado en contacto con agua del embalse. Los hormigones cercanos a superficies libres, los próximos a fisuras producidas en el inicio del fraguado, y, en general, los colocados en verano presentan faltas de compacidad más pronunciadas. Puede notarse que las conclusiones correspondientes a falta de ciertos tamaños de poros pequeños y a la falta de compacidad son bastante coincidentes, aunque en el caso de la compacidad se han considerado más aspectos y pueden ser, por tanto, más productivas en lo que a su interpretación se refiere.

2.5 Deterioro

El estudio efectuado ha sido realizado sobre testigos extraídos de presas de menos de una decena de años. Los hormigones resultaron excelentes y las presas no han mostrado signos de deterioro visibles. También hay que decir que se aprovechó la aparición de pequeñas fisuras para extraer testigos y analizar este hormigón. Se habla pues de un hormigón calificable como perfectamente sano.

Sin embargo, se han encontrado muestras de deterioro en algunos de los testigos estudiados. En un análisis visual minucioso pudieron notarse poros procedentes de la alteración de algún grano de arena, muestras de algún árido alterado, alguna interfase entre la pasta y el árido marcada, indicios claros de cierta destrucción de zona interfásica, etc.

Durante el curso de los ensayos se observó que algunos áridos, después de una imbibición en agua, se mantenían húmedos durante bastante tiempo después de que todo el resto de la superficie del testigo apareciese ya seca, al haber sido el agua absorbida. El hecho de que una parte de la superficie del testigo se mantenga húmeda durante bastante tiempo debe corresponder a una mayor impermeabilidad en dichas zonas, impermeabilidad que, por sus manifestaciones, se debe a un cambio en el árido, producido con posterioridad a su puesta en obra. Esta demostración es conocida en procesos iniciales de deterioro por lo que, muy posiblemente, algunos áridos han sido impermeabilizados por reacciones en la zona interfásica. Estas zonas más impermeables se encuentran, probablemente, también en la pasta, en las proximidades de la zona interfásica, aunque son más difíciles de detectar a simple vista.

La presencia de agua puede tener una doble consecuencia, con efectos contrapuestos: el agua puede contribuir a disminuir la carencia de materia sólida pero, cuando circula, tarde o temprano produce deterioro suficiente como para que el hormigón se vuelva más poroso. El agua del embalse será pues benéfica y la que discurre por una fisura o junta será, en este sentido, perjudicial. Cuando se produce una fisuración en una determinada zona durante el inicio del fraguado, se fomentará la perdida de agua y la manifestación de carencias de tamaños de poros y falta de compacidad. Una pronta llegada de agua por esa fisura favorecerá poco la compensación de escasez de poros pequeños y más la compensación de materia sólida. Pero si se mantiene la circulación de agua, frecuentemente con carácter intermitente, el deterioro dará al traste con las mejoras.

2.6 Condiciones de puesta en obra

La proporción de árido grueso que contiene un hormigón le confiere características de porosidad, permeabilidad y resistencia el deterioro que mejoran bastante en proporción a aquel contenido. A veces las zonas más superficiales, o ciertas zonas de más difícil puesta en obra, resultan con proporción de árido grueso disminuida y con propiedades también peores.

Las diferencias comprobadas entre zonas hormigonadas en verano y zonas hormigonadas en otra época del año, ambas con distinta distribución de poros, y las mejoras que presenta el hormigón colocado cerca de la cimentación reafirman la importancia que tiene el grado de humedad ambiental en el curado del hormigón. Los hormigones de verano son peores y los curados en ambiente más seco son también peores. Las diferencias residen en la pasta y las repercusiones respecto a la resistencia al deterioro son dignas de ser tenidas en cuenta. Lo dicho explica en buena medida las diferencias encontradas entre los hormigones de tres de las presas que, desde muchos puntos de vista, debieran haber resultado muy similares.

Cualquier circunstancia que, durante las primeras fases de la hidratación, provoque una pérdida de agua de la mezcla de hormigón conduce a un resultado deficiente en mayor o menor grado. Incluso circunstancias tan poco sospechadas como la proximidad a la cimentación tienen relevancia en las condiciones de curado del hormigón. Por extensión puede hablarse de que las zonas muy soleadas, o muy ventiladas, o en contacto con otras secas que puedan sustraer agua, etc, todas ellas deben ser motivo de preocupación en la puesta en obra.

La deficiente calidad se produce en cercanías a las superficies libres sea por falta de agua o por menores proporciones de árido grueso. Todo ello parece que podría compensarse al tener un hormigón de mayor calidad en el interior, en una masa relativamente amplia. Pero hay un tercer aspecto, quizás el más importante y menos notado, que hace referencia al deterioro. En efecto, el hormigón superficial resultante será poco resistente a los elementos externos, lluvia ácida sobre todo, y ello puede tener implicaciones muy negativas, incluso a un plazo no muy largo.

Los intercambios de agua entre el hormigón y su alrededor son regidos por la permeabilidad Darcy, bien conocida, y por la permeabilidad de imbibición. Para una situación bastante extrema de gradiente hidráulico – que corresponde a la base de los bloques de una presa bóveda de bastante altura y situación extrema de percolación – se obtienen caudales de percolación a través del hormigón verdaderamente ridículos: en un día y por un metro cuadrado de sección pasan, pongamos, unos 50 cm^3 de agua hacia el paramento de aguas abajo. Por el contrario, la entrada de agua en un hormigón de aguas abajo, relativamente seco, sometido a unas lluvias intensivas, produce su saturación, hasta una cierta profundidad, en un tiempo relativamente breve; aquí el volumen de intercambio es muy superior y se produce en menos tiempo; una lluvia produce más intercambio de agua que la circulación por presión del embalse a lo largo de un año. La permeabilidad de imbibición es muy protagonista en los paramentos, más en el de aguas abajo, menos protegido. Es aquí donde hay que conseguir un hormigón más resistente al deterioro.

2.7 Susceptibilidad al deterioro

Se ha definido un nuevo parámetro que caracteriza bien la susceptibilidad del hormigón a ser atacado y que está relacionada con la capacidad de absorber (permeabilidad Darcy) y almacenar (porosidad) agua. La fórmula empleada es la siguiente:

$$Susceptibilidad = \sqrt[4]{kn^4} \qquad (3)$$

Siendo k la permeabilidad Darcy y n la porosidad. Se ha calculado el parámetro citado para los hormigones de cada una de las presas y se han contrastado los resultados con la época del año en que se hormigonó cada testigo ensayado y con la proporción de árido grueso que contiene. En la Figura 3 pueden observarse

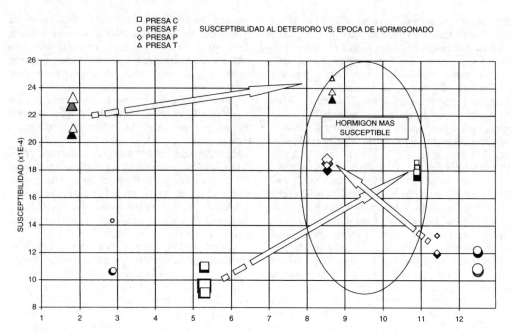

Figura 3.   Susceptibilidad al deterioro según la época del año en que se hormigona.

los resultados referentes a la época del año. Puede notarse que la presa F no tiene testigos de hormigones de verano.

Aunque se muestra la relación entre la época del año y la susceptibilidad al deterioro resultó que la proporción de árido grueso, concretamente una baja proporción, puede acarrear valores todavía más altos de susceptibilidad que los que fomenta una puesta en obra de verano. Es decir, el contenido de árido grueso es el primer protagonista. El aumento de proporción de pasta, que se produce cuando falta árido grueso, muchas veces cerca de las juntas y alrededor de las galerías, o en las proximidades de paramentos, vuelve al hormigón más deteriorable.

Los hormigones puestos en obra en verano resultan mucho más susceptibles como indican las flechas del gráfico que unen testigos de una misma obra aunque, cuando el árido es poroso como en el caso de la presa T, este cambio es menos notable.

De los dos parámetros que definen la susceptibilidad es la porosidad el que tiene mayor peso, por tanto, casi todo lo que puede afirmase de la porosidad resulta válido para el conocimiento de la durabilidad del hormigón.

3   RESUMEN Y CONCLUSIONES

La metodología utilizada se cree es innovadora por lo que la validez de los resultados ha provenido de los resultados del propio trabajo. Un factor de confianza en los frutos obtenidos está en el hecho de que, a pesar de usar distintas sistemáticas (permeabilidad, carencia de poros, distribución de los mismos, compacidad) aunque apoyadas en la misma teoría, los datos finales encajan perfectamente en un conjunto único. Se necesitarán posteriores profundizaciones, o repeticiones, para contrastar la sistemática y perfeccionarla.

La falta de agua durante el proceso de hidratación es fomentada por variadas circunstancias: puestas en obra de verano con mayor insolación y/o ventilación, existencia de superficies libres, aparición de fisuras tempranas, etc. En una buena dosificación, con importante contenido de árido grueso, la cantidad de agua disponible se vuelve crítica y las posibilidades de carencia aumentan.

Con una hidratación imperfecta se obtienen hormigones con falta de poros pequeños y con falta de compacidad. Lo primero perjudica la estructura del sólido resultante y lo segundo sus características de porosidad. La falta de agua y la dosificación real resultante, particularmente en lo que se refiere a proporción de árido grueso, están íntimamente relacionadas con las condiciones de puesta en obra y pueden llevar a hormigones más porosos, más permeables, con menor resistencia a tracción y, finalmente, más susceptibles al deterioro físico, muy unido al químico. Todo ello se extrema en los hormigones más superficiales, los más expuestos, los que quisiéramos de mejor calidad.

La vía de caracterización del hormigón, plasmada en el trabajo realizado, promete muchos nuevos resultados en el objetivo que nos ocupa de conseguir obras de fábrica, no solo resistentes, sino también duraderas.

REFERENCIAS

Guerreiro, M. y Fernández Cuevas, R. 1998. Estudio del hormigón de Pontón alto, Fuentes Claras, Cogotas y La Tajera. Dirección General del Obras Hidráulicas. Ministerio de Medio Ambiente. Dirección del trabajo: Gómez Laá, G y Rubín de Célix, M.

Dam Maintenance and Rehabilitation, Llanos et al. (eds)
© 2003 Taylor & Francis, ISBN 90 5809 534 7

Mejora de la durabilidad del hormigón de la presa de Irueña

Isidro Lázaro Martín
Confederación Hidrográfica del Duero, España

Ricardo Fernández Cuevas
Auscultación y Taller de Ingeniería (ATI), España

RESUMEN: A lo largo de algunas decenas de años se han venido adquiriendo enseñanzas trabajando en la auscultación de casi un centenar de presas de hormigón. Se han analizado deformaciones, génesis de figuraciones aparecidas, variación de permeabilidades, distribución de poros, manifestaciones del deterioro, etc. Ahora se aprovecha este bagaje con el objetivo de conseguir un hormigón de más calidad y menos susceptible al deterioro fijando, en la construcción de la presa de Irueña, actualmente en curso, determina-dos criterios para la realización del curado que, según los datos de auscultación y de ensayos realizados, arrojan resultados sobre la puesta en obra de gran interés para la construcción de la propia presa y para otras futuras.

1 INTRODUCCIÓN

La durabilidad del hormigón de las presas es, cada vez más, motivo de preocupación internacional debido, principalmente, a la existencia de fenómenos de deterioro que han conducido a casos de puesta fuera de servicio o a notables reparaciones. En España esta preocupación se ve aumentada por el hecho de que existen, en el país, un buen número de presas con más de treinta años.

Para la puesta en obra del hormigón de la presa de Irueña se han intentado aprovechar múltiples enseñanzas anteriores que pudiesen ayudar en el objetivo de conseguir una puesta en obra de calidad, no sólo en lo que concierne a lograr una estructura muy resistente, faceta en que el estado del arte está muy desarrollado, sino también para conseguir un hormigón duradero. Para ello se complementaron las técnicas usuales de puesta en obra de hormigones en presas estableciendo unos métodos de curado que deben impedir, o limitar al máximo, pérdidas del agua de amasado. Se ha cuidado también el sistema de auscultación para que pueda proporcionar información sobre los resultados obtenidos desde el inicio de la construcción. Todo lo anterior se ve complementado por un programa de ensayos y estudio continuado de los datos disponibles, con emisión de informes correspondientes, que permite

extraer conclusiones, durante la propia construcción, para su aplicación inmediata.

2 LA PRESA DE IRUEÑA

La presa de Irueña toma su nombre de un antiguo castro de origen celta que está situado en la confluencia del río Águeda con el arroyo Rolloso, unos 30 metros por encima de las aguas del futuro embalse.

La finalidad principal del embalse es regular el río Águeda evitando las inundaciones que soportan los vecinos de Ciudad Rodrigo. También garantizará el abastecimiento a los núcleos del entorno, consolidará la zona regable existente, garantizará un caudal ecológico durante el estiaje, permitirá un aprovechamiento hidroeléctrico futuro y diversos usos recreativos.

En la Figura 1 puede verse una panorámica de la presa en construcción. La fotografía resulta también significativa para el tema de fondo tratado en el escrito: el sistema de riego para el curado del hormigón.

La presa es de arco de gravedad, con una altura sobre el cauce de 68,5 m y una longitud de coronación de 418 m. Dispondrá de un aliviadero de labio fijo, de cinco vanos de 13 m. Los desagües de fondo están formados por dos conductos de $1,2 \times 1,5$ m y los de medio fondo por otros dos de $1,6 \times 2,9$ m. La

Figura 1.   Foto de la presa de Irueña en construcción. Nótese el aspecto mojado de los paramentos y, en la parte inferior derecha, un aspersor en pleno trabajo.

superficie de la cuenca es de $480\,km^2$, el volumen de embalse de $110\,hm^3$ y la aportación media anual de $289\,hm^3$.

3   ENSEÑANZAS ANTERIORES

De la dilatada experiencia acumulada por los técnicos de ATI ha podido recogerse muy amplia información sobre el comportamiento del hormigón a los largo de más de cuarenta años. Atendiendo a las variaciones volumétricas (expansión y retracción) que el hormigón experimenta desde su misma puesta en obra, ha podido constatarse una evolución hacia manifestaciones muy retractivas, que no se captaban hace veinte o treinta años y que llegan a valores excepcionales en obras más recientes. Véase la Tabla 1 sacada de Guerreiro & Fernández (1996).

La estadística presentada está apoyada en datos de un número limitado de presas y es, indudablemente, digna de mayor profundización, pero presenta un cambio claro en los últimos treinta años que, según sus autores, está relacionado con el empleo de cenizas en porcentajes significativamente superiores en las últimas décadas.

Tabla 1.   Evolución en el tiempo de la retracción anual.

Época. Década (número de presas)	Retracción anual
1940 (1)	+5 micras/m
1950 (1)	+130 micras/m
1960 (5)	+50 micras/m
1970 (2)	−35 micras/m
1980 (3)	−70 micras/m
1990 (5)	−65 micras/m

Los valores anteriores corresponden a hormigones situados a un metro de profundidad desde los paramentos, donde se ha llegado a captar valores de retracción que corresponden a unas condiciones de curado de probetas en laboratorio cercanas a 70% de humedad y 23°C de temperatura, es decir, falta muy notable de humedad.

Hay que señalar que las retracciones de épocas más recientes se presentan con gradientes mucho menores que lo hacían antes, cuando el efecto de pérdida de agua apenas alcanzaba unos centímetros de profundidad y se manifestaba, usualmente, con

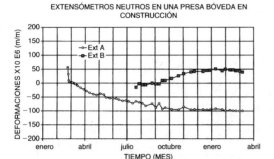

Figura 2. Cambios de retracción a expansión en el hormigón de una presa bóveda construida hace unos años.

fisuración que alertaba, de forma inmediata, al técnico responsable sobre la falta de riego. Modernamente, al haber menor gradiente de retracción, la fisuración no aparece, o al menos no se manifiesta con la claridad que podía hacerlo antes, pero el hormigón resultante es menos impermeable y esa mayor permeabilidad afecta a mayores profundidades medidas desde los paramentos. En la citada referencia los autores aportaban un ejemplo de cómo, incluso en el hormigón de una misma obra, habían podido captarse, en tiempos recientes, variaciones volumétricas muy diferentes en distintas épocas con simples cambios en la metodología de puesta en obra que afectaban al riego (ver Figura 2). Finalmente aportaban la siguiente recomendación: "La sensibilidad actual del hormigón a las variaciones volumétricas puede, y debe, ser utilizada en nuestro favor, dominando éstas y fomentando expansiones que contrarresten tracciones de otro origen".

En un estudio reciente desarrollado por la Dirección General de Obras Hidráulicas (Guerreiro & Fernández, 1998) se constata que los hormigones puestos en las presas tienen una mayor susceptibilidad al deterioro en las zonas más próximas a superficies libres, circunstancia que está ligada a la mayor facilidad de pérdida de agua de amasado y, por tanto, también unida a fenómenos retractivos. Este hecho pone de manifiesto un aspecto importante y negativo: logramos hormigones menos impermeables y menos duraderos allí donde debían serlo más, en las proximidades de los paramentos donde, de forma natural, habrán de estar más expuestos a las acciones del agua del embalse y, sobre todo, de los agentes atmosféricos.

4 SOBRE EL HORMIGÓN DE LA PRESA DE IRUEÑA

Con el bagaje proporcionado por estos conocimientos se preparó la construcción de la presa de Irueña donde se han intentado aprovechar dichas enseñanzas. Se está pretendiendo cuidar la puesta en obra para evitar la retracción y conseguir un hormigón impermeable y duradero también en las proximidades de paramentos y superficies expuestas.

4.1 Metodología de puesta en obra

Para este escrito es sólo de interés la metodología de puesta en obra en lo que concierne al riego de curado.

La sistemática que se está empleando cuenta con un conjunto de aspersores instalados en la propia tongada y es simple: el riego de cada tongada hormigonada se inicia apenas se acaba su puesta en obra y se continúa hasta tanto no sea tapada por otra, salvo circunstancias especiales.

Las circunstancias especiales que obligan a dejar de regar se deben a las propias labores de construcción: desencofrado, preparación de hormigonado de tongada superior, etc, siempre con paradas en el suministro de agua muy limitadas en el tiempo. Incluso en estas circunstancias especiales se procura mantener las condiciones de humedad con actuaciones de riego manuales.

Los paramentos resultan regados por el agua que cae desde las superficies horizontales o son regados con actuaciones específicas, siempre con el objetivo de mantener el hormigón en las condiciones de humedad máximas (ver Figura 3).

4.2 Estudio de áridos

Con carácter previo al inicio de la construcción de la presa se han realizado estudios sobre los áridos elegidos. Al ser éstos del mismo tipo para las diferentes granulometrías, se ha trabajado con la arena de 2 mm, representativa, desde el punto de vista mineralógico, del árido empleado. Los análisis realizados han sido los siguientes:

– Análisis mineralógico de la arena, realizado mediante difracción de rayos X.
– Determinación de la reactividad álcali-sílice/silicato según UNE 146507.1:1999 EX.

Los resultados de los análisis demuestran que se trata de una arena silícea sin reflexiones apreciables en la zona que caracteriza a las arcillas.

En cuanto a la determinación de la reactividad álcali-sílice y álcali-silicato, el árido se ha clasificado como no reactivo. Los resultados pueden observarse en la Tabla 2 siguiente.

Con estos resultados se descartó, en principio, que pudieran aparecer reacciones expansivas en el hormigón fabricado.

4.3 Variaciones volumétricas

Se ha partido de la premisa que establece que las variaciones volumétricas experimentadas por el

Figura 3.   Detalle de los efectos del riego de curado.

Tabla 2.   Reactividad álcali-sílice y álcali-silicato.

Edad	SiO_2 (mmol/l)	Na_2O (mmol/l)	SiO_2/Na_2O
24 horas	102,78	534,49	0,192
48 horas	144,46	576,16	0,251
72 horas	147,45	568,91	0,259
120 horas	220,03	797,20	0,276

hormigón, durante la época cercana a su puesta en obra, tienen gran repercusión sobre la calidad que se está consiguiendo cuando se atiende a la durabilidad del mismo.

En efecto, de los estudios realizados se deduce que si se pone en obra un hormigón que tiene una retracción notable, extendida hasta una profundidad de los paramentos también importante, se consigue un hormigón bastante poroso, muy expuesto a entrada y salida de agua, a veces microfisurado con las primeras pérdidas de agua, en resumen, muy susceptible al deterioro.

4.3.1   Instrumentación instalada
Para el seguimiento de las variaciones volumétricas del hormigón se están instalando en la presa 16 grupos de extensómetros de cuerda vibrante; cada grupo consta de un extensómetro corrector y uno o varios extensómetros activos; los primeros, además de desempeñar su papel corrector, están proporcionando información sobre variaciones volumétricas y los segundos sobre deformaciones y tensiones experimentadas por el hormigón que los envuelve.

En general, los extensómetros están colocados a un metro de distancia de los paramentos, con excepción de los siete grupos cercanos a coronación que están centrados entre ambos paramentos.

En el momento de redactar este escrito se tienen instalados nueve grupos, de ellos ocho ya con datos muy significativos.

4.3.2   Resultados obtenidos
Con gran generalidad, los extensómetros instalados en la presa están mostrando una expansión limitada que, en promedio, alcanza un valor de 63 micras/m/año. Incluso la distribución por zonas más o menos soleadas, en nuestro caso paramento de aguas arriba y paramento de aguas abajo, es totalmente uniforme. En la Tabla 3 se presentan los valores calculados a partir de las lecturas de los extensómetros correctores; en los valores presentados se ha excluido el período, de un mes aproximadamente, que sigue a la puesta en obra.

Los valores obtenidos distan mucho de lo usual en hormigones de presas construidas en las últimas tres décadas que, en bastantes ocasiones, han sobrepasado los valores anteriores pero con signo contrario, generando retracción. En la Figura 4 pueden verse trayectorias de extensómetros correctores de la presa de Irueña comparadas con las de otra presa construida hace pocos años; ambos conjuntos de trayectorias son representativos del hormigón puesto en cada obra. Las diferencias son muy notables.

En el hormigón de Irueña están dándose, siempre, expansiones limitadas. En el origen de estos valores debe estar el sistema de riego puesto en práctica. Sobre los efectos que ésta expansión está teniendo en la presa de Irueña, puede comentarse que propor-

ciona una compresión en las zonas más superficiales, equivalente a un incremento superior a seis grados de temperatura en la profundidad en que están los extensómetros, y mayor a medida que nos acercamos a la superficie de los paramentos. Esta compresión compensa buena parte del enfriamiento superficial, correspondiente a la pérdida de calor de hidratación, enfriamiento que pone al hormigón en situación de tracciones de origen térmico, al estar el núcleo de la presa caliente y la superficie ya fría, o más fría. La compensación nos permite una mayor tranquilidad respecto a las temperaturas de puesta en obra y respectivas máximas alcanzadas.

El logro citado, con ser importante, resulta totalmente eclipsado por la casi seguridad de obtener un hormigón menos permeable y duradero en las zonas próximas a paramentos y superficies libres. Los efectos son claramente beneficiosos y, puestos a ser optimistas y dicho con la natural prudencia, traen consigo otro logro, quizás de mayor alcance: podemos ser capaces de dominar el fenómeno de la retracción y hacerlo trabajar a nuestro favor. Aunque el análisis mineralógico de los áridos empleados en la fabricación del hormigón parece descartar toda duda sobre la expansividad potencial, se considera necesario agotar, en lo posible, toda sospecha de que pueda estar produciéndose una expansión de origen físico-químico, debida a reacciones entre áridos y pasta, expansión que ahora resulta beneficiosa pero que podríamos no dominar tan

Tabla 3. Expansión anual calculada.

Grupo de extensómetros	Expansión anual (en micras/m)
Bloque 11 cota 744 aguas arriba	59
Bloque 11 cota 744 aguas abajo	76
Bloque 0 cota 714 aguas arriba	59
Bloque 0 cota 714 aguas abajo	40
Bloque 12 cota 744 aguas arriba	72
Bloque 12 cota 744 aguas abajo	73
Promedio	63

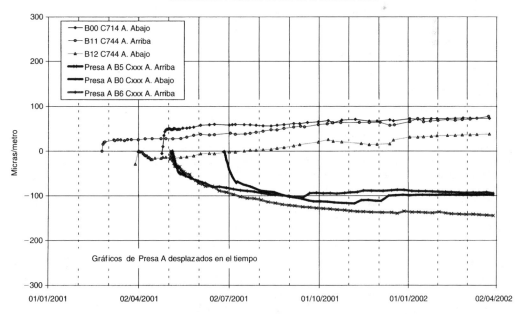

Figura 4. Variaciones volumétricas del hormigón de Irueña comparadas con las que se dieron en otra presa recientemente construida.

Tabla 4. Resistencia y permeabilidad con la edad.

Dosificación	Resistencia a 28 días (kg/cm²)	Resistencia a 90 días (kg/cm²)	Permeabilidad a 28 días (oxígeno/agua)	Permeabilidad a 90 días (oxígeno/agua)
Tamaño máximo 130 mm	176.5	234.5	3.3 E-16/3.3 E-6	4.7 E-17/4.7 E-7
Tamaño máximo 60 mm	173.5	232.1	5.8 E-16/5.8 E-6	1.2 E-16/1.2 E-6

fácilmente si progresa en el futuro. Sobre el tema se volverá más adelante.

4.4 Permeabilidad al oxígeno

Para el seguimiento de la calidad del hormigón puesto en obra se están realizando ensayos de permeabilidad según el método propuesto por el Grupo de Trabajo de Hormigón Compactado con Rodillo de la Universidad de Cantabria (Diez Cacsón & otros, 1998).

Se están realizan ensayos para dos edades del hormigón: 28 y 90 días, lo que permite conocer la evolución en el tiempo y establecer una correlación con las resistencias a compresión obtenidas para esas edades.

El estudio está en fase de desarrollo y se ha aplicado sólo a probetas. No obstante se pueden adelantar los siguientes resultados:

– La permeabilidad disminuye con la edad en el período de estudio.
– Hay una relación inversa entre resistencia y permeabilidad: mayores resistencias coinciden con menores permeabilidades.

En la Tabla 4 siguiente se muestran resultados promedio para dos dosificaciones empleadas.

4.5 Consecuencias más importantes

Se está desarrollando una técnica de curado del hormigón en masa que debe lograr menores permeabilidades en las zonas más próximas a las superficies que están libres durante la construcción, precisamente las que presentan mayor susceptibilidad al deterioro.

Las sobrecompresiones creadas por las expansiones obtenidas compensan, además, parte de las tracciones debidas a gradientes térmicos de enfriamiento.

Como resultado final se consigue mejor calidad de la fábrica y ello a un coste prácticamente despreciable.

4.6 Temas pendientes

Evidentemente se está en el inicio de un trabajo de investigación práctica que puede resultar de gran alcance en el objetivo de conseguir una fábrica de hormigón con buenas características de resistencia, impermeabilidad y, sobretodo, más duradera.

Los resultados obtenidos, muy probablemente debidos al uso de técnicas de riego optimizadas, deben confirmarse comprobando los puntos siguientes:

– Que la expansión observada está relacionada con el riego y no con fenómenos reactivos evolutivos en el tiempo, menos controlables y potencialmente dañinos para el hormigón.
– Que la metodología es manejable, consiguiendo variaciones volumétricas a voluntad del técnico responsable de la construcción.

Para ello se continuará con un seguimiento cercano de los datos proporcionados por los extensómetros de hormigón variando las condiciones en que se hace el riego y estudiando el efecto resultante.

En paralelo se está trabajando con probetas de hormigón dotadas de extensómetros embebidos que, sometidas a condiciones variables de curado deberán mostrar evoluciones de sus variaciones volumétricas acordes con lo esperado.

También en paralelo, se están realizando análisis de áridos, visuales y por microscopio electrónico, para detectar, si las hubiera, muestras de reactividad y, en este caso, conocer las reacciones desarrolladas.

5 CONCLUSIONES

Apoyándose en la experiencia de largos años de estudio del comportamiento del hormigón de las presas y utilizando, principalmente, los datos de auscultación, ha podido establecerse una relación entre la durabilidad del hormigón y la evolución de sus variaciones volumétricas.

Así, los hormigones aquejados de notables retracciones desarrolladas durante sus primeros meses presentan una mayor permeabilidad en sus zonas más superficiales, esa mayor permeabilidad, a veces muy fomentada por microfisuración, también superficial, deja al hormigón en masa mucho más expuesto a la acción de los agentes atmosféricos. Si por los componentes que entran a formar parte del hormigón, fundamentalmente los áridos, se está poniendo en obra una fábrica algo susceptible a fenómenos reactivos, con manifestación expansiva futura, con la retracción potenciada estamos consiguiendo empeorar el problema, acelerándolo y acercándolo en el tiempo.

Por el contrario, la utilización de una técnica adecuada de riego, por otra parte de muy fácil aplicación y de coste casi despreciable, puede poner en las manos del ingeniero una herramienta poderosa para conseguir un hormigón de calidad. También permite establecer estrategias de compensación de gradientes térmicos de enfriamiento más peligrosos en la época de construcción.

El trabajo está en fase de desarrollo y promete arrojar nuevos resultados de interés en próximas fechas.

REFERENCIAS

Guerreiro, M. y Fernández Cuevas, R. 1996. Retracción del hormigón en grandes massas y su repercusión en las presas. Nuevos aspectos. Comité Español de Grandes presas. V Jornadas de Presas. Valencia 1996.

Guerreiro, M. y Fernández Cuevas, R. 1998. Estudio del hormigón de Pontón alto, Fuentes Claras, Cogotas y La Tajera. Dirección del trabajo: Gómez Laá,828 G y Rubín de Célix, M.

Diez Cascón, J. y otros. 1998. Diseño y caracterización de hormigones compactados con rodillo. Aplicación a presas de fábrica. Universidad de Cantabria.

Dam Maintenance and Rehabilitation, Llanos et al. (eds)
© 2003 Taylor & Francis, ISBN 90 5809 534 7

Impermeabilización de la zona kárstica del embalse de San Clemente

J. Delgado García, F. Girón Caro
Confederación Hidrográfica del Guadalquivir, Granada, España

F. Delgado Ramos
E.T.S. de Ingenieros de Caminos, Canales y Puertos, Universidad de Granada, España

ABSTRACT: La existencia de zonas kársticas en un embalse supone un problema importante que en general hay que tratar de evitar, pero en ocasiones es posible realizar un tratamiento adecuado. En el presente texto se explica el realizado en la zona kárstica del embalse de San Clemente, donde se han llevado a cabo hasta seis tipos de tratamientos en función, principalmente, de la geología y topografía.

1 INTRODUCCIÓN

La presa de San Clemente se encuentra en término municipal de Huéscar, provincia de Granada (España), sobre el río Guardal que es uno de los afluentes del Guadiana Menor que a su vez desemboca en el Guadalquivir.

Esta presa forma parte del Plan de aprovechamiento integral de los ríos Castril y Guardal que se compone, además, de la presa del Portillo, sobre el río Castril, un trasvase desde el Castril al embalse de San Clemente, así como de los respectivos canales del Castril y de Huéscar-Baza.

En la actualidad están finalizadas y en servicio ambas presas así como el primer tramo del canal de Huéscar-Baza.

2 ANTECEDENTES

Ya en el siglo XVIII se intentaron aprovechar las aguas de estos ríos mediante un trasvase hacia las tierras murcianas de Lorca y Totana; obras impulsadas por Carlos III y que llegaron a ser iniciadas, quedando en la actualidad restos de apreciable interés, aunque nunca se llegó a culminar dicha empresa.

A partir de 1.927, con la creación de la Confederación Hidrográfica del Guadalquivir, se comienzan los primeros estudios que pretenden aprovechar las aguas en la propia cuenca, habiéndose estudiado ya la presa de San Clemente, pero con una capacidad de sólo 39 hm^3, y sendos trasvases hacia Lorca y Almanzora.

En el año 1.972 se iniciaron nuevos estudios geológicos considerando otras cerradas más adecuadas de forma que la capacidad de embalse posible asciende a 120 hm^3 si bien ya se localizó una zona kárstica que debería ser tratada. Esta capacidad duplica la aportación media anual del río Guardal, estando previsto utilizar la capacidad restante para poder también regular las aportaciones del Castril mediante un túnel de trasvase, siendo la primera vez que los recursos hídricos se reservan íntegramente para las comarcas de la zona norte de Granada, descartándose otros trasvases a provincias limítrofes.

La presa de San Clemente comenzó a embalsar en el año 1.992, mientras que la presa del Portillo lo hizo en el 1.998, sin embargo ha quedado paralizada la ejecución del proyecto de trasvase Castril-Guardal, por lo que no se ha podido llegar aun, por falta de aportaciones suficientes, al llenado completo del embalse de San Clemente.

3 CARACTERÍSTICAS DE LA PRESA

La presa de San Clemente es de materiales sueltos con espaldones de escollera caliza y núcleo impermeable de margas, tiene una altura de 91,5 metros y una longitud de coronación de 580 metros con lo que se consigue una capacidad de embalse de 120 hm^3.

La geología del emplazamiento no es sencilla, pues si bien afloran formaciones de calizas jurásicas en el estribo izquierdo, en el centro y margen derecha existe una transición hacia calizas margosas y margas, forzada además por un cabalgamiento.

A esta dificultad geológica, que se resolvió con la elección de la tipología antes comentada, se le une la presencia de una zona kárstica localizada en el vaso del embalse, justo aguas arriba del estribo izquierdo de la presa, en el arroyo de la Cruz de Hierro.

4 INVESTIGACIÓN DE LA ZONA KÁRSTICA

La detección de sumideros fue una tarea compleja que ha utilizado como herramienta fundamental la observación directa de la línea de agua conforme variaba el nivel de embalse.

Es importante destacar que algunos sumideros eran fácilmente visibles, sobre todo aquellos en afloramientos calizos, sin embargo la tarea se complicaba en extremo en las zonas donde estos sumideros se encontraban, en estado natural, cubiertos de una capa de espesor variable de vegetación, suelo vegetal y otros materiales térreos.

En este segundo caso fue precisa una tarea de desbroce, limpieza y saneo hasta dejar, donde fue posible, la roca al descubierto.

Una vez detectado un sumidero, (solía reconocerse por la presencia de restos de vegetación que habían sido arrastrados por el agua hasta la boca del sumidero), se procedía a identificarlo y tomar sus coordenadas exactas y a continuación se realizaba un ensayo de permeabilidad para estudiar su admisión.

En algunos casos se han empleado trazadores para tratar de localizar las zonas de surgencia, sin embargo la mayoría de la veces el colorante volvía a aparecer por otro punto en el propio embalse, pero aun así se pudo identificar la zona principal de surgencia en el paraje conocido como "Cortijo de la Escopeta" y "Los Ruices", a unos 5 km aguas abajo de la presa, lugar donde tradicionalmente existían unas fuentes y manantiales naturales cuyos caudales comenzaron a variar en relación directa con el nivel de embalse.

5 TRATAMIENTO

5.1 *Introducción*

La impermeabilización de la zona kárstica se ha llevado a cabo en dos campañas: la primera tuvo lugar entre septiembre de 1.997 y abril de 1.998, durante la cual se trató la franja comprendida entre las cotas 1.010 y la 1.020, (cotas en metros sobre el nivel del mar, siendo la cota de coronación de la presa la 1.064 y la cota original del río la 984); y la segunda campaña se realizó entre diciembre de 1.998 y marzo de 1.999, entre las cotas 1.020 y 1.050; si bien permanentemente, conforme se alcanzan nuevos niveles históricos de embalse, (no se ha superado la cota 1.037,50), aun se continua con las labores de detección y señalización de sumideros.

Así por ejemplo, en la segunda campaña se ha tratado un total de 146.400 m^2 de superficie, habiéndose detectado 26 sumideros. Las filtraciones registradas, antes del tratamiento, han oscilado entre 1.808 l/s cuando el embalse estaba a la cota 1.037,59 y sólo 57 l/s cuando estaba a la cota 1.011,67.

Según la geología y topografía de la zona a tratar, se han distinguido hasta 6 tipos de tratamiento, los cuales se describen a continuación.

5.2 *Tratamiento Tipo 1*

Este tratamiento se ha realizado en aquellas zonas donde se ha localizado un sumidero concreto, en el cual primero se ha realizado una prueba de permeabilidad y a continuación se ha procedido a su inyección.

Al principio se comienza inyectando lechada de cemento para que tenga fácil acceso a todos los posibles conductos existentes en el sumidero y evitar un "taponado en boca" que a corto o medio plazo puede ser eludido por la vía de agua e inutilizar el tratamiento. La proporción cemento/agua era de 1/2 al principio, para pasar posteriormente a 1/1.

En caso de que se observara aun una admisión importante, se procedía a inyectar pero añadiendo limos, en proporción: 2 partes de cemento, 2 partes de limos y 3 partes de agua.

En algunos casos se ha llegado a finalizar la inyección con hormigón convencional.

Terminada la inyección del sumidero se procedía a realizar una serie de taladros alrededor del mismo, con broca de 90 milímetros y hasta 9 metros de profundidad, procediendo a repetir el proceso de inyección anterior. Estos taladros pretenden poder sellar las zonas imperfectamente tratadas así como posibles nuevas entradas del sumidero.

Sólo en la segunda campaña se han tratado 26 sumideros, empleado un total de 420 toneladas de cemento y 270 toneladas de limos, habiéndose perforado 590 metros lineales de taladro.

En cuanto a la admisión de los distintos sumideros, ha sido muy variable, oscilando entre un máximo de 117 toneladas de cemento más 115 toneladas de limos, hasta admisiones de menos de 0,7 toneladas de cemento.

5.3 *Tratamiento Tipo 2*

Finalizada la inyección de los sumideros localizados, en las zonas donde aflora la caliza y el relieve es accidentado se ha procedido a la deforestación y limpieza cuidadosa con aire y agua y a continuación a su gunitado, con un espesor máximo de 5 centímetros.

De esta forma se pretende conseguir que aquellos pequeños sumideros o diaclasas difíciles de detectar, queden cubiertos de una capa suficientemente impermeable.

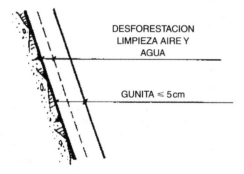

Figura 1. Tratamiento tipo 2.

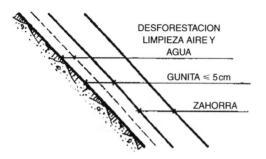

Figura 2. Tratamiento tipo 3.

5.4 Tratamiento Tipo 3

Este tratamiento se diferencia del anterior en que además del gunitado, posteriormente se ha extendido una capa de zahorra compactada, siempre que la pendiente lo permita.

La función de la zahorra es tratar de evitar la fisuración de la gunita así como su despegue de la roca.

5.5 Tratamiento Tipo 4

En las zonas donde no se han detectado sumideros y el relieve es suave pero existe la posibilidad de que bajo una capa importante de fangos se pueda encontrar el sustrato permeable, (principalmente en el lecho del arroyo), se ha procedido a una excavación y saneo y posterior relleno con una primera capa de zahorra, de espesor variable hasta regularizar la superficie, a continuación una capa de arcilla, para impermeabilizar y finalmente una nueva capa de zahorra, esta vez con un espesor fijo de 40 centímetros.

5.6 Tratamiento Tipo 5

Este tipo de tratamiento se ha empleado en aquellas zonas de extensión considerable y relieve suave donde es posible la existencia de múltiples sumideros de

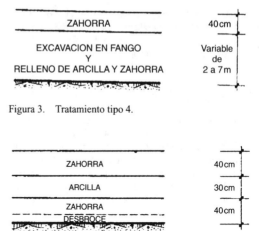

Figura 3. Tratamiento tipo 4.

Figura 4. Tratamiento tipo 5.

pequeñas dimensiones y que por lo tanto no se han podido detectar y tratar mediante inyección.

En este caso primero se ha procedido a una limpieza y desbroce y a continuación se ha extendido una capa de 40 cm de zahorra compactada. El objetivo de esta primera capa de zahorra, además de servir de regularización de la superficie, es actuar como filtro de la siguiente capa de arcilla ya que si ésta se colocara directamente sobre el cimiento kárstico se corre el riesgo de que sea erosionada y percole por las pequeñas vías de agua a través de las fisuras en la roca, diaclasas o microsumideros.

Sobre la capa de zahorra sí se ha podido colocar una tongada de 30 cm de arcilla que a su vez está protegida superficialmente por otra capa de 40 cm de zahorra. En este caso, la capa superior de zahorra pretende proteger a la arcilla de la erosión producida por las aguas de escorrentía superficial.

5.7 Tratamiento Tipo 6

Este es similar al tipo 4, pero en vez de una triple capa zahorra/arcilla/zahorra se ha empleado solamente arcilla, de nuevo cubierta por una capa de zahorra compactada para evitar la erosión superficial.

5.8 Diques de contención

En algunas zonas, fundamentalmente en el cauce del arroyo, era necesario evitar que mientras el embalse se encuentre con un nivel bajo, las tormentas puedan dar lugar a caudales de escorrentía con suficiente capacidad erosiva como para dañar los tratamientos de impermeabilización. Por eso se han construido 8 diques con un volumen total de 1.500 m³ de escollera y 450 m³ de excavaciones.

Estos diques tienen una anchura variable entre 10 y 50 metros, mientras que la altura oscila entre 1 y 3 metros, teniendo un rebaje en coronación por la parte central para favorecer el vertido.

6 COMPORTAMIENTO

A pesar de la importancia de los trabajos realizados aun no se pueden dar por concluidos. Se ha conseguido reducir las filtraciones, pero todavía queda una amplia zona que no ha llegado a cubrirse por las aguas y por lo tanto no ha sido posible su tratamiento completo. Igualmente, es necesario tratar la parte más baja que hasta ahora ha estado permanentemente cubierta por las aguas, en concreto entre la cota 990 y la 1.010.

Cuando parte de la zona tratada ha sido cubierta por el nivel de embalse y posteriormente éste ha vuelto a bajar, (entre la cota 1.010 y la 1.032), se ha procedido a hacer una inspección de la zona verificando su buen estado, si bien en algunos casos se han detectado aperturas de nuevos sumideros, que gracias a la capa superficial de zahorra, son fácilmente identificables y se han vuelto a tratar.

En el mes de marzo de 2.002, estando el embalse a la cota 1.023,00, el caudal registrado en la estación de aforos situada aguas abajo de la presa era de 370 l/s, si bien esta estación recoge 5 km más de río y su correspondiente cuenca, además de que ya desde antes se conocía la existencia de manantiales naturales, por lo que es difícil estimar la cuantía exacta de las filtraciones procedentes del embalse.

Hasta ahora las pérdidas son menores que los consumos propios del río Guardal por lo que no tienen una gran importancia económica pero es necesario proseguir con los trabajos continuados de inspección y detección de sumideros.

7 CONCLUSIONES

La exitosa experiencia obtenida previamente en el tratamiento de zonas kársticas en embalses, (como por ejemplo el de La Bolera, sobre el río Guadalentín, también en la cuenca del Guadiana Menor), ha servido de referente a la hora de afrontar el difícil problema que se presentaba en un zona concreta del embalse de San Clemente.

En este caso no siempre era posible localizar los sumideros en la roca caliza por lo que ha sido preciso realizar un estudio pormenorizado de cada situación concreta, habiendo ejecutado hasta 6 tipos diferentes de tratamiento en función, principalmente, de la geología y topografía.

Este tipo de trabajos no se pueden considerar concluidos ya que, al no ejecutarse el trasvase desde el río Castril hasta el embalse de San Clemente, éste último goza de una capacidad muy superior a la aportación propia del río Guardal, lo que unido a una fuerte demanda para regadío y abastecimiento, ha impedido que se llegue a llenar el embalse y por tanto comprobar el comportamiento de la zona tratada, con una mayor carga de agua, así como continuar con las tareas de inspección, localización y tratamiento de sumideros en las cotas más altas del embalse.

El resultado obtenido hasta el momento se puede considerar aceptable, por cuanto que las filtraciones remanentes no suponen una pérdida económica efectiva ya que son inferiores a las demandas propias aguas abajo de la presa, pero los trabajos continúan, adaptándose a las exigencias de la explotación normal del embalse.

Dam Maintenance and Rehabilitation, Llanos et al. (eds)
© 2003 Taylor & Francis, ISBN 90 5809 534 7

The heightening an arch-gravity dam in Switzerland

R.M. Gunn, C. Garrido & A. Fankhauser
Stucky Consulting Engineers Ltd., Renens, Switzerland

ABSTRACT: This paper describes the heightening project of a 114 m high arch-gravity dam by 23 m located in central Switzerland. The heightening of the dam is part of a larger project aimed at optimising the use of hydropower at low cost and minimum risk to investors. The existing structure presents behavioural anomalies which are related to the design and the ageing of the structure and therefore the heightening of the dam also englobes its rehabilitation leading to a dam design which fulfils both future water-retaining objectives and long-term safety requirements. Following an overview of the existing structure, the main project stages leading to the design of the heightened dam are presented. Particular attention is given to the overview project configuration, preliminary dam shape optimisation and monitoring of the structure.

1 INTRODUCTION

The Spitallamm dam is part of the "Kraftwerke Oberhasli AG (KWO)" and impounds together with the Seeuferegg dam the Grimsel reservoir (100 million m³) in the central part of Switzerland. The reservoir was constructed from 1928 to 1932 and is since then the largest of the KWO power schemes. Whereas the Spitallamm dam consists of a circular arch-gravity structure with a maximum height of 114 m (Figure 1), a gravity type dam has been chosen for the 42 m high Seeuferegg dam.

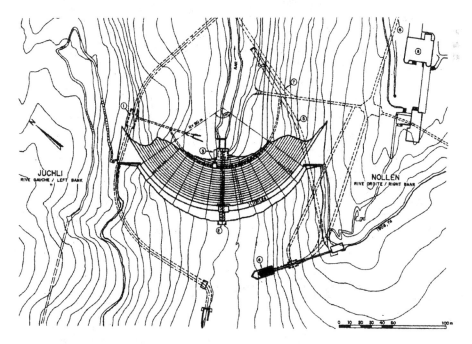

Figure 1. Location of Spitallamm dam.

The heightening of Spitallamm dam by 23 m is presented herein.

2 DESCRIPTION OF THE SPITALLAMM DAM

2.1 General

The geometry of the dam is characterized by its 10% upstream face sloping, its stepped (1 m wide and 2 m high) downstream face and the two upstream wing walls in the upper 15 m of the structure. The thickness of the structure is 4 m at crest elevation and 64 m at the base (Figure 2). The concrete volume is 340,000 m³.

2.2 Constructive peculiarities

The conceptual knowledge related to the pouring of large concrete quantities and in particular, thermal effects were still quite restricted and the use of artificial cooling techniques, commonly used nowadays, were not yet known.

During the first concreting campaign in 1928, the lower part of the dam was cast in approximately 30 m wide continuous monolithic blocks separated from each other by radial cooling slots. Important cracking had already been observed during the very same year of construction.

It was then decided to reduce the volume of the blocks by introducing additional cooling slots into the section. Hence, from 1929 onwards radial cooling slots were spaced 15 m apart in the central part of the dam and even 7.5 m apart in the upper 26 m of the dam. Additionally, in the tangential direction all blocks were separated by an upstream circular slot which separated the dam body into three elements (Figure 3):

- upstream face concrete 2–3 m thick,
- upstream circular slot ("Trog") 2–3 m thick,
- mass concrete 2–3 m thick.

The filling of the radial cooling slots was then carried out in stages according to the progress in concreting. The filling of circular slots was however carried out in a single pour over a considerable height (up to 15 m).

Although this arrangement achieved the desired effect concerning thermal cracking, the behaviour of the dam, as shown later on, revealed some doubts with respect to the monolithic nature of the structure.

2.3 Behaviour of the dam

Important water losses across the dam body were observed from the first impounding. In addition the concrete of the dam, placed by simple pouring (without vibration), was very sensitive to frost because of its high water content. These two factors called for supplementary investigations and treatments.

Two campaigns of grouting of the upstream part of the dam body (face concrete and "Trog") were carried out between 1934 and 1948, and numerous zones affected by frost damage were repaired. Whereas seepage could be reduced to a negligible amount, the

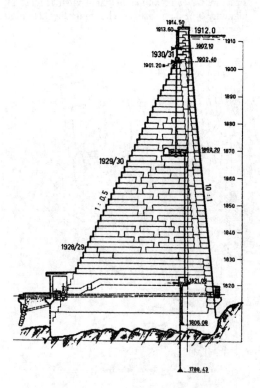

Figure 2.   Cross section of Spitallamm dam.

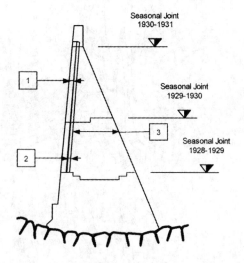

Figure 3.   Partitioning of concrete mass: 1. Upstream face concrete. 2. Upstream circular slot ("Trog"). 3. Mass concrete.

manner in which grouting was performing (pressures and quantities) was suspected later on to be the cause of disruption of the monolithic structure over a vast area. To investigate this behaviour invar wire devices were installed to measure the differential movement between the separate parts of the dam. These measurements confirmed that movements exist between the upstream dam face concrete and the circular slots showing an annual cyclic deformation consisting of progressive opening during reservoir lowering followed by a fast closure as soon as the reservoir level exceeds the measuring level.

Furthermore an examination of the downstream face revealed the presence of an important horizontal crack 10 m below the crest. This crack is in direct contact with the joint between the facing concrete and the circular slot and indicates that the crest and upstream face concrete behave separately from the rest of the dam (Figure 4 and 5).

The analysis of crack movements displays the following facts:

- Mass concrete sections present slight movements.
- The displacement of the upstream micrometer is linear leading to the conclusion that no differential movements or cracking occurs for this part of the dam (Figure 4).

- Crest movement is in the upstream direction.
- Thermal effects are more important than the change in reservoir elevation (Figure 5).
- According to five-yearly expert appraisal reports (last in 2000), the value of these displacements at the lips of the crack reaches the following values:
  - Upstream/Downstream: 5.3 mm.
  - Opening: 1.7 to 2.6 mm.

3 REHABILITATION

3.1 General

With respect to the operation and optimisation of the dam reservoir, KWO has been studying since the 1960's the possibilities to enlarge the capacity of water storage of their scheme to increase the power production during the winter period. An economically favourable solution consists of increasing the capacity of the Grimsel reservoir by heightening the Spitallamm and the Seeuferegg dam. By heightening both of the dams by 23 m, the volume of the reservoir can be raised to 174 million m^3, which represents an considerable volume increase of 74% and means, that some 260 GWh can be shifted from the summer production period to the more precious winter production

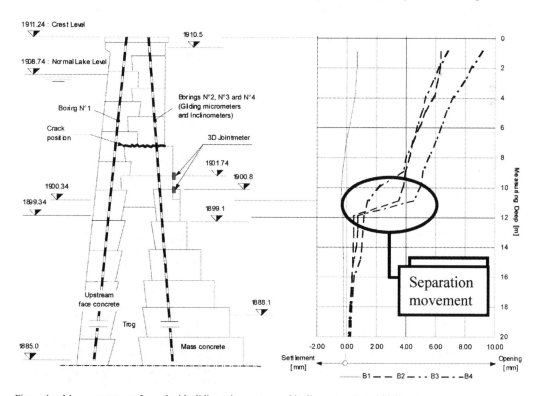

Figure 4. Measurements performed with sliding micrometers and inclinometers (year 2001).

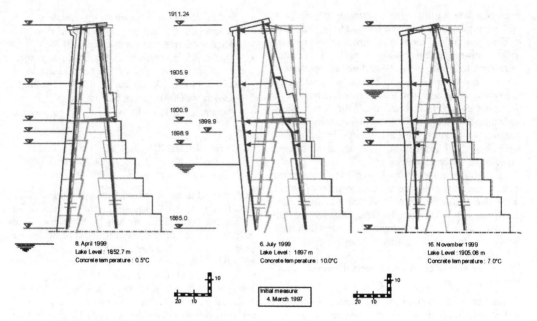

Figure 5. Deformation of the upper part of the dam (year 1999).

period. This represents an increase of 33% of the actual winter production. In 1999, KWO decided to elaborate a corresponding heightening project which also includes the rehabilitation needs of the dam.

3.2 Rehabilitation by heightening

Considering the actual physical state and behaviour of the existing dam since the construction, the following problems and particularities have been taken into account for dam heightening concept studies:

- Non-monolithic behaviour of the dam,
- Important frost damage on the dam faces and probably on the radial slots in the proximity of the dam faces,
- Horizontal crack on the downstream dam face about 10 m below the crest,
- Insufficient water tightness of the concrete in view of the observed supplementary water pressure,
- Unfavourable shape of the upper part of the existing dam (insufficient angle to introduce the arch forces).

The foreseen heightening solution is shown in Figure 6 and can be characterized as follows:

- The considerable amount of the heightening calls for a thickening of the existing dam (mainly in the upper part). In order to correct the unfavourable shape of the dam in the upper part (with respect to the topographic conditions) the thickening of the

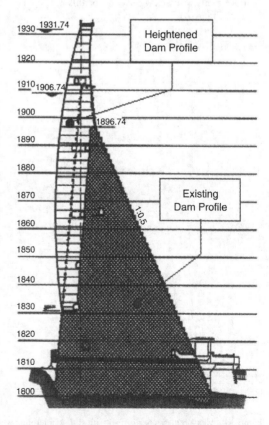

Figure 6. Cross section of the heightened Spitallamm dam.

existing section can only be added onto the upstream face of the dam.

- Considering the generous dimensions of the dam base, the above mentioned thickening does not cover the whole height of the dam.
- The upper 18 m of the existing dam are to be entirely demolished, which resolves the problem of the horizontal crack and eliminates the existing upstream wing walls.
- Considering the problems related to frost and the non-monolithic nature of the structure, the dam face and "Trog" concrete sections shall be removed and replaced by new mass concrete.
- To guarantee a favourable introduction of arch forces, the shape of the new part of the dam is based on a double curvature arch dam, which creates a convenient stress distribution in the dam whilst satisfying topographical constraints.

The presented solution makes an emptying of the reservoir, and so a loss in production unavoidable. This may seem at first glance a major disadvantage, but, nevertheless it involves several important advantages. The temporary presence of an empty lake enables, as indicated later on, the sedimentation problem to be resolved, alluvium materials as an aggregate source to be used and site installations to be set-up in the impounded reservoir zone. In addition, material stockpiles to be used over the construction period can also be placed in the upstream impounding zone thus respecting important environmental conditions.

3.3 Some technical aspects

On the contrary to new dam projects, rehabilitation or heightening projects always present supplementary engineering challenges. The solutions have to be found by taking into account several limiting boundary conditions defined by the existing structure. Some of the major design and execution problems of the presented project are described below.

The demolition of a part of the dam without creating damage on the remaining dam is one of the major execution challenges. To preserve the integrity of the remaining structure, the demolition works shall be accomplished by means of mechanical devices such as road headers. The demolished concrete will be evacuated and temporarily stored at the upstream dam foot. This material will be deposited afterwards in the reservoir by building rockfill shaped sediment retaining obstacles. In fact, during the 70 years of reservoir operation the amount of sediments deposited in the reservoir is considerable and is already threatening hydraulic inlet structures used to release the impounded reservoir water. In the context of the removal of the demolition material, it is also foreseen to evacuate a considerable volume of sediments in order to liberate inlets. Together with the sediment retaining dams this will ensure the "long-term" function of the releasing organs.

One of the major design challenges is, as known from other dam heightening projects, the design of the interface between new and old concrete sections. In general, the objective is to obtain a heightened structure that behaves as a monolith, however, depending on the orientation of the interface joint with respect to the major load cases, this objective is not always easy to obtain. Problems due to cement hydration processes as well as the transmission of hydrostatic and thermal forces, taking into account drainage systems, all influence the design. The proposed solution is based on the following elementary considerations.

While on the one hand a good bond is imperative for the transmission of the shear forces, on the other hand a well-defined drainage system is considered to be necessary to release possible internal pressure within the joint interface. A good bond between the two concrete parts is assured by an appropriate surface treatment (roughening and shear keys) and the placement of grouting devices to close the gap between the two parts after shrinkage. Drainage will be accomplished by placing horizontal galleries along the interface joint and by incorporating vertical drainage zones placed at the location of radial slots. In this way, the interface surface is divided into load transmitting, and draining parts.

Special attention has to be given to the thermal problems during the construction phase. To avoid the use of artificial cooling, the new concrete will be composed of a mixture of Portland cement with 20% of fly ash leading to a concrete mix design that has favourable exothermic properties without a loss of strength. Laboratory test are currently underway and numerical calculations are planned to determine the thermal load cases during construction for the new and the existing concrete sections.

4 PRELIMINARY HEIGHTENED DAM DESIGN

The design and analysis procedure employed for the heightening of the Spitallamm arch-gravity dam was defined in two distinct stages. The first part consisted of back-analyses of the existing dam to explain the causes of measured behavioural anomalies and the suitability/possibility of heightening the structure. Based on the results of these analyses, initial shape configuration studies were carried out with the objective of increasing the storage capacity of the reservoir whilst improving the overall functionality of the structure.

4.1 Back-analysis of the existing dam

The main questions poses at the beginning of the studies were those related to the measured upstream partly irreversible deformations and cracking along

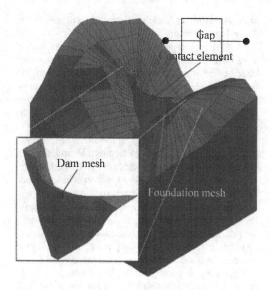

Figure 7. Finite element model for back-analyses.

the downstream face which extends over nearly half of the length of the dam. Secondary structural defects such as the separation of the upstream facing and core "trog" concrete sections also had to be investigated. The extent of this hidden section separation had to be estimated.

Subjects of investigation to explain observations included thermal effects, alkali-aggregate reaction, freeze-thaw cycles and mass concrete creep. All of these effects globally entail either a contraction or expansion of the concrete and can be numerically simulated using some form of initial strain concept which would have to be partly irreversible in nature. Analyses were therefore based on both spatial and time-dependent discretisation functions which can be readily implemented using the finite element method. To fully understand the behaviour of the structure, secondary driving forces such as hydrostatic pressures inside the upstream concrete section caused by the infiltration of reservoir water had to be taken into consideration. This in turn indicates the extent of cracking and separation within the dam.

Both the dam and foundation were modelled and discretised using the finite element method (Figure 7). The use of such methods has now become standard and produces satisfactory results. Of special interest in these analyses was the use of "gap" or interface finite elements to estimate the degree of separation between the facing and trog concretes. An iterative analysis procedure was adopted whereby several different finite element models each consisting of incrementally higher levels of separation and in turn a larger extent of gap elements, were created. Numerical results were continually compared with measured deformations to enable the causes of structural disorders to be targeted.

The results of back-analyses highlighted the following points that had to be taken into consideration for the dam heightening project:

- A complete separation of the upstream dam concrete and the "trog" concrete must have occurred.

  Dam operating procedures would not lead to an unfavourable differential hydrostatic pressure within the joint; however a long-term degradation of the section could be envisaged leading to water infiltrations in the control galleries and further crack propagation.
- The trend of upstream permanent deformations at the crest elevation could only be explained by thermal creep effects. The geometrical shape (horizontal sections) of the dam in the upper part, which consists of upstream thickening similar to artificial abutments, already presents an unfavourable upstream face stress picture simply by considering self-weight and hydrostatic loading and therefore any additional secondary effects will only lead to greater problems.
- The overall dam stress picture and foundation stability conditions are satisfactory and heightening of the dam can be achieved without global problems.

4.2 Dam heightening shape configuration

The topographical conditions clearly indicate that the existing dam geometry can not be readily extended to achieve the desired increase in dam height. The present circular arch-gravity dam geometry marginally meets design criteria for arch dams especially in terms of the direction of abutment forces, however this is more than adequately compensated by the additional self-weight provided by gravity sections. For optimisation studies, three main heightened dam shape configurations were investigated (Figure 8.).

Variant n° 1 considers a simple homothetic increase in the existing dam body scale with the inherent extension of the existing artificial abutments. Joints at the intersection between the main circular arches and the wing abutments were considered practically difficult to realise and therefore, no stress release and distribution could be reasonably foreseen in this area.

Variant n°2 provides us with a more optimised solution in terms of both concrete (and rock excavation) volume and stresses especially in the upstream singularity zones. However, the general trend in upstream tensile stresses remains the same as for variant n° 1 and therefore further shape configurations needed to be investigated.

A more detailed geometrical investigation of the site topography and dam showed that the optimum solution had to follow the lines of a double curvature arch dam (Figure 6) allowing the extrados crown cantilever section to be shifted more upstream in order to compensate for the loss of arch entrance angle (min. 30° rule to be respected) at abutments. The change in

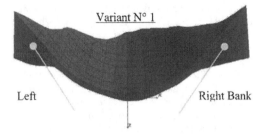

Variant N° 1

Left   Right Bank

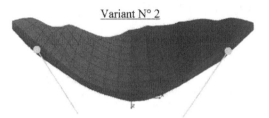

Variant N° 2

Straight gravity wing abutments

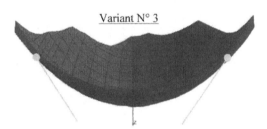

Variant N° 3

Figure 8.   Heightened dam variants – Plan view.

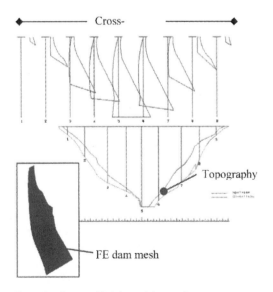

Cross-

Topography

FE dam mesh

Figure 9.   Proposed heightened dam variant.

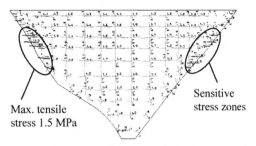

Sensitive
stress zones

Max. tensile
stress 1.5 MPa

Variant N° 1

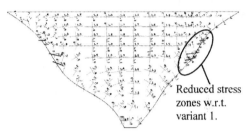

Reduced stress
zones w.r.t.
variant 1.

Variant N° 2

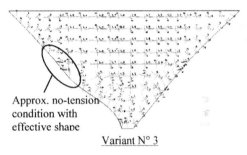

Approx. no-tension
condition with
effective shape

Variant N° 3

Figure 10.   Principal stress picture for dam heightening variants (Upstream developed views – same vector scale).

curvature in both the horizontal and vertical planes should also lead to an improvement in terms of stresses in the critical areas. To ensure the geometric continuity between the existing circular dam and the heightened structure, an elliptical geometry was defined. The number of geometric parameters also allows a finer shape optimisation to be carried out for later stages of the project.

The proposed dam heightening variant n° 3 is presented in Figure 9, which also shows the upstream and downstream topographical profiles allowing a rapid first estimate of the volume of excavations to be made.

Developed views of the upstream face for all variants showing the principal stress pictures for an identical combination of basic loads (self-weight and full hydrostatic load) are presented below (Figure 10).

Although the level of compressive principal stresses remains within satisfactory limits taking into consideration the usual factors of safety (three in compression and one in tension), tensile stresses become critical on both the left and right abutments of the dam depending on the geometry of the heightened dam.

Figure 10 clearly shows the tensile stress advantages f the third variant whereby a state on general no-tension has been reached for variant n°3. Particular attention is given to the shown sensitive stress zones due to the present infiltration of water in between the upstream facing and "trog" concrete sections.

Variant n° 3 has been selected as the most favourable design for the heightened dam based on the optimisation of quantities (mass concrete and rock excavations) whilst respecting stress constraints.

The general low state of principal stresses (tensile and compressive) within the dam also favours the design of the interface joint between the new and old mass concrete sections. However, special measures must be taken to ensure that a full monolith section is obtained at the end of construction.

5 CONCLUSIONS

The heightening project of Spitallamm dam has been optimised with regard to peculiarities of the existing structure and satisfies simultaneously the heightening and rehabilitation requirements. Besides the elimination of the causes of the observed abnormal behaviour, the foreseen solution presents also the possibility to treat the sedimentation problem in order to ensure the "long term" function of the releasing organs. Back-analyses of the existing dam and finite element calculation of the heightened dam allowed to optimise the shape configuration with regard to the existing boundary conditions and, to lead to a dam shape presenting a very satisfactory stress distribution whilst respecting a minimum quantity of rock excavation and concrete volumes.

REFERENCES

W. Indermaur, 1985 – Dams with heterogeneities. In SWISS DAMS, monitoring and maintenance, *Edition for the International Congress on Large Dams 1985 at Lausanne by the Swiss National Committee on Large Dams, p. 111–124.*

Dam Maintenance and Rehabilitation, Llanos et al. (eds)
© 2003 Taylor & Francis, ISBN 90 5809 534 7

Consideraciones sobre la expansión de origen químico en hormigones de presas

A. Gil
Iberdrola Generación, S.A., Salamanca, España

RESUMEN: La expansión química en presas de hormigón es un fenómeno enmarcado en el envejecimiento de estas obras que requiere más investigación en muchos de sus aspectos. Con la experiencia de Iberdrola y la de diversos especialistas se repasa la situación general frente a esta anomalía y se relacionan los mecanismos de su formación, señalando su diagnósis y efectos así como el obligado seguimiento de su evolución. Finalmente se comentan los posibles remedios y la prevención del fenómeno.

1 INTRODUCCIÓN

Es creciente el número de presas en las que se viene observando la existencia de expansión en sus materiales. La edad que ya van teniendo muchas obras y el hecho de que este tipo de patología presente en la mayoría de los casos un lento desarrollo junto con la ausencia de seguimiento adecuado del comportamiento de las estructuras, tan frecuente en el pasado, han conducido a esta situación.

Esta patología no está suficientemente tratada y constituye un cierto vacío dentro de la vigilancia y conservación de presas. Se trata de un problema de reciente aparición dentro de la explotación al que hay que enfrentarse y buscarle respuesta adecuada.

Muchos propietarios de presas han abordado el estudio del fenómeno así como la puesta en práctica de remedios pero es necesario aunar esfuerzos, intercambiando y divulgando experiencias, a fin de lograr conclusiones comunes y válidas. Es frecuente ocultar estos procesos de deterioro por temor a la imagen hacia el exterior, cayendo en el aislamiento estéril dentro de la búsqueda de soluciones y, además, consiguiendo un efecto social contrario en caso de que el agravamiento de la situación saque el problema a la luz, al dar la sensación de haber esperado a actuar demasiado tarde.

Partiendo de la heterogeneidad y dispersión de estudios sobre la expansión, es de mucha utilidad contar con trabajos de recopilación como el recientemente preparado por el Centro de Estudios y Experimentación de Obras Públicas (CEDEX). Esta misma razón nos ha movido a presentar esta comunicación, en la que se pretende repasar de manera somera los aspectos generales de este tipo de fenómeno y exponer las conclusiones más importantes de la experiencia que la empresa

Iberdrola ha recogido hasta el momento de los estudios realizados sobre obras propias que presentan los síntomas específicos de esta patología.

2 LA EXPANSIÓN QUÍMICA EN LAS PRESAS

En comparación con las de materiales sueltos, las presas de fábrica son las que en mayor grado sufren procesos de envejecimiento; sus componentes, en otro tiempo erróneamente considerados inertes, son más alterables que los que proporciona la naturaleza y la morfología de las estructuras propicia un mayor grado de solicitaciones físicas. La expansión de los materiales por alteración química constituye uno de los escenarios más importantes del deterioro de las fábricas. El fenómeno es complejo y variado, y por tanto, difícil de estudiar y remediar.

Toda observación de un progresivo aumento volumétrico del hormigón debe conducir a la consideración de la existencia de un fenómeno químico en su masa, cuyos efectos se presentan dentro de un gran rango de daños que pueden llegar a alterar gravemente la integridad estructural.

2.1 Extensión del fenómeno

El deterioro de presas por expansión autógena del hormigón fue detectado por vez primera en EE.UU. en la tercera década del siglo pasado aunque el mecanismo del fenómeno no se identificó hasta pasados diez años. Desde entonces se han registrado numerosos casos de obras afectadas, en muchos de los cuales la detección ha tenido lugar ante cambios visibles en la fábrica después de que el proceso químico hubiera alcanzado un avanzado estado.

Un estudio acabado en 1.994 por la Comisión Internacional de Grandes Presas sobre el envejecimiento de presas de fábrica concluyó que un 77% de las 482 obras afectadas sufría el daño en el cuerpo de presa y, de ellas, un 12% mostraba la sintomatología típica de un proceso expansivo.

La anterior estadística señala un total de 45 casos de expansión pertenecientes a más de 30 países y encuadrados en todas las tipologías de presas de fábrica. La Comisión sitúa así el fenómeno en casi el 10% de las presas de hormigón y mampostería dañadas por envejecimiento pero esta cifra es con seguridad mayor ya que en estos últimos años cada vez es más frecuente la divulgación de casos de presas con signos de expansión y hay que contar con que en ocasiones el fenómeno existe pero no se traduce en manifestaciones observables directamente.

En España apenas llegan a 8 las presas que se han dado a conocer como afectadas por la expansión pero el número debe de ser muy superior, bien por que no se haya hecho pública la información o a causa de no haber detectado aún el proceso.

2.2 Factores y efectos

En términos generales, los agentes y productos de reacción de la expansión pueden ser muy variables en naturaleza, cuantía y distribución. Repercuten de muy distinto grado en la obra, aparte de que también hay que considerar factores tales como condiciones ambientales, permeabilidad de la fábrica, estado tensional y tipo de presa. El agua tiene un protagonismo esencial en la génesis y el desarrollo de las expansiones. Es evidente, pues, la exposición de unas obras que como las presas, en permanente contacto con este medio, presentan a este tipo de anomalías. Asimismo hay una gran diversidad en la evolución de las reacciones internas, llegando en algún caso a su cese total. Y no siempre la acción de los compuestos expansivos llega a manifestarse en la estructura aunque la fisuración, en diversos grados y extensión, o las deformaciones progresivas, que a veces han llevado a la inoperatividad de los equipos mecánicos, son efectos generalmente observados. Según la virulencia de los daños, se han llevado a cabo actuaciones generales o locales de muy diversa índole e importancia, llegando al abandono de la obra en ciertas ocasiones, como por ejemplo en los casos de American Falls y Drum Afterbay en EE.UU. y Lady Evelyn en Canadá.

2.3 Investigaciones y actuaciones

Por ello, el estudio del fenómeno, su control y sus remedios no son extrapolables en detalle de una a otra presa, aunque se siga una guía de consideraciones comunes. Cada presa debe ser objeto de análisis individualizado que va a constituir, sin duda, una auténtica investigación.

De partida, cada caso deberá ser abordado por un equipo multidisciplinar del que, principalmente, formarán parte geólogos, químicos y técnicos de laboratorio de materiales que se encargarán de aclarar los mecanismos de la expansión e ingenieros estructuralistas que analizarán el estado tensional de la presa y su posible evolución. Todos ellos estarán dirigidos y coordinados por un ingeniero de presas que proporcionará una visión global de su especialidad adecuada al estudio en todas sus fases y que será el que posea el conocimiento histórico del comportamiento de la obra, por lo que es casi obligado que coincida con la persona responsable de la misma.

Del repaso del estado del arte del fenómeno de la expansión se deduce que hay que profundizar en el conocimiento del mismo y de su reparación. Existe una preocupación por parte de los explotadores de presas ante la cierta falta de uniformidad que se aprecia en la evaluación de la fiabilidad de los procedimientos que se están llevando a cabo dentro de la diagnósis y del establecimiento de remedios de este tipo de anomalía. Esta heterogeneidad de criterios conduce a un estado de sensación de inseguridad y alarma que hay que hacer desaparecer, para lo que sería preciso comenzar por establecer algún tipo de organización internacional que recopilara la información existente, concluyera sobre la situación actual e impulsara y dirigiera las investigaciones necesarias para cubrir los vacíos en este tema y unificar posiciones. Para comenzar, dentro de cada país se debería fomentar el intercambio de experiencias a través de una coordinadora, circunstancia que, al menos en España, no se produce.

La sospecha de expansión no debe conducir al alarmismo y sí al planteamiento sereno de una estrategia que deberá contemplar la siguiente consideración: siempre hay que contar con la posibilidad de la existencia de reacciones en el interior de una presa que nunca llegará a sufrir efectos estructurales. Así, una manifestación exterior observada no se imputará a este fenómeno sin eliminar antes otros agentes.

Una última reflexión en el repaso general de este fenómeno es la relativa a la lentitud de su desarrollo. Esta circunstancia lleva a pensar que una presa bien vigilada nunca deberá alcanzar un estado de peligrosidad ya que la progresión de su expansión permitirá actuaciones con la anticipación necesaria. Siempre será posible mantener el nivel de seguridad aunque a un coste que puede llegar a ser tan elevado como el que se desprende del abandono de la obra.

3 TIPOS DE REACCIÓN

Si se exceptúa la hidratación de la cal o magnesia libres en el cemento que suele tener lugar a edades tempranas del hormigón, y por ello no se puede considerar como fenómeno de envejecimiento, los más conocidos son los relativos a la formación de sulfatos e interacción entre álcalis y los áridos silíceos o dolomíticos. Los productos resultantes de estas reacciones tienen, en general, carácter expansivo y teóricamente tienden a debilitar la estructura física del hormigón, siendo imprescindible para su génesis la presencia de agua, desempeñando un papel muy importante el $Ca(OH)_2$ del cemento hidratado.

3.1 *Ataque por sulfatos*

Los agentes desencadenantes de este fenómeno son sulfatos, bien portados por aguas exteriores o provenientes del conglomerante o de la oxidación de los sulfuros contenidos en los propios áridos (p.e. piritas). Estos compuestos reaccionan con la cal hidratada de la pasta y producen yeso y sulfoaluminatos cálcicos (normalmente etringita), cuyas formaciones tienen un carácter fuertemente expansivo. Si el aporte es externo, los productos se desplazan y cristalizan preferentemente en poros y fisuras; en el caso de la reacción interna la generación de etringita se lleva a cabo, en general, en el contacto con los áridos e incluso en su interior.

Entre los factores que influyen en la virulencia de la reacción se encuentran la cantidad y naturaleza del sulfato, tamaño del árido pernicioso, la alternancia humedad-sequedad y el grado de movilidad del agua. El hormigón atacado presenta un aspecto blanquecino característico. Teóricamente el deterioro, que puede ser relativamente rápido, presentará fisuración, desagregación y falta de cohesión progresiva del material, además de aumentar su porosidad.

3.2 *Reacciones álcali-árido*

Este tipo de interacción es el más extendido de todos los originadores de cambios volumétricos autógenos anómalos. En comparación con el ataque por sulfatos, se trata de un desorden con mayor complejidad y variedad y un desarrollo normalmente más lento. Los reactivos son los áridos de naturaleza silícea o dolomítica y los álcalis de origen externo, bien del conglomerante o de los propios áridos.

Los productos anómalos generados con áridos silíceos son geles de naturaleza silico-calco-alcalina, expansivos en su génesis y que, con posterioridad, tienen la propiedad de absorber agua por ósmosis o ser capaces de admitir alternadamente la imbibición o pérdida de la misma provocando así cambios en su volumen. Su localización es variada, pudiendo encontrarse en la pasta o en sus fisuras o poros así como alrededor de los áridos; también llegan a desplazarse y cristalizar en forma de exudados. Algunos de los efectos más comunes que se encuentran en el material afectado es la fisuración que suele alcanzar a los áridos y el oscurecimiento de la pasta en el perímetro de éstos.

Así como el ataque por sulfatos se puede presentar como única reacción, la acción álcali-árido suele venir acompañada de la formación de etringita como un subproducto. Algunos autores señalan que el fenómeno principal facilitaría la apertura de pasos de agua y la cristalización de etringita primaria por fraguado de cemento antes no hidratado, que no sería causa de expansión y no haría sino rellenar las fisuras y acuñarlas aunque en ocasiones, como en una investigación realizada por Iberdrola, la etringita tiene carácter primario y procede de sulfuros presentes en el árido, conviviendo y colaborando en la expansión con la reacción de los álcalis.

Estudios recientes realizados sobre hormigones de presas elaborados con áridos silíceos (granito, gneis, esquisto y diabasa) nos han mostrado que las reacciones posibles en un hormigón son muy complejas y que no se puede hablar de un sólo tipo de acción sino de la interacción entre áridos y fase intersticial, en la cual el $Ca(OH)_2$ de la pasta y el agua tienen un protagonismo esencial; la gran basicidad del medio tiende a provocar la liberación de álcalis y sílice de los áridos, provocando reacciones de género secundario.

Cualquier mineral expuesto a condiciones distintas a las de su medio natural buscará el equilibrio con su nuevo entorno mediante cambios en su composición. Así, todo género de árido tendrá su tasa de reactividad potencial y en particular los áridos silíceos suelen poseer una importante alterabilidad.

El grado de interacción con la pasta viene condicionado por diversos factores referentes a los áridos. La petrografía, mineralogía, granulometría y el nivel de alteración interna son muy importantes. El denominado contenido pésimo, relación entre la cantidad de árido reactivo y el total, que oscila entre un 3 y 20% pero puede llegar al 100% en áridos de reacción rápida, es definitivo. El género y la cuantía de cemento también influyen. La temperatura por debajo de los 15° anula las reacciones y una humedad por encima del 70–80% es necesaria para la interacción, siendo determinante la presencia de agua en circulación. La conjugación de todos estas variables hace posible que la reacción se presente dentro de un gran abanico de formas e intensidades, con manifestación dependiente de su zonificación dentro de la estructura.

Por último, señalar que la reacción entre álcalis y áridos dolomíticos se presenta muy raramente y tiene lugar en la periferia o en el interior de éstos últimos. No produce ningún gel y la única anomalía que provoca es el debilitamiento de la unión entre áridos y la pasta.

4 EFECTOS DE LA PATOLOGÍA

4.1 *Fisuración*

El síntoma más común de las expansiones es la generación de fisuras. En la formación de tensiones intervine la heterogeneidad de la distribución e intensidad de la patología así como las restricciones que la estructura tiene impuestas. Tanto el fenómeno volumétrico como sus efectos estarán influidos por el confinamiento y las tensiones. Un determinado reparto de las compresiones reducirá la expansión, llegándose a anular según algunos autores cuando se superan los 5 Mpa, y evita la fisuración y circulación de agua.

Las fisuras tienden a presentarse en mapa, pasando a alinearse con la dirección de la restricción. En las presas, en general, se formarán fisuras con tendencia horizontal o aperturas de retomas, ya que la dirección vertical es la menos solicitada, que serán más numerosas en las partes altas de la estructura en donde existe menor peso para contrarrestar las tracciones.

Teóricamente, la humedad necesaria para la reacción falta en las zonas secas, que se ven afectadas por la expansión de áreas vecinas. Las partes alcanzadas por la expansión están sometidas a compresión y sus áreas adyacentes sufrirán tracciones por el efecto gato, mecanismo que se aprecia frecuentemente en galerías atravesadas por una unión de tongadas que se presenta cerrada y húmeda en el hastial en expansión y abierta y seca en el opuesto. Así pueden crearse fisuras en las zonas próximas a las expansionadas, facilitando de esta forma la entrada de agua y la progresión del fenómeno. En muchos casos la realidad ha demostrado que las fisuras exteriores tienen una profundidad que no sobrepasa los 50 cm a pesar de presentar unas apreciables aberturas; en el cuerpo de presa no tienen mayores efectos pero en elementos delgados son preocupantes.

4.2 Otras manifestaciones

Las deformaciones progresivas de la estructura, el cierre de juntas y deterioro de sus bordes, los desplazamientos relativos entre bloques contiguos y el acodalamiento de equipos mecánicos son manifestaciones con frecuencia observadas. En los casos de reacción álcali-árido es significativa la aparición de exudaciones de gel en fisuras así como la decoloración del hormigón a lo largo de las mismas y desconchones superficiales.

4.3 Incidencia del tipo de obra

De la experiencia recogida se pueden distinguir las repercusiones que esta patología volumétrica tiene genéricamente en los distintos tipos de presas aunque una vez más hay que indicar la incidencia de la magnitud y distribución del fenómeno en cada caso.

La expansión en una presa de gravedad elevará la coronación y deformará el perfil en la dirección transversal, cerrando las juntas y comprimiendo longitudinalmente la estructura. El confinamiento en esta dirección podrá reducir o anular la expansión en la misma y llevar el desarrollo de tracciones en pozos

y galerías. A su vez puede provocar deslizamientos subhorizontales en la cimentación cercana a los estribos y cierto pandeo, conducente a la separación de la obra con el cimiento, cerca de la transición entre la parte horizontal y los taludes de las márgenes.

Las bóvedas afectadas experimentan elevación y desplazamiento hacia el embalse, aperturas de juntas en su parte superior y fisuras paralelas al cimiento en la cara de aguas abajo que, en general, no afectan a la estabilidad. No obstante, en esta tipología el problema de expansión es genéricamente más delicado que en otras obras.

Las presas de contrafuertes sufren una mayor expansión en sus cabezas. El fenómeno diferencial desarrollará, generalmente, deformaciones en la dirección transversal, elevaciones y tracciones que dan lugar a fisuras.

4.4 Evolución del fenómeno

Dentro de la progresión de la expansión hay múltiples ejemplos que muestran su diversidad. Varias presas han visto reducida su tasa de expansión a partir de un momento (presa de Churchill, Sudáfrica) y en otras se ha llegado a anular por completo (Stewart Mountain y Parker en EE.UU. y Val de la Mare en R.U.). Todos estos ejemplos son de reacción álcali-árido, que por su mayor extensión es de la que mayor casuística se dispone.

4.5 Resultados particulares

Un último apunte se refiere a los diferentes grados de afección encontrados a partir de un estudio realizado por Iberdrola sobre un conjunto de presas de hormigón con áridos silíceos y cementos sin adición. Se ha constatado que pueden existir reacciones anómalas en el seno del hormigón pero no traducirse en expansión, entre otros motivos, al desarrollarse los productos perniciosos en poros y huecos internos. También hay casos en que se aprecian reacciones químicas y vestigios de expansión (continua elevación de las coronaciones, detectada por nivelaciones de precisión), sin ningún otro efecto que requeriría otras circunstancias aún no alcanzadas o que nunca tendrán lugar. También es significativo el caso de una bóveda moderna en la que no hay el menor indicio de anomalía y en cuyo hormigón, compacto e impermeable, se aprecian algunas formaciones anómalas aunque en cuantía mínima; esto lleva a considerar que cualquier hormigón, al menos los elaborados con determinados áridos silíceos, albergará algún producto anómalo, dada la propensión que las rocas tienen a la inestabilidad química dentro de un medio extraño. Otra conclusión extraída es la confirmación de la teoría de que, aunque no exista entrada de agua posterior, la propia inicial del amasado sobrante de la hidratación del cemento puede originar reacciones en la primera etapa de vida del hormigón.

5 DIAGNOSIS DE LA EXPANSIÓN

Una vez eliminadas otras causas que pudieran haber provocado los síntomas anormales en el comportamiento o estado de la presa habrá que centrarse en el estudio de la posible expansión, adoptando una estrategia que considerará cada etapa una vez que la anterior haya confirmado las sospechas de la anomalía.

5.1 *Inspección y auscultación*

Las observaciones visuales periódicas son muy importantes para el seguimiento del comportamiento y estado estructural. Es de mucho interés que la ausencia de sofisticación en su naturaleza sencilla y directa no lleve a su infravaloración y para no caer en ello es muy útil confeccionar listados personalizados para cada presa en los que se constate la revisión de los aspectos a observar en cada inspección. La auscultación, que detecta fenómenos imperceptibles para la persona, es un complemento obligado de las inspecciones y a su través hemos tenido el primer fundamento de sospechas de expansión mediante la observación de deformaciones remanentes progresivas, tanto integradas como unitarias, imposibles de detectar por métodos directos. Esta técnica de vigilancia es la que puede señalar la expansión antes de que tenga efectos visibles. De aquí la importancia de contar con un completo sistema de auscultación y no compartir el criterio de disponer de un estricto número de controles de monitorización; nunca se va a saber de antemano lo que se va a necesitar.

Así, una inspección detallada de la obra y el repaso de la información anterior procedente de revisiones visuales, tomando en consideración de manera exhaustiva los efectos típicos que este fenómeno provoca en las obras, constituyen el punto de partida del plan de análisis. Simultáneamente, se habrán de analizar todos los datos históricos de auscultación prestando especial atención a todas las anomalías evolutivas. Una insuficiencia de los controles existentes en la obra llevará a la instalación de sistemas específicos para la observación de la expansión como son los que registran las deformaciones tanto horizontales como en altura, miden juntas y fisuras o, de manera directa o indirecta, proporcionan tensiones.

5.2 *Archivo técnico*

El repaso de los registros de la construcción es esencial para obtener información acerca de la composición y características de los materiales empleados, de los procedimientos de su puesta en obra así como de la identificación de circunstancias especiales durante la construcción con zonas concretas en las que se aprecia alguna anomalía. La ausencia de referencias de los áridos utilizados la hemos suplido con el estudio de sus canteras, normalmente aún accesibles, o graveras, más difícilmente conservadas. En cuanto a la zonificación de daños en la presa, a menudo se ha observado su coincidencia con tongadas que contienen partidas de áridos o cemento particulares ya detectadas en la construcción. También ha demostrado ser de utilidad el examen de obras antiguas de hormigón de la región y la procedencia de sus materiales para establecer comparaciones.

5.3 *Prospecciones*

En relación a la fisuración, es obligado averiguar su profundidad y los métodos más fiables son los basados en sondeos con extracción de testigos y en el establecimiento de comunicaciones mediante perforaciones e inyecciones de agua.

5.4 *Estudio de materiales*

La actividad relativa al análisis de los materiales comenzará por la toma de muestras, tanto en el lugar de origen de los áridos como en la propia presa. En la extracción de testigos de hormigón se considera la cronología en la colocación de tongadas, zonificación en relación a la humedad, influencia de juntas con filtraciones en áreas vecinas y las partes deterioradas.

5.4.1 *Áridos*

Los estudios de las fracciones gruesa y fina del árido se realizarán por separado y no es aconsejable eliminarlos aun cuando se disponga de los resultados de las mismas rocas pero con diferente localización. Los ensayos aplicables suelen ser normalizados y la mayoría se refiere a la reacción álcali-árido y no al ataque por sulfatos; por otro lado se identifican con las pruebas de idoneidad de áridos a utilizar en presas de nueva construcción.

Las muestras de árido se someterán a observaciones petrográficas y difractométricas a fin de conocer su naturaleza, composición mineralógica y estructura. El contenido en azufre tiene fijadas limitaciones aunque han demostrado no ser definitivas. El ensayo de reactividad potencial frente a los álcalis del cemento ha fallado en muchas ocasiones (presa de San Esteban, en Orense) y sólo es válido para determinadas rocas de ciertos países. Asimismo, los tests de expansión basados en la elaboración de barras de mortero o prismas de hormigón presentan el problema en muchos casos del desconocimiento del conglomerante que se utilizó en la construcción; además, no son aplicables para cualquier árido y pueden señalar su idoneidad sin tenerla realmente o calificarlo de reactivo sin serlo.

Entendemos que la compleja reactividad en el hormigón de la obra hace difícil su reproducción en laboratorio, en donde las variables de todo tipo son limitadas y medibles, en tanto que en la presa ni siquiera son bien conocidas.

Un ensayo aconsejable consiste en la obtención de difractogramas del árido triturado y la inmersión del mismo en soluciones alcalinas, tras lo cual se vuelve a observar y analizar las modificaciones provocadas por su reactividad así como el residuo sólido de los líquidos de ataque. De igual manera, se repite el ensayo pero sin deshacer el árido y sustituyendo la difractometría por la microscopía electrónica de barrido (SEM) y espectrometría de energía de dispersión de rayos X (EDX), realizando microanálisis superficiales. El ensayo trata de reproducir las condiciones de los áridos en el hormigón, identificando las soluciones con el conglomerante del hormigón y, por tanto, los residuos sólidos finales de las mismas con los productos encontrados en el posterior análisis de la pasta del hormigón. Estas pruebas son cualitativas y su utilidad mayor radica en la identificación de las formaciones resultantes del ataque químico con las que se pueden hallar en el seno del hormigón . Los resultados nos han corroborado la importancia del $Ca(OH)_2$ del cemento hidratado en la interacción del árido-pasta.

5.4.2 *Hormigones*

Lo habitual será someter al hormigón extraído de la presa a la petrografía para observar microfisuras que se identifican con tipos de reacción, productos anómalos y su localización. Se calculará el contenido total de álcalis (no solo del cemento), que no deberá exceder de los $3\,Kg/m^3$ aunque este límite no es categórico y, además, es preciso contar con la posibilidad de que parte de ellos hayan emigrado por lixiviación. Las técnicas de difractometría, y sobre todo los de SEM, EDX y backscatering son contundentes por cuanto permiten observar y definir la composición de los productos encontrados.

Del hormigón se deducirán sus características físicas y mecánicas pero tenemos que decir que normalmente no hemos apreciado parámetros anormales y que esto constituye una circunstancia común a otros estudios efectuados en otros países. Hay que considerar que las pruebas se realizan sobre testigos sanos que permiten su ensayo, no utilizándose los deteriorados durante la extracción por la baja calidad del material. A este respecto diremos que lo importante en la evaluación de la estructura es el monolitismo global y que las propiedades del conjunto no vienen representadas por ensayos locales sobre muestras pequeñas cuyos resultados presentan desviaciones, válidas para considerarlas en una estructura delgada pero no en una presa, afectada solo por variaciones de capacidades mecánicas de volúmenes de material muy superiores con desviaciones menores. Además, por un lado, para la mayoría de las presas antiguas no suele disponerse de los parámetros de origen que constituyen una referencia a fin de deducir una evolución y, por otro, el tiempo mejorará las características mecánicas y tiende a enmascarar por tanto la acción de ataques internos.

Uno de los métodos no destructivos que se ha empleado para conocer el estado evolutivo de la fábrica es el basado en los ultrasonidos aunque no siempre da un buen resultado, sobre todo porque la presencia de humedad en el material altera totalmente el ensayo.

En cuanto a los tests de expansión en testigos extraídos de la obra, su primera función teórica es ayudar en el diagnóstico pero, además de la prudencia con la que hay que tomar los resultados, no habrá que utilizarlos para cuantificar el fenómeno residual ya que las condiciones en que se hallan los testigos, tanto ambientales como químicas y tensionales, tenderán a predecir más expansión que la que realmente se producirá.

5.4.3 *Aguas y conglomerantes*

El agua del embalse deberá ser analizada y valorar sus posibles compuestos de disolución. Asimismo, de no disponer de información del conglomerante original se deducirán analíticamente la dosificación, relación agua/cemento, aluminato tricálcico, ... aunque otros parámetros como el contenido y naturaleza de adiciones y aditivos nos han planteado dificultades para su definición.

5.5 *Interpretación de resultados de laboratorio*

Una conclusión sobre las actividades de laboratorio es que deben mejorarse. Así, los conocimientos actuales sobre los mecanismos y valoración de factores de las reacciones aún no son completos; a veces no es clara la cronología en la formación de los compuestos hallados ni el producto que está activando la expansión en el momento del análisis. Por otro lado, la mayoría de los ensayos, sobre todo los de reactividad potencial de análisis de áridos, no son fiables ni extensibles a todos los tipos de minerales y la determinación de la expansión residual sigue siendo inalcanzable en la práctica pero, de cualquier manera, siempre serán útiles en cuanto a sus resultados cualitativos aún cuando habrá que ser prudentes con sus conclusiones y combinarlas con el resto de las investigaciones que se realicen en la obra y en gabinete para concluir sobre el fenómeno. De todas formas, bajo el punto de vista práctico, al responsable de la presa, más que aspectos de detalle, le interesa conocer la causa del fenómeno observado, controlarlo y acometer los remedios posibles.

5.6 *Obtención de tensiones reales*

Una de las preocupaciones que surgen ante la posibilidad de existencia del fenómeno volumétrico es conocer el estado tensional de la estructura y hay varios métodos para su deducción in situ que han demostrado ser válidos. Uno de ellos consiste en la aplicación de un gato plano a una ranura efectuada desde la superficie del hormigón a fin de restituir la deformación originada por el corte, midiendo así directamente la tensión original en la obra.

En la presa de San Esteban se llevó a cabo la técnica de liberación de tensiones conocida por "doorstopper". Un conjunto de bandas extensométricas es adherido al fondo de un taladro para después proceder a continuar la perforación con sonda midiendo continuamente las deformaciones unitarias de las bandas hasta llegar a la estabilización de las lecturas. Las tensiones en el hormigón se deducen a partir de las deformaciones obtenidas por la liberación del material de la estructura, eliminando el efecto térmico con la ayuda de un termorresistor. A la vez se llevaron a cabo los mismos ensayos pero empleando bandas tridimensionales embebidas en cartuchos de resina introducidos en taladros inyectados posteriormente con este material.

Los ensayos se localizaron próximos a los paramentos aprovechando las galerías, en zonas con singularidades y sanas. A su finalización se pudo afirmar que los ensayos con grupos planos de bandas son muy válidos y en este caso mostraron tensiones muy normales, y acordes con el funcionamiento de la estructura arco-gravedad, excepto cerca de las fisuras en donde los valores y signos de las mediciones eran particulares. El encontrar valores bajos en las tensiones no es de extrañar en presas de planta curva por cuanto la deformación en dirección transversal de la presa hacer descargar la estructura de sobretensiones originadas por la expansión.

5.7 Modelos matemáticos

Una última fase de la investigación será la del establecimiento de un modelo matemático que podrá confirmar la existencia del fenómeno volumétrico, proporcionar al estado tensional e, incluso, en cierto modo aventurar la situación futura. También para la presa de San Esteban se adoptó un modelo no lineal tridimensional que contemplaba los elementos junta, comenzando por establecer el proceso de evolución de la expansión mediante una curva parabólica con rama asintónica de estabilización final. Las zonas en contacto con el agua del embalse sufren la expansión de forma inmediata y en las vecinas interiores el fenómeno se inicia de manera automática por el programa cuando en ellas se produce un estado de agrietamiento, entendiéndose que se ha abierto un camino al paso del agua. A partir de ese momento, la expansión del punto fisurado progresa de acuerdo con su curva asociada hasta su estabilización, pudiendo provocar, a su vez, estos nuevos esfuerzos la fisuración en las áreas adyacentes siguientes. El

proceso se estabiliza cuando todas las zonas sometidas a expansión han alcanzado su valor asintótico sin que se produzca agrietamiento de nuevas áreas.

La dificultad de simular el proceso real estribaba en el conocimiento limitado de la magnitud y distribución de los valores de expansión a introducir en la estructura. Los datos disponibles eran, sobre todo, los proporcionados por el sistema de auscultación. Se partió de los datos de nivelación ya que, por una parte, existen medidas para cada uno de los bloques y, por otra, se ha considerado que es la medición que puede reflejar más directamente la zonificación del fenómeno en ellos puesto que esos movimientos están mucho menos influidos que los horizontales por el ajuste de cargas que tiene lugar a través de los arcos.

Es evidente que una de las incógnitas de más dificultad es el reparto del fenómeno en la presa y su cuantificación. A veces la auscultación facilita este problema por la idoneidad y localización de sus sistemas, pudiendo llegar a contar con extensómetros embebidos en el hormigón, pero en ocasiones hay que partir de escasos datos que obligan a una mayor laboriosidad para definir la expansión, que al final siempre se caracterizará en base a un sistema de aproximaciones sucesivas hasta encontrar unas leyes que hagan reproducir en el modelo los cambios morfológicos observados en la presa a causa del fenómeno. En el caso de la de San Esteban las deformaciones acumuladas desde origen eran exactamente señaladas por el modelo una vez conseguida las leyes de expansión adecuadas.

El modelo es adecuado para el análisis de desórdenes volumétricos, puede confirmar la hipótesis de la expansión y estima el estado de la obra al final de su desarrollo.

6 SEGUIMIENTO DE LA OBRA

Con independencia de que se tome alguna medida contra el fenómeno químico, la observación de la presa es vital para ver su evolución y poder actuar en consecuencia ante cualquier cambio que lo requiera, aparte de evaluar la expansión, como mínimo cualitativamente. Ninguna técnica valorará con certeza el grado de deterioro pero ayudará a decidir sobre modificaciones, mantenimiento o reparaciones a llevar a cabo.

6.1 Métodos de observación

Como ya se ha dicho, el control esencial que permite seguir este tipo de envejecimiento es la auscultación combinada con la inspección directa que se efectuarán especialmente sobre las partes más deterioradas o sensibles a estarlo. Además de los sistemas de vigilancia que, de manera indirecta, pueden ilustrarnos sobre el fenómeno, como el drenaje o la piezometría, los específicos para controlarlo se basan en medidas de deformaciones unitarias y totales así como de tensiones. Si no se cuenta de partida con ellos, los métodos topográficos como la nivelación de precisión, colimación y observación geodésica son fáciles y baratos de instalar y las actuales técnicas tanto de la instrumentación como del proceso de datos los han dotado de una agilidad impensable hace años. El establecimiento de péndulos no deberá, normalmente, plantear problemas insalvables, ni la colocación de medidores de juntas o fisuras. Los extensómetros de varillas, fiables y de lectura directa, son capaces de señalar expansiones por tramos a lo largo de su longitud. Los extensómetros de hormigón alojados con taladros posteriormente rellenos de mortero no siempre nos han dado buen resultado por los cambios volumétricos del material de relleno o su inyección defectuosa. También se pueden disponer extensómetros de inclusión rígida que, colocados en un taladro con una precompresión proporcionada por la cuña, permiten la obtención de tensiones aunque en ocasiones se han inutilizado, creemos que por la deformación del hormigón sometido a un fuerte esfuerzo de compresión localizado.

Para el seguimiento específico de la fisuración o, en términos generales, de las superficies vistas es de gran utilidad la cartografía numérica basada en una técnica que combina la topografía, el vídeo y la fotografía. Las campañas se realizan cómodamente y de ellas se obtiene toda la información detallada al máximo de los paramentos. Los resultados sucesivos señalan los cambios en las superficies, cuyas singularidades se caracterizan y se pueden tratar estadísticamente. La aplicación a la presa de San Esteban ha dado un magnífico resultado.

6.2 Control del estado estructural

Los métodos de liberación de esfuerzos comentados en el apartado de la diagnósis permitirán realizar un seguimiento de los mismos. En este campo consideramos muy interesante la caracterización tensional periódica de la presa a través de un modelo matemático que será de nuevo establecimiento o el ya empleado en la fase de detección de la expansión, poniendo en práctica los criterios ya anotados anteriormente para esta clase de estudio.

En cuanto al conocimiento de la expansión residual del material, hoy en día es una utopía y habrá que investigar para que en algún momento se disponga de tal cuantificación.

Sería de mucho interés partir del conocimiento de las deformaciones que predijeran un estado de deterioro avanzado de la obra. Entonces, una posición conservadora consistiría en admitir la continuidad de la última tasa de expansión observada y calcular las deformaciones a medio plazo y su comparación con las límite, logrando conocer así el estado de la presa en todo momento en relación a su situación extrema.

7 ACTUACIONES DE REHABILITACION

7.1 Consideraciones generales

Aún no se han encontrado soluciones definitivas para atajar el fenómeno volumétrico. Para que la reacción química tenga lugar deberán existir simultáneamente los reactivos y la presencia de agua y, a diferencia del proyectista, el explotador sólo puede actuar tendiendo a eliminar esta última pero la inercia del fenómeno unida al agua acumulada en el interior del hormigón y las posibles alimentaciones desde la cimentación dificultan la desaparición de ese agente.

Así, el responsable de las obras centrará sus esfuerzos en vigilar los desórdenes e ir minimizándolos cuando las circunstancias lo aconsejen y deberá tener presente que numerosos ejemplos han demostrado que un mal entendido espíritu ahorrativo ha conducido a situaciones de la obra que han requerido intensas actuaciones con fuertes desembolsos que se hubieran evitado de haber seguido una política de reparaciones menores periódicas.

7.2 Actuaciones

Ante la definición de una intervención sobre la obra, cada caso tiene sus particularidades, lo que lleva a considerar los antecedentes en otras presas sólo como una mera orientación. Muchas veces lo que ha sido positivo en un caso no ha dado el mismo resultado en otro. Lo que sí hay que remarcar es que el desarrollo del fenómeno es, en general, lo suficientemente lento como para permitir siempre una actuación o decisión a tiempo sin llegar nunca a poner en riesgo a la estructura.

De la información recogida se desprende una gran diversidad en naturaleza y grado de las intervenciones llevadas a efecto sobre las presas, que van desde arreglos mínimos hasta el reemplazo de las mismas.

Las actividades de rehabilitación recopiladas han servido para mantener el nivel de seguridad de las obras pero la mayoría de las experiencias señala que no han constituido un arreglo definitivo; es más, en ocasiones han sido perjudiciales.

Entre las actuaciones conocidas se encuentran los tratamientos de impermeabilización de paramentos a base de aplicaciones de resinas, armadas o no, láminas sintéticas adheridas o separadas del soporte, que han reducido drásticamente las filtraciones en las galerías pero que, por ahora, no hay indicios de que hayan logrado influir en la expansión (San Esteban, entre otras). También se realizan cortes en la fábrica o apertura de juntas a fin de relajar tensiones, pero antes deben estudiarse en profundidad porque han llegado a provocar efectos secundarios. Con el objetivo opuesto los anclajes activos o pasivos han sido utilizados frecuentemente y como en la solución anterior hay que ser prudentes en su empleo ya que existen referencias de obligadas descargas de tensión en los tirantes por los fuertes esfuerzos originados por la expansión. Otras técnicas de intervención consisten en inyecciones de cemento o resinas que impermeabilizan y rehabilitan la estructura aunque es posible que originen singularidades en la vecindad de las tratadas. El hormigón dañado se ha llegado a reemplazar o ha quedado envuelto en otro armado. Dentro de las medidas no estructurales se ha utilizado el descenso del nivel de explotación del embalse para mantener la seguridad pero entendemos que no es una decisión compatible con la gestión de las avenidas y que sólo se debe recurrir a ella de forma transitoria.

Dentro de las investigaciones en desarrollo dirigidas a la detención del proceso expansivo se encuentra la abordada en Brasil y relativa a la inyección de CO_2 que inhibe la reacción árido-pasta por carbonatación.

8 PREVENCION

Ante el problema que plantean las posibles reacciones en el seno de las fábricas hay que disponer de una estrategia que evite su desarrollo en las nuevas construcciones y a ellas se dirigen diversos estudios, la mayoría aún en curso.

Ya se han comentado los inconvenientes que presentan los ensayos de reactividad de áridos, algunos orientativos pero sin proporcionar unos resultados contundentes. De todas maneras, hay fijados algunos criterios como el contenido de compuestos de azufre, limitado por la EHE, o de los álcalis totales de hormigón, que es preciso respetar aunque tampoco garanticen la ausencia de reacciones. Se echa de menos un estudio de áridos españoles con establecimiento de ensayos específicos para ellos, análogo a uno llevado a efecto recientemente en Noruega, para considerar la diferencia de comportamiento de áridos, aun de análoga naturaleza, existente entre países distintos.

El conglomerante no tendrá que rebasar el contenido en álcalis marcado por la EHE, coincidente con normas de EE.UU., ni en aluminato tricálcico y sulfatos en las cuantías que se presumen como peligrosas. Tampoco hay que olvidar un máximo contenido en compuesto de azufre que la EHE señala para el agua de amasado.

Parece efectivo el uso de adiciones minerales para combatir los fenómenos químicos. Su utilidad radica en la propiedad que tienen de combinarse con el $Ca(OH)_2$ que tanto protagonismo desempeña en el desencadenamiento de las reacciones. Aunque no se pasará por alto el análisis de su efectividad y el cálculo de su proporción óptima, que dependerá de su propia naturaleza y de la reactividad de los áridos. En la presa que sustituyó a la de American Falls, dañada seriamente por expansión álcali-árido, se utilizaron con éxito los mismos áridos pero empleando puzolanas y un cemento de bajo contenido en álcalis.

Con independencia de todo lo anterior, lo que hay que conseguir en obra es un hormigón lo más impermeable posible, con una dosificación y compactación adecuadas, cuya eficacia nunca podrá ser sustituida por aplicaciones posteriores de estanqueidad.

9 CONCLUSIONES

El fenómeno expansivo se trata de una anomalía que no tiene una solución definitiva y que requiere el refuerzo de su investigación en varios de sus aspectos. No obstante, la detección de este desorden no debe causar alarma desproporcionada y sí activar las actuaciones tendentes a profundizar en el conocimiento de la reacción y, sobre todo, a controlar el fenómeno y decidir las reparaciones adecuadas en cada caso cuando las situaciones las vayan reclamando. Los efectos de la expansión química varían considerablemente de una presa a otra pero, en general, es necesario el transcurso de mucho tiempo para que la estructura esté en peligro. De aquí que los responsables tengan suficiente tiempo para reaccionar y poner en práctica las actuaciones pertinentes para hacer frente al problema.

El fenómeno volumétrico es complejo y variado en su origen y manifestación y el agua es el elemento esencial para su inicio y desarrollo, de ahí la predisposición que potencialmente muestran unas obras como las presas a sufrirlo. Sus características hacen que la diagnósis en detalle sea dificultosa y los ensayos de laboratorio preconizados proporcionen unos resultados que se deban analizar con prudencia. El hecho de que en cualquier hormigón sano se hallen vestigios de reacciones anómalas y las circunstancias de que los tests establecidos para los distintos materiales no sean, en general, sino cualitativos y no tengan una aplicación universal complican las conclusiones de los análisis.

Cada presa dañada tendrá su evolución y manifestaciones particulares y tanto la observación como las rehabilitaciones de otras obras análogas no se podrán tomar sino como meras referencias, lo que convierte a su estudio en una verdadera investigación en la que intervendrán especialistas que siempre deberán estar dirigidos por los criterios de un ingeniero del campo de las presas.

En la lucha contra la expansión, es necesario un esfuerzo internacional para recoger toda la experiencia existente y extraer conclusiones generales, sin olvidar que el fenómeno ha demostrado variar con las características específicas de los materiales y condiciones naturales de cada país, lo que también haría necesaria una actuación paralela en España a fin de recoger sus circunstancias diferenciales.

La prevención para nuevas presas siempre se basará en la consecución de un hormigón de alta impermeabilidad, prestando atención a la naturaleza de los áridos y conglomerante, con la dificultad de que los límites de peligrosidad fijados para ellos son orientativos pero no contundentes. Cada vez está más extendida la opinión de que el empleo de adiciones minerales es efectivo ya que bloquea el hidróxido cálcico del cemento hidratado, tan importante en las reacciones internas, inhibiendo su intervención.

Dam Maintenance and Rehabilitation, Llanos et al. (eds)
© 2003 Taylor & Francis, ISBN 90 5809 534 7

Reparación de presas con nuevas tecnologías: La presa de La Tajera

J. Torres Cerezo
Director Técnico Confederación Hidrográfica del Tajo, Madrid, España

S. Madrigal
Confederación Hidrográfica del Tajo, Madrid, España

R. Ruiz
HCC, S.A. Madrid, España

ABSTRACT: La presa de La Tajera, cercana a Madrid, se terminó de construir en 1991. La presencia de una importante fisuración en el paramento aguas abajo, aconsejó, por razones de prudencia, no realizar el llenado del embalse hasta que el problema no hubiera sido estudiado y resuelto. Entre el 2001 y el 2002 se han ejecutado todos los trabajos de reparación, utilizando materiales y tecnologías de última generación. Al tiempo que se realizaban estas obras, se adecuó la instrumentación de la presa.

1 INTRODUCCIÓN

La Presa de La Tajera, situada en el río Tajuña, T.M. de El Sotillo (Guadalajara) es el elemento fundamental de la regulación de dicho río.

La tipología de la Presa es de tipo bóveda de doble curvatura, con 62 m de altura sobre cimientos y 220 m de longitud de coronación y volumen de embalse de 68 Hm³.

Con las obras de construcción prácticamente terminadas, incluso la inyección de juntas entre bloques, durante julio de 1.991 se detectó una fisura en el paramento de aguas abajo, a lo largo de la transición entre bóveda y zócalo, y extendiéndose hasta la clave de la galería perimetral. Esta situación se generó con el embalse totalmente vacío y temperaturas elevadas.

Para evaluar la influencia de esta fisura en la seguridad de la Presa y las acciones a adoptar para

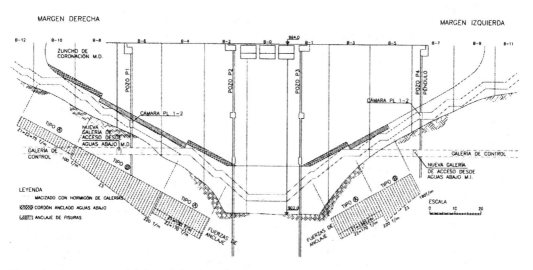

Figura 1. Esquema general de los trabajos ejecutados.

Figura 2. Vista general de la presa y de los trabajos exteriores en la margen izquierda.

conseguir un comportamiento correcto de la misma, se encargó al profesor Lombardi, que estudiase la situación generada por este agrietamiento, a fin de proponer las medidas correctoras que sirvieran de base al proyecto de reparación de la Presa.

El resultado del estudio fue la propuesta de las siguientes medidas:

– Macizado de la galería perimetral y parte de las galerías de reconocimiento de estribos.
– Inyección de las fisuras con resinas epoxídicas.
– Anclado y posterior tensado de las zonas traccionadas y afectadas por las fisuras.
– Otros trabajos auxiliares (apertura de galerías, pozos de acceso, reposición de aparatos de auscultación, etc.)

2 MACIZADO DE GALERÍA

El macizado de la galería tenía por objeto reforzar la sección estructural de la presa. Por razones tanto de disipación de calor, como para mejorar la capacidad de transmisión de esfuerzos cortantes, no se realizó el hormigonado de la galería directamente en contacto con el hormigón existente, sino contra un encofrado perdido de chapa plegada.

En primer lugar, se procedió, por el método de hidrodemolición, con presiones de hasta 1.200 bares a escarificar la superficie de hormigón existente. En el suelo se colocaron conectores de acero y en hastiales y clave chapa corrugada de acero. Los oportunos separadores crearon un espacio entre chapa y hormigón de 5 cm.

Se bombeó hormigón en masa, de cuidadísima dosificación y de bajo calor de hidratación, desde las partes más bajas hacia arriba. Se colocó un sistema de refrigeración y se controló la temperatura, no superándose los 18°C de incremento.

Figura 3. Vista de la galería antes del macizado. Se aprecia la chapa plegada en clave y hastiales, así como los conectores en el suelo.

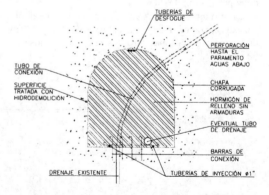

Figura 4. Sección esquemática de la galería, el macizado de hormigón, la chapa y el desvío de drenes.

Se puso especial cuidado en mantener la continuidad de drenes y sistemas de auscultación, utilizando los debidos sistemas de protección.

Concluido el macizado se procedió a la inyección del espacio entre la chapa y el hormigón de clave y hastiales que previamente había sido puesto en obra. Se empleó un mortero fuertemente aditivado con polímeros, superfluidificantes y compensadores de

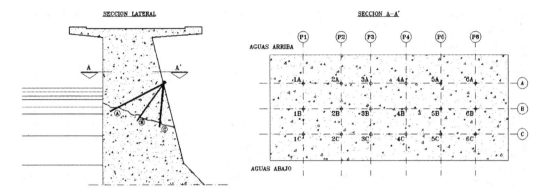

Figura 5. Esquema de taladros de reconocimiento e inyección. La disposición de los taladros en abanico permite determinar con exactitud la posición de la fisura en cada perfil. En planta se representa la proyección plana de la fisura y la intersección de cada taladro con ella.

retracción. Los testigos extraídos una vez endurecido tanto el mortero como el hormigón dieron una excelente unión entre los diversos materiales.

3 SELLADO DE FISURAS

Para el sellado de fisuras se utilizó una tecnología desarrollada en España, aplicada con éxito en una veintena de presas en nuestro país. Se trata de la inyección de resina epoxi de muy alta viscosidad, mediante bombas de alta presión. Lo novedoso de esta tecnología es que permite la reconstrucción de una estructura, devolviéndole su monolitismo mecánico inicial gracias a la elevada presión a la que se hace circular la resina.

El parámetro de control de la inyección, a diferencia de lo que ocurre con las lechadas de cemento, no es la presión, sino los desplazamientos de la estructura.

El proceso tiene las siguientes fases:

3.1 *Perforación de localización:*

Se realiza a rotación con sonda de diamante y recuperación de testigo, lo que permite, realizar un exacto replanteo de la posición de la fisura. Además, con la rotación se evita introducir indeseables detritus en el interior de la fisura. Los testigos permiten analizar, asimismo el estado del hormigón. De esta forma se comprobó que, además de la fisura principal existían otras familias de microfisuras en planos paralelos en unos casos y perpendiculares en otros. Cada taladro se dota de un obturador-inyector.

3.2 *Pruebas de agua*

Se bombea agua por cada uno de los taladros, lo que además de limpiar los detritus de la perforación

introducidos en la fisura, permite conocer las comunicaciones entre ellos así como tener una idea del espesor de la grieta en cada zona. Durante el proceso se toma nota de caudales de agua a través de cada taladro, en función de la presión de bombeo. Se apunta también la comunicación entre taladros y los puntos de salida de agua al exterior. El análisis de esta información permite diseñar la inyección, elegir la viscosidad de la resina óptima para cada zona, prever consumos y establecer la secuencia de inyección.

3.3 *Labios de la fisura*

El exterior de la fisura se deja abierto, sin ningún tipo de sellado. Por cuestiones medioambientales se coloca un canalón para la recogida de eventuales vertidos. En correspondencia con cada uno de los perfiles de inyección se coloca un micrómetro. Una vez concluido el trabajo, se elimina el canalón, se limpia el paramento, se cortan los obturadores y se sellan con mortero de reparación.

Se dispuso que la inyección se detendría por un taladro cuando su micrómetro correspondiente marcara una abertura de fisura de 0,5 mm. El mayor movimiento detectado a lo largo de la obra no superó 0,05 mm.

3.4 *Inyección*

La inyección se realizó con una formulación de resina epoxi de una viscosidad semejante a una miel espesa (1.200 cp). Dado que la fisura se encontraba saturada como consecuencia de las pruebas de agua, la formulación utilizada tenía la propiedad de endurecer y adherir al hormigón en inmersión.

Concluidos los trabajos se extrajeron testigos del hormigón, que fueron sometidos a ensayos de compresión.

Figura 6. Micrómetros dispuestos en la fisura y canaleta de recogida de excedentes de resina, durante el proceso de inyección.

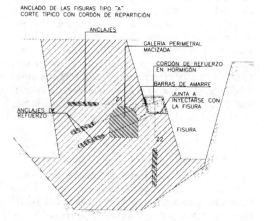

Figura 7. Disposición de los anclajes.

Tanto de la inspección visual de los testigos como de los ensayos de rotura posteriores y sus resultados se concluye que este procedimiento de inyección a alta presión consigue recuperar el monolitismo estructural.

4 ANCLAJES

El proyecto contemplaba además del sellado con resina, el cosido de la fisura con 340 anclajes de hasta 100 t cada uno, realizados con barras de alta resistencia.

La dificultad estuvo en que la zona de anclaje, al ser de hormigón no se podía inyectar formando el clásico bulbo. El anclaje se realizó por adherencia utilizando un mortero hidráulico fuertemente aditivado con polímeros.

5 NUEVAS GALERÍAS DE ACCESO

El macizado de las galerías obligó a abrir nuevos caminos de acceso a la instrumentación. Para ello se perforaron dos pozos mediante taladros tangentes a rotación y se excavaron dos galerías en roca en ambos estribos.

Esta excavación se llevó a cabo con explosivos, por lo que se dotó a la presa de sismómetros que controlaron todo momento el efecto de las voladuras sobre la presa.

6 SISTEMA DE AUSCULTACIÓN

La ejecución de la obra ha requerido la adaptación de parte del sistema existente de auscultación como péndulos, sensores de medida de diversas tipologías, etc.

Además se han instalado nuevos extensómetros de varilla, se ha realizado una renovación con elementos de última generación de los sistemas de adquisición y transmisión de datos. El conjunto se ha completado con una nueva línea de comunicaciones de fibra óptica.

7 DATOS RESUMEN

7.1 Macizado de galería perimetral

- 1500 m^3 de hormigón en masa bombeado.
- 2000 m^2 de picado de paredes de galería (manual y por hidrodemolición)
- 1900 m^2 de chapa corrugada en el perímetro de la galería
- 160.000 kg de cemento inyectado en el contacto de las galerías y juntas de contracción verticales entre bloques

7.2 Anclado y tratamiento de fisuras

- 1000 ml de perforación con recuperación de testigo de D = 46 mm, hasta interceptar fisura.
- 4000 litros de resina epoxi bicomponente de media viscosidad inyectada para sellado de fisuras.
- 229 Ud. de anclaje doble protección con barras postensadas Dywidag 36 mm. ST-1080/1230 para una fuerza de anclaje de 100 t/cu, formado por un tramo de 3 m de longitud de bulbo inyectado en taller y un tramo de 4.5 m de longitud libre.
- 112 Ud. de anclaje doble de protección con barras postensadas Dywidag 26.5 mm. ST-900/1030 para una fuerza de anclaje de 50 t/cu, formado por un

Figura 8. Momento del izado del bloque de hormigón, pre-cortado con taladros tangentes, para nuevo acceso al nicho de un péndulo.

tramo de 3 m de longitud de bulbo inyectado en taller y un tramo de 4.5 m de longitud libre.

7.3 *Adaptación del sistema de captación de drenes*

- 250 m de perforación a rotación de D = 76 mm para continuación de drenes hasta paramento de aguas abajo.

- 300 m de tubería de PVC reticulado de doble pared para conexión del drenaje.

7.4 *Nuevas galerías de acceso en roca*

- 325 m^3 de excavación en roca mediante explosivos. Aproximadamente 56 ml de sección abovedada de 2.20 × 1.5, más portales de acceso.
- Sistema de control de vibraciones compuesto por cuatro grupos triaxiales XYZ, dos geófonos verticales y un geófono horizontal.

7.5 *Perforación de pozos de acceso a cámaras de plomada*

- 350 m de perforación a rotación de D = 86 mm, de taladros tangentes de 4 metros de longitud.
- Extracción mecánica de macizos cilíndricos de D = 1 m y longitud 4 m.

7.6 *Adaptación del sistema de auscultación*

- Nueva línea de comunicaciones de fibra óptica e instalaciones de presa.
- Adaptación de última generación del sistema automático de adquisición y transmisión de datos.
- Nuevos extensómetros de varilla.
- Adaptación de sensores y sistema de auscultación existente en la presa (péndulos, temperaturas, movimientos, etc.)

8 CONCLUSIONES

La aplicación de nuevas tecnologías como son las inyecciones de materiales sintéticos permite tanto el sellado como la recuperación del monolitismo estructural del hormigón fisurado.

El empleo de resinas epoxi capaces de endurecer y adherir bajo agua, permite realizar los trabajos de reparación, independientemente de la cota de embalse, y por lo tanto no está subordinada a los tiempos que marcan las necesidades de explotación.

Dam Maintenance and Rehabilitation, Llanos et al. (eds)
© 2003 Taylor & Francis, ISBN 90 5809 534 7

Reparación de presas afectadas de problemas expansivos

A. Gonzalo
HCC, Madrid, Spain

RESUMEN: El problema de hormigones expansivos afecta a un número creciente de presas de más de 30 años Movimientos de las estructuras, fisuras y grietas, acompañada de fugas de agua provocan serios problemas a la explotación. En los últimos años, se han puesto a punto en España, técnicas de reparación, a base de resinas epoxi, que, no solamente logran frenar notablemente la velocidad de avance del fenómeno, sino que devuelven a la estructura su monolitismo mecánico, al tiempo que logran eliminar por completo, y de forma definitiva las fugas. La originalidad de la tecnología, aplicada con éxito a más de 20 presas, reside, además de en la efectividad del tratamiento, en que la reparación se puede realizar con embalse lleno, sin entorpecer el régimen normal de explotación.

1 INTRODUCCIÓN

El hormigón no es, tal y como se pensaba, un material inerte e insensible al paso del tiempo. El problema más importante de envejecimiento que afecta a los hormigones de las obras hidráulicas, es la expansión del hormigón como consecuencia de reacciones químicas internas, conocidas genéricamente como Reacciones Hormigón-Árido (R-H-C).

Aunque la velocidad de aparición del fenómeno puede ser muy variable, es a partir de los 30 años de vida de la estructura, cuando empiezan a aparecer los primeros problemas en los hormigones afectados. En España tenemos más de 600 grandes presas, de acuerdo con la clasificación ICOLD, de más de 30 años, siendo en su mayoría de hormigón.

El fenómeno de expansión está mucho más extendido de lo que se puede pensar, pero desgraciadamente son aún muy pocos los técnicos suficientemente familiarizados con el problema. Numerosos responsables de presas desconocen el origen de muchos de los problemas que presentan sus estructuras y que, por lo tanto no toman medida alguna tendente a solucionarlos.

Aunque no existe ningún método que solucione el problema a costes razonables, si existen tecnologías, ampliamente experimentadas capaces de reducir significativamente la velocidad de propagación del fenómeno.

2 ORIGEN

El origen del fenómeno está en un intercambio iónico entre los minerales constituyentes de los áridos y la

Figura 1. Paramento de presa afectado por reacciones expansivas.

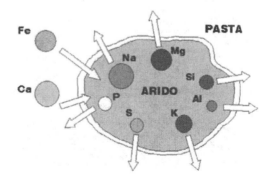

Figura 2. Intercambios iónicos responsables de los fenómenos de expansividad.

pasta del cemento circundante, como se esquematiza en la figura adjunta.

El fenómeno sólo tiene lugar en presencia de agua renovada, y por lo tanto con capacidad de disolución.

3 SÍNTOMAS

Los síntomas de que una obra hidráulica está sufriendo un proceso de expansión puede resumirse en:

- Fisuración agrupada en forma de "piel de cocodrilo" Halos blancos en el contorno de algunos áridos
- Fisuras y grietas no atribuibles a acciones externas
- Movimientos localizados o generalizados de la estructura
- Problemas en los elementos móviles

4 EVOLUCIÓN DEL FENÓMENO

En una primera aproximación, dado que el agua penetra a través de la red de poros abiertos del hormigón y que, su capacidad de disolución de sales

va disminuyendo, se podría establecer que la curva de profundidad de hormigón afectado, en función del tiempo es asintética o, al menos logarítmica. Se trataría pues, al menos en teoría de un fenómeno que, partiendo de la superficie, va avanzando, cada vez más lentamente hacia el interior.

Desgraciadamente el modelo real dista mucho de parecerse al teórico. La aparición de fisuras facilita notablemente la penetración de agua limpia, con capacidad de disolución de sales al interior del hormigón. Al aumentar la superficie especifica expuesta, aumenta, lógicamente, la velocidad de propagación del fenómeno, que se autoalimenta. El modelo real, no es por lo tanto asintótico, sino geométrico o exponencial.

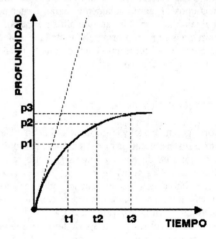

Figura 5. Evolución teórica del avance del fenómeno. Modelo asintótico.

Figura 3. Halos blanquecinos en el contorno de un árido.

Figura 4. Fisuración tipo piel de cocodrilo y grietas en la coronación de una presa.

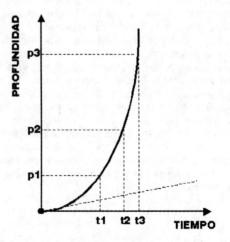

Figura 6. Evolución teórica del avance del fenómeno. Modelo geométrico.

5 REPARACIÓN DE ESTRUCTURAS AFECTADAS

Existen experiencias de revestimientos del hormigón para evitar el paso del agua. Casos como San Esteban

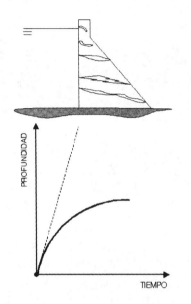

Figura 7. Evolución real del avance del fenómeno como consecuencia de creciente superficie específica expuesta.

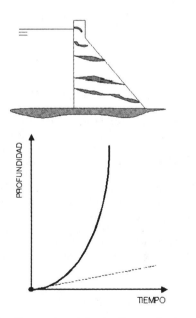

Figura 8. Una vez inyectadas las fisuras, disminuye las superficie específica expuesta y el avance del fenómeno vuelve a un modelo asintótico.

o Salas en España, Pracana en Portugal y Chambón en Francia, ampliamente descritas en la bibliografía de ICOLD, y por lo tanto no insistiremos más en el presente documento. Sin embargo nos centraremos en la tecnología de tratamiento de regeneración de hormigones fisurados, tendente a que la curva de avance de la degradación pase de exponencial a asintótica.

El problema a resolver es, por lo tanto, disminuir la superficie específica de hormigón en contacto con agua. Es evidente que para conseguirlo, se requiere rellenar las fisuras con un material que desplace el agua, las selle y adhiera al hormigón.

Este tipo de reparación no solamente consigue cambiar el modelo de evolución del fenómeno, sino que además, elimina las indeseadas subpresiones y permite restablecer la continuidad mecánica, el monolitismo estructural a la presa.

6 TECNOLOGÍA DE REPARACIÓN

La tecnología de tratamiento de sellado de las fisuras tiene tres etapas

– Identificar las fisuras
– Realizar perforaciones que corten a las fisuras
– Inyectar las fisuras

La inyección se realiza, preferentemente con embalse lleno, siendo el material utilizado una formulación de resina epoxi de elevada viscosidad, capaz de endurecer y adherir al hormigón bajo agua. Tradicionalmente la reparación de presas se ha venido haciendo cuando lo han permitido las condiciones de explotación de la instalación. En los casos más graves, es la explotación la que debe cesar y adaptarse a las necesidades de tiempo y de condiciones de embalse que la reparación requiere. En todo caso explotación y reparación solían ser actividades incompatibles en el tiempo. La introducción de nuevos materiales, como los polímeros, y el desarrollo de nuevas tecnologías, como la extrusión la inyección de resinas a alta presión, permiten efectuar reparaciones, ya sea para cortar filtraciones o para sellar fisuras, sin interrumpir la explotación de la instalación.

En los sistemas tradicionales, los resultados del trabajo no se pueden apreciar hasta que, pasadas semanas, o meses, el embalse alcanza, de nuevo su cota máxima. Cualquier retoque, requiere obviamente una nueva parada de la instalación para efectuar el correspondiente desembalse. Los costes de la parada, que en muchos casos suelen ser muy superiores a los de la propia reparación, se disparan.

Sin embargo este tipo de soluciones que proponemos, donde la efectividad del tratamiento se comprueba en tiempo real, permiten repetir la intervención en las zonas en las que, eventualmente, en una primera

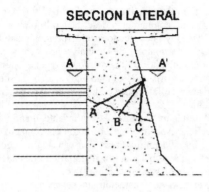

SECCION LATERAL

SECCION A-A'

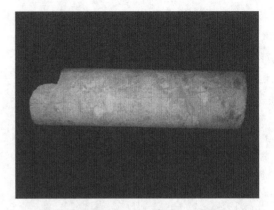

Figura 9. Proceso de sellado. A) identificación. B) perforaciones. C) Inyección.

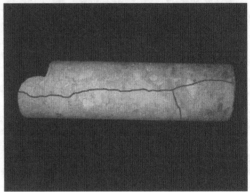

Figura 11. Testigo extraído de un hormigón inyectado. El monolitismo se ha recuperado. En la segunda foto ha resaltado la posición de la fisura totalmente rellena de resina.

Figura 10. Perforación de taladros para su posterior inyección.

pasada, no se hubiera conseguido el objetivo, hasta la solución total del problema.También conviene insistir, en que el hecho de independizar reparación y explotación, permite intervenir en el momento más adecuado desde el punto de vista técnico, no subordinando la realización del trabajo a condicionantes externos.

7 RESULTADOS Y CONCLUSIONES

Se han realizado con éxito más de una veintena de tratamientos de regeneración de este tipo, sólo en España. Se consigue rellenar por completo cada una de las fisuras tratadas, logrando la estanquidad total y la recuperación de la continuidad mecánica.

Las fugas de agua se consiguen eliminar por completo y de forma definitiva, ya que estos materiales, sin la acción de los R.U.V. no sufren problemas. Más de una treintena de presas reparadas con éxito en los últimos años avalan, no solamente la efectividad de la tecnología, sino su estabilidad a largo plazo.

Dam Maintenance and Rehabilitation, Llanos et al. (eds)
© 2003 Taylor & Francis, ISBN 90 5809 534 7

Reparación de obras hidráulicas en servicio por inyección de polímeros a alta presión

Alberto Gonzalo Carracedo
HCC, Hidráulica Construcción y Conservación, S.A.

Francisco Sacristán Gárate
Dirección General de Obras Hidráulicas y Calidad de las Aguas, Ministerio de Medio Ambiente

Mª Gabriela Mañueco Pfeiffer & Alicia Fruns Montoya
Intecsa-Inarsa

RESUMEN: La aparición de nuevos materiales y la colaboración entre ingenieros civiles y químicos, ha dado lugar al desarrollo de tecnologías que permiten abordar y solucionar de forma eficaz y permanente problemas que, hasta la fecha no tenían solución económicamente viable.

Los sistemas de inyección de polímeros de alta viscosidad con elevadas presiones, permite la regeneración de hormigones fracturados, y el sellado definitivo de pasos de agua.

El presente documento pretende ser un acercamiento a estas nuevas tecnologías, que han permitido el eficaz tratamiento de una treintena de presas en España.

INTRODUCCIÓN

La inyección de fisuras de hormigón con un material en fase líquida que posteriormente endurece en su interior, viene realizándose desde hace años. La técnica que se suele emplear consiste en colocar boquillas sobre la propia fisura e inyectar una formulación de resinas epoxi fluidas a baja presión (2 a 10 bars). Con este sistema sólo se consigue un sellado muy superficial de la fisura, no pudiéndose lograr su completa colmatación. La nueva metodología que aquí se presenta, se diferencia esencialmente de la tradicional, en los puntos que se incluyen en el cuadro adjunto.

Tradicional	Alta Presión
Inyección superficial	Inyección profunda
Resina fluida	Resina muy viscosa
Baja presión	Alta presión
Resina alterable bajo agua	Resina polimerizable bajo agua

APROXIMACIÓN SIMPLIFICADA A LA TECNOLOGÍA DE INYECCIÓN

En una primera aproximación, una fisura en una masa de hormigón, puede ser considerada como una discontinuidad plana, horizontal, de espesor constante. La inyección se realiza a través de una perforación que corta a la fisura. Se bombea un producto en fase líquida, que se extiende por el interior de la fisura, rellenándola. Transcurrido un cierto tiempo, el producto endurece, consiguiendo la colmatación de la zona tratada. El proceso de inyección se realiza de forma secuencial desde los diversos taladros ejecutados para acceder a la fisura.

La inyección comenzaría por el taladro 1, hasta conseguir comunicación con el siguiente, el 2. En ese momento la inyección prosigue por el taladro 2 hasta comunicar con el 3, y así sucesivamente. De esta forma, se va logrando la colmatación de la totalidad de la fisura.

ESTUDIO REAL DEL PROCESO DE INYECCIÓN

La anterior simplificación es válida solamente para tener una primera aproximación al proceso de inyección. La realidad es notablemente más compleja. En primer lugar, la fisura no es un volumen separado por dos planos de espesor constante, como se esquematizaba en la figura anterior, sino un espacio irregular enmarcado por dos superficies no planas.

La primera consecuencia es que el material de inyección no se extenderá en la fisura formando círculos concéntricos con el taladro, sino que se establecerán caminos preferenciales de circulación del producto. Es frecuente que, inyectando un taladro no se consiga comunicación con ninguno de los adyacentes, sino con otro situado a mayor distancia, por lo que el proceso de colmatación no se realiza siguiendo una secuencia preestablecida, sino desarrollando un programa notablemente más complejo.

En el modelo simplificado, la fisura era considerada indefinida, y por lo tanto no se planteaban los problemas de borde que en la realidad si aparecen. Existen, además puntos o zonas de discontinuidad, como pueden ser el o los bordes exteriores de la fisura, la intersección con juntas, galerías, pozos o fisuras secantes, susceptibles de convertirse en puntos de fuga del material de inyección. En otros casos, la zona en la que se ha realizado la perforación, el espesor de la fisura es mínimo y no se consigue hacer penetrar el material.

La inyección de fisuras, tiene, por lo tanto, un elevado grado de complejidad, y requiere, para asegurar el éxito del trabajo, la conjunción de un equipo humano especializado y experimentado, un material adecuado y una maquinaria específica.

EJECUCIÓN DE LA INYECCIÓN

Perforación

Se debe realizar a rotación con extracción de testigos, en diámetros comerciales de 40 a 60 mm. De esta forma se obtiene información continua del taladro, como es:

- Calidad y homogeneidad del hormigón.
- Presencia de coqueras (dato muy importante para evaluar consumos).
- Situación aproximada de la fisura.
- Estado de la misma: limpia o con restos de sedimentos o de eventuales tratamientos anteriores.

Obturación

Se emplean dos formas de obturar: en boca de taladro o en la proximidad de la fisura. El primer sistema tiene la ventaja de que no se necesita conocer con precisión la posición de la fisura para inyectarla. Tiene el inconveniente de que obliga a rellenar innecesariamente la totalidad del taladro con el material, lo que supone un aumento del consumo. La obturación en las proximidades de la fisura requiere un conocimiento preciso de su posición para asegurar que el producto inyectado pueda acceder libremente hasta ella. Estos obturadores permiten la inyección a alta presión.

Pruebas de agua

Las pruebas de agua, previas a la inyección, tienen una importancia fundamental, ya que permiten conocer las comunicaciones entre taladros, la extensión de la fisura y la posible presencia de coqueras y fugas. De esta forma es posible diseñar, de la forma más apropiada, el procedimiento de inyección: elegir la viscosidad adecuada de la resina, establecer las secuencias entre taladros, determinar los puntos de fuga a controlar, etc.

Para que estas pruebas sean de utilidad, se deben realizar con una adecuada metodología. En primer lugar, los taladros han de haber sido previamente obturados, posteriormente se bombea agua, a diferentes presiones por cada uno de ellos. La relación caudal-presión informa sobre las aperturas relativas en diferentes zonas de las fisuras. También se puede saber, aproximadamente, el camino que va a seguir la resina, estudiando las comunicaciones entre taladros y los diferentes puntos de escape del material: intersección con galerías o pozos y labios visibles de la fisura sobre el paramento.

Sellado de los labios de la fisura

Tradicionalmente se realiza un cajeado y posterior sellado de los labios de la fisura. De acuerdo con la experiencia actual, esa práctica proporciona más inconvenientes que ventajas. Se propone, por lo tanto no realizar el sellado de los labios de la fisura. Para evitar que la resina al salir manche el paramento, se coloca un canalón de PVC, sujeto con spits y sellado con silicona. Los excedentes de resina se recogen allí, se pasan a botes y se llevan posteriormente a vertedero controlado. En cuanto a los obturadores, una vez polimerizada la resina, se cortan a rás de paramento y se sellan con mortero rápido. De esta forma prácticamente no queda rastro, al exterior de los trabajos realizados.

Technología de la inyección

Aunque posteriormente se incidirá sobre las características exigibles al material de inyección, se puede adelantar que la familia de productos idónea, es la de las formulaciones de resinas epóxidas. Sus viscosidades oscilan, a temperatura ambiente, entre 200 cp y más de 100.000 cp (el agua tiene 1 cp). Un material de estas características tiene grandes dificultades para avanzar por el interior de la fisura, por lo que se necesitan presiones elevadas para inducir su circulación. Pero por el mismo motivo, la superficie de la fisura sometida a presión elevada, es exclusivamente la adyacente al taladro, y es por consiguiente, relativamente pequeña. Si además el proceso de endurecimiento de la resina es suficientemente rápido, no existe posibilidad de que una gran superficie de la fisura se encuentre rellena con un material líquido a presión, lo que pudiera producir un eventual levantamiento del bloque de la estructura tratado.

Inyectar una resina de elevada viscosidad dinámica, obliga a la utilización de elevadas presiones en la bomba, lo que puede crear una cierta inquietud en los responsables de la estructura. El temor a producir un movimiento del bloque inyectado, se demuestra infundado cuando el trabajo se realiza con la tecnología y las precauciones adecuadas. No obstante, es conveniente realizar un control de los movimientos de los labios de la fisura.

MATERIALES DE INYECCIÓN

Naturaleza física
Debe ser un material macroscópicamente homogéneo, no una suspensión, ya que la red de fisuración tiene texturas y espesores tan variables que, en el caso de las suspensiones se producen sedimentaciones que impiden un perfecto llenado de la zona tratada. Un grano de cemento de 0,3 micras de diámetro, aumenta su tamaño muy rápidamente durante la fase de hidratación, haciéndose del mismo orden de magnitud que algunas zonas de la fisura que se pretende inyectar.

Comportamiento en presencia de agua
La realización de pruebas de agua antes de la inyección de la resina es fundamental para tener un conocimiento preciso de las fisuras, de las comunicaciones entre taladros y de las zonas de fugas. Esta información previa permite programar la secuencia y viscosidad del material a inyectar, mejorando el resultado final del trabajo realizado. Las pruebas introducen una gran cantidad de agua en la fisura y oquedades del hormigón, que no es posible eliminar posteriormente en su totalidad La resina, cuando penetre en la fisura va a encontrar agua u hormigón saturado, por lo tanto la reacción de polimerización y su posterior curado tendrán lugar en presencia de agua o, al menos en ambiente saturado al 100% de humedad.

Estabilidad dimensional
no debe tener retracción apreciable, durante la fase de endurecimiento o posteriormente, ya que invalidaría el trabajo realizado.

Viscosidad
El producto de inyección ha de tener una viscosidad situada dentro de un rango óptimo para la zona específica de la fisura que se esté tratando en cada momento. Por lo tanto, el material ha de ser tal que su viscosidad pueda ser regulada para adaptarse a las condiciones de obra. Es conveniente disponer de dos o tres materiales de la misma familia, 100% compatibles entre ellos, uno de alta viscosidad (.100.000cp), otro fluido (,1.500cp) y un tercero superfluido (,400cp) lo que permite, mezclándolos en las proporciones oportunas, disponer en obra, de una amplia gama de productos de viscosidades variables. En general, una fisura ha de ser inyectada con el material más viscoso posible, y cuando las condiciones de obra lo permitan ha de utilizarse más que un líquido viscoso, una pasta de tan alta tixotropía que su comportamiento hidráulico abandone el terreno de los líquidos para entrar en el dominio de los sólidos viscoelásticos. Ya no se trata

en este caso de inyectar, sino de extrusionar un sólido en el interior de la fisura.

Tiempo de reacción
es necesario que el material inyectado endurezca rápidamente, una vez concluido el trabajo de inyección. Sin embargo ha de permitir su manejo a pie de máquina, para poder ser inyectado. El producto ideal sería aquel que se pudiera trabajar indefinidamente, y que, sin embargo, reaccionara inmediatamente dentro de la fisura. Se debe, por lo tanto, establecer un compromiso entre el tiempo que se necesita para preparar e inyectar el material, que depende de los medios de puesta en obra y de las condiciones ambientales (humedad y temperatura), y el tiempo máximo que puede estar sin endurecer el producto dentro de la fisura. Un tiempo demasiado prolongado haría fluir el material hacia posibles puntos de fuga, facilitaría el paso de agua a través del propio material, etc. En términos generales, se puede considerar que un tiempo de trabajo de 30 min y de endurecimiento de una hora, equilibra ambas necesidades.

CONCLUSIONES

De reparación de estructuras con resinas epoxi, y más concretamente de su aplicación a las presas se tiene suficiente experiencia, como para no considerarla una técnica experimental, sino de uso relativamente común. La perfecta conjunción de proyecto, materiales y ejecución, ha demostrado un elevadísimo grado de efectividad. Pero no se debe olvidar que la inyección de fisuras con resinas epoxi tiene un carácter irreversible. Si la técnica o los materiales empleados no son los adecuados, toda la inversión realizada habrá sido estrictamente inútil, con el agravante de que nunca más podrá ser retirado el material inyectado. El trabajo a realizar, tiene un carácter irreparable. Por lo tanto el trabajo ha de ser realizado por un equipo que cuente con las personas, los materiales y los medios adecuados y entrenados para asegurar el éxito final de la inyección.

La gran ventaja de esta tecnología es que permite que el trabajo se realice con el embalse lleno, frente a las técnicas tradicionales que obligan al desembalse. El independizar la explotación de la reparación permite que ésta se realice en el momento óptimo desde el punto de vista técnico y sin la presión que el usuario de la instalación impone.

ALGUNAS EXPERIENCIAS ESPAÑOLAS

Algunas de las experiencias españolas en cuanto a inyección de resinas epoxídicas son las que figuran en la página siguiente mientras que en la tabla final se ha iniciado un inventario de los tratamientos de inyección realizados en presas españolas en los últimos años.

Foto n°1.   Presa de San Esteban.

Foto n°2.   Presa de Torrejón.

Foto n°3.   Presa de Alcántara.

Foto n°4.   Presa de Cortes.

Foto n°5.   Presa de Susqueda.

Foto n°6.   Presa de La Tajera.

Foto n°7.   Presa de Respomuso.

Foto n°8.   Presa de Santa Lucía.

Foto n°9.   Presa de Cenza.

Foto n°10.   Presa de El Val.

NOMBRE	TÉRMINO MUNICIPAL (Provincia)	RIO	ALTURA (m)	PROBLEMÁTICA Y ACTUACIÓN
ALCÁNTARA P.de Gravedad	Alcántara (Cáceres)	Jartín	14	• Inyecciones con resina epoxi en el aliviadero a fin de cortar humedades, cosido con barras de alta resistencia y recuperatión del monolitismo estructural.
ARROCAMPO P. de Gravedad	Romagordo (Cáceres)	Arrocampo	36	• Sellado y cosido de retomas de hormigonado con resinas epoxi.
BRAZATO P. de Gravedad	Panticosa (Huesca)	Caldares	15	• Impermeabilización y consolidation de presa de mampostería.
CASTRO P. de Gravedad	Castro-Alcañices (Zamora)	Duero	55	• Iyección del contacto del alojamiento de la turbina con el hormigón con resinas epoxi.
CENZA P. de Gravedad	Villarino (Orense)	Cenza	49,25	• Inyecciones de microcemento y resina epoxi para corrección de filtraciones.
CORTES P. de Gravedad	Cortes de Pallás. (Valencia)	Júcar	116	• Inyección de los cordones de anclaje de los soportes de las compuertas con resinas epoxi.
CUERDA DEL POZO P. de Gravedad	Vinuesa (Soria)	Duero	36	• Iyecciones desde coronación con posterior ejecución de pantalla de drenaje para cortar las filtraciones que afloraban en el paramento de aguas abajo.
EL VAL P. de Gravedar	Los Fayos (Zaragoza)	Val	95	• Sellado de filtraciones en presa de hormigón compactado mediante inyecciones de resinas epoxi.
ESTANGENTO P. Gravedad	Torre de Capdella (Lérida)	Flamisel	20	• Inyecciones de lechadas.
GRAUS P. de Gravedad	Lladorre (Lérida)	Tabescán	27	• Inyecciones locales con resina en grietas provocadas por la reacción áiclali-árido. • Impermeabilización de paramentos
LA RIBEIRA P. de Gravedad	Puentes de G. Rodriguez (La Coruña)	Eume	53	• Agrietamiento por dilatación de hormigón. Se inyectó hace 8 ó 9 años.
LA TAJERA P. Bóveda	El Sotillo (Guadalajara)	Tajuña	63	• Sellado y cosido de fisura provocada por los esfuerzos térmicos mediante anclajes e inyección de resinas epoxi
MEQUINENZA de Gravedad	Mequinenza (Zaragoza)	Ebro	81	• Aparecieron grietas por hinchamiento a causa de la P. humectación. • Inyección con resinas hace 20 años aproximadamente. • Ampliación de la pantalla de drenaje en cuerpo de presa. • No ha vuelto a dar problemas.

Table (*Continued*)

Table (*Continued*)

NOMBRE	TÉRMINO MUNICIPAL (Provincia)	RIO	ALTURA (m)	PROBLEMÁTICA Y ACTUACIÓN
PONTÓN ALTO P. Bóveda	Palazuelos de Eresma (Segovia)	Eresma	48,5	• Inyecciones de resina en fisuras provocadas por efecto térmico.
RESPOMUSO P. de Contrafuertes presión.	Sallent de Gállego (Huesca)	Aguas Limpias	55	• Inyecciones de juntas con resinas epoxidicas a alta presión y formulaciones acuarreactivas a baja
SAN ESTEBAN P. de Gravedad	Nogueira y Ramuin (Lugo y Orense)	Sil	115	• Inyecciones de cemento para eliminación de filtraciones en juntas y retomas.
SAN MAURICIO P. de Gravedad	Espot (Lérida)	Espot	19	• Impermeabilización y consolidación del estribo derecho, mediante la inyección de resinas de poliuretano con el embalse lleno, para eliminar las filtraciones producidas por microfisuración del hormigón.
SANTA LUCÍA P. de Materiales Sueltos	Santa Lucía (Ávila)	Endrinal	28	• Sellado de filtraciones en el núcleo y cimentación en presa de materiales sueltos con empleo de trazadores y resinas acuarreactivas.
SUSQUEDA P. Bóveda-Cúpula	Susqueda (Gerona)	Ter	135	• Sellado y cosido de fisura provocada por esfuerzos térmicos mediante resinas epoxi.
TABESCÁN P. de Gravedad	Lladorre (Lérida)	Noguera de Cardós	31	• Inyecciones locales con resina en grietas provocadas por la reacción álcali-árido. • Impermeabilización de paramentos.
TORREJÓN-TIETAR P. de Gravedad	Serradilla y Toril (Cáceres)	Tiétar	30	• Inyecciones de resina epoxi para eliminación de filtraciones en retomas y rehabilitación estructural.
VILLALCAMPO P. de Gravedad	Villalcampo (Zamora)	Duero	50	• Inyecciones con cemento y posteriormente con resina epoxi para eliminar filtraciones en retomas.

Dam Maintenance and Rehabilitation, Llanos et al. (eds)
© 2003 Taylor & Francis, ISBN 90 5809 534 7

Efectos y remedio de la expansión del hormigón de la presa "Baygorria"

Julio C. Patrone
Sub-Gerente Ingeniería de Presas y Embalses, U.T.E, Uruguay

ABSTRACT: La presa "Rincón de Baygorria", situada sobre el río Negro (Uruguay) fue afectada a pocos años de su puesta en servicio por un fenómeno que comprometía seriamente la generación de su Central hidroeléctrica. El problema fue estudiado con el auxilio de la técnica de auscultación de presas y permitió comprobar el desarrollo de una modesta pero nociva reacción álcali-sílice en el cono de hormigón de apoyo de las turbinas. El trabajo presenta las etapas de investigación cumplidas y la definición del proyecto de intervención definitivo.

1 INTRODUCCION

La presa "Rincón de Baygorria" es una estructura de hormigón de gravedad, fundada sobre un subsuelo basáltico, cuyo macizo presenta diferentes grados de alteración y diaclasado. Su sección transversal típica puede observarse en la Fig. 1. El embalse a que dio lugar opera con escasas fluctuaciones de nivel, en torno a la cota 54,00 m.s.n.m.

Consta de una cortina de inyecciones de impermeabilización, preforada desde la galería más profunda, bajo la zona de la casa de máquinas y el aliviadero. Asimismo durante su construcción, fue necesario consolidar capas de basalto muy fisurado bajo los tubos de aspiración de las turbinas, mediante inyecciones de consolidación, que se controlaron mediante el relevamiento de puntos testigo en la citada galería.

Las tres turbinas son del tipo Kaplan, de eje vertical y su sección transversal típica se muestra en la Fig. 2.

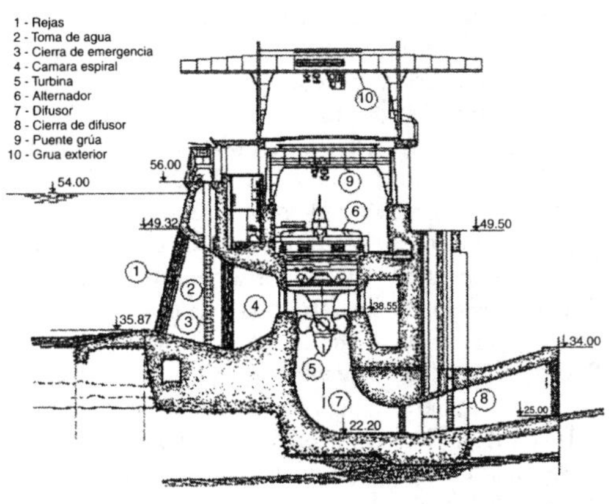

1 - Rejas
2 - Toma de agua
3 - Cierra de emergencia
4 - Camara espiral
5 - Turbina
6 - Alternador
7 - Difusor
8 - Cierra de difusor
9 - Puente grúa
10 - Grua exterior

Figura 1.

La entrada en servicio fue en 1960.

Sin embargo, en febrero de 1966, luego de vaciada la cámara espiral de la Turbina I, para ejecutar una inspección de las zonas sumergidas, se observó que algunas palas móviles del distribuidor se encontraban atascadas contra la estructura fija de la turbina.

La luz de montaje entre palas y anillo inferior y entre aquellas y la tapa de turbina había desaparecido. El atascamiento fue acompañado de la rotura de varias bielas. Una situación similar se observó en las otras dos turbinas cuando fueron inspeccionadas.

2 PRIMERAS MEDIDAS ADOPTADAS

La primera medida adoptada, en consulta con el fabricante, fue la restitución de las luces mediante el esmerilado del anillo superior. Allí también se propuso realizar una tapa de turbina regulable en altura, que permitiera ajustar la posición del anillo superior. Esta solución implicaba el desmontaje de la unidad por un período prolongado, lo que no era factible y además no reconocía una causa de la anomalía observada, por lo cual no eran de descartar otros desórdenes.

Ante tal falta de certeza, U.T.E como propietaria y operadora de la presa, resolvió incluir el rebaje del anillo superior dentro del plan de mantenimiento programado de las turbinas, a la par que instrumentó los primeros controles de luces entre anillos del distribuidor y palas móviles. Si como se pensaba en aquel momento las deformaciones responsables del atascamiento debían amortiguarse y cesar después de unos pocos años, la medida resultaba sencilla, rápida y económica. Sin embargo, los hechos fueron mostrando que el acortamiento de luces continuaba a ritmo sensiblemete constante, sin mayores indicios de amortiguamiento. Es así que hacia 1978 U.T.E decide

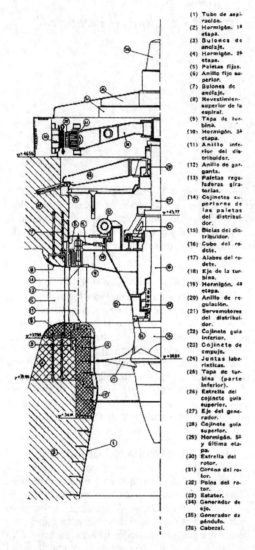

(1) Tubo de aspiración.
(2) Hormigón. 1ª etapa.
(3) Bulones de anclaje.
(4) Hormigón. 2ª etapa.
(5) Paletas fijas.
(6) Anillo fijo superior.
(7) Bulones de anclaje.
(8) Revestimiento superior de la espiral.
(9) Tapa de turbina.
(10) Hormigón. 3ª etapa.
(11) Anillo inferior del distribuidor.
(12) Anillo de garganta.
(13) Paletas reguladoras giratorias.
(14) Cojinetes superiores de las paletas del distribuidor.
(15) Bielas del distribuidor.
(16) Cubo del rodete.
(17) Alabes del rodete.
(18) Eje de la turbina.
(19) Hormigón. 4ª etapa.
(20) Anillo de regulación.
(21) Servomotores del distribuidor.
(22) Cojinete guía inferior.
(23) Cojinete de empuje.
(24) Juntas laberínticas.
(25) Tapa de turbina (parte inferior).
(26) Estrella del cojinete guía superior.
(27) Eje del generador.
(28) Cojinete guía superior.
(29) Hormigón. 5ª y última etapa.
(30) Estrella del rotor.
(31) Corona del rotor.
(32) Polos del rotor.
(33) Estator.
(34) Generador de eje.
(35) Generador de péndulo.
(36) Cabezal.

Figura 2.

encarar una campaña sistemática destinada a investigar el origen del disturbio, y resolverlo, en lo posible, actuando sobre el mismo.

3 LA POST-AUSCULTACION

Si bien la existencia de los desplazamientos fue siempre clara, las mediciones efectuadas no tenían precisión suficiente como para definir la velocidad del acortamiento de luces, sus variaciones en el tiempo y sobre todo la localización de la anomalía. Se trataba de mediciones muy influidas por la temperatura, por las imperfecciones de los blindajes, incluyendo los espesores esmerilados y de irregular periodicidad.

Para definir el programa de control, al que podríamos llamar como la auscultación de los hechos consumados, o directamente la "post-auscultación", se analizaron las causas probables, que se agruparon en tres categorías:

– desajuste del vínculo entre las componentes de la turbina, básicamente la tapa, y la obra civil.
– deformaciones de los hormigones del cono y la espiral.
– deformaciones diferenciales del subsuelo de cimentación.

Cada uno de estos esquemas daba origen a efectos medibles diferentes, que podrían ser corroborados con la auscultación a implementar. Por ej.en caso de cumplirse la primera hipótesis, la tapa de turbina descendería sóla o con deformación de su anillo de apoyo y ni las palas fijas del distribuidor ni el anillo inferior registrarían deformaciones; en cambio debería aparecer una diferencia de nivel en el anillo superior entre las palas fijas y móviles.

La auscultación comprendió a la presa, en la zona de la casa de máquinas y la galería de control profunda y especialmente la zona sumergida de la Turbina II.

Se instalaron referencias para nivelación de precisión en los diferentes módulos estructurales de la presa, para comprobar deformaciones inducidas desde la fundación, complementadas con indicaciones de péndulos directos e invertidos ubicados en pozos de bombas de dichas estructuras.

En las cámaras entre turbina y alternador de las tres unidades, se colocaron bases en posiciones diametralmente opuestas para medición de deformaciones y rotaciones mediante extensómetros de barra invar de un metro y clinómetro ópticos, respectivamente. Su propósito fue comprobar desplazamientos relativos entre la tapa de turbina y la viga anular de apoyo, así como deformaciones e inclinaciones de ésta última.

Por último, en la zona más comprometida por el incidente, esto es en la zona sumergida de la turbina, se instalaron bases para medición de distancias entre los anillos superior e inferior del distribuidor y sobre las propias palas fijas. Se utilizó un dispositivo especial, denominado "distometer" (de la casa Kern), calibrado en cada medición, construido en metal invar y dotado de alambre invar para la ejecución de las mediciones. Como complemento, se colocaron bases para clinómetro óptico en los anillos superior e inferior, tendientes a detectar giros por deformaciones diferenciales tanto del hormigón del cono, como de la viga anular de apoyo de la tapa de turbina (Fig. 3). Sobre la pared de la espiral y del lado exterior del cono, se instalaron bases para extensómetros, orientadas a medir elongaciones del hormigón.

Los instrumentos fueron instalados en 1981 y la frecuencia de mediciones fue mensual en las estructuras siempre accesibles y al menos anual en la zona

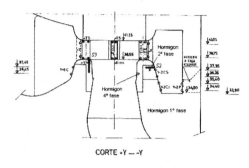

CORTE +Y — -Y

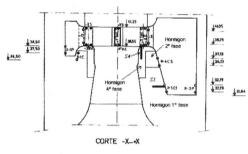

CORTE -X—◦X

Figura 3.

sumergida, en coincidencia con los períodos de mantenimiento programado de las turbinas.

Los resultados fueron procesados por modelos estadísticos regresivos, que permitieron deslindar los efectos hidrostáticos y fundamentalmente estacionales presentes.

4 RESULTADOS PRIMARIOS

Luego de varios años de observaciones periódicas, se llegó a los siguientes resultados primarios:

– no se detectaron desplazamientos significativos ni en la casa de máquinas ni en la galería de control; se constató una marcada influencia estacional en los resultados brutos.
– ninguna de las mediciones en la cámara entre turbina y alternador puso en evidencia tendencia neta.
– en la zona sumergida, tanto las mediciones con distometer entre anillos superior e inferior del distribuidor, como los giros de éste último, presentaron una evolución neta prácticamente lineal en un período de casi siete años. No se observaron efectos irreversibles ni sobre las palas fijas, ni sobre el anillo inferior ni sobre la pared externa del cono y la espiral (Fig. 4).

Estas conclusiones permitieron confirmar la existencia y vigencia del proceso de acortamiento de

Figura 4.

luces entre anillos, con la propiedad de que el acortamiento en la línea de medida más próxima al eje de la turbina era claramente superior al registrado en la línea exterior, indicación que resultó compatible con el giro observado en el anillo inferior, en tanto el anillo superior mostró giros despreciables.

La velocidad media de acortamiento se situó en el orden de 0,2 mm por año, valor a priori modesto, pero altamente perjudicial si se tienen en cuenta las tolerancias de montaje y las exigencias de servicio del equipamiento mecánico.

Estas comprobaciones situaron el problema en nítida correspondencia con el segundo grupo de hipótesis, en particular con aquellas que cuestionaban el comportamiento del hormigón del cono. Por consecuencia, fue descartado aquí un efecto global, que pudiera comprometer la estabilidad de la presa, tal como se desprendía de las causas que asignaban el problema a las características del subsuelo de fundación, ampliamente tratado durante la construcción de la obra.

Por otro lado, sin embargo, las observaciones in situ mostraron que el hormigón se encontraba en excelente estado, sin fisuras visibles, ni siquiera en la zona de juntas entre estapas de colado.

Al contrario, en la parte superior del cono, en el acordamiento entre éste y el anillo de garganta se observaron deformaciones significativas del metal, en toda la circunferencia del anillo. La Fig. 5, como croquis simplificado muestra los decalajes entre piezas metálicas, que en origen no deberían existir.

5 ANALISIS DE CAUSAS

De lo expuesto, no pudo obtenerse a priori una explicación franca. No obstante, resultó claro que los desplazamientos irreversibles medidos debían estar

871

vinculados a uno o más fenómenos localizados de deformación. La hipótesis más probable se centró en la expansión del hormigón del cono, en particular en el de última etapa de colado (Fig. 5). Esta fase, llamada cuarta etapa, tuvo dificultades de ejecución durante la obra, debido a la estrechez del sitio y la cantida de armaduras de anclaje presentes. Allí se coló un hormigón de menor tamaño máximo de agregado grueso, también de origen basáltico como en el resto de la obra, y se realizó una mezcla más plástica y trabajable, incluso con adición de agentes aireantes y fluidificantes.

Aquí se planteó que el efecto expansivo podría asociarse a una reacción del típo álcali-sílice (RAS) entre el cemento y los agregados, con el agua como agente catalizador.

Otra alternativa, la fluencia lenta del hormigón de apoyo bajo las palas fijas, fue descartada en principio, por no resultar compatible con una evolución cuasi-lineal tras 25 años de puesta en obra. Tampoco la intensa fisuración característica de esos procesos, acompañaba el cuadro de situación observado.

La hipótesis de expansión, en cambio, se fundó en el característico comportamiento lineal de una RAS, registrado en una zona débilmente solicitada. Resultaba además muy probable que involucrase sólo a la última etapa de colado, lo que resultaba compatible también con la inclinación registrada en el anillo inferior.

Es muy probable que la reacción pudiera haber estado presente en otros sectores de la obra. No obstante, la modestia de su entidad (en media 0,2 mm/año) habría impedido que sus efectos se hicieran notorios.

Con esta presunción fundada sobre el origen más probable del desórden observado, U.T.E orientó sus investigaciones posteriores.

6 LAS INVESTIGACIONES POSTERIORES

Los datos disponibles no permitían reconocer a la expansión del hormigón, y más aún a la RAS, como causa determinada del problema.

Fue necesario realizar investigaciones complementarias directamente sobre muestras del hormigón del cono. Para ello se extarjeron testigos representativos de las diferentes etapas de colado del cono y se realizaron dos grandes tipos de ensayos (Fig. 3).

6.1 *Ensayos mineralógicos*

En 1990, se ejecutaron en Francia (Laboratoire Centralle des Ponts et Chaussés), análisis mediante láminas delgadas, al microscopio óptico, al microscopio electrónico de barrido y microsonda. Con el primero se reconocieron los agregados reactivos y con el segundo se tuvo una visualización fina de las degradaciones y de los geles de expansión. Los resultados indicaron que las muestras de hormigón de de las diferentes etapas de colado, no eran reactivas, exceptuando la última, o sea la cuarta fase. Aquí se observaron signos claros de RAS, con o sin cristalización de etringita como gel expansivo. Los agregados utilizados tenían origen basáltico, por lo cual dado que la fracción arenosa estuvo constituída casi exclusivamente por sílice, bajo diversas formas, los álcalis corresponden esencialmente al cemento, a los aditivos y aeventualemente a los alcalinos liberados por los agregados basálticos. Resultó pues que los aditivos condujeron a aumentar el tenor en sodio equivalente, por un enriquecimeinto en potasio, que parece tener la propiedad la propiedad de romper el equilibrio relativo del hormigón y precipitar la reacción.

6.2 *Ensayos de expansión*

Hacia 1998 y ya en plena búsqueda de la solución definitiva, se completó el conocimiento del fenómeno con ensayos físicos que permitieron evaluar la magnitud de las expansiones remanentes. La persistencia de la expansión resultaba entonces decisiva a la hora de definir el tipo de intervención a ejecutar sobre la obra, para resolver el problema en forma definitiva.

Sobre testigos extraídos de ubicaciones próximas a los de 1990, se realizaron en Argentina (Universidad Nacional de La Plata), determinaciones físicas, químicas y ensayos de expansión residual, en condiciones normalizadas y ambiente saturado de humedad durante un año, así como observaciones sobre lámina delgada por microscopía y difractometría.

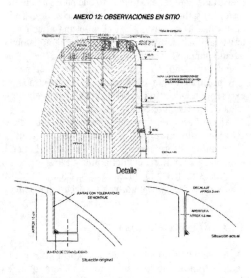

ANEXO 12: OBSERVACIONES EN SITIO

Detalle

Figura 5.

El hormigón de cuarta fase, de menor tamaño máximo de agregado grueso, tuvo además el mayor contenido de cemento. Luego, el tenor de álcalis es casi el doble del de las otras fases. Presentaba claras evidencias de RAS: clastos de agregado grueso con fuerte argilización y mortero degradado; el contacto entre los clastos del basalto y el basalto está enmascarado por el gel expansivo, producto de la reacción.

Las muestras tuvieron una expansión remanente importante, del orden del 0,08% al cabo de un año, todo lo que corroboró la vigencia del fenómeno, luego de casi 40 años de construida la obra. Si este resultado fuera extrapolado a los 4 metros de altura del hormigón, en la zona del cono afectada, estaría representando una expansión remanente del orden de 3 mm, adicionales a los 7,5 mm producidos desde 1960.

Las otras fases de hormigonado, mostraron un material compacto, con buen contacto entre agregados y mortero y de mayor tamaño máximo de agregado grueso. En ningún caso se determinó reactividad.

7 APROXIMACIONES TEORICAS

Con el fin de determinar con mayor precisión los efectos previsibles de la expansión, tanto de la ya registrada como de la remanente, se reprodujo mediante un modelo de elementos finitos, el comportamiento de las diferentes partes involucradas, esto es hormigones y piezas metálicas. Se utilizó el esquema de incremento térmico uniforme en toda la masa afectada por la RAS, como es corriente en estudios de este tipo de fenómenos, aún cuando el mismo está lejos de poder ser considerado como de naturaleza homogénea. Se planteó un modelo espacial y luego otros bidimensionales con simetría axial y submodelos parciales para el anillo inferior y los demás revestimientos metálicos. Los resultados obtenidos se consideraron así como orientativos de los estados tensionales existente y previsible.

7.1 *Modelación de las tensiones actuales*

En cuanto al hormigón, si bien el modelo arrojó resultados tensionales algo elevados, los mismos no resultaron compatibles con el buen estado general observado. El hecho fue atribuido a que el proceso de expansión se produce en forma gradual y en su transcurso las tensiones se relajan por el simultáneo desarrollo de la fluencia lenta del mismo hormigón, lo que habría atenuado los valores que aporta el modelo exclusivamente a partir de la expansión.

En relación con las piezas metálicas, el estado de deformaciones impuesto generó tensiones que muy probablemente se hayan redistribuido por haberse alcanzado la plastificación en algunos puntos de los materiales más dúctiles, como el anillo inferior,

construido en fundición. De todas maneras, para una deformación histórica media de 7,5 mm, las tensiones equivalentes máximas de Von Mises en el anillo inferior alcanzaron localmente casi a 700 Mpa, valor muy superior a la tensión de falla de la pieza (210 Mpa), en la unión de ésta con la brida de apoyo del anillo de garganta (Fig. 6). Se debió considerar entonces, seriamente, que el anillo inferior había llegado a la falla y que por ende, no resultaba razonable continuar solicitándolo. Lógicamente por la velocidad media que caracteriza al fenómeno es muy probable que la tensión límite de falla haya sido superada localmente varios años antes, presumiblemente en la década de 1970.

A efectos de verificar este resultado teórico, se descubrió la zona de unión entre el anillo inferior y el anillo de garganta. Se pudo comprobar en las zonas relevadas que efectivamente existe la fractura prevista por el modelo.

Así, los hechos condujeron a establecer que el anillo inferior, en cualquier alternativa de solución, debía ser cambiado.

En cuanto a los otros revestimientos, la situación más comprometida alcanzaba al anillo de garganta, donde las tensiones para el desplazamiento histórico de 7,5 mm se situaron por encima del valor de fluencia de estos aceros (240 Mpa), aún cuando es previsible una reducción tensional por efectos de plastificación, por el decalaje observado en la brida de unión con el anillo inferior y por la incidencia que sin duda ha de haber tenido la fracturación allí comprobada (Fig. 7).

7.2 *Modelación de la expansión remanente*

Para estimar el efecto de la expansión remanente, se realizó un análisis no lineal por elementos finitos sobre las piezas comprometidas. Así fue posible comprobar que para el anillo inferior, la expansión necesaria para producir la plastificación general del anillo es del mismo orden que la ocurrida hasta el presente (aproximadamente 7,5 mm). De modo que un nuevo anillo construido con materiales más dúctiles, podrá seguramente absorber estas deformacio nes y solicitaciones derivadas así como tolerar reparaciones, en caso de una eventual anomalía.

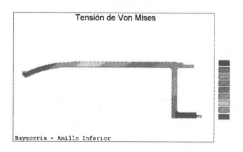

Figura 6.

Deformación principal de tracción-Fase plástica

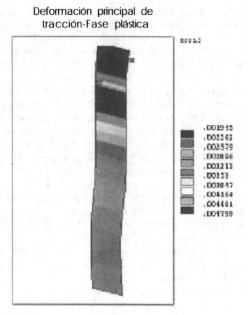

Figura 7.

En cuanto al anillo de garganta, las tensiones máximas con la expansión actual ya estaban en el inicio de la fluencia y con la remanente (fijada en un límite superior de 7,5 mm) gran parte del revestimiento estará plastificado: no obstante, si bien las deformaciones máximas máximas totales son importantes (del orden del 0,6%), las mismas están muy por debajo de las deformaciones plásticas de rotura de estos aceros, que son del orden del 20% (Fig. 7).

En consecuencia, la futura expansión del hormigón del cono, no compromete la integridad del actual revestimiento del anillo de garganta y por ende, no será necesario su reemplazo en la intervención prevista.

8 REMEDIOS Y SOLUCION ADOPTADA

8.1 Mantenimiento e intervenciones parciales

A partir de la detección del atascamiento de las palas móviles en 1966, el mantenimiento en servicio de las turbinas de Baygorria, fue garantizado por los controles periódicos de las luces mecánicas entre anillos y palas móviles y la consecuente restitución de las mismas mediante el ya indicado procedimiento de esmerilado o rebaje de espesores en el anillo superior.

Los trabajos se realizaron sin mayores dificultades desde entonces, aún cuando implicaron el desarrollo de afinadas tareas de precisión y en buena medida, artesanales.

No se produjeron en tanto, nuevos inconvenientes ni incidentes.

El procedimiento, no obstante, presentaba limitaciones derivadas de la incertidumbre sobre el eventual debilitamiento de la pieza cuyo espesor se continuaba rebajando.

Hacia 1990, y en virtud de la prosecución del fenómeno, se complementó el ajuste, con la suplementación en altura de la caja portacojinetes de las palas móviles. Esta intervención permitió obtener una holgura adicional de 0,2 mm, que complementada con eventuales esmerilados posteriores, habilitó un margen de entre 10 a 12 años para continuar con la investigación del proceso y decidir acerca de la solución definitiva.

8.2 Las alternativas planteadas

Desde que se comprobó en 1990 la vigencia de un proceso de expansión por efecto de una RAS en el hormigón de cuarta etapa del cono, se observó que la remoción completa de este hormigón, constituía la alternativa que resolvía el problema, actuando sobre el origen comprobado de la anomalía.

Si la RAS involucraba a toda esta fase y las demás no eran reactivas, la demolición de este hormigón y su sustitución por otro no reactivo (o bien la modificación del diseño dejando parte de ese volumen hueco, como en otras turbinas de este tipo) conformaba una alternativa segura. No obstante, tal intervención implicaba el desmontaje completo de las unidades por períodos prolongados, y un lucro cesante muy importante, que superaba ampliamente el costo de obra directo.

Por otra parte, las evidencias recogidas, tanto por la instrumentación instalada como por las observaciones in situ y los ensayos de laboratorio, mostraban que este hormigón, pese a estar afectado por la RAS, no presentaba signos de deterioro, y su buen estado estado general se condecía en mucho con valores tensionales no exigentes.

Por ello y como alternativa a la remoción completa se plantearon y analizaron dos variantes.

La primera refería al eventual tratamiento del hormigón de cuarta fase con inyecciones químicas, en base a sales de litio, a presiones elevadas, como forma de mitigar la expansión o amortiguar sus efectos. Como es conocido, el tratamiento con productos químicos de este tipo es usado en la mezcla del hormigón fresco y ha probado en esos casos disminuir las eventuales expansiones de los hormigones resultantes. Se cuenta además con experiencias en hormigones ya endurecidos, en particular sobre pavimentos, donde la impregnación con soluciones en base a nitrato de litio, ha reducido las expansiones por RAS en el orden de hasta un 30 o 40%.

En cambio, no se conoce experiencia probada en hormigones endurecidos en masa, como es el caso de Baygorria.

Una solución de esas características debía ser previamente ensayada en laboratorio, para comprobar si la inyección a presión, adecuadamente distribuida podía ser capaz de penetrar en la masa afectada, difundirse y detener aunque fuera parcialmente la reacción.

Los últimos avances en el tema mostraron que incluso, la técnica debía completarse necesariamente con la aplicación simultánea de un campo eléctrico, ya que la sóla inyección a presión no parecía suficiente como para permitir la circulación y difusión del fluido en la masa del hormigón.

Esta alternativa resultó en principio atractiva por implicar un menor tiempo de ejecución de obra y por lo tanto de indisponibilidad de máquina. Además no requería de acciones sobre los componentes mecánicos de la turbina.

En su contra se situaban la falta de certeza acerca de su efectividad, la carencia de experiencia probada en situaciones similares y en última instancia, la inseguridad sobre si realmente era posible esperar, en el mejor de los casos, algo más que una reducción de la expansión del orden del 30 al 40%, lo que en verdad, no parecía suficiente.

Por otro lado, se estudiaron y no resultaron exitosos los intentos por introducir juntas o cortes en el hormigón problema. Mediante el mismo modelo de elementos finitos que se mencionó al evaluar el estado tensional en el cono, se determinó que la incidencia de cortes a diferentes alturas no iba más allá de reducir en un 30% los desplazamientos verticales, debido al comportamiento solidario entre las diferentes fases de hormigonado y entre éstas y el revestimiento metálico.

8.3 La solución adoptada

Las alternativas planteadas no resolvían con certeza el problema de la expansión, a excepción de la solución de demolición completa del hormigón y consecuente desarme total de las turbinas.

Pero de las conclusiones de los estudios, surgía claramente la necesidad de cambiar la pieza metálica de fundición que conforma el anillo inferiòr del distribuidor.

Asimismo los propios estudios comenzaron a mostrar que los restantes elementos no resultaban comprometidos, aun teniendo en cuenta un margen de expansión remanente significativo y seguramente mayor al que tendrá lugar en la práctica.

En consecuencia, la intervención proyectada pudo limitarse al reemplazo del anillo inferior, pieza que puede considerarse desde ya como fallada, por otro de geometría y ductilidad apropiadas. Asimismo alcanzaría con remover el hormigón del cono situado inmediatamente por debajo del anillo inferior y no todo el hormigón afectado por la RAS.

El proyecto (Figs 8 y 9) contempla susutituir el anillo inferior por otro de acero inoxidable, sin retirar las palas móviles, lo que evita levantar la tapa de turbina y por ende el desarme completo de la turbina.

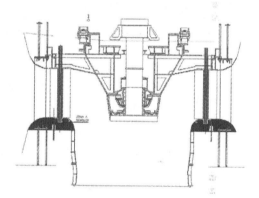

Figura 8.

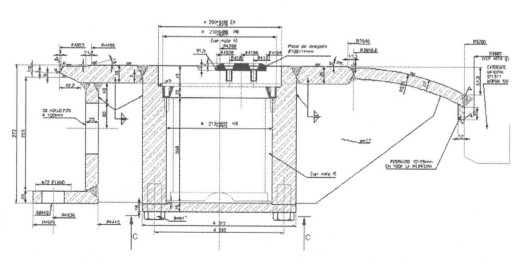

Figura 9.

La intervención implica así además tiempos de ejecución y costos por lucro cesante significativamente menores.

El hormigón de cuarta etapa no retirado seguirá reaccionando pero sus efectos no pondrán en riesgo la integridad de los demás revestimientos. Tampoco habrá compromiso para el hormigón reactivo que no se remueve. Así, la solución tendrá un período de vigencia prolongado, mayor aún si se tiene en cuenta una previsisble y ya insinuada reducción del ritmo histórico de acortamiento de luces.

A su vez el nuevo anillo se situará en una posición tal que las luces totales iniciales entre anillos y palas móviles sean tales que permitarán absorber la expansión sin necesidad de nuevos esmerilados. Y para cuando éstos resulten eventualmente inevitables, se ha previsto un mecanismo de placas de desgaste desmontables, en el diseño del nuevo anillo inferior, que facilitará realizar los ajustes necesarios, sin recurrir a las laboriosas tareas de esmerilado históricamente realizadas sobre el anillo superior.

La solución proyectada permite de esta forma compatibilizar la expansión remanente con una intervención que involucra un desarme sólo parcial de las turbinas, y garantiza el mantenimiento en servicio por un período de entre 25 a 30 años, sin nuevos esmerilados y a un costo sensiblemente inferior que las restantes alternativas.

Como consecuencia, las etapas de investigación cumplidas, aún cuando complejas y extensas, han habilitado la prolongación de la vida útil de las turbinas, en base a una solución que combina eficazmente los aspectos técnicos y económicos del problema.

9 RECONOCIMIENTOS

En el transcurso del estudio, análisis y definición del problema, así como en la definición de la solución adoptada, U.T.E contó con el asesoramiento brindado por las firmas "Electricité de France – Internationale" (en 1978 y entre 1987 y1990) y por "Ingeniería y Asistencia Técnica Argentina" (entre 1998 y 2002), sobre cuyas recomendaciones se ha conformado el presente artículo.

Dam Maintenance and Rehabilitation, Llanos et al. (eds)
© 2003 Taylor & Francis, ISBN 90 5809 534 7

Problems of rehabilitation of some failures of earth and rockfill dams in Slovakia

M. Lukac, Sr., E. Bednarova
Slovak University of Technology, Faculty of Civil Engineering, Bratislava, Slovakia

M. Lukac, Jr.
Water Research Institute, Bratislava, Slovakia

ABSTRACT: The beginning of dam construction in Slovakia dates back to 16th century. At present, there are more than 300 dams in Slovakia. The earthfill and rockfill dams represent prevailing dam types. The paper deals with selected reasons of failures and anomalies, typical for the earthfill and rockfill dams and for the dykes of reservoirs, situated in the lowland regions.

1 INTRODUCTION

At present, there are more than 300 dams in Slovakia. The history of Slovak dam construction dates back to 1510, when the first dam of unique water management system was constructed. Dams and reservoirs of this technical monument are included in the UNESCO's List of Cultural-technical Heritage since 1993. The Slovak dams can be divided into three categories, with respect to their age and significance for the society:

- category I: historical dams (total number 50),
- category II: dams of small reservoirs, which have local significance (more than 200),
- category III: large dams, registered in the ICOLD's World Register of Dams (50).

The dams constructed from the local construction material represent 78% of the total number of dams, included in the category III (predominantly earthfill dams, 7 rockfill dams). Earthfill homogenous dam of small height (10–20 m) is the type, which occurs most frequently in the categories I and II. Sometimes, not suitable clayey materials (clayey loam, clay) were applied in their construction. The mistakes also occurred in the construction technologies (too fast construction, bad composition of dam profile, not suitable drainage system). Above mentioned contributes to the generation of numerous anomalies and failures, which results in the need of remedial measures (rehabilitation) during the operation of dams. Rehabilitation of dams is frequently complicated by the absence of adequate monitoring or insufficient instrumentation. The hydraulic structures in the lowland regions (usually composite dams – earthfill, concrete, or barrages) are often exposed to extreme wind effects. The extreme wind regime generates intensive wind wave action, which can result in the failures of reservoir banks or even overtopping of dykes. The total length of earthfill dykes of 5 major hydraulic structures of this type (Gabcikovo, Kralova, Drahovce, Vihorlat, Kozmalovce) is more than 90 km. The paper presented deals with some problems, mentioned above.

2 TYPICAL FAILURES OF HOMOGENOUS DAMS

The homogenous dams represent the most numerous type of Slovak dams (40% in the group of ICOLD's registered dams, 70–80% in other two categories). Fine-grained, low permeable, badly worked up soils of low shear resistance and large compressibility were the main construction materials of these dams. With respect to the classification of USBR these soils can be classified in the following groups: ML, MH, CH, CL, SM, etc. The use of GC and GM type soils of low compressibility and high shear resistance, which are better worked-up is less frequent. The usage of these soils is more frequent abroad, mainly in the USA. A lot of anomalies and failures occurred at the homogenous dams, because of mistakes in both design and unsuitable construction technology. The most frequent anomalies and failures are – large non-uniform deformations, landslides and filtration failures in the contact with concrete structures. Two examples of such failures are described below.

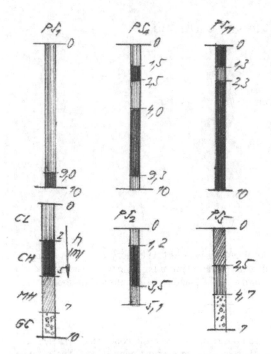

Figure 1. Composition of Sebechleby dam construction material, based at exploratory drills.

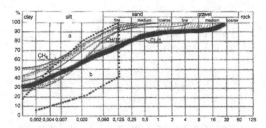

Figure 2. Typical grain size curves of the Sebechleby dam material.

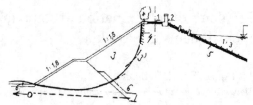

Figure 3. Cross-section of the Sebechleby dam, 1-dam crest, 2-breakwater, 3-clayey soil, 3'-cracks, 4-landslide, 5-rip-rap (asphalt + stones), 6-internal drain.

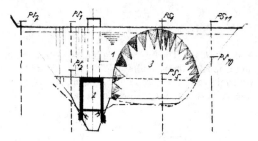

Figure 4. Landslide at the Sebechleby dam, 1-dam body, 2-bottom outlet, 3-landslide.

2.1 Sebechleby dam

The homogenous dam of small height was constructed in the late 70's of the 20th century. The soils, used as construction materials are the following – CL, CH, MH, GC, as it can be seen from figure 1.

The composition of dam construction materials was investigated, based at the exploratory drills performed in 1995. The grain size curves of the samples are given figure 2. The cross-section of Sebechleby dam is given figure 3.

The anomalies of dam are as follows:

- too steep downstream face of dam, not corresponding to the low shear resistance,
- internal drainage of low efficiency,
- absence of permeable protection soil layer, resistant against the freezing.

Above mentioned anomalies provoked local shrinkage cracks at the beginning and extensive landslide of downstream face of the dam later (see figure 3, notice steep face of landslide in the dam crest level). The landslide confirmed well-known knowledge, that such a kind of soil is not suitable for the construction of dams. The landslide affected around 50% of the dam downstream face – area between the bottom outlet and left side dam abutment, as it can be seen from figure 4.

The exploratory drills, which confirmed unsuitability of dam construction materials, were performed from the dam crest and in other profiles. The dam failure maintenance consisted from the more proper drainage and decrease of downstream face slope, by means of stabilization fill.

2.2 Krupina dam

The dam was constructed in the period of years 1990–1994, but the dam body itself was filled in 7 months (April–November 1992, see figure 5). Dam body is homogenous (according to design study), which is rather courageous with respect to maximum dam

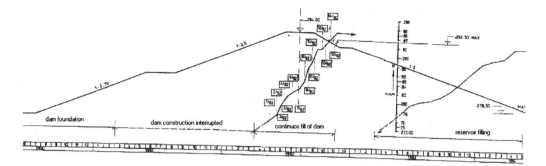

Figure 5.   The Krupina dam, cross-section and construction phases.

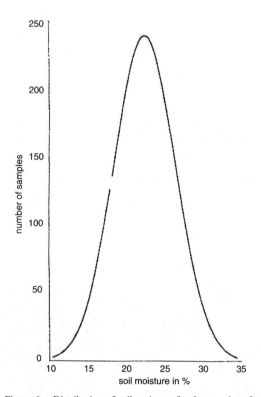

Figure 6.   Distribution of soil moisture for the samples of the Krupina dam.

Figure 7.   Cracks at the Krupina dam crest.

height H_{max} = 25 m and relatively compressible dam underground. Unsuitable soils were used for the dam construction (CH, CL, MH types). The dam body was filled rather fast, which hindered consolidation of non-permeable soils. According to design, the internal geotextile drainage should enable consolidation of soils. There were large differences of soil characteristics

(moisture, specific gravity), compared with optimum values – see figure 6.

Above mentioned facts, combined with the absence of permeable protection layer (against freezing and capilarity) caused anomalies in the dam behavior – occurrence of cracks at the dam crest (see figure 7), dam crest settlement, excessive seepage, large deformations (see figure 8), lift of terrain close to downstream face bottom. These facts provoked extensive remedial measures, aimed at drainage and consolidation effects:

• decrease of dam downstream slope,

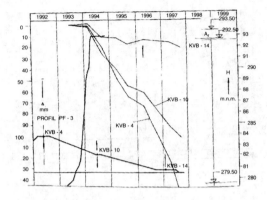

Figure 8.   Time history of the Krupina dam settlement.

- construction of 8 consolidation drains from the compressible dam underground,
- substitution of clayey soil below the drain with the fine-grained rock grit (additional fill),
- reconstruction of dam filters.

The remedial measures were realized at the dam downstream face and at its crest (see figures 9 and 10).

Figure 9.   Krupina dam – view at the consolidation fill and additional fill.

3   TYPICAL FAILURES OF DYKES AT THE LOWLAND HYDRAULIC STRUCTURES, CAUSED BY THE WIND WAVES AND THEIR REHABILITATION

There are 5 large hydraulic structures in the lowland regions of Slovakia, the reservoirs of which are formed by the dykes. The total length of the dykes of these structures is more than 98 km (Gabcikovo – 54.8 km, Kralova – 24 km, Drahovce – 7.2 km, Vihorlat – 7.4 km, Kozmalovce – 4.1 km). The total crest length ($L_T = 17$ km) of 45 other Slovak large dams, constructed in the river valleys represents only about 14% of this value. Intensive wind regime at these 5 reservoirs generate also intensive wind waves effects. The wind waves regime can be described by the wind spectrum as the stochastic process. The wave height differs, depending on the probability P, which results in the different energy of waves $E = f(P)$. The wave energy can

Figure 10.   Krupina dam – remedy of dam body behind the filter, using fine aggregates.

be described by the following expression:

$$E = 5 \, 1/8 \cdot Y_w \cdot h_i^2 \cdot L_i \; [MJ]$$

where:

Y_w – specific gravity of water
h_i – varying wave height
L_i – varying wave length

The wind waves impact at the dam slope influence dam crest freeboard ΔH, measured above the maximum water level in the reservoir. The following relation is applied for the calculation of ΔH value:

$$\Delta H = h_v + c$$

The height of waves run-out at the dam slope h_v depends at wind waves height and length, dam upstream face slope and at the roughness of dam face material. Safety coefficient c ranges in the interval 0,5–1 for the dam crest without breakwater and it is equal to 0 if the breakwater was installed at the dam crest. The wind waves influence also stability of dam face rip-rap protection. Stability of rip-rap depends at the size and weight of protection material, its roughness, wave energy and duration of wind waves impact.

The freeboard value was underestimated at some Slovak dams and reservoir dykes. If the wind speed is significantly large (w = 25–30 m.s^{-1}), it can result in the wind waves of maximum height 1,5–2 m, especially when the speeding-up path of the waves is in the interval 3–5 km. The dam crest overflow, caused by the wind waves occurs mainly if the dam protection material is smooth (concrete, asphaltic concrete). The crest of the dykes of Gabcikovo power canal was overtopped several times in the period of years 1995–1997, because of intensive wind waves regime (see figure 11). It resulted in the erosion of the downstream face of the dyke and the construction of breakwater at the dyke crest (see figures 12 and 13).

Underestimated protection of the dykes of the Kralova reservoir caused wash-out of the protection layer (coarse gravel) in the length of about 300 m. Simultaneously, the loamy sealing layer of the dyke was eroded, as it can be seen from figure 14.

The dykes of the Vihorlat side reservoir were overtopped, too. The Vihorlat reservoir is the largest in Slovakia, in the terms of flooded area (approximately 5 × 7,5 km). The failures of dykes protection (riprap) occurred here because of weathering (air temperature gradient) and wind waves impacts under extreme meteorological conditions.

Figure 11.   Wind waves impact at the Gabcikovo power canal dykes.

Figure 12. Dyke of the Gabcikovo power canal – eroded downstream face and remedial measure (breakwater).

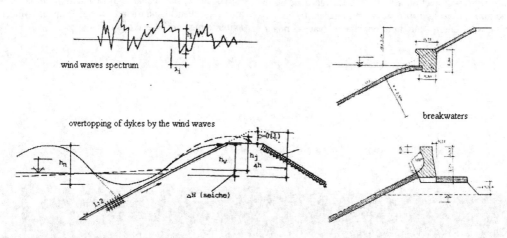

Figure 13. Wind waves regime and remedial measures.

Figure 14. Erosion of the Kralova reservoir dyke, caused by the underestimated slope protection.

4 CONCLUSIONS

The paper deals with selected reasons of failures and anomalies, typical for the earthfill and rockfill dams and for the dykes of reservoirs, situated in the lowland regions. The most frequent reasons of the failures and anomalies of these structures are – excessive seepage, settlement of dam body, large pore pressure and uncertainity of hydrological data. These problems were also discussed in the papers, presented at the previous ICOLD's symposiums in Barcelona and Trondheim (see references). The paper was prepared in the frame of the grant project VEGA Nr. 1/7140/20, titled "Analysis of the dam safety in Slovakia".

882

REFERENCES

Abaffy, D., Lukac, M., Liska, M. 1995. *Dams in Slovakia.* Bratislava: T.R.T. Medium.

Lukac, M., Stefanek, J. et al. 1992. *Analysis of operation of small dams in Slovakia.* Bratislava: ES SvF STU (in Slovak).

Lukac, M. 1983. Influence of wind waves regime of reservoirs and dams in Slovakia. In: *International Hydrological Programme of UNESCO; IAHS Publ. Nr. 172*: pp. 51–78.

Lukac, M. et al. 1995. Inventory of problems in the real operation of dams in the river valleys and in the lowland regions. Bratislava: ES SvF STU (in Slovak).

Lukac, M. 1997. *Failures and anomalies of dams in Slovakia.* Bratislava: ES SvF STU (in Slovak).

Lukac, M., Abaffy, D. 1998. Some problems of dam safety in Slovakia. In: *Dam Safety; Proc. intern. symp., Barcelona*: Rotterdam: Balkema: pp. 219–225.

Lukac, M., Kuzma, J. 1998. Evaluation of the present state of the Krupina dam and proposal of remedial measures. Expertise. Bratislava: ES SvF STU (in Slovak).

Lukac, M. 2000. Main factors of ageing of dams and their safety in Slovakia and in the World: Liptovska Mara (in Slovak).

Lukac, M., Bednarova, E., Lukac, M. Jr. 2001. Dam construction in Slovakia during 20th century. In: *69th Annual meeting of ICOLD; Proc. intern. symp., Vol. II, Dresden*: pp. 245–255.

Lukac, M., Lukac, M. Jr., Abaffy, D. 2001. Supervision of safety of water management projects in Slovakia. In Midttome et al. (eds), *Dams in an European context; Proc. intern. symp., Trondheim*: pp. 231–236.

Lukac, M., Pohanicova, J. 2001. Safety of dykes in the critical section of the Vihorlat hydraulic structure. Bratislava: ES SvF STU (in Slovak).

Votruba, L. 1988. *Reliability of water structures.* Prague: CMT – Brazda (in Czech).

Dam Maintenance and Rehabilitation, Llanos et al. (eds)
© 2003 Taylor & Francis, ISBN 90 5809 534 7

Study of 3D behaviour for the evaluation of the stability of concrete gravity dams

Estudio del comportamiento 3D para evaluar la estabilidad de las presas de gravedad en hormigon

C. Brunet & P. Divoux
Electricité de France, Hydro-Engineering Center, Le Bourget du Lac, France

ABSTRACT: The stability of concrete gravity dams is usually computed with a 2D profile but the behavior of the structure is 3D. A comparative study of the effect 3D is done. First the influence of the slope of the abutments is studied. The blocs equilibrium on the banks and particularly the safety factor depend on this slope. Secondly three simple concrete gravity dams is computed. The thrusts carrying from a bloc to another are analyzed. The finite element software GEFDYN is used. The non linear behavior of the joint and the shape of the valley are taken into account. The knowledge of the thrust carrying over is very important for analyzed the stability of each independent bloc that made the dam, especially for the blocs on the bank in a narrow valley. The results of the computations gets with simplified methods and the finite element method are presented. The resulted gets with a 2D profile could be rather different than the ones gets used with 3D computation.

RESUMEN: La estabilidad de las presas de gravedad en hormigón está habitualmente calculada según un perfil 2D, mientras que el comportamiento de la estructura es 3D. Un estudio de sensibilidad de la influencia de los efectos 3D está presentada. Primero estudiamos la influéncia de la inclinación natural de la fondacion para los bloques que están sobre las orillas. Los bloques están considerados independientes asi que ninguna fuerza está trasladada de un boque a otro bloque. El equilibrio de los bloques independientes que están sobre las orillas depende de la inclinación de las orillas. Segundo, consideramos la totalidad de una estructura simplificada de un presa de gravidad. Las condiciónes de transmisión de fuerza entre los bloques está analizada con el programa GEFDYN que utiliza el método de elementos finitos. El comportamiento no lineal de las juntas de dilatacion, la morfologia de la valle, están tenidos en cuenta para cuantificar los efectos de esas tansmisiones de fuerzas de un bloque a otro bloque. La cuantificación de esas transmisiones de fuerzas es muy importante para calcular la estabilidad de todos los bloques especialmente par una presa construida en un valle estrecho. Una comparación entre los cálculos simplificados 2D y los resultados de los cálculos con el método de elementos finitos está presentado. Depende de los parametros de cálculo, los resultados según un perfil 2D pueden ser alejados de los resultados de cálculos 3D.

1 INTRODUCTION

Most of the concrete gravity dams built were designed with a stability computed with a simplified method. This method is based on hypothesis like a two-dimensional model of the dam. This hypothesis is usually used for analyzing the safety margin against the risk of the dam sliding on his foundation. In relation with this hypothesis, safety criterion are used, based on the experience of the engineer translated in the national rules of each country. But dams are three dimensional structures.

Two-dimensional assumption, which supposed plane stress assumption, could be realistic if the dam length is much larger than its height (theoretically infinitely). Two points of the three-dimensional behaviour are focus of the attention of this paper: the influence of the bank slope and the influence of the joints behaviour on the thrust carrying. The thrust carrying is defined by the possibility that a block could transfer shear forces to the adjacent block through the joint between these two blocks. It is necessary to have shear key or friction that could act with joint grouting or concrete swelling.

2 INFLUENCE OF THE ABUTMENT SLOPE

2.1 Dam model

In a first study, the higher bloc could be taken into account for computed the safety margin against sliding of a gravity dam. In that case, it is considered that the dam is composed of several blocs with horizontal contacts with the foundation (fig. 1) and the higher bloc is the less safe all assumptions equals otherwise. An analysis is done for a simple dam of 60 m high, 120 m crest length, 5 m top thickness, 0,7 downstream slope. The friction angle is 45°, the cohesion is neglected. The safety factor is the ratio between the horizontal forces at the contact, from the upstream-downstream direction and the force perpendicular at the contact (the weight of the dam minus the uplift force). The results shown a Safety Factor 2.5 time better for the bank block than for the higher block.

To improve the analysis, it is better to take into account the slope of the bank. But this need to have a following scheme for the sliding of the blocks. The blocks are supposed to slide from upstream to downstream without any friction with the block below. Only the perpendicular component at the dam-foundation

are taken into account to compute the shear strength. The uplift pressure act on the entire dam-foundation contact. So the stability of the bank blocks is lower than the stability of the higher blocks (fig. 2). It can be seen on that example that the SFF is divided by up to 2 for the bank blocks. The difference between the two cases would be smaller if the cohesion is taken into account in that case. This phenomenon could explain that the tallest monolith of the Saint Francis dam remained standing after the failure [ref. 1].

3 THREE DIMENSIONAL PARAMETRIC ANALYSIS OF A SIMPLE DAM

3.1 Purpose

Dams in narrow valley could have joints grouted or could have been constructed like a monolith. For a better knowledge of the redistribution of the applied hydrostatic load from a block to the block beside, three simples models have been built. Three shapes of the valley have been chosen to analyze the influence of the wide of the valley. The redistribution of the applied loads between blocks is partly dependent on the constitutive law of the blocks joints. The joints are supposed to be able to transmit shear forces. A non-linear constitutive law described below is used [ref. 2]. The influence of the width of the valley and the influence of the parameters of the constitutive law is analyzed in terms of thrust carrying. The stress at the dam-foundation contact are integrated for have the shear force and the normal force at the contact.

3.2 Models

The profile is the same that is used in the first part of the study: 60 m high, 5 m crest thickness, 0,7 downstream

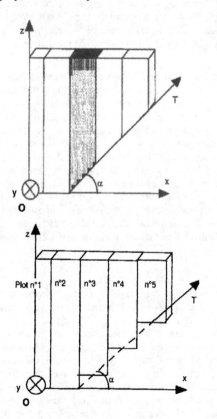

Figure 1.   Simplification of the dam model.

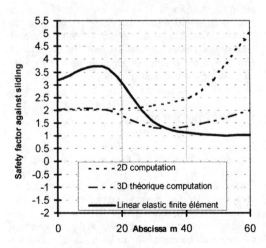

Figure 2.   Results for a simplified dam.

slope. The ratio length/high of the models are 6.25, 4.25 and 2.25 (fig. 3). The dam is composed of 15 m width blocks, parted by a joint.

The construction and impounding process are taken into account to have a model as realistic as possible.

The constitutive law of the joints between the blocks and at the dam-foundation contact is non linear [ref. 2]. The stress-strain relationship takes into account the history of the solicitations. The normal law $(\sigma_n\text{-}\delta_n)$ is a no-tension law (fig. 4) with a tensile strength for the first tensile applied load. If the tensile stress is greater than the tensile strength, the joint is supposed to be cracked and the tensile strenght is then equal to zero.

The tangential behaviour $(\sigma_s\text{-}\delta_{sl})$ of the blocks joints takes into account a working play (δ_{sl}). This working play is due, for example, to concrete thermal shrinkage at the end of the construction. The normal and tangential stiffnesses of the joints can be adjusted. This law can used a mohr coulomb criterion but the results are not presented in this paper.

The shear stresses and normal stresses are integrated directly in the GEFDYN software to get the horizontal and normal forces.

3.3 Linear elastic results with infinite stiffness of the block joint

The result of a linear-elastic analysis (for joints: the working play is nil and the stiffness are infinite) show a difference between a theoretical 2D analysis and a 3D linear elastic finite element model. For this example (fig. 2) the safety factor of the highest block is 1.5 time better for the 3D model when the safety factor of the bank block is five time lower from a 2D theoretical analysis and 2 time lower from the 3D theoretical analysis. This result shows that the applied loads are carried from the central blocks to the bank blocks so the safety factor increase for the central blocks and decrease much for the bank blocks.

Tensile stress at the upstream side of the dam foundation produce an aperture of this contact, up to the middle of the bank block for the narrowest shape of the valley (fig. 5).

3.4 Non linear results and influences of the stiffness of the block joint

The influence of the stiffness of the joint is tested. Some little displacements in the joint could occur during the

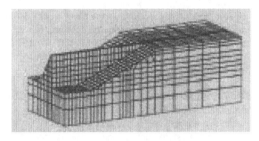

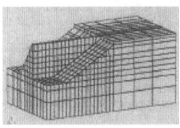

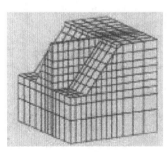

Figure 3.   Mesh of the three dams.

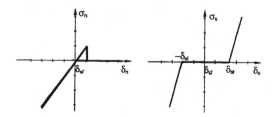

Figure 4.   Normal and tangential behaviours taken into account for blocks joints.

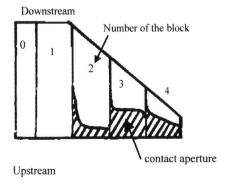

Figure 5.   Elastic linear behaviour of the joints. Aperture at the dam-foundation contact for the narrowest shape of the valley.

887

impounding of the reservoir and the stiffness of the joint is a simple mean to make a sensibility analysis. To compared the results gets with the three shapes of valley, dimensionless characteristic are computed:

Abscissa is the ratio between the distance of the current point and the symmetry axis on the half length of the dam.

Thrust carrying is the ratio between the horizontal force gets by integration of the shear stresses at the dam-foundation contact on the force applied by hydrostatic pressure at the upstream facing of the dam.

First, we verified that for a nil stiffness of the joint (i.e. for independent blocks), the thrust carrying is equal to 1.

The results show (fig. 6a and 6b) the influence of the shape of the valley and the influence of the stiffness of the joint. For a high stiffness, a thrust carrying exist even for the wide valley (L/H = 6.25): the horizontal force at the dam-foundation contact is 1.25 time higher that the thrust applied by the water on the bank block. This ratio is greater for the narrower valley, up to a ratio of 3. Correlatively the horizontal force at the central block contact is lower than the applied thrust of the upstream water.

For a stiffness 100 time lower (i.e. 0.1 GPa) the thrust carrying is quasi equal to 0 for a wide valley (L/H = 6.25) but could be significant for a narrower

valley. The ratio is equal to 1.25 for a L/H = 4.25 and more than 1.5 for a L/H = 2.25. We can see that around 10 to 15% of the thrust applied on the higher blocks is carry over the bank blocks.

The principal mechanism of the thrust carrying can be analyzed with the deformed shape of the dam crest (fig. 7) and with the distribution of stresses in the joints (fig. 8). The crest deformation look like a beam deformation under a uniform distributed load. The distribution of the stresses computed show low compressive stress at the downstream upper part of the central blocks while we have low compressive stress at the upstream side of all the bank blocks. Both indications show a mechanism of deformation of a bending beam. The thrust carrying is unfavorable to the stability of the bank blocks but favorable to the central blocks.

The higher compressive stresses are located at the downstream lower part of joints of the bank block. The joints bank block located near the slope breaking are the most compressed. We have here the result of a low arch effect near the slope breaking which lead to a favorable to the stability of the bank blocks. It seems that because of the rectilinear of the model tested, this arch effect remains low.

The influence of the stiffness of the foundation related to the stiffness of the dam has been studied. The results are qualitatively the same but quantitavely a lower foundation stiffness than the stiffness of the dam lead to have more thrust carrying over the bank blocks.

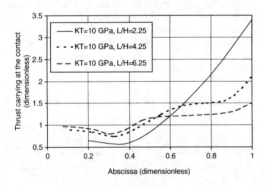

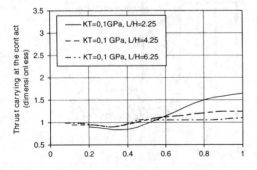

Figure 6. (a) (top): thrust carrying for a joint tangential stiffness of 10 GPa. (b) (bottom): thrust carrying for a joint tangential stiffness of 0,1 GPa.

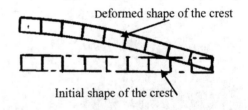

Figure 7. Deformed shape of the crest (L/H = 4.25).

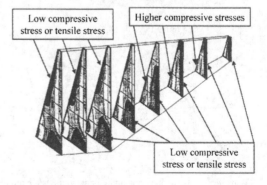

Figure 8. Stresses in the block joints (L/H = 4.25).

4 APPLICATION

4.1 *Description of the dam*

A stability analysis of a concrete gravity dam was done. The main characteristics are given below:

- Length: 220 m
- High: 100 m
- Curvature radius: 475 m
- Downstream and upstream slope: 0;8

4.2 *Assumptions*

The constitutive law of the joints is taken into account a working play. A sensibility analysis is done by a set of 4 values of this working play (0, 0.5, 1 mm and infinite). This value give the better adjustment between the displacement computed and the displacement measured in the dam. No measurement of the displacement between blocks are available, so the hydrostatic effect due to the impounding of the reservoir was used to adjust the parameter of the model (stiffnesses and working play of the joints). The tensile strength is supposed to be nil. The finite element model is poro-elatic witch allow to compute directly the effective stresses.

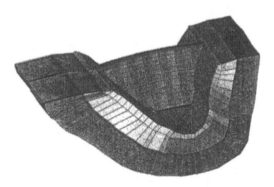

Figure 9. Downstream face of the mesh of the dam.

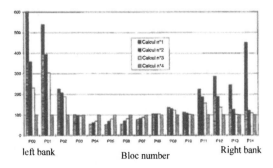

left bank   Right bank
               Bloc number

Figure 10. Thrust carrying in percentage, related to the case of independent blocks (calcul 4). Calcul 1, 2, 3, 4: working play = 0, .5,1 mm, infinite.

4.3 *Results*

In the case of an elastic linear behavior (i.e. without any working play), the thrust carrying at the extreme left bank block reach 600% (fig. 10). That value much too high show no adequacy of the linear elastic approach which lead to overload the bank blocks. For working play lower, the thrust carrying is more reasonable and more realistic regarding to the displacement measured during an impounding of the reservoir. In our case, it is a working play of 1 mm which lead to the best adequacy between the displacements computed and the displacement measured. Although we cannot measured this working or the relative displacement between blocks, this value seems to be acceptable. The thermal shrinkage and the construction process of the dam give a value of working play similar to these 1 mm.

For that case ("calcul 3") the higher thrust carrying is computed for the Block number one at a value of 300%. This value remain high. The slope of the left bank are strong and the L/H of the shape of the valley can explain the strong value of the thrust carrying of the bocks 0, 1 and 2. We can see that a 3D non linear model shows results locally unfavorable to the bank blocks.

The thrust carrying lead to an aperture of the dam foundation contact. So we can see an aperture at the blocks 0,1 and 2 at the left bank. This aperture could reach 2 mm at the maximum for a working play of 0.5 mm. At the right bank, the aperture of the contact is less than 1 mm.

5 CONCLUSION AND PERSPECTIVES

A study of the three dimensional static behavior of three simplified gravity dams is done. The 3D behaviour of the structure is studied by the evaluation of the thrust carrying who lead to overload the bank block of the dam by carrying over the applied load at the central blocks. A non linear constitutive law is used to modelised the behaviour of the bocks joints. The influences of the joint stiffness and of the working play in the tangential direction is studied. The mechanism of the thrust carrying might be assimilated to a bending beam. Arch effect produce compressive

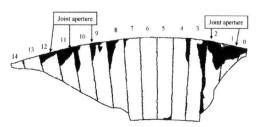

Figure 11. Aperture of the dam-foundation contact for a working play of 1 mm.

stresses at the downstream side of the bank blocks but for the rectilinear simplified dams this arch effect remain low. The influence of the curvature radio is not studied here. This geometry characteristic, often used to have a best safety margin for dams has to be studied. In narrows valley this could lead to have significant effects. This study have to be continued by a parametric study of the curvature ratio.

REFERENCES

Lombardi G. – 1993 – Concrete dams and their foundation. Evaluation for statix loading. International workshop on dam safety evaluation.

Divoux P. – 1997 – Modélisation du comportement hydro-mécanique des discontinuities dans les structures et les fondations rocheuses. Application aux barages en béton. Thèse de l'INPG.

Tinawi, Léger, Ghrib, Bhattacharjee, Leclerc – 1998 – Structural safety of existing concrete dams: influence of construction joints. Report for the canadian electricity association. Departement of civil engineering ecole polytechnique de Montreal.

Dam Maintenance and Rehabilitation, Llanos et al. (eds)
© 2003 Taylor & Francis, ISBN 90 5809 534 7

Mejoras de la estabilidad e impermeabilidad en Azudes

V. Cid Rodríguez-Zúñiga
Geotecnia y Cimientos S.A., Madrid, España

RESUMEN: Se exponen los trabajos realizados en tres azudes situados en ríos próximos a Madrid, que se encontraban con problemas graves en su cimentación. El procedimiento aplicado con preferencia en la corrección de los problemas de cimentación de todos ellos no ha sido la inyección convencional, sino el jet-grouting, que, por los resultados obtenidos, ha sido la técnica más adecuada para resolver los problemas existentes.

1 INTRODUCCIÓN

En esta comunicación se describen los problemas existentes en tres azudes, los tratamientos aplicados para solucionar dichos problemas y se presentan los resultados obtenidos.

El primer azud, de Buenameson, se sitúa sobre el río Tajo, en el límite de Madrid con la provincia de Toledo. Esta emplazado entre los términos de Fuentidueña y Villamanrique de Tajo, presentaba importantes problemas bajo las pilas del desagüe de fondo y a lo largo del labio del aliviadero.

El segundo, de San Fernando de Henares, se sitúa en el río Jarama, en el término municipal del citado pueblo.

El tercero, de Mejorada, se halla sobre el río Henares, poco antes de la confluencia del mismo con el río Jarama.

El primer azud producía energía eléctrica y junto con los otros dos, servían para regular sus respectivos ríos y derivar aguas para riegos.

2 PROBLEMAS EXISTENTES

En el azud de Buenameson existían grandes socavaciones bajo las pilas del desagüe de fondo y a lo largo del aliviadero, que ponían en peligro la estabilidad de este último y las zonas adyacentes de turbinas.

En el de San Fernando de Henares, sobre el río Jarama, se detectaron agrietamientos importantes con pérdidas de material en algunas zonas del azud. También existían importantes filtraciones bajo el azud, con lavado del cuerpo del mismo y de la capa de arenas y gravas bajo su estructura.

En el de Mejorada del Campo, sobre el río Henares, se produjeron roturas en diferentes partes del azud en su margen izquierda. Una vez reparadas, volvieron a reproducirse, acompañadas de sifonamientos bajo el mismo en la zona del estribo izquierdo.

Todos los azudes, de gran antigüedad, se apoyaban en antiguas estructuras que se habían aprovechado englobándolas en las nuevas, por lo que éstas presentaban en su interior una gran heterogeneidad. A su vez, el conjunto de las estructuras de los azudes, se apoyaba en tres niveles de terreno. Uno superior de limos y arcillas con cantos rodados y gravas, con espesor variable entre 2,50 y 22,00 metros que se apoyaba sobre otro de limos y arcillas grises con potencia de 1,00 a 8,00 metros. Estos dos niveles se apoyaban a su vez en arcillas grises con yesos o margas yesíferas, que forman el substrato resistente de apoyo en las cuencas de los tres ríos en que se encuentran estos azudes.

3 ANTECEDENTES Y SOLUCIONES ADOPTADAS

3.1 *Azud de Buenameson*

En el año 1992, personal técnico de la empresa Unión Fenosa que actualmente explota el aprovechamiento hidroeléctrico, detectó importantes sifonamientos, bajo las pilas del desagüe de fondo y a lo largo del aliviadero. En los siguientes años se realizan unos reconocimientos geológicos y, basados en los mismos, se recomendó reforzar las pilas del desagüe con columnas realizadas mediante la técnica del jet-grouting y anclajes pasivos, ampliando la pantalla de jet a lo largo del aliviadero.

Este trabajo se realizó en parte, y no se consiguió el resultado previsto, debido a las grandes socavaciones existentes bajo las pilas y a las pérdidas continuas de material de mortero aportado. Ante ello, en 1995, se redactó un nuevo proyecto y se adoptó la decisión de ejecutar una ataguía que permita desaguar el cuenco del azud y la limpieza, saneo y relleno de mortero de las cavidades existentes. Posteriormente se realizaría una pantalla de columnas de jet grouting, aguas arriba del aliviadero, con un tratamiento especifico en la zona de las pilas del desagüe de fondo.

Ya en Marzo de 1996 se redefinen las nuevas actuaciones, divididas en fases de ejecución, de modo que sin aumentar las mediciones inicialmente previstas se pueda tratar una zona más amplia. El proceso constaría de una etapa inicial y otra independiente para el desagüe de fondo, con cuatro fases intermedias de tratamiento, a base de columnas de jet-grouting, en la zona del labio fijo del aliviadero.

Ejecución de la ataguía
Tratamiento de las pilas: 57 taladros en las tres pilas, con columnas de Jet bajo las mismas, hasta las arcillas grises, y armadas con barras de 32 mm.

- FASE 0: Dos filas de Jet, al tresbolillo, aguas arriba de las pilas del desagüe de fondo, espaciadas 0,60 m. entre columnas y 0,50 m. entre filas, penetrando 3,00 m. en las arcillas grises.
- FASE 1: Una fila de columnas de Jet, desde la Pila N°1 hasta la ataguía, separadas 1,80 m. entre sí, con 15° de inclinación hacia aguas abajo y 20 metros máximo.
- FASE 2: Se intercalan dos columnas de Jet, entre las de la Fase 1, en la zona B, a continuación de la anterior, una cada 0,60 metros y de 20 metros de longitud y 15° de inclinación. Esta zona comprende la de tratamiento más profundo, estando situada, al lado de la zona anterior, aguas arriba de la misma, siguiendo el labio fijo del aliviadero.
- FASE 3: En función de las admisiones de la fase 1, se ampliará este tratamiento fuera de la zona B.
- FASE 4: Nueva fila de columnas separada 0,50 m. de la anterior y en el intermedio de las columnas de la fase 3, con longitud de 15 metros.

3.2 *Azud de San Fernando*

Debido a los visibles deterioros que presentaba el Azud de San Fernando, sobre el río Jarama, se realizó, inicialmente, una campaña de sondeos con la finalidad de detectar las características del terreno de apoyo del azud.

Se encontraron tres niveles perfectamente diferenciados:

- Arenas con cantos y gravas de espesor variable entre 3,80 y 5,65 metros.
- Arcillas grises blandas de espesor variable entre 1,00 y 2,70 metros.
- Arcillas grises con yesos hasta 20 metros.

Los fallos que presentaba el Azud eran de dos tipos: Agrietamientos con pérdida de material en algunas zonas del azud y sifonamientos caudalosos bajo el mismo, con socavación bajo su solera. Esto causaba problemas de abastecimiento a los canales de riego que salían del azud e impedía realizar una buena regulación del río.

Para rehabilitarlo se propuso la ejecución de un tratamiento de consolidación, con columnas de Jet, así como otro de impermeabilización, con igual técnica. Debido a que el substrato rocoso de apoyo, arcillas con yesos, se encontraba a profundidad variable, el empotramiento de las columnas de Jet en el mismo, de un metro, obligó a que las perforaciones y columnas de Jet alcanzaran entre 9,00 y 12,50 metros de longitud.

Se ejecutaría una primera pantalla de impermeabilización, con dos hileras de columnas, aguas arriba del azud y a 0,50 m. del borde del mismo, con baja presión en la zona del cuerpo del azud.

La segunda fase se ejecutaría como pantalla de consolidación, con dos filas de columnas de Jet, aguas abajo del azud, que se empotraban en el terreno de arcillas grises con yesos.

3.3 *Azud de Mejorada*

Este Azud, situado sobre el río Henares, se había reparado hacía pocos años en su Margen Derecha. No obstante, en la M. Izquierda presentaba un deterioro acelerado, debido al emplazamiento de una toma de riego que salía de un punto en que el azud se encajonaba contra la formación de arcillas yesíferas que formaban el farallón de apoyo izquierdo del azud.

En el año 2000, a pesar de la reparación ejecutada en 1998 sobre el labio fijo del azud, toda la mitad izquierda del mismo presentaba grandes pérdidas de agua por los sumideros de esa zona. Ello obligó a realizar rellenos con hormigón en el cuenco, aguas arriba, para tratar de tapar huecos. Igualmente presentaba agrietamientos de su labio vertiente, en la misma zona del paramento del azud. Estos trabajos de reparación y relleno continuaron hasta el año 2001.

Con el fin de eliminar definitivamente las filtraciones existentes se propuso ejecutar una pantalla de impermeabilización con columnas de jet-grouting realizada en dos alineaciones, al tresbolillo, con separación entre ejes de columnas de 0,50 metros, a lo largo de 70 metros de coronación del azud, hasta penetrar 2,00 metros en el nivel de arcillas con yesos subyacentes. En la zona de la toma de riego izquierda se prolongaba el tratamiento en 40 metros hasta empotrar la pantalla de impermeabilización en la ladera izquierda. Inicialmente se realizarían las perforaciones impares, con alta

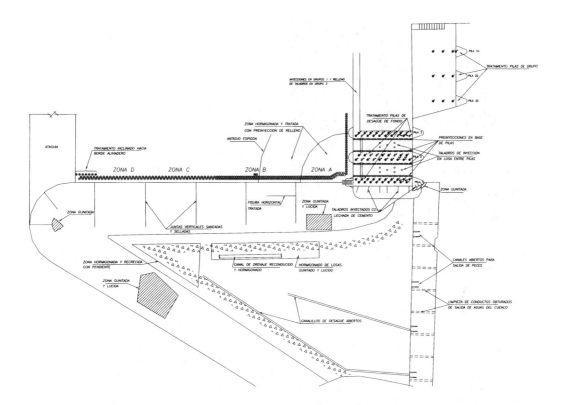

presión y posteriormente las intermedias con presión máxima de 100 bares.

El tratamiento de esta zona del azud se completará con la ejecución de una fila de columnas, aguas abajo de coronación, con separación entre ejes de 1,00 metro.

Las columnas tendrán 9,00 metros de profundidad empotrándose en las arcillas yesíferas compactas como mínimo un metro.

4   TRABAJOS REALIZADOS

Como ya se ha indicado, todos los trabajos proyectados para corregir los problemas de estos azudes tenían como denominador común el haberse ejecutado mediante la técnica del jet-grouting. No obstante, en cada actuación también se emplearon otros tipos de trabajos o variantes de inyecciones diferentes a esta técnica.

4.1   Azud de Buenamesón

Previamente a cualquier tipo de actuación, a mediados de marzo de 1996 comienza la ejecución de la ataguía, dándose por finalizados los trabajos de construcción de la misma ocho días hábiles después. Debido a las obligaciones de suministro de agua a los regantes, se instaló una elevación de agua, con tubería de 10" durante todo el tiempo de ejecución de los trabajos de reparación. Estos disponían de un plazo máximo de dos meses para su realización, que se cumplió con un desvío de cinco días. El suministro de agua a los regantes se mantuvo durante 57 días.

4.1.1   Saneo e inyecciones del cuenco y zona de grupos generadores

Estos trabajos no estaban previstos inicialmente. No obstante, una vez ejecutada la ataguía, se observó que el agua confinada entre ésta, parte del aliviadero y la zona de compuertas y turbinas, desapareció en unas dos horas. Se estimó que, por los sumideros existentes bajo esas estructuras, las pérdidas de agua alcanzaban un volumen del orden de 3 m3/segundo. No obstante, cuando el agua llegó al nivel del resto del cauce dentro del cuenco, los sumideros actuaron en sentido contrario, pues el agua fluía desde aguas abajo del aliviadero.

Para corregir esta situación fue necesario, a medida que se extraían los lodos del fondo del cuenco, verter hormigón en las zonas de contacto del aliviadero con el cuenco, para formar una solera, dejando embebidos tubos por los que bombear mortero e inyectar lechadas posteriormente. Con este proceso de saneo se consiguió tener una solera de hormigón, a lo largo del borde aguas

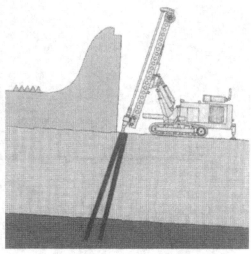

arriba del aliviadero, desde la que las perforadoras podían circular sin hundirse en el cuenco.

La puesta en seco del cuenco permitió la revisión interior de las cámaras de los grupos generadores. El Grupo N° 1, más próximo a la margen izquierda, presentaba unas vías de agua en solera que se cortaron con la perforación e inyección a baja presión de lechadas. En la solera del Grupo N° 3 aparecía un fenómeno similar. El sellado de los sumideros necesitó la inyección, en la zona de grupos, de un total de 5,20 toneladas de cemento. Los trabajos de consolidación se continuaron en las pilas situadas entre los grupos. En ellos se trabajó con la misma técnica que luego se emplearía en las pilas del desagüe de fondo: Perforación a través de las pilas, ejecución en la zona debajo de las mismas de columnas de jet y armado con barras de 32 mm. de diámetro, de la perforación en la zona de las pilas. Dada la proximidad a los grupos, el tratamiento de jet, en esta zona, se realizó con presiones inferiores a los 250 bares. Se realizaron 102,50 m. de columna de jet y 80,00 m. de anclaje pasivo armado con barra de 32 mm. en el tramo de perforación realizado a través del hormigón de la pila. El consumo de cemento fue de 250 kilos/metro. Posteriormente, el equipo que realizó los trabajos en la zona de los grupos, al introducir de nuevo el agua en el cuenco, realizó tareas de sellado de pequeñas zonas con filtraciones y gunitó diferentes partes del labio fijo del aliviadero que estaban deterioradas por deslizamientos o desprendimientos de las losas superficiales. Estas zonas deterioradas se limpiaron, se colocó malla de triple torsión y se gunitaron con mortero de árido fino de machaqueo y dosificación de 500 kilos de cemento por m3. Posteriormente se enlucieron con una capa de mortero.

Cuando al final de todo el proceso de reparación se llenó el cuenco de agua, se comprobó que las pérdidas eran mínimas, del orden de 30 litros/segundo, y que se producían por las compuertas del desagüe de fondo y los grupos generadores.

4.1.2 Tratamientos en las pilas del desagüe de fondo

Se iniciaron las actividades de saneo del cuenco al mismo tiempo que el hormigonado del mismo y el tratamiento de las pilas del desagüe de fondo.

Al comenzar las perforaciones de las pilas, se comprobó que, debido al importante volumen de los sumideros encontrados en la zona inferior de las pilas del desagüe, el tratamiento de jet-grouting no conseguía la efectividad necesaria al emigrar las lechadas de inyección hacia aguas abajo.

Por ello se procedió a rellenar con mortero todas las perforaciones, Posteriormente, a la vista de la dificultad de relleno observada con el mortero, se reperforáron todos los taladros y, en retirada, por el mismo varillaje de inyección se efectuó un relleno con lechadas densas de cemento a baja presión. Con ello se cerraron las vías de agua iniciales, ejecutándose posteriormente el tratamiento inicialmente previsto de jet.

Estos trabajos consistieron, en la zona de compuertas y pilas del desagüe de fondo, en la perforación de los ocho metros de las pilas y la creación en su base de columnas de jet, de 7,20 metros de profundidad media. Posteriormente, en la pila de hormigón se colocaba una barra de acero de 32 milímetros de diámetro.

La medición total ejecutada en las pilas de las compuertas, ascendió a 412,5 metros de columna de jet y 416 metros de anclaje pasivo. El consumo medio de cemento en los trabajos de esta zona supuso 180 kilos/metro.

4.1.3 Tratamientos de jet en el cuenco

Tal como estaba previsto este tratamiento se aplicó en varias fases. Se ejecutó una primera serie de columnas de jet, separadas 1,80 metros, en una sola fila y con 15° de inclinación hacia aguas abajo del aliviadero, desde la pila N°3 hasta el limite del aliviadero

con la ataguía. Esta alineación de columnas se completaba con otra frente a las pilas del aliviadero y zona de compuertas del desagüe de fondo. Las profundidades variaron entre 11,00 y 18,00 metros en estas zonas. Esta primera pasada de ejecución de columnas permitió comprobar el pésimo estado, en cuanto a socavación se refiere, del cuenco.

En la zona que se denominaba A y B, es decir, unos 36,00 metros de aliviadero a partir de la pila N° 1 de la zona de compuertas, se completó la fila de columnas de jet iniciada con otras columnas separadas 0,60 metros, y se ejecutó una nueva alineación de columnas de jet, al tresbolillo y separada 0,50 metros de la anterior.

El resto de la zona a tratar del aliviadero se cerró con columnas separadas 0,90 metros y otra fila, al tresbolillo con la anterior, separada 0,50 metros de ella.

La pantalla situada aguas arriba de las pilas del aliviadero quedó reducida a una sola fila de columnas de jet, en lugar de las dos inicialmente previstas.

El total de columnas de jet ejecutadas en el cuenco del aliviadero ascendió a 3.327 metros lineales. Se inyectaron lechadas de cemento con una densidad de 1,512 kilos/litro, con presión de 300 bares, y con un consumo final medio de 280 kilos de cemento/metro.

Las mediciones totales ejecutadas en este azud fueron las siguientes:

Columnas de Jet Grouting	3.841,70 metros
Anclajes pasivos de 32 mm.	496,00 metros
Material extraido del cuenco	5.956,83 M3
Hormigón colocado en el cuenco	777,42 M3
Gunita colocada	34,00 M3

4.2 Azud de San Fernando de Henares

Los trabajos de reparación de este azud se iniciaron con el desvío del río, por su margen izquierda, mediante una ataguía provisional. Al mismo tiempo, se rellenó con zahorras la parte de aguas abajo del labio del azud, en su margen derecha, al objeto de permitir que las perforadoras pudieran trabajar desde lo alto de la coronación del azud.

Se realizaron dos pantallas de columnas de jet-grouting. Una primera, que consta de dos alineaciones de taladros, al tresbolillo, ejecutada en la zona de aguas arriba del azud, a 0,50 metros del borde del paramento de aguas arriba la primera fila, con separación de 0,60 metros entre ejes de columnas dentro de cada alineación. La segunda pantalla, que constaba de otras dos alineaciones de columnas de jet, se situó en la zona de aguas abajo, con separación, respecto del paramento aguas arriba del azud, de 3,00 y 4,50 metros, respectivamente. Las columnas de la alineación situada más aguas arriba tenían una separación entre ejes de cuatro metros. La alineación situada más aguas abajo, se realizó con una separación entre ejes de columnas de dos metros.

Como el nivel de apoyo del azud en el substrato rocoso de arcillas grises con yesos se encontraba a una profundidad variable a lo largo del azud, se decidió empotrar las columnas en dicho nivel un metro como mínimo. Por ello la longitud de las mismas variaron desde 9,00 hasta los 12,50 metros.

La pantalla de impermeabilización, en una primera etapa de tanteo, no se adentraba más que medio metro en el cuerpo del azud, formando la columna de jet. Posteriormente, se decidió tratar, debido a los bajos rechazos de lechada observados, metro y medio más hacia arriba, adentrándose en el cuerpo del azud, con parámetros de inyección de 100 kilos de cemento por metro y baja presión, 100 bares como máximo, para así ayudar a consolidar el núcleo del azud evitando movimientos debido a las altas presiones que habitualmente se utilizan para la formación de las columnas de jet-grouting.

La pantalla de consolidación, en su primera fase experimental, se profundizaba con columnas de 4 metros de profundidad, para, al final, prolongarlas hasta la misma profundidad alcanzada por la pantalla de impermeabilización.

Durante el proceso de ejecución de los trabajos, se produjeron las avenidas del otoño invierno del año 2000–2001. Estas avenidas, destruyeron la ataguía de

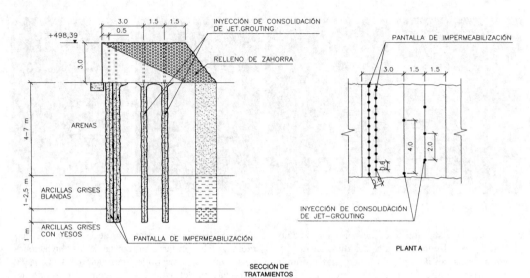

INYECCIÓN DE CONSOLIDACIÓN DE JET.GROUTING

RELLENO DE ZAHORRA

PANTALLA DE IMPERMEABILIZACIÓN

ARENAS

ARCILLAS GRISES BLANDAS

ARCILLAS GRISES CON YESOS

PANTALLA DE IMPERMEABILIZACIÓN

INYECCIÓN DE CONSOLIDACIÓN DE JET—GROUTING

PLANTA

SECCIÓN DE TRATAMIENTOS

JET GROUTING DESDE CORONACIÓN (POR RELLENO DE ZAHORRA NATURAL) Y COLUMNAS JET PARA RECALCE.

AZUD DE SAN FERNANDO

desvío del río, invadieron la zona de trabajos de la margen derecha, que se encontraba muy avanzada, y hubo que retirar todos los equipos. El azud quedó totalmente destruido en la zona de la margen izquierda que no se había comenzado a reparar. Sin embargo, en la zona ya consolidada, aguantó perfectamente.

Los trabajos habían comenzado a finales de noviembre del año 2000, paralizándose, como ya se ha indicado, con motivo de las avenidas otoñales de ese año. Los trabajos se reanudaron en el verano del año 2001. Hubo nuevas crecidas en el río en el mes de octubre del mismo año, finalizándose los trabajos en el mes de noviembre del 2001.

Durante el mes escaso de trabajo ejecutado a finales del año 2000, se formaron 191 columnas de jet grouting con un total de 1.264 metros de tratamiento.

En el período comprendido entre julio y noviembre del año 2001, reinicio y final de los trabajos, se ejecutaron 546 columnas de jet grouting con una longitud de 5.948 metros.

En estas cifras se incluían tanto las columnas que formaban parte de la pantalla de impermeabilización, como las correspondientes a la consolidación del cuerpo del azud. En total se formaron 7.212 metros de columna.

4.3 Azud de Mejorada del Campo

Los trabajos de reparación de este azud se han centrado prioritariamente en el refuerzo e impermeabilización de la parte izquierda del mismo. La disposición de las alineaciones de tratamiento ha sido muy similar a la realizada en los otros azudes.

La pantalla de impermeabilización realizada para eliminar el sifonamiento por debajo del azud y evitar futuros asentamientos consta de dos alineaciones de columnas. La primera se encuentra situada a 0,50 metros del borde aguas arriba del paramento del azud. La segunda fila esta al tresbolillo respecto de la primera, hacia aguas abajo, con separaciones entre ejes de columnas de 0,70 metros.

La zona del azud tratada con la pantalla de impermeabilización cubre los 70 metros del mismo situados en su estribo izquierdo. Esta pantalla se prolongará con otra similar de 40 metros de longitud que cubrirá toda la zona situada desde el partidor de cargas y toma de riegos del estribo izquierdo hasta empotrarse en el farallon yesífero del estribo izquierdo.

Este tratamiento de impermeabilización se completa con otro de consolidación del cuerpo del azud. Para ello se ejecuta una fila de columnas de jet grouting a una distancia de tres metros del borde aguas arriba del aliviadero. La distancia entre ejes de las columnas dentro de esta alineación es de un metro.

Como el espesor del nivel aluvial y de arcillas limosas grises es pequeño en este azud, las columnas de las pantallas se empotrarán en el nivel de margas yesíferas un mínimo de un metro, alcanzando una profundidad máxima de 9,00 metros.

La medición total a ejecutar en la pantalla de impermeabilización asciende a 3.960 metros de columna de jet. En la pantalla de consolidación la medición supone 1.300 metros.

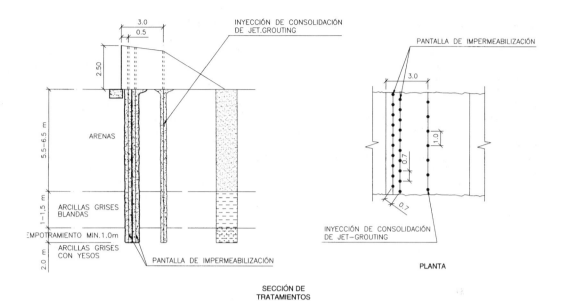

INYECCIÓN DE CONSOLIDACIÓN DE JET.GROUTING

3.0
0.5

2.50

5.5–6.5 m

ARENAS

1–1.5 m

ARCILLAS GRISES BLANDAS

EMPOTRAMIENTO MIN.1.0m

2.0 m

ARCILLAS GRISES CON YESOS

PANTALLA DE IMPERMEABILIZACIÓN

SECCIÓN DE TRATAMIENTOS

PANTALLA DE IMPERMEABILIZACIÓN

3.0

1.0

0.7

0.7

INYECCIÓN DE CONSOLIDACIÓN DE JET–GROUTING

PLANTA

JET GROUTING DESDE CORONACIÓN

AZUD DE MEJORADA

habia quedado confinada una bolsa de este material por debajo de los vertidos de hormigón en masa realizados en años anteriores. Al mismo tiempo, esto explicaba el continuo aumento de las filtraciones bajo el azud y el asentamiento del mismo.

Terminada la ejecución de las columnas primarias en tramos de dos metros, se volvía para atrás con objeto de cerrar ese tramo con las columnas intermedias. Este cierre final de la pantalla de impermeabilización se realizó con igual presión en casi todas las columnas, ya que se observó desde el principio que el rechazo era muy bajo.

La presión de inyección de las columnas de jet fue uniforme alcanzando normalmente los 400 bares.

El proceso de ejecución se inició con la ejecución alternada de las columnas, al tresbolillo, de la pantalla de impermeabilización. La admisión de estas columnas iniciales fue total, observándose que desde la profundidad de 6-metros hacia arriba se producía un gran expulsión de limos y fangos, lo que confirmaba que se

897

La pantalla de consolidación, con separación entre ejes de columnas de 1,00 metros se realizó a medida que fue terminándose por tramos la pantalla de impermeabilización. El empotramiento de las columnas en el substrato rocoso de arcillas grises yesíferas ha sido el mismo que el correspondiente a la pantalla de impermeabilización.

La medición alcanzada en la realización de las pantallas de este azud ascendió a 5.260 metros de columna de jet.

Todos los trabajos realizados en este azud se desarrollaron en el año 2002.

5 CONCLUSIONES

Las inyecciones de impermeabilización en aluviones siempre han presentado el problema de su efectividad y el alto riesgo de agresión ambiental.

Con la aplicación de la técnica del jet grouting a los trabajos en los azudes, garantizamos la consolidación e impermeabilización de los mismos, a pesar de su heterogeneidad estructural y, como normalmente ocurre, estar apoyado en zonas aluvionares. Esto se consigue por la mejor adaptación de esta técnica a los fines perseguidos, además de ser más respetuosa con el medio ambiente que las inyecciones normales, por el mayor control sobre las lechadas de inyección.

Queremos expresar nuestro agradecimiento a la empresa Union Fenosa, al Instituto de Reforma y Desarrollo Agrario del M.A.P.A., y a la Consejería de Medio Ambiente de la C.A.M. por su confianza, y colaboración durante el desarrollo de los trabajos realizados.

Dam Maintenance and Rehabilitation, Llanos et al. (eds)
© 2003 Taylor & Francis, ISBN 90 5809 534 7

Control of seepages through deep alluvium foundation of Tarbela Dam Project – Pakistan

Sardar Muhammad Tariq

Chairman, Pakistan Water Partnership (PWP) and Ex-Member (Water) WAPDA, Lahore, Pakistan

ABSTRACT: Tarbela Dam the largest volume rock and earth fill dam faced serious seepage problems through its 220 m deep alluvium foundation immediately after its first filling in 1974. The seepage observed surpassed manifolds the designed values. The reservoir was depleted in emergency due to serious structural failures and large seepage. On emptying the reservoir, a large number of sinkholes were noticed in the upstream impervious blanket responsible for large seepages. This paper describes in detail the seepage control measures incorporated in the original design, the reasons for its inability to perform according to designed criteria, geology of the foundation and abutments, causes for the development of sinkholes in the foundation and body of the dam, the treatment of sinkholes under dry and wet conditions and the method of monitoring of development of sinkholes under water. The paper further describes the success of under water treatment of sinkholes in controlling the undue seepages and enhancing benefits of the dam.

1 INTRODUCTION

The Tarbela Dam Project in Pakistan is located on the main stem of the Indus River and features a main embankment dam that is 2745 m long with maximum structural height of 143 m having an upstream impervious blanket. Two auxiliary dams and gated service and auxiliary spillways are located in the adjacent side valleys beyond the left abutment of the main dam. A complex of tunnels is located through the right abutment bedrock for downstream irrigation flows and power generation. A general layout plan of the project features is shown in Fig. 1.

Due to the existence of extremely deep alluvium deposits in the Indus River valley as great as 220 m, the design concept chosen to control under seepage and exist gradients beneath the main and auxiliary dam-1 consists of an inclined impervious core zone connected to a long impervious upstream blanket in combination with relief wells at the downstream toe of main dam.

1.1 Background

Concerns about the various foundation aspects and possible consequences of the openwork zones in the alluvial foundations led to the adoption of the "Observational Method" which is a decision making technique enabling the operator to cope more efficiently with the unknown site conditions based on observations.

Following the first filling of reservoir to 80% of its maximum depth in 1974 summer, an excessive under seepage of 8.5 m³/s was recorded at downstream toe of main dam. The collapse of about 60 m upstream portion of Tunnel 2 as a result of cavitation due to stucking gate necessitated the emptying of reservoir. This exposed the upstream blanket and revealed 362 sinkholes (0.3 to 12 m in diameter) and 140 cracks within the upstream impervious blanket of the main dam. Subsequent investigations revealed the cause of sinkholes to be the migration of fines from the internally unstable i.e. non-self-filtering impervious blanket downward into the underlying "open work" alluvial foundation gravels and cobbles. This process was initiated by cracking of the blanket due to differential compression of near-surface foundation zones imposed by reservoir loading (Fig. 2(a) and 2(b)). A systematic programme of under-water surveillance through side-scan sonar and ORE profiling for sinkhole detection and repairs was started and continued. The annual number of detected sinkholes in the blanket steadily decreased with time aided by the deposition of reservoir sediments. The number of sinkholes detected and treated reduced to zero by 1985. To control seepage through the alluvial foundation of the dam, additional relief wells were also installed in the early years of operation. The seepage reduced gradually to nil by 1989.

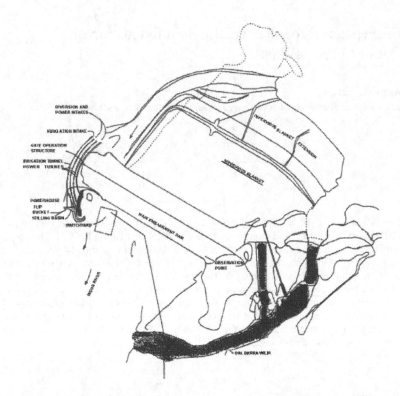

Figure 1.

The note describes various subsurface explorations and examines the implications of openwork in the foundation.

It also explains the mechanism of formation of sinkholes and presents analysis of the extensive piezometric and seepage data collected over the years as a consequence of treatment of sinkholes, healing of cracks and natural sedimentation.

2 GENERAL GEOLOGY

2.1 MED foundation

The Indus valley in the Project area is broad and flat with river flowing "a braided" stream. The bedrock surface below the Indus flood plain is about 220 m deep. The rock at right bank forms a shelf and is covered with shallow alluvium. On the left side of rock ledge, the rock contains a fault major strike-slip feature running parallel to the right bank. At a number of places, the river alluvium is skip graded consisting of cobble, gravel and fine sand fraction. The cobble gravel component consisting of hard granite and quartzite particles has point-to-point contact with the fine sand choking the voids. The locations where cobbles and gravels remained unchocked are termed as "Open Work" zones and are shown in Fig. 2(a) and 2(b). The main dam is founded on deep skip graded alluvium for more than 1.8 km from the left bank while the remaining length (610 m) is founded on rock and extends to the right abutment. A profile across the river valley along the dam axis is shown in Fig. 3.

2.2 Sub-surface Investigations

Extensive subsurface investigations of the alluvium and rock conditions were made for the Project before and during construction. The investigations included the following activities:

a. Geologic reconnaissance and mapping
b. Geophysical surveys
c. Test pits and trenches
d. Borings through alluvial deposits
e. Rock corings
f. Exploratory adits
g. Exploratory freeze shaft
h. Exploratory grouting
i. Pump-in test
j. Thermistor studies

The deeper subsurface explorations in the area of main dam were generally along the axis of the main dam. Along this line, only three borings penetrated to bedrock and maximum depth to bedrock of 185 m was indicated by one boring on the right side of bedrock. Over-burden materials encountered in the all borings were alluvial which generally was cobble gravel

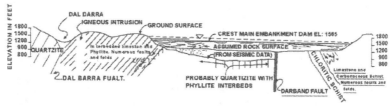

(a)

FAILURE MECHANISM
OF BLANKET AT TARBELA
Fig. 2-A

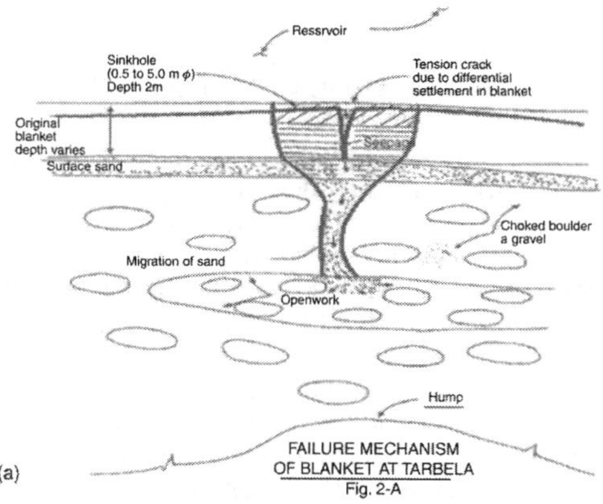

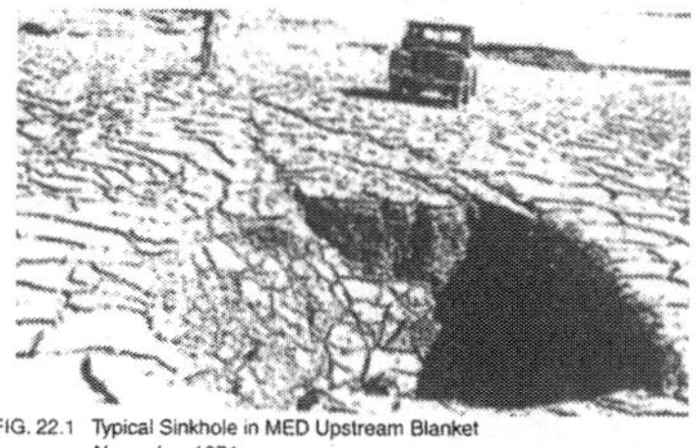

FIG. 22.1 Typical Sinkhole in MED Upstream Blanket
November 1974

(b)

FIG. 22.2 Loading Bottom-Dump Barge

Figure 2(a) and 2(b).

choked with fine sand. Relative density tests on a limited number of undisturbed core barrel samples indicated that the sand was very dense and would not be subject to liquefaction.

Tests of samples collected from shallow test pits in the valley bottom showed gradation limits of the alluvium as shown in Fig. 4. The D 15 size of cobble/gravel is 50 to 100 times larger than D 85 size of the fine sand. This ratio of D 15-FiltertD85-protected is thus many times the ratio of 4 to 5 required in filter design and indicates that fine sand can readily pass through the voids of coarser cobble gravel. Occasionally, stratas of silt, grey in colour and very compact were found at depth in borings. Presumably such silt stratas are the remnants of flood plain deposits, which were deposited when the river flowed at lower elevation.

The in situ permeability tests and mud loss tests performed during drilling also indicated the existence of areas of high permeability attributable to open work zones in the alluvium.

Explorations through the freeze shaft confirmed the presence of large zones of openwork. It also appeared that the fine sand could migrate downward easily into the openwork.

The thermistors observations generally confirmed the presence of openwork aquifers in the alluvium on the right and left side of the valley and also indicated an openwork aquifer in the central portion that was not confirmed by other observations.

Reliable bedrock surface profiles could not be determined from the geophysical data because of density of underlying rock.

3 DESIGN

A typical cross section of the dam on alluvial foundation is shown in Fig. 5. The core was specified to be a well graded mixture of augular gravel sand and silt and was designed to be self-healing against cracks due to settlement or due to any earthquake events. The thickness of sloping core varied from about 5 m at top to 38 m at the base. The core section was thickened at the base where it was connected to upstream blanket in view of its vulnerability to cracking from

GEOLOGIC SECTION BASED ON SURFACE MAPPING (LOOKING DOWNSTREAM)

Figure 3.

differential settlements due to fluctuating reservoir heads. The core material was surrounded upstream and downstream by free draining zones, granular fill and transition respectively. The maximum seepage expected through the impervious core under full reservoir head was estimated 150 liter per second for the entire length of dam.

For control of seepage beneath the dam a long upstream impervious blanket was chosen in preference to a deep grout curtain (cut off) for following reasons:

a. Less costs
b. Easy inspection during construction stage

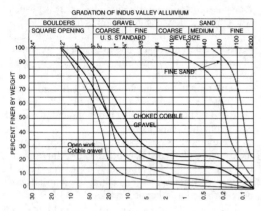

Figure 4.

c. Positive effects due to sediment accumulation
d. Less effects due to seismic activity

The length of tailing impervious blanket (12.8 m thick at dam toe) was 2286 m to give an overall seepage gradient in the foundation not steeper than 1/15. A line of relief wells was installed at the downstream toe of the main dam to release uplift pressure at the downstream toe of the dam. The quantity of seepage expected beneath the main dam was 4.1 m^3/s.

4 DAM FOUNDATION PROBLEMS

The first filling of Tarbela reservoir started on July 1, 1974. When the reservoir level attained about 80% of total design depth on August 21, 1974, the recorded seepage at D/S toe of Main Embankment Dam (MED) was more than 8,5 m^3/s, many times more than the designed value. Many relief walls discharged more than 0.03 m^3/s at this reservoir level. The collapse of about 60 m length of upstream portion of 13.7 m diameter Tunnel 2 necessitated the complete emptying of reservoir. After the complete depletion of reservoir in September 1974, the upstream blanket was exposed revealing 362 sinkholes as well as 140 cracks and several compression ridges. Generally, the sinkholes were located along the cracks, which had occurred due to differential settlement of foundation under reservoir load on the blanket. The size of most of the sinkholes ranged from 0.3 to 4.5 m in diameter with depths from 1.2 to 1.8 m and the deepest had

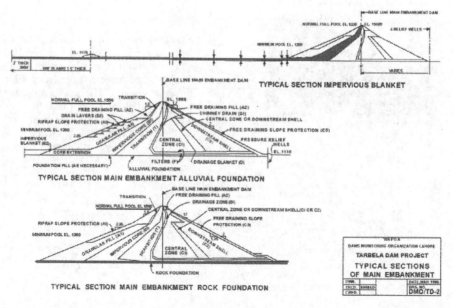

Figure 5.

a depth of 4 m. Several test pits and trenches were excavated at sinkhole locations to investigate their nature. The chimney of disturbed zone occupying the space between bottom of sinkhole and foundation consisted generally of large chunks of intact blanket material plus irregular pipes of impervious material.

5 MECHANISM OF SINKHOLE DEVELOPMENT

The formation of sinkhole resulted from cracks opening in the tension zones at the crests of humps or ridges created by unavoidable uneven settlement of the blanket under the reservoir loading. Appreciable seepage flow occurred through these cracks and at places where the sand choking the cobble gravel was not dense. The seepage water caused downward migration of the sand in voids forming a more dense condition in the lower part of the cobble gravel. With the development of a thin layer of openwork immediately underneath the impervious blanket, the finer fraction at the bottom of blanket and along the sides of lower part of the crack fell into voids in the openwork and was carried along the openwork by the water flowing into it from the crack. Although the blanket was expected to be perfectly self-filtering but the experience showed it to be otherwise.

6 MODIFICATION OF FOUNDATION DESIGN

6.1 Treatment of sinkholes

The treatment of sinkholes consisted of filling them with filter material, then constructing a mound of additional blanket material over them. A typical treatment is shown in Fig. 6(a). The overlying material was placed in layers but not compacted.

6.2 General strengthening of blanket

The blanket thickness varied from 12.8 m at upstream toe of the MED to 1.5 m at cofferdam C. Where the blanket was less than 4.6 m thick at downstream of cofferdam C, its thickness was increased to 4.6 m by spreading blanket material in layers without compaction.

6.3 Installation of additional relief wells

Certain wells flowed more than 28 l/s of water at reservoir level 446 m. To discharge this amount of water, several meters of water head were required just to develop the necessary velocity of flow in the well pipe. For free drainage of the well, with minimum head loss, additional wells were installed along the

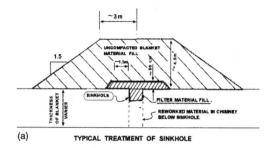

(a)   TYPICAL TREATMENT OF SINKHOLE

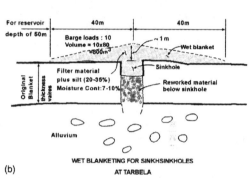

(b)   WET BLANKETING FOR SINKHSINKHOLES AT TARBELA

Figure 6(a) and 6(b).

existing line of wells and an additional line of wells was installed downstream of the existing line.

6.4 Development of new sinkholes

Although all the evident sinkholes after 1974 draw down of reservoir were repaired, yet the fundamental causes of sinkholes (cracks) in the blanket and the thin layer of open work immediately under the blanket were not eliminated. Consequently, upon subsequent fillings of the reservoir, additional differential settlements of the blanket and new cracks occurred creating new sinkholes.

To monitor the repaired blanket and sinkholes and their treatment during subsequent operation of reservoir, Side Scan Sonar, Ocean Research Equipment (ORE) and Bottom dumped Barges were procured. This equipment permitted the sinkholes 1 m or larger in diameter to be identified and was selected in preference to under water photography or television because of poor water visibility due to suspended fine sediments.

About 350 sinkholes developed in 1975 during the second filling of reservoir, which were treated with blanket material under water. The number of Barge Loads required to treat each sink holes varied as the water depth varied with fluctuation of the Reservoir ranging from 10 Barge loads at minimum water level to 50 barge loads at full reservoir getting a blanket material depth of approximately 1 meter (Fig. 6(b)). But since then, the number of sinkholes every year

903

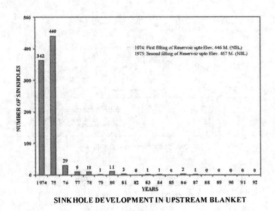

SINKHOLE DEVELOPMENT IN UPSTREAM BLANKET

Figure 7.

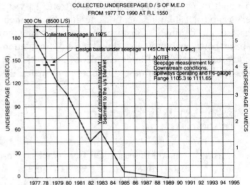

Figure 8.

went on decreasing as indicated in Fig. 7 until none in 1988 due to improvements as a result of natural sedimentation.

7 PERFORMANCE OF UPSTREAM BLANKET

Subsequent to modification works in 1974–75 and later by barge dumping operations at locations of newly developed sinkholes as well as due to natural siltation, the performance of upstream blanket generally improved. There was gradual reduction in the piezometric pressures/potentials with decreased collected seepage at downstream toe of MED. At full reservoir level, the total collected seepage decreased from about 8.5 cubic metre per second in 1974 to about 0.4 cubic metre per second in 1985 and nil in 1988 (Fig. 8).

Nevertheless, on the left side of the blanket there have been signs of deterioration due to feeding from the blanket–rock contact. The barge bumping operations carried out from time to time in this area have not proved permanent healing effects. However, the area is currently being monitored very closely.

8 CONCLUSION

At Tarbela Dam Project, the works comprising site investigations and designs as well as monitoring the

performance of dam during and after construction have been very extensive. Due to large dimensions of the Project and deeper alluvial foundation with presence of openwork, it was not possible to investigate the foundation fully. Accordingly "Observational Method" was adopted requiring extensive instrumentation and observations.

The sinkholes and cracks developed in the upstream blanket resulted in massive migration of blanket material into the open-work zones, increased piezometric potential and under seepage during early fillings of reservoir. However, upstream blanket has proved successful during the period in controlling the seepage and hydraulic gradient without difficulty. As a result of barge dumping of impervious material over sinkholes, natural siltation from the Indus waters and natural healing of cracks, the collected underseepage more than 8.5 m³/s in 1975 reduced to zero in 1988.

The records of piezometric pressures, hydraulic gradients, underseepages and relief well discharges have continuously been the subjects of detailed study over the years. These studies have proved most valuable in assuring the safety of the Project and would certainly help in handling any foundation problem of similar nature at other earth fill dams in the world.

Side scan Sonar equipment in monitoring the performance of underwater structures and wet placement of blanket material in reservoir depth of 145 is a feasible option.

Dam Maintenance and Rehabilitation, Llanos et al. (eds)
© 2003 Taylor & Francis, ISBN 90 5809 534 7

Knowledge and experience from rehabilitation of some Slovak dams

E. Bednarova, D. Gramblickova & M. Lukac
Slovak Technical University, Faculty of Civil Engineering, STU, Radlinského, Bratislava, Slovak Republic

ABSTRACT: At present, there are more than 300 dams in Slovakia. Fifty of them are registered in the ICOLD's World Register. Earthfill and rockfill dams in the total number of 33, which were constructed from the local construction materials represent predominant type. Eleven dams can be classified as combined, with earthfill dam bodies and concrete function blocks and six Slovak dams are concrete ones. Anomalies recorded mainly in the seepage regime at some dams gave a rise to remedial measures. The paper deals with some knowledges and experiences gained during the remedial works, which aimed at additional sealing of grout curtains in the subsoil layers of the Hrinova, Liptovska Mara and Velka Domasa dams.

1 THE HRINOVA DAM

The dam was completed in 1965, in order to create the source of drinking water supply for the southern part of the central Slovakia. The reservoir of the total volume of 7,4 mil. m^3 was formed by the impoundment of stream water with the earthfill-rockfill dam. The dam has loamy sealing and its main parameters are – dam height 41,5 m, dam crest width 5,5 m and dam crest length 242,8 m. The dam subsoil was formed by the weathered granodiorites and mylonits. It was needed to seal the subsoil by the grout curtain. Typical cross-section of the dam is given at the Figure 1.

Almost 30 years passed, till the waterwork has been put into permanent operation. In this period, various hypotheses of the reasons of failures have been either confirmed or contradicted. The failures endangered safety of waterwork operation. Repeated local remedial works resulted in adequate effects – local and temporary. The belief, that the effect of remedial works is successful and permanent, was formed after the realization of extensive remedial measures in the period 1989–1991.

The first failure occurred shortly after the start of reservoir operation. A local seepage was observed on the left side of the dam, which raised from 4 l.s^{-1} to

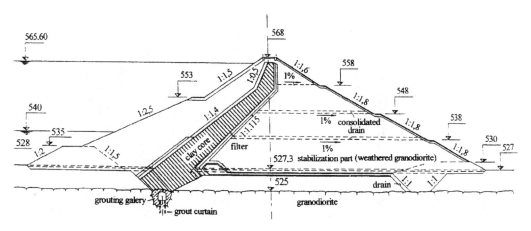

Figure 1. Hrinova dam – cross section.

around $100 \, l.s^{-1}$. It caused local landslide in the area of about $150 \, m^2$. At the same time, excessive vertical and horizontal deformations were monitored at the dam crest. The water level in the reservoir was decreased rapidly during the failure. The exploratory works followed – additional geological exploratory drills, establishment of observation marks, investigation of seepage pattern, using geophysical methods. A local remedial measures were applied, too. Excessive seepage of value $90 \, l.s^{-1}$ occurred again in May 1968, after the spring flood. Another exploratory works and remedial measures followed – exploratory trench with varying depth was dug at the dam crest. Its length was $25 \, m$ and width $1,4 \, m$. The results of investigation confirmed several serious mistakes, executed during the dam construction. The following mistakes can be mentioned – insufficient height of dam sealing core, occurrence of tension cracks in the upper part of the core, locally increased occurrence of coarser grains in the sealing, insufficient compaction of dam body in the contact between the spillway chute and dam, inproper technology of the construction of filters, situated along the sealing core, etc. Based at investigation results, the opinions on the reasons of failures (seepage and landslide) were corrected. Exploratory drills eliminated opinion, that the grout curtain in the left side was damaged. Improper dam body materials were partially substituted by the more proper ones. The excessive seepage ($17–120 \, l.s^{-1}$) occurred again in 1971, at the maximum water level in the reservoir, which resulted in the deformations of the dam body. A restricted operation of the waterwork was established in that time. The available storage of reservoir was limited in the range of water levels 552–559 m a.s.l. These temporary operational rules were applied for almost 20 years. Another remedial works, aimed at the improvement of seepage reduction measures, started in 1989. Remedial works were divided into four

stages – grouting of filter at the downstream part of dam (in order to enable construction of clay-cement membrane from the dam crest down to the level of sealing core), construction of underground cut-off wall, remedy of grout curtain and grouting of the contact between dam sealing core and grouting gallery, using so called fan-shaped grouting (see Fig. 2). A very bad status of the clay sealing was confirmed during these works (in several areas – close to dam crest, in the contact with grouting gallery, mainly in the left side, partially also in the right side of the dam).

1.1 Dam behavior after the remedial works, realized in the period 1989–1991

The resulted effects of the remedial works can be evaluated already now, after around 10 years of operation at the designed maximum water level in the reservoir. It can be stated, that performed remedial works contributed to a great extent to elimination of the reasons of failures, which occurred here in the period of almost 25 years. The effectivity of remedial measures can be confirmed by the results of monitoring. The parameters, related to the filtration flow regime, were selected for the illustration.

The monitoring system, focused at the monitoring of filtration flow in the dam body and its underground consists from 35 observation profiles (uplift measuring drills), 71 observation objects for the measurement of water level and filtration velocity and from the drainage system, focused at the measurement of seepage.

Hydroisohypses are essential for the evaluation of the development of groundwater flow and seepage. They reflect predominant flow direction and relation to boundary conditions, like water level in the reservoir and in the river channel downstream from the dam, surface runoff, precipitation, etc. The development of groundwater flow and seepage pattern is given in

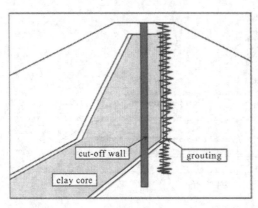
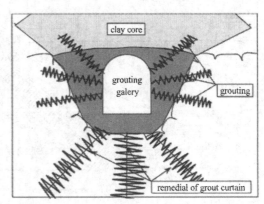

Figure 2.   Detail of the remedial work.

Figure 3. It also enables effectivity of seepage reduction measures. The hydroisohpses from the year 1988 (before remedial works, reservoir water level 556,95 m a.s.l.) and 1994 (after remedial works, reservoir water level 564,83 m a.s.l.) are compared here.

The influences of surface runoff and flow along the grout curtain are evident from the comparison. The groundwater regime did not change significantly, despite increased water level in the reservoir after the remedial works. On the contrary, a slight decrease of groundwater level and seepage was recorded,

which confirmed positive effect of remedial works, as well as favourable behavior of seepage reduction measures.

The filtration velocity pattern documents dam safety, with respect to filtration stability. The distribution function evaluate probability of the occurrence of given measured filtration velocity. It is given at the Figure 4. Achieved results document, that measured filtration velocities does not represent risk of filtration stability failure (both for dam body materials and for materials, which fills the cracks of bedrock).

Dam and reservoir.

Spillway.

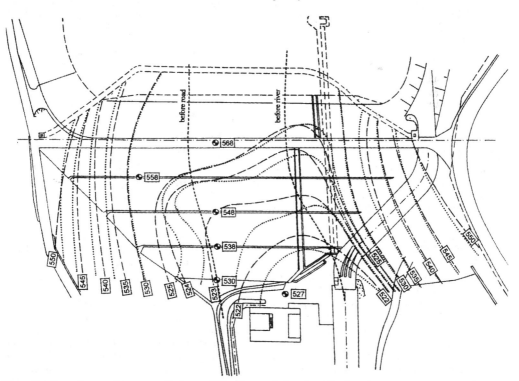

Figure 3.   Groundwater-table contours before and after the remedial works of the dam.

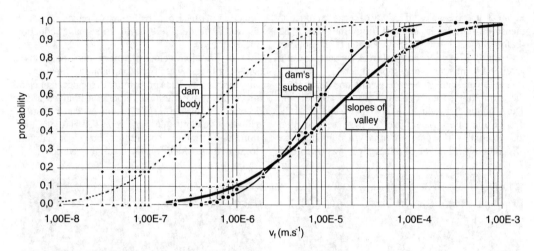

Figure 4. Filtration velocity distribution function in the district of the Hrinova dam.

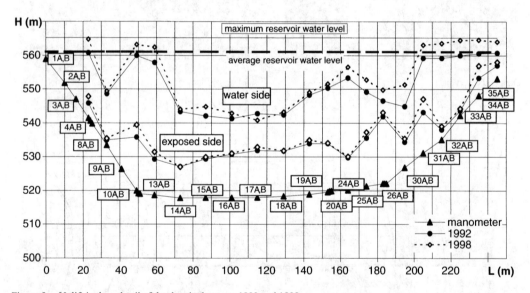

Figure 5. Uplift in the subsoil of the dam in the years 1992 and 1998.

Evolution of uplift in the dam subsoil represent check of grout curtain reliability. A new system, which monitors uplift (consisting from 35 measurement profiles) was put into operation at the Hrinova waterwork in 1992. The measurement profiles are equipped with two or three bore holes, situated at both upstream and downstream sides of grout curtain, or eventually also in the grout curtain body.

The graph documents uplift pattern for the years 1992 (reservoir water level 561,08 m a.s.l.) and 1998 (reservoir water level 565,22 m a.s.l.). It is evident, that the evolution of uplift corresponds with reservoir

water level relatively well, which confirms reliable function of grout curtain (see Fig. 5).

Uplift in the downstream side of grout curtain is determined by the groundwater level and seepage, as well as partially by the drainage system. The uplift pattern is relatively steady in the river valley downstream from the dam, with minor link to the reservoir water level, which also confirms reliability of grout curtain.

The reconstruction of the Hrinova dam, performed in the period of years 1989–1991, was extraordinary extensive and pretentious. The current results of filtration parameters monitoring in the dam body and in

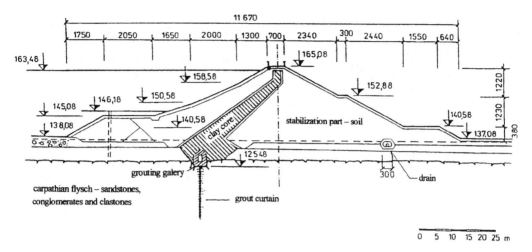

Figure 6. Velka Domasa dam – cross-section.

its subsoil confirm, that this decision was right. Remedial measures discovered existence of several deficiencies, which caused serious problems in the waterwork operation for almost 25 years.

The deficiencies were eliminated, thanks to good co-operation between designer, investor, constructor and administrator of the waterwork. The required reliability was achieved and the waterwork was finally put into permanent operation.

2 THE VELKA DOMASA

The Velka Domasa waterwork in the eastern part of Slovakia was constructed in the period of years 1962–1967. Its purposes are following – flood control and to balance outflow for the needs of industry, agriculture and power production.

The reservoir of total volume 185 mil. m^3 was created by the earthfill heterogenous dam with inclined internal sealing core of varying slope (see Fig. 6). The dam is situated at the bedrock, formed by flysh layers – sandstones, slates and conglomerates. The gravel alluvial layers of the thickness 3–7 m can be found in the river valley bottom. The slopes of valley are formed by the rocky debris of the thickness 8–10 m. The bedrock which is tectonically disturbed and partially (mainly in the left side) heavily weathered, was sealed by the grout curtain, which reached the depth of 20–25 m.

Unfavourable evolution of the filtration flow parameters were recorded (in the left side of dam) shortly after the start of reservoir operation. The maximum values of filtration velocity exceeded allowed limits, which endangered filtration stability of the subsoil.

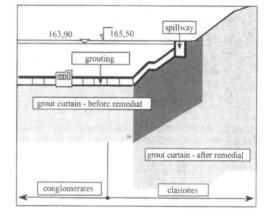

Figure 7. Remedial of grout curtain district under Velka Domasa dam.

Unfavourable trends of water level were also observed in the monitoring bore holes. The reconstruction of grout curtain in the left side of the dam started, after the detailed engineering-geological investigation and re-evaluation of water pressure tests. The remedial works finished in 1976. They consisted mainly from the additional grouting, which reached deeper horizons. The extent of grouting is evident from Figure 7.

The effects of additional grouting were checked by the water pressure tests. The water losses recorded during the water pressure tests in a different horizons are given at Figure 8. Results are documented in the form of distribution functions, comparing the states before and after the remedial works. A positive effect of remedial works is evident.

909

2.1 Behavior of waterwork after the reconstruction

Uplift pattern indicates effectivity of grout curtain. If the grouting depth is equal to the reservoir depth (the case of Velka Domasa dam), it can be assumed, based at the research results, that the effectivity of grouting is higher in the layers, permeability of which is around 100-times larger than the permeability of grout curtain. Evolution of uplift pattern in the subsoil of the Velka Domasa dam confirms this assumption (see Fig. 9). Effectivity of grouting is evident in both sides of the river valley, where the geological conditions are more complicated. Effectivity of grouting is less evident in the river valley bottom. The reduction of uplift can be evaluated as positive, in general. The overall influence of remedial works, performed in the period of years 1971–1976 is clearly positive.

3 THE LIPTOVSKA MARA DAM

The Liptovska Mara dam is earthfill, heterogenous one, with inclined internal loamy sealing. The dam height is 43 m, measured over the terrain, or 52,5 m measured over the lowest ground. The dam crest length is 1225 m and the slopes of dam vary between 1:2,5 and 1:3 (see Fig. 10). The dam subsoil, formed by the sandstones, conglomerates and claystones, was sealed by the grout curtain, the maximum depth of which is 20 m in the river valley and 60 m in the valley slopes. The waterwork belongs to the largest ones in Slovakia. Its total reservoir volume is 360 mil. m³. The main purposes of waterwork are – power production, flood control, outflow balance, recreation. It was put into operation in 1975.

The waterwork operation safety is continuously checked via monitoring system. The evolution of water level and filtration velocity is monitored in 92 observation probes, uplift in the dam subsoil by means of 100 twin bore holes and 55 individual bore holes. Seepage through the dam body is checked via drainage system in the downstream side of dam.

Such a system is sufficient for the monitoring of water level, filtration velocity, seepage and uplift. The measurements of filtration regime parameters, performed during the dam operation, indicate steady

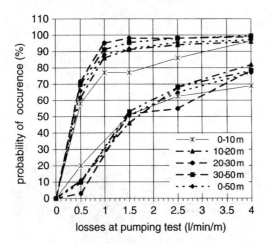

Figure 8. Distribution functions of the water losses recorded during water pressure tests before and after the remedial works.

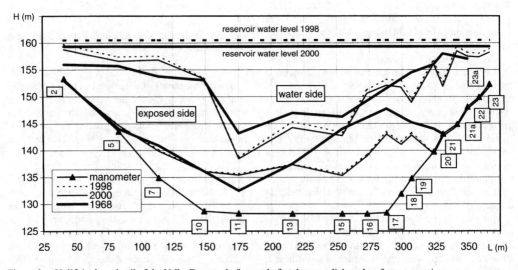

Figure 9. Uplift in the subsoil of the Velka Domasa before and after the remedial works of grout curtain.

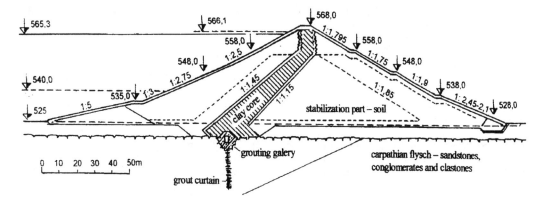

Figure 10. Liptovska Mara dam – cross-section.

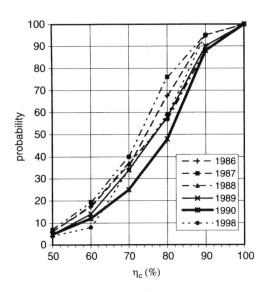

Figure 11. The evolution of the effectivity of grout curtain in the Liptovska Mara dam's subsoil.

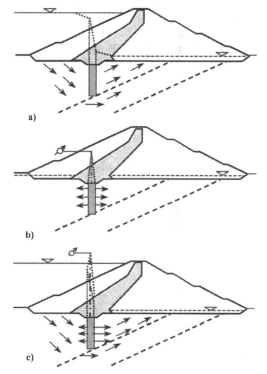

Figure 12. Schemes of the influences of various conditions for a pumping test. (a) during waterworks operation. (b) during pumping test (empty reservoir). (c) during pumping test (full reservoir).

conditions, without a trends to decrease effectivity of seepage reduction elements (dam sealing core and grout curtain in the dam subsoil). The effectivity of grouting was repeatedly checked by the water pressure tests, too. Their results did not match required criteria of water-tightness – $0.5 \text{l.min}^{-1}.\text{m}^{-1}$ at the pressure of 0.5 MPa (determined in 1968, in the dam design phase). The results of water pressure tests provoked additional grouting. Remedial works were performed almost continuously in the period of years 1978–1990. The evolution of the effectivity of grout curtain in the period of years 1986–1990 (during additional grouting) is given at the Figure 11. The results are computed, based at the uplift measurements in the dam footing bottom. It is evident, that additional grouting did not influence overall effectivity of grout curtain significantly.

It is clear, that water pressure tests performed at the full reservoir conditions were of low value for the reliable evaluation of grout curtain quality. This experience is a result of detailed analysis, aimed at the influence of various conditions (empty reservoir, full reservoir) at the water pressure tests. Results of analysis are illustrated at the Figure 12. Therefore, the need of additional grouting in the Liptovska Mara dam subsoil became questionable.

4 CONCLUSIONS

The experiences with the remedy of seepage reduction measures in the conditions of Slovak dams are usually connected with the initial period of waterworks operation. It is clear, when speaking about the reasons of remedial works, that the problems were not caused by the ageing of dams (although this problem can occur in the Slovak conditions, with respect to 500 years old tradition of dam construction), but mainly by the mistakes in exploration works, design and construction of dams. The lessons learned were carefully discussed at the various forums of experts. It can be stated, that these lessons contributed to the enlargement of the files of mistakes and errors, which should be avoided, as well as studied.

ACKNOWLEDGEMENT

This paper has been supported by Grant No. /7140/20.

REFERENCES

Abaffy, D., Lukac, M., Liska, M. 1995. Dams in Slovakia. Bratislava: T.R.T. Medium
Bednarova, E., Gramblickova, D. 1999. Grout curtains in the subsoil of Slovak dams and their monitoring. In Turfan, M. (ed): Dam Foundation – Problems and Solutions; Proc. intern. symp., Antalya: pp. 133–147
Bednarova, E., Gramblickova, D., Bakaljarova, M. 2000. The Hrinova waterwork eight years after the reconstruction. In: Dam Days 2002; Proc. intern. symp., Karlovy Vary: pp. 98–103

Dam Maintenance and Rehabilitation, Llanos et al. (eds)
© 2003 Taylor & Francis, ISBN 90 5809 534 7

Rehabilitación de presas y embalses con pantallas asfálticas

Reinhard Frohnauer
Director de STRABAG International GmbH/Bereich Tiefbau

Heribert Schippers
Jefe de departamento de STRABAG International GmbH/Bereich Tiefbau

Javier Hernández López
Jefe de obras de STRABAG International GmbH/Bereich Tiefbau

INTRODUCCIÓN A LA TECNOLOGÍA DE LAS PANTALLAS ASFÁLTICAS

Las impermeabilizaciones para los depósitos de bombeo se realizan hoy en día en su mayoría con asfalto. Pero también en grandes embalses y presas de agua potable, industriales, de regadío y de refrigeración este tipo de hermeticidad se ha probado como ventajosa. Las pantallas asfálticas son también aptas como sustituto o para la reconstrucción de impermeabilizaciones envejecidas, o en las que su efectividad se ha visto reducida, de hormigón, asfalto o substancias minerales.

La ventaja especial de una impermeabilización de asfalto radica en el punto, en que además de cumplir con la exigencia básica, llamada estanqueidad al agua, muestra además las siguientes propiedades: puede absorber fuerzas de compresión, de tracción, esfuerzos cortantes y es, hasta un cierto límite, flexible contra agentes o cargas externas, es decir, por ejemplo asentamientos, o como en el caso de los depósitos de bombeo, el sometimiento diario a los múltiples cambios de las deformaciones del subsuelo.

Estructura de la impermeabilización

En la actualidad esta se compone en las presa y depósitos generalmente de una cimentación – en su mayoría no bituminosa – (filtro o capa drenante), de una capa de unión (binder), que como su nombre lo indica es la unión entre el fundamento y la correspondiente cubierta impermeable superior, de la propiamente dicha lámina impermeable y del sellado superficial.

Para aumentar la seguridad necesaria, como por ejemplo en las zonas con riesgo de terremotos, se puede ampliar esta estructura con una segunda capa impermeable y una capa drenante entre la primera y la segunda o bien superior e inferior capa impermeable, con lo que se mejora el control del drenaje (véase figura número 1).

Capa impermeable

La capa impermeable está compuesta de aglomerado asfáltico, esto es, una mezcla de gravilla, arena de machaqueo y arena natural o de río, filler y betún. El contenido en betún esta afinado de tal forma que se

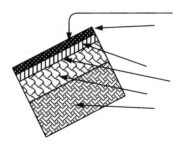

Lacrado de Mastix
Asfalto impermeable, 6–8 cm
Asfalto drenante
Asfalto impermeable, 6–8 cm
Asfalto de unión (binder), 8–10 cm
Emulsión bituminosa
Capa drenante y de regularización
Relleno de roca seleccionada

Impermeabilización asfáltica estándar   **Impermeabilización asfáltica controlada**

Figura 1.   Impermeabilización para pantallas asfálticas. Diseños estándar.

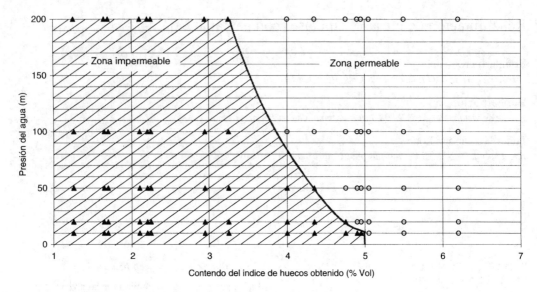

Figura 2. Resultados de los ensayos de impermeabilidad al agua realizados con probetas de asfalto 0/12 mm para impermeabilizaciones de pantallas asfálticas.

garantice por una parte una rica envoltura de los áridos, y por otra parte, la estabilidad de la mezcla en el talud. Pero no solo es importante para el comportamiento de los aglomerados asfálticos el contenido de betún, sino también el contenido total de betún y filler, así como la relación betún-filler. Por termino medio en unidades dadas, el contenido de aglutinante se encuentra entre el 6,5 hasta el 7,5% en masa sobre los áridos. Y la relación betún-filler aproximadamente 1:2.

La principal función de la capa impermeable es, como su nombre indica, la de proporcionar la estanqueidad de la presa o del depósito, contra la cual se retenga el agua. En muchos ensayos con presiones de agua de hasta 200 m, así como en los numerosos proyectos realizados, se determinó que un aglomerado asfáltico es impermeable, cuando el contenido del índice de huecos del mismo no es superior al 3%.

En la figura número 2 se ha representado la relación de dependencia del contenido del índice de huecos y la presión del agua, desde el punto de vista de la impermeabilidad y según los ensayos realizados en el laboratorio central de STRABAG.

Lacrado superficial
Para obtener una protección de la capa impermeable de aglomerado asfáltico contra los rayos solares ultravioletas, que conjuntamente con el oxígeno del aire originan una fragilidad del betún, se sellará la superficie exterior con una mezcla de Betún y filler denominada Mastix. Este lacrado se debe renovar periódicamente, cuando se observe que debido al paulatino envejecimiento de la lámina sellante, no se garantice la protección de la capa de aglomerado impermeable asfáltico.

INFLUENCIAS EXTERNAS SOBRE LAS IMPERMEABILZACIONES ASFÁLTICAS, ENVEJECIMIENTO Y DESGASTE

Los elementos de las impermeabilizaciones se encuentran, al igual que todas las demás partes de las instalaciones en obras hidráulicas y sus equipos mecánicos, y según el material y las condiciones de trabajo, en un distinto pero lento proceso de envejecimiento, que no es posible detener completamente. Esto también es válido para las impermeabilizaciones asfálticas.

Distintos aspectos determinan la expectación de vida de una impermeabilización asfáltica, esencialmente a través del subsuelo o cimentación y sobre la superficie de la pantalla de asfalto.

Como influencias del subsuelo se encuentran los asentamientos del terreno y el crecimiento de hierbas y plantas. El hormigón asfáltico es en gran medida un elemento flexible. Su principal propiedad, al contrario de construcciones rígidas, es la de deformarse sin presentar daños. De este modo, cuando se produzcan asentamientos con una relación entre el diámetro y la profundidad de la depresión del terreno de 10:1, todavía esta asegurada la impermeabilidad al agua.

Se ha de tener en cuenta la posibilidad de un crecimiento de malas hierbas y plantas a través de la pantalla, cuando la relación de la humedad y de la temperatura entre el suelo y el subsuelo en colaboración con semillas, raíces, etc. facilitan el crecimiento de la vegetación. En este caso es recomendable una cuidadosa y profunda esterilización del suelo.

Influencias perjudiciales sobre la superficie son el crecimiento de algas, proliferación de musgos y líquenes, formación de hielo, arrastres por empujes del material, sedimentación de materias en suspensión y efectos químicos y físicos; influencias inofensivas son cambios de la coloración debido al clima y la deformación o corrimiento del mastix.

En la zona de cambio de nivel del agua de embalses y canales, así como en la zona de fluctuación de las mareas en obras de protección de costas, aparecen en ocasiones sobre las superficies desprotegidas de las impermeabilizaciones asfálticas, algas. En tanto que esta lámina verde, en la mayoría de los casos de poco espesor no se seque, no representa ningún problema para la durabilidad de la pantalla. Las algas secas pueden erosionar ocasionalmente el mortero[1] y soltar individualmente gruesos áridos en las superficies medio abiertas. Este peligro disminuye con el incremento de la densidad superficial. Se puede evitar el crecimiento de algas por medio de la configuración de una superficie lisa, de tal manera que las algas no se puedan adherir.

En taludes con superficies rugosas se crean de manera esporádica formaciones de musgos y líquenes. Estos no representan ningún peligro para la durabilidad de la cubierta asfáltica, ya que sus raíces se introducen solo en las finas fisuras superficiales y no ejercitan tensiones o efectos de expansión, pero son la base de cultivo para plantas mayores.

En caso de que se formen gruesas capas de hielo en el embalse durante los períodos de heladas, pueden llegara acumularse grandes y espesas placas de hielo, debido a la retención de los vientos y a la variación nivel del agua. El hielo se asienta más fácilmente en los taludes con pequeñas pendientes que en las pronunciadas, de este modo pueden crearse montañas de hielo de varios metros de espesor. Bien por procesos de desprendimiento que ocasionalmente se pueden formar, como por la formación propia del hielo, se producen grandes daños en la superficie de las impermabilizaciones asfálticas. Para evitar el asentamiento del hielo es conveniente una superficie lisa.

En canales y conductos de agua para diferentes usos, es de esperar en impermeabilizaciones asfálticas eventuales arrastres por empujes al material. Los aglomerados asfálticos como substancias termoplásticas oponen esencialmente al rozamiento por arrastre una mayor resistencia que las cubiertas rígidas. Esta resistencia se puede mejorar a través de una superficie rica en mortero[1] y con un revestimiento de mastix.

Así mismo, las finas láminas de los sedimentos de los materiales en suspensión pueden producir a través del proceso de secado y de encogimiento, tensiones superficiales en la impermeabilización asfáltica, que inicialmente forman una red de grietas y posteriormente llevan a un desconchamiento de la superficie en

canales y conducciones de agua, como en las soleras secas de embalses y depósitos de retención. En el caso en que también se formen sedimentos en los taludes y no se pueda evitar su secado, el mejor método para evitar el desgaste, es o bien retirar cuidadosamente estos residuos, o el recubrimiento con un lacrado superficial.

En cuanto a la influencia de diferentes ácidos sobre el betún, existen amplios ensayos por parte de las industrias del betún. Por medio de estas se ha demostrado la resistencia del betún en una amplia gama de condiciones. Los ácidos en pequeñas concentraciones no tienen ninguna influencia, pero en grandes concentraciones – como por ejemplo en los depósitos industriales – se ha de examinar en particular su influencia – en dependencia de la temperatura y concentración – sobre los áridos y el betún.

El oxígeno del aire puede producir un envejecimiento por oxidación del betún. Al reaccionar conjuntamente con los rayos solares ultravioletas, se acelerará este proceso. El envejecimiento origina un lento pero constante endurecimiento o bien vuelve frágil el betún.

La superficie inicialmente negra de un aglomerado asfáltico debida a la lámina de betún o al rico contenido en mortero, reacciona rápidamente a las inclemencias climáticas, de tal manera que pronto adquiere la coloración natural de los áridos empleados. El cambio es deseable, ya que la superficie adquiere un color entre un gris medio hasta un gris claro, lo que produce debido a la reflexión de los rayos solares, una reducción de la temperatura de la impermeabilización de entre 5 hasta 10°C.

Esporádicamente se producen deformaciones o corrimientos del sellado de mastix, cuando debido a las irregularidades de la superficie del aglomerado asfáltico, la lámina de mastix de normalmente escasos milímetros de espesor, se reparte con una mayor cantidad. Una parte del material de sellado se desplaza por ello, sin embargo no se desprende de su apoyo. La adherencia de la rica masa bituminosa y su anclaje en las rugosidades de la superficie del asfalto impiden esto. También se observan adelgazamientos en forma de red, que sin embargo normalmente no conlleva a la formación de fisuras. Estas se forman por la concentración termoplástica del material en la superficie al enfriarse. Estas deformaciones o corrimientos representan nada mas que un fallo estético, son inofensivos y para la función prevista sin significado alguno. No tiene lugar una transferencia de la deformación del fluido sobre la capa inferior de asfalto impermeable.

CONCEPTOS PARA LA REABILITACIÓN DE PANTALLAS ASFÁLTICAS

Algunos ejemplos típicos que muestran un envejecimiento de la pantalla asfáltica impermeable, son la

---

[1] Relación Betún-filler en aglomerados asálticos.

presencia de formaciones de fisuras, grietas y ampollas o burbujas de agua, desconchamientos, juntas de asfaltado abiertas, remates y juntas defectuosas y envejecimiento por inclemencias del tiempo del sellado de la superficie con mastix. Pero solo un examen detenido de la impermeabilización asfáltica existente por medio de un laboratorio profesional y especializado, proporciona las bases de la decisión para la elección de la variante técnica de rehabilitación más óptima y económica.

Se ha de llevar a cabo una rehabilitación, en tanto que el elemento de impermeabilización tenga la capacidad de realizar la función para la cual fue prevista, de tal modo que todavía se pueda sostener el servicio de las instalaciones. La rehabilitación no es por ello – en contra de las reparaciones – una reacción, sino una obra necesaria para el futuro de la explotación.

Renovación de la lámina de Mastix
De vez en cuando, a más tardar después de 10 años, se debe renovar el sellado de la capa de mastix. Se retirará – en el caso que todavía exista – la vieja lámina, se limpiará la capa inferior impermeable y se colocará una nueva capa de mastix.

Renovación de la impermeabilización
Al renovar la impermeabilización, se fresará conjuntamente el lacrado de mastix y la capa impermeable. Se tratarán las grietas profundas, se controlarán las juntas con la obra de arquitectura, posteriormente se colocará una nueva lámina impermeable de hormigón asfáltico y un nuevo sellado de Mastix. A propósito del saneamiento de la impermabilización, también se estudiará el incremento de una ampliación del sistema impermeable, en la que el derribo de la única capa impermeable, por medio de la ejecución de una capa de drenaje para el control se convierta en una impermeabilización doble.

Renovación parcial de la impermeabilización
Un saneamiento parcial de la impermabilización es recomendable, cuando el desgaste o los daños de la capa impermeable están desigualmente repartidos, como por ejemplo en la zona de fluctuación del agua en una presa o depósito. En estos casos se realiza la rehabilitación con un descenso del nivel normal de las aguas.

EJEMPLOS DE REHABILITACIONES

Embalse superior Reisach-Rabenleite
El grupo de salto de bombeo Jansen en Oberpfalz se explota desde 1955. El depósito superior se realizó por medio del desmonte de la coronación de la montaña y la elaboración de un anillo de terraplenes de 1.450 m de longitud. Según el estado del conocimiento de la técnica en los años 50, se revistieron para la impermeabilización y estabilización de los taludes del depósito en forma de riñón con placas de hormigón sin armar de 7 × 7 m y 20 cm de espesor. La solera se impermeabilizó con una denominada piel gigante (masa bituminosa en caliente sobre lanas de vidrio y pegado sobre cartón de cuero bituminoso). Se renunció a instalaciones de medida y control.

A lo largo de 40 años de explotación, se diagnosticaron desperfectos en casi todas las losas de hormigón y sus juntas. Lo mismo es válido para la impermeabilización de la solera. La exposición a la altura y un continuo cambio del nivel de las aguas, sometida a esfuerzos extremos ha llevado a cabo finalmente a daños en la instalación. En variadas ocasiones se realizaron reparaciones locales.

La bien merecida rehabilitación del depósito superior tuvo lugar en los años 1993/94. La OBAG, empresa propietaria de las instalaciones, se decidió por una nueva impermeabilización con sistema de control. Como impermeabilización según el estado de la técnica por entonces, solo entraba en consideración el asfalto. La antigua impermeabilización de la solera y taludes, junto con la pasarela a la torre de toma fueron derribadas y demolidas. Fue necesario la nueva construcción de una nueva galería de control, de una nueva torre de acceso con puente hacia la actual torre de toma, restablecer el perfil de los taludes y ejecutar una nueva impermeabilización asfáltica. Los trabajos de asfaltado en el talud junto con el redondeo hacia la solera, se practicaron con una asfaltadora-puente con una anchura de trabajo de 21 m (véase figura número 3).

Figura 3. Reisach-Rabenleite. Construcción de la impermeabilización en el talud en la banda inferior con remate de redondeo hacia la solera.

Para la medición del agua de filtración a través del asfalto impermeable, se tuvo que colocar una segunda capa impermeable. Para ello se introdujeron láminas impermeables de bentofix y se recubrieron on gravas drenantes. La solera del depósito y los taludes se dividieron para ello en más de 30 partes. El sistema drenante de recogida desagua en la galería de control. Además se colocaron aliviaderos de presión para el agua al pie del terraplén. De esta manera se completa el automático control de la impermeabilización.

Las filtraciones hasta hoy de agua, bajo los 117.000 m^2 de superficie impermeable se encuentran entre los 0 y los 0,2 l/s. Estos provienen principalmente de la zona de la torre de toma. Tras este exitoso camino de rehabilitación, el depósito superior es nuevamente capaz de satisfacer todas las exigencias y sin duda bajo mayores condiciones de seguridad.

Depósito de bombeo Langenprozelten
El salto de bombeo de Langenprozelten de la Donau-Wasserkraft AG en Munich, suministra las crestas de consumo con electricidad a la red alemana de trenes (Deutsche Bahn AG). El depósito superior se encuentra en un monte de altura cubierto por bosque, el depósito inferior en las cercanías de Sinderbach. La diferencia de altura asciende a 300 m.

Las condiciones climáticas y el continuo cambio del nivel de las aguas, produjeron en gran medida daños en la envejecida impermeabilización en los taludes y propiciaron una rehabilitación.

Depósito inferior
En el año 1991, se realizó una rehabilitación parcial de las calles horizontales en el depósito inferior del salto de bombeo. Para ello se bajaron las aguas 1 m por debajo del nivel normal inferior. Los daños en la impermeabilización se trataban de juntas abiertas de asfaltado entre las calles horizontales de 5 m de anchura, formación de ampollas, grietas en el sentido de caída del talud, envejecimiento del mastix por condiciones climáticas y deterioro de la rampa de acceso a la solera.

En el marco del diagnóstico, se tomaron ampliamente núcleos de prueba de las superficies de las zonas dañadas y sin dañar. Como resultado del examen se encontró que la impermeabilización en las no deterioradas, se cumplían todos los requisitos válidos de las especificaciones técnicas y con ello se garantizaba el completo funcionamiento y la seguridad. Para las zonas dañadas se propusieron detalladas obras de reparación y para limitar los daños se recomendaron una serie de obras de saneamiento.

En base a un futuro mantenimiento de la instalación, se repararon en general toda las juntas de asfaltado del talud, incluidas en las que no se pudieron asegurar desperfectos. Consecuentemente se renovaron todos los remates con la construcción de hormigón.

Los 75.000 m^2 de superficie impermeable, fueron limpiados por medio de una máquina con agua a alta presión. Seguidamente se produjo el fresado de aproximadamente 11.000 m lineales de juntas de trabajo horizontales y de las grietas con una fresadora. El perfil de fresado en forma de escalera de 50 cm de ancho y una media de 7 cm de profundidad se realizaron en una sola vez. Tras la recogida del material fresado por una excavadora, se procede a la limpieza con una barredora mecánica. La fina limpieza final se llevo a cabo con el soplado de aire comprimido. Antes de la ejecución de la impermeabilización se roció con una emulsión de adherencia polimérica, y en los flancos – arriba y abajo – se pegó una banda bituminosa. Finalmente se produjo en estas zonas la nueva colocación del asfalto impermeable. Antes del sellado con mastix en caliente se tuvieron que realizar amplios y costosos trabajos de rectificación y limpieza sobre la totalidad de la superficie.

Las zonas de las ampollas se abrieron perpendicularmente con martillos neumáticos en formas cuadrangulares o bien se fresaron, se limpiaron y se regaron con una emulsión de adherencia. La nueva impermeabilización con asfalto se realizó a mano. Al derribar los antiguos remates, se descubrieron amplios daños que en la superficie no eran reconocibles. De este modo, fue confirmada la decisión de crear nuevas juntas.

Depósito superior
El depósito superior se formó por la igualación del desmonte con los terraplenes, creando un anillo de 1.311 m de longitud y de una altura máxima de 17 m.

Los daños acontecidos a lo largo del tiempo en la impermeabilización asfáltica, fueron examinados por la oficina de revisión de substancias bituminosas de la Univ. Téc. de Munich. Se presentaron los siguientes

Figura 4. Depósito inferior del salto de bombeo de Langenprozelten. Saneamiento de las juntas de asfaltado horizontales.

cuadros de desperfectos: juntas abiertas del remate con el muro rompeolas, formación de ampollas, juntas abiertas de asfaltado, envejecimiento de la lámina de mastix por el tiempo y daños en la rampa de acceso a la solera. El resultado del análisis arrojo como inevitable la completa rehabilitación de la impermeabilización.

El saneamiento se comprendía principalmente del fresado de la amplia superficie impermeable en los taludes con una profundidad media de 3 cm, nueva construcción de una pantalla impermeable asfáltica de 7 cm de espesor, derribo del muro rompeolas y la prolongación en redondeo de la impermeabilización con la carretera de coronación, ejecución de nuevas juntas o remates con el hormigón de la estructura de toma de aguas, renovación de la rampa de acceso y sellado con mastix en caliente.

Los 45.000 m^2 de la impermeabilización fueron retirados de manera vertical con dos fresadoras en bandas de 2 m de anchura, las cuales produjeron en 4 días y 4 noches, el necesario rendimiento en un continuo turno de trabajo. El concepto de la rehabilitación se baso en el principio de obtener una impermeabilización asfáltica con el menor número de juntas de trabajo. La asfaltadora-puente con una anchura de calle en la parte superior de 22 m y de 14 a 18 m en la calle inferior del depósito, cumple con todas las exigencias precisas de calidad para realizar impermeabilizaciones asfálticas. Las zonas de la rampa y de la construcción de la toma, se realizaron con los convencionales métodos de construcción vertical y horizontal.

Los cambios diarios de cargas condicionan al aglutinante de la impermeabilización asfáltica, no solo por medio de las cargas estáticas, sino también mucho más por el rápido cambio de la temperatura en la superficie. Temperaturas de 70°C en verano bajo la libre radiación del sol y un enfriamiento a la temperatura del agua en pocos minutos, conllevan a grandes diferencias de tensión, que se han de descargar o bien absorber sin deterioros. Por medio de los polímeros

modificados de los betunes se toman en cuenta estas exigencias. La mejorada adherencia de los aglutinantes poliméricos (PmB), mejoran más allá la unión en las zonas de contacto con la antigua impermeabilización.

Presa de Ohra

El Embalse de Ohra, que asegura el suministro de agua potable a la cuenca de Thüring, tuvo que ser rehabilitado tras más de treinta años de funcionamiento, para mantener la seguridad de explotación y adaptarse al nuevo estado de la técnica.

Las impermeabilización consistía en dos capas superiores asfálticas estancas, una capa drenante bituminosa, una lámina impermeable de asfalto y de una capa de regularización bituminosa. El estudio de los núcleos testigos, distribuidos sobre la totalidad de la superficie asfáltica, definieron que debían retirarse las capas superiores, no solo en base al gran número de grietas, sino también al envejecimiento y a la fragilidad del aglutinante, en lo que las capas inferiores presentaban un digno estado de mantenimiento. La propuesta de rehabilitación preveía por lo tanto, únicamente el fresado de aproximadamente 6 cm de las láminas superiores y sobre las restantes capas inferiores la ejecución de un nuevo sistema de impermeabilización de 3 capas, que como en el viejo sistema contendría una lámina drenante asfáltica para la conducción del agua de filtración. Se previó adicionalmente para evitar el envejecimiento de la impermeabilización, de una lámina de "sacrificio" de mastix como sellante del sistema.

El derribo de la existente superficie, se resolvió con dos máquinas fresadoras de 1 m de ancho de trabajo para cada calle. La profundidad de fresado rondo desde los 4 cm hasta los 8 cm, dependiendo de las irregularidades de las viejas capas impermeables. El material fresado, fue arrastrado por una excavadora sujeta a un carro cabrestante hasta el pie de presa y de allí recogida y transportada.

El estudio de los materiales impermeables existentes antes del comienzo de obra, dieron como resultado

Figura 5. Depósito superior del salto de bombeo de Langenprozelten. Fresado de la vieja capa impermeable.

Figura 6. Presa de Ohra. Ejecución de la capa impermeable.

que para la estabilidad de las mezclas, se introdujeron fibras de amianto. Lo que supuso un constante riego de la superficie de trabajo, proceder cautelosamente y controles continuos del aire durante el fresado, recogida y eliminación del material fresado en un vertedero controlado para substancias especiales.

La ejecución de las nuevas capas de impermeabilización se llevaron a cabo mediante el procedimiento vertical, en el que toda la maquinaria que se encuentra en el talud, esta sujeta y dirigida por el denominado pórtico cabrestante, que se sitúa sobre la coronación de la presa. Este pórtico tira con diferentes cabrestantes de la suspendida asfaltadora especialmente rectificada para trabajar sobre el talud, facilita el transporte de alimentación de asfalto a la asfaltadora, por medio de un carro volquete sobre ruedas neumáticas, dirige la toma del material del camión al carro volquete, facilita el traslado horizontal de la asfaltadora cuando alcanza el final de la calle en la coronación de la presa, y tira de las vibroapisonadoras para la compactación. Esta maquinaria está sincronizada de tal manera, que se asegure el contínuo abastecimiento de material a la asfaltadora y se consigan rendimientos diarios de 1.000 t.

El control de la calidad, que es sumamente importante para la construcción de impermeabilizaciones, ya que la no estanqueidad de una presa, induce a grandes riesgos en la seguridad, se llevaron a cabo - como en las otras obras – en un laboratorio de obra especialmente equipado por STRABAG.

CONCLUSIONES FINALES

Las impermeabilizaciones asfálticas de hoy en día, cumplen con los mayores criterios de la calidad, en base a las maduradas técnicas constructivas y a la utilización de exigentes materiales de construcción. Debido a esto, se ha aumentado notoriamente su durabilidad, en especial cuando se llevan a cabo medidas de mantenimiento profesionalmente. Para grandes resistencias y una alta fiabilidad, son las impermeabilizaciones asfálticas para las obras hidráulicas soluciones extremamente económicas.

SUMMARY

Renovation of dams and reservoirs with bituminous slope linings:

Chapter 1: Technology of Hydraulic Asphalt (materials, structure of linings, composition).

Chapter 2: Deteriorations and ageing process of asphalt sealings.

Chapter 3: Renovation concept for bituminous slope linings.

Chapter 4: Detailed description of 3 renovation projects of dams and reservoirs.

Chapter 5: Conclusion.

REFERENCIAS

Geiseler, Dr.-Ing Wolf-Dieter. 1996. Einführung in die Technologie von Asphaltdichtungen für Speicherbecken. STRABAG-SCHRIFTENREIHE 51 "Asphalt-Wasserbau". Köln: STRABAG AG.

Frohnauer, Dipl. Ing. Reinhard & Torkuhl, Dipl. Ing. ETH Cornelius. 1996. Hochspeicherbecken Rabenleite im neuen Kleid – Moderne Asphaltdichtung ersetzt Betondichtung und Mammuthaut. STRABAG-SCHRIFTENREIHE 51 "Asphalt-Wasserbau". Köln: STRABAG AG.

Frohnauer, Dipl. Ing. Reinhard & Gröger, Dipl. Ing. Manfred & Kuhlmann, Prof. Dipl. Ing. Willy. 1996. Pumpspeicherwerk Langenprozelten (Teil I) – Instandsetzung der Asphaltbetondichtung des Oberbeckens. STRABAG-SCHRIFTENREIHE 51 "Asphalt-Wasserbau". Köln: STRABAG AG.

Frohnauer, Dipl. Ing. Reinhard & Gröger, Dipl. Ing. Manfred. 1996. Pumpspeicherwerk Langenprozelten (Teil II) – Instandsetzung der Asphaltbetondichtung des Unterbeckens. STRABAG-SCHRIFTENREIHE 51 "Asphalt-Wasserbau". Köln: STRABAG AG.

Schippers, Dipl. Ing. Heribert. 2000. Erneuerung der Asphaltdichtung der Talsperre Ohra. Asphalt, Heft 1/2000. Isernhagen: Giesel Verlag GmbH.

Schönian, Dr.-Ing. Erich. 1982. Außendichtung von Talsperren und Speicherbecken mit Asphaltbeton – Verhalten in der Praxis und Verträglichkeit gegenüber Trinkwasser. STRABAG-SCHRIFTENREIHE 11/1 "Asphalt-Wasserbau". Köln: STRABAG AG.

Frohnauer, Dipl. Ing. Reinhard. 1998. Sanierungsbeispiele an Dichtungselemente für Dämme, Speicherbecken und Kraftwerkskanäle. Wasserwirtschaft. Wiesbaden: Verlag Wieweg.

Dam Maintenance and Rehabilitation, Llanos et al. (eds)
© 2003 Taylor & Francis, ISBN 90 5809 534 7

Reparación y mantenimiento de presas y azudes

R. Martínez Martínez

Sika S.A. Madrid, España

1 INTRODUCCIÓN

Las presas y azudes son las obras hidráulicas destinadas a contener y regular agua. Sus dimensiones y tipología son variadas, desde las más pequeñas, destinadas a almacenar agua para uso de particulares hasta los grandes saltos de agua para producir electricidad.

Una característica común a todas ellas es que están sujetas a condiciones adversas en cuanto a su durabilidad: intemperie, ambientes húmedos, climatología difícil (mucho frío, saltos térmicos, ...), riesgo de impactos de material flotante, etc. De todo lo anterior y de lo costosa que es cualquier obra de este tipo, se deduce la necesidad de efectuar periódicamente reparaciones y un mantenimiento que mantenga estas instalaciones en perfecto funcionamiento y que alarguen su vida útil lo máximo posible.

A continuación se reseñan algunos de los problemas más habituales que se pueden dar a lo largo de la vida de las presas y la forma de resolverlos.

2 IMPERMEABILIDAD DE PARAMENTOS Y BLOQUES

El hormigón es una roca artificial que, debido a su solidez, a primera vista podría parecer totalmente impermeable. Esto no es totalmente así, y su impermeabilidad va a depender de las características del hormigón (granulometría de áridos, dosificación, relación agua/cemento ...) y de la puesta en obra (vibrado y compactación adecuados, curado ...). Por lo tanto, cuando hablamos de hormigón en paramentos y bloques de presas, puede que tengamos que recurrir a una impermeabilización posterior, si el hormigón no es de calidad suficiente para asegurar unas filtraciones pequeñas.

Los requerimientos del sistema de impermeabilidad que vamos a aplicar son:

- Buena adherencia al hormigón del paramento.
- Cierta elasticidad para seguir al hormigón en sus movimientos de dilatación y contracción.

- Coeficiente de dilatación térmica similar al hormigón, para que no se induzcan tensiones en la superficie de unión.
- Coeficiente de impermeabilidad adecuado.
- Posibilidad de ser aplicado en condiciones de colocación desfavorables (trabajo en altura).
- Baja retracción, y buena resistencia a tracción, de tal forma que el final no se produzca fisuración.
- Resistencia a abrasión y a golpes de arrastre que se producirá en el paramento aguas arriba.

Con los anteriores requerimientos, la solución más adecuada es un revestimiento a base de cementos mejorados con resinas sintéticas. Otros productos a base de resinas de polimerización pueden ser muy críticos a la humedad del soporte y con baja resistencia a impactos (poliuretanos) o ser poco elásticos y con alto coeficiente de dilatación térmica (resinas epoxi). Además en ambos casos los costes son muy elevados.

Un revestimiento en capa fina (5 mm) con el mortero SIKA TOP SEAL 107 es una solución óptima que cumple de forma adecuada todos los requerimientos exigidos. Este mortero está compuesto por cemento, arena seleccionada y resinas sintéticas. Se consiguen adherencias al hormigón superiores a 2,5 MPa, tiene un módulo de elasticidad bajo (19.000 MPa) y su coeficiente de dilatación térmica es similar al hormigón (13.10^{-6} °C^{-1}). Su resistencia a tracción es de 10 MPa (poca tendencia a fisurar) y un coeficiente de absorción de agua de 0,03 kg/m^2. h^{0,5}.

En cuanto a la aplicación como cualquier mortero cementoso, no presenta problemas sobre soportes húmedos y se puede colocar mediante proyección mecánica, con lo que la rapidez de ejecución es muy grande.

3 REPARACIONES SUPERFICIALES: FISURACIÓN, DESCONCHONES

Las grandes superficies de hormigón de las presas están expuestas a ciertas solicitaciones y agresiones externas que pueden deteriorarlas. Los ciclos de hielo-deshielo pueden provocar fisuras y desconchones. Lo mismo se puede producir por grandes gradientes térmicos que induzcan alargamientos diferenciales. En sitios concretos donde haya armadura esos desconchones pueden ser provocados por la corrosión de aquellas. Roturas superficiales del hormigón por impacto o abrasión son también posibles.

Los requerimientos de un sistema de reparación de desconchones y fisuras son bastante parecidos al caso anterior:

- Buena adherencia al hormigón.
- Impermeabilidad, para no ser afectados por los ciclos de hielo-deshielo.
- Buena resistencia a abrasión e impactos.
- Coeficiente de dilatación térmica similar al hormigón.
- Baja retracción y poca tendencia a fisuración.
- Posibilidad de aplicación sobre superficies húmedas.

Como anteriormente, también se recomienda para este caso la utilización de morteros cementosos mejorados con resinas sintéticas. Las resinas epoxi o de poliuretano, aparte de ser más caras, no aportan ventajas técnicas apreciables, sino, en determinados casos, todo lo contrario (con soportes húmedos o condiciones climáticas adversas).

La reparación con el SIKA MONOTOP 612 es una solución perfectamente adecuada. Es un mortero de cemento, arena silícea, resinas sintéticas y fibras de poliamida, que se aplica directamente sobre el hormigón, rellenando los desconchones, en espesores de hasta 3 cm. Su buena adherencia (2 MPa), baja tendencia a fisurarse (por eso tiene las fibras de poliamida que actúan a modo de armadura interna) y alta resistencia a tracción (9 MPa) hacen que se comporte adecuadamente.

Los módulos elásticos y de dilatación térmica son sensiblemente iguales a los del hormigón y el coeficiente de absorción de agua es mínimo (0,15 kg/ $m^2 \times h^{0,5}$), con lo que su comportamiento a ciclos de hielo-deshielo es bueno.

El producto se puede colocar en obra manualmente (con llana o paleta), o si las superficies a tratar son muy grandes se puede proyectar mecánicamente.

4 IMPERMEABILIZACIÓN DE GALERÍAS

Uno de los principales problemas de las galerías en presas es la entrada de agua desde el exterior. Debido a la no total impermeabilidad del hormigón y a la existencia de juntas el agua es capaz de llegar, en mayor o menor cantidad, hasta la galería perimetral.

La solución al problema anterior conlleva dos pasos: primero, el cortar las entradas de agua y segundo el dar una capa de impermeabilización a toda la superficie interna de la galería. El corte de vías de agua se puede hacer con el SIKA 4a MORTERO, que es un mortero cementoso de fraguado muy rápido (2 minutos). Se

mezcla un puñado de mortero con agua, se amasa a mano y se pone encima de la entrada de agua. Se mantiene presionado hasta que fragua, y en ese momento se habrá cortado la vía de agua. Esta es una impermeabilización provisional, que deja la superficie seca, pero que debe combinarse con una impermeabilización definitiva. Esta última se puede hacer con el SIKA SEAL 101 A, que es una pintura cementosa impermeable que se aplica con una brocha sobre el soporte en un espesor de 2 mm en toda la superficie interior de la galería formando un revestimiento contínuo. Este producto es un mortero osmótico (es decir, que aprovecha el fenómeno de la ósmosis, para penetrar en el interior del hormigón y cerrar sus poros capilares) que está especialmente indicado para trabajos en presión negativa, como es este caso.

5 INYECCIONES DE CUERPO PRESA

Debido a asientos diferenciales o a movimientos de origen térmico se pueden producir fisuras en el cuerpo de presa. El tratamiento de fisuras es una de las ciencias menos exactas que existe. En general se trata de rellenar con un material muy fluido una serie de aberturas de las que no sabemos exactamente por donde van, donde terminan, si están confinadas o no, qué volumen tienen, etc. Por lo tanto siempre que se hable de inyecciones se debe hablar de un intento del que no se tiene el 100% de seguridad de éxito.

Aun con todas las precauciones indicadas anteriormente, cuando nos vemos obligados a hacer una inyección en una presa debemos buscar un producto con los siguientes requerimiento:

- Viscosidad baja, adecuada a la anchura de las fisuras a rellenar.
- Sin retracción, de tal forma que no disminuya el volúmen y se despegue de las paredes.
- Insensible a la humedad.
- De precio no muy elevado, pues nunca sabemos los volúmenes que vamos a necesitar, ni si vamos a tener total éxito con nuestro trabajo.

Por todo lo anterior, lo que se recomienda es la utilización de lechadas de cemento con aditivos expansivos y superplastificantes. Con una lechada de cemento (a/c de 0,40) aditivada con INTRACRETE se consigue un producto fácil de inyectar, económico y con unas prestaciones adecuadas a este uso.

6 TRATAMIENTOS SUPERFICIALES EN CONDUCTOS EN LÁMINA LIBRE

En los conductos en lámina libre lo que se requiere es una impermeabilidad de la superficie, resistencia a la abrasión por el paso del agua y los posibles arrastres y un mínimo coeficiente de rozamiento.

Una vez más se recomienda para este uso la realización de revestimientos continuos superficiales, en capa fina (5 mm) con morteros de cemento mejorados con resinas sintéticas. Es la solución que da la mejor relación precio-prestaciones. Ya se indicaron los motivos en apartados anteriores.

El SIKA MONOTOP 620, aplicado en dos capas de 2,5 mm cada una, da un rendimiento óptimo. Un módulo de elasticidad bajo (15.400 MPa, con lo que se deforma fácilmente sin tensiones), módulo de dilatación térmica exacto al del hormigón y adherencia al soporte de 2 Mpa le hacen muy adecuado. La arena de su composición es silícea, lo que le hace muy resistente a la abrasión, y el tamaño máximo de árido de 0,5 mm, con lo que se logra una terminación superficial muy fina y por lo tanto un coeficiente de Manning bajo.

7 TRATAMIENTOS DE JUNTAS EN CONDUCTOS DE LÁMINA LIBRE

Es necesario un tratamiento esmerado de las juntas en cualquier tipo de conducto, pues de otra forma todo el trabajo de revestimiento superficial no serviría de nada. Se puede optar por el tratamiento con masillas de diferente base (poliuretanos, polisulfuros, ...), pero se debe tener en cuenta que este tipo de tratamientos sólo permitirá movimientos de la junta limitados (del orden de 0,5 cm como máximo). Tampoco permitirá movimientos transversales de los labios de la junta (por asentamientos diferenciales por ejemplo).

La solución más segura y eficaz es el pegado de bandas elastoméricas con resina epoxi. El sistema SIKADUR COMBIFLEX se compone de una banda de Hypalon pegada con la resina Sikadur 31. Este sistema acepta cualquier movimiento relativo de las juntas, tanto en sentido longitudinal como transversal sin perder la estanqueidad. Además presenta una excelente resistencia a la abrasión, por lo que no se ve alterada por el paso del agua.

8 TRATAMIENTO DE ALIVIADEROS

En los aliviaderos se produce una gran disipación de energía cinética. En determinados casos, toda esa energía puede dar lugar a roturas y erosiones, principalmente en la zona del cuenco amortiguador.

Los requerimientos exigibles a los productos a utilizar en estas zonas son de cohesión interna del propio producto. Cuando el hormigón se rompe en estas zonas es porque su ligante, el cemento, no es suficientemente resistente para mantener los áridos unidos. Entonces lo que se necesita es un ligante más resistente, como puede ser la resina epoxi.

El SIKADUR 41 es mortero a base de resina epoxi que es capaz de aguantar las fuertes solicitaciones a que se ve sometido actuando de revestimiento protector en aliviaderos. Con una adherencia mayor de 4 MPa y resistencia a tracción (lo más importante para este uso) de 15 MPa, su comportamiento es óptimo, sin despegues ni roturas internas.

9 TRATAMIENTO DE UNIÓN ENTRE HORMIGONES NUEVOS Y ANTIGUOS EN RECRECIDOS DE PRESAS

Cuando se hacen recrecidos de presas se añade una masa de hormigón a la ya existente. Es conveniente que ambos bloques de hormigón actúen solidariamente y no se debe confiar totalmente en que se va a lograr una buena unión entre un hormigón endurecido y uno fresco si no se aplica un adhesivo adecuado. Los adhesivos a base de resina epoxi han venido dando un rendimiento satisfactorio en este uso. El SIKADUR 32 FIX es una resina epoxi líquida que aplicada como una pintura sobre el hormigón endurecido, va a permitir que el nuevo hormigón pegue perfectamente. La resistencia de la unión es siempre superior a la resistencia a tracción del hormigón (por encima de 4 MPa) con lo cual el monolitismo está asegurado.

10 ANCLAJES EN RECRECIDOS DE PRESAS

Cuando se hace un recrecido o ampliación de cualquier tipo, además de pegar el hormigón puede ser necesario solidarizar ambas partes por medio de anclajes de barras. El material que se utiliza para la fijación del anclaje debe cumplir unos requerimientos de resistencia adherencia y velocidad de polimerización adecuadas para este uso. Las resinas epoxi son los productos más eficaces para este cometido pues son sobresalientes en los tres parámetros que se han citado anteriormente. El SIKADUR 42 ANCLAJES es un mortero a base de resina epoxi, especialmente diseñado para anclar pernos, bulones u otros tipos de elementos en el hormigón. Es capaz de rellenar el taladro realizado, debido a su fluidez, y adherir perfectamente a las paredes de hormigón y al elemento de anclaje. De esta forma está asegurada que la forma más desfavorable de fallo es la del hormigón formando un cono de rotura en el mismo.

11 SUSTITUCIÓN DE ELEMENTOS EMBEBIDOS EN HORMIGÓN, APOYOS, ETC.

Cuando se sustituye un elemento embebido en hormigón o se hormigonan placas de apoyo, el material de relleno debe cumplir con un requisito principal: que no tenga retracción, de tal forma que su volumen no sea menor después de endurecido que en fresco, para que no se despegue de las paredes. Aparte de esto, la facilidad de colocación sin necesidad de vibrado, la resistencia y la rapidez de adquisición de ésta son otras variables importantes.

Los productos más adecuados para este uso son los morteros cementosos autonivelantes y de retracción compensada. El SIKA GROUT es un producto de este tipo, que se coloca por vertido, y que es capaz de rellenar cualquier oquedad sin necesidad de vibrado o compactaciones. Las resistencias que llega a alcanzar son sensiblemente superiores a las de los hormigones convencionales (60 MPa) e incluso a 1 día alcanza buenas resistencias (30 MPa).

12 PINTURAS DE PROTECCIÓN EN ELEMENTOS HIDROMECÁNICOS

Los blindajes, válvulas, compuestos y otros elementos metálicos están en un ambiente de bastante agresividad desde el punto de vista de la corrosión. La humedad ambiental y los cambios de pasar de estar sumergido a estar al aire favorecen la aparición del proceso de corrosión en los metales. Es necesario dotar a estos elementos de una protección anticorrosión de larga vida (>10 años) y que además resiste a posibles impactos o abrasión que alguno de estos elementos pueda sufrir.

El sistema de protección anticorrosión ICOSIT EG SYSTEM está especialmente indicado para elementos metálicos que van a estar en condiciones agresivas. Se compone de una imprimación muy rica en zinc, de una capa intermedia de resina epoxi con óxido de hierro micáceo y una capa de terminación de poliuretano alifático, que es resistente tanto a la intemperie como a ambientes enterrados o sumergidos.

13 ESTABILIDAD DE LADERAS

Con objeto de evitar deslizamientos de laderas se debe proceder a un adecuado anclaje de las partes más débiles y a una protección de las mismas. El anclaje por medio de bulones asegura, en las laderas rocosas, contra el desprendimiento de bloques. Para el aseguramiento de los bulones se utiliza el SIKA CABLE 1 que es un mortero cementoso inyectable. Es ligeramente expansivo, tixotrópico y con capacidad de protección de los elementos metálicos embebidos en él contra la corrosión.

Para la protección contra la erosión de laderas rocosas y para la estabilización de taludes no rocosos se puede utilizar el hormigón proyectado, con el que se forma una capa de revestimiento y sostenimiento. Para confeccionar este hormigón, se utilizan aceleradores de fraguado del tipo SIGUNITA 49 AF. Este aditivo, aparte de acelerar casi instantáneamente el fraguado, tiene la particularidad de que está libre de álcali, con lo que no es pernicioso para la vegetación ni para los cursos de agua, como lo son los aceleradores normales, muy agresivos y contaminantes.

14 CONCLUSIÓN

A lo largo de este artículo se han abordado algunos de los problemas más habituales que pueden surgir a lo largo de la vida útil de las presas y se han recomendado sus soluciones. En cualquier caso debe quedar claro que, si en cualquier tipo de obra la conservación y el mantenimiento es importante, en las presas esto se debe aplicar incluso con más razón, pues sus grandes costes de construcción aconsejan que se alargue la vida útil lo más posible.

Dam Maintenance and Rehabilitation, Llanos et al. (eds)
© 2003 Taylor & Francis, ISBN 90 5809 534 7

Long-term experiences with an asphalt membrane at Agger Dam

L. Scheuer

Aggerverband, Gummersbach, North Rhine-Westphalia, Germany

ABSTRACT: In 1967 the Agger Dam, a 45 m high concrete gravity dam build 1927 to 1929 with $19,300 \times 10^3$ Mio. m^3 storage, was supplied with a composite sealing made of a 12 cm asphalt membrane and a 28 cm concrete wall. The reinforced concrete covers the asphalt concrete and leads the weight of the new construction to the solid concrete of the old dam by anchorage with 1 meter distance between each other. The leakage rate from the reservoir into the dam drop down to 10 to 20 cm^3/s till today. In 2002 the anchorage plates need a new corrosion protection and the surface of the 1967th concrete has to be rehabilitated. The Aggerverband decided to remove a 1.5 cm concrete layer and supply a 3.0 cm Shot-Polymer-Cement-Concrete (SPCC). After this the Aggerverband expects another lifecycle of at least 30 years of operation for the asphalt membrane.

1 AGGER DAM

The Agger Dam is located in North Rhine-Westphalia, Germany, 50 km east of Cologne on the River Agger. The reservoir collects the water of the upper River Agger with a catchment area of 40.5 km^2. The average amount of precipitation is 1238 mm per year. The mean annual discharge is 33 million m^3. The dam was projected as a multi-purpose dam for power generation, flood control, low flow augmentation, industrial water supply and drinking water. Once the Genkel Dam was finished in 1952, the Agger Dam no longer served as a supply of drinking water, but is still operated as an emergency drinking water reservoir.

The storage of the reservoir is $19,300 \times 10^3$ m^3 and the surface at maximum water level is 1200×10^3 m^2. The ratio storage capacity vs. annual discharge is about 0.6. Newer investigations on the storage proved an actual capacity of $17,700 \times 10^3$ m^3.

Agger Dam was built from 1927 to 1929 as the second gravity dam in concrete technique in Germany. The dam is 45 m high and the crest length is 225 m. At the bottom the dam is 35 m wide, at the top 6.3 m with a 1:0.05 slope on the upstream face and a 1:0.647 slope on the downstream face. The total cubature of the dam is about 100,000 m^3 and it was built in 30 m wide blocks. The downstream side of the dam was given a facing of quarrystone in order to give the dam the same appearance as the masonry dams, which were the standard dams of the time. The concrete on the upstream surface didn't get any protection. For a fine surface an oiled formwork was used.

2 DAMAGES AFTER CONSTRUCTION

In 1927, the concrete technology for dams was in its infancy, and it was not known that concrete with a

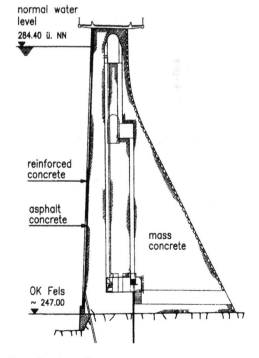

Figure 1. Agger Dam.

large secondary void volume does not result in a compact structure with a closed surface. As a result the concrete had a poor durability and weathering resistance. Due to the geo-chemical conditions of the catchment area the water in the reservoir is very soft with a total hardness of 2.7°dH. The carbonate hardness as a measure of the buffering capacity is only 1.6°dH. The free carbon dioxide is on average 5 mg/l. This surrounding conditions, as well as the poor concrete quality, has resulted in visible damages to the area of changing water levels, and acid corrosion in the lower regions of the dam. The depth of damages were examined up to 15 cm.

A high water-cement ratio, and a mix design with a high amount of fines, resulted in a high shrinkage stain of the concrete. This resulted in up to 2 mm wide cracks beginning at the dam's bottom and ending on the downstream face of the dam. Some of these cracks reached up to the crest.

As a result, the water loss increased. Several attempts with coatings, mortars and a mastic failed, as the experiments to grout the cracks failed, too. So the Aggerverband, which operates the dam, decided to add a new sealing on the upstream face of the Agger Dam.

3 CONSTRUCTION OF ASPHALT MEMBRANE IN 1966/1967

The sealing consists of a 12 cm membrane of asphalt concrete and a 28 cm reinforced concrete wall. The construction was fitted to the old dam by anchors in a 1 m times 1 m pattern.

First of all a foundation with 80 cm width was constructed on the rock. This foundation is the grounding for the supplement of the curtain grouting, which was also necessary. Then the old damaged concrete was removed by wet sand blasting up to 20 cm depending on the quality. At this point the remaining concrete had a good quality with a compressive strength better than B 15 according DIN 1045. After some experiments with different types it was decided to use anchor bares made of steel CK 60. The diameter of the anchors varies between 39 mm at the bottom of

the dam to 33 mm and 22 mm at the top, depending on the forces. The anchorage length in the remaining good old concrete is 60 cm, beginning after 15 cm free length in the old concrete. The installation of the bares was done using sockets, and the annular space was grouted with cement mortar.

The formwork was fitted at the anchors, the concrete surface got a bituminous painting and the asphalt concrete was filled in four layers of 25 cm up to 1.0 m, each element 6 m wide. The asphalt concrete contains 40% grey wacke split, 40% sand and 20% filler. The asphaltic binder is a bitumen B 45 with 7% weight proportion according DIN EN 12591. This mixture results in an asphalt concrete with a void ratio of less than 4%, which can be described as watertight. After testing the first meter, another part consisting of four layers with 25 cm were build up.

Then the formwork for the reinforced concrete was fixed at the anchors, the reinforcement was installed, and a 2 m high element was produced. The formwork was used as a climbing-type formwork. The concrete cover was committed with 4 cm on the upstream face and 3 cm on the downstream face. The concrete quality was selected as a B 25 with 300 kg blast furnace cement. The aggregates were selected in the grading curve B-E according to DIN 1045.

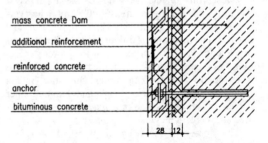

Figure 3. Asphalt membrane.

Figure 4. Construction asphalt membrane.

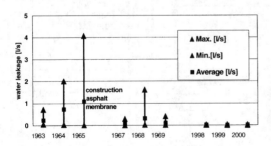

Figure 2. Leakage rate.

Due to the curtain grouting and the asphalt membrane the leakage rate of the whole dam decreased to 300 to 400 cm³/min. During the following years the total amount of infiltration has continuously decreased. Today the rate is with 10–20 cm³/min, very small, depending on the average water level in the reservoir. As a result, we are sure that the membrane still works (Richter, 1968).

4 DAMAGES IN 2002

Because of optical damages in the upper area of the reinforced concrete the membrane was investigated in 1995 on the whole area of about 6000 m². The investigation were done using a magnetic-inductive profometer for measuring the position of the bares and the concrete cover in a 5 m times 5 m pattern. These investigation were done using a robot under water as well. The investigations showed that for more than 80% of the measuring points the concrete cover didn't meet the committed. The videos showed small cracks, especially near the joints and exposed reinforcement.

In the years 2000 and 2002 comparisons of the values for the concrete cover measured by bore holes and profometer differed strongly. The concrete cover of the reinforcement was measured with less then 4 cm in only 17% of all bore hole analyses. These results lead to the requirement of a dense calibration pattern of the profometer by bore holes.

The depth of carbonation was measured with 0.3 to 0.5 cm, increasing in the lower areas. These results are caused by the poor hardness and the high rate of free carbon dioxide of the water.

The compressive strength of the reinforced concrete was measured with 73 N/mm² on average, the minimum was 54 N/mm². The adhesive pull strength is 2.8 N/mm² and sufficient larger than the required value, with is 1.5 N/mm² for the proposed rehabilitation system.

Figure 5. Damages 2002.

Two cores drilled along the anchorage showed a high quality of asphalt concrete as well as a high quality of the grouting of the bars. There is only superficial corrosion on the upper side of the anchor plates, which can be easily eliminated.

5 REHABILITATION CONCEPT

We investigated two different rehabilitation concepts. The first one is a partial rehabilitation for all surfaces where the concrete cover is less than 2.5 cm. The second one is an overall rehabilitation for the total upstream surface.

5.1 Partial rehabilitation by PCC

The inventory of the damages must be done in correspondence with the ZTV-SIB 90 in a 5 m times 5 m pattern. This includes optical investigations of the spalling of the concrete, abrasion and erosion, of the ratio of exposed reinforcement and voids. The investigations on the concrete cover by profometer must be calibrated using cores every 15 m. At every core the depth of carbonation, the chloride and the compressive strength have to be tested. All cracks larger than 0.3 mm have to be documented.

Using all this data, the rehabilitation size was determined according to ZTV-SIB 90. The concrete cover must exceed 2.5 cm, and the depth of carbonation must be less than 1.0 cm. As a result, about 20% of the membrane area requires a rehabilitation with a lot of working joints around the rehabilitation parts.

The removal of the concrete, and the exposing of the armouring bars is done using high pressure water, blasting with a pressure of more than 2000 bar. The depth of removal must exceed 4.0 cm. The exposed reinforcement must be covered with a mineral corrosion system, where possible, or must be renewed. The Polymer-Cement-Concrete-System (PCC) consists of a bonding slurry and a 2-layer polymer strengthened concrete substitute. The follow-up treatment takes about 5 days.

The cracks in the concrete substrates greater then 0.03 cm will be filled with a two component polyurethane resin. The resin will be injected directly into the cracks. The bore holes for the injections will be drilled at an angle of 45 degrees, the distance will be half the thickness of the concrete layer.

The costs for this alternative are calculated at 1.0 Mio €. The main disadvantage is the enormous amount of joints along the reconstructed concrete fields.

5.2 Complete rehabilitation by SPCC

In this case the previous investigations can be reduced to bore holes in a pattern of 15 m times 15 m. The thickness of the removal can be reduced to 1.5 cm, but more than the depth of carbonation. The decreased measure of concrete removal is possible because there are no joints along reconstructed areas.

The maintenance and corrosion protection of the reinforcement is the same as for a partial reconstruction, as well as the corrosion protection for the anchor plates.

The concrete will be replaced in a dry shot system. The water is added in the jet nozzle. The preparation with bonding slurry is not necessary. The required thickness of the Shot-Polymer-Cement-Concrete (SPCC) is 3.0 cm and can be shot in one layer. The follow-up treatment takes about 5 days – similar to the partial solution. The expansion joints between the concrete fields must be filled with joint tapes. The total costs for this alternative have been calculated at 1.1 Mio €.

5.3 Bidding procedure

The costs of the two alternatives differ by 14%. The follow-up costs for the complete reconstruction are expected to be lower because of the lack of the joints along the reconstruction concrete fields. So the complete rehabilitation of the upstream surface with 6000 m^2 was advertised for bids.

21 competitors participated in the bidding process. A company with a specific proposal received the contract. The bidder will use a silica modified shotcrete. This material provides similar corrosion protection properties, but has favourable elastic characteristics according the concrete substrates. The lack of polymeric affects the durability of the concrete substitute positively, at the point of contact with the reservoir water. The costs will be less than for a SPCC solution. The work started in May, 2002, and will be finished in October, 2002.

6 CONCLUSION

The composite membrane of the Agger Dam, constructed in 1966/1967, is active and in good condition. The leakage is still very small. Limited damages on the surface of the reinforced concrete wall require rehabilitation of the corrosion protection strength. With this rehabilitation the Aggerverband as the owner of the Agger Dam expects another lifecycle of at least 30 years of operation for the asphalt membrane.

REFERENCES

Richter, H. 1968. Verstärkungs- und Sicherungsmaßnahmen an der Aggertalsperre. *Die Wasserwirtschaft 7/1968*: 214–216.

Deutsches Institut für Normung. 2001. *DIN 1045. Tragwerke aus Beton, Stahlbeton und Spannbeton – Teil 2: Beton, Festlegung, Eigenschaften, Herstellung und Konformität.* Berlin.

Deutsches Institut für Normung. 1999. *DIN EN 12591. Bitumen und bitumenhaltige Bindemittel – Anforderungen an Straßenbaubitumen.* Berlin.

Bundesminister für Verkehr. 1990. ZTV-SIB 90 *Verkehrsblatt–Dokument* B 5230. Bonn.

Dam Maintenance and Rehabilitation, Llanos et al. (eds)
© 2003 Taylor & Francis, ISBN 90 5809 534 7

Extending and treating for Huangbizhuang reservoir

Zhihong Qie, Xinmiao Wu
Department of Water Resource of Agriculture, University of Hebei, P.R. China

Dongjun Wang
Conservancy of Taolinkou Reservoir, P.R. China

ABSTRACT: Huangbizhuang reservoir is situated in Shijiazhuang city northwest 30 km of Hebei province of China. The project includes main dam (homogeneous earth fill dam), auxiliary dam (homogeneous earth fill dam), gravity dam, normal spillway and emergency spillway and its total storage capacity reaches 1,210,000,000 m³. The project was first built in 1958 and has emerged many problems in its more than 40 years' operation process. These problems include: 1) the standard of flood control is on the low side; 2) the cracks on the top of auxiliary dam and in clayey apron have led to serious seepage failure; 3) roundabout seepage gradient of gravity dam is rather high, and there are many defects beyond retrieve in sluice gate of generating tunnel and headstock gear; 4) sluice's slide resistance stabilization of normal spillway can't satisfies requirement and there are charring and denudation phenomena on the surface of barrage and bed plate of draining tank. This paper put forwards corresponding treatment measures and has designed repairing scheme aiming at the above problems considering technique, economy, and environment etc. Extending & treating project to this reservoir dated from 1998, and now has closed to end. This paper also discusses some new problems emerged in the process of extending & treating. (For example, occurred slump settlement over and again during the construction of auxiliary dam's cut-off wall; The environment effect of seepage control, etc.)

1 THE LOCATION AND ACTUALITY OF HUANGBIZHUANG RESERVOIR

Huangbizhuang reservoir is situated in the northwest 30 km of China, Hebei province Shijiazhuang city. It is an important large-scale hydrojunction project (Figure 1). The total storage capacity of this reservoir is 1,210,000,000 m³ and joint control drainage area with upriver Gannan reservoir reaches 23400 km². The reservoir was built in 1958 and retained water in 1960. The main task of the project is flood control and other functions are water supply, irrigation, generating electrical power and cultivation, etc. The project is made up of main dam, auxiliary dam, gravity dam, normal spillway, emergency spillway, Huanbizhuang hydropower station and Lingzheng hydropower station, etc. (Figure 2). Main dam and auxiliary dam are both filling homogeneous dams. The maximal height of main dam and auxiliary dam are separately 30.7 m and 19.2 m. The maximal crest length is separately 1843 m and 6907.3 m. Gravity dam is concrete dam and crest length and height are separately 136.5 m and 28.0 m. The discharge quantity of normal spillway and emergency spillway are separately 10867 m³/s and 11840 m³/s.

2 EXISTING PROBLEMS

The Huangbizhuang reservoir is one of the first 43 fault reservoirs. The existing problems include the following three aspects.

2.1 Flood control standard is on the low side

The original design standard is a hundred years. But because there are some faults in existing construction, the reservoir can't be operated under the condition of high water level, the actual flood control standard is only thirty years.

2.2 There are insecurity factors in existing most construction, which directly threaten the project's security

2.2.1 Auxiliary dam

Auxiliary dam is most serious and dangerous construction, the main faults are as following:

– The construction quality is poor, so the cracks on the top of dam are serious. During the flood in Aug., 1996, the cracks on the top of dam increase into 9917 m from 4400 m. The average width of

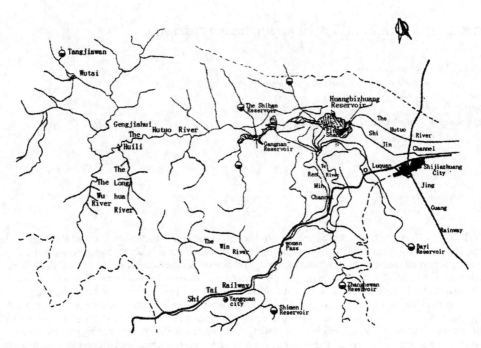

Figure 1.   The location of Huangbizhuang reservoir.

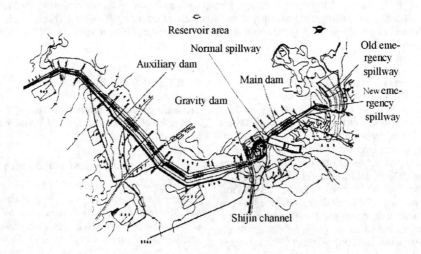

Figure 2.   Huangbizhuang reservoir plane layout chart

cracks is 2~4 cm, the maximal offset between the surface of crack reaches 4 cm, the maximal depth is 1.8 m.

– The cracks are serious and have resistance to treatment. During every examination after emptying, we can find cracks and some sinks like string of bead, and the cracks and caves deteriorate year after year. The notable characteristics are: the crack area is basically fixed and some old cracks having been filled break again; The more long of time interval of processing, the more serious the crack become; there is correlation between crack development and water level of reservoir.

– There have occurred seepage failures time after time behind the dam, mainly appearing as floating earth and swampiness.

– There have occurred continually boiling of sand and cave in trench drain and bleeder well. This situation has been improved greatly after the treatment in 1990, but it is still a hidden trouble.

2.2.2 *Gravity dam*

The main problems existing in gravity dam are as follow:

- The length of abutment Thorn wall is not enough and roundabout seepage length is overlarge.
- Corrosion and seepage in bedrock are all very serious.
- The quality of dam body is relatively poor. Drilling data indicate there are break up and alveolus in partial dam body and there are many cracks on the upstream and downstream surface.
- There are some defects can't be repaired in sluice gate of irrigation hole and generate electricity hole (serious rust, the design and manufacture fall short of code requirement, partial equipments are out of order, and introduce nonqualified product, etc.).

2.2.3 *Normal spillway*

The main problems existing in normal spillway are as follow:

- Slide resistance stabilization safety factor of gate chamber is on the low side, so can't meet the code requirement.
- The side slope, which is located at the both side of the first water apron, is asymmetric, so there will be major circumfluence when the discharge increase largely.
- The exit of the second water apron has been scoured a pit, which has endangered the security of trajectory bucket and sidewall.
- There are some defects can't be repaired on sluice gate and headstock gear.?serious rust, stress and deformation have exceeded allowable value, and damping brake of headstock gear is out of order?

2.2.4 *Engineering management establishment is out of date*

Tansportation facilities, communication equipment can't meet the requirement of existing code. Monitor and control means is out of date and can't achieve automated management.

3 BRIEF INTRODUCTION TO EXTENDING & TREATING PROJECT

Treat the part, which has fault and hidden trouble according to the exposed problems and defects.

3.1 *Vertical cut-off wall project of auxiliary dam*

Because the large number of cracks and caves occurred in original auxiliary dam, the original horizontal anti-seepage is changed to vertical cut-off wall in order to cut the foundation seepage, avoid the seepage failure in foundation and behind the dam, eliminate cracks on the concrete apron and crest. Build cut-off wall adopting two different techniques: high-pressure rotary sprinkling technique is applied in the junction of auxiliary dam and gravity dam $(0 + 120.5 \sim 0 + 436)$ and the total area is $5116\,m^2$; The combination technique of churn drill and hydraulic pressure grapple is applied in monolith $0 + 436 \sim 5 + 700$ and the area is $309{,}456\,m^2$. The thickness and altitude of cut-off wall are separately $0.8\,m$ and $127.0\,m$, connecting with breastwall. The bottom of cut-off wall reaches $2.0\,m$ below the relative impermeable stratum (clay band containing crushed stone) between $2 + 960$ and $3 + 630$ and averagely reaches $1.0\,m$ below the bedrock in other monolith (Figure 3).

The crest of auxiliary dam is excavated $2.2\,m$ to form the construction platform and the original dam body is restored after the construction.

3.2 *Gravity dam treatment project*

The treatment to gravity dam mainly includes:

- Curtain grouting (depth is $4493\,m$) to bedrock can solve the corrosion and seepage problem of foundation, reducing uplift pressure of foundation.
- Remedy grouting (depth is $1440\,m$) to dam body can improve the quality of dam.
- Thorn wall of dam abutment was increased $10\,m$ to reduce roundabout seepage grads. The thron wall is a high-pressure rotary sprinkling wall and integrates with vertical cut-off wall of auxiliary dam.
- Electromechanical and metal structure were replaced and transformed and the headstock gear chamber was also rebuilt.

3.3 *Treatment to normal spillway*

Laid two prestressed anchorage cable in every weir. Anchoring force of every anchorage cable is $3000\,KN$ and the cable length is $40\,m$. Anchor head is situated in the downstream of weir crest, and the angle is $60°$ (Figure 4).

Change the right bank slope of the first water apron into vertical wall in order to solve regurgitation problem. Use jackstone to backfill the centredot of the second water apron. Build concrete slope protection against scour to bank.

The concrete of weir face is excavated $40\,cm$ and new concrete is poured on it. Besides, similar treatment is made to charring and disintegration part on the bottom of steep channel.

3.4 *New emergency spillway*

Build new emergency spillway in the south of existing emergency spillway in order to increase overflow discharge. The distance between the two buildings is $40\,m$.

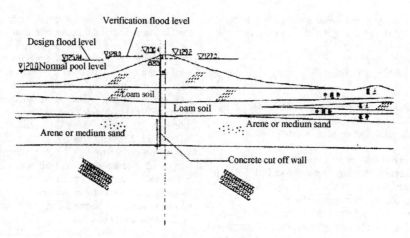

Figure 3. Cross section of auxiliary dam stake 1 + 600.

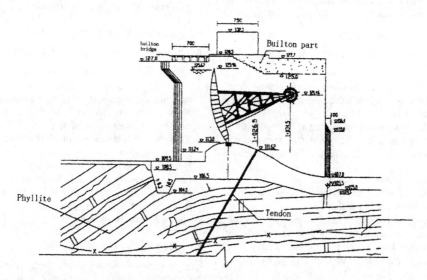

Figure 4. Vertical section of new weir.

The new wire is broad-crested weir and the lock chamber is divided into 5 aperturas. The net width of every apertura is 12 m and the maximal overflow discharge is 8980 m³/s. The association discharge of new and existing emergency spillway can reaches 21,000 m³/s.

4 SOME PROBLEMS AND TREATMENT MEASURES

4.1 Slump settlement problem of auxiliary dam cut-off wall

Having occurred 3 slump settlements respectively in May 1999, 2000 and 2001 during the construction of cut-off wall. The most typical slump settlement occurred on May 13, 2000. During the construction to the middle monolith ?-106 and ?-108, the slurry began to seep when the 1# and 9# bore were coming to reach design altitude. After 4 times leakage stoppage, still result in a slump settlement and a crack across the dam axes. The depth of slump settlement and the length of the crack are separately 5.3 m and 80 m. The main reason for the leakage and slump settlement is that leakage slurry humidifies the sand bed, leading to the landslide. Besides, the other reasons are as follow:

– The dam is a subaqueous filling dam, so it is rather weak.
– There are seepage channels in the dam foundation.

– Construction techniques is unfit for the stratum condition.

Having carried out high pressure eject grounting to this monolith and reduced the length of gutter of cut-off wall after this accident.

The bigger slump settlement occurred on May 1, 2001. The area of the slump settlement is about 100 m and the depth reaches 9 m. The reason for this accident is that there are seepage channels in the foundation. The corresponding treatment measure is to excavate 10 m to the accident monolith and build gravel pile in vibrating manner to increase the monolith density.

4.2 The environment effect of seepage control and corresponding treatment measures

From the point of view of flood control and dam security, the cut-off wall of auxiliary dam is the best scheme, but there is relationship between the seepage and groundwater compensation, and this scheme has influenced the economic sustainable development of the downstream area.

The downstream of the Huangbizhuang reservoir is river flat and the main city is the Shijiazhuang city. The control area is 600 km^2 and Hutuo River cross the area from west to east (Figure 5). In recent 30 years, the increase of exploitation to groundwater lowers the groundwater level of this area. The underground of the Shijiazhuang city has formed pumping cone in 1965. Before the construction of the dam, the undercurrent can only compensate a little to downstream area. After the construction, the permeability of foundation water – bearing stratum increase. The annual seepage quantity of auxiliary dam is about 75,000,000 m^3/a. But after the completion of cut-off wall, the groundwater level will lower about 12 m. This result aggravates the contradiction of groundwater demand and supply. In order to solve the problem, adopt the following compensation measure:

(1) Replenishment solution
The downstream of the reservoir is the axial region of Hutuo River detrital fan. The region is a good replenishment region because the vertical permeability of water stratum is better and there is a replenishment storage capacity. Make use of existing ditch, riverbed of Hutuo River, seepage ditch, relief well and irrigation of agricultural land to realize the purpose of replenishing groundwater. At the same time, irrigation of agricultural land can also reduce the exploitation to groundwater.

(2) Channel water solution
Supply the Shijiazhuang city and other regions influenced by the cut-off wall project by channeling water directly from reservoir. At present, the Shijiazhuang city has channeled the water to meet the demand of industry and domestic water.

The above measures not only can solve the demand and supply contradiction of water resource, but also

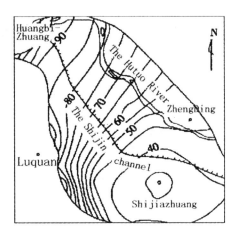

Figure 5. Downstream area of the Huangbizhuang reservoir.

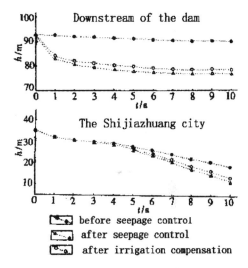

Figure 6. The dynamic forecast result of groundwater.

can assure the economic sustainable development of the downstream area. The compensation result is shown in Figure 6.

5 CONCLUSION

There are more than 86,000 reservoirs in China. Among them, many projects have faults and hidden troubles. The task of extending and treating to reservoir is very large, so it is very important to research the scientific dam repairing theory and technique. Huangbizhuang reservoir is a typical fault engineering, the treatment measures adopted by it can provide some practical experiences to the other fault projects.

Dam Maintenance and Rehabilitation, Llanos et al. (eds)
© 2003 Taylor & Francis, ISBN 90 5809 534 7

Rehabilitation of 100 years old masonry dams in Germany

D.H. Linse
Ing.-Büro Dr. Linse, München, Germany

ABSTRACT: Around 1900 Prof. Intze designed and built about 40 masonry dams in Germany. They have a height of about 25 to 50 m, are slightly curved in plan and have a sealing on the upstream face combined with a drainage curtain. Investigations in the safety of the dams showed, that at most of the dams the uplift pressure and the pore pressure was much higher than acceptable.

Different solutions were developed for rehabilitation. Two of them are shown:

- New concrete shell on the upstream face, connected to the foundation by a drainage gallery.
- Grouting of the dam body and the foundation with cement combined with a drainage system. This consists of a blasted gallery and a new curtain of drainage borings in the dam and the foundation.

The rehabilitation work has to be accompanied by the control of seepage, uplift-pressure and deformations. It is always necessary to undertake structural computations using these detailed information to verify the success of the rehabilitation.

1 INTRODUCTION

1.1 *Intze-Dams*

In Germany there are about 40 dams which were built around 1900. They were designed or their design was least influenced by Dr.-Ing. Otto Intze, professor at the "Königliche Technische Hochschule" (Royal Technical University) of Aachen from 1870 to 1904 (fig. 1). He was head of the Department of Structures and Hydraulic Engineering. The type of dams he engineered is now called "Intze-Dam".

The masonry dams have a height of about 25 m to 50 m. The rubble stones came from sites nearby and had dimensions up to ca. 50 cm. The mortar was a mixture of chalk, pozzolanic materials and sand. That mixture was supposed to give the dam a special deformability. The dams are slightly curved in plan and have no vertical expansion joints (fig. 2 and 3).

At the upstream face of the dam a lining of cement-pozzolane-plaster combined with a tartype coating should prevent water to penetrate into the dam's body. This lining was protected by a masonry shell with a dovetail connection to the dam. In a short distance to the upstream face a vertical drainage system was situated. The lower part of the dam was protected by the so called "Intze-Keil" – Intze-wedge – an embankment consisting of excavation material, which was sometimes improved by a puddle at the dam face.

The dams have two bottom outlets, whose gates were operated through the gate towers at the upstream face of

Figure 1. Otto Intze.

the dam. The flood control was managed by a spillway. The dam crest has a width of about 4 m or more.

The dams were founded on the "sounding" rock.

The design of the dams was made by graphical analysis (fig. 4). The design conditions were:

- Empty reservoir: no tensile stress at the downstream face
- Full reservoir (up to the crest): no tensile stress at the upstream face

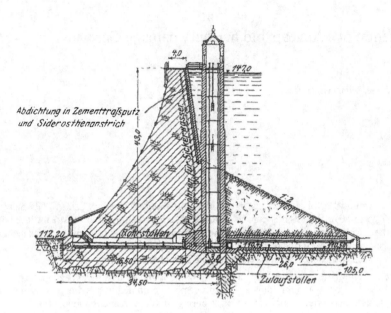

Figure 2.   Cross section of the Sengtal dam (from [1]).

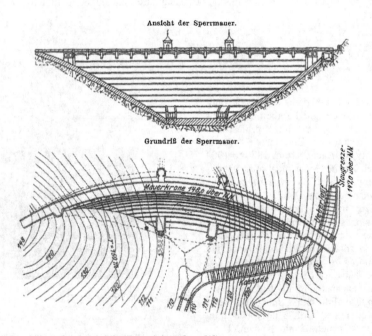

Figure 3.   View and plan of an Intze-dam (Sengtal dam, from [1]).

Intze assumed, that both the foundation and the upstream face of the dam were impermeable; no internal pressure and no uplift were taken into account.

According to our experience this assumption is not correct. Measurements showed that there is an internal water pressure (pore pressure) and there is an uplift pressure – often as high as the water head at the upstream face. It was therefore necessary to undertake a new design, which showed that with nearly all Intze dams a rehabilitation was necessary.

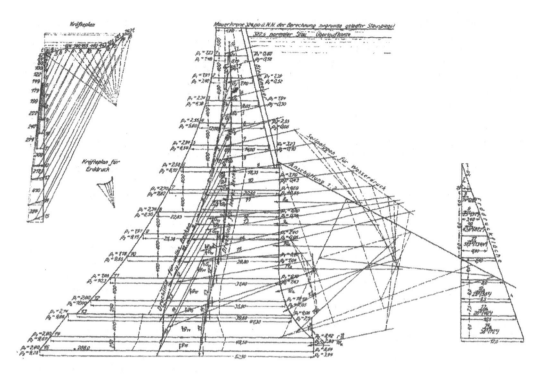

Figure 4.   Original graphical design of an Intze dam (Urft dam; from [1]).

1.2   *Controlling dams*

According to the German standard DIN 19700 [2] and the state regulations all dams have to be controlled regularly: Deformations, pore pressure and uplift, visual observations. Each year a safety report has to be written, and every 5 years a deepened survey has to be undertaken. The purpose of these investigations is to achieve a high level of safety for all dams. The newest safety standards have to be met.
The German standard for dams state:

- No tensile strength of masonry or concrete may be taken into account
- Under normal loading conditions and regarding the pore pressure or uplift pressure the resultant of all forces should be in the middle third of the cross-section

Pore pressure and uplift forces are the result of the water head and the permeability of the dam. Intze assumed that dam and foundation are nearly impermeable. The dams show that this assumption is not valid. You can measure the uplift pressure and you can see that the dam itself is leaking (fig. 5). In summertime leaking water will evaporate, but in wintertime the leaking water freezes and long "ice-beards" develop.

Figure 5.   Intze-dam (Oester Dam, Germany): Leaking water freezes (during rehabilitation works).

2   EXAMPLES OF REHABILITATION

2.1   *Rehabilitation by an new concrete liner at the upstream face bonded to the existing masonry: Dreilägerbach-Dam*

The Dreilägerbach-Dam is situated in the Eifel, mountains in the western part of Germany at the Belgian

937

border. Its height is about 38 m with a crest length of about 240 m. The curvature in plan is 355 m. It was built from 1909 to 1911. In the lower part the dam consists of concrete, in the upper part of masonry work. The cross section is similar to the Intze-type dams. There are no vertical joints. The upper part of the dam's upstream face was sealed, the lower part was protected by the so called Intze wedge.

Measurements showed that the uplift forces at the upstream part of the dam were nearly as high as the water head. Taking into account the regulations in the German standard the waterhead had to be reduced about 2,5 m. A rehabilitation was planned [3].

After discussing different solutions, the specific proposal for rehabilitation of one of the bidders, Hochtief, was accepted. It consists of the following ideas (fig. 6):

• New concrete lining at the upstream face of the dam
• The new lining is bonded to the existing dam
• Galleries in the new lining near the crest and the upstream heel
• Vertical shafts inside the new lining between the two galleries
• Concrete key with grouting curtain; there is no bond between the key and the lining
• Sealing between key and lining

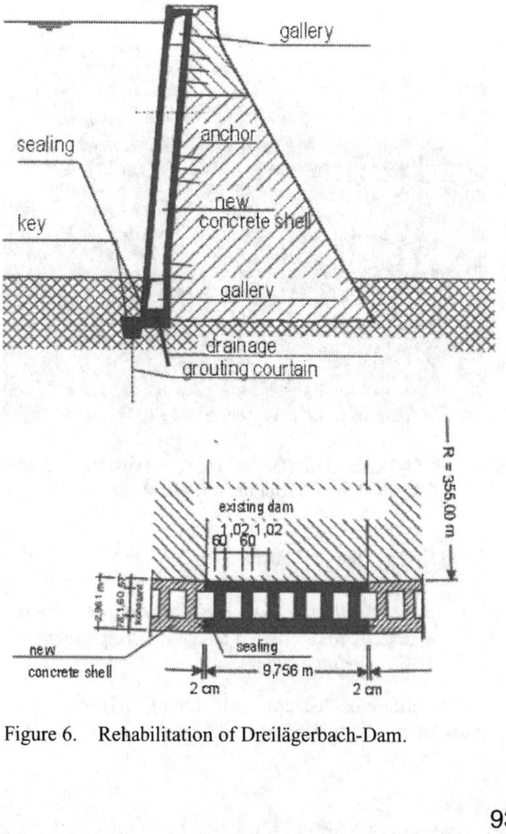

Figure 6.   Rehabilitation of Dreilägerbach-Dam.

The rehabilitation followed Professor Intze's ideas:

• Nearly impermeable lining at the upstream face of the dam
• Nearly impermeable foundation (achieved by grouting curtain combined with the drainage holes
• Thus (nearly) no uplift and no pore pressure inside of the dam body

An additional effect of this solution is the "rucksack-type"-loading by the concrete lining. With the reservoir being empty the lining will at least partially rest upon the key; with high water head the dam body will deform in downstream direction, and the gap between lining and the key will open. The dam thus gets an additional loading on the upstream side.

The concrete lining consists of the 35 cm thick downstream reinforced shell without any contraction joints. The lower gallery is constructed without contraction joints, too. The upstream shell has vertical joints every 9,80 m. Thus cracking by temperature influence could be minimized. It was assumed that there would be some cracks at the transition between the lower gallery and the upstream shell. In this area a high reinforment was chosen as to reduce the cracks' width. Today there are some cracks, but the leakage is very low. There are no horizontal contraction joints.

To get a sufficient bond of the new lining to the existing dam body its surface was prepared "rough" by sandblasting and the joint was prestressed by anchors.

The vertical shafts inside the new lining connect the two galleries. The cross section of about 1,00 × 1,60 m makes it possible to reach every part of the outer shell; so any leakage may be observed and repaired by grouting as soon as necessary.

Ten years after performing the structural works it can be stated, that this type of rehabilitation was successful. The dam now fulfils all requirements of the standards and we hope that this will be valid at least another 100 years.

2.2   Rehabilitation by a new upstream "sliding" concrete shell

Some German Intze dams were rehabilitated by constructing a thin concrete shell at the upstream face which is not bonded to the old dam body. The design idea is to decouple the new and the old structure in order to allow deformations by temperature change. At the toe of the concrete shell a gallery is situated to permit drainage and grouting of the foundation [4, 5].

2.3   Rehabilitation by grouting and drainage: Oester-Dam

The Oester Dam with a crest length of about 230 m and a height of 37 m is a masonry gravity dam built according to the design of Prof. Intze between 1904 to

1906. The curvature in plan is about 150 m. The dam is situated in the middle of Germany in the Sauerland (near Lüdenscheid) and serves as a drinking water storage.

The dam showed signs of severe seepage (fig. 7). On the right abutment there were wells. Evaluations showed, that considering internal pore pressure and uplift the calculated safety was not sufficient.

Investigations into the optimal rehabilitation method yielded that emptying the reservoir would result in high expenses for temporary compensatory water supply. Therefore it was decided to favor a rehabilitation without interrupting the drinking water supply, that means without emptying the reservoir.

The rehabilitation procedure consisted of the following principles:

- Construction of a new drainage gallery
- Reduction of the masonry's permeability by cement grouting
- Reduction of the foundation's permeability by cement grouting
- Drainage borings which lead into the gallery

By this rehabilitation the Intze design principles were maintained: reduced uplift and reduced pore-pressure. Before starting the rehabilitation work extensive studies were undertaken to optimize the situation of the drainage gallery and the number and the length of the drainage bore holes.

According to the German standard the following loadings have to be taken into account:

- Dead load of the masonry
- Water pressure (including pore pressure and uplift and/or pore pressure by seepage in the foundation
- Temperature (summer – winter)
- Ice pressure
- Earthquake loading

These loadings have to combined with different bearing properties of the foundation and the dam body (normal and extreme conditions). Under extreme combinations the safety factor may approach to 1,0. With this design method the nonlinear behaviour of the structure can be rated realistically.

The calculated seepage in the dam and in the foundation after the rehabilitation is shown in fig. 8. The influence of the draining system can be seen clearly. The length of the drainage drillings above the gallery was optimised by calculations. It was not necessary to drill the holes higher than shown in the figure.

The temperature distribution inside the dam body is shown in fig. 9. This distribution was found by a transient temperature analysis considering the changing water and air temperatures due to winter and summer. The computation was made using monthly steps over about 4 years.

Fig. 10 shows the vertical stresses under normal loading. On the upstream face no tension stresses are allowed for equilibrium. This region will be cracked. The stress resultant remains in the middle third of the cross section which is postulated by the design standard. Similar computations were performed for the other load cases and bearing properties.

The main problem was the construction of the gallery. It was decided to drive the gallery by blasting. Thus the gallery's length could be minimized.

The gallery started from the two small bottom outlet tunnels near the centre of the valley. The first rounds were used to achieve a starting point just over the outlet

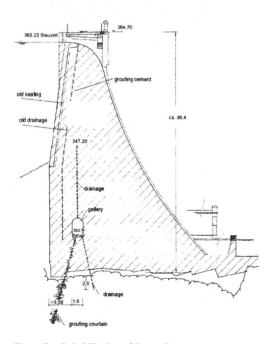

Figure 7. Rehabilitation of Oester-Dam.

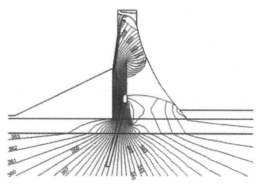

Figure 8. Pore pressure (potential lines).

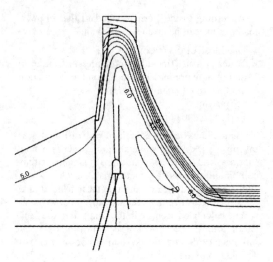

Figure 9. Temperature distribution in the dam body: December.

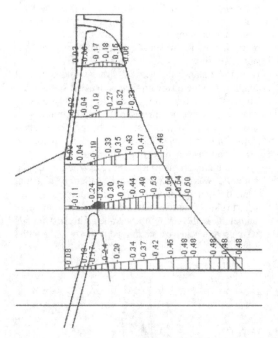

Figure 10. Vertical stresses in horizontal sections (normal loading). Nonlinear computation.

pipes. The excavation was performed in rounds of 0,80 m to 1,0 m with a section of about 4,50 m².

The blasting works were carefully prepared considering that the distance from the gallery to the upstream face of the dam was only about 3,5 m and that the waterhead was up to 25 m above. Moreover

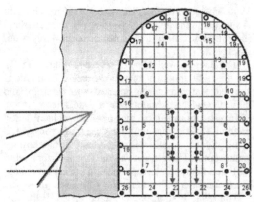

Figure 11. Blasting schedule (from /8/).

Figure 12. Blasted gallery in a masonry dam.

the dams body consists of a highly heterogeneous rubble masonry with a low-strength mortar.

The location of the drill holes were chosen as shown in fig. 11. Blasting started with a fan cut (holes 0 to 3) in the middle of the gallery. There are about 50 holes with 20 firing steps with an ignition delay of 25 ms. The amount of blasting explosive was about 1,5 to 2,0 kg/m³. To control the dynamic reaction of the masonry, the velocities of the vibrations were measured. At a distance of about 1,0 m from the working face a maximum velocity of 200 mm/sec was found acceptable.

The result of blasting was excellent. On the one hand the working process was fast and on the other hand the planned section (fig. 12) and the planned three-dimensional situation of the gallery within the dam was reached with only small deviations.

Figure 13. Ennepe Dam. Gallery drilled with a tunnel boring machine (by courtesy of Ruhrverband).

The drilling work for the cement grouting and the drainage holes was performed from the crest and – mostly – from the gallery.

Construction work on the Oester Dam is nearly completed. It can be stated, that the goal – rehabilitation to maintain the necessary safety level – is reached. According to the experience with drainage holes it must be assumed that they have to be drilled out in some decades. This may be easily and cheaply performed from the new gallery. As with all dams an intensive measuring and control system has to be maintained.

Similar rehabilitations are described in [6, 7].

2.4 Rehabilitation by grouting and drainage: Ennepe Dam

The Ennepe Dam is located near Wuppertal in the Sauerland next to the Oester Dam. It was originally constructed around 1902 according to the design of Prof. Intze and its acceptable water head was lifted some years later by heightening the crest about 10 m.

There had been the same problems with uplift and pore pressure as at the Oester Dam. The rehabilitation design was similar. In this case the gallery was not blasted but was driven with a tunnel boring machine. It had a cross section of 3,0 m and was rather short as to allow a curvature with small radius.

The starting point of the boring machine was a shaft type construction pit at the dam's downstream toe. The boring machine went up to the left abutment, then came down, turned and went up to the right abutment. In the valley area the gallery was inside the dam body, at the abutments the gallery was drilled through the rock (fig. 13). Due to the good condition of

masonry and rock only some parts of the gallery had to be strengthened by additional supporting measures. This was the first dam where a tunnel boring machine was used to drill the gallery.

3 CONCLUSIONS

Dams imply due to the energy of the stored water a quite high hazard; therefore it has to be proven that the dam's safety meets at any time the newest safety standards.

The Intze dams which were built about 100 years ago are still an essential part of the water management of today. The regular controlling had shown that with most of these dams the uplift and the pore pressure in the dam and the foundation are much higher than acceptable.

Different rehabilitation strategies were developed. Some dams got new concrete shells at the upstream face, connected to the foundation by a gallery, others got a new drainage gallery inside of the dam with accompanying grouting and drainage holes. By these measures the dams have been rehabilitated in such a way that they can be in service another hundred years.

REFERENCES

Intze, Otto: Die geschichtliche Entwicklung, die Zwecke und der Bau der Talsperren. Zeitschrift des Vereins deutscher Ingenieure, 1906.

DIN 19700 (Stauanlagen), Teil 10 und Teil 11, 1986.

Dautzenberg, W. und Sage, F.: Neue Schale vor alter Mauer. Beton 44 (1994).

Salveter, G.: Unsere alten Staumauern werden saniert. VDI-Jahrbuch 1995. Verein Deutscher Ingenieure, 1996.

Landestalsperrenverwaltung des Freistaates Sachsen: Talsperre Neunzehnhain II: Bericht anläßlich des Abschlusses der Sanierung.

Polczyk, H.: Sanierung von Talsperren. Erfahrungen am Beispiel der Urfttalsperre. GWF Wasser-Abwasser. ATT Special 139, 1999.

Wittke, W.: Upgrading the stability of three masonry dams in different ways. International Congress on conservation and rehabilitation of dams, Madrid, 2002.

Aberle, B. und Hellmann, J.: Sprengen in Gewichtsstaumauern unter Vollstau: Vortriebsverfahren, Genehmigung und Bauüberwachung. 12. Bohr- und Sprengtechnisches Kolloquium der TU Clausthal, 2001.

Dam Maintenance and Rehabilitation, Llanos et al. (eds)
© 2003 Taylor & Francis, ISBN 90 5809 534 7

Fundamentos de la inyección con resinas de grandes macizos fisurados

Jaime Planas
ETS de Ingenieros de Caminos, Universidad Politécnica de Madrid

Adel Mohamed Fathy
Department of Properties of Materials, Faculty of Engineering, Ain Shams University, Cairo, Egypt

José Luis Rojo
RODIO, S.A.

RESUMEN: La comunicación presenta los grandes rasgos de una investigación teórica y experimental que cimienta la técnica de inyección de grandes grietas en presas o macizos rocosos con resinas epoxi de viscosidad relativamente elevada inyectada a gran presión en áreas pequeñas. El trabajo comienza por describir los tipos de grietas con los que podemos enfrentarnos y se centra en uno de los más comunes, la grieta que, una vez abierta por efecto de fenómenos transitorios, vuelve a quedar comprimida debido a las cargas permanentes. Resume a continuación los modelos teóricos y numéricos desarrollados para describir el comportamiento de la resina y el proceso de inyección y resume los resultados básicos de los mismos, entre los que destaca que, cuando se inyecta a caudal constante, la presión aumenta primero rápidamente, alcanza un máximo y después decrece lentamente. Esto significa que la parte de la estructura que descansa sobre la grieta actúa como una válvula de seguridad sin que ello implique desplazamientos globales de la estructura.

1 INTRODUCTION

Una grieta en una presa o en otra gran estructura, incluyendo macizos rocosos, supone un riesgo para la seguridad y la funcionalidad. En muchos casos una solución del problema consiste en inyectar con resina epoxi, que fluye en la grieta y luego endurece y la sella, adhiriendo las dos caras de la fisura.

Para conseguir una buena adherencia, es preciso un buen contacto entre la resina y las caras de la grieta. Esto puede conseguirse usando una resina muy viscosa inyectada a gran presión sobre áreas muy pequeñas. La elevada presión abre ligeramente la grieta, la limpia y fuerza a un contacto muy íntimo entre la resina y el hormigón o la roca. Un extenso trabajo de investigación realizado por los autores, algunos de cuyos aspectos se discutirán a continuación, muestra que cuando el tamaño de la zona que se presuriza es pequeño comparado con las dimensiones de la estructura el procedimiento es completamente seguro aunque las presiones locales sean elevadas (Planas y Fathy 1993; Fathy 1996).

En esta comunicación se plantea en primer lugar el problema básico planteado en la inyección de grandes grietas, se discuten los tipos de grietas que pueden encontrarse en la práctica y se describen brevemente los métodos teóricos y numéricos desarrollados para estudiar el problema. Finalmente, se describen los aspectos fundamentales de las soluciones obtenidas.

2 EL PROBLEMA BÁSICO

El objeto del estudio desarrollado por los autores es el problema ingenieril de la inyección de grandes grietas con resinas epoxi. Este tipo de inyecciones involucra tres componentes que interaccionan dando lugar a un comportamiento conjunto relativamente complejo. Estos componentes son:

1. **La resina**: Es el componente base cuyo objetivo es rellenar y sellar la grieta. Es un componente "vivo" que se inyecta en estado fluido y debe distribuirse adecuadamente en el interior de la grieta para luego endurecer sirviendo de puente entre las dos caras de la grieta.
2. **La grieta**: Es el componente cuyos efectos negativos se quieren eliminar mediante la inyección. Sus dimensiones y topología, en particular su apertura y su rugosidad, y las condiciones en que se encuentra

(limpia, inundada, drenada, etc.) condicionan totalmente el movimiento de la resina en su seno.

3. **La estructura**: Es, a la postre, el destinatario final de la inyección, que pretende devolverle funcionalidad o seguridad o ambas cosas a la vez, y responde a la presión de la resina con deformaciones que pueden, dependiendo de su magnitud, ser beneficiosas o peligrosas.

Estos tres componentes del sistema interaccionan de forma dinámica durante la inyección, al menos en el tipo de inyecciones que en este trabajo consideramos, ya que se producen a presiones suficientes como para que la grieta se abra localmente debido a la deformación provocada por la presión de la resina. La abertura local modifica los parámetros de la grieta que a su vez modifica la condiciones de flujo de la resina. Todo ello da lugar a un sistema de ecuaciones acopladas altamente no lineales cuyo estudio detallado fué realizado por Planas y Fathy (1993) y Fathy (1996).

Para concretar el estudio, consideramos la inyección de grandes grietas: grietas de decenas o centenares de metros en dimensiones lineales y de centenares de metros cuadrados de superficie. Son grietas que se dan en grandes presas o en macizos rocosos, no las que se dan en estructuras más habituales como las de edificación o las de puentes o pasos elevados.

Por sus dimensiones, su sellado requiere cantidades de resina que se miden en toneladas y es prácticamente imposible efectuar la inyección en una sola operación tal como puede hacerse con una grieta de unos pocos decímetros o metros cuadrados.

Aunque es teóricamente posible hacer la inyección con resina de gran fluidez que puede rellenar grietas ordinarias por simple gravedad o por inyección a muy baja presión, ésta resulta una técnica poco fiable en el caso de grandes grietas por muchos motivos, entre los que pueden destacarse los siguientes:

1. Para hacer una inyección a baja presión con resina muy fluida y asegurar que la resina llena completamente la grieta es preciso garantizar que la resina no puede escaparse de la grieta antes de endurecer. Esto exige sellar todos los posibles caminos de escape de la resina, lo que en una gran grieta es muy difícil, ya que en muchos casos no se conocen en detalle las ramificaciones y conexiones en zonas profundas: la grieta puede, por ejemplo, atravesar un dren a profundidad tal que esa vía de escape pase desapercibida hasta que es demasiado tarde.

2. Para este tipo de inyecciones es preciso también que se efectúe una inyección ascendente para que la resina desaloje el aire o agua que haya en la grieta, y hay que disponer purgas en los puntos en que la grieta forme un sifón. Sin embargo, ésto es muy difícil porque en una grieta de gran tamaño la topología no suele ser conocida con detalle.

3. La colada de resina fluida puede rellenar adecuadamente una grieta pequeña, limpia y abierta, adheriendo convenientemente las dos caras de la grieta. Pero si hay polvo, barro, agua, o la grieta está cerrada a trozos, como puede suceder en una presa a bajo nivel de embalse, en el que la grieta está comprimida por el peso propio, es difícil que una resina inyectada en grandes superficies a baja presión pueda eliminar los residuos o penetrar en las zonas comprimidas y establecer un contacto íntimo con el hormigón o roca sano en ambas caras de la grieta.

Es posible que existan soluciones a algunos de los problemas anteriores, como efectuar una limpieza previa de la grieta con agua a presión. Pero el proceso es complejo, caro y difícil de garantizar. Y ciertamente los problemas se multiplican si la grieta está sumergida y el agua circula por ella, como es muy habitual: la resina fluida es inmediatamente "lavada" por la corriente de agua, antes de que pueda efectuar el sellado, a menos que se corte previamente, con otra técnica, la corriente de agua.

Una alternativa que, bien usada, resuelve todos estos problemas es la realización de inyecciones de resina muy viscosa – casi pastosa – a presiones elevadas y secuencialmente en muchos puntos. La inyección puede efectuarse desde galería tal como esquematiza la Figura 1 o desde superficie, como indica la Figura 2.

El punto clave de este tipo de inyecciones es que conjugan alta viscosidad y alta presión con poca superficie inyectada de una sola vez, del orden de unas decenas de metros cuadrados. Al ser la presión elevada – superior en general a la presión de tierras y ciertamente superior a la presión del agua que pueda haber en la grieta – se desaloja con facilidad la suciedad y el aire y se consigue un buen contacto de la resina con la roca sana. Si además la presión es suficiente, se abre localmente la grieta y se baña en resina toda la superficie de la misma, incluyendo zonas que en inyecciones a baja presión estarían en contacto y no quedarían bien selladas.

Aunque la presión es elevada, si la inyección se diseña adecuadamente la estabilidad de la estructura

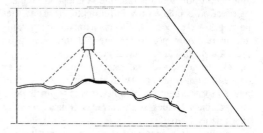

Figura 1. Esquema de inyección de una grieta desde galería con múltiples puntos de inyección.

no se ve amenazada. Esto es debido a que la superficie activamente inyectada (i.e., bajo presión) es muy pequeña comparada con el tamaño de la estructura. Debe subrayarse que aunque esquemas bidimensionales como los de las figuras anteriores ayudan a hacerse una idea del método, el proceso de inyección es realmente tridimensional tal y como se esquematiza en la Figura 3, por lo que si las dimensiones lineales de la zona inyectada son, por ejemplo, 10 veces inferiores a las dimensiones lineales de la estructura, la relación de áreas es de 1 a 100.

Esta diferencia de escala implica que aunque la presión de inyección sea relativamente elevada, la fuerza resultante de esta presión es muy inferior a las fuerzas involucradas en el equilibrio de la estructura (peso propio y empuje de aguas, por ejemplo). Además, aunque las deformaciones locales pueden ser elevadas (los cálculos indican que la grieta puede

durante la inyección abrirse del orden de un milímetro), los corrimientos se anulan con la distancia r como R^2/r^2, donde R es el radio de la zona bajo presión, por lo que a tres o cuatro veces el radio de inyección prácticamente no se dejan sentir.

Parece pues que las inyecciones de resina viscosa a alta presión son una técnica adecuada para el tratamiento de grandes grietas, como cualitativamente hemos expuesto. Sin embargo, se carece de una metodología de análisis cuantitativo de este proceso. El objetivo general del trabajo de los autores es establecer métodos de análisis cuantitativos de este tipo de inyecciones.Más concretamente, el objetivo es buscar las relaciones que permiten cuantificar cómo avanzará la resina en la grieta y cómo se deformará la estructura cuando se haga una inyección de una forma determinada (por ejemplo, a caudal constante).

Para este análisis es obviamente preciso conocer las propiedades relevantes de la resina, particularmente su ecuación constitutiva, conocer las leyes de flujo de la resina en la grieta, y conocer cómo se deforma la estructura por efecto de la presión.

En esta comunicación nos centramos en describir como influye la deformación local de la estructura en el proceso de inyección.

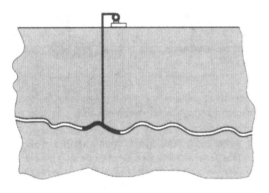

Figura 2. Esquema de inyección de una grieta desde superficie. Desde cada taladro de inyección se inyecta una superficie relativamente pequeña.

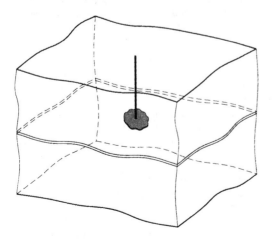

Figura 3. Esquema tridimensional de la inyección de una grieta en un punto.

3 TIPOS DE GRIETAS

De acuerdo con lo expuesto en la sección anterior, se pretende estudiar procesos de inyección a alta presión, efectuados secuencialmente en zonas de pequeña extensión. La presión de inyección produce deformaciones que es preciso calcular. En una primera aproximación parece lógico hacer un análisis simple suponiendo un comportamiento elástico lineal del material de la estructura.

Supongamos entonces que del análisis de mecánica de fluidos conocemos la distribución de presiones en las caras de la grieta. Se trata de determinar las deformaciones de la estructura en elasticidad lineal. Sin embargo aunque supongamos que el comportamiento del material es elástico, el comportamiento estructural será no lineal, en general. El que esto sea así depende de cada caso particular, pero muy especialmente del tipo de grieta que tengamos y de la localización de la inyección. Desde este punto de vista, podemos clasificar las grietas en tres tipos básicos:

1. **Grietas activas**: Son aquellas generadas por causas permanentes que están todavía en acción de forma que la grieta está todavía creciendo o en estado crítico (creciendo a velocidad muy pequeña). Un ejemplo típico son las grietas generadas por deformaciones diferenciales (expansión química, retracción, entumecimiento, asientos diferidos) que han estado aumentando hasta el momento del estudio.

2. **Grietas estables**: Son aquellas generadas por causas que han finalizado su acción dejando la grieta abierta. Es el caso límite del caso anterior y los ejemplos son los mismos con la condición de que cesaran con suficiente antelación al estudio.

3. **Grietas cerradas**: Son aquellas que se abrieron por acciones extraordinarias y luego volvieron a cerrarse debido a las cargas permanentes, teniendo en el momento del estudio sus caras comprimidas. Es el caso de grietas creadas por accidentes de todo tipo, en particular grietas horizontales producidas durante un terremoto.

Desgraciadamente la clasificación no es independiente de las condiciones de contorno, y una misma grieta puede pasar de una a otra situación al modificar esas condiciones. Por ejemplo, una grieta en una presa puede ser activa a embalse lleno, estar estabilizada cuando el nivel se encuentra entre el 50 y el 90% del máximo, y estar cerrada cuando el nivel desciende por debajo del 50%. Obviamente en la práctica puede resultar difícil saber en qué situación nos encontramos, y uno de los objetivos a largo plazo de las investigaciones emprendidas es determinar qué ensayos de campo pueden realizarse para detectar en qué situación se encuetra la grieta.

4 DESCRIPCIÓN CUALITATIVA DEL PROCESO DE INYECCIÓN

El proceso de inyección está influido por los equipos y la estrategia de inyección que se utilice. Para fijar ideas, consideraremos una grieta en un gran macizo cerrada por acción gravitatoria, como la indicada en la Figura 3, donde la inyección se realiza mediante una bomba de característica presión-caudal ($p-Q$) conocida (Fig. 4).

Para simplificar en lo posible el estudio de este proceso, supondremos que la inyección se realiza en un macizo muy extenso, y que la fisura es horizontal y sus propiedades isótropas. En esta situación, la inyección tendrá simetría axial y la presión de cierre de fisura será simplemente la debida al peso propio de las tierras por encima del plano de la fisura.

Prescindiendo del transitorio de arranque, el caudal inicial será el caudal máximo porque la pérdida de carga en las tuberías es nula (punto A de la Figura 4). A medida que los tubos se van llenando, la pérdida de carga irá aumentando (grosso modo proporcionalmente a la longituddel tramo de tubo lleno de resina y proporcional al caudal si el régimen es laminar) hasta llegar al punto C en el que el fluido alcanza la boca de la grieta. A partir de este momento la presión en la boca de la grieta empieza a aumentar y vale p_i, la diferencia entre la presión entregada por la bomba y la pérdida de carga en la conducción, que se supone proporcional al caudal (régimen laminar) y está dada por la recta OC

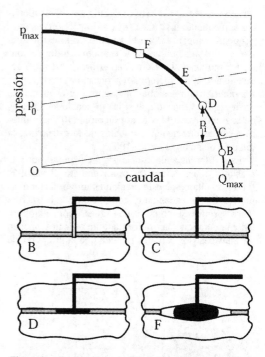

Figura 4. La relación $p - Q$ de la bomba y la evolución de la inyección a lo largo del camino ABCDEF.

en la Figura 2. Al principio (tramo CDE) el fluido entrará entre las caras de la grieta a presión inferior la presión de cierre p_0 debida al hormigón o la roca que yace sobre la fisura, y por tanto la fisura no empezará a abrirse hasta alcanzar el punto E, en que $p_i = p_0$. A partir de este punto la fisura se abrirá hasta llegar a situaciones como la esquematizada en F, donde es de notar que el radio de la zona en la que los labios de la grieta han perdido contacto es mayor que el área del lentejón de resina inyectada.

5 ESTRATEGIA DECÁLCULO

El análisis del problema brévemente descrito en la sección anterior requiere definir las ecuaciones del flujo, que dependen de la apertura de la fisura, y las ecuaciones de las deformaciones de la estructura que relacionan dichas aperturas con las presiones de inyección.

La complejidad del problema de la inyección de grandes grietas a agrandes presiones viene de que en este caso es crucial la interacción entre el fluido y la estructura debido a que la abertura de la grieta aumenta con la presión y la permeabilidad efectiva de la grieta cambia muy rápidamente con su abertura, con lo que el problema es de los que hoy en día se han dado en denominar *multifísicos* y es, además, altamente no lineal.

El estudio se abordó a partir de resultados básicos de la Mecánica de la Fractura, en lugar de intentar una modelización directa de elementos finitos. Ello permite escribir la abertura de la grieta como una expresión integral de la presión aplicada cuyo núcleo es conocido para la geometría estudiada. Esta aproximación tienen la ventaja de reducir enormemente los grados de libertad del problema, lo que lleva a unos tiempos relativamente breves de cálculo, por lo que el método es ideal para hacer estudios parametrizados de los procesos de inyección.

Las ecuaciones de campo involucradas son las siguientes: (1) la relación integral antes mencionada entre presión y abertura de fisura; (2) la ecuación de Darcy generalizada que relaciona el caudal radial con el gradiente de presión y la abertura de la grieta; y (3) la ecuación de continuidad que relaciona el gradiente del caudal con la velocidad de abertura de la grieta. A estas hay que añadir las condiciones de contorno que son: (1) la presión en el frente de la inyección (borde del lentejón de resina) debe ser nula nula, (2) el caudal y la presión deben ajustarse a la ecuación caracter í stica de la bomba, y (3) en el punto donde los labios de la grieta entran en contacto la tensión debe estar acotada. Esta última condición corresponde a la condición de Mecánica de Fractura de que el factor de intensidad de tensiones sea nulo en el borde de avance de la separación, lo que equivale a decir que la tenacidad de fractura a lo largo del plano de fisura es nula ya que, efectivamente, el material ya está roto.

La resolución del sistema de ecuaciones integrodiferenciales se ha abordado por dos métodos: el método de los elementos finitos y un método simplificado semianalítico.

El método de elementos finitos utilizado no es estándar ya que usa una malla que avanza con la resina, de forma que tenemos siempre el mismo número de nodos entre sobre la zona inyectada. Los detalles del método se dan en el trabajo de Fathy (1996). El método es relativamente robusto ya que con un sólo elemento (2 nodos), se obtienen resultados razonables (errores del orden del 10–15%) y la precisión es muy buena para 51 elementos.

El método semianalítico aproximado reduce el problema a un sistema de 3 ecuaciones diferenciales lineales en la velocidad de abertura de la grieta. Las simplificaciones básicas consisten en suponer que las caras de la grieta permanecen aproximadamente paralelas (es decir, en tomar una abertura media para toda la zona inyectada) y en calcular la abertura como si fuera producida por una distribución uniforme de presiones cuya resultante es igual a la resultante de las presiones calculadas para la grieta de caras paralelas. Con estas dos aproximaciones las ecuaciones integrales puden resolverse analíticamente y se consigue la simplificación buscada.

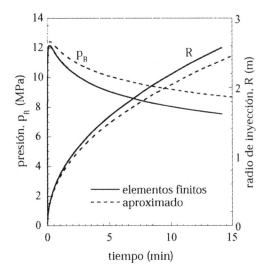

Figura 5. Comparación de los resultados obtenidos para presión y radio de inyección usando el método de los elementos finitoss y el método simplificado.

Table 1. Características utilizadas en los cálculos.

Presión inicial de cierre, p_0	0.5 MPa
Módulo de elasticidad del medio, E	20 GPa
Radio del taladro de inyección, R_0	25 mm
Abertura hidráulica inicial, w_0	1 mm
Viscosidad de la resina, η	120 Pa s
Caudal de inyección, Q_{B0}	2 l/min

6 RESULTADOS

La Figura 5 compara la solución obtenida para la evolución de la presión y del radio de la zona inyectada a lo largo del tiempo usando el método más preciso de los elementos finitos y el procedimiento semianalítico simplificado. Se ha supuesto una inyección con las condiciones que se dan en la Tabla 1. La presi ón p_0 equivale a unos 20 metros de altura de hormigón o roca sana y la resina se ha supuesto newtoniana. El comportamiento real de una resina en condiciones viscométricas y en una grireta ha sido intensamente estudiado por Fathy (1996), pero la modificación de las características viscométricas de la resina no modifican el comportamiento cualitativo, que es el que aquí nos interesa.

El aspecto más notable de los resultados es que manteniendo el caudal constante se produce un aumento rápido de presión seguido de un máximo y un lento descenso.

Esto es totalmente distinto de lo que se obtiene si se desprecia la deformabilidad del medio: la Figura 6 compara la evolución del radio y de la presión de

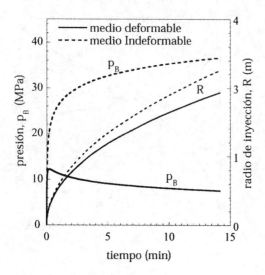

Figura 6. Comparación de la evolución de presión y radio de la zona inyectada para hipótesis de medio indeformable (apertura de grieta constante) y medio deformable con un módulo de elasticidad de 20 GPa. El resto de las características son las listadas en la Tabla 1.

inyección para el caso antes presentado y para el supuesto de un medio indeformable en el que la grieta no puede abrirse. Como puede apreciarse, los resultados en tamaño de zona de inyección son del mismo orden, pero las presiones alcanzadas son totalmente distintas. En el caso del medio supuestamente indeformable, la presión aumenta sin cesar a lo largo del tiempo, mientras que para el medio deformable la presión crece inicialmente pero muy pronto alcanza un máximo y comienza a decrecer suavemente.

7 CONCLUSIONES

De los extremos expuestos pueden deducirse las siguientes conclusiones:

1. La inyección de resina de alta viscosidad a altas presiones en zonas pequeñas se ha abordado de forma cuantitativa y los resultados indican que la técnica, bien aplicada, es eficiente y segura.
2. Cuando este tipo de inyecciones se aplica a grietas cerradas se produce una laminación de la presión debido a las deformaciones locales de la estructura, que se traducen en que la grieta se abre localmente, manteniéndose cerrada a distancias de unas pocas veces el radio de la zona inyectada.
3. Las técnicas de análisis desarrolladas basadas en conceptos de la mecánica de la fractura son muy competitivas comparadas con técnicas más tradicionales que requieren modelizar toda la estructura.
4. Incluso el método simplificado que reduce los grados de libertad a tres da una buena indicación del desarrollo del proceso de inyección, por lo que puede tomarse como un estimador rápido de los resultados de una cierta estrategia de inyección.

Estos no son sino los resultados iniciales de un estudio mucho más completo que incluye el estudio del flujo de la resina en la grieta, incluyendo el proceso de endurecimiento, y apunta el desarrollo de técnicas de retroalimentación para obtener información del comportamiento de la grieta y de la estructura en tiempo real mientras se procede a la inyección.

REFERENCIAS

Fathy, A.M. 1996. *Inyección de grandes grietas con resina epoxi*. Tesis Doctoral. ETS de Ingenieros de Caminos, Canales y Puertos, Departamento de Ciencia de Materiales, Universidad Politécnica de Madrid.
Planas, J. y Fathy, A.M 1993. Aplicación de la mecánica de la fractura a problemas de inyección de macizos fisurados. *Anales de Mecánica de la Fractura* 10:319–325.

Dam Maintenance and Rehabilitation, Llanos et al. (eds)
© 2003 Taylor & Francis, ISBN 90 5809 534 7

Reparación e impermeabilización de la presa de Puente Alta

S. Peraita
Consejería de Fomento, Junta de Castilla y León. Valladolid, España

L. Prieto
Rodio Cimentaciones Especiales, Madrid, España

A. Rodríguez
Icaria Ingenieros, Madrid, España

RESUMEN: Todas las construcciones sufren un deterioro más o menos grave y rápido cuanto más altos sean los agentes agresivos y las condiciones de trabajo. Por ello es necesario realizar actuaciones periódicas de mantenimiento que tienen como fin la prolongación de la vida útil de las construcciones. La presente comunicación pretende dar a conocer las obras realizadas en la Reparación e Impermeabilización de la presa de Puente Alta en Segovia llevadas a cabo por Rodio Cimentaciones Especiales, S.A., durante los años 1995–1996.

1 INTRODUCCIÓN

1.1 *Emplazamiento*

La presa de Puente Alta se encuentra situada en el Río Frío en la provincia de Segovia a 1 Km del término Municipal de Revenga y junto al P.K. 86 de la carretera N-603 (Segovia-San Rafael). Su cota sobre el nivel del mar en Alicante es de 1.130 metros.

1.2 *Características de la presa*

La presa se inauguró en el año 1953 y se construyó sobre un proyecto redactado en 1944, cuyo título era el de *Ampliación del Abastecimiento de la Ciudad de Segovia con agua del Río Frío*. Se trata de una presa de contrafuertes con un tramo de gravedad en la margen derecha (véase fotografía 1).

Sus principales características se señalan en la tabla 1.

El embalse utiliza las aguas del Río Frío, y su uso principal es el abastecimiento de Segovia y otros núcleos urbanos periféricos (Revenga, Polígono Industrial de Hontoria, etc.). El embalse está además catalogado como Coto de Pesca albergando sus limpias aguas una gran riqueza acuícola.

A la vista del deterioro del paramento aguas arriba y de las filtraciones observadas a través de las juntas transversales (se llegaron a evaluar hasta 15 l/s a través

de alguna de ellas), La Junta de Castilla y León, por medio de su Consejería de Medio Ambiente y Ordenación del Territorio y su Dirección General de Urbanismo y Calidad Ambiental, resolvió tras el correspondiente Concurso, adjudicar las obras de reparación e impermeabilización a la Empresa RODIO Cimentaciones Especiales.

El día 1 de Julio de 1995 se autoriza al adjudicatario por parte de los Directores de Obra a proceder al vaciado del embalse, y por lo tanto, al inicio de las obras.

Fotografía 1.   Vista aérea general de la presa desembalsada.

Tabla 1.   Principales características de la presa.

Superficie cuenca vertiente	26,3 km^2
Altura máxima sobre cimientos	45,00 m
Máximo Nivel Normal del embalse (M.N.N.)	1.170,50 m
Nivel mínimo de explotación	1.147,50 m
Cota de coronación	1.173,00 m
Longitud total de coronación	260,00 m
Capacidad total	2,5 hm^3
Capacidad útil	2,25 hm^3
Longitud del remanso	950 m
Cota tomas de abastecimiento	1.147,50 m
Tomas de abastecimiento y diámetro	2; Ø 300 mm
Cota desagüe de fondo	1.135,80 m
Tomas de desagüe de fondo y diámetro	1; Ø 600 mm

2 JUSTIFICACIÓN DE LA SOLUCIÓN ADOPTADA

El tratamiento de impermeabilización de la presa para corregir las fugas de agua existentes se realiza en el paramento de aguas arriba por dos motivos fundamentales:

a) El primero se basa en que la vía de penetración del agua hacia el interior de la presa se produce a través de dicho paramento, luego si se logra impermeabilizar el mismo se atajará el problema en su inicio sin permitir el paso de agua a través del cuerpo de presa, en donde puede helarse con el consiguiente aumento de volumen y la creación de tensiones en el hormigón que no haría sino contribuir a su progresiva degradación.

b) El segundo motivo radica en la propia tipología estructural de la presa, que al disponer de contrafuertes dificultaría enormemente los trabajos en el paramento de aguas abajo.

Las fisuras que presenta el hormigón del paramento son fisuras aparentemente estabilizadas, por lo que para su inyección se emplea una resina epoxi que devuelva en monolitismo al hormigón además de lograr un sellado, pues al no prever movimientos de las mismas éstas no estarán sometidas a tensiones alternas de compresión, tracción y cortante.

Para el sellado de las juntas transversales de la presa se emplean masillas de caucho polisulfuro porque, si bien no se consigue un monolitismo perfecto, estos productos sellan el hormigón consiguiendo su impermeabilidad frente al agua y frente a los demás agentes agresivos externos.

Para la impermeabilización del paramento se aplica un revestimiento a base de capas de resinas sintéticas y refuerzos textiles.

El laminado propuesto constituye una solución más fiable que un recubrimiento a base de morteros y prácticamente no requiere conservación.

Los principales puntos conflictivos de todo revestimiento y el comportamiento del laminado proyectado son los que se especifican a continuación:

1. Uniformidad: el tratamiento de protección e impermeabilización a base de recubrimientos con morteros, da unos espesores no uniformes, quedando generalmente, las zonas salientes menos protegidas. La inclusión de un refuerzo textil para construir un laminado, además del aumento espectacular de las características mecánicas del conjunto, proporciona un control efectivo del espesor del revestimiento, y con una buena técnica de aplicación se garantiza la uniformidad y homogeneidad del mismo, asegurando unos espesores mínimos en todos los puntos.

2. Perforación de la impermeabilización: estas zonas están lógicamente más expuestas a la erosión por oleaje o por materiales flotantes, lo que puede llevar, en poco tiempo, a la pérdida localizada del recubrimiento. Estas pequeñas peladuras pueden, por fenómenos como hielo-deshielo, concentración de tensiones de origen térmico o higrométrico, etc., ir afectando en progresión geométrica, a zonas cada vez más amplias de la impermeabilización. En el tratamiento propuesto, dotado de mayores propiedades mecánicas, este efecto, obviamente no se produce.

3. Efecto de subpresión: en el paramento de la presa, se tendrá el equilibrio de presiones de agua a ambos lados del revestimiento. En el caso de producirse un desembalse rápido, quedarán aguas colgadas en el trasdós del revestimiento a una presión P. Por tanto, la impermeabilización ha de tener una resistencia a la subpresión, al menos superior a P. En otro caso se arrancará del hormigón.

La resistencia del revestimiento a la subpresión depende de dos factores: adherencia al hormigón y rigidez del conjunto (función del módulo de Young y del espesor).

Por otro lado, una rigidez elevada del revestimiento es perjudicial desde un punto de vista de fisuración; por lo tanto, es preciso conjugar las funciones de los distintos procesos del tratamiento para que nos ofrezcan compatibilidad ante los fenómenos de subpresión y fisuración.

Experimentalmente, está comprobado que un revestimiento adherido sobre un hormigón que requiere para ser despegado a tracción una tensión de arranque de 25 Kg./cm^2·, se despega a subpresión con una tensión aproximada de 5 Kg./cm^2. Es por ello que el revestimiento incluye dos operaciones previas tendentes a multiplicar su resistencia a la subpresión.

En primer lugar la imprimación no se considera un mero vehículo adherencia, sino que ha de saturar completamente el hormigón de superficie, creando una barrera del mismo orden de impermeabilidad que el propio revestimiento.

En segundo lugar se realiza una regularización del paramento con un "mortero epoxi" de alto módulo elástico, sobre el que se ejecuta el laminado. De esta forma se consigue interesar en los esfuerzos de subpresión, no solamente al propio revestimiento, sino a las capas inferiores, consiguiendo un espesor medio superior a 10 mm, suficiente para resistir columnas de agua de más de 100 metros.

4. Puenteado de fisuras: dado un revestimiento de un hormigón, si se produce una fisura en éste, o bien una ya existente se abre, la impermeabilización puede, o bien despegarse o bien rasgarse en correspondencia con la fisura. Cuando se produce una fisura en el hormigón del paramento, el revestimiento es capaz de "puentearla", manteniendo la estanqueidad. Es pues, un sistema de impermeabilización flexible.

Finalmente, para la regeneración del labio de vertido del aliviadero se ha previsto un mortero reforzado con fibras de acero, pues este material se ha empleado con éxito notable en la reparación de las zonas erosionadas por cavitación en presas.

En España se han empleado materiales no convencionales, del tipo de los descritos, en la reparación de la *Presa de San Esteban*, en la que se habían tenido problemas al tratarla con materiales tradicionales en las inyecciones y rellenos de juntas. En la reparación de la presa se emplearon, fundamentalmente, resinas epoxi como componente básico de los materiales impermeabilizantes.

Así mismo se han empleado materiales de este tipo para las reparaciones de las presas españolas de *San Mauricio*, a base de resinas de poliuretano, en la de *Cavallers*, a base de resinas de epoxi-poliuretano, y en otras como la de *Calanda*, a base de resinas epoxi para modificar el perfil del aliviadero, y la de *Castrejón* en la que se ha reparado el cuenco de amortiguación del aliviadero mediante materiales compuestos fundamentalmente por resina epoxi y masillas a base de cauchos polisulfuro para el tratamiento de las juntas de dilatación.

En el caso de que, una vez terminadas las obras, siguieran produciéndose filtraciones de importancia, se iría a una segunda etapa de tratamiento consistente en la realización de taladros desde la coronación de la presa para proceder a su inyección y cortar las posibles vías de agua no cerradas con los trabajos de impermeabilización y regeneración anteriormente descritos, siendo recomendable la inyección de resinas epoxi o de poliuretano y no de lechada de cemento para evitar los hinchamientos que a veces producen en el paramento este tipo de inyecciones tradicionales.

3 DESCRIPCIÓN DE LAS OBRAS

3.1 *Tratamiento de impermeabilización y protección del paramento*

a) Tratamiento mediante resinas epoxi y refuerzos textiles: para conseguir la regeneración del paramento aguas arriba de la presa, en los contrafuertes 1 al 18, ambos inclusive, exceptuando los 2 metros superiores (franja entre las cotas 1.171,00 y 1.173,00 metros), se proyecta la aplicación de un revestimiento de impermeabilización, mediante un tratamiento compuesto por capas de resinas sintéticas y refuerzos textiles.

El sistema contempla genéricamente las siguientes fases, cuya descripción y proceso de ejecución es el siguiente:

a.1) Preparación del soporte (véase fotografía 2), con las siguientes operaciones:

 a.1.1) Eliminación por medios manuales o mecánicos de los resaltes de las juntas de encofrado.

 a.1.2) Preparación de pequeñas fisuras no inyectables, ensanchando sus bordes con disco.

 a.1.3) Preparación de las juntas transversales.

Fotografía 2. Fase de la preparación del soporte.

a.1.4) Proyección de chorro de arena de cuarzo, y eliminación del polvillo resultante mediante manguera de aire y escobillas de fibra.

a.1.5) Tratamiento de las coqueras más notables y juntas de hormigonado irregulares con mortero formado por resina epoxi y cargas minerales (mortero epoxi para preparación del soporte).

a.2) Aplicación del laminado: una vez comprobada la buena preparación del soporte, se aplica una capa de resina para imprimación, cuya viscosidad en copa FORD-4 no superará los 10 segundos.

La regularización o llaneado general de la superficie, se realiza con un mortero epoxi de regularización de alto módulo y de alta resistencia. Su aplicación debe hacerse sobre la imprimación una vez esté la superficie totalmente seca.

Este tratamiento aporta al sistema diversas ventajas:

1. Proporciona al revestimiento un soporte liso, carente de protuberancias, mejorando por lo tanto la superficie de contacto impermeabilización-paramento, y minimizando la aparición de huecos tras el laminado.
2. Mejora las condiciones del sistema frente a los esfuerzos de subpresión, al aumentar tanto el espesor como el módulo de Young del conjunto.
3. Mejora el comportamiento de la impermeabilización frente a la fisuración del paramento, ya que permite el deslizamiento del laminado sin originar fuertes tracciones en el mismo.

a.3) Revestimiento general de impermeabilización (véase fotografía 3): una vez seco el mortero de regularización, se ejecuta el laminado formado por una capa de asiento con resina o ligante flexible y refuerzo con fibra de vidrio, y dos capas con resina de laminado, prolongándose la última sobre las juntas ya tratadas.

Con el laminado seco, se aplica en toda la superficie una capa de resina de poliuretano bicomponente para acabado.

b) Tratamiento mediante resinas de poliuretano (véase fotografía 4): para conseguir la regeneración del paramento aguas arriba de la presa, en el estribo izquierdo, contrafuerte n° 19, tramo de gravedad y en los dos metros superiores (franja entre las cotas 1.171,00 y 1.173,00 metros), y dado que en estas zonas los esfuerzos y el grado de fisuración son menores, se proyecta la aplicación de un revestimiento de impermeabilización, mediante un tratamiento compuesto por capas de resinas sintéticas de poliuretano sin refuerzos textiles.

Este sistema contempla las siguientes fases, cuya descripción y proceso es el siguiente:

b.1) Preparación del soporte: el proceso es el mismo que el descrito en (a).

b.2) Aplicación del laminado: el proceso es el mismo que el descrito en (a).

b.3) Revestimiento general de impermeabilización: una vez seco el mortero de regularización, se ejecuta el tratamiento con resinas de poliuretano distinguiendo dos opciones en función del grado de fisuración existente.

Distinguiremos en este tratamiento fisuras activas y fisuras pasivas.

Fisura activa: se entiende por fisura activa, aquella que aparece como consecuencia de sobretensiones en el propio hormigón y cuya elongación y apertura varían en función de las condiciones de trabajo de la estructura resistente y que en definitiva actúa a modo de junta de dilatación.

Fisura pasiva: es aquella que conserva sus características geométricas en el tiempo.

Opción a): si la longitud de fisuras activas es inferior a $0,1\,m/m^2$, se procederá a implantar un tratamiento a base de 3 capas de resina de poliuretano T1 a razón de $0,6\,Kg./m^2$ de tratamiento en la primera capa, $0,5\,Kg./m^2$ en la segunda y $0,4\,Kg./m^2$ en la tercera, siendo estos valores máximos.

Fotografía 3.   Revestimiento general de impermeabilización.

Fotografía 4.   Fase del tratamiento con resinas de poliuretano en tramo de gravedad.

Opción b): si el grado de fisuración es superior al descrito en la opción a), se aplicarán las dos primeras capas en las mismas condiciones que la opción a), y en la tercera de las capas se aplicará una resina de poliuretano T2 elástica capaz de aguantar sin fisuración elongaciones superiores al 60% a partir de los 14 días de su aplicación. Para esta última capa se considera un consumo máximo de 0,5 Kg./m^2.

En esta variante se considera incluido el tratamiento en fisuras activas realizándose de la siguiente manera:

1. Apertura de la fisura y eliminación de partículas así como relleno con mortero de cemento.
2. Imprimación con resina de poliuretano T1 del tratamiento general.
3. Aplicación de una banda de ancho máximo 10 cm de material antiadherente MAT centrada en el eje de la fisura.
4. Refuerzo de banda con resina de poliuretano T3 de gran elasticidad en un ancho de 20 cm a razón de 0,4 Kg./m.

c) Inyecciones de fisuras del paramento con resinas: si bien se realizó un tratamiento integral del paramento de aguas arriba de la presa, existían algunas fisuras en el mismo que, por su dimensión, era conveniente inyectarlas previamente con resinas epoxi fluidas. Para realizar estas inyecciones se utilizaron dos tipos de resinas. Una bicomponente de baja viscosidad, sin disolventes, y otra también bicomponente de muy baja viscosidad. La primera se empleaba en condiciones normales y la segunda en el caso de que la temperatura bajara de 10°C. La separación de los inyectores estaba comprendida entre 20 y 40 cm, según el tamaño de la fisura, por lo que ésta era la profundidad de inyección. El consumo de resina fue del orden de 1 Kg./m de fisura, considerando un espesor medio de 1 mm, y un rendimiento del equipo entre 5 y 10 m/día.

d) Picado y sellado de las juntas transversales (véase fotografía 5): las juntas transversales existentes

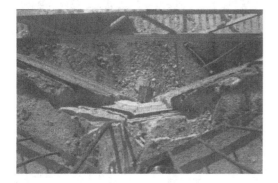

Fotografia 5.   Fase tratamiento junta transversal.

obstaculizaban la realización adecuada del tratamiento previsto, por lo que se decidió proceder a un picado de las mismas.

Durante la ejecución de la capa de mortero de regularización se dejaron listones coincidiendo con las juntas transversales de la presa, para preparar unas juntas de 4 cm de anchura por 2 cm de profundidad. Una vez preparada esta junta, se realizaron las operaciones que a continuación se describen:

d.1) Limpieza de la junta con aire comprimido.
d.2) Aplicación de imprimación en el fondo de la junta para colocación posterior de la masilla de sellado.
d.3) Sellado de la junta mediante aplicación de una masilla de caucho polisulfuro de módulo elástico E, de gran resistencia a la abrasión, carencia prácticamente de envejecimiento, inalterabilidad permanente con el agua a presión, impermeabilidad, capacidad de deformación reversible, estabilidad mecánica ante las temperaturas extremas y fluencia limitada.
d.4) Aplicación de una banda de junta de poliuretano de módulo elástico $E'(E > E')$ de espesor medio 3 mm, y anchura 20 cm a lo largo de toda la junta.
d.5) Aplicación de la capa de resina de laminado con refuerzo de fibra correspondiente al tratamiento general de impermeabilización.

3.2 *Tratamiento de regeneración del labio y pie del aliviadero*

La presa vierte por su aliviadero prácticamente todos los años. Si a este hecho se añaden las bajas temperaturas que sufre la zona de emplazamiento de la presa a más de 1.100 m sobre el nivel del mar, con la consiguiente abundancia de heladas, se explica el profundo deterioro que se ha producido en el labio de vertido del aliviadero.

Para regenerar el mismo y obtener un perfil con su geometría original se han realizado las siguientes actuaciones:

1. Saneado de la superficie de hormigón actual y limpieza mediante chorro de arena a alta presión (400 bares).
2. Aplicación de resina de imprimación para la unión del hormigón de la superficie actual con el nuevo hormigón.
3. Colocación de un mallazo electrosoldado.
4. Relleno con un mortero de nivelación de consistencia fluida sin retracción, reforzado con fibras de acero en toda su masa para obtener alta resistencia al impacto y a la flexión. Con este relleno se regenerará el perfil original.
5. Aplicación de un recubrimiento de 5 mm de espesor formado por un mortero epoxi para creación de

pavimento de alta resistencia, 1.350 Kg./cm² a flexión, compuesto por dos componentes y una arena especial, y una pintura epoxi de terminación.

3.3 Zampeado del pie de presa aguas arriba

La aplicación del tratamiento de impermeabilización hasta el contacto con el cimiento, y puesto que había que proceder a una excavación en roca para llegar al mismo, era demasiado costosa, por lo que la solución alternativa planteada consistió en la construcción de un zampeado de hormigón en todo el perímetro del contacto presa-cimiento del pié de presa aguas arriba.

Previamente se procedió a la excavación en zanja, con una profundidad de hasta 5 metros en alguno de los puntos, hasta firme rocoso y una limpieza y saneado mediante chorro de agua de la superficie resultante.

Con esta solución se consigue una perfecta unión, continuidad y sellado del tratamiento de impermeabilización, a base de resinas epoxi, del paramento de aguas arriba con el pie de la presa y una mejora adicional de la estabilidad de la misma.

3.4 Dragado del pie de presa aguas arriba

El posible aterramiento del fondo de la presa solo se pudo saber con seguridad una vez rebajado el nivel de las aguas. Fue entonces, una vez analizada su situación real, cuando se le dio el oportuno tratamiento dragando el fondo del vaso en el entorno del desagüe de fondo.

Hay que señalar que las fuertes y torrenciales lluvias que tuvieron lugar durante el desarrollo de los trabajos, arrastraron aguas abajo de la presa gran parte de los aterramientos existentes.

3.5 Sustitución y adecuación tomas de abastecimiento

El vaciado del embalse, necesario para poder acometer la reparación del paramento aguas arriba de la presa, se realizó a través de la única toma de abastecimiento en funcionamiento ya que la segunda de las tomas no se pudo habilitar (véase fotografía 6), y bombeando el volumen embalsado entre las tomas de abastecimiento y desagüe de fondo, debido a la imposibilidad de accionar el desagüe de fondo.

Lo anterior puso en evidencia la precariedad y estado de abandono de los órganos de desagüe de la presa y la necesidad imperativa de proceder a su sustitución mediante nuevas instalaciones más acordes con las exigencias y usos que demandan tanto la presa de Puente Alta como el abastecimiento a la ciudad de Segovia.

En base a lo observado se decidió acometer, cara a lograr una automatización del sistema y de poder alimentar en presión la conducción DN 500

aprovechando la carga del embalse, una nueva redistribución de las conducciones.

El equipamiento proyectado (véase fotografía 7), está compuesto por la conducción de 250 mm, una válvula de compuerta de DN 250 mm en cabeza para seccionamiento de la conducción, seguida de una válvula de regulación de presión DN 250 mm tipo "multichorro", ya que este tipo de válvula posee unas grandes cualidades anticavitación para trabajar en línea, completada con una segunda válvula de derivación y seccionamiento, del tipo mariposa y DN 250 mm. Cada conducción termina en un difusor, para verter al tranquilizador existente.

En el paramento de aguas arriba, se instaló una nueva embocadura con rejilla en cada una de las tomas en acero inoxidable.

La conducción DN 300 mm existente se encamisó a DN 250 mediante tubo de acero inoxidable, y se inyectó un mortero rico en cemento con los aditivos adecuados con objeto de evitar pares galvánicos que favorecieran la corrosión, a la par que inmovilizarán la nueva conducción.

Con objeto de favorecer la alimentación directa a la tubería DN 500 de abastecimiento a Segovia, se proyectó un sistema en by-pass que permite realizar

Fotografía 6 y 7. Válvulas de compuerta antiguas y nuevas instalaciones en las tomas de abastecimiento.

esta alimentación a través de una única conducción de DN 250 mm desde cualquiera de las conducciones de abastecimiento. Para ello fue preciso disponer de dos válvulas de mariposa que permiten la conexión.

Toda la valvulería, es de primera calidad, de accionamiento eléctrico y mando manual de socorro y con un indicador de apertura que permite reconocer visualmente su estado. Los carretes y tubuladuras del sistema de by-pass se ejecutaron en tubo de acero metalizado y terminación en pintura. La motorización de la válvula multichorro, lleva servomotor de regulación apto para la función prevista, y su funcionamiento es manual.

3.6 Sustitución y adecuación desagüe de fondo

La válvula existente del desagüe fue reparada en el año 1969 y entonces se hizo un intento de abrirla sin llegar a realizarse en su totalidad. Desde entonces no se había vuelto a manipular a pesar de ser preceptivo el hacerlo una vez al año.

Para proceder al vaciado del embalse se intentó abrirla, resultando todos los intentos inútiles, por lo que únicamente se pudo habilitar cuando el nivel del agua estaba 6 metros por encima de la toma del desagüe.

En base a lo anterior, se decidió acometer la reforma del desagüe de fondo mediante la operación de encamisar la conducción existente pasando de un DN 600 mm a un DN 500 mm, y con la disposición de un sistema nuevo de doble válvula con by-pass en la primera, y aireación entre ellas. El doble cierre proyectado, de seguridad y maniobra, se ejecutó mediante válvula de compuerta manual de diámetro 500 mm aguas arriba y válvula tipo «HOWELL-BUNGER» accionada oleohidráulicamente (véase fotografía 8), con grupo oleohidráulico de 2 grupos moto-bomba y bomba manual de emergencia, aguas abajo. Disponen de by-pass completo, para equilibrado de presiones,

Fotografía 8. Válvula tipo "HOWELL-BUNGER" en desagüe de fondo.

con dos válvulas de compuerta de husillo exterior y equipo de aducción de aire de DN 150 mm con válvula de seccionamiento de compuerta, así como cuadro de mando y control local.

3.7 Automatización, telemando y control de las nuevas instalaciones

Dado que las nuevas instalaciones de abastecimiento de agua a Segovia (Pontón Alto), se controlan mediante sistemas automáticos de telemando y control, se convino en dotar de los mismos sistemas a las nuevas instalaciones de la Presa de Puente Alta. Todo el sistema, así como el cuadro de mando y señalización está previsto para su futura automatización y telemando y se sitúa en la planta superior de la ampliación de la caseta de tomas de abastecimiento.

Este cuadro eléctrico gobierna a distancia los órganos de cierre del desagüe de fondo y en él se instalaron los sistemas automáticos de control que en un futuro podrán ser telemandados desde el Centro de Control del Ayuntamiento de Segovia, pudiendo controlar las variables fundamentales de posición de válvulas de compuerta, mariposa y regulación, presión relativa en válvulas de regulación, caudal en tubería de abastecimiento y nivel de embalse.

3.8 Limpieza pie de presa y sondeos para el reconocimiento del cimiento

La presencia de una excesiva vegetación en el pie de presa y en los huecos entre contrafuertes, así como una gran cantidad de agua almacenada en algunos de estos últimos, a pesar de no existir grandes fugas en las correspondientes juntas transversales, hacia pensar en la existencia de filtraciones a través del cimiento del cuerpo de presa.

Con el fin de poder determinar la existencia de estas y así poder tomar las medidas oportunas para su corrección, se desarrollaron dos actuaciones consistentes en el desbroce y limpieza del pie de presa aguas abajo en todo su contorno con el fin de poder realizar una inspección detallada del estado actual y posibles filtraciones detectables a simple vista, y la ejecución de seis (6) sondeos de Φ 56 mm desde coronación de la presa (véase fotografía 9), con una longitud de perforación igual a la altura de la presa en el punto a investigar, más la mitad aproximadamente de ésta sobre la roca (gneis), lo que suponía un total de 245 m. Dado que el sistema de perforación que se iba a utilizar, permitía la extracción continua de testigo, podría analizarse el hormigón del núcleo de la presa así como detectarse coqueras o fisuras.

Con todo ello se daba cumplimiento a un informe previo de Vigilancia de Presas en el que se proponía dichas actuaciones.

Fotografía 9.   Sondeo desde coronación con extracción de testigo continuo.

Fotografía 10.   Fase de llenado con obra finalizada.

3.9   Otras actuaciones

Señalar finalmente otras actuaciones llevadas a cabo y que consistieron en:

a) Rescate de la fauna acuícola.
b) La adecuación y mejora del pavimento y barandilla de coronación.
c) La obra civil para la adecuación y ampliación de las casetas de tomas de abastecimiento y desagüe de fondo.
d) La construcción de una línea aérea de 15 KV, grupo electrógeno de 25 KVA e instalación eléctrica de baja tensión en casetas e iluminación exterior y ambiental en coronación y aliviaderos.

Tabla 2.   Principales unidades de obra.

Impermeabilización y protección del paramento aguas arriba con resinas epoxi.	4.895 m^2
Impermeabilización y protección del paramento aguas arriba con resinas poliuretano.	784 m^2
Picado y sellado de juntas transversales	487 m

4   UNIDADES PRINCIPALES DE OBRA

Como punto final se adjunta en la tabla 2, una relación de las unidades principales de obra ejecutadas para la impermeabilización del paramento de la presa y una panorámica aérea del aspecto general de la presa una vez concluidas las obras y en fase de llenado.

Dam Maintenance and Rehabilitation, Llanos et al. (eds)
© 2003 Taylor & Francis, ISBN 90 5809 534 7

Patología de geomembranas sintéticas instaladas como pantallas impermeabilizantes en embalses

M. Blanco
Laboratorio Central de Estructuras y Materiales, Centro de Estudios y Experimentación de Obras Públicas (CEDEX), Ministerio de Fomento, Madrid

E. Aguiar
Balsas de Tenerife (BALTEN), Consejo Insular de Aguas de Tenerife, Cabildo Insular de Tenerife. Panamá s/n Edif. Navinte Santa Cruz de Tenerife

G. Zaragoza
Dirección General de Obras Hidráulicas y Calidad de las Aguas, Secretaria de Estado de Aguas y Costas, Ministerio de Medio Ambiente, Madrid

RESUMEN: Este trabajo pretende dar a conocer la patología más frecuente encontrada en el deterioro de geomembranas sintéticas a base de poli(cloruro de vinilo) plastificado (PVC-P), polietileno de alta densidad (PEAD) y etileno-propileno monómero diénico (EPDM) utilizadas en la impermeabilización de embalses, como consecuencia de su evolución en el tiempo una vez instaladas.

Dicha patología se comentará desde el punto de vista de su composición, instalación, ubicación, flora y fauna y otros efectos que pueden influir en su comportamiento.

1 INTRODUCCIÓN

La palabra patología procede de los términos griegos *pathos* y *logos*, que hacen referencia, respectivamente, a enfermedad y estudio. Dicho término, patología, es ampliamente empleado en el campo de la Medicina y a él se hace referencia en áreas tecnológicas como en el caso de los hormigones y los aceros: pero son muy escasas las citas de la literatura científica en el campo de los geosintéticos utilizados en la impermeabilización de embalses, quizás como consecuencia de ser unos materiales relativamente novedosos en su implantación. Los autores de este trabajo han dado a conocer datos sobre el tema referidos, únicamente al caso del PVC-P (Blanco y Aguiar 2000, Aguiar y col. 2001, Blanco 2002).

Basándonos en la experiencia, en este trabajo se pretende comentar algunos de los casos más frecuentes que nos encontramos al efectuar el **seguimiento** de estos materiales instalados en embalses y que, a modo de guía, sirva para que el técnico responsable o el usuario del embalse tenga en cuenta estos hechos y esté alerta cuando los detecte. Nos referiremos aquí, exclusivamente, a las geomembranas sintéticas más utilizadas tanto a nivel español como internacional (Blanco y col. 1998, Blanco 1998a), es decir, las constituidas por poli(cloruro de vinilo) plastificado (PVC-P), polietileno de alta densidad (PEAD) y caucho de etileno-propileno-monómero diénico (EPDM) por ser los materiales que más se están usando en esta aplicación tecnológica en los últimos años. Los efectos patológicos se presentan desde el punto de vista de la composición o formulación del material, instalación, ubicación de la estructura, flora y fauna y otros factores de menor entidad.

2 GEOMEMBRANAS

Las geomembranas sintéticas aquí consideradas están formadas por una **resina** que le confiere el nombre a la que se le agregan una serie de **aditivos**. Entre los aditivos que acompañan a la resina en la formulación de las láminas, cabe destacar, en el caso particular del poli(cloruro de vinilo) plastificado a los plastificantes cuya misión es transformar al poli(cloruro de vinilo) rígido en flexible y susceptible de aplicación en este campo de la Ingeniería Civil. La pérdida de estos plastificantes por extracción o, fundamentalmente, por migración, conlleva a la geomembrana a una degradación progresiva (Blanco 1994,1997,1998b).

Los absorbentes de radiaciones UV juegan un papel importante en la formulación de estos materiales (Navarro y col. 1989). Como absorbentes de luz UV se emplean diversos productos, generalmente de tipo aromático, cuyos anillos bencénicos presentan como sustituyentes grupos hidroxilo. El negro de carbono constituye un producto barato y muy común con estos fines.

Además de las sustancias anteriormente indicadas, válidas para gran parte de las aplicaciones de estos polímeros, en el caso particular de las geomembranas sintéticas para impermeabilización, las láminas prefabricadas pueden ser **homogéneas o reforzadas**; en esta última consideración, ese refuerzo o armadura puede ser a base de fibra de vidrio que le confiere una mayor estabilidad dimensional o con tejido de hilos sintéticos que incrementa sus características mecánicas: resistencia a la tracción, resistencia al desgarro y resistencia al punzonamiento dinámico (Leiro y Blanco 1990).

Existe una normativa en nuestro país relativa a los tres materiales objeto de este estudio y que sirve de guía para la caracterización y conocimiento del estado del material en un determinado momento (Normas UNE 104 303, 104 300 y 104 308). Además en el caso de las dos geomembranas de naturaleza termoplástica existe la correspondiente normativa de puesta en obra (Normas UNE 104 423 y 104 421). Teniendo en cuenta el hecho precedente de que el cumplimiento de la norma del material original a nivel de laboratorio y que tenga la marca de calidad no implica el éxito en la impermeabilización de la pantalla impermeabilizante, se considera en estas normas de puesta en obra el llevar un **seguimiento** del material con el paso del tiempo para ver su evolución y saber cuando se debe proceder a la reimpermeabilización o a la protección de la membrana.

Asimismo, el **seguimiento** asegurará, para una mayor tranquilidad de los responsables, el buen estado de la impermeabilización y evitará daños mayores, pues hay que pensar que la mayoría de los embalses que se están impermeabilizando en la actualidad, entran de lleno en el contenido y responsabilidad del Reglamento de Grandes Presas (Zaragoza 1996).

3 PATOLOGÍA

Los efectos patológicos que suelen aparecer en las geomembranas utilizadas como pantallas impermeabilizantes en embalses suelen tener distinta etiología. Agrupándolos de una forma coherente podemos achacarlos a la propia composición de la membrana prefabricada, su instalación, ubicación, flora y fauna circundante y a otros casos de origen variado.

3.1 *Composición o formulación*

De los componentes de la lámina que pueden conducir a una degradación de la misma, cabe destacar por una parte, a los plastificantes en el caso del poli(cloruro de vinilo) plastificado y, por otra y a nivel general, a la resina y el resto de los aditivos.

La pérdida de **plastificantes**, como hemos mencionado anteriormente, puede deberse a efectos de migración o de extracción, siendo mucho más importante el efecto del primer fenómeno (Blanco y Aguiar 1993, Aguiar y Blanco 1995). La mayoría de las geomembranas sufren en mayor grado la migración, fundamentalmente, en las zonas donde las radiaciones solares inciden con mayor intensidad (áreas de coronación de taludes y zonas orientadas al norte). En algunas ocasiones, dependiendo de la formulación y del tipo de plastificación, los procesos de extracción juegan un papel preponderante y son las zonas sumergidas las que presentan una degradación más rápida

La disminución de plastificante en el poli(cloruro de vinilo) plastificado se detecta por una pérdida de flexibilidad en la lámina y un característico olor en las proximidades del embalse. Al realizar ensayos de propiedades mecánicas se constata una mayor rigidez con el consiguiente incremento de la carga de rotura y la disminución del alargamiento. Asimismo, propiedades como el punzonamiento tanto estático como dinámico sufren cambios importantes; pero será el doblado a bajas temperaturas el ensayo que actúa de manera rápida advirtiendo de una posible deficiencia; a decir verdad, la prueba anterior de doblado es muy indicativa para esta olefina de cualquier tipo de patología. En la mayoría de las veces el deterioro se detecta por la aparición en la superficie de la geomembrana de pequeñas manchas que evolucionan en el tiempo hasta la formación de pequeñas grietas (Fig. 1). La degradación por pérdida de los distintos componentes llega a dejar perfectamente visible el geotextil de refuerzo (Fig. 2).

Figura 1. Degradación de una geomembrana de poli(cloruro de vinilo) plastificado.

Como ya se ha indicado, la **resina**, como todo producto orgánico, sufre procesos de degradación que se manifiestan de diversas maneras, pero fundamentalmente por pérdidas de propiedades mecánicas; el hecho es palpable tanto en los dos materiales termoplásticos como en el elastómero. Un caso evidente es el del *polietileno de alta densidad,* donde la utilización de resinas de distinta etiología y en algunos casos de productos reciclados conduce a fenómenos atípicos y no es difícil encontrar láminas donde la resistencia a la tracción coincide con el esfuerzo en el punto de fluencia.

El resto de los componentes, tales como antioxidantes y absorbentes de radiaciones UV son necesarios e imprescindibles para un buen funcionamiento del conjunto. Asimismo, no hay que olvidar el geotextil que llevan ciertas láminas como refuerzo; ya que las características tan distintas entre el poliéster y la resina, sobre todo en sus distintos coeficientes de dilatación, pueden conducir a fenómenos indeseables en la geomembrana: deslaminaciones en las juntas de unión entre paños.

3.2 *Instalación*

El **soporte** base de la impermeabilización jugará un papel importante en la vida de la geomembrana; dependiendo de los cuidados que de antemano se lleven a cabo sobre él, la lámina tendrá una vida sana, por hablar en términos médicos, más prolongada. Los soportes serán el propio terreno que conforma el vaso, hormigón poroso, geotextiles u otra lámina, cuando se trata de una doble impermeabilización o una reimpermeabilización. En este último caso, la lámina puede ser de la misma naturaleza o de distinta composición, siempre que los materiales sean compatibles; de cualquier manera, solo la lámina externa

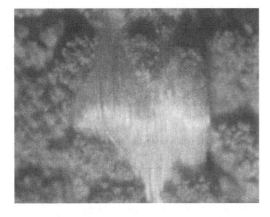

Figura 2.   Deterioro de una geomembrana de poli(cloruro de vinilo) plastificado donde se hace visible la presencia del geotextil, observado por microscopía óptica de reflexión

ejercerá la misión de impermeabilizar, la del interior servirá de lecho a la externa y se pondrán los cuidados necesarios para evitar bolsas de agua o gases que podrían llegar a dañar a la geomembrana impermeabilizante, propiamente dicha.

El caso más habitual es que el soporte sea el terreno, por lo cual se ha de poner empeño en eliminar todo tipo de guijarros, cantos, restos de vegetación o cualquier otro elemento que pueda originar daños en la membrana. Además, se realizará una buena compactación que pueda garantizar el éxito de la obra y la no existencia de fallos de esta etiología.

La eliminación de restos de materia orgánica es imprescindible, así como la utilización de herbicidas que eviten el crecimiento de vegetación que pueda originar punzonamientos en el material macromolecular; asimismo, habrá que tener en cuenta la eliminación de los gases procedentes de la descomposición de las materias orgánicas citadas que podrían perjudicar gravemente a la impermeabilización. La peregrinación constante de "turistas" a la zona de ejecución de las obras es un hecho bien conocido y que habrá que tener en cuenta, no solamente por el peligro que ellos representan en cuanto a su seguridad, sino por lo que pueden hacer consciente o inconscientemente; lo mejor para evitar este fenómeno es la colocación de una valla de protección lo antes posible.

En la **colocación** de la membrana habrá que poner el máximo cuidado, tanto para mantener el buen estado de la misma como para no deteriorar el soporte debidamente preparado para su lecho. Los trabajos de transporte, desenrollado e instalación pueden conllevar rayaduras, punzonamientos, desgarros y otros efectos patológicos que, en ocasiones, por ser tan pequeños no se detectan y podrían plantear problemas a posteriori. El empleo de maquinaria de todo tipo durante las obras es el punto de partida de otros fallos detectados. La caída de martillos y otros utensilios pueden originar punzonamientos, fundamentalmente en láminas de poco espesor y máxime si son homogéneas. Aceites de las propias máquinas o disolventes originan puntos débiles, en algunos casos de forma inmediata y en otros con el tiempo, lo cual acortaría bastante la vida de la lámina. El caso es más problemático en el *caucho de etileno-propileno-monómero diénico* donde su impacto dinámico es débil, inicialmente; mejora con el tiempo como consecuencia de los procesos de vulcanización. No se puede olvidar la importancia de la hora de colocación del *PEAD*, debido a su elevada termoplasticidad; los procesos de contracción-extensión pueden conducir al fracaso de la impermeabilización.

La unión de la lámina a obras de fábrica, anclajes, tuberías y otros elementos singulares debe tenerse muy presente y se seguirán siempre las indicaciones del proyecto o del Ingeniero responsable para evitar disgustos innecesarios.

Generalmente, las láminas llegan a la zona de obras en forma de rollos o bien en forma de sábanas prefabricadas, constituidas por una serie de láminas unidas previamente en fábrica. El proceso de soldadura es uno de los puntos claves para culminar con éxito la obra; los materiales de partida pueden ser de unas características inmejorables, pero si la unión entre paños falla, la obra está condenada al fracaso. Las uniones hechas en fábrica son fácilmente controlables y, es de suponer, que se han realizado en unas condiciones adecuadas de limpieza, humedad y temperatura. Sin embargo, en las uniones hechas en obra los parámetros ambientales pueden variar de un día a otro e, incluso, a lo largo del mismo día, por lo que la calidad y resistencia de la soldadura no será la misma. Por otra parte, el polvo que acompaña a toda obra es un enemigo crónico de los procesos de unión, por lo que es obligatorio una limpieza profunda de las zonas a soldar.

Tanto si la soldadura se realiza mediante disolventes o adhesivos como si se lleva a cabo por vía térmica las zonas próximas a las uniones quedan más o menos debilitadas y es un hecho a tener en cuenta a la hora del seguimiento de la impermeabilización. Dentro del tema de patologías derivadas del proceso de unión entre láminas, cabría indicar que es necesario llevar a cabo una inspección minuciosa antes de proceder al llenado del embalse. La realización de una soldadura, por la cantidad de factores que influyen sobre la misma la convierten en un proceso delicado desde el punto de vista de la obra y de su evolución posterior. Parámetros como el grado higrotérmico, limpieza, temperatura del aire caliente, tiempo de aplicación, presión, etc. influyen de tal forma que los valores de resistencia de la soldadura pueden diferir bastante en las distintas zonas del embalse. Un caso bien conocido es el que tiene lugar en las proximidades de la unión en el *PEAD*, donde pueden tener lugar desgarros con cierta facilidad así como la aparición de grietas en el borde de los solapos.

Los **anclajes** lineales son los más utilizados y los que conducen a mejores resultados; se disponen siguiendo líneas directrices horizontales o a lo largo de generatrices según planos verticales. Esta última solución requiere una mayor longitud de anclaje y genera en la geomembrana unos estados tensionales indeseables. Consecuencia directa de este hecho es la aparición de una serie de dobleces y pliegues tras la colocación de la lámina que se conoce con el nombre de "*efecto pantalla*" o "*efecto reptado*" . En la figura 3 se muestra este tipo de patología en el que al cabo de un corto periodo de tiempo desapareció como consecuencia de las retracciones del material termoplástico que constituye la lámina.

El fenómeno de la **retracción** en las geomembranas termoplásticas es muy importante y ha causado problemas graves en los casos en que no se ha tenido en cuenta. Al realizar el ensayo de estabilidad

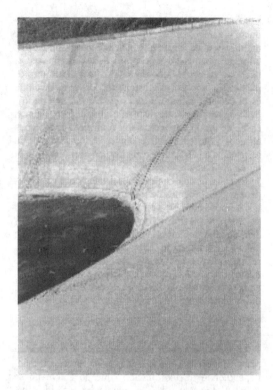

Figura 3.   Efecto pantalla o de reptado en la geomembrana del embalse de La Florida, en Icod de los Vinos (Tenerife).

dimensional en el laboratorio, las probetas utilizadas son de muy pocos centímetros cuadrados y los resultados experimentales de variación de dimensiones son números, también, muy bajos. Pero si esos valores los extrapolamos a la superficie de material que recubre el embalse, las cifras de retracción son verdaderamente importantes. Se conocen muchos casos donde la colocación de la geomembrana fue perfecta, ajustándose totalmente al vaso del embalse, sin arrugas ni pliegues que despertaron todo tipo de elogios el día de la inauguración. Lo malo del asunto, es que al cabo de unos meses surgen fuertes tensiones y se puede originar la rotura.. En algunos casos no se ha llegado a estados tan drásticos por tratarse de láminas armadas, donde el geotextil atenuó este problema por absorción de los esfuerzos generados. Como colofón a este tema tendríamos que citar una frase textual de la literatura científica tomada del tratado de Amigó y Aguiar 1994, donde se dice que "*la gabardina quede un poco holgadita*". Y para seguir esos términos textiles se podría añadir, sin ánimo de publicidad, que en este caso "*la arruga es bella*".

Las láminas de poli(cloruro de vinilo) plastificado utilizadas pueden ser del tipo **mono o multicapa**. En el primero de los casos, las láminas son del mismo color. En el segundo, la situación es diferente, pueden tener la misma coloración o bien distinto color la capa en contacto con el terreno de la que va a estar al exterior. Hace una serie de años, era muy común que la lámina mostrara la misma coloración por sus dos caras, aún siendo multicapa. La tendencia actual es a colores distintos por cada una de sus caras. Generalmente en las láminas multicapa, una de sus caras va preparada para la exposición a la intemperie, por tanto dicha cara debe colocarse hacia el exterior; en caso contrario, podrían aparecer problemas de la cara no preparada con absorbentes de luz UV y se produciría la degradación de la geomembrana.

No es tan infrecuente como cabría esperar que en una obra se observe distinta coloración entre los paños que constituyen su impermeabilización, que a medida que se va evaluando su comportamiento mediante el seguimiento adecuado, se comprueba que sus características también difieren. En las visitas al embalse se puede constatar, asimismo, como uno de los paños presenta más rigidez que el otro; como uno de ellos tiene tendencia a la adherencia de polvo en su superficie, quizás por su mayor pérdida de plastificante, etc. En principio, el problema se explica por dos causas diferentes. Una de ellas es que los rollos de material que llegaron a obra, aún cuando procedan de la misma casa comercial, se trata de láminas de dos producciones distintas, con tonalidades diferenciadas, otra de las explicaciones hace referencia a una mala instalación y de colocar hacia el exterior la cara interna, de ahí ese comportamiento tan distinto en el tiempo. Por la forma de desenrollar la lámina procedente de fábrica y, además, porque siempre viene referenciada, parece que este punto no es tan lógico, pero sí se tiene constancia de fallos por este motivo, sobre todo, en láminas del mismo color, en instaladores no demasiado profesionales y, fundamentalmente, hace una serie de años donde este campo de la Tecnología no estaba tan bien explorado.

3.3 Ubicación

Bajo nuestro punto de vista, la zona donde está situado un embalse es un factor a tener en cuenta a la hora de analizar los supuestos problemas que pueden presentarse en una geomembrana impermeabilizante. Su entorno, tanto geológico-geotécnico como geográfico es para no echarlo en saco roto. Por un lado, los posibles asientos del conjunto y asientos diferenciales, formación de cavidades, desgastes por erosión interna, eventuales subidas de capa freática; por otro, las consideraciones propias de la climatología del lugar.

Los **asientos** del soporte de carácter absoluto no suelen tener excesiva importancia, pero sí los de tipo diferencial, que pueden conducir a desperfectos considerables. De nuevo, la arruga está presente, la formación de fuelles o pliegues de la lámina puede ser suficiente para evitar el fenómeno, ya que permiten la adaptación a la nueva geometría.

La **temperatura** es un elemento a tener presente, ya que su influencia es patente desde el lugar donde estén almacenadas las láminas hasta su comportamiento una vez instaladas, pasando por la puesta en obra que por tratarse de un material termoplástico, su influencia es bastante notable. Las retracciones, la soldadura, la pérdida de plastificantes, la carga, el impacto dinámico son propiedades que derivan de los valores y de los cambios que experimenta en el entorno del embalse. Aunque estos receptáculos de almacenamiento de aguas suelen estar, en la mayoría de los casos, en zonas secas y de temperaturas más o menos elevadas, por razones obvias, también hay que pensar que el tema del agua es un bien escaso y que por distintas razones existen balsas en zonas mas frías. Bajas temperaturas pueden dar lugar a la formación de hielos, con el consiguiente riesgo de perforaciones y desgarros provocados, respectivamente, por la flotación y el cambio de nivel bajo la capa helada.

No hay que olvidar el riesgo de **lluvias** en regiones con abundancia de embalses. El caso de la Región Levantina donde la "gota fría" hace su presencia causando daños, de todos conocidos por la publicidad que los medios de comunicación nos presentan. Aparte de los problemas de rebosamiento de agua, en ciertos casos donde no se han tomado las medidas necesarias, hay que pensar en su acción en los taludes, fundamentalmente en la erosión o lavado de su parte externa. Nuestra experiencia es que incluso en la parte interna se han presentado problemas que han repercutido gravemente en la geomembrana.

El **granizo** no es un fenómeno meteorológico privativo de los países alpinos, aunque el proyecto de norma europea en elaboración, hasta el momento contempla la exigencia de una prueba solo para estas naciones centroeuropeas. Nuestros embalses sufren también la acción de las granizadas y, a decir verdad, ha llevado consigo bastantes problemas económicos y jurídicos. Normalmente, las casas comerciales no se hacen cargo de este fenómeno y la responsabilidad es para los "sufridores" del embalse. La picaresca suele andar por medio de la tormenta y en muchas ocasiones, hay que echar mano del técnico correspondiente para conocer la etiología de la posible rotura. En general, el daño causado por el efecto del granizo, es una grieta en forma de "pata de gallo" que suele comenzar a formarse de parte interna a externa de la geomembrana (Fig. 4). Grietas con formas semejantes en la parte baja de la solera no suelen ser debidas a la granizada, máxime cuando el embalse contiene agua, sino fruto de la picaresca, como mencionamos anteriormente, a fin de cuentas estamos en el país del Lazarillo de Tormes.

Ya apuntamos anteriormente, el efecto negativo que tienen las **radiaciones solares** sobre las resinas que

Figura 4. Efecto del granizo en un embalse situado en la zona de Aranjuez (Madrid).

constituyen el material polimérico, fundamentalmente en los termoplásticos. Teniendo en cuenta esta tendencia a la degradación, se deberán emplear láminas preparadas para resistir la acción de la intemperie e, incluso, en zonas que van a estar en contacto permanente con la acción de las radiaciones solares, como son las proximidades del botaolas de coronación, se aconseja protegerlas con los consabidos "baberos".

El **viento** es otro de los agentes atmosféricos que incide directamente en la durabilidad de una geomembrana. La inevitable succión sobre la superficie de la lámina situada a sotavento es el problema más importante, además de su acción sobre los puntos débiles de la pantalla en la zona de barlovento. Una reducción en la separación de anclajes o el empleo de láminas reforzadas que mejoren el módulo de elasticidad pueden reducir el efecto citado. Aparte de la acción sobre los anclajes, no hay que olvidar sus efectos secundarios provocando desgarros y llegando a influir, muy negativamente, sobre zonas de soldadura que deben ser protegidas. Además de las soluciones mencionadas anteriormente, para evitar la rotura de la lámina por este hecho se puede hacer uso de lastrados o durmientes que atenúen el fenómeno.

El viento puede generar olas que deformen los taludes formando un escalón en el nivel del plano de agua, lo cual puede suponer la rotura de la geomembrana. En ocasiones se producen desplazamientos de material hacia el pie del embalse o hacia los anclajes intermedios dando lugar a embolsamientos y tensiones en la pantalla impermeable. Los taludes tendidos favorecen el "efecto playa" que amplía la zona de trabajo del oleaje. Se ha constatado, además, que el mencionado oleaje favorece la pérdida de plastificante.

Por último y antes de acabar este epígrafe relacionado con la ubicación del embalse, hay que hacer referencia a las **aguas** que almacene, en cuanto a su calidad y contaminación, cuyo efecto sobre la pantalla impermeable va a depender de los productos contaminantes arrastrados y de su concentración. Asimismo, las posibles contaminaciones de la membrana

Figura 5. Vegetales creciendo en las proximidades de la lámina en un embalse en la Isla de La Palma.

producidas por productos presentes en el terreno, así como, la presencia de sustancias alcalinas como ciertos detergentes, fundamentalmente, en embalses de aguas depuradas pueden dar lugar a la degradación de la citada geomembrana.

3.4 Flora y fauna

Nos hemos referido anteriormente a la aplicación de herbicidas en la zona donde se va instalar la membrana impermeabilizante y los distintos efectos provocados por la **vegetación** que podría quedar en el vaso del embalse. Aquí tenemos que hacer mención a la posible vegetación que surge, no obstante, en sus proximidades. Hay vegetales que crecen en terrenos muy áridos y que de forma rápida transforman su tallo herbáceo en leñoso con abundancia de raíces y que muchas veces son capaces de levantar la capa asfáltica del camino de coronación y llegar a la zona impermeabilizada con el consiguiente riesgo (Fig. 5). Dichas plantas son comunes en las Islas Canarias y en las zonas de Alicante y Murcia, recibiendo distintos nombres vulgares, según la comarca, algunos tan curiosos como "mostaza de Jerusalén".

Figura 6. Zarzas que inciden sobre lámina de poli(cloruro de vinilo) plastificado en la coronación de un talud.

Tampoco es difícil encontrar como las zarzas de bastante grosor y abundancia de espinas proliferan por encima de alguna geomembrana, con el consiguiente peligro de daño que conlleva (Fig. 6).

Aunque las geomembranas no constituyen un alimento para las alimañas en general ni para los roedores en particular, no es raro que éstos se esfuercen en abrirse paso a su través para asegurar su supervivencia. Es muy común que determinados animales busquen en el embalse el lugar donde colmar su sed y, de esta forma, se ha detectado la presencia de perros, gatos, zorros y jabalíes en los embalses en los que se ha realizado seguimiento. Los animales domésticos, con cierta frecuencia, se ven muertos por no poder salir de la balsa; huellas más o menos importantes de jabalíes y láminas dañadas en distintas partes por el ataque de zorros; en este último caso, se ha llegado a detectar el geotextil del soporte al descubierto. Los roedores tienen cierta apetencia por las láminas de poli(cloruro de vinilo) plastificado, hecho que se ha atribuido a la presencia de los plastificantes y a su olor y sabor característico, que puede incitar el acercamiento de estos animales; por ello, en láminas homogéneas sí se conocen casos, aunque muy aislados de perforación; lo que sí parece probado es que en las láminas que llevan una inserción de fibra de vidrio no son atacadas por los roedores como consecuencia de la presencia de esta fibra inorgánica.

Para evitar daños en la pantalla impermeabilizante por la presencia de alimañas, se debe vallar convenientemente el embalse y, además, en su parte baja debe llevar un murete de hormigón para evitar que puedan horadar la tierra y pasar por debajo del vallado. Como una gran parte de los animales van a beber y las láminas son bastante deslizantes sobre todo en húmedo, se deberán colocar escaleras o cuerdas prolongadas hasta el nivel del agua.

Aparte de los animales a ras del suelo, no hay que olvidar la gran cantidad de aves que suelen abrevar en los embalses; esas auténticas manadas viven durante mucho tiempo sobre la membrana del embalse y además de picotear en ella, dejan allí sus excrementos. Sin embargo, no se han detectado perforaciones como consecuencia de picotazos, ni tampoco acción negativa de los excrementos de las aves. En esta última circunstancia se han tomado muestras, en algunas ocasiones, y se han hecho pruebas de distintos tipos y la lámina no presentaba alteraciones apreciables, aunque en referencias bibliográficas se hablaba de la posibilidad de ataque de los productos orgánicos nitrogenados, fundamentalmente, en períodos prolongados de contacto.

El ataque por **microorganismos** es una patología que hay que tener presente. Inicialmente, se suele someter a la lámina a un ensayo de resistencia a los microorganismos que deben superar, según se señala en la correspondiente normativa vigente. Como es sabido, la materia orgánica vegetal o animal es susceptible de ser atacada por este tipo de seres vivos micromoleculares cuya acción se ve favorecida por la presencia de la humedad, a la que no es ajena, evidentemente, la geomembrana de un embalse; por tanto, las pantallas impermeabilizantes son susceptibles de este ataque. Las geomembranas deben llevar en su formulación unos biocidas que impidan en lo posible el desarrollo de los mencionados microorganismos. Esos productos tóxicos que podrían en algún caso pasar al agua, si lo hacen sería en pequeña proporción y, sí son embalses de riego, lo normal es que el agua se renueve con frecuencia y no presente mayores complicaciones. Si el embalse es para abastecimiento de agua potable, si conviene tener muy presente este hecho.

3.5 Otros factores

Serían tantos los elementos que pueden originar fallos en una geomembrana que resultaría complejo el mencionarlos en un breve artículo científico. Hemos querido plasmar los que hemos sufrido con más frecuencia y que todavía no los hemos echado en el olvido.

El **desprendimiento de piedras**, guijarros, cantos rodados, procedentes de las proximidades de los embalses causa frecuentemente perforaciones en la lámina, por lo que se recomienda la protección de estas zonas anejas al embalse con una malla adecuada o bien por otro procedimiento que impida este hecho. Más problemático e inusual es el hundimiento de una parte de talud próximo al embalse que puede llevar consigo una reparación casi total de la obra. La consolidación de los terrenos adyacentes es algo a tener en cuenta.

Los problemas por **fuego**, afortunadamente, hasta el momento no han tenido lugar con profusión en nuestro país, pero tampoco hay que olvidarse de ellos, ya que la "pertinaz sequía" de algunos puntos donde se hallan ubicados los embalses, quema de rastrojos, proximidad a poblaciones, etc. pueden conducir a fuego sobre la geomembrana, muchas veces llevados por el viento. Los caminos de coronación, la vegetación de taludes exteriores y el vallado del conjunto del embalse influyen en que el fuego no afecte a la geomembrana. Pero si hay que recordar que las geomembranas sintéticas son materiales autoextinguibles o combustibles.

El inevitable e impredecible **vandalismo** se manifiesta de formas tan variables que es complicado agrupar, cuantificar y citar alguna. La opción es tan variada que va desde arrojar objetos (piedras, madera, neumáticos) del exterior de la valla de cerramiento hasta forzar los accesos al embalse y arrojar vehículos robados. Pero uno de los hechos más comunes es el empleo del embalse como piscina de agua dulce, con la dificultad que supone la salida de los nadadores; se han dado casos, donde la práctica no fue la natación sino el piragüismo, todos ellos pueden dañar a la membrana y en algunas ocasiones al deportista. Otro deporte que conlleva el deterioro de la membrana es el patinaje sobre piedras a lo largo de los taludes y hasta las competiciones con motocicletas.

La **caza** y la **pesca** no son ajenas a los posibles daños en las geomembranas vinílicas. Es común, observar en la lámina pequeños agujeros o punzonamientos que suelen coincidir con la zona de abundancia de cartuchos. Estos punzonamientos suelen disminuir y tienen una cierta tendencia a cerrarse con el tiempo, sobre todo, en los termoplásticos.

En algunos embalses existen peces, unos procedentes del agua de aportación al embalse, otros colocados allí con algún fin. El crecimiento en número y peso de los mismos los hace muy atractivos al pescador que no deja de saltar la valla y echar la caña al embalse y varios peces al morral. Lo que no se da cuenta el osado pescador es que la acción de su anzuelo ha originado unos deterioros en la lámina de cierta entidad, si dichos deterioros son difíciles de localizar ya que están cubiertos por el agua, más difícil aún resulta al técnico conocer su etiología.

BIBLIOGRAFIA

Aguiar, E.; Armendáriz, V.; Blanco, M.; Leiro, A.; Vara, T. y Zaragoza, G. 2001. Patología de pantallas impermeabilizantes de embalses constituidas por geomembranas de poli(cloruro de vinilo) plastificado. *Proc. VI Congreso de Patología de la Construcción y VIII de Control de Calidad. Santo Domingo (República Dominicana)*.

Aguiar, E. y Blanco, M. 1995. Experience in Connection with the Performance of Plasticized poly(vinyl chloride) Sheeting in Tenerife Basin Sealing. *Proc. Simposium no "Research and Development in the Field of Dams. Crans-Montana (Suiza), septiembre,* 361–375.

Amigó, E. y Aguiar, E. 1994. *Manual para el diseño, construcción y explotación de embalses impermeabilizados con geomembranas.* Consejería de Agricultura y Alimentación. Gobierno de Canarias (ed.).

Blanco, M. 1994. Evolución de geomembranas en embalses. *III Jornadas de trabajo sobre utilización de geosintéticos en Ingeniería Rural. Puerto de la Cruz (Tenerife), octubre.*

Blanco, M. 1997. Geomembranas sintéticas utilizadas en la impermeabilización de embalses: materiales y seguimiento. *Curso de Geomembranas y geotextiles. Universidad Politécnica de Madrid. Madrid, mayo.*

Blanco, M. 1998a Las geomembranas sintéticas en la impermeabilización de embalses. I. Materiales. *Curso de Técnicas y Utilidades de Aplicación de los Plásticos en el Sector Agropecuario. Santa Cruz de la Sierra (Bolivia), marzo.*

Blanco, M. 1998b. Las geomembranas sintéticas en la impermeabilización de embalses. II. Seguimiento. *Curso de Técnicas y Utilidades de Aplicación de los Plásticos en el Sector Agropecuario. Santa Cruz de la Sierra (Bolivia), marzo.*

Blanco, M. 2002. La impermeabilización de balsas y de embalses mediante geosintéticos. *Proc. II Simposio Nacional de Geosintéticos. Madrid, 16–18 abril, 837–866.*

Blanco, M. y Aguiar, E. 1993. Comportamiento de láminas de poli(cloruro de vinilo) plastificado, utilizadas en la impermeabilización de balsas en el Norte de Tenerife. *Ing. Civil 88: 5–20.*

Blanco, M. y Aguiar, E. 2000. Patología de geomembranas de poli(cloruro de vinilo) plastificado instaladas como pantallas impermeabilizantes en embalses. *Ing. Civil 119: 91–102.*

Blanco, M.; Cuevas, A.; Aguiar, E. y Zaragoza, G. 1998. Las geomembranas sintéticas en la impermeabilización de embalses. *Rev. Plast. Modernos 75(500): 187–195.*

Leiro, A. y Blanco, M. 1990. *Los geotextiles como nuevos materiales orgánicos en la Obra Pública.* Pub. CEDEX, M-17. Madrid: Editorial Anzos.

Navarro, A.; Blanco, M. y Rico, G. 1989. *Materiales ópticos orgánicos.* Madrid: AAEUO (ed.).

UNE 104 300 Materiales sintéticos. Láminas de polietileno de alta densidad (PEAD) para la impermeabilización en obra civil. Características y métodos de ensayo.

UNE 104 303 Materiales sintéticos. Láminas de poli(cloruro de vinilo) plastificado, PVC-P, con o sin armadura, no resistentes al betún, para la impermeabilización de embalses, depósitos, piscinas, presas y canales para agua. Características y métodos de ensayo.

UNE 104 308 Materiales sintéticos. Láminas de elastómeros, sin refuerzo ni armadura, para la impermeabilización. Características y métodos de ensayo.

UNE 104 421 Materiales sintéticos. Puesta en obra. Sistemas de impermeabilización para riego o reserva de agua con geomembranas impermeabilizantes formadas por láminas de polietileno de alta densidad (PEAD) o láminas de polietileno de alta densidad coextruído con otros grados de polietileno.

UNE 104 423 Materiales sintéticos. Puesta en obra. Sistemas de impermeabilización para riego o reserva de agua con geomembranas impermeabilizantes formadas por láminas de poli(cloruro de vinilo) plastificado (PVC-P) no resistentes al betún.

Zaragoza, G. 1996. El reglamento técnico sobre seguridad de presas y embalses. *Jornadas sobre utilización de geosintéticos en impermeabilización de embalses. Murcia, marzo.*

Dam Maintenance and Rehabilitation, Llanos et al. (eds)
© 2003 Taylor & Francis, ISBN 90 5809 534 7

Ageing process and rehabilitation works at Riolunato dam (Italy)

A. Leoncini, F. Fiorani
Enel Green Power S.p.A., Firenze, Italy

F. Tognola
Lombardi Engineering Ltd., Minusio-Locarno, Switzerland

ABSTRACT: The Riulonato dam, built in 1918–20, was the first multiple arch dam in Italy. Although regular maintenance works have been carried out, the more than 80 years old structure is presently no longer in condition to fulfil the current Italian dam regulation. After the description of the dam and of the observed ageing process as well as the analysis for the dam rehabilitation, the paper discusses the main features of the proposed rehabilitation design, showing the main project features.

1 INTRODUCTION

The Riolunato dam, built in 1918–20, is located in the province of Modena, near the same named town. The dam is located on the Scoltenna river, a left bank tributary of the Panaro river, providing a small storage volume to supply the downstream located Strettara power plant.

Although the existing multiple arch dam does not show any major sign of deterioration or indication of an insufficient stability, the dam is no longer in condition to fulfil the current Italian dam regulation as will be shown. The present dam owner, Enel Green Power S.p.A., thus decided in 2001 to evaluate various options for the dam rehabilitation.

The paper summarizes the various design constraints leading finally to the selected rehabilitation project. It first reviews the main features of the Strettara power plant, describing the present dam layout and operative conditions.

It should be mentioned that presently, the final design of the rehabilitation is still ongoing, in order that some of the constructive details and figures presented hereafter are necessarily based on the preliminary design and might be partially revised and adapted in the future.

2 MAIN FEATURES OF THE POWER PLANT

The 30.5 m high Riolunato dam, designed by Eng. Gaetano Ganassini, was the first multiple arch dam in Italy. The dam includes 7 buttresses spaced at 9.5 m with a 2.5 m thickness at the base and 1.5 m at the crest. The buttresses are made of sandstone masonry reinforced with 0.60 m thick concrete strands spaced at 2.0 m vertical distance. The buttresses support 8 reinforced concrete arches with a slope of the upstream face of 1:0.79. The thickness of the arches varies between 1.00 m at the base and 0.40 m at the top.

In 1925 the space between the right abutment and the first buttress on the right bank has been plugged with masonry.

Figure 1. Downstream view of the Riolunato dam with in front the overflow sill of the stilling basin.

The inclined arches are connected to the horizontal vaults at an elevation of 657.24 m a.s.l., supporting the free overflow spillway crest. According the present dam configuration the spillway is subdivided into six chutes on the left dam side, each 8.0 m wide, with a total maximum flow capacity of 529 m³/s.

From the overflow sill, the free-falling jet is entering into the stilling basin at the downstream toe of the dam.

A 2.0 m large reinforced concrete footbridge crosses the dam at the elevation 662.74 m a.s.l., that is 5.50 m above the spillway crest. In 1995 an additional steel footbridge has been installed upstream of the existing one, in order to provide the required accessibility to some additional monitoring instrumentation installed at the dam crest.

The 1.25 m diameter bottom outlets located on both sides of the second buttress on the right flank includes a 2.2 m long steel pipe. The flows are regulated with a sluice gates placed in front of each pipe inlet and operated from a tower structure to be accessed from the dam crest.

The initially available 400,000 m³ storage capacity of the Riolunato reservoir decreased progressively due to the relatively significant sediment transport. After 80 years of operation the present live storage capacity is approx. 95,000 m³, with at some locations the sediments reaching the reservoir surface.

The water intake located on the left dam abutment with a capacity of 7 m³/s is diverting the flow in a 5'555 m long headrace tunnel. The tunnel which includes three canal bridges has a section of 4 m² supplying at its downstream end the 4,000 m³ capacity head pond. A 453 m long penstock of 1.55 m diameter

and a gross head of 112 m is finally feeding the two units of the above ground powerhouse.

The main features of the Riolunato dam according to its present layout may thus be summarized as follows:

Direct catchment's area	149 km²
Initial storage capacity	400,000 m³
Present active storage capacity	95,000 m³
Normal water level	657.24 m a.s.l.
Maximum water level	660.74 m a.s.l.
Crest elevation	662.74 m a.s.l.
Height above lowest foundation	30.50 m
Crest length	90 m
Maximum spillway capacity	529 m³/s
Maximum bottom outlet capacity	30 m³/s

3 EVALUATION OF THE AGEING PROCESS

3.1 Dam behaviour

The dam has shown a satisfactory behaviour, confirmed by the monitoring results and the reduced leakages through the arches. Furthermore, it overcame without major damages a severe earthquake occurring in 1920 shortly after the structure was set into operation. However the dam shows presently some conceptual limits mainly related to insufficient design experience and a progressive evolution of the Italian dam regulation. The main aspects to be improved concern the structural behaviour under seismic loads and the spillway capacity which has to be significantly increased.

The monitoring data collected during more than 30 years confirm the elastic behaviour of the dam, with

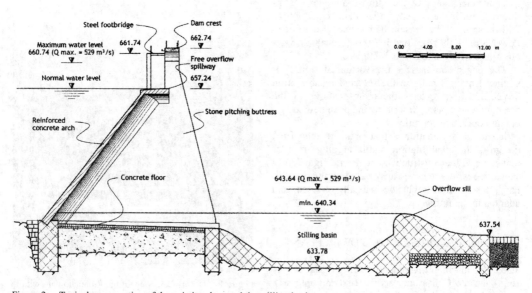

Figure 2.   Typical cross section of the existing dam and the stilling basin.

generally reversible deformations, to be associated with the seasonal temperature variations.

The vertical crest displacements vary between 1 and 4 mm, depending from the considered dam section. A crest raising of some 0.2–0.3 mm/year seems to be confirmed by topographic surveys. In the upstream-downstream direction the horizontal displacements are completely elastic although only a short measurement period is available.

The leakages through the dam are generally smaller than 1–1.5 l/s, without any relevant variation during the years.

As regards the dam abutments, a slow creep movement has been observed since several years on the right abutment representing a specific issue of the rehabilitation project. Various geological investigations have been carried out in the past on this flank constituted of fair marly sandstone. Accurate monitoring including topographic surveys, inclinometers and piezometers have progressively completed the available information on the flank movements.

The measured displacements are mainly towards the reservoir and the upstream direction, showing a maximal speed of 3–4 mm/year at the surface. The inclinometric measures confirm that the movement involves the rock down to a certain depth. Although some areas with higher deformability are observed, a definite sliding surface can however not be recognized, excluding the risk of a sudden large slope failure.

Based on the presently available data it can be concluded that the dam displacements are presently not influenced by the creep movement of the right abutment although an influence cannot be excluded in future.

3.2 Maintenance works

Disregarding the current rehabilitation, the dam has been partially adapted several times during its operation period with however only limited documentation available for most of the works carried out. In recent years a partial dam rehabilitation was carried out in 1970–1971 with the purpose to reduce the leakages of the dam and its foundations. The sediments in the basin were removed down to the top of the upstream cut-off wall. Consolidation grouting of the dam foundation were then carried out from the upstream dam base. The extrados of the concrete arches was completely renewed by the application of a 10 cm thick reinforced concrete layer completed with a 5 cm thick reinforced gunite layer. The spillway crest was also completely reshaped after removing of the superficial concrete layer. In addition, the buttresses bases were reinforced with φ 32 mm grouted bars anchored into the rock foundation.

Additional major rehabilitation works were done in 1977–1978, with the reinforcement of the buttresses. All joints between the sandstone blocks were refilled with mortar, and grouted bars were placed in the masonry.

Finally, in 2000–2001 a waterproofing layer protected by a geomembrane was applied on the upper section of the upstream dam face, between elevation 654.24 m a.s.l. and 657.24 m a.s.l. significantly reducing the leakages of the arches.

3.3 Present condition of the dam

Although the safety of the 80 years old structure, both from the structural and hydraulic points of view, is not source of major concerns, some improvements of the present dam configuration are needed.

The Italian Superior Council for Public Works required in March 2001 a rehabilitation of the whole structure in order to fulfil the current dam regulations. Based on this decision, the owner was asked in May 2001 by the Italian National Dam Agency to present a rehabilitation project, addressing following specific issues:

– structural reinforcement of the dam, including a seismic analyses for a 3th class structure according to the Italian regulation;
– capacity increase of the free flow spillway, from the present capacity corresponding to a flood of 100 years return period, to a flood of 1000 year return period;
– increase of the bottom outlets capacity, in order to improve the sediment management in the reservoir and preventing a possible clogging of the existing outlets;
– modification of the spillways to avoid free falling jets between the buttresses for multiple arch dams despite an adequate stilling basin is provided; and
– evaluation of the stability conditions of the right abutment with stabilisation measures, if required.

4 PURPOSES OF THE DAM REHABILITATION

4.1 Evaluation of the present dam safety

As mentioned above, the monitoring records as well as visual inspections of the downstream dam faces do not reveal any anomalous behaviour of the dam. All deformations are generally reversible, depending from the seasonal temperature variations.

From the hydraulic point of view the main concern is given by the insufficient spillway capacity of only some 530 m³/s, corresponding to a flood of approximately 100 years return period. It should be mentioned that in November 2000 the water level exceeded by 5 cm the maximum water level, corresponding to a discharged flow of 550 m³/s.

A second important issue is the relevant reservoir siltation of which the available live capacity is now less than half of the initial one. Additional sediment deposits in the reservoir may produce a complete clogging of the existing bottom outlets, no further allowing the emptying of the reservoir. The management of the sediment load and of the already deposited sediments represents a serious safety concern.

4.2 Creep movement on the right dam abutment

Since 1979 a specific monitoring program has been implemented for the surveillance of the creep movements on the right slope, successively completed in 1985 and 2001. The monitoring measurements confirm that the movement involves the slope down to a certain depth, reaching however the maximal speed of approximately 3 mm/year at the surface. The sliding speed is rather constant during the year.

A definite sliding surface can not be identified, although at depths of 9 and 11 m two soil layers of higher deformability have been observed.

In spite of the very low longitudinal rigidity of the dam given only by thin concrete arches, the creep movements do not seem to having affected the dam. In particular no vertical cracks in the arches or in the spillway vaults have been observed. A cracking has probably been prevented by the filling with conventional masonry of the zone between the right abutment and the first buttress in 1925, only 5 years after the completion of the dam.

One can suppose that the engineers of that time, although not disposing of accurate monitoring devices, evaluated correctly the instability on the right abutment, providing an adequate strengthening of the structure.

4.3 General requirements of the rehabilitation project

In addition to the specific issues presented in section 3.3, additional general requirements were considered by the dam owner for the design of the dam rehabilitation. In particular the following aspects had to be taken into consideration:

- preservation as far as possible of the present dam layout;
- use, as far as possible, of simple statical models;
- adequate consideration of the difficult access conditions;
- development of solutions requiring minimum maintenance works after rehabilitation and with a minimum environmental impact.

5 RESULTS OF THE DESIGN BIDDING

5.1 Generalities

Considering the challenging issues to be dealt with Enel Green Power S.p.A. carried out a public bidding

for the rehabilitation design, in order to dispose of various proposals before having to select the most appropriate solution.

The design competition required the presentation of a feasibility study for the rehabilitation, including an evaluation of the construction costs and works schedule.

5.2 Criteria for the selection of the best design

In addition to the engineering costs for the development of the various design steps, a number of aspects were taken into account in selecting the best project, and in particular:

- total cost of the rehabilitation works;
- duration of the power plant shutdown;
- development of the specific issues in the feasibility study;
- quality of the presented documentation.

5.3 Presented design proposals

The presented studies showed very different approaches to the specific rehabilitation requirements. In some cases the proposals included specific measures in order to fulfil all the single requirements, however without a general approach to the various problems. In particular these included the reinforcement of the concrete arches, the design of a specific structure to support the nappe plunging into the stilling basin, the increase of the spillway capacity by lowering of its crest (in some cases with the installation of new gates), the construction of a new larger bottom outlet, and the installation of rock anchors and drainage holes in the right bank slope.

On the contrary, other projects showed a global approach to the dam problem, thus suggesting remedial works solving at the same time more than one single issue.

This kind of approach resulted in this case in a more systematic and economic rehabilitation project. The selected proposal presented in detail hereafter, has been evaluated as the best one satisfying all the above listed criteria.

6 SELECTED DESIGN FOR THE REHABILITATION WORKS

6.1 General design concept

After examination of several possible options, the proposed rehabilitation design includes following works:

- filling of all the spaces in between the buttresses with unreinforced concrete, in order to transform

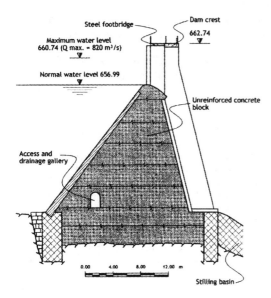

Figure 3. Typical cross section of the dam after rehabilitation.

the multiple arch dam in a conventional gravity structure;

- construction of a new bottom outlet of large capacity on the left dam abutment, promoting the scouring in the area of the existing intake structure;
- increase of the free overflow spillway capacity, by lowering the concrete sill, improving its hydraulic efficiency and providing an additional chute on the right side of the dam;
- modification of the existing bottom outlets and its integration in the new structure.

In order to reduce the uplift pressures on the dam foundation a drainage gallery along the whole dam is foreseen, with 200 mm diameter boreholes every 2.5 m. The gallery will also be used to access to the various equipments inside the dam structure (outlet valves, monitoring instrumentation, etc.).

The design includes various additional works, as for example a modification to the stilling basin, the heightening of the steel footbridge on the dam crest, and the extension of the monitoring instrumentation.

The rehabilitation and integration of the existing bottom outlets in the rehabilitated structure is based on the wish to improve the hydraulic safety in case of a reservoir emptying as well as to promote the sediment management in the reservoir.

6.2 Evaluation of the proposed rehabilitation

Although the proposed rehabilitation involves a relatively large amount of concrete (approx. 16,000 m³),

the proposed alternative is offering the following main advantages:

- the dam might be considered as a conventional gravity structure, thus simplifying significantly the static and dynamic analyses. In addition, the rehabilitated dam satisfies easily the stability requirements both under static and dynamic loads;
- the dam type allows an easy integration of the new discharge structures;
- since the works are mainly carried out from the downstream dam side, the mechanical removal of the sediments in the reservoir in not necessary. Only in the area close to the intake of the new bottom outlet the sediments have to be removed;
- the works can be performed mostly with a full reservoir, in order that the plant shutdown is limited to a short period;
- the relevant rigidity of the new structure, both in longitudinal and in transversal directions, reduces the sensibility of the dam to the creep movement of the right abutment. Extensive stabilisation works of the right abutment are thus not felt necessary;
- the rehabilitation has a minor visual impact on the dam, since the design basically preserves the present layout.

6.3 Discharge structures

6.3.1 Capacity increase of the surface spillway

The hydrological analysis showed that the flood with a 1000 years return period has a peak inflow of some 820 m³/s. Since the limited storage capacity of the reservoir is not providing any relevant retention capacity, the new spillway will be designed to evacuate the 1000 years flood at the present maximum water level located at elevation 660.74 m a.s.l. without the operation of the bottom outlets.

The proposed design consists in a free overflow spillway, with the crest at elevation 656.99 m a.s.l., thus 25 cm below the present crest.

In addition, the removal of the concrete plug of the arch between the first and the second buttress on the right dam side is considered, in order that the new spillway will include 7 openings, each 8.0 m large, resulting in a total overflow length of 56.0 m.

The shape of the new spillway has been designed in order to offer the maximum hydraulic efficiency.

The existing stilling basin downstream of the dam provides an adequate energy dissipation of the plunging water jets. It is worth noting that at present the hydraulic behaviour of the basin is satisfactory, without any visible sign of erosion or deterioration.

A lateral basin will collect the flow from the 7th opening at the dam base diverting the water into the main stilling basin using an overflow sill located at elevation 645.50 m a.s.l.

Finally it has to be mentioned that five 1.5 m large trenches will be provided in the existing sill of the main stilling basin, in order to reduce the downstream water level and the uplift pressures under normal operating conditions.

6.3.2 New bottom outlet on the left dam side

The new bottom outlet, having a maximum capacity of 75 m³/s, is located in the concrete block between the first and the second buttress near the left dam abutment. The new outlet includes a concrete intake structure at elevation 643.24 m a.s.l., designed to reduce the head losses. Downstream of the intake, a 9 m long rectangular shaped section 2.0 m wide and 2.5 m high is followed by the guard and the service sluice gates.

Downstream of the second gate the canal height is increased in order to assure an adequate flow aeration. Upstream of the gates a complete steel liner is foreseen, whereas on the downstream section a steel liner will be provided only at the bottom and at the sidewalls, up to a height of 2.0 m.

The purpose of the steel liner is to prevent possible erosions of the sediment loaded flows.

In order to promote the energy dissipation, the final section of the bottom outlet is equipped with two deflectors, spreading the flow and increasing the jet aeration.

Hydraulic servomotors located in the valve chamber above the bottom outlet will be used for the gates operation. For the permanent access to the gates chamber, the drainage gallery will be used whereas an additional access of larger dimensions is foreseen above the bottom outlet for maintenance purposes.

6.3.3 Rehabilitation of the existing bottom outlet on the right dam side

Although the new bottom outlet has a large capacity, it was preferred to maintain the existing outlets on the right side in operation and to include their rehabilitation in the project.

Considering the difficulties associated with the rehabilitation of the 80 years old hydromechanical equipments, it was decided to replace the existing gates and steel linings with new equipments. It is thus planned to introduce two 5 m long steel pipes with a diameter of 110 cm in the existing conduits, to be equipped with a service sluice gate at their downstream end. The water is then discharged in the existing channels. The existing gates at the upstream end of the pipes will be used as guard valves, for maintenance purposes only.

The new valves are operated by hydraulic servomotors lodged in the valve chambers above the downstream end of the steel pipes. For the access to the valve chambers, the drainage gallery is available.

6.4 Results of the static analyses

According to the requirements of the Italian dam regulation, the structural analyses shall include stability and stress analyses on typical horizontal dam sections.

Since the static system of the dam will be completely modified within the rehabilitation works in comparison to the existing structure, no static analysis of the latter have been carried out.

As part of the preliminary structural analyses, three horizontal sections have been considered: the dam foundation (at elevation 635.24 m a.s.l.), the buttress basis (at elevation 639.24 m a.s.l.) and a construction joint at half height of the new blocks (at elevation 646.24 m a.s.l.).

For each section, the forces resulting from the following load combinations have been taken into account:

1. *Maximum water level.* This combination considers, beside the dam weight, the hydrostatic pressure of water and the sediment load in the reservoir and in the stilling basin and the uplift pressures for the 1000 years flood (820 m³/s). The water level in the stilling basin is thereby assumed at elevation 644.79 m a.s.l.
2. *The seismic loads.* In addition to the above mentioned forces, the seismic loads due to the weight of the structure and to the impounded water, evaluated according to a pseudo-static model (the inertia forces are assumed as external static loads proportional to their mass), are taken into account.

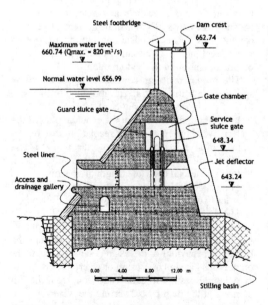

Figure 4. Typical cross section of the new bottom outlet on the left dam side.

The water levels in the reservoir and in the stilling basin correspond to a flood equal to half the hydraulic head of the design flood.

According to the Italian dam regulation the sliding safety is usually satisfied if the ratio between the sum of the horizontal forces and the sum of the vertical ones do not exceed 0.75. This limit can be extended up to 0.80 in the horizontal sections in-between the dam crest and 15 m below it, in case the value of 0.75 is only exceeded under seismic loads. In the present case the maximum ratio, calculated for the foundation section at el. 635.24 m a.s.l., is 0.71. The preliminary stress analysis showed a maximal tensile stress of some − 140 kPa at the upstream boundary of the dam foundation, whereas the maximal compressive stress is 550 kPa on the downstream boundary of the buttress basis. Both values are small and below the upper limits of the regulation. It should be mentioned that the present preliminary analyses will be completed with a more accurate one taking into account the interaction between the existing and the new structures as well as the influence of the reservoir level and the temperatures on the stress distributions.

6.5 Monitoring program

6.5.1 Existing instrumentation for the dam monitoring

The first monitoring instrumentation was installed on the dam in 1970, then stepwise improved and extended. The following measurements are presently available for the analysis of the dam behaviour:

– leakages at the dam and the abutments, measured at the outlet of the stilling basin;

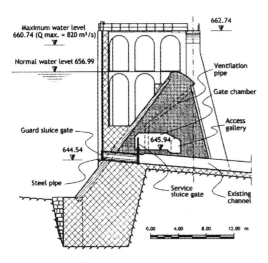

Figure 5. Typical cross section of the existing bottom outlet on the right dam side after rehabilitation.

– horizontal displacements of the dam crest in transversal and longitudinal direction, measured with two inverted pendulums installed in two central buttresses. In addition, a collimator installed on the steel footbridge measures the relative displacements of each buttress. The relative values are then transformed in absolute displacements by referring to the pendulums measurements;
– vertical displacements of the dam crest, measured with two 50 m long vertical borehole extensometers anchored into the rock, installed in the same buttresses as the pendulums. Furthermore, eight survey points are periodically measured on the dam crest using as reference the above mentioned extensometers.

6.5.2 Existing instrumentation for the right slope monitoring

A specific monitoring instrumentation of the right slope creep was first installed in 1979, and completed with new survey points and additional devices in 1995 and 2001 respectively. The present system includes:

– geodetic measures with a high precision theodolite and distometer, consisting in a reference point on the left abutment and 15 survey points on the right slope;
– inclinometric measures with 4 boreholes of 23, 29, 36 and 70 m length, respectively;
– measurement of the horizontal displacements in direction of the creep movement, by means of a multi-rod borehole extensometer (anchored points at 18, 28 and 51 m depth) at the basis of the second buttress toward the right abutment;
– measurement of the horizontal displacements by means of a multi-rod borehole extensometer (anchored points at 6, 26 and 50 m depth) installed close to the dam crest;
– measurement of the water table elevation with 3 standpipe piezometers installed at different depths in the same borehole.

6.5.3 Extension of the monitoring program

In order to acquire accurate information of the dam behaviour after rehabilitation, the design includes the following extension of the monitoring installation:

– thermometers in a central concrete block, i.e. in proximity of the inverted pendulums and the vertical extensometers in order to determine the thermal conditions of the dam;
– piezometers in the drainage gallery one in each concrete block, for the evaluation of the uplift pressure on the dam foundation;
– measurement of water seepages in some characteristic sections of the drainage gallery.

7 FINAL REMARKS

The present contribution describes the design principles of the Riolunato dam rehabilitation.

Although the stability of the dam itself is not source of any concern, the existing configuration is no longer in condition to fulfil the current Italian dam regulation.

While the proposed solution is not challenging from a structural point of view, the simplicity of the proposed configuration involves a number of relevant advantages, having a decisive role for the selection of the presented design.

Starting from the main issues identified by the owner for the dam rehabilitation and concluding with specific features of the rehabilitation project, the article describes the main steps leading to the selection the final works layout.

Finally we would like to extend our congratulations to the original designer of the Riolunato dam for the innovative and outstanding engineering achievement. The elegant multiple arch dam has been in operation for more than 80 years, never suffering any mayor damage. Regular maintenance works carried out by the owner have obviously positively to the control of the ageing process.

Author index

For Product Safety Concerns and Information please contact our EU
representative GPSR@taylorandfrancis.com Taylor & Francis Verlag GmbH,
Kaufingerstraße 24, 80331 München, Germany

Printed and bound by CPI Group (UK) Ltd, Croydon, CR0 4YY
01/05/2025
01858606-0001